数字信号处理的 FPGA 实现

(第 4 版)

[德] 乌韦·迈耶-贝斯(Uwe Meyer-Baese) 著
陈青华 张龙杰 王诚成 译

清華大学出版社
北 京

Uwe Meyer-Baese
Digital Signal Processing with Field Programmable Gate Arrays, Fourth Edition
EISBN：978-3-642-45308-3

北京市版权局著作权合同登记号　图字：01-2017-1720

图书在版编目(CIP)数据

数字信号处理的 FPGA 实现：第 4 版 / (德)乌韦 • 迈耶-贝斯(Uwe Meyer-Baese) 著；陈青华，张龙杰，王诚成 译. —北京：清华大学出版社，2017 (2024.12 重印)

书名原文：Digital Signal Processing with Field Programmable Gate Arrays, Fourth Edition

ISBN 978-7-302-46911-7

Ⅰ. ①数… Ⅱ. ①乌… ②陈… ③张… ④王… Ⅲ. ①现场可编程门阵列—应用—数字信号—信号处理 Ⅳ. ①TN911.72

中国版本图书馆 CIP 数据核字(2017)第 062156 号

责任编辑：王　军　李维杰
版式设计：牛静敏
责任校对：曹　阳
责任印制：沈　露

出版发行：清华大学出版社
网　　址：https://www.tup.com.cn, https://www.wqxuetang.com
地　　址：北京清华大学学研大厦 A 座　　**邮　　编**：100084
社 总 机：010-83470000　　**邮　　购**：010-62786544
投稿与读者服务：010-62776969，c-service@tup.tsinghua.edu.cn
质 量 反 馈：010-62772015，zhiliang@tup.tsinghua.edu.cn
印 装 者：三河市龙大印装有限公司
经　　销：全国新华书店
开　　本：185mm×260mm　　**印　　张**：53　　**字　　数**：1187 千字
版　　次：2017 年 5 月第 1 版　　**印　　次**：2024 年 12月第 6 次印刷
定　　价：198.00 元

产品编号：067316-03

译　者　序

近年来，数字信号处理(DSP)已经发展成为一项成熟的技术。FPGA(Field Programmable Gate Array，现场可编程门阵列)是在 PAL、GAL、PLD 等可编程器件的基础上进一步发展的产物，是集成度最高的专用集成电路。随着 FPGA 结构的不断演变和工艺的不断提升，FPGA 内部集成了越来越多的资源，其功能越来越强大，可以毫不夸张地讲，FPGA 能完成任何数字器件的功能。本书的主旨就是讲述如何用 FPGA 实现数字信号处理。

本书风格简洁明了，与大多数强调信号处理理论的著作相比，更多地从系统设计的角度出发，注重阐述 FPGA 的实现机制，让读者真正理解数字电路的设计精髓。

本书开篇第 1 章简要地介绍当前 FPGA 技术的发展和用于设计的元器件，以及设计 DSP 的技术要求，之后给出了频率合成器的示例；第 2 章系统地介绍计算机算法；第 3 章和第 4 章针对信号处理中的最常见应用——信号滤波，详细介绍 FIR、IIR 滤波器的设计；第 5 章通过阐述两个典型的示例来说明多级 DSP 系统中的抽取和插值是如何实现的；第 6 章讨论 4 种最重要的 DFT 算法和 3 种最常用的 FFT 算法，并且依照计算量比较不同的实现问题；第 7 章讨论差错控制和加密技术中用到的两个基本构造模块的设计，以及如何用 FPGA 设计和实现通信系统；第 8 章主要讨论自适应 FIR 滤波器的快速有效实现；第 9 章讨论一个 DWT 实现的控制器的典型应用程序；第 10 章通过典型案例讨论 3 种不同图像处理方法以及如何使用具有自定义指令的微处理器的运动补偿的视频处理。

本书内容全面、实例丰富，适合 FPGA 系统设计的初学者，大专院校通信工程、电子工程、计算机、微电子和半导体相关专业师生，以及硬件系统工程师和 IC 设计工程师学习使用，也可作为计算机应用、自动化以及通信相关专业研究生的参考用书。

建议读者在阅读本书之前最好认真复习一下高等代数中多项式、行列式、矩阵、线性空间、线性变换和群、环、域等方面的概念和知识，能够熟练地完成各种矩阵的运算，并且最好预先学习过信号与系统、数字信号处理、通信系统、计算机体系结构等相关课程，鼓励读者学习图像和视频处理方面的其他教材，这样对理解和掌握本书的知识要点会有极大帮助，否则会感到非常吃力。

本书在翻译和出版过程中，得到了清华大学出版社编辑们的鼎力支持和帮助，没有她们的正确引导和所做的细致工作，本书不可能成功付梓，在此表示感谢！本书所有章节由陈青华、张龙杰、王诚成翻译，参与本次翻译的还有董庆超、杨林、洪贝、司维超、王永生和姚刚，在此也一并表示感谢。

FPGA 正日渐深入并影响我们的生活，目前本书已更新至第 4 版，前 3 版的译者刘凌老师以其扎实的学术功底和极高的翻译水平，真实展现了原版的内容。在翻译第 4 版的过程中我们也力求在忠于原文的情况下再现原书风貌，但由于水平有限，在翻译中定有不妥之处，敬请广大读者提供反馈意见，读者可以将意见发送到 daniancqh@126.com，我们会仔细查阅读者发来的每一封邮件，以求进一步提高今后译者的质量。

译者

第1版前言

正如可编程数字信号处理器(Programmable Digital Signal Processor，PDSP)在近 20 年前出现时的情形一样，如今，现场可编程门阵列(Field Programmable Gate Array，FPGA)正处于革命性的数字信号处理技术的前沿。过去，前端的可编程数字信号处理(Digital Signal Processing，DSP)算法(如 FFT、FIR 和 IIR 滤波器)都是利用 ASIC 或 PDSP 构建的，但现在大多为 FPGA 所代替。现代的 FPGA 系列为快速进位链(Xilinx Virtex、Altera FLEX)提供 DSP 算法支持，快速进位链用于以快速、低系统开销、低成本实现乘-累加(Multiply-Accumulate，MAC)[1]。以前的 FPGA 系列大多面向 TTL“胶合逻辑”，没有 DSP 函数需要的大量的门数量。这些前端算法的有效实现就是本书要讲解的主要内容。

在 21 世纪初，我们就看到，两个可编程逻辑器件(Programmable Logic Device，PLD)的市场领导者(Altera 和 Xilinx)都宣称获得了超过 10 亿美元的收入。在过去 10 年中，FPGA 一直保持 20%以上的稳步增长速度，超过 ASIC 和 PDSP 10%以上。这源于 FPGA 具有许多与 ASIC 相同的功能，比如，在规模、重量和功耗等方面都降低了，同时还具有更高的吞吐量、防止非授权复制的更高安全性、降低了器件和开发的成本，并且还降低了电路板测试成本。此外，还声称具有优于 ASIC 的优势，例如，开发时间的缩短(快速原型设计)、在电路中的可重复编程性、更低的 NRE 成本。对于需求少于 1000 个单元的解决方案，还可以产生更为经济的设计。与 PDSP 相比，FPGA 设计通常采用并行性，例如，实现多重乘-累加调用效率、消除零乘积项以及流水线操作，也就是每个 LE 都有一个寄存器，这样流水线操作就不再需要额外的资源了。

在 DSP 硬件设计领域中的另一个趋势就是从图形设计入口转向硬件描述语言(Hardware Description Language，HDL)。尽管很多 DSP 算法可以用“信号流程图”来描述，但是现在已经发现采用基于 HDL 的设计入口，其“代码复用率”大大高于图形化设计入口的“代码复用率”。这就对 HDL 设计工程师提出了更高的要求，我们已经在本科生的课堂上开设了采用 HDL 进行逻辑设计的课程[2]。但是现在有两种流行的 HDL 语言。美国西海岸和亚洲地区倾向于采用 Verilog，而美国东海岸和欧洲地区则常使用 VHDL。对于用 FPGA 实现 DSP，两种语言似乎都非常适用，尽管一些 VHDL 示例更容易阅读，这主要是因为在 IEEE VHDL 1076-1987 和 1076-1993 标准中支持有符号算术和乘/除运算。这一差距有望在新的 Verilog IEEE 1364-1999 标准获得批准之后消失，这一标准也包括有符号算术。其他的约束条件可能包括个人的偏爱、EDA 库和工具包的可用性、数据类型、可读性、性能和采用 PLI 进行语言扩展，以及商业、企业和市场因素等[3]。工具提供商目前都支持这两种设计语言，而且这两种设计语言都适用于本书所采用的示例。

我们现在还是比较幸运的，因为不同来源的“基准”HDL 编译器基本上对于教学应用来说都是免费的。在本书中，我们就享受了这样的优惠。本书提供学习资料和 Altera 最新的 MaxPlus Ⅱ软件，该软件提供了一整套设计工具，包括区分内容的编辑器、编译器、仿真器以及位流生成器或比特流生成器。本书给出的所有示例都是用 VHDL 和 Verilog 语言编写的，应该很容易适应于其他专用的设计入口系统。不需要在 VHDL 或 Verilog 代码中做任何改动，Xilinx 的“基础系列”、ModelTech 的 ModelSim 编译器和 Synopsys FC2 或 FPGA 编译器都可以运行。

本书结构是这样安排的。第 1 章首先简要介绍当前的 FPGA 技术，以及用于设计先进 DSP 系统的器件和工具。它还给出一个有关频率合成器的详细案例研究，包括编译步骤、仿真、性能评估、功耗估算和平面布置图。这一案例研究是后续章节中 30 多个设计示例的基础。第 2 章着眼于计算机算法方面，包括可行的 DSP FPGA 算法的数字表示方式，以及诸如加法器、乘法器或积之和计算等基本构造模块的实现。在这一章的结尾，还讨论了对 FPGA 非常有用的两个计算机算法概念：分布式算法(Distributed Arithmetic，DA)和 CORDIC 算法。第 3 章和第 4 章将研究 FIR 和 IIR 滤波器的理论和实现。我们将回顾如何确定滤波器的系数，并讨论针对规模或速度优化的可能实现。第 5 章涵盖许多应用于多级数字信号处理系统的概念，例如抽取、插值和滤波器组，第 5 章的结尾还讨论采用双信道滤波器组实现小波处理器的多种可能性。第 6 章讨论最重要的 DFT 和 FFT 算法的实现，主要包括 Rader、chirp-*z* 和 Goertzel DFT 算法，以及 Cooley-Tukey、Good-Thomas 和 Winograd FFT 算法。第 7 章介绍更为专用的算法。与 PDSP 相比，这对改进的 FPGA 实现可能具有更大的潜力。这些算法包括数论变换、密码术算法和错误校正，以及通信系统的实现。附录包括 VHDL 和 Verilog 语言概述，以及 Verilog HDL 的示例，并简要介绍本书学习资料中包含的实用程序。

致谢

本书基于以下资源编写：我在达姆施塔特工业大学为四年级学生讲授的 FPGA 通信系统设计课程；本人的早期(德语)著作；我在达姆施塔特工业大学和佛罗里达大学(盖恩斯维尔)指导的超过 60 篇硕士论文。感谢所有在实验室和各种学术会议中帮助我一起探讨关键性问题的同事。特别感谢：M. Acheroy、D. Achilles、F. Bock、C. Burrus、D. Chester、D. Childers、J. Conway、R. Crochiere、K. Damm、B. Delguette、A. Dempster、C. Dick、P. Duhamel、A. Drolshagen、W. Endres、H. Eveking、S. Foo、R. Games、A. Garcia、O. Ghitza、B. Harvey、W. Hilberg、W. Jenkins、A. Laine、R. Laur、J. Mangen、J. Massey、J. McClellan、F. Ohl、S. Orr、R. Perry、J. Ramirez、H. Scheich、H. Scheid、M. Schroeder、D. Schulz、F. Simons、M. Soderstrand、S. Stearns、P. Vaidyanathan、M. Vetterli、H. Walter 和 J. Wietzke。

感谢我的学生花费了无数个钟点实现我的一些 FPGA 设计想法。特别感谢：D. Abdolrahimi、E. Allmann、B. Annamaier、R. Bach、C. Brandt、M. Brauner、R. Bug、J. Burros、M. Burschel、H. Diehl、V. Dierkes、A. Dietrich、S. Dworak、W. Fieber、J. Guyot、T. Hattermann、T. Häuser、H. Hausmann、D. Herold、T. Heute、J. Hill、A. Hundt、R. Huthmann、T. Irmler、M. Katzenberger、S. Kenne、S. Kerkmann、V. Kleipa、M. Koch、T. Krüger、H. Leitel、J. Maier、

A. Noll、T. Podzimek、W. Praefcke、R. Resch、M. Rösch、C. Scheerer、R. Schimpf、B. Schlanske、J. Schleichert、H. Schmitt、P. Schreiner、T. Schubert、D. Schulz、A. Schuppert、O. Six、O. Spiess、O. Tamm、W. Trautmann、S. Ullrich、R. Watzel、H. Wech、S. Wolf、T. Wolf 和 F. Zahn。

关于本书的英文版本，我要感谢我的妻子 Anke Meyer-Bäse 博士、来自佛罗里达大学(盖恩斯维尔)的 J. Harris 和 Fred Taylor 博士，以及来自 Springer 的 Gainesville 和 Paul Degroot。

在资金支持方面，特别感谢 DAAD、DFG、欧洲空间机构和 Max Kade 基金会。

如果读者发现了错误或者有任何关于本书的改进意见，请发邮件到 Uwe.Meyer-Baese@ieee.org，或者通过出版商联系我。

Uwe Meyer-Baese

塔拉哈西，2001 年 5 月

第2版前言

新版的书总会跟上本领域内的最新发展趋势，同时还会修订前几版中的一些错误。为此，本书在第 2 版中进行了如下改进：

- 为本书设置了一个网站，网址为 www.eng.fsu.edu/~umb。该网站还提供了用 FPGA 实现 DSP 的其他信息、有用链接，以及与设计相关的其他支持，如代码生成器和其他文档。
- 更正了第 1 版中的错误。可以从本书的网站或 Springer 网站 www.springer.de 的网页上下载本书第 1 版的勘误表。进入 Springer 网站后搜索 Meyer-Baese 即可。
- 第 2 版新增了 100 多页内容，主要包括：
  - 串行除法器和阵列除法器的设计。
  - 完整的浮点库文件的说明。
  - 新增内容还包括第 8 章关于自适应滤波器的设计。
- Altera 当前的学生版已从 9.23 更新到 10.2，所有设计示例、规模和性能测定，也就是说，很多表和图已经被 Altera 的大学开发板 UP2 的 EPF10K70RC240-4 器件编译过。配有 EPF10K20RC240-4 的 Altera 的 UP1 开发板已不再使用。
- 可以从 Amazon 网站获取本书第 1 版(有超过 65 个练习和 33 个其他的设计示例)的答案手册。第 2 版还增加了一些新的(超过 25 个)作业练习。

致谢

感谢我的同事和学生对第 1 版的反馈，这些反馈意见帮助本书不断改进。特别感谢 P. Ashenden、P. Athanas，D. Belc、H. Butterweck、S. Conners、G. Coutu、P. Costa、J. Hamblen、M. Horne、D. Hyde、W. Li、S. Lowe、H. Natarajan、S. Rao、M. Rupp、T. Sexton、D. Sunkara、P. Tomaszewicz、F. Verahrami 和 Y. Yunhua。

关于 Altera，我要感谢 B. Esposito、J. Hanson、R. Maroccia、T. Mossadak 和 A. Acevedo(现在还包括 Xilinx)，感谢他们提供的软硬件支持以及对本书学习资料提供的数据表和 MaxPlus II 的许可。

关于出版商(Springer-Verlag)，我要感谢 P. Jantzen、F. Holzwarth 和 Dr. Merkle 这几年的鼎力支持。

第 1 版的巨大成功和飞涨的销量令我感到振奋。我希望新的版本能够对读者朋友更有帮助。如果读者有任何关于本书的改进意见，请发邮件到 Uwe.Meyer-Baese@ieee.org，或者通过出版商联系我，本人将不胜感激。

Uwe Meyer-Baese
塔拉哈西，2003 年 10 月

第3版前言

FPGA 仍旧是快速创新的领域，我非常高兴 Springer-Verlag 公司给我这个机会将 FPGA 领域的最新发展囊括到本书的第 3 版中。本版新增了总计 150 多页全新的理念和当前的设计方法。第 3 版的创新主要包括以下几方面：

- 现在许多 FPGA 都包含嵌入式 18 位×18 位乘法器，因而推荐在以 DSP 为主的应用中使用这些器件，因为嵌入式乘法器可以节省很多 LE。例如，在本版的所有示例中都用到的 Cyclone II EP2C35F672C6 器件就具有 35 个 18 位×18 位乘法器。
- MaxPlus II 软件不再更新，新的器件(如 Stratix 和 Cyclone)仅在 Quartus II 中受支持。本书中所有新旧示例目前均通过 Quartus 6.0 针对 Cyclone II EP2C35F672C6 器件编译。从 Quartus II 6.0 起，整数是以最小负整数(类似于 ModelSim 仿真器)而不再是 0 进行默认初始化，因而本书第 2 版中完全相同的例子将无法在 Quartus II 6.0 下运行。所提供的 tcl 脚本允许所有示例的评估也可以用于其他器件。由于下载 Quartus II 需要的时间比较长，本书提供书中用到的 Quartus II 6.0 网络版。
- 新器件的功能也允许使用很多 MAC 调用的设计。本书新增了一节(2.9 节)，讲述关于基于 MAC 的三角、指数、对数和平方根的函数逼近。
- 为进一步缩短产品投放市场的时间，FPGA 供应商提供了可以很容易引用到新设计项目的知识产权保护(Intellectual Property，IP)内核。本书也解释了 IP 模块如何用于 NCO、FIR 滤波器和 FFT 的设计。
- 采样速率的任意变化是多重速率系统中常见的问题，5.6 节给出了几种解决方案，包括 B 样条、MOMS 和 Farrow 类型转换器的设计。
- 基于 FPGA 的微处理器已经成为 FPGA 供应商的重要 IP 模块。尽管不具备自定义算法设计一样的高性能，但通过微处理器算法的软件实现通常需要的资源更少。新增的第 9 章涵盖了从软件工具到硬核和软核微处理器的许多方面，并开发了带有汇编程序和 C 编译器的一个完整的示例处理器。
- 本书新增了 107 道练习，答案手册可以从 www.amazon.com 以成本价购得。
- 最后特别感谢读者 Harvey Hamel，他发现了许多错误，这些错误已经总结在本书第 2 版的勘误表中，贴在本书的主页上。

致谢

在一些相关讨论中，很多同事和同学提出了反馈意见，并再次帮助我对本书的第 2 版进行改进。感谢：P. Athanas、M. Bolic、C. Bentancourth、A. Canosa、S. Canosa、C. Chang、J. Chen、T. Chen、J. Choi、A. Comba、S. Connors、J. Coutu、A. Dempster、A. Elwakil、

T. Felderhoff、O. Gustafsson、J. Hallman、H. Hamel、S. Hashim、A. Hoover、M. Karlsson、K. Khanachandani、E. Kim、S. Kulkarni、K. Lenk、E. Manolakos、F. Mirzapour、S. Mitra、W. Moreno、D. Murphy、T. Meißner、K. Nayak、H. Ningxin、F.von Münchow-Pohl、H. Quach、S. Rao、S. Stepanov、C. Suslowicz、M. Unser、J. Vega-Pineda、T. Zeh、E. Zurek。

特别感谢来自 EPFL 的 P. Thévenaz 帮助实现了任意采样速率变化条件下的最新改进。

受洪堡奖资助，在德国暑期调研期间，来自位于 RHTH Aachen 的国际空间站的同事花费了大量时间和精力帮助我学习 LISA，在此要感谢他们。特别要感谢 H. Meyr、G. Ascheid、R. Leupers、D. Kammler 和 M. Witte。

关于 Altera，我要感谢 B. Esposito、R. Maroccia 和 M. Phipps，感谢他们提供的软硬件支持以及对随书提供的数据表和 MaxPlus II 的许可。关于 Xilinx，我要感谢 NSF CCLI 项目中 J. Weintraub、A. Acevedo、A. Vera、M. Pattichis、C. Sepulveda 和 C. Dick 提供的软硬件支持。

关于出版商(Springer-Verlag)，我要感谢 Baumann 博士、Merkle 博士、M.Hanich 和 C. Wolf，感谢他们提供了出版本书更加实用的第 3 版的机会。

如果读者有任何关于本书的改进意见，请发邮件到 Uwe.Meyer-Baese@ieee.org，或者通过出版商联系我，本人将不胜感激。

Uwe Meyer-Baese

塔拉哈西，2007 年 5 月

第4版前言

近年来，FPGA 的复杂性不断提高，现在我们可以用单个 FPGA 构建大型的 DSP 系统。新型的元件现在包含数以百计的嵌入式乘法器和大容量片上存储器。由于之前版本主要研究优化系统的规模，目前系统设计问题就变得尤为重要。关于此类问题的研究可以用更大规模的任务来实现，例如 PCA(主成分分析)或 ICA(独立分量分析)算法、图像和视频处理系统或者本版中讨论的新的 256 点 FFT 设计。本版新增了总计 150 多页内容，包括 11 个全新的系统设计理念，其中一些有超过 100 个嵌入式乘法器的需求。第 4 版的创新主要包括以下几方面：

- 本书中的 HDL 仿真现在由 Altera 强大的 ModelSim 仿真器和 Xilinx 所设计的 ISIM 仿真器来实现。
- 对于系统的设计，很多试验台数据现在由 MATLAB 或 SIMULINK 提供。
- 介绍了新的使用 VHDL-2008 定点和浮点运算 IEEE 库的系统级设计。
- 比较了直接全通 IIR 滤波器、双二阶滤波器、网格滤波器和波数字滤波器。
- 实现了 ICA 和 PCA 算法。
- 讨论并采用 HDL 实现了将 A 律、ADPCM 转换为 MP3 的语音和音频压缩方法。
- 基于 HDL 和嵌入式微处理器讨论了用于边缘检测和中值滤波的图像处理算法。
- 讨论了使用具有自定义指令的微处理器的运动补偿的视频处理。
- 提供来自 Altera 和 Xilinx 的 SIMULINK 工具箱的设计实例以及支持 Xilinx ISE 和 ISIM 仿真。
- 更新和错误修复报告将发布在以下网页：www.eng.fsu.edu/ ~umb。

致谢

在一些相关讨论中，很多同事对第 3 版提出了反馈意见，并再次帮助我对本书进行改进。感谢：R. Adhami、M. Abd-EI-Hameed、C. Allen、S. Amalkar、A. Andrawis、G. Ascheid、P. Athanas、S. Badave、R. Badeau、S. Bald、A. Bardakcioglu、P. Bendixen、C. Betancourth、R. Bhakthavatchalu、G. Birkelbach、T. Borsodi、F. Casado、E. Castillo、O. Calvo、P. Cayuela、A. Celebi、C. -H. Chang、A. Chanerley、K. Chapman、I. Chiorescu、G. Connelly、S. Connors、J. Coutu、S. Cox、S. David、R. Deka、A. Dempster、J. Domingo、A. Elias、F. Engel、R. van Engelen、H. Fan、S. Foo、T. Fox、M. Frank、J. Gallagher、A. Garcia、M. Gerhardt、A. Ghalame、G. Glandon、S. Grunwald、A. Guerrero、W. Guolin、O. Gustafsson、H. Hamel、S. Hashim、S. Hedayat、D. Hodali、S. Hong、K. Huang、F. Koushanfar、M. Kumm、M. Krishna、H. LeFevre、R. Leupers、S. Liljeqvist、A. Littek、A. Lloris、M. Luqman、V. Madan、M. Manikandan、

J. Mark、B. McKenzie、H. Meyr、P. Mishra、A. Mitra、I. Miu、J. Moorhead、S. Moradi、F. Munsche、Z. Navabi、L. Oniciuc、B. Parhami、S. Park、L. Parrilla、V. Pedroni、R. Pereira、R. Perry、A. Pierce、F. Poderico、G. Prinz、D. Raic、N. Rafla、S. Rao、N. Relia、F. Rice、D. Romero、D. Sarma、P. Sephra、W. Sheng、T. Taguchi、N. Trong、C. Unterrieder、G. Wall、G. Vang、Y. Wang、R. Weihua、J. Wu、J. Xu、O. zavala-Romero、P. Zipf、D. Zhang、L. Zhang、M. Zhang。

特别感谢我的(使用 FPGA 的 EEL5722 DSP)春季班的同学。感谢 Nick Stroupe 在 DWT 去噪项目、Ye Yang 在 LPC 项目、Soumak Mookherjee 在 256 点 FFT 项目、Naren Nagaraj 在全通滤波器项目、Venkata Pothavajhala 在双二阶浮点设计、Haojun Yang 在网格滤波器设计，以及 Crispin Odom 在 ICA 项目和 MS 论文中所做的工作。

特别感谢马德里大学的 Guillermo Botella 和 Diego González 在图像和视频处理章节中给予的帮助。

同样还要特别感谢 David Bishop 和 Huibert Lincklaen 对本书学习资料中使用他们的库的许可。

关于 Altera，我要感谢 Ben Esposito、M. Phipps、Ralene Maroccia、Blair Fort 和 Stephen Brown，感谢他们提供的软硬件支持。在 Xilinx 支持方面，A. Vera、M. Pattichis、Craig Kief 和 Parimal Patel。

关于出版商(Springer-Verlag)，我要感谢 Baumann 博士的耐心帮助，他提供了对本书进行更新的宝贵机会。

如果读者有任何关于本书的改进意见，请发邮件到 Uwe.Meyer-Baese@ieee.org，或者通过出版商联系我，本人将不胜感激。

Uwe Meyer-Baese

塔拉哈西，2014 年 1 月

目　　录

第1章
绪　论

本章概述将要在本书中研究的算法和技术。首先简要介绍一下数字信号处理技术，然后重点讨论 FPGA 技术。最后研究 Altera 的 EP4CE115F29C7 片和一个包含了芯片合成、时序分析、平面布局和功耗分析的大型设计示例。

1.1　数字信号处理技术概述

长期以来，信号处理技术一直用于转换和产生模拟或数字信号。其中最常见的应用就是信号的滤波，第 3 章和第 4 章将讨论这一问题。此外，从数据通信、语音、音频、生物医学信号处理到检测仪器仪表、机器人技术等诸多领域中，都广泛地应用了数字信号处理(Digital Signal Processing，DSP)技术。表 1-1 给出了 DSP 技术的一些应用概况[6]。

表 1-1　数字信号处理的应用

应 用 领 域	DSP 算法
通用领域	滤波和卷积、自适应滤波、检测和校正、谱估计和傅立叶变换
语音处理	编码和解码、加密和解密、语音识别和合成、扬声器识别、回声消除、人工耳蜗的信号处理
音频处理	hi-fi 编码和解码、噪声消除、音频平衡、环境声学仿真、混音和编辑、声音合成
图像处理	压缩和解压缩、旋转、图像传输与分解、图像识别、图像增强、人工视网膜的信号处理
信息系统	语音信箱、传真、调制解调器、移动电话、调制器/解调器、线路均衡器、数据加密和解密、数字通信和局域网、延拓频谱技术、无线局域网、广播和电视、生物医学信号处理
控制	伺服控制、磁盘控制、打印机控制、发动机控制、定向和导航、振动控制、电力系统监控器、机器人
仪表设备	波束成型、波形发生器、瞬态分析、稳态分析、科学仪器设备、雷达和声呐

数字信号处理(DSP)已经发展成为一项成熟的技术，并且在许多应用领域逐步取代了传统的模拟信号处理系统。DSP 系统具有如下几项优点：数字元器件对温度变化、老化以

及对元件容差不敏感。在过去，模拟芯片设计可以生产出很小体积的芯片，可是发展到今天，随着现代亚微米设计所带来的噪声，使得数字设计在集成度方面可以比模拟设计做得更好。紧凑、低功耗并且低成本的数字设计产品就应运而生了。

有两个事件加速了 DSP 技术的发展。其一是 Cooley 和 Tukey(1965 年)揭示了一种计算离散傅立叶变换(Discrete Fourier Transform，DFT)的有效算法。第 6 章将详细讨论这类算法。另一个里程碑就是可编程数字信号处理器(Programmable Digital Signal Processor，PDSP)在 20 世纪 70 年代后期的引入，第 9 章将详细讨论该内容。这种 PDSP 能够在仅仅一个时钟周期内完成(定点数)“乘-累加”的计算，与同一时代以“冯 • 诺伊曼”(Von Neuman)式微处理器为基础的系统相比有着本质上的改进。现代的 PDSP 可以包含更加复杂的功能，例如：浮点数乘法器、桶式移位器、存储器组以及零架空的 A/D 和 D/A 转换器接口。EDN 每年都会出版一份有关可用的 PDSP 的详细综述[7]。在研究了 FPGA 的体系结构之后，第 2 章和第 9 章将继续研究 PDSP。

图 1-1 给出了一个借助于数字信号处理系统实现过去由模拟系统实现的典型应用示例。模拟输入信号通过一个模拟抑混叠滤波器进入系统，该滤波器的阻带起始于采样频率 f_s 的一半，用于抑制采样过程中出现的异常镜像频率。随后是模拟数字转换器(Analog-to-Digital Converter，ADC)，通常由采样和保持以及量化(和编码)电路构成。接下来由数字信号处理电路执行与模拟系统中相同的处理过程。然后就可以进一步处理或存储(例如在 CD 上)数字化处理的数据，也可以通过数字模拟转换器(Digital-to-Analog Converter，DAC)生成等价于模拟系统输出的模拟输出信号(如音频信号)。

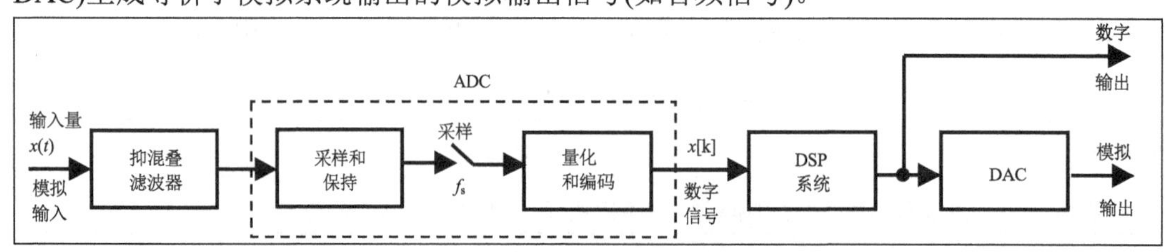

图 1-1 一个典型的 DSP 应用示例

1.2 FPGA 技术

VLSI(Very Large Scale Integration，超大规模集成电路)可以按图 1-2 进行分类。FPGA 属于现场可编程逻辑(Field Programmable Logic，FPL)器件。FPL 被定义为如下可编程器件：包含可反复使用字段的小规模逻辑模块和元件的可编程器件[1]。鉴于 FPGA 是专用的集成电路，所以该技术可以认为是一种专用集成电路(Application Specific Integrated Circuit，ASIC)技术。但是，通常假设典型 ASIC 电路的设计需要额外的半导体处理步骤，而 FPL 则不需要这些步骤。这些额外的处理步骤能够为更高阶的 ASIC 提供性能和能耗优势，但

1. Xilinx 称之为片或可配置逻辑模块(Configurable Logic Block，CLB)，Altera 称之为逻辑单元(LC)、逻辑元素(LE)或自适应逻辑模块(ALM)。

同时也带来了高额的一次性工程成本(Non Recurring Engineering，NRE)。在40纳米级别，NRE成本大约是400万美元[8]。另一方面，门阵列通常由“NAND门海”构成，用户在“网表”(wire list)中定义其功能属性。在整个制造过程中都要使用这一网表，以便获得最终明确清晰的金属层布线。但可编程门阵列解决方案的设计人员可以完全控制设计的实现过程，而不需要任何实际的集成电路制造设备，也不会因为后者而延缓设计进度。1.3节给出了FPGA/ASIC更详细的比较。

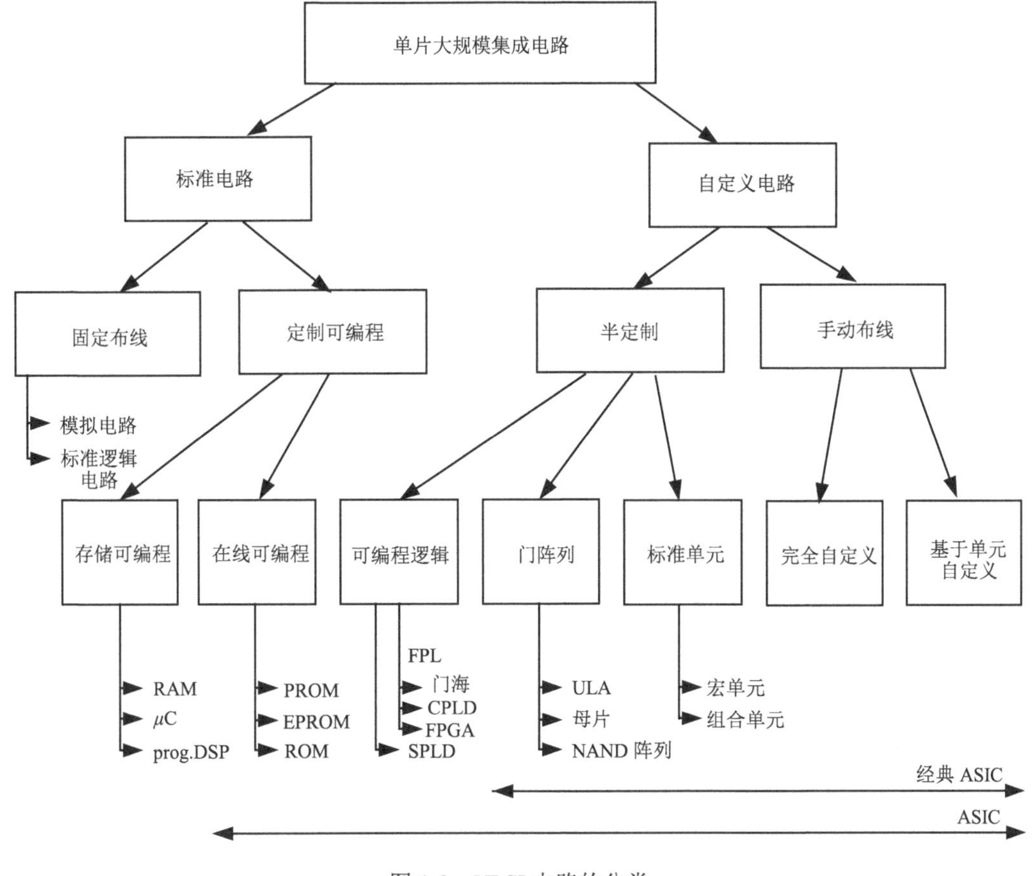

图1-2　VLSI电路的分类

1.2.1　按颗粒度分类

逻辑模块规模与器件的颗粒度相关，而器件的颗粒度又与模块之间需要完成的布线(路由通道)工作量相关。通常，3种不同颗粒度分类如下：

- 小颗粒度(Pilkington或“门海”体系结构)
- 中等颗粒度(FPGA)
- 大颗粒度(CPLD)

1. 小颗粒度器件

由Pilkington半导体公司提供的小颗粒度元器件最初获得了Plessey公司和Motorola

公司的许可证。基本逻辑单元包括一个单一“与非”(NAND)门和一个锁存器(请参考图 1-3)。因为采用“与非”门可以实现任何二进制逻辑函数(请参阅练习 1-1)，所以“与非”门被称作通用函数。这一技术连同已被认可的逻辑合成工具(如 ESPRESSO)一起，还应用于门阵列的设计之中。门阵列的与非门之间的布线采用额外的金属层来实现。但对于可编程的体系结构，这就成为一个瓶颈，因为与已经实现的逻辑函数相比，它对布线资源的利用率非常高。此外，构建一个简单的 DSP 对象就需要大量的“与非”门。例如：一个高速的 4 位加法器就要用大约 130 个“与非”门。这使得小颗粒度技术在实现大多数 DSP 算法时并没有什么吸引力。

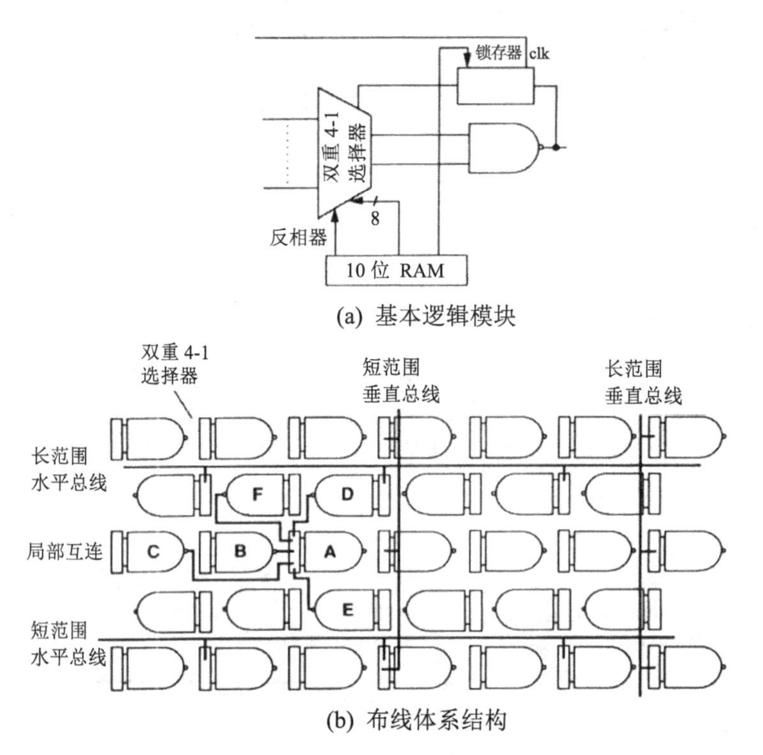

图 1-3　具有 10K 个“与非”逻辑模块的 Plessey ERA60100 体系结构(© Plessey[9])

2. 中等颗粒度器件

最常见的 FPGA 体系结构如图 1-4(a)所示。图 1-1 与图 1-12 给出了一个当前中等颗粒度 FPGA 器件的具体示例。具有代表性的基本逻辑模块是小规模的表(典型的具有 4 位或 5 位的输入表，1 位或 2 位的输出)或由专用的多路复用器(MPX)逻辑来实现，比如在 Actel 的 ACT-2 器件中所使用的 MPX[10]。布线通道的选择范围是从短到长。带有触发器的可编程 I/O 模块就附在器件的物理边缘。

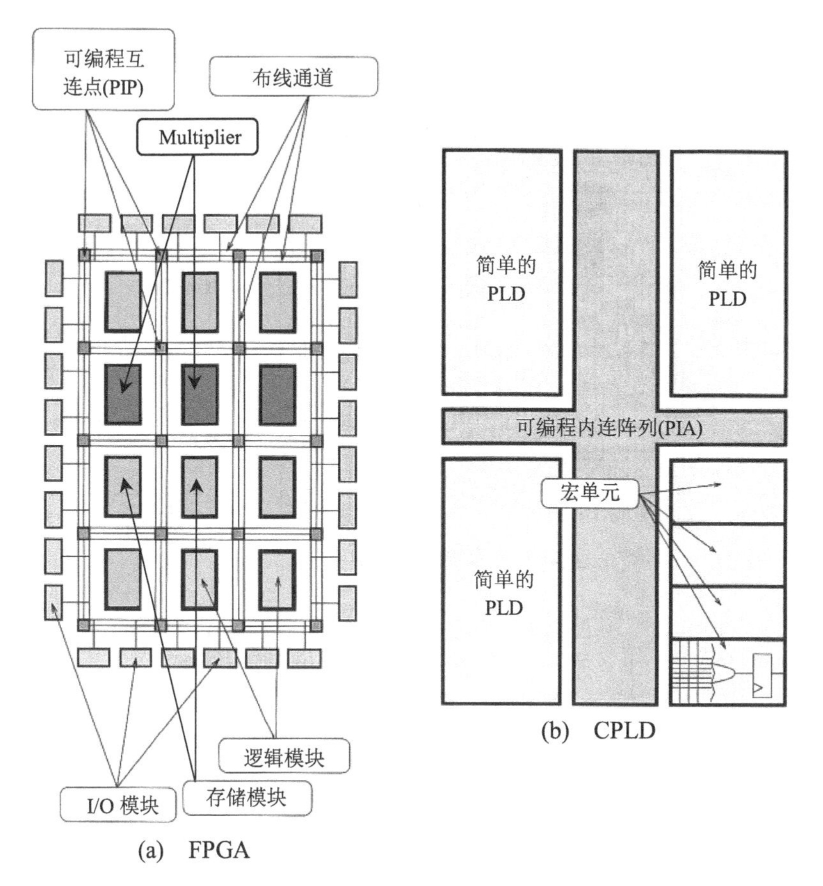

图 1-4　FPGA 和 CPLD 的体系结构

3. 大颗粒度器件

图 1-4(b)给出了大颗粒度器件(如复杂可编程逻辑器件(Complex Programmable Logic Device, CPLD)的特征。这些复杂的可编程逻辑器件(CPLD)可以定义成由简单的可编程逻辑器件(Simple Programmable Logic Device, SPLD)组成，如图 1-5 所示的典型 GAL16V8 芯片。该 SPLD 芯片由一个充当与/非阵列的可编程逻辑阵列和一个通用 I/O 逻辑模块组成。通常，CPLD 中的 SPLD 具有 8 到 10 个输入端，3 或 4 个输出端，并且支持大约 20 个乘积项。在这些 SPLD 模块之间的宽总线(Altera 称之为可 PIA)上延时很短。通过将总线与固定的 SPLD 的时序结合起来，就能为 CPLD 提供引脚之间可预先计算的短暂延迟。

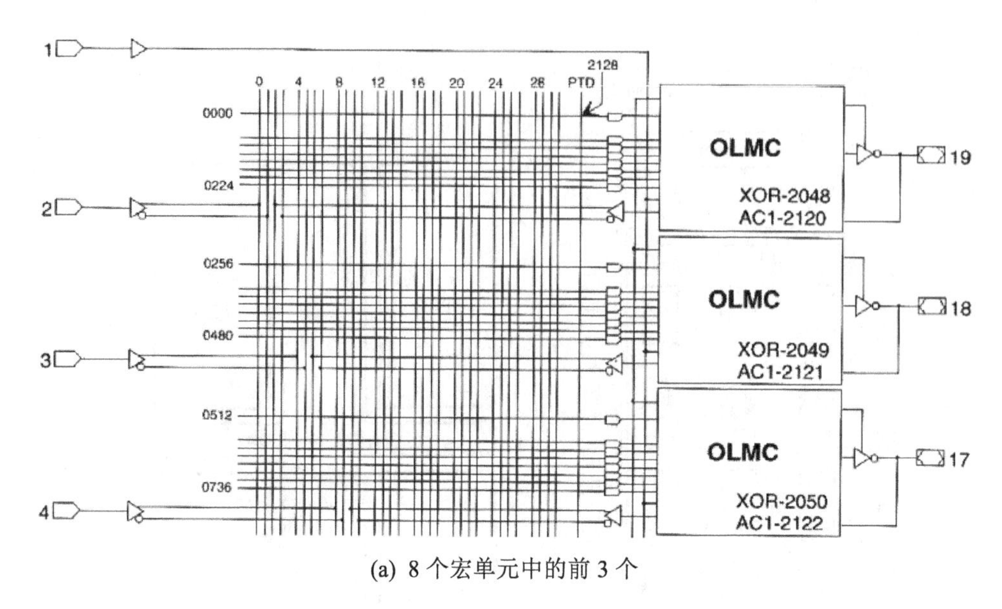

(a) 8 个宏单元中的前 3 个

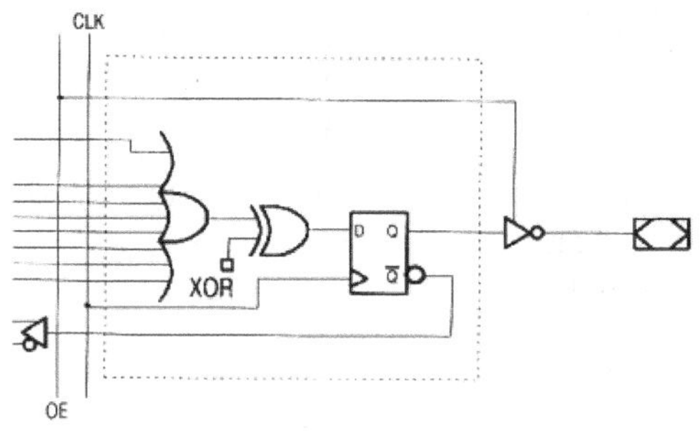

(b) 输出逻辑宏单元(OLMC)

图 1-5 GAL16V8(© Lattice[11])

1.2.2 按技术分类

实际上，FPL 几乎可用于所有存储技术(SRAM、EPROM、E^2PROM 和抑熔断技术[12])。根据具体的技术可以将器件定义为可重复编程或一次性编程。大多数 SRAM 器件都可以通过单比特流来编程，从而降低了布线要求，但是也相应地增加了编程的时间(通常在毫秒(ms)级范围)。FPGA 的主导技术——SRAM 器件基于静态 CMOS 存储技术，并且在系统上可编程和可重复编程。然而，它们还需要一个外部“引导”器件用于配置。由于电可编程只读存储器(Electrically Programmable Read-Only Memory，EPROM)需要用紫外线照射来擦除，因此经常用在一次性 CMOS 可编程模式中。CMOS 电可擦可编程只读存储器(Electrically Erasable Programmable Read-Only Memory, E^2PROM)可以用作可重复编程和系统编程器件。EPROM 和 E^2PROM 的建立时间都很短。因为编程信息不必下载到器件中，所以能够得到更好的保护，禁止未授权使用。近来出现了一种基于 EPROM 的，称为闪存(flash memory)的革新技术。这类器件通常被视为“页方式”的，具有更小的单元，在系统上可重复编程系统中，等同于 E^2PROM 器件。最后，在表 1-2 中简要地给出了不同器件对应技术的主要优缺点。

表 1-2 FPL 技术

技 术	SRAM	EPROM	E^2PROM	抑熔断	Flash
可重复编程	√	√	√	—	√
在系统上可编程	√	—	√	—	√
易失性	√	—	—	—	—
复制保护	—	√	√	√	√
产品示例	Xilinx 的 Spartan、Altera 的 Cyclone	Altera 的 MAX5K、Xilinx 的 XC7K	AMD 的 MACH、Altera 的 MAX 7K	Actel 的 ACT	Xilinx 的 XC9500、Cypress 的 Ultra 37K

1.2.3 FPL 的基准

为 FPL 器件提供客观的标准是一项重要的任务。通常要根据设计人员的经验和技巧以及设计工具的功能来预测其性能。为了确定有效的基准，Xilinx[13]、Altera[14]和 Actel[15]共同建立了可编程电子产品性能协议(Programmable Electronic Performance Cooperative, PREP)，到目前为止已经有 10 多个成员。PREP 已经为 FPL 建立了 9 种不同的基准，表 1-3 总结了这些标准。遵循基准是为了让每个厂商利用自己的器件和软件工具在指定的器件中尽可能多次地实现简单的模块，同时尽可能地提高速度。器件中相同逻辑模块的实例化次数被称作重复率(repetition rate)，这是所有基准的基础。相对于 DSP，表 1-3 中的第 5 个和第 6 个基准是相关联的。在图 1-6 中按照相对频率的形式给出了 Altera(A_k)和 Xilinx(x_k)系列典型 FPGA 与 CPLD 器件的重复率，这些器件通常用于大学开发板。这些并不总是可用的最大器件，但所有器件都通过基于网络版本设计工具的支持。Xilinx 的速度似乎更高，而 Altera 的 FPGA 则具有更大数量的重复。由此可以得出结论：与 CPLD 相比，现代的 FPGA 系列提供了最佳的 DSP 复杂度和最大速度。这要归结于现代器件提供了允许快速进位逻辑延迟(每比特小于 0.1 纳秒)的功能(请参阅 1.4.1 节)，不需要昂贵的“超前进位”译码器就可以提供多位宽的快速加法电路。尽管 PREP 基准对于比较等效门数和提高速度有用，但对于具体的应用，其他属性也非常重要。这些属性包括：

- 阵列乘法器(如 18 位×18 位、18 位×25 位)
- 封装(如球栅阵列、扁平封装、管脚阵列)
- 通过 DES 或 AES 构造数据流加密
- 嵌入式硬件微处理器(如 32 位的 ARM Cortex-A9)
- 片上大模块尺寸 RAM 或 ROM
- 片上快速 ADC
- 支持 ZBT、DDR、QDR、SDRAM 的外部存储器

- 引脚到引脚之间的延迟
- 内部三态总线
- 读回译码器或边界扫描译码器
- 可编程电压变化速度或 I/O 的电压
- 功耗
- ×1、×2 或×4 总线标准接口的 IP 硬核模块

表 1-3　FPL 的 PREP 基准

编 号	基 准 名 称	说　明
1	数据信道	8 个 4-1 乘法器驱动一个并行加载的 8 位移位寄存器(请参阅图 1-26)
2	定时器/计数器	通过 8 位数值寄存器对两个 8 位的数值进行定时和比较(请参阅图 1-27)
3	小型状态机	具有 8 个输入和 8 个输出的 8-状态机(请参阅图 2-64)
4	大型状态机	具有 40 个转换、8 个输入和 8 个输出的 16-状态机(请参阅图 2-65)
5	算法电路	4 位×4 位无符号乘法器和 8 位累加器(请参阅图 4-61)
6	16 位累加器	16 位累加器(请参阅图 4-62)
7	16 位计数器	可加载的二进制递增计数器(请参阅图 9-42)
8	16 位同步降值计数器	具有同步复位的可加载 16 位二进制计数器(请参阅图 9-42)
9	存储器映射器	16 位地址空间到 8 位地址空间的映射(请参阅图 9-43)

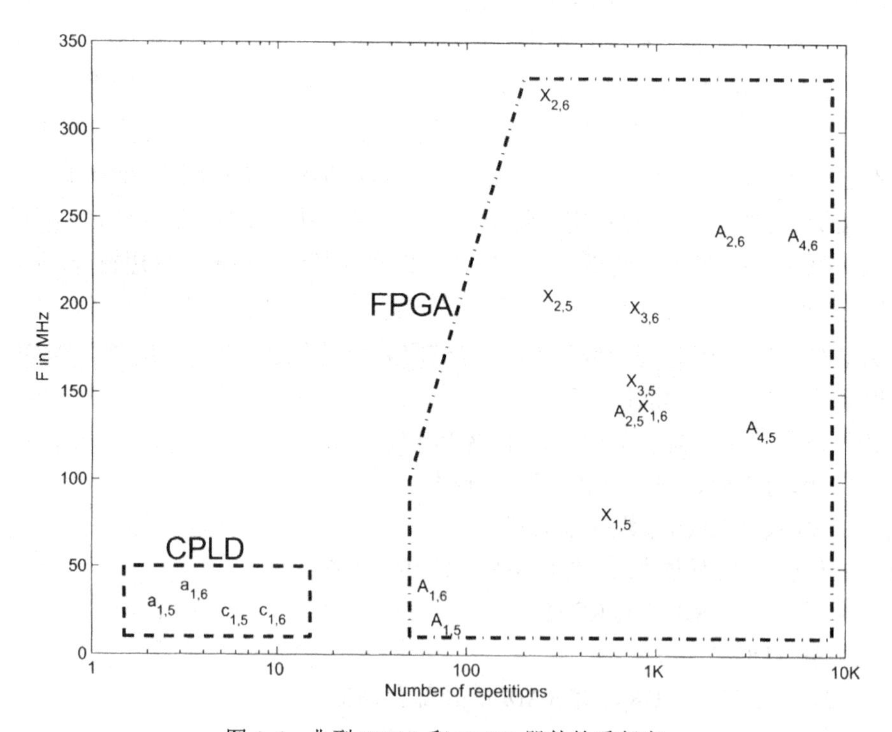

图 1-6　典型 FPGA 和 CPLD 器件的重复率

与其他功能相比，其中一些功能与DSP应用更加相关(这要取决于具体的应用)。表1-4和表1-5分别总结了Xilinx和Altera系列器件的某些关键功能的可用性。

第1列是器件系列名。第2至9列给出了(对于大多数DSP应用)相关功能：第2列为LUT地址输入(又称“扇入”)数量；第3列为嵌入式阵列乘法器大小；第4列为片上模块RAM大小(以Kbit为度量单位)；第5列为嵌入式微处理器：当前的Xilinx ZYNQ与Altera器件的32位ARM Cortex-A9；第6列为是否支持Xilinx器件的片上快速模/数转换(第6代Virtex：10位0.2MSPS；第7代：12位1MSPS)；第7列为该系列器件的价格和可用性，不再推出用于新产品的系列归为停产类，用m表示。低价器件标有$，而高价器件标有$$。第8列为该系列器件的生产日期；第9列为所用工艺技术(以nm为度量单位)。

当前Xilinx提供4类系列器件：Virtex系列在产品性能与功能方面领先；Kintex系列为DPS集中应用，且价格较低；Artix系列价格最低，取代了Spartan系列器件。另外，还提供了一种名为ZYNQ的嵌入式微处理器。包括一个或多个IBM PowerPC RISC处理器的Virtex-II、Virtex-4-FX或Virtex-5-FXT系列器件不再引入新设计。Xilinx器件有18位×18位或18位×25位阵列乘法器。目前大多数器件提供18Kbit或36Kbit存储。第6代Virtex增加了一个片上10位0.2MSPS快速ADC。第7代包括一个12位1MSPS双通道ADC，以附加传感器供电以及片上温度， 约17个传感器信号源用于ADC，参见图1-7(b)。需要注意的是，在许多开发软件的网络版中，只有Spartan系列是可用的，大多数其他器件需要Xilinx ISE软件的订购版。

表1-4 Xilinx FPGA系列DSP的功能

系列	功能							
	LUT扇入	嵌入式乘法器大小	BRAM大小/Kbit	嵌入式μP	快速A/D转换	价格/停产	年份	工艺流程/nm
Spartan 3	4	18×18	18	—	—	m	2003	90
Spartan 6	6	18×18	18	—	—	$	2009	45
Virtex 4	4	18×18	36	PPC	—	m	2004	90
Virtex 5	6	25×18	36	PPC	—	m	2006	65
Virtex 6	6	25×18	36	—	√	$$	2009	40
Artix 7	6	25×18	36	—	√	$	2010	28
Kintex 7	6	25×18	36	—	√	$$	2010	28
Virtex 7	6	25×18	36	—	√	$$	2010	28
ZYNQ-7K	6	25×18	36	ARM	√	$$	2011	28

表 1-5 Altera FPGA 系列 DSP 的功能

系 列	功 能							
	LUT 扇入	嵌入式乘法器大小	BRAM 大小/Kbit	嵌入式 μP	快速 A/D 转换	价格/停产	年份	工艺流程/nm
FLEX10K	4	—	4	—	—	m	1995	420
Cyclone	4	—	4	—	—	$	2002	130
Cyclone Ⅱ	4	18×18	4	—	—	$	2004	90
Cyclone Ⅲ	4	18×18	9	—	—	$	2007	65
Cyclone Ⅳ	4	18×18	9	—	—	$	2009	60
Cyclone Ⅴ	8	27×27	10	—	—	$	2011	28
Arria	8	18×18	576	—	—	$	2007	90
Arria Ⅱ	8	18×18	9	—	—	$	2009	40
Arria Ⅴ	8	27×27	10	ARM	—	$$	2011	28
Stratix	4	18×18	0.5、4、512	—	—	$$	2002	130
Stratix Ⅱ	8	18×18	0.5、4、512	—	—	$$	2004	90
Stratix Ⅲ	8	18×18	9、144	—	—	$$	2006	65
Stratix Ⅳ	8	18×18	9、144	—	—	$$	2008	40
Stratix Ⅴ	8	27×27	20	—	—	$$	2010	28

Altera 主要提供了三类 FPGA 器件：Stratix 系列性能最高，Arria 系列性能属于中等水平，Cyclone 系列器件在三个系列中成本最低、功率最小、密度最小、性能也最低。近来，器件逻辑模块大小从 4 路 LUT 输入增加到最大 8 路不同输入，这使其可以与建立两路输入加法器几乎相同的速度建立 3 路输入加法器。ALM 具有两个双稳态多谐振荡器、两个全加器、两个 4 输入 LUT、4 个 3 输入 LUT 以及多个多路复用器以保证 6 路输入功能得以实现，见图 1-7(a)。Altera 器件的嵌入式乘法器大小分别为 9 位×9 位、18 位×18 位、27 位×27 位。较大的乘法器可以通过以降低速度为代价将模块组合在一起进行建立。从第 5 代开始，3 个 9 位模块被组合成一个快速 27 位×27 位乘法器。存储器存储范围较广，从 0.5K、M4K、M9K、M10K、M144K，一直到 M512K。需要注意的是，在 Quartus II 开发软件的网络版 12.1 版中，只有 Cyclone 系列可用，而 Arria 和 Stratix 系列器件需要软件的订购版。

FPL 功耗是另一个重要特征，在移动应用中尤其如此。CPLD 通常具有较高的“备用”功耗。在高频应用中，预计 FPGA 的功耗会更高一些。1.4.2 节给出了更加详细的功率分析示例。

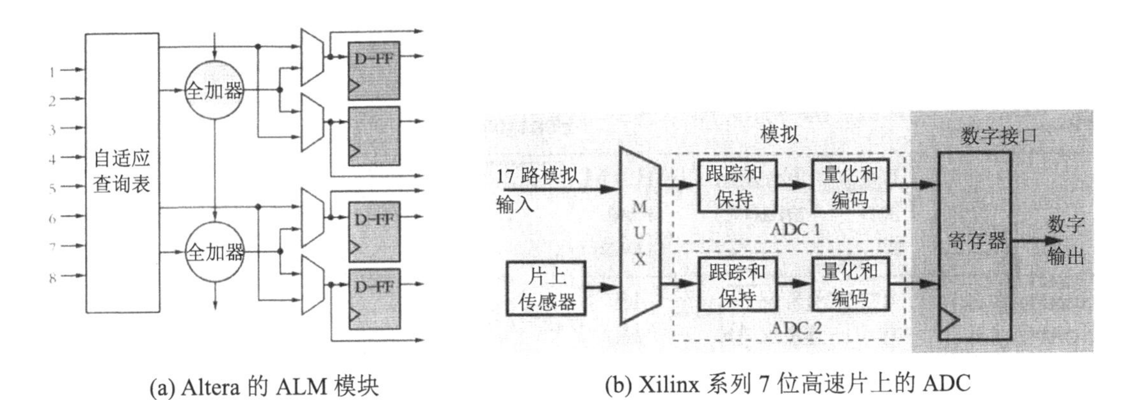

(a) Altera 的 ALM 模块 (b) Xilinx 系列 7 位高速片上的 ADC

图 1-7 最近的 FPGA 系列中所用的新的体系结构特征

1.3 DSP 的技术要求

图 1-8 给出了供应商提供的 PLD 市场占有份额。自 20 世纪 80 年代初期问世以来，在近 10 年 PLD 每年享有 20%的稳定增长率，超过 ASIC 增长率 10%以上。在 2001 年，全世界范围内微电子领域的衰退实质上延缓了 ASIC 和 FPLD 的发展。自 2003 年我们再一次看到两个市场领头羊迅猛增长(每年约 10%)。而 FPLD 胜过 ASIC 的原因部分在于 FPL 拥有许多和 ASIC 相同的优点，例如：

- 在尺寸、重量和功耗方面都有所降低
- 更高的吞吐量
- 更好的安全性能，可以禁止未授权的复制
- 降低了器件自身和开发的成本
- 降低了电路板的测试成本

而且还克服了 ASIC 的许多缺点：

- 缩短 3 到 4 倍的开发时间(快速原型设计)
- 在线可重复编程的能力
- 在少于 1000 个单元的解决方案中降低了 NRE 成本，从而可以得到更加经济的设计

CBIC ASIC 用在高端大批量(多于 1000 个副本)的应用中。与 FPL 相比较，典型的 CBIC ASIC 在相同的小片尺寸上有 10 倍以上的门个数。第二个问题的解决方案称为硬布线的 FPGA(Altera 命名为 HardCopy ASIC，Xilinx 命名为 EasyPath FPGA)，其中的门阵列用来实现已经验证的 FPGA 设计。

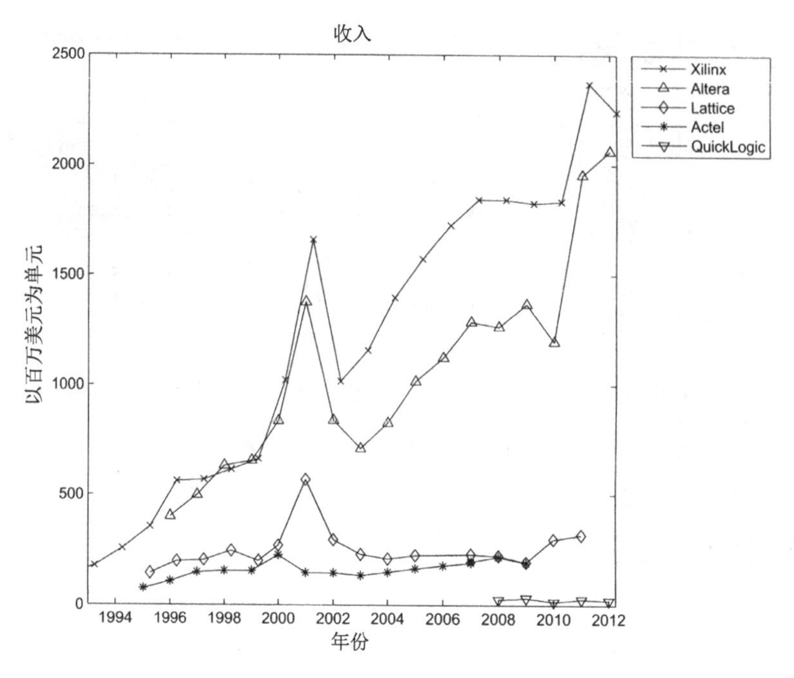

图 1-8　5 家主要厂商在 PLD/FPGA/CPLD 市场的收入

表 1-6　Stratix IV 和 TI PDSP 浮点乘法累加器性能对比

特　　征	Stratix IV	TI TMS320C6727B-350
F_{rmmax}	227MHz	350MHz
#器件	1	62
总 GFPMACS	43.5	43.4
总价(以 1000 美元为单位)	\$871	\$1 799(62×\$29.03)

FPGA 和可编程信号处理器

通用的可编程数字信号处理器(Programmable Digital Signal Processor, PDSP)[6, 16,17]在近 20 年里取得了巨大的成功。这些 PDSP 都是基于一种精简指令集计算机(Reduced Instruction Set Computer，RISC)范例的体系结构，至少由一个快速阵列乘法器(例如，16 位×16 位到 24 位×24 位定点数或 32 位浮点数)和一个已扩展字宽的累加器构成。PDSP 的优势源于大多数信号处理算法的乘-累加运算(Multiply And Accumulate, MAC)都非常频繁。通过多级流水线体系结构，PDSP 可以获得仅受阵列乘法器速度限制的 MAC 速度。第 9 章将详细介绍 PDSP。通常认为 FPGA 也能够用来实现 MAC 单元[18]，但是，如果 PDSP 能够满足 MAC 速度的需求，那么 PDSP 在成本方面将更具优势。另一方面，在许多高带宽的信号处理应用领域，如无线电、多媒体或卫星传输，FPGA 技术能够通过在一个芯片上集成多级 MAC 单元来提供更高的带宽。此外，在后续要讨论的 CORDIC、NTT 和差错校正算法等算法中，还可以进一步证明 FPL 技术要比 PDSP 更有效率。据称[19]，未来 PDSP 将主宰需要复杂算法(例如，多重 if-then-else 结构)的应用领域，而 FPGA 将主宰更多前端(传感器)应用，如 FIR 滤波、CORDIC 算法或 FFT，介绍这些内容就是本书的主旨。

FPGA 在成本和功耗方面多年前已超越定点 PDSP。近年来，FPGA 的浮点性能得到改进，特别是在电路板尺寸、功耗和成本方面，目前提供了一个有吸引力的替代浮点 PDSP 的解决方案。对于一个典型设计，表 1.6 列出了一些关键因素。显然，在如此大规模的设计中，与比较经典的浮点 PDSP 设计相比，FPGA 提供了显著改善。在表 1-6 所示的例子中，使用 FPGA 和 DSP 进行相同的千兆/秒浮点乘法—— 累加操作(Giga Floating-Point Multiply-ACcumulate operations per Second, GFPMACS)。对于一个可以用单 FPGA 的 DE4 大学开发板即可完成的任务，我们需要 62 浮点 PDSP 来实现(DE4 板通过大学项目约$1000 可以买到，DE4 的商业价格为$3000)。对于 Stratix IV 系列来说，单次 FPMAC 需要大约 475 个 ALM 与 4 个嵌入式 9 位×9 位乘法器[20]。来自 TI 的最快的 FP PDSP 是 TI320C6727B-350，运行频率为 350MHz，并提供 700MMAC(兆次乘法加法运算)[21]。我们也注意到大量的电路板尺寸与功耗改进。整体器件成本改进超过 100%。

我们将在 2.7 节讨论通过 IP 内核和使用新的 VHDL 2008 标准(通过由 David Bishop 提供的综合库与 VHDL-1993 兼容)的浮点设计的更多细节。

1.4　设计实现

通常在 VLSI 设计中，其详细程度的层次可以涵盖从完全定制的 ASIC 几何布局到使用机顶盒的系统设计。表 1-7 给出了相应的概述。因为 FPGA 的物理结构虽然是可编程的，但也是固定的，所以在 FPGA 的设计过程中没有布局和布线任务。在门层次上采用寄存器转换设计语言就可以最佳地利用器件。投放市场时间与 FPGA 迅速增加的复杂程度共同迫使研究方法转移到知识产权(Intellectual Property, IP)宏单元(macrocell 或 mega-core cell)的使用上来。宏单元为设计人员提供了一个预先定义的功能集合，如微处理器或 UART。这样，设计人员就只需指定所选择的功能或特性(例如，精确度)，“合成器”就会生成最终解决方案的一份硬件描述代码或原理图。

表 1-7　VLSI 的设计层次

对　象	目　标	示　例
系统	性能说明	计算机、磁盘单元、雷达
芯片	算法	μP、RAM、ROM、UART、并行端口
寄存器	数据流	寄存器、ALU(运算器)、COUNTER(计数器)、MUX(多路复用器)
门电路	布尔方程	AND(与)、OR(或)、XOR(异或)、FF(触发器)
线路	微分方程	晶体管、R(电阻)、L(电感)、C(电容)
布局	无	几何形状

FPGA 技术的关键就是利用强大的设计工具来：

- 缩短设计周期
- 提高器件的利用率
- 提供合成器的选项，即在最佳速度和设计规模之间做出选择

图 1-9 给出了 CAD 工具分类方法以及在 FPGA 设计流程中的应用。设计入口既可以是图形界面，也可以是文本界面。在进行下一步设计之前，首先应进行格式检查，排除语法错误和图形设计规则错误(如导线悬空)。在功能选取中，从设计中选择基础设计信息并写入功能网表。功能网表可以进行电路的初步功能仿真(又名 RTL 级仿真)，构建一个以测试平台命名的样本数据集，为下一步测试带有时序信息的设计做准备。功能网表也允许电路的 RTL 视图。该视图给出了在 HDL 描述下电路的概述。如果功能测试未通过，就要从设计入口重新开始。如果功能测试满足要求，就进入设计实现阶段，该阶段有多个步骤，要花费更多的编译时间。然后是功能选取。设计实现结束后，FPGA 内的电路布线就完成了，它给出精确的资源数据并可以执行完整的时序延迟信息仿真和性能测试。如果所有实现的数据都符合预期要求，就可以进入实际的 FPGA 编程阶段；否则，还要回到设计入口对设计进行适当改动。利用现代 FPGA 的 JTAG 接口还可以直接监测 FPGA 内的数据处理情况：可以只读出 I/O 单元(称之为边界扫描)，也可以读回所有内部触发器的信息(也称之为完全扫描)。如果在系统上调试失败，就需要返回到设计入口重新开始。

通常，选择图形设计环境还是文本设计环境，取决于设计人员的个人偏好和经验。图形方式的 DSP 解决方案能够强调更加规则的数据流以及许多相关的 DSP 算法。而文本环境通常侧重于算法控制设计，并提供更加丰富的设计类型，后续设计示例将予以说明。具体地说，对于 Altera 的 Quartus II，利用文本方式能够设计更加具体的特性和更加精确的行为功能。

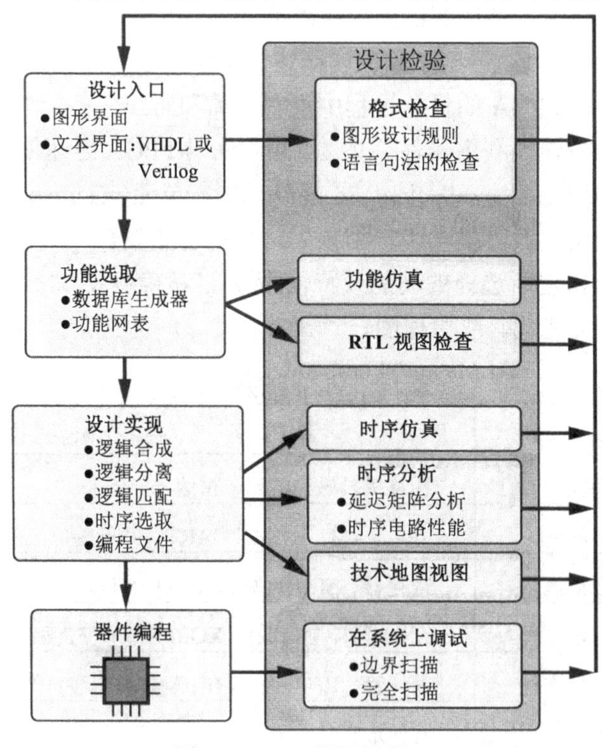

图 1-9　CAD 设计周期

例 1.1　VHDL 设计类型的比较

下面的设计示例阐述了 VHDL 环境下的 3 种设计策略。具体方法如下：

- 结构类型(组件实例化，例如图形网表设计)
- 数据流，例如并发语句
- 利用 PROCESS 模板进行顺序设计

VHDL 设计文件 example.vhd[2] 如下(“--”以后是注释)：

```
PACKAGE n_bit_int IS    -- User defined type
  SUBTYPE S8 IS INTEGER RANGE -128 TO 127;
END n_bit_int;
LIBRARY work; USE work.n_bit_int.ALL;

LIBRARY ieee;                    -- Using predefined packages
USE ieee.std_logic_1164.ALL;
USE ieee.std_logic_arith.ALL;
USE ieee.std_logic_signed.ALL;
-- ----------------------------------------------------------
ENTITY example IS                            ------> Interface
  GENERIC (WIDTH : INTEGER := 8);    -- Bit width
  PORT (clk   :  IN STD_LOGIC;     -- System clock
        reset : IN  STD_LOGIC;     -- Asynchronous reset
        a, b, op1  : IN STD_LOGIC_VECTOR(WIDTH-1 DOWNTO 0);
                                   -- SLV type inputs
        sum   :  OUT STD_LOGIC_VECTOR(WIDTH-1 DOWNTO 0);
                                   -- SLV type output
        c, d  :  OUT S8);          -- Integer output
END example;
-- ----------------------------------------------------------
ARCHITECTURE fpga OF example IS
  COMPONENT lib_add_sub
    GENERIC  (LPM_WIDTH : INTEGER;
              LPM_DIRECTION :  string := "ADD");

   PORT(dataa : IN  STD_LOGIC_VECTOR(LPM_WIDTH-1 DOWNTO 0);
        datab : IN  STD_LOGIC_VECTOR(LPM_WIDTH-1 DOWNTO 0);
        result: OUT STD_LOGIC_VECTOR(LPM_WIDTH-1 DOWNTO 0));
   END COMPONENT;

   COMPONENT lib_ff
   GENERIC (LPM_WIDTH : INTEGER);
   PORT (clock : IN  STD_LOGIC;
         data  : IN  STD_LOGIC_VECTOR(LPM_WIDTH-1 DOWNTO 0);
         q     : OUT STD_LOGIC_VECTOR(LPM_WIDTH-1 DOWNTO 0));
   END COMPONENT;

   SIGNAL  a_i, b_i   :  S8 := 0;     -- Auxiliary signals
   SIGNAL  op2, op3   :  STD_LOGIC_VECTOR(WIDTH-1 DOWNTO 0);
 BEGIN

   -- Conversion int -> logic vector
   op2 <= b;
```

2. 等价的 Verilog 代码 example.V 可在附录 A 中找到，合成结果位于附录 B 中。

```
add1: lib_add_sub         ------> Component instantiation
  GENERIC MAP (LPM_WIDTH => WIDTH,
               LPM_DIRECTION => "ADD")
  PORT MAP (dataa => op1,
            datab => op2,
            result => op3);
reg1: lib_ff
  GENERIC MAP (LPM_WIDTH => WIDTH )
  PORT MAP (data => op3,
            q => sum,
            clock => clk);

c <= a_i + b_i;         ------> Data flow style (concurrent)
a_i <= CONV_INTEGER(a); -- Order of statement does not
b_i <= CONV_INTEGER(b); -- matter in concurrent code

P1: PROCESS(clk, reset) ----> Behavioral/sequential style
VARIABLE  s :  S8 := 0;     -- Auxiliary variable
BEGIN
  IF reset = '1' THEN                -- Asynchronous clear
    s := 0; d <= 0;
  ELSIF rising_edge(clk) THEN -- pos. edge triggered FFs
    s := s + a_i;         ----> Sequential statement
    -- d <= s;            -- "d" at this line: b_i would
    s := s + b_i;         -- not be added to output.
    d <= s;               -- Ordering of statements matters
  END IF;
END PROCESS P1;

END fpga;
```

所有 HDL 代码起始于 I/O 端口定义，其次是内部网络定义。在 VHDL 中使用的库需要在端口声明之前进行指定，然后开始进行实际的电路描述。该示例代码显示的是所有三种类型中的短代码：组件、并行和顺序。lib_ff 和 lib_add_sub 模块是被实例化的类似图形设计的组件库组件。我们需要指定主要参数和组件的端口连接到设计中的内部网或 I/O 端口。接下来显示的是并行代码的短序列。这里必须使用 SIGNAL 类来描述只能使用一次的单一网络。然而，这些语句的顺序并不重要。类型转换不需要像在顺序编码(例如 C 代码)一样必须放在算术运算之前。最后，一个 PROCESS 例子显示的是顺序编码类型。这里我们也可以使用局部类型 VARIABLE(仅能够在 PROCESS 中使用)。VARIABLE 不需要是电路中的单一网络，并且可以多次使用。PROCESS 中的语句顺序确实就像正常的顺序程序代码，只有指定后的声明才会被评估。例如，如果不在 IF 语句结束时指定给 d，那么 b_i 不会被加到 d。还有一点要注意的是 VHDL 语言的严格类型。需要通过功能调用来完成 INTEGER 和 STD_LOGIC 之间的转换。

关于如何合成和模拟电路(根据流程图 1-9)的详细研究将随后在 1.4.3 节展开。在 CAD 工具流程结束时，将会有一个编程文件准备就绪，可以下载到硬件开发板(如图 1-10 所示的原型开发板)。可对器件进行编程，并采用“读回”方法完成其他硬件测试。

Altera 支持多种 DSP 开发板，上面都带有整套有用的原配组件，包括快速 A/D、D/A、音频编码解码器(CODEC)、DIP 开关、独立的 7 段 LED 显示装置和按钮。这些开发板可以直接从 Altera 获得。Altera 提供 Stratix 以及 Cyclone 开发板，价格范围在$199~$24 995，除 FPGA 的规模不同外，A/D 通道的数量、精度和速度，以及存储模块等其他特征也有差别。对于大学教学，成本最低的 Cyclone IV 系列的 DE2-115 开发板是不错的选择，虽然价格相比许多数字逻辑实验室使用的 UP2 或 UP3 开发板贵很多，但它有双通道音频编码解码器、FPGA 外部的大型存储库以及其他许多有用的端口(USB、VGA、PS/2、以太网、7 段 LED 显示装置、LCD、开关、按钮等)，见图 1-10(a)。而 Xilinx 几乎不直接提供开发板，大学项目中可用的演示开发板都来自第三方。这些开发板的价格非常低廉，就如同它们是非营利性设计。例如 Digilent 公司提供的一款用于 DSP 演示的(带有片上乘法器与音频编码解码器)Atlys 开发板很不错，仅售$199 或$349(分别为学术和常规定价)，如图 1-10(b)所示。开发板上有一块 Spartan-6 XC6SLX45 FPGA 芯片、16MB 闪存、128MB 内存、8 个 LED 显示、8 个开关和 5 个按钮。对于 DSP 与视频试验，可以利用 AC-97 音频编码解码器上的 A/D 和 D/A 转换以及 4 个 HDMI 端口。

(a) Cyclone IV 系列的 DE2-115 Altera 开发板

(b) 带有 ADC 和 DAC 音频编码解码器的 Xilinx Atlys 开发板

图 1-10 低成本原型开发板

1.4.1 FPGA 的结构

在 21 世纪初，FPGA 器件系列拥有诸多对实现 DSP 算法非常有利的功能，这些 FPGA 器件具有快速进位逻辑功能，能够以超过 300MHz 的速度实现 32 位(非流水线)的加法器[1,22,23]，还具有嵌入式 18 位×18 位乘法器和大容量存储器。

Xilinx FPGA 以早期的 XC4000 系列的基本逻辑模块为基础，最新派生的系列分别命名为 Spartan(成本低)和 Virtex(性能高)。Altera 器件基于 FLEX 10K 逻辑模块，最新派生的系列分别命名为 Stratix(性能高)和 Cyclone(成本低)。Xilinx 器件具有 FPGA 典型的宽泛布线层次，而 Altera 器件则是基于 Altera 的 CPLD 中使用的宽总线体系结构，但 Cyclone 和 Stratix 器件的基本模块已经不再是 CPLD 中大规模的 PLA，取而代之的是 FPGA 中常见的中等颗粒度器件，即小型查询表(Look-Up Table, LUT)。Altera 将这些 LUT 称为逻辑元件(Logic Element，LE)，多个 LE 组合起来就成了逻辑阵列模块(Logic Array Block，LAB)。LAB 中 LE 的数量随系列型号而异，通常新系列中每个 LAB 内包含更多的 LE：Flex10K 的每个 LAB 利用 8 个 LE，APEX20K 的每个 LAB 利用 10 个 LE，而 Cyclone II 的每个 LAB 利用 16 个 LE。

Spartan-6 器件 XC6SLX45 是图 1-10(b)所示的 Digilent 公司提供的 Atlys DSP 开发板的一部分，接下来将仔细研究该 FPGA 系列。Xilinx Spartan-6 的基本逻辑元件也称为切片，有三种不同的版本：M、L 和 X。

在 Spartan-6 系列中，2 个切片组合起来构成一个可配置逻辑模块(Configurable Logic Block, CLB)，共计 8 个 6 输入 1 输出 LUT(或 16 个 5 输入 LUT)和 16 个触发器，256 位分布式 RAM，128 位移位寄存器。在所有切片中，25%为 M 型，并且具有所有这些特征；25%为 L 型，没有内存移位寄存器功能；50%为 X 型，没有移位寄存器选项、算术进位和宽多路复用。图 1-11 显示了每种切片的 1/4 以及各自特征。M 型切片中的每个 LUT 都可以用作 64×1 的 RAM 或 ROM。Xilinx 器件具有多层布线，涵盖从 CLB 间的短连接线到跨过整块芯片的长连接线。Spartan-6 还具有可用作单端或双端 RAM 或 ROM 的大规模存储器(共 18 432 位，若不使用奇偶校验位，则是 16 384 位)。存储器可以配置成 $2^9×32$、$2^{10}×16$、…、$2^{14}×1$ 等，每增加一个地址位，数据位长度就缩短二分之一。Spartan-6 系列适用于 DSP 的另一个突出功能是其拥有嵌入式乘法器，这些乘法器是快速 18 位×18 位有符号阵列乘法器。也可进行 17 位×17 位的无符号乘法。该系列具有 4 个完整的时钟网络(DCM)，使得在同一个 FPGA 内能够同时运行多种不同时钟频率的设计，而且时钟脉冲相位差很小。Spartan-6 编程需要多达 33Mbit 的配置文件。表 1-8 给出了 Xilinx Spartan-6 系列器件最重要的 DSP 功能。

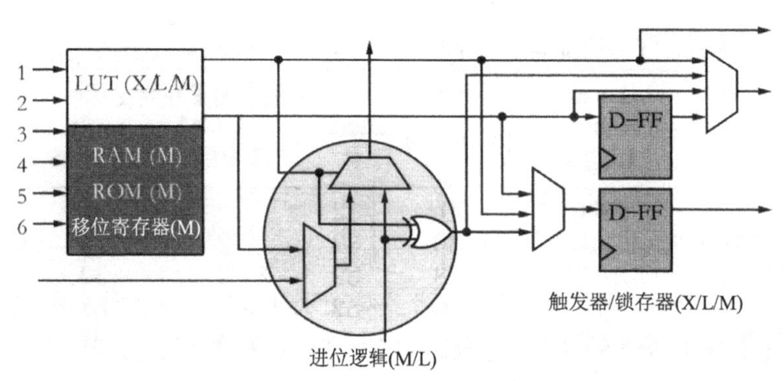

图 1-11　1/4 部分的 Spartan-6 切片。X 切片只有 LUT 与两个触发器。L 切片增加了快速进位逻辑。M 切片具备所有特征(© Xilinx)

表 1-8　Xilinx Spartan-6 系列

器　件	5 输入 LUT	切　片	RAM 模块	CMT 2DCM 1PLL	嵌入式 18 位×18 位乘法器	配置文件 (Mbit)
XC6SLX4	4800	600	12	2	8	2.7
XC6SLX9	11440	1430	32	2	16	2.7
XC6SLX16	18224	2278	32	2	32	3.7
XC6SLX25	30064	3758	52	2	38	6.4
XC6SLX45	**54576**	**6822**	**116**	**4**	**58**	**11.9**
XC6SLX75	93296	11662	172	6	132	19.7
XC6SLX100	126576	15822	180	6	180	16.7
XC6SLX150	184304	23038	180	6	180	33.9

接下来看一下 Altera 系列中用于低成本原型开发板 DE2-115 的 Cyclone IV E 器件 EP4CE115，如图 1-10(a)所示。Altera Cyclone IV 器件的基本模块采用小规模 LUT，达到中等颗粒度水平。Cyclone 器件类似于 UP2 和 UP3 开发板上常用的 Altera 10K 器件，随着 RAM 模块的存储规模增加到 9Kbit，既不再像 Flex 10K 中称为 EAB，也不像 APEX 系列中称为 ESB，而称为 M9K 存储器，这一命名更好地反映了其容量。Altera FPGA 中的基本逻辑元件称为逻辑元件(Logic Element, LE)[3]，包括一个触发器、一个 4 输入 1 输出的 LUT，或一个 3 输入 1 输出的 LUT 和一个快速进位，或“与/非”乘积项扩展电路，如图 1-12 所示。每个 LE 在正常模式下作为一个 4 输入 LUT，或是在算法模式下用作带有一个额外快速进位的 3 输入 LUT。Cyclone IV 器件中的 16 个 LE 组成一个逻辑阵列模块。每行至少包括一个 18 位×18 位乘法器和一个 M9K 存储器。18 位×18 位乘法器可用作两个有符号 9 位×9 位乘法器。M9K 存储器可配置成 $2^8 \times 32$、$2^9 \times 16$、…、8192×1 的 RAM 或 ROM。此外每个字节还有一位奇偶校验位(如 256×36 配置方式)可用于数据完整性检查。M9K 和 LAB 通过高速宽总线连接起来，如图 1-13 所示。在同一器件内采用多个 PLL 产生时钟脉冲相位差很低的多个时钟域。对 EP4CE115 器件进行编程至少需要 29Mbit 大小的配置文件。表 1-9 给出了 Altera Cyclone IV 系列的部分器件。

如果将这两种分别来自 Altera 和 Xilinx 的路由策略加以比较，就会发现这两种方法都很有价值：Xilinx 的方法倾向于使用较多的局部路由资源而较少使用全局路由资源，这对 DSP 的使用有促进作用，因为绝大部分数字信号处理算法都在局部处理数据。具有宽总线的 Altera 方法也有其价值，因为典型的操作不是在“位切片”(bit slice)操作中逐位处理，更常见的是必须把 16 至 32 位宽的数据矢量转移到下一个 DSP 模块中。

3. 在设计报告文件中有时也称为逻辑单元(LC)。

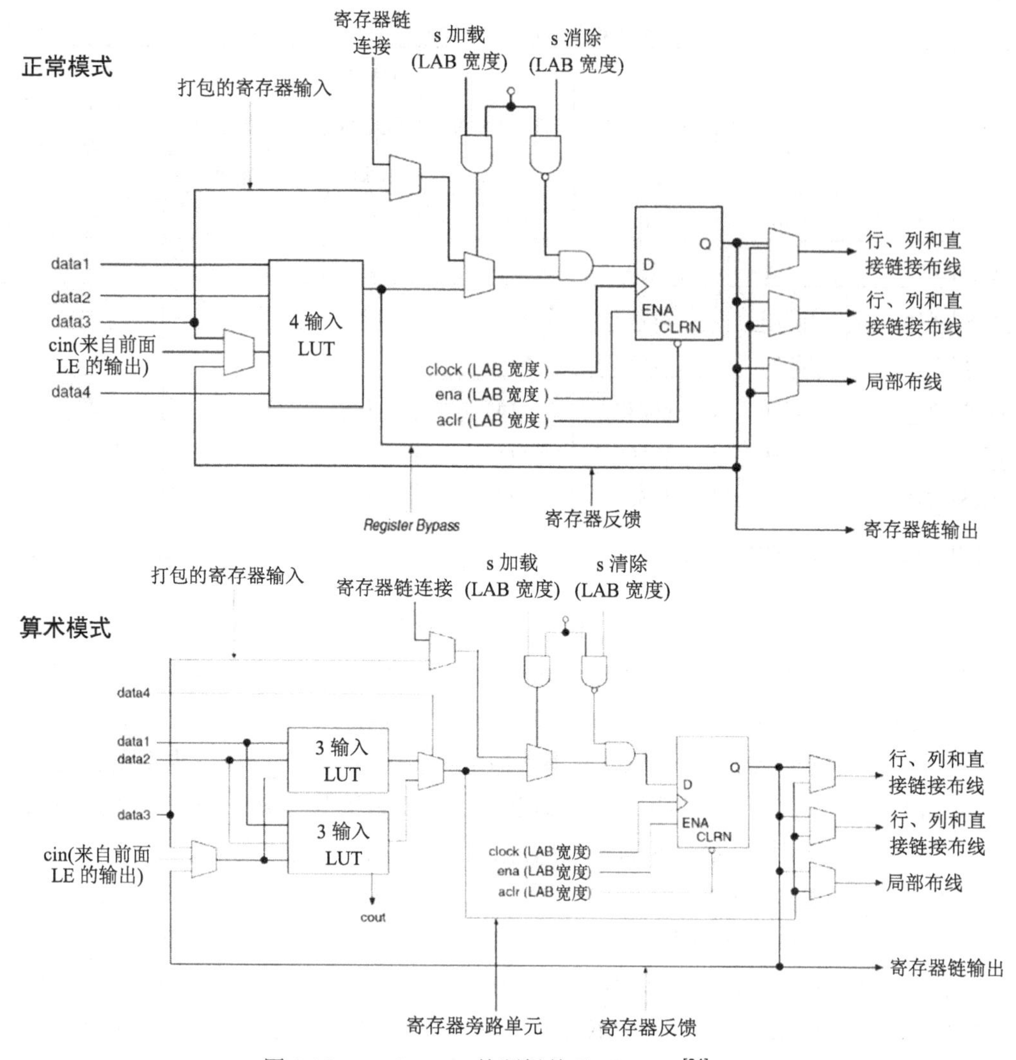

图 1-12　Cyclone IV 的逻辑单元(© Altera[24])

表 1-9　Altera Cyclone IV E 系列器件

器　　件	4 输入 LUT	存储器 M9K	PLL/时钟网络	嵌入式乘法器 18 位×18 位	最大 I/O	配置文件 (Mbit)
EP4CE6	6272	30	2/10	15	179	2.94
EP4CE10	10 320	46	2/10	23	179	2.94
EP4CE15	15 408	56	4/20	56	343	4.09
EP4CE22	22 320	66	4/20	66	153	5.75
EP4CE30	28 848	66	4/20	66	532	9.53
EP4CE40	39 600	126	4/20	116	532	9.53
EP4CE55	55 856	260	4/20	154	374	14.89
EP4CE 75	75 408	305	4/20	200	426	19.97
EP4CE115	**114 480**	**432**	**4/20**	**266**	**528**	**28.57**

1.4.2 Altera EP4CE115F29C7

本书从头到尾使用的器件是由Altera的大学项目提供的、作为DSP原型开发板DE2-115一部分的Altera EP4CE115F29C7器件，该器件属于Cyclone IV E系列。对该器件命名法的解释如下：

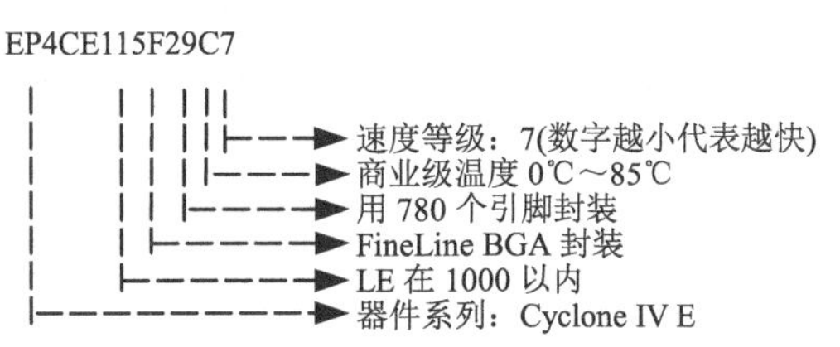

只要在可能的情况下，具体设计示例用到Cyclone IV器件EP4CE115F29C7时，都使用Altera提供的软件。本书学习资料提供的Quartus II软件是一个完全集成的系统，包括VHDL编辑器、Verilog编辑器、定时估算和位流发生器。该软件可以从www.altera.com免费下载。Web版的唯一局限性是不能适用于每个器件的所有引脚引出线。鉴于所有示例在VHDL和Verilog下都是可行的，因此可能还会需要任何12.1以外的版本或其他的仿真器。例如，Xilinx ISE编译器以及ISIM仿真器就可以成功地应用于编译本书的示例。对于其他的Quartus II软件版本，所包括的qvhdl.tcl与qv.tcl可只使用一个脚本编译新软件版本的所有实例。

1. 逻辑资源

EP4CE115是Altera Cyclone IV系列的一员，其逻辑密度大约相当于115 000个逻辑单元。此外还有266个18位×18位乘法器可用(如果用作9位×9位，数量还可以翻一倍)，如图1-14所示。从表1-9可以看到，EP4CE115器件具有114 480个基本逻辑元件(Logic Element，LE)。这也是可以实现的全加法器的最大数目。每个LE都可以用作一个4输入LUT，或在“算法”模式中用作带有一个额外快速进位的3输入LUT，如图1-12所示。16个LE组成一个逻辑阵列模块(Logic Array Block, LAB)，如图1-13所示。LAB的数目就是114 480/16 = 7155。在器件左侧中间区域布置了JTAG接口，使用了5×9=45个LAB。这就是为什么LAB的总数不等于行列乘积的原因。该器件还包括6列9-Kbit的存储器(称作M9K存储器)，列宽为一个LAB，这样M9K的总数就是6×72 = 432。M9K可以配置为256×36、256×32、512×18、512×16、…、8192×1的RAM或ROM，其中每个字节有一位奇偶校验位可用。EP4CE115中还有一列18位×18位的快速阵列乘法器，也可以配置成两个9位×9位乘法器。图1-19给出了EP4CE115的左下角以及显示器件内部的整体布局的鸟瞰图。

2. 额外的资源和路由

在数据表中，EP4CE115的水平和垂直总线的确切数目不再像过去的(例如FLEX10K)系列进行指定[25]。从Compiler Report中，我们可以判断设备的整体路由资源，见Fitter→Resource Section→Logic and Routing Section。局部连接通过互联模块和直接链路提供。

Cyclone IV 器件的每个 LE 能够通过快速局部与直接链接互联驱动多达 48 个 LE。下一层布线是 R4 和 C4 的快速行列局部连接，可以到达±4 个 LAB 距离内的 LAB，或 3 个 LAB 和一个嵌入式乘法器或 M4K 存储模块。可用的最长连接是 R24 和 C16，它们分别允许连接 24 行和 16 列 LAB，构成了基本横跨整个芯片的连接。如果源逻辑阵列模块和目的逻辑阵列模块既不在同一行也不在同一列，还可以采用任意行列连接的组合。全局时钟网络跨越整个 FPGA。表 1-10 给出了 EP4CE115 中可用路由资源的概述。

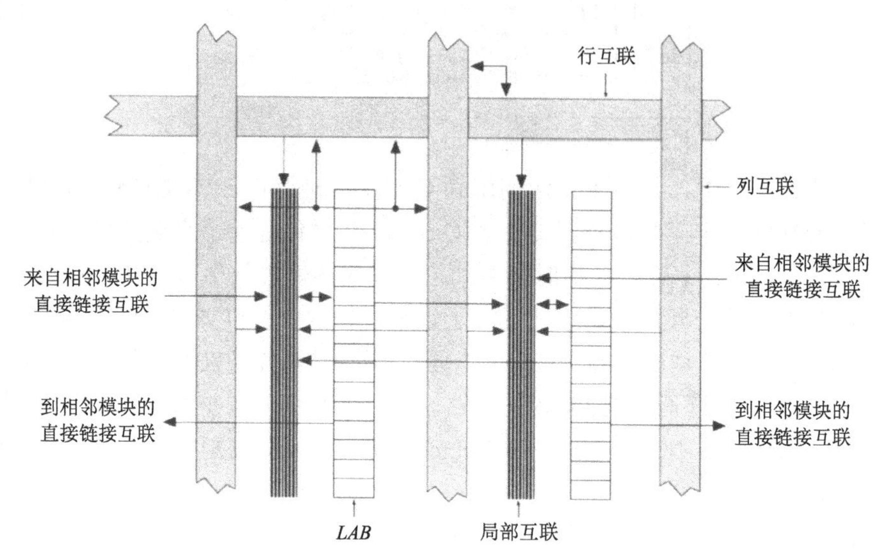

图 1-13　Cyclone IV 逻辑阵列模块资源(© Altera[24])

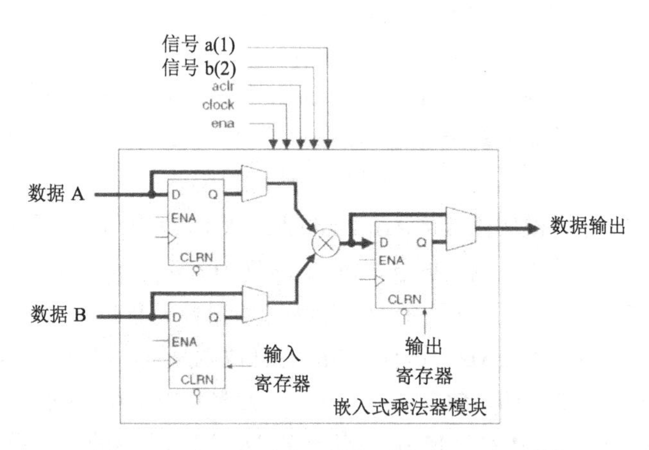

图 1-14　嵌入式乘法器的体系结构(© Altera[24])

表 1-10　Cyclone IV 系列器件 EP4CE115 的路由资源

模块	直接	C4	R4	C16	R24	时钟
342 891	342 891	209 544	289 782	10 120	9963	20

数据表提供有关可用的内部逻辑阵列模块控制信号和全局时钟的更多细节。

EP4CE115 有 4 个 PLL，共有 20 个时钟网络覆盖了整个芯片，以保证短时钟偏移。每个 PLL 有一个可用来产生不同频率或相位偏移的 5 个输出计数器。比如在 DE2 板上 DRAM 需要 0 和−3 纳秒的时钟偏移时，可用一个 PLL 来产生。

所有 16 个 LE 在 LAB 中共享相同的同步清零和负载信号。两个异步清零、两个时钟以及两个使能信号由 LE 在 LAB 中共享。但由于 DSP 信号通常在宽总线信号中处理，因而将限制控制信号的自由度在一个 LAB 内。

LAB 本地互联由行或列总线信号或 LE 在 LAB 中进行驱动。邻近的 LAB、PLL、BRAM、左/右嵌入式乘法器还可以驱动本地 LAB。在下一节你将会了解到在这些不同连接的组合上的延迟变化范围很大，合成工具总是尽量将逻辑单元彼此之间布置得更近，将内部连接延迟最小化。例如，一个 32 位加法器最好布置在相邻两行的两个 LAB 上，一个在另一个上面，如图 1-19 所示。

3. 定时估算

过去，Altera 的 Quartus II 与 Xilinx ISE 软件只有两种定时估算目标：面积或速度。然而，随着增加的器件密度与带多时钟域的片上系统设计、不同的 I/O 时钟模式、多路复用器时钟以及时钟分频器，这种完整器件的面积或速度优化策略可能不是一个好方法了。Altera 公司现在提供了更复杂的时序规范，它基于 SDC 文件，看起来更类似于基于单元的 ASIC 设计风格。对于相同的电路而言，一个合成工具可以有不同的库元素，如脉动进位、进位保存或加法器快速前瞻类型。首先，该工具优化设计，以满足规定的时序约束；然后，优化面积。如果想要通过以往的工具(如最小面积或最高速度法)达到类似的合成结果，可以通过过度或欠约束实现这一目标。举例来说，如果不指定 SDC 文件，然后假定有 1GHz 的目标性能，这最有可能过度约束你的设计和设备。如果只想优化面积，那么应该用较低的目标时钟速率，将所有的工作放在面积优化上。基于 SDC 规范的流程近期已经推出，查阅教程有助于更好地理解。Altera 大学项目在“使用 TimeQuest 时序分析器”教程中进行了介绍。更多细节详见“Quartus II TimeQuest Analyzer Cookbook”，里面有许多不同的多时钟域的例子。

在设计例子中，仅对优化速度感兴趣时，可使用默认设置(例如没有 SDC 文件)，在期望的 1GHz 时钟速率下运行过约束设计。你应该会在编译报告中看到一条警告信息，即定时未得到满足，这是可预见的，因而不必考虑。

为达到最佳性能，有必要从物理上了解软件如何实现设计。因此对解决方案进行一下大致评估还是有益的，然后再决定如何改进设计。

例 1.2 32 位加法器的速度

假定设计人员需要实现一个 32 位加法器并估算其设计的最大速度。加法器可以在两个 LAB 中实现，每个都需要使用快速进位链。大致的初步估算可以使用进位输入到进位输出的延迟，对于 Cyclone IV 第 7 个速度等级的芯片，这一时间为 66ps(皮秒)。最佳性能的上限值就是 32×66ps = 2.112ns(纳秒)，也就是 473MHz。但在实际的实现中还会出现额外的时延：首先，从前级寄存器到第一个全加器的互联时延是 0.501ns。接下来必然出现

第一次进位时间 t_{cgen}，大约为 0.414ns。最后，在进位链的终端需要计算完整的和位(大约 536ps)，而且输出寄存器的设置时间(87ps)也需要考虑进来。计算结果存储在 LE 寄存器中。下面总结了这些时间数据：

LE 寄存器时钟到输出的时延	t_{co}	=	232ps
互联时延	t_{ic}	=	501ps
数据输入到进位输出的时延	t_{cgen}	=	414ps
进位输入到进位输出的时延	$30\times t_{cico}$	=	30×66ps=1980ps
LE 查阅表时延	t_{LUT}	=	536ps
LE 寄存器设置时间	t_{su}	=	87ps
总计		=	3802ps

对于可能出现的时钟偏移，应加上额外的 82ps，因而总估算的时延是 3884ps，或说速率是 257.47MHz。这一设计对加法器而言预计大约需要使用 32 个 LE，还需要额外的 2×32 个 LE，用于在寄存器中存储输入的数据(请参阅练习 1.7)。在图 1-15 中，TimeQuest Analyzer 显示包括时钟延迟的完整时序路径。由于未指定所需的时钟周期，TimeQuest 将使用默认的 1ns 或 1GHz，这在大多数情况下为过度约束，Slack 为负值(见图 1-15(a)第 7 行)，以红色显示，视为违规。为了满足时序，通常会采用默认的 1ns，并添加(绝对)负松弛。如果用一个 Synopsys Design Constrain 文件指定一个时序裕量的定时为 200MHz(即时钟周期为 5ns)，分析将表明，正时序裕量满足时序要求(以绿色显示)，见图 1-15(b)。

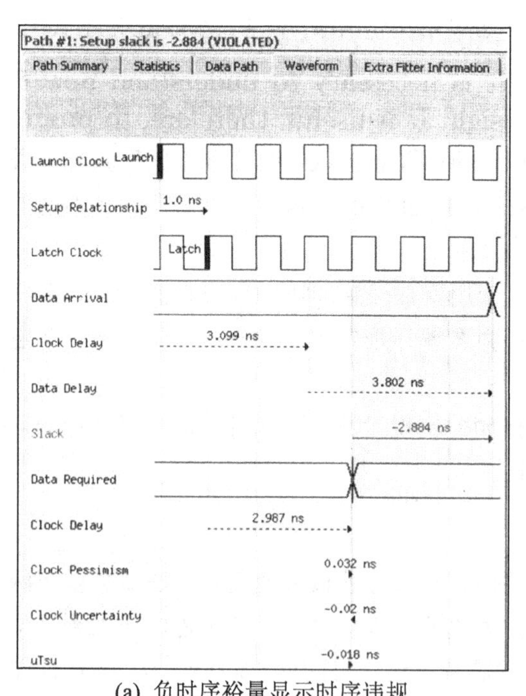

(a) 负时序裕量显示时序违规

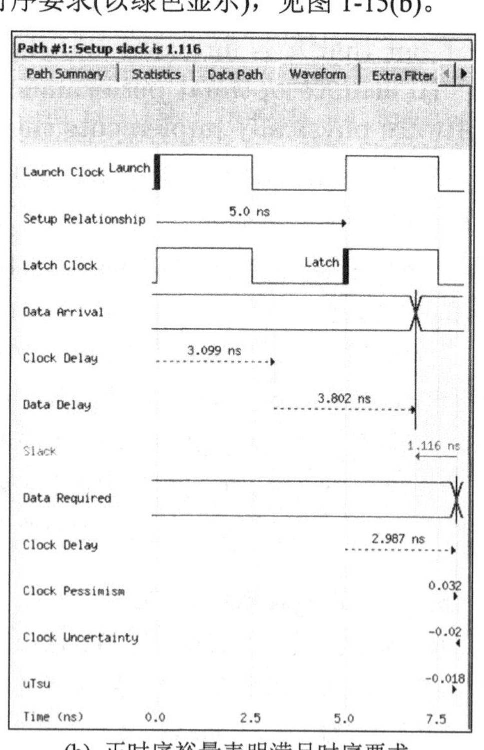

(b) 正时序裕量表明满足时序要求

图 1-15 TimeQuest 分析

如果所使用的两个 LAB 不放置在同一列并且彼此相邻，那么还会出现额外的时延。如果信号直接来自 I/O 引脚，那么延迟时间还要更长。对于数据来自 I/O 引脚的情况，Quartus II 的 TimeQuest Analyzer 给出的 DE2-115 开发板上的从 SW[1]输入到引脚 HEX[1]输出的直接 FPGA 连接传输时延为 11.3ns，远大于测试时数据直接从寄存器到本设计所需的时间。数据表[24]通常报告的最佳性能是在放置测试设计的 I/O 数据的寄存器靠近设计单元的前提下达到的。乘法器和 M9K 模块(但不是加法器)还有额外的 I/O 寄存器以实现最大速度，如图 1-14 所示。但这些额外的 I/O 寄存器在 LE 资源估算时通常不予考虑，因为通常假定前面的处理单元对于所有数据使用一个输出寄存器。当然，因为情况也不总是如此，所以需要将加法器设计方案使用的额外寄存器都放在圆括号内。表 1-11 给出了这些假定前提下的部分典型测量结果。如果将这些测量数据与数据手册[24]中给出的时延加以比较，就会注意到，对于某些模块，TimeQuest Analyzer 将上限频率限制到比数据手册中给出的具体延迟范围小一些。这是一种保守并且更安全的估算——实际上设计运行在较高一点儿速度也不会出现错误。

表 1-11　Cyclone IV C7 的部分典型时序电路性能 Fmax 和资源数据

设　计	LE	M9K 存储器	嵌入式乘法器 9 位×9 位	时序电路性能(MHz)
16 位加法器	16(+32)	—	—	363
32 位加法器	32(+64)	—	—	257
64 位加法器	64(+128)	—	—	169
ROM 2^8×36	47	1	—	274
RAM 2^8×36	—	1	—	274
9 位×9 位乘法器	—	—	1	300
18 位×18 位乘法器	—	—	2	300

4. 功耗

FPGA 的功耗可以说是一个关键的设计约束条件，特别是对于移动应用。因此在本例中推荐使用 3.3V 或更低电压级别电子工艺的器件。本例中的 Cyclone IV 系列是中国台湾 ASIC 生产厂家 TSMC 采用 2.5V、60nm 的低 k 电介质工艺制造的，但也支持 3.3V、2.5V、1.8V、1.5V 和 1.2V 的 I/O 接口电压。为了估算 Altera 器件 EP4CE115 的功耗，必须考虑两个功耗来源，分别是：

1) 静态功耗，对于 EP4CE115F29C7，$P_{\text{static}} \approx 135\text{mW}$

2) 动态(逻辑、乘法器、RAM、PLL、时钟、I/O)功耗 I_{active}

第一个参数与设计无关，而且 CMOS 技术中产生的待机功耗非常少。有效电流主要与时钟频率和使用的 LE 数目或其他资源有关。Altera 提供了一张 Excel 工作表，名为 PowerPlay Early Power Estimator，在项目的早期阶段就获取给出功耗(如电池寿命)和可能的冷却要求的建议。

对于 LE，还可以根据下面的经验公式估算动态功耗：

$$P \approx I_{\text{dynamic}} V_{CC} = K \times f_{\max} \times N \times \tau_{\text{LE}} V_{CC} \tag{1-1}$$

其中 K 是常数，$f_{\max}$ 是按 MHz 计算的工作频率，N 是器件中使用的所有逻辑单元的总数，τ_{LE} 是逻辑单元在每个时钟周期内触发的平均百分比(典型值是 12.5%)。表 1-12 给出了当设计人员用到 EP4CE115F29C7 的所有资源且系统时钟为 100MHz 时的功耗估算结果。对于资源使用较少或系统时钟较低的情况，就要调整公式(1-1)中的数据。例如，如果系统时钟从 100MHz 降低到 10MHz，功耗就降低到 159+2079/10=366.9mW，静态功耗就占到 43%。

表 1-12 Cyclone IV EP4CE115F29C7 的功耗估算

参　　数	单　　元	触发百分比(%)	功耗(mW)
P_{static}			159
LE 114 480 在 100MHz 下	114 480	12.5%	1170
M9K 模块存储器	432	50%	74
9 位×9 位乘法器	532	12.5%	153
I/O 单元(2.5V,4mA)	528	12.5%	164
PLL	4		32
时钟网络	115 706		486
总计			2238

尽管 PowerPlay Estimation 在项目计划阶段是很有用的工具，但在精度方面有其局限性，因为设计人员必须规定触发的速率。例如在图 1-16 频率合成设计的示例中，情况就会变得更复杂。RAM 模块估算为 50%的触发率也许是准确的，但很难确定累加器部分 LE 的触发率，因为 LSB 的触发频率比 MSB 高得多，累加器生成一个三角形输出函数。要想获得更精确的功耗估算，可以使用 Altera 的 Processing 菜单中的 PowerPlay Power Analyzer 工具选项。Analyzer 工具允许设计人员从仿真的输出读取计算的触发数据。仿真器生成一个“Signal Activity File”或“Value Change Dump”文件，该文件可以作为 Analyzer 工具的输入文件。PowerPlay Power Analyzer 工具允许选择不同的选项。在没有模拟器的帮助下，可以通过 TimeQuest Timing Analyzer SDC 文件指定一个时钟频率，并设置一个默认的切换速度。如果使用功能性或 RTL 仿真作为功率估计，只需要设计一个完整的编译输入，并且将会更加准确。如果在包括精确 LE 切换、故障、总线驱动数据等的 MODELSIM 仿真输入中使用编译设计，将会得到最佳估计。表 1-13 显示了功耗估算和三个功率分析器之间的对比。

表 1-13　图 1-16 中采用 Cyclone IV EP4CE115F29C7 的设计功耗 50MHz，使用 SDC TimeQuest 文件与基于 Excel 的 PPEPE 或基于 Quartus 的 PPPA，估算 12.5%触发率下的功耗

	PPEPE 估算器	PPPA 估算器	PPPA RTL 仿真器	PPPA 定时
所需 VCD	-	-	√	√
参数	功率/mW	功率/mW	功率/mW	功率/mW
静态	135	98.4	98.4	98.5
动态	2	2.3	2.6	3.7
I/O	4	38.9	38.9	50.4
总计	141	139.6	139.9	152.6

可以看到在估算结果与分析结果之间有 10%的偏差。虽然该分析需要包括测试平台在内的一个完整设计，但在项目的早期阶段就可以进行估算。

后续章节的示例将用到下面的案例研究，该案例研究也为以后的自学问题提供了一个详细的图解。

1.4.3　案例研究：频率合成器

本案例研究的设计目标是基于 Philips PM5190(大约 1979 年，请参阅图 1-16)模式实现一个经典的频率合成器。该频率合成器包括一个 32 位的累加器，有 8 个最高有效位(Most Significant Bit, MSB)连接到一个 SIN-ROM 的查阅表(LUT)上，从而产生所需的输出波形。等效的 HDL 文本文件 fun_text.vhd 和 fun_text.v 采用行为级 HDL 代码的方式实现该设计，从而避免 LPM 组件的实例化。该设计的挑战是必须由 Altera Quartus II 与 Xilinx ISE 软件合成行为级 HDL 代码，且与推荐的模拟器(Altera 的 ModelSim 和 Xilinx 的 ISIM)在 RTL 和时序仿真方面相匹配。接下来演示一下使用 Quartus II 实现某个设计通常需要执行的所有步骤：

(1) 设计的编译

(2) 设计结果和平面布置图

(3) 设计的仿真

(4) 性能评估

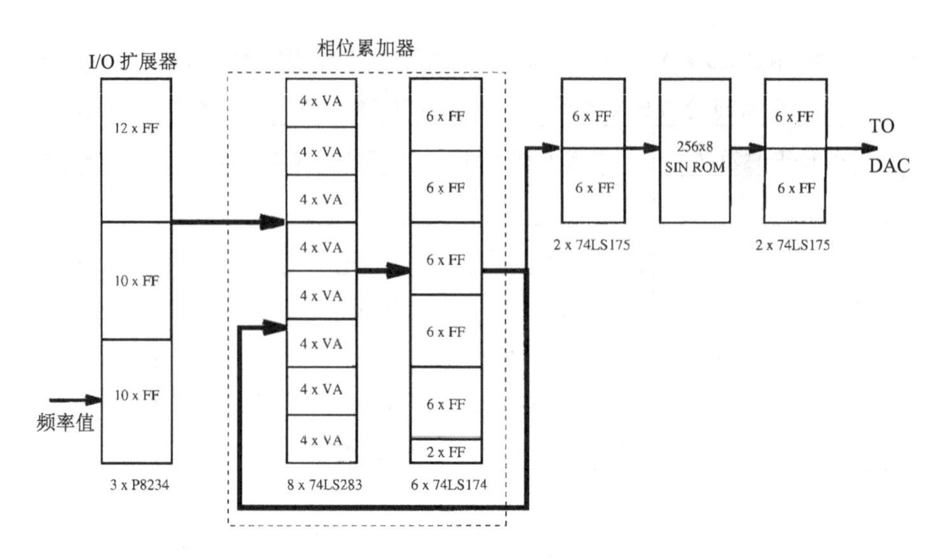

图 1-16 PM5190 频率合成器

1. 设计的编译

如果还没有项目文件，要检查和编译文件，首先要启动 Quartus II 软件，选择 File | Open Project 命令或启动 File | New Project Wizard 命令。在项目向导中指定想要使用的项目目录并将项目名称和顶层设计命名为 fun_text。然后单击 Next 按钮指定想要添加的 HDL 文件，在这个示例中是 fun_text.vhd。再次单击 Next 按钮，从 Cyclone IV 系列中选择 EP4CE115F29C7 (Quartus12.1 器件列表中的倒数第 5 个)，单击 Next 按钮，选择 MODELSIM-ALTERA 作为仿真工具，并按 Finish 按钮。如果使用本书学习资料里的项目文件 fun_text.qsf，就已经有正确的文件和器件说明。选择 File | Open 命令加载 HDL 文件。VHDL[4]设计如下所示：

```
--  A 32 bit function generator using accumulator and ROM
LIBRARY ieee;
USE ieee.STD_LOGIC_1164.ALL;
USE ieee.STD_LOGIC_arith.ALL;
USE ieee.STD_LOGIC_signed.ALL;
-- --------------------------------------------------------
ENTITY fun_text IS
  GENERIC ( WIDTH   : INTEGER := 32);     -- Bit width
  PORT (clk    : IN  STD_LOGIC; -- System clock
        reset  : IN  STD_LOGIC; -- Asynchronous reset
        M      : IN  STD_LOGIC_VECTOR(WIDTH-1 DOWNTO 0);
                                    -- Accumulator increment
        acc    : OUT STD_LOGIC_VECTOR(7 DOWNTO 0);
                                         -- Accumulator MSBs
        sin    : OUT STD_LOGIC_VECTOR(7 DOWNTO 0));
END fun_text;                          -- System sine output
-- --------------------------------------------------------
ARCHITECTURE fpga OF fun_text IS
```

4. 这一示例相应的 Verilog 代码文件 fun_text.v 可以在附录 A 中找到，附录 B 给出了合成结果。

```
  COMPONENT sine256x8
    PORT (clk : IN STD_LOGIC;
          addr : IN STD_LOGIC_VECTOR(7 DOWNTO 0);
          data : OUT STD_LOGIC_VECTOR(7 DOWNTO 0));
  END COMPONENT;

  SIGNAL acc32 : STD_LOGIC_VECTOR(WIDTH-1 DOWNTO 0);
  SIGNAL msbs  : STD_LOGIC_VECTOR(7 DOWNTO 0);
                                      -- Auxiliary vectors
BEGIN

  PROCESS (reset, clk, acc32)
  BEGIN
    IF reset = '1' THEN
      acc32 <= (OTHERS => '0');
    ELSIF rising_edge(clk) THEN
      acc32 <= acc32 + M; -- Add M to acc32 and
   END IF;                -- store in register

  END PROCESS;

  msbs <= acc32(31 DOWNTO 24); -- Select MSBs
  acc <= msbs;

  -- Instantiate the ROM
  ROM: sine256x8 PORT MAP
                  (clk => clk, addr => msbs, data => sin);

END fpga;
```

在代码开头部分的 LIBRARY 对象中包括预定义模块和定义。ENTITY 模块指定了器件的 I/O 接口和泛型变量。在编码中接下来的是应用组件和附加的信号定义。HDL 编码起始于关键字 BEGIN 之后。所述第一个 PROCESS 包括一个 32 位累加器，即加法器后接寄存器。累加器有一个异步高电平有效复位。接下来的两条语句连接本地信号到 I/O 端口。最后，在设计中 ROM 表被实例化为组件，组件的端口信号被连接到局部信号。想要查询 ROM 表设计文件 sine256x8.vhd，可以通过加载文件，或者在 Project Navigator 窗口(左上)中双击它，如图 1-17(a)所示。通常，一个带有在内存中加载初始数据的综合 ROM 或 RAM 设计不是一个简单的任务。可以在 VHDL 子集——VHDL 1076.6-2004 中查看综合代码，或者简单一点—— 查阅由工具供应商提供的语法模板(Altera：Edit→Insert Template→VHDL→Full Designs→RAMs and ROMs→Dual-Port ROM 或者 Xilinx：Edit→Insert Template→VHDL→Synthesis Constructs→Coding Examples→ROM→Example Code)。Altera 公司推荐使用一个函数调用用于初始化；而 Xilinx 采用 CONSTANT 阵列初始定义。事实证明，后者使用工具以及模拟器进行功能和时序仿真效果很好，将成为本书后续介绍的内容的首选方法。VHDL 1076.6-2004 中定义的综合属性目前没有任何厂商支持。在 VERILOG RAM 和 ROM 中，初始化已在语法参考手册中进行规范，最可靠的方法是结合一条初始声明语句来使用$readmemh()函数。

要为速度优化设计，选择 Assignment→Settings→Analysis & Synthesis Settings。在 Optimization Technique 中单击 Speed。时序要求可以通过使用 SDC 文件设置。默认速度设

置为 1ns，该设置在 Speed 优化中通常运行良好。启动 Processing 菜单下的编译器工具(右箭头符号)。HDL 窗口左边的窗格显示了编译进度，如图 1-17(b)所示。可以看到所有编译的步骤，分别是：Analysis & Synthesis、Fitter、Assembler、Timing Analysis、Netlist Writer 以及 Program Device。或者，也可以通过单击 Processing→Start→Start Analysis & Synthesis 或使用 Ctrl+K 快捷键启动 Analysis & Synthesis。编译器检查基本语法错误，并生成一个报告文件，其中列出设计的资源估算。在语法检查通过后就可以单击编译器工具窗口左下角的 Start 按钮开始编译，也可以使用 Ctrl+L 快捷键。如果所有编译步骤均顺利通过，该设计就完整实现了。在编译器窗口中单击 Compilation Report 按钮就会得到一份流程摘要报告，报告显示应该使用 32 个 LE 和 2048 个存储器位。检查存储器初始化文件——VHDL 的 sine256x8.vhd 和 Verilog 的 sine256x8.txt。这些文件由本书学习资料里的 util 目录下的 sine.exe 程序生成。图 1-17(b)总结了汇编中的所有处理步骤，如 Quartus II 编译器窗口中所示。

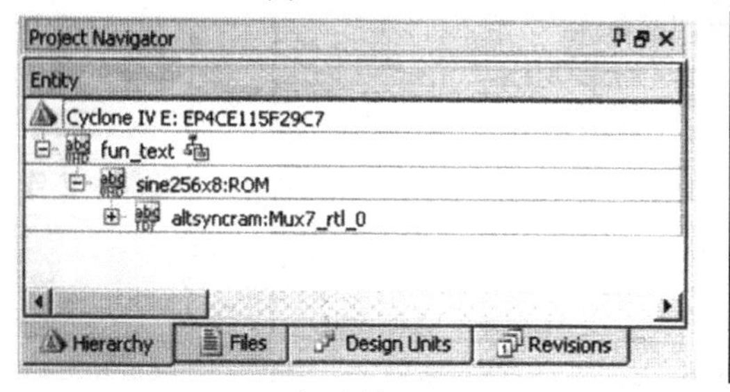

(a) 项目导航器

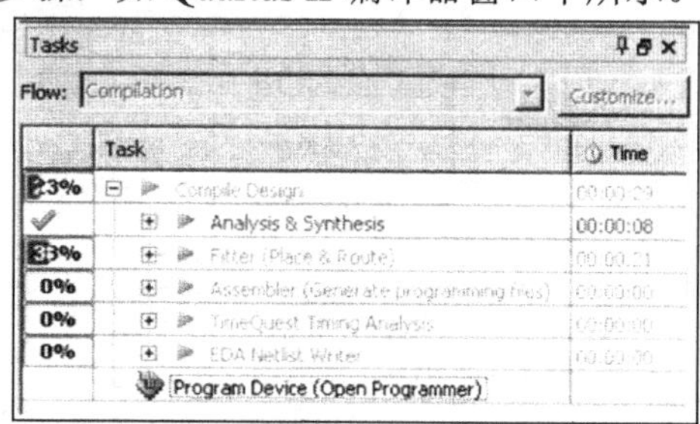

(b) Quartus II 中的编译步骤

图 1-17　处理步骤

对于 HDL 设计描述所需电路的图形验证，我们可以使用 Altera Quartus II 软件的 RTL 查看器。fun_text.vhd 电路的结果如图 1-18 所示。要启动 RTL 查看器，请单击 Tools→Netlist Viewer→RTL Viewer。另一个名为 Technology Map Viewer 的网表查看器提供了电路如何映射到 FPGA 资源的精确图像。然而，即使像函数发生器这样的小型设计，为了验证其 HDL 代码，技术图也提供了太多我们不会在设计研究中用到的有用细节。

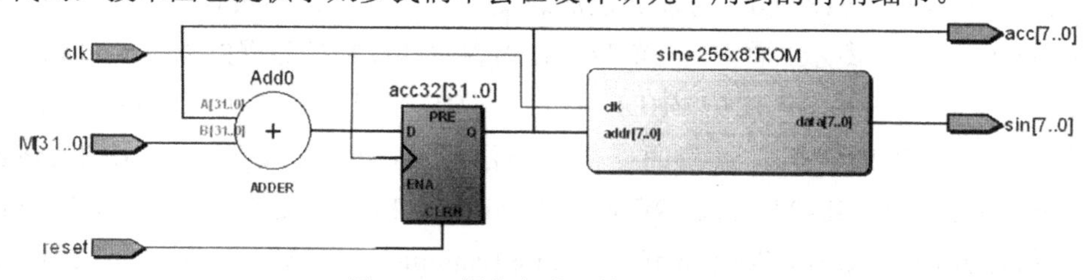

图 1-18　频率合成器的 RTL 视图

2. 平面布置图

通过单击第 6 个按钮(也就是 Chip Planner 或打开 Tool | Chip Planner 命令)获得关于芯片布局更详细的信息。Chip Editor 视图如图 1-19 所示。单击 Zoom in 按钮(也就是±放大镜)得到图 1-19 所示的屏幕。放大以不同颜色突出显示的 LAB 和 M9K 所在的区域，就会看到用于累加的两个 LAB 以蓝色突出显示，M9K 模块以绿色突出显示。此外，几个 I/O

单元也以褐色突出显示。单击位于左侧菜单按钮区的 Bird's Eye View 按钮[5]，用滑块选择图像显示器，就会看到 Chip Editor 中的蓝色线条标明了从累加器的第一位运行到最后一位的最长路径。接下来单击左侧菜单按钮中的 Bird's Eye View 按钮，会弹出另一个窗口。还可以试验一下连接显示。现在，首先选中 M4K 模块，单击几次 Generate Fan-In Connections 按钮或 Generate Fan-Out Connections 按钮，就会显示越来越多的连接。

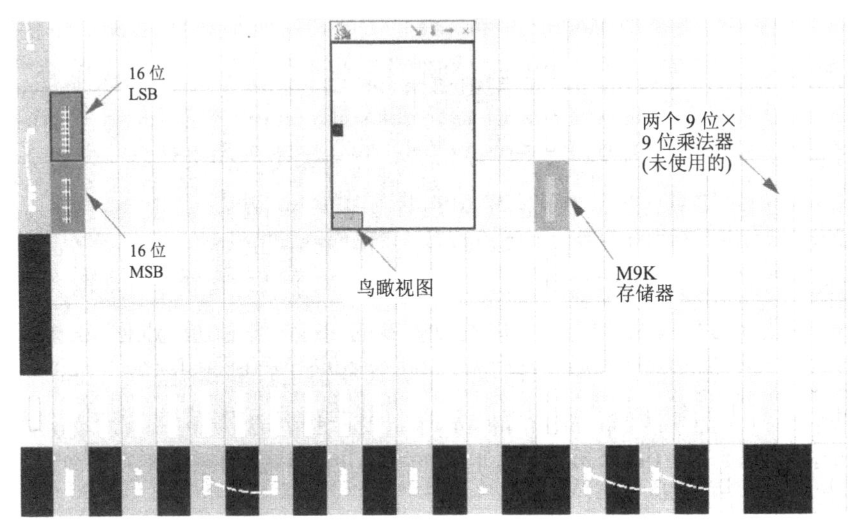

图 1-19　频率合成器设计的平面布置图

3. 仿真

在仿真方面，近几年两个 FPGA 市场的领导者采取相反的方向。过去，Altera 青睐内部 VWF 模拟器(一直到 Quartus II 9.1 版)，现在推荐外部 ModelSim-Altera 或 Qsim。另一方面，Xilinx 从 12.3 版(2010 年底)起，不再提供免费 ModelSim 模拟器，而是提供了一个集成在 ISE 工具内的免费嵌入式 ISIM 模拟器。

当模拟一个设计时，例如 ISIM 模拟器，可以从 TCL 脚本模拟器到 MODELSIM DO 文件中选择使用一个激励文件，或者我们也可以用 HDL 写一个测试平台。测试平台是一个短 HDL 文件，在这里我们实例化测试的电路，然后以如下声明：

```
clk <= NOT clk AFTER 5 ns;
```

生成和应用测试信号，产生 2×5ns=10ns 的时钟周期。然而，Xilinx 测试平台的困难来自于带定时信息(例如*_times.vhdl)的电路从功能网表直接合成，并且 STD_LOGIC 被应用于整个实体描述中。原来的 ENTITY 数据类型和 GENERIC 变量被忽略。如果想用同样的 VHDL 测试平台进行 RTL 和时序仿真，实体将被限制为单一的数据类型。更准确地说，不可使用整数、有符号或浮点数据类型、缓冲区及泛型参数。这将与编码设计重用形成极大干扰，需要使用一个单独的测试平台进行 RTL 和时序仿真。但是，如果不使用测试平台，直接使用 TCL 激励脚本模拟电路，就可以使用相同的脚本进行 RTL 和时序仿真。此外，对于 VHDL 和 Verilog 而言，可以使用相同的激励文件，仅编译序列不同。该 ISIM

5. 请注意，正如所有的 MS Windows 程序，只要将鼠标移动到按钮上(不用单击按钮)，其名称/功能即可显示出来。

TCL 脚本和 ModelSim DO 文件在简化这两个模拟器之间的过渡编码风格上非常相似。

Altera 的 Quartus II 软件有两个免费的仿真器选项。MODELSIM-Altera 允许使用来自明导公司的专业工具。第二个选择是 Altera 的 Qsim 工具，它比 MODELSIM 少一些功能(例如，没有模拟波形)，但也更容易处理，因为在分配 I/O 信号时并不需要写 HDL 测试平台或 DO 文件脚本。然而，在 12.1 版本中 Qsim 不支持 Cyclone IV 器件。因此，选择 MODELSIM-Altera 作为默认模拟器。当使用 ModelSim-Altera 的 DO 文件而不是 HDL 测试平台时，Altera 和 Xilinx 的激励文件在 VHDL 和 Verilog 之间的移动也被简化了。

在讨论一个仿真例子之前，首先看一下使用的文件名。其中*代表项目名称。对于 RTL 仿真，我们使用*.vhd 和*.v 文件。对于时序仿真，有 4 类不同的文件名：使用 Altera 工具的 VHDL 和 Verilog 的*.vho 和*.vo 以及 Xilinx 的*_timesim.vhd 和*_timesim.v。对于 RTL 和时序仿真，我们使用相同的激励文件*.do(Altera)和*.tcl(Xilinx)。

打开 ModelSim-Altera 工具进行仿真，可以看到已经加载许多预定义的库。使用 File→Change Directory 移动到包含 HDL 文件和模拟脚本的目录。使用 dir*.do 和 dir*.vhd 来验证这些文件确实是在当前路径中。为 RTL 和时序仿真分别运行脚本类型 do fun_text.do 0 和 do fun_text.do 1。对于功能仿真，应该得到类似于图 1-20 所示的结果。对于时序仿真，需要首先在 Quartus II 或 ISE 中编译这个设计，然后用定时信息模拟 VHDL 代码。该脚本编译这个文件，打开波形以及模拟电路。

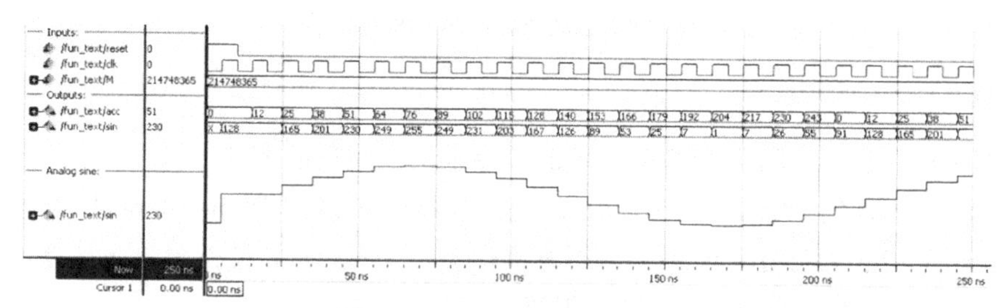

图 1-20 ModelSim RTL 仿真

这个例子的“do”脚本如下所示：

```
set project_name "fun_text"
do tb_ini.do $1 sine256x8

########## Add I/O signals to wave window
add wave -divider  "Inputs:"
add wave reset clk
radix -unsigned
add wave M
add wave -divider  "Outputs:"
add wave acc sin
add wave -divider -height 80 {Analog sine:}
add wave -color Red -format Analog-Step \
        -radix unsigned -scale 0.25 sin

######### Add stimuli data
force clk 0 0 ns, 1 5 ns -r 10 ns
force reset 1 0 ns, 0 10 ns
force M 214748365 0 ns
```

```
########## Run the simulation
run 250 ns
wave zoomfull
configure wave -gridperiod 5ns
configure wave -timelineunits ns
```

仿真脚本包括4个典型部分：

1) 首先，定义了项目名称，并且项目中所有的组成分别通过vcom或vlog编译VHDL和Verilog。在第二段脚本中，调用tb_ini.do的一个参数(0为 RTL，1为时序仿真)对顶层项目进行编译。它还包括一个添加局部信号的功能，这些局部信号在时序仿真中不可用。

2) 其次，信号按先输入后输出的指定顺序添加到波形窗口中。我们以输入信号开始，后面是输出。分频器用于帮助分化或添加额外的信息。请特别注意最后一个条目，表示的是信号的“模拟量”显示如何被定义。

3) 接下来的是刚刚定义的波形信号的任意顺序的激励数据。以clk定义周期信号，以reset和M定义非周期信号。

4) 最后，运行仿真，以特定时间和缩放显示完整的时间框架。网格和时间单元也可以根据波形窗口进行定义。

从脚本与波形窗口中可以看到下列数据被用到。因为周期选择了1/100MHz = 10ns，设置M = 214 748 364($M = 2^{32}/20$)，合成器的周期就是20个时钟周期长。注意 ROM是以二进制偏移量编码的(也就是0 = 128)，这种典型的编码方式被用在D/A转换器中。一个短MATLAB脚本或C程序可以生成这个数据。本书学习资料包括一个短C程序sine.exe，它可产生该组件的VHDL代码以及Verilog代码的表格数据。为简便起见，使用十六进制显示，但sine.exe程序还允许二进制或八进制。

4. 性能分析

为了显示时序数据，设计的完整编译必须首先完成。对于Altera工具，我们默认使用1ns的相当于1GHz的时钟频率将体现在Quartus II QSF文件中FMAX_REQUIREMENT“为1ns”的perioc设置。由于我们的设计最有可能的运行速度较慢，这将确保Quartus编译器合成的设计速度有最快的可能。在下行路上，我们总是会得到一个编译警告——Synopsys设计约束文件“fun_test.sdc”没有被发现，以及一个严重警告——定时不符合要求，但我们可以忽略这些消息。

采用TimeQuest分析器的结果在图1-21所示的编译报告中提供。它为缓慢85C、0C和快速0C模式包括三组时序数据。我们采用最悲观的，即缓慢85C模式。所述的FmaxSummary频率是我们的电路可以运行的最大频率。有时性能得到进一步限制，缘于最大250MHz的I/O引脚速度。如果电路在一个纯粹的组合设计中，没有寄存器至寄存器通路的Fmax将释放出空消息：没有路径汇报。

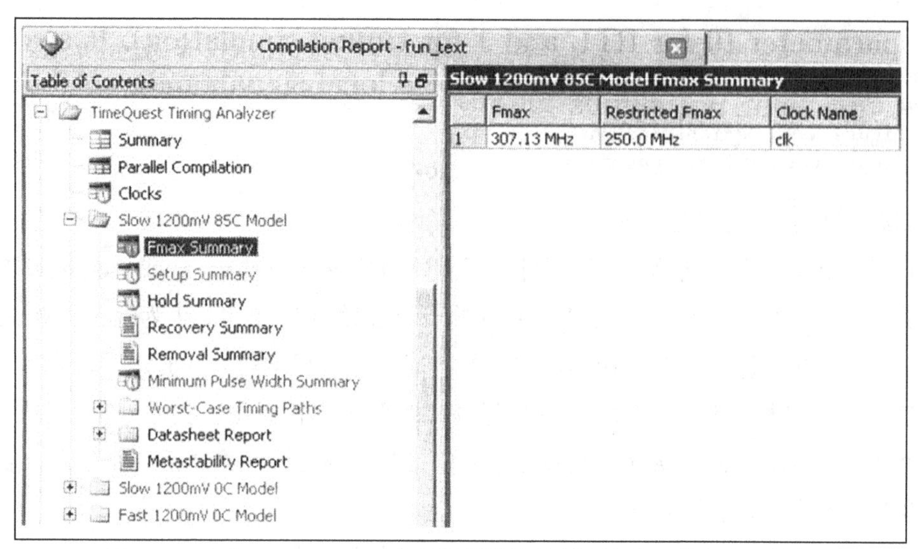

图 1-21 来自 TimeQuest 时序分析器设计的频率合成器的寄存器性能

Xilinx 软件的性能分析相对简单，因为只需要对速度与面积进行设置。在实现视图中右键单击 Synthesizer-XST 选项进入，在综合选项中选择优化目标的录入速度。在完整编译后检查 Post-PAR 静态时序报告，当单击设置目的时钟 CLK 时，会在报告中发现最大时钟作为最后的时序输入。

这样，频率合成器的案例研究就完成了。

1.4.4 用知识产权内核进行设计

尽管 FPGA 以其支持快速原型设计的功能而著称，但这只适用于 HDL 设计已经可用并且已经过充分测试的情况。复杂的模块(如 PCI 总线接口、流水线 FFT 和 FIR 滤波器或 μP 等)都需要数周甚至数月的开发时间。有一个选择可以从根本上缩短开发时间，这就是使用所谓的知识产权(Intellectual Property, IP)内核。这些内核是预先开发的(大规模)模块，其中典型的标准模块(如数控振荡器(Numeric Controlled Oscillator, NCO)、FIR 滤波器、FFT 或微处理器等)都可以从 FPGA 供应商直接获得，而更专业化的模块(例如 AES、DES 或 JPEG 编解码器、浮点库或 I2C 总线或以太网接口模块)则可以从第三方供应商那里获得。Quartus II 软件包中的一些模块是免费的，而更大更复杂的模块则价格昂贵。但只要模块能满足设计要求，使用这些预定义的IP 模块通常来说更经济有效。

下面快速浏览一下不同类型的 IP 模块，然后讨论每种类型的优缺点[26~28]。典型的 IP 模块分为三种主要形式，如下所述。

1. 软内核

软内核是对组件的行为说明，需要用 FPGA 供应商的工具来合成。模块通常以硬件描述语言(Hardware Description Language, HDL)，如 VHDL 或 Verilog 的形式提供，便于用户修改，甚至可以在合成之前为某一特定供应商或器件增删一些新功能。在底层，IP 模块还需要更多的工作来满足期望的规模、速度和功耗要求。由 FPGA 供应商提供的这种形式的模块非常少，如 Altera 的 Nios 微处理器和 Xilinx 的 PICO blaze 微处理器。这种内核很难实现对 FPGA 供应商的知识产权保护，因为这些模块以可合成的 HDL 语言形式提供，很容易被有竞争力的 FPGA 工具/器件集或基于单元的 ASIC 使用。以 HDL 形式提供的第三方 FPGA 模块的价格通常都要比后面将要讨论的参数化内核的中等定价高很多。

2. 参数化内核

参数化和稳固的内核是对组件的结构化说明。虽然该设计的参数可以在合成前更改，但通常 HDL 不可用。Altera 和 Xilinx 提供的多数内核都是这种形式的内核。虽然这种内核非常灵活易用，但因为禁止其他 FPGA 供应商和 ASIC 厂商使用这些内核，所以与软内核相比，它们为 FPGA 供应商提供了更好的知识产权保护。Altera 和 Xilinx 可用的参数化内核例子有 NCO、FIR 滤波器编译器、FFT(并行和串行)和嵌入式处理器，如 Altera 的 Nios II。参数化内核的另一个优点是经常连接的可用资源(LE、乘法器和模块 RAM)都在百分之几以内，这就为在合成之前就快速地设计规模、速度和功耗要求提供了宽松的空间。HDL 形式的测试平台(针对 MODELSIM 仿真器)提供周期精确的建模，而且 C 语言和 MATLAB 也有针对参数化内核的行为精确建模的标准。生成代码通常只需要几秒钟。本节后面以及随后章节(第 3 章关于 FIR 滤波器和第 6 章关于 FFT)将进一步研究 NCO 参数化内核。

3. 硬内核

硬内核(固定的网表内核)是一种物理说明，以各种物理层布局格式(如 EDIF 形式)。当需要严格的实时约束时，如 PCI 总线接口，这些内核通常都针对具体的器件(系列)优化。虽然该设计的参数固定，如 16 位 256 点 FFT，但行为 HDL 说明允许在更大的项目中进行仿真和集成。FPGA 供应商的大多数第三方知识产权内核和 Xilinx 的一些免费的 FFT 内核都采用了这种内核类型。由于布局固定，因此时序和资源数据是精确的，不依赖于合成结果。但是不能修改底层的参数，因此如果 FFT 有 12 位或 24 位输入数据，就不能使用 16 位 256 点的 FFT 模块。

4. 知识产权内核的比较和难题

如果比较不同的知识产权模块类型，就不得不在设计灵活性(软内核)与快速出结果和数据可靠性(硬内核)之间做出抉择。虽然软内核更加灵活，如改变系统参数或器件/进程的技术很容易，但可能花费较长的时间进行调试。硬内核已经在硅片上验证过。虽然硬内核缩短了开发、测试和调试时间，但无法查看 VHDL 代码。参数化内核通常是已生成内核的灵活性和可靠性之间的最佳折中方案。

然而，当前的知识产权模块技术还有两大难题亟待解决，分别是模块的定价和与之相关的知识产权的保护。由于内核可重复使用，因此供应商定价就要依赖于客户使用 IP 模块单元的次数。这一问题在专利权方面已经存在了很多年，通常需要长期的许可协议，如果用户滥用就会被处以高额罚金。FPGA 供应商提供的参数化模块(以及设计工具)的定价非常合理，因为客户如果要在许多器件上使用 IP 模块，就得经常从唯一的供应商购买器件，而供应商就会从中获益。但对于第三方 IP 模块提供商，情况就不一样了，他们没有这种第二次收益。

因此，授权协议(特别是对于软内核的授权协议)就必须非常仔细地斟酌。

对于参数化内核的保护，FPGA 供应商采用基于 FlexLM 密钥的方式允许/禁止单个 IP 内核的生成。可以直到硬件验证时鉴定参数化内核，具体方法是提供使用有时间限制的编程文件或将主机与开发板之间用 JTAG 电缆保持永久连接，从而允许用户在购买许可证之前对器件进行编程并且验证设计。例如，Altera 的 OpenCore 评估功能允许在目标系统内仿真 IP 内核的功能，验证设计的功能性并且方便快捷地估计其规模和速度。对 IP 内核功能完全满意并且想要将设计投入生产时就可以购买许可证，这样才允许生成不受时间限制的编程文件。Quartus 软件会自动从 Altera 的网站上下载最新版的 IP 内核。虽然许多第三方 IP 供应商也支持 OpenCore 评估流程，但需要自己直接联系 IP 供应商来启用 OpenCore 功能。

对软内核的保护更加困难。修改 HDL 可以使软内核非常难以阅读，也有建议在高级设计中通过将外部硬件最小化方式嵌入水印[28]。水印应该是健壮的，水印中某一位的改变不应破坏对拥有者的授权。

5. 基于知识产权内核的 NCO 设计

最后利用上一节的案例研究评价 IP 模块的设计过程，不过这次的设计将采用 Altera 的 NCO 内核生成器。NCO 编译器生成针对 Altera 器件优化的数控振荡器(Numerically Controlled Oscillator, NCO)。我们还可以使用 IP 工具平台接口实现包括基于 ROM、基于 CORDIC 或基于乘法器的各种 NCO 体系结构。MegaWizard 还包括基于参数设置动态显示 NCO 的功能的时域和频域图形。对于简单的评价，以项目(即 NCO)命名 IP 内核。打开一个新项目，命名为 NCO，单击 Tools 菜单下 MegaWizard Plug-In Manager 按钮。第一步，在 MegaWizard Plug-In Manager 窗口选中 NCO 模块，如图 1-22(a)所示。可以在 DSP 内核下的 Signal Generation 组中找到 NCO 模块，然后选择想要的输出格式(AHDL、VHDL 还是 Verilog)并指定工作目录。接下来弹出 IP 工具平台窗口(如图 1-22(b)所示)，就可以访问该文档并开始第 1 个步骤，也就是给模块赋参数值。要想再现前一节的函数发生器，需要在参数窗口中选择 32 位累加器。然而，最小的输出位宽为 10 位，并且在之前的设计中不可使用 8 位输出。我们在参数窗口使用 Large ROM 生成算法，如图 1-23 所示。在 fun_text 研究中，时钟速率为 100MHz，输出过程有 20 个时钟周期或等效 5MHz 的频率。虽然相位脉动会使噪声更加均匀地分布，但需要两倍的 LE。随着相位抖动，我们会得到 60dB 左右的旁瓣抑制；若无抖动，我们将得到 50dB 左右的旁瓣抑制，在 NCO 窗口下方的 Frequency Domain Response 图中可以看到。在 Implementation 窗口中选择 Single Output，因为 I/Q 接收器只需要正弦信号输出而不需要余弦信号，详情请参阅第 7 章相关内容。Resource Estimate 提供的数据如下：72 个 LE、2560 个存储器位和一个 M9K 模块。如果想要生成行为 HDL 代码，当参数选择满足要求后就进入到第 2 个步骤，这样可以加快仿真速度。由于模块较小，因此取消这一选项，直接用完整的 HDL 生成代码。接下来继续第 3 个步骤，也就是在工具平台上选择 Generate。表 1-14 列出了所生成的文件并给出每个文件的概述。

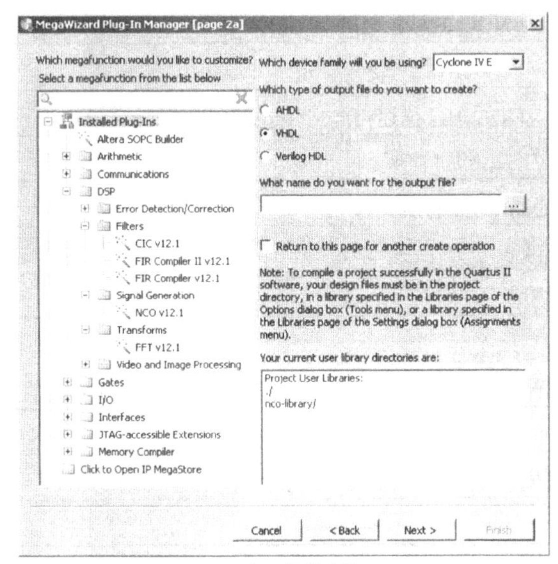

(a) 库元件的选取

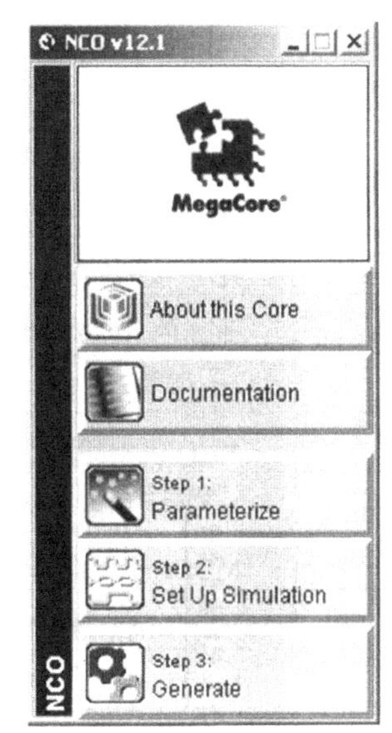

(b) IP 工具平台

图 1-22 NCO 的 IP 设计

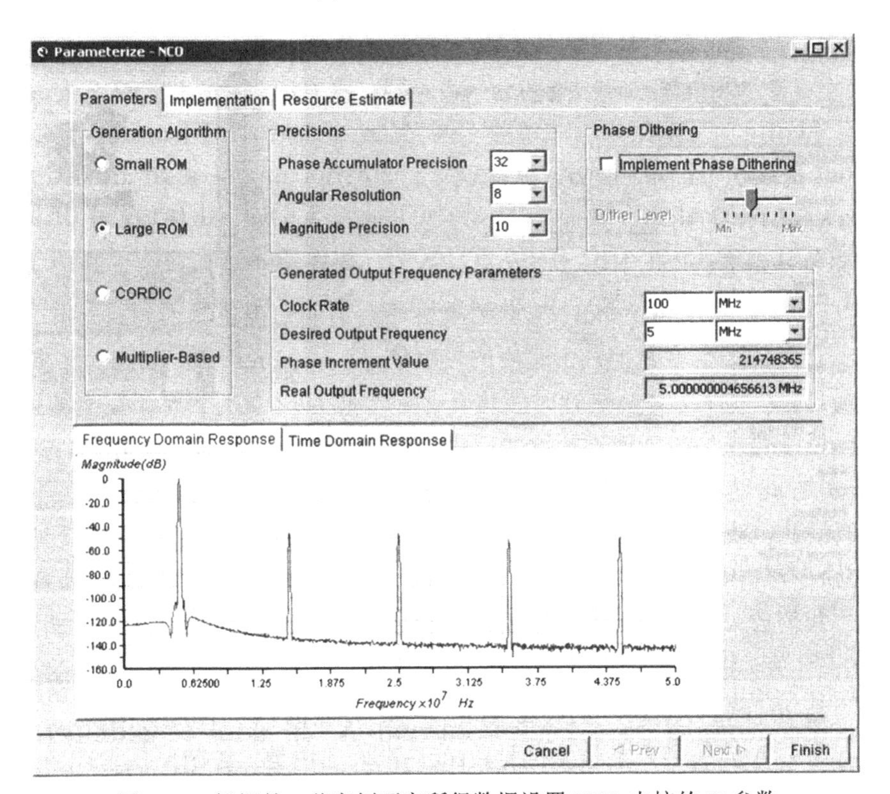

图 1-23 根据前一节案例研究所得数据设置 NCO 内核的 IP 参数

表 1-14 为 NCO 内核生成的 IP 文件

文 件	说 明
nco.vhd	定制 IP 内核功能的 VHDL 顶层描述符号文件
nco.cmp	IP 内核函数变量的 VHDL 组件声明
nco.bsf	IP 内核函数变量的 Quartus II 符号文件
nco_st.v	生成的 NCO 可合成网表
nco.vho	VHDL IP 函数仿真模型
nco_tb.vhd	VHDL 测试平台
nco_vho_msim.tcl	MODELSIM 仿真软件中运行 VHDL IP 功能仿真模型的 MODELSIM TCL 脚本
nco_wave.do	MODELSIM 波形文件
nco_model.m	描述 MATLAB 位精确模型的 MATLAB M-文件
nco_tb.m	MATLAB 测试平台
nco_sin.hex	Intel 的十六进制格式 ROM 初始化文件
nco.vec	Quartus 向量文件
nco_nativelink.tcl	NativeLink 仿真测试平台
nco.qip	Quartus 项目信息
nco.html	列出所有已生成文件的 IP 内核函数报告文件

可以看到与组件文件同时生成的不仅有 VHDL 文件和 Verilog 文件，还提供了 MATLAB (精确到位)和 ModelTech(精确到周期)测试平台以启用简单的验证路径。我们决定直接使用内核作为顶层设计输入，因此避免需要在另一个设计中实例化模块以及连接输入和输出。通过检查顶层 VHDL 文件 nco.vhd，注意到模块还有预期的模块输入 clk、phi_inc_i 以及输出 fsin_o 信号。但是也有其他几个有用的控制信号，例如 reset_n、clken 和 out_valid，其功能显而易见。在完全编译后进行时序仿真，生成 nco.vho 文件。有了完全编译的数据，就可以将实际资源要求与估计值进行比较。需要的存储器和预计的模块 RAM 要正确，但 LE 的数量分别是 88 个(实际值)和 72 个(估计值)，误差范围是 18%。

为了仿真设计，我们使用生成的 TCL 脚本。启动 MODELSIM 仿真器并切换到 NCO 目录，然后在命令窗口中键入 do nco_vho_msim.tcl。几个库和设计文件被编译，执行 22 000ns 时长的仿真。我们放大起始的几个时钟周期，看输出有效延迟(≈6 个时钟周期)和正弦周期，如图 1-24 所示。将相同的值 M = 214 748 365 用在函数发生器中(请参阅图 1-20)，在输出信号中得到 20 个时钟周期。我们还会注意到 IP 模块的一个小问题，由于输出是一个有符号的值，而 D/A 转换器要求是无符号数(或更准确地说是二进制偏移量)。在软内核中可以修改该设计的 HDL 代码，但在参数化内核中没有这一选项。不过可以通过追加一个加法器来解决这个问题，在输出结果中加一个常数 512，使得输出结果成为偏移二进制表示方式。偏移二进制不是可以在模块中选择的参数，而是我们遇到的额外的设计工作。这是使用参数化内核的典型经验——内核可以缩减 90%甚至更多的设计时间，但通常还需要一点儿额外的设计工作来满足项目要求。

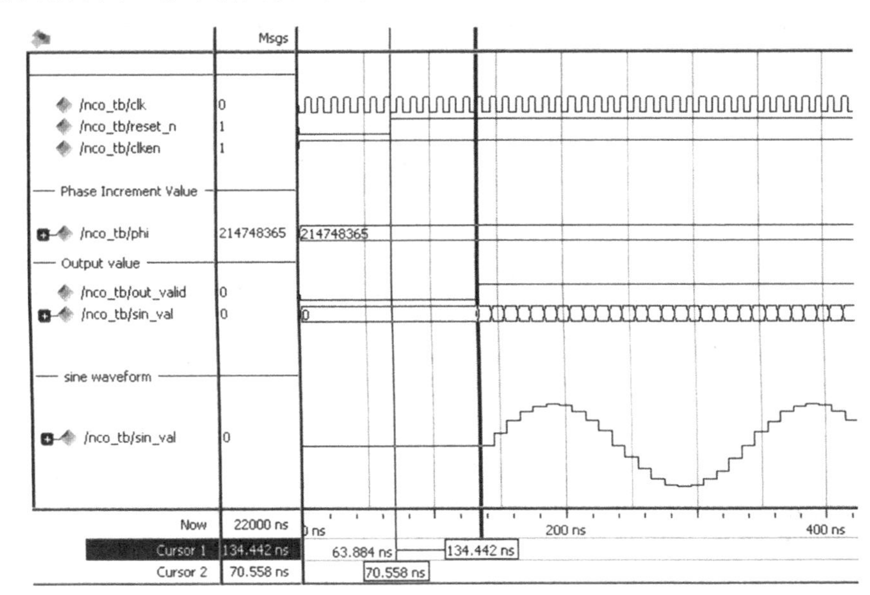

图 1-24　NCO IP 设计的测试平台，通过时序仿真验证

1.5　练习

注意：

如果没有使用 Quartus II 软件的经验，请参阅 1.4.3 节的案例研究。如果没有特别说明，Quartus II 合成分析均使用 Cyclone IV E 系列中的 EP4CE115F29C7 器件。

1.1 只使用两个输入“与非”门来实现一个全加器：

(a) $s = a \oplus b \oplus c_{in}$(注：$\oplus$= XOR，“或非”门)。

(b) $c_{out} = a \times b + c_{in} \times (a + b)$ (注：+ = OR，“或”门；× = AND，“与”门)。

(c) 利用“与非”门实现“非”门、“与”门和“或”门，从而说明两输入“与非”门是通用的。

(d) 重复(a)~(c)对应的练习，生成两输入“或非”门。

(e) 重复(a)~(c)对应的练习，生成两输入乘法器 $f = xs' + ys$。

1.2 (a) 利用 ModelSim-Altera 工具编译 HDL 文件 example。启动 ModelSim-Altera 工具，改变 HDL 文件的目录。利用 vlib work 生成工作目录。然后利用 vcom exaple.vhd 开始编译。

(b) 利用文件 example.do 对该设计进行仿真。利用 do example.do 0 启动脚本进行功能仿真。

(c) 利用 Quartus II 编译器的时序编译 HDL 文件 example。用 Processing 菜单中的

Compiler Tool 执行完整的编译。

(d) 利用 example.do 脚本对该设计进行时序仿真。利用 do example.do 1 启动脚本进行时序仿真。

1.3 (a) 编写 ModelSim-Altera 仿真脚本 example.do，为 clk、a、b、op1 生成波形文件，近似如图 1-25 所示。

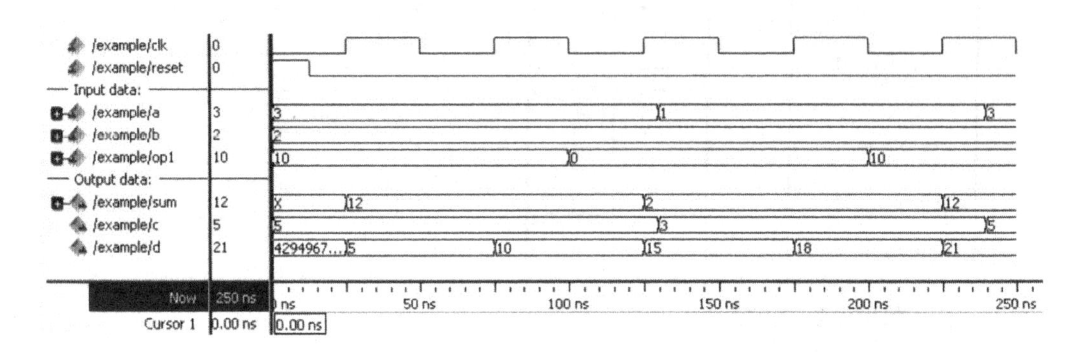

图 1-25　例 1.1 的波形文件

(b) 利用 example.do 脚本进行仿真。

(c) 解释 a、b、op1 和 sum、d 之间的代数关系。

1.4 (a) 在 Assignments 菜单的 EDA Tool Settings 选项下的 Analysis & Synthesis Settings 部分将合成 Optimization Technique 设置为 Speed、Balance 或 Area，编译 HDL 文件 fun_text。

(b) 评估(a)中设计的有关缓慢 85C 时序模型的时序电路性能 Fmax 和 LE 的使用情况，并解释其结果。

1.5 (a) 参照 Altera 教程中的 Using TimeQuest Timing Analyzer 设计生成一个 SDC 文件。在 Assignments 菜单的 EDA Tool Settings 选项下的 Analysis & Synthesis Settings 部分将合成 Optimization Technique 设置为 Speed，编译 HDL 文件 fun_text。

分别将时钟信号的周期设置为：

(a) 20ns

(b) 10ns

(c) 5ns

(d) 3ns

使用时钟报告决定时间裕量。

请注意，对于每个时钟周期规范，需要运行电路的完整编译，还需要报告电路资源的任何改变。

1.6 (a) 修改fun_text.vhd文件，使用lpm_rom组件和MIF文件sine.mif。在ModelSim-Altera中进行电路仿真。

(b) 选择 File | Open 命令打开 sine.mif 文件，看到文件显示在 Memory Editor 中。接下来选择 File | Save As 命令并选择 Save as type 选项为(*.hex)，将文件存储为 Intel 十六进制格式的 sine.hex。

(c) 更改 fun_text HDL 文件，使其使用 Intel 十六进制形式的 ROM 表文件 sine.hex，进而通过仿真验证结果的正确性。

1.7 (a) 应用 Quartus II 软件设计一个 32 位加法器。

(b) 添加 I/O 寄存器，测定其时序电路性能 Fmax，将结果与例 1.2 中的数据进行比较。

1.8 (a) 用 Quartus II 软件设计如图 1-26 (a)所示的 PREP 基准 1。PREP 基准 1 是一个数据通路电路，包含一个 4 到 1 的 8 位乘法器、一个 8 位寄存器，其后跟随一个移位寄存器，受移位/加载输入信号 sl 控制。对于 sl = 1 寄存器的内容循环移动一位，也就是 $q(k) = q(k-1)$，$1 \leqslant k \leqslant 7$，且 $q(0) \leqslant q(7)$。所有触发器的复位信号 rst 是异步复位信号，8 位寄存器通过 clk 的上升沿触发。查看图 1-26(c)中功能测试的仿真结果。

(b) 使用TimeQuest缓慢85C模型确定单级设计的时序电路性能Fmax和所用资源(LE、乘法器和 M4K/M9K)。在 Assignments 菜单的 EDA Tool Settings 下的 Analysis & Synthesis Settings 部分将合成 Optimization Technique 设置为 Speed、Balance 或 Area，编译 HDL 文件。对于规模和时序电路性能 Fmax，哪个合成选项是最优的？

分别选择下列器件进行仿真：

(b1) Cyclone IV E 系列的 EP4CE115F29C7

(b2) Cyclone II 系列的 EP2C35F672C6

(b3) MAX7000S 系列的 EPM7128SLC84-7

(c) 为基准 1 设计如图 1-26(b)所示的多级原理图。

(d) 使用 TimeQuest 缓慢 85C 模型确定 PREP 基准 1 级数最多的多级原理图设计的时序电路性能 Fmax 和所用资源(LE、乘法器和 M4K/M9K)。使用(b)中的优化合成选项分别选中下列器件进行仿真：

(d1) Cyclone IV E 系列的 EP4CE115F29C7

(d2) Cyclone II 系列的 EP2C35F672C6

(d3) MAX7000S 系列的 EPM7128SLC84-7

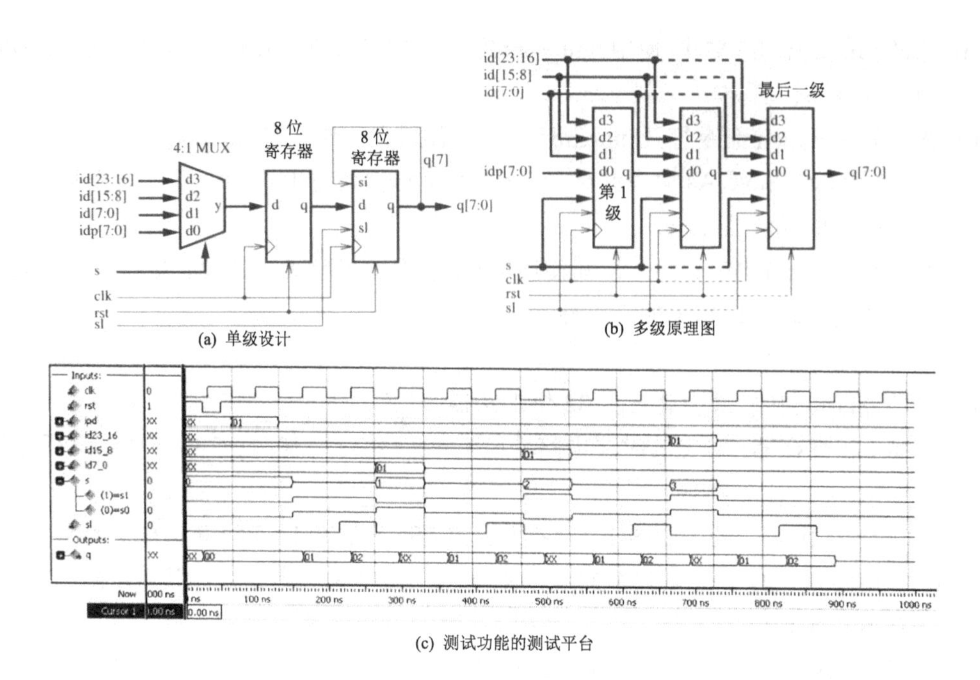

(a) 单级设计
(b) 多级原理图
(c) 测试功能的测试平台

图 1-26 PREP 基准 1

1.9 (a) 用 Quartus II 软件设计如图 1-27(a)所示的 PREP 基准 2。PREP 基准 2 是一个计数器电路，其中两个寄存器分别加载计数器启动和停止的值。该设计有两个 8 位寄存器和一个计数器，异步复位信号 rst 和同步加载使能信号(ld、ldpre 和 ldcomp)和通过 clk 上升沿触发的触发器。计数器可以通过 2:1 乘法器(受 sel 输入信号控制)直接加载来自 data1 的输入信号或是来自保存 data2 对应值的寄存器。在计数器的 data 值与存储在 ldcomp 寄存器中的值相等的条件下，启用计数器的加载信号。尝试匹配图 1-27(c)中功能测试的仿真。注意，在原始 PREP 定义与实际实现之间存在失配现象：不能想当然认为计数器在复位后就会开始计数，因为所有的寄存器都置 0，ld 将一直为真，从而强制将计数器置 0。另外在仿真时，减少测试平台的信号值，使仿真满足在 1μs 时间范围内。

(b) 使用 TimeQuest 缓慢 85C 模型确定单级设计的时序电路性能 Fmax 和所用资源(LE、乘法器和 M4K/M9K)。在 Assignments 菜单的 EDA Tool Settings 下的 Analysis & Synthesis Settings 部分将合成 Optimization Technique 设置为 Speed、Balance 或 Area，编译 HDL 文件。对于规模和时序电路性能 Fmax，哪个合成选项是最优的？

分别选择下列器件进行仿真：

(b1) Cyclone IV E 系列的 EP4CE115F29C7

(b2) Cyclone II 系列的 EP2C35F672C6

(b3) MAX7000S 系列的 EPM7128SLC84-7

(c) 为基准 2 设计如图 1-26(b)所示的多级原理图。

(d) 使用 TimeQuest 缓慢 85C 模型确定 PREP 基准 2 级数最多的多级原理图设计的时序电路性能 Fmax 和所用资源(LE、乘法器和 M4K/M9K)。使用(b)中的优化合成选项分别选中下列器件进行仿真：

(d1) Cyclone IV E 系列的 EP4CE115F29C7

(d2) Cyclone II 系列的 EP2C35F672C6

(d3) MAX7000S 系列的 EPM7128SLC84-7

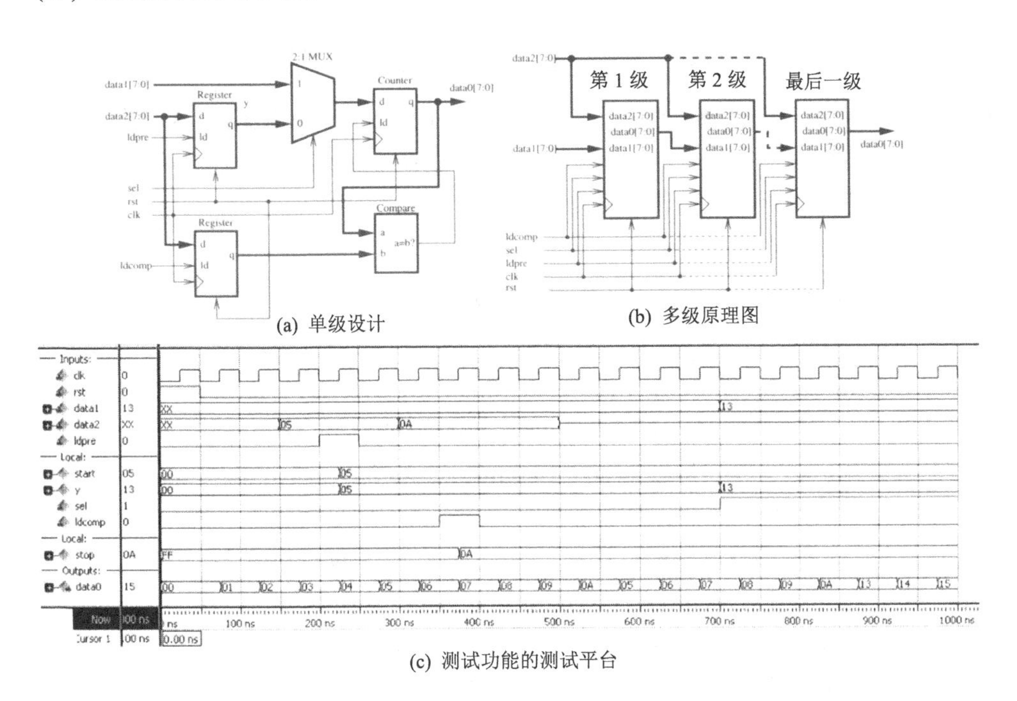

图 1-27 PREP 基准 2

1.10 应用 Quartus II 软件并用结构 HDL 风格(只使用一或两个基本输入门电路，也就是“非”门、“与”门、“或”门)和行为 HDL 风格分别编写两种不同的代码，用于

(a) 2:1 多路复用器

(b) XNOR(异或非)门

(c) 半加器

(d) 2:4 译码器(多路分配器)

VHDL 设计注意事项：在结构设计文件中使用 a_74xx Altera SSI 元件。由于元件标识符不能以数字开头，因此 Altera 在每个 74 系列元件的前面都添加了 a_。为了找到输入端口和输出端口的名称及数据类型，需要在 Altera 安装路径下查询库文件 libraries\vhdl\altera\ maxplus2.vhd。这样会发现库文件使用了 STD_LOGIC 数据类型，端口名称是 a_1、a_2 和 a_3(根据需要)。

(e) 通过以下方式验证该设计的功能：

(e1) Functional 仿真。

(e2) 找到位于 Tools 菜单的 Netlist Viewers 选项下的 RTL Viewer。

1.11 应用 Quartus II 软件语言模板分别编译下列 HDL 设计：

(a) 三态缓冲器，请参阅 Logic | Tri-State 命令。

(b) 带有全部控制信号的触发器，请参阅 Logic | Registers | Full-Featured Positive Edge Register with All Secondary Signals 命令。

(c) 二进制计数器，请参阅 Full Designs | Arithmetic | Counters 命令。

(d) 带有异步复位信号的状态机，请参阅 Full Designs | State Machines 命令。

打开一个新的 HDL 文本文件，从 Edit 菜单中选择 Insert Template 选项。

(e) 通过以下方式验证该设计的功能：

(e1) Functional 仿真。

(e2) RTL Viewer 可以在 Tools 菜单的 Netlist Viewers 选项下找到。

1.12 应用 Quartus II 软件帮助中的 search 选项研究下列 HDL 设计：

(a) 14 个计数器，参见 search | implementing sequential logic 命令。

(b) 手动指定状态赋值，参见 Search | enumsmch 命令。

(c) 锁存器，参见 Search | latchinf 命令。

(d) 计数器，参见 Search | proc | Using Process Statements 命令。

(e) 实现 CAM、RAM 和 ROM，参见 Search | ram256x8 命令。

(f) 实现用户定义的元件，参见 Search | reg24 命令。

(g) 实现带有 clr、load 和 preset 信号的寄存器，参见 Search | reginf 命令。

(h) 状态机，参见 Search | state_machine | Implementing…命令。

打开一个新项目和 HDL 文本文件，复制/粘贴 HDL 代码，保持并编译代码。注意：在 VHDL 代码中需要添加 STD_LOGIC_1164 IEEE 库文件，这样运行代码就不会出错了。

(i) 通过以下方式验证该设计的功能：

(i1) Functional 仿真。

(i2) RTL Viewer 可以在 Tools 菜单的 Netlist Viewers 选项下找到。

1.13 确定下列 VHDL 标识符是否有效：

(a) VHSIC (b) h333 (c) A_B_C

(d) XyZ (e) N#3 (f) My-name

(g) BEGIN (h) A_ _B (i) ENTITI

1.14 确定下列 VHDL 字符串字面量是否有效：

(a) B"11_00" (b) 0"5678" (c) 0"0_1_2"

(d) X"5678" (e) 16#FfF# (f) 10#007#
(g) 5#12345# (h) 2#0001_1111_# (i) 2#00_00#

1.15 确定表示以下整型数所需的位数：

(a) INTEGER RANGE 10 TO 20；
(b) INTEGER RANGE -2**6 TO 2**4-1；
(c) INTEGER RANGE -10 TO -5；
(d) INTEGER RANGE -2 TO 15；

注意：
**是表示幂的符号。

1.16 确定表1-15中VHDL代码的错误行(回答Y/N)，并解释错误原因或给出正确代码。

表1-15 示例VHDL代码(一)

VHDL代码	是否有误	解释原因
`LIBRARY ieee; /*Using predefined packages*/`		
`ENTITY error is`		
`  PORTS (x: in BIT; c: in BIT;`		
`  Z1: out INTEGER; z2: out BIT);`		
`END error`		
`ARCHITECTURE error OF has IS`		
`SIGNAL s; w: BIT;`		
`BEGIN`		
`  w := c;`		
`  Z1<= x;`		
`  P1: PROCESS (x)`		
`  BEGIN`		
`    IF c= '1' THEN`		
`      X <= z2;`		
`  END PROCESS P0;`		
`END OF has;`		

1.17 确定表1-16中VHDL代码的错误行(回答Y/N)，并解释错误原因或给出正确代码。

表 1-16 示例 VHDL 代码(二)

VHDL 代码	是否有误	解释原因
`LIBRARY ieee; /*Using predefined packages*/`		
`USE altera.std_logic_1164.ALL;`		
`ENTITY srhiftreg IS`		
`  GENERIC (WIDTH :POSITIVE =4);`		
`  PORT (clk,din : IN STD_LOGIC;`		
`        dout   : OUT STD_LOGIC);`		
`END`		
`ARCHITECTURE a OF shifting IS`		
`  COMPONENT d_ff`		
`    PORT (clock, d: IN std_logic;`		
`          q      : OUT std_logic);`		
`  END d_ff;`		
`SIGNAL b: logic_vector(0 TO width-1);`		
`BEGIN`		
`  d1: d_ff PORT MAP (clk, b(0), din);`		
`  g1: FOR j IN 1 TO width-1 GENERATE`		
`     d2: d_ff`		
`     PORT MAP (clk=> clock,`		
`               din=> b(j-1),`		
`               q  => b(j));`		
`  END GENERATE d2;`		
`  dout <= b(width);`		
`END a;`		

1.18 为下列过程语句声明确定：

(a) 合成的电路和为 I/O 端口设定标签。

(b) 设计的成本，假定每个加法器/减法器的成本为 1。

(c) 每一过程的电路的关键路径(也就是最坏的情况)，假定每个加法器/减法器的延迟为 1。

```
-- QUIZ VHDL2gragh for DSP with FPGAs
LIBRARY ieeel; USE ieee.std_logic_1164.ALL;
USE ieee.std_logic_arith.ALL;
USE ieee.std_logic_unsigned.ALL;

ENTITY qv2g IS
  PORT(a, b, c, d : IN std_logic_vector (3 DOWNTO 0);
         u, v, w, x, y, z : OUT std_logic_vector(3 DOWNTO 0));
```

```
END;
ARCHITECTURE a OF qv2g IS BEGIN

  P0 : PROCESS (a, b, c, d)
  BEGIN
    u <= a + b - c + d;
  END PROCESS;

  P1 : PROCESS (a, b, c, d)
  BEGIN
    v <= (a + b) - (c - d);
  END PROCESS;

  P2 : PROCESS (a, b, c)
  BEGIN

    w <= a + b + c;
    x <= a - b - c;
  END PROCESS;

  P3 : PROCESS (a, b, c)
  VARIABLE t1 : std_logic_vector (3 DOWNTO 0);
BEGIN
    t1 <= b + c;
    y <= a + t1;
    z <= a - t1;
  END PROCESS;
END;
```

1.19 (a) 为 STD_LOGIC_VECTOR 数据类型的名为 SIGN_EXT(ARG,SIZE)和 ZERO_EXT(ARG, SIZE)的 0 和符号扩展设计一个函数。

(b) 设计“*”和“/”函数重载以实现 STD_LOGIC_VECTOR 数据类型的乘法和除法运算。

(c) 用图 1-28 所示的测试平台验证设计功能的正确性。

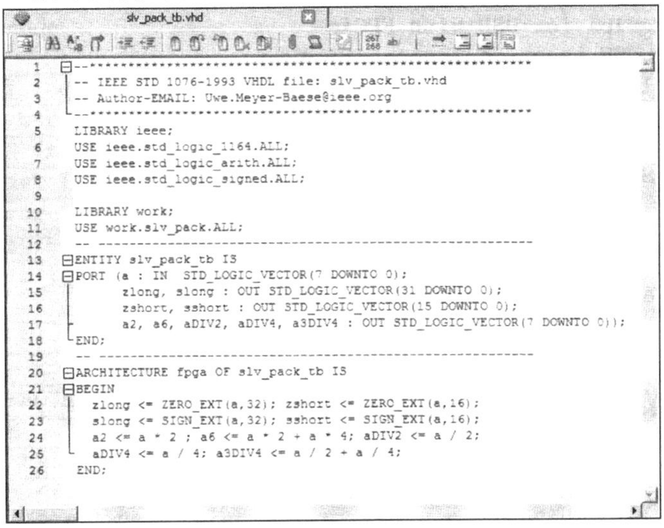

slv_pack_tb.vhd

```
1  --*****************************************************
2  -- IEEE STD 1076-1993 VHDL file: slv_pack_tb.vhd
3  -- Author-EMAIL: Uwe.Meyer-Baese@ieee.org
4  --*****************************************************
5   LIBRARY ieee;
6   USE ieee.std_logic_1164.ALL;
7   USE ieee.std_logic_arith.ALL;
8   USE ieee.std_logic_signed.ALL;
9
10  LIBRARY work;
11  USE work.slv_pack.ALL;
12  -- -------------------------------------------------------
13 ENTITY slv_pack_tb IS
14 PORT (a : IN  STD_LOGIC_VECTOR(7 DOWNTO 0);
15        zlong, slong : OUT STD_LOGIC_VECTOR(31 DOWNTO 0);
16        zshort, sshort : OUT STD_LOGIC_VECTOR(15 DOWNTO 0);
17        a2, a6, aDIV2, aDIV4, a3DIV4 : OUT STD_LOGIC_VECTOR(7 DOWNTO 0));
18 END;
19  -- -------------------------------------------------------
20 ARCHITECTURE fpga OF slv_pack_tb IS
21 BEGIN
22    zlong <= ZERO_EXT(a,32); zshort <= ZERO_EXT(a,16);
23    slong <= SIGN_EXT(a,32); sshort <= SIGN_EXT(a,16);
24    a2 <= a * 2 ; a6 <= a * 2 + a * 4; aDIV2 <= a / 2;
25    aDIV4 <= a / 4; a3DIV4 <= a / 2 + a / 4;
26  END;
```

(a) HDL 代码

Inputs:					
/slv_pack_tb/a	-20	10	-10	20	-20
Outputs:					
/slv_pack_tb/a2	-40	20	-20	40	-40
/slv_pack_tb/a3DIV4	-15	7	-8	15	-15
/slv_pack_tb/a6	-120	60	-60	120	-120
/slv_pack_tb/aDIV2	-10	5	-5	10	-10
/slv_pack_tb/aDIV4	-5	2	-3	5	-5
/slv_pack_tb/slong	-20	10	-10	20	-20
/slv_pack_tb/sshort	-20	10	-10	20	-20
/slv_pack_tb/zlong	236	10	246	20	236
/slv_pack_tb/zshort	236	10	246	20	236
Now	750 ns	ns	500 ns	1000 ns	
Cursor 1	0.00 ns	0.00 ns			

(b) 功能仿真效果

图 1-28　STD_LOGIC_VECTOR 包测试平台

1.20 为 STD_LOGIC_VECTOR 数据类型设计一个函数库，实现如下操作(仅在 VHDL-1993 中为 BIT_VECTOR 数据类型定义)：

(a) SRL　(b) SRA　(c) SLL　(d) SLA

(e) 用图 1-29 所示的测试平台验证设计功能的正确性。注意：高阻抗值 Z 是 STD_LOGIC_VECTOR 数据类型的一部分，但不包括在 BIT_VECTOR 数据类型中。在函数内，左移/右移的一个负值应当被右移/左移的一个相应正值代替。

shift_pack_tb.vhd

```
1  --*********************************************************
2  -- IEEE STD 1076-1993 VHDL file: shift_pack_tb.vhd
3  -- Author-EMAIL: Uwe.Meyer-Baese@ieee.org
4  --*********************************************************
5  LIBRARY ieee;
6  USE ieee.std_logic_1164.ALL; USE ieee.std_logic_arith.ALL;
7  USE ieee.std_logic_signed.ALL;
8
9  LIBRARY work; USE work.shift_pack.ALL;
10 -- --------------------------------------------------------
11 ENTITY shift_pack_tb IS
12 PORT (a     : IN STD_LOGIC_VECTOR(7 DOWNTO 0);
13       shift : IN INTEGER;
14       sll2, sla2, srl2, sra2 : OUT STD_LOGIC_VECTOR(7 DOWNTO 0));
15 END;
16 -- --------------------------------------------------------
17 ARCHITECTURE fpga OF shift_pack_tb IS
18 BEGIN
19   PROCESS (shift, a)
20   BEGIN
21     IF shift = -2 THEN
22       sll2 <= a SLL -2; sla2 <= a SLA -2;
23       srl2 <= a SRL -2; sra2 <= a SRA -2;
24     ELSE
25       sll2 <= a SLL 2; sla2 <= a SLA 2;
26       srl2 <= a SRL 2; sra2 <= a SRA 2;
27     END IF;
28   END PROCESS;
29 END;
30
```

(a) HDL 代码

图 1-29　STD_LOGIC_VECTOR 移位库测试平台

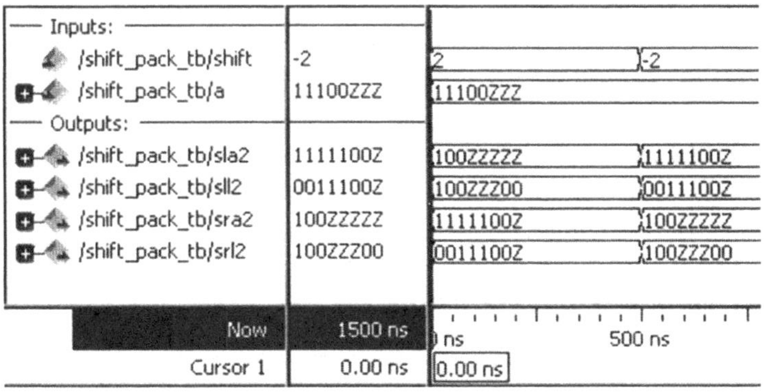

(b) 功能仿真结果

图 1-29 (续)

1.21 为下列 PROCESS 声明确定合成的电路类型(组合逻辑、闭锁器、D 触发器还是 T 触发器)和 a、b、c 的函数，也就是时钟、非对称设置(AS)或复位(AR)以及对称设置(SS)或复位(SR)。利用表 1-17 设定分类。

表 1-17 用来设定分类的表

PROCESS	电路类型	CLK	AS	AR	SS	SR
P0						
P1						
P2						
P3						
P4						
P5						

```
LIBRARY ieee; USE ieee.std_logic_1164.ALL;

ENTITY quiz IS
  PORT(a, b, c   : IN std_logic;
         d            : IN std_logic_vector(0 TO 5);
       q          : BUFFER std_logic_vector(0 TO 5));
END quiz;
ARCHITECTURE a OF quiz IS BEGIN
  P0: PROCESS (a)
  BEGIN
    IF rising_edge(a) THEN
      q(0) <= d(0);
    END IF;
  END PROCESS P0;

  P1: PROCESS (a, d)
```

```
BEGIN
   IF a= '1'  THEN q(1) <= d(1);
               ELSE q(1)  <= '1';
   END IF;
END PROCESS P1;

P2: PROCESS (a, b, c, d)
BEGIN
  IF a= '1' THEN q(2) <= '0';
  ELSE IF rising_edge(b) THEN
          IF c = '1' THEN q(2) <= '1';
                       ELSE q(2) <= d(1);
          END IF;
        END IF;
    END IF;
END PROCESS P2;

P3: PROCESS (a, b, d)
BEGIN
  IF a= '1' THEN q(3) <= '1';
  ELSE IF rising_edge(b) THEN
           IF c = '1' THEN q(3) <= '0';
                        ELSE q(3) <= not q(3);
           END IF;
         END IF;
    END IF;
END PROCESS P3;

P4: PROCESS (a, d)
BEGIN
  IF a= '1' THEN q(4) <= d(4);
    END IF;
END PROCESS P4;

P5: PROCESS (a, b, d)
BEGIN
  IF rising_edge(a) THEN
     IF b = '1' THEN q(5) <= '0';
                      ELSE q(5) <= d(5);
     END IF;
   END IF;
END PROCESS P5;
```

1.22 给定如下 MATLAB 指令：

```
a =-1:2:5
b = [ones(1,2), zeros(1,2)]
```

```
c =a*a'
d = a.*a
e = a'*a
f = conv(a,b)
g = fft(b)
h = ifft(fft(a).*fft(b))
```

确定a~h对应的输出效果。

第2章

计算机算法

2.1 计算机算法概述

在计算机算法中，有两条基本设计准则非常重要：分别是数字表示法和代数运算的实现[29-33]。我们首先讨论可行的数字表示法(例如，定点数或浮点数)，然后是基本的运算，如加法器和乘法器，最后是更为烦琐的运算的有效实现，如求平方根和应用 CORDIC 算法或 MAC 调用来计算三角函数。

缘于其物理位级编程体系结构的特点，FPGA 提供了大量实现数字信号处理算法所需要的计算机算法。这恰好与带有定点乘法累加器内核的可编程数字信号处理器(Programmable Digital Signal Processor, PDSP)相反。在 FPGA 设计中仔细选择位宽，就能够从本质上做到节约。

2.2 数字表示法

必须仔细考虑确定是定点数还是浮点数更适合于问题的解决，特别是在项目的早期阶段。一般可以认为：定点数的实现具有更高的速度和更低廉的成本，而浮点数则具有更高的动态范围且不需要换算，这对较为复杂的算法可能更有吸引力。图 2-1 给出了传统和非传统定点数和浮点数的数字表示法的一个框架。两套系统都涵盖许多各自的标准，当然，根据需要，也可以以一种专有形式实现。

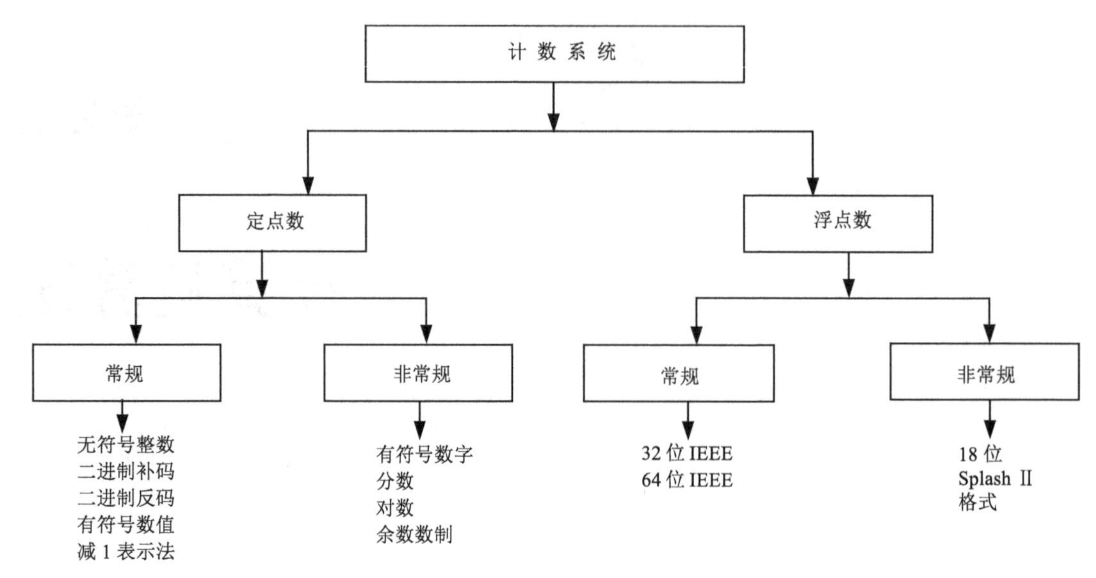

图 2-1　数字表示法的框架

2.2.1　定点数

首先回顾一下图 2-1 中的定点数字系统。表 2-1 给出了 5 种不同整数表示方法的 3 位编码。

表 2-1　有符号二进制数的常规编码

二 进 制 数	2C	1C	D1	SM	偏　　差
011	3	3	4	3	0
010	2	2	3	2	- 1
001	1	1	2	1	- 2
000	0	0	1	0	- 3
111	- 1	- 0	- 1	- 3	4
110	- 2	- 1	- 2	- 2	3
101	- 3	- 2	- 3	- 1	2
100	- 4	- 3	- 4	- 0	1
1000	-	-	0	-	-

1. 无符号整数(Unsigned Integer)

设 X 是一个 N 位无符号二进制数，其范围是$[0, 2^N - 1]$，表示方法如下：

$$X = \sum_{n=0}^{N-1} x_n 2^n \tag{2-1}$$

其中 x_n 是 X 的第 n 位二进制数字(也就是 $x_n \in [0,1]$)。数字 x_0 称为最低有效位(Least

Significant Bit，LSB)，具有相当于个位的权重。数字 x_{N-1} 就是最高有效位(Most Significant Bit, MSB)，具有相当于 2^{N-1} 的权重。

2. 有符号数值(Signed-Magnitude, SM)

在有符号数值系统中，数值和符号是单独表示的。第一位 x_{N-1}(即 MSB)代表符号，余下的 $N-1$ 位代表数值，表示方法如下：

$$X=\begin{cases}\sum_{n=0}^{N-2}x_n 2^n & X\geqslant 0\\ -\sum_{n=0}^{N-2}x_n 2^n & X<0\end{cases} \tag{2-2}$$

这一表达式的范围是$[-(2^{N-1}-1),\ 2^{N-1}-1]$，有符号数值表示法的优点就是有助于防止溢出，但缺点就是加法不得不根据哪一个操作数更大而分开运算。

3. 二进制补码(Two's Complement, 2C)

有符号整数的 N 位二进制补码的表示方法如下：

$$X=\begin{cases}\sum_{n=0}^{N-2}x_n 2^n & X\geqslant 0\\ -2^{N-1}+\sum_{n=0}^{N-2}x_n 2^n & X<0\end{cases} \tag{2-3}$$

表达式的范围是$[-2^{N-1},\ 2^{N-1}-1]$。二进制补码系统是目前 DSP 领域内最为流行的有符号数字系统。这是因为它使得累加多个有符号数字成为可能，而且最终结果是在 N 位范围内，所以可以忽略任何算术上的溢出。例如，我们计算两个 3 位数的和，过程如下：

$$\begin{array}{rcr} 3_{10} & \leftrightarrow & 0\,1\,1_{2C} \\ -2_{10} & \leftrightarrow & 1\,1\,0_{2C} \\ 1_{10} & \leftrightarrow & 1.0\,0\,1_{2C} \end{array}$$

溢出可以忽略。所有计算都是取模 2^N。这样就有可能出现不能够正确表示中间值的情形，但只要最终值有效，结果就正确。例如，如果计算 3 位的数字 2+2－3，会得到一个中间值 $010+010=100_{2C}$，也就是 -4_{10}，但是结果 $100-011=100+101=001_{2C}$ 正确。

二进制补码还可以用来实现模 2^N 算法，而且不需要在算法中作任何改动，第 5 章设计 CIC 滤波器时将用到这些知识。

4. 二进制反码(也称作 1 的补码，One's Complement，1C)

N 位二进制反码数字系统可以表示的整数范围是$[-(2^{N-1}+1),\ 2^{N-1}-1]$。在二进制反码中，正整数和负整数除了符号位之外具有相同的表示方法。也就是说，事实上 0 需要冗余的表达方法(请参阅表 2-1)。二进制反码中有符号数字的表示方法如下：

$$X=\begin{cases}\sum_{n=0}^{N-2}x_n 2^n & X\geqslant 0\\ -2^{N-1}+1+\sum_{n=0}^{N-2}x_n 2^n & X<0\end{cases} \tag{2-4}$$

例如，在表 2-1 的第 3 列中给出了 3 和－3 的 3 位二进制反码表示方法。

请看下面的简单示例：

$$\begin{array}{cccccc}
3_{10} & \leftrightarrow & & 0 & 1 & 1_{1C} \\
-2_{10} & \leftrightarrow & & 1 & 0 & 1_{1C} \\
1_{10} & \leftrightarrow & 1. & 0 & 0 & 0_{1C} \\
\text{进位} & & \hookrightarrow & \rightarrow & \rightarrow & 1_{1C} \\
1_{10} & \leftrightarrow & & 0 & 0 & 1_{1C}
\end{array}$$

在二进制反码中需要“进位回绕”(carry wrap-around)加法。在最高有效位与最低有效位相加后得到正确结果时，就会出现进位。

尽管如此，这种系统还是能够有效地实现模 2^N-1 运算，而且不需要校正。因此二进制反码在实现特定的 DSP 算法(例如，整数环 2^N-1[34]上的 Mersenne 变换)时，还是有其特殊价值的。

5. 减 1 系统(Diminished one System, D1)

减 1 系统是一种有偏差的系统。正整数与二进制补码相比减少了 1。N+1 位 D1 数字的范围是[-2^{N-1}，2^{N-1}](不含 0)。D1 系统的编码规则定义如下：

$$X=\begin{cases}\sum_{n=0}^{N-2} x_n 2^n+1 & X\geqslant 0\\ -2^{N-1}+\sum_{n=0}^{N-2} x_n 2^n & X>0\\ 2^N & X=0\end{cases} \tag{2-5}$$

从下面两个 D1 数值相加可以看到，对于 D1 还必须计算补码和反向进位的加法。

$$\begin{array}{cccccc}
3_{10} & \leftrightarrow & & 0 & 1 & 0_{D1} \\
-2_{10} & \leftrightarrow & & 1 & 1 & 0_{D1} \\
1_{10} & \leftrightarrow & 1. & 0 & 0 & 0_{D1} \\
\text{进位} & & \hookrightarrow & \boxed{\text{NOT}} & \rightarrow & 0_{D1} \\
1_{10} & \leftrightarrow & & 0 & 0 & 0_{D1}
\end{array}$$

D1 数值不需要在算法上做任何改动就能够有效地实现模 2^N+1 运算。第 7 章将利用这一结论在 2^N+1 计算环中实现费尔马 NTT(Network Transfer Table，网络传输表)[34]。

6. 偏差系统(Bias System)

偏差系统对所有数都有一个偏差。偏差的值通常位于二进制数范围的中间，也就是：偏差= $2^{N-1}-1$。例如，对于 3 位的二进制数，偏差应该是 $2^{3-1}-1=3$。N 位偏差数的范围是[$-2^{N-1}-1$，2^{N-1}]。0 就编码成偏差。偏差系统的编码规则定义如下：

$$X=\sum_{n=0}^{N-1} x_n 2^n-\text{偏差} \tag{2-6}$$

从两个偏差数相加：

$$\begin{array}{ccc}
3_{10} & \leftrightarrow & 1\,1\,0_{\text{偏差}} \\
+(-2_{10}) & \leftrightarrow & 0\,0\,1_{\text{偏差}} \\
4_{10} & \leftrightarrow & 1\,1\,1_{\text{偏差}}
\end{array}$$

$$-\text{偏差} \quad \leftrightarrow \quad 011_{\text{偏差}}$$
$$1_{10} \quad \leftrightarrow \quad 100_{\text{偏差}}$$

我们可以看到，对于每次加法，都需要减掉偏差，而对于每次减法，都需要加上偏差。

偏差数可以有效地简化数字的比较。这一事实可以用于 2.2.3 节中对浮点数指数的编码中。

2.2.2　非传统定点数

接下来将根据图 2-1 继续回顾数字系统。虽然下面将要讨论的非传统定点数的数字系统不像 2C 系统那样经常使用，但是对于特定应用场合或特殊问题，还是能够显著地提高效率。

1. 有符号数字(Signed Digit Number, SD)

有符号数字系统与前一节中谈到的传统二进制系统有所不同，实际上它具有三重值(也就是说数字的值域是{0，1，－1}，其中－1 经常写成$\bar{1}$)。

已经证明将 SD 数字应用在不用进位的加法器或乘法器中能够降低复杂性，因为通常可以通过非零元素的数来估计乘法的工作量，而应用 SD 表示法可以降低乘法的工作量。统计表明，数字的二进制补码编码中有一半数字是零。对于 SD 编码，零元素的密度增加到三分之二，如下面的例题所示。

例 2.1　SD 编码

考虑利用 5 位二进制数和 SD 编码对十进制数 $15=1111_2$ 进行编码。具体表示方法如下：

(1) $15_{10}=16_{10}-1_{10}=1000\bar{1}_{SD}$

(2) $15_{10}=16_{10}-2_{10}+1_{10}=100\bar{1}1_{SD}$

(3) $15_{10}=16_{10}-4_{10}+3_{10}=10\bar{1}11_{SD}$

(4) 等等

与 2C 编码不同，SD 表示法不是唯一的。我们称具有最少非零元素的系统为正则有符号数字(Canonic Signed Digit，CSD)系统。可以利用下面的算法生成一个“经典的”CSD 编码。

> **算法 2.1：经典 CSD 编码**
> 从最低有效位开始，用 $10\ldots0\bar{1}$取代所有大于等于 2 的 1 序列。

CSD 编码是本书学习资料里的 C 实用程序 csd.exe[1]的基础。这种经典 CSD 编码是独一无二的，而且另一个属性就是最终表示方法在两个数位(可取值为 1、$\bar{1}$或 0)之间至少有一个 0。

例 2.2　经典 CSD 编码

再研究一下应用 5 位二进制数和 CSD 编码对十进制数 15 进行编码的问题。其表示方法是 $1111_2=1000\bar{1}_{CSD}$。与例 2.1 的 SD 编码相比较，就可以注意到，只有第一个表示法是

---

1. 需要先将程序复制到硬盘上，因为程序要将结果输出到 csd.dat 文件中。

CSD 编码。

再来研究一个编码的例题：

$$27_{10} = 11011_2 = 1110\bar{1}_{SD} = 100\bar{1}0\bar{1}_{CSD} \tag{2-7}$$

注意，尽管第一次 $011 \rightarrow 10\bar{1}$的代换没有降低复杂程度，却生成了一个长度为 3 的序列，复杂程度从 3 次加法降低到两次减法。

另一方面，鉴于硬件复杂程度的约束，经典 CSD 编码也不总是能够生成“最佳”CSD 编码，因为在算法 2.1 中，加法也由减法替代，所以当没有这样的减法时，就会出现如前所述的情形。例如，011_2 就编码成 $10\bar{1}_{CSD}$，如果利用这一编码生成一个常数乘法器，减法就需要为最低有效位准备一个全加器来取代半加法器。下面给出的 CSD 编码将给出一种非零元素最少的 CSD 编码，同时也是减法次数最少的。

算法 2.2：最佳 CSD 编码

(1) 从最低有效位开始，用 $10\ldots0\bar{1}$取代所有大于 2 的 1 序列。此外还需用 $110\bar{1}$取代 1011。

(2) 从最高有效位开始，用 011 代替 $10\bar{1}$。

2. 分数(CSD)编码

大多数 DSP 算法需要实现分数，如三角系数、正弦或余弦系数。通过整型数的实现只能导致很大的量化误差。接下来的问题是：还可以用 CSD 编码降低分数常数系数的实现工作量吗？答案是肯定的。但在处理操作数的阶数时需要仔细一些。在 VHDL 中表达式的分析通常是从左到右，也就是说，如果 $y = 7\times x/8$ 按 $y = (7\times x)/8$ 实现，等价的表达式 $y = x/8\times 7$ 按 $y = (x/8)\times 7$ 实现的。后者通常会产生较大的量化误差，这是因为实际上 $x/8$ 的赋值是工具[2]通过右移三位合成的，所以在接下来的计算中输入 x 就会损失低三位。可以用下面的 HDL 设计示例阐述这一问题。

例 2.3　分数 CSD 编码

考虑用分数 4 位二进制和 CSD 编码对十进制分数 0.875=7/8 编码。在 CSD 中，7 看成 $7 = 8 - 1$ 可以更高效地实现，接下来的 4 个数学上等价的表示方法给出了量化误差，不同的合成结果如下：

$$y0 = 7\times x/8 = (7\times x)/8$$
$$y1 = x/8\times 7 = (x/8)\times 7$$
$$y2 = x/2 + x/4 + x/8 = ((x/2)+(x/4))+(x/8)$$
$$y3 = x - x/8 = x - (x/8)$$

上述等式中的圆括号显示 HDL 工具如何将表达式分组。乘法和除法比加法和减法具有更高的优先权，计算顺序是从左到右。常系数分数乘法器的 VHDL 代码[3]如下所示：

---

2. 大多数 HDL 工具只支持除以 2 的幂的除法，通过使用移位器设计(参阅 2.5 节)。
3. 这一示例相应的 Verilog 代码文件 cmul7p8.v 可以在附录 A 中找到。附录 A 和 B 给出了合成结果。

```
-- ------------------------------------------------------------
ENTITY cmul7p8 IS                          ------> Interface
   PORT(x : IN  INTEGER RANGE -16 TO 15;     --System input
        y0, y1, y2, y3 : OUT INTEGER RANGE -16 TO 15);
END;                                -- The 4 system outputs y=7*x/8
-- ------------------------------------------------------------
ARCHITECTURE fpga OF cmul7p8 IS
BEGIN

  y0 <= 7 * x / 8;
  y1 <= x / 8 * 7;
  y2 <= x/2 + x/4 + x/8;
  y3 <= x - x/8;

END fpga;
```

这一设计使用了 48 个 LE，没有用到嵌入式乘法器。因为没有寄存器到寄存器的路径，所以无法测量时序电路性能。分数常系数乘法器的仿真结果如图 2-2 所示。注意 $y1$ 的量化误差较大。观察输入值 $x = 4$ 的结果，还可以看到 CSD 编码 $y3$ 四舍五入到相邻的最大整型数，而 $y0$ 和 $y2$ 四舍五入到相邻的最小整型数。对于负值(如 - 4)，可以看到 CSD 编码 $y3$ 四舍五入到相邻的最小整数(也就是 - 4)，而 $y0$ 和 $y2$ 四舍五入到相邻的最大整数(也就是 - 3)。

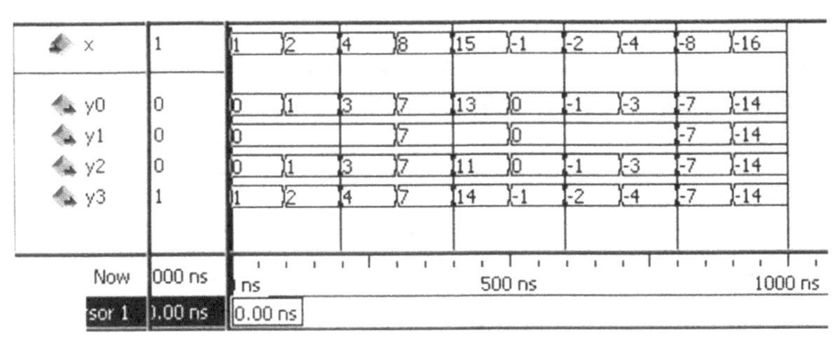

图 2-2　分数 CSD 编码的仿真结果

3. 自由进位加法器

SD 数字表示法可以用于实现自由进位加法器。Tagaki 等人[35]引入了如表 2-2 所示的方案。其中 u_k 是中间和，c_k 是第 k 位的进位(也就是要加到 u_{k+1} 上)。

表 2-2　利用 SD 表示法进行自由进位二进制加法

$x_k y_k$	00	01	01	$0\bar{1}$	$0\bar{1}$	11	$\bar{1}\bar{1}$
$x_{k-1} y_{k-1}$	-	均非$\bar{1}$	至少 1 个$\bar{1}$	均非$\bar{1}$	至少 1 个$\bar{1}$	-	-
c_k	0	1	0	0	$\bar{1}$	1	$\bar{1}$
u_k	0	$\bar{1}$	1	$\bar{1}$	1	0	0

例 2.4　自由进位加法

在 SD 系统中，29 与 - 9 的加法执行过程如下：

$$
\begin{array}{cccccccl}
 & 1 & 0 & 0 & \bar{1} & 0 & 1 & x_k \\
+ & 0 & \bar{1} & 1 & \bar{1} & 1 & 1 & y_k \\
\hline
0 & 0 & 0 & \bar{1} & 1 & 1 & & c_k \\
 & 1 & \bar{1} & 1 & 0 & \bar{1} & 0 & u_k \\
\hline
 & 1 & \bar{1} & 0 & 1 & 0 & 0 & s_k
\end{array}
$$

但是由于三进制逻辑的负荷，利用 FPGA 实现表 2-2 时，需要为 c_k 和 u_k 提供 4 输入操作数，也就是说，实现表 2-2 需要一个 $2^8 \times 4$ 位的 LUT。

4. 乘法器-加法器图(Multiplier Adder Graph, MAG)

可以看到乘法的成本与 A 中非零元素 a_k 的数量直接相关，而 CSD 系统将这一成本降低到最小。CSD 也是将要在习题 2.2 中讨论的布思乘法器[29]的基础。

但在最优 CSD 意义中，经常是首先将系数分解成几个因子，再实现具体因子，这样效率会更高些[36-39]。图 2-3 以系数 93 为例说明了这一分解选项。直接二进制和 CSD 编码如下：$93_{10}=1011101_2=1100\bar{1}01_{\text{CSD}}$，2C 编码需要 4 个加法器，CSD 编码需要 3 个加法器。系数 93 可以表示成 $93=3\times31$，每个因子需要一个加法器(请参阅图 2-3)。因子数量的复杂性就降到了 2。可以通过几条路径来组合这些不同的因子。所需加法器的数量通常是指常数系数乘法器的成本。图 2-4 根据 Dempster 等人[38]的提议给出 1 至 4 个加法器的所有可能配置。利用这张图，就可以合成所有成本在 1 至 4 个加法器之间的系数 $(k_i \in N_0)$。依据：

成本 1： 1)　$A=2^{k_0}(2^{k_1}\pm 2^{k_2})$

成本 2： 1)　$A=2^{k_0}(2^{k_1}\pm 2^{k_2}\pm 2^{k_3})$

2)　$A=2^{k_0}(2^{k_1}\pm 2^{k_2})(2^{k_3}\pm 2^{k_4})$

成本 3： 1)　$A=2^{k_0}(2^{k_1}\pm 2^{k_2}\pm 2^{k_3}\pm 2^{k_4})$

⋮

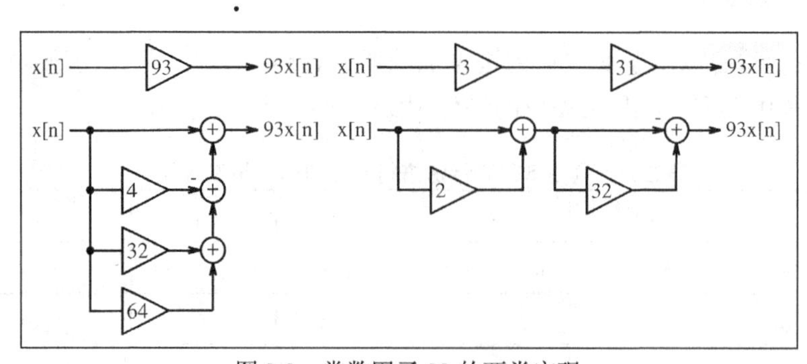

图 2-3　常数因子 93 的两类实现

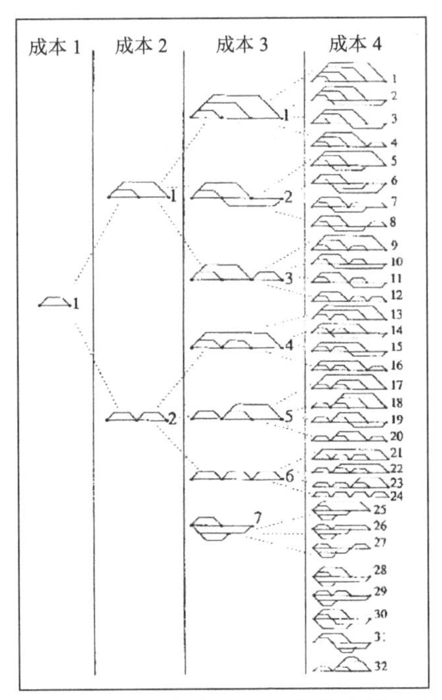

图 2-4　1 至 4 个加法器的可能成本。每个节点是一个加法器或减法器，每条边与 2 的幂次形式的因子结合起来(© IEEE[38])

利用这一技术，表 2-3 给出了所有成本在 0 至 3 之间的 8 位整数的最优编码[5]。

表 2-3　运用乘法器-加法器图技术实现所有 8 位数的成本 C(也就是加法器的数量)

C	系　数
0	1，2，4，8，16，32，64，128，256
1	3，5，6，7，9，10，12，14，15，17，18，20，24，28，30，31，33，34，36，40，48，56，60，62，63，65，66，68，72，80，96，112，120，124，126，127，129，130，132，136，144，160，192，224，240，248，252，254，255
2	11，13，19，21，22，23，25，26，27，29，35，37，38，39，41，42，44，46，47，49，50，52，54，55，57，58，59，61，67，69，70，71，73，74，76，78，79，81，82，84，88，92，94，95，97，98，100，104，108，110，111，113，114，116，118，119，121，122，123，125，131，133，134，135，137，138，140，142，143，145，146，148，152，156，158，159，161，162，164，168，176，184，188，190，191，193，194，196，200，208，216，220，222，223，225，226，228，232，236，238，239，241，242，244，246，247，249，250，251，253
3	43，45，51，53，75，77，83，85，86，87，89，90，91，93，99，101，102，103，105，106，107，109，115，117，139，141，147，149，150，151，153，154，155，157，163，165，166，167，169，170，172，174，175，177，178，180，182，183，185，186，187，189，195，197，198，199，201，202，204，206，207，209，210，212，214，215，217，218，219，221，227，229，230，231，233，234，235，237，243，245
4	171，173，179，181，203，205，211，213

(续表)

C	系　数
	通过因子分解得到的最小成本
2	45=5×9，51=3×17，75=5×15，85=5×17，90=2×9×5，93=3×31，99=3×33，102=2×3×17，105=7×15，150=2×5×15，153=9×17，155=5×31，165=5×33，170=2×5×17，180=4×5×9，186=2×3×31，189=3×7×9，195=3×65，198=2×3×33，204=4×3×17，210=2×7×15，217=7×31，231=7×33
3	171=3×57，173=8+165，179=51+128，181=1+180，211=1+210，213=3×71，205=5×41，203=7×29

5. 对数系统(Logarithmic Number System, LNS)

对数系统(Logarithmic Number System, LNS)[40 和 41]与固定尾数和分数指数构成的浮点数制类似。在对数系统中，x 表示为：

$$X = \pm r^{\pm e_x} \tag{2-8}$$

其中 r 是数制的基数，e_x 是对数系统的指数。对数系统格式包括一位整数的符号位与一位指数的符号位，以及表示整数位 I 和分数位 F 精度的指数位。格式如下：

符号 S_x	指数符号 S_e	指数整数位 I	指数分数位 F

LNS 与浮点数一样，精度不一致。x 的值较小时精度就比较高，而 x 的值比较大时精度就比较低了，如下面的例题所示。

例 2.5　LNS 编码

假设基数为 2 的 9 位 LNS 数，具有两个符号位、3 位整数精度和 4 位分数精度。例如，LNS 编码 00 011.0010 是如何转换成实数数制的？两个符号位表明整数和指数均为正。整数部分是 3，分数部分是 $2^{-3} = 1/8$。因而实数表达式就是 $2^{3+1/8} = 2^{3.125} = 8.724$。还会发现 $-2^{3.125} = 10\ 011.0010$，$2^{-3.125} = 01\ 100.1110$。注意指数可以表示小数的 2 的补码形式。9 位 LNS 格式所能够表达的最大数是 $2^{8-1/16} \approx 256$，最小数是 $2^{-8} = 0.0039$。如图 2-5(a)所示，相比之下，8 位正有符号定点数的最大正整数值是 $2^8 - 1 = 255$，最小非零正整数是 1。两组 9 位数制的比较结果如图 2-5(b)所示。

历史上，LNS 的优势在于能够有效地实现乘法、除法、求平方根或平方。例如，乘积 $C = A \times B$，其中 A、B 和 C 是 LNS 数，得出：

$$C = r^{e_a} \times r^{e_b} = r^{e_a + e_b} = r^{e_c} \tag{2-9}$$

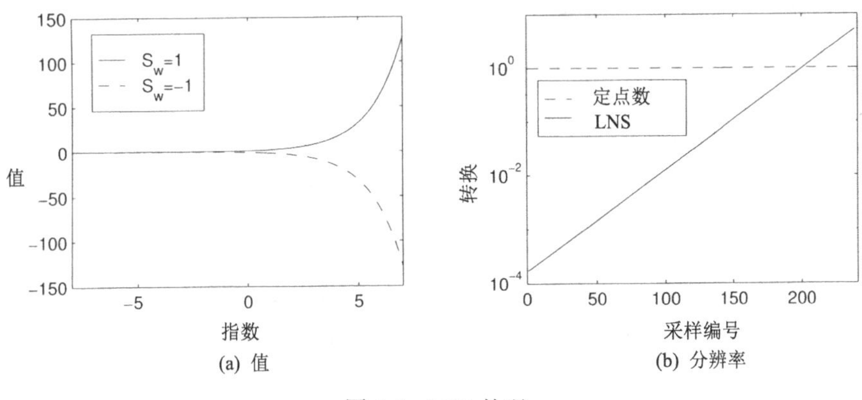

图 2-5　LNS 处理

也就是说，LNS 数乘积的指数只是两个指数简单相加的和。除法和高阶运算也很容易实现。但是，相比较而言，加法和减法就复杂多了。加法和减法运算按照如下过程进行，其中假定 $A > B$：

$$C = A + B = 2^{e_a} + 2^{e_b} = 2^{e_a} \underbrace{(1 + 2^{e_b - e_a})}_{\Phi+(\Delta)} = 2^{e_c} \tag{2-10}$$

求解指数 e_c，可以得到指数 $e_c = e_a + \phi^+(\Delta)$，而 $\Delta = e_b - e_a$，$\phi^+(u) = \log_2(\phi^+(\Delta))$。减法也有与之相似的表，可以用 $\phi^-(u) = \log_2(\phi^-(\Delta))$，$\phi^-(\Delta) = (1 - 2^{e_b - e_a})$ 计算。历史上，Jurij Vega(1754~1802)在其著作“Logarithmorm Completus”中论述到，这样的表用来表示有理数，其中还包括 Zech 计算的表。因此，$\log_2(1-2^u)$项通常指 Zech 对数。

LNS 算法按照下列方式执行[40]，参见表 2-4。令 $A = 2^{ea}$、$B = 2^{eb}$、$C = r^{ec}$，其中 S_A、S_B、S_C 代表每个数的符号位：

表 2-4　LNS 算法

运　算	操　作
乘法　$C = AB$	$e_c = e_a + e_b$；$S_C = S_A \text{ XOR } S_B$
除法　$C = A/B$	$e_c = e_a - e_b$；$S_C = S_A \text{ XOR } S_B$
加法　$C = A+B$	$e_c = \begin{cases} e_a + \phi^+(e_b - e_a) & A \geqslant B \\ e_b + \phi^+(e_a - e_b) & B > A \end{cases}$
减法　$C = A - B$	$e_c = \begin{cases} e_a + \phi^-(e_b - e_a) & A \geqslant B \\ e_b + \phi^-(e_a - e_b) & B > A \end{cases}$
开平方　$C = \sqrt{A}$	$e_c = e_a/2$
平方　$C = A^2$	$e_c = 2e_a$

通过使用部分表[40]或线性插值[42]的方法，可以减小 Zech 对数所需的表规模。不过这

些方法已经超出当前所要讨论的范畴了。

6. 余数系统(Residue Number System, RNS)

RNS 实际上是一种古代代数系统，其历史可以追溯到 2000 年以前。RNS 是一种整数运算系统，其中定义了基本的加、减和乘运算。这些基本运算可以在不连通的短整型字长通道中同时进行[43 和 44]。RNS 系统在考虑正整数基集$\{m_1, m_2, \ldots, m_L\}$的情况下定义，其中 m_l 是相对(对偶)的质数。结果数字表达式的动态范围是 M，其中 $M=\prod_{l=1}^{L} m_l$。对于有符号数应用程序，X 的整数值约束为 $X\in[-M/2, M/2]$。RNS 算法在一个同构计算环内定义：

$$Z_M \cong Z_{m_1} \times Z_{m_2} \times \cdots \times Z_{m_L} \tag{2-11}$$

其中 $Z_M=Z/(M)$，与整数模 M 的计算环相关，后者称为余数类模 M。整数 X 到 RNS L-数组 $X\leftrightarrow(x_1,x_2,\ldots,x_L)$映射通过 $x_l=X \bmod m_l$ 定义，其中 $l=1,2,\ldots,L$。定义□为代数运算的符号+、－或*，如果 Z、X、$Y\in Z_M$，则有：

$$Z = X\square Y \bmod M \tag{2-12}$$

这与 $Z\leftrightarrow(z_1,z_2,\ldots,z_L)$同构，特别是：

$$\begin{array}{ccc} X & \overset{(m_1,m_2,\ldots,m_L)}{\longleftrightarrow} & (\langle X\rangle_{m_1},\langle X\rangle_{m_2},\ldots,\langle X\rangle_{m_L}) \\ Y & \overset{(m_1,m_2,\ldots,m_L)}{\longleftrightarrow} & (\langle Y\rangle_{m_1},\langle Y\rangle_{m_2},\ldots,\langle Y\rangle_{m_L}) \\ \hline Z=X\square Y & \overset{(m_1,m_2,\ldots,m_L)}{\longleftrightarrow} & (\langle X\square Y\rangle_{m_1},\langle X\square Y\rangle_{m_2},\ldots,\langle X\square Y\rangle_{m_L}) \end{array}$$

由此可以看出，RNS 算法是“对偶”定义的。$Z=(X\square Y) \bmod M$ 的 L 个元素是在 L 个短整型字长模(m_l)通道中同时计算的，通道的字宽受 $w_l=\lceil\log_2(m_l)\rceil$位的限制(通常是 4 至 8 位)。在实际应用中，大多数 RNS 运算系统使用的是小型 RAM 表或 ROM 表来实现模映射 $z_l=x_l\square y_l \bmod m_l$。

例 2.6　RNS 算法

下面来研究一下基于相关质数模集{2，3，5}的 RNS 系统，具有 $M=2\times3\times5=30$ 的动态范围。在 Z_{30} 中有两个整数，分别是 7_{10} 和 4_{10}。7 和 4 的 RNS 表示法分别为 $7=(1,1,2)_{\text{RNS}}$ 和 $4=(0,1,4)_{\text{RNS}}$。还有，两者的和、差、积分别是 11、3 和 28，它们也都在 Z_{30} 中，它们的计算如下：

$$\begin{array}{r} 7\overset{(2,3,5)}{\longleftrightarrow}(1,1,2) \\ +4\overset{(2,3,5)}{\longleftrightarrow}+(0,1,4) \\ \hline 11\overset{(2,3,5)}{\longleftrightarrow}(1,2,1) \end{array} \qquad \begin{array}{r} 7\overset{(2,3,5)}{\longleftrightarrow}(1,1,2) \\ -4\overset{(2,3,5)}{\longleftrightarrow}-(0,1,4) \\ \hline 3\overset{(2,3,5)}{\longleftrightarrow}(1,0,3) \end{array} \qquad \begin{array}{r} 7\overset{(2,3,5)}{\longleftrightarrow}(1,1,2) \\ \times4\overset{(2,3,5)}{\longleftrightarrow}\times(0,1,4) \\ \hline 28\overset{(2,3,5)}{\longleftrightarrow}(0,1,3) \end{array}$$

RNS 系统已经在定制的 VLSI 器件[45]、GaAs 和 LSI[44]中得到应用。目前已经知道的是，在 Xilinx FPGA 中，RNS 针对短整型专门提供了 $2^4 \times 2$ 位的表，对提高速度有显著作用[46]。对于较宽字长的模运算，Altera 的 M2K 表和 M4K 表可以令 RNS 算法和 RNS 到整数转换的设计受益匪浅。有了支持较宽字长模运算的能力，设计高精度、高速的 FPGA 系统就可以成为现实了。

过去实现具有实际价值 RNS 系统的最大障碍到目前为止已经成功地消除[47]。实现 RNS 到整数的解码、除法或幅值缩放，首先需要将数据从 RNS 格式转换成整数。通常所使用的转换理论被称为中国余数定理(Chinese Remainder Theorem, CRT)与混合基数转换(Mixed-Radix Conversion, MRC)算法[43]。实际上，MRC 是生成整数加权数字系统表示法的数位，而 CRT 直接给出了 RNS 到 L-数组的一个映射。CRT 定义如下：

$$X \bmod M \equiv \sum_{l=0}^{L-1} \hat{m}_l \left\langle \hat{m}_l^{-1} x_l \right\rangle_{m_l} \qquad \bmod M \tag{2-13}$$

其中 $\hat{m}_l = M/m_l$ 是整数，而 $\hat{m}_l^{-1}$ 是 $\hat{m}_l \bmod m_l$ 的倒数，也就是说 $\hat{m}_l \hat{m}_l^{-1} \equiv 1 \bmod m_l$。通常设计所需要的 RNS 计算的输出要远远小于最大动态范围 M。在这些场合有一种称为 ε-CRT[48]的非常高效的算法，可以用来实现即时即地的 RNS 到(可缩放的)整数的转换。

7. 索引乘法器(Index Multiplier)

实际上，RNS 有好几种变化。经常使用的一种是基于索引算法的[43]RNS。它在某些方面与对数算法类似。索引域中的计算是根据是否所有的模都为质数这一事实来进行，根据数论可知：存在一个本原元素，一个生成元 g，也就是：

$$a \equiv g^{\alpha} \bmod p \tag{2-14}$$

这一公式可以生成 Z_p 域内除零之外的所有元素(表示为 $Z_p/\{0\}$)。也就是说，实际上 $Z_p/\{0\}$ 中的整数 a 和 Z_{p-1} 域中的指数之间一一对应。从术语角度讲，索引 α 与生成元 g 和整数 a 之间的关系可以表述成 $\alpha = \text{ind}_g(a)$。

例 2.7　索引编码

考虑一个质数模 $p = 17$，生成元 $g = 3$ 将要生成 $Z_p/\{0\}$ 域中的元素。译码表如表 2-5 所示。为了满足计数的需要，将 $a=0$ 表示成 $g^{-\infty} = 0$。

表 2-5　译码表

a	0	1	2	3	4	5	6	7	8	9	10	11	12	13	14	15	16
$\text{ind}_3(a)$	$-\infty$	0	14	1	12	5	15	11	10	2	3	7	13	4	9	6	8

RNS 数的乘法运算可以按如下规则进行：

(1) 把 a 和 b 映射到索引域，也就是 $a = g^{\alpha}$ 和 $b = g^{\beta}$

(2) 将索引数值模 $p-1$ 相加，也就是 $\nu = (\alpha + \beta) \bmod (p-1)$

(3) 将所得的和映射回初始索引域，也就是 $n = g^{\nu}$

如果以索引形式处理数据，只需要将 $\bmod(p-1)$ 指数相加即可。接下来利用下面这个示例加以说明。

例 2.8 索引乘法

考虑一个质数模 $p = 17$，生成元 $g = 3$，例 2.7 已经给出了结果。a =2 与 $b = 4$ 相乘的运算过程如下：

$$(\text{ind}_g(2) + \text{ind}_g(4)) \bmod 16 = (14+12) \bmod 16 = 10$$

由例 2.7 中的表 2-5 可以看到 $\text{ind}_3(8) = 10$，对应整数 8，这正是所期望的结果。

8. 索引域中的加法

在大多数情况下，DSP 算法既需要乘法也需要加法。索引算法能够很好地解决乘法运算问题，但是对加法就没有什么价值。在技术上，可以将索引 RNS 数据转换回 RNS，在加法运算容易实现的地方。一旦计算出对应的和，就把结果再映射回索引域。另一种方法基于 Zech 对数。索引编码数 a 和 b 的和表示如下：

$$d = a+b = g^{\delta} = g^{\alpha}+g^{\beta} = g^{\alpha}(1+g^{\beta-\alpha}) = g^{\beta}(1+g^{\alpha-\beta}) \tag{2-15}$$

现在我们将 Zech 对数定义成：

定义 2.9：Zech 对数

$$Z(n) = \text{ind}_g(1+g^n) \quad \longleftrightarrow \quad g^{Z(n)} = 1+g^n \tag{2-16}$$

接下来按下面的形式改写式(2-15)：

$$g^{\delta} = g^{\beta} \times g^{Z(\alpha-\beta)} \quad \longleftrightarrow \quad \delta = \beta+Z(\alpha-\beta) \tag{2-17}$$

因为数字相加是在索引域中进行，所以需要一次加法、一次减法和一次 Zech LUT。接下来的一个小例题就说明了在索引域中将 2 和 5 相加的原则。

例 2.10 Zech 对数

对于质数模 $p = 17$ 和 $g = 3$，Zech 对数表如表 2-6 所示。

表 2-6 Zech 对数表

n	$-\infty$	0	1	2	3	4	5	6	7	8	9	10	11	12	13	14	15
$Z(n)$	0	14	12	3	7	9	15	8	13	$-\infty$	6	2	10	5	4	1	11

2 和 5 的索引值的定义可以参照例 2.7，计算过程如下：

$$2+5 = 3^{14}+3^{5} = 3^{5}(1+3^{9}) = 3^{5+Z(9)} = 3^{11} \equiv 7 \bmod 17$$

需要特别注意的是特例 $a+b \equiv 0$，与之对应的是[49]中的情况：

$$-X \equiv Y \bmod p \quad \longleftrightarrow \quad g^{\alpha+(p-1)/2} \equiv g^{\beta} \bmod p$$

也就是说，如果在索引域中和等于零，那么 $\beta=\alpha+(p-1)/2 \bmod (p-1)$。下面是一个例题。

例 2.11 5 和 12 在原始域中的加法运算过程如下：

$$5+12 = 3^5+3^{13} = 3^5(1+3^8) = 3^{5+Z(8)} \equiv 3^{-\infty} \equiv 0 \bmod 17$$

9. 利用 QRNS 计算复数乘法

如果我们处理复数数据，就会看到 RNS 会产生另一种有趣的性质。这种被称为 QRNS 的表达式能够非常有效地计算乘法，接下来将讨论这个问题。

当用 RNS 数字对复数的实部和虚部进行编码时，最终的数制就被称为复数 RNS 或 CRNS。CRNS 中的复数加法需要执行两次实数相加。复数 RNS(CRNS)乘法按 4 个实数乘积、一次加法和一次减法的形式定义。当使用一种称为二次 RNS(也称为 QRNS)的 RNS 变量时，情况就从根本上发生了变化。QRNS 建立在 $p = 4k+1$ 形式的高斯质数已知性质的基础上，其中 k 是正整数。模的这一选择的重要性来源于 Zp 中多项式 x^2+1 的因式分解。这一多项式具有两个根：$\hat{j}$ 和 $-\hat{j}$，其中 $\hat{j}$ 和 $-\hat{j}$ 是属于余数类 Zp 的实整数。这与复数域内的 x^2+1 的因式分解形式形成了鲜明对比。在复数域中，根是复数形式的：$x_{1,2}=\alpha \pm j\beta$，其中 $j=\sqrt{(-1)}$ 是虚部运算符。要将一个 CRNS 数转换成 QRNS，可通过变换 $f{:}Zp^2 \rightarrow Zp^2$ 来实现，过程如下：

$$f(a+jb) = ((a+\hat{j}b) \bmod p, (a-\hat{j}b) \bmod p) = (A,B) \tag{2-18}$$

在 QRNS 中，加法和乘法按分量实现，定义如下：

$$(a+ja)+(c+jd) \leftrightarrow (A+C, B+D) \bmod p \tag{2-19}$$

$$(a+jb)(c+jd) \leftrightarrow (AC, BD) \quad \bmod p \tag{2-20}$$

绝对值的平方可以按如下方式计算：

$$|a+jb|^2 \leftrightarrow (A \times B) \bmod p \tag{2-21}$$

从 QRNS 到 CRNS 的反演映射定义如下：

$$f^{-1}(A,B) = 2^{-1}(A+B)+j(2\hat{j})^{-1}(A-B) \quad \bmod p \tag{2-22}$$

取高斯质数 $p = 13$，$(a+jb) = (2+j1)$和$(c+jd) = (3+j2)$的复数乘积是$(2+j1)\times(3+j2) = (4+j7) \bmod 13$。在该情况下，需要 4 次实数乘法、一次实数加法和一次实数减法来完成这一乘积。

例 2.12 QRNS 乘法

二次方程 $x^2 \equiv (-1) \bmod 13$ 有两个根 $\hat{j} = 5$ 和 $-\hat{j} = -5 \equiv 8 \bmod 13$。QRNS 编码的数据就变成：

$$(a+jb) = 2+j \leftrightarrow (2+5\times1, 2+8\times1) = (A,B) = (7,10) \bmod 13$$

$$(c+jd) = 3+j2 \leftrightarrow (3+5\times2, 3+8\times2) = (C,D) = (0,6) \bmod 13$$

分量形式的乘法结果$(A,B)(C,D) = (7,10)(0,6) \equiv (0,8) \bmod 13$，只需要两次实数乘法。按式(2-22)定义的到 CRNS 的反演映射，其中 $2^{-1} \equiv 7$, $(2\hat{j})^{-1} = 10^{-1} \equiv 4$。解方程 $2x \equiv 1 \bmod 13$ 和 $10x \equiv 1 \bmod 13$，分别得到 7 和 4。接下来是：

$$f^{-1}(0,8) = 7(0+8)+j4(0-8) \bmod 13 \equiv 4+j7 \bmod 13$$

图 2-6 给出了 CRNS 和 QRNS 之间映射关系的图解。

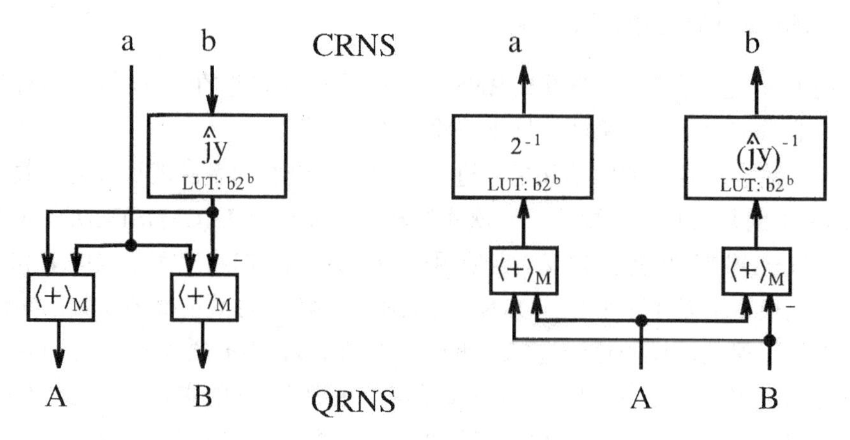

图 2-6　CRNS↔QRNS 转换

2.2.3　浮点数

浮点数制可以在更大的动态范围内提供更高的分辨率，通常当定点数由于受精度和动态范围限制不能胜任时，浮点数就能够为之提供解决方案。当然，同时也在速度和复杂程度方面带来了损失，大多数微处理器浮点数制都遵循单精度或双精度的 IEEE 浮点数标准[50]，而基于 FPGA 的系统采用自定义格式[51]。为此，我们将讨论下列标准和定制浮点数格式以及在 2.7 节中基本构造模块的设计。这样的算法模块可以从一些“知识产权”提供商处获取，而且最近已经被 VHDL-2008 标准收录。

标准浮点数的字长由一个符号位 s、指数 e 和无符号(小数)的规格化尾数 m 构成。格式如下：

符号位 s	指数 e	无符号尾数 m

浮点数字的代数形式表示如下：

$$X = (-1)^s \times 1.m \times 2^{e-\text{偏差}} \tag{2-23}$$

注意，这是一种有符号的幅值格式。在尾数中“隐藏的”1 没有在浮点数的二进制编码中出现。如果指数用 E 位表示，则偏差选为：

$$\text{偏差} = 2^{E-1} - 1 \tag{2-24}$$

为了说明，下面研究一下十进制值 9.25 在 12 位自定义浮点格式中的表示。

例 2.13　(1,6,5)浮点格式

考虑一种由一位符号位、指数宽度 E = 6 位和尾数 M = 5 位(不包括隐藏的 1)组成的浮点数表示方法。现在来确定 9.25_{10} 在这种(1, 6, 5)浮点数格式下的表示方法。由式(2-24)得到偏差：

$$\text{偏差} = 2^{E-1} - 1 = 31$$

尾数需要根据 1.m 格式进行标准化，也就是：

$$9.25_{10}=1001.01_2=\underbrace{1.00101}_{m}\times 2^3$$

从而偏差的指数就表示为：

$$e=3+\text{偏差}=34_{10}=100010_2$$

最后，以(1.6.5)浮点数格式表示 9.25_{10}，就是：

符号位 s	指数 e	无符号尾数 m
0	100010	00101

除了定点数到浮点数的变换之外，还需要从浮点数到整数的反向变换。因此，假定给定如下浮点数：

符号位 s	指数 e	无符号尾数 m
1	011111	00000

找到这个数的定点数表示方法。首先注意到符号位是 1，也就是说这是一个负数。将隐藏的 1 加到尾数上并且从指数中减去偏差，得到：

$$-1.00000_2\times 2^{31-\text{偏差}}=-1.0_2 2^0=-1.0_{10}$$

可以看到，进行浮点数到定点数的转换时，从指数中减去偏差，而进行定点数到浮点数的转换时，将偏差加到指数上。

定义二进制浮点数算法的 IEEE 754-2008 标准[51]还定义了一些其他有用的特殊数的处理，如溢出和下溢。指数 $e=E_{\max}=1\ldots1_2$ 与 0 尾数 $m=0$ 组合是为∞保留的。0 用 0 指数 $e=E_{\min}=0$ 和 0 尾数 m=0 编码。注意，这是由于有符号尾数表示方法、正零和负零编码不同造成的。在 754 标准中还定义了两个特殊的数，但在 FPGA 浮点数算法中通常都不支持这些其他的表示方法。这些其他数字是非正规数(denormal)和 NaN(Not a Number，非数字)。非正规数可以用于表示小于 $2^{E_{\min}}$ 的数，具体方式是允许尾数表示不具有隐藏的 1 的数，也就是尾数可以表示小于 1.0 的数。非正规数中的指数编码成 $e=E_{\min}=0$，但尾数允许非 0。NaN 已经被证明在软件系统中降低“异常事件”的数量非常有用，异常事件在执行一个无效操作时调用。生成这种“潜在”NaN 的示例包括：

- 两个无穷大之间的加法和减法，如 $\infty-\infty$
- 0 与无穷大之间的乘法，如 $0\times\infty$
- 无穷大或 0 的除法，如 0/0 和 ∞/∞
- 负操作数的平方根

在定义二进制浮点数算法的 IEEE 754 标准中，NaN 被编码为指数 $e=E_{\max}=1\ldots1_2$ 与

非零尾数 $m \neq 0$ 的组合。表 2-7 给出了包含特殊数的 5 种浮点数编码。

表 2-7 754-1985 中 5 种编码类型和更新后的 754-2008 IEEE 二进制浮点数标准

符号位	指数 e	尾数 m	值
0/1	全零	全零	± 0
0/1	全零	非零	非正规化：$(-1)^s 2^{-偏差} 0.m$
0/1	$1 < e < E_{max}$	m	正规化：$(-1)^s 2^{e-偏差} 1.m$
0/1	全 1	全零	$\pm\infty$
-	全 1	非零	NaN

现在根据精度和动态范围在如下示例中对定点数和浮点数表示方法进行比较。

例 2.14　12 位浮点数和定点数表示方法

假定用上个示例中的(1, 6, 5)浮点格式。(绝对值)最大的数可以表示成：

$$\pm 1.11111_2 \times 2^{31} \approx \pm 4.23_{10} \times 10^9$$

(绝对值)最小的数(不包括非正规数)可以表示成：

$$\pm 1.0_2 \times 2^{1-偏差} = \pm 1.0_2 \times 2^{-30} \approx \pm 9.31_{10} \times 10^{-10}$$

如果允许非正规数，那么最小数的表示变为：

$$\pm 0.00001_2 \times 2^{1-偏差} = \pm 1.0_2 \times 2^{-31-5} \approx \pm 1.45_{10} \times 10^{-11}$$

也就是说，64 位因子小于正规化最小的数。注意，在浮点数格式中，$e = 0$ 是为非正规化保留的，见表 2-7。对于 12 位定点格式，使用一位符号位，5 位整数位和 6 位分数位。因此，用这种 12 位定点格式表示的(绝对值)最大值是：

$$\pm 11111.111111_2 = \pm(16+8+\ldots+1/32+1/64)_{10} = \pm(32-1/64)_{10} \approx \pm 32.0_{10}$$

12 位定点格式表示的(绝对值)最小数为：

$$\pm 00000.000001_2 = \pm 1/64_{10} = \pm 0.015625_{10}$$

从这一示例可以看出，浮点表示方法不仅具有较大的动态范围(4×10^9 相对于 32)，而且精度更高。例如，1.0 和 1+1/64＝1.015625 在(1, 6, 5)浮点数格式中的编码相同，而在 12 位定点数表示方法中就可以区分开。

定点数有两种舍入方式，浮点数支持 4 种舍入方式，分别为向最近的偶数舍入(默认方式)、向零舍入(截断舍入)、向正无穷舍入(向上舍入)和向负无穷舍入(向下舍入)。在 MATLAB 中，与之对应的舍入函数分别为 round( )、fix( )、ceil( )和 floor( )。MATLAB 与 IEEE 754 模式唯一的细微区别在于当数据的小数为十进制的 0.5 或二进制的 0.1 时。只有当整数的最低有效位为 1 时采用向上舍入，否则向下舍入；在就近舍入方案中 32.5 向下舍入而 33.5 向上舍入。表 2-8 中显示了(1, 6, 5)浮点数格式的舍入示例。我们发现一个有趣的现象，默认的就近舍入操作是实现起来最复杂的模式，而向零舍入不但开销最少而且可能用来降低处理过程中不受欢迎的增益，因此我们每次都向零舍入，也就是说，舍入不会导致振幅的增长。

表 2-8　关于 4 种浮点类型的舍入示例

方　　式	32.5	33.25	33.5	33.75	−32.5	−32.25
向最近的偶数舍入	32	33	34	34	−32	−32
向零舍入	32	33	33	33	−32	−32
向上舍入	33	34	34	34	−32	−32
向下舍入	32	33	33	33	−33	−33

尽管定义二进制浮点数算法的 IEEE 754-1985 标准[45]并不容易实现其全部细节，例如 4 种不同的舍入方式、非正规数和 NaN 等，但在 1985 年的早期引入的标准促进了它的应用，它现已成为微处理器最常采用的实现方式。表 2-9 给出了这种 IEEE 单精度和双精度格式的参数。鉴于已有事实，单精度 754 标准算法设计需要：

- 一个 24 位×24 位乘法器
- 提供更具体的动态范围设计(也就是指数的位宽度)和精确度设计(尾数的位宽度)的 FPGA

表 2-9　IEEE 浮点 754-2008 标准互换格式

	短	单　精　度	双　精　度	扩　　展
字长	16	32	64	128
尾数	10	23	52	112
指数	5	8	11	15
偏差	15	127	1023	16 383
范围	$2^{16} \approx 6.4\times10^{4}$	$2^{128} \approx 3.8\times10^{38}$	$2^{1024} \approx 1.8\times10^{308}$	$2^{16\ 383} \approx 10^{4932}$

我们发现 FPGA 的设计通常不采用 754 标准，而定义一种专用格式。例如，Shirazi 等人[52]已经开发了一种改进格式，用于在他们的自定义计算设备 SPLASH-2 上实现多种算法，SPLASH-2 是一种基于 Xilinx XC4010 器件的多 FPGA 开发板。他们采用了一种 18 位的格式，这样就可以在多 FPGA 开发板的 36 位宽的系统总线上传输两个操作数。这种 18 位格式包括 10 位尾数、7 位指数和一个符号位，可表示的范围是 3.7×10^{19}。

2.3　二进制加法器

一个基本 N 位二进制加法器/减法器由 N 个全加器(Full Adder, FA)组成。每个全加器都实现了如下布尔方程：

$$s_k = x_k \text{ XOR } y_k \text{ XOR } c_k \tag{2-25}$$
$$= x_k \oplus y_k \oplus c_k \tag{2-26}$$

这就定义了累加和的位。进位位按如下方法计算：

$$c_{k+1} = (x_k \text{ AND } y_k)\text{OR}(x_k \text{ AND } c_k)\text{OR}(y_k \text{ AND } c_k) \tag{2-27}$$
$$= (x_k \times y_k) + (x_k \times c_k) + (y_k \times c_k) \tag{2-28}$$

对于 2C 加法器，最低有效位可以减少到一个半加器，因为进位输入是 0。

最简单的加法器结构称为“逐位进位加法器”，如图 2-7(a)所示，它是位串行形式。如果在 FPGA 中较大的表可用，几个位就可以组合到一个 LUT 中，如图 2-7(b)所示。对于这种“一次两位”的加法器，最长的延迟来自通过所有阶段的进位的脉冲。目前已经采取了许多技术来缩短这一进位延迟，比如跳跃进位、先行进位、条件和或进位选择加法器。这些技术都能够提高加法的速度，可以用在老一代 FPGA 系列器件中(如 Xilinx 的 XC 3000)，因为这些器件本身没有提供内部快速进位逻辑。现代的系列(如 Xilinx 的 Spartan 或 Altera 的 Cyclone)都具有特别快的“逐位进位逻辑”，比通过常规逻辑 LUT 的延迟要快得多[1]。Altera 采用的是快速表(请参阅图 1-12)，而 Xilinx 采用硬连线译码器，根据图 2-8 和图 1-11 所示的多级通道结构来实现进位逻辑。快速进位逻辑在现代 FPGA 系列中的出现，消除了开发硬件的频繁先行进位模式的必要。

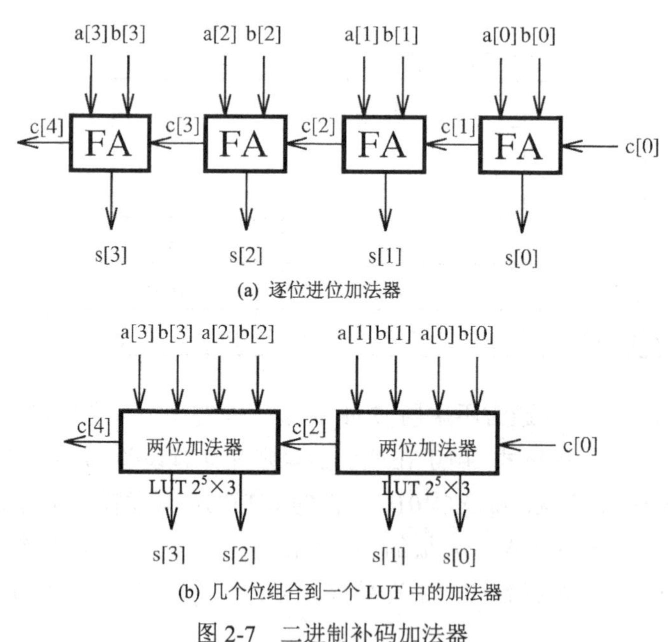

(a) 逐位进位加法器

(b) 几个位组合到一个 LUT 中的加法器

图 2-7　二进制补码加法器

图 2-9 总结了用 lpm_add_sub 宏函数组件实现的 N 位二进制加法器的规模和时序电路性能。除了 Cyclone Ⅳ E 系列的 EP4CE115F29C7(当前使用 60nm 工艺技术)外，还包括成熟系列的参考数据。Nios 开发板上所用的是 APEX20KE 系列的 EP20K200EFC484-2X，请参阅第 9 章。APEX20KE 系列于 1999 年推出，使用 0.18μm 工艺技术。UP2 开发板用的是

FLEX10K 系列的 EPF10K70RC240-4。FLEX10K 系列于 1995 年推出，使用 0.42μm 工艺技术。尽管 LE 单元结构没有随时间变化很大，但还是能从工艺技术在速度方面的提升看到进步。如果是通过 I/O 寄存器单元接收操作数，那么通过 FPGA 总线的延迟占主要部分，性能降低。如果数据从本地寄存器传递过来，性能就会提高。对于这种类型的设计，随着使用的 LE 数量增加 1/3 或 1/4，额外的 LE 寄存器分配就会在出现(在项目报告文件中)。然而，同步注册的大型设计不需要任何额外资源，因为数据在前面的处理阶段注册。典型的设计所达到的速度位于这两种情况之间。Flex10K 的加法器和寄存器没有合并，使用 4×N 个 LE。Cyclone Ⅳ和 APEX 器件需要 3×N 个 LE，图 2-9 给出了速度数据。

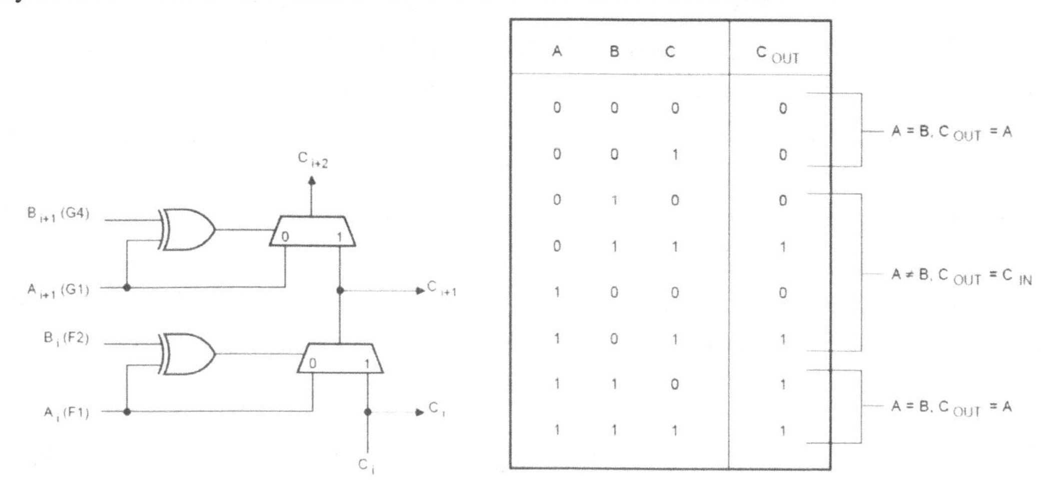

图 2-8　XC4000 快速进位逻辑(© Xilinx[53])

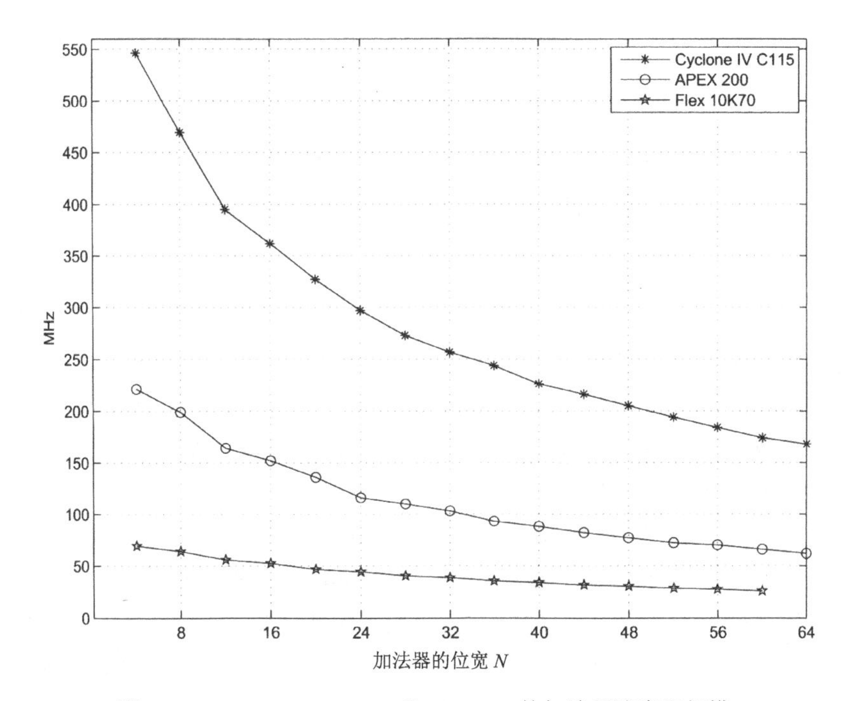

图 2-9　Cyclone IV、APEX 和 Flex10K 的加法器速度和规模

2.3.1 流水线加法器

DSP 算法的内部数据流规则决定了在 DSP 解决方案中流水线技术会得到广泛应用。典型的可编程数字信号处理器 MAC[6,16,17]至少带有 4 条流水线。处理器：

1) 对指令译码

2) 将操作数下载到寄存器中

3) 执行乘法并存储乘积

4) 同时累加乘积

流水线规则也可以应用在 FPGA 的设计中。这只需要极少或根本不需要额外的成本，因为每个逻辑元件都包括一个触发器，这个触发器要么没有用到，要么用于存储布线资源。采用流水线有可能将一个算术操作分解成一些小规模的基本操作，将进位和中间值存储在寄存器中，并在下一个时钟周期内继续运算。在文献中，这样的加法器通常称为“进位保存加法器”(Carry Save Adder，CSA)[4]。这样，问题就出现了，我们应该将加法器分成多少部分呢？我们应不应该使用位级呢？对于 Altera 的 Cyclone Ⅳ器件，合理的选择就是采用带有 16 个 LE 的 LAB，每个流水线元件有 16 个 FF。FLEX10K 系列对于每个 LAB 有 8 个 LE，而 APEX20KE 对于每个 LAB 使用 10 个 LE。所以在确定流水线组的规模之前需要查询数据表。事实上，如果要在 Cyclone Ⅳ器件中实现 14 位流水线加法器，性能不会得到提高，如表 2-10 所述，因为 14 位流水线加法器不能配置在一个 LAB 内。

表 2-10　采用带有流水线选项的预定义 LPM 模块合成的 EP2C35F672C6 的 14 位流水线加法器的性能

流 水 线 级	MHz	LE
0	375.94	42
1	377.79	56
2	377.64	70
3	377.79	84
4	381.10	98
5	376.36	112

由于在一个 LAB 中触发器的数量是 16，并且我们需要一个额外的触发器作为进位输出，为了获得最大的时序电路性能，应该采用最大的 15 位的模块规模。由于不再需要为进位提供额外触发器，只有具有最高有效位的模块才是 16 位宽。因此可以得出以下结论：

1) 采用一个额外流水线，就能够构建一个 15+16=31 位长的加法器。

2) 采用两个流水线，就能够构建一个 15+15+16=46 位长的加法器。

3) 采用三个流水线，就能够构建一个 15+15+15+16=61 位长的加法器。

表 2-11 给出了这种流水线加法器的时序电路性能和 LE 的利用情况。从表 2-11 中可以看出：如果增加流水线的级数，尽管位宽增加，但是时序电路性能还是很高。

---

4. 进位保存加法器这一名称也用在 Wallance 乘法器的上下文中，请参阅练习 2.1。

表 2-11 有/无流水线加法器的性能和资源要求。最大位宽为 31、46 和 61 位加法器的规模和速度

位宽	无流水线		有流水线		流水线数	设计文件名称
	MHz	LE	MHz	LE		
17~31	263.50	93	350.63	125	1	add1p.vhd
32~46	215.66	138	243.43	233	2	add2p.vhd
47~61	173.13	183	231.43	372	3	add3p.vhd

下面的示例给出了一个 31 位流水线加法器的代码，它说明如果直接实现流水线加法器，那么 MSB 需要两个如图 2-10(a)所示的寄存器。如果对于 MSB 不使用加法器，就可以节省一组 LE，因为每个 LE 可以实现一个全加器，但只能实现一个触发器，具体解释如图 2-10(b)所示。

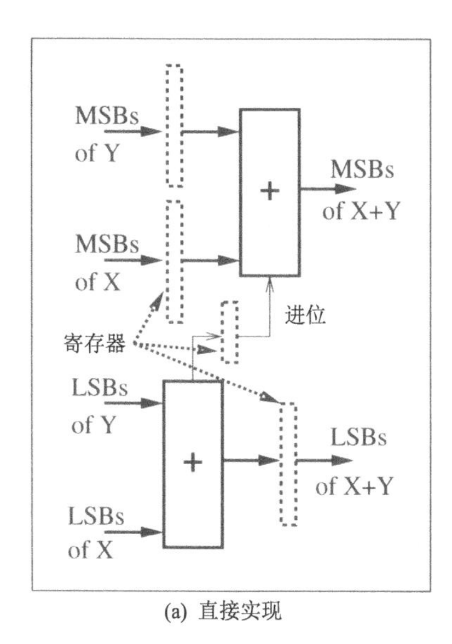

(a) 直接实现

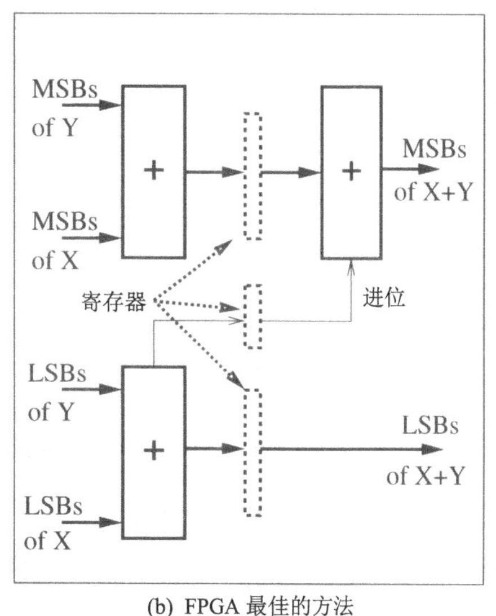

(b) FPGA 最佳的方法

图 2-10 流水线加法器

例 2.15 31 位流水线加法器的 VHDL 设计

下面研究图 2-10 中给出的 31 位流水线加法器的 VHDL 代码[5]。设计运行速度为 350.63MHz，使用了 125 个 LE。

```
LIBRARY ieee;
USE ieee.std_logic_1164.ALL;
USE ieee.std_logic_arith.ALL;
USE ieee.std_logic_unsigned.ALL;
-- --------------------------------------------------------
ENTITY add1p IS
  GENERIC (WIDTH   : INTEGER := 31;      -- Total bit width
```

5. 这一示例相应的 Verilog 代码文件 add1p.v 可以在附录 A 中找到，附录 B 中给出了合成结果。

```
            WIDTH1  : INTEGER := 15;     -- Bit width of LSBs
            WIDTH2  : INTEGER := 16);    -- Bit width of MSBs
  PORT (x,y  : IN  STD_LOGIC_VECTOR(WIDTH-1 DOWNTO 0);
                                         -- Inputs
        sum   : OUT STD_LOGIC_VECTOR(WIDTH-1 DOWNTO 0);
                                         -- Result
        LSBs_Carry : OUT STD_LOGIC;
        clk : IN  STD_LOGIC);
END add1p;
-- --------------------------------------------------------------------
ARCHITECTURE fpga OF add1p IS

  SIGNAL l1, l2, s1                   -- LSBs of inputs
                : STD_LOGIC_VECTOR(WIDTH1-1 DOWNTO 0);
  SIGNAL r1                           -- LSBs of inputs
                : STD_LOGIC_VECTOR(WIDTH1 DOWNTO 0);
  SIGNAL l3, l4, r2, s2               -- MSBs of inputs
                : STD_LOGIC_VECTOR(WIDTH2-1 DOWNTO 0);

BEGIN

  PROCESS -- Split in MSBs and LSBs and store in registers
  BEGIN
   WAIT UNTIL clk = '1';
   -- Split LSBs from input x,y
     l1 <= x(WIDTH1-1 DOWNTO 0);
     l2 <= y(WIDTH1-1 DOWNTO 0);
    -- Split MSBs from input x,y
     l3 <= x(WIDTH-1 DOWNTO WIDTH1);
     l4 <= y(WIDTH-1 DOWNTO WIDTH1);
-------------- First stage of the adder  ------------------
     r1 <= ('0' & l1) + ('0' & l2);
     r2 <= l3 + l4;
------------ Second stage of the adder --------------------
     s1 <= r1(WIDTH1-1 DOWNTO 0);
  -- Add result von MSBs (x+y) and carry from LSBs
     s2 <= r1(WIDTH1) + r2;
  END PROCESS;
  LSBs_Carry <= r1(WIDTH1); -- Add a test signal

-- Build a single output word of WIDTH = WIDTH1 + WIDHT2
  sum <= s2 & s1 ;    -- Connect s to output pins

END fpga;
```

这个15位流水线加法器的仿真结果如图2-11所示。注意，虽然32780和32770的加法生成一个来自低 15 位加法器的进位，但 32760+5 = 32765 < 2^{15}，没有产生进位。

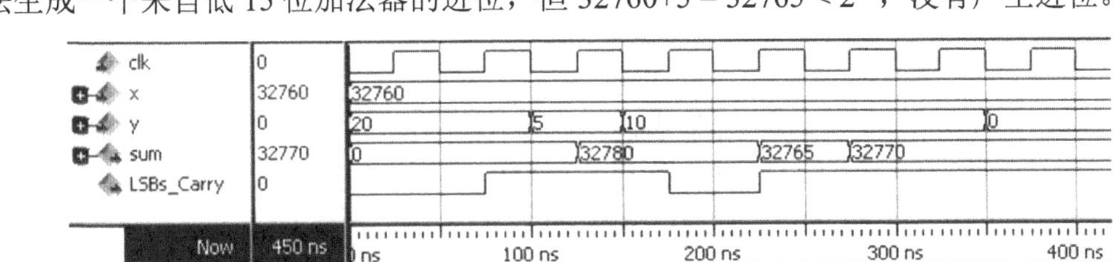

图 2-11　流水线加法器的仿真结果

2.3.2　模加法器

模加法器是 RNS-DSP 设计中最重要的构建模块。它们既可以用于加法，也可以通过索引算法用于乘法。在下面的讨论中将为 FPGA 描述一些设计方案。

目前有很多种模加法的设计[54]。图 2-12(a)的设计仅仅采用了 LE，这对于 FPGA 是可行的。Altera 的 FLEX 器件包含少量 M2K ROM 或 RAM(EAB)，可以配置成 $2^8×8$、$2^9×4$、$2^{10}×2$ 或 $2^{11}×1$ 的表，并可用于模 m_l 校正。表 2-12 给出了为 Altera FLEX10K 器件编译的 6、7 和 8 位模加法器的规模和时序电路性能[55]。

表 2-12　为 Altera FLEX10K 器件编译的模加法器的规模和性能

流水线级		位数		
		6	7	8
MPX	0	41.3 MSPS 27 LE	46.5 MSPS 31 LE	33.7 MSPS 35 LE
MPX	2	76.3 MSPS 16 LE	62.5 MSPS 18 LE	60.9 MSPS 20 LE
MPX	3	151.5 MSPS 27 LE	138.9 MSPS 31 LE	123.5 MSPS 35 LE
ROM	3	86.2 MSPS 7 LE 1 EAB	86.2 MSPS 8 LE 1 EAB	86.2 MSPS 9 LE 2 EAB

尽管图 2-12 所示的 ROM 提供了很高的速度，但是 ROM 本身产生了 4 个周期的一个流水线延迟，而且 ROM 的数量也是有限的。此外，ROM 对于前面讨论过的缩放模式是强制性的。多路复用加法器(MultiPleXed-Adder, MPX-Add)的速度相对较慢，即使在每列都加上一个进位链也是如此。流水线版本通常需要相等数量的 LE 作为非流水线版本，但是速度大约是 3 倍。在 3 级流水线和 6 位宽的通道上实现加法器时，会出现最大吞吐量。

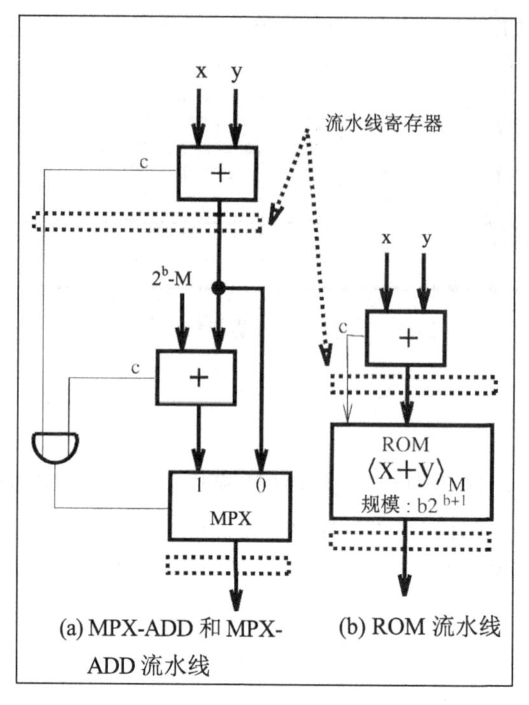

图 2-12　模加法

2.4　二进制乘法器

两个 N 位二进制数的乘积用 X 和 $A=\sum_{k=0}^{N-1}a_k2^k$ 表示，按“手动计算”的方法给出就是：

$$P=A\times X=\sum_{k=0}^{N-1}a_k2^kX \tag{2-29}$$

从式(2-29)中可以看出，只要 $a_k\neq 0$，输入量 X 就随着 k 的位置连续地变化，然后累加 2^kX。如果 $a_k=0$，就可以忽略相应的移位相加(也就是空操作 nop)。随着嵌入式乘法器的引入，最近的 FPGA 不经常使用该 FSM 方法。

由于第一个操作数是并行形式的(也就是 X)，而第二个操作数 A 是逐位形式的，因此把刚才描述的乘法器称为串行/并行乘法器。如果两个操作数都是串行的，那么这一结构称为串行/串行乘法器[56]。这样的乘法器只需要一个全加器，但是串行/串行乘法器的等待时间为高阶无穷大 $\mathcal{O}(N^2)$，因为状态机大约需要 N^2 个周期。

另一种方法就是通过增加复杂性来换取速度，称之为“阵列”，或是并行/并行乘法器。图 2-13 给出了一个 4 位×4 位的阵列乘法器。注意两个操作数都并行提交给 N^2 个加法器单元的加法器阵列。

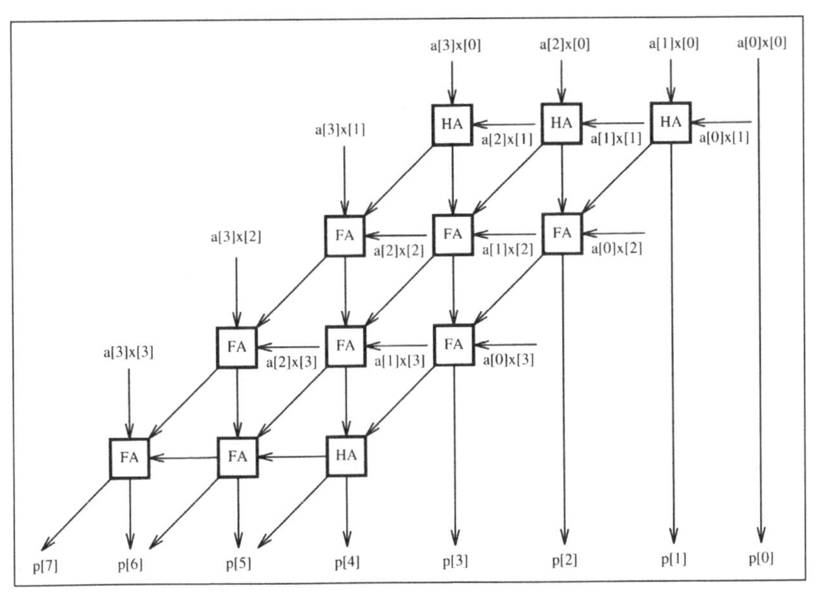

图 2-13　4 位阵列乘法器

如果完成进位与和累加所需的时间相同，这一方法就是可行的。但是对于现代 FPGA，进位计算执行的速度要比和累加的速度快，而且另一种体系结构对于 FPGA 效率更高。这一阵列乘法器的思想如图 2-14 所示(对于一个 8 位×8 位乘法器)。这个方案在第一级就将两个相邻的部分乘积 $a_n X2^n$ 和 $a_{n+1} X2^{n+1}$ 结合起来，并将得到的结果再加到最终输出乘积上。因为这是一种“手动计算”方法的直接阵列形式，所以必然能够生成一个正确的结果。

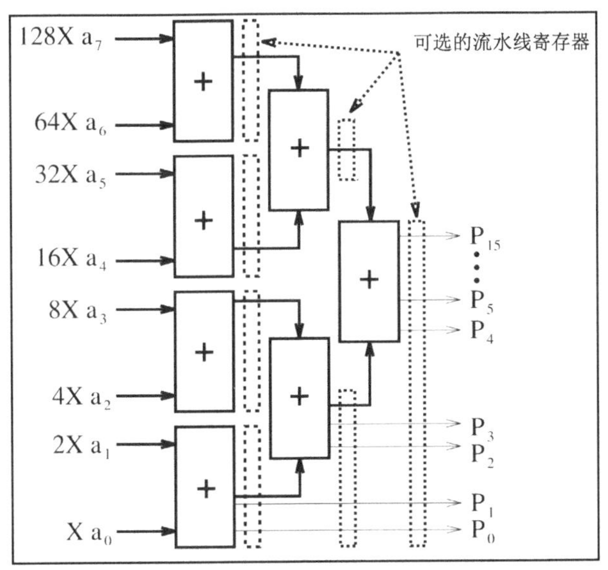

图 2-14　FPGA 的快速阵列乘法器

从图 2-14 中可以看出，这种阵列乘法器为实现(并行)二叉树乘法器提供了机会。而：

$$\text{二叉树乘法器的流水线级数} = \log_2(N) \tag{2-30}$$

这种替代体系结构还可以使得在树的每一层后引入流水线级更为容易。根据式(2-30)，达到最大吞吐量所需流水线级数如表 2-13 所示：

表 2-13 达到最大吞吐量所需流水线级数

位 宽	2	3 和 4	5～8	9～16	17～32
最佳流水线级数	1	2	3	4	5

由于数据是在输入端和输出端记录的，因此仿真中延迟的数量要比为 lpm_mul 模块设定的流水线级数多两级。

图 2-15 给出了使用 Quartus II 的 lpm_mult 函数的流水线式 N 位×N 位乘法器的时序电路性能，操作数范围从 8 位×8 位到 24 位×24 位，虚线表示嵌入式乘法器，相当于 16 位×16 位乘法器，因其配置在一个嵌入式 18 位×18 位阵列乘法器内，所以没有因为引入流水线而提高。实线表示基于 LE 的乘法器。图 2-16 给出了乘法器按 LE 计算的工作量。如果使用两个或更多个流水线，那么 8 位×8 位流水线乘法器在性能上要优于嵌入式乘法器。从图 2-15 可以看到流水线延迟要大于 $\log_2(N)$，对基于 LE 的乘法器没有明显提高。如果编写行为代码(如 p <= a*b)，乘法器的体系结构(嵌入式或 LE)必须通过合成选项控制。可在 Assignments 菜单的 Settings 命令中进行。在 Analysis & Synthesis Settings 菜单下找到 DSP Block Balance 项，如果想使用嵌入式乘法器，就选择 DSP blocks 项；如果想使用 LE，就选择 Logic Elements 或 Auto 项，合成工具首选嵌入式乘法器；如果不够，就用基于 LE 的乘法器做补充。如果使用 lpm_mul 模块(参阅附录 B)，那么运用 GENERIC MAP 的参数 DEDICATED_MULTIPLIER_CIRCUITRY 大于等于“YES”或“NO”来直接控制。

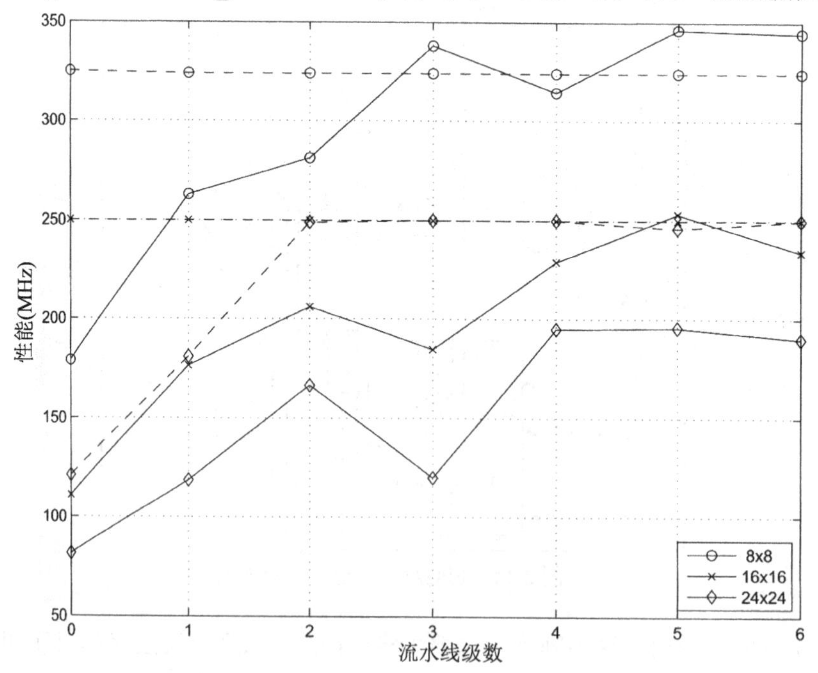

图 2-15 FPGA 阵列乘法器的性能(实线表示基于 LE 的乘法器，虚线表示嵌入式乘法器)

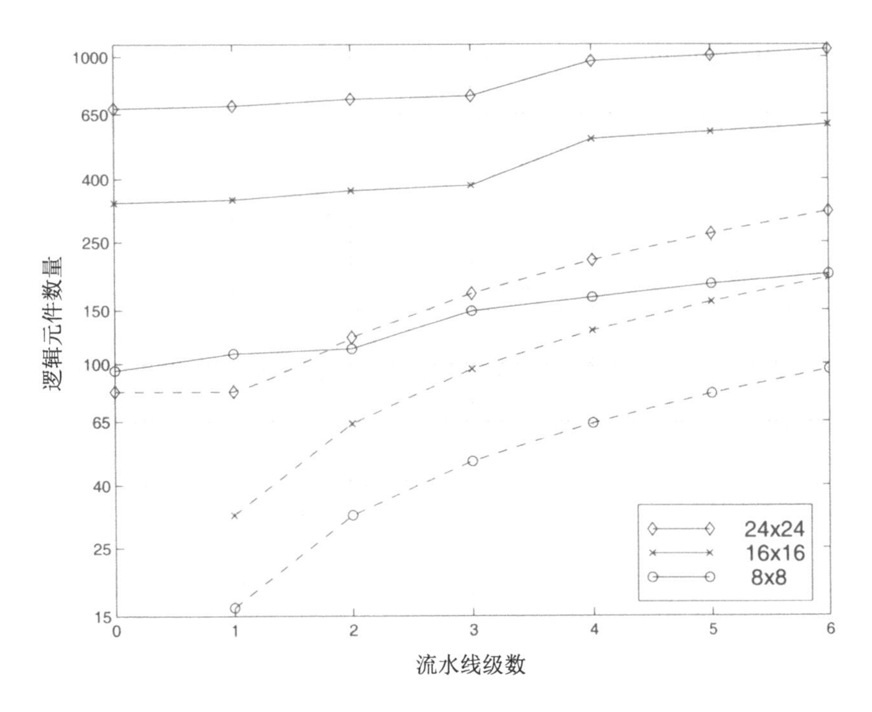

图 2-16　阵列乘法器在 LE 方面的工作量(实线表示使用基于 LE 的乘法器，虚线表示嵌入式乘法器)

通常应用在 ASIC 领域中的其他乘法器体系结构有 Booth 乘法器和 Wallace 树乘法器。这将在练习 2.1 和练习 2.2 中加以讨论，但是它们现在已经很少用在与 FPGA 有关的领域中。

乘法器模块

$2N\times 2N$ 乘法器可以根据 $N\times N$ 乘法器模块的方式定义[33]。最终的乘法器定义如下：

$$P = Y\times X = (Y_2 2^N + Y_1)(X_2 2^N + X_1) \tag{2-31}$$

$$= Y_2 X_2 2^{2N} + (Y_2 X_1 + Y_1 X_2)2^N + Y_1 X_1 \tag{2-32}$$

其中下标 2 和下标 1 分别代表 N 位的最高有效位和最低有效位的一半。这种划分方案可以用在 FPGA 的容量有限而不能够实现所需规模乘法器的情形，也可以用在用存储器模块实现乘法器的情形。36 位×36 位的乘法器可以用 4 个 18 位×18 位的嵌入式乘法器和 3 个加法器构造。8 位×8 位的基于 LUT 的乘法器的直接形式需要规模为 $2^{16}\times 16$ = 1Mbit 的 LUT。分块技术将表的规模降低到 4 个 $2^8\times 8$ 的存储器模块和 3 个加法器。16 位×16 位的乘法器需要 16 个存储模块。通过 M9K 实现乘法器与基于 LE 的实现相比，其优点是双重的。首先所用 LE 数量降低，其次对器件路由资源的要求降低。尽管目前某些 FPGA 系列所含嵌入式阵列乘法器的数量有限，数量通常很少，但在这些器件中，基于 LUT 的触发器提供了增大快速低延迟乘法器数量的途径。此外，某些器件系列，如 Cyclone、Flex 或 Excalibur 不含嵌入式乘法器，因此 LUT 或 LE 乘法器就是唯一的选择。

1. 半分方形乘法器

降低基于 LUT 的乘法器对存储器要求的另一个方法是减少输入域中的位。输入域中每减少一位，LUT 字的数量就降低二分之一。N 位字的一个平方运算的 LUT 只需要 $2^N \times 2^N$ 的规模。Logan 提出了[57]加性半分方形乘法器(Additive Half-Square Multiplier，AHSM)：

$$Y \times X = \frac{(X+Y)^2 - X^2 - Y^2}{2} = \left\lfloor \frac{(X+Y)^2}{2} \right\rfloor - \left\lfloor \frac{X^2}{2} \right\rfloor - \left\lfloor \frac{Y^2}{2} \right\rfloor - \begin{cases} 1 & X,Y\text{为奇数} \\ 0 & \text{其他} \end{cases} \tag{2-33}$$

如果在 LUT 中包括除以 2 的运算，就需要在 X 和 Y 均为奇数时减 1 进行校正。差分半分方形乘法器(Differential Half-Square Multiplier，DHSM)可以用下式实现：

$$Y \times X = \frac{(X+Y)^2 - X^2 - Y^2}{2} = \left\lfloor \frac{X^2}{2} \right\rfloor + \left\lfloor \frac{Y^2}{2} \right\rfloor - \left\lfloor \frac{(X-Y)^2}{2} \right\rfloor + \begin{cases} 1 & X,Y\text{为奇数} \\ 0 & \text{其他} \end{cases} \tag{2-34}$$

需要在 X 和 Y 均为奇数时加 1 进行校正。如果是有符号数，使用减 1 表示法编码还会更节省，请参阅 2.2.1 节。在 D1 编码中所有数字都减 1，对 0 进行特殊编码[58]。图 2-17 给出了 8 位数据的 AHSM 乘法器，所需的 LUT 和 8 位输入操作数的数据范围。绝对值运算将 LUT 字减少了一半，而 D1 编码使得表规模以接近 2 的幂速度降低，这对 FPGA 设计非常有利。因为 LUT 输入 0 和 1 的平方后与原值相同，LUT 项为$\lfloor A^2/2 \rfloor$共享这一值而不需要为 0 特殊编码。没有除以 2 的除法，就需要 17 位输出字。但是，如果两个输入操作数都是奇数，在平方表中除以 2 的除法就需要递增(递减)AHSM(DHSM)的输出结果。图 2-18 给出了与 AHSM 设计相比只需要两个 D1 编码的 AHSM 乘法器。

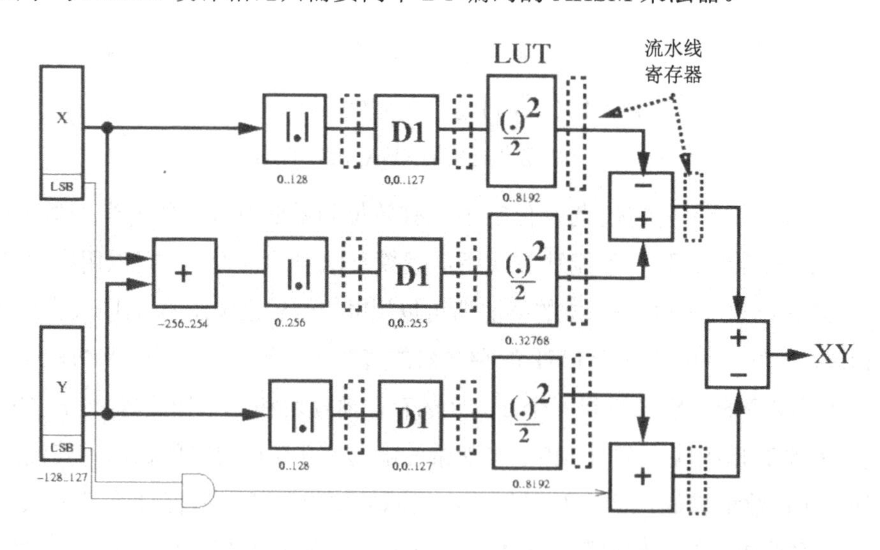

图 2-17　2 的补码的 8 位加性半分方形乘法器设计

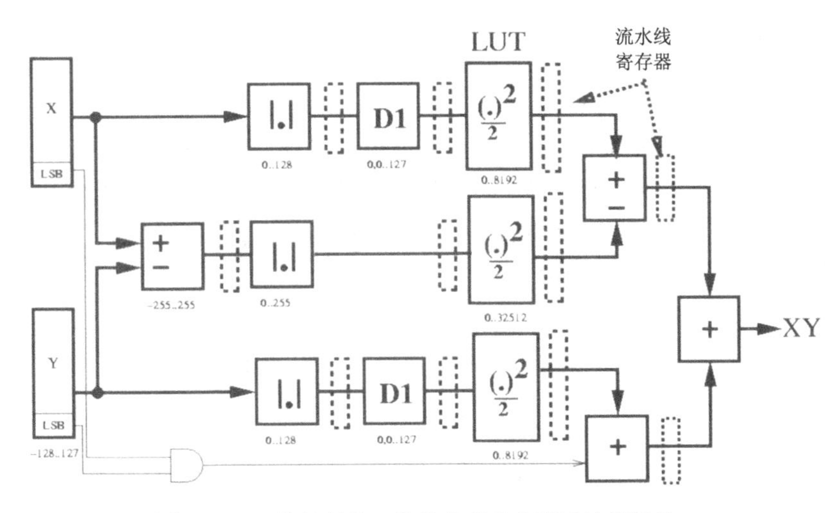

图 2-18　2 的补码的 8 位差分半分方形乘法器设计

2. 四分之一平方乘法器

算法要求和 LUT 数量的进一步降低可以通过使用四分之一平方乘法(Quarter-Square Multiplication，QSM)法则实现，QSM 在模拟设计中已得到深入研究[59 和 60]。QSM 基于如下方程：

$$Y \times X = \left\lfloor \frac{(X+Y)^2}{4} \right\rfloor - \left\lfloor \frac{(X-Y)^2}{4} \right\rfloor \tag{2-35}$$

可以看到式(2-35)中除以 4 不像 HSM 那样需要为运算提供校正。验证过程如下：如果两个操作数均为偶数(奇数)，那么它们的和与差都是偶数，平方后除以 4 不会产生误差(也就是 $4|(2u * 2v)$)。如果一个操作数是奇数(偶数)，另一操作数是偶数(奇数)，和与差的平方在除以 4 后产生 0.25 的误差相互抵消，所以不需要校正。式(2-35)的直接实现需要$(N+1)$位输入的 LUT 以表示正确的 X±Y 结果[61]，需要 4 个 $2^N \times 2^N$ 的 LUT。有符号算法与 D1 编码将表降低到接近 2 的幂的值，与参考文献[61]中的 4 个相比，设计只需要两个 $2^N \times 2^N$ 的 LUT。图 2-19 给出了 D1 QSM 电路。

AHSM、DHSM 和 QSM 的合成结果可以在参考文献[34]中找到。

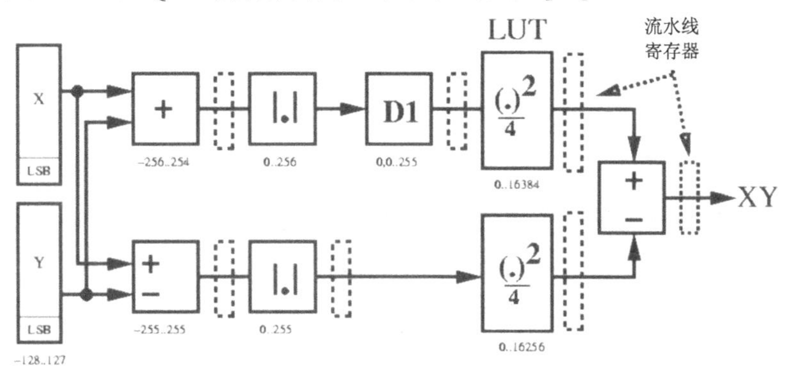

图 2-19　2 的补码的 8 位四分之一平方乘法器设计

2.5　二进制除法器

所有 4 种基本算术运算中除法是最复杂的。因此除法也是最耗时间的运算，而且还是要实现的最大数量的不同算法的运算。对于给定的被除数(或分子)N 和除数(或分母)D，除法得到两个(与其他基本算术运算不同的)结果：商 Q 和余数 R。也就是：

$$\frac{N}{D}=Q\text{ 和 }R\text{，其中}|R|<D \tag{2-36}$$

当然，也可以将除法看成乘法的逆运算，如下面的方程所示：

$$N = D\times Q+R \tag{2-37}$$

除法在很多方面都与乘法不同。最重要的区别是在乘法中所有部分的乘积都可以并行生成，而在除法中商的每一位都是以一种顺序的“尝试错误”过程确定的。

因为大多数微处理器都是参照式(2-37)将除法作为乘法的逆过程处理，假定分子是一个乘法所得的结果，所以将分母和商的位宽扩大两倍。因此，结果是不得不用一种笨拙的过程来检验商是否在有效范围内，也就是说在商中没有溢出。我们想采用一种更通用的方法，其中假设：

$$Q\leqslant N\text{ 并且}|R|\leqslant D$$

也就是假定商和分子以及分母和余数的位宽相同。通过这样的位宽假定，就不再需要检验商的范围是否有效($N=0$ 除外)。

另一个需要考虑的是有符号数的除法实现。很明显，处理有符号数的最简单方法就是首先将分子和分母都转换成无符号数，然后用两个操作数的符号位的“异或”或者以 2 为模的加运算计算结果的符号位。但某些算法(像下面要讨论的非还原除法)可以直接处理有符号数。接下来问题就出现了，商和余数的符号是如何关联的。在大多数硬件系统或软件系统(但不全是，如 PASCAL 编程语言)中，都假定余数和商具有相同的符号。这就是说，尽管：

$$\frac{234}{50}=5\text{，而 }R=-16 \tag{2-38}$$

满足式(2-37)的要求，但通常更倾向于以下结果：

$$\frac{234}{50}=4\text{，而 }R=34 \tag{2-39}$$

现在来简短地总结一下最常用的除法算法。图 2-20 给出了最常用的线性收敛和二次收敛方案。可以根据生成的商的每个数字的可能值对线性除法算法进行简单分类。在二进制还原、非执行或 CORDIC 算法中，这些数字是从集合{0, 1}中选择的，而在二进制非还原算法中使用了有符号数字集合，也就是$\{-1, 1\} = \{\overline{1}, 1\}$。

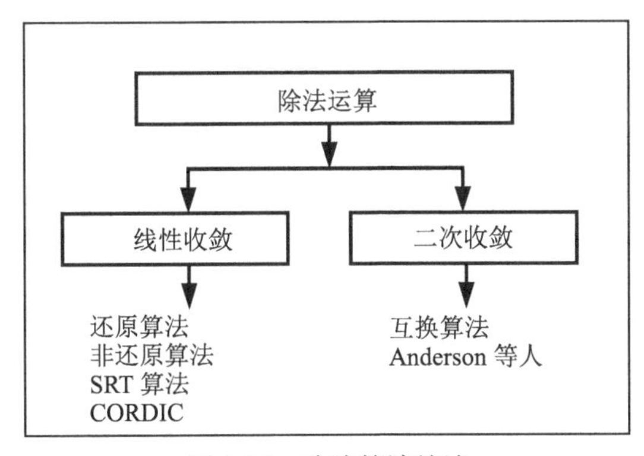

图 2-20　除法算法综述

在二进制 SRT 算法中，使用了来自三重集合$\{-1, 0, 1\} = \{\bar{1}, 0, 1\}$的数字。这一算法以 Sweeney、Robertson 和 Tocher[33]命名，他们差不多在同时发现这一算法。以上所有算法都可以扩展到更高基数的算法。例如，基数 r 的广义 SRT 除法算法使用了如下数字集合：

$$\{-2^r-1, \ldots, -1, 0, 1, \ldots, 2^r-1\}$$

我们发现有两种使用二次收敛的算法将会流行。第一种二次收敛的算法是分母互换的除法，用寻找零的牛顿算法计算倒数。第二种二次收敛的算法是在 20 世纪 60 年代由 Anderson 等人[62]为 IBM 360/91 开发的。这一算法用同一因子分别乘以分子和分母，将 N 收敛为 $N\to 1$，从而得到 $D\to Q$。需要注意的是，二次收敛的除法算法不生成余数。

尽管在二次收敛算法中迭代的次数是 b 位操作数的 $\log_2(b)$对数值，但我们必须考虑到每次迭代步骤都比线性收敛更复杂(也就是说要使用两次乘法)，而且要仔细比较速度和规模性能。

2.5.1　线性收敛的除法算法

最明显的顺序算法是把经常使用的“手动计算”方法(前面已经多次用到)变换为二进制算法。我们首先调整分母并把分子加载到余数寄存器中。然后从余数中减去调整的分母并将结果存储在余数寄存器中。如果新的余数为正，我们就将商的 LSB 设置为 1，否则将商的 LSB 设置为 0，而且还需要通过加上分母来还原从前的余数值。最后，还要为下一步重新调整商和分母。重新计算从前的余数就是为什么称之为“还原除法”的原因。下面的例子演示了这一算法的 FSM(Finite State Machine，有限状态机)实现。

例 2.16　8 位还原除法器

8 位除法器的 VHDL 描述[6]如下：除法的执行分 4 个阶段。在复位后，首先将 8 位的分子“加载”到余数寄存器中，加载并对齐 6 位分母(N 位的分子采用 2^{N-1})，将商寄存器置 0。在第 2 阶段和第 3 阶段(sub 和 restore)中进行实际的串行除法。在第 4 阶段(done)中将商和余数传输到输出寄存器。假定分子和商都是 8 位宽，而分母和余数是 6 位宽。

6. 该例相应的 Verilog 代码文件 div_res.v 可在附录 A 中找到，附录 B 中给出了合成结果。

```
-- Restoring Division
LIBRARY ieee; USE ieee.std_logic_1164.ALL;
PACKAGE n_bits_int IS                  --User defined types
  SUBTYPE SLVN IS STD_lOGIC_VECTOR(7 DOWNTO_ 0);
  SUBTYPE SLVD IS STD_LOGIC VECTOR(5 DOWNTO_0);
END n_bits_int;
LIBRARY work; USE work.n_bits_int.ALL;

LIBRARY ieee;                          -- Using predefined packages
USE ieee.std_logic_1164.ALL;
USE ieee.std_logic_arith.ALL;
USE ieee.std_logic_unsigned.ALL;
-- -------------------------------------------------------------------
ENTITY div_res IS                      ------> Interface
  GENERIC(WN : INTEGER := 8;
          WD : INTEGER := 6;
          PO2WND : INTEGER := 8192; -- 2**(WN+WD)
          PO2WN1 : INTEGER := 128;  -- 2**(WN-1)
          PO2WN  : INTEGER := 255);  -- 2**WN-1
  PORT ( clk   : IN  STD_LOGIC;       --System clock
        reset  : IN  STD_LOGIC;       --Asynchronous reset
        n_in    : IN  SLVN;           --NOminator
        d_in    : IN  SLVD;           --Denumerator
        r_out   : OUT SLVD;           --Remainder
        q_out   : OUT_SLVN);          --Quotient
END div_res;
-- -------------------------------------------------------------------
ARCHITECTURE fpga OF div_res IS

  SUBTYPE S14IS INTEGER RANGE - PO2WND TO PO2WND-1;
  SUBTYPE U8 IS INTEGER RANGE 0 TO PO2WN;
  SUBTYPE U4 IS INTEGER RANGE 0 TO WN;

  TYPE STATE_TYPE IS (ini,sub,restore,done);
  SIGNAL s : STATE_TYPE;

BEGIN
-- Bit width:  WN        WD          WN          WD
--         Numerator / Denominator = Quotient and Remainder
-- OR:       Numerator = Quotient * Denominator + Remainder

  States: PROCESS(reset, clk)-- Divider in behavioral style
    VARIABLE  r, d : S14 :=0;  -- N+D bit width
    VARIABLE  q : U8;
    VARIABLE count  : U4;
  BEGIN
    IF reset = '1' THEN                -- asynchronous reset
      state <=ini; q_out<=(others=>'0');
```

```
        r_out<=(OTHERS=>'0');
      ELSIF rising_edge(clk) THEN
      CASE s IS
        WHEN ini =>                  -- Initialization step
          state <= sub;
          count := 0;
          q := 0;                -- Reset quotient register
          d := PO2WN1  * CONV_INTEGER(d_in); -- Load denom.
          r := CONV_INTEGER(n_in); -- Remainder = numerator
        WHEN sub =>                  -- Processing step
            r := r - d;              -- Subtract denominator
            s <= s2;
        WHEN restore =>              -- Restoring step
          IF r < 0 THEN
            r := r + d;          -- Restore previous remainder
            q := q * 2;          -- LSB = 0 and SLL
          ELSE
            q := 2 * q + 1;      -- LSB = 1 and SLL
          END IF;
          count := count + 1;
          d := d / 2;
          IF count = WN THEN   -- Division ready?
            state <= done;
          ELSE
            state<= sub;
          END IF;
        WHEN done =>                 -- Output of result
          q_out <= CONV_STD_LOGIC_VECTOR(q, WN);
          r_out <= CONV_STD_LOGIC_VECTOR(r, WD);
          state <= ini;              -- Start next division
      END CASE;
      END IF;
    END PROCESS States;

  END fpga;
```

图 2-21 给出了 234 除以 50 的仿真结果。寄存器 d 显示了对齐的分母值 $50\times2^7=6400$，$50\times2^6=3200$，依此类推。每次在步骤 sub 中计算的余数 r 为负，前面的余数就在步骤 restore 中还原。在状态 done 中，将商 4 和余数 34 传输到除法器的输出寄存器。这一设计采用了 106 个 LE，没有使用嵌入式乘法器，使用 TimeQuest 缓慢 85C 模式运行过程的时序电路性能为 265.32MHz。

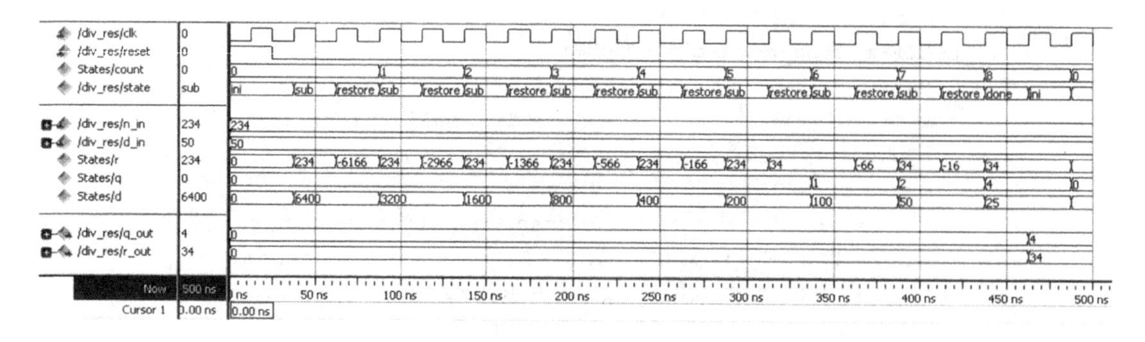

图 2-21　还原除法器的仿真结果

还原除法的主要缺点是需要两个步骤来确定商的一位。我们可将两个步骤合并，采用非执行除法算法，也就是每次当分母大于余数时，就不执行减法。在 VHDL 中将新步骤写成：

```
  t := r - d;          -- temporary remainder value
IF t >=0 THEN        -- Nonperforming test
  r := t;              -- Use new denominator
  q := q * 2 + 1;    -- LSB = 1 and SLL
ELSE
  q := q * 2;        -- LSB = 0 and SLL
END IF;
```

从图 2-22 所示的仿真结果中可以看出，步骤数量减少一半(初始化和结果的传输不计)。从图 2-22 所示的仿真结果中还可以看出，余数 r 在非执行除法算法中永远都是非负数。当与还原除法相比较时，另一方面最糟的延迟路径增加了，而且最大 Registered Performance 可能会降低，请参阅练习 2.17。非执行除法器在最长的路径下有 if 条件和两个算术运算，而还原除法器在最糟路径下只有 if 条件和一个算术运算(请参阅步骤 s2)。

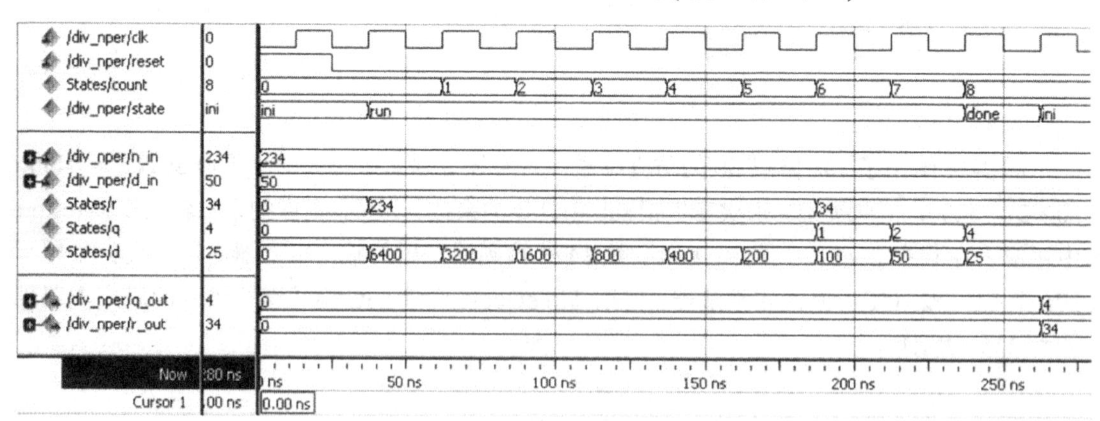

图 2-22　非执行除法器的仿真结果

还有一种所谓的非还原除法，与非执行算法类似但不增加关键路径。非还原除法背后的思想是：如果在还原除法中已经算得负余数，也就是 $r_{k+1}=r_k-d_k$，那么下一步通过加 d_k 还原 r_k，然后执行下一次对齐的分母 $d_{k+1}=d_k/2$ 的减法。所以，不用再减去 $d_k/2$ 后再加上 d_k，只需要在余数具有(暂时的)负值时跳过还原步骤加上 $d_k/2$ 就可以。结果是现在的商位可以是正也可以是负，也就是说，$q_k=\pm1$ 但不是 0。以后可以将这个有符号数字表达式变换成 2 的补码表示形式。总之，非还原算法的操作如下：每次余数在迭代后为正，就存储 1 并减去对齐后的分母，而对于负余数，就在商寄存器中存储 $-1=\bar{1}$ 并加上对齐后的分母。为了在商寄存器中只使用一位，可以在商寄存器中用 0 编码 -1。要将这个有符号商转换回 2 的补码字，最直接的方法是将所有 1 都放入一个字而将所有 0(实际上是 $-1=\bar{1}$ 的编码)放入第二个字。然后只需要减去两个字就可以计算 2 的补码。另一方面，这些 -1 的减法不过是商的补码再加 1。总之，如果 q 保存有符号数字的表示形式，我们就可以通过

$$q_{2C}=2\times q_{SD}+1 \tag{2-40}$$

计算 2 的补码。现在商和余数都是 2 的补码形式，根据式(2-37)就会得到一个有效结果。如果想要以某种方式约束结果，使商和余数都具有相同符号，就需要校正一下负的余数，也就是对于 $r<0$ 的情形，通过：

$$r:=r+\mathrm{D} \text{ 和 } q:=q-1$$

进行校正。现在这种非还原除法器要比非执行除法器的运行速度快，Registered Performance 与还原除法器的性能差不多；请参阅练习 2.18。图 2-23 显示了非还原除法器的仿真结果。从仿真中可以看出，余数的寄存器值又允许为负。还可以看到上面提到的对于负余数的校正对这个值是必要的。没有校正的值是 $q=5$，$r=-16$。等号校正的结果是 $q=5-1=4$，$r=-16+50=34$，如图 2-23 所示。

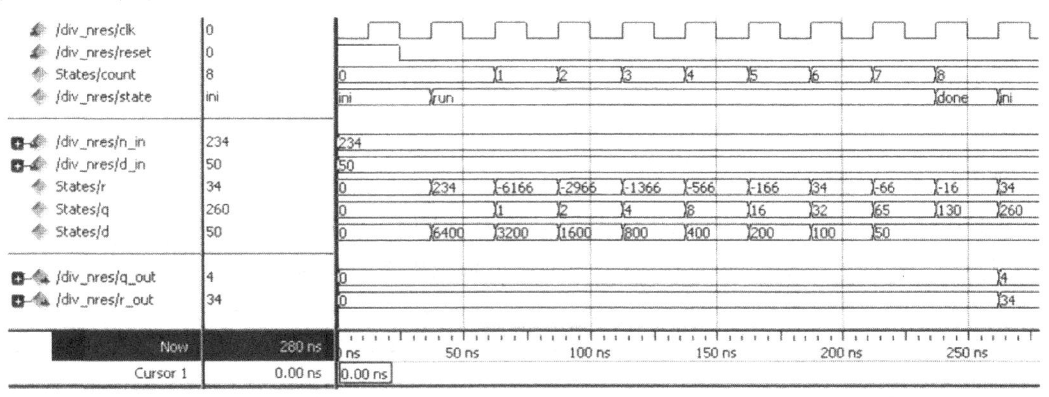

图 2-23 非还原除法器的仿真结果

为了进一步缩短除法所需的时钟周期数量，可以利用 SRT 和基数 4 编码构造更高基数(阵列)除法器。当与进位保存加法器结合起来后，这在 ASIC 设计中非常流行，奔腾微处理器的浮点运算加速器就采用了这一原则。对于 FPGA，由于 LUT 规模有限，因此这一高阶基数方案似乎并不具有吸引力。

提高延迟时间的一种完全不同的方法是二次收敛的除法算法，其中使用了快速阵列乘

法器。下一节将讨论两种最流行的二次收敛方案。

2.5.2 快速除法器的设计

接下来将要讨论的第一种快速除法器是通过与分母 D 的倒数相乘的除法。例如，对于小的位宽，可以通过查表方式计算倒数。然而，构造迭代算法的通用方法是利用牛顿法找到 0。根据这一方法定义一个函数：

$$f(x)=\frac{1}{x}-D \quad \to 0 \tag{2-41}$$

如果定义一个算法，令 $f(x_\infty)=0$，就可以得到：

$$\frac{1}{x_\infty}-D=0 \quad 或 \quad x_\infty=\frac{1}{D} \tag{2-42}$$

使用正切函数，利用：

$$x_{k+1}=x_k-\frac{f(x_k)}{f'(x_k)} \tag{2-43}$$

计算下一个 x_{k+1} 的估计值。由 $f(x)=1/x-D$ 就得到 $f'(x)=1/x^2$，迭代方程就变成：

$$x_{k+1}=x_k-\frac{\frac{1}{x_k}-D}{\frac{-1}{x_k^2}}=x_k(2-D\times x_k) \tag{2-44}$$

尽管这一算法对于任意初始 D 都会收敛，不过如果从接近 1.0 的规格化值开始，收敛得会更快，也就是以某种方式将 D 规格化，对于浮点数尾数使用 $0.5\leqslant D<1$ 或 $1\leqslant D<2$，请参阅 2.7 节。然后可以用一个初始值 $x_0=1$ 获得快速收敛。下面用一个小示例阐述牛顿算法。

例 2.17 牛顿算法

下面计算 $1/D=1/0.8=1.25$ 的牛顿算法。表 2-14 的第一列为迭代的次数，第二列是对 $1/D$ 的近似，第三列是误差 x_k-x_∞，最后一列是近似值的等价位精度。

表 2-14 例 2.17 的计算数据

k	x_k	x_k-x_∞	有 效 位
0	1.0	–0.25	2
1	1.2	–0.05	4.3
2	1.248	–0.002	8.9
3	1.25	-3.2×10^{-6}	18.2
4	1.25	-8.2×10^{-12}	36.8

图 2-24 给出了牛顿寻找零定位算法的图形解释。$f(x_k)$迅速收敛到 0。

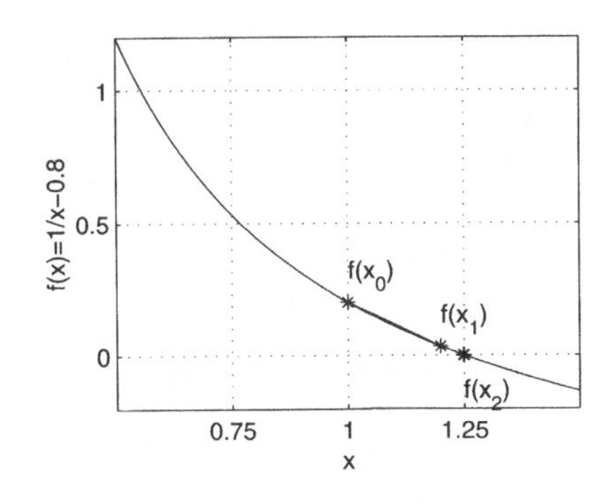

图 2-24　$x_\infty = 1/0.8 = 1.25$ 时的牛顿寻找零定位算法

由于牛顿算法中的第一次迭代只生成几位的精度，因此使用一个小规模查询表跳过最开始的迭代应该有用。例如，参考文献[33]中提供了跳过前两次迭代的表。

从上面的示例还可以看到算法的整体迅速收敛。只用了 5 步就达到了所需的 32 位以上的精度。而要达到同样的精度，用线性收敛算法则可能需要更多步骤。不只局限于这个特殊示例，二次收敛对于所有值都适用，从下面的公式可以看到

$$\begin{aligned} e_{k+1} &= x_{k+1} - x_\infty = x_k(2 - D \times x_k) - \frac{1}{D} \\ &= -D\left(x_k - \frac{1}{D}\right)^2 = -De_k^2 \end{aligned}$$

也就是说，误差以从一次迭代到下一次的平方形式得到改善。每经过一次迭代，有效数字的位精度就增加一倍。

尽管牛顿算法已经成功地应用在微处理器设计(如 IBM RISC 6000)中，但它存在两个缺点：第一，每次迭代中的两次乘法是顺序进行的，第二，乘法的顺序本质决定了乘法的量化误差的积累。为了避免这种量化误差，通常需要使用额外的保护位。

尽管下一种收敛算法与牛顿算法类似，但是改善了量化行为，并在每次迭代中使用可以并行计算的两次乘法。在收敛除法模式中，分子 N 和分母 D 都乘以近似因子 f_k，对于足够的迭代次数 k，能够看到：

$$D\prod f_k \to 1 \text{和} N\prod f_k \to Q \tag{2-45}$$

这一算法最初是为 IBM 360/91 开发的，它要归功于 Anderson 等人[62]。算法的工作原理如下：

算法 2.18：收敛除法

(1) 规格化 N 和 D，令 D 接近于 1，利用规格化区间，如用于浮点数尾数的 $0.5 \leqslant D < 1$ 或 $1 \leqslant D < 2$。

(2) 初始化 $x_0 = N$ 和 $t_0 = D$。

(3) 重复如下循环，直到 x_k 满足所需的精度。

$f_k = 2 - t_k$

$x_{k+1} = x_k \times f_k$

$t_{k+1} = t_k \times f_k$

重要的是要看到这一算法是自校正的。因子中的任何量化误差都不重要，因为分子和分母都乘以同一因子 f_k。这一事实已经在 IBM 360/91 的设计中用于降低所需的资源。第一次迭代所使用的乘法器只有几个有效位，而在后面的迭代中，随着 f_k 越来越接近 1，分配了越来越多的乘法器位。

我们用下面这个示例来阐述收敛算法的乘法。

例 2.19 Anderson-Earle-Goldschmidt-Powers 算法

尝试用收敛除法算法计算 $N = 1.5$ 和 $D = 1.2$，也就是 $Q = N/D = 1.25$。表 2-15 中的第 1 列是迭代的次数，第 2 列是比例因子 f_k，第 3 列是对 N/D 的近似，第 4 列是误差 $x_k - x_\infty$，最后一列是近似值的等价位精度。

表 2-15 例 2.19 的计算数据

k	f_k	x_k	$x_k - x_\infty$	有 效 位
0	$0.8 \approx 205/256$	$1.5 \approx 384/256$	0.25	2
1	$1.04 \approx 267/256$	$1.2 \approx 307/256$	–0.05	4.3
2	$1.0016 \approx 257/256$	$1.248 \approx 320/256$	0.002	8.9
3	$1.0+2.56\times10^{-6}$	1.25	-3.2×10^{-6}	18.2
4	$1.0+6.55\times10^{-12}$	1.25	-8.2×10^{-12}	36.8

可以看到与例 2.17 中牛顿算法一致的二次收敛。

8 位快速除法器的 VHDL 描述[7]如下：假定分子和分母均规则化为 $1\leqslant N, D<2$，就像典型的浮点数尾数值一样。当分子和分母非规则时，这一规则化步骤可能需要必要的加法资源(前导零检测和两个桶式移位器)。假定分子、分母和商都是 9 位宽。十进制值 1.5、1.2 和 1.25 表示成 1.8 位格式(一位整数位和 8 位分数位)，分别是 $1.5\times256 = 384$，$1.2\times256 = 307$ 和 $1.25\times256 = 320$。除法分 3 个阶段执行。首先将 1.8 位格式的分子分母加载到寄存器中，在第 2 个状态(run)中进行实际的收敛除法。在第 3 步(done)中将商传输到输出寄存器。

```
-- Convergence division after Anderson, Earle, Goldschmidt,
LIBRARY ieee; USE ieee.std_logic_1164.ALL;      -- and Powers

PACKAGE n_bits_int IS           --User defined types
  SUBTYPE U3 IS INTEGER RANGE 0 TO 7;
  SUBTYPE U10 IS INTEGER RANGE 0 TO 1023;
  SUBTYPE SLVN IS STD_LOGIC_VECTOR(8 DOWNTO 0);
  SUBTYPE SLVD IS STD_LOGIC_VECTOR(8 DOWNTO 0);
END n_bits_int;

LIBRARY work;
USE work.n_bits_int.ALL;
```

7. 这一示例相应的 Verilog 代码文件 div_aegp.v 可以在附录 A 中找到，附录 B 给出了合成结果。

```
LIBRARY ieee;
USE ieee.std_logic_1164.ALL;
USE ieee.std_logic_arith.ALL;
USE ieee.std_logic_unsigned.ALL;
-------------------------------------------------------------------------
ENTITY div_aegp IS                    ------> Interface
  GENERIC( WN        : INTEGER := 9;  -- 8 bit plus one integer bit
           WD        : INTEGER := 9;
           STEPS     : INTEGER := 2;
           TWO       : INTEGER := 512;       -- 2**(WN+1)
           PO2WN : INTEGER := 256;           -- 2**(WN-1)
           PO2WN2    : INTEGER := 1023);     -- 2**(WN+1)-1
  PORT ( clk         : IN  STD_LOGIC;      --System clock
         Reset       : IN  STD_LOGIC;      --Asynchronous reset
         n_in        : IN  SLVN;           --Nominator
         d_in        : IN  SLVD;           --Denumerator
         q_out       : OUT SLVD);           --Quotient
END div_aegp;
-------------------------------------------------------------------------
 ARCHITECTURE fpga OF div_aegp IS

  TYPE STATE_TYPE IS (ini, run, done);
  SIGNAL state    : STATE_TYPE;

BEGIN
-- Bit width:  WN        WD       WN            WD
--          Numinator / Denomerator = Quotient and Remainder
-- OR:       Numerator = Quotient * Denumerator + Remainder

  States: PROCESS(reset, clk)-- Divider in behavioral style
    VARIABLE  x, t, f : U10:=0;  -- WN+1 bits
    VARIABLE count  : INTEGER RANGE 0 TO STEPS;
  BEGIN
    IF reset = '1' THEN                -- Asynchronous reset
      state <= ini;
      q_out<=(OTHERS=>'0');
ELSIF rising_edge(clk) THEN
    CASE state IS
      WHEN ini =>            -- Initialization step
        state <= run;
        count := 0;
        t := CONV_INTEGER(d_in);       -- Load denominator
        x := CONV_INTEGER(n_in);       -- Load numerator
      WHEN run =>           -- Processing step
        f := TWO - t;
        x := x * f / PO2WN;
        t := t * f / PO2WN;
        count := count + 1;
```

```
        IF count = STEPS THEN -- Division ready ?
          state <= done;
        ELSE
          state <= run;
        END IF;
      WHEN done =>                    -- Output of results
        q_out <= CONV_STD_LOGIC_VECTOR(x, WN);
        state <= ini;                 -- start next division
    END CASE;
    END IF;
  END PROCESS States;

  END fpga;
```

图 2-25 给出了除法 1.5/1.2 的仿真结果。变量 f(它变成一个内部网络，没有在仿真结果中显示)保存了 3 个比例因子 205、267 和 257，对于 8 位精度的结果已经足够。x 和 t 的值分别乘以比例因子 f，缩放成 1.8 位格式。正如所期望的一样，x 收敛到商 1.25=320/256，而 t 收敛到 1.0=255/256。在状态 done 中将商 1.25=320/256 传输到除法器的输出寄存器。要注意的是除法器不生成余数。这一设计使用了 45 个 LE 和 4 个嵌入式乘法器，时序电路性能为 124.91MHz。

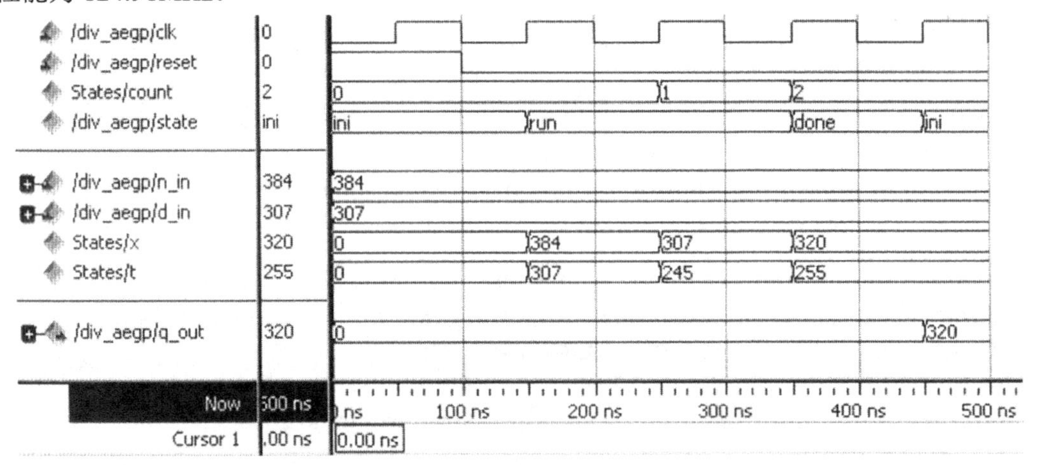

图 2-25 收敛除法器的仿真结果

尽管非还原除法器的时序电路性能(请参阅图 2-23)大约比这个快两倍，但在收敛除法中总的执行时间缩短了，因为处理的步骤数从 8 降到$\lceil\sqrt{8}\rceil=3$(在两种算法中均不考虑初始化过程)。收敛除法器使用的 LE 和非还原除法器的一样少，但仍需要 4 个嵌入式乘法器。

2.5.3　阵列除法器

很明显，同乘法器一样，所有的除法器算法都能以一种顺序且类似 FSM 或阵列的形式实现。如果需要阵列形式和流水线技术，使用 lpm_divide 模块是一个很好的选择，后者选用流水线技术以实现阵列除法器。如果不需要流水线技术，则 Quartus Ⅱ12.1 能够合成如下行为编码：

```
SIGNAL n,d,q:INTEGER RANGE -128 TO 127;
...
q <= n / d;
```

图 2-26 使用 TimeQuest 缓慢 85C 模型给出了时序电路性能，而图 2-27 给出了 8 位×8 位、16 位×16 位和 24 位×24 位阵列除法器(包括 4 I/O 寄存器)所需的 LE 数量。注意，流水线数量的对数呈阶梯状变换。从测定的性能中可以看出，流水线的最优数量与分母中的位数相同。

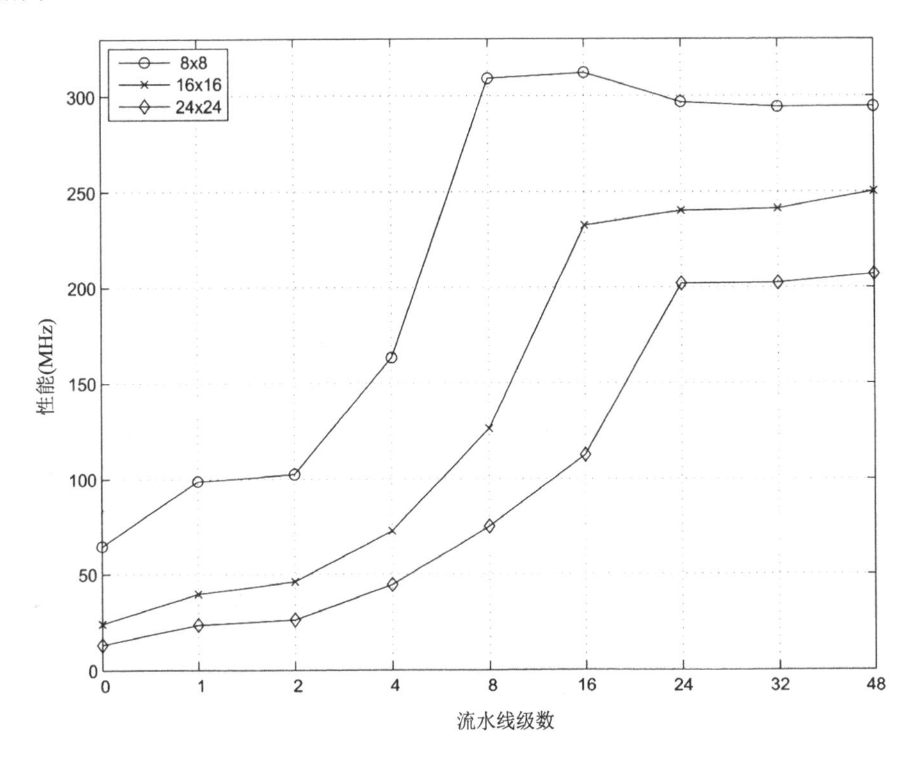

图 2-26　使用 lpm_divide 宏模块的阵列除法器的性能，行为代码对应零流水线级数

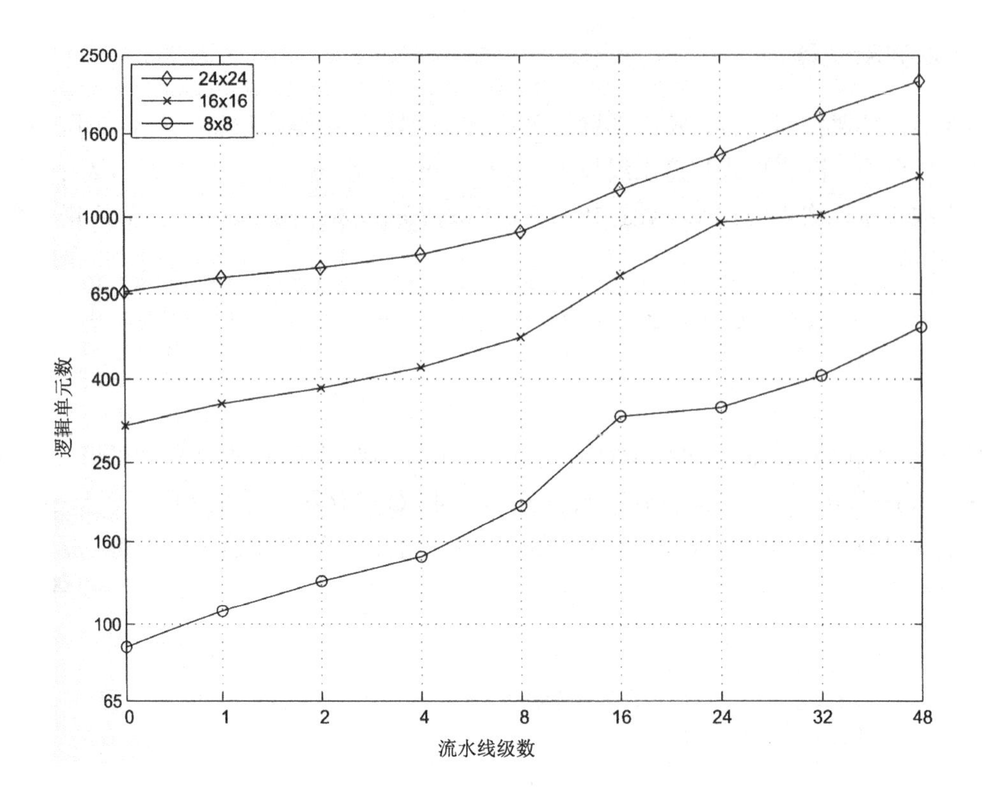

图 2-27 使用 lpm_divide 宏模块的阵列除法器按 LE 计算的工作量

2.6 定点算法的实现

相对于 DSP，VHDL-2008 大量增加了关于无符号定点数据类型 unfixed、有符号定点数据类型 sfixed 和 float 数据类型，这些内容将在下一节中讨论。请参照附录 G 中有关 VHDL-2008 LRM 的部分，参考书[63-65]刚好也涵盖了这些新的数据类型和操作。既然在 DSP 中我们经常处理的有符号数要多于无符号数，那么接下来就介绍 sfixed 数据类型。尽管已是 VHDL-2008 标准的一部分，但为了取得合法支持也做了很多努力，通过调用附加库使得运算包对 VHDL-1993 也适用。附加库需要包含两个文件，首先包含类型配置定义文件，其次是包含操作和转换函数的库文件。在 VHDL-1993 中要写上：

```
LIBRARY ieee_proposed;
USE ieee_proposed.fixed_float_types.ALL;
USE ieee_proposed.fixed_pkg_.ALL;
```

这些文件可以通过 www.eda.org/fphdl 网址免费获得。附加库是一个完整的包含操作和函数的运算包，由 David Bishop 编写、包含超过 8000 行的 VHDL 代码。在写运算包时，参照 David Bishop，与之等效的 Verilog 代码即刻完成并且希望 Verilog 版本也能成为未来标准的一部分。由于大多数供应商仅支持标准 VHDL 语言的一个子集，因此针对 Altera、

Xilinx、Synopsys、Cadence 和 MentorGraphics(ModelSim)工具提供了测试后微小修改的版本。下面列出了与 DSP 相关的 sfixed 数据类型支持的操作和函数：

算术	+、−、*、/、ABS、REM、MOD、ADD_CARRY
逻辑	NOT、AND、NAND、OR、NOR、XOR、XNOR
移位	SLL、SRL、ROL、SLA、SRA
比较	=、/=、>、<、>=、<=
转换	TO_SLV、TO_SFIXED、TO_FLOAT
其他	RESIZE、SCALB、MAXIMUM、MINIMUM

一些算术函数(如除法、倒数、余数和模运算)可用作对诸如舍入模式、溢出样式和保护位的附加参数规范的函数调用。针对 sfixed 类型的舍入样式，我们必须在样式 fixed_round 和 fixed_truncate 之间选择。对于溢出操作，所选的两个样式为 fixed_saturate 和 fixed_wrap。默认值为 fixed_saturate 和 fixed_round。如果使用 fixed_wrap、fixed_truncate 或 0 个保护位，则只消耗最少的硬件资源。sfixed 库在设计时将溢出的可能性降到最低。这一点与大部分其他数据类型不同，因此，加法运算的结果需要在左边附加一个整数位，即：

```
...
 SIGNAL a : SFIXED(3 DOWNTO -4):=TO_SFIXED(3.625,3,-4);
 SIGNAL b : SFIXED(3 DOWNTO -4);
 SIGNAL S : SFIXED(4 DOWNTO -4);
 SIGNAL r : SFIXED(3 DOWNTO -4);
...
 s<a+b; --Coding ok;need 9 LEs
 r<a+b; --not allowed
--Error:expression has 9 elemets,but must have 8 elements
 r<RESIZE(a+b,r); --Needs 16 LEs
 r<RESIZE(a+b,r,fixed_wrap,fixed_truncate);
                                      -- Needs 8 LEs
```

我们看到操作数 a 和 b 具有 4 位整数(索引值：3 ... 0)和 4 个小数位(索引值：−1...−4)。值 a =3.625 以 sfixed 格式表示如下：

	位值：	3	2	1	0	−1	−2	−3	−4
a=	权值：	8	4	2	1	0.5	0.25	0.125	0.0625
	编码：	0	0	1	1	1	0	1	0

注意，采用 TO_SFIXED()将实数转换为 sfixed 格式非常便捷，这使得具有不同系数的编码更易读。

然而，如上所述，sfixed 格式对附加保护位的要求十分严格，使得上面的语句 s <= a + b 需要 9 个 LE。语句 r <= a + b 将无效，因为 r 与 a 和 b 的大小相同。 在结果中使用一个附加的整数位。

如果希望像输入一样输出 4.4 格式，可以使用调整大小方法，如下所示：

$$r <= RESIZE(a+b,r)$$

上式中的第二个参数指定了结果的左右边界。合成后结果甚至更大，归因于默认情况下，库使用 fixed_saturate 和 fixed_round 选项。总共需要三个乘法器和 16 个 LE。为了避免饱和和舍入，我们进行如下编码：

$$r <= RESIZE(a+b,r,fixed\_wrap,fixed\_truncate);$$

并且合成结果需要 8 个 LE。现在让我们假设两种数值格式，范围分别为 $A_L \cdots A_R$ 和 $B_L \cdots B_R$，表 2-16 显示了通用 sfixed 操作所需的位宽。

表 2-16　典型 sfixed 操作的范围列表

操　作	结 果 范 围	相 同 范 围 $A_L=B_L=L$；$A_R=B_R=R$
$A+B$、$A-B$	$\max(A_L,B_L)+1\cdots\min(A_R,B_R)$	$L+\cdots R$
abs(A)、$-A$	$A_L+1\cdots A_R$	$L+\cdots R$
$A*B$	$A_L+B_L+1\cdots A_R+B_R$	$2L+1\cdots 2R$
A/B	$A_L-B_R+1\cdots A_R-B_R$	$L-R+1\cdots R-L$
A 倒数	$A_L+1\cdots -A_L-1$	$-R\cdots -L-1$

2.7　浮点算法的实现

由于当前 FPGA 具备大量的门数，因此浮点算法的设计已成为一种可行选择。此外，在 Altera Stratix 或 Cyclone、Xilinx Virtex 或 Spartan FPGA 器件系列中引入嵌入式 18 位×18 位阵列乘法器，为自定义浮点算法提供了有效设计。所以我们要讨论基本构造模块的设计，如浮点数加法器、减法器、乘法器、倒数器和除法器，以及在定点数和浮点数数据格式之间转换所必需的转换模块。这类模块可以从几个 IP 提供商获取，而且现在已是 1076-2008 IEEE VHDL 标准的一部分。详情请参照附录 G 的 LRM 部分。1076-1993 版本的 VHDL 通过一个附加的定点和浮点运算程序包得以支持，接下来我们会讨论。

大多数商用浮点数模块采用 5 级或更多级流水线来提高吞吐量。为简化表示方式，在此不使用流水线技术，而使用的自定义浮点格式是在 2.2.3 节中介绍的(1,6,5)浮点格式。这种格式采用 1 个符号位、6 个指数位和 5 个尾数位。我们支持 0 和无穷大的特殊编码；支持将 NaN 和非正规数作为 IEEE 1076-2008 套装软件中成为标准。通过截断进行舍入，例子中使用的定点数格式具有 6 位整数位(包括一个符号位)和 6 个分数位。

2.7.1　定点数到浮点数的格式转换

如 2.2.3 节所述，因为浮点数采用标有符号的幅值格式，所以第一步就是将 2 的补码转换成标有符号的幅值格式。如果定点数的符号是 1，就需要计算定点数的补码，补码从而变成非规格化的尾数。下一步就是将尾数规格化并计算指数。为了规格化，首先要确定前导零的个数。在 VHDL 中，可以通过顺序 PROCESS 内的 LOOP 声明完成。使用前导零的个数，就可以将尾数左移，直到第一个 1“离开”尾数寄存器，也就是说，隐藏的 1 也移除了。这一移动操作实际上就是桶式移位器的任务，后者在 VHDL 中通过 SLL 指令推断。但是，1076-1993 标准的 SLL 只是为 BIT_VECTOR 数据类型定义而不是为其他算术运算需要的 STD_LOGIC_VECTOR 数据类型定义。不过我们可以用许多不同的方式设计桶式移位器，就如练习 2.19 所示。另一种方法就是为 STD_LOGIC_VECTOR 数据类型设计一个函数重载，允许移位操作，请参阅练习 1.20。

浮点数的指数通过偏差的和来计算，而浮点格式中整数位的个数小于未规格化的尾数中前导零的个数。

最后，我们将符号、指数和规格化的尾数连接成一个浮点数，前提是这一定点数不为零；否则就将浮点数也设置为零。

假定浮点数的范围大于定点数的范围，也就是说，特殊数∞将永远不会用在转换中。

图 2-28 演示了±1、最大绝对值、最小绝对值和最小值这 5 个值从 12 位定点数到(1, 6, 5)格式的浮点数的转换。第 1 至 3 行显示 12 位定点数、整数以及分数部分。第 4 至 7 行显示整个浮点数，分为三部分：符号、指数和尾数。

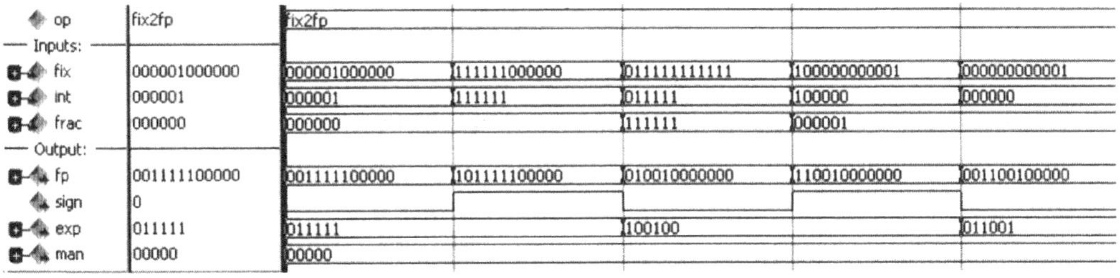

图 2-28　(1, 5, 6)定点数格式到(1, 6, 5)浮点数转换的仿真结果。5 个代表值分别为：+1，−1，最大绝对值≈32，最小绝对值=−32，最小值=1/64

2.7.2　浮点数到定点数的格式转换

一般来说，浮点数到定点数的转换比另一个方向的转换更为复杂。这要根据指数比偏差大还是小来实现尾数的左移或右移。此外，还需要额外考虑特殊值±∞和±0。

为了使讨论尽可能简单，假定在以下讨论中，虽然浮点数比定点数具有更大的动态范围，但定点数具有更高的精度。也就是说，定点数中小数的位数要比浮点数中使用的尾数的位数更多。

转换的第一步是校正指数中的偏差。然后将隐藏的 1 放置在十进制定点数的小数点左边，将(小数的)尾数放置在小数点右边。接下来核对指数是否太大而不能用定点数表示，并将定点数设置为最大值。同样，如果指数太小，就将输出值置零。如果指数在有效范围内，浮点数就可以用定点格式表示，对于正指数值左移 1.*m* 尾数值(格式请参阅式或(2-23))，对于负指数值右移。在 VHDL 中，通常可以分别用 SLL 和 SRL 编码。但在 VHDL-1993 中，STD_LOGIC_VRCTOR 不支持这些 BIT_VECTOR 运算，请参阅练习 1.20。最后一步，通过求出浮点数的符号位，将有符号的幅值表示方式转换成 2 的补码格式。

图 2-29 给出了±1、最大绝对值、最小绝对值和最小值从(1, 6, 5)格式的浮点数到(1, 5, 6)定点数的转换。第 1 至 4 行显示 12 位浮点数及其 3 部分：符号、指数和尾数。第 5 至 7 行显示整个定点数以及整数部分和分数部分。可以看到转换对于±1 和最小值没有任何量化误差。但对于最大绝对值和最小绝对值，相比于图 2-28，在浮点数中精度较小，使得转换的值并不完美。

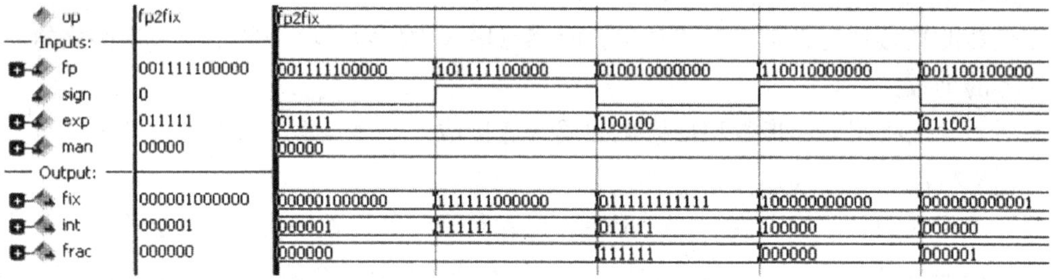

图 2-29　(1,6,5)浮点数格式到(1,5,6)定点数格式转换的仿真结果。5 个代表值分别为：+1，−1，最大绝对值≈32，最小绝对值=−32，最小值=1/64

2.7.3　浮点数乘法

相对于定点运算，在浮点运算中，乘法是所有算术运算中最简单的，我们首先来讨论乘法。通常，以科学记数法格式表示的两个数的乘法通过尾数相乘和指数相加来实现，也就是：

$$f_1 \times f_2 = \left(a_1 2^{e_1}\right) \times \left(a_2 2^{e_2}\right) = \left(a_1 \times a_2\right) 2^{e_1+e_2}$$

为得到具有隐含的 1 和有偏差的指数的浮点数格式，上式就变成了：

$$\begin{aligned} f_1 \times f_2 &= (-1)^{s_1}\left(1.m_1 2^{e_1-\text{偏差}}\right) \times (-1)^{s_2}\left(1.m_2 2^{e_2-\text{偏差}}\right) \\ &= (-1)^{s_1+s_2 \bmod 2} \underbrace{(1.m_1 \times 1.m_2)}_{m_3} 2^{\overbrace{e_1+e_2-\text{偏差}}^{e_3}-\text{偏差}} \\ &= (-1)^{s_3} 1.m_3 2^{e_3-\text{偏差}} \end{aligned}$$

可以看到，指数和需要通过偏差来调整，这是因为在两个指数中偏差引入了两次。乘积的符号是两个操作数的两个符号位的异或或是以 2 为模的和。还需要注意特殊值。如果一个因子是∞，则乘积也会是∞。下一步要核对是否有一个因子为零，如果有，就将乘积设为零。由于不支持 NaN，因此这就表明 0×∞被设置成∞。特殊值还有可能由初始的非特殊操作数生成，如果检测到溢出，也就是：

$$e_1+e_2-\text{偏差} \geqslant E_{\max}$$

就将乘积设置为∞。与此类似，如果检测到下溢，也就是：

$$e1+e2-\text{偏差} \leqslant E_{\min}$$

就将乘积设置为零。可以看出，乘积的指数 e_3 的内部表示方法要比两个因子多两位，因为需要一个符号位和一个保护位。幸运的是，乘积 $1.m_3$ 的规格化相对简单，因为两个操作数都是在 $1.0 \leqslant 1.m_{1,2} < 2.0$ 范围内，所以尾数乘积的范围就是 $1.0 \leqslant 1.m_3 < 4.0$。也就是说，只需要移动一位(指数调整 1)就足以将乘积规格化。

最后，将符号、指数和尾数连接起来构造新的浮点数。

图 2-30 给出了如下值的(1, 6, 5)浮点格式的乘法：

1) $(-1)\times(-1)=1.0_{10}=1.00000_2\times 2^{31-\text{偏差}}$
2) $1.75\times 1.75=3.0625_{10}=11.0001_2\times 2^{31-\text{偏差}}=1.10001_2\times 2^{32-\text{偏差}}$
3) 指数：$7+7-\text{偏差}=-17<E_{\min}$→乘法的下溢
4) 指数：$62+62-\text{偏差}=-93\geqslant E_{\max}$→乘法的溢出
5) $\infty\times\infty=\infty$
6) $0\times\infty=\text{NaN}$

第 1 至 4 行显示第一个浮点数 a 及其 3 部分：符号、指数和尾数。第 5 至 8 行显示第二个浮点数 b 及其 3 部分：符号、指数和尾数。第 9 至 12 行是乘积 r 和 3 部分的分解。

op	mul	mul					
— Inputs:							
— 1. FP number:							
a	011...	101111100000	001111111000	000011110000	011111000000	011111100000	
sign	0						
exp	111111	011111		000111	111110	111111	
man	00000	00000	11000	10000	00000		
— 2. FP number:							
b	000...	101111100000	001111111000	000011110000	011111000000	011111100000	000000000000
sign	0						
exp	000000	011111		000111	111110	111111	000000
man	00000	00000	11000	10000	00000		
— Output:							
r	011...	001111100000	010000010001	000000000000	011111100000		011111100001
sign	0						
exp	111111	011111	100000	000000	111111		
man	00001	00000	10001	00000			00001

图 2-30　(1, 6, 5)格式的浮点数乘积的仿真结果

2.7.4　浮点数加法

浮点数加法要比乘法更为复杂。科学记数法格式为：

$$f_3 = f_1 + f_2 = (a_1 2^{e_1}) \pm (a_2 2^{e_2})$$

两个数字只有在指数相同，也就是在 $e_1 = e_2$ 的情况下才能相加。为不失普遍性，假定在下文中第二个数的(绝对)值较小。如果情况不是这样，只需要将第一个数和第二个数交换即可。下一步就是用下面的恒等式“非规格化”较小的数：

$$a_2 2^{e_2} = a_2 / 2^d 2^{e_2+d}$$

如果选择规格化因子，如 $e_2+d=e_1$，也就是 $d=e_1-e_2$，就得到：

$$a_2/2^d 2^{e_2+d}=a_2/2^{e_1-e_2}2^{e_1}$$

现在两个数都具有相同的指数，就可以依靠符号，根据：

$$a_3=a_1\pm a_2/2^{e_1-e_2}$$

对第一个尾数和调整的第二个数进行加法或减法运算。还需要核对第二个操作数是否为零。如果 $e_2=0$ 或 $d>M$，也就是移位操作将第二个尾数减小到零。如果第二个操作数是零，就将第一个(较大的)操作数转发给结果 f_3。

如果两个浮点数具有相同的符号，就将调整好的操作数相加；如果符号相反，就相减。新的尾数需要规格化成 1.m_3 格式，最初设置成 $e_3=e_1$ 的指数需要根据尾数的规格化进行调整。要确定前导零的个数(包括第一个)并执行逻辑左移(Shift Logic Left，SLL)。还需要考虑是否其中一个操作数是特殊数以及是否出现溢出或下溢。如果第一个操作数是∞或者新计算出来的指数大于 $E_{\max}$，就将输出设置为∞。这就表明∞－∞，因为不支持 NaN。如果新计算出来的指数小于 $E_{\min}$，发生下溢，输出就设置为零。最后将符号、指数和尾数连接起来组成新的浮点数。

图 2-31 给出了如下值的(1, 6, 5)浮点数格式的加法：

1) 1.0+(–1.0)=0

2) $9.25+(-10.5)=-1.25_{10}=-1.01000_2\times 2^{31-\text{偏差}}$

3) $1.00111_2\times 2^{2-\text{偏差}}+(-1.00100_2\times 2^{2-\text{偏差}})=0.00011_2\times 2^{2-\text{偏差}}=1.1_2\times 2^{-2-\text{偏差}}\rightarrow -2<E_{\min}\rightarrow$ 下溢→非规格数字

4) $1.01111_2\times 2^{62-\text{偏差}}+1.11110_2\times 2^{62-\text{偏差}})=11.01101_2\times 2^{62-\text{偏差}}=1.1 2^{63-\text{偏差}}\rightarrow 63\geqslant E_{\max}\rightarrow$溢出

5) $-\infty+1=-\infty$

6) $\infty-\infty=$NaN

第 1 至 4 行显示第一个浮点数 a 及其 3 部分：符号、指数和尾数。第 5 至 8 行显示第二个浮点数 b 及其 3 部分：符号、指数和尾数，而第 9 至 12 行是和 r 以及 3 部分(符号、指数和尾数)的分解。

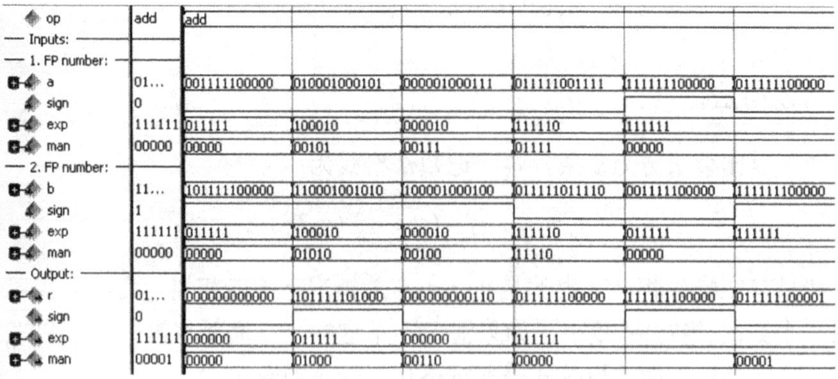

图 2-31　(1, 6, 5)格式的浮点数加法的仿真结果

2.7.5 浮点数除法

通常，以科学记数法格式表示的两个数的除法通过尾数相除和指数相减来实现，也就是：

$$f_1/f_2=\left(a_1 2^{e_1}\right)/\left(a_2 2^{e_2}\right)=\left(a_1/a_2\right)2^{e_1-e_2}$$

对于具有隐含的 1 和偏差的指数的浮点数格式，上式就变成了：

$$\begin{aligned} f_1/f_2 &= (-1)^{s_1}\left(1.m_1 2^{e_1-\text{偏差}}\right)/(-1)^{s_2}\left(1.m_2 2^{e_2-\text{偏差}}\right) \\ &= (-1)^{s_1+s_2 \bmod 2}\underbrace{(1.m_1/1.m_2)}_{m_3}2^{\overbrace{e_1-e_2-\text{偏差}}^{e_3}+\text{偏差}} \\ &= (-1)^{s_3}1.m_3 2^{e_3+\text{偏差}} \end{aligned}$$

可以看到，指数和需要通过偏差调整，这是因为在两个指数相减后就不存在偏差。除法的符号是两个操作数的两个符号位的异或或以 2 为模的和。尾数除法可以用 2.5 节讨论的任何算法来实现，也可以使用 lpm_divide 元件来实现。由于分母和商的位宽都至少为 M+1，而在 lpm_divide 元件中分子和商具有相同位宽，因此这就需要使用 2×(M+1)位宽的分子和商。由于分子和分母都在 $1 \leqslant 1.m_{1,2} < 2$ 范围内，因此可以得出结论，商应该在 $0.5 \leqslant 1.m_3 < 2$ 范围内。这就只需要一位的规格化(包括指数位调整 1)。

我们还需要注意特殊值。如果分子是∞，分母是零，或者检测到溢出，那么结果也会是∞，也就是：

$$e_1 - e_2 + \text{偏差} = e_3 \geqslant E_{\max}$$

然后核对零商。如果分子是零、分母为∞或者检测到下溢，也就是：

$$e_1 - e_2 + \text{偏差} = e_3 \leqslant E_{\min}$$

就将商置零。在其他情况下，结果均处于有效范围内，不会生成特殊结果。

最后将符号、指数和尾数连接起来构造新的浮点数。

图 2-32 给出了如下值的(1, 6, 5)浮点数格式的除法：

1) $(-1)/(-1) = 1.0_{10} = 1.00000_2 \times 2^{31-\text{偏差}}$
2) $-10.5/9.25_{10} = -1.\overline{135}_{10} \approx -1.001_2 \times 2^{31-\text{偏差}}$
3) $9.25/(-10.5)_{10} = -0.880952_{10} \approx -1.11_2 \times 2^{30-\text{偏差}}$
4) 指数：60–3+偏差 $= 88 > E_{\max} \rightarrow$ 除法的溢出
5) 指数：3–60+偏差 $= -26 < E_{\min} \rightarrow$ 除法的下溢
6) $1.0/0 = \infty$
7) 0/0 =NaN

第 1 至 4 行显示第一个浮点数及其 3 部分：符号、指数和尾数。第 5 至 8 行显示第二个操作数及其 3 部分——符号、指数和尾数，而第 9 至 12 行是商以及 3 部分的分解。

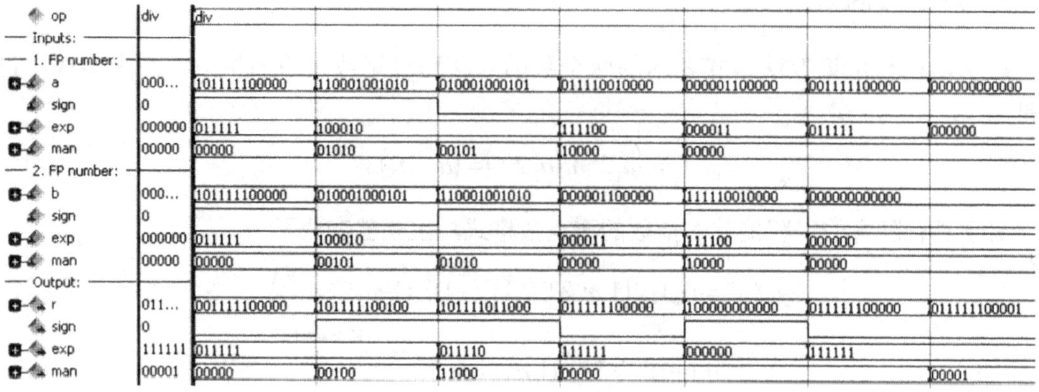

图 2-32　(1, 6, 5)格式的浮点数除法的仿真结果

2.7.6　浮点数倒数

尽管浮点数的倒数函数，也就是：

$$1.0/f=\frac{1.0}{(-1)^s 1.m2^e}$$
$$=(-1)^s 2^{-e}/1.m$$

似乎不像其他算术函数那样常用，但倒数函数很有用，可以跟乘法器组合起来构造一个浮点数除法器，这是因为：

$$f_1/f_2=\frac{1.0}{f_2}\times f_1$$

也就是乘以分母的倒数等价于除以分母。

如果尾数的位宽不够宽，那么可以通过查表的方式计算尾数的倒数，这个表用 case 语句或 M9K 存储模块实现[34]。由于尾数的范围是 $1\leqslant 1.m<2$，因此倒数的范围必然是 $0.5<\frac{1}{1.m}\leqslant 1$。尾数的规格化除了 $f=1.0$ 以外，其他所有值都只需要移动一位。

我们还需要注意特殊值。∞的倒数是零，而零的倒数是∞。对于所有其他值，新指数 e_2 用下面的公式计算：

$$e_2=-(e_1-\text{偏差})+\text{偏差}=2\times\text{偏差}-e_1$$

最后将符号、指数和尾数连接起来构造浮点数的倒数。

图 2-33 给出了如下值的(1, 6, 5)浮点数格式的倒数：

1) $-1/2=-0.5_{10}=-1.0_2\times 2^{30-\text{偏差}}$

2) $1/1.25_{10}=0.8_{10}\approx(32+19)/64=1.10011_2\times 2^{30-\text{偏差}}$

3) $1/1.031=0.9697_{10}\approx(32+30)/64=1.11110_2\times 2^{30-\text{偏差}}$

4) $1.0/0=\infty$

5) $1/\infty=0.0$

第 1 至 4 行显示输入的浮点数 a 及其 3 部分：符号、指数和尾数。第 5 至 8 行显示倒

数 r 以及 3 部分的分解。注意，对于除 0，Transcript 窗口会报告：RECIPROCAL：Floating Point divided by zero。

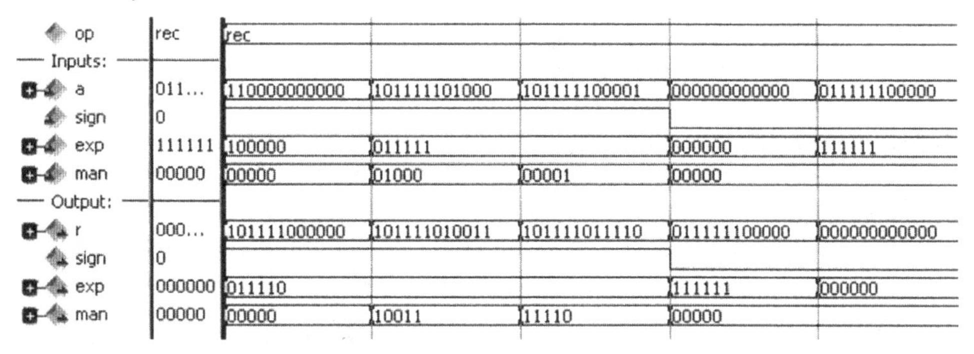

图 2-33　(1, 6, 5)格式的浮点数倒数的仿真结果

2.7.7　浮点操作集成

如果尝试构建自己的完整的库，包括所有必要的操作和转换函数，在 HDL 中实现浮点运算将会是一项劳动密集型任务。幸运的是，至少对于 VHDL 来说，有关于更加先进的、可以使用的操作和函数的库的介绍。这是 VHDL-2008 标准的一部分，并且与 VHDL-1993 兼容的、具有超过 7000 行代码的库，已经由 David Bishop 提供并且可以从 www.eda.org/fphdl 下载。由于大多数供应商仅支持标准 VHDL 语言的一个子集，因此在该网页上提供了针对 Altera、Xilinx、Synopsys、Cadence 和 Mentor Graphics(ModelSim)工具的、通过测试的微小修改版本。新的浮点标准记录在 VHDL-2008 LRM 的附录 G 中，多本教科书现在涵盖了这种新的浮点数据类型和操作[63-65]。要在 VHDL-1993 中最低限度地使用库，可以编写：

```
LIBRARY ieee_proposed;
USE ieee_proposed.fixed_float_types.ALL;
USE ieee_proposed.float_pkg.ALL;
```

库允许我们使用标准运算符，例如用于 INTEGER 和 STD_LOGIC_VECTOR 数据类型：

算术	+、−、*、/、ABS、REM、MOD
逻辑	NOT、AND、NAND、OR、NOR、XOR、XNOR
比较	=、/=、>、<、>=、<=
转换	TO_SLV、TO_SFIXED、TO_FLOAT
其他	RBSIZE、SCALB、LOGB、MAXIMUM、MINIMUM

还有一些预定义的常数值。这 6 个值分别是：0= zerofp、NaN=nanfp、quite NaN =qnanfp、∞=pos_inffp、−∞=neg_inffp、−0=neg_zerofp。在 IEEE 标准 854 和 754 中，长度 32、64 和 128 的预定义类型分别被称为 FLOAT32、FLOAT64 和 FLOAT128。

假设现在要实现一个具有一个符号、6 个指数和 5 个小数位的浮点数，如例 2.13 所示，则定义：

```
SIGNAL a, b : FLOAT(6 DOWNTO -5);
SIGNAL S, p : FLOAT(6 DOWNTO -5);
```

并且操作可以简单地指定为：

```
s <= a+b;
p <= a*b;
```

代码很短，因为左侧和右侧使用相同的数据类型。不需要缩放或调整大小。但是，基本算法使用的是可从 fixed_float_types 库文件中看到的默认配置设置。舍入样式为 round_nearest，denormalize 和 error_check 被设置为 true，并使用三个保护位。如果将舍入设置为 round_zero(即截断)，将 denormalize 和 error_check 设置为 false，以及将保护位设置为 0，将发生另一端的最小 HW 努力，基本上与默认设置相反。VHDL-2008 浮点类型中的大多数操作也可以通过函数形式提供，例如对于算术函数，可以使用 ADD、SUBTRACT、MULTIPLY、DIVIDE、BEMAINDER、MODULO、RECIPROCAL、MAC 和 SQRT。修改舍入类型和保护位也更容易：

```
r <= ADD (l=>a, r=>b, --Should be the "cheapest" design
      round_style => round_zero,
      guard => 0,
      check_error => false,
      denormalize => false);
```

首先规定左边和右边的操作数，紧跟着的是可以给出最小 LE 数的 4 个合成参数。注意，IEEE VHDL-2008-1076 中注明是“guard_bits”，而不是在 David Bishop 所写的库中的“guard”。

比较也可以通过 EQ、NE、GT、LT、GE 和 LE 用作函数调用(类似于 FORTRAN 中的名称)。对于缩放，函数 SCALB(y，n)可以实现操作 $y*2^n$，与正常乘法或除法相比具有更小的硬件消耗。MAXIMUM、MINIMUM、平方根 SQRT 和 multiply-and-add MAC 是可用于 DSP 的附加函数。

现在来看这些函数如何在一个小例子中工作。由于大多数模拟器到目前为止还没有完全支持新的数据类型，如数组中的负索引，保留标准的 STD_LOGIC_VECTOR 作为 I/O 类型似乎是一个好的方法。这个库提供了所谓的位保留转换函数，它只是将 STD_LOGIC 向量中位的含义重新定义为相同长度的固定或浮动类型。这样的转换由 VHDL 预处理器完成，并且不会消耗任何硬件资源。另一方面，如果要在 sfixed 和 float 类型之间进行转换，还需要一个值来保存操作。这种转换将保留数据的值，但这将需要大量的硬件资源。现在来看看执行一些基本操作以及数据转换的 32 位浮点单元(Floating-Point Unit，FPU)。

```
Generate Test Data (c) 2013 Uwe Meyer-Baese
For f1=n/d enter n: 1
For f1=n/d enter d: 3
For f2=n/d enter n: 2
For f2=n/d enter d: 3
***** C Float Type Test Data:
* F[1] = 3e aa aa ab
* F[2] = 3f 2a aa ab
0.333333 + 0.666667 = 1
* F[3] = 3f 80 00 00
0.333333 - 0.666667 = -0.333333
* F[3] = be aa aa ab
0.333333 * 0.666667 = 0.222222
* F[3] = 3e 63 8e 3a
0.333333 / 0.666667 = 0.5
* F[3] = 3f 00 00 00
 1  / 0.333333 = 3
* F[3] = 40 40 00 00
```

图 2-34 使用 fp_ops.exe 程序测试数据计算

例 2.20：一个 32 位浮点运算单元

VHDL 设计文件 fpu.vhd[8]如下所示：

```
--Title: Floating-Point Unit
--Description: This is an arithmetic unit to
--implement basic 32-bit FP operations.
--It uses VHDL2008 operations that are also
--available for 1076-1993 as library function from
--www.eda.org/fphdl
LIBRARY ieee; USE ieee.std_logic_1164.ALL;
PACKAGE n_bit_int IS                  --User defined types
  SUBTYPE SLV4 IS STD_LOGIC_VECTOR(3 DOWNTO 0);
  SUBTYPE SLV32 IS STD_LOGIC_VECTOR(31 DOMNTO 0);
END n_bit_int;
LIBRARY Work;USE work.n_bit_int.ALL

LTBRARY ieee;
USE ieee.std_logic_1164.AL;USE ieee.std_logic_arith.ALL;
USE ieee.std_logic_unsigned.ALL;

LTBRARY ieee_proposed;
USE ieee_proposed.fixed_float_types.ALL;
USE ieee_proposed.fixed_pkg.ALL;
USE ieee_proposed.float_pkg.ALL;
----------------------------------------------------------
ENTITY fpu IS
  PORT(sel       : IN SLV4;   --FP operation number
       dataa     : IN SLV32;  --First input
       datab     : IN SLV32;  --Second input
       n         : IN INTEGER;--Scale factor 2**n
       result    : OUT SLV32);--System output
END;
----------------------------------------------------------
ARCHITECTURE fpga OF fpu IS

--OP Code of instructions:
```

8. 此例的等效 Verilog 代码不能执行，因为 Verilog 语言当前不具有浮点库支持。

```
--CONSTANT fix2fp   : STD_LOGIC_VECTOR(3 DOMNTO 0):= X"0";
--CONSTANT fp2fix   : STD_LOGIC_VECTOR(3 DOMNTO 0):= X"1";
--CONSTANT add      : STD_LOGIC_VECTOR(3 DOMNTO 0):= X"2";
--CONSTANT sub      : STD_LOGIC_VECTOR(3 DOMNTO 0):= X"3";
--CONSTANT mul      : STD_LOGIC_VECTOR(3 DOMNTO 0):= X"4";
--CONSTANT div      : STD_LOGIC_VECTOR(3 DOMNTO 0):= X"5";
--CONSTANT rec      : STD_LOGIC_VECTOR(3 DOMNTO 0):= X"6";
--CONSTANT scale        : STD_LOGIC_VECTOR(3 DOMNTO 0):= X"7";

  TYPE OP_TYPE IS(fix2fp, fp2fix, add, sub, mul, div, rec, scale);

  SIGNAL a, b, r : FLOAT32;
  SIGNAL sfixeda, Sfixedr : SFIXED(15 DOMNTO -16)

BEGIN

--Redefine SLV bit as FP number
  a <=TO_FLOAT(dataa, a);
  b <=TO_FLOAT(datab, b);
--Redefine SLV bit as 16.16 sfixed number
  Sfixeda <=TO_SFIXED(dataa, sfixeda);

  P1 : PROCESS(a, b, sfixedr, sfixeda, sel, r, n, op)
  BEGIN
    r <= (OTHERS => '0'); sfixedr <= (OTHERS=> '0');
    CASE CONV_INTEGER(sel) IS
      WHEN 0 => r <=TO_FLOAT(sfixeda, r); op <= fix2fp;
      WHEN 1 => sfixedr <= TO_SFIXED(a, sfixedr);
                op <= fp2fix;
      WHEN 2 => r <= a+b; op <= add;
      WHEN 3 => r <= a-b; op <= sub;
      WHEN 4 => r <= a*b; op <= mul;
      WHEN 5 => r <= a/b; op <= div;
      WHEN 6 => r <= reciprocal(arg=> a); op <= rec;
      WHEN 7 => r <= scalb(y=>a, n=>n); op <= scale;
      WHEN OTHERS => op <= scale;
    END CASE
--Interpret FP or 16.16 sfixed bits as SLV bit vector
    IF op=fp2fix THEN
      result<=TO_SLV(sfixear);
    ELSE
      result<=TO_SLV(r);
    END IF;
  END PROCESS P1

END fpga;
```

首先调用必要的库。请注意，如果你的工具不支持 VHDL-2008 类型，则需要首先从 www.eda.org/fphdl 下载 float 和 fixed 运算包。ENTITY 包括对操作、两个输入向量、缩放因子 n 和结果的选择。之后定义 32 位浮点数和 16.16 sfixed 类型的数据。信号 op 用于在模拟中以纯文本显示当前操作。实际的浮点算术单元被放置在 PROCESS 环境 P1 中。实现的第一个操作是 sfixed 到 FLOAT32 的转换，接着是 FLOAT32 到 sfixed 的转换。然后进行基本的 4 个算术运算：+、-、*、/。操作 6 是对一个输入求倒数。第 7 个是执行幂次为 2 的乘法和除法的缩放操作。最后一条 IF 语句用于对 I/O 和显示的 SLV 类型进行位保留转换(亦称位的重新定义)。只有选项一有 sfixed 类型；对于所有其他的输出都是 FLOAT32 类型。

该设计使用 8112 个 LE 和 7 个嵌入式乘法器。由于不使用寄存器，因此无法测量注册器的性能。

为了仿真，我们首先在 C 或 MATLAB 中使用一个小测试程序来计算一些试验台数据。在 MATLAB 中，我们可以使用格式%tx 和%bx 分别将 32 位和 64 位浮点数显示为十六进制。例如，如果我们设置 x = 1/3，然后键入：

```
str=sprintf(FLOAT32:=X\"%tX\"; -- %f', x, x); disp(str)
```

在 MATLAB 提示窗口中工具会产生：

```
FLOAT32 := X"3EAAAAAB"; --0.333333
```

本书学习资料里包括一个名为 fp_ops.exe 的小程序，它可以计算 32 和 64 浮点基本算术运算的测试数据。如果我们输入 1/3 和 2/3 作为 a 和 b，我们将得到如图 2-34 所示的列表，它提供了用于加、减、乘、除和倒数的测试数据。为了测试输入的转换，我们使用十进制值，即 sfixed 类型中的 0001.0000 和 FLOAT32 类型中的十六进制代码 3F800000。对于缩放操作，我们使用 2^1 的缩放，即 1/3 * 2 = 2/3。整体仿真如图 2-35 所示。

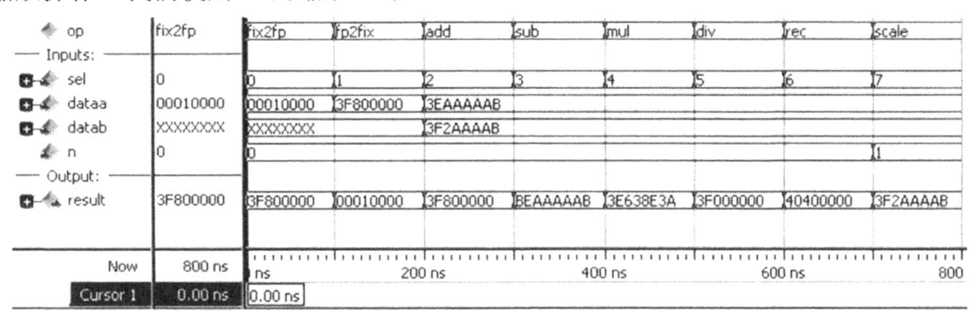

图 2-35 8 个函数浮点运算单元 fpu 的仿真

2.7.8 浮点数合成结果

VHDL-2008 库允许我们为任意规定的浮点数编写紧凑高效的代码。唯一的缺点是由于使用了大量的算术运算而没有实现流水线，这种设计的整体速度不会很高。FPGA 供应商通常提供具有高速流水线的 32 位和 64 位的预定义浮点模块。Xilinx 提供了 LOGICORE 浮点 IP，Altera 提供了一整套 LPM 函数。LPM 模块可以作为图形模块或组件库的实例化，实例化过程如下：

```
quartus->libraries->vhdl->altera_mf_compoments.vhd
```

让我们大致了解一下为了实现高吞吐量流水线的要求。表 2-17 给出了 Altera LPM 的有效范围和默认设置[20]。

表 2-17 Altera LPM 32 位浮点数模块流水线

模　块	流水线范围	默　认　值
整数/定点数到浮点数	6	6
浮点数到整数/定点数	6	6
浮点数加法/浮点数减法	7...14	11
浮点数乘法	5、6、10、11	5
浮点数除法	6、14、33	33
浮点数倒数	20	20

图 2-36 展示了使用 VHDL-2008 库和 LPM 模块时吞吐量的比较。LPM 模块流水线的优势是显而易见的。然而，请记住我们要讨论的许多系统都有反馈，通常不可能采用流水线。除非我们使用 FSM 且“等待”直到计算完成，否则不能使用 LPM 模块。为了用 VHDL-2008 库测定时序性能 Fmax，向输入端口和输出端口添加寄存器，但在模块内没有使用流水线技术。

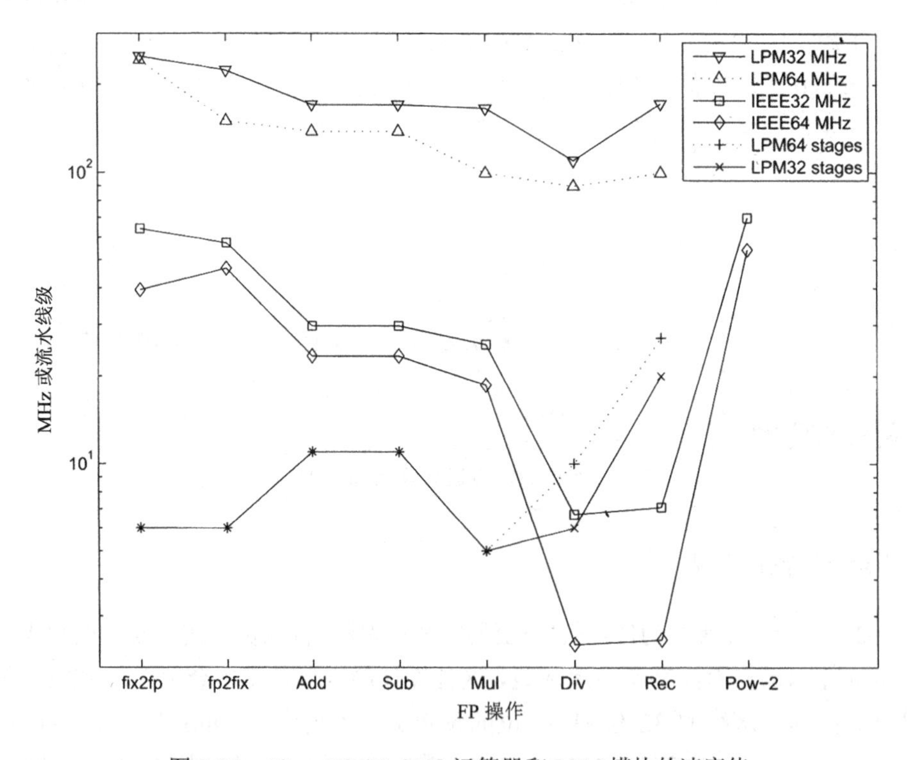

图 2-36 Altera VHDL-2008 运算器和 LPM 模块的速度值

图 2-37 显示了 32 位宽和 64 位宽中所有 8 个基本组成模块的集成结果。实线显示了使用默认 VHDL-2008 设置所需的 LE 和乘法器个数，而虚线显示了当合成选项被设置为

minimum HW 消耗时的结果，例如舍入到 round-zero(即截断)，denormalize 和 error_check 被设置为 false，将保护位置 0。fixed 和 FLOAT32 之间的转换需要 400 个 LE。我们看到基本的数学运算 +、-、*需要大约 1000 个标准 LE，而除法需要两倍。注意，LPM 函数中的浮点数除法和浮点数倒数使用了大量的乘法器和一个 M9K 存储模块(在图 2-37 中未显示)，然而 VHDL-2008 中等效的操作不使用任何存储器或乘法器。指数量化型乘法或除法 SCALB 比等效乘法或除法节省得多。

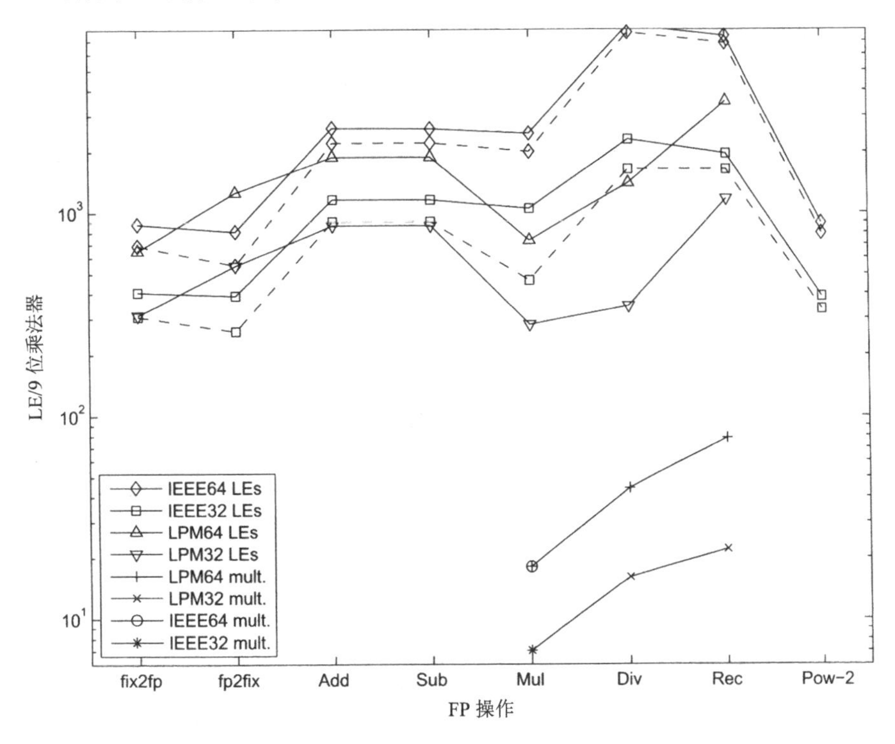

图 2-37　用于默认设置(实线)和最小硬件消耗(虚线)的 VHDL-2008 操作和 Altera LPM 模块的数据大小

2.8　MAC 与 SOP

众所周知，DSP 算法的乘-累加(Multiply-ACcumulate, MAC)操作非常密集。为了加以说明，先来看一下：

$$y[n]=f[n]\times x[n]=\sum_{k=0}^{L-1}f[k]x[n-k] \tag{2-46}$$

给出的线性卷积和。对于每次采样，$y[n]$都需要进行 L 次连续乘法和 $L-1$ 次加法操作来计算积之和(Sum Of Product，SOP)。这就表明 $N\times N$ 位乘法器需要与累加器融合在一起，如图 2-38(a)所示。全精度 $N\times N$ 位乘积的位宽是 $2N$。如果两个操作数都是(对称的)有符号数，则乘积只有 $2N-1$ 个有效位，也就是说有两个符号位。为了保持累加器有足够的动态范围，通常将其在位宽上多设计出额外的 K 位，就像下面的例子所示。

例 2.21 模拟器件 PDSP ADSP21xx 系列含有一个 16×16 的阵列乘法器和一个具有额外 8 位位宽的累加器(累加器的位宽总和是 32+8=40 位)。有了这 8 个额外的位，不用牺牲输出就可以实现至少 2^8 次累加。如果两个操作数都是对称的有符号数，就能够执行 2^9 次累加。为了产生需要的输出格式，例如现代的 PDSP 还包括一个桶式移位器，它可以在一个时钟周期内完成需要的调整。

对于主流数字信号处理，考虑定点 PDSP 中的溢出非常重要，这需要对 DSP 对象进行实时计算而不希望有中断。可以想到，检查和处理累加器溢出就会中断数据流，并带来明显的暂时负担。通过正确地选择数据的保护位就可以消除这一负担。

对于传统 PDSP 的 MAC，计算积之和还有另一种方法，这些将在下一节加以讨论。

2.8.1 分布式算法基础

分布式算法(Distributed Arithmetic, DA)是一项重要的 FPGA 技术，它被广泛地应用在计算积之和中：

$$y=<c,x>=\sum_{n=0}^{N-1}c[n]\times x[n] \tag{2-47}$$

除了卷积之外，相关、DFT 计算和前面讨论过的 RNS 反演映射也可以阐述成“积之和”(Sum Of Product, SOP)。当使用传统的算法单元完成一个滤波周期时，大约需要用 N 个 MAC 循环。使用流水线技术可以缩小这一数量，但是也非常有限，该数量仍旧非常长。当使用通用乘法器时，这就成了一个简单问题了。

在许多 DSP 应用领域中，在技术上不需要通用的乘法算法。如果滤波系数 $c[n]$是先前已知的，在技术上部分乘积项 $c[n]x[n]$就变成了一个常数乘法(也就是缩放)。这是一个重要的差别，也是 DA 设计的一个先决条件。

有关 DA 的讨论最初可以追溯到 1973 年 Croisier[66]发表的论文，而 DA 的推广工作则由 Peled 和 Liu[67]完成。Yiu[68]将 DA 扩展到有符号数，Kammeyer[69]和 Taylor[70]研究了 DA 系统中的量化效应。White[71]和 Kammeyer[72]撰写了 DA 教程。目前 DA 已经被引入到教科书中[73,74]。为了理解 DA 设计范例，考虑如下所示内积的“积之和”：

$$\begin{aligned}y=<c,x>&=\sum_{n=0}^{N-1}c[n]\times x[n]\\&=c[0]x[0]+c[1]x[1]+\ldots+c[N-1]x[N-1]\end{aligned} \tag{2-48}$$

进一步假设系数 $c[n]$是已知常数，$x[n]$是变量。无符号 DA 系统假设变量 $x[n]$的表示方式如下：

$$x[n]=\sum_{b=0}^{B-1}2^b\times x_b[n],\ x_b[n]\in[0,1] \tag{2-49}$$

其中 $x_b[n]$表示 $x[n]$的第 b 位，而 $x[n]$也就是 x 的第 n 次采样，而内积 y 可以表示为：

$$y=\sum_{n=0}^{N-1}c[n]\times\sum_{b=0}^{B-1}2^b\times x_b[n] \tag{2-50}$$

重新分配求和的顺序(也就是“分布式算法名称的由来”)，结果如下：

$$
\begin{aligned}
y = & c[0](x_{B-1}[0]2^{B-1}+x_{B-2}[0]2^{B-2}+\ldots+x_0[0]2^0) \\
& +c[1](x_{B-1}[1]2^{B-1}+x_{B-2}[1]2^{B-2}+\ldots+x_0[1]2^0) \\
& \vdots \\
& +c[N-1](x_{B-1}[N-1]2^{B-1}+\ldots+x_0[N-1]2^0) \\
= & (c[0]\,x_{B-1}[0]+c[1]\,x_{B-1}[1]+\ldots+c[N-1]\,x_{B-1}[N-1])2^{B-1} \\
& +(c[0]\,x_{B-2}[0]+c[1]\,x_{B-2}[1]+\ldots+c[N-1]\,x_{B-2}[N-1])2^{B-2} \\
& \vdots \\
& +(c[0]\,x_0[0]+c[1]\,x_0[1]+\ldots+c[N-1]\,x_0[N-1])2^0
\end{aligned}
$$

也可以写成更为简洁的如下形式：

$$
y=\sum_{b=0}^{B-1}2^b\times\sum_{n=0}^{N-1}\underbrace{c[n]\times x_b[n]}_{f(c[n],x_b[n])}=\sum_{b=0}^{B-1}2^b\times\sum_{n=0}^{N-1}f(c[n],x_b[n]) \tag{2-51}
$$

函数 $f(c[n], x_b[n])$的实现需要特别注意。首选的实现方法就是利用一个 LUT 实现映射 $f(c[n], x_b[n])$。也就是说，预先编程 2^N 个字宽的一个 LUT，以接受一个 N 位输入向量 $x_b=[x_b[0], x_b[1], \ldots, x_b[N-1]]$，输出为 $f(c[n], x_b[n])$。各个映射 $f(c[n], x_b[n])$都由相应的二次幂加权并累加。利用如图 2-38(b)所示的移位加法器就能够有效地实现累加。在 N 次查询循环后，就完成了对内积 y 的计算。

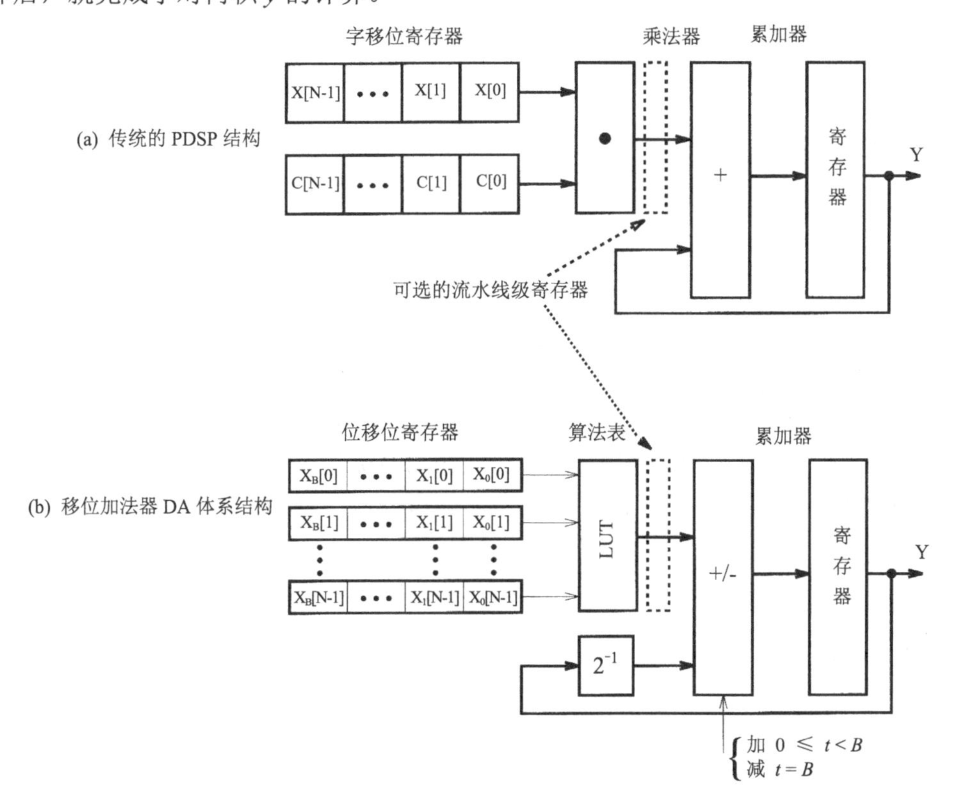

图 2-38　PDSP 结构和 DA 体系结构

例 2.22 无符号 DA 卷积

某一根据内积方程 $y=<c,x>=\sum_{n=0}^{2}c[n]x[n]$ 来定义的三阶内积，假设 3 位系数的值分别是 $c[0]=2$、$c[1]=3$ 和 $c[2]=1$，最后实现 $f(c[n],x_b[n])$ 的 LUT 的定义如下：

$x_b[2]$	$x_b[1]$	$x_b[0]$	$f(c[n],x_b[n])$
0	0	0	$1\times0+3\times0+2\times0=0_{10}=000_2$
0	0	1	$1\times0+3\times0+2\times1=2_{10}=010_2$
0	1	0	$1\times0+3\times1+2\times0=3_{10}=011_2$
0	1	1	$1\times0+3\times1+2\times1=5_{10}=101_2$
1	0	0	$1\times1+3\times0+2\times0=1_{10}=001_2$
1	0	1	$1\times1+3\times0+2\times1=3_{10}=011_2$
1	1	0	$1\times1+3\times1+2\times0=4_{10}=100_2$
1	1	1	$1\times1+3\times1+2\times1=6_{10}=110_2$

有关 $x[n]=\{x[0]=1_{10}=001_2$、$x[1]=3_{10}=011_2$、$x[2]=7_{10}=111_2\}$ 的内积如下：

步 骤 t	$x_t[2]$	$x_t[1]$	$x_t[0]$	$f[t]+ACC[t-1]=ACC[t]$
0	1	1	1	$6\times2^0+\ 0\ =\ 6$
1	1	1	0	$4\times2^1+\ 6\ =\ 14$
2	1	0	0	$1\times2^2+\ 14\ =\ 18$

进行数值校验可以看到：

$$y=<c,x>=c[0]x[0]+c[1]x[1]+c[2]x[2]$$
$$=2\times1+3\times3+1\times7=18$$

对于其硬件实现，与用 b 移位每个中间值(这需要一个昂贵的桶式移位器)相比，更为适合的是将寄存器内容本身在每一次迭代时逐位右移。很容易就可以证明，这样做会得到同样的结果。

可以比较一下分别采用通用 MAC 和 DA 硬件的 N 阶 B 位线性卷积的带宽。图 2-38 给出了传统 PDSP 的体系结构和采用分布式算法的相同实现。

假设 LUT 和通用乘法器的时延相同，$\tau=\tau(\text{LUT})=\tau(\text{MUL})$。这样，计算的等待时间就是 DA 的 $B\tau(\text{LUT})$和 PDSP 的 $N\tau(\text{MUL})$。就小位宽 B 来讲，DA 设计的速度可以显著地超过基于 MAC 的设计。第 3 章将就具体的滤波器设计示例进行比较。

2.8.2 有符号的 DA 系统

接下来将讨论如何修改式(2-48)，使之能够处理有符号补码。在补码中，最高有效位用来区别正数和负数。例如，从表 2-1 中就可以看到十进制的–3 编码后就是 $101_2=-4+0+1=-3_{10}$。所以我们将采用下面的$(B+1)$位表示方法：

$$x[n] = -2^B x_B[n] + \sum_{b=0}^{B-1} 2^b \times x_b[n] \tag{2-52}$$

与式(2-50)联立得到输出 y 的定义如下：

$$y = -2^B \times f(c[n], x_B[n]) + \sum_{b=0}^{B-1} 2^b \times \sum_{n=0}^{N-1} f(c[n], x_b[n]) \tag{2-53}$$

要实现有符号 DA 系统，可以通过两种选择来修改无符号 DA 系统。就是：

- 带有加/减控制的累加器
- 采用具有一个额外输入的 ROM

在此推荐使用最常见的可转换累加器，因为 LUT 表中额外的输入位还需要一个两倍字长的 LUT 表。下面的示例证明了加/减转换设计的处理步骤。

例 2.23　有符号 DA 的内积

再来研究一下由卷积和 $y = <c, x> = \sum_{n=0}^{2} c[n]x[n]$ 定义的三阶内积。假设给定的数据是 4 位二进制补码编码形式，系数分别是 $c[0] = -2$、$c[1] = 3$ 和 $c[2] = 1$，相应的 LUT 表如下：

$x_b[2]$	$x_b[1]$	$x_b[0]$	$f(c[k], x_b[n])$
0	0	0	$1\times0+3\times0-2\times0=0_{10}$
0	0	1	$1\times0+3\times0-2\times1=-2_{10}$
0	1	0	$1\times0+3\times1-2\times0=3_{10}$
0	1	1	$1\times0+3\times1-2\times1=1_{10}$
1	0	0	$1\times1+3\times0-2\times0=1_{10}$
1	0	1	$1\times1+3\times0-2\times1=-1_{10}$
1	1	0	$1\times1+3\times1-2\times0=4_{10}$
1	1	1	$1\times1+3\times1-2\times1=2_{10}$

$x[k]$的值是 $x[0] = 1_{10} = 0001_{2C}$、$x[1] = -3_{10} = 1101_{2C}$、$x[2] = 7_{10} = 0111_{2C}$。采样索引 k 对应的输出，也就是 y，定义如下：

步骤 t	$x_t[2]$	$x_t[1]$	$x_t[0]$	$f[t]\times2^t+\mathrm{Y}[t-1]=\mathrm{Y}[t]$
0	1	1	1	$2\times2^0 \quad + \quad 0 \quad =2$
1	1	0	0	$1\times2^1 \quad + \quad 2 \quad =4$
2	1	1	0	$4\times2^2 \quad + \quad 4 \quad =20$
	$x_t[2]$	$x_t[1]$	$x_t[0]$	$f[t]\times(-2^t)+\mathrm{Y}[t-1]=\mathrm{Y}[t]$
3	0	1	0	$3\times(-2)^3 \quad + \quad 20 \quad =-4$

数值校验结果是：$c[0]x[0]+c[1]x[1]+c[2]x[2] = -2\times1+3\times(-3)+1\times7 = -4$

2.8.3　改进的 DA 解决方案

接下来讨论对基本 DA 概念进行的两个有趣的改进，其中第一个改进是缩小规模，而第二个改进则是提高速度。

如果系数 N 的个数过多，用单个 LUT 不能够执行全字(复习一下，输入 LUT 位宽 = 系数的个数)，就可以利用部分表并将结果相加。如果再加上流水线寄存器，这一改进并没有降低速度，但是却可以极大地减小设计规模，因为 LUT 的规模随着地址空间，也就是输入系数 N 的增加而呈指数增加。假定长度为 LN 的内积：

$$y = \langle c, x \rangle = \sum_{n=0}^{LN-1} c[n]x[n] \tag{2-54}$$

那么可以用一个 DA 体系结构实现它。将和分配到 L 个独立的 N 阶并行 DA 的 LUT 中，结果如下：

$$y = \langle c, x \rangle = \sum_{l=0}^{L-1} \sum_{n=0}^{N-1} c[Nl+n]x[Nl+n] \tag{2-55}$$

如图 2-39 所示，实现一个 4N 的 DA 设计需要 3 个辅助的后向加法器。表的规模从一个 $2^{4N} \times B$ 的 LUT 降低到 4 个 $2^N \times B$ 的表。

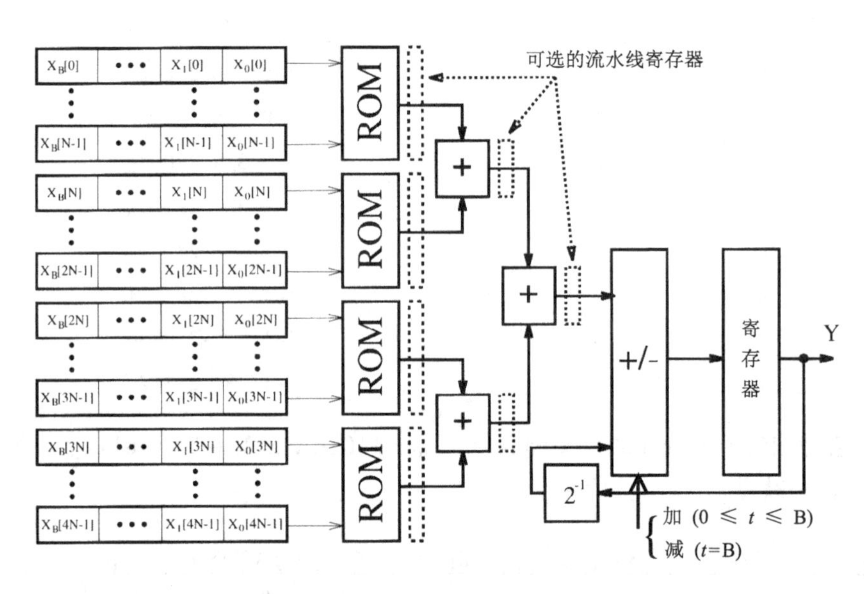

图 2-39　将表分割以产生简化规模的分布式算法

DA 体系结构的另一个改进以增加额外的 LUT、寄存器和加法器为代价提高速度。一个 N 阶积之和(sum-of-product)计算的基本 DA 体系结构接收 N 个字中每个字的一位。如果接受每个字中的两位，则计算速度可以从根本上翻倍。能够达到的最大速度就是使用如图 2-40 所示的完全流水线式字并行体系结构。在此，为 4 位有符号系数在每个 LUT 循环内计算出了长度为 4 的积之和的新结果。对于最大速度，必须为每个位向量 $x_b[n]$提供一个单独的 ROM(具有相同的内容)。但是这样最大速度的代价就变得非常昂贵了：如果将输入位宽加倍，就需要两倍的 LUT、寄存器和加法器。如果系数 N 的数量限制在 4 个或 8 个，这一改进就有了吸引人的性能，特别是优于所有商业上可用的可编程信号处理器，就像将在第 3 章看到的一样。

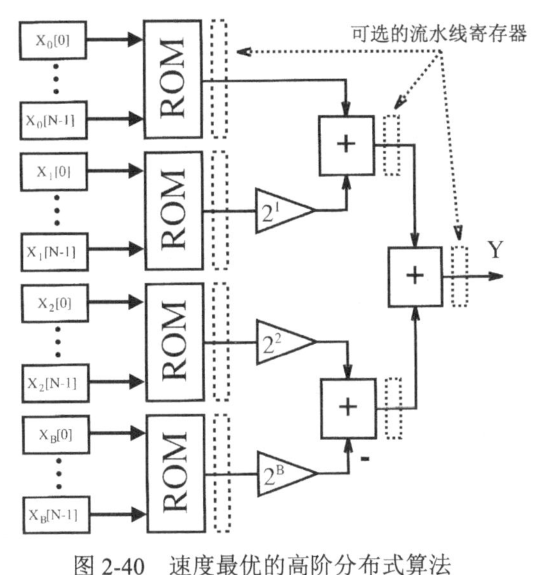

图 2-40　速度最优的高阶分布式算法

2.9　利用 CORDIC 计算特殊函数

如果利用 FPGA 实现某种数字信号处理算法，并且该算法使用了一个非普通的(超越)代数函数(如$\sqrt{x}$或 arctan y/x)，就可以利用泰勒级数来近似这个函数，也就是：

$$f(x)=\sum_{k=0}^{K}\frac{f^{k}(x_0)}{k!}(x-x_0)^k \tag{2-56}$$

其中，$f^k(x)$是$f(x)$的第 k 次微分，$k!=k\times(k-1)\ldots\times 1$，这样问题就简化成一系列乘法和加法运算了。另一种更有效的方法就是基于坐标旋转数字式计算机(Coordinate Rotation Digital Computer, CORDIC)的算法。CORDIC 算法建立在众多应用的基础之上，如便携式计算器[75]和主流 DSP 对象，如适应性滤波器、FFT、DCT[76]、解调器[77]和神经网络[45]。基础 CORDIC 算法可以在 Volder[78]和 Walther[79]发表的两篇经典论文中找到。目前已经做了理论上的拓展，如在双曲线模式中的范围拓展或是 Hu 等人[80]和 Meyer-Baese 等人[77]在量化误差分析等方面的扩展。VLSI 的实现已经在博士论文中讨论过了，参见 Timmermann[81]和 Hahn[82]所著的论文。第一次利用 FPGA 实现是由 Meyer-Baese 等人[4 和 77]研究出来的。CORDIC 算法在分布式算法中的实现是由 Ma[83]研究出来的。Hu[76]在 1992 年的《IEEE 信号处理杂志》评论文章中给出了相关的详细回顾，还包括一些应用细节。

Volder[78]提出最初的 CORDIC 算法是计算在平面直角坐标系(x,y)和极坐标系(R,θ)之间进行自由坐标变换的乘法器。Walther[79]推广了 CORDIC 算法，将圆周变换($m=1$)、线性变换($m=0$)和双曲线($m=-1$)变换都包括进来。对于每种模式，两个旋转方向都是确定的。对于向量化，具有原点(X_0,Y_0)的向量按如下方式旋转：通过将 Y_K 迭代收敛到 0，使得向量最后落在横坐标(也就是 x 轴)上。所谓旋转，就是具有原点(X_0,Y_0)的向量旋转一个角度 θ_0，被称为 Z 的角度寄存器的最终值收敛到 0。选择角度 θ_k，这样每次迭代就只需要一次加法和一次二进制转换。表 2-18 中第二列给出了 3 种模式 $m=1$、0 和–1 旋转角度的选择。

表 2-18 CORDIC 算法模式

模　　式	角度 θ_k	移 位 序 列	半 径 因 子
圆周 $m=1$	$\tan^{-1}(2^{-k})$	0, 1, 2, …	$K_1=1.65$
线性 $m=0$	2^{-k}	1, 2, …	$K_0=1.0$
双曲线 $m=-1$	$\tanh^{-1}(2^{-k})$	1, 2, 3, 4, 4, …	$K_{-1}=0.80$

现在正式定义 CORDIC 算法如下所示：

算法 2.24：CORDIC 算法

在每次迭代中，CORDIC 算法实现以下映射：

$$\begin{bmatrix} X_{k+1} \\ Y_{k+1} \end{bmatrix} = \begin{bmatrix} 1 & m\delta_k 2^{-k} \\ \delta_k 2^{-k} & 1 \end{bmatrix} \begin{bmatrix} X_k \\ Y_k \end{bmatrix} \tag{2-57}$$

$$Z_{k+1}=Z_k+\delta_k\theta_k$$

其中 θ_k 在表 2-16 中已给出，$\delta_k=\pm1$，两个旋转方向是 $Z_K\to0$ 和 $Y_K\to0$。

这就意味着存在 6 种操作模式，在表 2-19 中给出了相应的总结。结果是差不多所有的超越函数都可以利用 CORDIC 算法进行计算。正确地选择初始值，就可以直接计算函数 $X\times Y$、Y/X、$\sin(Z)$、$\cos(Z)$、$\tan^{-1}(Z)$、$\sinh(Z)$、$\cosh(Z)$和 $\tanh(Z)$。其他的函数可以通过选择适当的初始化而得，经常是将多种操作模式组合起来，就如下面的列表所示：

$\tan(Z)=\sin(Z)/\cos(Z)$　　模式：$m=1,0$

$\tanh(Z)=\sinh(Z)/\cosh(Z)$　　模式：$m=-1,0$

$\exp(Z)=\sinh(Z)+\cosh(Z)$　　模式：$m=-1$；$x=y=1$

$\ln(W)=2\tanh^{-1}(Y/X)$　　模式：$m=-1$

$X=W+1, Y=W-1$

$\sqrt{W}=\sqrt{X^2-Y^2}$　　模式：$m=1$

$X=W+\frac{1}{4}, Y=W-\frac{1}{4}$

表 2-19 CORDIC 算法的操作模式 m

m	$Z_K\to0$	$Y_K\to0$
1	$X_K=K_1(X_0\cos(Z_0)-Y_0\sin(Z_0))$ $Y_K=K_1(X_0\cos(Z_0)+Y_0\sin(Z_0))$	$X_K=K_1\sqrt{X_0^2+Y_0^2}$ $Z_K=Z_0+\arctan(Y_0/X_0)$
0	$X_K=X_0$ $Y_K=Y_0+X_0Z_0$	$X_K=X_0$ $Z_K=Z_0+Y_0/X_0$
-1	$X_K=K_{-1}(X_0\cosh(Z_0)-Y_0\sinh(Z_0))$ $Y_K=K_{-1}(X_0\cosh(Z_0)+Y_0\sinh(Z_0))$	$X_K=K_{-1}\sqrt{X_0^2-Y_0^2}$ $Z_K=Z_0+\tanh^{-1}(Y_0/X_0)$

对公式(2-57)的详细分析显示迭代向量只适用于如图 2-41(a)所示的曲线。向量的长度随着每次迭代发生变化，如图 2-41(b)所示。这种在长度上的变化并不依赖于起始角度，并且在 K 次迭代之后总会出现相同的变化(称为半径因子)。在表 2-17 的最后一列中给出了半径因子。为了确保 CORDIC 算法收敛，其余所有旋转角度之和必须大于实际旋转的角度。下面是线性变换和圆周变换的情况。对于双曲线模式，形如 $n_{k+1}=3n_k+1$ 的迭代必须重复。这些就是第 4 次、第 13 次、第 40 次、第 121 次迭代，依此类推。

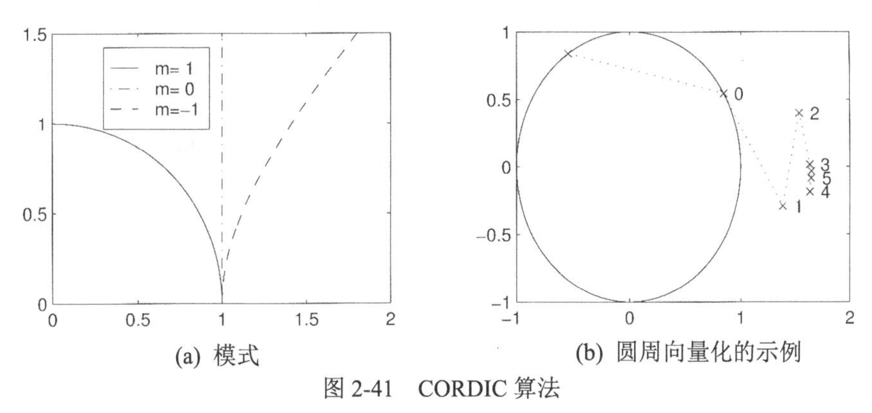

图 2-41　CORDIC 算法

输出精度可以利用 Hu[84]开发的程序进行估算，如图 2-42 所示。曲线图显示圆周模式的有效位精度依赖于 X 和 Y 路径宽度和迭代的次数。如果需要 b 位的输出精度，那么“经验法则”建议 X 和 Y 路径需要 $\log_2(b)$个额外的保护位。从图 2-43 中也可以看出，Z 路径的位宽具有与 X 和 Y 一样的精度。

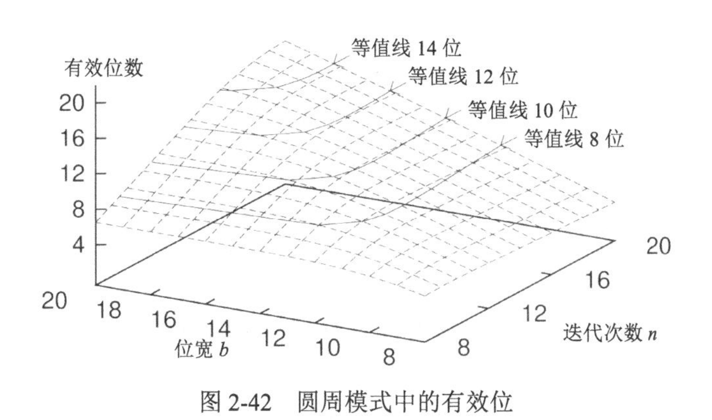

图 2-42　圆周模式中的有效位

与圆周 CORDIC 算法相对照，双曲线 CORDIC 算法的有效解决方案不是根据分析就可以计算的，因为精度依赖于第 K 次迭代时 $z(k)$的角度值。此外双曲精度还可以利用仿真进行评估。图 2-44 给出了对于可能迭代的每一个位宽/数的组合的 1000 个测试值进行计算所得的最小精度。3D 表示方法给出了迭代的次数、X/Y 路径的位宽和最终有效位形式的最低精度。等值线给出了迭代次数和位宽之间的一种交换。例如，要获得 10 位的精度，可以采用 21 位 X/Y 路径和 18 次迭代，也可以是 24 位 X/Y 路径和 14 次迭代。

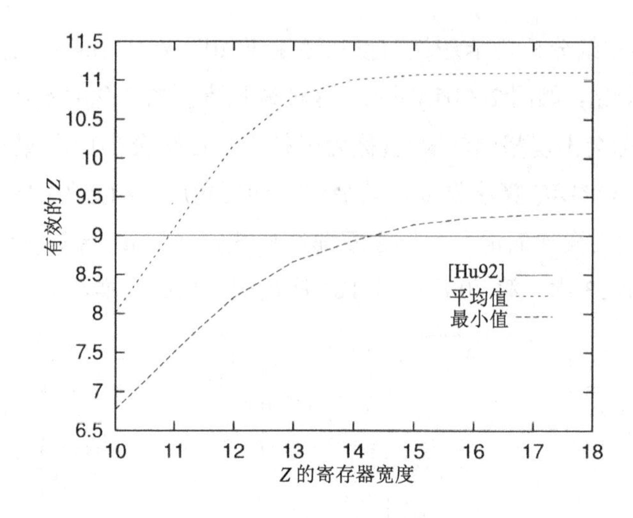

图 2-43　圆周模式的相位分解

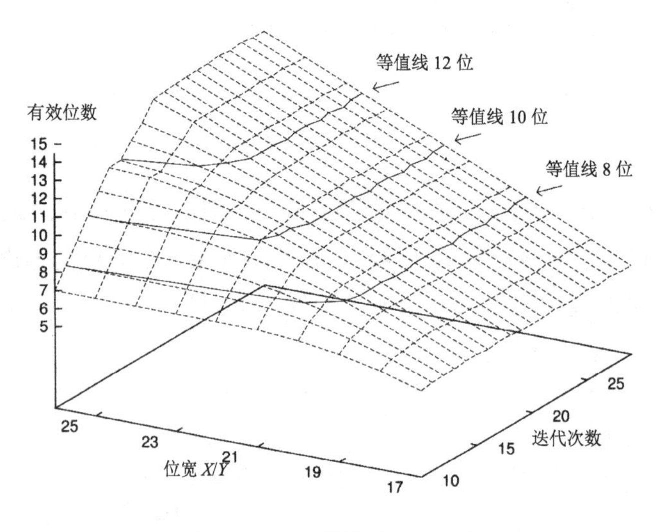

图 2-44　双曲线模式的有效位

CORDIC 体系结构

实现 CORDIC 体系结构可以采用两种基本结构：较为简洁的状态机和高速全流水线处理器。

如果计算时间不严格，就可以采用图 2-45 所示的状态机。在每个周期内都将精确地计算式(2-57)的一次迭代。这一设计中最复杂的就是两个桶式移位器。这两个桶式移位器可以由一个单一桶式移位器代替，采用一个如图 2-46 所示的多路转换器或者一个串行(右移或是左移/右移)的移位器。表 2-20 给出了采用 Xilinx XC3K FPGA 的 13 位实现的不同设计选择之间的比较。

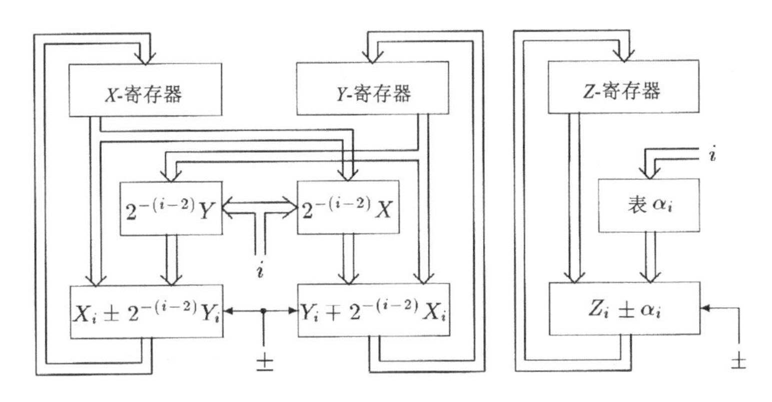

图 2-45　CORDIC 状态机

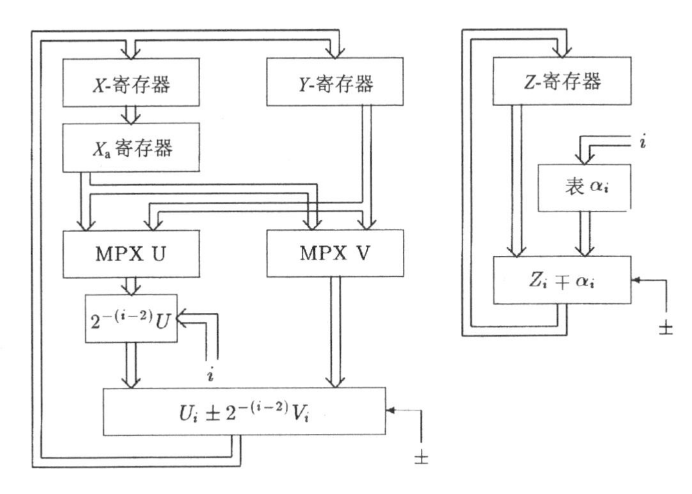

图 2-46　降低复杂性的 CORDIC 状态机

表 2-20　兼具 13 位外加 X/Y 路径符号位的 CORDIC 状态机的效率评估(Xilinx XC3K)
(缩写：Ac=accumulator(累加器)；BS=barrel shifter(桶式移位器)；RS=serial right shifter(串行右移移位器)；LRS=serial left/right shifter(串行左/右移位器))

结　构	寄　存　器	多路复用器	加　法　器	移　位　器	∑LE	循　环
2BS+2Ac	2×7	0	2×14	2×19.5	81	12
2RS+2Ac	2×7	0	2×14	2×6.5	55	46
2LRS+2Ac	2×7	0	2×14	2×8	58	39
1BS+2Ac	7	3×7	2×14	19.5	75.5	20
1RS+2Ac	7	3×7	2×14	6.5	62.5	56
1LRS+2Ac	7	3×7	2×14	8	64	74
1BS+1Ac	3×7	2×7	14	19.5	68.5	20
1RS+1Ac	3×7	2×7	14	6.5	55.5	92
1LRS+1Ac	3×7	2×7	14	8	57	74

如果需要高速，就可以采用如图 2-47 所示的全流水线处理器的设计版本。图 2-47 给出了一个圆周 CORDIC 的 8 次迭代。在 K 次循环的起始延迟之后，在每次循环之后一个新的输出值就变成可用的。如阵列乘法器一样，CORDIC 的实现在 LE 复杂性方面随着位宽的增加而呈平方增加(请参阅图 2-47)。

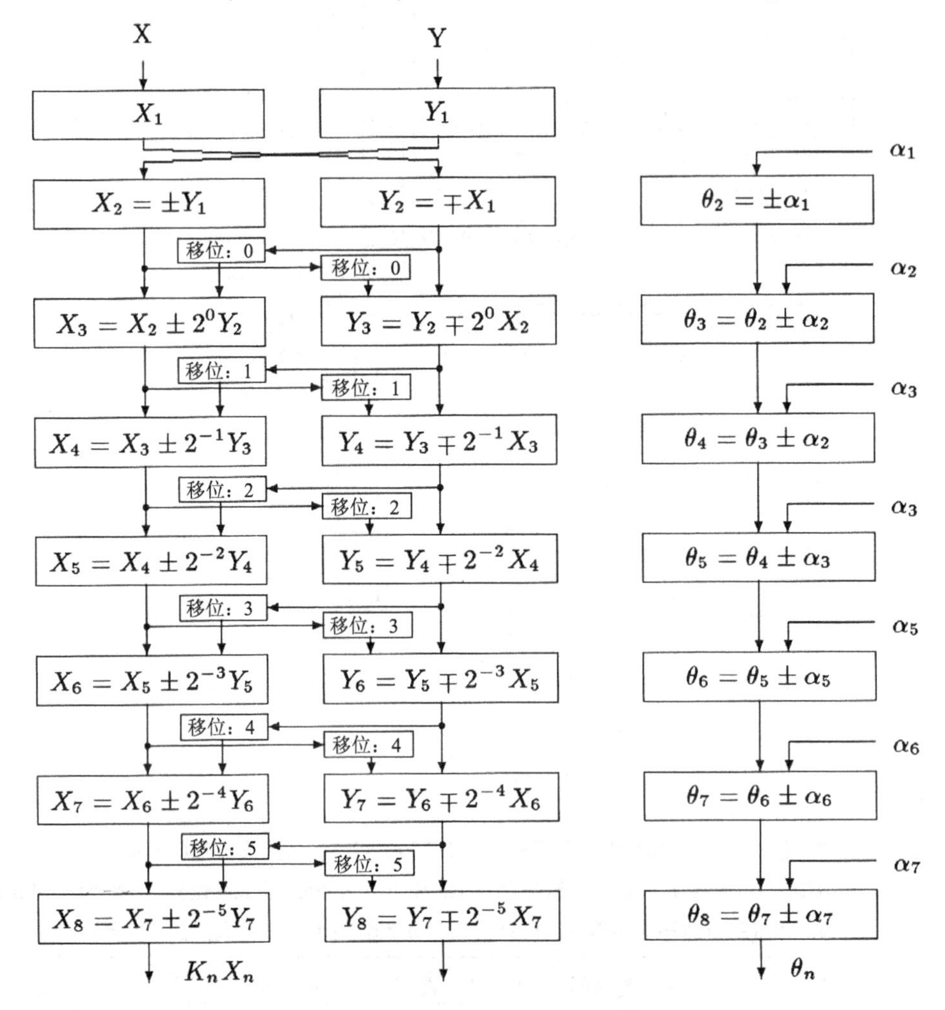

图 2-47　快速 CORDIC 流水线

下面的例题给出了一个圆周-向量化全流水线设计的前 4 个步骤。

例 2.25　向量化模式中的圆周 CORDIC

第一次迭代旋转，向量分别从第二象限或第三象限旋转到第一象限或第四象限。移位序列是 0、0、1 和 2。前 4 个步骤的旋转角度是：$\arctan(\infty) = 90^\circ$、$\arctan(2^0) = 45^\circ$，$\arctan(2^{-1}) = 26.5^\circ$和 $\arctan(2^{-2}) = 14^\circ$。实现 8 位数据的 VHDL 代码[9]如下：

```
PACKAGE n_bit_int IS    -- User defined types
  SUBTYPE S8 IS INTEGER RANGE -128 TO 127;
```

9. 等效的 Verilog 代码 cordic.v 在附录 A 中，附录 B 中给出了合成结果。

```
  SUBTYPE S9 IS INTEGER RANGE -256 TO 256;
  TYPE A0_3S9 IS ARRAY (0 TO 3) OF S9;
END n_bit_int;

LIBRARY work;
USE work.n_bit_int.ALL;

LIBRARY ieee;
USE ieee.std_logic_1164.ALL;
USE ieee.std_logic_arith.ALL;
-- ------------------------------------------------------------
ENTITY cordic IS                      ------> Interface
  PORT (clk    : IN  STD_LOGIC;  -- System clock
        Reset  : IN  STD_LOGIC;  -- Asynchronous reset
        x_in   : IN S8;  -- System real or x input
        y_in   : IN S8;  -- System imaginary or y input
        r      : OUT S9; -- Radius result
        phi    : OUT S9; -- Phase result
        eps    : OUT S9; -- Error of results
END cordic;
-- ------------------------------------------------------------
ARCHITECTURE fpga OF cordic IS
  --SIGNAL  x, y, z : A0_3S9; -- Array of Bytes
BEGIN

  P1: PROCESS(x_in, y_in, reset, clk) --> Behavioral Style
    VARIABLE  x, y, z  :   A0_3S9; --Array of Bytes
  BEGIN
  IF reset = '1' THEN --Asynchronous clear
    FOR K IN 0 TO 3 LOOP
       X(k) := 0; y(k) := 0; z(k) := 0;
    END LOOP;
    R <= 0; eps <= 0; phi <= 0;
  ELSIF rising_edge(clk) THEN
    r <= x(3);            -- Compute last value first in
    phi <= z(3);         -- sequential VHDL statements !!
    eps <= y(3);

    IF y(2) >= 0 THEN            -- Rotate 14 degrees
      x(3) : = x(2) + y(2) /4;
      y(3) : = y(2) - x(2) /4;
      z(3) : = z(2) + 14;
    ELSE
      x(3) : = x(2) - y(2) /4;
      y(3) : = y(2) + x(2) /4;
```

```
      z(3) : = z(2) - 14;
    END IF;

    IF y(1) >= 0 THEN              -- Rotate 26 degrees
      x(2) : = x(1) + y(1) /2;
      y(2) : = y(1) - x(1) /2;
      z(2) : = z(1) + 26;
    ELSE
      x(2) : = x(1) - y(1) /2;
      y(2) : = y(1) + x(1) /2;
      z(2) : = z(1) - 26;
    END IF;

    IF y(0) >= 0 THEN              -- Rotate  45 degrees
      x(1) : = x(0) + y(0);
      y(1) : = y(0) - x(0);
      z(1) : = z(0) + 45;
    ELSE
      x(1) : = x(0) - y(0);
      y(1) : = y(0) + x(0);
      z(1) : = z(0) - 45;
    END IF;

-- Test for x_in < 0 rotate 0,+90, or -90 degrees
    IF x_in >= 0 THEN
      x(0) : = x_in;        -- Input in register 0
      y(0) : = y_in;
      z(0) : = 0;
    ELSIF y_in >= 0 THEN
      x(0) : = y_in;
      y(0) : = - x_in;
      z(0) : = 90;
    ELSE
      x(0) : = - y_in;
      y(0) : = x_in;
      z(0) : = -90;
    END IF;
    END IF;
  END PROCESS;

END fpga;
```

图 2-48 给出了 $X_0=-41$ 和 $Y_0=55$ 的转换对应的仿真结果。注意：半径被扩大到 $R=X_K=111=1.618\sqrt{X_0^2+Y_0^2}$，并且积累的角以角度形式表示是 $\arctan(Y_0/X_0)=123^{\circ}$。该设计需要 276 个 LE，并且通过 Speed 合成优化的运行速度为 209.6MHz，没有用到嵌入式乘法器。

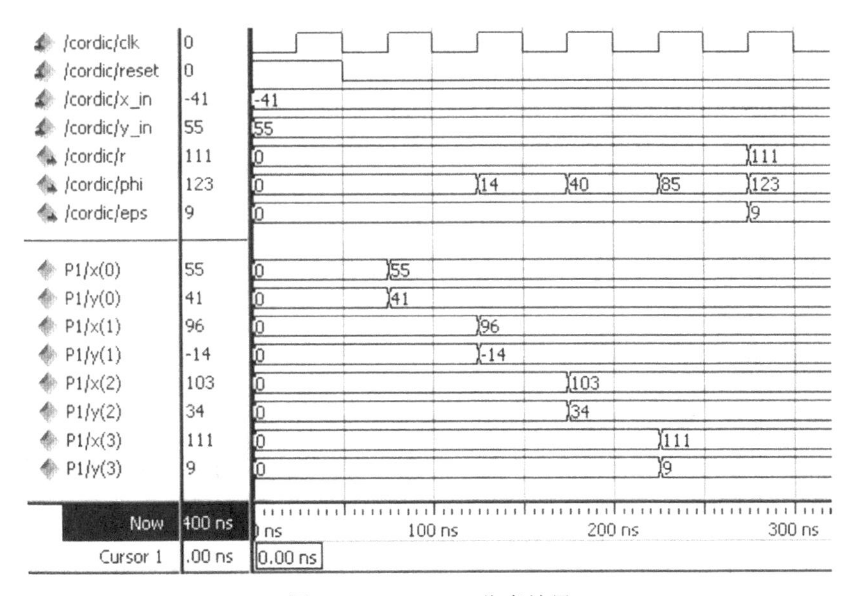

图 2-48　CORDIC 仿真结果

前面的例题中实际的 LE 数量比期望的 4 级 8 位流水线设计需要的 5×8×3 = 120 个 LE 要多。增加的两个因素之一源于一个 FPGA 采用一个需要 2*N* 个 LE 的 *N* 位可转换加法器/减法器。之所以需要 2*N* 个 LE，是因为 LE 在快速算法模式中仅有 3 个输入，而开关模式需要 4 个输入 LUT。需要 ALM 类型的 LE(参阅图 1-7(a))，每个 LE 具有 4 个输入，能将 LE 数量降低一半。

2.10　用 MAC 调用计算特殊函数

前一节介绍的 CORDIC 算法提供了以可接受的实现成本实现许多函数的途径。唯一的缺点是一些高精度函数需要的迭代次数非常多，因为位数与迭代次数成线性正比。在流水线实现中，经常会造成较大的延迟。

随着快速嵌入式阵列乘法器在新一代 FPGA 系列(如 Spartan 或 Cyclone，请参阅表 1-4)中出现，通过多项式逼近实现特殊函数已然成为可能。本书在式(2-56)中介绍了泰勒级数逼近。虽然泰勒级数逼近对一些函数(如 exp(*x*))收敛速度很快，但对某些其他函数(如 arctan(*x*))需要很多乘积项才能获得足够的精度。在这些情况下就需要用切比雪夫逼近缩短迭代次数或所需乘积项。

2.10.1　切比雪夫逼近

切比雪夫逼近以切比雪夫多项式为基础：

$$T_k(x) = \cos(k \times \arccos(x)) \quad (-1 \leqslant x \leqslant 1) \tag{2-58}$$

虽然 $T_k(x)$可以看成类三角函数，但使用一些代数恒等式和乘法，可以将式(2-58)写成真正的多项式，前几个多项式如下所示：

$$\begin{aligned}
&T_0(x)=1\\
&T_1(x)=x\\
&T_2(x)=2x^2-1\\
&T_3(x)=4x^3-3x\\
&T_4(x)=8x^4-8x^2+1\\
&T_5(x)=16x^5-20x^3+5x\\
&T_6(x)=32x^6-48x^4+18x^2-1\\
&\quad\vdots
\end{aligned} \tag{2-59}$$

在参考文献[85]中列出了前 12 个多项式。图 2-49 给出了前 6 个多项式的图形解释。通常切比雪夫多项式遵循如下迭代规则：

$$T_k(x)=2xT_{k-1}(x)-T_{k-2}(x) \qquad \forall k \geqslant 2 \tag{2-60}$$

函数逼近可以写成：

$$f(x)=\sum_{k=0}^{N-1}c(k)T_k(x) \tag{2-61}$$

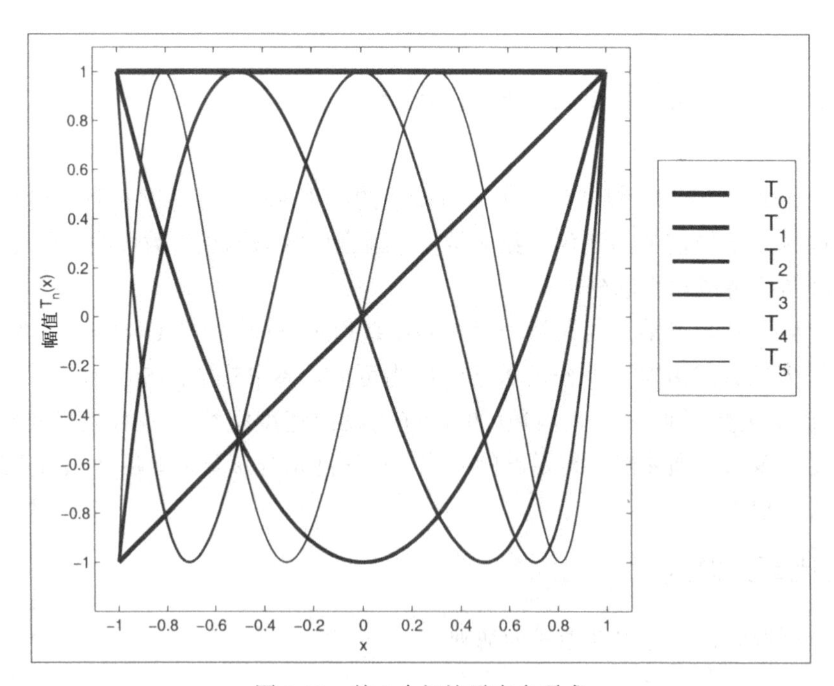

图 2-49 前 6 个切比雪夫多项式

由于所有离散切比雪夫多项式都是彼此正交，从而得到的正向变换和逆变换都是唯一的，也就是双向单射[86]。现在的问题是为什么使用式(2-61)要比使用泰勒逼近公式(2-56)的多项式好得多。

$$f(x)=\sum_{k=0}^{N-1}\frac{f^k(x_0)}{k!}(x-x_0)^k=\sum_{k=0}^{N-1}p(k)(x-x_0)^k \tag{2-62}$$

主要有三个原因：首先，式(2-61)是非常接近于(但不严格等于)找到函数逼近这一非常复杂问题的逼近，而且确保最大误差最小，也就是 l_∞ 范数的最大值 $\max(f(x)-\hat{f}(x))\rightarrow\min$；其次，式(2-61)的 $M \ll N$ 的剪除多项式仍能给出最小/最大逼近，也就是说，如果从一开始就以 M 为目标计算，那么较短的和仍能给出切比雪夫逼近；最后，也很重要的是与同等精度的泰勒逼近相比，式(2-61)可以用更少的系数进行计算。接下来研究这些特殊函数的逼近，如三角函数、指数函数、对数函数和平方根函数。

2.10.2　三角函数的逼近

首先来研究反正切函数的示例：

$$f(x)=\arctan(x) \tag{2-63}$$

其中 x 的定义范围是 $-1\leqslant x\leqslant 1$。如果需要计算这一区间外的函数值，就可以利用下面的关系式：

$$\arctan(x)=0.5-\arctan(1/x) \tag{2-64}$$

Altera FPGA 中的嵌入式乘法器对应的基本规模为 9 位×9 位(也就是 8 位加上 1 位符号位的数据格式)或 18 位×18 位(也就是 17 位加上 1 位符号位的数据格式)。因而，接下来根据这两种不同字长来讨论两套解决方案。

图 2-50(a)给出了精确值和 8 位量化的逼近，图 2-50(b)显示的是误差，也就是准确的函数值与逼近值之间的差值。误差具有所有切比雪夫逼近的典型交互的最小/最大行为。$N=6$ 的逼近已经是近乎完美的逼近。如果使用更少的系数，如 $N=2$ 或 $N=4$，就会得到更大的误差，请参阅练习 2.26。

从图 2-50(d)可以看出，对于 8 位精度，系数 $N=6$ 就已足够。从图 2-50(c)可以得出所有偶系数均为 0 的结论，这是因为 arctan(x)是关于 $x = 0$ 奇对称的函数。待实现的函数变成如下形式：

$$\begin{aligned}
f(x)&=\sum_{k=0}^{N-1}c(k)T_k(x)\\
f(x)&=c(1)T_1(x)+c(3)T_3(x)+c(5)T_5(x)\\
f(x)&=0.8284T_1(x)-0.0475T_3(x)+0.0055T_5(x)
\end{aligned} \tag{2-65}$$

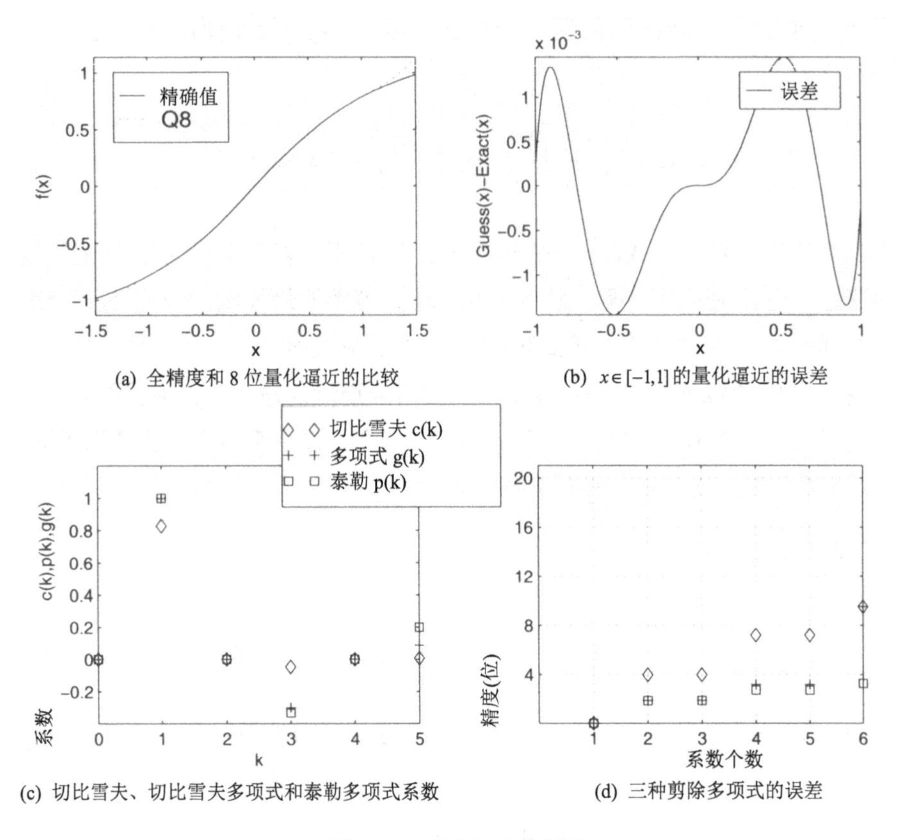

(a) 全精度和 8 位量化逼近的比较

(b) $x\in[-1,1]$ 的量化逼近的误差

(c) 切比雪夫、切比雪夫多项式和泰勒多项式系数

(d) 三种剪除多项式的误差

图 2-50　反正切函数逼近

为了确定式(2-65)中的函数值，将式(2-59)中的 $T_n(x)$带入并求解式(2-65)。不过为了计算函数，更有效的方法是使用式(2-60)对应的迭代规则。这就是著名的切比雪夫递推公式[86]，过程如下：

$$
\begin{aligned}
&d(N)=d(N+1)=0\\
&d(k)=2xd(k+1)-d(k+2)+c(k) \qquad k=N-1,N-2,...,1\\
&f(x)=d(0)=xd(1)-d(2)+c(0)
\end{aligned}
\tag{2-66}
$$

对于 $N=6$ 且偶系数等于 0 的系统，可以将式(2-66)化简为：

$$
\begin{aligned}
&d(5)=c(5)\\
&d(4)=2xc(5)\\
&d(3)=2xd(4)-d(5)+c(3)\\
&d(2)=2xd(3)-d(4)\\
&d(1)=2xd(2)-d(3)+c(1)\\
&f(x)=xd(1)-d(2)
\end{aligned}
\tag{2-67}
$$

接下来开始用 HDL 实现 arctan(x)函数的逼近。

例 2.26　arctan(x)函数的逼近

如果用 9 位×9 位嵌入式乘法器实现 arctan(x)函数，就必须考虑 x 的定义范围是 $-1 \leqslant x \leqslant 1$。因而采用 1.8 格式的小数整型数表示方法。在 HDL 仿真中，这些小数表示为整型数，值的映射范围是 $-256 \leqslant x \leqslant 256$。因为切比雪夫系数都小于 1，所以可以使用同样的数字格式，也就是量化成：

$$c(1) = 0.8284 = 212/256 \tag{2-68}$$

$$c(2) = -0.0475 = -12/256 \tag{2-69}$$

$$c(3) = 0.0055 = 1/256 \tag{2-70}$$

下面的 VHDL 代码[10]给出了使用直到 $N = 6$ 的多项式对应项的 arctan(x)函数的逼近：

```
PACKAGE n_bits_int IS          -- User-defined types
  SUBTYPE S9 IS INTEGER RANGE -2**8 TO 2**8-1;
  TYPE A1_5S9 IS ARRAY (1 TO 5) of S9;
END n_bits_int;

LIBRARY work;
USE work.n_bits_int.ALL;

LIBRARY ieee;
USE ieee.std_logic_1164.ALL;
USE ieee.std_logic_arith.ALL;
USE ieee.std_logic_signed.ALL;
-- ------------------------------------------------------------
ENTITY arctan IS                              ------> Interface
  PORT (clk    : IN  STD_LOGIC;  -- System clock
        reset : IN  STD_LOGIC;  -- Asynchron reset
        x_in   : IN S9;          -- System input
        d_o    : OUT A1_5S9;     -- Auxiliary recurrence
        f_out  : OUT S9;         -- System output
END arctan;
-- ------------------------------------------------------------
ARCHITECTURE fpga OF arctan IS

  SIGNAL x,f : S9;  -- Auxilary signals
  SIGNAL d : A1_5S9 := (0,0,0,0,0); -- Auxilary array
  -- Chebychev coefficients for 8-bit precision:
  CONSTANT c1  : S9 := 212;
  CONSTANT c3  : S9 := -12;
  CONSTANT c5  : S9 := 1;

BEGIN
```

---

10. 等效的 Verilog 代码 arctan.v 可在附录 A 中找到，合成结果在附录 B 中。

```
STORE: PROCESS(reset, clk)    ------> I/O store in register
BEGIN
  IF reset = '1' THEN - Asynchronous clear
    x <= 0; f_out <= 0;
  ELSIF rising_edge(clk) THEN
    x <= x_in;
    f_out <= f;
  END IF
END PROCESS;

--> Compute sum-of-products:
SOP: PROCESS (x,d)
BEGIN
-- Clenshaw's recurrence formula
  d(5) <= c5;
  d(4) <= x * d(5) / 128;
  d(3) <= x * d(4) / 128 - d(5) + c3;
  d(2) <= x * d(3) / 128 - d(4);
  d(1) <= x * d(2) / 128 - d(3) + c1;
  f  <= x * d(1) / 256 - d(2); -- last step is different
END PROCESS SOP;

d_o <= d;     -- Provide some test signals as outputs

END fpga;
```

第一个 PROCESS 模块用于为输入数据和输出数据指定寄存器。下一个 PROCESS 模块 SOP 包括使用切比雪夫递推公式计算切比雪夫逼近的过程。迭代变量 $d(k)$也被连接到输出端，因而可以监测到它们。这一设计使用了 106 个 LE 和 3 个嵌入式乘法器，使用 TimeQuest 缓慢 85C 模型的 Registered Performance 为 Fmax=32.71MHz。比较 FLEX 和 Cyclone 的合成数据可以得出结论，嵌入式乘法器的使用节省了许多 LE。

图 2-51 给出了 arctan(x)函数逼近的仿真结果。该仿真给出了 5 个不同输入值的结果(见表 2-21)：

表 2-21 arctan(x)函数对应的仿真结果

x	$f(x)$=arctan(x)	$\hat{f}(x)$	误差的绝对值	有 效 位
-1.0	-0.7854	-201/256=-0.7852	0.0053	7.6
-0.5	-0.4636	-118/256=-0.4609	0.0027	7.4
0	0.0	0	0	—
0.5	0.4636	118/256=0.4609	0.0027	7.4
1.0	0.7854	201/256=0.7852	0.0053	7.6

注意：由于 I/O 寄存器的原因，输出值延迟一个时钟周期出现。

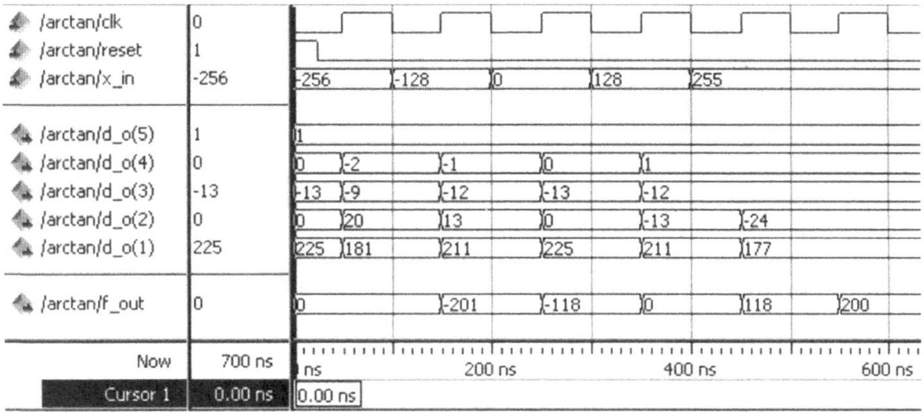

图 2-51　arctan(x)函数逼近的 VHDL 仿真结果：$x=-1=-256/256$、$x=-0.5=-128/256$、$x=0$、$x=0.5=128/256$、$x=1\approx 255/256$

如果前面示例中的精度不能满足要求，就可以使用更多的系数。例如，16 位精度的奇数切比雪夫系数如下：

$$c(2k+1)=(0.82842712,-0.04737854,0.00487733,-0.00059776,0.00008001,-0.00001282) \quad (2\text{-}71)$$

如果将之与泰勒级数系数：

$$\arctan(x)=x-\frac{x^3}{3}+\frac{x^5}{5}+\ldots+(-1)^k\frac{x^{2k+1}}{2k+1} \quad (2\text{-}72)$$

$$p(2k+1)=(1,-0.\overline{3},0.2,-0.14285714,0.\overline{1},-0.0\overline{9})$$

相比较，就会看到与切比雪夫逼近相比，泰勒系数的收敛速度非常慢。

有两种更为常用的三角函数，分别是 sin(x)和 cos(x)函数。不过这两个函数有个小问题：自变量只定义在第一象限，也就是 $0\leqslant x\leqslant \pi/2$，其他象限的值可以通过下面的关系式计算：

$$\sin(x)=-\sin(-x) \qquad \sin(x)=\sin(\pi/2-x) \quad (2\text{-}73)$$

对于 cos(x)，相应的有：

$$\cos(x)=\cos(-x) \qquad \cos(x)=-\cos(\pi/2-x) \quad (2\text{-}74)$$

通常还会看到数据使用规格化的 $f(x)=\sin(x\pi/2)$ 或角度值形式，也就是 $0^0\leqslant x\leqslant 90^0$。图 2-52(a)给出了准确值和 16 位量化的逼近，图 2-52(b)显示的是误差，也就是准确的函数值与逼近值之间的差。在图 2-53 中画出了 $\cos(x\pi/2)$ 函数的同样数据。现在的问题是切比雪夫多项式仅为 $x\in[-1,1]$ 定义，这就引出一个问题，如何修改切比雪夫逼近才能使之对应于不同定义域的值？幸运的是这不需要多少工作量，只需要对输入值做一个线性变换。假设要逼近的函数 $f(y)$的定义域是 $y\in[a,b]$，用下面定义的变量替换进行函数逼近：

$$y=\frac{2x-b-a}{b-a} \quad (2\text{-}75)$$

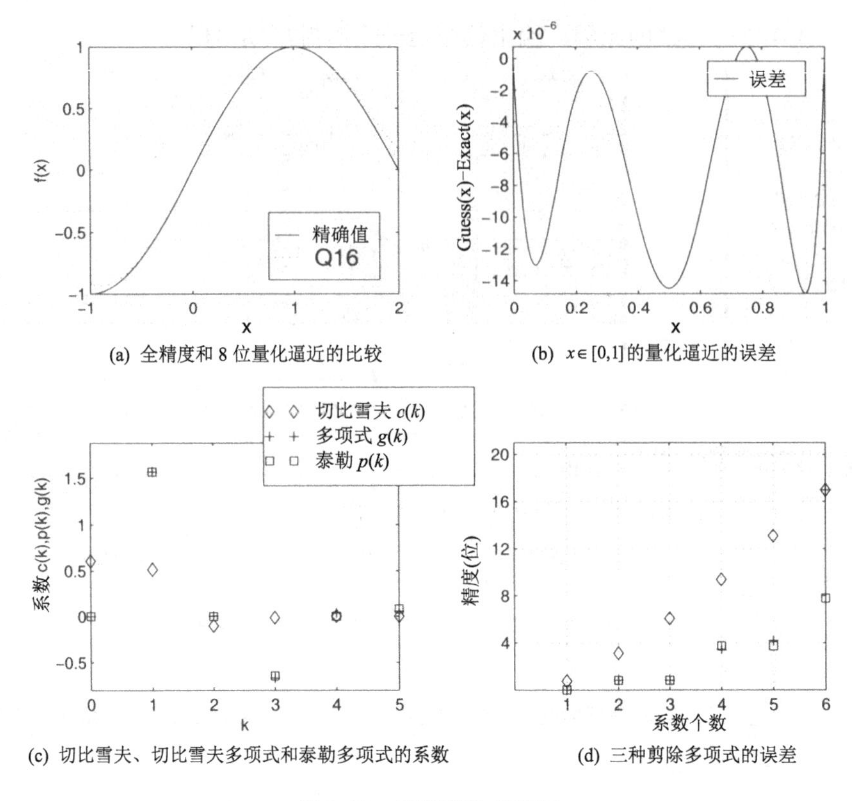

(a) 全精度和 8 位量化逼近的比较

(b) $x\in[0,1]$ 的量化逼近的误差

(c) 切比雪夫、切比雪夫多项式和泰勒多项式的系数

(d) 三种剪除多项式的误差

图 2-52　正弦函数的逼近

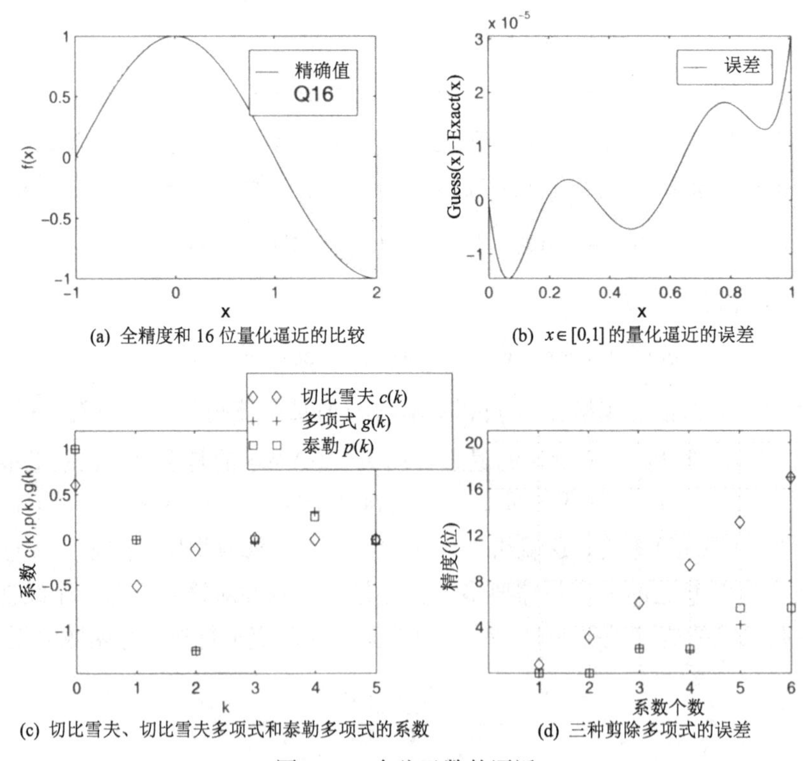

(a) 全精度和 16 位量化逼近的比较

(b) $x\in[0,1]$ 的量化逼近的误差

(c) 切比雪夫、切比雪夫多项式和泰勒多项式的系数

(d) 三种剪除多项式的误差

图 2-53　余弦函数的逼近

例如，在 $\sin(x\pi/2)$ 函数中，x 的定义域为 $x\in[0,1]$，也就是 $a=0$、$b=1$，得到 y 的定义域为 $y\in[(2\times0-1-0)/(1-0),(2\times1-1-0)/(1-0)]=[-1,1]$，这正是切比雪夫逼近所需要的。如果用角度表示方法，那么 $a=0$、$b=90$，并且用映射 $y=(2x-90)/90$ 就可以得到关于 y 的切比雪夫逼近。

最后讨论关于多项式的计算。也许有人会问是需要通过 Clenshaw 递推公式(2-66)计算切比雪夫逼近，还是直接进行多项式逼近，后者每次迭代所需加法运算更少：

$$f(x)=\sum_{k=0}^{N-1}p(k)x^k \tag{2-76}$$

或更好的方法是使用 Horner 公式：

$$\begin{aligned}&s(N-1)=p(N-1)\\&s(k)=s(k+1)\times x+p(k)\qquad k=N-2,\dots,0\\&f=s(0)\end{aligned} \tag{2-77}$$

当然，可以用切比雪夫函数(2-59)代入逼近公式(2-61)，因为 $T_n(x)$不具有比 x^n 阶数更高的项。但这种方法有一个很严重的缺陷，这会失去切比雪夫逼近的剪除特性，也就是说，如果在多项式逼近公式(2-76)中项数少于 N，剪除的多项式就不再是 l_∞优化后的多项式。图 2-50(d)给出了这个性质。如果使用全部 6 项，切比雪夫和对应的多项式逼近就具有相同的精度。如果剪除多余的多项式，切比雪夫函数逼近公式(2-61)使用的 $T_n(x)$就要具有比所用公式(2-76)剪除的多项式具有更高的精度，所得精度要比同等长度剪除的等价切比雪夫函数逼近低得多，而且实际上它也不比泰勒逼近好很多。因此，这一问题的解决方案也不复杂，如果想缩短多项式逼近公式(2-76)的长度 $M<N$，那么首先需要求得长度 M 的切比雪夫逼近，然后从剪除的切比雪夫逼近中计算多项式系数 $g(k)$。接下来举例比较 8 位和 16 位 arctan(x)函数的系数。将切比雪夫函数(2-59)代入系数(2-71)，得到如下奇数系数：

$$g(2k+1)=(0.99999483,-0.33295711,0.19534659,-0.12044859,0.05658999,-0.01313038) \tag{2-78}$$

如果使用式(2-68)的长度 $N=6$ 的逼近，那么奇系数为：

$$g(2k+1)=(0.9982,-0.2993,0.0876) \tag{2-79}$$

尽管剪除的切比雪夫系数相同，但是从式(2-78)和(2-79)的比较中就会看到多项式系数差别很明显。例如，系数 $g(5)$就相差两倍。

接下来总结一下切比雪夫逼近。

算法 2.27：切比雪夫函数逼近

(1) 确定系数 N。

(2) 利用式(2-75)将变量从 x 变换到 y。

(3) 确定以 y 为自变量的切比雪夫逼近。

(4) 利用 Clenshaw 递推公式确定直接多项式系数 $g(k)$。

(5) 求映射 y 的逆。

按照以上 5 个步骤计算函数 $\sin(x\pi/2)$，其中 $x\in[0,1]$，要求有 4 个非零系数，就得到下面这个足够 16 位量化的多项式：

$$\begin{aligned}f(x)&=\sin(x\pi/2)\\&=1.57035062x+0.00508719x^2-0.66666099x^3+0.03610310x^4+0.05512166x^5\\&=(51457x+167x^2-21845x^3+1183x^4+1806x^5)/32768\end{aligned}$$

可以看到第一个系数大于 1，需要适当地缩放，这与：

$$\sin(\frac{x\pi}{2})=\frac{x\pi}{2}-\frac{1}{3!}(\frac{x\pi}{2})^3+\frac{1}{5!}(\frac{x\pi}{2})^5+\ldots+\frac{(-1)^k}{(2k+1)!}(\frac{x\pi}{2})^{2k+1}$$

给出的泰勒逼近迥然不同。图 2-52(c)给出了图形说明。8 位量化要使用下面这个多项式：

$$\begin{aligned}f(x)=\sin(x\pi/2)&=1.5647x+0.0493x^2-0.7890x^3+0.1748x^4\\&=(200x+6x^2-101x^3+22x^4)/128\end{aligned}\tag{2-80}$$

尽管希望奇对称函数的所有偶数系数都是 0，但在这一逼近中却并非如此，因为这只是在 $x\in[0,1]$ 区间的逼近。$\cos(x)$ 函数可以通过下面的关系式导出：

$$\cos(\frac{x\pi}{2})=\sin((x+1)\frac{\pi}{2})\tag{2-81}$$

或者也可以算出直接的切比雪夫逼近。对于 $x\in[0,1]$，具有 4 个非零系数，就得到下面 16 位量化的多项式：

$$\begin{aligned}f(x)&=\cos(\frac{x\pi}{2})\\&=1.00000780-0.00056273x-1.22706059x^2\\&\quad-0.02896799x^3+0.31171138x^4-0.05512166x^5\\&=(32768-18x+40208x^2-949x^3+10214x^4-1806x^5)/32768\end{aligned}$$

8 位量化要使用下面这个多项式：

$$f(x)=\cos(\frac{x\pi}{2})$$

$$=0.9999+0.0046x-1.2690x^2+0.0898x^3+0.1748x^4\tag{2-82}$$

$$=(128+x-162x^2+11x^3+22x^4)/128\tag{2-83}$$

泰勒逼近的系数再次截然不同：

$$\cos(\frac{x\pi}{2})=1-\frac{1}{2!}(\frac{x\pi}{2})^2+\frac{1}{4!}(\frac{x\pi}{2})^4+\ldots+\frac{(-1)^k}{(2k)!}(\frac{x\pi}{2})^{2k}$$

图 2-52(c)给出了系数的图形说明。从图 2-52(d)可以看到具有相同项数 x^k(也就是 6 次幂)的泰勒逼近只具有 6 位精度，而切比雪夫逼近具有 16 位精度。

2.10.3　指数函数和对数函数的逼近

指数函数是仅有的几个泰勒逼近收敛速度相当快的函数之一，其泰勒逼近由式(2-84)给出：

$$f(x)=e^{x}=1+\frac{x}{1!}+\frac{x^{2}}{2!}+\ldots+\frac{x^{k}}{k!}，\quad 0\leqslant x\leqslant 1 \tag{2-84}$$

用切比雪夫系数计算的 16 位多项式量化应采用下面的公式：

$$\begin{aligned}f(x)=e^{x}&=1.00002494+0.99875705x+0.50977984x^{2}\\&\quad+0.14027504x^{3}+0.06941551x^{4}\\&=(32769+32727x+16704x^{2}+4597x^{3}+2275x^{4})/32768\end{aligned}$$

只有阶数达到 x^4 的项才需要达到 16 位精度。从图 2-54(c)还可以看到用切比雪夫逼近计算得到的泰勒系数和多项式系数非常相似。如果 8 位加上符号位满足精度要求，就用式(2-85)计算：

$$\begin{aligned}f(x)=e^{x}&=1.0077+0.8634x+0.8373x^{2}\\&=(129+111x+107x^{2})/128\end{aligned} \tag{2-85}$$

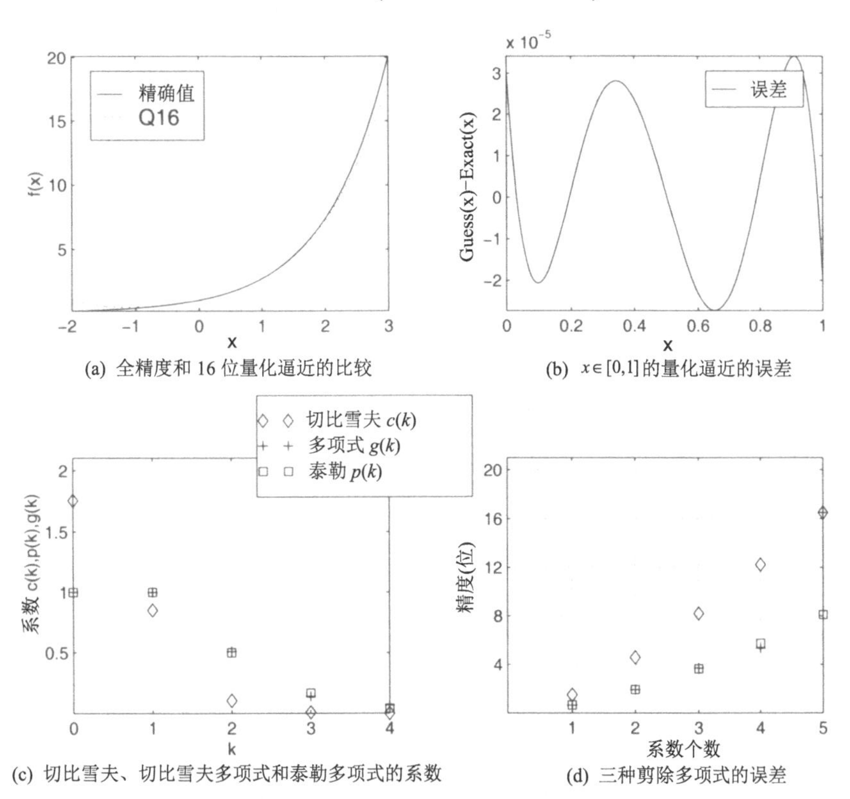

(a) 全精度和 16 位量化逼近的比较　(b) $x\in[0,1]$ 的量化逼近的误差

(c) 切比雪夫、切比雪夫多项式和泰勒多项式的系数　(d) 三种剪除多项式的误差

图 2-54　指数函数 $f(x)=\exp(x)$的逼近

由于有一个系数 $c(0)>1.0$，因此需要一个缩放因子 128。

输入需要经这种缩放保证 $0\leqslant x\leqslant 1$。如果 x 在这一范围之外，就可以使用恒等式

$$e^{sx} = (e^x)^s \tag{2-86}$$

由于 $s=2^k$ 是 2 的幂，这就意味着在指数计算后还要进行一系列平方运算。对于负指数，可以利用以下关系式计算：

$$e^{-x} = \frac{1}{e^x} \tag{2-87}$$

或者也可以单独求解其逼近公式。如果构造 $f(x)=e^{-x}$ 的直接函数逼近，就需要在式(2-84)中每两项改变一次符号。对于切比雪夫多项式逼近，需要在系数上再做一些小改动。对于 16 位切比雪夫多项式逼近，用下式计算：

$$\begin{aligned} f(x) = e^{-x} &= 0.99998916 - 0.99945630x + 0.49556967x^2 \\ &\quad -0.15375046x^3 + 0.02553654x^4 \\ &= (65535 - 655500x + 32478x^2 - 10076x^3 + 1674x^4)/65536 \end{aligned}$$

其中 x 的定义范围是 $x \in [0,1]$。注意，由于所有系数都小于 1，因此可以选择一个比式(2-85)中大两倍的缩放因子。从图 2-55(d)可以得出结论：3 个或 5 个系数分别需要 8 位或 16 位精度。对于 8 位量化，需要用系数：

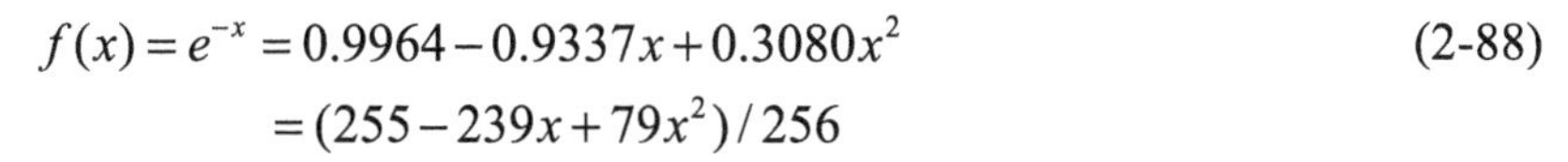

$$\begin{aligned} f(x) = e^{-x} &= 0.9964 - 0.9337x + 0.3080x^2 \\ &= (255 - 239x + 79x^2)/256 \end{aligned} \tag{2-88}$$

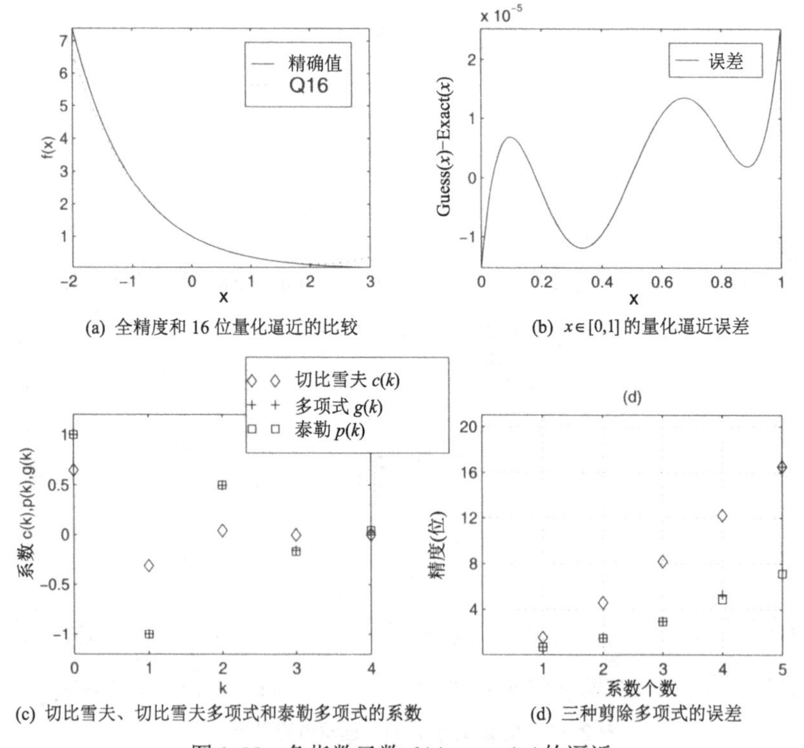

(a) 全精度和 16 位量化逼近的比较　　(b) $x \in [0,1]$ 的量化逼近误差

(c) 切比雪夫、切比雪夫多项式和泰勒多项式的系数　　(d) 三种剪除多项式的误差

图 2-55　负指数函数 $f(x)=\exp(-x)$ 的逼近

指数函数的反函数是对数函数，其自变量的典型定义域是[1, 2]。通常写成

$f(x)=\ln(1+x)$，x 的范围变成 $0\leqslant x\leqslant 1$。图 2-56(a)给出这一区间的准确值和 16 位量化的逼近。$N=6$ 的逼近几乎就是完美的逼近。如果使用更少的系数，如 $N=2$ 或 $N=3$，就会看到明显的误差，请参阅练习 2.29。

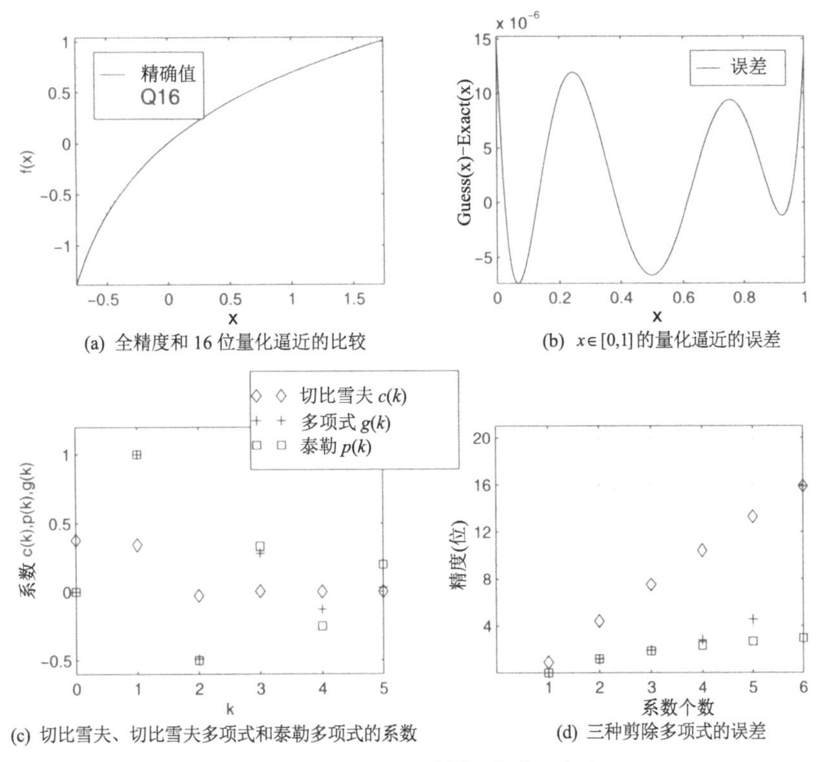

(a) 全精度和 16 位量化逼近的比较

(b) $x\in[0,1]$ 的量化逼近的误差

(c) 切比雪夫、切比雪夫多项式和泰勒多项式的系数

(d) 三种剪除多项式的误差

图 2-56 自然对数函数 $f(x)=\ln(1+x)$ 的逼近

从分母的线性因子就可以看出，泰勒级数逼近不再像指数函数那样快速地收敛。

$$f(x)=\ln(1+x)=x-\frac{x^2}{2}+\frac{x^3}{3}+\ldots+\frac{(-1)^{k+1}x^k}{k!}$$

从图 2-56(d)可以看出 16 位切比雪夫逼近收敛速度要快得多。16 位精度只需要 6 个系数，而用 6 个泰勒系数 4 位精度都得不到。用切比雪夫系数计算的 16 位多项式量化需要用到：

$$\begin{aligned}f(x)=\ln(1+x)&=0.00001145+0.99916640x-0.48969909x^2\\&\quad+0.28382318x^3-0.12995720x^4+0.02980877x^5\\&=(1+65481x-32093x^2+18601x^3-8517x^4+1954x^5)/65536\end{aligned}$$

只有阶数达到 x^5 的项才需要 16 位精度。从图 2-56(c)可以看到从切比雪夫逼近中计算的泰勒系数和多项式系数只有前 3 个系数接近。

接下来开始用 HDL 实现 ln(1+x)函数的逼近。

例 2.28 ln(1+x)函数的逼近

如果用 18 位×18 位的嵌入式乘法器实现 ln(1+x)函数，就必须考虑 x 的定义范围 $0\leqslant x\leqslant 1$。因而采用 2.16 格式的小数整型数表示方法。用一位额外的保护位保证不出现任何溢出问题，

而且 $x=1$ 可以准确地表示为 2^{16}。因为切比雪夫系数都小于 1，所以可以使用同样的数字格式。

下面的 VHDL 代码[11]给出了使用 6 个系数的 ln(1+x)函数的逼近：

```
PACKAGE n_bits_int IS          -- User defined types
  SUBTYPE S9 IS INTEGER RANGE -2**8 TO 2**8-1;
  SUBTYPE S18 IS INTEGER RANGE -2**17 TO 2**17-1;
  TYPE A0_5S18 IS ARRAY (0 TO 5) of S18;
END n_bits_int;

LIBRARY work;
USE work.n_bits_int.ALL;

LIBRARY ieee;
USE ieee.std_logic_1164.ALL;
USE ieee.std_logic_arith.ALL;
USE ieee.std_logic_signed.ALL;
-- -------------------------------------------------------------
ENTITY ln IS                          ------> Interface
  GENERIC (N : INTEGER := 5);         -- Number of coefficients-1
  PORT (clk      : IN  STD_LOGIC;     --System clock
        reset    : IN  STD_LOGIC;     --Asynchron reset
        x_in     : IN  S18;           --System input
        f_out    : OUT S18:=0);       --System output
END ln;
-- ---------------------------------------------------------------
ARCHITECTURE fpga OF ln IS

  SIGNAL x, f : S18:= 0;     -- Auxilary wire
-- Polynomial coefficients for 16 bit precision:
-- f(x) = (1 + 65481 x -32093 x^2 + 18601 x^3
--                     -8517 x^4 + 1954 x^5)/65536
  CONSTANT p : A0_5S18 :=
        (1,65481,-32093,18601,-8517,1954);
  SIGNAL s : A0_5S18;

BEGIN

  STORE: PROCESS(reset,clk)    ------> I/O store in register
  BEGIN
    IF reset = '1' THEN --Asynchronous clear
     x <= 0; f_out <= 0;
    ELSIF rising_edge(clk) THEN
     X <= x_in;
     f_out <= f;
    END IF;
```

11. 等效的 Verilog 代码 ln.v 可在附录 A 中找到，合成结果在附录 B 中。

```
  END PROCESS;

  --> Compute sum-of-products:
  SOP: PROCESS (x,s)
  VARIABLE slv : STD_LOGIC_VECTOR(35 DOWNTO 0);
  BEGIN
-- Polynomial Approximation from Chebyshev coefficients
  s(N) <= p(N);
  FOR K IN N-1 DOWNTO 0 LOOP
    slv := CONV_STD_LOGIC_VECTOR(x,18)
                      * CONV_STD_LOGIC_VECTOR(s(K+1),18);
    s(K) <= CONV_INTEGER(slv(33 downto 16)) + p(K);
  END LOOP;      -- x*s/65536 problem 32 bits
  f  <= s(0);    -- make visible outside
  END PROCESS SOP;

END fpga;
```

第一个 PROCESS 模块用于为输入数据和输出数据指定寄存器。下一个 PROCESS 模块 SOP 包括使用积之和计算切比雪夫逼近的过程。乘法和缩放运算均用标准逻辑向量数据类型实现，因为 36 位的乘积大于为整数提供的 32 位有效范围。这一设计使用了 88 个 LE 和 10 个 9 位×9 位的嵌入式乘法器(将 18 位×18 位的嵌入式乘法器数量减半)，使用 TimeQuest 缓慢 85C 模型运行过程使时序电路性能为 Fmax=29.2MHz。

图 2-57 给出了函数逼近的仿真结果。仿真给出了 5 个不同输入值的结果，如表 2-22 所示。

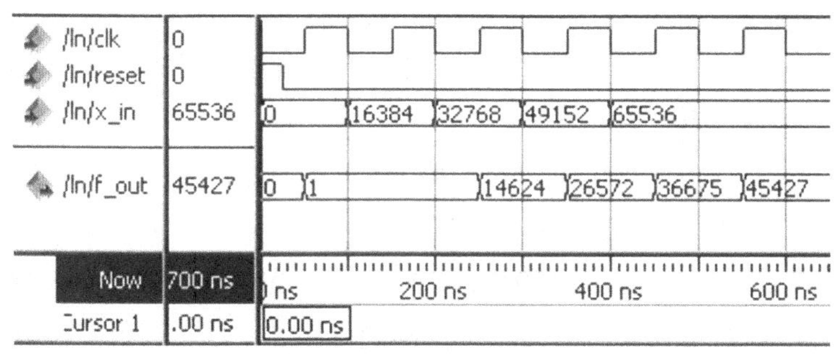

图 2-57　ln(1+x)函数逼近的 VHDL 仿真结果：$x = 0$、$x = 0.25 = 16384/65536$、$x = 0.5 = 32768/65536$、$x = 0.75 = 49152/65536$、$x = 1.0 = 65536$

表 2-22　5 个不同输入值对应的仿真结果

x	$f(x)=\ln(x)$	$\hat{f}(x)$	误差的绝对值	有 效 位
0	0	1	1.52×10^{-5}	16
0.25	$14623.9/2^{16}$	$14624/2^{16}$	4.39×10^{6}	17.8
0.5	$26572.6/2^{16}$	$26572/2^{16}$	2.11×10^{5}	15.3

(续表)

x	$f(x)=\ln(x)$	$\hat{f}(x)$	误差的绝对值	有 效 位
0.75	$36675.0/2^{16}$	$36675/2^{16}$	5.38×10^{7}	20.8
1.0	$45426.1/2^{16}$	$45427/2^{16}$	1.99×10^{5}	15.6

注：由于 I/O 寄存器的原因，输出值延迟一个时钟周期出现。

如果将 ln 函数的多项式代码与例 2.26 中的切比雪夫递推公式相比较，就会看到本设计中少用了一个加法器。

如果 8 位加上符号位精度满足要求，就用下面的公式计算：

$$f(x)=\ln(1+x)=0.0006+0.9813x-0.3942x^2+0.1058x^3$$
$$=(251x-101x^2+27x^3)/256 \tag{2-89}$$

由于没有系数大于 1.0，因此可以选择 256 作为缩放因子。

如果自变量 x 不在有效范围[0,1]内，就可以用如下代数操作，其中 $y=sx=2^k x$：

$$\ln(sx)=\ln(s)+\ln(x)=k\times\ln(2)+\ln(x) \tag{2-90}$$

也就是用 2 的幂的因子将其规格化，这样 x 就又落入有效范围内。如果 s 已确定，额外的算术工作就只是一次乘法和一次加法运算。

如果需要更换对数的底，比如以 10 为底数，就可以用下面的公式变换：

$$\log_a(x)=\ln(x)/\ln(a) \tag{2-91}$$

也就是说，只需要针对一个底数实现一个对数函数，就可以推导出以其他数为底的情况。另一方面，实现除法运算过于昂贵，得不偿失，这里可以转而计算另一种切比雪夫逼近。对于以 10 为底的对数函数，可使用下面 16 位精度的切比雪夫多项式系数：

$$\begin{aligned}f(x)&=\lg(1+x)\\&=0.00000497+0.43393245x-0.21267361x^2\\&\quad+0.12326284x^3-0.05643969x^4+0.01294578x^5\\&=(28438x-13938x^2+8078x^3-3699x^4+848x^5)/65536\end{aligned}$$

其中 $x\in[0,1]$，图 2-58(a)给出了 lg(1+x)的准确值和 8 位量化函数。对于 8 位量化，使用如下逼近公式：

$$f(x)=\lg(1+x)$$
$$=0.0002+0.4262x-0.1712x^2+0.0460x^3 \tag{2-92}$$
$$=(109x-44x^2+12x^3)/256 \tag{2-93}$$

这一公式只用了三个非零系数，如图 2-58(d)所示。

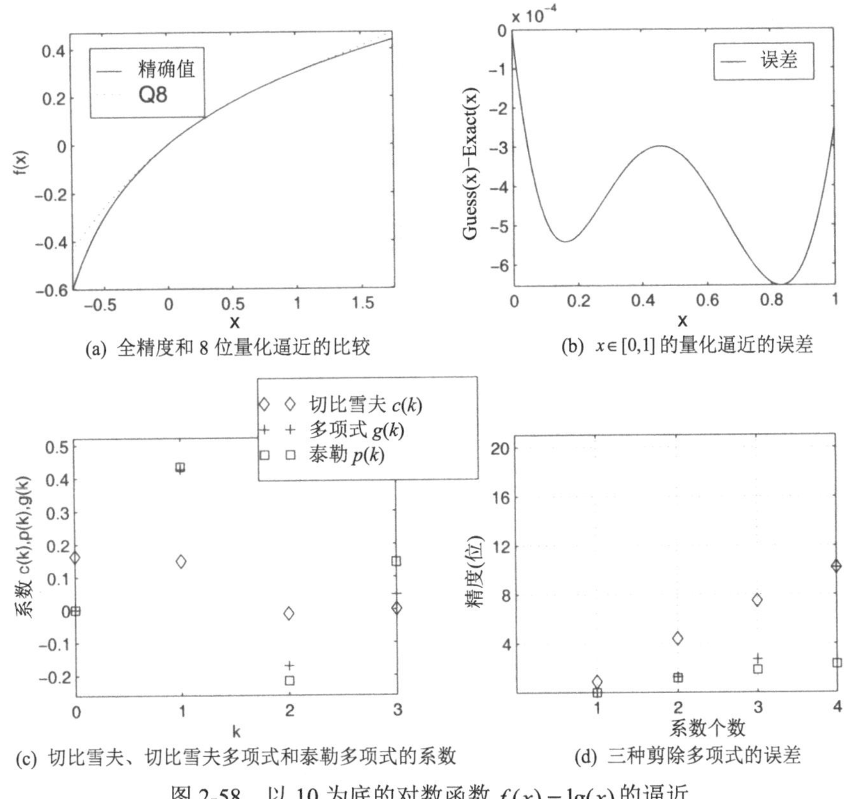

(a) 全精度和 8 位量化逼近的比较

(b) $x\in[0,1]$ 的量化逼近的误差

(c) 切比雪夫、切比雪夫多项式和泰勒多项式的系数

(d) 三种剪除多项式的误差

图 2-58　以 10 为底的对数函数 $f(x)=\lg(x)$ 的逼近

2.10.4　平方根函数的逼近

不能计算平方根函数在 $x_0=0$ 点附近的泰勒函数逼近，因为所有导数 $f^n(x_0)$ 要么是 0，要么是甚至更糟的 1/0。不过可以计算在 $x_0=1$ 点附近的泰勒级数。泰勒逼近可以是：

$$
\begin{aligned}
f(x)&=\sqrt{x}\\
&=\frac{(x-1)^0}{0!}+0.5\frac{(x-1)^1}{1!}-\frac{0.5^2}{2!}(x-1)^2+\frac{0.5^2\times1.5}{3!}(x-1)^3-\ldots\\
&=1+\frac{(x-1)}{2}-\frac{(x-1)^2}{8}+\frac{(x-1)^3}{16}-\frac{5}{128}(x-1)^4+\ldots
\end{aligned}
$$

图 2-59(c)以图形方式给出了系数和等价的切比雪夫系数。对于用切比雪夫系数计算的多项式量化，应采用：

$$
\begin{aligned}
f(x)&=\sqrt{x}\\
&=0.23080201+1.29086721x-0.88893983x^2\\
&\quad+0.48257525x^3-0.11530993x^4\\
&=(7563+42299x-29129x^2+15813x^3-3778x^4)/32768
\end{aligned}
$$

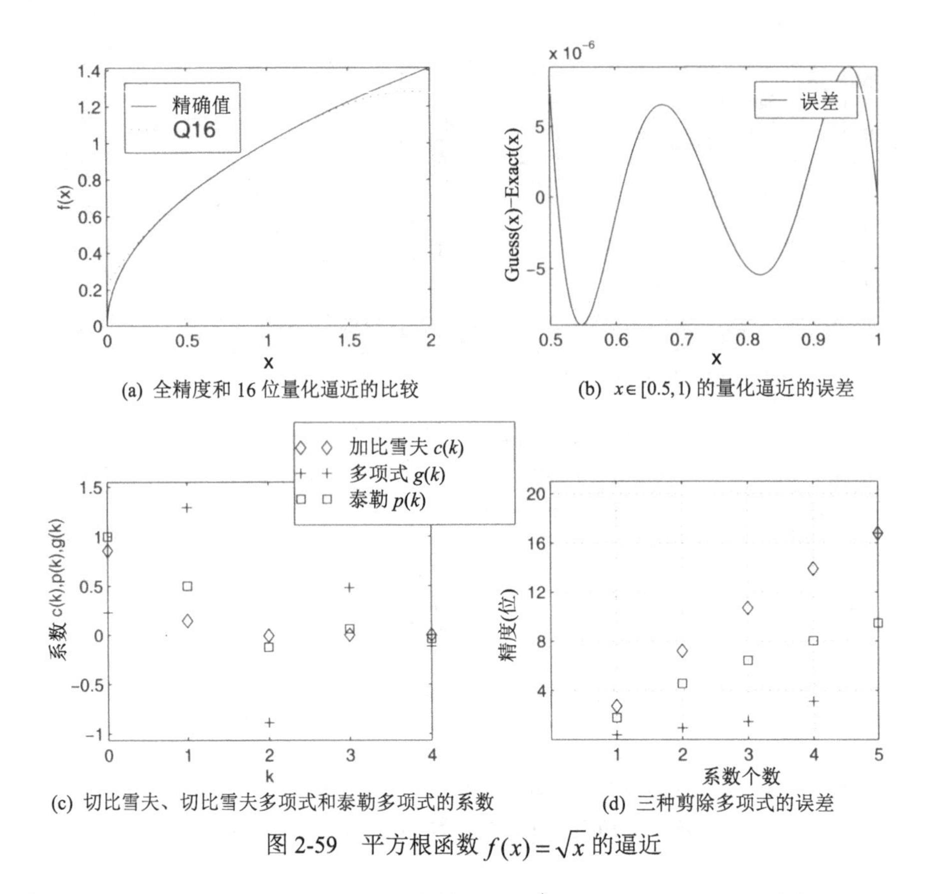

(a) 全精度和 16 位量化逼近的比较

(b) $x\in[0.5,1)$ 的量化逼近的误差

(c) 切比雪夫、切比雪夫多项式和泰勒多项式的系数

(d) 三种剪除多项式的误差

图 2-59 平方根函数 $f(x)=\sqrt{x}$ 的逼近

自变量的定义域是 $x\in[0.5,1)$。只有阶数达到 x^4 的项才需要 16 位精度。从图 2-59(c)可以看到从切比雪夫逼近中计算的泰勒系数和多项式系数不接近。图 2-59(a)中 $N=5$ 的逼近几乎是完美逼近。如果使用更少的系数，如 $N=2$ 或 $N=3$，就会得到更大的误差，请参阅练习 2.30。

唯一需要讨论的问题是如何处理范围 $0.5\leqslant x<1$ 之外的自变量值。对于平方根运算，可以将自变量 $y = sx$ 拆分成 2 的幂缩放因子 $s = 2^k$，而剩余变量的有效范围是 $0.5\leqslant x<1$。缩放因子的平方根可通过下面的公式实现：

$$\sqrt{s}=\sqrt{2^k}=\begin{cases}2^{k/2} & k\text{是偶数}\\ \sqrt{2}\times 2^{(k-1)/2} & k\text{是奇数}\end{cases} \tag{2-94}$$

接下来用 HDL 实现 $\sqrt{x}$ 函数的逼近。

例 2.29 平方根函数的逼近

可以用 N 个嵌入式 18 位×18 位的乘法器以并行方式实现平方根函数逼近，也可以构造一个 FSM 以迭代方式解决这一问题。练习 2.20 和练习 2.21 给出了其他 FSM 设计示例。在设计的第一步需要将数据和系数以确保自由溢出能够得到处理的方式缩放。此外还需要前缩放和后缩放，保证 x 在有效范围 $0.5\leqslant x<1$ 内。因而采用 3.15 格式的小数整数表示方法。用一位额外的保护位来保证不出现任何溢出问题，而且 $x=1$ 可以准确地表示为 2^{15}。

因为切比雪夫系数都小于 2，所以可以使用同样的数字格式。

下面的 VHDL 代码[12]给出了使用 $N=5$ 个系数的 $\sqrt{x}$ 函数的逼近：

```
PACKAGE n_bits_int IS         -- User defined types
  SUBTYPE S9 IS INTEGER RANGE -2**8 TO 2**8-1;
  SUBTYPE S17 IS INTEGER RANGE -2**16 TO 2**16-1;
  TYPE A0_4S17 IS ARRAY (0 TO 4) of S17;
  TYPE STATE_TYPE IS
                 (start, leftshift, sop, rightshift, done);
  TYPE OP_TYPE IS (load, mac, scale, denorm, nop);
END n_bits_int;

LIBRARY work;
USE work.n_bits_int.ALL;

LIBRARY ieee;
USE ieee.std_logic_1164.ALL;
USE ieee.std_logic_arith.ALL;
USE ieee.std_logic_signed.ALL;
-- ------------------------------------------------------------
ENTITY sqrt IS                              ------> Interface
  PORT ( clk, reset  : IN  STD_LOGIC; --System clock
         reset       : IN  STD_LOGIC; --Asynchron reset
         count_o     : OUT INTEGER RANGE 0 TO 3; --Counter SLL
         x_in        : IN  S17;--System input
         pre_o       : OUT S17; --Prescaler
         x_o         : OUT S17; --Normalized x_in
         post_o      : OUT S17; --Postscaler
         ind_o       : OUT INTEGER RANGE -1 TO 4;--Index to p
         imm_o       : OUT S17; --ALU preload value
         a_o         : OUT S17; --ALU factor
         f_o         : OUT S17; --ALU output
         f_out       : OUT S17);--System output
END sqrt;
------------------------------------------------------------
ARCHITECTURE fpga OF sqrt IS

  SIGNAL s    : STATE_TYPE;
  SIGNAL op   : OP_TYPE;

  SIGNAL x : S17:= 0; -- Auxilary
  SIGNAL a,b,f,imm : S17:= 0; -- ALU data
  -- Chebychev poly coefficients for 16 bit precision:
  CONSTANT p : A0_4S17 :=
        (7563,42299,-29129,15813,-3778);
  SIGNAL pre, post : S17;
```

12. 等效的 Verilog 代码 sqrt.v 可在附录 A 中找到，附录 B 中给出了合成结果。

```
BEGIN

  States: PROCESS(clk,reset)    ------> SQRT in behavioral style
   VARIABLE ind  : INTEGER RANGE -1 TO 4:=0;
   VARIABLE count  : INTEGER RANGE 0 TO 3;
  BEGIN
    IF reset = '1' THEN          -- Asynchronous reset
      s <= start;
      f_out <=0;
    ELSIF rising_edge(clk) THEN
      CASE s IS                  -- Next State assignments
      WHEN start =>              -- Initialization step
        s <= leftshift;
        ind := 4;
        imm <= x_in;    -- Load argument in ALU
        op <= load;
        count := 0;
      WHEN leftshift =>          -- Normalize to 0.5 .. 1.0
         count := count + 1;
         a <= pre;
         op <= scale;
         imm <= p(4);
        IF count = 2 THEN
          op <= NOP;
        END IF;
        IF count = 3 THEN        -- Normalize ready ?
          s <= sop;
          op <= load;
          x <= f;
        END IF;
      WHEN sop =>                -- Processing step
        ind := ind - 1;
        a <= x;
        IF ind =-1  THEN  -- SOP ready ?
          s <= rightshift;
          op <= denorm;
          a <= post;
        ELSE
          imm <= p(ind);
          op <= mac;
        END IF;
      WHEN rightshift =>   -- Denormalize to original range
         s <= done;
         op <= nop;
      WHEN done =>               -- Output of results
        f_out <= f;    ------> I/O store in register
        op <= nop;
```

```
      s <= start;                -- start next cycle
    END CASE;
  END IF;
  ind_o <= ind;
  count_o <= count;
END PROCESS States;

ALU: PROCESS(clk,reset)
BEGIN
  IF reset = '1' THEN            --Asynchronous clear
    f <= 0;
  ELSLF rising_edge(clk) THEN
    CASE OP IS
      WHEN load    =>  f  <= imm;
      WHEN mac     =>  f  <= a * f /32768 + imm;
      WHEN scale   =>  f  <= a * f;
      WHEN denorm  =>  f  <= a * f /32768;
      WHEN nop     =>  f  <= f;
      WHEN others  =>  f  <= f;
    END CASE;
  END IF;
END PROCESS ALU;

EXP: PROCESS(x_in)
VARIABLE slv : STD_LOGIC_VECTOR(16 DOWNTO 0);
VARIABLE po, pr : S17;
BEGIN
  slv := CONV_STD_LOGIC_VECTOR(x_in, 17);
  pr := 2**14;     -- Compute pre- and post scaling
  pre <= 0;
  FOR K IN 0 TO 15 LOOP
    IF slv(K) = '1' THEN
      pre <= pr;
    END IF;
    pr := pr / 2;
  END LOOP;
  po := 1;     -- Compute pre- and post scaling
  FOR K IN 0 TO 7 LOOP
    IF slv(2*K) = '1' THEN -- even 2^k get 2^k/2
      po := 256 * 2**K;
    END IF;
--  sqrt(2): CSD Error = 0.0000208 = 15.55 effective bits
-- +1 +0. -1 +0 -1 +0 +1 +0 +1 +0 +0 +0 +0 +0 +1
--  9      7     5     3     1               -5
    IF slv(2*K+1) = '1' THEN -- odd k has sqrt(2) factor
      po := 2**(K+9)-2**(K+7)-2**(K+5)+2**(K+3)
                                  +2**(K+1)+2**K/32;
```

```
      END IF;
      post <= po;
    END LOOP;

  END PROCESS EXP;

  a_o <= a;   -- Provide some test signals as outputs
  imm_o <= imm;
  f_o <= f;
  pre_o <= pre;
  post_o <= post;
  x_o <= x;

END fpga;
```

这段代码包含三个主要的 PROCESS 模块。控制部分放置在 FSM 模块中，算法部分放置在 ALU 和 EXP 模块中。第一个 FSM PROCESS 模块用于控制计算机以及为 ALU 和 EXP 模块将数据放置在正确的寄存器中。在 start 声明中初始化数据并将输入的数据加载到 ALU 模块中。在 leftshift 声明中将输入的数据规格化，这样输入的 x 就在[0.5, 1]范围内。sop 声明是主要处理步骤，在这里由 ALU 用乘累加运算的方式计算多项式。在结尾，将数据加载到 rightshift 声明，也就是将数据反向规格化的步骤，是前面进行的规格化的逆过程。最后一步，将结果传输到输出寄存器，FSM 为下一次平方根计算做准备。ALU PROCESS 模块执行 Horner 公式(2-77)所用的 $f = a \times f +$ imm 运算来计算多项式函数，并且将会合成到一个 18 位×18 位的嵌入式乘法器(或由 Quartus II 给出的两个 9 位×9 位的嵌入式乘法器模块)，同时还有一些额外的加法和规格化逻辑。该模块具有 ALU 的形式，也就是说，信号 op 用于确定当前的操作。累加器寄存器 f 可以通过 imm 操作数预加载。最后的 PROCESS 模块 EXP 根据式(2-94)主管前规格化和后规格化因子的计算。2^k 的奇数 k 值的 $\sqrt{2}$ 因子用通过 csd.exe 程序计算的 CSD 编码实现。这一设计使用了 261 个 LE 和两个 9 位×9 位的嵌入式乘法器(用 18 位×18 位的嵌入式乘法器，数量将减半)，使用 TimeQuest 缓慢 85C 模型运行过程的时序电路性能为 Fmax=86.23MHz。

图 2-60 给出了函数逼近的仿真结果。仿真给出了输入值 $x = 0.75/8 = 0.0938 = 3072/2^{15}$ 的结果。在移动阶段，输入数据 $x = 3072$ 通过前置因子 8 规格化。规格化的结果 24 576 在 x 的范围[0.5, 1](等价≈[16 384, 32 768])内。经过几次 MAC 运算，得到 $f = \sqrt{0.75} \times 2^{15} = 28\,378$。最后通过后置因子 $\sqrt{2} \times 2^{13} = 11\,585$ 反向规格化，并把最终结果 $f = \sqrt{0.75/8} \times 2^{15} = 10\,032$ 传输到输出寄存器。

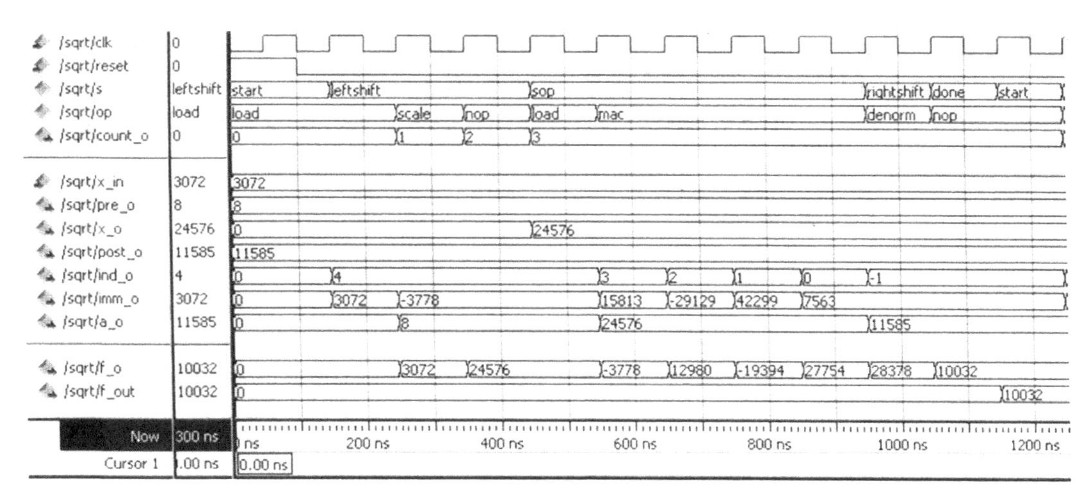

图 2-60　$\sqrt{x}$ 函数逼近的 VHDL 仿真结果：$x = 0.75/8 = 3072/32768$

如果 8 位加上符号位精度满足要求，就用下面的公式构造平方根：

$$f(x) = \sqrt{x} = 0.3171 + 0.8801x - 0.1977x^2$$

$$= (81 + 225x - 51x^2)/256 \tag{2-95}$$

由于没有系数大于 1.0，因此可以选择 256 作为缩放因子。

2.11　快速幅度逼近

在诸如 FFT、图像处理或使用 $x+jy$ 类型复数数据的非相干接收机的自动增益控制(Automatic Gain Control, AGC)等一些应用中，需要幅度 $r = \sqrt{x^2 + y^2}$ 的快速逼近。在 AGC 应用中，幅度估计以这样的方式用于调整输入信号的增益，即它们既不会太小以至于发生大的量化噪声，也不会太大导致算术溢出。

另一个例子是图像处理中的边缘检测，其中基于 G_x 和 G_y 方向上的梯度，我们想知道总梯度 $\sqrt{G_x{}^2 + G_y{}^2}$ 是否已经越过阈值并且被认为是边缘。这里也不需要很多精度。在图像处理中，我们发现形如 $r \approx |x| + |y|$ 的非常粗略的估计经常被使用。我们称之为幅度估计的零 L_0 逼近。从三角关系 $\sin(\phi) + \cos(\phi) = \sqrt{2}\sin(\phi + \pi/4)$，我们看到这个 L_0 估计的误差可以大到 40%。

使用 CORDIC 算法或多项式逼近可以提供更多的精度，但是同时也会带来较长的时延和较高的资源消耗。如果逼近要求尽量快速，并且需要以某种方式比 L_0 更精确，则可以使用形如 $r \approx \alpha max(|x| + |y|) + \beta \min(|x| + |y|)$ 的最大/最小逼近。逼近将具有低延迟，并且仅需要少量资源。这种逼近将对称于 45° 线，并且我们可以选择因子 α 和 β 以优化 L_1 (最小平均误差)或 L_∞ (最小最大误差)范数。表 2-21 显示了 L_1 和 L_∞ 最优值和流行逼近值。具有(1,0.375)的 L_∞ 逼近可用于诸如来自英特锡尔[87]的 HSP50110 通信集成电路中。从第 5 列中

显示的有效比特数，我们看到即使在全系数精度下，这仍是粗略估计，并且幅度的精度不大于 5 比特。图 2-61 显示了通过在合理范围内的线性搜索实现优化后，这 5 个 α/β 选项的计算幅度逼近。从实际应用方法中，β= 1/4 的选择似乎是最有趣的，具有低的实现代价和平均误差范数 L_1。

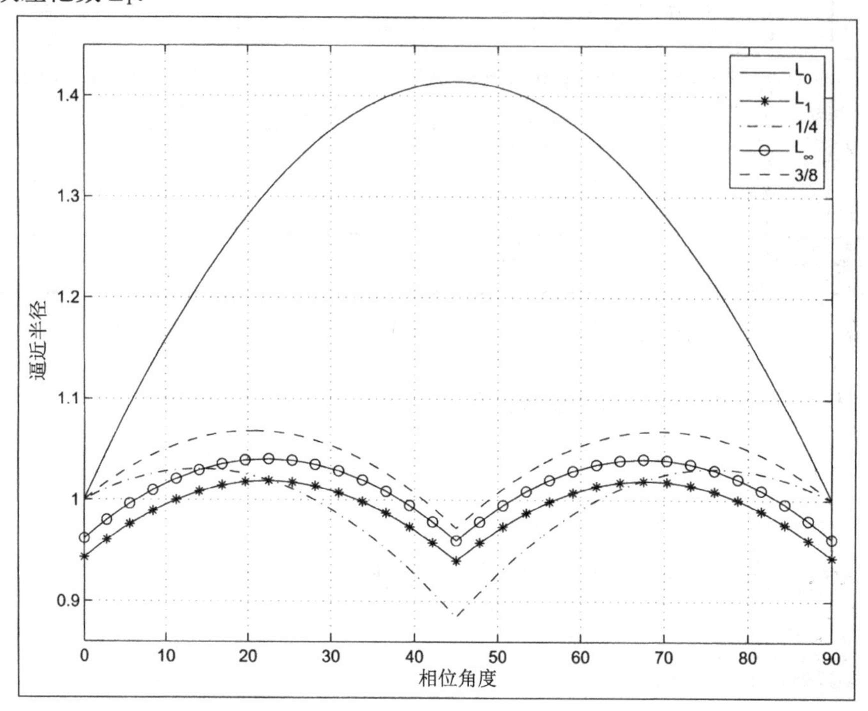

图 2-61 使用最大/最小方法的幅度逼近

表 2-21 最大/最小幅度逼近的系数特性，有效位基于 L_∞ 范数

α	β	L_1	L_∞	有 效 位	备 注
1	1	27.1%	41.4%	1.2	L_0
0.943	0.386	1.97%	6.0%	4.1	L_1 最优值
1	1/4	3.17%	11.6%	3.1	L_1 逼近值
0.962	0.396	2.45%	4.0%	4.6	L_∞ 最优值
1	3/8	4.22%	6.8%	3.9	L_∞ 逼近值

例 2.30：幅度电路的 VHDL 设计

考虑 16 位幅度逼近的 VHDL 代码[13]：

```
PACKAGE N_bit_int IS     -- User define types
  SUBTYPE S16 IS INTEGER RANGE -2**15 TO 2**15-1;
END N_bit_int;
```

13. 这一示例相应的 Verilog 代码文件 mag.v 可在附录 A 中找到，合成结果在附录 B 中。

```
LIBRARY work; USE work.N_bit_int.ALL;

LIBRARY ieee;               -- Using Predefined Packages
USE ieee.std_logic_1164.ALL;
USE ieee.std_logic_arith.ALL;
-- ----------------------------------------------------------------
ENTITY magnitude IS                        -------> Interface
 PORT (clk      : IN  STD_LOGIC;           -- System clock
       reset    : IN  STD_LOGIC;           -- Asynchron reset
       x, y        : IN  S16;              -- System inputs
       r           : OUT S16 :=0);         -- System output
END;
-- ----------------------------------------------------------------
ARCHITECTURE fpga OF magnitude IS
  SIGNAL x_r, y_r : S16 := 0;
BEGIN
  -- Approximate the magnitude via
  -- r = alpha*max(|x|,|y|) + beta*min(|x|,|y|)
  -- use alpha=1 and beta=1/4
  PROCESS(clk, reset, x, y, x_r, y_r)
  VIRIABLE mi, ma, ax, ay : S16 := 0;  --  temporals
  BEGIN
    IF reset = '1' THEN          -- Asynchronous clear
      x_r <= 0; y_r <= 0;
    ELSEIF rising_edge(clk) THEN
      x_r <= x; y_r <= y;
    END IF;
    ax := ABS(x_r); -- Take absolute values first
    ay := ABS(y_r);
    IF ax > ay THEN -- Determine max and min values
      mi := ay;
      ma := ax;
    ELSE
      mi := ax;
      ma := ay;
    END IF;
    IF reset = '1' THEN          -- Asynchronous clear
      r <= 0;
    ELSEIF rising_edge(clk) THEN
      r <= ma + mi/4; -- Compute r=alpha*max+beta*min
    END IF;
  END PROCESS

END fpga;
```

首先，输入数据存储在寄存器中。然后我们取输入数据的绝对值。在下一 IF 条件下，确定最大值和最小值并将其分配给变量 ma 和 mi。最后计算 $\alpha=1$ 和 $\beta=0.25$ 的近似值，并将数据存储在寄存器中。该设计在时序电路性能 F_{max} = 119.59 MHz 处运行，并且使用 96 个 LE 且无嵌入式乘法器。这里添加了用于输入和输出的寄存器，以测量电路的流水线性能。

16 位流水线幅度计算的模拟结果如图 2-62 所示。测试具有角度 0、45°、90°、... 的 8 个值。注意，所计算的 r 值由于流水线寄存器而被延迟，并且幅度值 r=1000 是近似的，但是在 45° 处，即 $x=y=1000\cos(\pi/2)=707$，误差变得相当大。

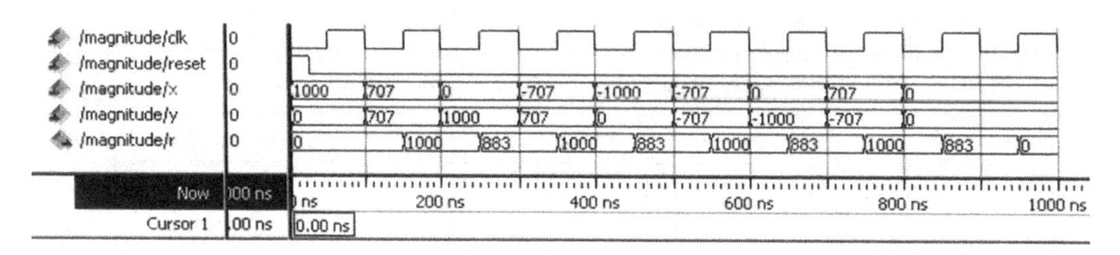

图 2-62　幅值电路的仿真结果

练习

注意：

如果以前没有学习过 Quartus Ⅱ软件，就参考 1.43 节的相关内容。否则，使用 Cyclone Ⅳ E 系列的 EP4CE115F29C7 用于 Quartus Ⅱ的合成评估。

2.1 Wallace 已经为快速乘法器引入了一种替代方案。这种乘法器类型的基本构造模块是进位保存加法器(Carry-Save Adder, CSA)。CSA 需要 3 个 n 位操作数并生成两个 n 位输出。由于没有进位的传输，因此这类加法器通常称为 3:2 压缩或计数器。对于 n 位×n 位乘法器，总计需要 $n-2$ 个 CSA 以将输出简化到两个操作数。然后将这些操作数用一个(快速)2n 位逐位进位加法器相加，计算乘法器的最终结果。
   (a) CSA 计算可以以并行方式进行。确定一个 n 位×n 位乘法器的最小层数，$n\in[0,16]$。
   (b) 解释一下为什么用 FPGA 实现的带有快速二进制补码加法器的乘法器没有普通的阵列乘法器具有吸引力。
   (c) 解释一下最后一级加法器中的流水线加法器如何实现快速乘法器？用表 2-11 中的数据估算一下需要的 LE 数和可能的运行速度。
      (c1) 一个 8 位×8 位乘法器
      (c2) 一个 16 位×16 位乘法器

2.2 布思乘法器采用经典 CSD 编码降低了必需的加法/减法操作数量。由 LSB 开始，通常是一步处理 2 或 3 位(称作基 4 算法和基 8 算法)。表 2-23 给出了可能的基 4 模式和操作。

表 2-23　可能的基 4 模式和操作

x_{k+1}	x_k	x_{k-1}	累加器操作	注　　释
0	0	0	ACC→ACC+R*(0)	在一串“0”内
0	0	1	ACC→ACC+R*(X)	以一串“1”结束
0	1	0	ACC→ACC+R*(X)	无
0	1	1	ACC→ACC+R*(2X)	以一串“1”结束
1	0	0	ACC→ACC+R*(－2X)	从一串“1”开始
1	0	1	ACC→ACC+R*(－X)	无
1	1	0	ACC→ACC+R*(－X)	从一串“1”开始
1	1	1	ACC→ACC+R*(0)	在一串“1”内

实现状态机的硬件要求是一个累加器和一个二进制补码移位器。

(a) 令 X 是一个有符号 6 位二进制补码表示方法：$-10 = 110110_{2C}$。完成布思乘积 $P = XY = -10Y$ 对应的表(参见表 2-24)，并且指出每个步骤中累加器的操作。

表 2-24　布思乘积

步　骤	x_5	x_4	x_3	x_2	x_1	x_0	x_{-1}	ACC	ACC+布思法则
开始	1	1	0	1	1	0	0		
0									
1									
2									

(b) 比较基-4 算法和基-8 算法的布思乘法器与例 2-18 中串行/并行乘法器的延迟时间。

2.3 (a) 用 Quartus II 编译器编译 HDL 文件 add_2p，选择最优的速度和规模，需要多少个 LE？并解释结果。

(b) 用 x=32760、y=1 073 740 000、y=5 和 y=10 进行仿真。

2.4 解释对于减法应该如何修改 HDL 设计 add1p。

(a) 修改该设计并且对例题进行仿真。

(b) 3－2

(c) 2－3

2.5 (a) 参照式(2.29)用 Quartus II 编译器编译 HDL 文件中 8×8 串行/并行乘法器 mul_ser。

(b) 使用 TimeQuest 缓慢 85C 模型确定时序电路性能和 8 位设计的使用资源。总的乘法延迟时间是多少？

2.6 参照式(2.29)将 HDL 设计文件 mul_ser 修改为 12 位数×12 位数的乘法。

(a) 用 1000×2000 对新的设计进行仿真。

(b) 使用 TimeQuest 缓慢 85C 模型确定时序电路性能和资源(LE、乘法器和 M9K)。

(c) 12 位×12 位乘法器总的延迟时间是多少？

2.7 (a) 在 Quartus II 中设计一个状态机，实现 6 位×6 位有符号输入的布思乘法器(请参阅练习 2.2)。

(b) 仿真 4 个数据±5×(±9)。

(c) 使用 TimeQuest 缓慢 85C 模型确定其时序电路性能。

(d) 确定在最大速度时 LE 的使用情况。

2.8 (a) 设计一个通用 CSA，用于给 8 位×8 位乘法器构造一个 Wallace 树型乘法器。

(b) 用 Quartus II 实现 8×8 Wallace 树。

(c) 用最后的加法器计算乘积，并且用乘法 100×63 检验该乘法器。

(d) 采用流水线技术设计 Wallace 树。这种流水线设计的最大吞吐量是多少？

2.9 (a) 练习使用元件例化原则，用预定义宏 LPM_ADD_SUB 和 LPM_MULT 为 8 位复数乘法器编写 VHDL 代码(也就是$(a+jb)(c+jd)=ac-bd+j(ad+bc)$)，所有的操作数——$a$、$b$、$c$ 和 d 都是 8 位。

(b) 使用 TimeQuest 缓慢 85C 模型确定其时序电路性能。

(c) 确定最大速度合成时使用的 LE 和嵌入式乘法器。

(d) 最优 LPM_MULT 乘法器有多少流水线？

(e) 如果用下面的乘法器，那么最优复数乘法器总计有多少流水线？

(e1) 基于 LE 的乘法器。

(e2) 嵌入式阵列乘法器。

2.10 复数乘法器的一个可行算法如下：

$$
\begin{array}{lll}
s[1]=a-b & s[2]=c-d & s[3]=c+d \\
m[1]=s[1]d & m[2]=s[2]a & m[3]=s[3]b \\
s[4]=m[1]+m[2] & s[5]=m[1]+m[3] & \\
 & (a+jb)(c+jd)=s[4]+js[5] &
\end{array}
\tag{2-99}
$$

这种算法一般需要 5 个加法器和 3 个乘法器。验证：如果一个系数，比方 $c+jd$ 已知，那么 $s[2]$、$s[3]$和 d 就可以预先存储，该算法就简化成 3 次加法和 3 次乘法。还可以：

(a) 利用上面的算法以及预定义宏 LPM_ADD_SUB 和 LPM_MULT 为 8 位有符号输入设计一个流水线 5/3 复数乘法器。

(b) 测量最大速度合成的时序电路性能和所用资源(LE、乘法器和 M9K)。

(c) 单个 LPM_MULT 乘法器有多少流水线级？

(d) 如果用下面的乘法器，那么复数乘法器总计有多少流水线级？

(d1) 基于 LE 的乘法器。

(d2) 嵌入式阵列乘法器。

2.11 用 Quartus II 的编译器编译 HDL 文件 cordic，并且：

(a) 用数值 x_in = ±30 和 y_in=±55 进行仿真(采用波形文件 cordic.do)。为 4 个仿真确定半径因子。

(b) 确定半径和相位的最大误差，并与未量化的计算进行比较。

2.12 修改 HDL 设计文件 cordic，实现 CORDIC 流水线的第 4 级和第 5 级。

(a) 计算旋转角度，并且编译 VHDL 代码。

(b) 用数值 x_in = ±30 和 y_in = ±55 进行仿真。

(c) 与未量化的计算进行比较，半径和相位的最大误差是多少？

2.13 考虑一个浮点数表示方法，该浮点数由一个符号位、$E = 7$ 位指数宽度和 $M = 10$ 位的尾数(不包括隐藏的 1)组成。

(a) 用式(2-24)计算偏差。

(b) 确定可以表示的(绝对)值最大的数。

(c) 确定可以表示的(绝对测定的)最小值(不包括非正规值)。

2.14 用练习 2.13 的结果：

(a) 确定 $f_1 = 9.25_{10}$ 在这种(1,7,10)浮点格式中的表示方法。

(b) 确定 $f_2 = -10.5_{10}$ 在这种(1,7,10)浮点格式中的表示方法。

(c) 用浮点算法计算 f_1+f_2。

(d) 用浮点算法计算 f_1*f_2。

(e) 用浮点算法计算 f_1/f_2。

2.15 对于 IEEE 单精度格式(请参阅表 2-9)，确定以下数值的 32 位表示方法：

(a) $f_1 = -0$

(b) $f_2 = \infty$

(c) $f_3 = 9.25_{10}$

(d) $f_4 = -10.5_{10}$

(e) $f_5 = 0.1_{10}$

(f) $f_6 = \pi = 3.141593_{10}$

(g) $f_7 = \sqrt{3}/2 = 0.8660254_{10}$

2.16 编译例 2.16 中计算两个数的除法的 HDL 文件 div_res。

(a) 用数值 234/3 对该设计进行仿真。

(b) 用数值 234/1 对该设计进行仿真。

(c) 用数值 234/0 对该设计进行仿真。解释仿真结果。

2.17 在例 2.16 的 HDL 文件 div_res 的基础上设计一个非执行除法器。

(a) 用数值 234/50 对该设计进行仿真，如图 2-22 所示。

(b) 使用 TimeQuest 缓慢 85C 模型测量时序电路性能、所用资源(LE、乘法器和 M9K)，以及对应最大速度合成的延迟时间。

2.18 在例 2.16 的 HDL 文件 div_res 的基础上设计一个非还原除法器。

(a) 用数值 234/50 对该设计进行仿真，如图 2-23 所示。

(b) 测量时序电路性能、所用资源(LE、乘法器和 M9K)，以及对应最大速度合成的延迟时间。

2.19 移位操作通常用桶式移位器实现，后者在 VHDL 中通过 SLL 指令调用。但是在 VHDL-1993 中 STD_LOGIC 不支持 SLL，不过可以用很多不同的方式设计一个桶式移位器来达到同样的功能。接下来设计有如下实体的 12 位桶式移位器：

```
ENTITY lshift IS                          -----------> Interface
  GENERIC (W1 : INTEGER : =12;  -- data bit width
           W2 : integer : =4);  -- cell(log2(W1));
  PORT (clk      : IN STD_LOGIC;
        distance : IN STD_LOGIC_VECTOR (W2-1 DOWNTO 0);
        data     : IN STD_LOGIC_VECTOR (W1-1 DOWNTO 0);
        result   : OUT STD_LOGIC_VECTOR (W1-1 DOWNTO 0));
END;
```

可通过如图 2-63 所示的仿真进行验证。为 data 和 result 提供输入和输出寄存器，而不为 distance 提供寄存器。选择下列任意一种设备：

(1) Cyclone Ⅳ E 系列的 EP4CE115F29C7

(2) Cyclone Ⅱ系列的 EP2C35F672C6

(3) MAX7000S 系列的 EPM7128LC84-7

(a1) 用一个 PROCESS，在等价的二次幂常数乘法中(顺序地)转换 distance 向量的每一位。用 lshift 作为实体名。

(a2) 使用 TimeQuest 缓慢 85C 模型测量时序电路性能 Fmax 和所用资源(LE、乘法器和 M9K)。

(b1) 用一个 PROCESS，(在一个循环中)将输入数据每次只移动一位，直到循环计数器和 distance 显示相同数值。然后将已移位的数据传输到输出寄存器。用 lshiftloop 作为实体名称。

(b2) 使用 TimeQuest 缓慢 85C 模型测量时序电路性能 Fmax 和所用资源(LE、乘法器和 M4Ks/M9Ks)。

(c1) 用一个 PROCESS 环境，通过 loop 声明在等价的乘法因子中“多路转换”一个 distance 向量。用 lshiftdemux 作为实体名。

(c2) 使用 TimeQuest 缓慢 85C 模型测量时序电路性能 Fmax 和所用资源(LE、乘法器和 M4Ks/M9Ks)。

(d1) 用一个 PROCESS 环境，通过 case 声明在等价的乘法因子中转换一个 distance 向量，然后使用单个(阵列)乘法器执行乘法。用 lshiftmul 作为实体名。

(d2) 使用 TimeQuest 缓慢 85C 模型测量时序电路性能 Fmax 和所用资源(LE、乘法器和 M4Ks/M9Ks)。

(e1) 用 lpm_clshift 宏函数实现 12 位桶式移位器。用 lshiftlpm 作为实体名。

(e2) 使用 TimeQuest 缓慢 85C 模型测量时序电路性能 Fmax 和所用资源(LE、乘法器和 M4Ks/M9Ks)。

(f) 就时序电路性能、所用资源(LE、乘法器和 M4Ks/M9Ks)，以及该设计的复用(也就是改变数据宽度和使用 Quartus II 以外的其他软件的效果)方面比较以上 5 种桶式移位器的设计。

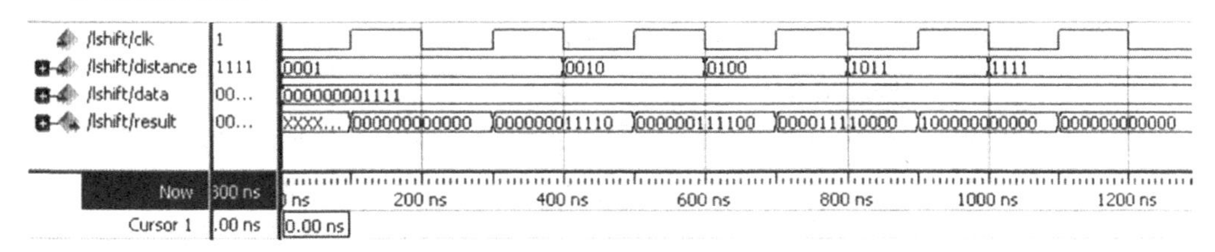

图 2-63　练习 2.19 中桶式移位器的测试平台

2.20 (a) 用 Quartus II 软件设计如图 2-64(a)所示的 PREP 基准 3。该设计是一个小型 FSM，具有 8 个状态、8 个数据输入位 i、clk、rst 和 8 位数字输出信号 o。下一个状态和输出逻辑都由上升沿触发的 clk 和异步复位信号 rst 控制，请参阅图 2-64(c)中功能测试的仿真结果。表 2-25 给出了下一个状态和输出赋值，其中 x'是条件 x 取反。

表 2-25　状态和输出赋值

当 前 状 态	下一个状态	i(十六进制)	o(十六进制)
start	start	(3c)′	00
start	sa	3c	82
sa	sc	2a	40
sa	sb	1f	20
sa	sa	(2a)′(1f)′	04
sb	se	aa	11
sb	sf	(aa)′	30
sc	sd	–	08
sd	sg	–	80
se	start	–	40
sf	sg	–	02
sg	start	–	01

(b) 使用 TimeQuest 缓慢 85C 模型确定单个副本最大速度合成的时序电路性能 Fmax 和所用资源(LE、乘法器和 M4Ks/M9Ks)。在 Assignments 菜单的 EDA Tool Settings 选项下的 Analysis & Synthesis Settings 部分找到合成 Optimization Technique，并将其设置为 Speed、Balanced 或 Area，编译 HDL 文件。在 LE 数量和时序电路性能方面，哪些合成选项最佳？

选择下列器件之一：

(b1) Cyclone Ⅳ E 系列的 EP4CE115F29C7

(b2) Cyclone Ⅱ系列的 EP2C35F672C6

(b3) MAX7000S 系列的 EPM7128SLC84-7

(c) 为基准 3 确定如图 2-64(b)所示的多级原理图。

(d) 对于 PREP 基准 3 中级数最多的原理图设计，确定最大速度合成的时序电路性能 Fmax 和所用资源(LE、乘法器和 M4Ks/M9Ks)。对于下列器件使用(b)中的最佳合成选项。

(d1) Cyclone Ⅳ E 系列的 EP4CE115F29C7

(d2) Cyclone Ⅱ系列的 EP2C35F672C6

(d3) MAX7000S 系列的 EPM7128SLC84-7

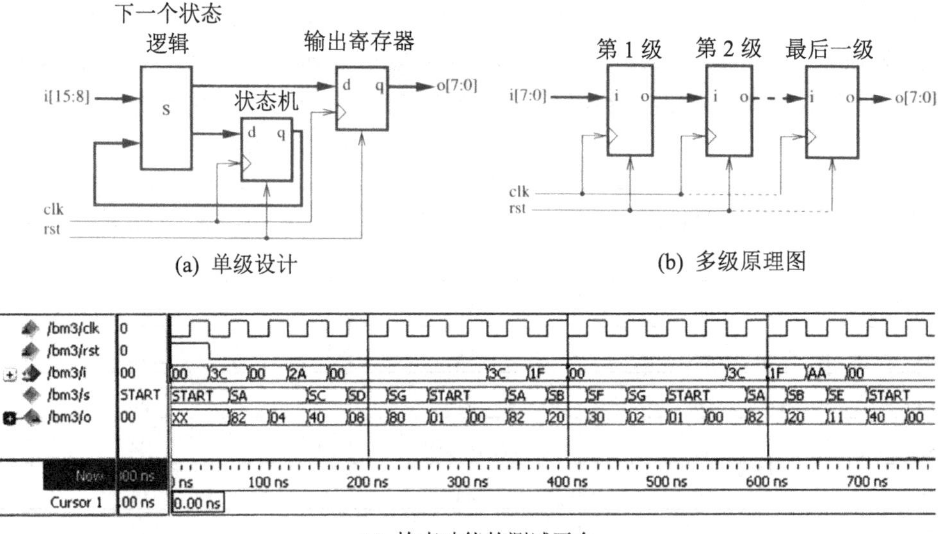

(a) 单级设计

(b) 多级原理图

(c) 检查功能的测试平台

图 2-64 PREP 基准 3

2.21 (a) 用 Quartus II 软件设计如图 2-65(a)所示的 PREP 基准 4。该设计是一个大型 FSM，具有 16 个状态、40 个变换、8 个数据输入位 i[0…7]、clk、rst 和 8 位数字输出信号 o[0…7]。下一个状态由上升沿触发的 clk 和异步复位信号 rst 控制，请参阅图 2-65(c)的部分功能测试。表 2-26 给出了输出解码表，其中 x 是未知值。注意：输出值没有 PREP 基准 3 中附加的输出寄存器。

表 2-26 输出解码表

当前状态	o[7…0]	当前状态	o[7…0]
s0	0 0 0 0 0 0 0 0	s1	0 0 0 0 0 1 1 0
s2	0 0 0 1 1 0 0 0	s3	0 1 1 0 0 0 0 0
s4	1 x x x x x x 0	s5	x 1 x x x x 0 x
s6	0 0 0 1 1 1 1 1	s7	0 0 1 1 1 1 1 1
s8	0 1 1 1 1 1 1 1	s9	1 1 1 1 1 1 1 1
s10	x 1 x 1 x 1 x 1	s11	1 x 1 x 1 x 1 x
s12	1 1 1 1 1 1 0 1	s13	1 1 1 1 0 1 1 1
s14	1 1 0 1 1 1 1 1	s15	0 1 1 1 1 1 1 1

在如表 2-27 所示的状态表中：ik 是输入 i 的第 k 位，符号“′”是非运算，“×”是布尔 AND(和)运算，“+”是布尔 OR(或)运算，“⊙”是布尔等价运算，“⊕”是 XOR 异或运算。

表 2-27 状 态 表

当前状态	下一个状态	条 件	当前状态	下一个状态	条 件
s0	s0	$i = 0$	s0	s1	$1 \leqslant i \leqslant 3$
s0	s2	$4 \leqslant i \leqslant 31$	s0	s3	$32 \leqslant i \leqslant 63$
s0	s4	$i > 63$	s1	s0	$i0 \times i1$
s1	s3	$(i0 \times i1)'$	s2	s3	—
s3	s5	—	s4	s5	$(i0 + i2 + i4)$
s4	s6	$(i0 + i2 + i4)'$	s5	s5	$i0'$
s5	s7	$i0$	s6	s1	$i6 + i7$
s6	s6	$(i6 + i7)'$	s6	s8	$i6 \times i7'$
s6	s9	$i6' \times i7$	s7	s3	$i6' \times i7'$
s7	s4	$i6 \times i7$	s7	s7	$i6 \oplus i7$
s8	s1	$(i4 \odot i5)\, i7$	s8	s8	$(i4 \odot i5)\, i7'$
s8	s11	$i4 \oplus i5$	s9	s9	$i0'$
s9	s11	$i0$	s10	s1	—
s11	s8	$i \neq 64$	s11	s15	$i = 64$
s12	s0	$i = 255$	s12	s12	$i \neq 255$
s13	s12	$i1 \oplus i3 \oplus i5$	s13	s14	$(i1 \oplus i3 \oplus i5)'$
s14	s10	$i > 63$	s14	s12	$1 \leqslant i \leqslant 63$
s14	s14	$i = 0$	s15	s0	$i7 \times i1 \times i0$
s15	s10	$i7 \times i1' \times i0$	s15	s13	$i7 \times i1 \times i0'$
s15	s14	$i7 \times i1' \times i0'$	s15	s15	$i7'$

(b) 使用 TimeQuest 缓慢 85C 模型确定单级原理图的时序电路性能 Fmax 和所用资源(LE、乘法器和 M4Ks/M9Ks)。在 Assignments 菜单的 EDA Tool Settings 选项下的 Analysis & Synthesis Settings 部分找到合成 Optimization Technique，并将其设置为 Speed、Balanced 或 Area，编译 HDL 文件。在 LE 数量和 Registered Performance 方面，哪些合成选项最佳？

选择下列器件之一：

(b1) Cyclone Ⅳ E 系列的 EP4CE115F29C7

(b2) Cyclone Ⅱ系列的 EP2C35F672C6

(b3) MAX7000S 系列的 EPM7128SLC84-7

(c) 为基准 4 设计如图 2-65(b)所示的多级原理图。

(d) 对于 PREP 基准 4 中级数最多的原理图设计，使用 TimeQuest 缓慢 85C 模型确定时序电路性能 Fmax 和所用资源(LE、乘法器和 M4Ks/M9Ks)。对于下列器件使用(b)中的最佳合成选项。

(d1) EP4CE115F29C7

(d2) EP2C35F672C6

(d3) EPM7128SLC84-7

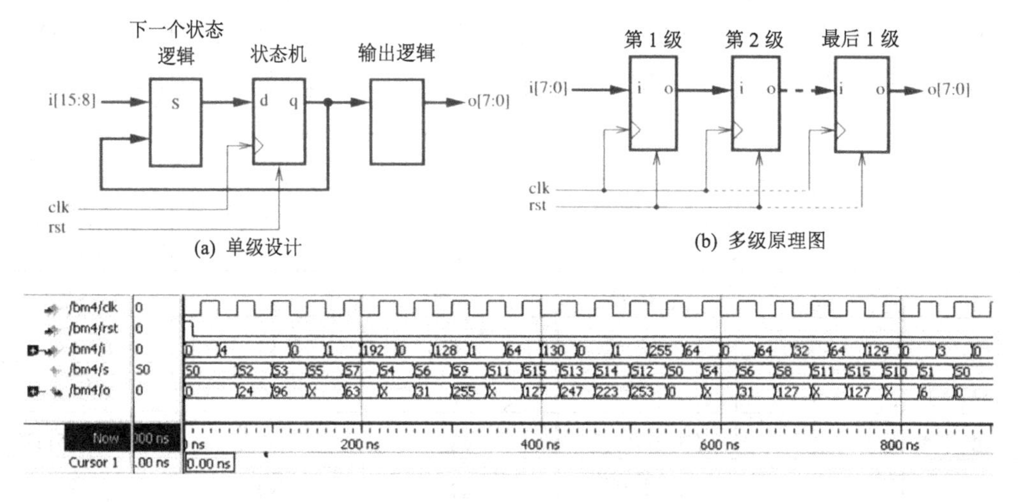

(c) 检查功能的测试平台

图 2-65 PREP 基准 4

2.22 (a) 用 M9Ks 存储模块和式(2-32)中的分块技术设计 8 位×8 位无符号乘法器 smul8*x*8。

(b) 用 C 程序或 MATLAB 脚本生成 3 个所需的 MIF 文件。可以采用有符号/有符号表、有符号/无符号表和无符号/无符号表。表中的最后一项应为：

(b1) 11111111：11100001; --> 15 * 15 = 225 (无符号/无符号的情形)

(b2) 11111111：11110001; --> - 1 * 15 = - 5 (有符号/无符号的情形)

(b3) 11111111：00000001; --> - 1 * (01) = 1 (有符号/有符号的情形)

(c) 用三组数据 - 128×(- 128) = 16384、 - 128×127 = - 16256 和 127×127 = 16129 验证该设计。

(d) 使用 TimeQuest 缓慢 85C 模型测量最大速度合成的时序电路性能 Fmax 和所用资源。

2.23 (a) 设计如图 2-17 所示的用 8 位×8 位加性半分方形乘法器(Additive Half-Square Multiplier，AHSM)ahsm8*x*8。

(b) 用一段简短的 C 程序或 MATLAB 脚本生成两个所需的 MIF 文件。可以采用 7 位和 8 位 D1 编码的平方表。7 位表中的第 1 项应为：

```
depth=128; width = 14;
address_radix = bin; data_radix = bin;
content begin
0000000 : 00000000000000;   --> (1_d1 * 1_d1)/2 = 0
0000001 : 00000000000010;   --> (2_d1 * 2_d1)/2 = 2
0000010 : 00000000000100;   --> (3_d1 * 3_d1)/2 = 4
0000011 : 00000000001000;   --> (4_d1 * 4_d1)/2 = 8
0000100 : 00000000001100;   --> (5_d1 * 5_d1)/2 = 12
 ...
```

(c) 用三组数据 - 128×(- 128) = 16384、 - 128×127 = - 16256 和 127×127 = 16129 验证该设计。

(d) 使用 TimeQuest 缓慢 85C 模型测量最大速度合成的时序电路性能 Fmax 并确定所用资源。

2.24 (a) 设计如图 2-18 所示的用 8 位×8 位差分半分方形乘法器(Differential Half-Square Multiplier，DHSM)dhsm8*x*8。

(b) 用一段简短的 C 程序或 MATLAB 脚本文件生成两个所需的 MIF 文件。需要用 8 位标准平方表和 7 位 D1 编码的表。表中的最后一项应为：

(b1) 1111111：10000000000000; --> (128_d1 * 128_d1)/2 = 8192(7 位 D1 表的情形)

(b2) 111111111：111111100000000; --> (255 * 255)/2 = 32512(8 位半分方形表的情形)

(c) 用三组数据 - 128×(- 128) = 16384、 - 128×127 = - 16256 和 127×127 = 16129 验证该设计。

(d) 使用 TimeQuest 缓慢 85C 模型测量最大速度合成的时序电路性能 Fmax 并确定所用资源。

2.25 (a) 设计如图 2-19 所示的 8 位×8 位四分之一平方乘法器 qsm8x8。

(b) 用一段简短的 C 程序或 MATLAB 脚本生成两个所需的 MIF 文件。需要用 8 位标准四分之一平方表和 8 位 D1 编码的四分之一表。表中的最后一项应为：

(b1) 111111111：11111110000000; --> (255 * 255)/2 = 16256(8 位四分之一平方表的情形)

(b2) 111111111：100000000000000; --> (256_d1 * 256_d1)/4 = 16384(8 位 D1 四分之一平方表的情形)

(c) 用三组数据 - 128×(- 128) = 16384、 - 128×127 = - 16256 和 127×127 = 16129 验证该设计。

(d) 使用 TimeQuest 缓慢 85C 模型测量最大速度合成的时序电路性能 Fmax 并确定所用资源。

2.26 画出如图 2-50(a)和 2-50(b)所示反正切函数的函数逼近和误差函数，$x \in [-1,1]$，使用如下系数：

(a) $f(x) = 0.0000 + 0.8704x = (0 + 223x)/256,\ N = 2$

(b) $f(x) = 0.0000 + 0.9857x + 0.0000x^2 - 0.2090x^3 = (0 + 252x + 0x^2 - 53x^3)/256, N = 4$

2.27 画出如图 2-50(a)和 2-50(b)所示反正切函数的函数逼近和误差函数，使用 8 位精度的系数，但具有扩大的收敛范围并确定最大误差：

(a) 使用式(2-65)中的系数对 arctan(x)逼近，$x \in [-2,2]$

(b) 使用式(2-80)中的系数对 sin(x)逼近，$x \in [0,2]$

(c) 使用式(2-83)中的系数对 cos(x)逼近，$x \in [0,2]$

(d) 使用式(2-95)中的系数对 $\sqrt{x}$ 逼近，$x \in [0,2]$

2.28 画出如图 2-54(a)和 2-54(b)所示 e^x 的函数逼近和误差函数，使用 8 位精度系数，但具有扩大的收敛范围并确定最大误差：

(a) 使用式(2-85)中的系数对 e^x 逼近，$x \in [-1,2]$

(b) 使用式(2-88)中的系数对 e^{-x} 逼近，$x \in [-1,2]$

(c) 使用式(2-89)中的系数对 ln(1+x)逼近，$x \in [0,2]$

(d) 使用式(2-93)中的系数对 lg(1+x)逼近，$x \in [0,2]$

2.29 画出如图 2-56(a)和 2-56(b)所示 ln(1+x)函数的函数逼近和误差函数，$x \in [0,1]$，使用如下系数：

(a) $f(x) = 0.0372 + 0.6794x = (10 + 174x)/256,\ N = 2$

(b) $f(x) = 0.0044 + 0.9182x - 0.2320x^2 = (1 + 235x - 59x^2)/256,\ N = 3$

2.30 画出如图 2-59(a)和 2-59(b)所示 $\sqrt{x}$ 函数的函数逼近和误差函数，$x \in [0.5, 1]$，使用如下系数：

(a) $f(x) = 0.4238 + 0.5815x = (108 + 149x)/256,\ N = 2$

(b) $f(x) = 0.3171 + 0.8801x - 0.1977x^2 = (81 + 225x - 51x^2)/256,\ N = 3$

第3章

FIR数字滤波器

3.1 数字滤波器概述

数字滤波器通常用于修正或改变时域或频域中信号的特性。最为普通的数字滤波器就是线性时不变(Linear Time-Invariant，LTI)滤波器。LTI 通过一个称为线性卷积的过程，与其输入信号相互作用，表示为 $y=f * x$，其中 f 是滤波器的脉冲响应，x 是输入信号，而 y 是卷积输出。线性卷积过程的正式定义如下：

$$y[n]=x[n]*f[n]=\sum_{k}x[k]f[n-k]=\sum_{k}f[k]x[n-k] \tag{3-1}$$

LTI 数字滤波器通常分为有限脉冲响应(Finite Impulse Response，FIR)和无限脉冲响应(Infinite Impulse Response，IIR)两大类。顾名思义，FIR 滤波器由有限个采样值组成，将上述卷积的累加和简化为每个采样周期输出的有限累加和，而 IIR 滤波器需要实现一个无限累加和。本章主要讨论 FIR 滤波器的设计和实现方法，有关 IIR 滤波器的问题将在第 4 章讨论。

研究数字滤波器的动机在于它们正日益成为一种主要的 DSP 运算。数字滤波器正在迅速地取代传统的模拟滤波器，后者利用 RLC 元件和运算放大器实现。模拟滤波器采用拉普拉斯变换的普通微分方程进行数学模拟，它们在时域或 s(也称为拉普拉斯)域内进行分析。模拟原型只能应用在 IIR 设计中，而 FIR 通常采用直接的计算机规范和算法进行设计。

本章假定数字滤波器(尤其是 FIR)已经设计出来并被选择用于实现滤波。首先简要回顾一下 FIR 的设计过程，接下来讨论利用 FPGA 实现改进。

3.2 FIR 理论

带有常系数的 FIR 滤波器是一种 LTI 数字滤波器。对于输入时间序列 $x[n]$，长度为 L 或 $N=L-1$ 阶 FIR 的输出可以通过式(3-1)所示的有限卷积和的形式给出，也就是：

$$y[n]=x[n]*f[n]=\sum_{k=0}^{L-1}f[k]x[n-k] \tag{3-2}$$

其中从 $f[0]\neq 0$ 一直到 $f[L-1]\neq 0$ 均是滤波器的 L 个系数，同时它们也对应于 FIR 的脉冲响应。对于 LTI 系统，在 z 域内以下列方式描述式(3-2)更便捷：

$$Y(z)=F(z)X(z) \tag{3-3}$$

其中 $F(z)$是 FIR 的传递函数，其在 z 域内的定义如下：

$$F(z)=\sum_{k=0}^{L-1} f[k]z^{-k} \tag{3-4}$$

图 3-1 给出了长度为 L 的 LTI 型 FIR 滤波器的图解。可以看出，FIR 滤波器由“抽头延迟线”、加法器和乘法器混合构成。为每个乘法器提供的其中一个操作数就是一个 FIR 系数，后者通常被称为“抽头权重”。过去也有人将 FIR 滤波器称为“横向滤波器”，以表示它的“抽头延迟线”结构。

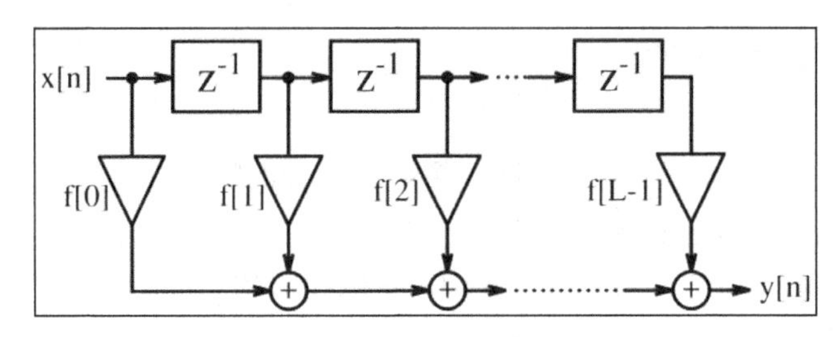

图 3-1　直接形式的 FIR 滤波器

式(3-4)中多项式 $F(z)$的根定义了滤波器的零点，滤波器的阶数 N 对应根的个数，长度为 L 的滤波器的阶数为 $N=L-1$。仅有零点存在是 FIR 有时被称作“全零点滤波器”的原因。第 5 章将讨论一类重要的 FIR 滤波器(称为 CIC 滤波器)，它是递归的，但也是 FIR。这是可能的，因为递归部分产生的极点已经被滤波器的非递归部分消除了。有效极点/零点图就变成只有零点了，也就是全零点滤波器或 FIR。注意，虽然非递归滤波器均是 FIR，但递归滤波器既可以是 FIR 也可以是 IIR。图 3-2 说明了这一从属关系。

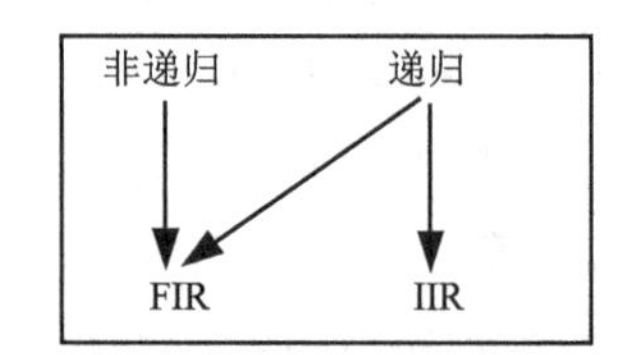

图 3-2　结构和脉冲长度之间的关系

3.2.1　具有转置结构的 FIR 滤波器

直接 FIR 模型的一个变形被称为转置 FIR 滤波器，它可以由图 3-1 的 FIR 滤波器构造得到：

- 交换输入和输出
- 颠倒信号流的方向
- 用差分放大器代替加法器，反之亦然

如图 3-3 所示，转置滤波器通常是 FIR 滤波器首选的实现方式。该滤波器的优点是不需要给 $x[n]$提供额外的移位寄存器，而且也没有必要为达到高吞吐量给乘积的加法器(树)添加额外的流水线级。

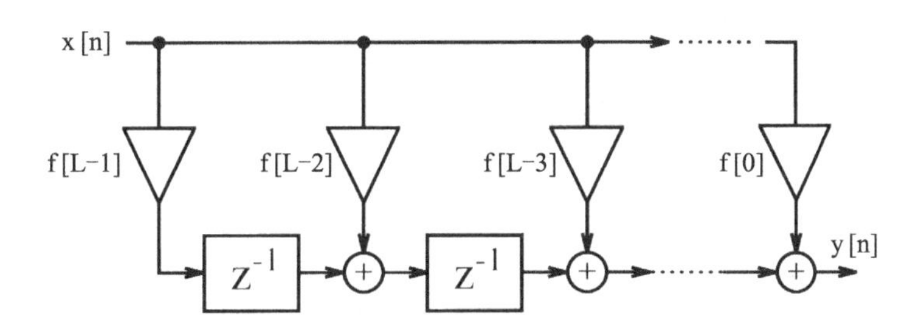

图 3-3　转置结构的 FIR 滤波器

下面的例题给出了转置型滤波器的一个直接实现。

例 3.1　可编程 FIR 滤波器

先来回顾一下采用 PDSP 计算积之和(SOP)的讨论(请参阅 2.8 节)，对于 B_x 数据/系数位宽和滤波长度 L，必须为无符号 SOP 提供 $\log_2(L)$个二进制位，必须为有符号运算提供 $\log_2(L)-1$ 个保护位。对于 9 位有符号数据/系数和 $L=4$ 的情况，加法器宽度必须是 $9+9+\log_2(4)-1=19$。

下面的 VHDL 代码[1]给出了实现长度为 4 的滤波器的通用规范：

```
-- This is a generic FIR filter generator
-- It uses W1 bit data/coefficients bits
LIBRARY ieee;                    -- Using predefined packages
USE ieee.std_logic_1164.ALL;
USE ieee.std_logic_arith.ALL;
USE ieee.std_logic_signed.ALL;
-- ------------------------------------------------------------
ENTITY fir_gen IS                          ------> Interface
  GENERIC (W1 : INTEGER := 9; -- Input bit width
           W2 : INTEGER := 18;-- Multiplier bit width 2*W1
           W3 : INTEGER := 19;-- Adder width = W2+log2(L)-1
           W4 : INTEGER := 11;-- Output bit width
           L  : INTEGER := 4  -- Filter length
           );
  PORT ( clk    : IN STD_LOGIC;      -- System clock
         reset  : IN STD_LOGIC;      -- Asynchron reset
         Load_x : IN  STD_LOGIC;     -- Load/run switch
         x_in   : IN  STD_LOGIC_VECTOR(W1-1 DOWNTO 0);
                                   -- System input
         c_in   : IN  STD_LOGIC_VECTOR(W1-1 DOWNTO 0);
                                   -- Coefficient data input
         y_out  : OUT STD_LOGIC_VECTOR(W4-1 DOWNTO 0));
END fir_gen;                       -- System output
-- ------------------------------------------------------------
ARCHITECTURE fpga OF fir_gen IS
```

1. 这一示例相应的 Verilog 代码文件 fir_gen.v 可以在附录 A 中找到，附录 B 给出了合成结果。

```
  SUBTYPE SLVW1 IS STD_LOGIC_VECTOR(W1-1 DOWNTO 0);
  SUBTYPE SLVW2 IS STD_LOGIC_VECTOR(W2-1 DOWNTO 0);
  SUBTYPE SLVW3 IS STD_LOGIC_VECTOR(W3-1 DOWNTO 0);
  TYPE A0_L1SLVW1 IS ARRAY (0 TO L-1) OF SLVW1;
  TYPE A0_L1SLVW2 IS ARRAY (0 TO L-1) OF SLVW2;
  TYPE A0_L1SLVW3 IS ARRAY (0 TO L-1) OF SLVW3;

  SIGNAL  x  :  SLVW1;
  SIGNAL  y  :  SLVW3;
  SIGNAL  c  :  A0_L1SLVW1 ; -- Coefficient array
  SIGNAL  p  :  A0_L1SLVW2 ; -- Product array
  SIGNAL  a  :  A0_L1SLVW3 ; -- Adder array

BEGIN

  Load: PROCESS(clk, reset, c_in, c, x_in)
  BEGIN                    ------> Load data or coefficients
    IF reset = '1' THEN -- clear data and coefficients reg.

      x <= (OTHERS => '0');
      FOR K IN 0 TO L-1 LOOP
        c(K) <= (OTHERS => '0');
      END LOOP;
    ELSIF rising_edge(clk) THEN
    IF Load_x = '0' THEN
      c(L-1) <= c_in;       -- Store coefficient in register
      FOR I IN L-2 DOWNTO 0 LOOP  -- Coefficients shift one
        c(I) <= c(I+1);
      END LOOP;
    ELSE
      x <= x_in;            -- Get one data sample at a time
    END IF;
    END IF;
  END PROCESS Load;


  SOP: PROCESS (clk, reset, a, p)-- Compute sum-of-products
  BEGIN
    IF reset = '1' THEN -- clear tap registers
      FOR K IN 0 TO L-1 LOOP
        a(K) <= (OTHERS => '0');
      END LOOP;
    ELSIF rising_edge(clk) THEN
    FOR I IN 0 TO L-2  LOOP       -- Compute the transposed
      a(I) <= (p(I)(W2-1) & p(I)) + a(I+1); -- filter adds
    END LOOP;
    a(L-1) <= p(L-1)(W2-1) & p(L-1);      -- First TAP has
    END IF;                               -- only a register
    y <= a(0);
  END PROCESS SOP;

  -- Instantiate L multipliers
  MulGen: FOR I IN 0 TO L-1 GENERATE
    p(i) <= c(i) * x;
  END GENERATE;

  y_out <= y(W3-1 DOWNTO W3-W4);

END fpga;
```

如果 Load_x=0，第 1 个进程(Load)就将系数加载到抽头延迟线上，否则就将数据字加载到寄存器 x 中。第 2 个进程称为 SOP，实现积之和的计算。乘积 p(I)先进行一位有符号扩展，然后加到前面部分的 SOP 上。还要注意所有的乘法器都由 generate 声明来例化，这一声明允许额外流水线级的赋值。最后，将 SOP 除以 256 的结果赋值给输出 y_out，因为先前假定的系数都是小数形式的(也就是$|f[k]|\leqslant 1.0$)。该设计使用了 93 个 LE 和 4 个嵌入式乘法器，借助了 TimeQuest 缓慢 85C 模型的时序电路性能 F_{max}=157.38MHz。

要仿真这一长度为 4 的滤波器，先来考虑一下 Daubechies DB4 滤波器系数：

$$G(z)=\left[(1+\sqrt{3})+(3+\sqrt{3})z^{-1}+(3-\sqrt{3})z^{-2}+(1-\sqrt{3})z^{-3}\right]\frac{1}{4\sqrt{2}}$$

$$G(z)=0.48301+0.8365z^{-1}+0.2241z^{-2}-0.1294z^{-3}$$

将系数量化成 8 位(增加一个符号位)精度模式，得到如下模型：

$$\begin{aligned}G(z)&=(124+214z^{-1}+57z^{-2}-33z^{-3})/256\\&=\frac{124}{256}+\frac{214}{256}z^{-1}+\frac{57}{256}z^{-2}-\frac{33}{256}z^{-3}\end{aligned}$$

从图 3-4 可以看出，在重置后的前 4 个阶段，将系数{124，214，57，–33}加载到抽头延迟线 c 中。接下来通过将 100 加载到寄存器 x 中来检查滤波器的脉冲响应。一个时钟周期后嵌入式乘法器结果 p(I)就绪，第 1 个有效输出 y_out 出现在 375ns 之后。

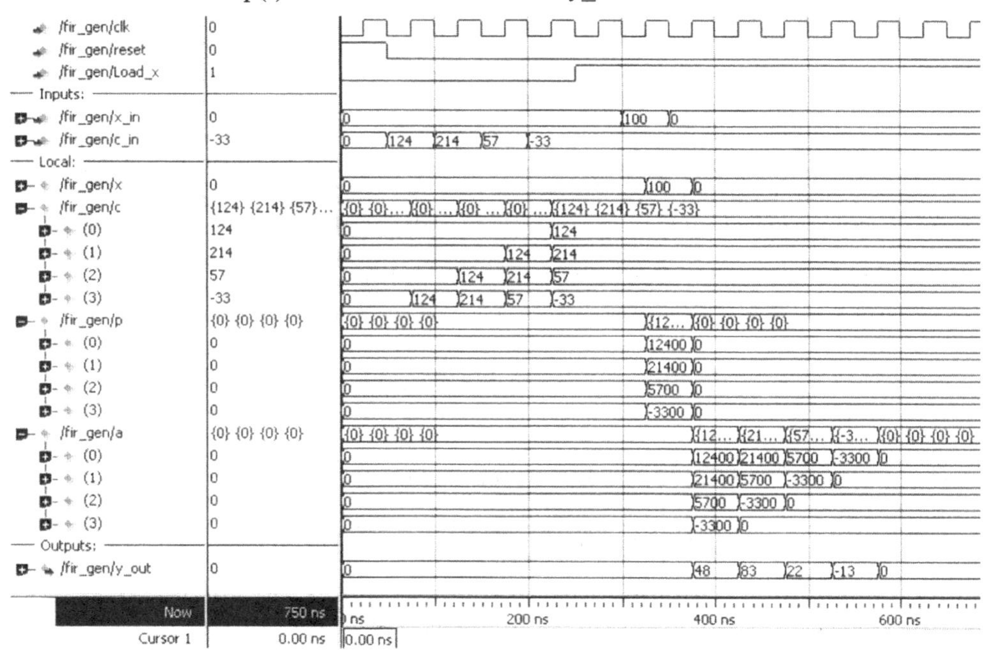

图 3-4　加载了 Daubechies 滤波器系数的 4 抽头可编程 FIR 滤波器的仿真

3.2.2　FIR 滤波器的对称性

FIR 脉冲响应的中心是一个重要的对称点。为方便起见，经常将这一点定义成第 0 次采样时刻，这样的滤波器描述就是因果关系(中心符号)。对于奇数长度的 FIR，因果滤波器模型如下：

$$F(z)=\sum_{k=-(L-1)/2}^{(L-1)/2} f[k]z^{-k} \tag{3-5}$$

令 $z=e^{j\omega T}$，FIR 的频率响应可以通过求滤波器对单位圆边缘的传递函数来计算，公式如下：

$$F(\omega)=F(e^{j\omega T})=\sum_{k} f[k]e^{-j\omega k T} \tag{3-6}$$

接下来用$|F(\omega)|$表示滤波器的幅值频率响应，用$\phi(\omega)$表示相位响应，且满足：

$$\phi(\omega)=\arctan\left(\frac{\Im(F(\omega))}{\Re(F(\omega))}\right) \tag{3-7}$$

数字滤波器更多是利用相位和幅值来描述，而较少使用 z 域传递函数或复频率变换。

3.2.3 线性相位 FIR 滤波器

在许多应用领域(如通信和图像处理)中，在一定频率范围内维持相位的完整性是一个期望的系统特性。因此，设计能够建立线性相位(相对于频率)的滤波器常常是必需的。系统相位线性度的标准尺度就是“组延迟”，其定义为：

$$\tau(\omega)=-\frac{d\phi(\omega)}{d\omega} \tag{3-8}$$

完全理想的线性相位滤波器对于一定频率范围的组延迟是一个常数。可以看到，如果滤波器是对称或反对称的，就可以实现线性相位，因此更倾向于采用式(3-5)的因果架构。从式(3-7)中可以看出，只有频率响应 $F(\omega)$是一个纯实或纯虚函数，才可以实现固定的组延迟。这就意味着滤波器的脉冲响应必须保持偶对称或奇对称，也就是：

$$f[n]=f[-n] \text{ 或 } f[n]=-f[-n] \tag{3-9}$$

例如，一个长度为奇数的偶对称 FIR 滤波器的频率响应如下：

$$F(\omega)=f[0]+\sum_{k>0} f[k]e^{-jk\omega T}+f[-k]e^{jk\omega T} \tag{3-10}$$

$$=f[0]+2\sum_{k>0} f[k]\cos(k\omega T) \tag{3-11}$$

可以看到频率响应是频率的纯实函数。表 3-1 总结了对称、反对称、偶数长度和奇数长度的 4 种可能选择。此外，表 3-1 还以图形的方式给出了每类线性相位 FIR 的对应示例。

表 3-1　4 种可能的线性相位 FIR 滤波器 $F(z)=\sum_k f[k]z^{-k}$

对称性 L	$f[n]=f[-n]$ 奇	$f[n]=f[-n]$ 偶	$f[n]=-f[-n]$ 奇	$f[n]=-f[-n]$ 偶
示例				
零点位置	±120°	±90°，180°	0°，180°	0°，2×180°

线性相位 FIR 固有的对称属性还可以降低所需的乘法器 L 的数量，如图 3-1 所示。观察图 3-5 所示的线性相位 FIR(假定是偶对称)，它是完全采用系数对称的滤波器。可以看到，“对称”体系结构在每个滤波周期内都提供了一个乘法器预算，正好是图 3-1 中给出的直接体系结构的一半(L 比 $L/2$)，而加法器的数量保持不变，还是 L–1 个。

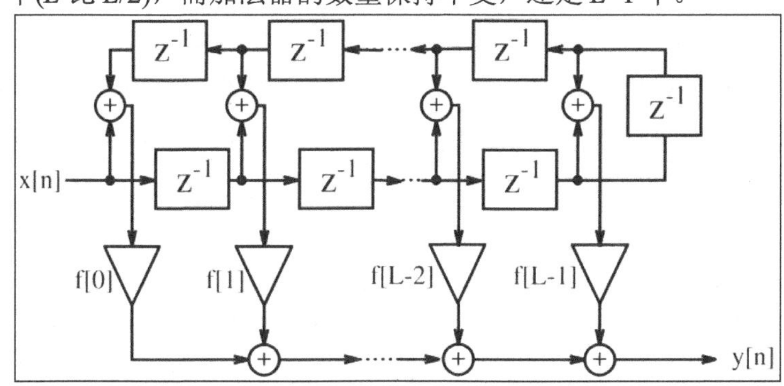

图 3-5　减少乘法器数量的线性相位滤波器

3.3　设计 FIR 滤波器

现代数字 FIR 滤波器都采用计算机辅助工程(Computer-Aided Engineering，CAE)工具进行设计。本章所使用的滤波器是利用 MATLAB 软件中的信号处理工具箱设计的。这个工具箱包括一个“Interactive Lowpass Filter Design”(交互式低通滤波器设计)演示示例，覆盖了许多典型的数字滤波器的设计，包括：

- 等波纹(Equiripple，也称极小极大)FIR 设计，该设计采用 ParksMcClellan 和 Remez 交换方法作为设计线性相位(对称)的等波纹 FIR 的依据。这一等波纹设计还可以用来设计微分器或希尔伯特变换器。
- 凯泽窗函数设计采用了由凯泽窗函数加权的逆 DFT 方法。
- 最小二乘 FIR 方法。虽然这种滤波器的设计在通带和阻带之中也存在波纹，但是却可以将最小均方误差最小化。

- 第 4 章将要讨论的 4 种 IIR 滤波器设计方法(巴特沃思、切比雪夫 I 和 II，以及椭圆滤波器)。

本节将专门研究一下 FIR 方法。大多数期望的滤波器的传递函数(也就是幅频响应)是已知的。例如，低通滤波器的规范通常就包括：通带$[0\ldots\omega_p]$、过渡带$[\omega_p\ldots\omega_s]$和阻带$[\omega_s\ldots\pi]$的规范，其中假定采样频率为 2π。要计算滤波器系数，可以采用接下来要讨论的直接频率方法。

3.3.1 直接窗函数设计方法

离散傅立叶变换(Discrete Fourier Transform, DFT)在频域和时域之间建立了一种直接联系。因为频域是滤波器定义的域，所以 DFT 可以用来计算一组可以生成与目标滤波器的频率响应相接近的 FIR 滤波器系数，并依此构建一个滤波器。通过这种方式设计的滤波器就称为直接 FIR 滤波器。直接 FIR 滤波器的定义如下：

$$f[n]=\mathrm{IDFT}(F[k])=\sum_{k}F[k]e^{j2\pi kn/L} \tag{3-12}$$

由基础信号与系统理论可以得出：实际信号频谱都是厄密共轭(Hermitian)的。也就是说，实频谱具有偶对称特性，而虚频谱则是奇对称的。如果合成的滤波器应仅有实系数，那么目标 DFT 的设计频谱必然是厄密共轭的或 $F[k]=F^{*}[-k]$。其中“*”表示共轭复数。

利用矩形窗函数来研究长度为 16 的直接 FIR 滤波器，如图 3-6(a)所示，通带波纹如图 3-6(b)所示。注意：滤波器给出了一个对理想低通滤波器的合理近似，最大偏差出现在过渡带的边缘。观察到的“振铃”归因于吉布斯(Gibbs)现象，后者与有限傅立叶频谱再现陡峭边缘的不稳定性有关。吉布斯振铃隐含在直接逆 DFT 方法中，预期能够达到滤波器阶宽量程的±7%。为了阐明这一点，考虑图 3-6(c)中长度为 128 的滤波器示例，其通带波纹如图 3-6(d)所示。尽管滤波器长度明显提高了(从 16 到 128)，但是边缘还是有差不多相同数量的振铃。振铃效应只有采用数据“窗口”才可以抑制，这种数据“窗口”能够在两侧平滑地逐渐减小到 0。数据窗口覆盖了 FIR 的脉冲响应，伴随着过渡带的加宽，生成一个更加“光滑的”幅频响应。例如：如果将凯泽窗函数应用到 FIR 上，就可以减小吉布斯振铃，如图 3-7(上)所示。也可以看到对过渡带的这种不良影响，表 3-2 总结并给出了其他经典窗函数，它们之间的差别在于它们在振铃和过渡带宽度扩展之间的折中能力不同。已经得到认可并公布的窗函数有很多，最为常用的窗函数(用 $w[n]$表示)有：

- 矩形：$w[n]=1$
- 巴特莱特(三角形)：$w[n]=2n/N$
- 汉宁：$w[n]=0.5(1-\cos(2\pi n/L))$
- 汉明：$w[n]=0.54-0.46\cos(2\pi n/L)$
- 布莱克曼：$w[n]=0.42-0.5\cos(2\pi n/L)+0.08\cos(4\pi n/L)$
- 凯泽：$w[n]=\mathrm{I}_0\left(\beta\sqrt{1-(n-L/2)^2/(L/2)^2}\right)$

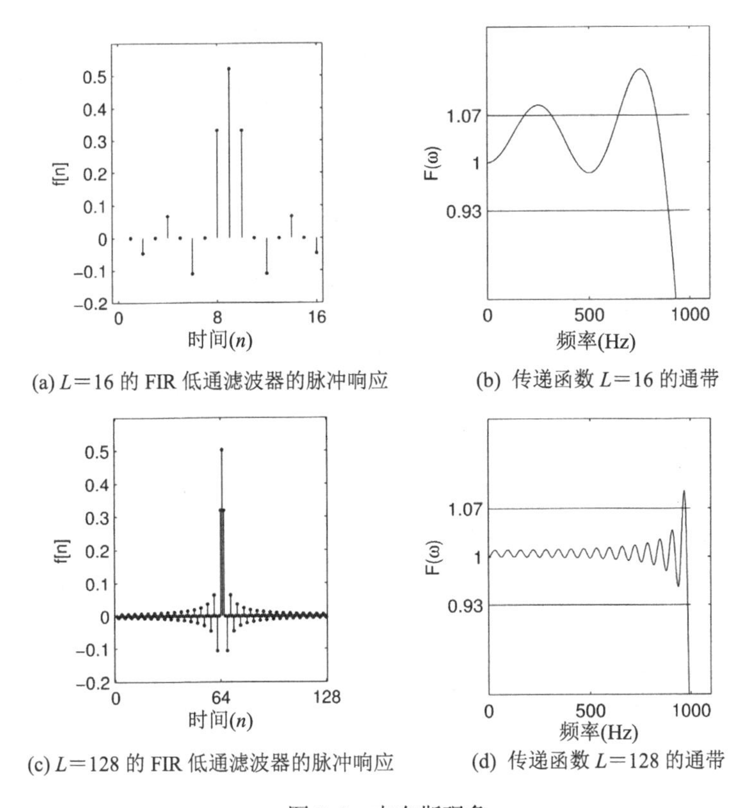

图 3-6　吉布斯现象

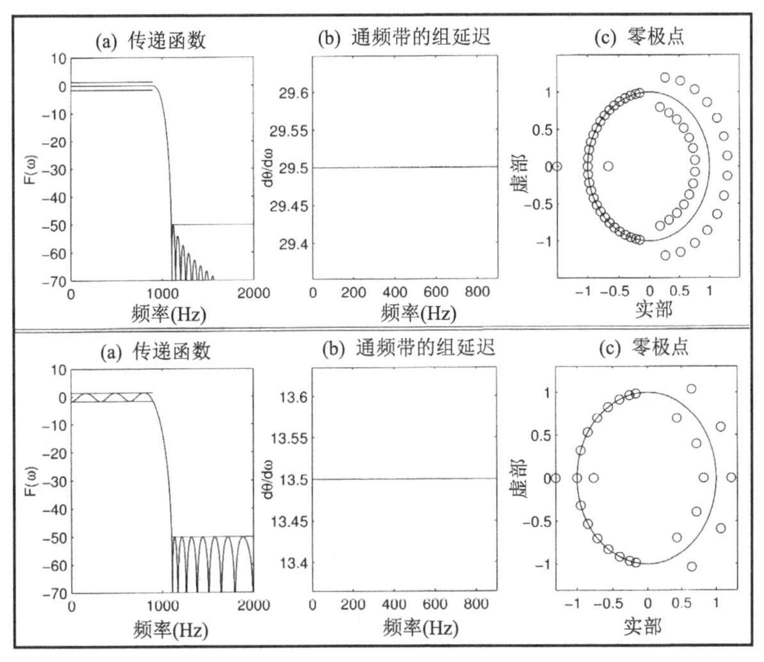

图 3-7　(上)$L=59$ 的凯泽窗函数设计；(下)$L=27$ 的 Parks－McClellan 设计

表 3-2 给出了这些窗函数的一些最重要的参数。

表 3-2 常用窗函数的参数

名　　称	3dB 带宽	第一个零点	最大旁瓣	每一个频程的旁瓣衰减	等价凯泽 β
矩形	$0.89/T$	$1/T$	−13dB	−6dB	0
巴特莱特	$1.28/T$	$2/T$	−27dB	−12dB	1.33
汉宁	$1.44/T$	$2/T$	−32dB	−18dB	3.86
汉明	$1.33/T$	$2/T$	−42dB	−6dB	4.86
布莱克曼	$1.79/T$	$3/T$	−74dB	−6dB	7.04
凯泽	$1.44/T$	$2/T$	−38dB	−18dB	3

表 3-2 中的 3dB 带宽是指传递函数从直流(DC)衰减 3dB，也就是传递函数≈$1/\sqrt{2}$时的带宽。数据窗口也会产生旁瓣，根据到第 0 次谐波的距离，角度也不同。表 3-2 的第 3 列依照窗口的光滑程度给出了在第一个或第二个零 DFT 频率 $1/T$ 处没有零点的一些窗函数。最大旁瓣增益的测量是相对于第 0 次谐波值得到的。第 5 列描述了窗函数每一个频程的渐进减少量。最后一列仿照相应的窗函数属性给出了凯泽窗函数的 β 值。基于一阶贝塞尔函数 I_0 的凯泽窗函数拥有两个特殊的方面。首先，就“振铃”抑制和过渡带宽之间的关系而言，它是近乎完美的，其次就是它可以由 β 调谐，后者决定滤波器的阻尼振荡。可以从下述归于凯泽的方程看出：

$$\beta=\begin{cases}0.1102(A-8.7) & A>50\\ 0.5842(A-21)^{0.4}+0.07886(A-21) & 21\leqslant A\leqslant 50\\ 0 & A<21\end{cases} \tag{3-13}$$

其中 $A=20\lg\varepsilon_r$ 既是阻带衰减，也是通频带波纹的 dB 数。凯泽窗函数要得到一个需要的衰减等级，可以根据如下公式估算：

$$L=\frac{A-8}{2.285(\omega_s-\omega_p)}+1 \tag{3-14}$$

通常的长度误差是±2 个脉冲线。

3.3.2 等波纹设计方法

典型的滤波器规范不仅仅包括通带 ω_p 和阻带 ω_s 的频率以及理想增益的说明，还应该考虑到与期望传递函数之间的允许偏差(或是波纹)。最为常见的就是假定在波纹方面，过渡带是任意的。一类非常有效的符合这些规范的 FIR 滤波器被称作等波纹 FIR 滤波器。等波纹设计协议最小化了与理想传递函数之间的最大偏差(波纹误差)。等波纹算法适用于很多 FIR 设计实例。最为流行的包括：

- 低通滤波器设计(在 MATLAB[3])中用 firpm(N，F，A，W)表示)，公差设计方案如图 3-8(a)所示。
- 希尔伯特滤波器，也就是一种对通带内所有频率都产生 90° 相位偏移的单位幅值滤波器(在 MATLAB 中用 firpm(N，F，A，'Hilbert')表示)。
- 微分滤波器的频率和幅值随着 ω 成正比例线性增加(在 MATLAB 中用 firpm(N，F，A，'differentiator')表示)。

等波纹或极小极大算法通常都采用 Parks-McClellan 迭代方法来实现。可以利用 Parks-McClellan 方法生成适用于频域中的等波纹或极小极大数据。这是根据“交错定理”得来的，交错定理认为存在符合给定公差设计方案的唯一切比雪夫多项式，且该多项式具有最小的长度。图 3-8(a)给出了这一公差设计方案，并且图 3-8(b)给出了满足这一公差方案的多项式。对于低通滤波器，多项式的长度，也就是滤波器的长度，可以根据下面的公式来计算：

$$L=\frac{-10\lg(\varepsilon_p\varepsilon_s)-13}{2.324(\omega_s-\omega_p)}+1 \tag{3-15}$$

其中 ε_p 是通带波纹，ε_s 是阻带波纹。

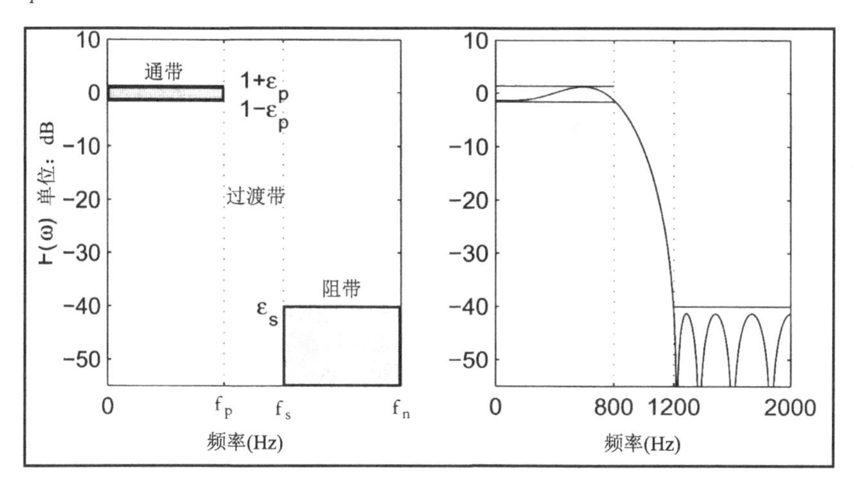

(a) 公差设计方案　　(b) 满足公差设计方案的示例函数

图 3-8　滤波器设计的参数

算法迭代可以发现偏离正常值的局部最大误差的位置，降低每次迭代时最大误差的大小，直到所有的偏离误差都具有相同值。更为常见的是，雷美兹方法经常通过选出两次迭代之间误差曲线上带有最大尖峰的频率集合来选择新频率(请参阅参考文献[88])。这就是为什么过去 MATLAB 中等波纹函数称作雷美兹的缘故(现在因为 Parks-McClellan 方法而重命名为 firpm)。

与直接频率方法相比，不论是否有数据窗口，等波纹设计方法的优点在于通带偏差和阻带偏差都可以分别指定不同的值。例如，这在音频领域中非常有用，通带中的波纹可以规定得更高一些，因为人耳只能够觉察到大于 3dB 的差别。

从图 3-7(下)中可以看到，凯泽窗函数设计能够明显降低滤波器的阶数(也就是 27 与 59

3. 以前的 MATLAB 版本中必须使用 remez 函数。

相比较)，等波纹设计与它一样，也具有同样的公差要求。

3.4 常系数 FIR 设计

仅在极少数应用场合(如自适应滤波器)才需要用到例 3.1 中给出的通用可编程滤波器体系结构。在很多应用场合，滤波器是 LTI(也就是线性时不变，Linear Time Invariant)的，系数不随时间变化。在这种情况下，硬件方面的工作基本可以简化为开发实现 FIR 滤波器算法所需的乘法器和加法器(树)。

利用现成的数字滤波器设计软件，FIR 系数的生成是一个很简单的过程。难点仍旧是将 FIR 设计映射到合适的体系结构中。直接形式或转置形式都根据最大速度和最低资源使用情况而定。网格滤波器用在自适应滤波器中，这是因为滤波器不需要重新计算以前的网格部分就可以沿着某个方向扩展，但是这一功能只适用于 PDSP，而对于 FPGA 则很少采用。所以我们要将注意力集中在直接形式和转置形式的滤波器实现上。首先对直接形式做可行性改进，随后转到转置形式上。本节结尾将讨论采用分布式算法的另一设计方法。

3.4.1 直接 FIR 设计

图 3-1 所示的直接 FIR 滤波器在 VHDL 中使用(顺序)PROCESS 声明或者加法器和乘法器的“元件例化”来实现。PROCESS 设计为合成器提供了更多的自由，而元件例化则可以向设计人员提供全部控制权。为了说明这一点，下面给出一个长度为 4 的 FIR 滤波器作为一个 PROCESS 设计。尽管长度为 4 的 FIR 对于大多数实际应用都太短了，但是它可以很容易地扩展到更高阶，并且其优点是编译时间比较短。假定线性相位(也就是对称)FIR 的脉冲响应如下：

$$f[k]=\{-1.0, 3.75, 3.75, -1.0\} \tag{3-16}$$

这些系数可以直接编码成一个 5 位的小数。例如，3.75_{10} 的 5 位二进制表示方法是 011.11_2，其中“.”表示二进制小数点的位置。注意：通常仅实现正 CSD 系数时会更有效，因为正 CSD 系数具有更少的非零项，所以当计算乘积的累加和时可以将系数的符号考虑进来。还可以参阅算法 3.4 将要讨论的 RAG 算法的第一步。

在实际情况中，FIR 系数可以从计算机设计工具中得到，并且以浮点数的形式提供给设计人员。建立在浮点系数基础之上的定点 FIR 的性能，需要通过仿真或代数分析进行验证，以保证设计规范仍然是令人满意的。在上述示例中，浮点数是 3.75 和 1.0，它们都可以用定点数精确地表示，这种情况下验证环节可以跳过。

当用定点数设计时需要解决的另一个问题就是防止系统动态范围溢出。幸运的是，L 阶 FIR 的动态范围增长率 G 的最坏情况可以很容易地计算出来，它就是：

$$G \leqslant \log_2\left(\sum_{k=0}^{L-1}|f[k]|\right) \tag{3-17}$$

总位宽就是输入位宽与位增长率 G 的位宽之和。对于式(3-16)中的滤波器 $G=\log_2(9.5)<4$，这

说明系统的内部数据寄存器至少需要比输入数据多 4 个以上的整数位才能保证不溢出。如果采用的是 8 位内部运算，输入数据就应该限制在±128/9.5≈±13 之内。

例 3.2　4 抽头直接 FIR 滤波器

系数为{–1, 3.75, 3.75,–1}的滤波器的 VHDL 设计[4]如下：

```
  PACKAGE n_bit_int IS    -- User defined types
    SUBTYPE S8 IS INTEGER RANGE -128 TO 127;
    TYPE A0_3S8 IS ARRAY (0 TO 3) OF S8;
  END n_bit_int;

LIBRARY work;
USE work.n_bit_int.ALL;

LIBRARY ieee;
USE ieee.std_logic_1164.ALL;
USE ieee.std_logic_arith.ALL;
-- --------------------------------------------------------
ENTITY fir_srg IS                         ------> Interface
  PORT (clk   :   IN  STD_LOGIC; -- System clock
        reset :   IN  STD_LOGIC; -- Asynchron reset
        x     :   IN  S8;        -- System input
        y     :   OUT S8);       -- System output
END fir_srg;
-- --------------------------------------------------------
ARCHITECTURE fpga OF fir_srg IS

  SIGNAL tap : A0_3S8;   -- Tapped delay line of bytes

BEGIN

  P1: PROCESS(clk, reset, x, tap)     ------> Behavioral Style
  BEGIN
    IF reset = '1' THEN   -- clear shift register
      FOR K IN 0 TO 3 LOOP
        tap(K) <= 0;
      END LOOP;
      y <= 0;
    ELSIF rising_edge(clk) THEN
  -- Compute output y with the filter coefficients weight.
  -- The coefficients are [-1  3.75  3.75  -1].
  -- Division for Altera VHDL is only allowed for
  -- powers-of-two values!
      y <= 2 * tap(1) + tap(1) + tap(1) / 2 + tap(1) / 4
         + 2 * tap(2) + tap(2) + tap(2) / 2 + tap(2) / 4
         - tap(3) - tap(0);
      FOR I IN 3 DOWNTO 1 LOOP
        tap(I) <= tap(I-1); -- Tapped delay line: shift one
      END LOOP;
    END IF;
    tap(0) <= x;                -- Input in register 0
  END PROCESS;

END fpga;
```

4. 这一示例相应的 Verilog 代码文件 fir_srg.v 可以在附录 A 中找到，附录 B 给出了合成结果。

这一设计是对图 3-1 中直接 FIR 滤波器体系结构的文字解释，这种设计对对称滤波器和非对称滤波器都适用。抽头延迟线的每个抽头的输出分别乘以相应加权的二进制值，再将结果相加。对应脉冲 10 的滤波器脉冲响应 y 如图 3-9 所示。

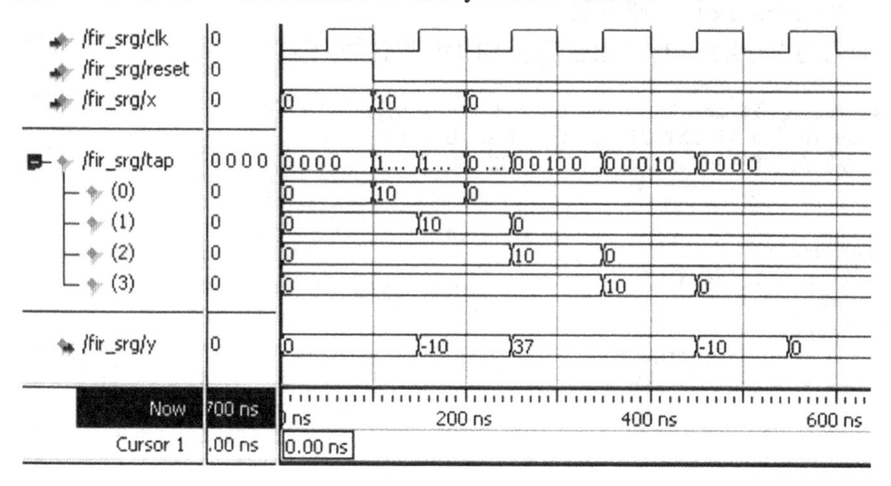

图 3-9　脉冲输入为 10 时 FIR 滤波器的 VHDL 仿真结果

有 3 种显而易见的措施可以改进这一设计：

1) 用优化的 CSD 编码(请参阅第 2 章例 2.1)实现每个滤波器系数。

2) 通过流水线技术来提高有效的乘法器速度。输出加法器应该排列在流水线级平衡树中。如果系数被编码成“2 的幂”的形式，流水线乘法器和加法器树就可以合并。因为通常情况下，不使用 LE 寄存器，所以流水线技术具有较低的开销。如果在树中相加项的数目不是“2 的幂”的形式，那么有可能需要少量额外的流水线寄存器。

3) 如果是对称系数，乘法的复杂性可以降低到如图 3-5 所示的程度。

前两项措施适用于所有 FIR 寄存器，第三项措施只适用于线性相位(对称)滤波器。下面通过设计示例来说明这些思想。

例 3.3　改进的 4 抽头直接 FIR 滤波器

前面示例可以通过对系数采用 CSD 编码而改进设计，就是 $3.75=2^2-2^{-2}$。此外还可以采用对称和流水线来提高滤波器的性能。表 3-3 给出了每种不同设计所期望的最大吞吐量。CSD 编码与对称性有助于得到更简洁、更紧凑的设计。对已有性能的提升可以通过流水线技术处理乘法器，并为输出累加提供一个加法器树来实现，只是需要两个额外的流水线寄存器(也就是 16 个 LE)。最为紧凑的设计是采用对称性和 CSD 编码，并且不使用加法器树。生成滤波器输出 y 的部分 VHDL 代码如下：

```
t1 <= tap(1) + tap(2); -- Using symmetry
t2 <= tap(0) + tap(3);
IF rising_edge(clk) THEN
  y <= 4 * t1 - t1 / 4 - t2; Apply CSD code and add
...
```

表 3-3　改进的 FIR 滤波器

对称性	否	是	否	否	是	是
CSD	否	否	是	否	是	是
树	否	否	否	是	否	是
速度/MHz	86.31	154.66	106.62	234.85	149.86	243.01
规模/LE	117	98	64	146	57	82

最快速的设计可以通过采用所有三种提高措施来实现。在这种情况下，部分 VHDL 代码变成如下形式：

```
WAIT UNTIL clk = '1';  -- Pipelined all operations
t1 <= tap(1) + tap(2); -- Use symmetry of coefficients
t2 <= tap(0) + tap(3); -- and pipeline adder
t3 <= 4 * t1 - t1 / 4; -- Pipelined CSD multiplier
t4 <= -t2;             -- Build a binary tree and add delay
y <=  t3 + t4;
...
```

练习 3.7 将更详细地讨论滤波器的实现。

直接形式的流水线 FIR 滤波器

有时，单个系数要比其他所有系数的流水线延迟都多。可以用 $f[n]z^{-d}$ 来模拟这种延迟。如果现在加上一个正延迟：

$$f[n]= z^{d}\ f[n]z^{-d} \tag{3-18}$$

两个延迟就可以相互抵消了。将此转换成硬件形式意味着对于直接形式的 FIR 滤波器，必须使用寄存器前面第 d 个位置的输出。

这一原则如图 3-10(a)所示。图 3-10(b)给出了具有两个延迟的重相位流水线乘法器的一个示例。

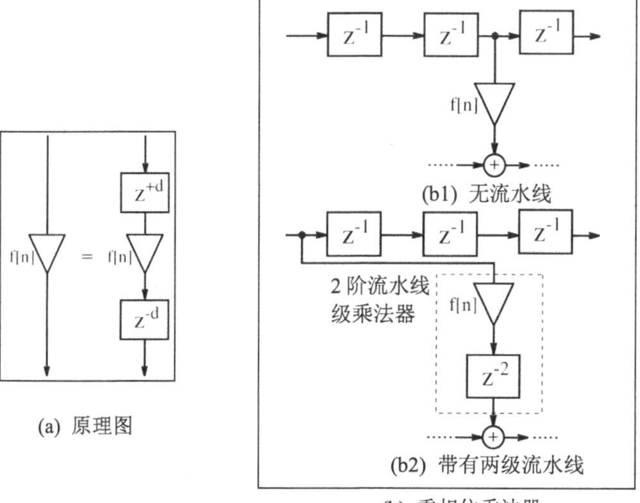

图 3-10　重相位 FIR 滤波器

3.4.2 具有转置结构的 FIR 滤波器

直接 FIR 滤波器的一种变形称为转置滤波器，这已经在 3.2.1 节讨论过。就常系数滤波器而言，与直接 FIR 滤波器相比，转置滤波器在以下两个方面有所改进：

- 重复系数的多重使用，采用了简化加法器图(Reduced Adder Graph, RAG)算法[36~39]
- 流水线加法器采用的是进位保存加法器

流水线加法器可以提高速度，但是需要额外的加法器和寄存器成本，而 RAG 原理会降低滤波器的规模(也就是 LE 的数量)，而且有时也会提高速度。第 2 章讨论过流水线加法器的原理，这里将集中研究 RAG 算法。

在第 2 章提到与直接实现 CSD 编码相比，常系数因子的实现通常更容易一些。例如，要实现 CSD 编码常数乘法器系数 93，需要 3 个加法器，而因子 3×31 只需要两个加法器，请参阅图 2-3。对于转置 FIR 滤波器，所有系数具有几个相同因子的可能性很高。例如，系数 9 和 11，可以用 8+1 构成 9，用 9+2 构成 11。这样就将总工作量降低到一个加法器。但是，通常找到最优简化加法器图(RAG)是一个 NP 难题，最终还要依靠直观判断。Dempster 和 Macleod 首先提出的 RAG 算法如参考文献[38]所述。

算法 3.4　简化加法器图

(1) 将输入集合中的所有系数简化成正奇基数(Odd Fundamental, OF)。
(2) 利用 MAG 表 2-3 计算每个系数的单系数加法器成本。
(3) 删除输入集合中所有 2 的幂的值和重复的基数。
(4) 创建一个能用一个加法器构造的所有系数的图集。从输入集合中删除这些系数。
(5) 检查图集中是否有一对基数可以用一个加法器在输入集合中生成一个系数。
(6) 重复步骤(5)，直到没有系数添加到图集中为止。

以上就完成了该算法的部分优化，接下来是算法的启发部分：

(7) 从输入集合及其最小 NOF 中添加一个最小系数需要两个加法器(如果需要的话)。OF 和 NOF(也就是辅助系数)需要两个使用图集中基数的加法器。
(8) 因为步骤(7)中的两个新基数可以用于构造输入集合中的其他系数，所以返回到步骤(5)。
(9) 将最小加法器成本为 3 或更高的 OF 添加到图集中并为这一系数使用最小 NOF 累加和。
(10) 返回步骤(5)，直到所有系数都已合成。

虽然步骤(1)~(6)很简单，但步骤(7)~(10)就可能比较复杂，因为理论上图的数量是呈指数增加的。为了简化这一过程，使用表 2-3 给出的 MAG 编码数据会有所帮助。接下来简要回顾一下乍看起来不是很明显的 RAG 步骤。

在第(1)步中将所有系数都简化为正奇基数(也就是将 2 的幂因子从每个系数中删除)，这一步将部分和的数量最大化，系数的负号在滤波器的输出加法器 TAP 中实现。这样两个系数–7 和 28= 4×7 可以实现合并。除了所有系数都为负数的极端情况以外，这种方法很有效，否则就需要在滤波器输出上添加符号取反运算。

在第(5)步中考虑两个扩展基数的总和。可能还需要做一次除法，也就是 $g = (2^u f_1 \pm 2^v f_2)/2^w$。注意：乘以或除以 2 的运算可以通过左移或右移分别实现，即它们不需要硬件资源。例如，系数集{7,105,53}的 MAG 编码分别需要 1 个、2 个和 3 个加法器。在 RAG 中，这一集合可以合成为：7=8–1；105=7×15；53=(105+1)/2，只需要 3 个加法器，不过还需要一次除法/右移运算。

在第(7)步中，添加了一个成本为 2 的加法器系数，该算法选择名为非输出基数(Non-Output Fundamental, NOF)的具有最小值的辅助系数。这样处理是有根据的：额外的小 NOF 会比更大的 NOF 产生更多的额外系数。例如，假定需要增加系数 45，必须确定使用哪一个 NOF 值。NOP LUT 列出了可能的 NOF 值，如 3、5、9 或 15。现在需要论证的是，是否选取 3，如果选 3，与其他 NOF 相比，会生成更多的系数，因为从 NOF 3 不需要额外的工作就可以生成 3、6、12、24、48 等系数。例如，如果选 15，生成的 NOF 系数就是 15、30、45，依此类推，显然生成的系数要比 NOF 3 少很多。

为了说明 RAG 算法，下面研究 Goodman 和 Carey[89]定义的 F6 半带 FIR 滤波器的系数编码。

例 3.5　F6 半带滤波器的简化加法器图

F6 半带滤波器有 4 个非零系数，记作 $f[0]$、$f[1]$、$f[3]$和 $f[5]$，它们分别是 346、208、–44 和 9。为了快速估算成本，将十进制值(下标为 10)转换成二进制(下标为 2)表示方法，并查询表 2-3 的系数成本，过程如下：

	$f[k]$			成本
$f[0] = 346_{10}$	$= 2\times 173$	=	101011010_2	4
$f[1] = 208_{10}$	$= 2^4\times 13$	=	11010000_2	2
$f[3] = -44_{10}$	$= -2^2\times 11$	=	-101100_2	2
$f[5] = 9_{10}$	$= 3^2$	=	1001_2	1
	总和			9

直接 CSD 编码实现需要 9 个加法器，RAG 算法的处理方式如下：

步骤	要实现的	已实现的措施	操作
(0)	{346,208,–44,9}	{–}	初始化
(1a)	{346,208,44,9}	{–}	非负系数
(1b)	{173, 13, 11,9}	{–}	删除 2^k 因子
(2)	{173,13,11,9}	{–}	查找系数的成本：{3, 2, 2, 1}
(3)	{173,13,11,9}	{–}	从集合中删除成本为 0 的系数
(4)	{173,13,11}	{9}	实现花费 1 个单位的成本的系数：9 = 8+1
(5)	{173,13,11}	{9, 11, 13}	构造 11 = 9+2 和 13 = 9+4

对剩余的系数进行直观判断，由最低成本和最小值的系数开始，具体如下：

步骤	实现	已实现的	寻找表达式的措施
(7)	{–}	{9,11,13,173}	添加 NOF 3: 173=11×16–3

图 3-11 给出了对应的简化加法器图。加法器的数量从 9 降到 5，加法器的路径延迟也从 4 降到 3。

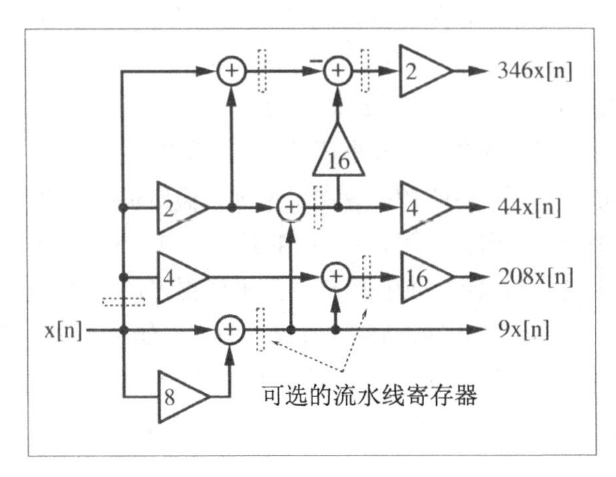

图 3-11　应用 RAG 算法的 F6 的实现

实现算法优化的程序 ragopt.exe 可以在本书学习资料的 util 目录下找到，与最初的算法相比，这些年来只出现了一些进行微小改进的版本[90]。

- 目前使用的 MAG LUT 表已扩展到 14 位(Gustafsson 等人[91]实际上已将成本表扩展到 19 位，但没有保留基数表)，并且计算最小 NOF 累加和时考虑所有 32MAG 加法器成本为 4 的图。在 14 位内只有两个系数(即 14709 和 15573)的成本是 5，只要这些系数不被用到，计算得到的最小 NOF 累加和列表将是 RAG-95 系列中最优的。
- 在第(7)步中考虑所有加法器成本为 2 的图。这样的图有三种，分别为：单个基数后跟一个加法器成本为 2 的因子、两个基数的和，以及一个加法器成本为 1 的因子或三个基数的和。
- 最后的改进是基于加法器成本为 2 的选项，当必须实现多个加法器成本为 2 的系数时，在 RAG-95 算法中通常生成次最优结果。下面将解释原因。通过统计学观察，最小 NOF 的选择可能会产生次最优结果。例如对于系数集{13,59,479}，RAG-95 使用的最小 NOF 值为{3,5,7}，因为 13=4×3+1；59=64–5；479=59×8+7，结果是 6 个加法器组成的一幅图。如果选择 NOF{15}，那么所有系数(13=15–2;59=15×4–1;479=15×32–1)均有改进，并且 RAG-5 只需要 4 个加法器，提高了 30%。所以，与其为最小加法器成本为 2 的系数选择最小 NOF，不如为所有加法器成本为 2 的系数寻找最佳 NOF。

这些修正在 RAG-05 算法中得以实现，而最初的 RAG 根据算法的发表年份命名为 RAG-95。

尽管 RAG 算法已使用了很长时间，但直到最近在参考文献[90]中才有大量可靠基准数据可供验证和复现。例如，在 Wang 和 Roy 近期的论文[92]中，60%的 RAG 比较数据被声明为“未知”。基准应涵盖实际应用中的滤波器——广泛发表或容易计算的滤波器，而随机生成任意多个滤波器系数：(a)不能为第三方所验证，(b)无实际相关性(尽管在很多出版物中用到)，用处不会太大。RAG 基准的问题是启发式部分随具体的软件实现或 NOF 表的不同而给出不同结果。此外，由于某些滤波器相当长，因此在很多情况下列出整个 RAG 的某个基准也是不现实的。因此，建议使用基于下面等价变换的基准(请记住输出基数的数量等于所需加法器的数量)：

定理 3.6　RAG 等价变换

设 S_1 为 RAG 算法合成的系数集，F_1 为输出基数集，N_1 为非输出基数集(也就是内部辅助系数)。如果所用系数集 S_2 包含第一个集合中的输出基数和非输出基数，即 $S_2= F_1 \cup N_1$，那么合成的 RAG 是一致的。

证明： 假设 S_2 是通过 RAG 算法合成的。现在所有基数都可以通过一个加法器合成，因为所有基数都是在算法的优化部分合成的。这样对于这个基数集使用的加法器的最小数量是 $C_2=\#F_1+\#N_1$。如果现在假设 S_1 是合成的，生成的基数(输出和非输出)与集合 S_2 相同，那么最终的 RAG 也使用最小数量的加法器。由于两者均使用最小数量的加法器，因此它们必然等价。

定理 3.6 的一个推论是图可以分为(可以确定的)优化图和启发式图。优化图的 NOF 不超过一个，而启发式图则有多个 NOF。只需要通过一个 NOF 列表就能够描述一个唯一的 OF 图。如果将这一 NOF 添加到系数集中，那么所有的 OF 都可以通过算法的优化部分合成，并且很容易编程。本书学习资料的 util 目录下的 ragopt.exe 程序实现了算法的优化部分。表 3-4 给出了一些示例基准。第一列是滤波器名称，随后是滤波器长度 L 和最大系数的位宽 B。其后是 CSD 编码和公用子表达式(Common Sub-Expression，CSE)编码的参考加法器数据。练习 3.4 和练习 3.5 将详细研究 CSE 编码的思想。注意，所提供的 CSD 加法器的数量已经利用了系数对称性的优点，也就是 $f(k)=f(L-k)$。CSE 所需加法器数据取自参考文献[92]。对于 RAG 算法，表 3-4 还列出了 RAG-2005 的输出基数(Output Fundamental，OF)和非输出基数(Non-Output Fundamental，NOF)。可以看到 OF 的数量已经远小于滤波器长度 L。第 8 列给出了 RAG-2005 改进版所需的加法器数量。最后一列给出了通过 RAG 算法的优化部分合成 RAG 滤波器所需的 NOF 值，RAG 算法的优化部分是本书学习资料里 util 目录下 ragopt.exe[5] 程序的基础。ragopt.exe 程序应用 MAG LUT mag14.dat 确定 MAG 成本并生成两个输出文件：包含滤波器数据的 firXX.dat 和具有 RAG-n 系数等式的 ragopt.pro。以 Build 开头的代码行中的 grep 命令生成构造 RAG-n 图所需的等式。

从 Samueli[93]以及 Lim 和 Parker[94]的文献的示例中可以看到所有生成的优化 RAG 结果，也就是一个 NOF 的最大值。需要特别注意相对于 CSD 和 CSE 加法器而言，RAG 对

5. 需要先将程序复制到硬盘上，然后再运行该程序。

长滤波器的改进。选自 Goodman 和 Carey 的半带滤波器集的滤波器 F5~F9 采用 RAG-05 算法，得到优于 RAG-95 的结果(请参阅表 5-3)。由于滤波器是低通的，也就是在双边逐渐光滑地趋于零，因此 Samueli 以及 Lim 和 Parker 的基准数据非常适用于 RAG，并提高了输出成本为 1 的基数的可能性。第 6 章将会详细讨论 DFT 系数更复杂的 RAG 设计。

表 3-4 低通滤波器的 CSD、CSE 和 RAG 算法所需加法器的数量

(原型滤波器由 Goodman 和 Carey[89]、Samueli[93]以及 Lim 和 Parker[94]设计)

滤波器名称	*L*	*B*	CSD 加法器	CSE 加法器	#OF	#NOF	RAG-05 加法器	NOF 值
F5	11	8	6	—	3	0	3	—
F6	11	9	9	—	4	1	5	3
F7	11	9	7	—	3	1	4	23
F8	15	10	10	—	5	2	7	11、17
F9	19	13	14	—	5	2	7	13、1261
S1	25	9	11	6	6	0	6	—
S2	60	14	57	29	26	0	26	—
L1	121	17	145	57	51	1	52	49
L2	63	13	49	23	22	0	22	—
L3	36	11	16	5	5	0	5	—

流水线 RAG FIR 滤波器

在 RAG 中，由于运行多个加法器时存在逻辑时延，因此即使对于小规模的图而言，所设计的寄存器性能也不是很高。为改进寄存器性能，可以利用嵌入在每个 LE 中的寄存器(正常情况下用不到它们)。这样，放置在加法器输出端的单个寄存器就不需要额外的逻辑资源。但通过移动寄存器输入字实现的 2 的幂一类的系数需要一个额外的寄存器，该寄存器并不包括在零流水线设计中。这种设计已有一个流水线级，相对于无流水线设计，速度提升了 50%，请参阅表 3-5(流水线级为 1)。对于完整流水线设计，需要加法器的每个输入路径具有相同时延。对于 F6 设计，需要构造：

$x9 \leqslant 8x+x$；时延为 1

$x11 \leqslant x9+2xz^{-1}$；时延为 2

$x13 \leqslant x9+4xz^{-1}$；时延为 2

$x3 \leqslant x\,z^{-1}+2xz^{-1}$；时延为 2

$x173 \leqslant 16x11-x3$；时延为 3

也就是说，输入 x 需要一个额外的流水线寄存器和三个流水线级的最长时延。流水线图如图 3-11 所示，虚线部分的寄存器是有效的。现在 RAG 中的系数都是完全流水线的。需要注意系数的不同时延。主要有两个解决方案：为所有系数的输出增加一个额外的时延，从而使所有系数具有相同时延(对于 F6 滤波器是 3)，这样就不需要改变输出抽头延迟线结

构；另一个方案是使用流水线重定时，也就是乘法器输出需要根据其流水线级在抽头延迟线中进行调整。这种方法类似于直接 FIR 滤波器(请参阅图 3-10)中根据延迟调整系数加法器的位置，如图 3-12 所示。可以看到，为构造只有两个输入的加法器，就需要使用一个额外的寄存器来延迟 x13 系数。

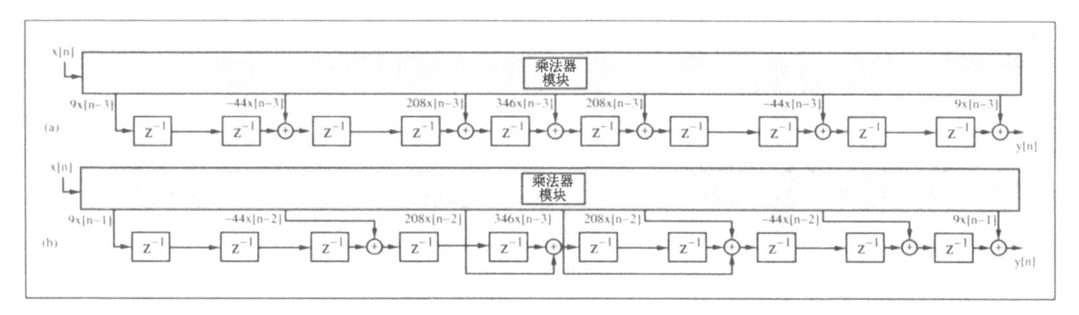

图 3-12　通过流水线重定时的 F6 RAG 滤波器

表 3-5　RAG 算法的 F6 流水线解决方案

流 水 线 级	LE	F_{max}(MHz)	成本(LE/F_{max})
0	224	152.7	1.47
1	237	199.76	1.19
最大值	254	319.49	0.79
增益(0/最大值)	-13%	109%	86%

表 3-5 显示，对于该半带滤波器设计，流水线重定时的合成结果比无流水线设计的运行速度提升了大约两倍，而所用 LE 增加不多(13%)。按 LE/F_{max} 计算的总成本得到改善，因而推荐采用全流水线设计。

3.4.3　采用分布式算法的 FIR 滤波器

这种完全不同的 FIR 滤波器体系结构建立在 2.8.1 节中介绍的分布式算法(Distributed Arithmetic，DA)概念的基础上。与传统的乘积–求和体系结构相比，分布式算法总是计算一个步骤中所有系数的具体位 b 的乘积和。这种计算只需要一个小表和一个附带移位器的累加器。带符号的 DA 滤波器需要带符号的累加器。可以通过研究第 2 章的例 2.25 中 3 个系数{1, −3, 7}的 FIR 滤波器来说明该问题。

例 3.7　有符号 DA FIR 滤波器

有符号 DA 滤波器需要一个额外的状态，参见处理符号位的变量 count。下述 VHDL[6]代码演示了有符号 DA 滤波器的实现过程：

6. 这一示例相应的 Verilog 代码文件 dasign.v 可以在附录 A 中找到，附录 B 中给出了合成结果。

```
LIBRARY ieee; USE ieee.std_logic_1164.ALL;

PACKAGE n_bits_int IS          -- User defined types
  SUBTYPE U3 IS INTEGER RANGE 0 TO 7;
  SUBTYPE S4 IS INTEGER RANGE -8 TO 7;
  SUBTYPE S7 IS INTEGER RANGE -64 TO 63;
  SUBTYPE SLV4 IS STD_LOGIC_VECTOR(3 DOWNTO 0);
END n_bits_int;

LIBRARY work;
USE work.n_bits_int.ALL;

LIBRARY ieee;                  -- Using predefined packages
USE ieee.std_logic_1164.ALL;
USE ieee.std_logic_arith.ALL;

ENTITY dasign IS                         ------> Interface
  PORT (clk   : IN STD_LOGIC;    -- System clock
        reset : IN STD_LOGIC;    -- Asynchronous reset
        x0_in : IN SLV4;         -- First system input
        x1_in : IN SLV4;         -- Second system input
        x2_in : IN SLV4;         -- Third system input
        lut   : OUT S4;          -- DA look-up table
        y     : OUT S7);         -- System output
END dasign;

ARCHITECTURE fpga OF dasign IS

  COMPONENT case3s      -- User defined components
    PORT ( table_in : IN  STD_LOGIC_VECTOR(2 DOWNTO 0);
           table_out : OUT INTEGER RANGE -2 TO 4);
  END COMPONENT;

  TYPE STATE_TYPE IS (ini, run);
  SIGNAL state       : STATE_TYPE;
  SIGNAL table_in    : STD_LOGIC_VECTOR(2 DOWNTO 0);
  SIGNAL x0, x1, x2  : SLV4;
  SIGNAL table_out   : INTEGER RANGE -2 TO 4;

BEGIN

  table_in(0) <= x0(0); -- Connect register to look-up table
  table_in(1) <= x1(0);
  table_in(2) <= x2(0);

  P1:PROCESS (reset, clk)    ------> DA in behavioral style
    VARIABLE  p : S7;      -- Temporary product register
    VARIABLE count : U3;   -- Counter for shifts
  BEGIN
    IF reset = '1' THEN               -- asynchronous reset
      state <= ini;
      x0 <= (OTHERS => '0');
      x1 <= (OTHERS => '0');
      x2 <= (OTHERS => '0');
      p := 0; y <= 0;
    ELSIF rising_edge(clk) THEN
    CASE state IS
      WHEN ini =>          -- Initialization step
        state <= run;
        count := 0;
        p := 0;
        x0 <= x0_in;
```

```
        x1 <= x1_in;
        x2 <= x2_in;
      WHEN run =>           -- Processing step
        IF count = 4 THEN -- Is sum of product done?
          y <= p;       -- Output of result to y and
          state <= ini; -- start next sum of product
        ELSE
          IF count = 3 THEN            -- Subtract for last
          p := p / 2 - table_out * 8; -- accumulator step
          ELSE
          p := p / 2 + table_out * 8;  -- Accumulation for
          END IF;                      -- all other steps
            FOR k IN 0 TO 2 LOOP    -- Shift bits
              x0(k) <= x0(k+1);
              x1(k) <= x1(k+1);
              x2(k) <= x2(k+1);
            END LOOP;
          count := count + 1;
          state <= run;
        END IF;
    END CASE;
    END IF;
  END PROCESS;

  LC_Table0: case3s
    PORT MAP(table_in => table_in, table_out => table_out);

  lut <= table_out; -- Extra test signal

END fpga;
```

如第 2 章所述，使用了一个移位/累加器。移位/累加器每一步只右移 1 个位置，而不是左移 k 个位置。LE 表(由 case3s.vhd 构成)由 dagen.exe 程序生成。VHDL[7]代码如下：

```
LIBRARY ieee;
USE ieee.std_logic_1164.ALL;
USE ieee.std_logic_arith.ALL;

ENTITY case3s IS
  PORT ( table_in  : IN   STD_LOGIC_VECTOR(2 DOWNTO 0);
         table_out : OUT  INTEGER RANGE -2 TO 4);
END case3s;

ARCHITECTURE LEs OF case3s IS
BEGIN

-- This is the DA CASE table for
-- the 3 coefficients: -2, 3, 1
-- automatically generated with dagen.exe -- DO NOT EDIT!

  PROCESS (table_in)
```

7. 这一示例相应的 Verilog 代码文件 case3s.v 可以在附录 A 中找到，附录 B 给出了合成结果。

```
  BEGIN
    CASE table_in IS
      WHEN  "000" =>    table_out <=  0;
      WHEN  "001" =>    table_out <=  -2;
      WHEN  "010" =>    table_out <=  3;
      WHEN  "011" =>    table_out <=  1;
      WHEN  "100" =>    table_out <=  1;
      WHEN  "101" =>    table_out <=  -1;
      WHEN  "110" =>    table_out <=  4;
      WHEN  "111" =>    table_out <=  2;
      WHEN   OTHERS  =>    table_out <=  0;
    END CASE;
  END PROCESS;
END LEs;
```

图 3-13 给出了输入序列{1, −3,7}的仿真结果。该仿真还给出了 clk、reset、state 和 count 信号，以及 4 个输入信号，还有为了寻址预存的 DA LUT 而从输入字中选出的 3 个位。LUT 输出值{2, 1, 4, 3}经过加权和累加生成最终的输出值 $y = 2 + 1\times2 + 4\times4 - 3\times8 = -4$。这一设计使用了 52 个 LE，无嵌入式乘法器，时序电路性能 F_{max}=258.4MHz，使用了 TimeQuest 缓慢 85C 模型。

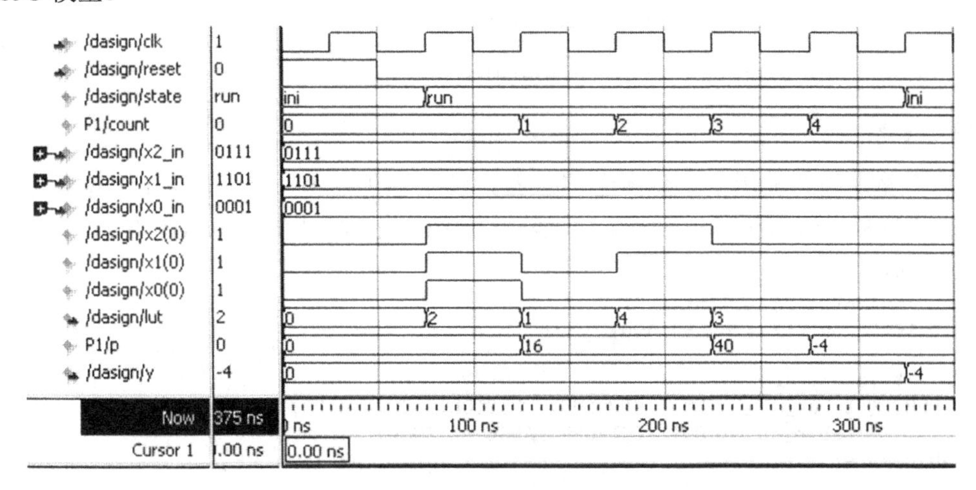

图 3-13　3 抽头有符号 FIR 滤波器在输入{1,−3,7}时的仿真结果

通过利用 CASE 声明来定义分布式算法表，合成器可以使用逻辑单元来实现 LUT。如果表比较小，就可以生成快捷有效的设计。对于较大的表，必须找到替代方法。在此情况下，可以使用 9-kbit 嵌入式存储模块(Embedded Memory Block(M9K)，第 1 章讨论过)，将 M9K 设置成 $2^{10}\times9$、$2^{11}\times4$、$2^{12}\times2$ 或是 $2^{13}\times1$ 的表。下面会详细地讨论这些设计。

采用逻辑单元的分布式算法

对于低阶情形，由于 LUT 地址空间受限(如 $L\leqslant 4$)，因此 FIR 滤波器的 DA 实现非常具有吸引力。应该记住，无论如何，FIR 滤波器都是线性滤波器。这就意味着低阶滤波器输出的集合可以相加，并由此定义一个高阶 FIR 滤波器的输出，如图 2-40 所示。建立在 Cyclone IV 器件基础上的 LE，也就是 $2^4\times 1$ 位的表，可以实现 4 个系数的 DA 表。所需 LE 的数量随着阶数呈指数增加。通常，LE 的数量要比 M9K 的数量多得多。例如，虽然 EP2C115 包含 115K 个 LE，但是只包含 432 个 M9K。而且 M9K 还可以用来非常有效地实现 RAM 和 FIFO，以及其他高值函数。因此有时候要节约使用 M9K。另一方面，如果要实现的设计采用了更大的表和 $2^b\times b$ 的 CASE 语句，那么可能会导致无效的设计。例如，只用一个 VHDL CASE 声明实现 $2^9\times 9$ 的流水线表，需要超过 100 个 LE。图 3-14 给出了使用由 dagcn.cxc 实用程序的 CASE 语句生成的具有 3 至 9 位输入和输出的表所需 LE 的数量。

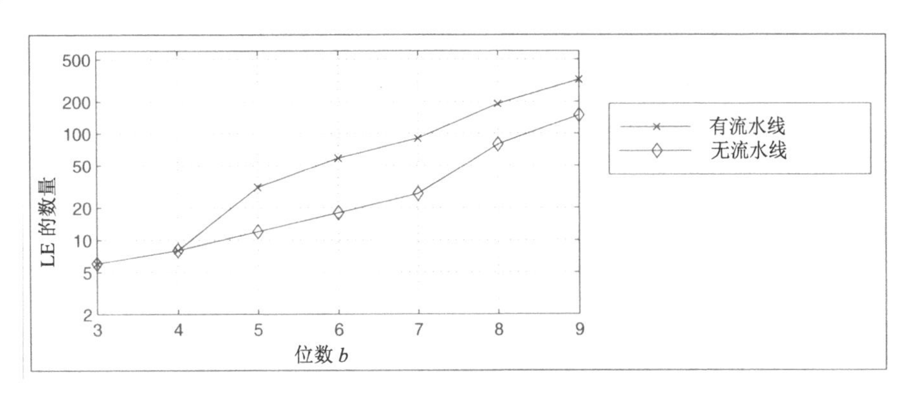

图 3-14 不同编码方式下采用带有 b 位输入和输出 CASE 语句的合成结果的规模比较

另一个解决方案是只通过 CASE 语句使用 4 输入 LUT 的设计，并实现多于 4 个输入的表，额外的(二进制树)多路复用器只用到 2→1 多路复用器。在这一模型中，为模块设计添加额外的流水线寄存器很简单。为了获得最大速度，必须在每个 LUT 和 2→1 多路复用器后引入一个寄存器。与一个大型 LUT 的最小化相比，很可能产生更高的 LE 计数[8]。下面的示例就说明了一个 5 输入表的结构。

例 3.8 5 输入 DA 表

对于带有多路复用器的 4 输入 CASE 表，dagen.exe 实用程序接受其滤波长度和系数，并返回需要的 PROCESS 声明。下面的程序清单给出了对应一个任意系数集合{1,3,5,7, 9}的 VHDL 代码[9]输出：

8. 据报告，16:1 多路复用器具有 11 个 LE，而树型结构中的 2:1 多路复用器需要 8+4+2+1=15 个 LE[34]。
9. 这一示例相应的 Verilog 代码文件 case5p.v 可以在附录 A 中找到，附录 B 给出了合成结果。

```
LIBRARY ieee;
USE ieee.std_logic_1164.ALL;
USE ieee.std_logic_arith.ALL;

ENTITY case5p IS
       PORT ( clk       : IN  STD_LOGIC;
              table_in  : IN  STD_LOGIC_VECTOR(4 DOWNTO 0);
              table_out : OUT INTEGER RANGE 0 TO 25);
END case5p;

ARCHITECTURE LEs OF case5p IS

  SIGNAL lsbs : STD_LOGIC_VECTOR(3 DOWNTO 0);
  SIGNAL msbs0 : STD_LOGIC_VECTOR(1 DOWNTO 0);
  SIGNAL table0out00, table0out01 : INTEGER RANGE 0 TO 25;

BEGIN

-- These are the distributed arithmetic CASE tables for
-- the 5 coefficients: 1, 3, 5, 7, 9
-- automatically generated with dagen.exe -- DO NOT EDIT!

  PROCESS
  BEGIN
    WAIT UNTIL clk = '1';
    lsbs(0) <= table_in(0);
    lsbs(1) <= table_in(1);
    lsbs(2) <= table_in(2);
    lsbs(3) <= table_in(3);
    msbs0(0) <= table_in(4);
    msbs0(1) <= msbs0(0);
  END PROCESS;

  PROCESS       -- This is the final DA MPX stage.
  BEGIN         -- Automatically generated with dagen.exe
    WAIT UNTIL clk = '1';
    CASE msbs0(1) IS
      WHEN  '0' =>    table_out <=  table0out00;
      WHEN  '1' =>    table_out <=  table0out01;
      WHEN   OTHERS  =>     table_out <=  0;
    END CASE;
  END PROCESS;

  PROCESS       -- This is the DA CASE table 00 out of 1.
  BEGIN         -- Automatically generated with dagen.exe
```

```
    WAIT UNTIL clk = '1';
    CASE lsbs IS
      WHEN  "0000" =>    table0out00 <=  0;
      WHEN  "0001" =>    table0out00 <=  1;
      WHEN  "0010" =>    table0out00 <=  3;
      WHEN  "0011" =>    table0out00 <=  4;
      WHEN  "0100" =>    table0out00 <=  5;
      WHEN  "0101" =>    table0out00 <=  6;
      WHEN  "0110" =>    table0out00 <=  8;
      WHEN  "0111" =>    table0out00 <=  9;
      WHEN  "1000" =>    table0out00 <=  7;
      WHEN  "1001" =>    table0out00 <=  8;
      WHEN  "1010" =>    table0out00 <=  10;
      WHEN  "1011" =>    table0out00 <=  11;
      WHEN  "1100" =>    table0out00 <=  12;
      WHEN  "1101" =>    table0out00 <=  13;
      WHEN  "1110" =>    table0out00 <=  15;
      WHEN  "1111" =>    table0out00 <=  16;
      WHEN   OTHERS   =>    table0out00 <=  0;
    END CASE;
  END PROCESS;

  PROCESS      -- This is the DA CASE table 01 out of 1.
  BEGIN        -- Automatically generated with dagen.exe
    WAIT UNTIL clk = '1';
    CASE lsbs IS
      WHEN  "0000" =>    table0out01 <=  9;
      WHEN  "0001" =>    table0out01 <=  10;
      WHEN  "0010" =>    table0out01 <=  12;
      WHEN  "0011" =>    table0out01 <=  13;
      WHEN  "0100" =>    table0out01 <=  14;
      WHEN  "0101" =>    table0out01 <=  15;
      WHEN  "0110" =>    table0out01 <=  17;
      WHEN  "0111" =>    table0out01 <=  18;
      WHEN  "1000" =>    table0out01 <=  16;
      WHEN  "1001" =>    table0out01 <=  17;
      WHEN  "1010" =>    table0out01 <=  19;
      WHEN  "1011" =>    table0out01 <=  20;
      WHEN  "1100" =>    table0out01 <=  21;
      WHEN  "1101" =>    table0out01 <=  22;
      WHEN  "1110" =>    table0out01 <=  24;
      WHEN  "1111" =>    table0out01 <=  25;
      WHEN   OTHERS   =>    table0out01 <=  0;
    END CASE;
  END PROCESS;
END LEs;
```

5 个输入生成 2 个 CASE 表和 1 个 2→1 总线多路复用器。多路复用器也可以由使用 LPM 的 busmux 函数通过元件例化来实现。dagen.exe 程序输出一个名为 caseX.vhd 的 VHDL 文件，其中 X 是滤波器的长度，也是输入位宽。caseXp.vhd 文件除了带有额外的流水线寄存器以外，也是同样的表。该元件可以直接用在状态机设计或开环的滤波器结构中。

参照图 3-14，可以看到结构化的 VHDL 代码改善了所需的 LE 数量。图 3-15 就速度方面对不同设计方法进行了比较。注意 busmux 函数生成的 VHDL 代码允许以近乎 M9K 两倍的速度运行所有流水线设计。无流水线级时，虽然合成工具可以从根本上降低 LE 的数量，但也降低了时序电路性能，而且还是用 busmux 函数设计的。合成工具不能以同样

方式优化一个(大型)case 语句。尽管采用 8 级流水线实现了一个 $2^9\times9$ 的表，获得了很高的时序电路性能，但设计本身过于庞大而不能适用于某些应用场合。还可以考虑采用图 2-39 中给出的分区技术(练习 3.6)，或者利用下面将要讨论的一个 M9K 来实现。

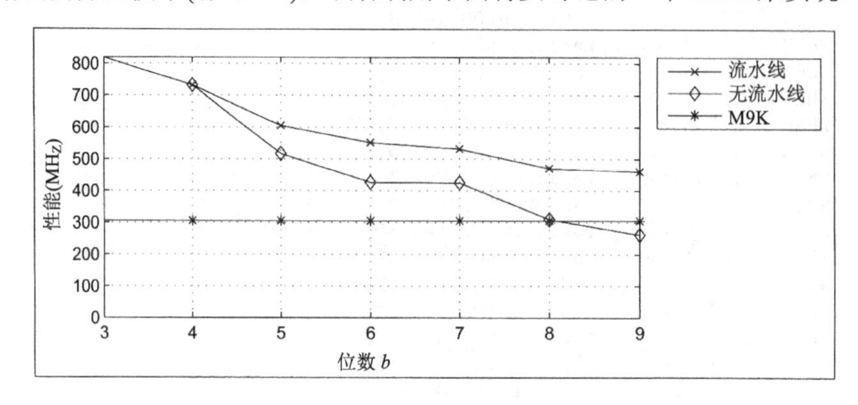

图 3-15 采用 CASE 语句的不同编码类型的速度比较

采用嵌入式阵列模块的 DA

如上所述，采用 9-kbit 的 M9K 存储模块来实现短 FIR 滤波器并不经济，主要是因为可用的 M9K 数量有限。还有就是 M9K 的最大时序速度是 305MHz，采用 LE 表实现可能会更快一些。

但是 M9K 仅有单个地址译码器，如果要实现一个 $2^3\times3$ 的表，就会不必要地浪费一个完整的 M9K，而且它也不能用于其他方面。然而，对于更长一些的滤波器，使用 M9K 还是非常有吸引力的，这是因为：

- M4K 的时序吞吐量是恒定的 305MHz，并且
- 降低了布线工作量

加速 DA 滤波器

为了提高 DA 滤波器的速度，可以采用开环。输入采用逐次采样(每次一个字)，采用位并行形式。在这种情况下，对于输入的每一位都需要一个单独的表。当表的规模变化时(输入位宽等于滤波器抽头的数量)，表的内容不变。如前所述，如果采用元件定义 LE 表，明显的优势是降低了 VHDL 代码的规模。为了加以说明，下面来研究一下前面的 3 个系数、4 位输入的示例的开环形式。

例 3.9 DA FIR 滤波器的开环形式

在典型的 FIR 应用中，输入值是按照字以并行形式处理的(请参阅图 3-16)。下面的 VHDL 代码[10]就是根据图 3-16 给出的开环 DA 代码。

10. 这一示例相应的 Verilog 代码文件 dapara.v 可以在附录 A 中找到，附录 B 给出了合成结果。

```
LIBRARY ieee;                -- Using predefined packages
USE ieee.std_logic_1164.ALL;
USE ieee.std_logic_arith.ALL;
-- ----------------------------------------------------------
ENTITY dapara IS                       ------> Interface


  PORT (clk   : IN  STD_LOGIC;        -- System clock
        reset : IN  STD_LOGIC;        -- Asynchronous reset
        x_in  : IN  STD_LOGIC_VECTOR(3 DOWNTO 0);
                                            -- System input
        y     : OUT INTEGER RANGE -46 TO 44 := 0);
END dapara;                                 -- System output
-- ----------------------------------------------------------
ARCHITECTURE fpga OF dapara IS

  TYPE SLV0_3B3 IS ARRAY (0 TO 3) OF
                              STD_LOGIC_VECTOR(2 DOWNTO 0);
  SIGNAL x : SLV0_3B3;
  SUBTYPE S4 IS INTEGER RANGE -8 TO 7;
  TYPE A0_3S4 IS ARRAY (0 TO 3) OF S4;
  SIGNAL h : A0_3S4;
  SIGNAL s0 : S4;
  SIGNAL s1 : S4;
  SIGNAL t0, t1, t2, t3 : S4;
  COMPONENT case3s
    PORT ( table_in   : IN  STD_LOGIC_VECTOR(2 DOWNTO 0);
           table_out  : OUT INTEGER RANGE -2 TO 4);
  END COMPONENT;

BEGIN

  PROCESS(clk, reset, x_in, h) ----> DA in behavioral style
  BEGIN
    IF reset = '1' THEN                  -- asynchronous clear
      FOR k IN 0 TO 3 LOOP
        x(k) <= (OTHERS => '0');
      END LOOP;
      y <= 0;
     t0 <= 0; t1 <= 0; t2 <= 0; t3 <= 0; s0 <= 0; s1 <= 0;
    ELSIF rising_edge(clk) THEN
      FOR l IN 0 TO 3 LOOP  -- For all four vectors
        FOR k IN 0 TO 1 LOOP  -- shift all bits
          x(l)(k) <= x(l)(k+1);
        END LOOP;
      END LOOP;
      FOR k IN 0 TO 3 LOOP  -- Load x_in in the
        x(k)(2) <= x_in(k); -- MSBs of the registers
      END LOOP;
      y <= h(0) + 2 * h(1) + 4 * h(2) - 8 * h(3);
-- Pipeline register and adder tree
--    t0 <= h(0); t1 <= h(1); t2 <= h(2); t3 <= h(3);
--    s0 <= t0 + 2 * t1; s1 <= t2 - 2 * t3;
--    y <= s0 + 4 * s1;
    END IF;
  END PROCESS;

  LC_Tables: FOR k IN 0 TO 3 GENERATE -- One table for each
  LC_Table: case3s                    -- bit in x_in
            PORT MAP(table_in => x(k), table_out => h(k));
```

```
END GENERATE;

END fpga;
```

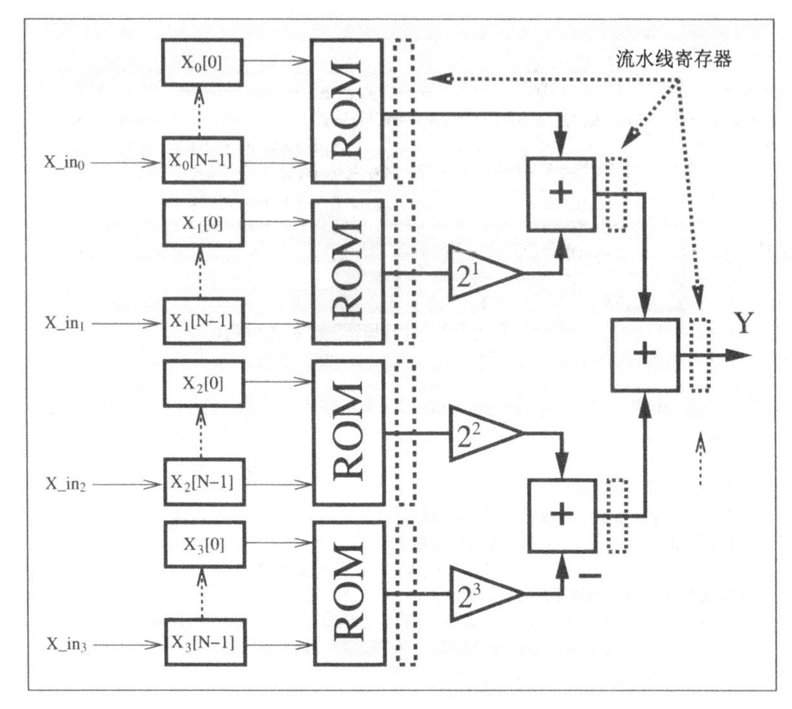

图 3-16　分布式算法 FIR 滤波器的并行实现

这一设计采用了 4 个规模为 $2^3 \times 4$ 的表，并且所有表的内容都与例 3.7 中表的内容相同。图 3-17 给出了输入序列{1,–3,7}的仿真结果。因为输入是串行(和位并行)的，所以期望的结果 $-4_{10}=1111100_{2C}$ 是在 400ns 的时间间隔内计算完成的。

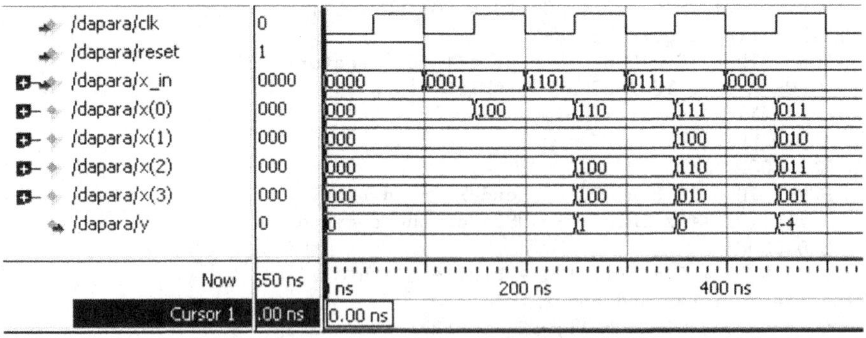

图 3-17　并行分布式算法 FIR 滤波器的仿真结果

上面的设计需要 39 个 LE，没有用到嵌入式乘法器和 M9K 存储模块，运行速度为 205.17MHz。与通用的 MAC 设计相比，DA 概念的一个重要优点就是更容易实现流水线技术。我们可以在表的输出和加法器树的输出上增加额外的流水线寄存器，而且不需要增加成本。为了计算 y，执行下式：

```
y <= h(0) + 2 * h(1) + 4 * h(2) - 8 * h(3);
```

第一步只将加法器流水线化。在 PROCESS 声明中，给流水线加法器使用信号 s0 和 s1：

```
s0 <= h(0) + 2 * h(1); s1 <= h(2) - 2 * h(3);
y <= s0 + 4 * s1;
```

时序电路性能提升到 368.60MHz，使用的 LE 数量不变。对于完全流水线版本，还需要在寄存器中存储 case LUT 输出，这样并行 VHDL 代码就变成：

```
t0 <= h(0); t1 <= h(1); t2 <= h(2); t3 <= h(3);
s0 <= t0 + 2 * t1; s1 <= t2 - 2 * t3;
y <= s0 + 4 * s1;
```

该设计的规模增加到 47 个 LE，这是因为保存 case 表的 LE 的寄存器不能再用作 x 输入移位寄存器，但时序电路性能从 205.17MHz 提升到了 420MHz。

3.4.4 IP 内核 FIR 滤波器设计

Altera 和 Xilinx 通常也都提供 FIR 滤波器生成器的所有订阅服务，因为这是最常用的知识产权(Intellectual Property，IP)模块。有关 IP 模块的介绍请参阅 1.4.4 节。

FPGA 供应商通常更青睐基于分布式算法(Distributed Arithmetic，DA)的 FIR 滤波器生成器，因为这些设计具有如下特点：

- 完全流水线的体系结构
- 编译时间短
- 资源估计准确
- 与 RAG 算法相比，区域结果与系数值无关

基于 DA 的滤波器不需要进行系数优化和 RAG 图的计算，当系数集较大时后者可能非常耗时。基于 DA 生成的代码包括所有 VHDL 代码和测试平台，使用提供商的 FIR 编译器只需要几秒钟就可以完成测试平台的搭建[95]。

接下来看一下前面例 3.5 中讨论过的、出自 Goodman 和 Carey 在参考文献[89]中的 F6 FIR 滤波器的生成。只是这次使用 Altera 的 FIR 编译器[95]构造滤波器。Altera FIR 编译器 MegaCore 函数生成针对 Altera 器件优化的 FIR 滤波器，支持 Stratix、Arria 和 Cyclone IV 系列的器件，但不支持 APEX 或 Flex 系列的成熟器件。利用 IP 工具台 MegaWizard 设计环境可以设定各种滤波器结构，包括固定系数、多周期变量和多速率滤波器，如图 3-18(a)所示。FIR 编译器包含系数生成器，但也可以加载和使用来自文件的(如通过 MATLAB 计算的)预定义的系数。

例 3.10 F6 半带滤波器的 IP 生成

在 Tools 菜单下选择 MegaWizard Plug-In Manager 命令启动 Altera FIR 编译器，就会弹出库选择窗口(如图 1-22 所示)。在 DSP|Filters 命令下可以找到 FIR 编译器。首先需要为内核指定设计名称，然后进入到 ToolBench 工具中。首先赋予滤波器参数，因为我们打算

使用 F6 系数，所以选择 Edit Coefficient Set 并选中 Imported Coefficient Set 来加载系数滤波器。系数文件是一个简单的文本文件，每一行只列出一个系数，从第一行的第一个系数开始。系数可以是整数，也可以是浮点数，后者可以经过工具量化，因为 FIR 编译器只能生成整数系数的滤波器。图 3-18(b)中的脉冲响应窗口给出了对应系数，根据需要还可以修改它们。加载系数后，可以选择 Structure 为完全并行、完全串行、多位串行和多周期形式。选择 Distributed Arithmetic：Fully Parallel Filter，将输入系数宽度设置为 8 位，使用该工具根据 Actual Coefficients 方法计算对应的输出位宽。由于整数系数不能再进一步量化，因此将 Coefficient Scaling 选为 None。因此整数和浮点数形式的传递函数应该与行匹配，如图 3-19 所示。FIR 编译器报告估算规模为 498 个 LE。在 Step 2: Set Up Simulation 中检查所有选项，借助工具生成所有可能的仿真文件。进入第 3 步并生成 VHDL 代码和以下所有支持文件。表 3-6 列出了这些文件。可以看到不仅生成了带有元件文件的 VHDL 文件，还提供 MODELSIM 仿真(RTL 和门级)脚本、MATLAB(位精度)和 Quartus II(周期精度)测试向量，从而更容易进行验证。接下来编译滤波器的 HDL 代码，启用时序仿真并给出准确的资源数据。图 3-20 给出了 F6 滤波器的 MODELSIM 仿真结果。仿真过程中，首先测试脉冲响应，然后进行随机数据的测试(图中未给出)。可以看出，信号的进制形式或数据类型与常用的不同，作为最低要求，需要将数据类型从 Binary(二进制)转换为 Decimal(十进制)。波形窗口首先给出了两个最重要的信号：ast_sink_data 和 ast_source_data，其中前者是滤波器输入，后者是滤波器输出。名称 sink 和 source 被用作与滤波器内核交互的“阿瓦隆流接口”。150ns 处的脉冲测试产生了约从 300ns 开始的滤波器系数。可以看到，还合成了几个额外的控制信号，尽管并没有要求这样。

(a) IP 工具台

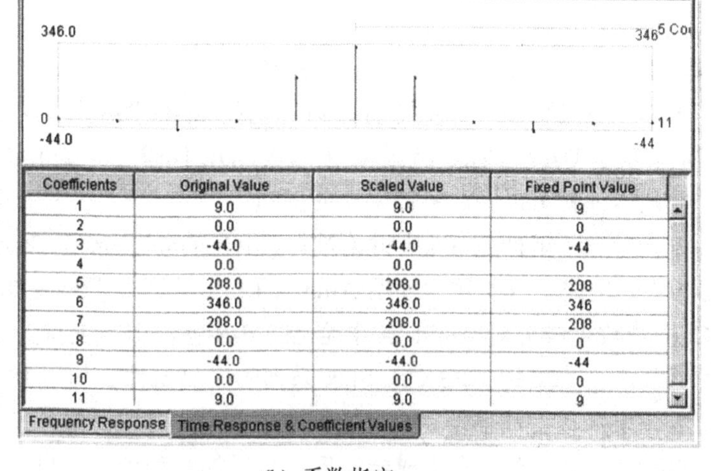

(b) 系数指定

图 3-18　FIR 滤波器的 IP 设计

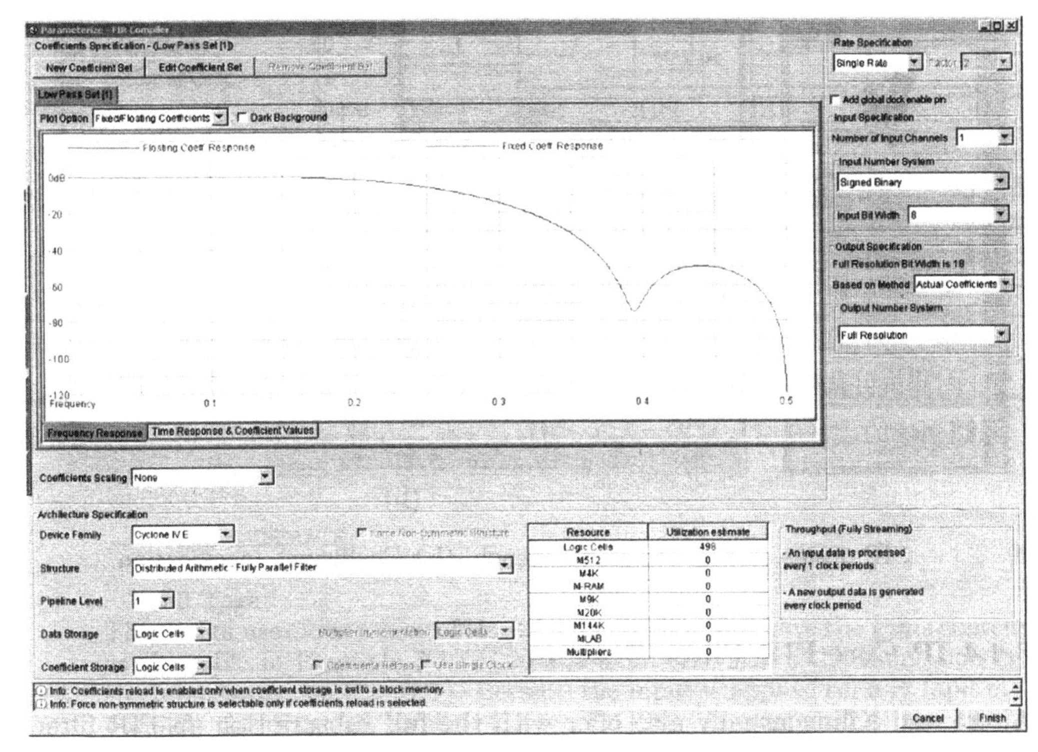

图 3-19　根据 F6 的例 3.5 设定 FIR 内核的 IP 参数化

表 3-6　为 FIR 内核生成的 IP 文件

文　　件	说　　明
f6.vhd	MegaCore 函数变量文件，定义常规 MegaCore 函数的 VHDL 顶层说明
f6.cmp	MegaCore 函数变量的 VHDL 元件声明
f6.bsf	用在 Quartus II 模块图编辑器中的 Quartus II 符号文件
f6_ast.vhd	阿瓦隆流接口的封装
f6_constrains.tcl	该文件包含要获得的 FIR 滤波器的规模和速度的必要约束
f6_nativelink.tcl	NativeLink 仿真测试平台
f6_mlab.m	这个文件为定制的 FIR 滤波器提供 MATLAB 仿真模型
f6_model.m	描述位精度模型的 MATLAB M 文件
f6.vec	该文件为使用 Quartus II 软件仿真定制的 FIR 滤波器提供仿真测试向量
tb_f6.vhd	该文件为定制的 FIR 滤波器提供 VHDL 测试平台
f6_msim.tcl	测试平台脚本文件
f6_input.txt	MATLAB 仿真数据
f6_coef_int.txt	MATLAB 滤波器系数
f6_param.txt	IP 输出参数数据
f6_silent_param.txt	IP 输入参数数据
f6.vho	VHDL IP 函数仿真模型

(续表)

文　件	说　明
f6.qip	Quartus 工程信息
f6.html	MegaCore 函数报告文件

例 3.10 的设计需要 490 个 LE，运行速度为 355.37MHz。LE 的数量比估计的 498 个稍少。按 LE/F_{max} 的商衡量的总成本度量为 1.4，较无流水线的 RAG 好。由于 DA 是完全流水线的，因此可以从脉冲响应的较大初始时延上看出。接下来对基于 DA 的设计和完全流水线的 RAG 的设计进行比较。基于 DA 的设计的成本要比完全流水线的 RAG 设计高，请参阅表 3-5。但基于 DA 的 IP 内核的时序电路性能要比完全流水线的 RAG 设计稍高一些。

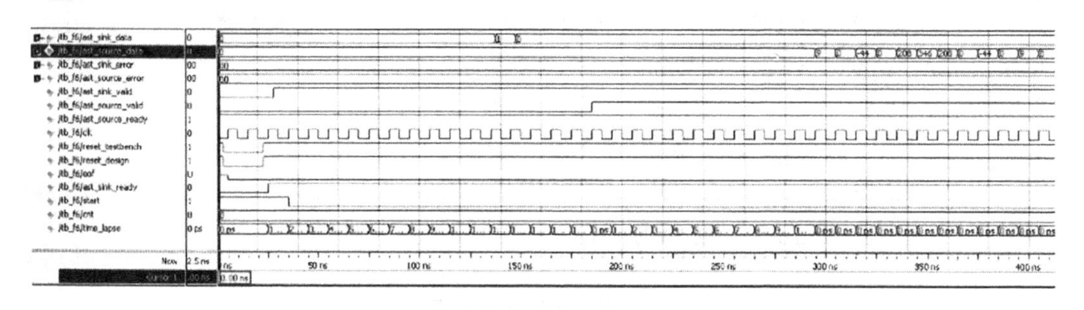

图 3-20　FIR 内核时序仿真结果

3.4.5　基于 DA 和基于 RAG 的 FIR 滤波器的比较

上一节详细讨论了基于 RAG 和基于 DA 的 F6 半带滤波器的案例研究。现在的问题是其结果是否只是一个(非典型的)示例还是在速度/规模/成本方面都是典型的。为了回答这一问题，人们用 VHDL 设计了一系列用于实现完全流水线的 RAG 的较大滤波器，并使用遗传算法进行优化[96]，再与使用 Xilinx 公司的 FIR 内核编译器实现完全并行的 DA 滤波器及来自参考文献[97 和 98]的共享子表达式(Common Sub-Expression, CSE)方法(参见练习 3.4 和 3.5)得到的合成数据相比较。由于文献中的很多早期结果是针对 Xilinx ISE 和 Virtex 4 器件的，表 3-7 中给出了基于这些工具和器件的合成结果。在 ISE FIR 内核发生器 5.0 上使用并行分布式算法。关于 CSE 的比较，用到 http://cseweb.ucsd.edu/~kastner/research/fir_benchmarks 处的 Verilog 代码及基准测试程序[98]。对于器件，选择 Virtex 4 XC4VSX25-10FF680，该器件有足够的能力应对更大的滤波器。表 3-7 给出了带有一个最小加法器深度(即完全流水线需要三级流水线)的 16 位输入数据下的结果。

表3-7 Virtex 4系列的Xilinx XC4VSX25-10FF680上CSE、DA和RAG算法的规模、速度和成本比较[96]

滤波器长度	CSE			DA			基于RAG		
	LE	Fmax (MHz)	成本 $\frac{LE}{Fmax}$	LE	Fmax (MHz)	成本 $\frac{LE}{Fmax}$	LE	Fmax (MHz)	成本 $\frac{LE}{Fmax}$
6	265	328.7	0.81	368	313.4	1.17	169	323.7	0.52
10	455	285.0	1.60	506	250.4	2.02	246	301.8	0.81
13	385	322.6	1.19	699	305.1	2.29	355	303.0	1.17
20	373	386.5	0.96	1013	260.4	3.89	442	292.4	1.51
28	1245	264.9	4.70	1531	284.5	5.38	628	256.0	2.45
41	1804	257.8	7.00	2135	256.0	8.34	893	262.6	3.40
61	2687	136.5	11.4	3159	271.4	11.6	1267	242.4	5.23
119	5058	235.2	21.5	5991	312.3	19.2	2308	235.1	9.81
151	6468	222.8	29.0	7591	257.1	29.5	2931	221.0	13.3
平均值	2082	282.2	8.68	2554	279.0	9.27	1026	270.9	4.18
增益	RAG/CSE			RAG/DA					
	-103%	4%	-108%	-149%	3%	-122%			

从表3-7可以看出：

- 流水线RAG滤波器与基于CSE的设计相比规模平均降低103%，与基于DA的设计相比规模平均降低149%。
- 基于CSE和基于DA的FIR滤波器的时序电路性能比流水线RAG设计平均分别高4%和3%。
- 以 LE/F_{max} 衡量总成本，基于RAG的设计平均优于基于DA的设计122%，平均优于CSE方法108%。

3.5 练习

注意：

如果读者没有Quartus II软件的使用经验，那么可以参考1.4.3节的案例研究。如果已有相关经验，就请注意用于评估Quartus II合成结果的Cyclone IV E器件系列中EP4CE115F29C7的用法。

3.1 某一滤波器规格如下：采样频率2kHz，通带0~0.4kHz，阻带0.5kHz~1kHz，通带波纹3dB，阻带波纹48dB。利用MATLAB软件和“Interactive Lowpass Filter Design”(交互式低通滤波器设计)演示示例或是信号处理工具箱的fdatool设计这一滤波器。

(a1) 用凯泽窗函数设计直接滤波器。

(a2) 确定滤波器长度和通带内的绝对波纹。

(b1) 设计一个等波纹滤波器(使用 remex 或 firpm 函数)。

(b2) 确定滤波器长度和通带内的绝对波纹。

3.2 (a) 计算长度为 11 的半带滤波器 F5 的 RAG，这一滤波器有非零系数 $f[0]=256$，$f[\pm1]=150$，$f[\pm3]=-25$，$f[\pm5]=3$。

(b) 如果输入位宽是 8 位，滤波器的最小输出位宽是多少？

(c1) 编写并(用 Quartus II 编译器)编译滤波器的 VHDL 代码。

(c2) 仿真滤波器的脉冲响应和阶跃响应。

(d) 用状态机方法和已经作为 LPM_ROM 实现的表编写分布式算法中滤波器的 VHDL 代码。

3.3 (a) 计算长度为 11 的半带滤波器 F7 的 RAG，这一滤波器有非零系数 $f[0]=512$，$f[\pm1]=302$，$f[\pm3]=-53$，$f[\pm5]=7$。

(b) 如果输入位宽是 8 位，滤波器的最小输出位宽是多少？

(c1) 编写并(用 Quartus II 编译器)编译滤波器的 VHDL 代码。

(c2) 仿真滤波器的脉冲响应和阶跃响应。

3.4 Hartley[97]已经引入了一个通过采用公共子表达式交叉系数来实现常系数滤波器的概念，例如，滤波器：

$$y[n]=\sum_{k=0}^{L-1}a[k]x[n-k] \tag{3-19}$$

其中 3 个系数 $a[k]=\{480,-302,31\}$。这 3 个系数的 CSD 编码如表 3-8 所示。

表 3-8 3 个系数的 CSD 编码

系数	512	256	128	64	32	16	8	4	2	1
480	1	0	0	0	–1	0	0	0	0	0
–302	0	–1	0	–1	0	1	0	0	1	0
31	0	0	0	0	1	0	0	0	0	–1

从表 3-8 中可以注意到模式 $\begin{bmatrix}1 & 0\\ 0 & -1\end{bmatrix}$ 出现了 4 次。如果构造一个临时变量 $h[n]=2x[n]-x[n-1]$，就可以用：

$$y[n]=256h[n]-16h[n]-32h[n-1]+h[n-1] \tag{3-20}$$

计算滤波器的输出。

(a) 代入 $h[n]=2x[n]-x[n-1]$ 验证式(3-20)。

(b) 为得到式(3-19)的直接 CSD 实现和子表达式共享的实现，分别需要多少个加法器？

(c1) 用 Quartus II 实现 8 位输入的子表达式共享滤波器。

(c2) 仿真滤波器的脉冲响应。

(c3) 使用 TimeQuest 缓慢 85C 模型确定时序电路性能 F_{max} 并确定所用资源(LE、乘法器和 M9K)。

3.5 用练习 3.4 中的子表达式方法实现一个 4 抽头滤波器，系数 $a[k]$={–1406, –1109, –894, 2072}。

(a) 找出出现频率最高的模式的 CSD 编码和子表达式表示方式。

(b) 分别用 2 或–2 代入子表达式，对已化简的集合应用多次子表达式共享。

(c) 确定临时方程并代回式(3-19)进行检验。

(d) 得到式(3-19)的直接 CSD 实现和子表达式共享的实现需要多少个加法器？

(e1) 用 Quartus II 实现 8 位输入的子表达式共享滤波器。

(e2) 仿真滤波器的脉冲响应。

(e3) 使用 TimeQuest 缓慢 85C 模型确定时序电路性能 F_{max} 并确定所用资源(LE、乘法器和 M9K)。

3.6 (a1) 利用 dagen.exe 程序为系数{20,24,21,100,13,11,19,7}编译一个使用多级 CASE 语句的 DA 表。针对最大速度合成该设计，确定所用资源(LE、乘法器和 M9K)并使用 TimeQuest 缓慢 85C 模型确定时序电路性能。

(a2) 用 2 的幂 $2^k(0\leqslant k\leqslant 7)$作为输入值对该设计进行仿真。

(b1) 利用分区技术，使用两个分别为{20,24,21,100}和{13,11,19,7}的集合和一个额外的加法器实现同样的表。针对最大速度合成该设计，确定设计规模并使用 TimeQuest 缓慢 85C 模型确定时序电路性能。

(b2) 用 2 的幂 $2^k(0\leqslant k\leqslant 7)$作为输入值对该设计进行仿真。

(c) 比较(a)和(b)的设计。

3.7 根据表 3-3 实现 8 位输入/输出的增强型 4 抽头{–1, 3.75, 3.75, –1}滤波器设计，为每个滤波器编写 HDL 代码，确定所用资源(LE、乘法器和 M9K)并使用 TimeQuest 缓慢 85C 模型确定时序电路性能。

(a) 采用对称性合成 fir_sym.vhd 对应的滤波器。

(b) 采用 CSD 编码合成 fir_csd.vhd 对应的滤波器。

(c) 采用加法器树合成 fir_tree.vhd 对应的滤波器。

(d) 采用 CSD 编码和对称性合成 fir_csd_sym.vhd 对应的滤波器。

(e) 采用上述所有 3 种改进措施合成 fir_csd_sym_tree.vhd 对应的滤波器。

3.8 (a) 编写一个简短的 MATLAB 程序，绘制以下曲线：

(a1) 脉冲响应

(a2) 频率响应以及

(a3) 半带滤波器 F3 的极点/零点图，参阅表 5-3。

提示：

可以使用 MATLAB 函数 filter、stem、freqz、zplane。

(b) F3 滤波器的位增长率是多少？8 位输入总计所需输出位宽为多少？

(c) 利用本书学习资料里的 csd.exe 程序确定系数的 CSD 编码。

(d) 利用本书学习资料里的 ragopt.exe 程序确定滤波器系数的简化加法器图(RAG)。

3.9 为 GC4114 通信 IC 的 CFIR 滤波器重复练习 3.8。如果可以，从网上下载数据表。31 个系数分别是：–23，–3，103，137，–21，–230，–387，–235，802，1851，81，–4372，–4774，5134，20 605，28 216，20 605，5134，–4774，–4372，81，1851，802，–235，–387，–230，–21，137，103，–3，–23。

提示：

使用 25、69 和 839 作为 NOF。

3.10 从网上下载 GC4114 的数据表，利用练习 3.9 的结果完成以下练习：

(a) 将 31 抽头对称性 CFIR 补偿型滤波器设计为转置形式的 CSD FIR 滤波器(请参阅图 3-3)，8 位输入，非同步复位信号。与图 3-21 中的仿真结果进行比较。

(b) 为 Cyclone IV E 系列的 EP4CE115F29C7 器件确定所用资源(LE、乘法器和 M9K)并使用 TimeQuest 缓慢 85C 模型确定时序电路性能。

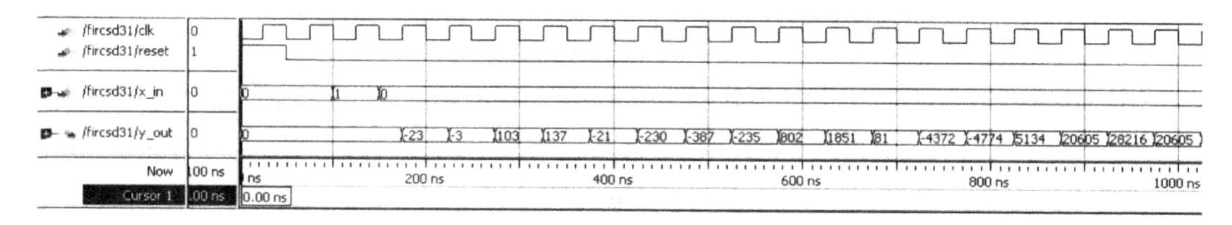

图 3-21　练习 3.10 中 CSD FIR 滤波器的测试平台

3.11 从网上下载 GC4114 的数据表，利用练习 3.9 的结果完成以下练习：

(a) 使用分布式算法设计 31 抽头对称性 CFIR 补偿型滤波器。利用本书学习资料里的 dagen.exe 程序生成对应系数的 HDL 代码。注意要将每 4 个系数分成一组并在加法器树中将结果相加。

(b) 对于 8 位输入和一个非同步复位信号，以完全并行形式设计 DA FIR 滤波器(请参阅图 3-16)。充分利用系数对称性的优点。与图 3-22 中的仿真结果进行比较。

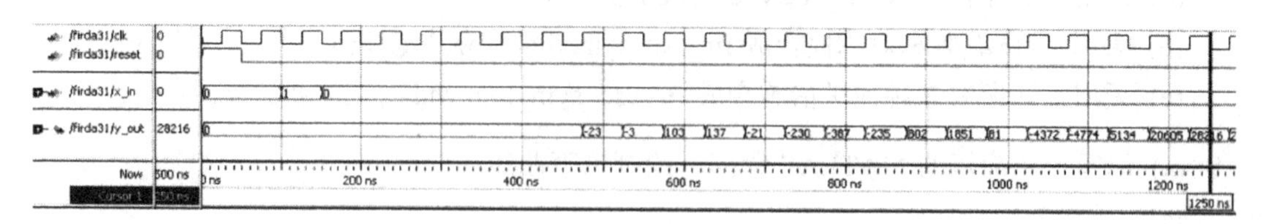

图 3-22　练习 3.11 中基于 DA 的 FIR 滤波器的测试平台

(c) 为 Cyclone IV E 系列的 EP4CE115F29C7 器件确定所用资源(LE、乘法器和 M9K)并使用 TimeQuest 缓慢 85C 模型确定时序电路性能。

3.12 为半带滤波器 F4 重复练习 3.8，请参阅表 5-3。

3.13 为半带滤波器 F5 重复练习 3.8，请参阅表 5-3。

3.14 利用练习 3.13 的结果给出以下形式的、以 HDL 设计的 F5 半带 HDL FIR 滤波器的 HDL 代码、所用资源(LE、乘法器和 M9K)以及使用 TimeQuest 缓慢 85C 模型的时序电路性能 F_{max}。
(a) 无流水线的 RAG 滤波器
(b) 完全流水线的 RAG 滤波器
(c) 采用 FIR 内核生成器的 DA 完全流水线滤波器

3.15 为半带滤波器 F6 重复练习 3.8，请参阅表 5-3。

3.16 利用练习 3.15 的结果给出以下形式的、以 HDL 设计的 F6 半带 HDL FIR 滤波器的 HDL 代码、所用资源(LE、乘法器和 M9K)以及使用 TimeQuest 缓慢 85C 模型的时序电路性能 F_{max}。
(a) 无流水线的 RAG 滤波器
(b) 完全流水线的 RAG 滤波器
(c) 采用 FIR 内核生成器的 DA 完全流水线滤波器

3.17 为半带滤波器 F7 重复练习 3.8，请参阅表 5-3。

3.18 为半带滤波器 F8 重复练习 3.8，请参阅表 5-3。

3.19 利用练习 3.18 的结果给出以下形式的、以 HDL 设计的 F8 半带 HDL FIR 滤波器的 HDL 代码、所用资源(LE、乘法器和 M9K)以及使用 TimeQuest 缓慢 85C 模型的时序电路性能 F_{max}。
(a) 无流水线的 RAG 滤波器
(b) 完全流水线的 RAG 滤波器
(c) 采用 FIR 内核生成器的 DA 完全流水线滤波器

3.20 FIR 功能设计。在这个练习中，要比较其他功能(如复位和使能信号)对不同器件系列的影响。使用练习 3.18 的 CSD 编码的结果。为下列所有 8 位输入的 HDL F8 CSD 设计确定所用资源(LE、乘法器和 M9K)以及使用 TimeQuest 缓慢 85C 模型的时序电路性能 F_{max}，器件采用 Cyclone IV E 系列的 EP4CE115F29C7 和 Cyclone II 系列的 EP2C35F672C6。
(a) 设计直接形式的 F8 CSD FIR 滤波器(请参阅图 3-1)
(b) 设计转置形式的 F8 CSD FIR 滤波器(请参阅图 3-3)
(c) 为(b)中转置形式的 FIR 滤波器增加同步复位信号
(d) 为(b)中转置形式的 FIR 滤波器增加异步复位信号
(e) 为(b)中转置形式的 FIR 滤波器增加同步复位信号和使能信号
(f) 为(b)中转置形式的 FIR 滤波器增加异步复位信号和使能信号

(g) 将从(a)~(f)中得到的资源(LE、乘法器和 M4K/M9K)和使用 TimeQuest 缓慢 85C 模型时的时序电路性能 F_{max} 的结果列成表格。对于 Cyclone II 和 IV 器件，从结果中可以得出什么结论？

3.21 为半带滤波器 F9 重复练习 3.8，请参阅表 5-3。

3.22 利用练习 3.21 的结果给出以下形式的、以 HDL 设计的 F9 半带 HDL FIR 滤波器的 HDL 代码、所用资源(LE、乘法器和 M9K)以及使用 TimeQuest 缓慢 85C 模型的时序电路性能 F_{max}。
(a) 无流水线的 RAG 滤波器
(b) 完全流水线的 RAG 滤波器
(c) 采用 FIR 内核生成器的 DA 完全流水线滤波器

3.23 为 Samueli 滤波器 S1[93]重复练习 3.8。25 个滤波器系数分别是 1, 3, −1, −8, −7, 10, 20, −1, −40, −34, 56, 184, 246, 184, 56, −34, −40, −1, 20, 10, −7, −8, −1, 3, 1。

3.24 利用练习 3.23 的结果给出以下形式的、以 HDL 设计的 Samueli S1 FIR 滤波器的 HDL 代码、所用资源(LE、乘法器和 M9K)以及使用 TimeQuest 缓慢 85C 模型的时序电路性能 F_{max}。
(a) 无流水线的 RAG 滤波器
(b) 完全流水线的 RAG 滤波器
(c) 采用 FIR 内核生成器的 DA 完全流水线滤波器

3.25 为 Samueli 滤波器 S2[93]重复练习 3.8。60 个滤波器系数分别是 31, 28, 29, 22, 8, –17, –59, –116, –188, –268, –352, –432, –500, –532, –529, –464, –336, –129, 158, 526, 964, 1472, 2008, 2576, 3136, 3648, 4110, 4478, 4737, 4868, 4868, 4737, 4478, 4110, 3648, 3136, 2576, 2008, 1472, 964, 526, 158, –129, –336, –464, –529, –532, –500, –432, –352, –268, –188, –116, –59, –17, 8, 22, 29, 28, 31。

3.26 利用练习 3.25 的结果给出以下形式的、以 HDL 设计的 Samueli S2 FIR 滤波器的 HDL 代码、所用资源(LE、乘法器和 M9K)以及使用 TimeQuest 缓慢 85C 模型的时序电路性能 F_{max}。
(a) 无流水线的 RAG 滤波器
(b) 完全流水线的 RAG 滤波器
(c) 采用 FIR 内核生成器的 DA 完全流水线滤波器

3.27 为 Lim 和 Parker L2 滤波器[94]重复练习 3.8。63 个滤波器系数分别是 3, 6, 8, 7, 1, –9, –19, –24, –20, –5, 15, 31, 33, 16, –15, –46, –59, –42, 4, 61, 99, 92, 29, –71, –164, –195, –119, 74, 351, 642, 862, 944, 862, 642, 351, 74, –119, –195, –164, –71, 29, 92, 99, 61, 4, –42, –59, –46, –15, 16, 33, 31, 15, –5, –20, –24, –19, –9, 1, 7, 8, 6, 3。

3.28 利用练习 3.27 的结果给出以下形式的、以 HDL 设计的 Lim 和 Parker L2 FIR 滤波器的 HDL 代码、所用资源(LE、乘法器和 M9K)以及使用 TimeQuest 缓慢 85C 模型的时序电路性能 F_{max}。

(a) 无流水线的 RAG 滤波器

(b) 完全流水线的 RAG 滤波器

(c) 采用 FIR 内核生成器的 DA 完全流水线滤波器

3.29 为 Lim 和 Parker L3 滤波器[94]重复练习 3.8。36 个滤波器系数分别是 10, 1, –8, –14, –14, –3, 10, 20, 24, 9, –18, –40, –48, –20, 36, 120, 192, 240, 240, 192, 120, 36, –20, –48, –40, –18, 9, 24, 20, 10, –3,–14, –14, –8, 1, 10。

3.30 利用练习 3.29 的结果给出以下形式的、以 HDL 设计的 Lim 和 Parker L3 FIR 滤波器的 HDL 代码、所用资源(LE、乘法器和 M9K)以及使用 TimeQuest 缓慢 85C 模型的时序电路性能 F_{max}。

(a) 无流水线的 RAG 滤波器

(b) 完全流水线的 RAG 滤波器

(c) 采用 FIR 内核生成器的 DA 完全流水线滤波器

第4章
IIR数字滤波器

4.1 IIR 数字滤波器概述

第 3 章介绍了 FIR 滤波器。在选择应用中，使 FIR 具有吸引力(+)或不具有吸引力(−)的最为重要的性质包括：

- +FIR 线性相位的性能很容易实现。
- +多带滤波器是可行的。
- +Kaiser 窗函数方法允许自由迭代设计。
- +对于抽取器和插入器(请参阅第 5 章)，FIR 结构简单。
- +非递归滤波器总是稳定的，并且没有极限环。
- +可以很容易得到高速流水线的设计。
- +通常 FIR 都具有较低的系数和对算法舍入误差的预算，以及定义明确的量化噪声。
- －由于极点/零点消除不彻底，递归 FIR 滤波器可能会不稳定。
- －复杂的 Parks-McClellan 算法必须可用于极小极大滤波器设计。
- －高滤波器长度的实现需要很多工作量。

与 FIR 滤波器相比，在给定滤波器的阶数时，无限脉冲响应(Infinite Impulse Response, IIR)滤波器在达到某种性能特征方面经常可以更有效率。这是因为 IIR 滤波器引入了反馈机制，且适合于系统传递函数的零点和极点的实现。相比之下，FIR 滤波器是一种全零滤波器。本章将研究 IIR 滤波器设计的基本原理。IIR 滤波器设计的传统方法，包括将定义了反馈规范的模拟滤波器转换到数字域。这是一条合理的途径，主要是因为设计模拟滤波器的技巧相当先进，也就是说，有许多标准表可供选用[99]。本章首先回顾一下 4 类最为重要的模拟原型滤波器，它们分别是巴特沃思滤波器、切比雪夫 I 和 II 滤波器以及椭圆滤波器。

IIR 滤波器可以克服 FIR 滤波器的很多缺点，当然也有一些不尽如人意的性质。通常 IIR 滤波器具有吸引力(+)和不具有吸引力(－)的性质是：

- +采用模拟原型滤波器的标准设计很容易理解。
- +非常值得选择的滤波器可以用低阶设计来实现，并且能够以很高的速度运行。
- +设计时可以采用表和袖珍型计算器。

- +对于相同的容限裕度设计方案，与 FIR 滤波器相比，IIR 滤波器较短。
- +可以采用闭环设计算法。
- －非线性相位响应是典型特点，也就是说，要得到线性相位响应是非常困难的(采用全通滤波器做相位补偿会使复杂性加倍)。
- －对于整数实现可能会出现极限环。
- －多带设计非常困难，只能够设计低通、高通和带通滤波器。
- －反馈会引入不稳定性(大多数情况下，极点到单位圆的镜像可以用来生成同样的幅值响应，并且滤波器是稳定的)。
- －得到高速的流水线设计更加困难。

为了说明采用 IIR 滤波器的可能益处，下面讨论一个一阶 IIR 滤波器的示例。

例 4.1　有损积分器 I

滤波器的一个基本功能是平滑噪声信号。假定信号 $x[n]$以含有宽带零均值随机噪声的形式被接收，从数学的角度讲，可以采用积分器来消除噪声的影响。如果输入信号的平均值在一个有限的时间间隔内能够保持住，就可以采用有损积分器处理含有额外噪声的信号。图 4-1 显示了一个简单的一阶有损积分器，它满足离散时间差分方程：

$$y[n+1]=\frac{3}{4}y[n]+x[n] \tag{4-1}$$

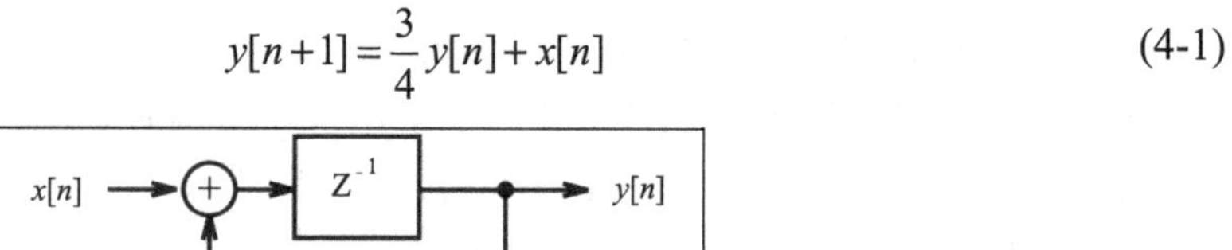

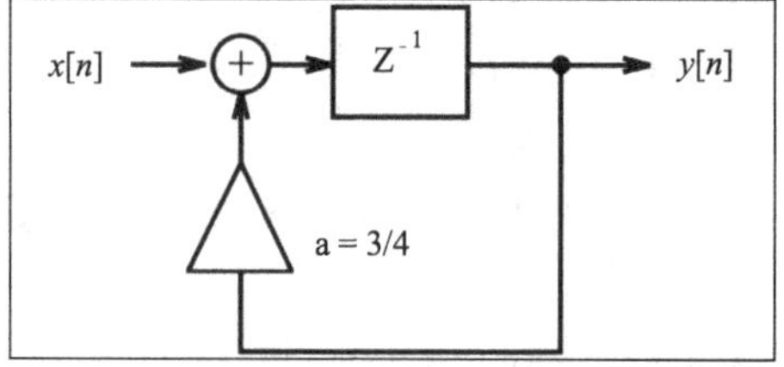

图 4-1　用作有损积分器的一阶 IIR 滤波器

从图 4-2(a)中的脉冲响应可以看到，采用一个 15 抽头的 FIR 滤波器能够实现与一阶有损积分器同样的功能。有损积分器的阶跃响应如图 4-2(b)所示。

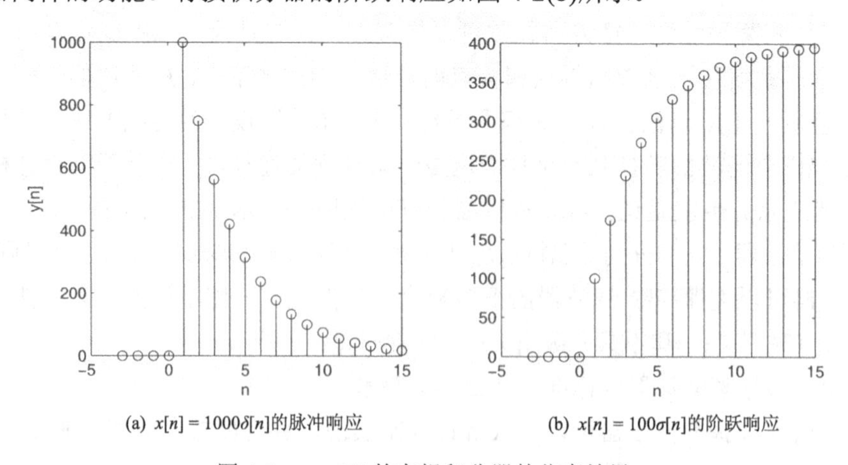

(a) $x[n]=1000\delta[n]$的脉冲响应　　(b) $x[n]=100\sigma[n]$的阶跃响应

图 4-2　$a=3/4$ 的有损积分器的仿真结果

下面的 VHDL 代码[1]给出了 IIR 滤波器的一种可能实现：

```
PACKAGE n_bit_int IS               -- User defined type
  SUBTYPE S15 IS INTEGER RANGE -2**14 TO 2**14-1;
END n_bit_int;

LIBRARY work;
USE work.n_bit_int.ALL;

LIBRARY ieee;
USE ieee.std_logic_1164.ALL;
USE ieee.std_logic_arith.ALL;
-- --------------------------------------------------------
ENTITY iir IS
  PORT (clk   : IN STD_LOGIC;   -- System clock
        reset : IN STD_LOGIC;   -- Asynchronous reset
        x_in  : IN  S15;        -- System input
        y_out : OUT S15);       -- Output result
END iir;
-- --------------------------------------------------------
ARCHITECTURE fpga OF iir IS

  SIGNAL x, y : S15;

BEGIN

  PROCESS(reset, clk, x_in, y)
  BEGIN                 -- Use FF for input and recursive part
    IF reset = '1' THEN -- Asynchronous clear
      x <= 0; y <= 0;

    ELSIF rising_edge(clk) THEN
      x  <= x_in;
      y  <= x + y / 4 + y / 2;
    END IF;
  END PROCESS;

  y_out <= y;           -- Connect y to output pins

END fpga;
```

在 PROCESS 模块内采用一条 WAIT 语句实现寄存器，用 CSD 编码实现乘法和加法。该设计使用了 62 个 LE，没有用到嵌入式乘法器，使用 TimeQuest 缓慢 85C 模型的时序电路性能 F_{max}=147.3MHz。脉冲幅值为 1000 时的滤波器响应如图 4-3 所示，与图 4-2(a)给出的 MATLAB 仿真结果相吻合。

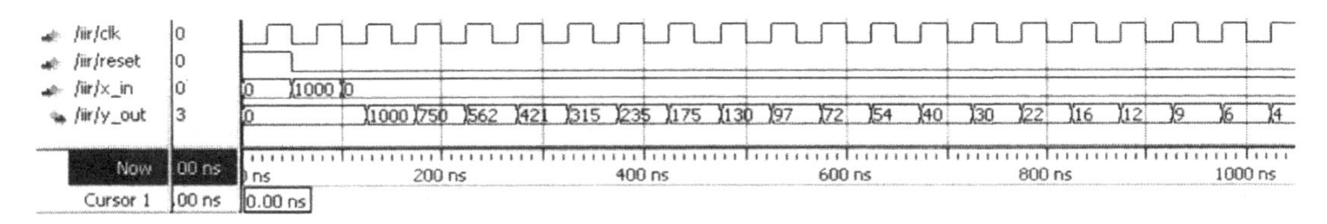

图 4-3　有损积分器脉冲响应的 MODELSIM 仿真结果

1. 这一示例相应的 Verilog 代码文件 iir.v 可以在附录 A 中找到，附录 B 给出了合成结果。

另一种可选设计方案采用了“标准逻辑向量”数据类型和 LPM_ADD_SUB 宏函数，练习 4.6 将讨论这种设计。该方法生成的 VHDL 代码更长，但优点是可以在位域上对符号扩展和乘法器进行直接控制。

4.2　IIR 理论

顾名思义，非递归滤波器，也就是 FIR 滤波器，没有引入反馈，这种滤波器的脉冲响应有限。相反，递归滤波器，也就是 IIR 滤波器，具有反馈，一般认为具有无限的脉冲响应。图 4-4(a)分别给出了具有独立递归部分和无递归部分的滤波器。如果将这些递归和非递归部分组合起来，就生成了如图 4-4(b)所示的规范滤波器。图 4-4 中滤波器的传递函数可以写成：

$$F(z)=\frac{\sum_{l=0}^{L-1} b[l]z^{-l}}{1-\sum_{l=1}^{L-1} a[l]z^{-l}} \tag{4-2}$$

这类系统的差分方程如下：

$$y[n]=\sum_{l=0}^{L-1} b[l]x[n-l]+\sum_{l=1}^{L-1} a[l]y[n-l] \tag{4-3}$$

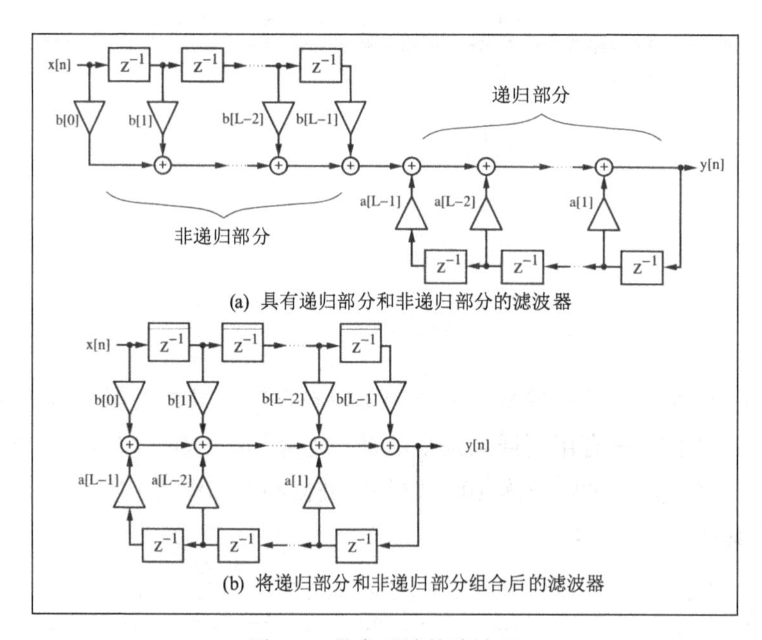

图 4-4　带有反馈的滤波器

与 FIR 滤波器的差分方程(3-2)进行比较就会发现，递归系统的差分方程不仅依赖于输入序列 $x[n]$的前 L 个值，而且与 $y[n]$的前 $L-1$ 个值有关。

如果计算 $F(z)$的极点和零点，就可以看到非递归部分，也就是 $F(z)$的分子具有零点 p_{0l}，而 $F(z)$的分母具有极点 $p_{\infty l}$。

对于传递函数，极点/零点图可以用来查找滤波器最重要的性质。如果在 z 域的传递函数中用 $z=\mathrm{e}^{j\omega T}$ 进行替换，就可以通过图形的方法构造傅立叶传递函数：

$$F(\omega)=|F(\omega)|\,\mathrm{e}^{j\theta(\omega)}=\frac{\prod_{l=0}^{L-2} p_{0l}-\mathrm{e}^{j\omega T}}{\prod_{l=0}^{L-2} p_{\infty l}-\mathrm{e}^{j\omega T}}=\frac{\exp(\mathrm{j}\sum_{l}\beta_l)\prod_{l=0}^{L-2} v_l}{\exp(\mathrm{j}\sum_{l}\alpha_l)\prod_{l=0}^{L-2} u_l} \tag{4-4}$$

图 4-5 给出了具体的幅值(也就是增益)和相位值。对应于给定频率 ω_0，增益是零点向量 v_l 与极点向量 u_l 的商。这些向量分别起始于各自的零点或极点，终止于感兴趣的频率点 $\mathrm{e}^{j\omega_0 \mathrm{T}}$。图 4-5 中示例的相位增益就是 $\theta(\omega_0)=\beta_0+\beta_1-\alpha_0$。

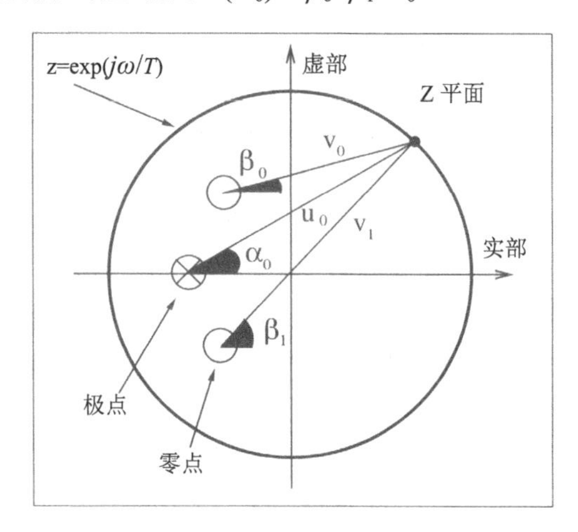

图 4-5 用极点/零点分布图计算传递函数。幅值增益＝u_0u_1/v_0，相位增益＝$\beta_0+\beta_1-\alpha_0$

利用傅立叶域内的传递函数与极点/零点图之间的联系，可以推导出下列几条性质：

1) 单位圆上的零点 $p_0=\mathrm{e}^{j\omega_0 T}$ (无与之抵消的极点)生成傅立叶域内传递函数在频率 ω_0 处的一个零点。

2) 单位圆上的极点 $p_\infty=\mathrm{e}^{j\omega_0 T}$ (无与之抵消的零点)生成傅立叶域内传递函数在频率 ω_0 处的一个无穷增益。

3) 所有极点都位于单位圆内部的稳定滤波器具有任意类型的输入信号。

4) 实际的滤波器在实轴上具有单个极点和零点，而复数极点和零点总是成对出现。也就是说，如果 $\alpha_0+j\alpha_1$ 是一个极点或零点，则 $\alpha_0-j\alpha_1$ 也必定是一个极点或零点。

5) 线性相位(也就是恒时延)滤波器的所有极点和零点关于单位圆对称，或者它们位于 $z=0$ 处。

如果将性质 3)与 5)组合起来，就会发现对于稳定的线性相位系统，所有零点关于单位圆对称，并且只允许极点位于 $z=0$ 处。

因此，IIR 滤波器(极点 $z\neq 0$)只能是近似的线性相位。为了实现近似，需要采用一种来自模拟滤波设计的著名准则：全通滤波器具有单位增益，引入非零相位增益，用来实现感兴趣频率范围(也就是通带)内的线性化。

4.3 IIR 系数的计算

在经典的 IIR 滤波器设计中，数字滤波器的设计非常接近理想滤波器。理想数字滤波器模型规范在数学上被转换成一组来自模拟滤波器模型的规范，所采用的方法为式 4-5 给出的双线性 z 变换：

$$s=\frac{z-1}{z+1} \tag{4-5}$$

经典模拟巴特沃思、切比雪夫或椭圆模型都可以由这些规范合成，然后利用双线性 z 变换映射到数字 IIR 滤波器中。

模拟巴特沃思滤波器幅值平方的频率响应如下：

$$|F(\omega)|^2=\frac{1}{1+\left(\frac{\omega}{\omega_s}\right)^{2N}} \tag{4-6}$$

$|F(\omega)|^2$ 的极点沿着圆周分布，分别相隔 π/N 弧度。更具体些，就是传递函数在 $\omega=0$ 处 N 次可微。这一结论说明传递函数在 0 Hz 附近局部光滑。图 4-6(上)给出了一个巴特沃思滤波器模型的示例。注意，这一设计的容差设计方案与凯泽窗函数和图 3-7 给出的等波纹设计是一致的。

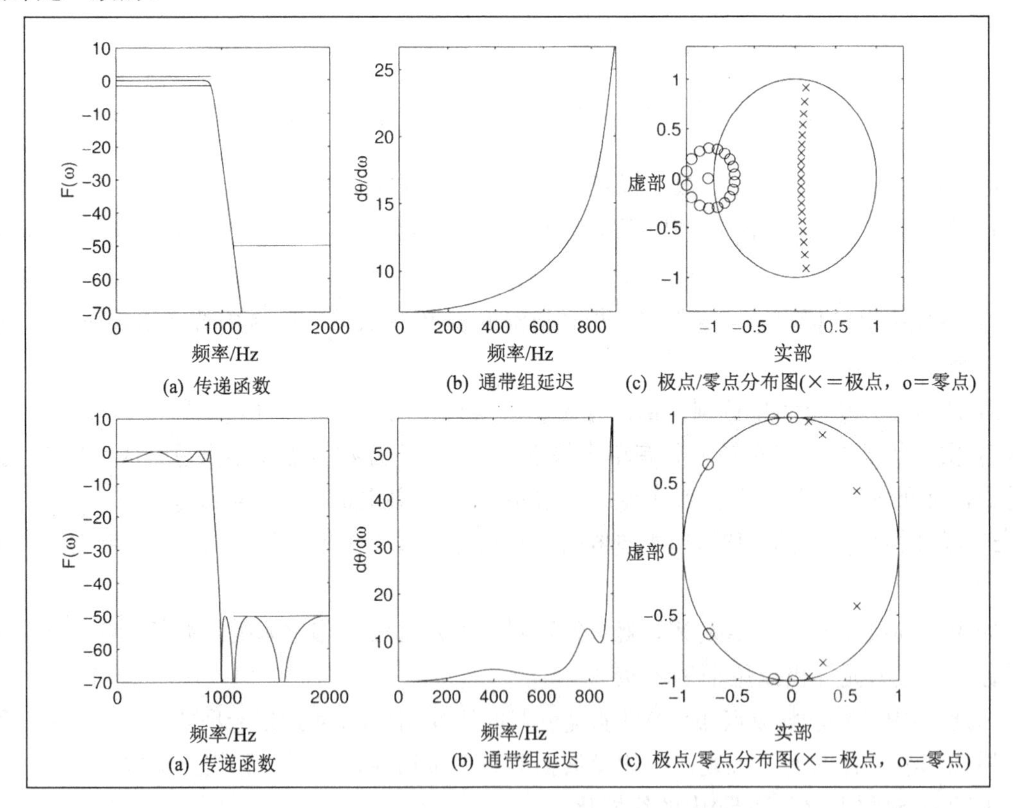

图 4-6　基于 MATLAB 工具箱的滤波器设计(上面是巴特沃思滤波器，下面是椭圆滤波器)

I 型或 II 型模拟切比雪夫滤波器是按照切比雪夫多项式 $V_N(\omega)=\cos(N\cos(\omega))$定义的，这就要求滤波器的极点必须驻留在一个椭圆上。I 型滤波器的幅值平方频率响应表示如下：

$$|F(\omega)|^2=\frac{1}{1+\varepsilon^2 V_N^2\left(\dfrac{\omega}{\omega_s}\right)} \tag{4-7}$$

典型的 I 型滤波器示例的幅频和脉冲响应如图 4-7(上)所示。注意通带中的波纹和阻带的光滑特性。

II 型滤波器幅值平方频率响应的模型如下：

$$|F(\omega)|^2=\frac{1}{1+\left(\varepsilon^2 V_N^2\left(\dfrac{\omega}{\omega_s}\right)^{-1}\right)} \tag{4-8}$$

典型 II 型滤波器的一个示例的幅值频率和脉冲响应如图 4-7(下)所示。注意，在该情况下会产生一个光滑的通带，而阻带则呈现波纹特性。

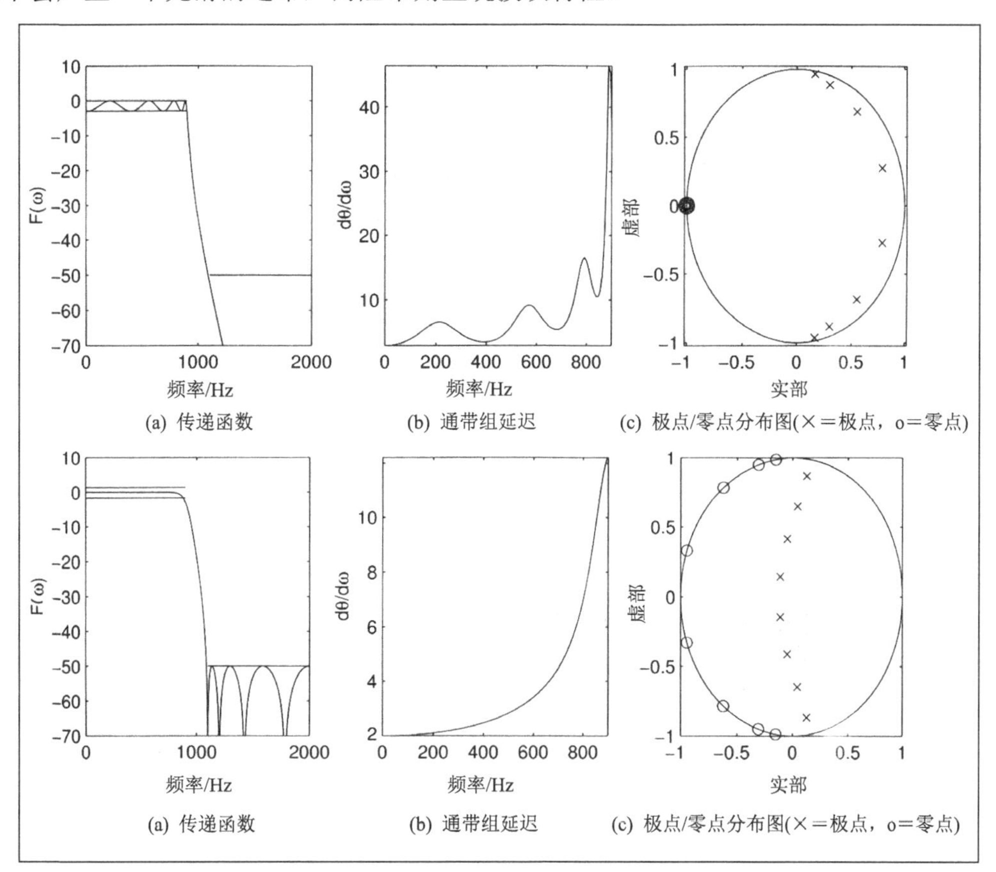

图 4-7　基于 MATLAB 工具箱的切比雪夫滤波器设计(上面是切比雪夫 I 型滤波器，下面是切比雪夫 II 型滤波器)

模拟椭圆原型滤波器是根据雅可比椭圆方程 $U_N(\omega)$的解定义的。幅值平方频率响应的模型如下：

$$|F(\omega)|^2=\frac{1}{1+\varepsilon^2U_N^2\left(\dfrac{\omega}{\omega_s}\right)^{-1}} \tag{4-9}$$

典型椭圆滤波器的幅值平方和脉冲响应如图 4-6(下)所示。注意观察椭圆滤波器在通带和阻带上都呈现波纹。

如果对 4 种不同的 IIR 滤波器实现方案进行比较，就会发现：在图 3-8 给出的相同容差设计方案下，巴特沃思滤波器有 19 阶，切比雪夫滤波器有 8 阶，而椭圆滤波器有 6 阶。比较图 4-6 和图 4-7，波纹随着滤波器阶数的减少而增加，并且群延迟变得高度非线性。大多数情况下，良好的折中就是切比雪夫 II 型滤波器，它具有中等阶数、平坦的通带和可容忍的群延迟。

重要 IIR 滤波器设计特性的总结

前一节介绍了经典的 IIR 滤波器类型。每种模型都为设计人员提供了折中的选择。经典 IIR 型滤波器的特性总结如下：

- 巴特沃思：最平的通带、平坦的阻带、宽的过渡带
- 切比雪夫 I 型：等波纹的通带、平坦的阻带、适中的过渡带
- 切比雪夫 II 型：平坦的通带、等波纹的阻带、适中的过渡带
- 椭圆型：等波纹的通带、等波纹的阻带、狭窄的过渡带

在给定滤波器要求的情况下，一般要把握下列观察特征：

- 滤波器阶数
  - 最低：椭圆型
  - 中间：切比雪夫 I 型或 II 型
  - 最高：巴特沃思
- 通带特征
  - 等波纹：椭圆型、切比雪夫 I 型
  - 平坦：巴特沃思、切比雪夫 II 型
- 阻带特征
  - 等波纹：椭圆型、切比雪夫 II 型
  - 平坦：巴特沃思、切比雪夫 I 型
- 过渡带特征
  - 最窄：椭圆型
  - 中间：切比雪夫 I 型和 II 型
  - 最宽：巴特沃思

4.4　IIR 滤波器的实现

获得 IIR 滤波器的传递函数一般都被认为是一个简单的练习，特别是使用像 MATLAB 这样的设计软件。可以在许多体系结构环境下设计 IIR 滤波器，其中最重要的结构总结如下：

- 直接 I 型(参见图 4-8)
- 直接 II 型(参见图 4-9)
- 一阶或二阶系统的级联(参见图 4-10(a))
- 一阶或二阶系统的并联实现(参见图 4-10(b))
- 基本级联或并联设计中典型二阶部分的双二阶实现(参见图 4-11)
- 正交形式[100]，也就是一阶或二阶状态变量系统的级联(参见图 4-10(a))
- 并行正交，也就是并联的一阶或二阶状态变量系统的级联(参见图 4-10(b))
- 连续的分数结构
- 网格滤波器(在 Gray-Markel 之后，参见图 4-12)
- 波形的数字实现(在 Fettweis[101]之后)
- 一般状态空间滤波器

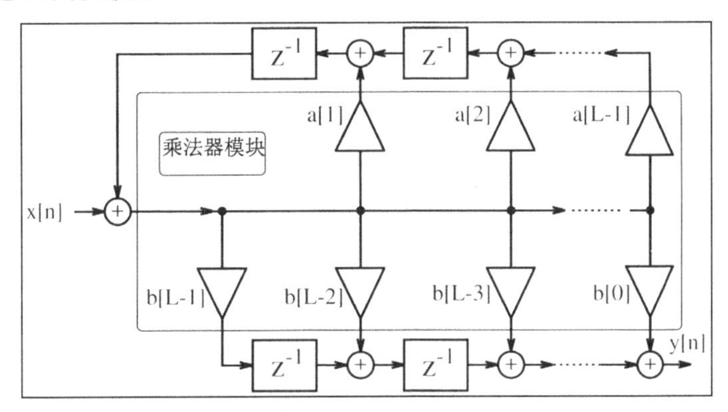

图 4-8　采用乘法器模块的转置直接 I 型 IIR 滤波器

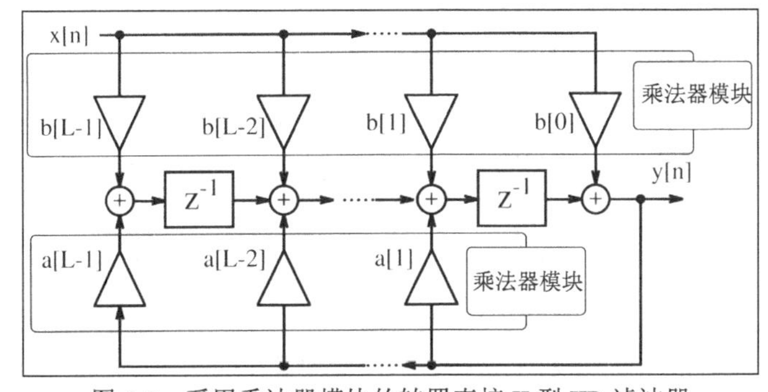

图 4-9　采用乘法器模块的转置直接 II 型 IIR 滤波器

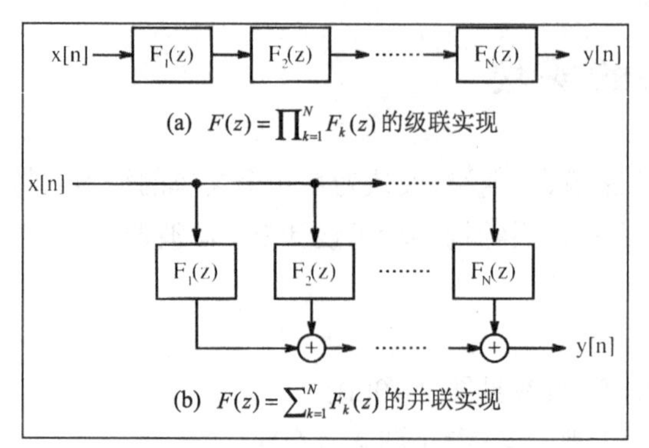

图 4-10　$F(z)$的级联和并联实现

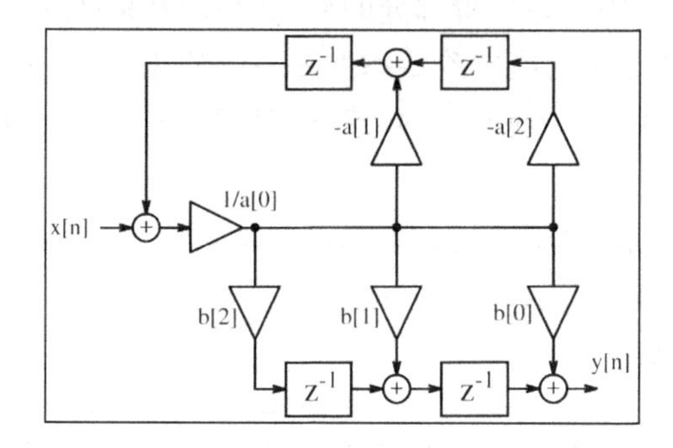

图 4-11　传递函数$F(z)=(b[0]+b[1]z^{-1}+b[2]z^{-2})/(a[0]+a[1]z^{-1}+a[2]z^{-2})$的可能二阶部分的双二阶实现。传递函数中双二阶有两个二次方程式

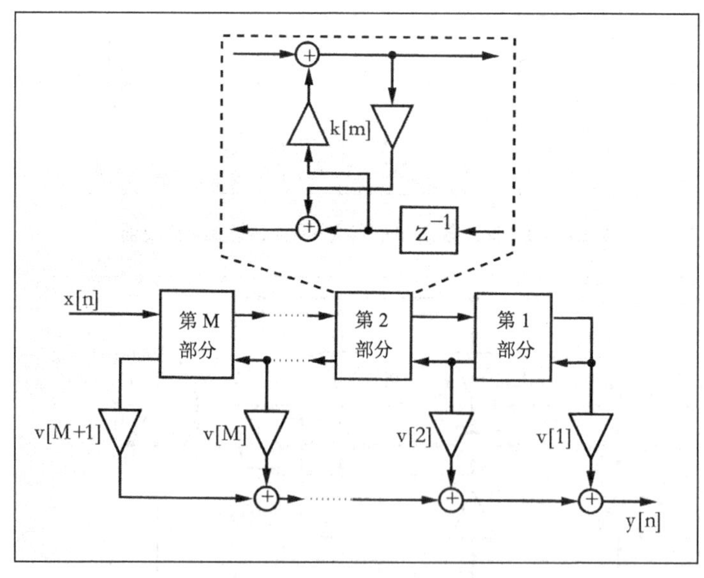

图 4-12　网格 IIR 滤波器

每种体系结构都有其独特的应用场合。下面给出了一些通用的选择规律：

- 速度
  - 高：直接 I 型和 II 型

  - 低：波形
- 定点算法舍入误差的灵敏度
  - 高：直接 I 型和 II 型
  - 低：正交、网格
- 定点系数舍入误差的灵敏度
  - 高：直接 I 型和 II 型
  - 低：并联、波形
- 特殊性质
  - 正交加权输出：网格
  - 最佳二阶部分：正交
  - 任意 IIR 技术规范：状态变量

借助 MATLAB 之类的软件工具，可以很容易地将系数从一种体系结构转换到另一种体系结构，下面举例说明。

例 4.2　巴特沃思二阶系统

假定要设计一种用二阶系统实现的巴特沃思滤波器(阶数 N=10，通带 Fp=0.3Fs)，可以利用下面的 MATLAB 代码生成对应系数：

```
N=10; Fp=0.3;
[B, A]=butter(N, Fp)
[sos, gain]=tf2sos(B,A)
```

也就是说，首先使用 butter()函数计算巴特沃思滤波器的系数，然后利用传递函数到双二阶部分的转换函数 tf2sos()转换这一滤波器的系数并计算双二阶系数。

利用 MATLAB 可以得到二阶部分的系数，如表 4-1 所示，增益为 4.961410×10^{-5}。

表 4-1　二阶部分的系数

$b[0,i]$	$b[1,i]$	$b[2,i]$	$a[0,i]$	$a[1,i]$	$a[2,i]$
1.0000	2.1181	1.1220	1.0000	−0.6534	0.1117
1.0000	2.0703	1.0741	1.0000	−0.6831	0.1622
1.0000	1.9967	1.0004	1.0000	−0.7478	0.2722
1.0000	1.9277	0.9312	1.0000	−0.8598	0.4628
1.0000	1.8872	0.8907	1.0000	−1.0435	0.7753

图 4-13 给出了滤波器的传递函数、群延迟和极点/零点图。注意，图中所有的零点都位于 $z_{0i}=-1$ 附近，这一点从二阶系统分子的系数上也可以看出来。同时还要注意 $b[1, i]=2$ 和 $b[0, i]=b[2, i]=1$ 中的舍入误差。

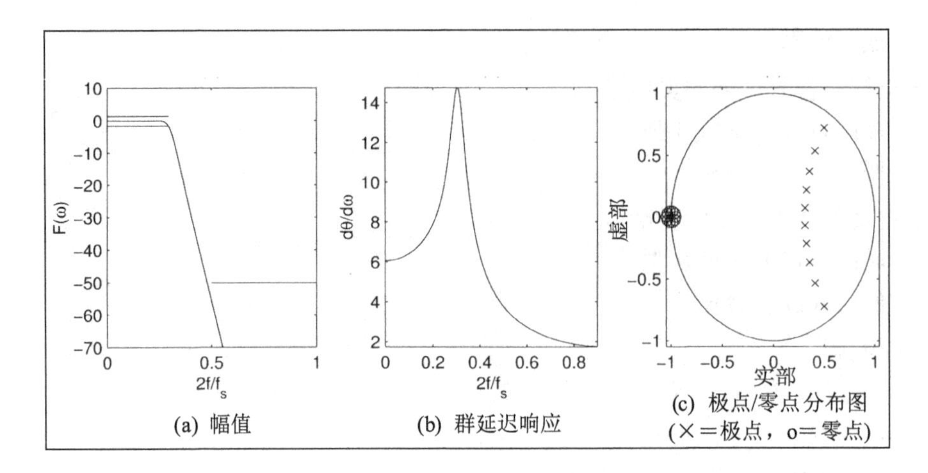

(a) 幅值 (b) 群延迟响应 (c) 极点/零点分布图(×=极点，o=零点)

图 4-13 10 阶巴特沃思滤波器的仿真结果

4.4.1 有限字长效应

Crochiere 和 Oppenheim[102]已经证明：数字滤波器需要的系数字长与系数灵敏度密切相关。因此，同样的 IIR 滤波器的实现需要较宽的字长范围。为了说明该问题的一些动态特性，可以考虑 Crochiere 和 Oppenheim 分析的 8 阶椭圆滤波器[102]。最终，该 8 阶传递函数的实现需要波形、级联、并联、网格、直接 I 型和 II 型，以及连续的分数体系结构。表 4-2 的第 2 列中给出了满足具体最大通带误差准则所预计的系数字长的保守估计。由此可以看出，直接形式需要比波形或并联结构更大的字长。进而得出下面的结论：就位宽(*W*)乘法器乘积(*M*)而论，波形结构给出了最佳的复杂性(*MW*)，这一点从表 4-2 的第 6 列可以看出来。

表 4-2 Crochiere 和 Oppenheim[102]给出的 8 阶椭圆滤波器的数据(根据成本乘积 $M\times W$ 分类)

类　型	字长 W	乘积 M	加　法	延　迟	成本 $M\times W$
波形	11.35	12	31	10	136
级联	11.33	13	16	8	147
并联	10.12	18	16	8	182
网格	13.97	17	32	8	238
直接 I 型	20.86	16	16	16	334
直接 II 型	20.86	16	16	8	334
连续分数结构	22.61	18	16	8	408

参照 FIR 滤波器(请参阅第 3 章)，为了简化包含若干乘法器的模块的设计[103 和 104]，需要引入简化加法器图(Reduced Adder Graph，RAG)技术。Dempster 和 Macleod 已经从 RAG 乘法器实现策略的角度计算了 8 阶椭圆滤波器。表 4-3 给出了比较结果。第 2 列是乘法器模块的规模。对于直接 II 型体系结构，需要两个乘法器模块，规模分别是 9 和 7。对于波

形体系结构，因为没有两个系数具有相同的输入，所以也就无法设计乘法器模块，而是需要实现 11 个单独的乘法器。第 3 列显示了实现乘法器模块需要的、规范的有符号位(CSD)设计的加法器/减法器 B 的数量。第 4 列给出了单个优化的乘法器加法器图(Multiplier Adder Graph，MAG)[105]的相同结果。第 5 列显示了简化加法器图的结果。第 6 列显示了 RAG 设计的整体加法器/字宽乘积。表 4-3 表明，与波形数字滤波器相比，级联形式和并联形式可得到相当或更好的结果，因为采用 RAG 算法时，乘法器模块的规模是一条基本准则。对于 FPGA 设计没有考虑到延迟，这是因为所有的逻辑单元都有一个相关的触发器。

表 4-3　采用 CSD、MAG 和 RAG 策略实现 8 阶椭圆滤波器的数据[103]

类　型	模 块 规 模	CSD	MAG	RAG	
		B	B	B	$W(B+A)$
级联	4×3、2×1	26	26	24	453
并联	11×9、4×2、1×1	31	30	29	455
波形	11×1	58	63	22	602
网格	1×9、8×1	33	31	29	852
直接 I 型	1×16	103	83	36	1085
直接 II 型	1×9、1×7	103	83	41	1189
连续分数结构	18×1	118	117	88	2351

4.4.2　滤波器增益系数的优化

一般情况下，IIR 整数系数是从浮点滤波器系数导出的，首先规格化最大系数，接下来乘以需要的增益因数，也就是位宽 $2^{\mathrm{round}(W)}$。但是，大多数情况下，在 $2^{\lfloor W \rfloor}\ldots 2^{\lceil W \rceil}$ 范围内选择增益系数更为有效。而且在传递函数中基本没有变化，这是因为在乘以增益系数之后，滤波器的系数就已经被舍入了。例如，在 $2^{\lfloor W \rfloor}\ldots 2^{\lceil W \rceil}$ 范围内寻找前面提到的 Crochiere 和 Oppenheim 设计示例中的级联滤波器(采用表4-3 中给出的增益：$2^{\lceil 11.33 \rceil -1}=1024$)的系数，得到的数据如表 4-4 所示。

表 4-4　最小化级联滤波器复杂性的增益因子的变化

不 同 增 益	CSD	MAG	RAG
最优增益	1122	1121	1121
#最优增益的加法器	23	21	18
#增益＝1024 的加法器	26	26	24
提高	12%	19%	25%

通过表 4-4 的比较可以看到，实现乘法器所需加法器的数量有实质性的改进。尽管在本例中 MAG 和 RAG 的最佳增益系数相同，但是也可以不相同。

4.5 快速 IIR 滤波器

第 3 章的 FIR 滤波器的时序电路性能是通过采用流水线技术(参阅表 3-3)提高的。对于 FIR 滤波器，实现流水线技术基本上不需要任何成本。但是流水线 IIR 滤波器就比较复杂了，而且一般还需要相应的成本。仅仅为所有加法器，特别是为反馈回路上的加法器引入流水线寄存器，就非常类似于改变极点位置，从而改变 IIR 滤波器的传递函数。不过对于在不改变传递函数的条件下还允许更高吞吐量的策略，文献中已有报道。这些有望提高 IIR 滤波器吞吐量的方法包括：

- 在时域中预测交叉[106]
- 成群的预测极点/零点的设置[107 和 108]
- 分散预测极点/零点的设置[106 和 109]
- IIR 抽取滤波器的设计[110]
- 并行处理[111]
- RNS 实现[44 的 4.2 节和 55]

前 5 种方法都依据滤波器体系结构或是信号流技术，最后一种方法则建立在计算机算法的基础上(请参阅第 2 章)。这些技术都会通过示例来说明。为了简化每一个示例的 VHDL 表示方法，只考虑一阶 IIR 滤波器的情形，但是同样的思路对高阶 IIR 滤波器也适用，相关内容可以查阅相应的参考文献。

4.5.1 时域交叉

下面研究一阶 IIR 系统的差分方程：

$$y[n+1] = ay[n] + bx[n] \tag{4-10}$$

一阶系统的输出，也就是 $y[n+1]$，可以采用预测算法来计算，也就是将 $y[n+1]$代入 $y[n+2]$的差分方程，也就是：

$$y[n+2] = ay[n+1] + bx[n+1] = a^2 y[n] + abx[n] + bx[n+1] \tag{4-11}$$

相应的系统如图 4-14 所示。

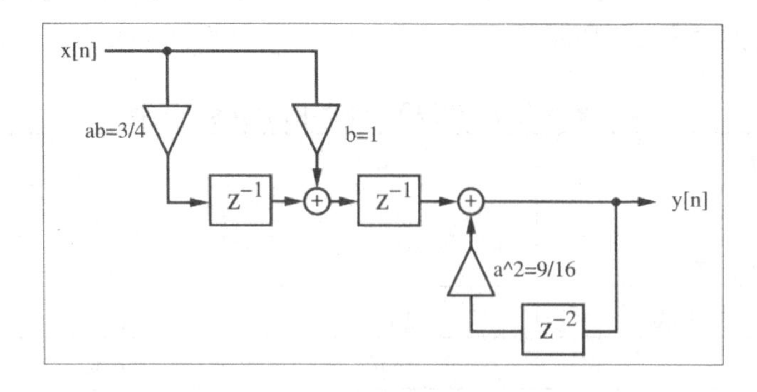

图 4-14 采用预测算法的有损积分器

将预测转换用在$(S-1)$步骤上，就可以概括这一概念，结果如下：

$$y[n+S]=a^S y[n]+\underbrace{\sum_{k=0}^{S-1}a^k bx[n+S-1-k]}_{(\eta)} \tag{4-12}$$

从式(4-12)可以看到，表达式(η)定义了系数为$\{b, ab, a^2b,\dots, a^{S-1}b\}$的 FIR 滤波器，这些系数可以采用第 3 章提到的流水线技术(流水线乘法器和流水线加法器树)进行流水线化。式(4-12)中的递归部分也可以利用系数为 a^S 的 S 级流水线乘法器来实现。下面用一个示例来对预测设计算法加以说明。

例 4.3　有损积分器 II

再来研究一下例 4.1 中的有损积分器，但是这次要加上预测算法。图 4-14 给出了预测算法的有损积分器，它由一个非递归部分(例如，x 的 FIR 滤波器)和一个具有延迟为 2 和系数为 9/16 的递归部分构成。

$$y[n+2]=\frac{3}{4}y[n+1]+x[n+1]=\frac{3}{4}(\frac{3}{4}y[n]+x[n])+x[n+1] \tag{4-13}$$

$$=\frac{9}{16}y[\mathrm{n}]+\frac{3}{4}x[n]+x[n+1] \tag{4-14}$$

$$y[n]=\frac{9}{16}y[n-2]+\frac{3}{4}x[n-2]+x[n-1] \tag{4-15}$$

实现这种预测形式的 IIR 滤波器的 VHDL 代码[2]如下：

```
PACKAGE n_bit_int IS              -- User defined type
  SUBTYPE S15 IS INTEGER RANGE -2**14 TO 2**14-1;
END n_bit_int;

LIBRARY work;
USE work.n_bit_int.ALL;

LIBRARY ieee;
USE ieee.std_logic_1164.ALL;
USE ieee.std_logic_arith.ALL;
-- --------------------------------------------------------
ENTITY iir_pipe IS
  PORT ( clk   : IN  STD_LOGIC; -- System clock
         reset : IN  STD_LOGIC; -- Asynchronous reset
         x_in  : IN  S15;       -- System input
         y_out : OUT S15);      -- System output
END iir_pipe;
-- --------------------------------------------------------
ARCHITECTURE fpga OF iir_pipe IS

  SIGNAL  x, x3, sx, y, y9 : S15;

BEGIN
```

2. 这一示例相应的 Verilog 代码文件 iir_pipe.v 可以在附录 A 中找到，附录 B 给出了合成结果。

```
PROCESS(clk, reset, x_in, x, x3, sx, y, y9)
BEGIN    -- Use FFs for input, output and pipeline stages
  IF reset = '1' THEN -- Asynchronous clear
    x <= 0; x3 <= 0; sx <= 0; y9 <= 0; y <= 0;
  ELSIF rising_edge(clk) THEN
    x   <= x_in;
    x3  <= x / 2 + x / 4;    -- Compute x*3/4
    sx <=  x + x3; -- Sum of x elements = output FIR part
    y9  <= y / 2 + y / 16;   -- Compute y*9/16
    y   <= sx + y9;          -- Compute output
  END IF;
END PROCESS;

y_out <= y ;      -- Connect register y to output pins

  END fpga;
```

这个示例中的流水线加法器和乘法器是在两个步骤中实现的。第一步计算$\frac{9}{16}y[n]$，第二步计算$\frac{3}{4}x[n]+x[n+1]$，再加上$\frac{9}{16}y[n]$。该设计使用了 123 个 LE，未使用嵌入式乘法器，使用 TimeQuest 缓慢 85C 模型的时序电路性能 F_{max}=215.05MHz。滤波器对于幅值为 1000 的脉冲的响应如图 4-15 所示。

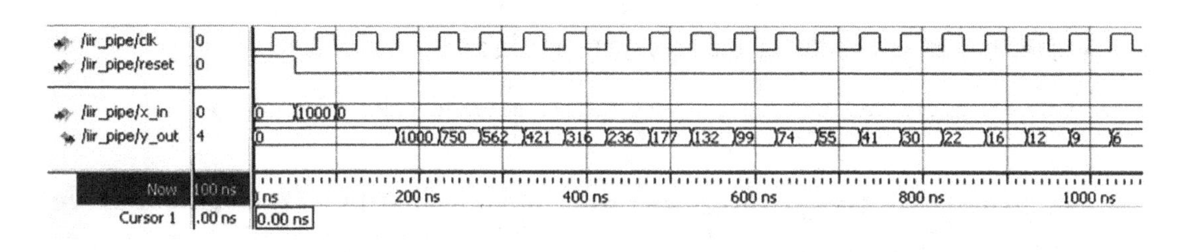

图 4-15　预测算法有损积分器的脉冲响应的 VHDL 仿真

与例 4.1 中采用 62 个 LE 和 147.3MHz 的解决方案相比，就会发现虽然预测算法的流水线技术需要更多的资源，但速度提升大约 30%。比较图 4-3 和图 4-15 中两种滤波器对于幅值为 1000 的脉冲的响应，可以看到预测算法设计方案有额外的总延迟。两种方法的量化效果之间的差值为±2。

练习 4.7 将讨论一种采用标准逻辑向量数据类型和 LPM_ADD_SUB 宏函数的可选设计方案。虽然这种方法生成的 VHDL 代码更长，但优点是可以在位域对符号扩展和乘法器进行直接控制。

4.5.2　群集和分散预测的流水线技术

群集和分散预测的流水线方案为设计添加了极点和零点的自消除，进而简化滤波器递归部分的流水线技术。群集方法在传递函数的分母中引入额外的极点/零点，使得 z^{-1}，z^{-2}，…，$z^{-(S-1)}$的系数为 0。下面给出一个二阶滤波器的群集示例。

例 4.4　群集方法

假定二阶传递函数的两个极点分别位于 1/2 和 3/4 处，其传递函数如下：

$$F(z)=\frac{1}{1-1.25z^{-1}+0.375z^{-2}}=\frac{1}{(1-0.5z^{-1})(1-0.75z^{-1})} \tag{4-16}$$

在 $z=-1.25$ 处增加一个抵消极点/零点，生成新的传递函数：

$$F(z)=\frac{1+1.25z^{-1}}{1-1.1875z^{-2}+0.4688z^{-3}} \tag{4-17}$$

滤波器的递归部分可以用额外的流水线级来实现。

对于上面的示例(即 $z_{\infty}=-1.25$)，群集的问题是被抵消的极点/零点对可能位于单位圆之外。如果极点/零点的抵消不完全，就会在设计中引入不稳定性。一般来说，极点在 r_1、r_2 处并且拥有一个额外抵消对的二阶系统，必然有一个极点在 $-(r_1+r_2)$处，这个极点位于单位圆的外部(因为 $|r_1+r_2|>1$)。Soderstrand 等人[107]已经给出了一种稳定的群集方法，一般就是引入多个抵消极点/零点对。

分散预测方法没有引入稳定性问题。对于一个在 p 点有极点的原始滤波器，引入了$(S-1)$个位于 $z_k=pe^{j\pi k/S}$ 处的极点/零点抵消对。结果是在传递函数的分母中只有 z^0、z^S、z^{-2S} 等项有零系数。

例 4.5　分散预测方法

考虑用两个额外的流水线级实现一个极点位于 $z_{\infty1}=0.5$ 和 $z_{\infty2}=0.75$ 的二阶系统。在 1/2 和 3/4 处有极点的滤波器的二阶传递函数的形式如下：

$$F(z)=\frac{1}{1-1.25z^{-1}+0.375z^{-2}}=\frac{1}{(1-0.5z^{-1})(1-0.75z^{-1})} \tag{4-18}$$

注意一般而言，位于 p 和 p^*的极点/零点对导出如下传递函数：

$$(1-pz^{-1})(1-p^*z^{-1})=1-(p+p^*)z^{-1}+rr^*z^{-2}$$

特别是当 $p=r\times\exp(j2\pi/3)$时，得到：

$$(1-pz^{-1})(1-p^*z^{-1})=1-2r\cos(2\pi/3)z^{-1}+r^2z^{-2}=1+rz^{-1}+r^2z^{-2}$$

分散预测方法通过在 $0.5e^{\pm j2\pi/3}$ 和 $0.75e^{\pm j2\pi/3}$ 处增加极点/零点对引入了两个额外的流水线级。在这一位置添加相互抵消的极点/零点对后，得到：

$$\begin{aligned}F(z)&=\frac{1}{1-1.25z^{-1}+0.375z^{-2}}\times\frac{(1+0.5z^{-1}+0.25z^{-2})(1+0.75z^{-1}+0.5625z^{-2})}{(1+0.5z^{-1}+0.25z^{-2})(1+0.75z^{-1}+0.5625z^{-2})}\\&=\frac{1+1.25z^{-1}+1.1875z^{-2}+0.4687z^{-3}+0.1406z^{-4}}{1-0.5469z^{-3}+0.0527z^{-6}}\\&=\frac{512+640z^{-1}+608z^{-2}+240z^{-3}+72z^{-4}}{512-280z^{-3}+27z^{-6}}\end{aligned}$$

递归部分可以采用两个额外的流水线级来实现。

值得注意的是，对于一阶 IIR 系统，群集方法和分散预测方法引入的是同样的相互抵消的极点/零点对，位置处于以原点为圆心的圆上，角度相差 $2\pi/S$。非递归部分可以根据下式以“2 的幂分解”的形式实现：

$$(1+az^{-1})(1+a^2z^{-2})(1+a^4z^{-4})\cdots \tag{4-19}$$

图 4-16 给出了一阶部分的极点/零点对的表示方法，其中递归部分可以通过 4 个流水线级来实现。

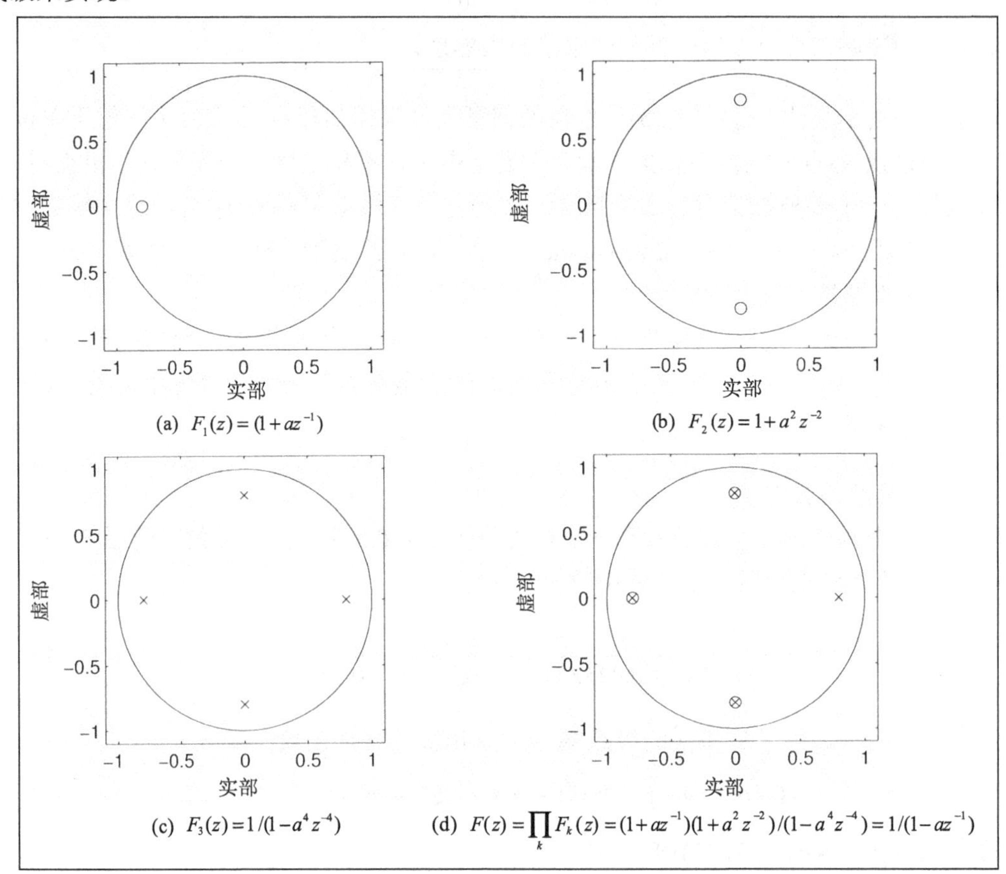

图 4-16 分散预测的一阶 IIR 滤波器的极点/零点图

4.5.3 IIR 抽取器设计

在抽取滤波器的基础上，Martinez 和 Parks[110]已经提出了一种基于极小极大方法的滤波器设计算法(参阅第 5 章)。导出的传递函数满足：

$$F(z)=\frac{\sum_{l=0}^{L} b[l]z^{-l}}{1-\sum_{n=0}^{N/S} a[n]z^{-nS}} \tag{4-20}$$

也就是说，在分母中只有每隔 S 个系数是非零的。由此，递归部分(也就是分母)可以采用 S 级流水线。可以看到，在最终的极点/零点分布图中，所有的零点都位于单位圆上，就像常见的椭圆滤波器一样，而极点位于主轴有一个 $2\pi/S$ 角度差的圆上，请参阅图 4-17(b)。

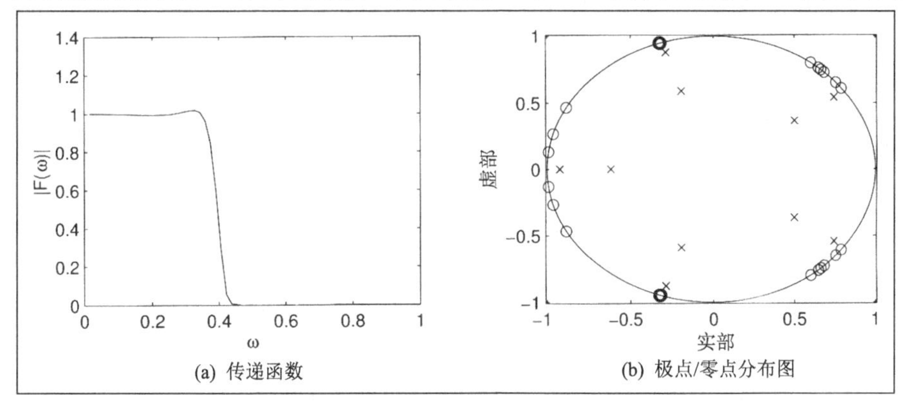

(a) 传递函数　　(b) 极点/零点分布图

图 4-17　$S=5$ 的 37 阶 Martinez-Parks IIR 滤波器的传递函数及极点/零点分布图

4.5.4 并行处理

在并行处理滤波器的实现[111]中，形成了 P 条并联的 IIR 通路，每条通路都以 $1/P$ 的输入采样速率运行，它们在输出位置通过多路复用器组合在一起，如图 4-18 所示。一般情况下，由于多路复用器要比乘法器和/或加法器速度快，因此并行方法速度也就更快。进一步讲，每条通路 P 都有更多的时间(大小为一个 P 因子)用于计算其指定的输出。

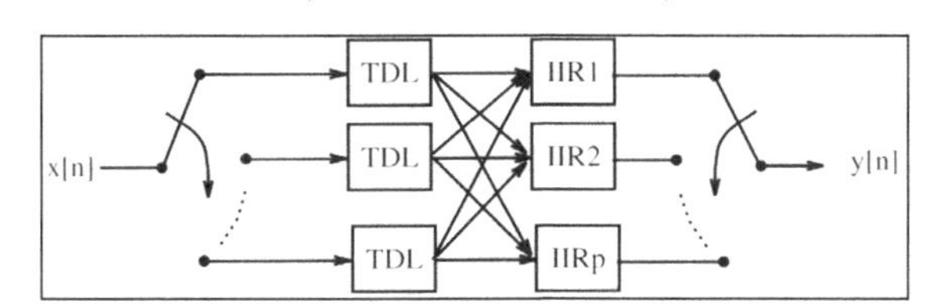

图 4-18　并联 IIR 滤波器的实现，抽头延迟线(Tapped Delay Line，TDL)以 $1/P$ 的输入采样速率运行

为了方便说明，再来考虑一下 $P=2$ 的一阶系统，预测结构与式(4.11)相同：

$$y[n+2]=ay[n+1]+x[n+1]=a^2y[n]+ax[n]+x[n+1] \tag{4-21}$$

现在将其分成偶数 $n=2k$ 和奇数 $n=2k-1$ 对应的输出序列，得到：

$$y[n+2]=\begin{cases}y[2k+2]=a^2y[2k]+ax[2k]+x[2k+1]\\ y[2k+1]=a^2y[2k-1]+ax[2k-1]+x[2k]\end{cases} \tag{4-22}$$

其中 $n, k\in Z$。这两个方程是下面并联 IIR 滤波器的 FPGA 实现的基础。

例 4.6　有损积分器 III

作为对例 4.1 和例 4.3 中方法的扩展，考虑 $a=3/4$ 的并联有损积分器的实现。如图 4-19 所示，双通道并联有损积分器是两个非递归部分(也就是 x 的 FIR 滤波器)和两个延迟为 2、系数为 9/16 的递归部分的组合。这一设计的 VHDL 代码[3]如下：

3. 这一示例相应的 Verilog 代码文件 iir_par.v 可以在附录 A 中找到，附录 B 给出了合成结果。

```
PACKAGE n_bit_int IS             -- User defined type
  SUBTYPE S15 IS INTEGER RANGE -2**14 TO 2**14-1;
END n_bit_int;

LIBRARY work;
USE work.n_bit_int.ALL;

LIBRARY ieee;
USE ieee.std_logic_1164.ALL;
USE ieee.std_logic_arith.ALL;
-- --------------------------------------------------------
ENTITY iir_par IS                          ------> Interface
  PORT ( clk      : IN  STD_LOGIC; -- System clock
         reset    : IN  STD_LOGIC; -- Asynchronous reset
         x_in     : IN  S15;       -- System input
         x_e, x_o : OUT S15;       -- Even/odd input x_in
         y_e, y_o : OUT S15;       -- Even/odd output y_out
         clk2     : OUT STD_LOGIC; -- Clock divided by 2
         y_out    : OUT S15);      -- System output
END iir_par;
-- --------------------------------------------------------
ARCHITECTURE fpga OF iir_par IS

  TYPE STATE_TYPE IS (even, odd);
  SIGNAL  state                      : STATE_TYPE;
  SIGNAL  x_even, xd_even            : S15 := 0;
  SIGNAL  x_odd, xd_odd, x_wait      : S15 := 0;
  SIGNAL  y_even, y_odd, y_wait, y   : S15 := 0;
  SIGNAL  sum_x_even, sum_x_odd      : S15 := 0;
  SIGNAL  clk_div2                   : STD_LOGIC := '0';

BEGIN

  Multiplex: PROCESS (reset, clk) --> Split x into even and
  BEGIN              -- odd samples; recombine y at clk rate
    IF reset = '1' THEN                -- asynchronous reset
      state <= even; x_even <= 0; x_odd <= 0;
      y <= 0; x_wait <= 0; y_wait <= 0;
    ELSIF rising_edge(clk) THEN
    CASE state IS
      WHEN even =>
         x_even <= x_in;
         x_odd <= x_wait;
         clk_div2 <= '1';
         y <= y_wait;
         state <= odd;
      WHEN odd =>
         x_wait <= x_in;
         y <= y_odd;
         y_wait <= y_even;
         clk_div2 <= '0';
         state <= even;
      END CASE;
      END IF;
  END PROCESS Multiplex;
```

```
    y_out <= y;
    clk2  <= clk_div2;
    x_e <= x_even; -- Monitor some extra test signals
    x_o <= x_odd;
    y_e <= y_even;
    y_o <= y_odd;

    Arithmetic: PROCESS(reset, clk_div2)
    BEGIN
      IF reset = '1' THEN -- Asynchronous clear
        xd_even <= 0; sum_x_even <= 0; y_even<= 0;
        xd_odd<= 0; sum_x_odd <= 0; y_odd <= 0;
      ELSIF falling_edge(clk_div2) THEN
        xd_even <= x_even;
        sum_x_even <= (xd_even * 2 + xd_even) /4 + x_odd;
        y_even <= (y_even * 8 + y_even )/16 + sum_x_even;
        xd_odd <= x_odd;
        sum_x_odd <= (xd_odd * 2 + xd_odd) /4 + xd_even;
        y_odd  <= (y_odd * 8 + y_odd) / 16 + sum_x_odd;
      END IF;
    END PROCESS Arithmetic;

  END fpga;
```

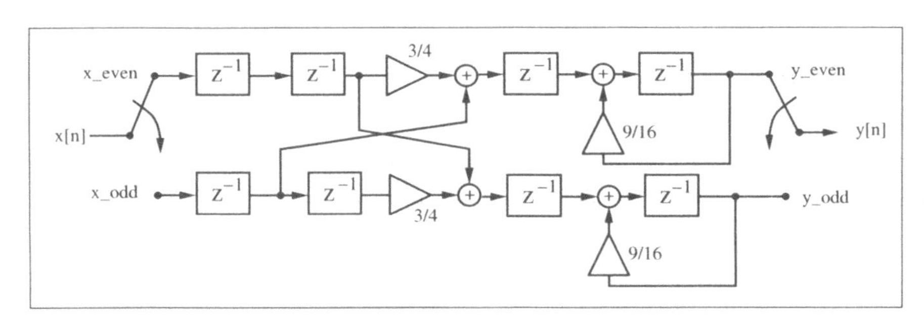

图 4-19　双通道并联 IIR 滤波器的实现

本设计采用两个 PROCESS 声明来实现。第一个是 PROCESS Multiplex，x 被分成偶数和奇数索引部分。输出 y 是以 clk 速率重新组合的。另外，第一个 PROCESS 声明生成了第二个时钟信号，运行速率是 clk/2。第二个模块根据式(4-22)来实现该滤波器的算法。这一设计使用了 236 个 LE，没有用到嵌入式乘法器，使用 TimeQuest 缓慢 85C 模型的时序电路性能 F_{max}=479.39MHz。图 4-20 给出了仿真结果。

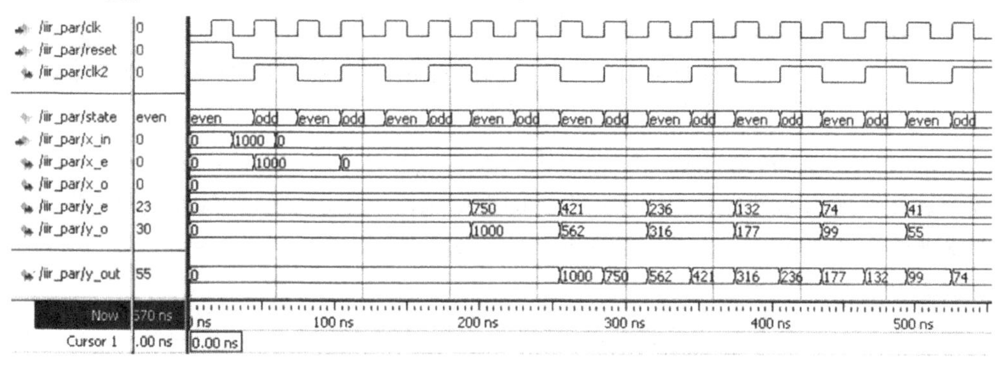

图 4-20　并联 IIR 滤波器对脉冲 1000 的响应的 VHDL 仿真

与前面给出的其他方法相比，并联实现的缺点在于需要较高的实现成本，本设计使用了 236 个 LE。

4.5.5 采用 RNS 的 IIR 设计

因为余数系统(Residue Number System, RNS)使用一个固有的短字长，所以它是实现快速(递归)IIR 滤波器的一个优秀的候选方案。在典型的 IIR-RNS 设计中，系统是作为递归系统和非递归系统的集合实现的，每个系统都按 FIR 结构(请参阅图 4-21)定义。每个 FIR 都可以在 RNS-DA 中用四分之一平方乘法器实现，也可以在第 2 章开发的索引域中实现。

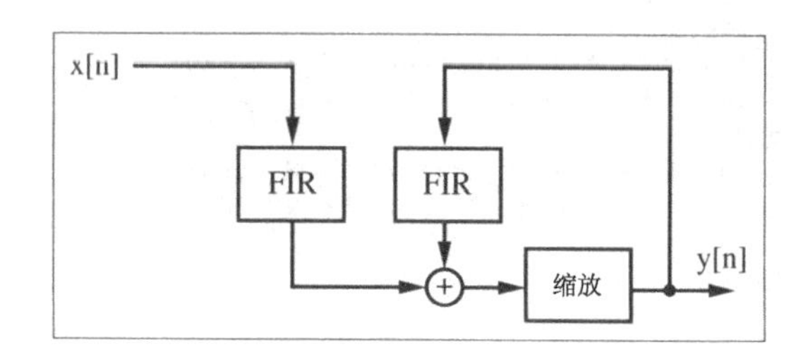

图 4-21 采用两个 FIR 部分和缩放的 IIR 滤波器的 RNS 实现

对于稳定的滤波器，递归部分应该缩放，用于控制动态范围的增长率。缩放运算可以用混合基数转换(Mixed Radix Conversion)、中国余数定理(Chinese Remainder Theorem, CRT)或 ϵ-CRT 方法实现。对于高速设计，推荐在群集或分散预测流水线技术[44]的基础上增加一个额外的流水线延迟。5.3 节将详细研究 RNS 递归滤波器的设计，并可以看到 RNS 设计可以将速度提升 40%以上。

4.6 窄带 IIR 滤波器

对于不同的 IIR 架构，参考文献中可以找到很多关于所需(小数)位宽的研究。4.4.1 节讨论了 Crochiere 和 Oppenheim[102]的结果，Demster 和 Macleod 基于简化加法器图技术[103 和 104]重访过这些结果。结果表明，二阶部分的串联或并联配置优势明显。波形数字滤波器(WDF)和网格滤波器分居第 3 位和第 4 位。

Crochiere 和 Oppenheim 采用的滤波器设计基础是带通滤波器。但是，很多 IIR 滤波器在实际设计中更倾向于低通滤波器。由于假定滤波器(单位)增益为 1，不同滤波器结构对全系统整数位的要求是另一个不常被提及的重要因素。

此外，对于窄带 IIR 滤波器，最近的研究表明，由于振幅的增益较小，并联结构的全通滤波器往往被采用。最初针对 WDF 设计的准则也可以用于二阶类型的全通滤波器，或者与网格滤波器结合使用。这样，最具潜力的结构包括：

- 转置的直接 I 型方案
- 直接型二阶部分级联或并联方案
- 每部分拥有 1 或 2 个乘法器的网格滤波器[112]

- 波形数字滤波器梯型滤波器[101]
- 全通转置的直接 I 型方案
- 全通直接型二阶部分级联或并联方案
- 每部分拥有 1 或 2 个乘法器的全通网格滤波器
- 全通波形数字滤波器，又叫作网格波形数字滤波器[113]

为了更好地了解这些不同的设计选择，下面从典型的窄带低通滤波器设计开始。

4.6.1　窄带设计示例

在相同的设计指标下，如果 FIR 滤波器太长，需要过多的硬件资源并且引入了过长的延迟，此时往往使用 IIR 滤波器。所设计的滤波器应该满足如下指标：采样频率 $60\times128=7680$Hz，通带 0~40 Hz，阻带 40~3840 Hz，通带波纹 1dB，阻带波纹 40~50 dB。50dB 的阻带波纹稍高于所需的 8 位系统($6\times8=48$dB)以便为量化噪声留出空间。电力系统中使用这种滤波器来计算谐波畸变[114 和 115]。滤波器的过采样率高，而通带和阻带适中，大约只有 8 位的精度。

椭圆(或考尔)滤波器拥有最低的阶数，可用于起始点。它是一个 5 阶滤波器，但是通过极点-零点分布图(请参阅图 4-22(e))可以推断，需要较高的精度来匹配传递函数的误差方案。首先定义低通椭圆滤波器参数，然后使用 ellip 函数计算滤波器系数。下面的 MATLAB 代码可用于系数的生成：

```
[B, A] = ellip(5, 1, 50, 40/7680*2)
```

参数依次是滤波器长度、通带波纹(单位 dB)、阻带波纹(单位 dB)以及截止频率。假设采样频率归一化到 2。前向滤波器系数置于数组 A 中，反馈系数置于数组 B 中。通过 MATLAB 对直接型滤波器实现的仿真结果如下：

$B(1)=0.00030357$
$B(2)=-0.00090853$
$B(3)=0.00060496$
$B(4)=0.00060496$
$B(5)=-0.00090853$
$B(6)=0.00030357$

$A(1)=1.00000000$
$A(2)=-4.96820259$
$A(3)=9.87475369$
$A(4)=-9.81500690$
$A(5)=4.87856394$
$A(6)=-0.97010812$

总增益 $gain=0.000304$。

图 4-22 给出了传递函数、完整的极点/零点分布图和忽略了 $z = -1$ 处零点的“局部放大”的滤波器极点分布图。作为椭圆滤波器的典型特征，所有零点都位于单位圆上。

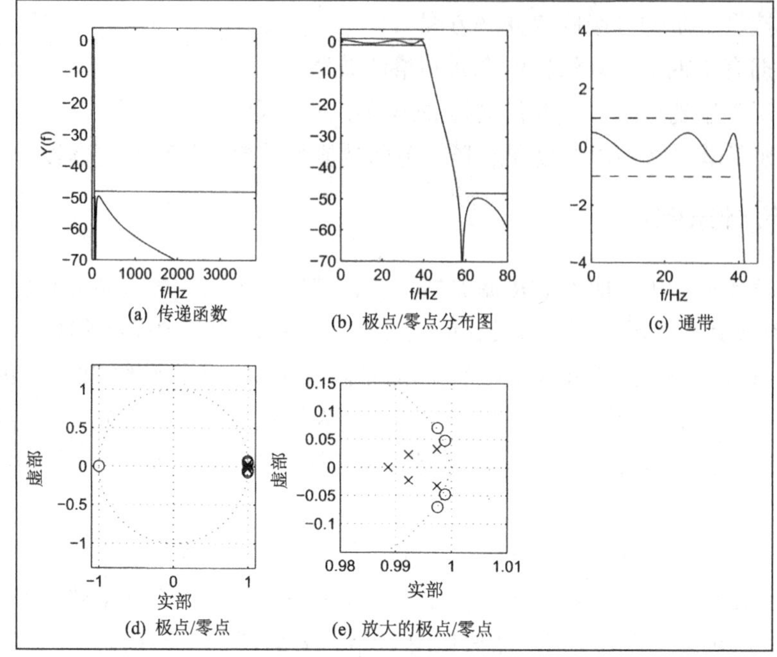

图 4-22 5 阶椭圆滤波器(a-c)幅值，(d-e)极点/零点分布图

由于滤波器很窄，脉冲响应非常长。如果以特征频率作为滤波器的输入信号，可以找到任意滤波器的最大增益。对于直流或特征频率为 0 的低通滤波器，输入信号是阶跃函数，输出是所谓的阶跃响应。图 4-23 给出了脉冲响应和阶跃响应。

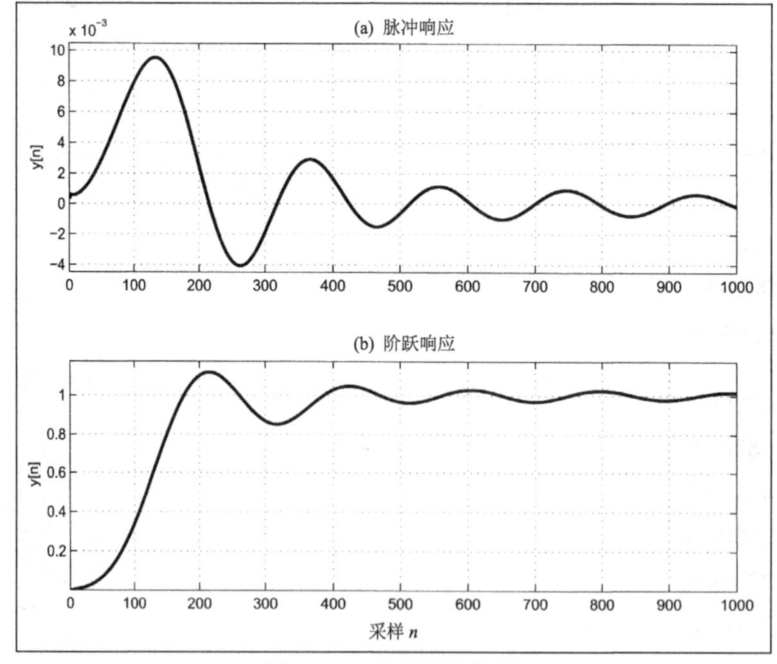

图 4-23 5 阶椭圆滤波器

使用极点/零点值可以进行结构的选择，并在 SIMULINK 中对滤波器进行仿真，确保运行正确。在 SIMULINK 中可以清楚地计算所需的资源，确定最长路径，增加额外的流水线寄存器来提升滤波器速度。这些额外的流水线寄存器会增加总延迟，但是只要其他极点/零点的位置不变，传递函数也不会发生变化。

要在定点算法中实现滤波器，需要确定小数部分、每个加法器的整数位以及(系数)乘法器所需的位数。需要将基于嵌入式乘法器和使用 LE 的设计区分开。采用 LE 时，可以使用三重(−1、0、1)CSD 编码并将乘法器系数整合到精简加法器图(RAG-n)中。两种情况下，都需要一个对所需小数和整数位宽的估计，然后使用 CSD 或 RAG 编码(在基于 LE 实现的情况下使用)精心调整系数。

估计滤波器小数部分的精度，需要将系数量化为 N 位小数精度。通过乘以 2^N，做四舍五入处理，然后再除以 2^N 以完成量化工作。接下来使用量化系数(A_q, B_q)确定滤波器的传递函数。如果达到误差方案要求，工作结束；否则，N 加 1($N \rightarrow N+1$)，再次尝试。

整数精度的估计可以不使用循环来完成。只需要确定滤波器的“特征频率”并将该特征频率用于滤波器输入即可。对于窄带低通滤波器，一项合理的假设是特征频率 $f=0$，这样可以使用阶跃函数作为输入信号。接下来，对每一个加法器的最大幅值执行 $\log_2$ 运算，由此确定每一个节点所需的整数位数。

例 4.7　窄带 IIR 滤波器的位宽要求

将滤波器系数作为反馈系数 A 和前述前馈系数 B，增加小数位的数量，直到满足误差方案要求。由图 4-24 所示的传递函数可以看出，小数精度的要求是 30 位。

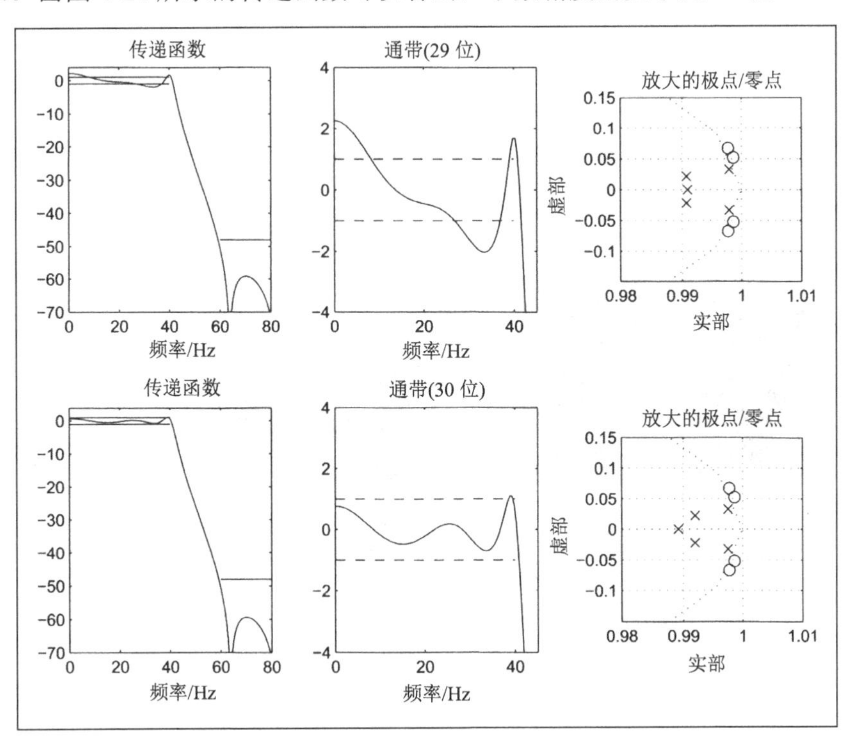

图 4-24　直接型滤波器量化系数的传递函数

对于整数位，在 SIMULINK(或 MATLAB)中设计滤波器并测量其阶跃响应，如图 4-25 所示。通过图 4-26 中对反馈增益的测量结果可以看出，为了避免算法溢出，内部整数精度需要达到$\lceil \log_2(6\times10^9) \rceil = \lceil 32.48 \rceil = 33$位。图 4-26(c)给出了每个加法器输出的最大幅值的 $\log_2$ 运算结果。

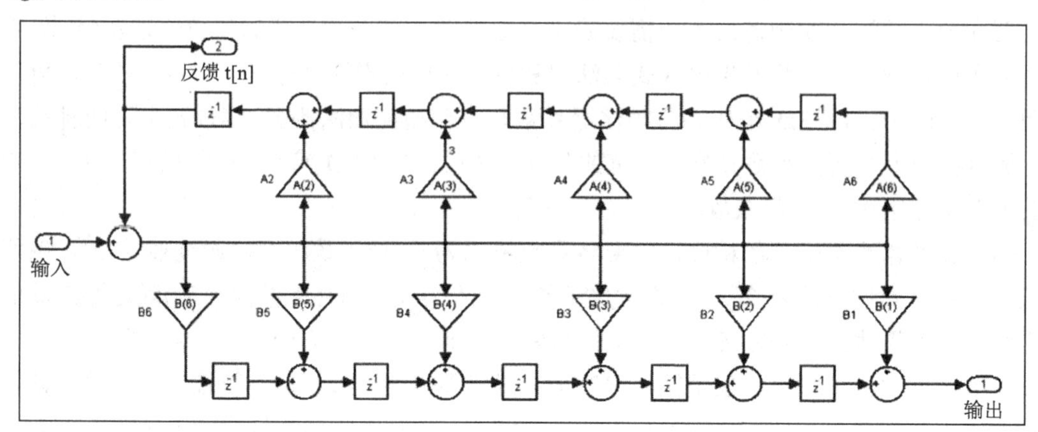

图 4-25　SIMULINK 中转置形式的直接 I 型设计

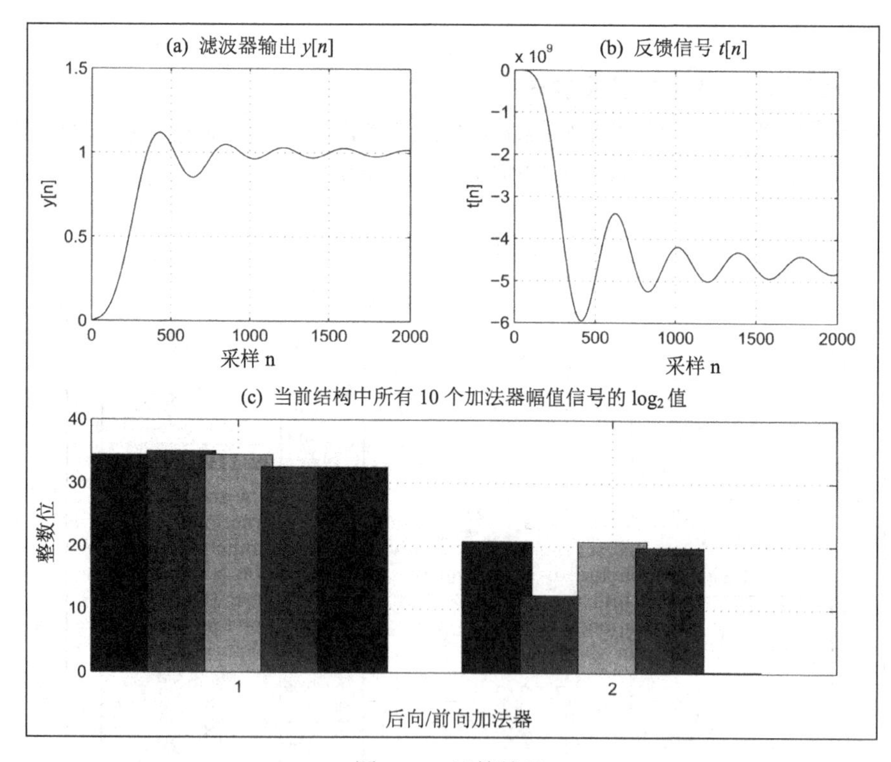

图 4-26　运算结果

带有符号位的直接型滤波器设计的数据通路需要 1+30+33=64 位，这种设计无法使用 VHDL INTERGER 数据类型。直接型滤波器的设计超出了 INTERGER 数据类型的位宽(也就是 32 位)，必须依赖完全基于 STD_LOGIC_VECTOR 的实现，这往往比设计中的整数数据类型更棘手。下述 VHDL 示例代码[4]中，新的 sfixed VHDL-2008 数据类型简化了设计。

```
-- --------------------------------------------------------
-- Description:   This is a 5th order IIR in direct form
--                implementation.
-- Feedforward coefficients B=
--    0.000304 -0.000909 0.000605
--    0.000605 -0.000909 0.000304
-- Feedback coefficients A=
--    1.000000 -4.968203  9.874754
--   -9.815007 4.878564 -0.970108
--
LIBRARY ieee;
USE ieee.std_logic_1164.ALL; USE ieee.std_logic_arith.ALL;
USE ieee.std_logic_unsigned.ALL;

LIBRARY ieee_proposed;
USE ieee_proposed.fixed_float_types.ALL;


USE ieee_proposed.fixed_pkg.ALL;
USE ieee_proposed.float_pkg.ALL;
-- --------------------------------------------------------
ENTITY iir5sfix IS                        ------> Interface
 PORT (clk    : IN STD_LOGIC; -- System clock
       reset  : IN STD_LOGIC; -- System reset
       switch : IN STD_LOGIC; -- Feedback switch
       x_in   : IN STD_LOGIC_VECTOR(63 DOWNTO 0);
                                          -- System input
       t_out  : BUFFER STD_LOGIC_VECTOR(39 DOWNTO 0);
                                              -- Feedback
       y_out  : OUT STD_LOGIC_VECTOR(39 DOWNTO 0));
END;                                     --System output
-- --------------------------------------------------------
ARCHITECTURE fpga OF iir5sfix IS

  CONSTANT  a2 : SFIXED(4 DOWNTO -30) :=
                       TO_SFIXED(-4.9682025852, 4,-30);
  CONSTANT  a3 : SFIXED(5 DOWNTO -30) :=
                        TO_SFIXED(9.8747536754, 5,-30);
  CONSTANT  a4 : SFIXED(5 DOWNTO -30) :=
                       TO_SFIXED(-9.8150069021, 5,-30);
```

4. 这一示例相应的 Verilog 代码文件 iir5sfix.v 可以在附录 A 中找到，附录 B 给出了合成结果。

```
  CONSTANT  a5 : SFIXED(4 DOWNTO -30) :=
                              TO_SFIXED(4.8785639415, 4,-30);
  CONSTANT  a6 : SFIXED(1 DOWNTO -30) :=
                             TO_SFIXED(-0.9701081227, 1,-30);
  CONSTANT  b1 : SFIXED(0 DOWNTO -30) :=
                              TO_SFIXED(0.0003035737, 0,-30);
  CONSTANT  b2 : SFIXED(0 DOWNTO -30) :=
                             TO_SFIXED(-0.0009085259, 0,-30);
  CONSTANT  b3 : SFIXED(0 DOWNTO -30) :=
                              TO_SFIXED(0.0006049556, 0,-30);
  CONSTANT  b4 : SFIXED(0 DOWNTO -30) :=
                              TO_SFIXED(0.0006049556, 0,-30);
  CONSTANT  b5 : SFIXED(0 DOWNTO -30) :=
                             TO_SFIXED(-0.0009085259, 0,-30);
  CONSTANT  b6 : SFIXED(0 DOWNTO -30) :=
                              TO_SFIXED(0.0003035737, 0,-30);
  SIGNAL  h, s1, s2, s3, s4, s5  :
                SFIXED(33 DOWNTO -30) := (OTHERS => '0');
  SIGNAL  x, y, t, r2, r3, r4, r5  :
                SFIXED(33 DOWNTO -30) := (OTHERS => '0');
  SIGNAL  y_sfix, t_sfix : SFIXED(23 DOWNTO -16);

BEGIN

  x <= TO_SFIXED(x_in, x); -- Redefine bits as signed
                           -- FIX 34.30 number
  P1: PROCESS (reset, clk, x, t, s1, s2, s3, s4, s5, r2,
                                              r3, h, switch)
  BEGIN   -- First equations without infering registers
    IF switch = '0' THEN
      h <= x; -- Switch is open
    ELSE
      h <= resize(x - t, x, fixed_wrap,fixed_truncate);
    END IF;                          -- Switch is closed
    IF reset = '1' THEN -- Reset all register
      t <= (OTHERS => '0');  y <= (OTHERS => '0');
      r2 <= (OTHERS => '0'); r3 <= (OTHERS => '0');
      r4 <= (OTHERS => '0'); r5 <= (OTHERS => '0');
      s1 <= (OTHERS => '0'); s2 <= (OTHERS => '0');
      s3 <= (OTHERS => '0'); s4 <= (OTHERS => '0');
      s5 <= (OTHERS => '0');
    ELSIF rising_edge(clk) THEN  -- IIR in direct form
      -- Using the "do not WRAP"
     r5 <= resize(     a6 * h,x,fixed_wrap,fixed_truncate);
     r4 <= resize(r5 + a5 * h,x,fixed_wrap,fixed_truncate);
     r3 <= resize(r4 + a4 * h,x,fixed_wrap,fixed_truncate);
     r2 <= resize(r3 + a3 * h,x,fixed_wrap,fixed_truncate);
     t  <= resize(r2 + a2 * h,x,fixed_wrap,fixed_truncate);
     s5 <= resize(     b6 * h,x,fixed_wrap,fixed_truncate);
     s4 <= resize(s5 + b5 * h,x,fixed_wrap,fixed_truncate);
     s3 <= resize(s4 + b4 * h,x,fixed_wrap,fixed_truncate);
     s2 <= resize(s3 + b3 * h,x,fixed_wrap,fixed_truncate);
     s1 <= resize(s2 + b2 * h,x,fixed_wrap,fixed_truncate);
```

```
      y  <= resize(s1 + b1 * h,x,fixed_wrap,fixed_truncate);
    END IF;
  END PROCESS;

  -- Convert to 24.16 sfixed number
  y_sfix  <= resize(y, y_sfix,fixed_wrap,fixed_truncate);
  t_sfix  <= resize(t, t_sfix,fixed_wrap,fixed_truncate);
  -- Redefine bits as 40 bit SLV
  y_out <= to_slv(y_sfix);
  t_out <= to_slv(t_sfix);

END fpga;
```

从 VHDL 代码中，可以看到 sfixed 库带来的简化效果。TO_SFIXED 函数将系数和输入 x 转换为 HDL。接下来是处理 5 阶滤波器的 PROCESS 函数。首先向所有寄存器和多路复用器中添加异步复位信号，通过这种方式关闭反馈通路。反馈开关有助于调试，开关打开时，脉冲响应的反馈信号 t_out 将会每次显示一个反馈系数。紧随 rising_edge 语句的是对滤波器的 11 次赋值。每次算术运算之后运行 resize 函数，避免溢出或位增长。参数 fixed_wrap 和 fixed_truncate 用于规避 resize 函数中的默认阈值。最后，将反馈信号 t 及滤波器输出 y 转换为 sfixed 类型，再转换为 SLV 输出格式。

上述设计使用了 2474 个 LE、128 个嵌入式乘法器，使用 TimeQuest 缓慢 85C 模型的时序电路性能 F_{max}=46.99MHz。对于 34.30 sfixed 格式，幅值 1.0=40000000_{16} 的滤波器脉冲响应如图 4-27 所示，与图 4-23(a)中 MATLAB 的仿真结果一致。对于 100ns 的系统时钟、60μs 的仿真需要 600 个时钟周期。最大脉冲出现在大约 133 个时钟周期处。

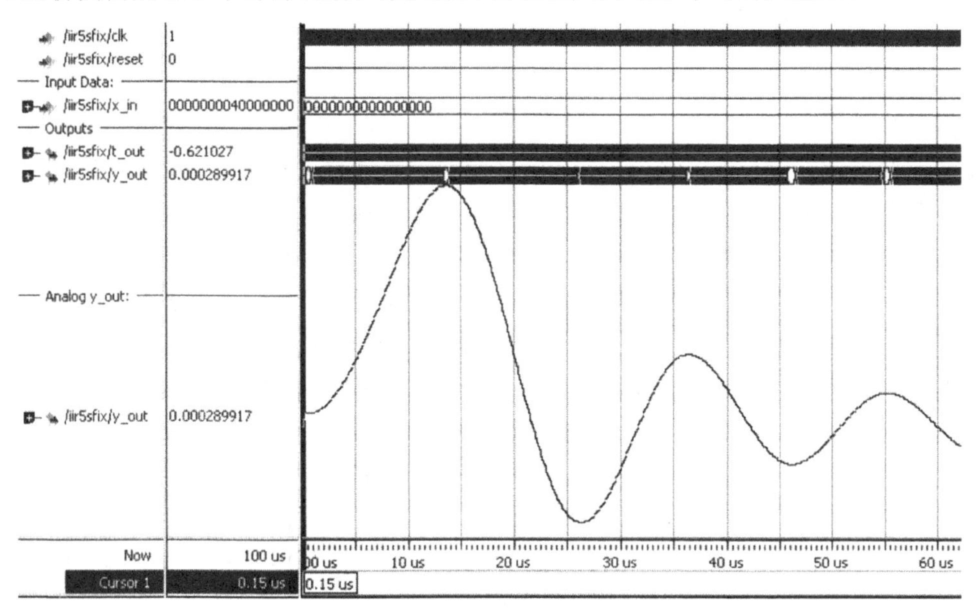

图 4-27　直接型 5 阶椭圆滤波器脉冲响应的 MODELSIM 仿真结果

如果未使用参数 fixed_wrap 和 fixed_truncate 来规避默认的阈值，设计规模会更大(6279 个 LE)、更慢(29.94MHz)。如果使用 VHDL-2008 的 64 位浮点类型，设计代码会简单一些，因为不必再调用任何 resize 函数。但是这样的话，系统规模会相当大(超过 42 682 个 LE、180 个乘法器)，运行速度也会更慢(6.5MHz)。我们希望通过串行或并行双二阶部分可以从根本上减少位宽，这样在 VHDL 中才能够实现基于 INTERGER 的数据类型。

借助 LE 实现滤波器时，通常会增加额外的滤波器优化步骤。参考文献中提出了几种方法，此处我们介绍最流行的方法。一些方法也可以组合使用。

1) 在基于 LE 的实现方式下，乘法器的二进制编码被替换为带符号的 2 的幂因子。这会生成一种更合理的方法，首先为每个系数使用几个(比如两个)带符号的 2 的幂因子，然后继续增加，直到满足滤波器误差方案要求。

2) 另一种方法首先为每个初始系数使用一个整数值，然后用一个小的量依次改变系数(±1)，检查做出改变后对传递函数是否有利。该方法可以通过诸如整数线性规划(Integer Linear Programming, ILP)或遗传算法(Genetic Algorithm，GA)等非线性学习算法来实现。请参阅 MATLAB 优化工具箱的 fminimax。

3) 只有在几个滤波器系数的输入相同的情况下，简化加法器图(Reduced Adder Graph)方法才会发挥作用。但是，由于 IIR 滤波器的反馈部分无法引入额外的寄存器，最好使用具有最小加法器深度的 RAG。此外，在 RAG 算法中比例因子通常是固定的，因此不需要再精心调整系数。

一些方法可以组合使用，例如 2 和 3，但是记住这些非线性优化方法不能保证找到全局最小值，与结构的选择相比，优势一般。

4.6.2 级联二阶系统窄带滤波器设计

使用一阶或二阶系统级联实现窄带 IIR 滤波器有几个优势。很明显，在双二阶的极点/零点对设计中，可以选择增益，减小量化噪声，同时保证整数增益不会过大。椭圆滤波器能够提供最短的滤波器长度，这会带来额外的优势，因为零点位于单位圆上，这样二阶零部分是一种$1+b(k,1)z^{-1}+z^{-2}$的形式，减小了乘法器的数量。

实现二阶部分时，会遇到一个问题：应该将哪一个极点/零点放在同一部分？如何安排这部分？Jackson[116]汇总了一些关于 thumb 的规则，需要我们遵守。由于距离单位圆最近的极点的增益最大，并且产生最大的波纹，因此首先应该从距离单位圆最近的极点开始，把它与最近的零点组合起来，以此减小增益并降低算法溢出的可能性。然后处理第二个距离单位圆最近的极点，依此类推。由于最近的极点产生最大的波纹，将这个极点部分置于级联的最后，换句话说，首先实现距离单位圆最远的极点。观察图 4-22 的极点/零点分布图，一阶部分的极点(也就是位于实轴上的极点)到单位圆的距离最远，因此首先实现这部分，然后是两个二阶系统。MATLAB 函数 tf2sos 提供了这种形式的二阶部分。按以下方式运行 MATLAB 函数：

```
[sos gain] = tf2sos(B, A)
```

也就是说，对于二阶部分，使用数组 B 中的前向滤波器系数以及数组 A 中的反馈滤波器系数，使用 MATLAB 的 tf2sos 将得到以下结果：

$b[i, 1]$	$b[i, 2]$	$b[i, 3]$	$a[i, 1]$	$a[i, 2]$	$a[i, 3]$
1.0000	1.0000	0	1.0000	−0.9887	0
1.0000	−1.9950	1.0000	1.0000	−0.9847	0.9852
1.0000	−1.9977	1.0000	1.0000	−0.9948	0.9959

注意，使用 tf2sos 函数只得到一个整体增益因子，即 0.000304。为了避免过多的量化噪声，需要将整体增益向三个部分分解。采取一种比例分配方法，使滤波器幅值 $|H_k(w)| \leq 1.0$。对于低通滤波器，一种更实用的方法是对于每一个滤波器阶跃响应输出，将幅值增益归一化为 1。这样，各比例因子变成 s(1)=0.0057、s(2)=0.1147、s(3)=0.4677，并且 s(1)s(2)s(3)=增益=0.000304。

以直接形式实现双二阶部分，构建的最大 RAG 块如图 4-28 所示。

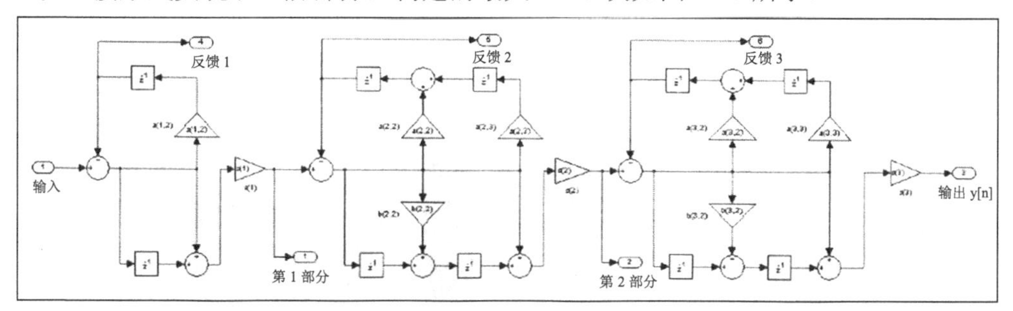

图 4-28　基于直接 II 型双二阶部分和单独比例的 5 阶椭圆滤波器的实现

所需小数位的计算采用与直接型滤波器相同的步骤，即量化所有系数，比较是否达到传递函数误差方案的要求。由图 4-29 可知，满足误差方案只需要 14 位，与直接型滤波器需要 30 位相比要有优势。

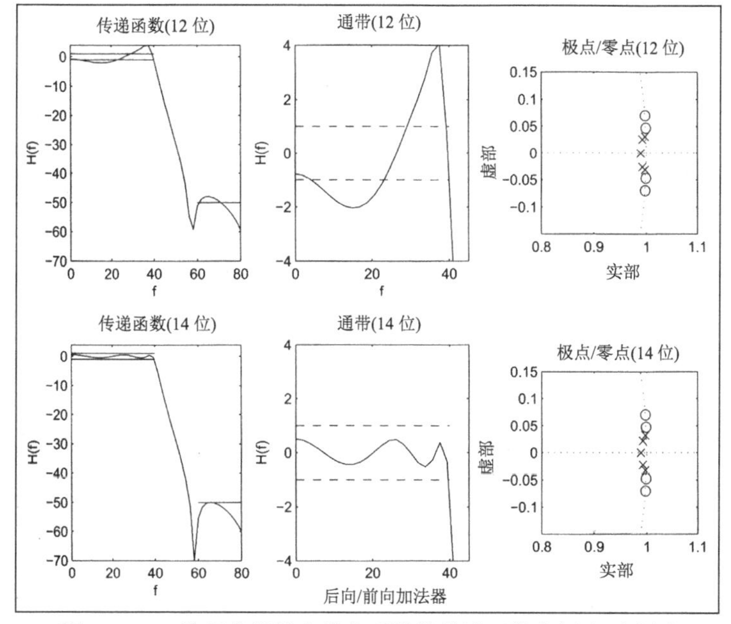

图 4-29　二阶部分设计中量化系数的传递函数和极点零点图

要确定滤波器所需整数位的数量，采用与直接型滤波器相同的步骤，也就是在 SIMULINK 中设计滤波器并测量其阶跃响应，如图 4-30(a)所示。每个加法器最大幅值的二进制对数给出了所需整数的位数，如图 4-30(c)所示。图 4-30(b)给出了对反馈增益的测量结果。可以看出，最坏情况下为了避免算法溢出，需要$\lceil \log_2(1{,}700) \rceil = \lceil 10.7 \rceil = 11$位内部整数精度。与直接型实现需要 33 位相比要有优势。

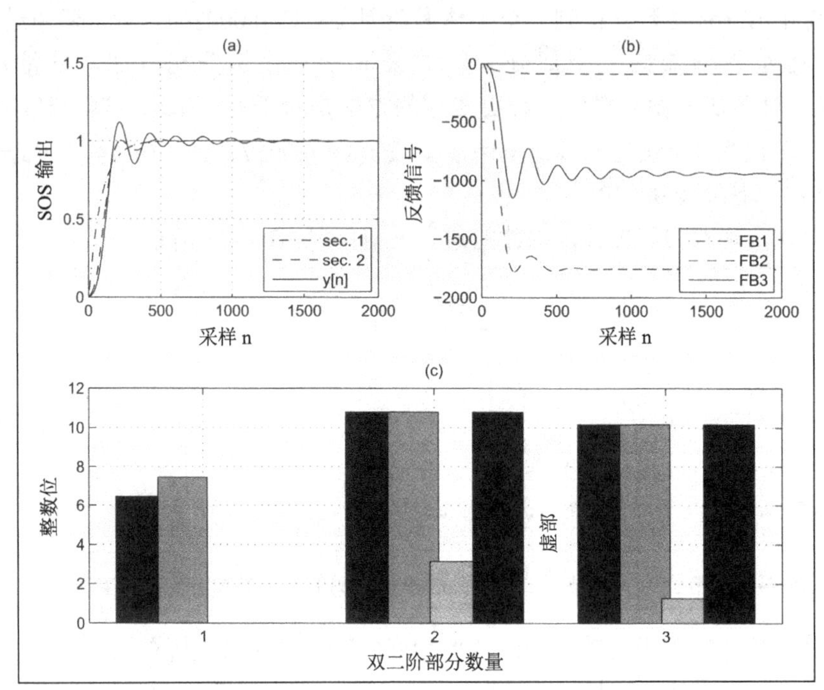

图 4-30 双二阶级联二阶设计整数位宽的计算结果

可以对所需的整数位宽进行小的改进，如果：(a)打消通过单一 RAG 算法优化所有双二阶系数的念头；(b)允许一些额外的延迟。改进的双二阶部分的核心思想是，为了降低系统反馈部分的幅值，首先实现零点。如图 4-31 所示的二阶系统，“零点”会优先被实现，然后是极点部分。要计算改进双二阶部分的传递函数，记反馈部分的输出寄存器为 $w[n]$，在 z 域有：

$$W(z) = X(z)z^{-1}(b[1] + b[2]z^{-1} + b[3]z^{-2}) \tag{4-23}$$

借助$W(z)$得到输出：

$$\begin{aligned} Y(z) &= W(z)z^{-2} - Y(z)a[2]z^{-1} - Y(z)a[3]z^{-2} \\ &= \frac{W(z)z^{-2}}{1 + a[2]z^{-1} + a[3]z^{-2}} \end{aligned} \tag{4-24}$$

这样，改进的双二阶部分的传递函数变为：

$$F(z) = \frac{Y(z)}{X(z)} = \frac{b[1] + b[2]z^{-1} + b[3]z^{-2}}{1 + a[2]z^{-1} + a[3]z^{-2}} z^{-3} \tag{4-25}$$

也就是说，是一个带有 3 个采样周期额外延迟的常规双二阶传递函数(请参见图 4-11)。

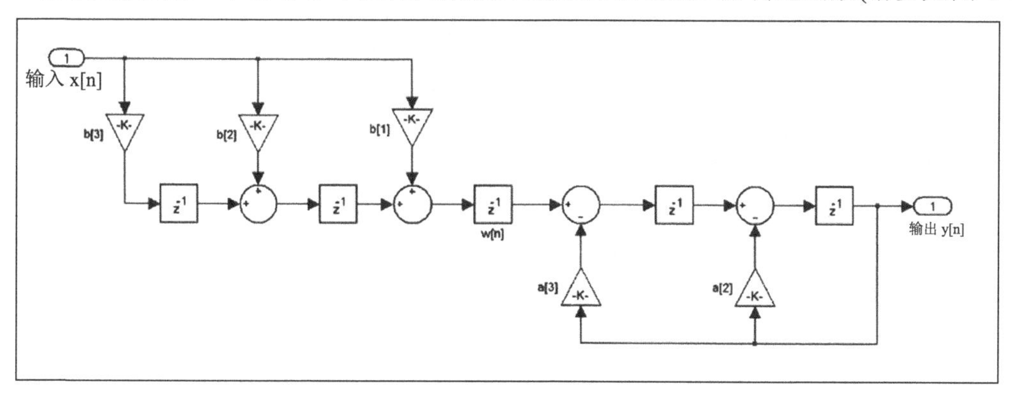

图 4-31　降低整数增益的改进的双二阶系统

改进的双二阶部分的另一个优势是，最坏情况下也减小了一个加法器到一个乘法器和一个加法器的延迟。如果再次测量所需整数位宽，由图 4-32 可以看出整数位宽的长度变小。

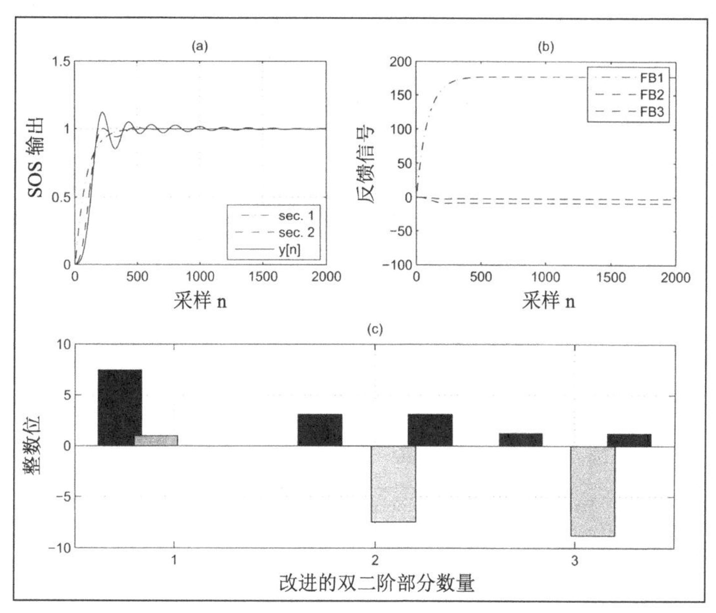

图 4-32　改进的双二阶的二阶设计下整数位宽的计算结果

4.6.3　并联二阶系统窄带滤波器设计

与级联实现相比，基于二阶系统的并联实现有优点也有缺点。优点是，我们不需要关心各部分的阶数，因为结构是并联的。缺点是，并联设计的椭圆滤波器变元为零(±1)的系数更少，这是由系统函数的部分分式展开造成的，下面的示例将解释这个问题。在 MATLAB 中完成部分分式展开，用到 residue 函数，也就是：

```
[R, P, D] = residue(B, A)
```

其中，向量 R 中存放余数，向量 P 中存放极点，标量 D 中存放直接形式，也就是：

$$F(z)=D+\sum_{k=1}^{N}\frac{R(k)}{z-P(k)} \tag{4-26}$$

对于 5 阶椭圆滤波器，将得到以下值：

R(1, 2) = 0.0015±j0.0007

R(3, 4) = −0.0073±j0.0026

R(5) = 0.0122

P(1, 2) = 0.9974±0.0325

P(3, 4) = 0.9923±0.0226

P(5) = 0.9887

标量 D=0.00030357。因为不希望所创建的系统中带有复杂的极点，所以将共轭复极点组合起来。对于第一对，得到：

$$\frac{R(1)}{z-P(1)}+\frac{R(2)}{z-P(2)}=\frac{R(1)(z-P(2))+R(2)(z-P(1))}{(z-P(1))(z-P(2))} \tag{4-27}$$

$$=\frac{(R(1)+R(2))z+R(1)P(2)+R(2)P(1)}{z^2+2z\Re(P(1))+|P(1)|^2} \tag{4-28}$$

在 MATLAB 中，组合传递系统函数的工作可以通过向 residue 函数输入三个参数实现重建：

```
[B1, A1] = residue([R(1) R(2)], [P(1) P(2)], 0)
```

得到的结果如下：

```
B1 = 0.0031 -0.0032 0
A1 = 1.0000 -1.9948 0.9959
```

对于第二个双二阶部分，使用：

```
[B2, A2] = residue([R(3) R(4)], [P(3) P(4)], 0)
```

得到的结果如下：

```
B2 = -0.0146    0.0146  0
A2 = 1.0000     -1.9947 0.9952
```

注意，将两个共轭复极点部分组合成一个实系统时，分子将变成一个常数因子和一阶多项式的乘积。结果就是，分子变成一阶，不再是与分母一样的二阶，由此在实现零点过程中可以节省 1 个乘法器和 1 个加法器。现在可以使用 SIMULINK 模型构建滤波器并计算整数位宽。直接型滤波器的小数位和所需整数位的计算及结果分别如图 4-33 和图 4-34 所示。由图 4-33 可知，17 位量化下阻带不满足误差方案要求，18 位精度下通带和阻带都达到要求。标准的并行双二阶实现下，最大整数增益为大概 11 位，如图 4-34 所示。

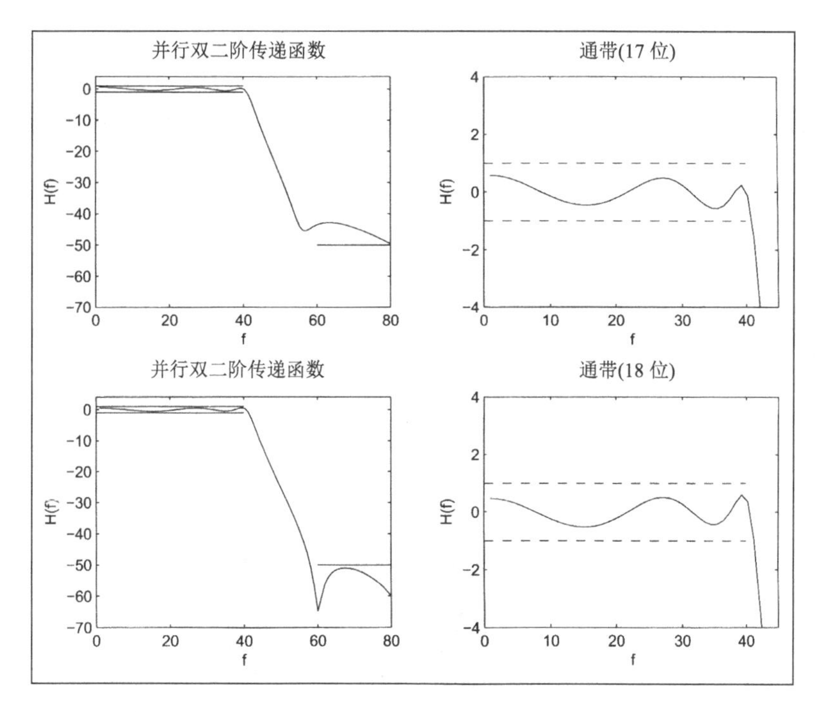

图 4-33　并行二阶部分设计下不同量化系数的传递函数图

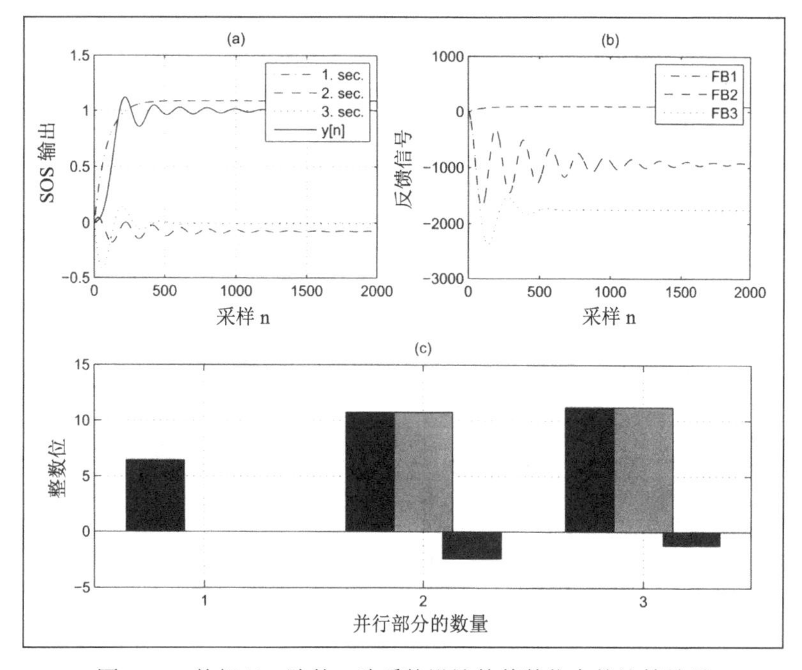

图 4-34　并行双二阶的二阶系统设计的整数位宽的计算结果

如果采用图 4-31 中改进的双二阶部分，同样可以节省几位。整数位宽的计算结果如图 4-35 所示。由图 4-35 可以看出，使用改进的双二阶部分实现时，不需要整数位。但是注意，不同阶数下，改进的双二阶方法的延迟也不同。由式 4-25，对于直接部分，由于双二阶部分有 3 个采样周期的延迟，因此需要增加 3 个采样周期的延迟。对于一阶部分，需要增加 1 个采样周期的延迟。通过测量所有 4 个子系统的脉冲响应并将其与标准双二阶部分比较，就可以证明上述结论。图 4-36 是改进的 5 阶并行双二阶系统的完整系统。

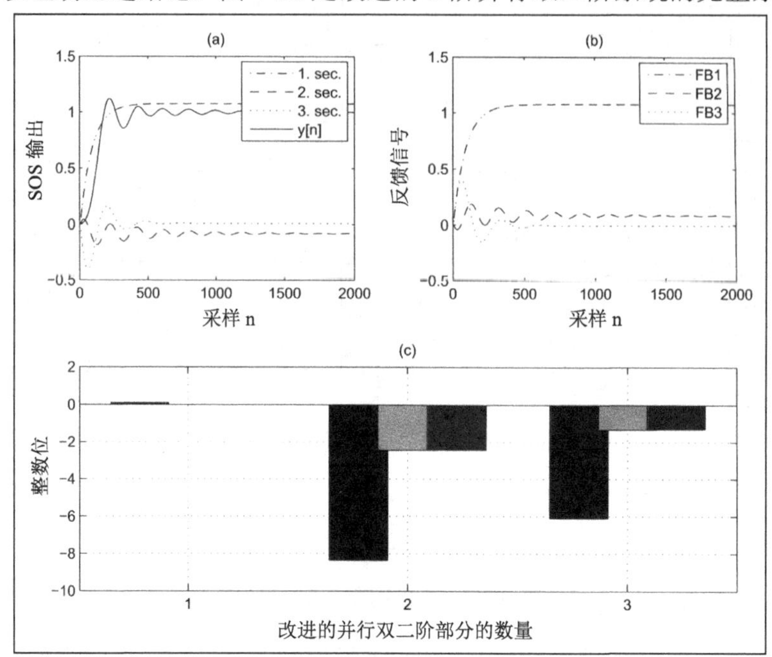

图 4-35　改进的并行双二阶的二阶设计的整数位宽的计算结果

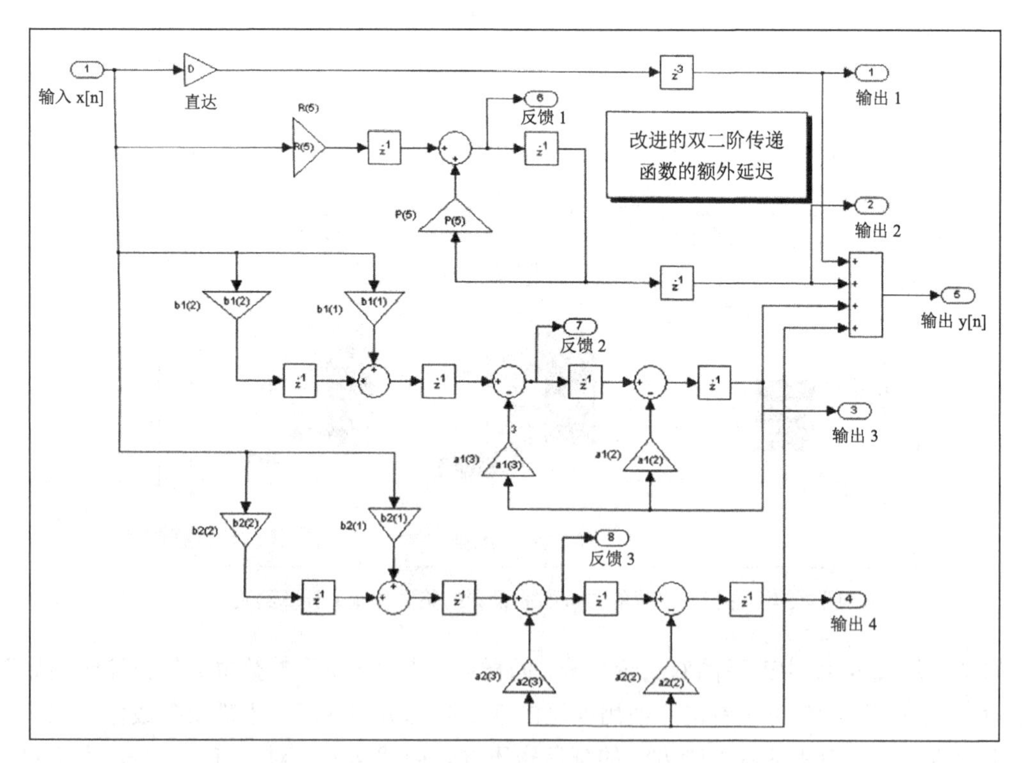

图 4-36　基于 SIMULINK 的改进的并行双二阶部分的设计

该并行设计采用了改进的双二阶部分，它拥有一些吸引人的特性和较短的字长，下面通过一个 HDL 实现进行说明。

例 4.8　改进的并行双二阶 IIR 滤波器

使用通过 residue 函数计算得到的滤波器系数。为了测试脉冲和阶跃响应，使用 sfixed 内部格式 2.19，也就是 2 个整数位和 19 个小数位。常量中每个小数数字都会增加 3.32 位的精度，因此对于每个系数而言，19 位需要至少$\lceil 19/3.32 \rceil = 6$个小数数字。在 MATLAB 中，默认情况下只显示 4 位数字，可以通过 sprintf 函数增加数字的显示位数。

下述 VHDL[5]代码给出了采用并行双二阶部分的 5 阶 IIR 滤波器的一种可行的实现：

```
-- -----------------------------------------------------
-- Description: 5th order IIR parallel form implementation
-- Coefficients:
-- D =   0.00030357
-- B1 =  0.0031   -0.0032    0

-- A1 =  1.0000   -1.9948    0.9959
-- B2 = -0.0146    0.0146    0
-- A2 =  1.0000   -1.9847    0.9852
-- B3 =  0.0122
-- A3 =  0.9887

LIBRARY ieee;
USE ieee.std_logic_1164.ALL; USE ieee.std_logic_arith.ALL;
USE ieee.std_logic_unsigned.ALL;

LIBRARY ieee_proposed;
 use ieee_proposed.fixed_float_types.all;
 use ieee_proposed.fixed_pkg.all;
 use ieee_proposed.float_pkg.all;
-- -----------------------------------------------------
ENTITY iir5para IS                       ------> Interface
 PORT (clk    : IN STD_LOGIC; -- System clock
       reset  : IN STD_LOGIC; -- System reset
  x_in   : IN STD_LOGIC_VECTOR(31 DOWNTO 0); -- System input
  y_Dout : OUT STD_LOGIC_VECTOR(31 DOWNTO 0); -- 0 order
  y_1out : OUT STD_LOGIC_VECTOR(31 DOWNTO 0); -- 1. order
  y_21out : OUT STD_LOGIC_VECTOR(31 DOWNTO 0);-- 2. order 1
  y_22out : OUT STD_LOGIC_VECTOR(31 DOWNTO 0); -- 2.order 2
  y_out : OUT STD_LOGIC_VECTOR(31 DOWNTO 0)); -- System
END;                                          -- output

-- -----------------------------------------------------
ARCHITECTURE fpga OF iir5para IS
  -- SUBTYPE FIX : IS SFIXED(1 DOWNTO -18);
-- First BiQuad coefficients
  CONSTANT a12 : SFIXED(1 DOWNTO -18)
                       := TO_SFIXED(-1.99484680, 1,-18);
```

5. 这一示例相应的 Verilog 代码文件 iir5para.v 可以在附录 A 中找到，附录 B 给出了合成结果。

```
  CONSTANT  a13 : SFIXED(1 DOWNTO -18)
                          := TO_SFIXED(0.99591112, 1,-18);
  CONSTANT  b11 : SFIXED(1 DOWNTO -18)
                          := TO_SFIXED(0.00307256, 1,-18);
  CONSTANT  b12 : SFIXED(1 DOWNTO -18)
                         := TO_SFIXED(-0.00316061, 1,-18);
-- Second BiQuad coefficients
  CONSTANT  a22 : SFIXED(1 DOWNTO -18)
                         := TO_SFIXED(-1.98467605, 1,-18);
  CONSTANT  a23 : SFIXED(1 DOWNTO -18)
                          := TO_SFIXED(0.98524428, 1,-18);
  CONSTANT  b21 : SFIXED(1 DOWNTO -18)
                         := TO_SFIXED(-0.01464265, 1,-18);
  CONSTANT  b22 : SFIXED(1 DOWNTO -18)
                          := TO_SFIXED(0.01464684, 1,-18);
-- First order system with R(5) and P(5)
  CONSTANT  a32 : SFIXED(1 DOWNTO -18)
                          := TO_SFIXED(0.98867974, 1,-18);
  CONSTANT  b31 : SFIXED(1 DOWNTO -18)
                            := TO_SFIXED(0.012170, 1,-18);
-- Direct system
  CONSTANT  D : SFIXED(1 DOWNTO -18)
                            := TO_SFIXED(0.000304, 1,-18);
-- Internal signals
  SIGNAL  s11, s12, s21, s22, s31  :
                 SFIXED(1 DOWNTO -18) := (OTHERS => '0');
  SIGNAL  x, y, r12, r13, r22, r23, r32  :
                 SFIXED(1 DOWNTO -18) := (OTHERS => '0');
  SIGNAL  r41, r42, r43  :
                 SFIXED(1 DOWNTO -18) := (OTHERS => '0');
  SIGNAL  x32, y_sfix, y_D, y_1, y_21, y_22
                                  : SFIXED(15 DOWNTO -16);

BEGIN

  x32 <= TO_SFIXED(x_in, x32); -- Redefine as 16.16 format
  x <= resize(x32, x); -- Internal precision is 2.19 format

  P1: PROCESS (clk, x, reset)      ------> Behavioral Style
  BEGIN   -- First equations without infering registers
    IF reset = '1' THEN -- Reset all register
      y <= (OTHERS => '0');
      r12 <= (OTHERS => '0'); r13 <= (OTHERS => '0');
      r22 <= (OTHERS => '0'); r23 <= (OTHERS => '0');
      r32 <= (OTHERS => '0');
      r41 <= (OTHERS => '0'); r42 <= (OTHERS => '0');
      r43 <= (OTHERS => '0');

     s11 <= (OTHERS => '0'); s12 <= (OTHERS => '0');
     s21 <= (OTHERS => '0'); s22 <= (OTHERS => '0');
     s31 <= (OTHERS => '0');
    ELSIF rising_edge(clk) THEN -- SOS modified BiQuad form
-- 1. BiQuad is 2. order
    s12 <= resize(    b12 * x,x,fixed_wrap,fixed_truncate);
    s11 <= resize(s12+b11*x,x,fixed_wrap,fixed_truncate);
    r13 <= resize(s11-a13*r12,x,fixed_wrap,fixed_truncate);
    r12 <= resize(r13-a12*r12,x,fixed_wrap,fixed_truncate);
```

```
-- 2. BiQuad is 2. order
    s22 <= resize(   b22 * x,x,fixed_wrap,fixed_truncate);
    s21 <= resize(s22+b21*x,x,fixed_wrap,fixed_truncate);
    r23 <= resize(s21-a23*r22,x,fixed_wrap,fixed_truncate);
    r22 <= resize(r23-a22*r22,x,fixed_wrap,fixed_truncate);
-- 3. Section is 1. order
    s31 <= resize(    b31 * x,x,fixed_wrap,fixed_truncate);
    r32 <= resize(s31+a32*r32,x,fixed_wrap,fixed_truncate);
-- 4. Section is constant
    r41 <= resize(  D * x,x,fixed_wrap,fixed_truncate);
-- Output adder tree
    r42 <= r41;
    r43 <= resize(r42 + r32,x,fixed_wrap,fixed_truncate);
    y <= resize(r12+r22+r43,x,fixed_wrap,fixed_truncate);
    END IF;                                        -- Output sum
  END PROCESS;

-- Convert to 16.16 sfixed number
  y_sfix <= resize(y, y_sfix,fixed_wrap,fixed_truncate);
  y_D  <= resize(r42, y_sfix,fixed_wrap,fixed_truncate);
  y_1  <= resize(r32, y_sfix,fixed_wrap,fixed_truncate);
  y_21 <= resize(r22, y_sfix,fixed_wrap,fixed_truncate);
  y_22 <= resize(r12, y_sfix,fixed_wrap,fixed_truncate);
-- Redefine bits as 32 bit SLV
  y_out <= to_slv(y_sfix);
  y_Dout <= to_slv(y_D);
  y_1out <= to_slv(y_1);
  y_21out <= to_slv(y_21);
  y_22out <= to_slv(y_22);

END fpga;
```

除了系统输入和输出，ENTITY 的设计中还包括 4 个并行的输出部分：一个直接部分、一个一阶部分、两个二阶部分。CONSTANT 系数能够很便捷地通过 TO_SFIXED 函数定义，然后是所有 4 个系统的单个独立的 PROCESS。首先为所有寄存器编码实现异步复位，滤波器分配紧随在 rising_edge 声明之后。每一个分配都涉及一个寄存器。为了避免位增长，每次算术运算之后运行 resize 函数。参数 fixed_wrap 和 fixed_truncate 用于规避默认的阈值。最终将 4 个部分的信号和滤波器输出转换为 sfixed 格式，再转换为 SLV 数据类型。

上述设计使用了 624 个 LE、51 个嵌入式乘法器，使用 TimeQuest 缓慢 85C 模型的时序电路性能 F_{max}=87.69MHz。对于 sfixed 格式 16.16，幅值 1.0=65536_{10} 的滤波器阶跃响应如图 4-37 所示，与图 4-35(a)和图 4-23(b)中 MATLAB 的仿真结果一致。对于 100ns 的系统时钟、60μs 的仿真需要 600 个时钟周期。最大阶跃响应出现在大约 215 个时钟周期处。

与直接型的实现相比，上述并行实现方式在规模和速度方面都更好。并行实现的运行速度是直接型的两倍，并且只需要四分之一的 LE 和一半数量的嵌入式乘法器。

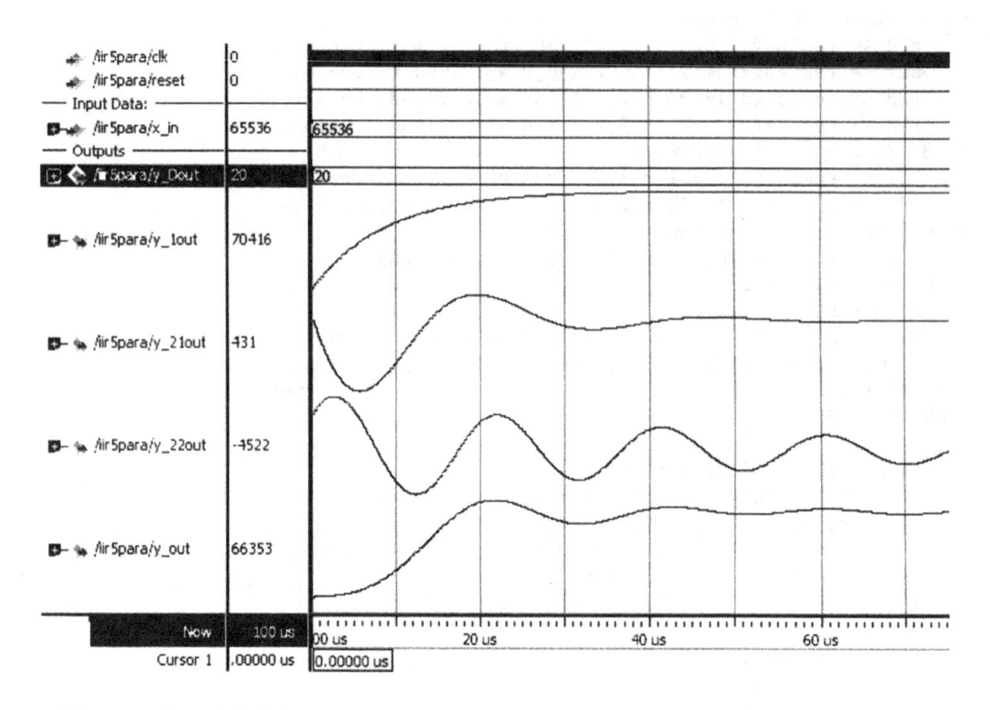

图 4-37　基于改进的双二阶的 5 阶并行 IIR 滤波器阶跃响应的 MODELSIM 仿真结果

4.6.4　窄带 IIR 滤波器的网格滤波器设计

直接型、并行或级联型滤波器通常很容易在系统的差分方程(z 域)、极点/零点图或脉冲响应间进行转换。对于网格滤波器以及此处和后续章节讨论的 WDF 而言，情况则没有这么简单。当然，设计网格(或 WDF)滤波器也有优点——其中之一就是系数量化的敏感性低。另一个这里用不到的特性是，网格滤波器的稳定性很容易验证(所有网格滤波器系数幅值必须小于 1)，这种方法很便捷，特别是在诸如自适应滤波器的滤波器系数经常变化的情况下。

假设已经计算得到希望构建的滤波器的极点和零点(或是 z 域的传递函数)。IIR 网格滤波器的设计通常分为两步：首先计算滤波器极点，然后将不同的中间反馈输出组合起来生成反馈系数。为了更好地理解这个过程，假设拥有一个三阶滤波器的数据，现在要确定一个具有相同脉冲响应的滤波器的网格滤波器参数。为此，观察图 4-38(a)的网格信号部分。采用图 4-38(a)的 I/O 名称，计算级联矩阵 $\boldsymbol{A}$ 如下：

$$\begin{bmatrix} X_{n+1} \\ Y_{n+1} \end{bmatrix} = \begin{bmatrix} 1 & k(n)z^{-1} \\ k(n) & z^{-1} \end{bmatrix} \begin{bmatrix} Y_n \\ X_n \end{bmatrix} \tag{4-29}$$

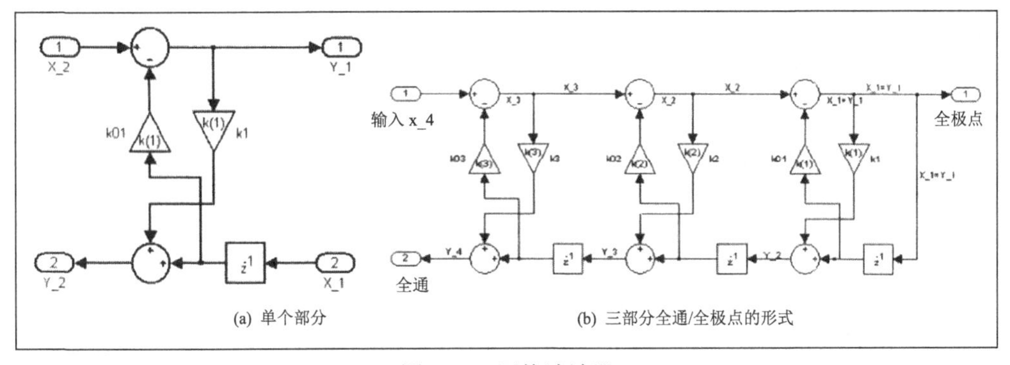

图 4-38　网格滤波器

对于三阶滤波器，需要将这些部分组合起来，并且有 $X_1 = Y_1$，如图 4-38(b)所示。全系统的传递函数依赖于对输出端口的定义。如果以 Y_1 作为输出，$H(z) = Y_1 / X_4$ 将成为全极点滤波器。如果使用 $H(z) = Y_4 / X_4$，将创建一个全通滤波器。要检验全极点滤波器，可以使用下述基于 symbolic 工具箱的简短的 MATLAB 脚本：

```
syms k1 k2 k3 z
disp('Two-pair matrix description:')
A1=[1 k1*z^-1;k1 z^-1];
A2=[1 k2*z^-1;k2 z^-1];
A3=[1 k3*z^-1;k3 z^-1];
disp('Third order transfer X(z)/Y(x):')
P=A3*A2*A1
S=P(1,1)+P(1,2);
collect(S,z)
```

第一行对符号进行定义，然后创建了三个矩阵，并计算级联乘积 P。由于 $X_1 = Y_1$，$P(1,1) + P(1,2)$ 的和是 X_4 / Y_1，其倒数也就是要求的商 $H(z) = Y_1 / X_4$。

运行 MATLAB 脚本，将得到以下结果：

```
Third order transfer X(z)/Y(x):
P =
[1+k3/z*k2+(k2/z+k3/z^2)*k1,
                          (1+k3/z*k2)*k1/z+(k2/z+k3/z^2)/z]
[k3+k2/z+(k3/z*k2+1/z^2)*k1,
                          (k3+k2/z)*k1/z+(k3/z*k2+1/z^2)/z]

ans = 1+(k3*k2+k1+k2*k1)/z+(k3*k2*k1+k2+k3*k1)/z^2+k3/z^3
```

或者使用 z^{-n}，得到：

$$H(z) = \frac{1}{1 + (k_3k_2 + k_1 + k_2k_1)z^{-1} + (k_3k_2k_1 + k_2 + k_3k_1)z^{-2} + k_3z^{-3}} \tag{4-30}$$

通过 freqz 将上式转换为标准的全极点多项式，以便把它作为极点/零点图或传递函数使用，需要计算：

$a_4 = k_3$

$a_3 = k_3 k_2 k_1 + k_2 + k_3 k_1$

$a_2 = k_3 k_2 + k_1 + k_2 k_1$

从矩阵 P 的对称性同样可以看出 $H(z) = Y_4 / X_4$ 是一个全通滤波器。为了证实这一点，计算：

```
P(2,1)+P(2,2)
```

得到互反多项式：

```
k3+k2/z+(k3/z*k2+1/z^2)*k1+(k3+k2/z)*k1/z+(k3/z*k2+1/z^2)/z
```

也就是说，分子、分母互为镜像，Num(z^{-1})=Den(z) z^L ，极点/零点关于单位圆互为镜像。

尽管从自身角度看，全极点和全通滤波器都是有用的滤波器，并且应用在诸如语音处理等很多应用中，但这里它们不是我们的研究目标。要使网格滤波器成为通用 IIR 滤波器，需要结合不同的抽头输出来构建反馈系数。一篇来自 Gray 和 Markel[112]的核心论文介绍了该计算过程的细节。构建完整的 IIR 滤波器，还需要计算：

$$Y(z) = \sum_{m=1}^{M+1} v(m) Y_m(z) X(z) \tag{4-31}$$

对独立的输出 $Y_m(z)$ 进行加权并加到滤波器输出 $Y(z)$ 上，如图 4-39 所示。通常情况下，单个 $Y_m(z)$ 和滤波器权重 $v(m)$ 通过以下两式递归计算得到：

$$Y_{m+1} = Y_m z^{-1} + k(m) X_m$$

$$X_{m+1} - k(m) z^{-1} Y_m = X_m$$

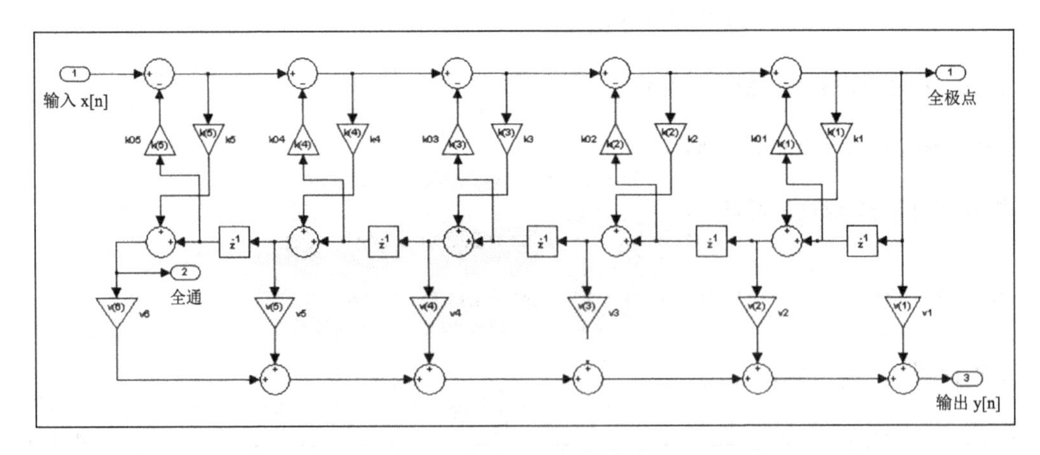

图 4-39　5 阶 IIR 网格滤波器

该方法已经凝练在 MATLAB 函数[k,v] = tf2latc 中，该函数生成网格参数 k 以及反馈系数 v。利用前面讨论的 5 阶滤波器系数，得到：

```
k(1) = -0.999690100
k(2) =  0.999875949
k(3) = -0.999815189
k(4) =  0.999660865
k(5) = -0.970108307

v(1) = 0.000000004445
v(2) = 0.000000009318
v(3) = 0.000003644655
v(4) = 0.000005053596
v(5) = 0.000599705718
v(6) = 0.000303581790
```

通过观察网格滤波器参数，已经可以对窄带 IIR 网格滤波器的特性有一些认识。从参数 k 可以看出滤波器是稳定的，但它的值非常接近±1，表明极点非常接近单位圆。由非常小的反馈系数 v，可以猜测网格滤波器会产生一些重要的窄带滤波器振幅。下面设计滤波器并观察滤波器对整数和小数的要求。

采用与直接型滤波器相同的方法计算所需的小数位，即量化所有系数，然后测量是否达到传递函数误差方案的要求。由图 4-40 可以看出，为了满足误差方案，13 位不够，需要 14 位。位数相比预期的要大，但是注意反馈系数的变化(又称作系数跨度)是很大的：$\max(v)/\min(v) = 1.3\times10^5$ 或 17.1 位。

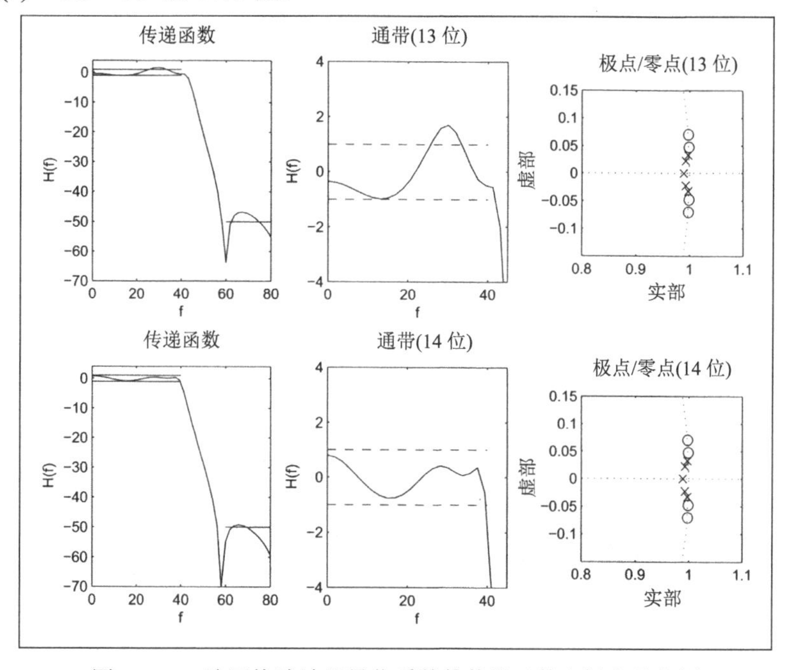

图 4-40　5 阶网格滤波器量化系数的传递函数和极点零点图

为了确定滤波器所需的整数位数，采用与直接型滤波器相同的方法，即在 SIMULINK 中设计滤波器，然后测量其阶跃响应，如图 4-41 所示。全通输出和 IIR 滤波器输出 $y[n]$ 的设计都很好。但是，最坏情况下的增益是第一部分的输出(也就是全极点输出)，如图 4-41(b)所示。最坏情况下，为了避免算法溢出，需要$\left|\log_2(2\times10^8)\right| = \lceil 27.6 \rceil = 28$ 位内部整数精度。将小数和整数位宽结合起来，可得到网格滤波器的实际位宽，即 14+28 = 42 位。

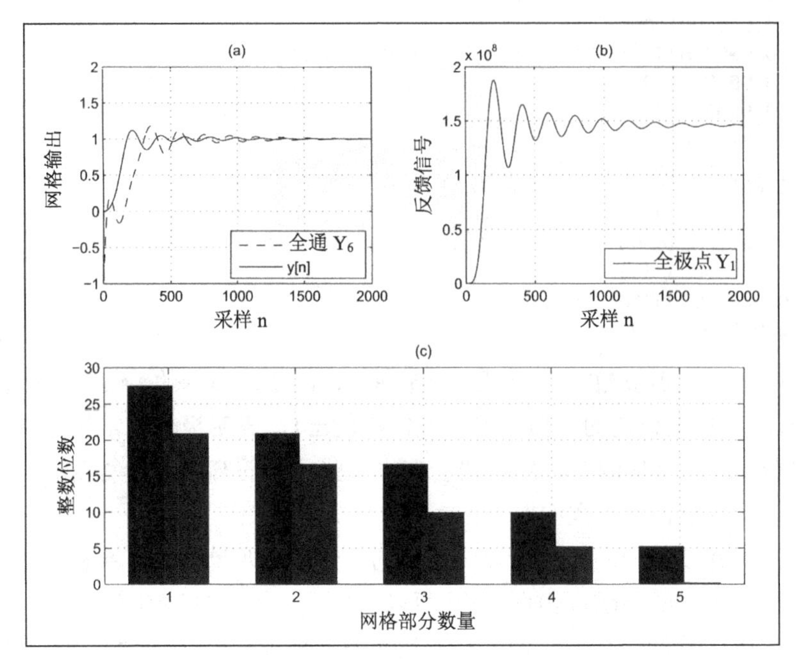

图 4-41　5 阶网格滤波器整数位宽的计算

使用 Gray 和 Markel[112]提倡的一个乘法器的结构可以改进整数增益，如图 4-42 所示。这些改进的部分还有其他优势，它们只需要一个乘法器。此外，两个不同版本允许在各部分之间调整增益。首先观察改进部分的级联矩阵 $\boldsymbol{A}$。左上角加法器的输出是 $X_2 - X_1 z^{-1}$，对于两个输出信号，有：

$$Y_1 = X_2 + k_1(X_2 - X_1 z^{-1}) \tag{4-32}$$

$$Y_2 = X_1 z^{-1} + k_1(X_2 - X_1 z^{-1}) \tag{4-33}$$

对于矩阵 $\boldsymbol{A}$，需要将第二个索引变量置于左侧，将第一个索引变量置于右侧，也就是将式(4-32)重排为：

$$X_2 = \frac{1}{1+k_1}(Y_1 + k_1 z^{-1} X_1) \tag{4-34}$$

将式(4-34)代入式(4-33)中，得到：

$$\begin{aligned} Y_2 &= z^{-1} X_1 (1-k_1) + k_1 \frac{1}{1+k_1}(Y_1 + k_1 z^{-1} X_1) \\ &= \frac{1}{1+k_1}(k_1 Y_1 + z^{-1} X_1) \end{aligned} \tag{4-35}$$

由式(4-34)和式(4-35)得到生成矩阵：

$$\begin{bmatrix} X_{n+1} \\ Y_{n+1} \end{bmatrix} = \frac{1}{1+k(n)} \begin{bmatrix} 1 & k(n) z^{-1} \\ k(n) & z^{-1} \end{bmatrix} \begin{bmatrix} Y_n \\ X_n \end{bmatrix} \tag{4-36}$$

比较式(4-29)中的两个乘法器矩阵 $\boldsymbol{A}$ 和式(4-36)，可以看出唯一的区别在于比例因子 $1/(1+k(n))$，矩阵的其余部分是一致的。如果对于图 4-42(b)所示的第二个乘法器类型重复上述计算过程，矩阵会一直保持不变，比例因子变成 $1/(1-k(n))$。通过这两个模块，就拥有了控制模块增益的工具。如果希望减小增益，设置 $1/|1\pm k(n)|>1$。如果需要大于 1 的增益，设置 $1/|1\pm k(n)|<1$。这是一个折中的过程：增益不能太大，防止减小内部位宽，也不能太小，否则容易增加量化噪声。一种暴力方法是测量 5 阶滤波器的所有 $2^5=32$ 种配置。作为备选方案，可以使用 Gray 和 Markel[112]提出的算法，该算法能够保证在不超过上限 1 的条件下使增益尽可能大。对于网格滤波器，所有 $k(n)\approx 1$。如图 4-43(c)所示，如果为 $e(n)=sign(k(n))$ 设置正/负操作符，就会出现高达 $2^5=32$ 位的最大增益。由图 4-43(b)，注意全极点信号变得很大。与双乘法器网格滤波器相比，位宽增长更大。

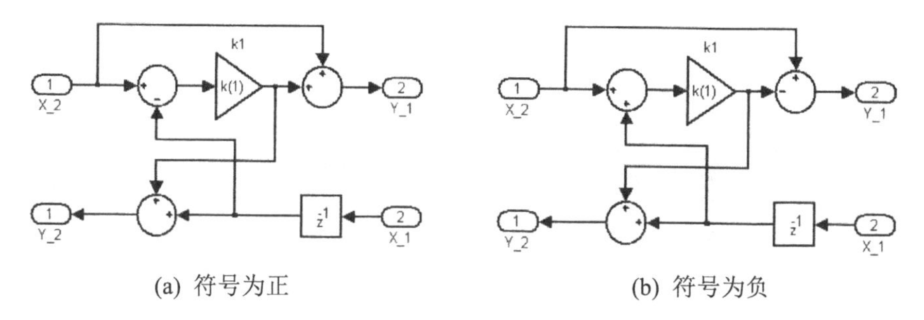

(a) 符号为正　　　　(b) 符号为负

图 4-42　网格滤波器

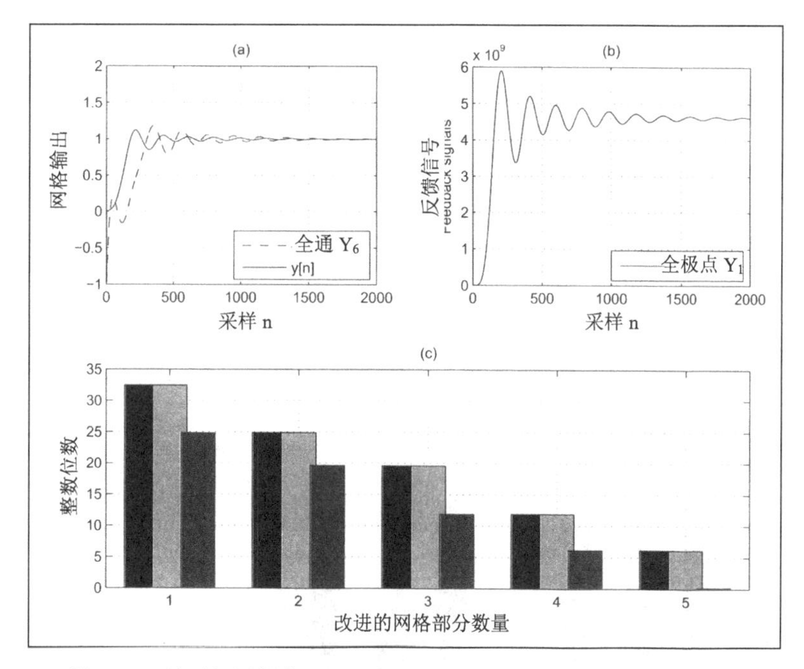

图 4-43　基于相同操作 $e(n)=sign(k(n))=[-1,1,-1,1,-1]$(与因子 k 的符号匹配)的改进网格滤波器整数位宽的计算结果

另一个极端，可以设置$e(n)=-sign(k(n))$。这样，所有阶段的增益都小于 1 并且只需要小数位，如图 4-44 所示。由图 4-44(b)，注意全极点信号变得很小。如果使用 Gray 和 Markel[112]的方法，增益大于或小于 1 是交互出现的，并且只使用$e(n)=1$的结构。截至目前，所有信号都进行了“合理”调整，包括全极点输出，如图 4-45(b)所示。

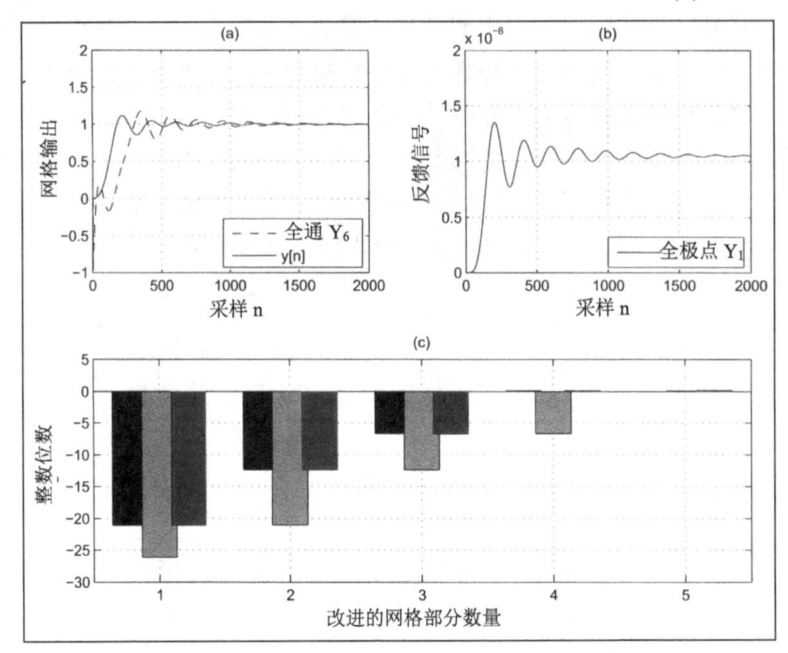

图 4-44　基于操作$e(n)=-sign(k(n))=[1,-1,1,-1,1]$(与因子 k 的符号相反)的改进网格滤波器整数位宽的计算结果

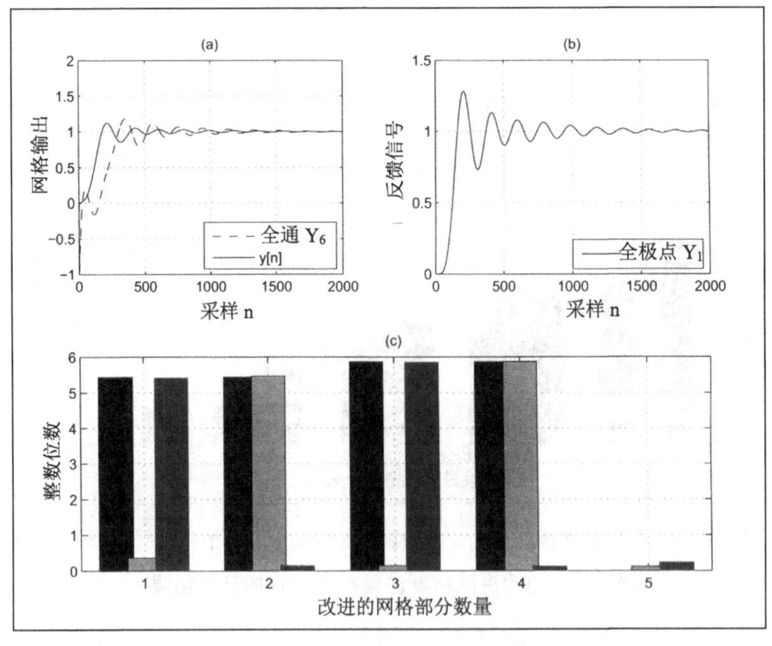

图 4-45　基于$e(n)=[1,1,1,1,1]$符号操作的改进网格滤波器整数位宽的计算结果

由于每个部分的增益都发生了变化，有必要调整输出权重，它基本上是比例因子的乘积$\prod(1\pm k(m))$。更精确地，需要计算：

$$u(m)=v(m)/\pi(m) \tag{4-37}$$

$$\pi(m)=\begin{cases}1 & m=M+1\\ \prod_{n=m}^{M}(1+e(n)k(n)) & m=1,2,\cdots,M\end{cases} \tag{4-38}$$

这些改进反馈系数的计算可以使用一小段 MATLAB 脚本来完成。在改进的网格结构中，系数 k 不变。对具有$e(n)=[1,1,1,1,1]$结构的 5 阶滤波器，得到的结果如下：

```
u(1) = 0.649195217878
u(2) = 0.000421764763
u(3) = 0.329929109321
u(4) = 0.000084546124
u(5) = 0.020062621320
u(6) = 0.000303581790
```

另一个优点是，系数跨度减小为 $\log_2(\max(u)/\min(u))$ = 12.9 位，相比之下，双乘法器结构的系数 v 是 17.1 位。

尽管借助 Gray-Markel 方法缓解了位增长的问题，但是伴随网格滤波器的还有一个固有的、最糟糕的问题——延迟路径。由图 4-39 可以看出，从滤波器输入到输出有一条很长的延迟路径——对于标准网格滤波器而言，有 5 个加法器和 1 个乘法器。在 Gray-Markel 结构下，情况更糟糕，因为有 10 个加法器和 5 个乘法器。这显著地降低了网格滤波器的最大时序性能，使其在 HDL FPGA 设计中的吸引力下降。

4.6.5　窄带 IIR 滤波器的波形数字滤波器设计

波形数字滤波器(Wave Digital Filter，WDF)的概念采用了不同的方法，使其与其他绝大多数数字滤波器明显不同。典型的 WDF 来自于采用 R/L/C 模拟分量的(举例来说，在滤波器中使用查询表)标准的梯形模拟滤波器。一类典型的 5 阶模拟考尔滤波器(又名椭圆滤波器)如图 4-46 所示。

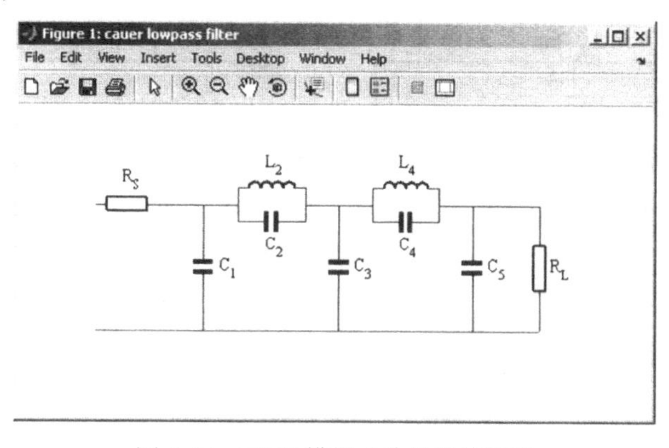

图 4-46　WDF 模拟 5 阶原型滤波器

随后，在数字域对滤波器进行双线性变换和分量变换。接下来，对滤波器进行非规范化处理，使其满足通带和阻带特性的设计要求。模拟信号域中的电容被转换为单位延迟 z^{-1}，感应器成为负增益，即 $-z^{-1}$。由于源阻抗和负载阻抗通常标准化为 1，z 域中可以忽略它们。输入波形(也就是信号)记为变量 A_k，模块的输出波形记为 B_k。使用适配器，将标准的 C 和 L 值连接起来。适配器用于处理连接的类型(也就是串行或并行)，同时调整标准分量的值。由图 4-46，需要一个并行适配器处理“垂直”分量，以及一个串行适配器处理“水平”放置的分量。下面从系统方程式和 SIMULINK 执行的角度对串行和并行适配器进行讨论。

图 4-47(b)给出了一个并行三端口适配器的符号图，图 4-47(a)是 SIMULINK 的设计实现。注意在后续的硬件设计中，一般的乘法可代之以常系数乘法器。但是，考虑到需要确定所需的量化系数，通用乘法器更方便。

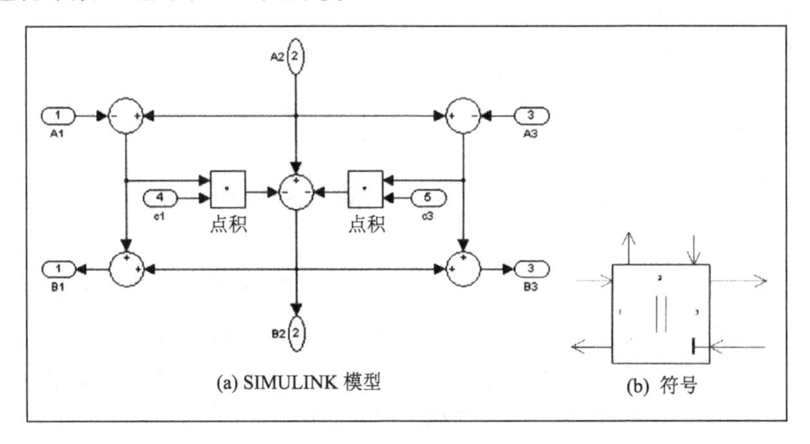

图 4-47　WDF 并行三端口适配器

随着时间的推移，文献中的符号也在发生变化。本书使用的符号与 1986 年 A. Fettweis 发表的一篇重要文献[101]中使用的符号保持一致。并行适配器的 I/O 转换矩阵通过基尔霍夫定律计算得出，也就是电流总和为零并且电压环必须为零，详细信息请参阅文献[117]。对于三端口适配器，得到：

$$\begin{bmatrix} B_1 \\ B_2 \\ B_3 \end{bmatrix} = \begin{bmatrix} c_1 & 2-c_1-c_3 & c_3 \\ c_1 & 1-c_1-c_3 & c_3 \\ c_1 & 2-c_1-c_3 & c_3-1 \end{bmatrix} \begin{bmatrix} A_1 \\ A_2 \\ A_3 \end{bmatrix} \tag{4-39}$$

为了避免无延迟循环，要求三端口适配器的某个端口是无映射的，也就是输出波形 B_k 不依赖于输入波形 A_k，或者说 $B_k \neq f(A_k)$。在 WDF 环境下，这类端口被称作匹配的端口，由式(4-39)，如果希望 $B_3 \neq f(A_3)$，必须要求 $c_3 = 1$。这样，对于式(4-39)，匹配的三端口适配器简化为：

$$\begin{bmatrix} B_1 \\ B_2 \\ B_3 \end{bmatrix} = \begin{bmatrix} c_1 & 1-c_1 & 1 \\ c_1 & -c_1 & 1 \\ c_1 & 1-c_1 & 0 \end{bmatrix} \begin{bmatrix} A_1 \\ A_2 \\ A_3 \end{bmatrix} \tag{4-40}$$

简化的 SIMULINK 设计和电路符号如图 4-48 所示。

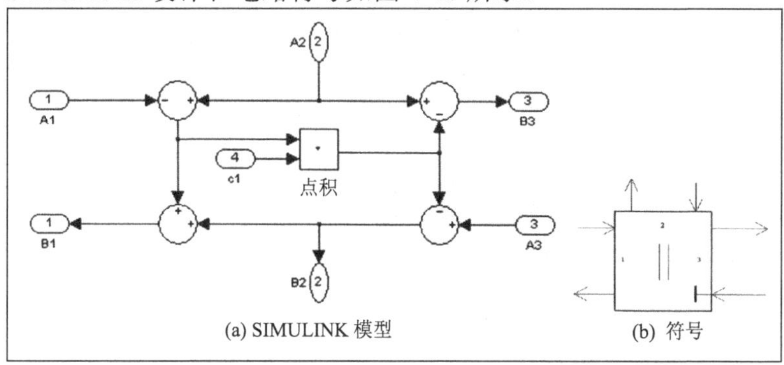

(a) SIMULINK 模型　　(b) 符号

图 4-48　WDF 并行匹配的三端口适配器

对于串行三端口适配器，可得到类似的公式和符号流图。图 4-49(a)给出了串行适配器电路，图 4-49(b)给出了电路符号。串行适配器矩阵等式变为：

$$\begin{bmatrix} B_1 \\ B_2 \\ B_3 \end{bmatrix} = \begin{bmatrix} 1-c_1 & -c_1 & -c_1 \\ -c_3 & c_1+c_3-1 & c_1+c_3-2 \\ c_1+c_3-2 & -c_3 & 1-c_3 \end{bmatrix} \begin{bmatrix} A_1 \\ A_2 \\ A_3 \end{bmatrix} \tag{4-41}$$

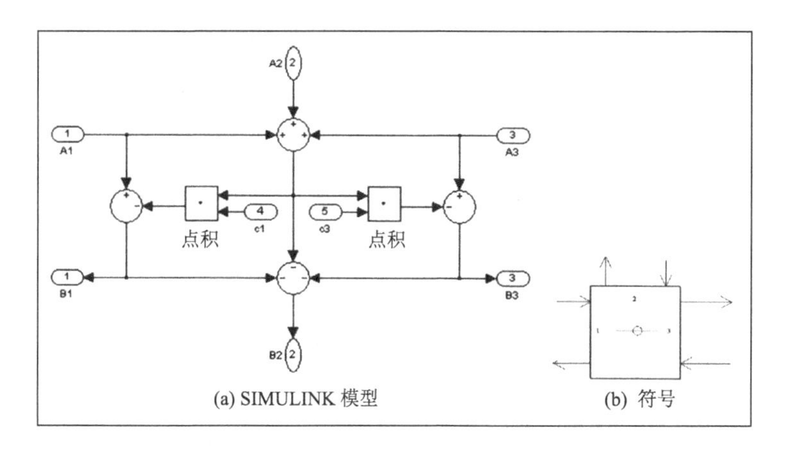

(a) SIMULINK 模型　　(b) 符号

图 4-49　WDF 串行三端口适配器

对于串行适配器，需要一个无延迟循环的版本，即得到一种匹配的结构，使得诸如第三个端口是无映射的，或者说 $B_3 \neq f(A_3)$。同样，还是要求 $c_3 = 1$，对应的三端口式(4-41)被简化为：

$$\begin{bmatrix} B_1 \\ B_2 \\ B_3 \end{bmatrix} = \begin{bmatrix} 1-c_1 & -c_1 & -c_1 \\ -1 & c_1 & c_1-1 \\ c_1-1 & -1 & 0 \end{bmatrix} \begin{bmatrix} A_1 \\ A_2 \\ A_3 \end{bmatrix} \tag{4-42}$$

上述无延迟的版本对于硬件实现是有利的，因为需要的乘法器减少了 1 个。匹配的三端口串行适配器简化的 SIMULINK 设计以及电路符号如图 4-50 所示。

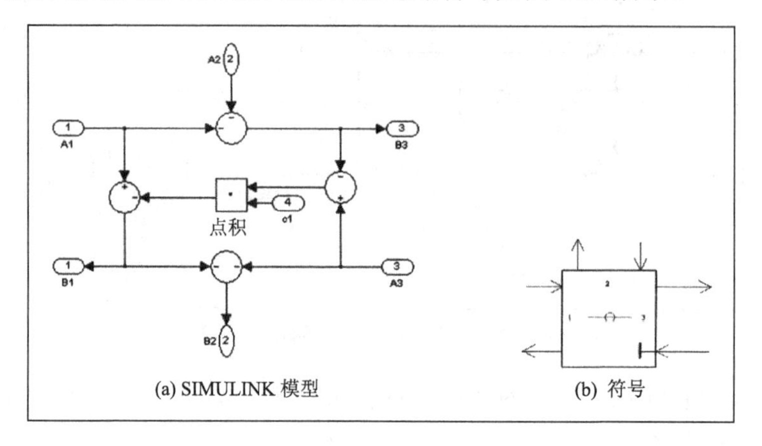

图 4-50　WDF 串行匹配的三口适配器

完成并行和串行适配器以及匹配的版本设计后，已经具备了将电路结构从初始的模拟设计(图 4-46)转换到数字域中的所有条件，对应的数字 WDF 如图 4-51 所示。

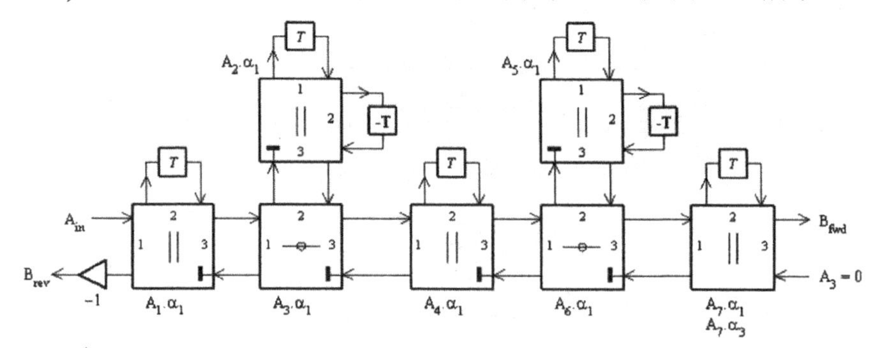

图 4-51　5 阶 WDF 数字滤波器

目前，还缺少 WDF 的数字滤波器系数。借助一小段 MATLAB 代码，可使用一款优秀的公开的 WDF 工具箱生成滤波器系数(以及结构)，该工具箱由来自代尔夫特理工大学的 H. Lincklaen Arriens 开发。下面是代码及用于 5 阶滤波器的函数参数：F_{pass}=40Hz、F_{stop}=60Hz、F_s=7680Hz、A_{pass}=1db、A_{stop}=48db。

```
%% Generate the filter coefficients for system:
%%X = NLP_LADDER('cauer',filterOrder,passBandRipple_dB, ...
%%                    stopBandRipple_dB,skwirNorm,freqNormMode)
Ladder = nlp_ladder('cauer',5,1,48,'a',1);
```

```
%% Denormalize the ladder filter
%% LpLadder = NLADDER2LP(NlpLadder,cutOffFrequency)
dLadder=nladder2lp(Ladder,fz2fs(40/7680))

%% Compute the WDF filter data and impulse responses:
%%       [WDF,fwdB,revB,allB] =
%%   LADDER2WDF(Ladder,wdfType,impulseResponseLength,figNo)
%% also returns forward output, reverse output, all B-out-
%% puts in a 3 column by 'numbers of adaptors' matrix form.
[WDF,fwdB,revB,allB]=ladder2WDF(dLadder,'3p',8*512,3);
```

MATLAB 结果如下：

```
  Configuration 1:
   Rs     1.00000 Ohm
   C01    1.99211 F    in shunt arm
   L02    0.97767 H, parallel with
   C02    0.23108 F    in series arm
   C03    2.46127 F    in shunt arm
   L04    0.76116 H, parallel with
   C04    0.64686 F    in series arm
   C05    1.68564 F    in shunt arm
   RL     1.00000 Ohm

Configuration 2:
   Rs     1.00000 Ohm
   C01    1.68564 F    in shunt arm
   L02    0.76116 H, parallel with
   C02    0.64686 F    in series arm
   C03    2.46127 F    in shunt arm
   L04    0.97767 H, parallel with
   C04    0.23108 F    in series arm
   C05    1.99211 F    in shunt arm
   RL     1.00000 Ohm

dLadder =

    elements: 'rCpCpCR'
      values: [9x2 double]

Adaptor 1:  3p parallel, p3 matched :  alpha1 =  0.00815
Adaptor 2:  3p parallel, p3 matched :  alpha1 =  0.99882
Adaptor 3:  3p serial,   p3 matched :  alpha1 =  0.10329
Adaptor 4:  3p parallel, p3 matched :  alpha1 =  0.07774
Adaptor 5:  3p parallel, p3 matched :  alpha1 =  0.99946
Adaptor 6:  3p serial,   p3 matched :  alpha1 =  0.19518
Adaptor 7:  3p parallel             :  alpha1 =  0.46866
                                       alpha3 =  0.01472
Brev needs negation
```

工具箱不仅可以计算模拟和数字电路，它还通过逆 FFT 对最坏情况下每个端口变量的增长进行估计或是给出其脉冲响应，如图 4-52 所示。可以看出，只有匹配的并行适配器 2 和 5 存在实质的整数位宽。对于接近 100 的最大幅值，$\lceil \log_2(100) \rceil = 7$ 位整数位宽已经足够。设计过程中，其余适配器只需要 1 或 2 个(保险起见)整数位。

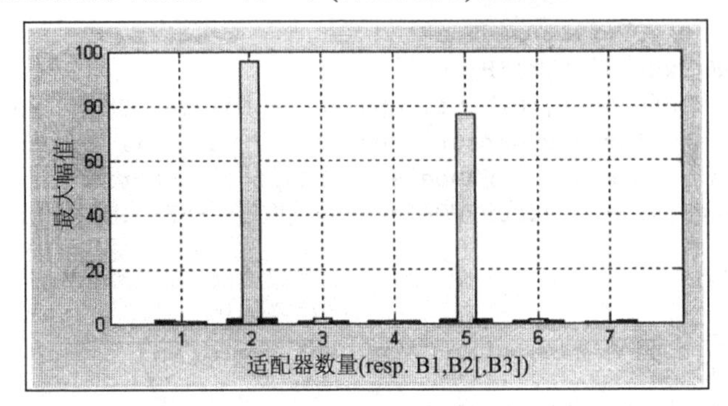

图 4-52　5 阶滤波器所有端口的 WDF 最大幅值(图片来自 H. Lincklaen Arriens 的 WDF 工具箱)

在系数量化方面，WDF 做得很好。在前面的讨论中，采用通用乘法器而不是固定的系数值，这样可以灵活确定系数的精度 N，方法是置 $c_q(i) = \text{round}(c(i)\times 2^N)/\mathbf{2}^N$，也就是首先使每个系数乘以一个 2 的幂，量化后再除以 2^N(因为假定所有系数都为小数)。尝试找到最小的 N，这样滤波器的传递函数依然满足当前滤波器的误差方案。图 4-53 的仿真结果显示，14 位的系数量化足以达到通带和阻带的要求。

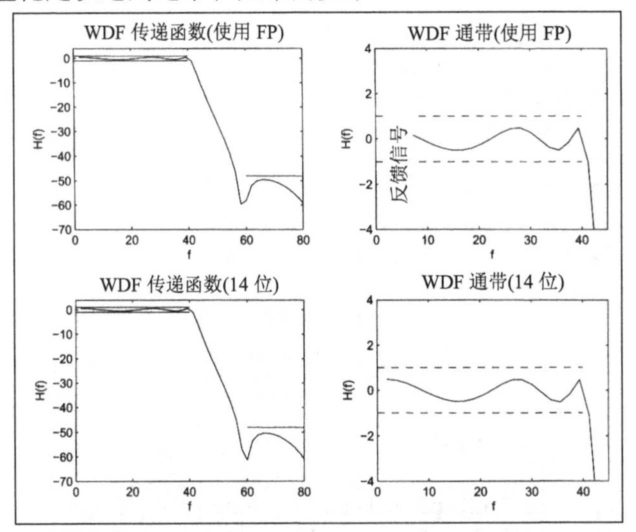

图 4-53　波形数字滤波器量化系数的传递函数图，上图-使用浮点精度(Floating Point, FP)，下图-使用 14 位系数量化

整体上看，WDF 体现出较好的整数增益行为和较低的分量数。但是，直接实现的 WDF 有一个主要的缺点，即存在一条从滤波器输入到输出的直达路径。对于前向输出，“波形”经过所有从输入到输出适配器的路径。遗憾的是，即便不使用双相输出，在下一个输入采样到达前，为了维持所有的延迟元件也必须计算反向路径。如果能够设计出基于并行执行的硬件，便可以通过“对称的”WDF(即在中间而不是末端拥有非匹配的适配器，只适用

奇数阶滤波器)[6]来显著减小前向和反向路径。参考文献[117]提供了一个 7 阶 WDF 滤波器，它的非匹配的适配器就位于中间位置。很难实现这样一个复杂结构的流水线，因为流水线结构的极点/零点位置是保持不变的。

为了从整体上评价不同的设计方案，下面从用到的资源、需要的整数和小数位以及最长路径这几个方面对不同的结构进行比较。在没有 HDL 实现的情况下，数据可能不准确，但是用于估计最靠谱的结构已经足够了。

从算术运算的角度看，直接型滤波器看起来并不坏，但是滤波器有一个很高的位宽要求。在浮点结构下，需要双精度(也就是 64 位)来获得更高的精度。由于零点位于单位圆上，从需要的乘法器的角度看，椭圆滤波器的级联结构非常好。但是，如果使用缩放将块增益恢复为 1，就需要额外的乘法器。通过使用转置的直接 I 型(也就是双二阶)滤波器，最坏情况下的路径也变得可以接受。采用改进的并行或级联形式的双二阶滤波器，可以得到只有 1 个加法器和 1 个乘法器的最短延迟路径长度。并行形式更具吸引力，因为它使用了更少的加法器，不会出现级联实现中的阶数问题，并且级联是并行的。与其他滤波器相比，网格滤波器的结构要复杂一些，但拥有较好的小数位宽。但是，整数位宽是根本的，它没有使网格滤波器成为比并行或级联型滤波器更好的选择。从乘法器的角度看，WDF 滤波器是胜出者，但是该滤波器的加法器数量更大。由于较长的滤波器延迟路径，在上述直接型滤波器中 WDF 并不具有吸引力。如果使用下面即将讨论的网格 WDF 滤波器，将会有很大改进。

4.7　窄带 IIR 滤波器的全通滤波器设计

全通滤波器被定义成在所有频率下都拥有传递函数“1”的滤波器，通常用在 DSP 中以生成相位延迟。读者可能有疑问：如果在所有频率下幅值都为 1，如何用这样的全通构建窄带滤波器？关键在于使用两个全通滤波器，让它们同时工作，从而构建两个输出的和或差。如果两个全通滤波器的增益为 1、通带的相位延迟都为零，但在阻带有 180° 的相位延迟差，这样有 $\sin(\omega t+180^\circ)=-\sin(\omega t)$。将这两个全通信号相加，就实现了一个频率为 ω 的阻带，并且可以构架一个窄带滤波器。图 4-54 给出了典型全通滤波器设计中的相位关系。

此外，对于两个全通滤波器，有 $|F(\omega t)|=1$，因此滤波器的整数增益比较小，这在硬件设计上是一个额外的优势。

当然，构建这两个并行的全通系统时，需要遵循一些约束条件。事实证明，低通和高通滤波器只有奇数阶[119]。如果尝试构建偶数长度的低通或高通滤波器，系数将为复数，而如果想构建实数的滤波器，实现难度会更高[120]。另一方面，实(非复数)系数带通或带阻滤波器要求整个滤波器的阶数是偶数。

6. 感谢 H. Lincklaen Arriens 做出的这项改进[118]。

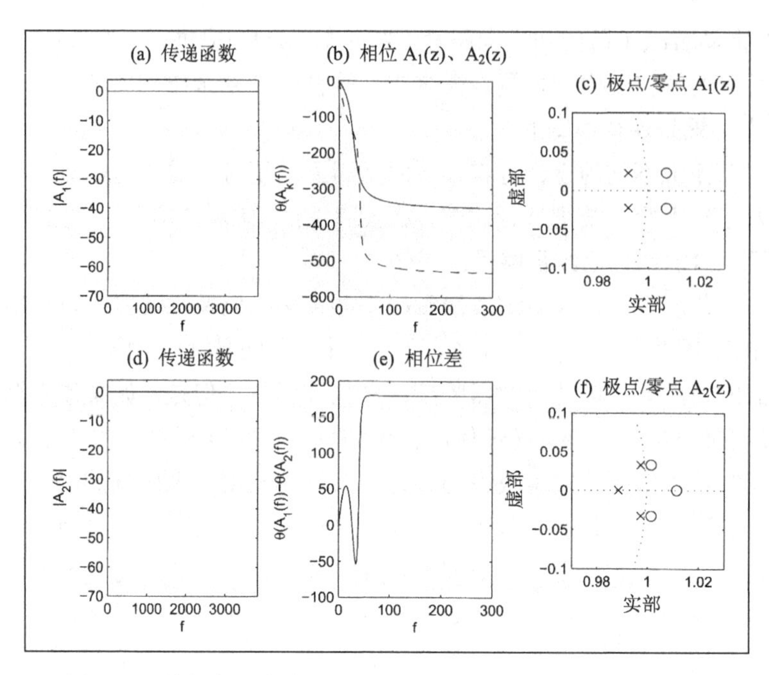

图 4-54 并行全通滤波器设计的传递函数、相位和极点零点图

对于带有求和与求差操作的两个全通滤波器，其结构图类似于(单个部分的)网格滤波器，请参阅图4-38。这个观点最早用于组合WDF，因此字面上使用网格WDF或LWDF，尽管它只是一个单重网格滤波器。这种方法不仅适用于WDF，而是适用于所有全通滤波器，也就是在级联或并行双二阶或Gray-Markel网格滤波器上都可使用。带有一个乘法器的网格滤波器是一种非常高效的选择，因为通常它是一种全通滤波器。

出现的问题是，需要重新设计滤波器，不过Gazsi指出，绝大部分主流滤波器，例如巴特沃思、切比雪夫或椭圆滤波器都可以转换为并行全通的形式[113]。该结论与一个事实有关：上述滤波器的系数都是通过双线性变换设计的。

通过对两个全通滤波器的求和或求差得到系统输出，也就是：

$$H_{1,2} = \frac{1}{2}(A_1(z) \pm A_2(z)) \tag{4-43}$$

我们希望全通滤波器的极点与原始滤波器的极点相匹配。Gaszi指出，两个全通滤波器的极点相对单位圆交替分布。对于我们的5阶系统，这意味着实极点和临近单位圆的极点组合成一个滤波器，其余的极点对在第二个全通滤波器中，也就是说，我们有一个三阶和一个二阶的并行系统，请参阅图4-54(c)和图4-54(f)。

MATLAB提供了名为tf2cl(传递函数到全通网格滤波器对)的函数以支持这种形式的滤波器设计。将公式：

```
[latt1, latt2] = tf2cl(B, A)
```

应用到我们的5阶系统中，从最后一部分开始，得到输出：

$$
\begin{aligned}
\text{latt1} &= -0.9997 \quad 0.9852 \\
\text{latt2} &= -0.9996 \quad 0.9998 \quad -0.9846
\end{aligned}
\tag{4-44}
$$

为了绘制传递函数并确定极点/零点图，将两个网格结构转换回直接形式：

```
[num1,den1] = latc2tf(latt1,'allpass')
[num2,den2] = latc2tf(latt2,'allpass')
```

并得到：

```
num1 =    0.9852   -1.9847    1.0000
den1 =    1.0000   -1.9847    0.9852
num2 =   -0.9846    2.9682   -2.9835    1.0000
den2 =    1.0000   -2.9835    2.9682   -0.9846
```

图 4-54(a)和图 4-54(d)给出了两个全通滤波器的传递函数。单个滤波器的相位如图 4-54(b)所示，图 4-54(e)给出了相位差。注意，在阻带处有明显的 180° 相位差。不同滤波器的极点交替分布，如图 4-54(c)和图 4-54(f)所示。

下面研究在并行全通配置下，从所需整数和小数位的角度对 4 种滤波器(级联或并行双二阶滤波器、WDF 以及网格滤波器)进行比较选择。上一节我们做了相同的比较，因此这里长话短说。将改进的双二阶用于并行和级联设计以及 Gray-Markel 的单个乘法器网格。对于全通 WDF，三端口适配器提供了最佳性能。

4.7.1　窄带 IIR 滤波器的全通波形数字滤波器设计

仍然使用来自代尔夫特理工大学的 H. Lincklaen Arriens 开发的工具箱，网格 WDF 滤波器的 MATLAB 脚本与标准 WDF 设计的脚本很类似：

```
%% 2- and 3-port circuit design as in Anderson et al (1995)
%% Generate the filter coefficients for system:
%% [Hs,wp]  = HS_CAUER(filterOrder,passBandRipple_dB, ...
%%stopBandRipple_dB,skwirMode,cutOffFrequency,freqNormMode)
Hs = Hs_cauer(5,1,50,'a',1,1)

%% NLP2LP     Normalized lowpass to lowpass transformation
dHs = nlp2lp(Hs,fz2fs(40.75/7680));

%%  Calculates the coefficients of a Lattice WDF
%%  [LWDF,Hz,Messages] =    HS2LWDF(Hs,figNo)
[LWDF, Hz, Messages] = Hs2LWDF(dHs,3)
%showLWDF
Hz2=LWDF2Hz(LWDF); plotHz(Hz2,1);
```

上述脚本将绘制 LWDF 以及图 4-55 所示的两端口配置的基本结构的传递函数。注意，对原始规格(通带 40Hz→40.75Hz，阻带波纹 48dB→50dB)做了修改，从而使量化滤波器仍然满足通带和阻带的规格要求。设计网格 WDF，使其高通和低通保持功率互补并交汇于 3dB 处。事实证明，基于±1 波纹的窄带滤波器规范，如果指定 40Hz 通带，通带将过早地下降，因此需要增加一点通带以便得到一个 40Hz 的通带[118]。

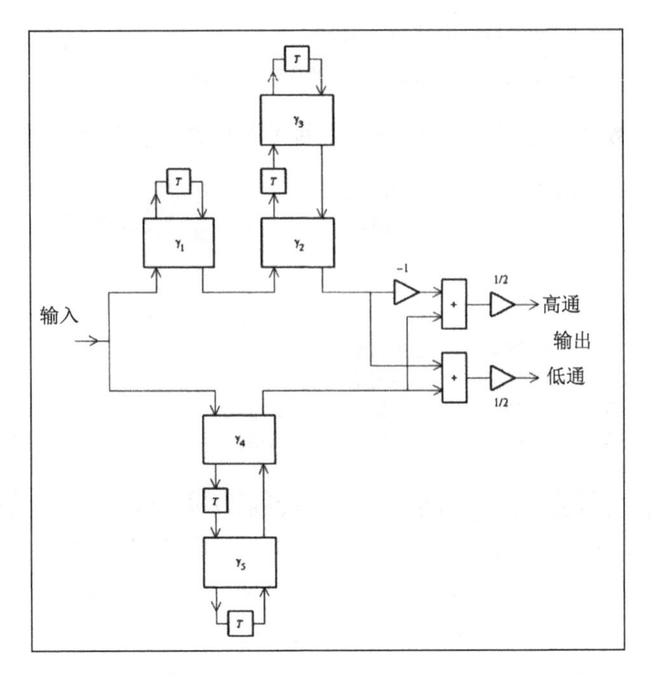

图 4-55 使用两端口适配器的 LWDF 5 阶数字滤波器

为了量化乘法器因子，需要将它们从 LWDF 中提取出来：

```
%% Upper 1.order
beta(1)=LWDF.gamma(1,1,1);

%% Upper 2.order
beta(2)=LWDF.gamma(1,2,1);
beta(3)=LWDF.gamma(2,2,1);

%% Lower 2. order
beta(4)=LWDF.gamma(1,1,2);
beta(5)=LWDF.gamma(2,1,2);
```

两端口系数的值是：

$$0\ 9887 \quad -0.9959 \quad 0.9995 \quad -0.9853 \quad 0.9997 \tag{4-45}$$

工具箱未提供三端口的实现，但是可以通过来自 Anderson/Sunnerfield/Lawson[121]的三端口实现的转换得到，而且并不费事。将这些系数记为 β_k 以便与三端口系数(记为 γ_k)区分开。两端口适配器的传递函数由下式给出：

$$h_2(z)=\frac{-\beta_1-\beta_2(1-\beta_1)z^{-1}+z^{-2}}{1-\beta_2(1-\beta_1)z^{-1}-\beta_1 z^{-2}} \tag{4-46}$$

将 $h_2(z)$ 与三端口设计的 z 域的传递函数：

$$h_3(z)=\frac{-\gamma_1-\gamma_2-1+(\gamma_2-\gamma_1)z^{-1}+z^{-2}}{1+(\gamma_2-\gamma_1)z^{-1}+(-\gamma_1-\gamma_2-1)z^{-2}} \tag{4-47}$$

进行比较，可以看出：

$$\gamma_1 = -\frac{1}{2}(1-\beta_1)(1-\beta_2) \tag{4-48}$$

$$\gamma_2 = -\frac{1}{2}(1-\beta_1)(1+\beta_2) \tag{4-49}$$

现在，通过下述代码重新计算三端口适配器的乘法器系数：

```
%% Upper 1.order
gamma(1) = beta(1);

%% Upper 2. order
gamma(2) = -0.5*(1-beta(2))*(1-beta(3));
gamma(3) = -0.5*(1-beta(2))*(1+beta(3));

% Lower 2. order
gamma(4) = -0.5*(1-beta(4))*(1-beta(5));
gamma(5) = -0.5*(1-beta(4))*(1+beta(5));
```

最终得到以下三端口配置的γ值：

$$0.988727 \quad -0.000528 \quad -1.995400 \quad -0.000282 \quad -1.985024 \tag{4-50}$$

三端口 LWDF 滤波器的结构如图 4-56 所示。

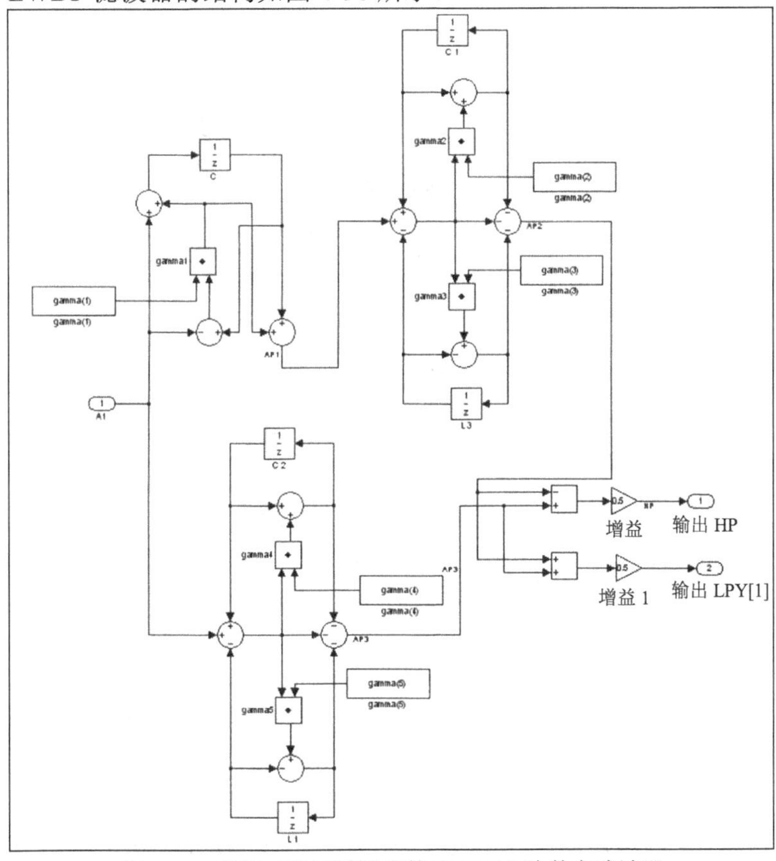

图 4-56　使用三端口适配器的 LWDF 5 阶数字滤波器

滤波器在实现前，最后一项工作是仔细查看所需的整数和小数位数。就上节讨论的

WDF 滤波器而言，对于两端口和三端口滤波器，15 个小数位足够了，请参阅图 4-57。

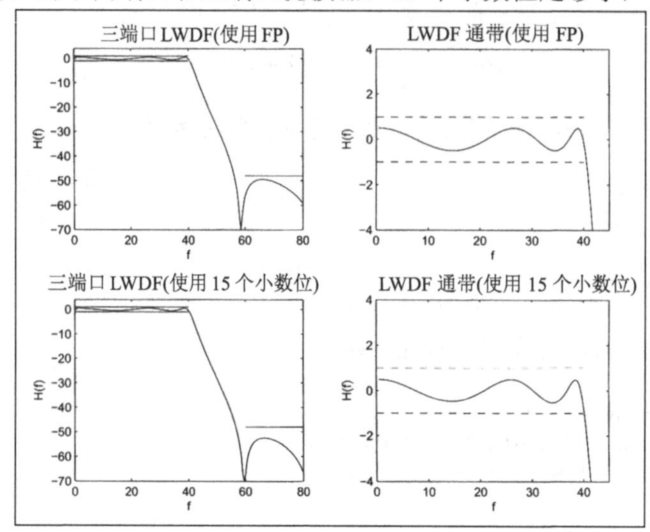

图 4-57 使用三端口适配器的网格波形数字滤波器的量化系数的传递函数(Transfer Function，TF)图：上图-使用浮点(Floating-Point，FP)精度，下图-使用 15 位系数量化

仔细观察所设计的加法器输出，记录(绝对)最大值，由此计算整数位数。结果如图 4-58 所示。两种配置下，最大值保持为 64，6 位整数精度足够了。

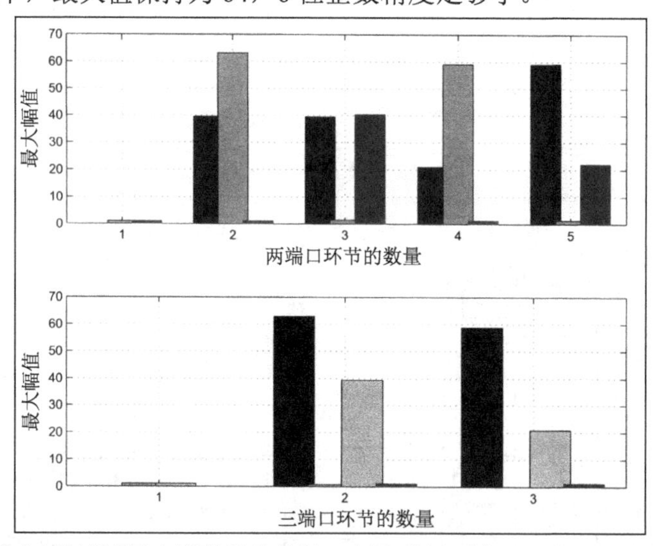

图 4-58 波形数字滤波器最大幅值的计算结果：上图-使用两端口配置，下图-使用三端口配置

与标准 WDF 相比，资源和延迟估计得到了改进。两端口设计需要 16 个加法器和 5 个乘法器，包括 1 个用于低通网格输出的加法器。如果还需要高通网格输出，增加 1 个加法器即可。三端口配置需要相同数量的乘法器，不过加法器的数量减小到 12 个。与标准 WDF(需要 29 个加法器和 8 个乘法器)相比，LWDF 减小了 50%的硬件开销。当然，最大的优势在于延迟方面。两端口或三端口设计中，LWDF 没有反馈路径，可以在每个两端口或三端口环节后引入流水线寄存器，减小到两端口设计的 2 个加法器、1 个乘法器以及三端口设计的 3 个加法器和 1 个乘法器的延迟。我们只需要确保上下路径附加的流水线延迟

匹配，并向两个分支中额外添加两个寄存器。

4.7.2　窄带 IIR 滤波器的全通网格设计

网格滤波器的基本性质在 4.6.4 节介绍过了，基本型网格滤波器有全极点和全通输出，请参阅图 4-38。由于在设计上网格滤波器有全通输出，不需要任何通用 IIR 滤波器设计中的输出求和，因此网格滤波器的全通设计很简单。与标准单个网格滤波器设计相比，两个并行全通设计的整体运算量得到本质上的改进。对于窄带滤波器，一个需要注意的问题是，较大的整数增益通常与每部分网格结构中的两个乘法器联系在一起。

Gray-Markel 每部分网格单个乘法器的使用，可以在网格架构内更精确地调节增益，将整数位的要求从双乘法器配置的 16 位减小到每部分单个乘法器结构的 6 个整数位。最长延迟路径也改进为 3 个加法器和 1 个乘法器。系数已经由前面的式(4-44)计算得到。对于单个乘法器结构，Gray 和 Markel 优化方法给出了二阶符号(-、-)和三阶符号(+、+、+)。

4.7.3　窄带滤波器的全通直接型设计

直接型全通滤波器的实现得益于如下事实：分子和分母是镜像多项式，所生成的极点/零点位置相对单位圆是对称的。出于稳定性要求，极点位于单位圆的内部，零点位于单位圆外部的镜像位置。上述事实可用于带有大块乘法器的转置的直接 I 型滤波器的所有系数，并减小 50%的乘法器数量。这类结构通常拥有最小的运算量，也就是说，5 阶椭圆滤波器采用 16 位。不过，为了充分利用这些系数的相似性，就无法实现诸如改进的双二阶设计中的“零点优先”的设计，请参阅图 4-31。结果就是，直接型实现时整体上需要的整数位宽达到最高的 12 位。直接结构的小数精度同样需要 22 位。整体上讲，位宽要求从单个滤波器结构的 63 位减小到两个全通滤波器设计的 34 位，但是仍然明显高于其他滤波器结构。

4.7.4　窄带滤波器的全通级联双二阶设计

如果使用双二阶配置而不是直接型，可以对直接型进行些许改进。由于系统较小，无法改进二阶部分的上半部分，但可以使用一个双二阶和另一个一阶系统实现三阶部分的下半部分。这样可以将所需的小数位宽降低到 16 位，将整体位宽降低到 28 位。其他诸如硬件开销和延迟等参数保持不变。

4.7.5　窄带滤波器的全通并行双二阶设计

如果不使用全通配置，我们倾向于采用并行形式进行直接型的实现。不过，对于全通设计，并行配置的最大缺点是，如果以并行形式实现滤波器，系数将丧失对称性。由于上半部分是二阶的，不需要改进，下面通过全通三阶部分的下半部分来说明这一点：

$$\begin{array}{lcrrrr} \text{num2} & = & -0.9846 & 2.9682 & -2.9835 & 1.0000 \\ \text{den2} & = & 1.0000 & -2.9835 & 2.9682 & -0.9846 \end{array} \tag{4-51}$$

首先通过下述命令将下半部分系统分解为单个极点的总和：

```
[R, P, D] = residuez( num2, den2)
```

将两个复极点组合成一个实二阶系统，一阶系统写成常见的分子/分母的形式：

```
[ b1, a1 ] = residuez( [R(1) R(2)], [P(1) P(2)], 0 );
[ b2, a2 ] = residuez( R(3), P(3), 0 );
```

对于并行全通双二阶实现，得到如下数值：

D=−1.0156
$b1$=0.0063   −0.0065   0
$a1$=1.0000   −1.9948   0.9959
$b2$=0.0246   0
$a2$=1.0000   −0.9887

注意，并行滤波器不再拥有与式(4-51)的原始全通滤波器相同的系数。因此，与直接型或级联型相比，可以预见全通滤波器的并行实现需要更大的工作量：与级联双二阶的 16 次操作相比为 19 次操作。延迟相同，整数和小数位的要求类似。

可在 MATLAB 中通过以下命令检验原始系统的重建效果：

```
num2 = conv(b1, a2) +cov(b2, a1)
den2 = conv(a1, a2)
num2 = den2.*D + num2
```

最后，表 4-5 给出了全通设计中不同设计选项的比较结果。从位宽角度看，LWDF 是最好的，并且资源和延迟上都与其他设计形式一样。直接型和级联型设计的操作次数与三端口设计的操作次数类似，而直接型、级联型和两端口 LWDF 设计的延迟路径最好。但是，由于直接型或级联型设计需要超过两倍的位宽，因此整体上讲 LWDF 是胜出者。所以，接下来的示例将实现 LWDF。

表 4-5 窄带 IIR 滤波器网格全通设计选项的比较

结构		操作			延迟	位		
		加法器	乘法器	Σ		整数	小数	Σ
直接		11	5	16	2+1×	12	22	34
级联	双二阶	11	5	16	2+1×	12	16	28
并行	双二阶	10	9	19	2+1×	12	16	28
网格	2 乘法器	11	10	21	3+1×	16	14	30
网格	1 乘法器	16	5	21	6+3×	7	14	21
LWDF	2 端口	16	5	21	2+1×	6	15	21
LWDF	3 端口	12	5	17	3+1×	6	15	21

例 4.9 全通三端口波形数字滤波器 HDL 设计

下述 VHDL 代码[7]提供了采用网格波形数字滤波器结构的(见图 4-56)5 阶 IIR 滤波器的

7. 这一示例相应的 Verilog 代码文件 iir5lwdf.v 可以在附录 A 中找到，附录 B 给出了合成结果。

一种可行的实现：

```
-----------------------------------------------------------
-- Description: 5th order Lattice Wave Digital Filter
-- Coefficients gamma:

-- 0.988727 -0.000528 -1.995400 -0.000282 -1.985024

LIBRARY ieee;
USE ieee.std_logic_1164.ALL; USE ieee.std_logic_arith.ALL;
USE ieee.std_logic_unsigned.ALL;

LIBRARY ieee_proposed;
 use ieee_proposed.fixed_float_types.all;
 use ieee_proposed.fixed_pkg.all;
 use ieee_proposed.float_pkg.all;
-- --------------------------------------------------------
ENTITY iir5lwdf IS                       ------> Interface
 PORT (clk   : IN STD_LOGIC; -- System clock
       reset : IN STD_LOGIC; -- System reset
  x_in   : IN STD_LOGIC_VECTOR(31 DOWNTO 0); -- System input
  y_ap1out : OUT STD_LOGIC_VECTOR(31 DOWNTO 0); -- AP1 out
  y_ap2out : OUT STD_LOGIC_VECTOR(31 DOWNTO 0); -- AP2 out
  y_ap3out: OUT STD_LOGIC_VECTOR(31 DOWNTO 0); -- AP3 out
  y_out : OUT STD_LOGIC_VECTOR(31 DOWNTO 0));  -- System
END;                                           -- output
-- --------------------------------------------------------
ARCHITECTURE fpga OF iir5lwdf IS
-- Coefficients gamma
  CONSTANT g1 : SFIXED(6 DOWNTO -15) :=
                                TO_SFIXED(0.988727, 6,-15);
  CONSTANT g2 : SFIXED(6 DOWNTO -15) :=
                               TO_SFIXED(-0.000528, 6,-15);
  CONSTANT g3 : SFIXED(6 DOWNTO -15) :=
                               TO_SFIXED(-1.995400, 6,-15);
  CONSTANT g4 : SFIXED(6 DOWNTO -15) :=
                               TO_SFIXED(-0.000282, 6,-15);
  CONSTANT g5 : SFIXED(6 DOWNTO -15) :=
                               TO_SFIXED(-1.985024, 6,-15);
-- Internal signals
  SIGNAL  c1, c2, c3, l2, l3  : SFIXED(6 DOWNTO -15) :=
                                      (OTHERS => '0');
  SIGNAL  x, ap1, ap2, ap3, ap3r, y  : SFIXED(6 DOWNTO -15)
                                   := (OTHERS => '0');
  SIGNAL  x32, y_sfix, y_ap1, y_ap2, y_ap3 :
                                  SFIXED(15 DOWNTO -16);
 BEGIN

  x32 <= TO_SFIXED(x_in, x32); -- Redefine bits as FIX 16.16
  x <= resize(x32, x); -- Internal precision is 6.15 format

  P1: PROCESS (clk, x, reset)      ----> Behavioral Style
    VARIABLE p1, a4, a5, a6, a8, a9, a10 :
         SFIXED(6 DOWNTO -15) := (OTHERS => '0'); -- No FFs
  BEGIN   -- First equations without infering registers
    IF reset = '1' THEN -- Reset all register
      y <= (OTHERS => '0');
      c1 <= (OTHERS => '0'); ap1 <= (OTHERS => '0');
      c2 <= (OTHERS => '0'); l2 <= (OTHERS => '0');
```

```
        ap2 <= (OTHERS => '0');
        c3 <= (OTHERS => '0'); l3 <= (OTHERS => '0');
        ap3 <= (OTHERS => '0'); ap3r <= (OTHERS => '0');
      ELSIF rising_edge(clk) THEN -- AP LWDF form
  -- 1. AP section is 1. order
        p1 := resize(g1 *(c1-x),x,fixed_wrap,fixed_truncate);
        c1 <= resize(x + p1,x,fixed_wrap,fixed_truncate);
        ap1 <= resize(c1 + p1,x,fixed_wrap,fixed_truncate);
  -- 2. AP section is 2. order
        a4 := resize(ap1-l2+ c2,x,fixed_wrap,fixed_truncate);
        a5 := resize(a4 * g2+c2,x,fixed_wrap,fixed_truncate);
        a6 := resize(a4 * g3-l2,x,fixed_wrap,fixed_truncate);
        c2 <= resize(a5,x,fixed_wrap,fixed_truncate);
        l2 <= resize(a6,x,fixed_wrap,fixed_truncate);
        ap2 <= resize(-a5-a6-a4,x);
  -- 3. AP section is 2. order
        a8 := resize(x - l3 +c3,x,fixed_wrap,fixed_truncate);
        a9 := resize(a8 * g4+c3,x,fixed_wrap,fixed_truncate);
        a10 := resize(a8 *g5-l3,x,fixed_wrap,fixed_truncate);
        c3 <= resize(a9,x,fixed_wrap,fixed_truncate);
        l3 <= resize(a10,x,fixed_wrap,fixed_truncate);
        ap3 <=resize(-a9-a10-a8,x,fixed_wrap,fixed_truncate);
        ap3r <= ap3; -- extra register due to AP1
  -- Output adder
        y <= resize(ap3r + ap2,x,fixed_wrap,fixed_truncate);
      END IF;                                 -- Output sum
    END PROCESS;

  -- Convert to 16.16 sfixed number
    y_sfix <= resize(y, y_sfix,fixed_wrap,fixed_truncate);
    y_ap1  <= resize(ap1, y_sfix,fixed_wrap,fixed_truncate);
    y_ap2  <= resize(ap2, y_sfix,fixed_wrap,fixed_truncate);
    y_ap3  <= resize(ap3, y_sfix,fixed_wrap,fixed_truncate);
  -- Redefine bits as 32 bit SLV
    y_out <= to_slv(y_sfix);
    y_ap1out <= to_slv(y_ap1);
    y_ap2out <= to_slv(y_ap2);
    y_ap3out <= to_slv(y_ap3);

  END fpga;
```

除了系统输入输出，ENTITY 设计还包括三全通波形数字滤波器部分的输出。如图 4-56 所示，图的上半部分包括一个一阶和二阶部分，以及一个二阶部分的全通下半部分。采用 TO_SFIXED 函数对 5 个 CONSTANT 系数 γ 进行了快速定义，随后是一个针对所有三全通部分的 PROCESS。首先在所有寄存器中载入异步复位信号。rising_edge 声明语句后，是对 WDF 的分配。每次分配都涉及一个寄存器。所有算术运算之后都运行 resize 函数，避免溢出或位增长。参数 fixed_wrap 和 fixed_truncate 用于规避默认的阈值。如果不使用 fixed_wrap，将需要两倍以上的 LE。最后，首先将信号及滤波器输出转换为 sfixed 格式，再转换为 SLV 数据类型。该设计使用了 764 个 LE、12 个嵌入式乘法器，使用 TimeQuest 缓慢 85C 模型的时序电路性能 F_{max}=55.97MHz。滤波器对幅值 1.0 = 65536_{10}(16.16 sfixed 格式)的阶跃函数的响应如图 4-59 所示，与图 4-23(b)给出的 MATLAB 的仿真结果一致。对于 100 ns 的系统时钟、60 μs 的仿真过程需要 600 个时钟周期。最大阶跃响应发生在大约 215 个时钟周期处。

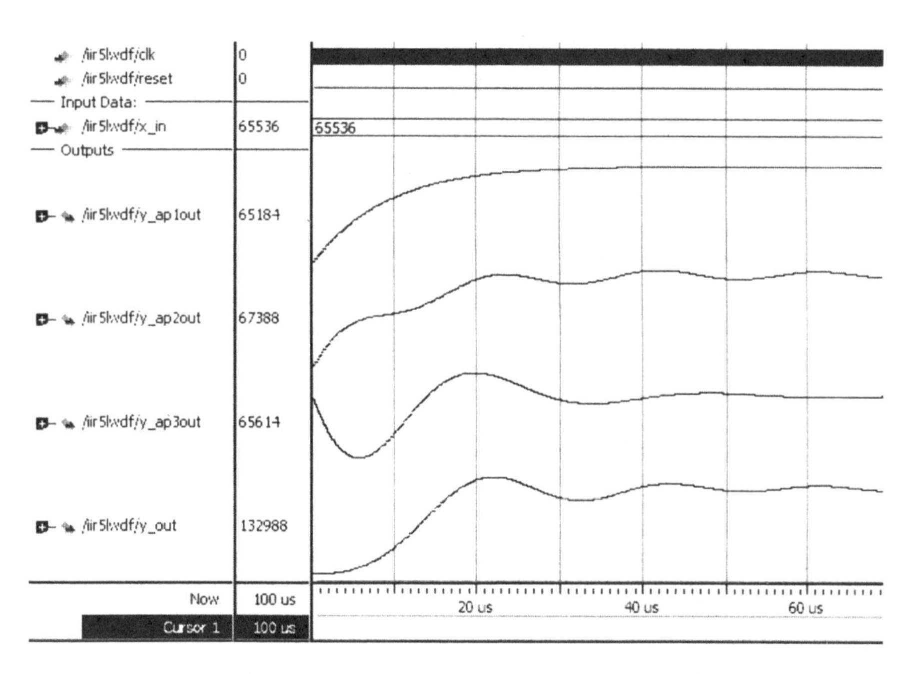

图 4-59　5 阶全通波形数字网格滤波器的阶跃响应的 MODELSIM 仿真结果

与例 4.7 中最好的非全通设计相比，在嵌入式乘法器的使用上，LWDF 设计显示出了优越性(减小 50%的嵌入式乘法器)。LE 数量和速度稍优于改进的并行双二阶设计。表 4-6 提供了对本章讨论的窄带滤波器设计的合成结果的总览。

表 4-6　窄带 IIR 滤波器的 HDL 合成结果

结　　构	封　　装	LE	乘法器 9×9	F_{max} (MHz)
直接	—	6279	128	29.96
直接	√	2474	128	46.99
并行双二阶	—	1874	51	54.00
并行双二阶	√	624	51	87.69
全通三端口 LWDF	—	1465	12	33.83
全通三端口 LWDF	√	764	12	55.97

4.8　练习

注意：

如果读者没有使用 Quartus II 软件的经验，那么可以参考 1.4.3 节的案例研究。如果已有相关经验，就请注意用于评估 Quartus II 合成结果的 Cyclone IV E 系列中 EP4CE115F29C7 的用法。

4.1 某一滤波器的规格如下：采样频率 2kHz，通带 0~0.4kHz，阻带 0.5~1kHz，通带波纹 3dB，阻带波纹 48dB。利用 MATLAB 软件中的“Interactive Lowpass Filter Design”演示示例或者信号处理工具箱的 fdatool 设计这一滤波器。

(a1) 设计一个巴特沃思滤波器(称之为 BUTTER)。

(a2) 确定滤波器长度和通带内的绝对波纹。

(b1) 设计一个切比雪夫 I 型滤波器(称之为 CHEBY1)。

(b2) 确定滤波器长度和通带内的绝对波纹。

(c1) 设计一个切比雪夫 II 型滤波器(称之为 CHEBY2)。

(c2) 确定滤波器长度和通带内的绝对波纹。

(d1) 设计一个椭圆滤波器(称之为 ELLIP)。

(d2) 确定滤波器长度和通带内的绝对波纹。

4.2 (a1) 计算某个一阶 IIR 滤波器的最大位增长率，滤波器极点位于 $z_\infty = 3/4$ 处。

(a2) 应用 MATLAB 或 C 语言，运用一阶 IIR 滤波器的阶跃响应验证位增长率，滤波器极点位于 $z_\infty = 3/4$ 处。

(b1) 计算某个一阶 IIR 滤波器的最大位增长率，滤波器极点位于 $z_\infty = 3/8$ 处。

(b2) 应用 MATLAB 或 C 语言，运用一阶 IIR 滤波器的阶跃响应验证位增长率，滤波器极点位于 $z_\infty = 3/8$ 处。

(c) 计算某个一阶 IIR 滤波器的最大位增长率，滤波器极点位于 $z_\infty = p$ 处。

4.3 (a) 用 Quartus II 实现一个极点位于 $z_{\infty 0}=3/8$ 处且输入宽度为 12 位的一阶 IIR 滤波器。

(b) 确定使用 TimeQuest 缓慢 85C 模型的时序电路性能 F_{max} 和所用资源(LE、乘法器和 M9K)。

(c) 用幅值为 100 的脉冲输入对设计进行仿真。

(d) 计算滤波器的最大位增长率。

(e) 用幅值为 100 的阶跃响应的仿真结果，验证(d)的结果。

4.4 (a) 用 Quartus II 实现一个极点位于 $z_{\infty 0} = 3/8$ 处、输入宽度为 12 位且预测一步的一阶 IIR 滤波器。

(b) 确定使用 TimeQuest 缓慢 85C 模型的时序电路性能 F_{max} 和所用资源(LE、乘法器和 M9K)。

(c) 用幅值为 100 的脉冲输入对该设计进行仿真。

4.5 (a) 用 Quartus II 实现一个极点位于 $z_{\infty 0} = 3/8$ 处、输入宽度为 12 位且采用双通路并行设计的一阶 IIR 滤波器。

(b) 确定使用 TimeQuest 缓慢 85C 模型的时序电路性能 F_{max} 和所用资源(LE、乘法器和 M9K)。

(c) 用幅值为 100 的脉冲输入对该设计进行仿真。

4.6 (a) 用 Quartus II 实现例 4.1 中的一阶 IIR 滤波器，使用一个 15 位的 std_logic_vector，并且用两个 lpm_add_sub 宏函数实现加法器。

(b) 确定使用 TimeQuest 缓慢 85C 模型的时序电路性能 F_{max} 和所用资源(LE、乘法器和 M9K)。

(c) 用幅值为 1000 的脉冲输入对设计进行仿真，并将结果与图 4-3 进行比较。

4.7 (a) 用 Quartus II 实现例 4.3 中的一阶流水线 IIR 滤波器，使用一个 15 位的 std_logic_vector，并且用 4 个 lpm_add_sub 宏函数实现加法器。

(b) 确定使用 TimeQuest 缓慢 85C 模型的时序电路性能 F_{max} 和所用资源(LE、乘法器和 M9K)。

(c) 用幅值为 1000 的脉冲输入对设计进行仿真，并将结果与图 4-15 进行比较。

4.8 Shajaan 和 Sorensen 已经指出，可以通过将系数设计成“有符号 2 的幂”(Signed-Power-of-Two，SPT)的值来有效实现 IIR 巴特沃思滤波器[122]。N 节级联滤波器的传递函数：

$$F(z)=\prod_{l=1}^{N} S[l]\frac{b[l,0]+b[l,1]z^{-1}+b[l,2]z^{-2}}{a[l,0]+a[l,1]z^{-1}+a[l,2]z^{-2}} \tag{4-52}$$

可以用图 4-11 中的二阶部分实现。例 4.2 中的 10 阶滤波器可以用表 4-7 中 SPT 滤波器的系数实现[122]：

表 4-7　SPT 滤波器的系数

l	$S[l]$	$1/a[l,0]$	$a[l,1]$	$a[l,2]$
1	2^{-1}	1	$-1-2^{-4}$	$1-2^{-2}$
2	2^{-1}	2^{-1}	$-1-2^{-1}$	$1-2^{-5}$
3	2^{-1}	2^{-1}	$-1-2^{-1}$	$2^{-1}+2^{-5}$
4	1	2^{-1}	$-1-2^{-2}$	$2^{-2}+2^{-5}$
5	2^{-1}	2^{-1}	$-1-2^{-1}$	$2^{-2}+2^{-4}$

因为巴特沃思滤波器的所有零点都位于 $z=-1$ 处，所以选择 $b[0]=b[2]=0.5$ 和 $b[1]=1$。

(a) 计算并画出第一个双二阶的传递函数，并且完成滤波器。

(b) 实现并且仿真 8 位输入时的一阶双二阶滤波器。

(c) 用 Quartus II 构造并仿真 5 阶滤波器。

(d) 确定使用 TimeQuest 缓慢 85C 模型时滤波器的时序电路性能 F_{max} 和所用资源(LE、乘法器和 M9K)。

4.9 (a) 用 MATLAB 软件设计一个 10 阶巴特沃思低通滤波器，截止频率是采样频率的 0.3 倍，也就是[b, a]=butter(10, 0.3)。

(b) 用 freqz()绘制∞位(也就是实系数)和 12 位小数位的传递函数。在 0.5 倍奈奎斯特频率时，阻带的衰减是多少 dB？

提示：

round(a*2^B)/2^B 有 B 个小数位。

(c) 用 zplane()为∞位和 12 个小数位生成极点/零点图。

(d) 用 filter()和 stem()绘制具有 12 个小数位的系数对幅值为 100 的脉冲输入的脉冲响应。再绘出只有递归部分的幅值为 100 的脉冲输入的脉冲响应，也就是将 FIR 部分设置为 $b = [1]$。

(e) 用本书学习资料里的 csd3e.exe 程序为 12 个小数位的滤波器确定(a)中所有系数 a 和 b 的 CSD 表示方式。

4.10 (a) 利用练习 4.9 的结果，设计 8 位输入下 10 阶巴特沃思滤波器的 VHDL 代码。由于内部数据格式采用 14.12 位格式，也就是 14 位整数和 12 个小数位，因此需要将输入和输出按 2^{12} 缩放并采用内部的 26 位格式。该设计采用前面图 4-8 所示的直接 II 型滤波器。确保图 4-8 中的传递函数与其 MATLAB 表示方式匹配。

建议：

首先从递归部分开始，尝试匹配练习 4.9(d)中的仿真结果，然后添加非递归部分。

(b) 为该设计增加高电平有效使能和高电平有效异步复位信号。

(c) 与图 4-60 给出的练习 4.9(d)的仿真结果相比较，其中 t_out 是递归部分的输出。

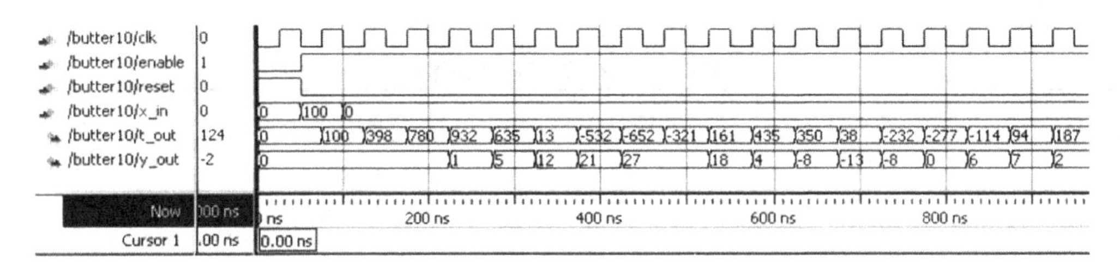

图 4-60　练习 4.10 的 IIR 巴特沃思测试平台

(d) 对于 Cyclone IV E 系列的器件 EP4CE115F29C7，确定所用资源(LE、乘法器和 M9K)和使用 TimeQuest 缓慢 85C 模型的时序电路性能 F_{max}。

4.11 (a) 用 Quartus II 软件设计如图 4-61(a)所示的 PREP 基准 5。本设计具有一个 4×4 的无符号阵列乘法器，其后跟一个 8 位累加器。如果 mac = '1'，执行累加，否则加法器输出 s 以表示乘法器输出没有加上 q。rst 是异步复位信号，8 位寄存器通过 clk 上升沿触发，请参阅图 4-61(c)中功能测试的仿真结果。

(b) 确定使用 TimeQuest 缓慢 85C 模型时单级设计的时序电路性能 F_{max} 和所用资源(LE、乘法器和 M9K)。在 Assignments 菜单的 EDA Tool Settings 命令下的 Analysis & Synthesis Settings 部分，将合成的 Optimization Technique 设置为 Speed、Balanced 或 Area，编译 HDL 文件。对于规模或使用 TimeQuest 缓慢 85C 模型的时序电路性能 F_{max}，哪个合成选项最优？

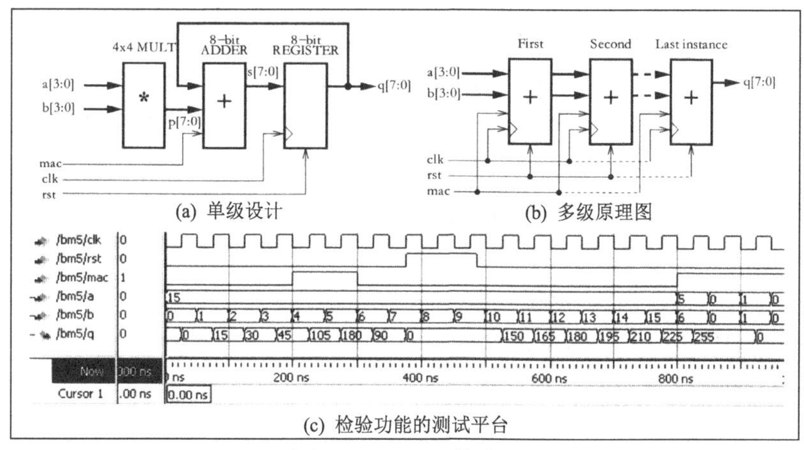

(c) 检验功能的测试平台

图 4-61 PREP 基准 5

分别选择下列器件进行仿真：

(b1) Cyclone IV E 系列的 EP4CE115F29C7

(b2) Cyclone II 系列的 EP2C35F672C6

(b3) MAX7000S 系列的 EPM7128LC84-7

(c) 为图 4-61(b)所示的基准 5 设计多级原理图。

(d) 对于 PREP 基准 5 数量最多的原理图设计，确定使用 TimeQuest 缓慢 85C 模型的时序电路性能 F_{max} 和所用资源(LE、乘法器和 M4K/M9K)。使用(b)中的优化合成选项分别选用下列器件进行仿真：

(d1) Cyclone IV E 系列的 EP4CE115F29C7

(d2) Cyclone II 系列的 EP2C35F672C6

(d3) MAX7000S 系列的 EPM7128LC84-7

4.12 (a) 用 Quartus II 软件设计如图 4-62(a)所示的 PREP 基准 6。本设计通过 clk 的上升沿触发，包括带有异步复位信号 rst 的 16 位累加器，请参阅图 4-62(c)中功能测试的仿真结果。

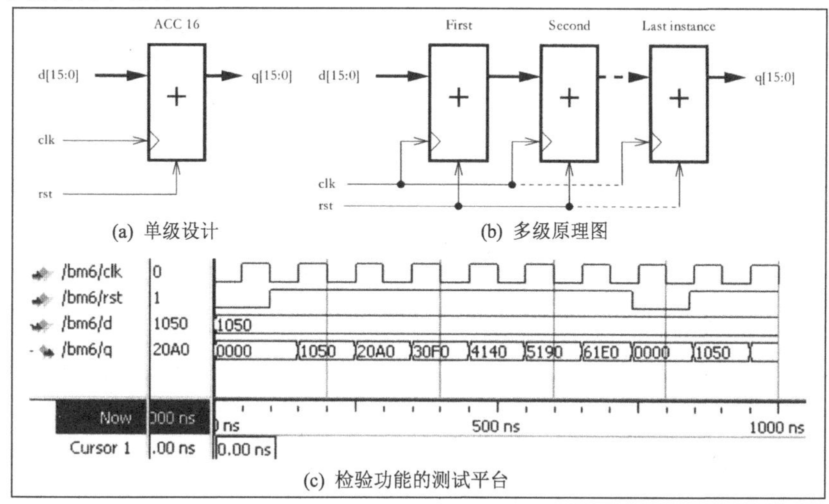

(c) 检验功能的测试平台

图 4-62 PREP 基准 6

(b) 确定使用 TimeQuest 缓慢 85C 模型时单级设计的时序电路性能 F_{max} 和所用资源(LE、乘法器和 M4K/M9K)。在 Assignments 菜单的 EDA Tool Settings 命令下的 Analysis & Synthesis Settings 部分，将合成的 Optimization Technique 设置为 Speed、Balanced 或 Area，编译 HDL 文件。对于规模或使用 TimeQuest 缓慢 85C 模型的时序电路性能 F_{max}，哪个合成选项最优？

分别选择下列器件进行仿真：

(b1) Cyclone IV E 系列的 EP4CE115F29C7

(b2) Cyclone II 系列的 EP2C35F672C6

(b3) MAX7000S 系列的 EPM7128LC84-7

(c) 为图 4-62(b)所示的基准 6 设计多级原理图。

(d) 对于 PREP 基准 6 数量最多的原理图设计，确定使用 TimeQuest 缓慢 85C 模型的时序电路性能 F_{max} 和所用资源(LE、乘法器和 M4K/M9K)。使用(b)中的优化合成选项分别选用下列器件进行仿真：

(d1) Cyclone IV E 系列的 EP4CE115F29C7

(d2) Cyclone II 系列的 EP2C35F672C6

(d3) MAX7000S 系列的 EPM7128LC84-7

第5章
多级信号处理

数字信号处理中的常见任务就是根据感兴趣的信号来调整采样速率。具有不同采样速率的系统就称之为多级系统。本章将通过阐述两个典型的示例来说明多级 DSP 系统中的抽取和插值。然后介绍多相符号，并研究一些高效的抽取器设计。本章的结尾讨论滤波器组以及对 DSP 工具箱的一个崭新且非常著名的补充——小波分析。

5.1 抽取和插值

如果在 A/D 转换之后，可以在一个非常窄的频带(通常是低通或带通)中找到感兴趣的信号，就可以合理地利用低通或带通滤波器进行滤波，从而降低采样速率。向下采样器前的窄带滤波器通常称之为抽取器[88]。滤波、向下采样以及对频谱的影响请参阅图 5-1。

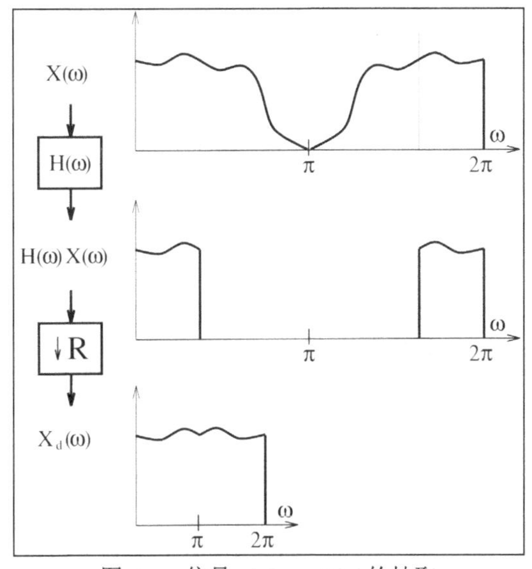

图 5-1　信号 $x[n]$○—●$X(\omega)$的抽取

采样速率可以降低到称之为“奈奎斯特速率”的极限，也就是说，为了避免出现混叠信号，采样速率必须高于信号的带宽。低通滤波器的混叠信号如图 5-2 所示。因为混叠信号是不可修补的，所以必须不惜任何代价消除混叠信号。

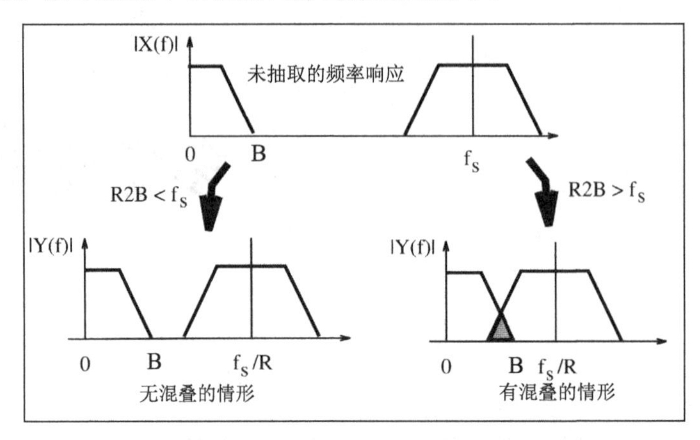

图 5-2　无混叠抽取和有混叠抽取的情形

对于带通信号，有用频带必须落在一个完整的频带之内。如果 f_s 是采样速率，R 是所要的向下采样因子，则有用带宽必须落在：

$$k\frac{f_s}{2R} < f < (k+1)\frac{f_s}{2R} \qquad k \in \mathbf{N} \tag{5-1}$$

否则，即使采样速率高于奈奎斯特频率，也还是有可能由于来自负频带的“复制”而出现混叠信号，如图 5-3 所示。

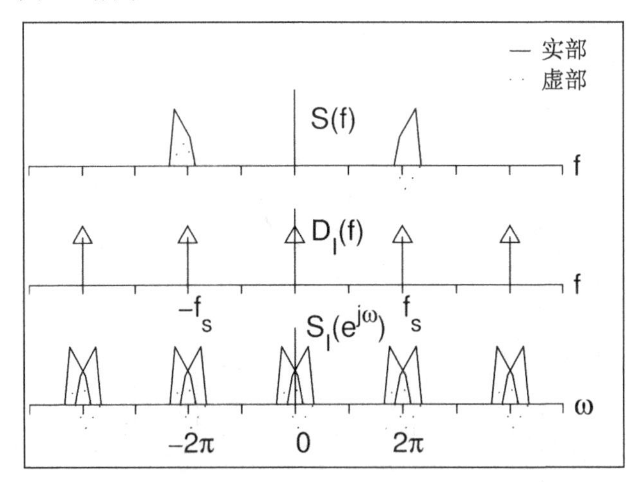

图 5-3　完整频带的干扰(© VDI 出版社文献[4])

提高采样速率可以起到一定的作用，例如在 D/A 转换过程中。通常，D/A 转换器在输出位置采用一阶采样-保持，生成阶梯状输出函数。虽然这可以利用模拟 1/sinc(x)补偿滤波器进行补偿，但是在大多数情况下采用数字的解决方案会更加有效。在数字域中，可以采用一个扩展器和一个附加滤波器来获得需要的频带。从图 5-4 中可以看到引入的零点生成了基带频谱的额外副本，后者必须在信号通过 D/A 转换器处理之前消除。插值[1]越多，输出信号也就越光滑，请参阅图 5-5(b)。

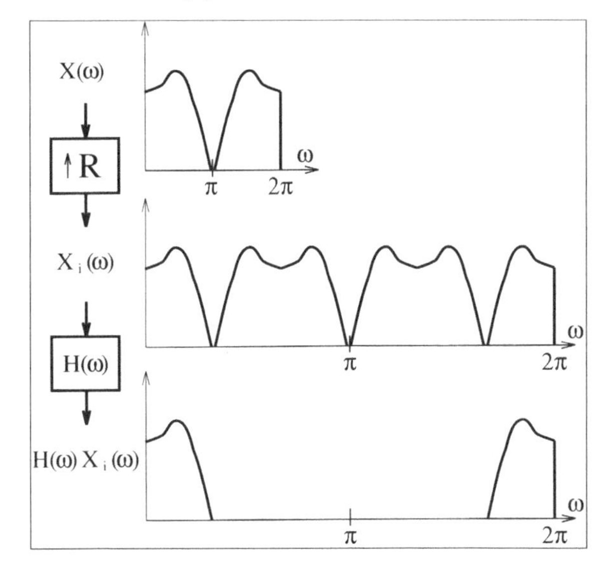

图 5-4　插值示例 $x[n]$○—●$X(\omega)$，R=3

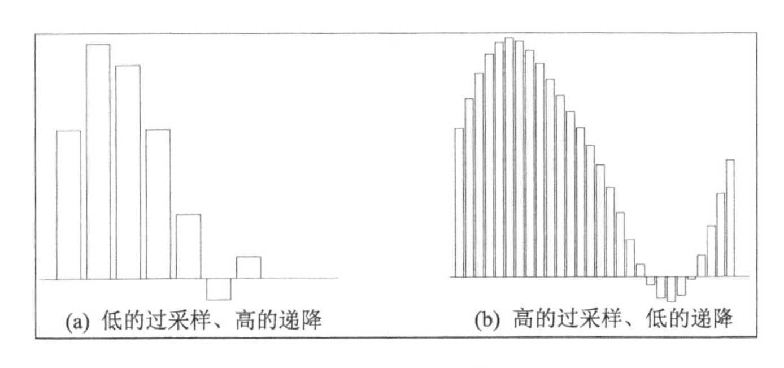

(a) 低的过采样、高的递降
(b) 高的过采样、低的递降

图 5-5　D/A 转换

5.1.1　Noble 恒等式

当处理多级系统的信号流程图时，可以按图 5-6 重新排列滤波器和向下采样器/扩展器，这有时非常有用。这就是所谓的“Noble”关系式[123]。对于抽取器，它遵循以下规律：

$$(\downarrow R)F(z) = F(z^R)(\downarrow R) \tag{5-2}$$

也就是说，如果首先进行向下采样，就可以将滤波器的长度 $F(z^R)$降低 R 倍。

1. 一些作者将扩展器称为插值器。

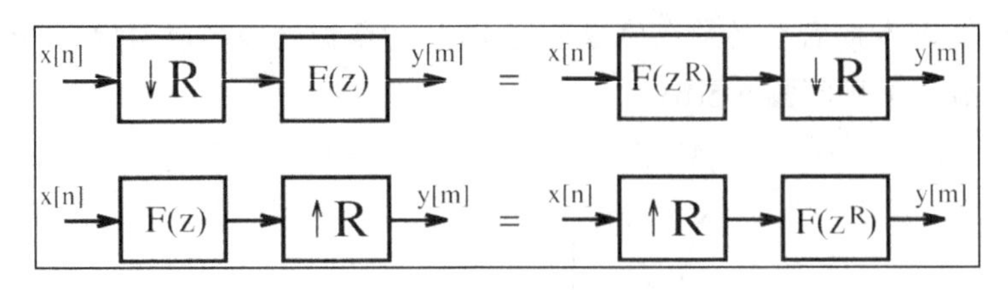

图 5-6　等价多级系统(Noble 关系)

对于插值器，Noble 关系式可以定义成：

$$F(z)(\uparrow R)=(\uparrow R)F(z^R) \tag{5-3}$$

也就是说，在插值中将滤波器放置在扩展器之前，就可以得到降低了 R 次的滤波器。5.2 节讨论多相实现的时候，这两个恒等式非常有用。

5.1.2　用有理数因子进行采样速率转换

如果多级系统的输入、输出速率不是一个整数因子，在采样速率中就需要采用有理数变换因子 R_1/R_2。要想更加精确，首先可以采用一个插值来将采样速率提高 R_1 倍，然后利用一个抽取器将向下采样降低 R_2 倍。由于插值和抽取采用的都是低通滤波器，因此根据图 5-7 上面的结构，只需要实现使用较小通带频率的低通滤波器即可，也就是：

$$f_p=\min(\frac{\pi}{R_1},\frac{\pi}{R_2}) \tag{5-4}$$

图 5-7 下面的配置给出了相应的图形解释。5.6 节将讨论该系统的不同设计方案。

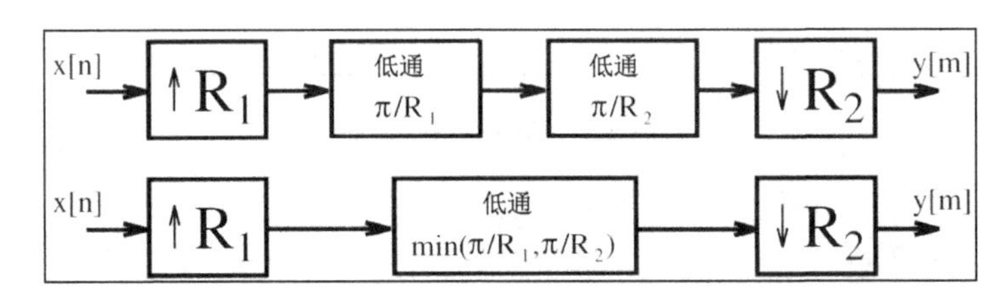

图 5-7　非整数抽取系统：上面是插值器和抽取器的级联，下面是最终组合的低通滤波器

5.2　多相分解

当在 IIR 或 FIR 滤波器和滤波器组中实现抽取或插值时，多相分解非常有用。为了说明这一点，考虑 FIR 抽取滤波器的多相分解。如果在图 3-1 的 FIR 滤波器结构中添加 R 倍的向下采样，就会发现只需要计算以下时刻的输出 $y[n]$即可：

$$y[0], y[R], y[2R], \ldots \tag{5-5}$$

这样就不需要计算卷积的所有积之和 $f[k]\,x\,[n\text{-}k]$ 了。例如，$x[0]$ 只需要乘以：

$$f[0], f[R], f[2R], \dots \tag{5-6}$$

除了 $x[0]$ 之外，其余的系数只需要乘以：

$$x[R], x[2R], \dots \tag{5-7}$$

由此就可以合理地将输入信号按下面的公式分成 R 个独立的序列：

$$\begin{aligned} x[n] &= \sum_{r=0}^{R-1} x_r[n] \\ x_0[n] &= \{x[0], x[R], \dots\} \\ x_1[n] &= \{x[1], x[R+1], \dots\} \\ &\vdots \\ x_{R-1}[n] &= \{x[R-1], x[2R-1], \dots\} \end{aligned}$$

也可以将滤波器 $f(n)$ 分成 R 个序列：

$$\begin{aligned} f[n] &= \sum_{r=0}^{R-1} f_r[n] \\ f_0[n] &= \{f[0], f[R], \dots\} \\ f_1[n] &= \{f[1], f[R+1], \dots\} \\ &\vdots \\ f_{R-1}[n] &= \{f[R-1], f[2R-1], \dots\}. \end{aligned}$$

图 5-8 给出了采用多相分解方式实现的抽取器滤波器。该抽取器的运行速度可以比后面跟随的向下采样器的通用 FIR 滤波器的速度快 R 倍。滤波器 $f_r[n]$ 就称为多相滤波器，因为它们虽然都具有相同的幅值传递函数，但是它们被一个采样延迟分隔开，这就引入了相位偏移。

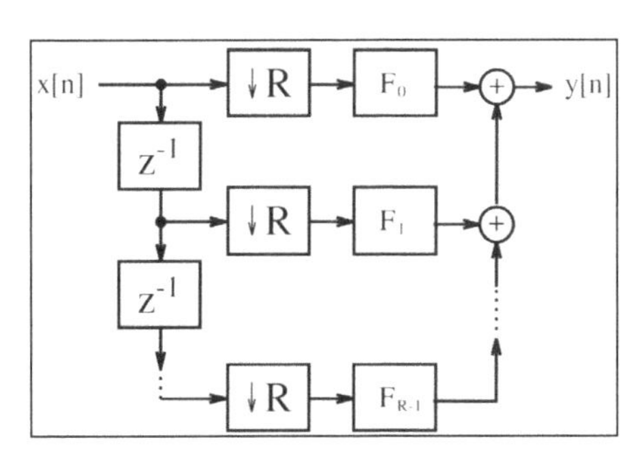

图 5-8　抽取滤波器的多相实现

下面举例说明多相分解。

例 5.1　多相抽取滤波器

假定一个 Daubechies 长度是 4 的 $G(z)$ 滤波器，并且 $R=2$。

$$G(z)=((1+\sqrt{3})+(3+\sqrt{3})z^{-1}+(3-\sqrt{3})z^{-2}+(1-\sqrt{3})z^{-3})\frac{1}{4\sqrt{2}}$$

$$G(z)=0.48301+0.8365z^{-1}+0.2241z^{-2}-0.1294z^{-3}$$

将滤波器量化精确到 8 位精度，就得到以下模型：

$$\begin{aligned}G(z)&=(124+214z^{-1}+57z^{-2}-33z^{-3})/256\\G(z)&=G_0(z^2)+z^{-1}G_1(z^2)\\&=\underbrace{(\frac{124}{256}+\frac{57}{256}z^{-2})}_{G_0(z^2)}+z^{-1}\underbrace{(\frac{214}{256}-\frac{33}{256}z^{-2})}_{G_1(z^2)}\end{aligned}$$

就有：

$$G_0(z)=\frac{124}{256}+\frac{57}{256}z^{-1}\qquad G_1(z)=\frac{214}{256}-\frac{33}{256}z^{-1}\tag{5-8}$$

下面的 VHDL 代码[2]给出了 DB4 的多相实现：

```
PACKAGE n_bits_int IS          -- User defined types
  SUBTYPE S8 IS INTEGER RANGE -128 TO 127;
  SUBTYPE S9 IS INTEGER RANGE -2**8 TO 2**8-1;
  SUBTYPE S17 IS INTEGER RANGE -2**16 TO 2**16-1;
  TYPE A0_3S17 IS ARRAY (0 TO 3) of S17;
END n_bits_int;

LIBRARY work;
USE work.n_bits_int.ALL;

LIBRARY ieee;
USE ieee.std_logic_1164.ALL;
USE ieee.std_logic_arith.ALL;
USE ieee.std_logic_signed.ALL;
-- --------------------------------------------------------------
ENTITY db4poly IS                           ------> Interface
  PORT ( clk          : IN  STD_LOGIC; -- System clock
         reset        : IN  STD_LOGIC; -- Asynchron reset
         x_in         : IN  S8;         -- System input
         clk2         : OUT STD_LOGIC; --Clock divided by 2
         x_e, x_o,    : OUT S17;        -- Even/odd x_in
         g0, g1       : OUT S17;        -- Poly filter 0/1
         y_out        : OUT S9);        -- System output
END db4poly;
-- --------------------------------------------------------------
ARCHITECTURE fpga OF db4poly IS
```

2. 这一示例相应的 Verilog 代码文件 db4poly.v 可以在附录 A 中找到，附录 B 给出了合成结果。

```
  TYPE STATE_TYPE IS (even, odd);
  SIGNAL state                    : STATE_TYPE;
  SIGNAL x_odd, x_even, x_wait    : S8 := 0;
  SIGNAL clk_div2                 : STD_LOGIC;
  -- Arrays for multiplier and taps:
  SIGNAL r  : A0_3S17 := (0,0,0,0);
  SIGNAL x33, x99, x107     : S17 := 0;
  SIGNAL y     : S17;

BEGIN

  Multiplex: PROCESS(reset, clk)    ----> Split into even and
  BEGIN                             -- odd samples at clk rate
    IF reset = '1' THEN             -- Asynchronous reset
      state <= even;
      clk_div2 <= '0'; x_even <= 0; x_odd <= 0; x_wait <= 0;
    ELSIF rising_edge(clk) THEN
      CASE state IS
        WHEN even =>
          x_even <= x_in;
          x_odd  <= x_wait;
          clk_div2 <= '1';
          state <= odd;
        WHEN odd =>
          x_wait <= x_in;
          clk_div2 <= '0';
          state <= even;
      END CASE;
    END IF;
  END PROCESS Multiplex;

  AddPolyphase: PROCESS (reset, clk_div2, x_odd, x_even, x33, x99, x107)
  VARIABLE m  : A0_3S17;
  BEGIN
-- Compute auxiliary multiplications of the filter
    x33  <= x_odd * 32 + x_odd;
    x99  <= x33 * 2 + x33;
    x107 <= x99 + 8 * x_odd;
-- Compute all coefficients for the transposed filter
    m(0) := 4 * (32 * x_even - x_even);          -- m[0] = 127
    m(1) := 2 * x107;                            -- m[1] = 214
    m(2) := 8 * (8 * x_even - x_even) + x_even; -- m[2] = 57
    m(3) := x33;                                 -- m[3] = -33
    IF reset = '1' THEN - Asynchronous clear all registers
      FOR k IN 0 TO 3 LOOP
        r(k) <= 0;
      END LOOP;
      Y <= 0;
```

```
------> Compute the filters and infer registers
    ELSIF falling_edge(clk_div2) THEN
------------ Compute filter G0
      r(0) <=  r(2) + m(0);       -- g[0] = 127
      r(2) <=  m(2);              -- g[2] = 57
------------ Compute filter G1
      r(1) <=  -r(3) + m(1);      -- g[1] = 214
      r(3) <=  m(3);              -- g[3] = -33
------------ Add the polyphase components
      y <= r(0) + r(1);
    END IF;
  END PROCESS AddPolyphase;

  x_e <= x_even; -- Provide some test signal as outputs
  x_o <= x_odd;
  clk2 <= clk_div2;
  g0 <= r(0);
  g1 <= r(1);

  y_out <= y / 256; -- Connect to output

END fpga;
```

第一个 PROCESS 是 FSM，它包括控制流程，并按采样速率将输入流分解成奇数采样和偶数采样。第二个 PROCESS 包括简化的加法器图(Reduced Adder Graph，RAG)乘法器，最后一个 PROCESS 在转置结构中安置了两个滤波器。尽管输出是成比例的，但还是存在潜在的增长率，总量 $\Sigma|g_k| = 1.673 < 2^1$。所以为输出 y_out 选择了一个额外的保护位。本设计使用 167 个 LE，没有用到嵌入式乘法器，使用 TimeQuest 缓慢 85C 模型的时序电路性能 Fmax=618.43MHz。

图 5-9 给出了滤波器的仿真结果。前 4 个输入样本是一个三角函数，用来证明奇数采样和偶数采样的分离。采用幅值为 100 的脉冲可以验证两个多相滤波器的系数。注意，这里的滤波器不是移不变的。

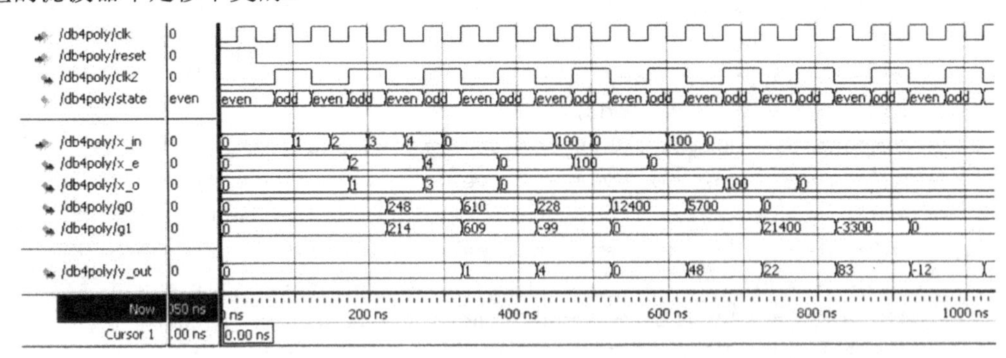

图 5-9　长度为 4 的 Daubechies 滤波器的多相实现的 VHDL 仿真结果

从图 5-9 中 VHDL 的仿真结果可以看出，这样的抽取器不再是移不变的，产生了技术上的非线性系统。这可以采用一个单脉冲来验证。在偶数索引的采样时刻初始化，响应是 $G_0(z)$；而在奇数索引的采样时刻初始化，响应是 $G_1(z)$。

5.2.1　递归 IIR 抽取器

将多相分解应用到递归滤波器中也是可行的，并且对速度十分有利。如果按照 Martinez 和 Parks[110]的构想，在以下传递函数中：

$$F(z)=\frac{\sum_{l=0}^{L-1}a[l]z^{-l}}{1-\sum_{l=1}^{K-1}b[l]z^{-lR}} \tag{5-9}$$

也就是说，递归部分只有各自的第 R 个系数。在前面的 IIR 滤波器(图 4-17)中已经讨论过这样的设计。图 5-10 指出，与 FIR 抽取器相比，IIR 抽取器依靠滤波器的过渡宽度 ΔF，可以做到实质上的节省。

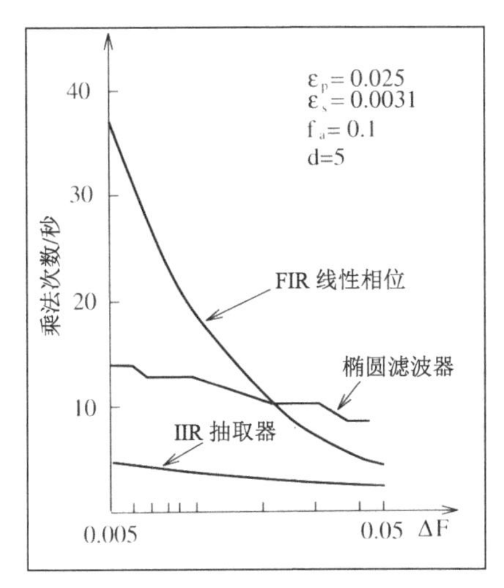

图 5-10　抽取器 $\Delta F=f_p-f_s$ 计算量之比较(采样频率 $2\times f_n$=0.1)

5.2.2　快速 FIR 滤波器

多相分解的一个有趣的应用就是所谓的快速 FIR 滤波器。这种滤波器的基本构想如下：如果将输入信号 $x[n]$分解成 R 个多相分量，就可以采用 Winograd 的短卷积算法来实现快速滤波器。下面用 $R=2$ 的示例来加以说明。

例 5.2　快速 FIR 滤波器

将输入信号 $X(z)$和滤波器 $F(z)$分解成偶数和奇数的多相分量，也就是：

$$X(z)=\sum_n x[n]z^{-n}=X_0(z^2)+z^{-1}X_1(z^2) \tag{5-10}$$

$$F(z)=\sum_n f[n]z^{-n}=F_0(z^2)+z^{-1}F_1(z^2) \tag{5-11}$$

$x[n]$和$f[n]$在时域内的卷积产生了 z 域内的多项式乘法。由此，输出信号：

$$Y(z)=Y_0(z^2)+z^{-1}Y_1(z^2) \tag{5-12}$$

$$=(X_0(z^2)+z^{-1}X_1(z^2))(F_0(z^2)+z^{-1}F_1(z^2)) \tag{5-13}$$

如果将式(5-13)分解成多相分量 $Y_0(z)$和 $Y_1(z)$，就可以得到：

$$Y_0(z)=X_0(z)F_0(z)+z^{-1}X_1(z)F_1(z) \tag{5-14}$$

$$Y_1(z)=X_1(z)F_0(z)+X_0(z)F_1(z) \tag{5-15}$$

现在将式(5-13)与一个线性 2×2 卷积进行比较：

$$A(z)B(z)=(a[0]+z^{-1}a[1])(b[0]+z^{-1}b[1]) \tag{5-16}$$

$$=a[0]b[0]+z^{-1}(a[0]b[1]+a[1]b[0])+a[1]b[1]z^{-2} \tag{5-17}$$

就可以注意到 z^{-1} 的因子是相同的，但是对于 $Y_0(z)$，必须计算一个额外的时延来获得正确的相位关系。Winograd[124]已经编译了一个短卷积算法列表，可以用 3 次乘法和下面的 6 次加法计算线性 2×2 卷积：

$$\begin{array}{lll} a[0]=x[0]-x[1] & a[1]=x[0] & a[2]=x[1]-x[0] \\ b[0]=f[0]-f[1] & b[1]=f[0] & b[2]=f[1]-f[0] \\ c[k]=a[k]b[k] & \quad k=0,1,2 & \\ y[0]=c[1]+c[2] & y[1]=c[1]-c[0] & \end{array} \tag{5-18}$$

在这种短卷积算法的帮助下，可以按如下方式定义快速滤波器：

$$\begin{bmatrix} Y_0 \\ Y_1 \end{bmatrix}=\begin{bmatrix} 0 & 1 & -1 \\ -1 & 1 & 0 \end{bmatrix}\begin{bmatrix} F_0 & 0 & 0 \\ 0 & F_0+F_1 & 0 \\ 0 & 0 & F_1 \end{bmatrix}\begin{bmatrix} 1 & -1 \\ 1 & 0 \\ 1 & -z^{-1} \end{bmatrix}\begin{bmatrix} X_0 \\ X_1 \end{bmatrix} \tag{5-19}$$

图 5-11 给出了图形解释。

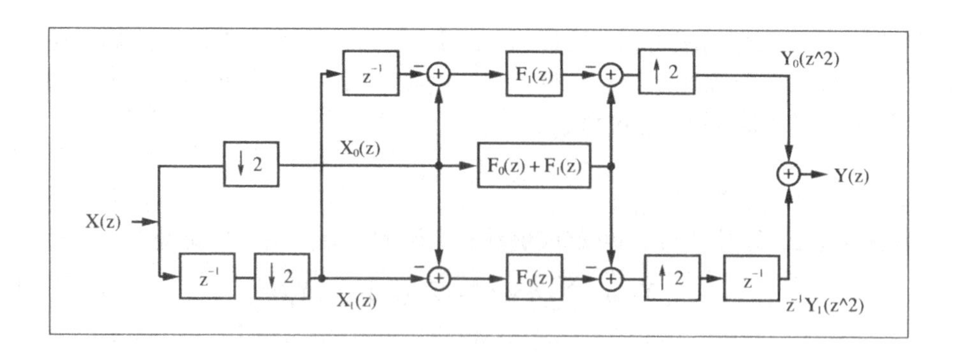

图 5-11　R=2 的快速 FIR 滤波器

如果将直接滤波器的实现与快速 FIR 滤波器加以比较，就必须在硬件效率与加法器和乘法器操作的平均次数之间做出区分。直接实现需要 L 个乘法器和 $L-1$ 个加法器全速运行。而快速滤波器有 3 个 $L/2$ 长度、半速运行的滤波器，对于整个滤波器，每个输出样本有 $3L/4$ 次乘法和 $(2+2)/2+3/2(L/2-1)=3L/4+1/2$ 次加法，也就是说，运算量比直接实现要少 25%左右。从实现的角度来看，需要 $3L/2$ 个乘法器和 $4+3(L/2-1)=3L/2+1$ 个加法器，也就是说，工作量要比直接实现多大约 50%。图 5-11 的重要特征是快速滤波器的运行速度基本上是直接实现的两倍。使用更高的分解次数 R 可以进一步提高最大吞吐量。处理 R 个以 f_a 作为输入速率的多相信号的一般方法如下：

算法 5.3　快速 FIR 滤波器

(1) 将输入信号分解成 R 个多相信号，利用 A_e 个加法器以 f_a/R 的速率构成 R 个序列。

(2) 用 R 个长度为 L/R 的滤波器对 R 个序列进行滤波。

(3) 用 A_e 次加法计算输出 $Y_k(z)$ 的多相表示方式。用最后的多路复用器生成输出信号 $Y(z)$。

注意：

已经计算过的长度为 L/R 的部分滤波器可以用算法 5.3 再次分解。这样问题就出现了：应该在什么时候停止这种迭代分解？Mou 和 Duhamel[125]已经编译了一个表，其目标就是最小化平均运算量。表 5-1 给出了最优分解。所采用的准则就是最小化乘法和加法运算的总量，它是基于 MAC 设计的典型代表。表 5-1 中所有基于算法 5.3 实现的部分滤波器的下面都加了下划线。

表 5-1　递归 FIR 分解的计算量[125 和 126]

L	因　子	$M+A$	$\frac{M+A}{L}$	L	因　子	$M+A$	$\frac{M+A}{L}$
2	直接	6	3	22	11×2	668	30.4
3	直接	15	5	24	2^2×3×2	624	26
4	2×2	26	6.5	25	5×5	740	29.6
5	直接	45	9	26	13×2	750	28.6
6	3×2	56	9.33	27	3^2×3	810	30
8	2^2×2	94	11.75	30	5×3×2	912	30.4
9	3×3	120	13.33	32	2^4×2	1006	31.44
10	5×2	152	15.2	33	11×3	1248	37.8
12	2×3×2	192	16	35	7×5	1405	40.1
14	7×2	310	22.1	36	2^2×3×3	1260	35
15	5×3	300	20	39	13×3	1419	36.4
16	2^3×2	314	19.63	55	11×5	2900	52.7
18	2×3×3	396	22	60	5×2×3×2	2784	46.4
20	5×2×2	472	23.6	65	13×5	3345	51.46
21	7×3	591	28.1				

对于长度大于 60 的快速卷积，使用 FFT 会更加有效，这将在第 6 章加以讨论。

5.3 Hogenauer CIC 滤波器

对于高抽取速率的滤波器，一种非常高效的体系结构就是由 Hogenauer[127]引入的“级联积分器梳状”(Cascade Integrator Comb，CIC)滤波器。CIC 滤波器(也称为 Hogenauer 滤波器)已经被证明是在高速抽取或插值系统中非常有效的元件。一种应用就是无线通信，其中以 RF(Radio Frequency，射频)或 IF(Intermediate Frequency，中频)为采样速率的信号需要降低到基带。在窄带应用(如蜂窝式无线电通信)中，抽取比率经常需要超过 1000。这样的系统通常称作通道器[128]。另一个应用领域就是∑Δ数据转换器[129]。

实现 CIC 滤波器的基础是完美的极点/零点抵消，这只有使用精确的积分算法才是唯一可行的。二进制补码和余数系统都具有支持无误差算法的能力。在二进制补码情形中，算法是以模 2^b 执行的，而在余数系统中，算法是以模 M 执行的。

接下来通过一个介绍性的案例研究加以说明。

5.3.1 单级 CIC 案例研究

图 5-12 给出了在 4 位运算中一个无抽取的一阶 CIC 滤波器。这个滤波器包括一个(递归)积分器(I 部分)，接下来是一个 4 位微分器或梳状部分(C 部分)。这个滤波器用 4 位数值实现，对应 4 位数值以二进制补码算法实现，数值边界是 $-8_{10}=1000_{2C}$ 和 $7_{10}=0111_{2C}$。

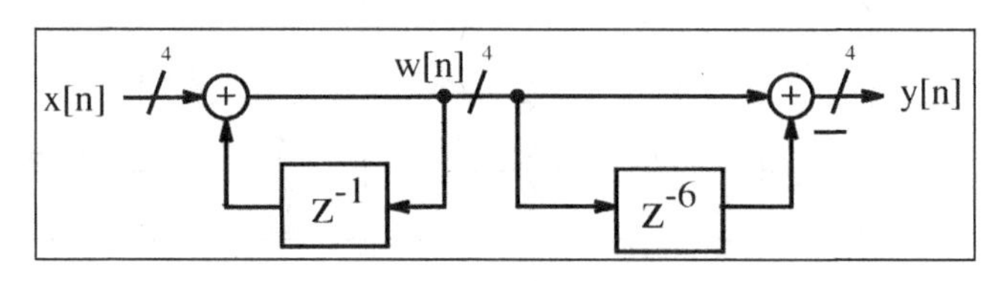

图 5-12　4 位运算中的移动均值

图 5-13 给出了滤波器的脉冲响应。尽管滤波器是递归的，但是脉冲响应还是有限的，也就是说，它是一个递归 FIR 滤波器。这是不正常的，因为一般都希望递归滤波器是 IIR 滤波器。脉冲响应给出了滤波器计算的和：

$$y[n]=\sum_{k=0}^{D-1}x[n-k] \tag{5-20}$$

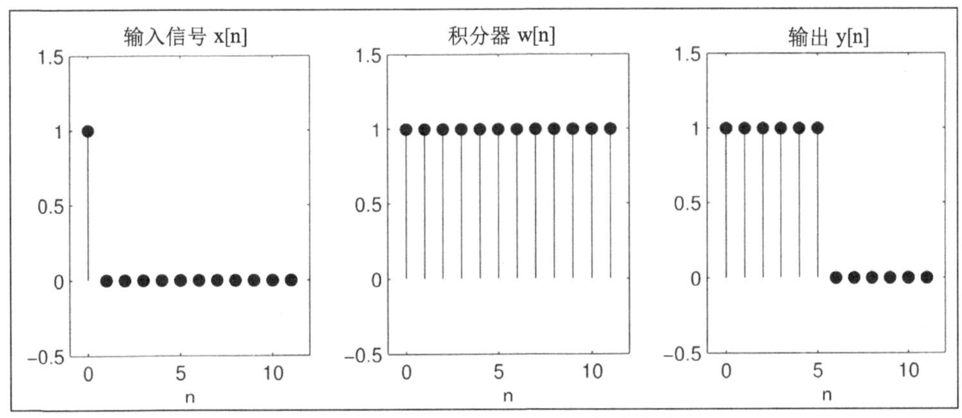

图 5-13　图 5-12 中滤波器的脉冲响应

其中，D 是梳状部分的延迟。滤波器的响应是一个定义在 D 个连续采样值之上的移动均值。这样的移动均值是低通滤波器的一种非常简单的形式。相同移动均值的滤波器作为非递归 FIR 滤波器实现，需要 $D-1=5$ 个加法器，而 CIC 设计只需要 1 个加法器和 1 个减法器。

已知一个极点位置的递归滤波器，当输入是一个极点与递归滤波器的极点直接重合的“本征频率”信号时，该滤波器具有最大稳定状态的正弦输出信号。对于 CIC 部分，本征频率对应频率 $\omega=0$，也就是一个阶跃输入。式(5-20)给出的一阶位移平均值的阶跃响应是前 D 次采样的一个斜坡，此后是一个常数 $y[n]=D=6$，如图 5-14 所示。注意，尽管积分器 $w[n]$显示了频繁的溢出，但输出还是正确的。这是因为梳状减法采用的也是二进制补码算法。例如，在第一次回绕时，实际的积分器信号是 $w[n]=-8_{10}=1000_{2C}$，延迟信号是 $w[n-6]=2_{10}=0010_{2C}$。这样的话，正如所希望的那样：$y[n]=-8_{10}-2_{10}=1000_{2C}-0010_{2C}=0110_{2C}=6_{10}$。累加器会继续向上计数，直到再一次达到 $w[n]=-8_{10}=1000_{2C}$。只要阶跃输入存在这样的模式，就会继续下去。实际上只要输出 $y[n]$是一个有效的 4 位二进制补码数，并且在[−8，7]范围内，二进制补码系统的精确算法就会自动地对积分器溢出进行补偿。

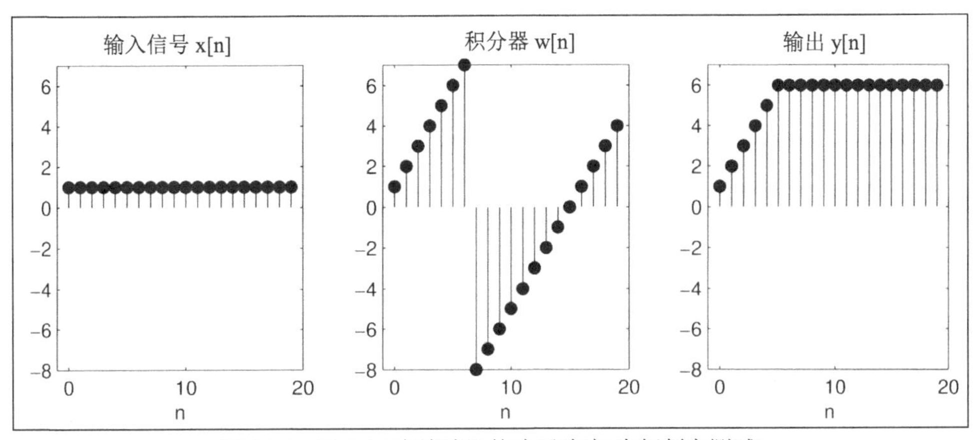

图 5-14　图 5-12 中滤波器的阶跃响应(本征频率测试)

一般情况下，4 位滤波器的宽度对典型的应用太小了。例如，Harris IC HSP43220 有 5

级，并使用一个 66 位宽的积分器。为了降低加法器的延迟时间，应该合理地使用多基 RNS 系统。例如，采用集合 $Z_{30}=\{2,\ 3,\ 5\}$，从表 5-2 中可以看到总共能够表示 2×3×5 = 30 个唯一值。映射是唯一的(双射的)，并且可以由中国余数定理证明。

表 5-2　集合{2, 3, 5}的 RNS 映射

a=	0	1	2	3	4	5	6	7	8	9	10	11	12	13	14	15
a mod 2	0	1	0	1	0	1	0	1	0	1	0	1	0	1	0	1
a mod 3	0	1	2	0	1	2	0	1	2	0	1	2	0	1	2	0
a mod 5	0	1	2	3	4	0	1	2	3	4	0	1	2	3	4	0
a=	16	17	18	19	20	21	22	23	24	25	26	27	28	29	30	
a mod 2	0	1	0	1	0	1	0	1	0	1	0	1	0	1	0	
a mod 3	1	2	0	1	2	0	1	2	0	1	2	0	1	2	0	
a mod 5	1	2	3	4	0	1	2	3	4	0	1	2	3	4	0	

图 5-15 给出了说明 RNS 实现的阶跃响应。滤波器的输出 $y[n]$已经用表 5-2 中的数据重新构建。输出响应与在二进制补码情况下获得的采样值相同(请参阅图 5-14)。保留结构的映射称为同态，双射同态就称为同构(符号为≅)，这可以表示成：

$$Z_{30}\cong Z_2\times Z_3\times Z_5 \tag{5-21}$$

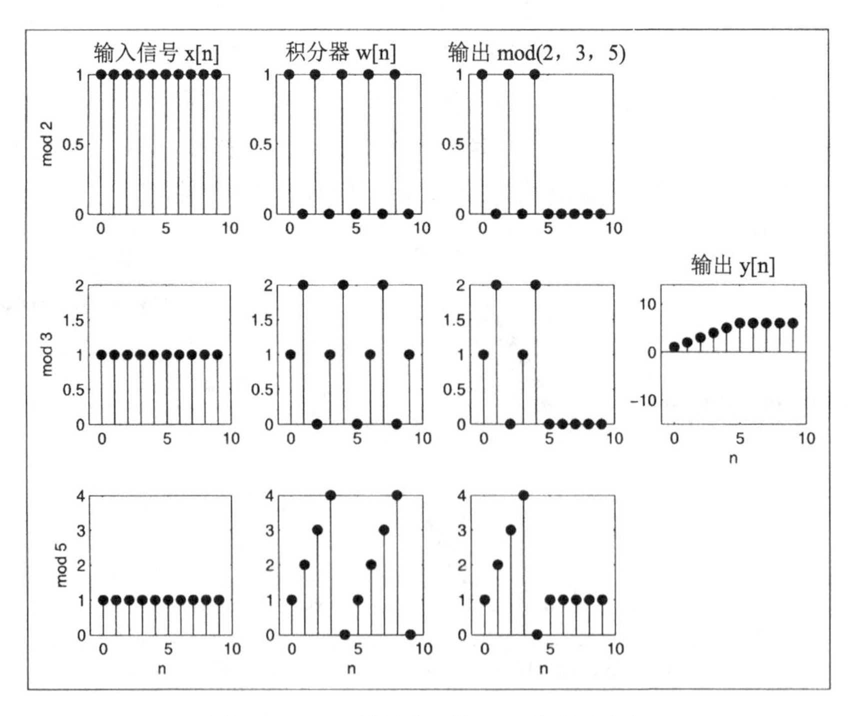

图 5-15　RNS 算法中一阶 CIC 的阶跃响应

5.3.2　多级 CIC 滤波器理论

一般包括 S 级的 CIC 系统的传递函数如下：

$$F(z)=\left(\frac{1-z^{-RD}}{1-z^{-1}}\right)^{S} \tag{5-22}$$

其中 D 是梳状部分中延迟的数量，R 是向下采样(抽取)因子。

从式(5-22)可以看到，$F(z)$的零点个数是 RD 的 S 倍，它有 S 个极点，RD 个零点由分子项$(1-z^{-RD})$产生，位于 $2\pi/(RD)$弧度处，圆心起始于 $z=1$ 处。每个不同的零点都重复出现 S 次。$F(z)$的 S 个极点位于 $z=1$ 处，也就是位于零频率(DC)位置。可以立即看到这些极点已经被 CIC 滤波器的 S 个零点抵消了，进而得到 1 个 S 级移动均值滤波器。最大动态范围增长出现在 DC 频率(也就是 $z=1$)处。最大动态范围的增长率是：

$$B_{\text{grow}} = (RD)^{S} \text{ 或 } b_{\text{grow}} = \log_2(B_{\text{grow}}) \text{ 位} \tag{5-23}$$

在设计 CIC 滤波器时，知道这个值非常重要，因为单态 CIC 示例需要精确的算法。在实际应用中，最坏情况下的增益可能非常重要，以构造的 66 位动态范围的商用 CIC 滤波器(如 Harris HSP43220 通道器[128])为证，通常都采用二进制补码算法进行设计。

图 5-16 给出了一个三级 CIC 滤波器，该滤波器包括一个三级积分器和一个三级梳状部分，并且采样速率降低了 R 倍。注意，首先要实现所有的积分器，然后是抽取器，最后再实现梳状部分。这种重新安排在梳状部分节省了 R 倍的延迟元件。高抽取速率滤波器的延迟数量 D 的典型值是 1 或 2。

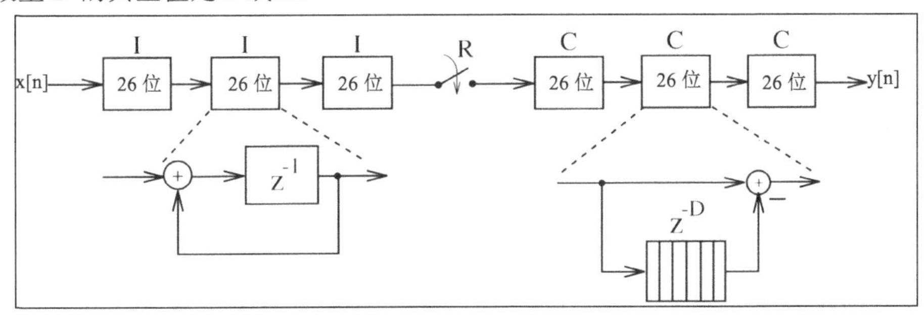

图 5-16　CIC 滤波器，每级 26 位

一个具有 8 位输入字宽的三级 CIC 滤波器，$D=2$，$R=32$ 或 $DR=2\times32=64$，需要的内部字宽为 $W=8+3\log_2(64)=26$ 位，保证不会产生运行时溢出。正常的输出字宽一般都明显比 W 小，如 10 位。

例 5.4　三级 CIC 抽取器 I

最坏情况下的增益情况就是给 CIC 滤波器输入一个阶跃(DC)信号。图 5-17(a)给出了一个幅值为 127 的阶跃输入信号。图 5-17(b)显示了在第三个积分器部分发现的输出。注意观察，运行时溢出以一个规则的速率出现。为了按照输入采样速率显示，图 5-17(c)显示的 CIC 输出是插入(光滑)的。图 5-17(d)的输出已经缩放到 10 位精度，按照抽取采样的速率显示。

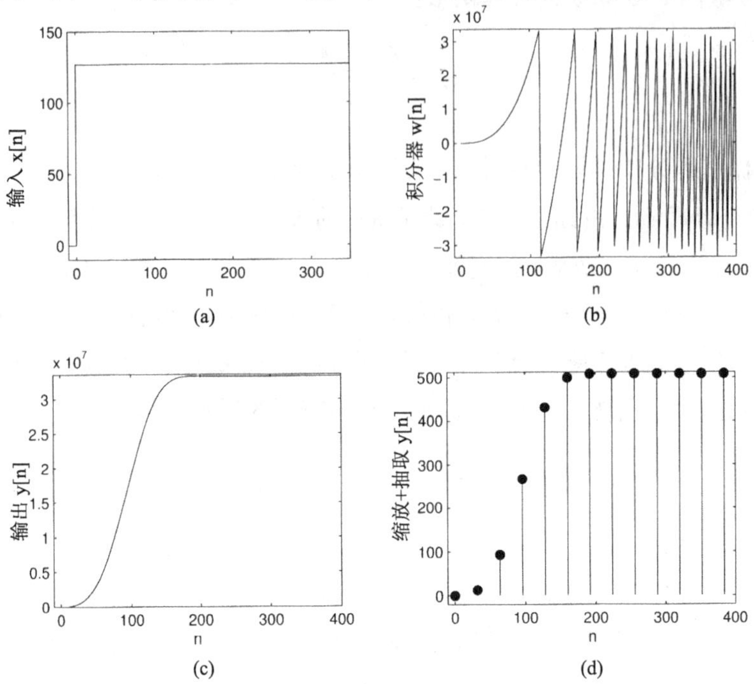

图 5-17　图 5-16 中的三阶 CIC 滤波器的 MATLAB 仿真

下面的 VHDL 代码[3]给出了 CIC 示例的设计。

```
LIBRARY ieee; USE ieee.std_logic_1164.ALL;

PACKAGE n_bit_int IS                -- User defined type
  SUBTYPE U5 IS INTEGER RANGE 0 TO 32;
  SUBTYPE SLV8 IS STD_LOGIC_VECTOR(7 DOWNTO 0);
  SUBTYPE SLV10 IS STD_LOGIC_VECTOR(9 DOWNTO 0);
  SUBTYPE SLV26 IS STD_LOGIC_VECTOR(25 DOWNTO 0);
END n_bit_int;

LIBRARY work;
USE work.n_bit_int.ALL;

LIBRARY ieee;
USE ieee.std_logic_1164.ALL;
USE ieee.std_logic_arith.ALL;
USE ieee.std_logic_signed.ALL;
-- --------------------------------------------------------------
ENTITY cic3r32 IS
     PORT (clk   : IN  STD_LOGIC; -- System clock
           reset : IN  STD_LOGIC; -- Asynchronous reset
```

3. 这一示例相应的 Verilog 代码文件 cic3r32.v 可以在附录 A 中找到，附录 B 给出了合成结果。

```
        x_in   : IN  SL8;        -- System input
        clk2   : OUT STD_LOGIC; -- Clock divider
        y_out  : OUT SLV10);     -- System output
END cic3r32;
-- ------------------------------------------------------------
ARCHITECTURE fpga OF cic3r32 IS

  SUBTYPE SLV26 IS STD_LOGIC_VECTOR(25 DOWNTO 0);

  TYPE    STATE_TYPE IS (hold, sample);
  SIGNAL  state    : STATE_TYPE ;
  SIGNAL  count    : U5;
  SIGNAL  x : SLV8;                   -- Registered input
  SIGNAL  sxtx : SLV26               -- Sign extended input
  SIGNAL  i0, i1 , i2 : SLV26;     -- I section  0, 1, and 2
  SIGNAL  i2d1, i2d2, c1, c0 : SLV26;
                                      -- I and COMB section 0
  SIGNAL  c1d1, c1d2, c2 : SLV26; -- COMB1
  SIGNAL  c2d1, c2d2, c3 : SLV26; -- COMB2

BEGIN

  FSM: PROCESS (reset, clk)
  BEGIN
    IF reset = '1' THEN               -- Asynchronous reset
      state <= hold;
      count <= 0;
      clk2  <= '0';
    ELSIF rising_edge(clk) THEN
      IF count = 31 THEN
        count <= 0;
        state <= sample;
        clk2  <= '1';
      ELSE
        count <= count + 1;
        state <= hold;
        clk2  <= '0';
      END IF;
    END IF;
  END PROCESS FSM;

  sxt: PROCESS (x)
  BEGIN
    sxtx(7 DOWNTO 0) <= x;
    FOR k IN 25 DOWNTO 8 LOOP
      sxtx(k) <= x(x'high);
    END LOOP;
  END PROCESS sxt;
```

```
    Int: PROCESS(clk, reset)
    BEGIN
      IF reset = '1' THEN -- Asynchronous clear
        x <= (OTHERS => '0');  i0 <= (OTHERS => '0');
        i1 <= (OTHERS => '0');  i2 <= (OTHERS => '0');
      ELSIF rising_edge(clk)THEN
        x    <= x_in;
        i0   <= i0 + sxtx;
        i1   <= i1 + i0 ;
        i2   <= i2 + i1 ;
      END IF;
    END PROCESS Int;

    Comb: PROCESS(clk, reset, state)
    BEGIN
      IF reset = '1' THEN -- Asynchronous clear
        c0 <= (OTHERS => '0');  c1 <= (OTHERS => '0');
        c2 <= (OTHERS => '0');  c3 <= (OTHERS => '0');
        i2d1 <= (OTHERS => '0');  i2d2 <= (OTHERS => '0');
        c1d1 <= (OTHERS => '0');  c1d2 <= (OTHERS => '0');
        c2d1 <= (OTHERS => '0');  c2d2 <= (OTHERS => '0');
      ELSIF rising_edge(clk) THEN
        IF state = sample THEN
          c0   <= i2;
          i2d1 <= c0;
          i2d2 <= i2d1;
          c1   <= c0 - i2d2;
          c1d1 <= c1;
          c1d2 <= c1d1;
          c2   <= c1  - c1d2;
          c2d1 <= c2;
          c2d2 <= c2d1;
          c3   <= c2  - c2d2;
        END IF;
      END IF;
    END PROCESS Comb;

    y_out <= c3(25 DOWNTO 16);  -- i.e., c3 / 2**16

  END fpga;
```

设计的滤波器包括一个有限状态机(Finite State Machine，FSM)；一个符号扩展 sxt: PROCESS 和两个“算法”PROCESS 模块。FSM：PROCESS 包含梳状部分的时钟分频器。Int:PROCESS 实现了 3 个积分器。Comb:PROCESS 包括 3 个梳状滤波器，其中每个都有两次采样对应的一个时延。滤波器采用了 341 个 LE，没有用到嵌入式乘法器，使用 TimeQuest 缓慢 85C 模型的时序电路性能 Fmax=282.49MHz。注意，如果没有前面的向下采样，滤波器就需要更多个 LE。前面的向下采样节省了 3×32×26 = 2496 个寄存器或 LE。

如果将滤波器的输出(图 5-18 给出了 VHDL 输出 y_out)与图 5-17(d)给出的 MATLAB 仿真结果的响应 $y[n]$加以比较，就会看到滤波器的工作状态正是我们所希望的。

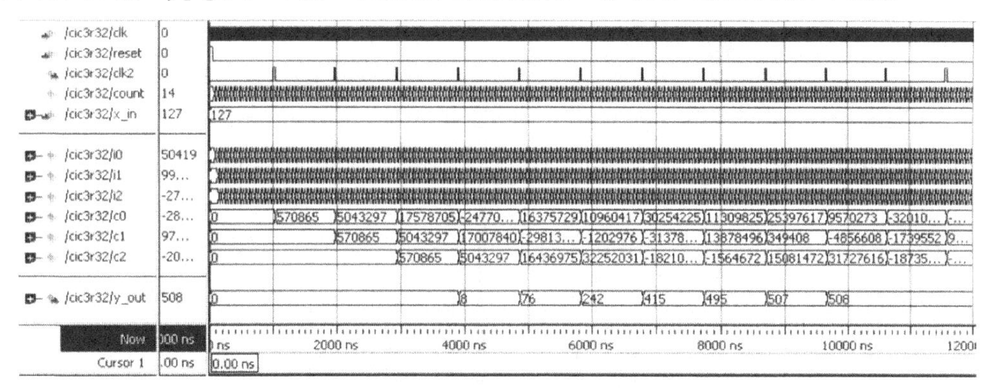

图 5-18　图 5-16 中显示的三阶 CIC 滤波器的 VHDL 仿真

Hogenauer[127]指出：在仔细分析的基础上，来自前级的一些较低有效位可以消除，而且不影响系统的完整性。图 5-19 给出了一个所有级均采用全字宽(最坏情况)的系统的幅频响应，这个系统同时也应用了 Hogenauer 建议的字长“剪除”策略。

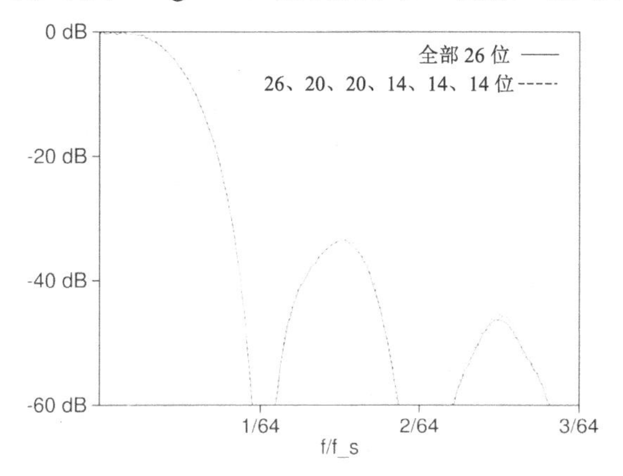

图 5-19　CIC 传递函数(f_s 是输入端的采样频率)

5.3.3　幅值与混叠畸变

S 级 CIC 滤波器的传递函数如下：

$$F(z)=\left(\frac{1-z^{-RD}}{1-z^{-1}}\right)^{S} \tag{5-24}$$

在频域内沿着弧 $z=e^{j2\pi fT}$ 求 $F(z)$，可以计算幅值畸变和最大混叠的分量。幅值响应变成：

$$|F(f)|=\left(\frac{\sin(2\pi fTRD/2)}{\sin(2\pi fT/2)}\right)^{S} \tag{5-25}$$

这一公式可以用来直接计算通带边缘 ω_p 处的幅值畸变。图 5-20 给出了 $R=3$、$D=2$ 和

$RD=6$ 的三级 CIC 滤波器的$|F(f-k\frac{1}{2R})|$。观察 CIC 滤波器的低频响应在基带发生混叠的几个副本。

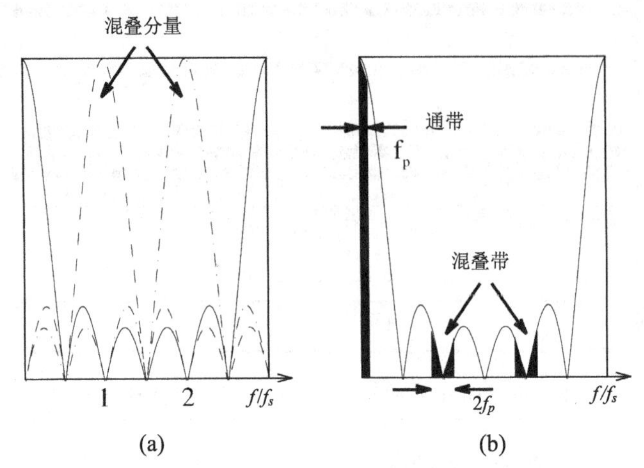

图 5-20　3 级 CIC 抽取器的传递函数，注意 f_s 是低速的采样频率

可以看到在频率：

$$f|_{最大混叠}=1/(2R)-f_p \tag{5-26}$$

处的最大混叠分量可以根据$|F(f)|$计算。多数情况下，只考虑第一个混叠分量，因为第二个混叠分量非常小。图 5-21 给出了在频率 f_p 处 $f_p/(Df_s)$不同比率下的幅值畸变 $-20\lg(1-F(fp))$。

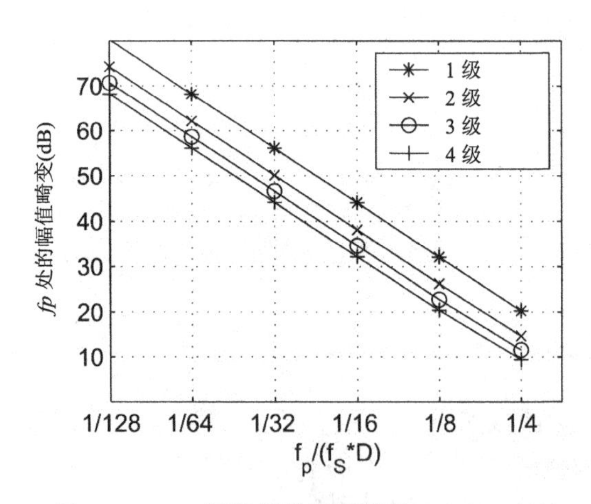

图 5-21　CIC 抽取器的幅值畸变$-20\lg(1-F(fp))$

图 5-22 给出了通带频率与采样频率之间的具体比率 f_p/f_s 在不同 S、R 和 D 值的情况下的最大混叠分量。

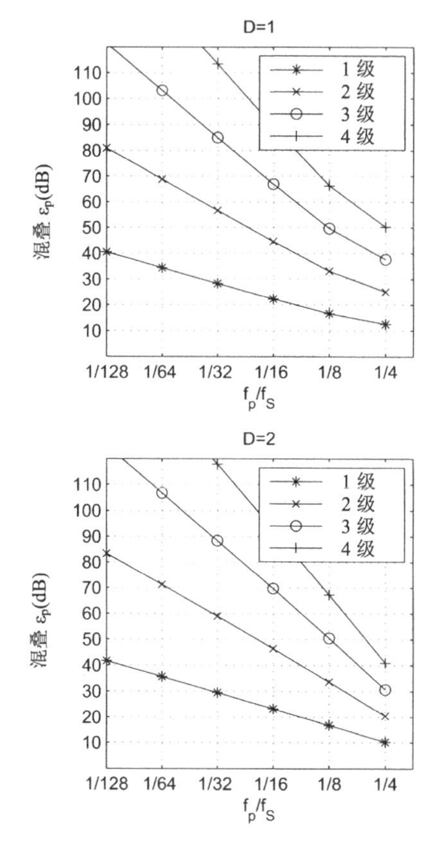

图 5-22　1 至 4 级 CIC 抽取器的最大混叠

可以认为幅值畸变能够通过级联的 FIR 补偿滤波器得到校正，这种补偿滤波器在通带内的传递函数是 $1/|F(z)|$，但是混叠畸变是不能修复的。因此，可以接受的混叠畸变常常就成了主要的设计参数。

5.3.4 Hogenauer“剪除”理论

总内部位宽可以定义为输入字宽与最大动态增长率需求式(5-23)的和，或用代数形式表示成：

$$B_{\text{intern}} = B_{\text{input}} + B_{\text{growth}} \tag{5-27}$$

如果 CIC 滤波器通过所有级别上的这个位宽执行精确的算法，那么在输出端不会产生运行时溢出。一般来讲，CIC 滤波器的输入位宽和输出位宽都处于同一范围。可以看到，通过剪除在输出中引入的量化噪声，通常要大于在前级中剪除一些 LSB 引入的量化噪声。如果 $\sigma_{T,2S+1}^2$ 是在输出中通过剪除引入的量化噪声，Hogenauer 提出设置其等于前面所有部分引入的噪声 σ_k^2 之和。对于包含 S 个积分器和 S 个梳状部分的 CIC 滤波器，就有：

$$\sum_{k=1}^{2S}\sigma_{T,k}^2=\sum_{k=1}^{2S}\sigma_k^2P_k^2\leqslant\sigma_{T,2S+1}^2 \tag{5-28}$$

$$\sigma_{T,k}^2=\frac{1}{2S}\sigma_{T,2S+1}^2 \tag{5-29}$$

$$P_k^2=\sum_n(h_k[n])^2 \quad k=1,2,\ldots,2S \tag{5-30}$$

其中，P_k^2 是从第 k 级到输出的功率增益。计算下一个 B_k 位的数时，它应该被剪除：

$$B_k=\left\lfloor 0.5\log_2(P_k^{-2}\times\frac{6}{N}\times\sigma_{T,2S+1}^2)\right\rfloor \tag{5-31}$$

$$\sigma_{T,k}^2\Big|_{j=2S+1}=\frac{1}{12}2^{2B_k}=\frac{1}{12}2^{2(B_{\text{in}}-B_{\text{out}}+B_{\text{growth}})} \tag{5-32}$$

梳状部分的功率增益 P_k^2，$k=S+1$，…, $2S$，可以采用下面的二项式系数计算：

$$H_k(z)=\sum_{n=0}^{2S+1-k}(-1)^n\binom{2S+1-k}{n}z^{-kRD}, \qquad \text{其中 } k=S,S+1,\ldots,2S \tag{5-33}$$

计算第一个因数 P_k^2，$k=1,2,\ldots,S$ 时，要注意每个积分器/梳状部分对都会生成一个有限(移动均值)的脉冲响应。这样，第 k 级的最终系统就是一系列 $S-k+1$ 个积分器/梳状部分对，后面跟 $k-1$ 个梳状部分。图 5-23 给出了简化计算 P_k^2 的重新排列方案。

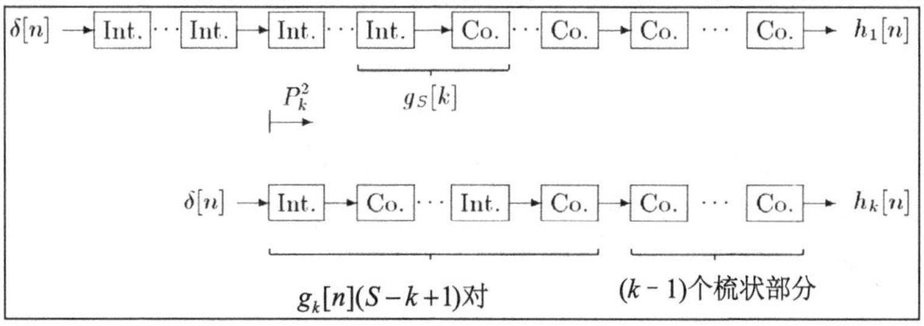

图 5-23　简化 P_k^2 计算的重新排列方案(© VDI 出版社文献[4])

本书学习资料里 util 目录下的 cic.exe 程序用于计算这个 CIC 剪除结果。该程序产生脉冲响应 cicXX.imp 和配置文件 cicXX.dat，其中的 XX 必须指定。下面的设计示例解释了这一结果。

例 5.5　三级 CIC 抽取器 II

下面设计与例 5.4 总体相同的 CIC 滤波器，但这次要加上位剪除。抽取器的行数据是：$B_{\text{input}}=8$，$B_{\text{output}}=10$，R 位=32，$D=2$。很明显，位增长率是：

$$B_{\text{growth}}=\lceil\log_2(RD^S)\rceil\log_2(64^3)\lceil 3\times 6\rceil=18 \tag{5-34}$$

内部总位宽变成：

$$B_{\text{intern}}=B_{\text{input}}+B_{\text{growth}}=8+18=26 \tag{5-35}$$

cic.exe 程序给出了下面的结果：

```
-- -------------------------------------------------------------------
-- Program for the design of a CIC decimator.
-- -------------------------------------------------------------------
--     Input bit width         Bin =    8
--     Output bit width        Bout=   10
--     Number of stages        S   =    3
--     Decimation factor       R   =   32
--     COMB delay              D   =    2
--     Frequency resolution    DR  =   64
--     Passband freq. ratio    P   =    8
-- -------------------------------------------------------------------
-- ---------------- Results of the Design ----------------------------
-- -------------------------------------------------------------------
-- ------- Computed bit width:
-- ------- Maximum bit growth over all stages       =    18
-- ------- Maximum bit width including sign Bmax+1 =    26
-- Stage   1 INTEGRATOR. Bit width  :  26
-- Stage   2 INTEGRATOR. Bit width  :  21
-- Stage   3 INTEGRATOR. Bit width  :  16
-- Stage   1 COMB.       Bit width  :  14
-- Stage   2 COMB.       Bit width  :  13
-- Stage   3 COMB.       Bit width  :  12
-- ------- Maximum aliasing component   : 0.002135 = 53.41  dB
-- ------- Amplitude distortion         : 0.729769 =  2.74  dB
```

图 5-21 和图 5-22 给出的设计图也可以用来计算最大混叠分量和幅值畸变。如果将这些数据与 Hogemauer 提供的表格加以比较，混叠抑制是 53.4dB(时延等于 2[127, 表II])，通带衰减是 2.74dB[127, 表I]。Hogemauer 与 cic.exe 通过$-20\log_{10}(F(f_p))$计算幅值畸变，单位为 dB，而表 5.21 中的数据遵循典型教材，即计算$-20\log_{10}(1-F(f_p))$。注意，Hogemauer 提供的表 I 由梳状时延标准化，而 cic.exe 程序未经梳状时延标准化。

下面的设计示例说明了位宽设计的详细细节，使用的软件是 Quartus II。

例 5.6 三级 CIC 抽取器 III

该设计采用的数据与例 5.4 中的数据相同，但是现在考虑了例 5.5 中所计算的剪除。

下面的 VHDL 代码[4]给出了带有剪除的 CIC 示例设计：

```
LIBRARY ieee; USE ieee.std_logic_1164.ALL;

PACKAGE n_bit_int IS                -- User defined type
  SUBTYPE U5 IS INTEGER RANGE 0 TO 32;
```

4. 这一示例相应的 Verilog 代码文件 cic3s32.v 可以在附录 A 中找到，附录 B 给出了合成结果。

```
  SUBTYPE SLV8 IS STD_LOGIC_VECTOR(7 DOWNTO 0);
  SUBTYPE SLV10 IS STD_LOGIC_VECTOR(9 DOWNTO 0);
  SUBTYPE SLV12 IS STD_LOGIC_VECTOR(11 DOWNTO 0);
  SUBTYPE SLV13 IS STD_LOGIC_VECTOR(12 DOWNTO 0);
  SUBTYPE SLV14 IS STD_LOGIC_VECTOR(13 DOWNTO 0);
  SUBTYPE SLV16 IS STD_LOGIC_VECTOR(15 DOWNTO 0);
  SUBTYPE SLV21 IS STD_LOGIC_VECTOR(20 DOWNTO 0);
  SUBTYPE SLV26 IS STD_LOGIC_VECTOR(25 DOWNTO 0);
END n_bit_int;

LIBRARY work; USE work.n_bit_int.ALL;

LIBRARY ieee;
USE ieee.std_logic_1164.ALL;
USE ieee.std_logic_arith.ALL;
USE ieee.std_logic_signed.ALL;
-- --------------------------------------------------------------
ENTITY cic3s32 IS
  PORT ( clk   : IN STD_LOGIC;  -- System clock
         reset : IN STD_LOGIC; -- Asynchronous reset
         x_in  : IN SLV8;       -- System input
         clk2  : OUT STD_LOGIC; -- Clock divider
         y_out : OUT SLV10);    -- System output
END cic3s32;
-- --------------------------------------------------------------
ARCHITECTURE fpga OF cic3s32 IS

  TYPE   STATE_TYPE IS (hold, sample);
  SIGNAL state  : STATE_TYPE;
  SIGNAL count  : U5;
  SIGNAL x      : SLV8;    -- Registered input
  SIGNAL sxtx   : SLV26;   -- Sign extended input
  SIGNAL i0     : SLV26;   -- I section 0
  SIGNAL i1  : SLV21;      -- I section 1
  SIGNAL i2  : SLV16;      -- I section 2
  SIGNAL i2d1, i2d2, c1, c0 : SLV14;
                                   -- I and COMB section 0
  SIGNAL c1d1, c1d2, c2 : SLV13;  --COMB 1
  SIGNAL c2d1, c2d2, c3 : SLV12;  --COMB 2

BEGIN

  FSM: PROCESS (reset, clk)
  BEGIN
    IF reset = '1' THEN              -- Asynchronous reset
      state <= hold;
```

```
    count <= 0;
    clk2  <= '0';
  ELSIF rising_edge(clk) THEN
    IF count = 31 THEN
      count <= 0;
      state <= sample;
      clk2  <= '1';
    ELSE
      count <= count + 1;
      state <= hold;
      clk2  <= '0';
    END IF;
  END IF;
END PROCESS FSM;

Sxt : PROCESS (x)
BEGIN
  sxtx(7 DOWNTO 0) <= x;
  FOR k IN 25 DOWNTO 8 LOOP
    sxtx(k) <= x(x'high);
  END LOOP;
END PROCESS Sxt;

Int: PROCESS(clk, reset)
BEGIN
  IF reset = '1' THEN -- Aysnchronous clear
    x <= (OTHERS => '0'); i0 <= (OTHERS => '0');
    i1 <= (OTHERS => '0'); i2 <= (OTHERS => '0');
  ELSIF rising_edge(clk) THEN
    x   <= x_in;
    i0  <= i0 + sxtx;
    i1  <= i1 + i0(25 DOWNTO 5); -- i.e., i0/32
    i2  <= i2 + i1(20 DOWNTO 5); -- i.e., i1/32
  END IF;
END PROCESS Int;

Comb: PROCESS(clk, reset, state)
BEGIN
  IF reset = '1' THEN -- Asynchronous clear
    c0 <= (OTHERS => '0'); c1 <= (OTHERS => '0');
    c2 <= (OTHERS => '0'); c3 <= (OTHERS => '0');
    i2d1 <= (OTHERS => '0'); i2d2 <= (OTHERS => '0');
    c1d1 <= (OTHERS => '0'); c1d2 <= (OTHERS => '0');
    c2d1 <= (OTHERS => '0'); c2d2 <= (OTHERS => '0');
  ELSIF rising_edge(clk) THEN
    IF state = sample THEN
```

```
        c0   <= i2(15 DOWNTO 2);    -- i.e., i2/4
        i2d1 <= c0;
        i2d2 <= i2d1;
        c1   <= c0 - i2d2;
        c1d1 <= c1(13 DOWNTO 1);    -- i.e., c1/2
        c1d2 <= c1d1;
        c2   <= c1(13 DOWNTO 1) - c1d2;
        c2d1 <= c2(12 DOWNTO 1);     -- i.e., c2/2
        c2d2 <= c2d1;
        c3   <= c2(12 DOWNTO 1) - c2d2;
      END IF;
    END IF;
  END PROCESS Comb;

  y_out <= c3(11 DOWNTO 2);    -- i.e., c3/4

END fpga;
```

这一设计与例 5.4 中未缩放的 CIC 具有相同的体系结构。该设计包括一个有限状态机(Finite State Machine，FSM)，一个符号扩展 Sxt:PROCESS 和两个“算法”PROCESS 模块。FSM:PROCESS 包含梳状部分的时钟分频器。Int:PROCESS 实现 3 个积分器。Comb: PROCESS 包括 3 个梳状部分，每个梳状部分都有两个时延。但是所有的积分器和梳状部分都设计成带有 Hogenauer 提出的剪除技术的位宽。这样就将设计规模降低到了 209 个 LE，运行速度是 290.02MHz。

虽然这一设计没有明显提高速度(282.49MHz 相比 290.02MHz)，但与例 5.4 中的设计相比，确实节省了 LE 的数量(大约 30%)。与图 5-24 和图 5-18 中给出的 VHDL 仿真结果的滤波器输出相比，需要注意不同的最低有效位的量化效应(请参阅练习 5.11)。在剪除式设计中，“噪声”具有 LSB 的渐近线形式(507↔508)。

CIC 插值器的设计及其剪除技术将在练习 5.24 中进行研究。

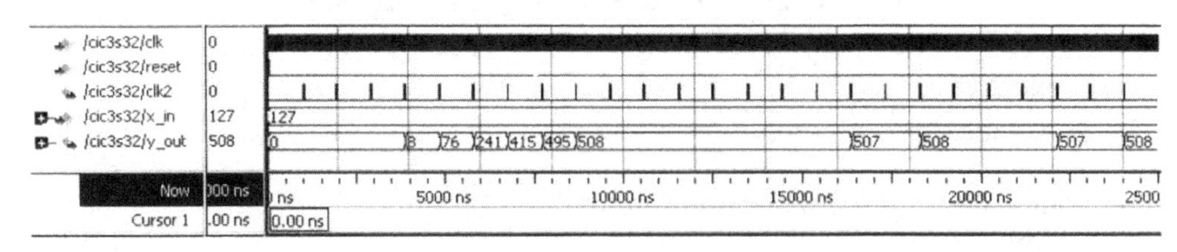

图 5-24　采用位剪除技术实现的三级 CIC 滤波器的 VHDL 仿真

5.3.5　CIC RNS 设计

采用 RNS 的 CIC 滤波器的设计应该归功于 Garcia 等人[55]。他们实现了具有 8 位输入、10 位输出、$D = 2$ 和 $R = 32$ 的三级 CIC 滤波器。最大字宽是 26 位。对于 RNS 的实现，4-模集合{256，63，61，59}，也就是一个 8 位的二进制补码和 3 个 6 位模，覆盖了这一范围(请参阅图 5-25)。输出采用 ε-CRT 缩放，为了实现所有的 5 个模加法器和 9 个 ROM 表或 7 个表(假定乘法逆运算 ROM 和 ε-CRT 是组合的)，需要 8 个表和 3 个二进制补码加法器[48,图1]，或者(如图 5-26 所示)采用基于两个 6 位模的基准移除缩放(Base Removal Scaling，BRS)算法[47]和余下两个模的 ε-CRT。对于 FLEX10K 器件，表 5-3 给出了以 MSPS 计算的速度和 3 种缩放模式所使用的 LE 和 EAB 的数量。

表 5-3 以 MSPS 计算的速度和 3 种缩放模式所使用的 LE 和 EAB 的数量

类　型	ε-CRT	BRS ε-CRT (只适用于 BRS m_4 的速度数据)	与 ROM 组合的 BRS ε-CRT
MSPS	58.8	70.4	58.8
#LE	34	87	87
#Table(EAB)	8	9	7

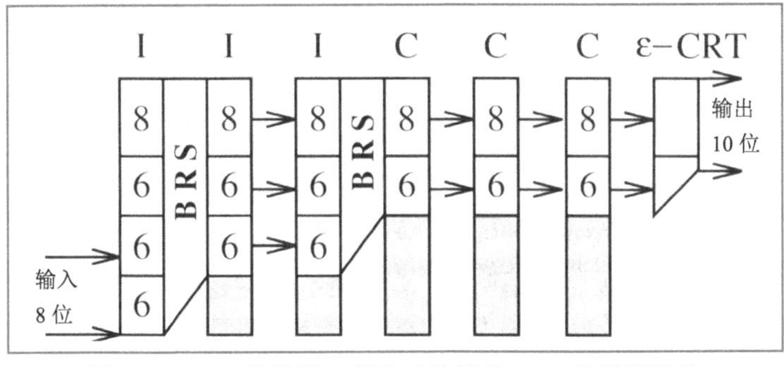

图 5-25 CIC 滤波器，基准移除缩放(BRS)的详尽设计

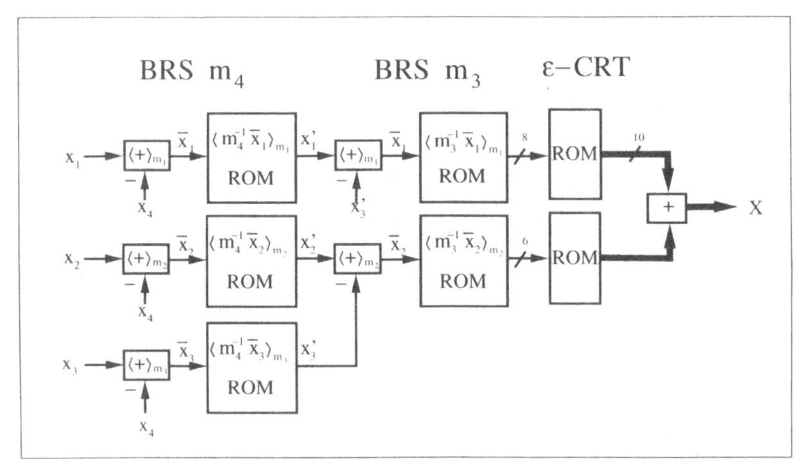

图 5-26 BRS 和 ε-CRT 转换步骤

缩放模式 1 和 3 在速度方面降低到 58.8 MSPS，这就是需要一个 10 位的 ε-CRT 的结果。需要注意的是：这并没有降低系统的速度，因为缩放应用在较低的(输出)采样速率上。对于 BRS ε-CRT，假定只有 BRS m_4 部分(请参阅图 5-26)必须以输入采样速率运行，而 BRS m_3 和 ε-CRT 以输出采样速率运行。

如果采用的缩放模式与例 5.5 和图 5-25 中介绍的相似，就可以节省一些资源。采用这种模式，在滤波器的前面部分就必须采用 BRS ε-CRT 模式来降低位宽。ROM 的早期使用将可能的吞吐量从 76.3 MSPS 降低到 70.4 MSPS，后者是 BRS m_4 的最大速度。在输出部分采用了高效的 ε-CRT 模式。

表 5-4 总结了在 FLEX10K 器件上实现的 3 种滤波器设计，这里没有包括缩放数据。

表 5-4 在 FLEX10K 器件上实现的 3 种滤波器设计方案

类 型	2C 26 位	RNS 8 位、6 位、6 位、6 位	详细位宽 RNS 设计
MSPS	49.3	76.3	70.4
#LE	343	559	355

5.3.6 CIC 补偿滤波器设计

CIC 是在低成本与高速度下实现高抽取与插值率的有效方法。然而，正如图 5-21 中数据所示，传递函数缺乏平坦通带和一个小的过渡带宽。为改善 CIC 滤波器的性能，通常采用 FIR 补偿滤波器，该滤波器在通带以及更小一些的过渡带宽中有一个滑动增加传递函数。例如，DSP56ADC16 有一个 4 级 CIC，它带有从 16 到 255 个分接头采样的 FIR 滤波器[129]。$f_s / f_p = 8$ 的长度 255 的 FIR 允许 4 个额外的向下采样，因为整个向下采样是 $R_1 \times R_2 = 64$，FIR 可以很容易地用单个 MAC 实现，如图 2-38 所示。再如，HSP50214 向下采样器具有一个 I / Q 分离器以及 5 级 CIC($R_1 = 4...32$)，从 1 到 5 个半带滤波器($R_2 = 1...32$)和一个含 255 个分接头的 CIC 补偿 FIR 滤波器($R_3 = 1...16$)。总体抽取率为 4~16 384[130]。由 CIC 插值我们可以发现，GC4114 的数据表有 4 级插值，并允许向上采样为 8~16 384[131]。GC4114 具有一个 CFIR 补偿滤波器，它有 31 个常系数，我们已在练习 3.9 中对其进行了研究，并且会在练习 5.25 中进行设计。

由于只设计一个 FIR 滤波器，CIC 补偿滤波器的设计不是太复杂。首先计算该 CIC 滤波器的传递函数，在所需补偿的频率范围的频域内建立互逆，其他值设置为零。然后就可以使用逆 DFT 方法(详见 3.12 节)或者采用 MATLAB 的 fir2 功能，基于采样频率的方法运行。原则上在采样频率与通带比 f_s / f_p 的选择上是随意的。但如果过大，那么较长的滤波器将被要求以更高的速率运行。如果相比在 CIC 振幅中大的下降过小，将使得补偿滤波器的设计更为困难，因为 CIC 在通带边缘大幅下降。一个好的折中方案是 $f_s / f_p = 8$ 比例，允许最终还原 $R = 4$ 以及合理的滤波器长度。在例子中 CIC 幅度下降到 0.727，即补偿滤波器在通带边缘需要为 1.37。$f_s / f_p = 8$ 不仅用于例 5.5 的规范中，同时也应用于 DSP56ADC16[129]。

对于 cic3r32 滤波器规范，可以使用以下 MATLAB 脚本计算滤波器系数以及 CIC 和补偿滤波器级联的总传递函数：

```
close all; clear all
%%%%%% CIC filter parameters from Example 5.5
R = 32; D = 2; S = 3;
L = 255-1; %% Filter order; fir2 requires even order
Fs = R; %% (High) Sampling freq in Hz before decimation
Fp = 1/8; %% Pass band edge
Fo = R*Fp/Fs; %% Normalized cutoff frequency
cic=[1];
for k=1:S    %% Compute the CIC impulse response
  cic=conv(cic,ones(1,R*D));
end
p = 2^16; %% Sample points
[H,w] = freqz(cic,[1],p,Fs); %% Compute CIC spectrum
N=length(find(w<Fo)); %% Take all less than Fo
f = [w(1:N)' Fo .5]*2; %% Frequency sample points
H=abs(H');H=H./H(1);  %% Normalize amplitudes
Mf = [1./H(1:N) 0 0]; %% Inverse CIC is desired then 0
h = fir2(L,f,Mf); %% Filter order, freq. and values
h = h/max(h); %% Normalized filter coefficients

%%%% Compare and plot the results
figure
[H2,w2] = freqz(h,[1],p,Fs/R); %% 2. filter with 1/R rate
H2=abs(H2);H2=H2./H2(1);
H1d=H(1:p/R)'; H2d=H2(1:R:p); %% Pick same length and scale
H12=H1d.*H2d; %% Compute product filter
w12=w(1:p/R);
subplot(211)
plot(f/2*Fs/R,Mf,'k:',w2,H2,'k-.',w(1:p),H(1:p),...

                                        'k--',w12,H12,'k-')
legend('Desired','Comp','CIC','CIC*Comp',-1);title('(a)')
ylabel('F(\omega)');xlabel('Normalized frequency');
axis([0 .3 0.001 1.5]);
subplot(223)
plot(f/2*Fs/R,20*log10(Mf),'k:',w2,20*log10(H2),'k-.',...
                w,20*log10(H),'k--',w12,20*log10(H12),'k-')
axis([0 .3  -70 10]);grid on;title('(b)')
ylabel('F(\omega) in db ');xlabel('Normalized frequency');

subplot(224)
stairs(h); title('(c)')%% plot filter coefficients
axis([1 L+1 -.4 1.1]);ylabel('f[n]');xlabel('Sample n')
print -deps cicomp.eps; print -djpeg90 cicomp.jpg
```

图 5-27 显示了滤波器长度为 255 的滤波器的设计结果。从脚本中首先注意例 5.5 中的数据规范，随后通过 S 卷积计算 CIC 的脉冲响应。CIC 的传递函数可以直接通过 Altera 的应用说明[132]式(5.25)或用 freqz 函数来计算。例程 fir2 将提供滤波器系数。最后，在频域中绘制 4 个转移函数。首先是所需的补偿滤波器函数，随后是补偿滤波器的实际结果。第三个函数是 CIC 传递函数，最后计算并显示两个滤波器的级联结果。同样的绘图如图 5-27(b)所示，用对数度量能更好地观察阻带衰减。以 $1/8 = 0.125$ 的较低抽样频率可清楚地看到通带频率。最后，给出了补偿滤波器的脉冲响应。需稍加注意的是，由于采样速率降低频率中不同的比例。从图 5-27 中还可看出期望的和实际补偿滤波器相当接近，因为有一个系数为 255 的相当长的过

滤器。如果我们用更短的过滤器，过渡带会变得更宽，图 5-28 显示了长度为 31 的滤波器。

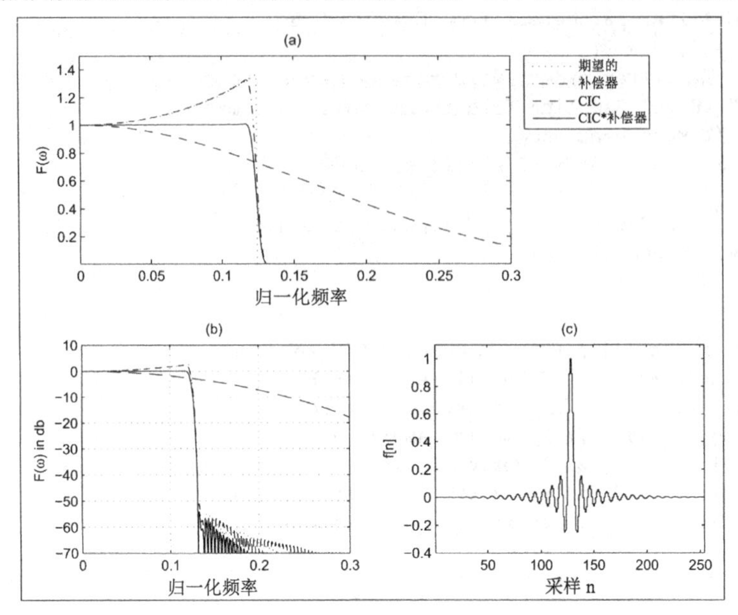

图 5-27　滤波器长度为 255 的 CIC 补偿滤波器的设计

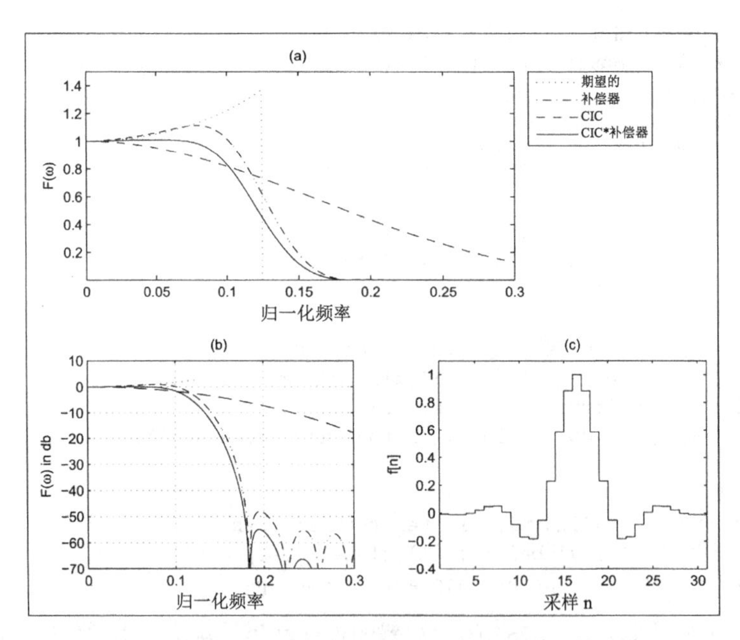

图 5-28　滤波器长度为 31 的 CIC 补偿滤波器的设计

5.4　多级抽取器

如果抽取的速率 R 较大，就会发现与单级转换器的实现相比，用较少的工作量就可以实现多级设计。特别是 S 级中每一级都具有 R_k 的抽取能力，总的向下采样速率是 $R=R_1R_2\ldots R_S$。

但是，通带并不完美，比如纹波偏差逐级积累，这样就导致 ε_p 的通带偏差目标必须固定在 $\varepsilon'_p = \varepsilon_p/S$ 级上，以满足整体系统规范。这明显是一种最坏情况的假设，其中所有的短滤波器在同一频率上都具有最大的波纹，一般情况下这也是非常不利的。通常尝试使用接近给定通频带规定的 ε_p 的初始值会更加合理一些，然后再根据需要有选择地降低它。

使用 Goodman-Carey 半带滤波器的多级抽取器设计

Goodman 和 Carey 提出[89]，在使用 CIC 和半带滤波器的基础上设计多级系统。顾名思义，半带滤波器的通带和阻带位于 $\omega_s = \omega_p = \pi/2$ 处或基带的中间。半带滤波器可以用因数 2 来改变采样速率。如果半带滤波器具有关于 $\omega = \pi/2$ 对称的点，那么所有偶系数(中心抽头除外)都变成 0。

定义 5.7：半带滤波器

半带滤波器中间的脉冲响应遵循下列规则：

$$f[k] = 0, \quad k\text{ 为偶数，但不包括 } k = 0 \tag{5-36}$$

同样的情况转换到 Z 域内时，就变成：

$$F(z) + F(-z)=c \tag{5-37}$$

其中 $c\in \mathrm{C}$，对于因果半带滤波器，由于所有(除了 1 之外)奇系数都是 0，因此这一条件变为：

$$F(z) - F(-z)=cz^{-d} \tag{5-38}$$

Goodman 和 Carey[89]已经编译了一列完整的半带滤波器，可以看到，随着长度的增加，幅值畸变逐渐变小。表 5-5 给出了这些半带滤波器的系数。为了简化表示方法，所有的系数都以中心抽头位置 d = 0 来确定。F1 是长度为 L 的移动均值滤波器，也就是 Hogenauer 的 CIC 滤波器，而且因此也可以用在第一级，将速率改变成除了 2 以外的一个因数。图 5-29 给出了 9 种不同滤波器的传递函数。注意，在图 5-29 的对数图内，看不到对称点(通常半带滤波器都有)。

表 5-5　Goodman 和 Carey[89]给出的半带滤波器 F1 至 F9 的中心系数

名　称	L	纹　　波	$f[0]$	$f[1]$	$f[3]$	$f[5]$	$f[7]$	$f[9]$
F1	3	—	1	1				
F2	3	—	2	1				
F3	7	—	16	9	−1			
F4	7	36dB	32	19	−3			
F5	11	—	256	150	−25	3		
F6	11	49dB	346	208	−44	9		
F7	11	77dB	521	302	−53	7		
F8	15	65dB	802	490	−116	33	−6	
F9	19	78dB	8192	5042	−1277	429	−116	18

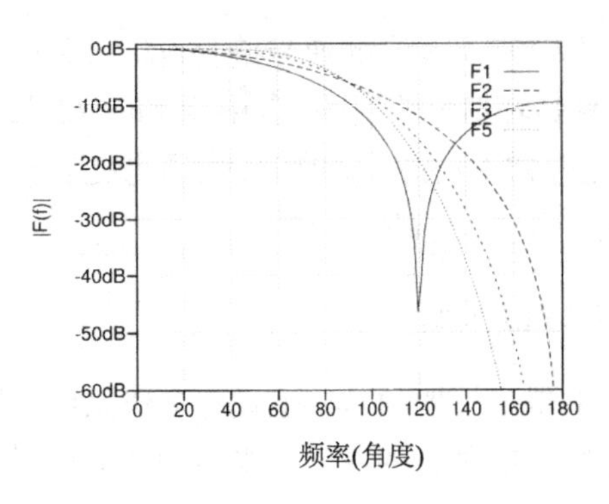

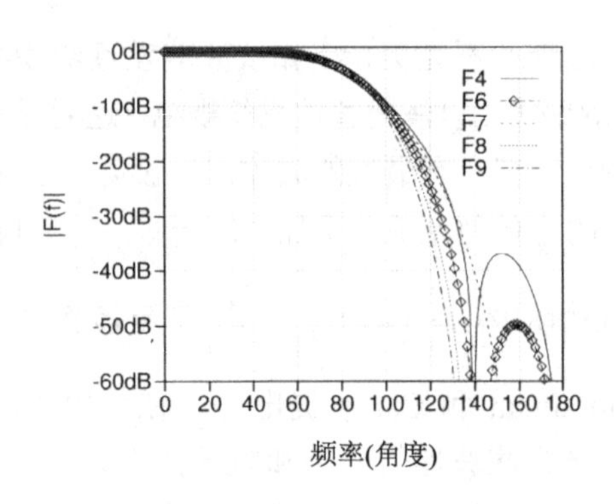

图 5-29　半带滤波器 F1 至 F9 的传递函数

Goodman 和 Carey 多级抽取器设计的基本思想就是：在第一级，可以采用较大纹波和较小复杂性的滤波器，因为通带与采样频率的比率相对较小。随着通带与采样频率的比率的增加，就必须采用畸变较小的滤波器了。该算法在 $R = 2$ 处停止。对于最后的抽取($R = 2$ 和 $R = 1$)，必须设计一个更长的半带滤波器。

Goodman 和 Carey 提供了如图 5-30 所示的设计图。首先，必须计算输入过采样比率 R 与通带和阻带中必要的衰减 $A = A_p = A_s$。由此开始，R、$R/2$，$R/4$，……所需的滤波器就排成一条水平直线(在相同的阻带衰减上)。滤波器 F4 和 F6 至 F9 在通带中有纹波(请参阅练习 5.8)，如果需要使用几个这种滤波器，就有必要调节 ε_p。这样就需要考虑做如下调整：

$$A = -20\lg\varepsilon_p \quad (\text{对于F1至F3、F5}) \tag{5-39}$$

$$A = -20\lg\min(\frac{\varepsilon_p}{S'},\varepsilon_s) \quad (\text{对于F4、F6至F9}) \tag{5-40}$$

其中，S' 是带有纹波的级数。

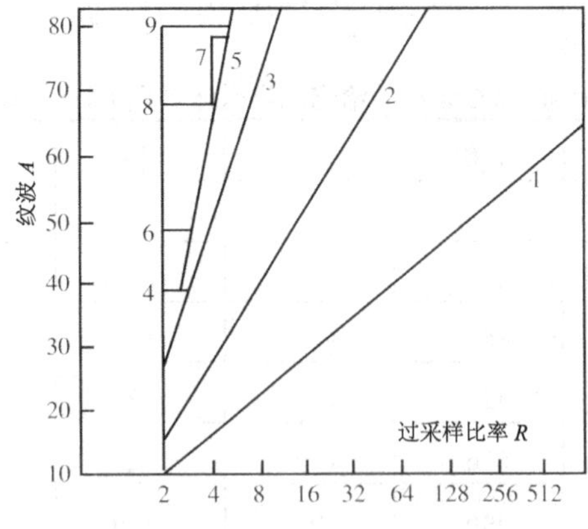

图 5-30　Goodman 和 Carey 的设计图[89]

接下来用一个示例来说明多级设计。

例 5.8　多级半带滤波器抽取器

设计一个采用 Goodman 和 Carey 设计方法的 $R = 160$、$\varepsilon_p = 0.015$ 和 $\varepsilon_s = 0.031 = 30\text{dB}$

的抽取器。

粗略地一看，就会了解到总计需要 5 个滤波器，并且起始点定在 $R=160$ 和 30dB 处，如图 5-31(a)所示。从 160 到 32 采用了一个长度 $L=5$ 的 CIC 滤波器，在 CIC 滤波器之后跟有两个 F2 滤波器和一个 F3 滤波器，从而达到 $R=8$。现在需要一个处理纹波的滤波器，它满足：

$$A=-20\lg\min(\frac{0.015}{1},0.031)=36.48\text{dB} \tag{5-41}$$

从图 5-30 可以看出 $F4$ 滤波器适合 36dB。现在就可以计算整个滤波器的传递函数 $|F(\omega)|$，采用的是 Noble 关系式 $F(z)=F1(z)\,F2(z^5)\,F2(z^{10})F3(z^{20})\,F4(z^{40})$ (请参阅图 5-6)，其通带如图 5-31(b)所示。图 5-31(a)给出了采用图 5-30 中设计图的设计算法。

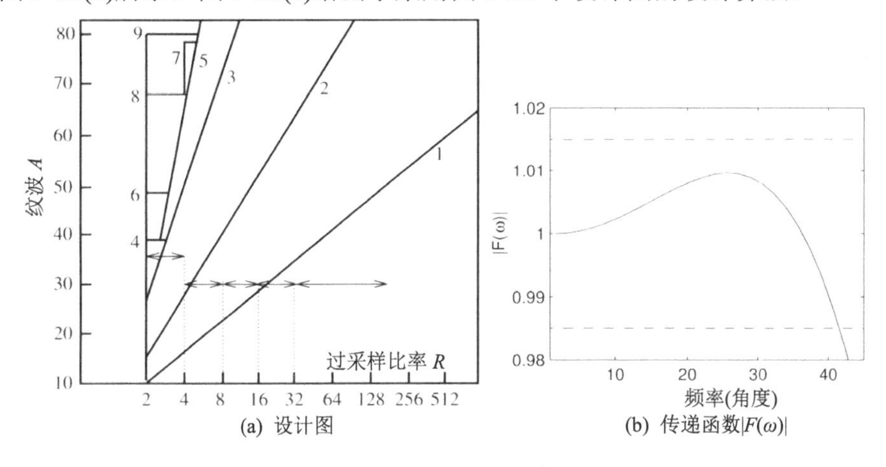

图 5-31　Goodman 和 Carey 半带滤波器的设计示例

例 5.8 说明，在式(5-40)中仅仅考虑有纹波的滤波器就足够了。采用一种更为不利的方法，$S=6$，就会得到 $A=-20\lg(0.015/6)=52$dB，这样就需要 F8 滤波器，需要更多的工作量。所以最好从一个有利的假设出发，这样到后来很有可能就是正确的。

5.5　作为通频带抽取器的频率采样滤波器

5.3 节中讨论的 CIC 滤波器属于一类更大的称作频率采样滤波器(Frequency Sampling Filter，FSF)的系统。频率采样滤波器可以作为通道器或抽取滤波器，将信息波谱分解成一组离散的子带，在多用户通信系统中便是如此。经典 FSF 由一个梳状滤波器与一组频率选择谐振器级联[4 和 73]。这些谐振器各自产生一个极点集合，分别有选择地抵消梳状预滤波器产生的零点。对谐振器的输出进行增益调整，从而改变整个滤波器最终的幅值频率响应。FSF 也可以通过级联全极点滤波器部分和全零点滤波器(梳状)部分来创建，如图 5-32 所示。通过选择梳状部分的延迟 $1\pm z^{-D}$，从而使其零点抵消全极点预滤波器的极点，如图 5-33 所示。无论复杂的极点在哪里，都会有一个相应的复杂零点将其抵消，最终生成全零 FIR 滤波器，而且具有通常的线性相位和常系数组延迟属性。

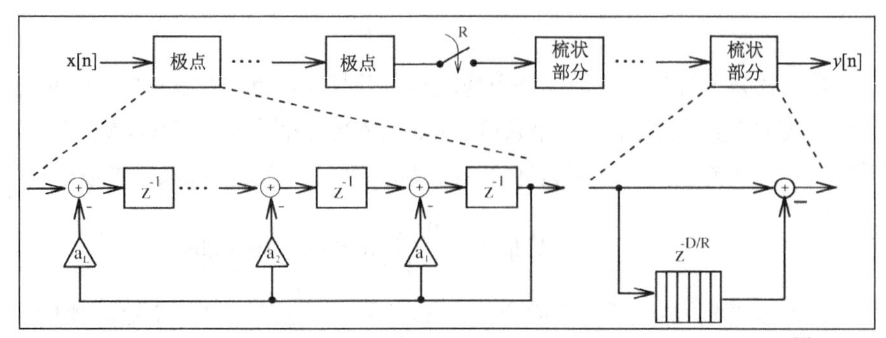

图 5-32 为节省多级信号处理的延迟因子 R 而将频率采样滤波器级联[4]

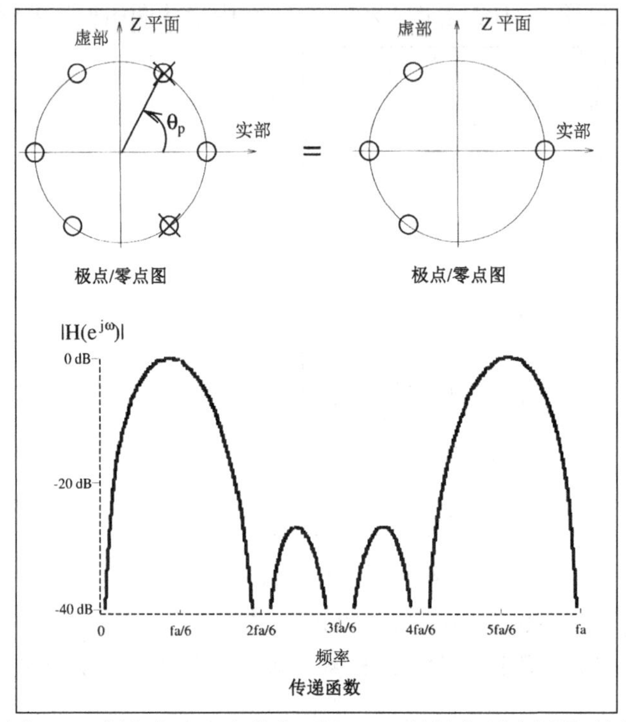

图 5-33 极角度 60° 和梳状延迟 $D=6$ 的极点/零点抵消示例

频率采样滤波器令多级滤波器组设计人员感兴趣的部分原因，在于其固有的低复杂性和线性相位特征。FSF 设计依赖于精确的极点-零点抵消，经常在嵌入式场合中得到应用。精确的 FSF 极点-零点抵消可以通过使用二进制补码或 RNS 的整数环定义的多项式滤波器来保证。这样开发的 FSF 滤波器的极点可以驻留在单位圆的边缘上。这种有条件的不稳定位置是可以接受的，主要是由于精确的极点-零点抵消的保证。如果没有这种保证，设计人员就必须将谐振器的极点放置在单位圆内部，这在性能方面会有所损失。此外，允许 FSF 极点和零点驻留在单位圆上，可以创建一个带有较少乘法器的 FSF，而且降低随之产生的复杂性，增加数据带宽。

下面来研究如图 5-32 所示的滤波器。可以看到，第一级(整系数)滤波器部分产生的极点位于角度 0° 和 180° 处，根据关系式 $2\cos(2\pi K/D) = 1$、0 和 -1 得到，第二级(整系数)滤波器部分产生的极点分别位于角度 60°、90° 和 120° 处。表 5-6 给出了高阶部分的频率选择性，并给出了所有具有整系数并且根在单位圆上，同时阶数不超过 6 阶的多项式的角频率。表 5-6 给出的构造模块可以高效地设计和实现这样的 FSF 滤波器。例如，可以开发二进制补码(也就是 RNS 单模)滤波器组作为常系数 Q 的语音处理滤波器组。其频率覆盖范围在 900Hz 和 8000Hz 之间[133 和 134]，采用 16kHz 的采样频率。接下来在该设计中添加整系数半带滤波 HB6[89]抑畸变滤波器和一个三级自由乘法 CIC 滤波器(也称作 Hogenauer 滤波器[127]，请参阅 5.3 节)，进一步抑制不需要的频率分量，如图 5-34 所示。每个谐振器的带宽都可以通过梳状部分的级数和延迟数量独立地调节。为了满足预期的带宽要求，需要优化级数和延迟数量。所有的频率选择滤波器都有两级和两个延迟。

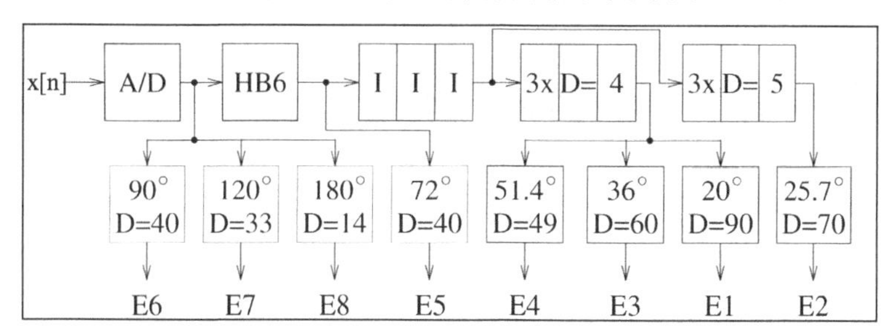

图 5-34　由半带和 CIC 预滤波器以及 FSF 梳状谐振器部分组成的滤波器组的设计

表 5-6　生成不超过 6 阶的唯一角极点位置的整系数滤波器，显示了滤波器系数及单位圆上根的非冗余角度位置

$C_k(z)$	阶数	a_0	a_1	a_2	a_3	a_4	a_5	a_6	θ_1	θ_2	θ_3
$-C_1(z)$	1	1	-1						0°		
$C_2(z)$	1	1	1						180°		
$C_6(z)$	2	1	-1	1					60°		
$C_4(z)$	2	1	0	1					90°		
$C_3(z)$	2	1	1	1					120°		
$C_{12}(z)$	4	1	0	-1	0	1			30°	150°	
$C_{10}(z)$	4	1	-1	1	-1	1			36°	108°	
$C_8(z)$	4	1	0	0	0	1			45°	135°	
$C_5(z)$	4	1	1	1	1	1			72°	144°	
$C_{16}(z)$	6	1	0	0	-1	0	0	1	20.00°	100.00°	140.00°
$C_{14}(z)$	6	1	-1	1	-1	1	-1	1	25.71°	77.14°	128.57°
$C_7(z)$	6	1	1	1	1	1	1	1	51.42°	102.86°	154.29°
$C_9(z)$	6	1	0	0	1	0	0	1	40.00°	80.00°	160.00°

表 5-7 给出了采用 Xilinx XC4000 FPGA 作原型设计的滤波器组。采用高级设计工具(Xilinx 提供的 XBLOCKS)，使用的 CLB 数量通常要比理论上由统计加法器、触发器、ROM 和 RAM 得到的预期数值高 20%左右。

FSF 的设计可以通过改变梳状部分的延迟、通道的幅值或梳状部分的数量来操控。例如，梳状延迟的调整就很容易实现，因为 CLB 用作 32×1 的存储器单元，而计数器则利用作为存储器单元的 CLB 实现特定的梳状部分延迟。

表 5-7　Xilinx XC4000 FPGA 使用的 CLB 数量(注意 F20D90 的含义是滤波器的极角为 20.00°、梳状延迟 D=90)。总计：实际 1572 个 CLB。非递归 FIR:11 292 个 CLB

	F20D90	F25D70	F36D60	F51D49	F72D40	F90D40	F120D33	F180D14	HB6	III	D4	D5
理论数量	122	184	128	164	124	65	86	35	122	31	24	24
实际数量	160	271	190	240	190	93	120	53	153	36	33	33
非递归 FIR 数量	2256	1836	1924	1140	1039	1287	1260	550				

5.6　任意采样速率转换器的设计

绝大部分采样速率转换器可以通过有理数采样速率转换器系统实现，这在前面已经讨论过。图 5-7 描述了该系统，先经 R_1 的向上采样，随后经 R_2 的向下采样。接下来讨论不同的设计选项，其范围涵盖从 IIR、FIR 滤波器到拉格朗日和样条插值。

为加以说明，看一下有理数因子采样速率变换的设计过程，首先是 $R_1 = 3$ 的插值，随后是 $R_2 = 4$ 的抽取，也就是速率变换率 $R = R_1/R_2 = 3/4 = 0.75$。

例 5.9　$R = 0.75$ 的速率变换器 I

现在需要设计一个先 3 倍插值、后 4 倍抽取的中心低通滤波器，图 5-7 给出了系统原理图。只需要实现截止频率为 $\min(\pi/3, \pi/4) = \pi/4$ 的一个低通滤波器。在 MATLAB 中，滤波器设计过程中的频率已经标准化为 $f_2/2 = \pi$，具有 50dB 阻带衰减的 10 阶切比雪夫 II 型滤波器的设计由以下代码实现：

```
[B, A] = cheby2(10, 50, 0.25)
```

之所以选择切比雪夫 II 型滤波器，是因为其具有平坦的通带和阻带纹波，以及适中的滤波器长度，所以在诸多应用领域都是一个不错的选择。如果想要减少滤波器系数对量化的敏感度，就可以采用双二阶的实现形式替代直接形式，请参阅例 4.2。在 MATLAB 中用以下代码实现：

```
[SOS, gain] = tf2sos(B, A)
```

用这一 IIR 滤波器就可以对有理数速率变换仿真。图 5-35 给出了三角形测试信号的仿真结果。图 5-35(a)是初始输入序列。图 5-35(b)是经 3 倍向上采样再经 IIR 滤波器滤波的信号，图 5-35(c)是向下采样后的信号。

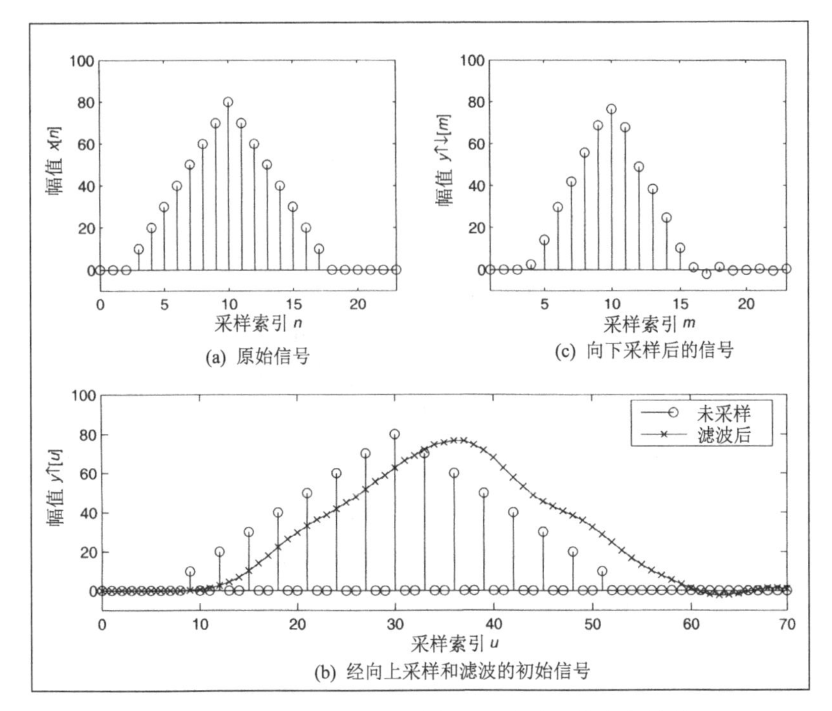

图 5-35　有理数速率变换的 IIR 滤波器的仿真结果

尽管通过 IIR 滤波器的有理数插值并不完美，但可以看到三角形形状得以很好保留下来，不过在三角形后信号应为 0 的时候还可以观察到三角形附近滤波器的振铃。有人会问，如果使用可以在频域内构造的严格低通滤波器，是否能够改进插值？除了使用时域内的 IIR 滤波器，还可以尝试通过基于频域的 DFT/FFT 方法进行插值[135]。为了保持帧处理简单，这里选择长度为 N 的 DFT 或 FFT，其中 N 为速率变换因子的倍数，也就是 $N=k\times R_1\times R_2$，$k\in\mathrm{N}$。所需处理步骤总结如下：

算法 5.10　应用 FFT 的有理数速率变换

通过 FFT 计算 $R=R_1/R_2$ 的速率变换的算法如下：

(1) 选择一个 $k\times R_2$ 个采样值的块。

(2) 在所有采样值之间插入(R_1-1)个零点。

(3) 计算长度为 $N=k\times R_1\times R_2$ 的 FFT。

(4) 在频域内应用低通滤波器运算。

(5) 计算长度为 $N=k\times R_1\times R_2$ 的 IFFT。

(6) 通过 R_1 向下采样计算最终的输出序列，也就是保持 $k\times R_2$ 个采样值。

接下来用一个数值少的示例演示这一算法。

例 5.11　R = 0.75 的速率变换器 II

假设已有三角形输入序列 x 要经 $R=R_1/R_2=3/4=0.75$ 的插值。选择 $k=1$。具体步骤如下：

(1) 原始块 $x=(1, 2, 3, 4)$。

(2) 经 3 倍插值得到 $x_i = (1, 0, 0, 2, 0, 0, 3, 0, 0, 4, 0, 0)$。

(3) 计算 FFT，得到 $X_i = (10, -2+j2, -2, 2-j2, 10, -2+j2, -2, -2-j2, 10, -2+j2, -2, -2-j2)$。

(4) 在频域内经过低通滤波运算，得到 $X_{\text{lp}} = (10, -2+j2, -2, 0, 0, 0, 0, 0, 0, 0, -2, -2-j2)$。

(5) 计算 IFFT，$y = 3\times\text{ifft}(X_{\text{lp}})$。

(6) 向下采样，最终得到 $y = (0.5000, 2.6340, 4.3660)$。

现在把这一块处理方法应用到如图 5-36(a)所示的三角形序列。从图 5-36(b)的结果可以看到块之间的边界效应，并将其与图 5-36(d)中全长度输入数据的 FFT 插值结果作比较。这是由于 DFT 的潜在假设是时域和频域中的信号为周期性的。可以通过使用窗函数提高质量，逐渐光滑地将边界扰动降低到零。不过这样也会降低输出序列中有用采样的数量，而且还需要实现一个重叠模块处理。还可以通过采用更长的(比如 $k>1$)FFT 加以改进并移除前面和后面的采样。图 5-36(c)给出了 $k=2$ 并移除前后 50%采样的结果。有人会问，为什么不采用更长的 FFT，正如图 5-36(d)所示的完整长度的 FFT 仿真结果，更长的 FFT 的结果更好？更倾向于短 FFT 的原因来自计算角度的考虑：越长的 FFT，每个输出采样就需要越多的工作量。尽管 $k>1$ 时每个 FFT 会有更多输出值，总体所需 FFT 更少，每个基 2 FFT 的每次采样的计算量是 $\text{ld}(N)/2$ 次复数乘法，因为 FFT 需要为 N 点基 2(radix-2)FFT 进行 $\text{ld}(N)N/2$ 次复数乘法，所以短 FFT 会降低计算量。

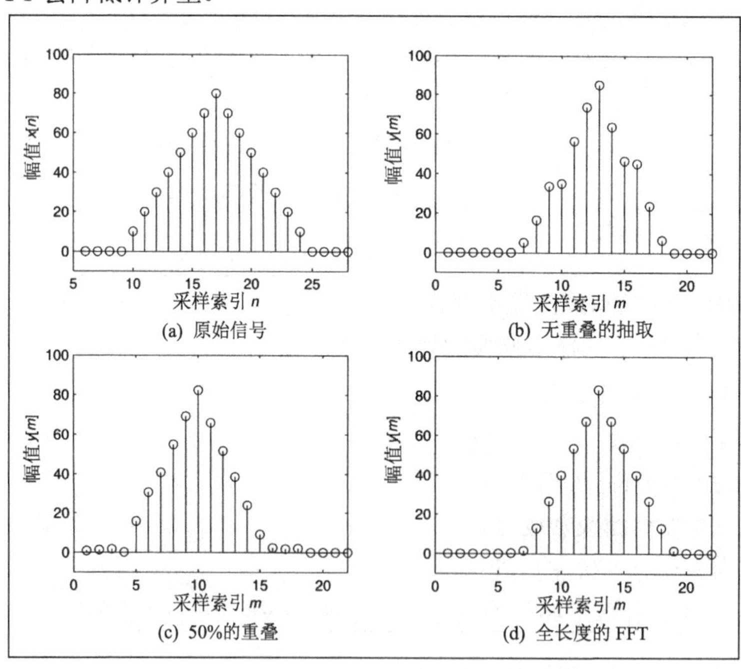

图 5-36　基于有理数速率变换的 FFT

已知用于生产更佳逼近的更长的 FFT 与计算量需要更短的 FFT 之间的矛盾，现在就要简要讨论如何简化算法 5.10 中两个长 FFT 的计算量。有两种主要简化措施。

第一种是前向变换：插值序列有很多个 0，如果使用 Cooley-Tukey 基于时域的抽取算法，就可以将所有非零值分到一个 DFT 模块中，余下的 $k(R_1 \times R_2 - R_2)$在其他 $R_2 - 1$ 组中。这与全长度 $N = k \times R_1 \times R_2$ 的 FFT 相比，实际上只有一个长度为 $k \times R_2$ 的 FFT 需要计算。

第二种简化可以通过计算频域内的向下采样来实现。两倍向下采样需要为所有 $k \leqslant N/2$ 计算：

$$F_{\downarrow 2}(k) = F(k) + F(k + N/2) \tag{5-42}$$

这是因为，在时域中向下采样导致基带缩放 2 倍的奈奎斯特频率重复。在算法 5.10 中需要进行 R_2 的向下采样，计算如下：

$$F_{\downarrow R_2}(k) = \sum_n F(k + nN/R_2) \tag{5-43}$$

如果考虑到频域中低通滤波器的许多采样都被置 0，式(5-43)中必要的求和次数就会进一步降低。所需的 IFFT 长度仅为 $k \times R_1$。

为阐明节省的计算量，我们假定实现的 FFT 和 IFFT 均需要 $\mathrm{ld}(N)\,N/2$ 次复数乘法。改进的算法提高了：

$$F = \frac{2\dfrac{kR_1R_2}{2}\mathrm{ld}(kR_1R_2)}{\dfrac{kR_1}{2}\mathrm{ld}(kR_1) + \dfrac{kR_2}{2}\mathrm{ld}(kR_2)} \tag{5-44}$$

用 $R = 3/4$ 和 50%的重叠仿真，就得到：

$$F = \frac{\mathrm{ld}(24)24}{\mathrm{ld}(6)6/2 + \mathrm{ld}(8)8/2} = 5.57 \tag{5-45}$$

如果采用 Winograd 短项 DFT 算法(请参阅 6.1.6 节)代替 Cooley-Tukey FFT，提高会更大。

5.6.1　分数延迟速率变换

在某些应用中，输入和输出采样速率的商接近于 1，比如在前面的示例中，$R = 3/4$。考虑另一个示例：从 DAT 速率(48kHz)变换到 CD 播放器速率(44.1kHz)，其间需要一个有理数变换因子 $R = 147/160$。在这一示例中先使用一次采样速率插值，后使用一次采样速率降低的直接方法，对于低通插值滤波器需要具有非常高的采样速率。例如，在 DAT→CD 转换中滤波器必须以 147 倍的输入采样速率运行。

在 R_1 较大的这些示例中，可以考虑在分数延迟帮助下实现速率的变换。简要评论这种思路后将讨论两种不同版本的 HDL 编码。下面用速率变换 $R = 3/4$ 的示例阐述这一思路。图 5-37(a)给出了某一系统的输入和输出采样栅格。对于每一组的 4 个输入值，系统要计算 3 个经过插值的输出采样值。从滤波器的角度，需要 3 个单位传递函数的滤波器：一个滤波器为零延迟，另外两个滤波器实现的延迟分别为 $D = \pm 4/3$。单位频率的滤波器是时域内的 sinc 或 $\sin(t)/t = \mathrm{sinc}(t)$滤波器。必须允许初始延迟才能使得滤波器成为可实现的(即因果的)。图 5-37(b)给出了滤波器的配置，图 5-38 分别是长度为 11 的滤波器对延迟 $5 - 4/3 = 3.\overline{6}$、5 和 $5 + 4/3 = 6.\overline{3}$ 的脉冲响应。

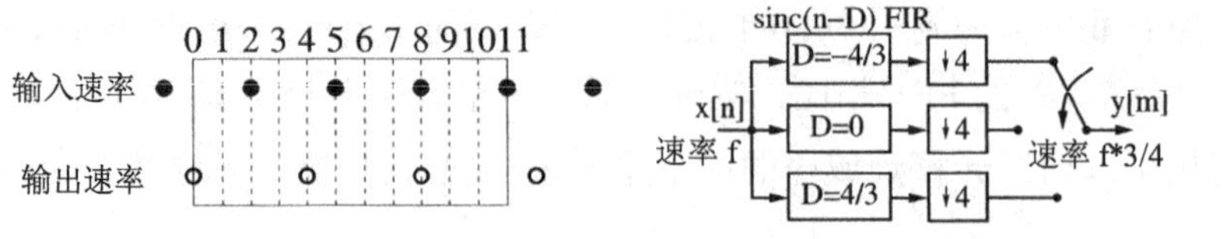

(a) 分数延迟速率变换的输入和输出采样栅格 (b) $R = 3/4$ 的 sinc 滤波器系统的滤波器配置

图 5-37 输入、输出采样栅格与滤波器配置

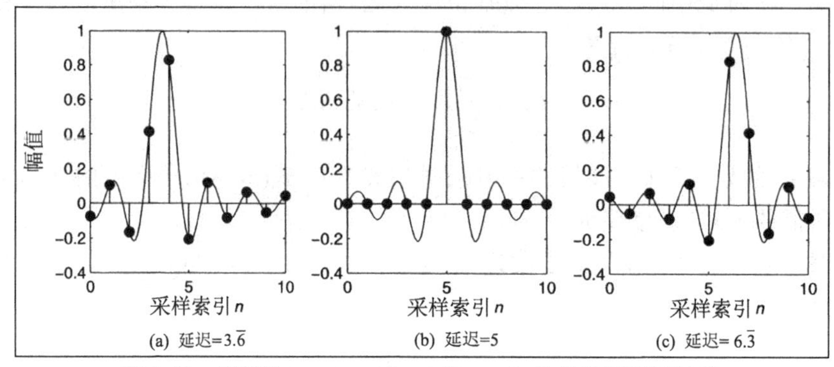

图 5-38 延迟为 $D = 5 - 4/3$、5 和 5+4/3 的分数延迟滤波器

现在为这三个滤波器应用三角形输入信号，为每组的 4 个输入采样值计算三个输出采样值。图 5-39(c)给出了长度为 11 的 sinc 滤波器的仿真结果。图 5-39(b)说明长度为 5 的滤波器输出纹波太多以至于不具有使用价值。虽然长度为 11 的 sinc 滤波器生成光滑得多的三角形输出，但在输出应为零的时候，由于吉布斯现象可以在三角函数后观察到一些纹波。

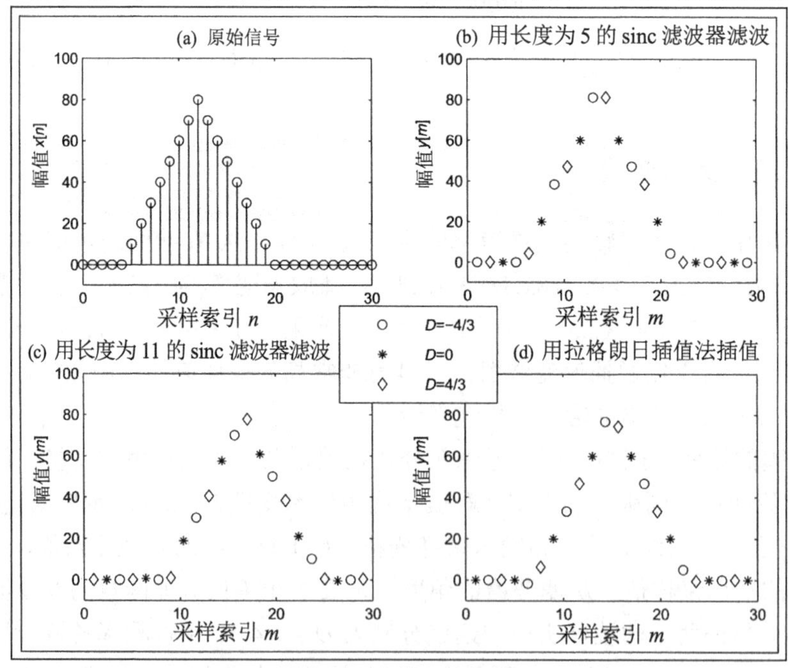

图 5-39 分数延迟插值

接下来看一下采用 sinc 滤波器的分数延迟速率变换器的 HDL 实现。

例 5.12　R=0.75 的速率变换器 III

下面的 VHDL 代码[5]给出了 $R=3/4$ 速率变换的 sinc 滤波器设计：

```
PACKAGE n_bits_int IS          -- User-defined types
  SUBTYPE U4 IS INTEGER RANGE 0 TO 15;
  SUBTYPE S8 IS INTEGER RANGE -128 TO 127;
  SUBTYPE S9 IS INTEGER RANGE -2**8 TO 2**8-1;
  SUBTYPE S11 IS INTEGER RANGE -2**16 TO 2**16-1;
  TYPE A0_10S8 IS ARRAY (0 TO 10) of S8;
  TYPE A0_10S9 IS ARRAY (0 TO 10) of S9;
  TYPE A0_2S8 IS ARRAY (0 TO 2) of S8;
  TYPE A0_3S8 IS ARRAY (0 TO 3) of S8;
  TYPE A0_10S17 IS ARRAY (0 TO 10) of S17;
END n_bits_int;

LIBRARY work;
USE work.n_bits_int.ALL;

LIBRARY ieee;
USE ieee.std_logic_1164.ALL;
USE ieee.std_logic_arith.ALL;
USE ieee.std_logic_signed.ALL;
-- -------------------------------------------------------------
ENTITY rc_sinc IS                              ------> Interface
  GENERIC (OL : INTEGER := 2; -- Output buffer length -1
           IL : INTEGER := 3; -- Input buffer length -1
           L  : INTEGER := 10 -- Filter length -1
          );
  PORT (clk        : IN  STD_LOGIC; -- System clock
        reset      : IN  STD_LOGIC; -- Asynchronous reset
        x_in       : IN  S8;   -- System input
        count_o    : OUT U4;   -- Counter FSM
        ena_in_o   : OUT BOOLEAN;  -- Sample input enable
        ena_out_o  : OUT BOOLEAN;  -- Shift output enable
        ena_io_o   : OUT BOOLEAN;  -- Enable transfer2output
        f0_o       : OUT S9;  -- First Sinc filter output
        f1_o       : OUT S9;  -- Second Sinc filter output
        f2_o       : OUT S9;  -- Third Sinc filter output
        y_out      : OUT S9); -- System output
END rc_sinc;
```

5. 这一示例相应的 Verilog 代码文件 rc-sinc.v 可以在附录 A 中找到，附录 B 给出了合成结果。

```
-- ---------------------------------------------------------------
ARCHITECTURE fpga OF rc_sinc IS

  SIGNAL count   : U4; -- Cycle R_1*R_2
  SIGNAL ena_in, ena_out, ena_io : BOOLEAN; -- FSM enables
  -- Constant arrays for multiplier and taps:
  CONSTANT c0    : A0_10S9
                 := (-19,26,-42,106,212,-53,29,-21,16,-13,11);
  CONSTANT c2    : A0_10S9
                := (11,-13,16,-21,29,-53,212,106,-42,26,-19);
  SIGNAL x : A0_10S8;
                          -- TAP registers for 3 filters
  SIGNAL ibuf : A0_3S8; -- TAP in registers
  SIGNAL obuf : A0_2S8;  -- TAP out registers
  SIGNAL f0, f1, f2 : S9; -- TAP Filter outputs

BEGIN

  FSM: PROCESS (reset, clk)    ------> Control the system
  BEGIN                           -- sample at clk rate
    IF reset = '1' THEN           -- Asynchronous reset
      count <= 0;
    ELSIF rising_edge(clk) THEN
      IF count = 11 THEN
        count <= 0;
      ELSE
        count <= count + 1;
      END IF;
      CASE count IS
        WHEN 2 | 5 | 8 | 11 =>
          ena_in <= TRUE;
         WHEN others =>
          ena_in <= FALSE;
      END CASE;
      CASE count IS
        WHEN 4 | 8 =>
          ena_out <= TRUE;
         WHEN others =>
          ena_out <= FALSE;
      END CASE;
      IF COUNT = 0 THEN
        ena_io <= TRUE;
      ELSE
        ena_io <= FALSE;
```

```
    END IF;
  END IF;
END PROCESS FSM;

INPUTMUX: PROCESS(clk, reset) ------> One tapped delay line
BEGIN
  IF reset = '1' THEN -- Asynchronous clear
    FOR I IN 0 TO IL LOOP
      ibuf(I) <= 0;       -- Clear one
    END LOOP;
  ELSIF rising_edge(clk) THEN
    IF ENA_IN THEN
      FOR I IN IL DOWNTO 1 LOOP
        ibuf(I) <= ibuf(I-1);       -- shift one
      END LOOP;
      ibuf(0) <= x_in;             -- Input in register 0
    END IF;
  END IF;
END PROCESS;

OUPUTMUX: PROCESS(clk, reset) ------> One tapped delay line
BEGIN
  IF reset = '1' THEN -- Asynchronous clear
    FOR I IN 0 TO OL LOOP
      obuf(I) <= 0;       -- Clear one
    END LOOP;
  ELSIF rising_edge(clk) THEN
    IF ENA_IO THEN  -- store 3 samples in output buffer
      obuf(0) <= f0 ;
      obuf(1) <= f1;
      obuf(2) <= f2 ;
    ELSIF ENA_OUT THEN
      FOR I IN OL DOWNTO 1 LOOP
        obuf(I) <= obuf(I-1);       -- shift one
      END LOOP;
    END IF;
  END IF;
END PROCESS;

TAP: PROCESS(clk, reset)    ------> One tapped delay line
BEGIN                         -- get 4 samples at one time
  IF reset = '1' THEN -- Asynchronous clear
    FOR I IN 0 TO 10 LOOP
```

```
      x(I) <= 0;       -- Clear register
    END LOOP;
  ELSIF rising_edge(clk) THEN
    IF ENA_IO THEN
      FOR I IN 0 TO 3 LOOP -- take over input buffer
        x(I) <= ibuf(I);
      END LOOP;
      FOR I IN 4 TO 10 LOOP    -- 0->4; 4->8 etc.
        x(I) <= x(I-4);        -- shift 4 taps
      END LOOP;
    END IF;
  END IF;
END PROCESS;

SOP0: PROCESS(clk, reset, x) --> Compute sum-of-products
VARIABLE sum : S17;                             -- for f0
VARIABLE p : A0_10S17;
BEGIN
  FOR I IN 0 TO L LOOP -- Infer L+1  multiplier
    p(I) := c0(I) * x(I);
  END LOOP;
  sum := p(0);
  FOR I IN 1 TO L  LOOP      -- Compute the direct
    sum := sum + p(I);        -- filter adds
  END LOOP;
  IF reset = '1' THEN  -- Asynchronous clear
    f0 <= 0;
  ELSIF rising_edge(clk) THEN
    f0 <= sum /256;
  END IF;
END PROCESS SOP0;

SOP1: PROCESS(clk, reset) --> Compute sum-of-products
BEGIN                                         -- for f1
  IF reset = '1' THEN -- Asynchronous clear
    f1 <= 0;
  ELSIF rising_edge(clk) THEN
    f1 <= x(5);  -- No scaling, i.e. unit inpulse
  END IF;
END PROCESS SOP1;

SOP2: PROCESS(clk, reset, x) --> Compute sum-of-products
VARIABLE sum : S17;                            -- for f2
```

```
    VARIABLE p : A0_10S17;
    BEGIN
      FOR I IN 0 TO L LOOP -- Infer L+1  multiplier
        p(I) := c2(I) * x(I);
      END LOOP;
      sum := p(0);
      FOR I IN 1 TO L  LOOP        -- Compute the direct
        sum := sum + p(I);         -- filter adds
      END LOOP;
      IF reset = '1' THEN -- Asynchronous clear
        f2 <= 0;
      ELSIF rising_edge(clk) THEN
        f0 <= sum /256;
      END IF;
    END PROCESS SOP2;
    f0_o <= f0;       -- Provide some test signal as outputs
    f1_o <= f1;
    f2_o <= f2;
    count_o <= count;
    ena_in_o <= ena_in;
    ena_out_o <= ena_out;
    ena_io_o <= ena_io;

    y_out <= obuf(OL); -- Connect to output

  END fpga;
```

第一个 PROCESS 是 FSM，其中包括控制流程和输入、输出缓存器的使能信号的生成，以及三个滤波器的使能信号 ena_io。完整的循环需要 12 个时钟周期。接下来的三个 PROCESS 包括输入缓存器、输出缓存器和 TAP 延迟线。注意：三个滤波器只使用一个抽头延迟线。最后三个 PROCESS 模块包含 sinc 滤波器。输出 y_out 有一位附加的保护位。这一设计使用了 880 个 LE，没有用到嵌入式乘法器，使用 TimeQuest 缓慢 85C 模型的时序电路性能 Fmax=59.53MHz。

图 5-40 给出了滤波器的仿真结果。首先显示 FSM 的控制信号和使能信号，采用三角形输入 x_in。三个滤波器的输出每 12 个时钟周期才更新一次。滤波器输出值(f0、f1、f2)按正确顺序排列，从而生成输出 y_out。可以看到来自 f1 的滤波器值 20 和 60 在输出序列中保持不变，而其他值则是插入的。

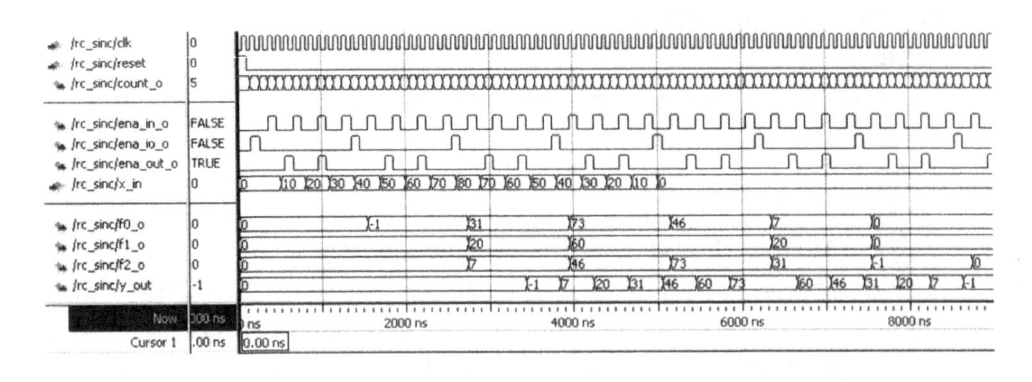

图 5-40 采用了三个 sinc 滤波器的 $R = 3/4$ 速率变换的 VHDL 仿真结果

需要注意的是，在这个特殊例子中，滤波器是以直接形式而不是转置形式实现的，因为目前三个滤波器都只需要一个抽头延迟线。由于设计的复杂性，这个示例的编码类型更多基于清晰性而不是效率角度考虑。如果滤波器的系数采用 MAG 编码并在滤波器求和的位置增加流水线加法器树，那么还可以进一步改进滤波器的性能，请参阅练习 5.15.

5.6.2 多项式分数延迟设计

只要延迟数量(也就是要实现的速率变换因子 $R = R_1/R_2$ 的分子 R_1)较小，通过一组低通滤波器实现分数延迟就很有吸引力。但当 R_1 很大时，例如 DAT→CD 转换所需的变换因子 $R = 147/160$，就意味着很大的工作量，因为需要实现 147 个不同的低通滤波器。这样通过采用拉格朗日多项式或样条多项式的多项式逼近[136,137]计算分数延迟就更有吸引力。所谓的 N 点拉格朗日多项式逼近的类型如下：

$$p(t) = c_0 + c_1 t + c_2 t^2 + \ldots + c_{N-1} t^{N-1} \tag{5-46}$$

其中通常 3 或 4 点就足够，不过有些高质量的音响应用多达 10 项[138]。拉格朗日多项式逼近在结尾有振荡趋势，估计区间应在多项式的中心。图5-41 阐述了仅有两个非零值的信号的情形。还可以观察到长度为 4 的多项式已给出中心区间(也就是 $0 \leqslant n \leqslant 1$)一个很好的逼近，从长度为 4 到长度为 8 的多项式的提高不是很明显。逼近区间的较差选择是第一个和最后一个区间，例如，对于长度为 8 的多项式，范围 $3 \leqslant n \leqslant 4$，这样的选择将说明振荡和误差都非常大。因此，所用的输入采样集合应关于区间中心对称，这样分数延迟就是逼近的，从而使 $0 \leqslant d \leqslant 1$。在时间点 $-N/2-2$，…，$N/2$ 使用输入采样。例如，对于 4 点，在 -1、0、1、2 处使用输入采样。为了拟合通过采样点的多项式 $p(t)$，将采样时间和 $x(t)$ 的值代入式(5-46)并求解关于系数 c_k 的方程。由这个矩阵方程 $Vc=x$ 导出所谓的拉格朗日多项式[86 和 136]，例如当 N=4 时，得到：

$$\begin{bmatrix} 1 & t_{-1} & t_{-1}^2 & t_{-1}^3 \\ 1 & t_0 & t_0^2 & t_0^3 \\ 1 & t_1 & t_1^2 & t_1^3 \\ 1 & t_2 & t_2^2 & t_2^3 \end{bmatrix} \begin{bmatrix} c_0 \\ c_1 \\ c_2 \\ c_3 \end{bmatrix} = \begin{bmatrix} x(n-1) \\ x(n) \\ x(n+1) \\ x(n+2) \end{bmatrix} \tag{5-47}$$

其中 $t_k = k$；需要求解未知系数为 c_n 的方程。可以观察到关于 t_k 的矩阵是范得蒙矩阵，它是用于 DFT 的一种常用的矩阵类型。范得蒙矩阵的每一行都是用一个基本元素的幂级数构造的，也就是 $t_k^l = 1, t_k, t_k^2$，依此类推。替换 t_k 并对矩阵求逆，得到：

$$\begin{bmatrix} c_0 \\ c_1 \\ c_2 \\ c_3 \end{bmatrix} = \begin{bmatrix} 1 & -1 & 1 & -1 \\ 1 & 0 & 0 & 0 \\ 1 & 1 & 1 & 1 \\ 1 & 2 & 4 & 8 \end{bmatrix}^{-1} \times \begin{bmatrix} x(n-1) \\ x(n) \\ x(n+1) \\ x(n+2) \end{bmatrix} = \begin{bmatrix} 0 & 1 & 0 & 0 \\ -1/3 & -1/2 & 1 & -1/6 \\ 1/2 & -1 & 1/2 & 0 \\ -1/6 & 1/2 & -1/2 & 1/6 \end{bmatrix} \times \begin{bmatrix} x(n-1) \\ x(n) \\ x(n+1) \\ x(n+2) \end{bmatrix} \tag{5-48}$$

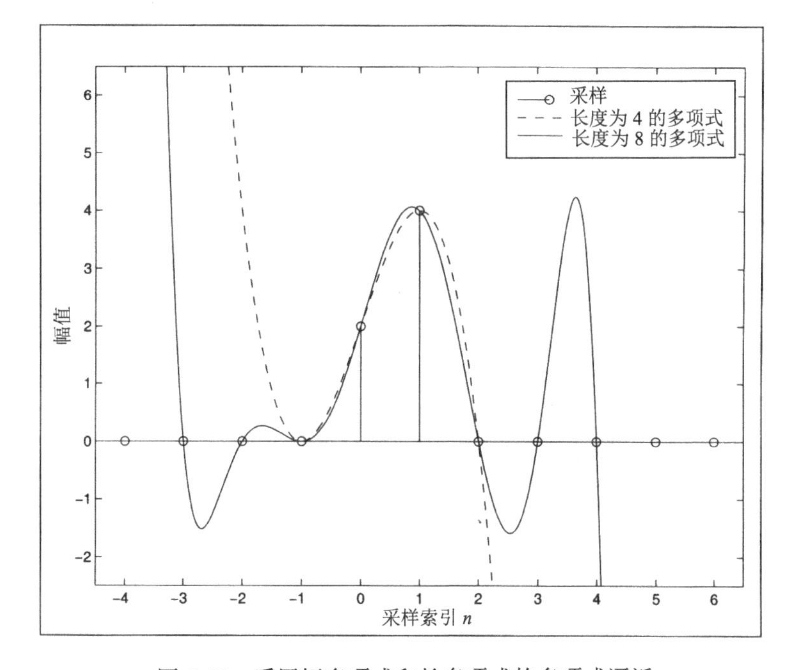

图 5-41　采用短多项式和长多项式的多项式逼近

对于每个输出采样都需要确定分数延迟值 d，求解矩阵方程(5-48)，并通过式(5-46)最终计算级数多项式逼近。图 5-39(d)给出了使用拉格朗日逼近的仿真结果，这给出了合理的精确逼近，与 sinc 设计相比，在三角波对应值附近，假定输入值和输出值为零的位置，拉格朗日逼近中几乎没有纹波。

如果采用 Horner 模式，就可以更高效地计算多项式赋值等式，不是直接计算赋值等式(5-46)：

$$p(d) = c_0 + c_1 d + c_2 d^2 + c_3 d^3 \tag{5-49}$$

而是采用 $N=4$ 的 Horner 模式：

$$p(d)=c_0+d(c_1+d(c_2+c_3d)) \tag{5-50}$$

优点就是不需要计算幂值 d^k。由于这一方法首先由 Farrow 提出[139]，因此在文献中将其称为 Farrow 结构[140-143]。图 5-42(b)给出了 4 个系数的 Farrow 结构。

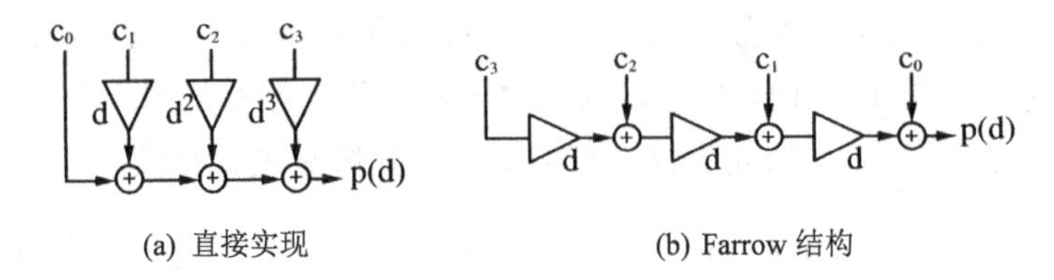

(a) 直接实现　　(b) Farrow 结构

图 5-42　通过一个 $N=4$ 的多项式逼近的分数延迟

接下来看一个实现多项式分数延迟设计的示例。

例 5.13　R=0.75 的速率变换器 IV

下面的 VHDL 代码[6]给出了对于 $R=3/4$ 速率变换采用三阶拉格朗日多项式的 Farrow 设计：

```
PACKAGE n_bits_int IS          -- User defined types
  SUBTYPE U4 IS INTEGER RANGE 0 TO 15;
  SUBTYPE S8 IS INTEGER RANGE -128 TO 127;
  SUBTYPE S9 IS INTEGER RANGE -2**8 TO 2**8-1;
  SUBTYPE S17 IS INTEGER RANGE -2**16 TO 2**16-1;
  TYPE A0_3S8 IS ARRAY (0 TO 3) of S8;
END n_bits_int;

LIBRARY work;
USE work.n_bits_int.ALL;

LIBRARY ieee;
USE ieee.std_logic_1164.ALL;
USE ieee.std_logic_arith.ALL;
USE ieee.std_logic_signed.ALL;
-- --------------------------------------------------------------
ENTITY farrow IS                          ------> Interface
  GENERIC (IL : INTEGER := 3); -- Input puffer length -1
  PORT (clk         : IN  STD_LOGIC; -- System clock
        reset       : IN  STD_LOGIC; -- Asynchronous reset
        x_in        : IN  S8;        -- System input
        count_o     : OUT U4;        -- Counter FSM
        ena_in_o    : OUT BOOLEAN;   -- Sample input enable
        ena_out_o   : OUT BOOLEAN;   -- Shift output enable
        c0_o, c1_o, c2_o, c3_o  : OUT S9; -- Phase delays
        d_out       : OUT S9);       -- Delay used
        y_out       : OUT S9);       -- System output
```

6. 这一示例相应的 Verilog 代码文件 farrow.v 可在附录 A 中找到，附录 B 中给出了合成结果。

```
END farrow;
-- ----------------------------------------------------------------
ARCHITECTURE fpga OF farrow IS

  SIGNAL count  : INTEGER RANGE 0 TO 12; -- Cycle R_1*R_2
  CONSTANT delta : INTEGER := 85; -- Increment d
  SIGNAL ena_in, ena_out : BOOLEAN; -- FSM enables
  SIGNAL x, ibuf : A0_3S8 := (0,0,0,0); -- TAP reg.
  SIGNAL  d : S9 := 0; -- Fractional Delay scaled to 8 bits
  -- Lagrange matrix outputs:
  SIGNAL c0, c1, c2, c3    : BITS9 := 0;

BEGIN

  FSM: PROCESS (reset, clk)   ------> Control the system
  VARIABLE dnew : S9 := 0;
  BEGIN                        -- sample at clk rate
    IF reset = '1' THEN               -- Asynchronous reset
      count <= 0;
      d <= delta;
    ELSIF rising_edge(clk) THEN
      IF count = 11 THEN
        count <= 0;
      ELSE
        count <= count + 1;
      END IF;
      CASE count IS
        WHEN 2 | 5 | 8 | 11 =>
          ena_in <= TRUE;
         WHEN others =>
          ena_in <= FALSE;
      END CASE;
      CASE count IS
        WHEN 3 | 7 | 11 =>
          ena_out <= TRUE;
         WHEN others =>
          ena_out <= FALSE;
      END CASE;
 -- Compute phase delay
      IF ENA_OUT THEN
        dnew := d + delta;
        IF dnew >= 255 THEN
         d <= 0;
        ELSE
         d <= dnew;
        END IF;
      END IF;
    END IF;
  END PROCESS FSM;
```

```
TAP: PROCESS(clk, reset)      ------> One tapped delay line
BEGIN
  IF reset = '1' THEN -- Asynchronous clear
    FOR I IN 0 TO IL LOOP
      ibuf(I) <= 0;      -- Clear register
    END LOOP;
  ELSIF rising_edge(clk) THEN
    IF ENA_IN THEN
      FOR I IN 1 TO IL LOOP
        ibuf(I-1) <= ibuf(I);         -- Shift one
      END LOOP;
      ibuf(IL) <= x_in;         -- Input in register IL
    END IF;
  END IF;
END PROCESS;


GET: PROCESS(clk, reset)  ------> Get 4 samples at one time
BEGIN
  IF reset = '1' THEN -- Asynchronous clear
    FOR I IN 0 TO IL LOOP
      x(I) <= 0;      -- Clear register
    END LOOP;
  ELSIF rising_edge(clk) THEN
    IF ENA_OUT THEN
      FOR I IN 0 TO IL LOOP -- take over input buffer
        x(I) <= ibuf(I);
      END LOOP;
    END IF;
  END IF;
END PROCESS;

--> Compute sum-of-products:
SOP: PROCESS (clk, reset, ENA_OUT, c0, c1, c2, c3, d)
VARIABLE y : S9;
BEGIN
-- Matrix multiplier iV=inv(Vandermonde) c=iV*x(n-1:n+2)'
--       x(0)    x(1)         x(2)       x(3)
-- iV=     0     1.0000          0          0
--    -0.3333   -0.5000    1.0000   -0.1667
--     0.5000   -1.0000    0.5000         0
--    -0.1667    0.5000   -0.5000    0.1667
  IF reset = '1' THEN                  -- Asynchronous clear
     Y_out <= 0;
     C0 <= 0; c1 <= 0; c2<= 0; c3 <= 0;
  ELSIF ENA_OUT THEN
    IF rising_edge(clk) THEN
      c0 <= x(1);
      c1 <= -85 * x(0)/256 - x(1)/2 + x(2) - 43 * x(3)/256;
```

```
      c2 <= (x(0) + x(2)) /2 - x(1) ;
      c3 <= (x(1) - x(2))/2 + 43 * (x(3) - x(0))/256;
    END IF;

-- Farrow structure = Lagrange with Horner schema
-- for u=0:3, y=y+f(u)*d^u; end;
  y := c2 + (c3 * d) / 256; -- d is scale by 256
  y := (y * d) / 256 + c1;
  y := (y * d) / 256 + c0;

    IF rising_edge(clk) THEN
      y_out <= y; -- Connect to output + store in register
    END IF;
  END IF;
END PROCESS SOP;

  c0_o <= c0;    -- Provide some test signals as outputs
  c1_o <= c1;
  c2_o <= c2;
  c3_o <= c3;
  count_o <= count;
  ena_in_o <= ena_in;
  ena_out_o <= ena_out;
  d_out <= d;

END fpga;
```

控制部分的HDL代码与例5.9中讨论的rc_sinc设计很相似。第一个PROCESS是FSM，其中包括控制流程和输入、输出缓存器的使能信号的生成，以及延迟 D 的计算。完整的循环需要 12 个时钟周期。接下来的两个 PROCESS 模块包括输入缓存器和 TAP 延迟线。注意：4 个多项式系数 c_k 都只使用一个抽头延迟线。SOP PROCESS 模块包括拉格朗日矩阵计算和 Farrow 组合器。输出 y_out 有一位附加的保护位。这一设计使用了 363 个 LE 和 3 个嵌入式乘法器，使用 TimeQuest 缓慢 85C 模型的时序电路性能 Fmax=39.82MHz。

图 5-43 给出了滤波器的仿真结果。首先显示 FSM 的控制信号和使能信号，采用三角形输入 x_in。三个滤波器的输出每 4 个时钟周期才更新一次，也就是说，在整个循环中更新三次。滤波器的输出值经过 Farrow 结构加权后生成输出 y_out。可以看到只有第一个和第二个拉格朗日多项式系数是非零的，这是因为三角形输入信号不具有更高的多项式系数。还要看到来自 c0 的滤波器值 20 和 60 在输出序列中保持不变(因为在这些时刻 $D=0$)，而其他值则是插入的。

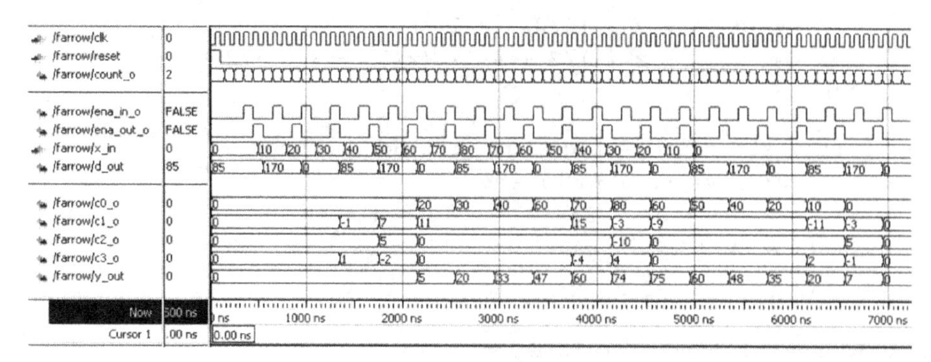

图 5-43　采用拉格朗日多项式和 Farrow 组合器的 R=3/4 速率变换的 VHDL 仿真结果

尽管拉格朗日插值和 Farrow 组合器的实现数据与 sinc 滤波器设计在这个 $R = R_1/R_2 = 3/4$ 的示例中差别不大，但当要实现的速率变换的 R_1 值较大时，就会出现很大差别。前面讨论的 Farrow 设计只需要在使能信号生成过程中做些改动。拉格朗日插值和 Farrow 组合器的工作量基本保持不变，而对于 sinc 滤波器，设计的工作量与需要实现的滤波器数量，也就是 R_1 成正比，请参阅练习 5.16。Farrow 组合器的唯一缺点是由于乘法的顺序结构导致延迟较长，但这可以通过增加乘法器和系数的流水线级来改进，请参阅练习 5.17。

5.6.3　基于 B 样条的分数速率变换器

使用拉格朗日多项式的多项式逼近在中心非常光滑，但在多项式的末尾，纹波有增大的趋势，如图 5-41 所示。当采用 B 样条逼近函数时，有望更为光滑。与拉格朗日多项式相反，B 样条长度有限，而且 N 次 B 样条必须是 N 阶可微的，这样才能保证光滑。根据边界的定义，可以将 B 样条定义成多种形式[86]，但最常用的还是通过框函数的积分定义的 B 样条，如图 5-44 所示。0 次 B 样条经积分得到三角形 B 样条，一次 B 样条经积分得到二次函数等。

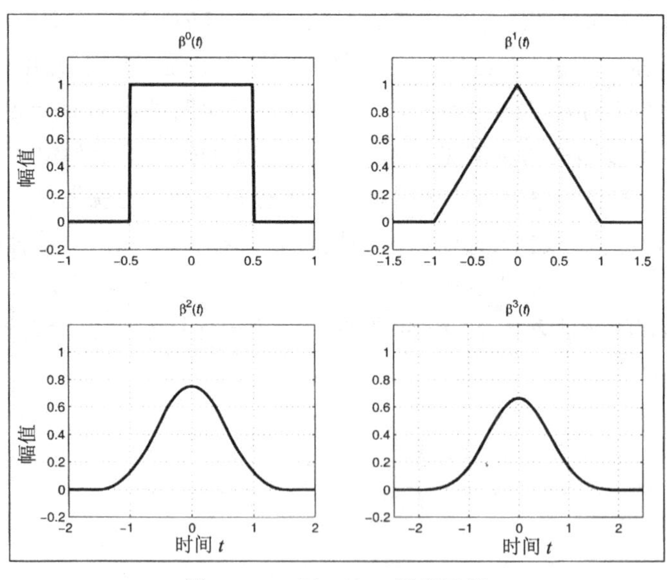

图 5-44　0 至 3 次 B 样条函数

B 样条的解析描述使用以下斜坡函数的表示方法[144,145]：

$$(t-\tau)_+ = \begin{cases} t-\tau & \forall t > \tau \\ 0 & \text{其他} \end{cases} \tag{5-51}$$

N 次对称 B 样条的表达式为：

$$\beta^N(t) = \frac{1}{N!}\sum_{k=0}^{N+1}(-1)^k \binom{N+1}{k}\left(t-k+\frac{N+1}{2}\right)_+^N \tag{5-52}$$

由于 B 样条的所有线段都采用 N 次多项式，因此是 N 次可微的，于是即使在 B 样条的末尾也非常光滑。0 次和 1 次 B 样条分别给出框函数和三角形表示方法，接下来是 2 次和 3 次 B 样条。尽管在非常高质量的语音处理技术中使用 6 次 B 样条[138]，但是在 DSP 中最常用的还是 3 次 B 样条。对于 3 次 B 样条，根据式(5-52)得到：

$$\begin{aligned}\beta^3(t) &= \frac{1}{6}\sum_{k=0}^{4}(-1)^k\binom{4}{k}(t-k+2)_+^3 \\ &= \frac{1}{6}(t+2)_+^3 - \frac{2}{3}(t+1)_+^3 + t_+^3 - \frac{2}{3}(t-1)_+^3 + \frac{1}{6}(t-2)_+^3 \\ &= \underbrace{\frac{1}{6}(t+2)^3}_{t>-2} - \underbrace{\frac{2}{3}(t+1)^3}_{t>-1} + \underbrace{t^3}_{t>0} - \underbrace{\frac{2}{3}(t-1)^3}_{t>1} + \underbrace{\frac{1}{6}(t-2)^3}_{t>2}\end{aligned} \tag{5-53}$$

现在可以用 3 次 B 样条重构该样条，将加权的 B 样条序列求和，也就是：

$$\hat{y}(t) = \sum_k x(k)\beta^3(t-k) \tag{5-54}$$

图 5-45 以粗实线的形式给出了加权和。尽管 $\hat{y}(t)$ 非常光滑，但还是可以观察到样条 $\hat{y}(t)$ 不是精确地穿过采样点，也就是 $\hat{y}(k) \neq x(k)$。这样的 B 样条重构在文献中称之为 B 样条逼近。对于 B 样条插值，则希望加权和精确地穿过每个采样点[146]。例如，对于 3 次 B 样条，可以证明[141,147]3 次 B 样条对采样点应用滤波器加权，其 Z 变换由式(5-55)给出：

$$H(z) = \frac{z+4+z^{-1}}{6} \tag{5-55}$$

为了获得完美的插值，还需要对输入采样点应用逆 3 次 B 样条滤波器，也就是：

$$F(z) = 1/H(z) = \frac{6}{z+4+z^{-1}} \tag{5-56}$$

但是这一滤波器的极点/零点图显示 IIR 滤波器不稳定，如果将这一滤波器应用到输入序列中，就会对脉冲响应产生一个不断增长的信号，请参阅练习 5.18。Unser 等人[148]提出将滤波器拆分成稳定的因果部分和非因果部分，并应用以第一个因果滤波器的输出的最后一个值开始的非因果滤波器。这种方式在图像处理领域处理图像中每条扫描线上的有限个采样时运行得很好，但在连续信号处理方案中就不再适用，特别是当滤波器是以有限算法实现的时候。

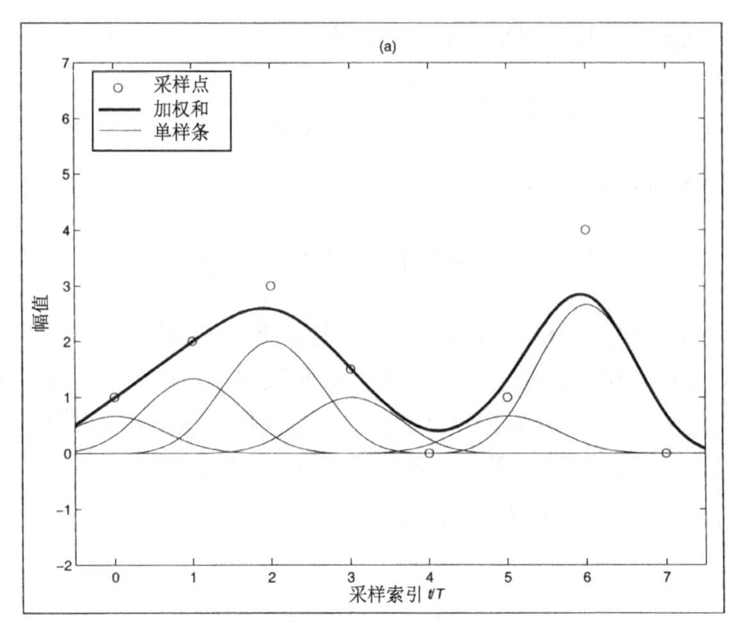

图 5-45 使用 3 次 B 样条的样条逼近

不过，还有一种可以用于连续信号处理的方法，也就是使用 FIR 滤波器逼近滤波器 $F(z) = 1/H(z)$。结果证明几乎不用 FIR 滤波器系数就能得到很好的逼近，因为传递函数没有任何陡峭的边缘，如图 5-46 所示。只需要计算 IIR 滤波器的传递函数，然后用传递函数的 IFFT 来确定 FIR 的时间值。如果在应用中 DC 移位很关键，那么还可以使用偏差校正。Unser 等人[149]提出一种优化滤波器系数集合的算法，但由于有限系数精度和有限系数集合的特点，与直接 IFFT 方法的增益相比意义不大，如图 5-46 和练习 5.19 所示。

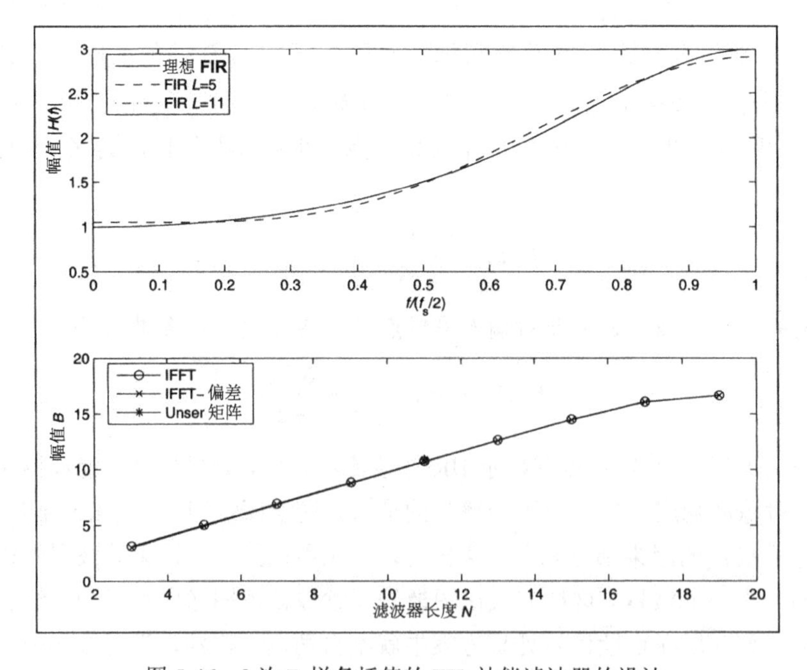

图 5-46 3 次 B 样条插值的 FIR 补偿滤波器的设计

现在可以首先用 FIR 滤波器处理输入采样，然后用 3 次 B 样条重构。从图 5-47 可以看出实际上的插值，也就是重构的函数通过每个原始采样点，即 $\hat{y}(k)=x(k)$。

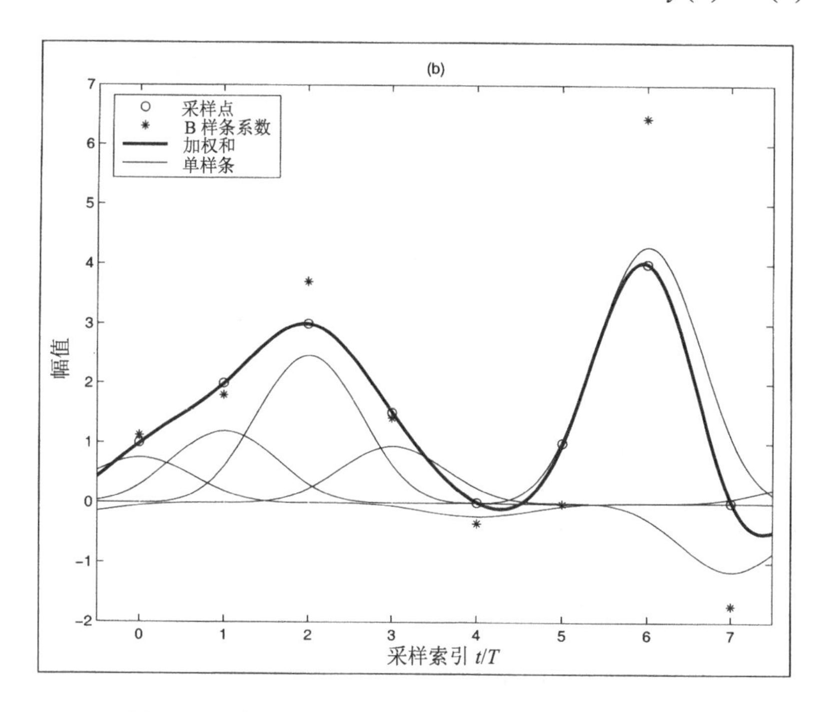

图 5-47　采用 3 次 B 样条插值的 FIR 补偿滤波器的插值

剩余工作是设计一个分数延迟 B 样条插值和确定 Farrow 滤波器结构。我们希望应用常用的 3 次 B 样条集合，并只考虑 $0\leqslant d\leqslant 1$ 范围内的分数延迟。对 4 点插值使用输入信号在 t = - 1、0、1、2 时刻的采样值[140]。有了 B 样条表达方式(式 5-53)和加权和(式 5-54)，就会发现还必须考虑 4 个 B 样条线段，从而得到：

$$y(d)=x(n+2)\beta^3(d-2)+x(n+1)\beta^3(d-1)+x(n)\beta^3(d)+x(n-1)\beta^3(d-1) \tag{5-57}$$

$$\begin{aligned}&=x(n+2)\frac{d^3}{6}+x(n+1)[\frac{1}{6}(d+1)^3-\frac{2}{3}d^3]\\&\quad+x(n)[d^3-\frac{2}{3}(d+1)^3+\frac{1}{6}(d+2)^3]+x(n-1)[-\frac{1}{6}(d-1)^3]\end{aligned} \tag{5-58}$$

$$\begin{aligned}&=x(n+2)\frac{d^3}{6}+x(n+1)[-\frac{d^3}{2}+\frac{d^2}{2}+\frac{d}{2}+\frac{1}{6}]\\&\quad+x(n)[\frac{d^3}{2}-d^2+\frac{2}{3}]+x(n-1)[-\frac{d^3}{6}+\frac{d^2}{2}-\frac{d}{2}+\frac{1}{6}]\end{aligned} \tag{5-59}$$

为了能在 Farrow 结构中得以实现，需要根据 d^k 因子整理上式，得到下列 4 个方程：

$$
\begin{array}{lllll}
d^0: & 0 & +x(n+1)/6 & +2x(n)/3 & +x(n-1)/6 = c_0 \\
d^1: & 0 & +x(n+1)/2 & +0 & -x(n-1)/2 = c_1 \\
d^2: & 0 & +x(n+1)/2 & -x(n) & +x(n-1)/2 = c_2 \\
d^3: & x(n+2)/6 & -x(n+1)/2 & x(n)/2 & -x(n-1)/6 = c_3
\end{array}
\tag{5-60}
$$

此 Farrow 结构可以直接转换成 B 样条速率变换器，后面练习 5.23 将加以讨论。

5.6.4 MOMS 分数速率变换器

在插值核函数 $\phi(t)$ 传统的设计中经常被忽略的一方面是逼近的阶数，这是插值结果的量化中的一个基本参数。这里的阶数定义是当采样步长趋于零时，原始函数与重构的函数之间方差(也就是 L^2 范数)的衰减速率。在实现的工作量方面，差值函数的支集(support)或长度是关键的设计参数。注意到上一节中用到的 B 样条既是最大阶数又是最小支集(Maximum Order and Minimum Support，MOMS)[150]非常重要。接下来的问题是 B 样条是否是具有 $L-1$ 次、长度为 L 的支集和 L 阶的唯一核函数。可以证明有一整类遵循 MOMS 行为的函数。这类插值多项式可以写成：

$$\phi(t) = \beta^N(t) + \sum_{k=1}^{N} p(k) \frac{\mathrm{d}^k \beta^N(t)}{\mathrm{d}t^k} \tag{5-61}$$

由于 B 样条可以通过与框函数的连续卷积构造，因此微分可以通过下式计算：

$$\frac{\mathrm{d}^{k+1}\beta(t)}{\mathrm{d}t} = \beta^k(t+\frac{1}{2}) - \beta^k(t-\frac{1}{2}) \tag{5-62}$$

从式(5-61)可以看出，这里有一组可以选择的设计参数 $p(k)$满足某些设计目标。在很多设计中需要插值核函数具有对称性，这就需要将所有奇次系数 $p(k)$强制为 0。常见的选择是 $N=3$，也就是 3 次样条类型，从而得到：

$$\phi(t) = \beta^3(t) + p(2)\frac{\mathrm{d}^2\beta^3(t)}{\mathrm{d}t^2} = \beta^3(t) + p(2)(\beta^1(t+1) - 2\beta^1(t) + \beta^1(t-1)) \tag{5-63}$$

其中只需要确定设计参数 $p(2)$。例如，可以设计一个根本不需要补偿滤波器的直接插值函数。I-MOMS 出现在 $p(2) = -1/6$ 时，拉格朗日插值也一样(请参阅练习 5.20)，从而给出次最优插值结果。图 5-48(b)给出了三次 I-MOMS 插值。另一个设计目标是在 L^2 范数意义下插值误差的最小化。O-MOMS 要求 $p(2) = 1/42$，并且逼近误差较 I-MOMS 小一个量级[151]。图 5-48(c)是三次的 O-MOMS 插值核函数。可以应用迭代方法将具体应用的插值的 S/N 最大化。例如，对于一组具体的 5 幅图像，可以看到 $p(2) = 1/28$ 时要比 O-MOMS 好 1dB[152]。

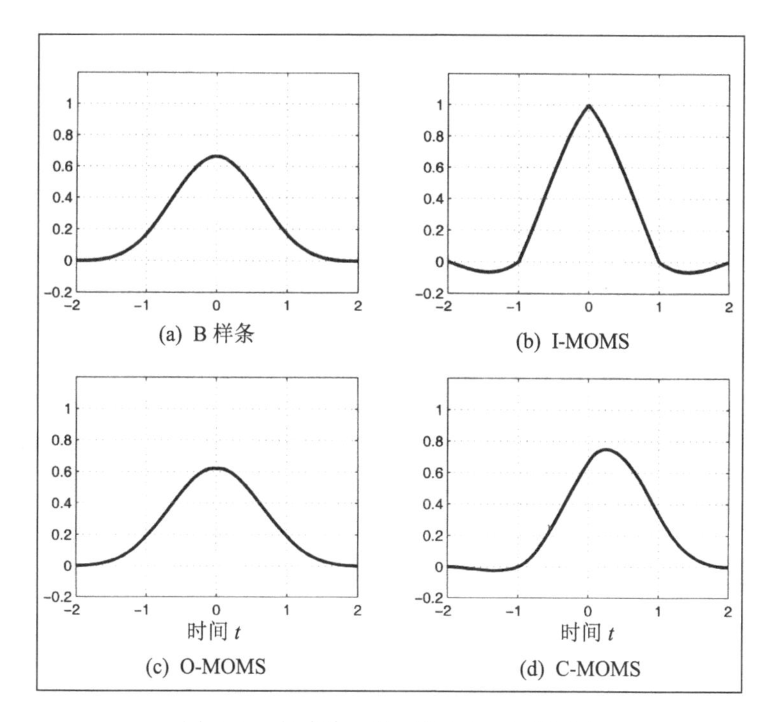

图 5-48　长度为 4 的可能 MOMS 核函数

但是，O-MOMS 所需的补偿滤波器有一个不稳定的极点位置(与 B 样条类似)，在连续信号处理方案中必须使用 FIR 逼近。如果 FIR 必须用有限精度算法构造，则通过 O-MOMS 的小 L^2 误差确保的增益不太可能得到更大的总增益。如果放弃核函数所要求的对称性，则可以按照以下方式设计 MOMS 函数，从而使在整数点采样的插值函数 $\phi(k)$ 是因果函数，即 $\phi(-1)=0$，这从图 5-48(d)可以观察到。该 C-MOMS 函数相当光滑，因为 $p(2)=p(3)=0$。C-MOMS 函数要求 $p(1)=-1/3$，从而得到非对称插值函数，而主要优点是可以使用简单的单极点稳定的 IIR 补偿滤波器 $F(z)=1.5/(1+0.5z^{-1})$。像 B 样条和 O-MOMS 一样不需要 FIR 逼近[151]。有趣的是，对照图 5-47 和图 5-49 就可以观察到 C-MOMS 的最大值和采样点不再像对称核函数中那样具有相同的时间-位置对应关系，就如 B 样条的情形。但 C-MOMS 的加权和都精确地通过采样点，正如对样条插值期望的。C-MOMS 样条的试验显示就插值而言，C-MOMS 表现得比 B 样条好一些，较全精度实现的 O-MOMS 差一些。

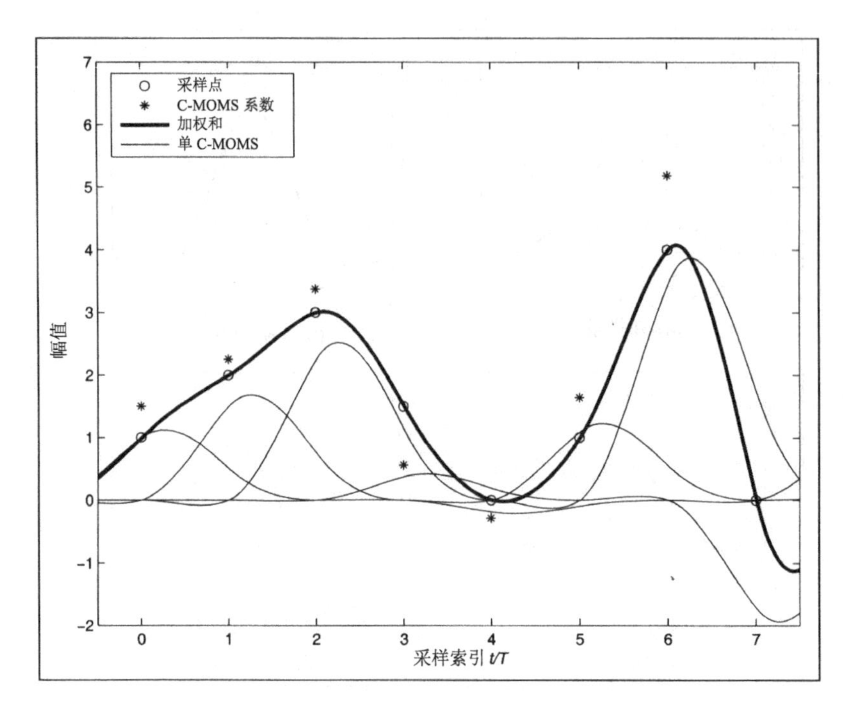

图 5-49 采用 IIR 补偿滤波器的 C-MOMS 插值

剩下的事情就是计算 Farrow 重采样器的方程。可以用式(5-53)计算插值函数 $\phi(t)=\beta^3(t)-1/3\mathrm{d}\beta^3(t)/\mathrm{d}t$，然后根据延迟 d^k 整理 Farrow 结构。另外还可以使用对 B 样条预先计算的方程(5-60)并对 Farrow 矩阵直接应用微分，也就是计算 $c_k^{\text{new}}=c_k-(k+1)c_{k+1}/3$，k =0,1,2，其中三次 C-MOMS 的 $p(1)=-1/3$ 和 $p(2)=p(3)=0$。同理，也可为 O-MOMS 和 I-MOMS 计算 Farrow 方程，请参阅练习 5.20。为 C-MOMS 生成如下 4 个方程：

$$\begin{array}{lllll} d^0: & 0 & & +2x(n)/3 & +1x(n-1)/3=c_0 \\ d^1: & 0 & +x(n+1)/6 & +2x(n)/3 & -5x(n-1)/6=c_1 \\ d^2: & -x(n+2)/6 & +x(n+1) & -3x(n)/2 & +2x(n-1)/3=c_2 \\ d^3: & x(n+2)/6 & -x(n+1)/2 & +x(n)/2 & -x(n-1)/6=c_3 \end{array} \tag{5-64}$$

接下来开发三次 C-MOMS 分数速率变换器的 VHDL 代码。

例 5.14　R=0.75 的速率变换器 V

下面的 VHDL 代码[7]给出了采用三次 C-MOMS 样条多项式的 $R=3/4$ 速率变换的设计：

```
PACKAGE n_bits_int IS         -- User-defined types
  SUBTYPE U2 IS INTEGER RANGE 0 TO 3;
  SUBTYPE U4 IS INTEGER RANGE 0 TO 15;
  SUBTYPE S8 IS INTEGER RANGE -128 TO 127;
  SUBTYPE S9 IS INTEGER RANGE -2**8 TO 2**8-1;
  SUBTYPE S17 IS INTEGER RANGE -2**16 TO 2**16-1;
```

7. 这一示例相应的 Verilog 代码文件 cmoms.v 可在附录 A 中找到，附录 B 中给出了合成结果。

```
  TYPE A0_3S8 IS ARRAY (0 TO 3) of S8;
  TYPE A0_2S9 IS ARRAY (0 TO 2) of S9;
  TYPE A0_4S17 IS ARRAY (0 TO 4) of S17;
END n_bits_int;

LIBRARY work;
USE work.n_bits_int.ALL;

LIBRARY ieee;
USE ieee.std_logic_1164.ALL;
USE ieee.std_logic_arith.ALL;
USE ieee.std_logic_signed.ALL;
-- --------------------------------------------------------------
ENTITY cmoms IS                                  ------> Interface
  GENERIC (IL : INTEGER := 3);-- Input buffer length -1
  PORT ( clk          : IN  STD_LOGIC; -- System clock
         reset        : IN  STD_LOGIC; -- Aysnchron reset
         count_o      : OUT U4;  -- Counter FSM
         ena_in_o     : OUT BOOLEAN; -- Sample input enable
         ena_out_o    : OUT BOOLEAN; -- Shift output enable
         x_in         : IN  S8;  -- System input
         xiir_o       : OUT S9); -- IIR filter output
         c0_o, c1_o, c2_o, c3_o : OUT S9; -- C-MOMS matrix
         y_out        : OUT S9); -- System output
END cmoms;
-- --------------------------------------------------------------
ARCHITECTURE fpga OF cmoms IS

  SIGNAL count   : U4; -- Cycle R_1*R_2
  SIGNAL t       : U2;
  SIGNAL ena_in, ena_out : BOOLEAN; -- FSM enables
  SIGNAL x, ibuf : A0_3S8;            -- TAP registers
  SIGNAL xiir : S9 := 0; -- iir filter output
  -- Precomputed value for d**k :
  CONSTANT d1 : A0_2S9 := (0,85,171);
  CONSTANT d2 : A0_2S9 := (0,28,114);
  CONSTANT d3 : A0_2S9 := (0,9,76);
  -- Spline matrix output:
  SIGNAL c0, c1, c2, c3    : S9;

BEGIN
  FSM: PROCESS (reset, clk)    ------> Control the system
  BEGIN                          -- sample at clk rate
    IF reset = '1' THEN            -- Asynchronous reset
      count <= 0;
      t <= 1;
    ELSIF rising_edge(clk) THEN
      IF count = 11 THEN
        count <= 0;
      ELSE
        count <= count + 1;
      END IF;
```

```
      CASE count IS
        WHEN 2 | 5 | 8 | 11 =>
          ena_in <= TRUE;
         WHEN others =>
          ena_in <= FALSE;
      END CASE;
      CASE count IS
        WHEN 3 | 7 | 11 =>
          ena_out <= TRUE;
         WHEN others =>
          ena_out <= FALSE;
      END CASE;
  -- Compute phase delay
      IF ENA_OUT THEN
        IF t >= 2 THEN
          t <= 0;
        ELSE
         t <= t + 1;
        END IF;
      END IF;
    END IF;
  END PROCESS FSM;

 --  Coeffs: H(z)=1.5/(1+0.5z^-1)
  IIR: PROCESS (clk, reset)            ------> Behavioral Style
    VARIABLE x1 : S9;
  BEGIN   -- Compute iir coefficients first
    IF reset='1' THEN              -- Asynchronous clear
       xiir <= 0; x1 := 0;
    ELSIF rising_edge(clk) THEN  -- iir:
      IF ENA_IN THEN
        xiir <= 3 * x1 / 2 - xiir / 2;
        x1 := x_in;
      END IF;
    END IF;
  END PROCESS;

  TAP: PROCESS(clk, reset, ENA_IN)
  BEGIN                                ------> One tapped delay line
    IF reset='1' THEN  -- Asynchronous clear
      FOR I IN 1 TO IL LOOP
        ibuf(I) <= 0;       -- Clear one
      END LOOP;
    ELSIF rising_edge(clk) THEN
      IF ENA_IN THEN
        FOR I IN 1 TO IL LOOP
          ibuf(I-1) <= ibuf(I);      -- Shift one
        END LOOP;
        ibuf(IL) <= xiir;         -- Input in register IL
```

```
      END IF;
    END IF;
  END PROCESS;

  GET: PROCESS(clk, reset, ENA_OUT)
  BEGIN                          ------> Get 4 samples at one time
    IF reset='1' THEN  -- Asynchronous clear
      FOR I IN 1 TO IL LOOP
        x(I) <= 0;         -- Clear one
      END LOOP;
    ELSIF rising_edge(clk) THEN
      IF ENA_OUT THEN
        FOR I IN 0 TO IL LOOP - take over input buffer
          x(I) <= ibuf(I);
        END LOOP;
      END IF;
    END IF;
  END PROCESS;

  -- Compute sum-of-products:
  SOP: PROCESS (clk, reset, ENA_OUT)
  VARIABLE y, y0, y1, y2, y3, h0, h1 : S17;
  BEGIN                                  -- pipeline registers
-- Matrix multiplier C-MOMS matrix:
--    x(0)      x(1)      x(2)      x(3)
--    0.3333    0.6667    0          0
--   -0.8333    0.6667    0.1667     0
--    0.6667   -1.5       1.0       -0.1667
--   -0.1667    0.5      -0.5        0.1667
    IF reset = '1' THEN - Asynchronous clear
      c0 <= 0;  c1 <= 0;  c2 <= 0;  c3 <= 0;
      y0 := 0;  y1 := 0;  y2 := 0;  y3 := 0;
      y := 0;  h0 := 0;  h2 := 0;
    ELSIF rising_edge(clk) THEN
      IF ENA_OUT THEN
        c0 <= (85 * x(0) + 171 * x(1))/256;
        c1 <= (171 * x(1) - 213 * x(0) + 43 * x(2)) / 256;
        c2 <= (171 * x(0) - 43 * x(3))/256 - 3*x(1)/2+x(2);
        c3 <= 43 * (x(3) - x(0)) / 256 +  (x(1) - x(2))/2;
-- No Farrow structure, parallel LUT for delays
-- for u=0:3, y=y+f(u)*d^u; end;
      y :=  h0 + h1; -- Use pipelined adder dree
      h0 := y0 + y1;
      h1 := y2 + y3;
      y0 := c0 * 256;
      y1 := c1 * d1(t);
      y2 := c2 * d2(t);
      y3 := c3 * d3(t);
    END IF;
```

```
    END IF;
    y_out <= y/256; -- Connect to output
  END PROCESS SOP;

    c0_o <= c0; -- Provide some test signal as outputs
    c1_o <= c1;
    c2_o <= c2;
    c3_o <= c3;
    count_o <= count;
    ena_in_o <= ena_in;
    ena_out_o <= ena_out;
    xiir_o <= xiir;
  END fpga;
```

控制部分的HDL代码与例5.9中讨论的rc_sinc设计很相似。第一个PROCESS是FSM，其中包括控制流程和输入、输出缓存器的使能信号的生成。延迟 $d1=d^1$ 的索引的计算及其幂表示方法 $d2=d^2$ 和 $d3=d^3$ 预先计算并作为常数存储在表中。完整的循环需要12个时钟周期。IIR PROCESS模块包含IIR补偿滤波器。接下来的两个PROCESS模块包括输入缓存器和TAP延迟线。注意：4个多项式系数 c_k 都只使用一个抽头延迟线。SOP PROCESS模块包括三次C-MOMS矩阵计算和输出组合器。注意没有采用Farrow结构来加速并行乘法器/加法器树结构的计算。这将该设计的速度提高了两倍。输出y_out有一位附加的保护位。这一设计使用了549个LE和3个嵌入式乘法器，使用TimeQuest缓慢85C模型的时序电路性能Fmax=95.27MHz。

图5-50给出了滤波器的仿真结果。首先显示FSM的控制信号和使能信号，采用如图5-51所示的方波输入 x_in。IIR滤波器输出显示了边缘的锐化。C-MOMS矩阵输出值 c_k 经 d^k 加权并求和，从而生成输出 y_out。

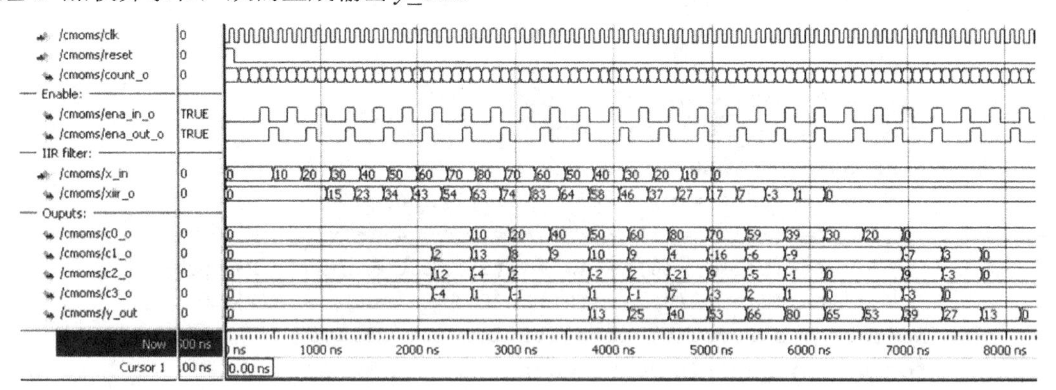

图5-50 采用三次C-MOMS样条和一个极点IIR补偿滤波器的 R=3/4速率变换的VHDL仿真结果

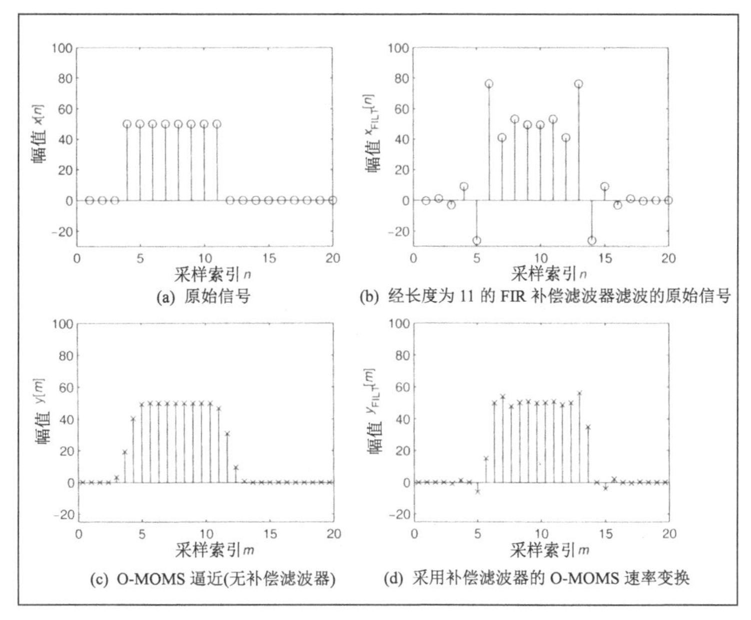

(a) 原始信号　(b) 经长度为 11 的 FIR 补偿滤波器滤波的原始信号

(c) O-MOMS 逼近(无补偿滤波器)　(d) 采用补偿滤波器的 O-MOMS 速率变换

图 5-51　基于 O-MOMS 的分数 R=3/2 的速率变换

与拉格朗日插值一样，也可以使用 Farrow 组合器计算输出 y_out。如果阵列乘法器可用，这就非常有意义，当 R_1 的值很大时就需要很大的常数表，请参阅练习 5.21。

最后说明一下速率变换方法的局限性。一个特别困难的问题[153]是方波输入信号的速率变换，从吉布斯现象(请参阅图 3-6)已经知道，任何有限滤波器都有在方波边沿引入振铃的趋势。DAT 记录仪使用 32kHz 和 48kHz 两种频率，两者之间的转换就是一个常见的任务。如果将采样速率从 32kHz 提高到 48kHz，在本例中有理数速率变换因子就是 $R = 3/2$。图 5-51 给出了使用 O-MOMS 样条插值的方波的速率变换。图 5-51(b)中的 FIR 前置过滤器增强了边缘。图 5-51(c)给出了没有 FIR 前置过滤器的 O-MOMS 三次样条速率变换器的结果。尽管没有滤波器信号看起来还是很光滑，但是进一步观察发现，O-MOMS 三次样条插值的边缘比无前置滤波器保留得更好，如图 5-51(d)所示。但还可以看到尽管采用 O-MOMS 和长度为 11 的全精度 FIR 补偿滤波器，仍旧可以看到吉布斯现象。

5.7　滤波器组

数字滤波器组是一组具有公共输入或输出的滤波器，如图 5-52 所示。图 5-52(a)中的分析滤波器组经常用于频谱分析，也就是说，将输入信号分成 R 个不同的所谓子带信号。如图 5-52(b)所示，将多个信号合成到一个公共的输出信号中，就称作合成滤波器组。分析滤波器可以是非重叠、稍微重叠或基本重叠的。图 5-53 给出了一个最为常见的稍微重叠的滤波器组的示例。

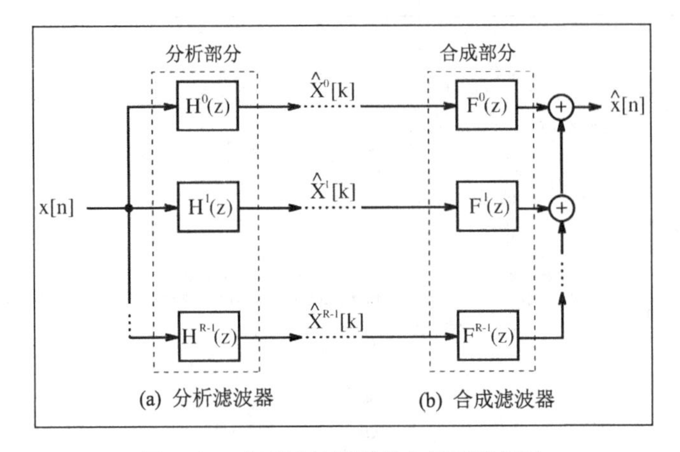

图 5-52　典型滤波器组的分解系统展示

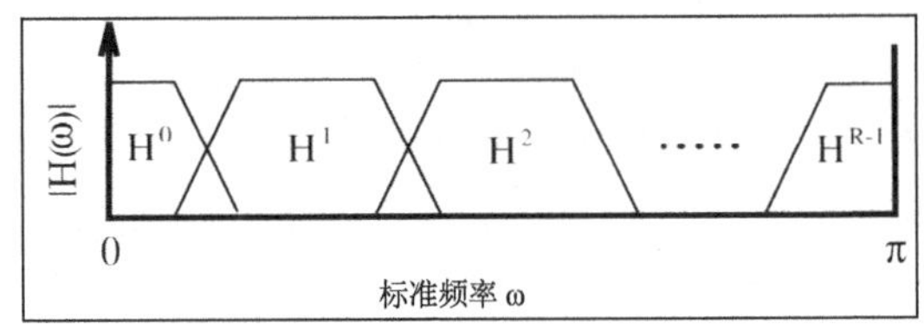

图 5-53　有少量重叠的 R 通道滤波器组

区别不同滤波器组的另一个重要特征就是带宽和各个滤波器的中心频率之间的间隔。非均匀滤波器组的一个常见示例就是倍频间隔或小波滤波器组，这将在 5.8 节中加以讨论。在均匀滤波器组中，所有的滤波器都具有同样的带宽和采样速率。从实现的角度来讲，比较倾向于均匀的、最大抽取滤波器组，这是因为它们可以在 FFT 算法的帮助下得以实现，这将在下一节详细讨论。

5.7.1　均匀 DFT 滤波器组

在最大抽取或精密采样滤波器组中，抽取或插入次数 R 与频带的数量 K 相等。根据式(5-65)，如果第 r 个频带滤波器 $h^r[n]$从单个原型滤波器 $h[n]$的“取模运算”计算得来，那么我们就称之为 DFT 滤波器组。

$$h^r[n]=h[n]W_R^{rn}=h[n]e^{-j2\pi rn/R} \tag{5-65}$$

如果采用滤波器 $h^r[n]$和输入信号 $x[n]$的多相分解(请查阅 5.2 节)，就能够得到 R 个通道的滤波器组的一个有效实现。因为每个带通滤波器都是精密采样的，所以根据以下两个公式，采用 R 个多相信号分解：

$$h[n]=\sum_{k=0}^{R-1}h_k[n]\leftrightarrow h_k[m]=h[mR-k] \tag{5-66}$$

$$x[n]=\sum_{k=0}^{R-1}x_k[n]\leftrightarrow x_k[m]=x[mR-k] \tag{5-67}$$

如果现在将式(5-66)式代入式(5-65)，就会发现，所有带通滤波器 $h^r[n]$共享同一个相位

滤波器 $h_k[n]$，而每个滤波器的“旋转因子”不同。图 5-54(a)给出了 $h^r[n]$的第 r 个滤波器的结构。很明显，$h^r[n]$的“旋转乘法”通过输入向量 $\hat{x}_0[n], \hat{x}_1[n], \ldots, \hat{x}_{R-1}[n]$，与第 r 个 DFT 分量相关。对整个分析频带的计算就可以简化通过 R 个多相滤波器的滤波，如图 5-54(b)所示，后面是这 R 个滤波分量的 DFT(或 FFT)。很明显，这种方法要比式(5-65)中定义的滤波器的直接计算方法(参阅练习 5.6)更加高效。

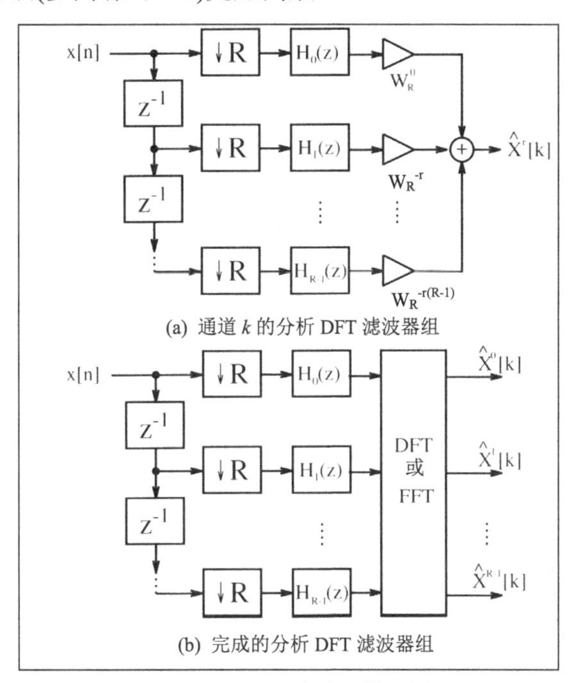

图 5-54　DFT 滤波组的分析

均匀 DFT 合成滤波器的多相滤波器组的开发过程正好与分析滤波器组的开发过程相反，也就是说，可以用 R 个频谱分量 $\hat{X}^r[k]$作为逆 DFT(或 FFT)的输入，并用多相插入器结构重构输出信号，如图 5-55 所示，重构的带通滤波器就变成：

$$f^r[n] = \frac{1}{R} f[n] W_R^{-rn} = f[n] e^{j2\pi rn/R} \tag{5-68}$$

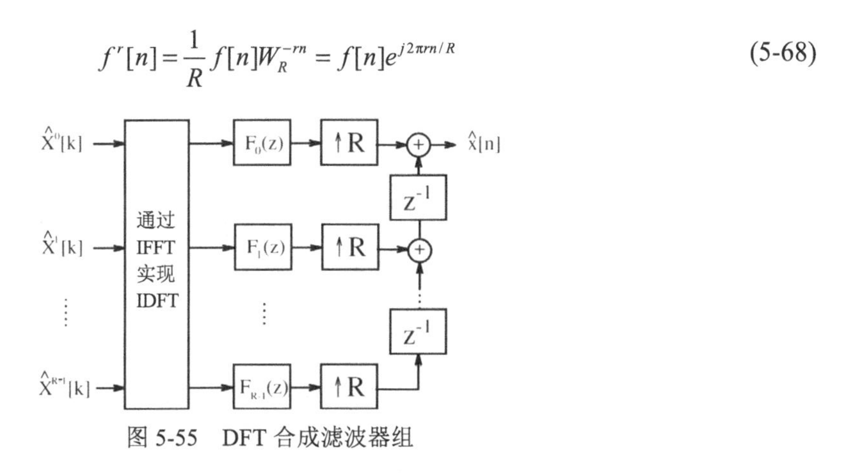

图 5-55　DFT 合成滤波器组

现在将分析滤波器组与合成滤波器组加以组合，就会看到 DFT 与 IDFT 相互抵消。如果包含多相滤波器的卷积给出一个单位采样函数，就会得到完美的重构。这一单位采样函数如下：

$$h_r[n]*f_r[n]=\begin{cases}1 & n=d\\ 0 & \text{其他}\end{cases} \tag{5-69}$$

换句话说，就是两个多相函数必须是互逆滤波器，也就是：

$$H_r(z)\times F_r(z)=z^{-d}$$

$$F_r(z)=\frac{z^{-d}}{H_r(z)}$$

其中为了得到因果(可实现的)滤波器，提供了延迟 d。在实际设计中，这些理想条件是不能用两个 FIR 滤波器得到完全满足的。可以采用两个 FIR 滤波器或是将一个 FIR 与 IIR 滤波器组合起来得到近似的满足，请参阅下面的示例。

例 5.15　DFT 滤波器组

例 4.3 讨论过的有耗积分器在上下文中可以解释成一个 $R=2$ 的 DFT 滤波器组。差分方程如下：

$$y[n+1]=\frac{3}{4}y[n]+x[n] \tag{5-70}$$

这一滤波器在 z 域内的脉冲响应是：

$$F(z)=\frac{z^{-1}}{1-0.75z^{-1}} \tag{5-71}$$

要得到两个多相滤波器，可以采用相近的方案对“分散预先考虑”(请参阅例 4.5)进行改进。也就是说，在镜像位置引入一个额外的极点/零点对。用$(1+0.75z^{-1})$分别乘以分母和分子，得到：

$$F(z)=\underbrace{\frac{0.75z^{-2}}{1-0.75^2z^{-2}}}_{H_0(z^2)}+z^{-1}\underbrace{\frac{1}{1-0.75^2z^{-2}}}_{H_1(z^2)} \tag{5-72}$$

$$=H_0(z^2)+z^{-1}H_1(z^2) \tag{5-73}$$

后者给出两个多相滤波器：

$$H_0(z)=\frac{0.75z^{-1}}{1-0.75^2z^{-1}}=0.75z^{-1}+0.4219z^{-2}+0.2373z^{-3}+\ldots \tag{5-74}$$

$$H_1(z)=\frac{1}{1-0.75^2z^{-1}}=1+0.5625z^{-1}+0.3164z^{-2}+\ldots \tag{5-75}$$

虽然可以用非递归 FIR 近似这些脉冲响应，但是要达到误差小于 1%，就必须使用 16 个系数。所以，如果采用两个分别由式(5-74)和式(5-75)定义的递归多相 IIR 滤波器，就会更加高效。在用多相滤波器分解之后，就可以采用一个由下面矩阵给出的 2-点 DFT：

$$\boldsymbol{W}=\begin{bmatrix}1 & 1\\ 1 & -1\end{bmatrix}$$

整个分析滤波器组现在就被构造成图 5-56(a)的形式。对于合成滤波器组，首先必须用下面的矩阵计算逆 DFT：

$$\boldsymbol{W}^{-1}=\frac{1}{2}\begin{bmatrix}1 & 1\\ 1 & -1\end{bmatrix}$$

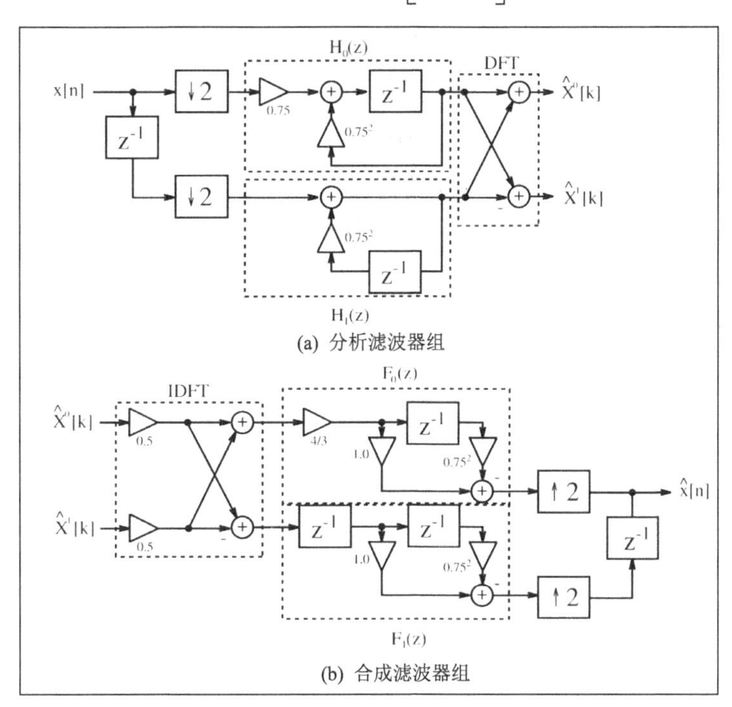

图 5-56　对于 $R=2$ 的严格采样的均匀 DFT 滤波器组

为了获得完美的重构，必须找到 $h_0[n]$和 $h_1[n]$的逆滤波器。这并不困难，因为$H_r(z)'$是单极点 IIR 滤波器，而 $F_r(z)=z^{-d}/H_r(z)$就必然是两抽头 FIR 滤波器。利用式(5-74)和式(5-75)式就可以得到 $d=1$，这对于得到因果滤波器就已经足够了，就是：

$$F_0[n]=\frac{4}{3}(1-0.75^2z^{-1}) \tag{5-76}$$

$$F_1[n]=z^{-1}-0.75^2z^{-2} \tag{5-77}$$

图 5-56(b)给出了合成滤波器组的图形解释。

5.7.2　双通道滤波器组

双通道滤波器组是设计通用滤波器组和小波的一个重要工具。图 5-57 给出了一个双通道滤波器组的示例，它将输入信号用低通($G(z)$)和高通($H(z)$)“分析”滤波器分开。最终的信号 $\hat{x}(n)$是由低通和高通“合成”滤波器重构的。在分析部分和合成部分之间是两个单位的抽取和插入。抽取器和插入器之间的信号通常都是量化的，为了增强或压缩而做过非线性化处理。

习惯做法是只定义低通滤波器 $G(z)$，然后用其定义来指定高通滤波器 $H(z)$。正常情况下构造规则由式(5-78)给出：

$$h[n]=(-1)^n g[n] \circ\!\!-\!\!\bullet H(z)=G(-z) \tag{5-78}$$

这一公式确定了滤波器将是成对镜像的，特别是在频域中，$|H(e^{j\omega})|=|G(e^{j(\omega-\pi)})|$。这就是正交镜像滤波器(Quadrature Mirror Filter，QMF)组，因为两个滤波器都关于 π/2 镜像对称。

对于图 5-57 给出的合成形式，首先采用一个扩展器(采样速率提高 2 倍)，接下来是两个独立重构的滤波器 $\hat{G}(z)$ 和 $\hat{H}(z)$，共同重构 $\hat{x}(n)$。现在面临的一个挑战性的问题就是，输入信号能够完美地重构吗？也就是能否满足以下公式：

$$\hat{x}[n]=x[n-d] \tag{5-79}$$

这就是说，完美的重构信号具有与原始信号相同的形状，即相当于相(时)移。因为 $G(z)$ 和 $H(z)$都不是理想的方波滤波器，实现完美的重构不是一个简单的问题。两个滤波器在 2 倍向下采样之后都会产生基本的混叠分量，如图 5-57 所示。满足式(5-79)的简单正交滤波器组是由 Alfred Haar 提出来的(大约在 1910 年)[154]。

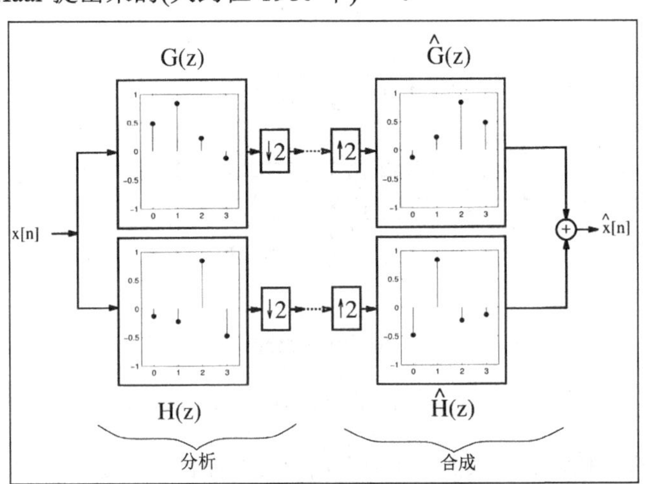

图 5-57　采用长度为 4 的 Daubechies 滤波器的双通道滤波器组

例 5.16　双通道 Haar 滤波器组 I

图 5-58 中双通道 QMF 滤波器组的滤波器传递函数是[8]：

$$G(z)=1+z^{-1} \qquad H(z)=1-z^{-1}$$

$$\hat{G}(z)=\frac{1}{2}(1+z^{-1}) \qquad \hat{H}(z)=\frac{1}{2}(-1+z^{-1})$$

使用在图 5-58 的表中找到的数据，就可以验证滤波器生成了输入信号的完美的重构信号。输入序列 $x[0]$、$x[1]$、$x[2]$、…，经过 $G(z)$和 $H(z)$的处理，分别生成和 $x[n]+x[n-1]$与差 $x[n]-x[n-1]$。向上采样之后，向下采样迫使每隔一个值出现一个零。在应用合成滤波

8. 通常，幅值因子是用获得正交滤波器的方法选择的，也就是 $\sum_n |h[n]|^2=1$。这样，滤波器的幅值因子就是 $1/\sqrt{2}$。这显然使得硬件设计变得更复杂了。

器并将输出组合后，再一次得到有一个延迟的输入序列，也就是 $\hat{x}(n)=x[n-1]$，这是一个完美的重构，其中 $d=1$。

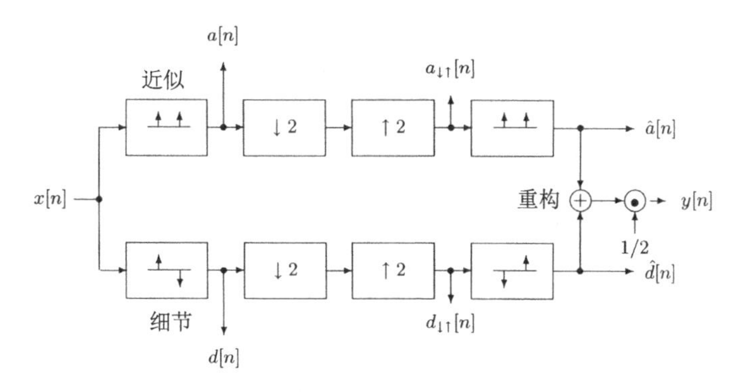

	时间步长 n				
	0	1	2	3	4
$x[n]$	$x[0]$	$x[1]$	$x[2]$	$x[3]$	$x[4]$
$a[n]$	$x[0]$	$x[0]+x[1]$	$x[1]+x[2]$	$x[2]+x[3]$	$x[3]+x[4]$
$d[n]$	$x[0]$	$x[1]-x[0]$	$x[2]-x[1]$	$x[3]-x[2]$	$x[4]-x[3]$
$a_{\downarrow\uparrow}[n]$	$x[0]$	0	$x[1]+x[2]$	0	$x[3]+x[4]$
$d_{\downarrow\uparrow}[n]$	$x[0]$	0	$x[2]-x[1]$	0	$x[4]-x[3]$
$\hat{a}[n]$	$x[0]$	$x[0]$	$x[1]+x[2]$	$x[1]+x[2]$	$x[3]+x[4]$
$\hat{d}[n]$	$-x[0]$	$x[0]$	$x[1]-x[2]$	$x[2]-x[1]$	$x[3]-x[4]$
$\hat{x}[n]$	0	$x[0]$	$x[1]$	$x[2]$	$x[3]$

图 5-58　双通道 Haar-QMF 滤波器组

接下来讨论 4 个滤波器组要获得完美重构必须遵循的一般关系。最好记住抽取和插入 2 的信号 $s[k]$等价于 $S(z)$乘以序列{1, 0, 1, 0, …, }。这在 z 域内就转换成：

$$S_{\downarrow\uparrow}(z)=\frac{1}{2}(S(z)+S(-z)) \tag{5-80}$$

如果将这一信号应用到双通道滤波器组上，低通通路 $X_{\downarrow\uparrow\mathrm{G}}(z)$和高通通路 $X_{\downarrow\uparrow\mathrm{H}}(z)$就变成：

$$X_{\downarrow\uparrow\mathrm{G}}(z)=\frac{1}{2}(X(z)G(z)+X(-z)G(-z)) \tag{5-81}$$

$$X_{\downarrow\uparrow\mathrm{H}}(z)=\frac{1}{2}(X(z)H(z)+X(-z)H(-z)) \tag{5-82}$$

在与合成滤波器 $\hat{G}(z)$ 和 $\hat{H}(z)$ 相乘后，将最终结果相加，得到 $\hat{X}(z)$ 为：

$$\begin{aligned}\hat{X}(z)&=X_{\downarrow\uparrow G}(z)\hat{G}(z)+X_{\downarrow\uparrow H}(z)\hat{H}(z)\\&=\frac{1}{2}(G(z)\hat{G}(z)+H(z)\hat{H}(z))X(z)\\&\quad+\frac{1}{2}(G(-z)\hat{G}(z)+H(-z)\hat{H}(z))X(-z)\end{aligned} \tag{5-83}$$

$X(-z)$的因子表示混叠分量，关于 $X(z)$的项表示幅值畸变。要想得到完美的重构，这一转换需要遵循：

定理 5.17　完美的重构

如图 5-57 所示，双通道滤波器组完美重构的条件是：

1) $G(-z)\hat{G}(z)+H(-z)\hat{H}(z)=0$，也就是重构与混叠无关。

2) $G(z)\hat{G}(z)+H(z)\hat{H}(z)=2z^{-d}$，也就是幅值畸变的幅值是 1。

接下来检查一下 Haar 滤波器组的情形。

例 5.18　双通道 Haar 滤波器组 II

双通道 QMF Haar 滤波器组的定义如下：

$$G(z)=1+z^{-1} \qquad H(z)=1-z^{-1}$$

$$\hat{G}(z)=\frac{1}{2}(1+z^{-1}) \qquad \hat{H}(z)=\frac{1}{2}(-1+z^{-1})$$

定理 5.17 中两种情形的证明如下：

1) $G(-z)\hat{G}(z)+H(-z)\hat{H}(z)$

$$=\frac{1}{2}(1-z^{-1})(1+z^{-1})+\frac{1}{2}(1+z^{-1})(-1+z^{-1})$$

$$=\frac{1}{2}(1-z^{-2})+\frac{1}{2}(-1+z^{-2})=0$$

2) $G(z)\hat{G}(z)+H(z)\hat{H}(z)$

$$=\frac{1}{2}(1+z^{-1})^2+\frac{1}{2}(1-z^{-1})(-1+z^{-1})$$

$$=\frac{1}{2}((1+2z^{-1}+z^{-2})+(-1+2z^{-1}-z^{-2}))=2z^{-1}$$

将定理 5.17 作为依据，可以注意到，如果将分析滤波器和合成滤波器调换，就不会影响完美重构的情形。

下面我们要讨论一下滤波器设计中的一些限制，以更容易满足定理 5.17 中的条件。

首先，利用下面的定理限制滤波器的选择：

定理 5.19　与混叠无关的双通道滤波器组

如果：

$$G(-z)=-\hat{H}(z) \text{ 且 } H(-z)=\hat{G}(z) \tag{5-84}$$

则此双通道滤波器组与混叠无关。

如果将式(5-84)用于定理 5.17 中的第一个条件，就可以对这一定理进行验证。

使用长度为 4 的滤波器时，这两个条件可以分别解释成：

$$g[n]=\{g[0],g[1],g[2],g[3]\}\rightarrow \hat{h}[n]=\{-g[0],g[1],-g[2],g[3]\}$$

$$h[n]=\{h[0],h[1],h[2],h[3]\}\rightarrow \hat{g}[n]=\{h[0],-h[1],h[2],-h[3]\}$$

有了定理 5.19 对滤波器的约束，现在就可以简化定理 5.17 中的第二个条件。首先应定义辅助乘积滤波器 $F(z)=G(z)\hat{G}(z)$。定理 5.17 中的第二个条件变为：

$$G(z)\hat{G}(z)+H(z)\hat{H}(z)=F(z)-\hat{G}(-z)G(-z)=F(z)-F(-z) \tag{5-85}$$

最终得到：

$$F(z)-F(-z)=2z^{-d} \tag{5-86}$$

也就是说，乘积滤波器必须是半带滤波器。完美重构滤波器组的构造分下面 3 个步骤：

算法 5.20　完美重构的双通道滤波器组

(1) 根据式(5-86)定义一个标准因果半带滤波器。

(2) 将滤波器 $F(z)$分解成 $F(z)=G(z)\hat{G}(z)$。

(3) 利用式(5-84)计算 $H(z)$和 $\hat{H}(z)$，也就是 $\hat{H}(z)=-G(-z)$ 且 $H(z)=\hat{G}(-z)$。

接下来用示例说明算法 5.20。为了简化符号表示法，在下面的示例中编写一个长度为 L 的滤波器作为 $G(z)$，编写一个长度为 N 的滤波器作为 $\hat{G}(z)$，并将两者组合为一个 L/N 滤波器。

例 5.21　采用 F3 的完美重构滤波器组

长度为 7 的(标准)因果半带滤波器 F3(表 5-5)具有如下 z 域传递函数：

$$\mathrm{F3}(z)=\frac{1}{16}(-1+9z^{-2}+16z^{-3}+9z^{-4}-z^{-6}) \tag{5-87}$$

首先用式(5-86)验证 $\mathrm{F3}(z)-\mathrm{F3}(-z)=2z^{-3}$。传递函数的零点位于 $z_{01}=z_{02}=z_{03}=z_{04}=-1$、$z_{05}=2+\sqrt{3}=3.7321$和 $z_{06}=2-\sqrt{3}=0.2679=1/z_{05}$。分解 $F(z)=G(z)\hat{G}(z)$ 可以有不同的选择。例如，5/3 滤波器可以是：

$G(z)=(-1+2z^{-1}+6z^{-2}+2z^{-3}-z^{-4})/8$ 和 $\hat{G}(z)=(1+2z^{-1}+z^{-2})/2$

可以将 4/4 滤波器设计成：

$G(z)=\frac{1}{4}(1+z^{-1})^3$ 和 $\hat{G}(z)=\frac{1}{4}(-1+3z^{-1}+3z^{-2}-z^{-3})$

4/4 结构的另一种形式采用了 Daubechies 滤波器结构，后者经常用于小波分析，形式如下：

$G(z)=\frac{1-\sqrt{3}}{4\sqrt{2}}(1+z^{-1})^2(-z_{05}+z^{-1})$ 和 $\hat{G}(z)=-\frac{1+\sqrt{3}}{4\sqrt{2}}(1+z^{-1})^2(-z_{06}+z^{-1})$

图 5-59 给出了这 3 种组合以及相应的极点/零点图。

对于 Daubechies 滤波器，还有 $H(z)=-z^{-N}G(-z^{-1})$条件的约束。也就是说，高通和低通多项式彼此互为镜像。这是正交滤波器组的典型性能。

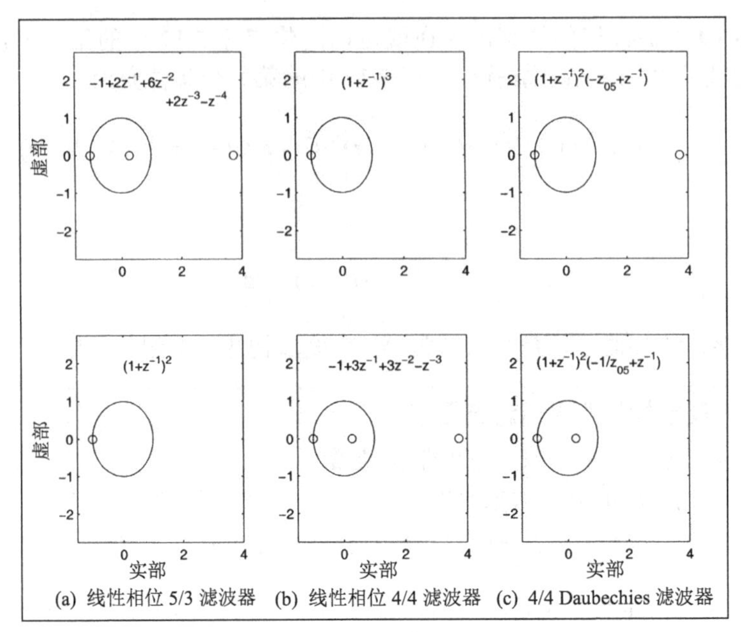

图 5-59　不同因子的半带滤波器 F3 的极点/零点图：上面 3 幅图是 $G(z)$，下面 3 幅图是 $\hat{G}(z)$

从图 5-59 中给出的 $F(z)=G(z)\hat{G}(z)$ 的极点/零点图可以得出下列结论：

推论 5.22　半带滤波器的因式分解

1) 要构造一个实数滤波器，必须把位于(z_0 和 z_0*)的共轭对称零点分到同一滤波器中。
2) 对于线性相位滤波器，极点/零点图必须关于单位圆($z=1$)对称。位于(z_0 和 $1/z_0$)的零点对必须安置在同一滤波器中。
3) 要得到互为镜像多项式的正交滤波器(($F(z)=U(z)U(z^{-1})$)，所有的 z_0 和 $1/z_0$ 对都必须安置在不同的滤波器中。

可以看到，上面的条件中有一些是无法同时满足的。特别是第 2)条和第 3)条表示的条件对立。正交、线性相位滤波器一般是不可能的，除非所有的零点都在单位圆上，就像 Haar 滤波器组一样。

如果对例 5.21 中的滤波器组分类，结构(a)和(b)是实线性相位滤波器，而(c)是实正交滤波器。

5.7.3　实现双通道滤波器组

现在要讨论实现双通道滤波器组的不同选择。首先讨论一般的情形。然后根据滤波器是 QMF、线性相位还是正交的，再具体简化。这里只讨论分析滤波器组，因为合成滤波器组需要通过图形转置才可以得到。

1. 多相双通道滤波器组

一般情况下，如图 5-60 所示，对于两个滤波器 $G(z)$和$H(z)$，可以认为每个滤波器都是作为多相滤波器实现的：

$$H(z)=H_0(z^2)+z^{-1}H_1(z^2) \qquad G(z)=G_0(z^2)+z^{-1}G_1(z^2) \tag{5-88}$$

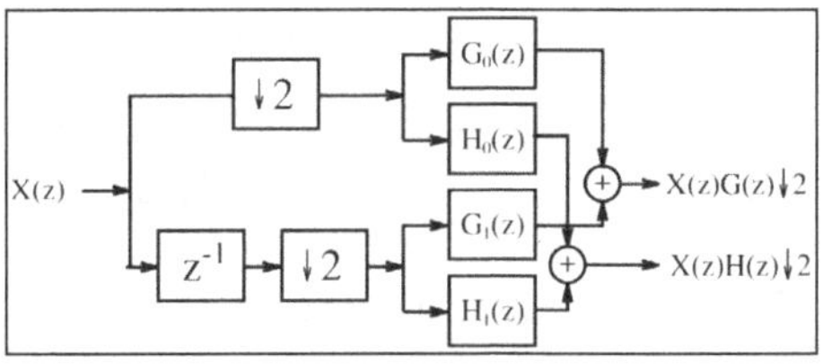

图 5-60　双通道滤波器组的多相实现

虽然这样并没有降低硬件的工作量(还是使用了 $2L$ 个乘法器和 $2(L–1)$个加法器)，但是这种设计的运行速度是通常采样频率的两倍，即 $2f_s$。

这 4 个多相滤波器只有原始滤波器一半的长度。可以用下面的方法直接实现这些长度为 $L/2$ 的滤波器：

1) 行程长度(run-length)滤波器采用 5.2.2 节讨论的短 Winograd 卷积算法[125]。

2) 快速卷积采用 FFT(将在第 6 章讨论)。

3) 采用第 3 章讨论过的高级算法概念，如分布式算法、简化加法器图或余数系统。

采用快速卷积 FFT 技术还具有额外的优点，即每个多相滤波器的正变换只需要进行一次即可，而且逆变换可以应用于两个分量的频谱和，如图 5-61 所示。但是一般情况下，FFT 方法只对较长的滤波器有提高作用，通常情况下，长度大于 32，然而典型的双通道滤波器的长度小于 32。

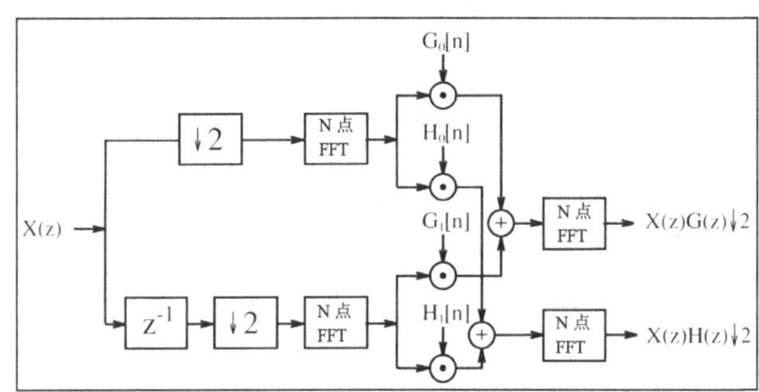

图 5-61　采用 FFT 进行多相分解和快速卷积的双通道滤波器组(© Springer 出版社[5])

2. 提升

另一种构造快速、高效的双通道滤波器组的常见方法就是近期由 Swelden[155]、Herley 和 Vetterli[156]提出的提升模式。其基本思路就是采用交叉项(称为提升和双重提升)，就像网格滤波器一样，要根据短滤波器来构造较长的滤波器，并且保持完美重构的条件。基本结构如图 5-62 所示。

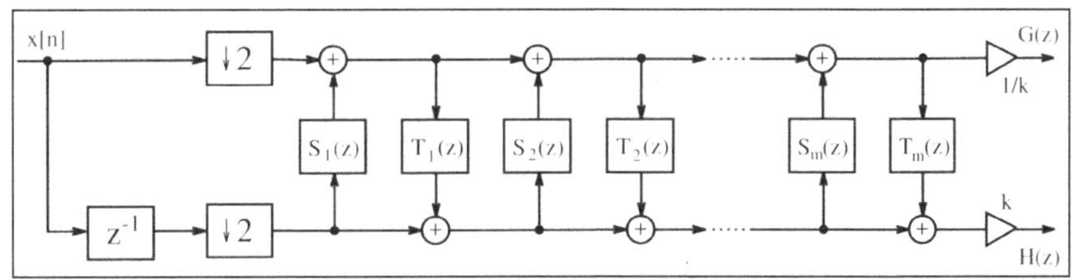

图 5-62　采用提升和双重提升步骤的双通道滤波器的实现

设计提升模式，一般从“惰性滤波器组” $G(z)=\hat{H}(z)=1$ 和 $H(z)=\hat{G}(z)=z^{-1}$ 开始，这种通道组满足定理5.17的两个条件，也就是说，这是一种完美的重构滤波器组。随之而来的问题就出现了：如果保持一个滤波器不变，$S(z)$和 $T(z)$如何变化才能够保证滤波器组仍然是完美的重构呢？答案十分重要，而且也并不简单：

提升：对于任意 $S(z^2)$，有 $G'(z)=G(z)+\hat{G}(-z)S(z^2)$ (5-89)

双重提升：对于任意 $T(z^2)$，有 $\hat{G}'(z)=\hat{G}(z)+G(-z)T(z^2)$ (5-90)

将提升公式代入定理5.17的完美重构条件中并进行检验，就会发现，如果 $\hat{G}(z)$ 和 $\hat{H}(z)$ 仍然满足定理5.19中关于与混叠无关的滤波器组(练习5.9)的条件，则两个条件都能够得到满足。

接下来用提升步骤中长度为4的Daubechies滤波器的卷积来说明这种设计。

例5.23 DB4滤波器的提升实现

例5.21中的滤波器结构就是一个长度为4的Daubechies滤波器[157]，滤波器系数是：

$$G(z)=((1+\sqrt{3})+(3+\sqrt{3})z^{-1}+(3-\sqrt{3})z^{-2}+(1-\sqrt{3})z^{-3})\frac{1}{4\sqrt{2}}$$

$$H(z)=(-(1-\sqrt{3})+(3-\sqrt{3})z^{-1}-(3+\sqrt{3})z^{-2}+(1+\sqrt{3})z^{-3})\frac{1}{4\sqrt{2}}$$

一种可行的实现是采用两个提升步骤和一个双重提升步骤。根据上面公式得到产生双通道滤波器组的差分方程是：

$$h_1[n]=x[2n+1]-\sqrt{3}x[2n]$$

$$g_1[n]=x[2n]+\frac{\sqrt{3}}{4}h_1[n]+\frac{\sqrt{3}-2}{4}h_1[n-1]$$

$$h_2[n]=h_1[n]+g_1[n+1]$$

$$g[n]=\frac{\sqrt{3}+1}{\sqrt{2}}g_1[n]$$

$$h[n]=\frac{\sqrt{3}-1}{\sqrt{2}}h_2[n]$$

注意：

前面的信号抽取和输入被分离成偶数 $x[2n]$序列和奇数 $x[2n\text{-}1]$序列，允许滤波器以 $2f_s$ 的速度运行。这种结构可以直接转换成硬件，并且可以用 Quartus II 软件实现(练习5.10)，这种实现需要使用5个乘法器和4个加法器。重构滤波器组可以根据图形转置来构造，对于差分方程，这就是操作的反向和符号的变化。

Daubechies 和 Sweldens[158]已经指出：任何(双)正交小波滤波器组都能够转换成一系列提升和双重提升的步骤。所需的乘法器和加法器的数量依赖于提升步骤的数量(步骤越多越简单)，与直接多相实现相比，乘法器和加法器的数量减少了50%。这种方法在乘法器的位宽较小时似乎特别有可能[159]。但是另一方面，因为类似网格的结构不允许使用 RAG 技术，所以对较长的滤波器，直接多相方法的效率通常更高一些。

迄今为止，尽管讨论过的技术(多相分解和提升)已经提高了速度和规模，并且涵盖了所有类型的双通道滤波器，但是如果采用 QMF、线性相位或正交滤波器，还是可以节省额外的成本。接下来就要讨论这些方法。

3. QMF 实现

对于 QMF[160]，根据式(5-78)会发现：

$$h[n]=(-1)^n g[n] \circ\!\!-\!\!\bullet H(z)=G(-z) \tag{5-91}$$

这意味着与多相滤波器是一样的(符号除外)，也就是：

$$G_0(z)=H_0(z) \qquad G_1(z)=-H_1(z) \tag{5-92}$$

除了图 5-60 中的 4 个滤波器，对于 QMF 滤波器只需要两个滤波器和一个额外的“蝶形”，如图 5-63 所示。这就节省了大约 50%的成本。对于 QMF 滤波器需要：

$$L\text{ 个实加法器、}L\text{ 个实乘法器} \tag{5-93}$$

并且滤波器的运行速度可以是通常输入采样速率的两倍。

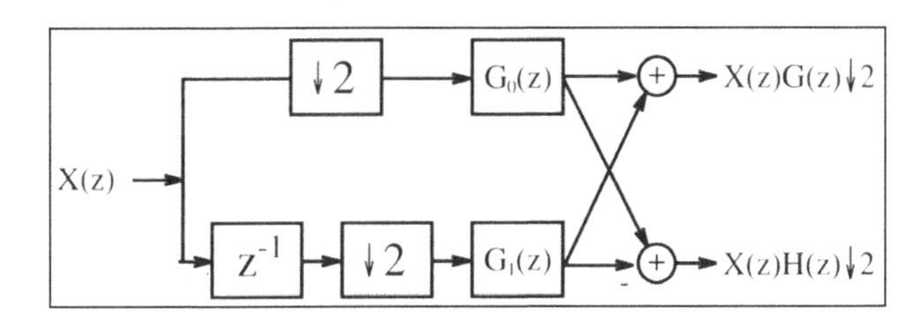

图 5-63　双通道 QMF 滤波器组的多相实现(© Springer 出版社[5])

4. 正交滤波器组

正交滤波器对[9]遵循共轭镜像滤波器(Conjugate Mirror Filter，CQF)[161]的条件：

$$H(z)=z^{-N}G(-z^{-1}) \tag{5-94}$$

如果采用图 5-64 所示的转置 FIR 滤波器，就只需要一半数量的乘法器。不过，其缺点是无法通过多相分解将速度提高两倍。

9. 正交滤波器的名称来源于滤波器的标量乘积相对于两倍的移位(也就是$\sum g[k]h[k-2l]=0$，$k,l\in\mathbb{Z}$)等于零这一事实。

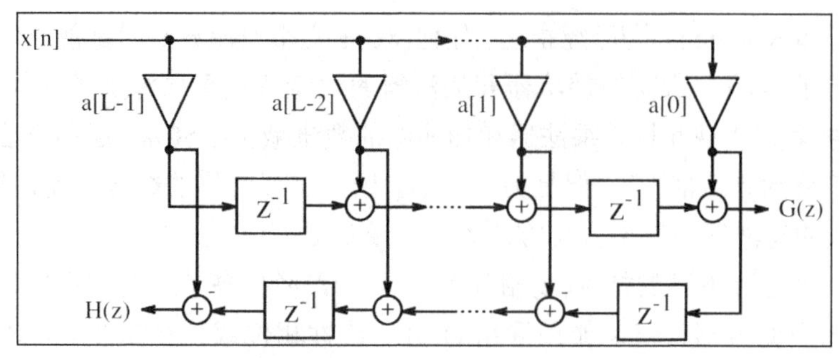

图 5-64　采用转置 FIR 结构的正交双通道滤波器组

实现 CQF 滤波器组的另一个选择方案就是采用图 5-65 所示的网格滤波器。下面的示例演示了直接 FIR 滤波器到网格滤波器的转换。

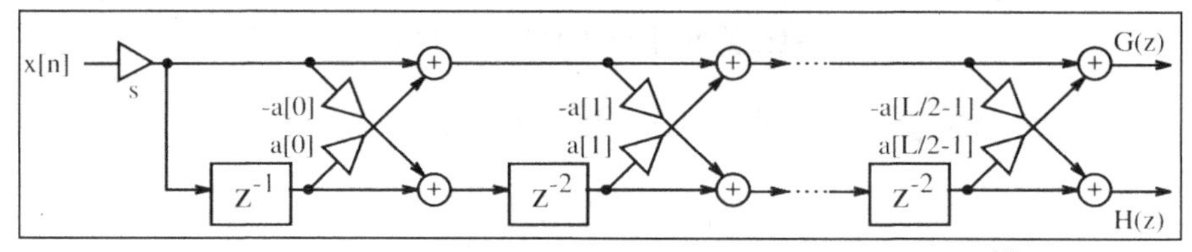

图 5-65　正交双通道滤波器组的网格实现(© Springer 出版社[5])

例 5.24　L= 4 的网格 Daubechies 滤波器的实现

例 5.21 中的滤波器结构是长度为 4 的 Daubechies 滤波器[157]。滤波器系数是：

$$\begin{aligned} G(z) &= \frac{(1+\sqrt{3})+(3+\sqrt{3})z^{-1}+(3-\sqrt{3})z^{-2}+(1-\sqrt{3})z^{-3}}{4\sqrt{2}} \\ &= 0.48301+0.8365z^{-1}+0.2241z^{-2}-0.1294z^{-3} \end{aligned} \tag{5-95}$$

$$\begin{aligned} H(z) &= \frac{-(1-\sqrt{3})+(3-\sqrt{3})z^{-1}-(3+\sqrt{3})z^{-2}+(1+\sqrt{3})z^{-3}}{4\sqrt{2}} \\ &= 0.1294+0.2241z^{-1}-0.8365z^{-2}+0.48301z^{-3} \end{aligned} \tag{5-96}$$

二阶双通道网格滤波器的传递函数是：

$$G(z) = (1+a[0]z^{-1}-a[0]a[1]z^{-2}+a[1]z^{-3})s \tag{5-97}$$

$$H(z) = (-a[1]-a[0]a[1]z^{-1}-a[0]z^{-2}+z^{-3})s \tag{5-98}$$

现在，将式(5-95)和(5-97)加以比较，就会得到：

$$s = \frac{1+\sqrt{3}}{4\sqrt{2}} \qquad a[0] = \frac{3+\sqrt{3}}{4\sqrt{2}s} \qquad a[1] = \frac{1-\sqrt{3}}{4\sqrt{2}s} \tag{5-99}$$

现在就可以直接将这种结构转换成硬件，下面给出了用 Quartus II 实现滤波器组的 VHDL 代码[10]：

```
PACKAGE n_bits_int IS              -- User defined types
```

10. 这一示例相应的 Verilog 代码文件 db4latti.v 可在附录 A 中找到，附录 B 中给出了合成结果。

```
  SUBTYPE S8 IS INTEGER RANGE -128 TO 127;
  SUBTYPE S9 IS INTEGER RANGE -2**8 TO 2**8-1;
  SUBTYPE S17 IS INTEGER RANGE -2**16 TO 2**16-1;
  TYPE A0_3S17 IS ARRAY (0 TO 3) OF BITS17;
END n_bits_int;

LIBRARY work;
USE work.n_bits_int.ALL;

LIBRARY ieee;
USE ieee.std_logic_1164.ALL;
USE ieee.std_logic_arith.ALL;
USE ieee.std_logic_unsigned.ALL;
-- ------------------------------------------------------------
ENTITY db4latti IS                          ------> Interface
  PORT ( clk          : IN  STD_LOGIC;      -- System clock
         reset        : IN  STD_LOGIC;      -- Asynchronous reset
         clk2         : OUT STD_LOGIC;      -- Clock divider
         x_in         : IN  S8;             -- System input
         x_e, x_o     : OUT S17;            -- Even/odd x input
         g, h         : OUT S9);            -- g/h filter output
END db4latti;
-- ------------------------------------------------------------
ARCHITECTURE fpga OF db4latti IS

  TYPE STATE_TYPE IS (even, odd);
  SIGNAL state                    : STATE_TYPE;
  SIGNAL clk_div2                 : STD_LOGIC;
  SIGNAL sx_up, sx_low, x_wait    : S17 := 0;
  SIGNAL sxa0_up, sxa0_low        : S17 := 0;
  SIGNAL up0, up1, low0, low1     : S17 := 0;

BEGIN

  Multiplex: PROCESS (reset, clk) ----> Split into even and
  BEGIN                             -- odd samples at clk rate
    IF reset = '1' THEN             -- Asynchronous reset
      state <= even;
      sx_up <= 0; sx_low <= 0;
      clk_div2 <= '0'; x_wait <= 0;
    ELSIF rising_edge(clk) THEN
      CASE state IS
        WHEN even =>
        -- Multiply with 256*s=124
          sx_up   <= 4 * (32 *  x_in - x_in);
          sx_low  <= 4 * (32 *x_wait - x_wait);
```

```
          clk_div2 <= '1';
          state <= odd;
        WHEN odd =>
          x_wait <= x_in;
          clk_div2 <= '0';
          state <= even;
      END CASE;
    END IF;
  END PROCESS;

---------- Multipy a[0] = 1.7321
  sxa0_up  <= (2*sx_up  - sx_up /4)
                               - (sx_up /64 + sx_up/256);
  sxa0_low <= (2*sx_low - sx_low/4)
                               - (sx_low/64 + sx_low/256);
---------- First stage -- FF in lower tree
  up0  <= sxa0_low + sx_up;
  LowerTreeFF: PROCESS(reset, clk, clk_div2)
  BEGIN
    IF reset = '1' THEN          -- Asynchronous clear
      low0 <= 0;
    ELSIF rising_edge(clk) THEN
      IF clk_div2 = '1' THEN
        low0 <= sx_low - sxa0_up;
      END IF;
    END IF;
  END PROCESS;

---------- Second stage  a[1]=0.2679
  up1  <= (up0 - low0/4) - (low0/64 + low0/256);
  low1 <= (low0 + up0/4) + (up0/64  +  up0/256);

  x_e  <= sx_up;   -- Provide some extra test signals
  x_o  <= sx_low;
  clk2 <= clk_div2;

  OutputScale: PROCESS(reset, clk, clk_div2)
  BEGIN
    IF reset = '1' THEN          -- Asynchronous clear
     g <=  0; h <= 0;
    ELSIF rising_edge(clk) THEN
      IF clk_div2 = '1' THEN
        g <=  up1 / 256;
        h <= low1 / 256;
      END IF;
    END IF;
  END PROCESS;

END fpga;
```

这段 VHDL 代码是图 5-65 给出的网格滤波器的一种直接转换。将输入流乘以 $s = 0.48 \approx 124/256$。接下来计算第一阶 $a[0]=1.73\approx(2 - 2^{-2} - 2^{-6} - 2^{-8})$的交叉项乘积。由此得出结论，在第一阶，加法和底层树信号必然延迟一个采样周期。在第二阶，实现 $a[1] = 0.27\approx(2^{-2}+2^{-6}+2^{-8})$的交叉乘法和最后的输出加法。这一设计使用了 420 个 LE，没有用到嵌入式乘法器，使用 TimeQuest 缓慢 85C 模型的时序电路性能 Fmax=58.11MHz。

图 5-66 给出了 VHDL 仿真结果。仿真结果分别显示了对于滤波器 $G(z)$和 $H(z)$幅值为 100 的脉冲在偶数位置和奇数位置的响应。

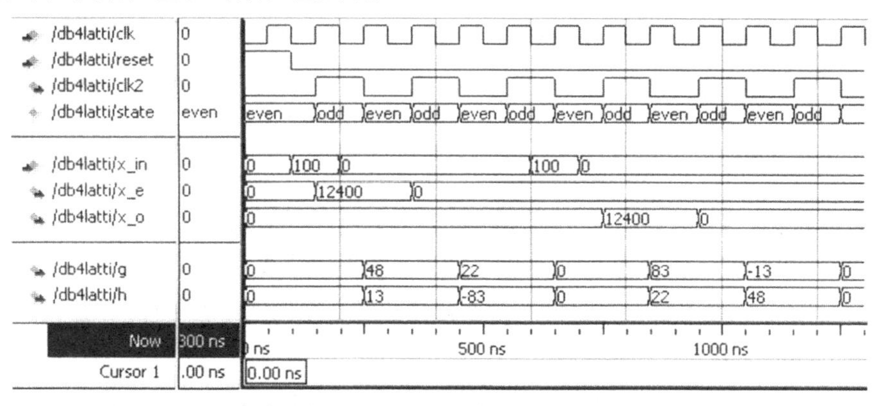

图 5-66　长度为 4 的 Daubechies 网格滤波器组的 VHDL 仿真结果

如果将网格滤波器的规模与例 5.1 中给出的 $G(z)$的直接多相的实现(LE 数量乘以 2)加以比较，就会发现，两种设计的规模大致相同。尽管网格滤波器的实现只需要 5 个乘法器，与多相实现的 8 个乘法器相比，就可以看出，在多相实现中能够使用 RAG 技术实现转置滤波器的系数。而在网格滤波器中，必须实现单乘法器，一般情况下，单乘法器的效率较低。

5. 线性相位双通道滤波器组

从第 3 章可以了解到：如果线性滤波器是偶对称或奇对称的，就可以节省 50%的乘法器资源。如果滤波器的长度为偶数，同样的对称性也可以应用到滤波器的多相分解中。此外，这些滤波器的运行速度也可以提高一倍。

如果 $G(z)$和 $H(z)$具有相同的长度，使用网格滤波器的实现就会进一步减少实现的工作量，如图 5-67 所示。注意，这里使用的网格与图 5-65 给出的正交滤波器组使用的网格是不同的。

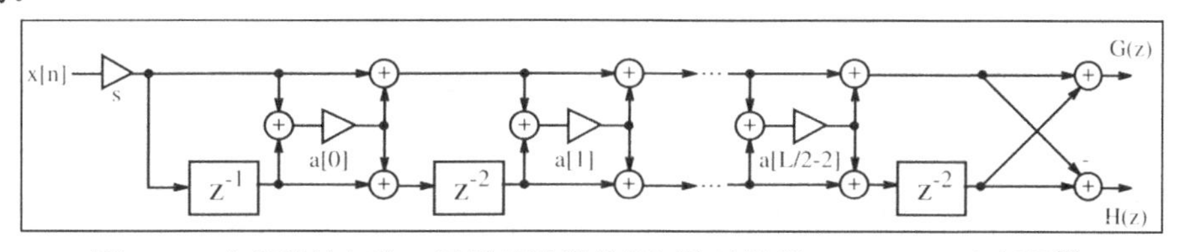

图 5-67　实现线性相位双通道滤波器组的网格滤波器(© Springer 出版社[5])

下面的示例说明了如何将直接体系结构转换为网格滤波器。

例 5.25　$L = 4$ 的线性相位滤波器的网格

例 5.21 中的滤波器结构是一个线性相位滤波器对，两个滤波器的长度均是 4，这两个滤波器是：

$$G(z)=\frac{1}{4}(1+3z^{-1}+3z^{-2}+1z^{-3}) \tag{5-100}$$

$$H(z)=\frac{1}{4}(-1+3z^{-1}+3z^{-2}-1z^{-3}) \tag{5-101}$$

双通道长度 $L=4$ 的线性相位网格滤波器的传递函数是：

$$G(z)=((1+a[0])+a[0]z^{-1}+a[0]z^{-2}+(1+a[0])z^{-3})s \tag{5-102}$$

$$H(z)=(-(1+a[0])+a[0]z^{-1}+a[0]z^{-2}-(1+a[0])z^{-3})s \tag{5-103}$$

将式(5-100)和式(5-102)加以比较，就会得到：

$$s=\frac{1}{2} \quad a[0]=-1.5 \tag{5-104}$$

可以看到，与直接实现相比，只需要大约四分之一的乘法器。

线性相位网格滤波器的缺点在于不是所有的线性相位滤波器都可以实现。特别是，$G(z)$必须偶对称，$H(z)$必须奇对称，并且两个滤波器的长度必须相同，且采样点为偶数个。

6. 实现选项的比较

最后，表 5-8 对不同的实现选项进行了比较，其中包括一般情形和特殊类型，如 QMF、线性相位和正交。

表 5-8 给出了所需加法器和乘法器的数量、参考图、最大输入速率和构造上的重要问题：系数能否用 RAG 技术实现，或者作为单乘法器系数。对于较短的滤波器，网格结构似乎比较有吸引力，而对于长滤波器，大多数情况下 RAG 可以生成更小、更快的设计。注意：表 5-8 中乘法器和加法器的数量是对滤波器所需硬件工作量的估计，而不是文献中给出的在 PDSP/μP 解决方案[125 和 162]中每次输入采样对应计算工作量的典型值。

其他关于双通道滤波器组的优秀文献还有很多(参见文献[123、159、162 和 163])。

表 5-8　两个滤波器长度都为 L 的双通道滤波器组的工作量

类　型	实乘法器数量	实加法器数量	参考图	速　度	是否可用 RAG
通过任意系数实现多相					
直接 FIR 滤波器	$2L$	$2L-2$	图 5-60	$2f_s$	√
提升	$\approx L$	$\approx L$	图 5-62	$2f_s$	—
正交镜像滤波器(QMF)					
恒等多相滤波器	L	L	图 5-63	$2f_s$	√
正交滤波器					
转置 FIR 滤波器	L	$2L-2$	图 5-64	f_s	√
网格	$L+1$	$3L/4$	图 5-65	$2f_s$	—
线性相位滤波器					
对称滤波器	L	$2L-2$	图 3-5	$2f_s$	√
网格	$L/2$	$3L/2-1$	图 5-67	$2f_s$	—

5.8　小波

已经证明，通过转换方法处理的信号的时间频率表示方法对音频和图像处理[159、164、165]有益。仅对短时间段(如语音或音频信号)，许多要分析的信号都具有统计学上不变的属性。因此有必要在短窗函数内分析这些信号、计算信号参数，并且向前滑动窗函数以分析下一帧。如果这种分析基于傅立叶变换，就称之为短项傅立叶变换(Short Term Fourier Transform，STFT)。

短项傅立叶变换的正式定义如下：

$$X(\tau, f)=\int_{-\infty}^{\infty} x(t) w(t-\tau) e^{-j 2 \pi f t} d t \tag{5-105}$$

也就是说，在信号 $x(t)$上滑动一个窗函数 $w(t-\tau)$，并且生成一个连续的时间频率映射。在频域和时域中，窗函数均会逐渐变小到 0，以确保在频率 Δf 和时间 Δt 之内映射的定位。在这种意义上，权重函数(高斯函数($g(t)=e^{-t^2}$))就是最佳选择，正如 Gabor 在 1949 年提出的，它能够提供最小的(Heisenberg 准则)乘积 $\Delta f\Delta t$(也就是最优定位)[166]。Gabor 变换的离散化就产生了离散 Gabor 变换(Discrete Gabor Transform，DGT)。Gabor 变换在整个时间和频率平面采用的是同一分辨率的窗口(请参阅图 5-69(a))。虽然图 5-69(a)中的每个长方形都有完全相同的形状，但是通常情况下，特别是在音频和图像处理领域还需要一个常数 Q(也就是带宽与中心频率的商)。换句话说，对于高频希望有宽带滤波器和短的采样间隔，而对于低频希望有窄带宽和长的采样间隔。可以用 Grossmann 和 Morlet[167]提出的连续小波变换(Continuous Wavelet Transform，CWT)来实现：

$$\mathrm{CWT}(\tau, f)=\int_{-\infty}^{\infty} x(t) h(\frac{t-\tau}{s})\, d t \tag{5-106}$$

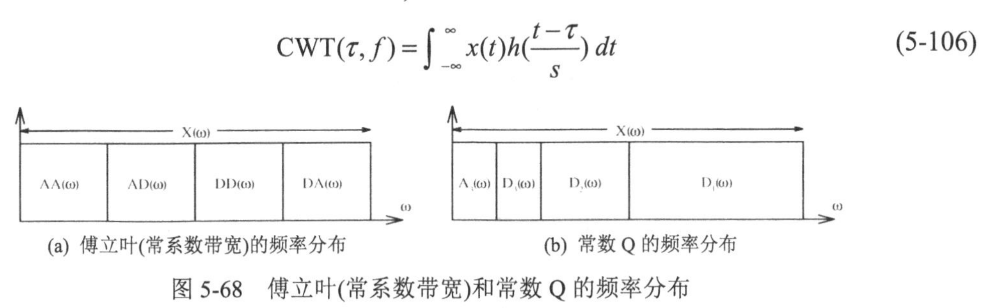

(a) 傅立叶(常系数带宽)的频率分布　　(b) 常数 Q 的频率分布

图 5-68　傅立叶(常系数带宽)和常数 Q 的频率分布

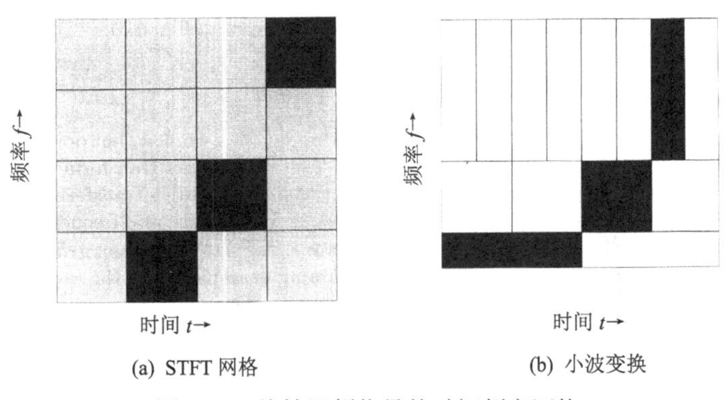

(a) STFT 网格　　(b) 小波变换

图 5-69　线性调频信号的时间频率网格

根据物理中的 Heugens 准则，其中 $h(t)$称为小波或子波。图 5-70 给出了一些典型的小波。如果现在使用的小波是：

$$h(t)=(e^{j2\pi kt}-e^{-k^2/2})e^{-t^2/2} \tag{5-107}$$

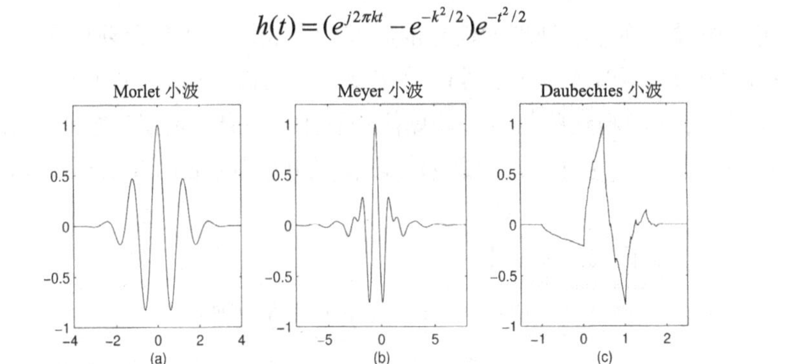

图 5-70 来自 Morlet、Meyer 和 Daubechies 的一些典型小波

还可以利用高斯窗函数的“最优”属性，不过现在使用的是不同的时间和频率刻度。这就是也从属于量化的 Morlet 变换，因此称之为离散 Morlet 变换(Discrete Morlet Transform, DMT)[168]。图 5-69(b)给出了离散情形下时间和频率内的网格点。由于在式(5-107)中引入了指数项$e^{-k^2/2}$，因此小波就不需要 DC 了。接下来的示例显示了高斯窗函数的优越性能。

例 5.26 线性调频信号的分析

图 5-71 给出了频率增加而幅值恒定的信号的分析。这样的信号就称为线性调频信号。如果采用傅立叶变换就会得到一个均匀的频谱，因为所有的频率都给了，傅立叶频谱没有保留与时间相关的信息。然而，如果用带有高斯窗函数的 STFT，也就是 Morlet 变换，如图 5-71(a)所示，就可以清晰地看到频率的增加。但是高斯窗函数给出了所有窗函数的最佳位置。另一方面，用 Haar 窗函数会减少计算的工作量，如图 5-71(b)所示，但是使用 Haar 窗函数会降低信号的时间-频率定位的精确度。

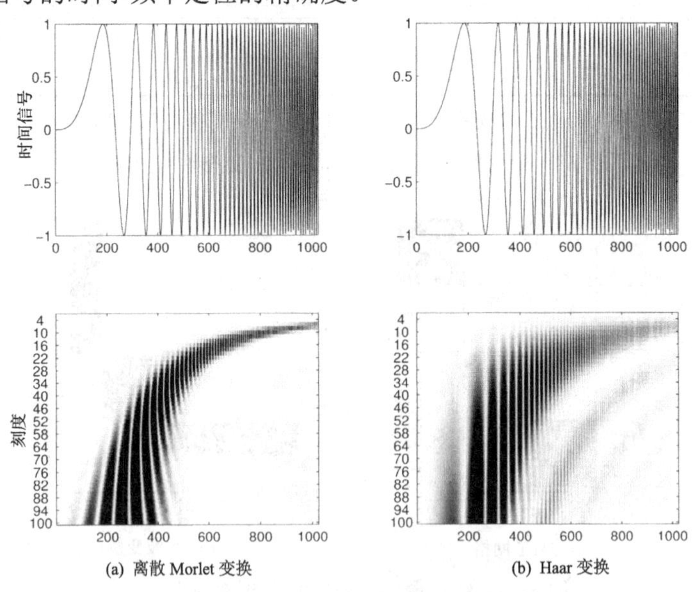

图 5-71 采用两种变换的线性调频信号的分析

虽然 DGT 和 DMT 都通过采用高斯窗函数提供了良好的定位，但是两者的计算量都很大。有一种基于以下两种思路的不需要乘法器的实现[168]。第一步，高斯窗函数可以有效地近似成一个(≥3)长方形函数的卷积，第二步是通过在多项式环上定义代数整数来有效地实现单通带频率-采样滤波器(Frequency-Sampling Filter，FSF)，就如同参考文献[168]中介绍的一样。

接下来，要重点研究一种新近流行的分析方法，就是离散小波变换，这种方法更好地利用了听觉和视觉的人类感知模式(也就是常数 Q)，而且采用 $\mathcal{O}(n)$复杂算法还可以更加高效地进行计算。

5.8.1　离散小波变换

模拟模型的离散时间形式就产生了离散小波变换(Discrete Wavelet Transform，DWT)。在实际应用中，DWT 受 $a=2$ 的离散时间二重 DWT 的限制，接下来就来研究这个问题。图 5-68(b)和图 5-69(b)给出了 DWT 实现的常数 Q，且带宽分布总是在滤波器树中对低通信号使用双通道滤波器组，如图 5-72 所示。

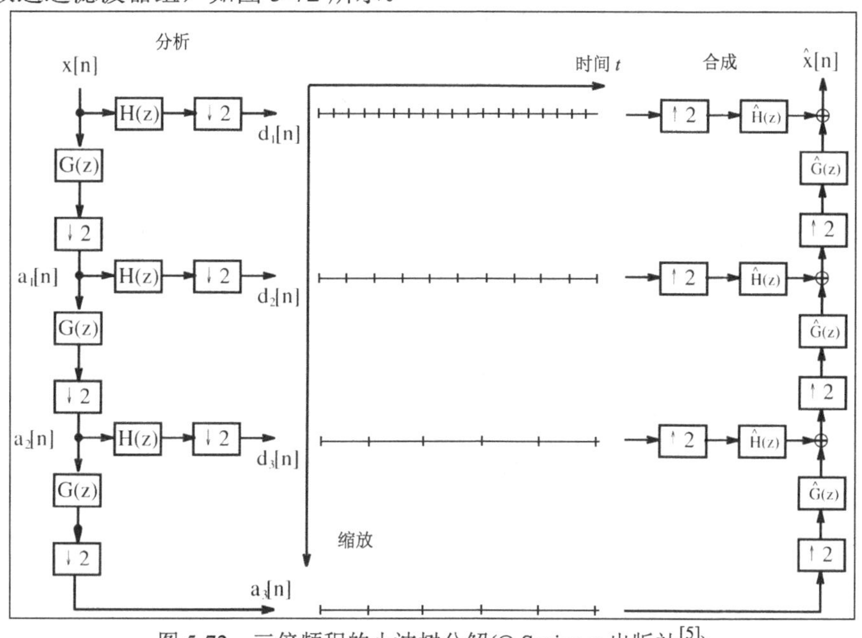

图 5-72　三倍频程的小波树分解(© Springer 出版社[5])

现在要具体考虑在何种情况下可以用双通道 DWT 滤波器组实现 CWT 小波。如果以合适的速率(高于奈奎斯特速率)对连续的小波进行采样，就可以称这种采样方式为 DWT。但是在一般情况下，只有那些可以用双通道滤波器组实现的连续小波变换才称作 DWT。

与一个连续小波 $\psi(t)$是否能够用双通道 DWT 实现密切相关的问题是如下缩放方程(Scaling Equation)是否存在：

$$\phi(t)=\sum_{n} g[n]\phi(2t-n) \tag{5-108}$$

其中实际的小波是用下式计算的：

$$\psi(t)=\sum_{n} h[n]\phi(2t-n) \tag{5-109}$$

其中 $g[n]$是低通滤波器，$h[n]$是高通滤波器。要注意的是，$\phi(t)$和 $\psi(t)$是连续函数，而 $g[n]$和 $h[n]$是采样序列(当然也可以是 IIR 滤波器)。注意：式(5-108)与分形表现出的自相似性 $(\phi(t)=\phi(a\,t))$类似。实际上，缩放方程就可以迭代到一个分形，但是在一般情况下这并不是期望的情形，因为大多数情况下都是需要光滑的小波。如果采用零点的最大数量位于 π 处的滤波器，就可以提高光滑程度。

现在从前向后考虑重构问题：由滤波器 $g[n]$开始构造相应的小波。这是最常见的情形，特别是在采用算法 5.20 的半带设计以生成所需长度和属性的完美重构滤波器对时。

为了得到小波的图形解释，可以由方波函数(框函数)开始，根据式(5-108)构造下面的图形迭代：

$$\phi^{(k+1)}(t)=\sum_{n} g[n]\phi^{(k)}(2t-n) \tag{5-110}$$

如果这种转换可以得到稳定的 $\phi(t)$，(新的)小波就找到了。因为两个框函数经过缩放与相加后的和仍然是框函数，也就是：

$r(t)$　=　$r(2t)+r(2t-1)$

所以在第一次迭代之后，这种迭代就很明显地迅速收敛于 Haar 滤波器{1,1}。

现在用图形的方式构造属于滤波器 $g[n]$ = {1,1,1,1}的小波，也称作 Hutlet4 滤波器[169]。

例 5.27　长度为 4 的 Hutlet 滤波器

首先介绍由经过 $g[n]$ = {1, 1, 1, 1}加权的 4 个框函数，图 5-73(a)中的和对应于起始$\phi^{(1)}(t)$。此函数的缩放倍数是 2，该和给出了一个二阶函数。在 10 次迭代之后就可以得到一个非常光滑的梯形函数。如果现在利用式(5-78)中的 QMF 关系构造实际的小波，就可以得到有两个三角形的 Hutlet4 滤波器，如图 5-74 所示。

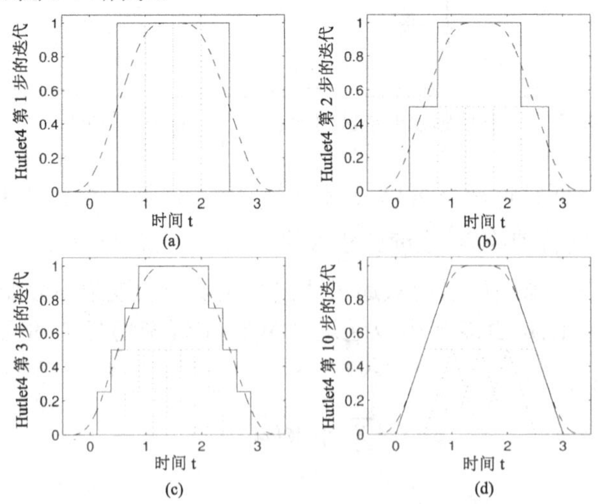

图 5-73　Hutlet4 的迭代步骤 1、2、3 和 10(实线-$\phi^{(k+1)}(t)$；点虚线-$\phi^{(k)}(2t-n)$；短划线-理想的 Hut-函数)

可以看到，$g[n]$是移动均值滤波器的脉冲响应，可以用一个一阶 CIC 滤波器实现[170]。图 5-74 给出了这种偶数长度系数类型的小波的所有缩放函数和小波。

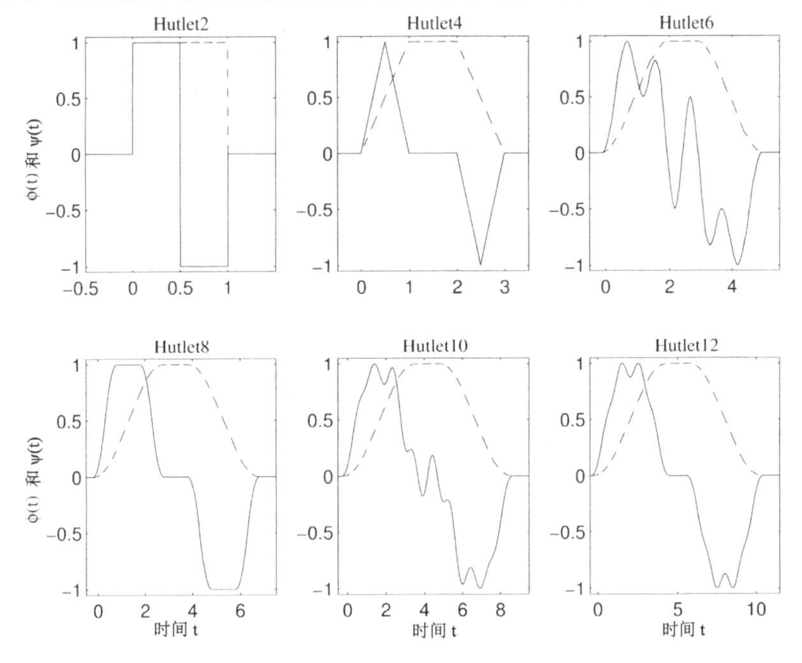

图 5-74　10 次迭代后的 Hutlet 小波系列(实线)和缩放函数(短划线) (© Springer 出版社[5])

如前所述，式(5-110)定义的迭代也收敛于某个分形。图 5-75 给出了相应的示例，这是长度为 5 的“移动均值滤波器”的小波。这个例子简要地说明了选择滤波器 $g[n]$的复杂性：它可以收敛于一个光滑的或完全不规则的函数，这仅取决于看起来不重要的性质，如滤波器的长度。

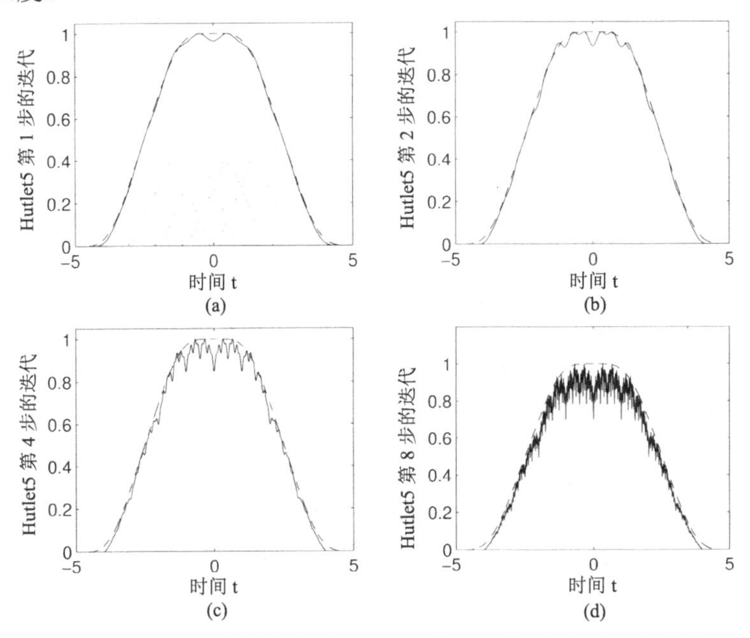

图 5-75　Hutlet5 的迭代步骤 1、2、4 和 8，序列收敛于一个分形

到目前为止，还没有解释为什么两倍缩放方程(5-108)对 DWT 如此重要的原因。如果在 DWT 的分析部分利用 5.1.1 节提到的“Noble”关系式：

$$(\downarrow M)H(z)=H(z^M)(\downarrow M) \tag{5-111}$$

重新排列向下采样器(压缩器)和滤波器，就可以很容易理解这一点了。图 5-76 给出了三级滤波器组的结果。如果计算级联序列，也就是：

$$\begin{aligned} H(z) &\leftrightarrow d_1[k/2] \\ G(z)H(z^2) &\leftrightarrow d_2[k/4] \\ G(z)G(z^2)H(z^4) &\leftrightarrow d_3[k/8] \\ G(z)G(z^2)G(z^4) &\leftrightarrow a_3[k/8] \end{aligned}$$

的脉冲响应，将图形与图 5-70 给出的连续小波进行比较，就会看到 a_3 是对缩放函数的一种近似，而 d_3 则是对母小波的一种近似。

不过这也不总是可行的。例如，对于图 5-70 给出的 Morlet 小波，就找不到相应的缩放函数，也就不可能用 DWT 实现了。

长度为 4 的 Daubechies 滤波器的双通道 DWT 设计示例已经在多相表示方式(例 5.1)和正交滤波器的网格实现(例 5.24)的组合中讨论过了。

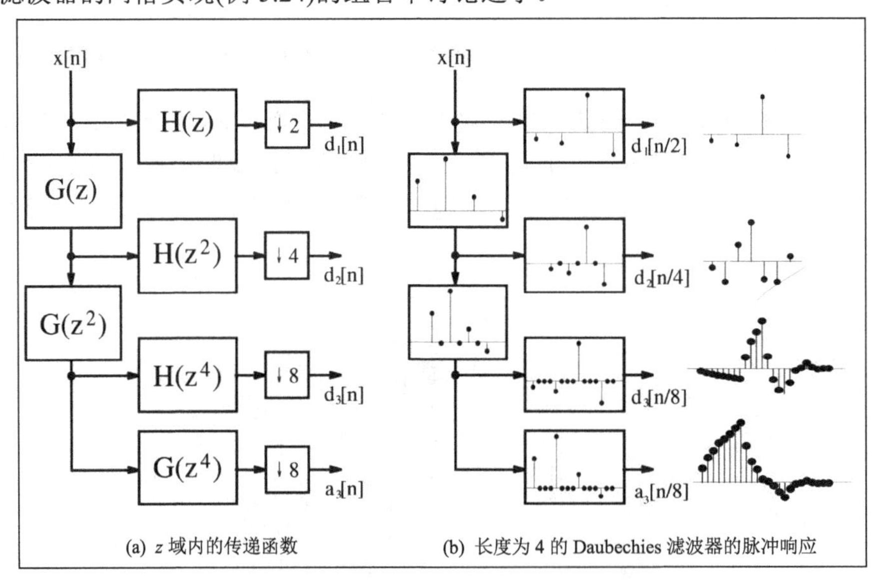

图 5-76 用 Noble 关系式重构 DWT 滤波器组

5.8.2 离散小波变换的应用

当小波在 20 世纪 80 年代开始流行时，许多研究人员都非常兴奋，以为终于找到一个甚至比 FFT 更为有用的工具。当时 Wim Swelden 的被称为“小波文摘”(见 www.wavelet.org)电子通讯有超过 20 000 名订阅者想了解小波领域的最新成果。一段时间以后，许多人意识到一个现实，那就是小波的确可以优于以傅立叶为基础的方法来应对某些应用，或开辟新的应用；但另一方面，FFT 支持快速卷积、快速相关或频谱估计，这些应用 DWT 都不支持，难以轻松验证。然而，有一些应用是 DWT 所擅长的，本节将要探讨其中最重要的一些。这些应用是：

1) 通过避免 DCT 方法的“块效应”进行图像压缩，例如 JPEG↔JPEG2000，详见第 10 章。
2) 信号去噪以及保持信号的形状和性质。
3) 图像增强。
4) 检测与分类间断点。

图像压缩特征将在第 10 章进行探讨。图像增强以及间断点检测较少应用，将在文献中进行解释说明。下面讨论第二个最受欢迎的应用：去噪方法。对于去噪而言，在基于 FFT 的方案中，在傅立叶域中进行信号转换并设置小傅立叶系数为零，以期这些小的组成部分确实是信号中的噪声，而不是信号分量，如图 5-77 所示。在 DWT 方法中过程是相似的。例如，使用信号的三阶分析，然后设定小的小波系数为零，并使用合成步骤重建所述信号。如何将这种方法应用于 Haar 滤波器组(如图 5-78 所示)，将于后文中呈现。从图 5-72 中，我们注意到标准树方案中有两处修改。由于使用因果过滤器，额外的延迟在重建(又名合成树)中用来放置信号的相位。使用 MATLAB 功能 wden 去噪的第二处修改是使用整数滤波器，而不是正交 Haar 滤波器，所有的系数会产生$1/\sqrt{2}$的比例因子，这将大大提高硬件成本。这些 SIMULINK 模型也会生成在以后的 VHDL 设计中所需的测试数据。冲激响应需要许多测试序列，因为系统有许多向上采样和向下采样。对于一个三角形输入，“细节”信号d_k将不会有太大变化。因此最有利的试验数据是二阶类型的输入信号，可以通过三个 box 函数的卷积来生成。图 5-79(a)显示了分析数据，图 5-79(b)显示了合成信号中的延迟匹配信号$a_3(t)=s_3(t-\tau)$和$a_2(t)=s_2(t-\tau)$。这些信号将在 DWT 去噪 HDL 代码的测试和调试阶段使用。

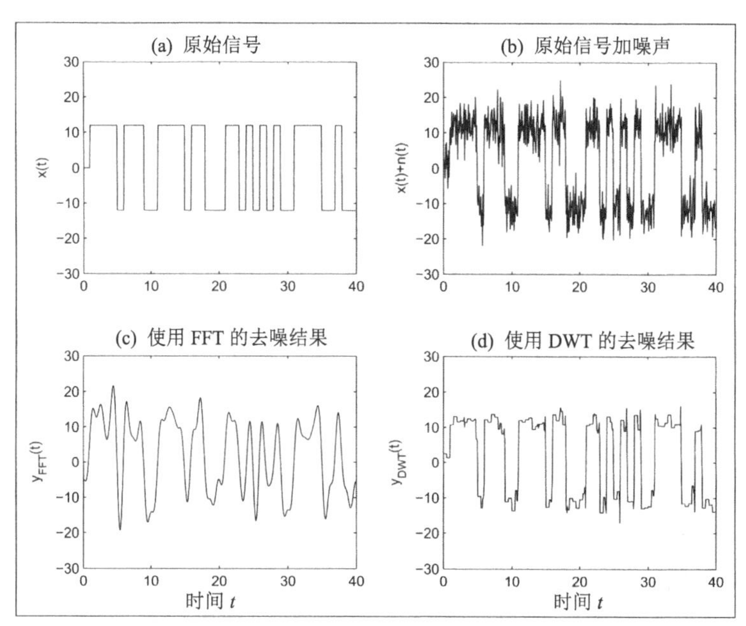

图 5-77 使用 DFT/FFT 以及 Haar DWT 去噪方法的对比

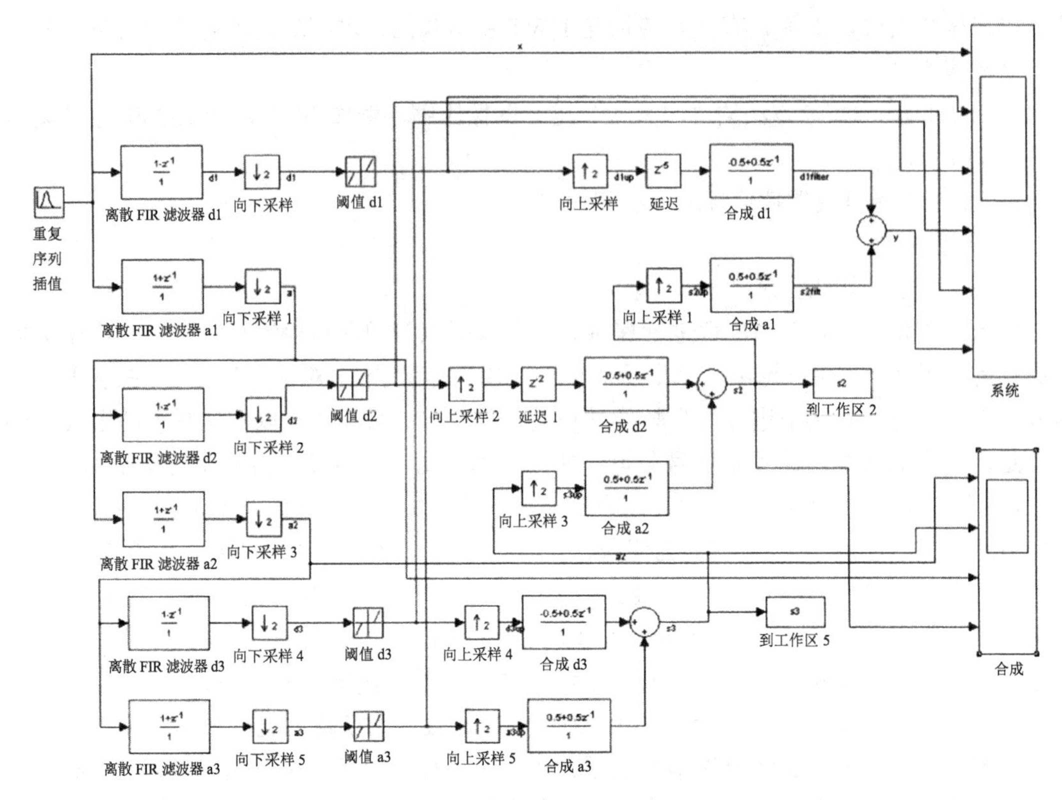

图5-78　三阶小波去噪方案

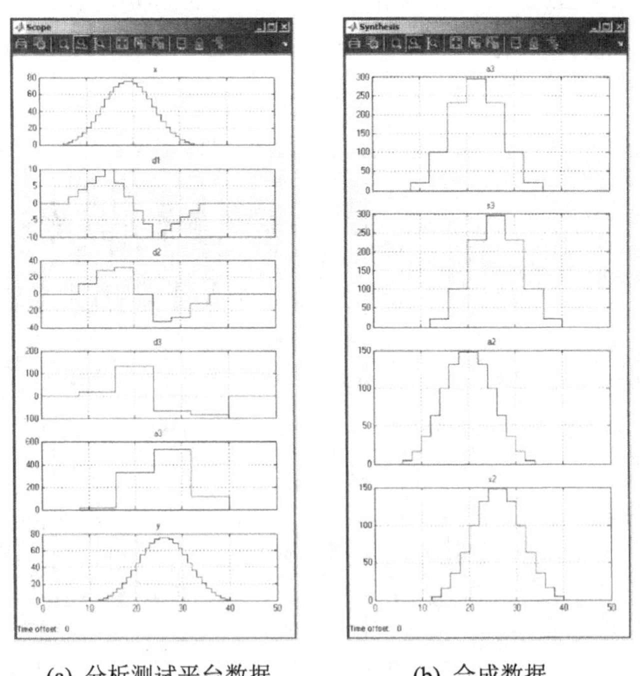

(a) 分析测试平台数据　　　　(b) 合成数据

图5-79　SIMULINK DWT测试平台数据

基本的系统运行之后，就可使用更加复杂的信号测试去噪。图 5-77 显示了基于 DWT 与 FFT 的方法的对比。使用一个可以从用于同步目的的 DCF77 无线控制观察信号的相位分量中找到的伪随机序列。图 5-77(a)显示每位 16 个样本，5-77(b)显示了带有附加噪声的信号。对比图 5-77(c)与(d)，可以看到 DWT 能够更好地保留输入信号的形状及随后的电路，例如 PLL 将更容易同步。在 FFT 中将较小的值设定为零，只有低通滤波，可以预期锐边将不再出现在 FFT 去噪后的输出信号中。从这个例子中可以看到所使用的小波应当是输入信号(无噪声)不错的代表。最后一项要讨论的是阈值的选择。显而易见的方法是使用一定比例，例如倍频程(octave)最大小波系数的 10%或 25%。更为复杂的方法是首先计算信号的方差，然后对于高方差，假设倍频程中的信息内容量太大，使用小的阈值。在 MATLAB 工具箱中有 4 种不同的方法来计算阈值。一种特别有趣的观察由 Donoho 与 Johnstone 得到，他们发现应选择高斯噪声的阈值为：

$$T=\sigma\sqrt{2\log_e(N)} \tag{5-112}$$

其中 σ 是高斯白噪声的标准偏差，N 为样本数。阈值随 N 的增大而增大，这是由于对于大的数据集而言，在高斯噪声中大幅值的概率也增加了。然而，$\sqrt{\log_e(N)}$ 函数增加非常缓慢。如果我们增加样本量，从 N=512 增加到 N=1024，T 值的变化只有 5% [171 和 172]。阈值(5-112)更大的问题是，需要良好的高斯噪声估计。为此，建议使用第一小波分析的中值[173]，即 d_1 信号与估计值：

$$\hat{\sigma}=\frac{1}{0.6745}\text{中值}(d_1[m])\bigg|_{0\le m\le N/2} \tag{5-113}$$

接下来计算全数据集的中位数。计算 1K 或多个数据的中值将是非常具有挑战性的硬件设计，因为需要对这 1K 数据进行排序。使用不太复杂的阈值估计仍然具有很好的效果，例如下面的硬件实现：

下面的 VHDL[11] 代码展示了三级 DWT 去噪：

```
PACKAGE n_bits_int IS          -- User defined types
  SUBTYPE U3 IS INTEGER RANGE 0 TO 7;
  SUBTYPE S16 IS INTEGER RANGE -2**15 TO 2**15-1;
  TYPE A0_11S16 IS ARRAY (0 TO 11) of S16;
  TYPE A0_29S16 IS ARRAY (0 TO 29) of S16;
END n_bits_int;

LIBRARY work;
USE work.n_bits_int.ALL;

LIBRARY ieee;
USE ieee.std_logic_1164.ALL;
USE ieee.std_logic_arith.ALL;
USE ieee.std_logic_signed.ALL;
-- -------------------------------------------------------
ENTITY dwtden IS                          ------> Interface
  GENERIC (D1L : INTEGER := 28; -- D1 buffer length
           D2L : INTEGER := 10);-- D2 buffer length
  PORT (clk        : IN  STD_LOGIC; -- System clock
```

11. 这一示例相应的 Verilog 代码文件 dwtden.v 可在附录 A 中找到，附录 B 中给出了合成结果。

```
        reset       : IN  STD_LOGIC; -- Asynchron reset
        x_in        : IN  S16;  -- System input
        t4d1, t4d2, t4d3, t4a3 : IN S16;  -- Threshold
        d1_out      : OUT S16;  -- Level 1 detail
        a1_out      : OUT S16;  -- Level 1 approximation
        d2_out      : OUT S16;  -- Level 2 detail
        a2_out      : OUT S16;  -- Level 2 approximation
        d3_out      : OUT S16;  -- Level 3 detail
        a3_out      : OUT S16;  -- Level 3 approximation
        s3_out, a3up_out, d3up_out : OUT S16; -- L3 debug
        s2_out, s3up_out, d2up_out : OUT S16; -- L2 debug
        s1_out, s2up_out, d1up_out : OUT S16; -- L1 debug
        y_out       : OUT S16); -- System output
END dwtden;
-- --------------------------------------------------------
ARCHITECTURE fpga OF dwtden IS

  SIGNAL count  : U3; -- Cycle 2**max level
  SIGNAL x, xd  : S16; -- Input delays
  SIGNAL a1, d1, a2, d2, a3, d3 : S16; -- Analysis filter
  SIGNAL d1t, d2t, d3t, a3t : S16; -- Before thresholding
  SIGNAL a1up, a3up, d3up : S16;
  SIGNAL a1upd, s3upd, a3upd, d3upd : S16;
  SIGNAL a1d, a2d : S16; -- Delay filter output
  SIGNAL ena1, ena2, ena3 : BOOLEAN; -- Clock enables
  SIGNAL t1, t2, t3 : STD_LOGIC; -- Toggle flip-flops
  SIGNAL s2, s3up, s3, d2syn : S16;
  SIGNAL s1, s2up, s2upd : S16;
  -- Delay lines for d1 and d2
  SIGNAL d2upd : A0_11S16;
  SIGNAL d1upd : A0_29S16;
BEGIN

  FSM: PROCESS (reset, clk)    ------> Control the system
  BEGIN                              -- sample at clk rate
    IF reset = '1' THEN              -- Asynchronous reset
      count <= 0;
    ELSIF rising_edge(clk) THEN
      IF count = 7 THEN
        count <= 0;
      ELSE
        count <= count + 1;
      END IF;
      CASE count IS    -- Level 1 enable
        WHEN 1 | 3 | 5 | 7 =>
          ena1 <= TRUE;
         WHEN others =>
          ena1 <= FALSE;
      END CASE;
      CASE count IS  -- Level 2 enable
        WHEN 1 | 5  =>
          ena2 <= TRUE;
         WHEN others =>
```

```
          ena2 <= FALSE;
      END CASE;
      CASE count IS    -- Level 3 enable
        WHEN 5  =>
          ena3 <= TRUE;
        WHEN others =>
          ena3 <= FALSE;
      END CASE;
    END IF;
  END PROCESS FSM;

--  Haar analysis filter bank
  Analysis: PROCESS(clk, reset)    ------> Behavioral Style
  BEGIN
    IF reset = '1' THEN           -- Asynchronous clear
      x <= 0; xd <= 0;
      d1t <= 0; a1 <= 0; a1d <= 0;
      d2t <= 0; a2 <= 0; a2d <= 0;
      d3t <= 0; a3t <= 0;
    ELSIF rising_edge(clk) THEN
      x <= x_in;
      xd <= x;
      IF ena1 THEN -- Level 1 analysis
        d1t <= x - xd;
        a1  <= x + xd;
        a1d <= a1;
      END IF;
      IF ena2 THEN -- Level 2 analysis
        d2t <= a1 - a1d;
        a2 <= a1 + a1d;
        a2d <= a2;
      END IF;
      IF ena3 THEN -- Level 3 analysis
        d3t <= a2 - a2d;
        a3t <= a2 + a2d;
      END IF;
    END IF;
  END PROCESS;

-- Thresholding of d1, d2, d3 and a3
    d1 <= d1t WHEN abs(d1t) > t4d1 ELSE 0;
    d2 <= d2t WHEN abs(d2t) > t4d2 ELSE 0;
    d3 <= d3t WHEN abs(d3t) > t4d3 ELSE 0;
    a3 <= a3t WHEN abs(a3t) > t4a3 ELSE 0;

-- Down followed by up sampling is implemented by setting
-- every 2. value to zero
  Synthesis: PROCESS(clk, reset)    ------> Behavioral Style
  BEGIN
    IF reset = '1' THEN           -- Asynchronous clear
      t1 <= '0'; t2 <= '0'; t3 <= '0';
      s3up <= 0;s3upd <= 0;
      d3up <= 0; a3up <= 0; a3upd<=0; d3upd <= 0;
```

```
      s3 <= 0; s2 <= 0;
      s1 <= 0; s2up <= 0; s2upd <= 0;
      FOR k IN 0 TO D2L+1 LOOP -- Clear array match s3up
          d2upd(k) <= 0;
      END LOOP;
      FOR k IN 0 TO D1L+1 LOOP -- Clear array match s2up
          d1upd(k) <= 0;
      END LOOP;
    ELSIF rising_edge(clk) THEN
        t1 <= NOT t1;  -- toggle FF level 1
        IF t1 = '1' THEN
          d1upd(0) <= d1;
          s2up <= s2;
        ELSE
          d1upd(0) <= 0;
          s2up <= 0;
        END IF;
        s2upd <= s2up;
        FOR k IN 1 TO D1L+1 LOOP -- Delay to match s2up
          d1upd(k) <= d1upd(k-1);
        END LOOP;
        s1 <= (s2up + s2upd - d1upd(D1L) + d1upd(D1L+1))/2;

      IF ena1 THEN
        t2 <= NOT t2; -- toggle FF level 2
        IF t2 = '1' THEN
          d2upd(0) <= d2;
          s3up <= s3;
        ELSE
          d2upd(0) <= 0;
          s3up <= 0;
        END IF;
        s3upd <= s3up;
        FOR k IN 1 TO D2L+1 LOOP -- delay to match s3up
          d2upd(k) <= d2upd(k-1);
        END LOOP;
        s2 <= (s3up + s3upd - d2upd(D2L) + d2upd(D2L+1))/2;
      END IF;

      IF ena2 THEN -- Synthesis level 3
        t3 <= NOT t3; -- toggle FF
        IF t3='1' THEN
          d3up <= d3;
          a3up <= a3;
        ELSE
          d3up <= 0;
          a3up <= 0;
        END IF;
        a3upd <= a3up;
        d3upd <= d3up;
        s3 <= (a3up + a3upd - d3up + d3upd)/2;
      END IF;
    END IF;
```

```
    END PROCESS;

    a1_out <= a1; -- Provide some test signal as outputs
    d1_out <= d1;
    a2_out <= a2;
    d2_out <= d2;
    a3_out <= a3;
    d3_out <= d3;
    a3up_out <= a3up;
    d3up_out <= d3up;
    s3_out <= s3;
    s3up_out <= s3up;
    d2up_out <= d2upd(D2L);
    s2_out <= s2;
    s1_out <= s1;
    s2up_out <= s2up;
    d1up_out <= d1upd(D1L);
    y_out <= s1;

  END fpga;
```

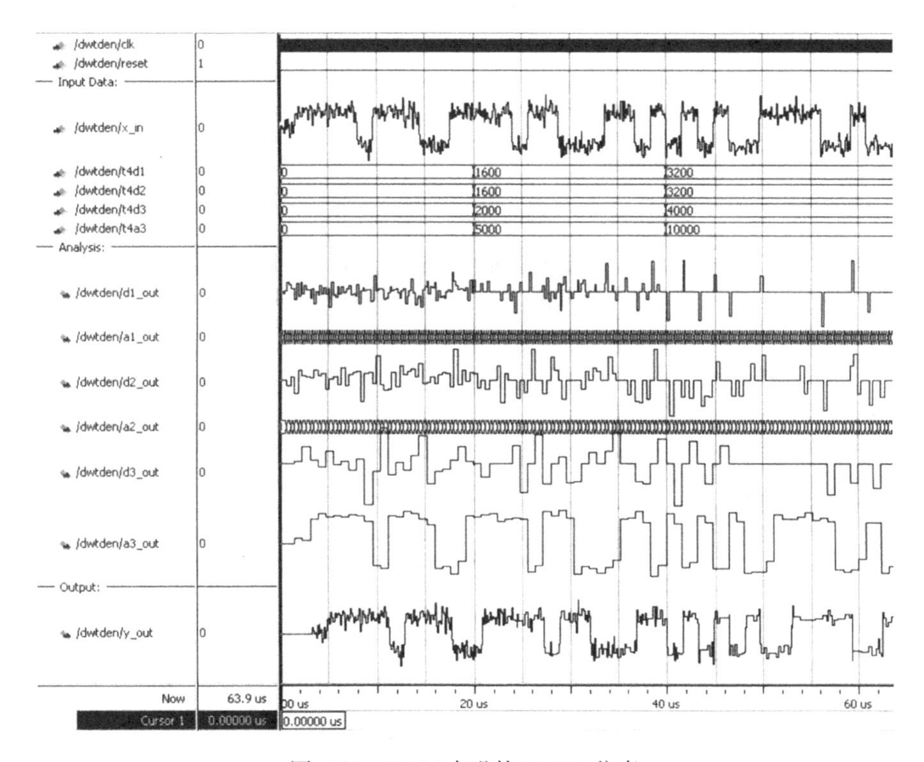

图 5-80　DWT 去噪的 VHDL 仿真

数据类型所用的编码之后是设计的 ENTITY 与 ARCHITECTURE。第一个 PROCESS 是 FSM，其中包括控制流程以及用于分析和合成滤波器的使能信号的生成。完整的循环需要 8 个时钟周期。接下来的 Analysis:PROCESS 包括三对由三个使能信号控制的分析滤波器。阈值的 4 条并发语句设置小的小波系数为零，取决于输入端口信号的 4 个“d_k阈值”。最后的 Synthesis：PROCESS 重建三阶输入信号。请注意，实际上在图 5-78 的 Simulink 仿真中需要较长延迟来将信号转换成同步，因为向上采样与向下采样由同步寄存器实现。本设计使用 879 个 LE，没有用到嵌入式乘法器，使用 TimeQuest 缓慢 85C 模型的时序电路性能 Fmax=120.93MHz。

滤波器仿真如图 5-80 所示。仿真首先显示了 FSM 的控制与阈值信号。DCF77 的 40 位序列用于 x_in。信号 $s(k)$在 MATLAB 中生成，并打印到文件用于 MODELTECH 仿真：

```
for k=1:L
  fprintf(fid, 'force x_in %d %dns\r\n',round(256*s(k)),…
                                                  100*k);
end
```

在 MODELSIM HDL 仿真中，浮点值已经缩小了 256 以提供 8 位小数精度。由于数据量过大，不是所有测试端口信号都得以显示。感兴趣的信号通过选择 Format→Analog(automatic)显示 x、d1、d2、d3、a3 和 y，已显示为(模拟)波形。阈值从零(无阈值)增加到可观测最大信号的小波系数的 25%和 50%。请特别注意，在 y_out 中 50%的信号去除噪声的同时保存了输入数字信号的形状。

5.9 练习

注意：

如果读者没有使用 Quartus II 软件的经验，可以参考 1.4.3 节的案例研究。如果已有相关经验，就请注意对于 Quartus II 合成评价 CycloneIV E 系列中 EP4CE115F29C7 的使用事项。

5.1 令 $F(z)=1+z^{-d}$，根据定义 5.7，d 为何值时可以得到半带滤波器？

5.2 令 $F(z)=1+z^{-5}$ 是一个半带滤波器。

(a) 绘出$|F(\omega)|$。这一滤波器具有什么样的对称性？

(b) 用算法 5.20 计算完美重构的实数滤波器组。滤波器组的总延迟是多少？

5.3 用例 5.21 中的半带滤波器 F3 构造完美重构的滤波器组，使用算法 5.20，分别使用如下长度：

(a) 1/7

(b) 2/6

5.4 如果两个滤波器分别是：

(a) 复数

(b) 实数

(c) 线性相位

(d) 正交滤波器组

用例 5.21 的 F3 滤波器可以构造多少种不同的滤波器对？

5.5 用半带滤波器 $F2(z)=1+2z^{-1}+z^{-2}$ 计算基于算法 5.20 的所有可能的完美重构的滤波器组。

5.6 (a) 计算图 5-52 中严格采样的均匀 DFT 滤波器组实现的实数加法和乘法的次数。假定长度为 L 的分析和合成滤波器具有复数系数，且输入是实数值。

(b) 假定某种 FFT 算法需要$(15N\log_2(N))$次实数加法和乘法。使用图 5-52 和图 5-53 中长度为 R 的 L 个复数滤波器的多相表示方法，计算均匀 DFT 滤波器组的总工作量。

(c) 用(a)和(b)的结果计算 $L=64$ 和 $R=16$ 的严格采样的 DFT 滤波器组的工作量。

5.7 用例 5.15 的有耗积分器实现一个 $R=4$ 的均匀 DFT 滤波器组。

(a) 计算分析多相滤波器 $H_k(z)$。

(b) 为完美重构确定合成滤波器 $F_k(z)$。

(c) 确定 4×4 的 DFT 矩阵。计算 DFT 需要多少次实数加法和乘法？

(d) 按照每次输入采样的实数加法和乘法来计算整个滤波器组的总计算量。

5.8 分析表 5-5 中每个 Goodman 和 Carey 半带滤波器的频率响应。放大通带以估计滤波器的波纹。

5.9 证明式(5-89)和式(5-90)中提升和双重提升模式的完美重构。

5.10 (a) 用例 5.23 中的提升模式实现长度为 4 的 Daubechies 滤波器，8 位的输入和系数，10 位的输出量化。

(b) 用类似图 5-66 的两个幅值为 100 的脉冲，对该设计进行仿真。

(c) 确定使用 TimeQuest 缓慢 85C 模型的时序电路性能 Fmax 和所用资源(LE、乘法器和 M9K)。

(d) 就速度和规模方面比较直接多相实现(例 5.1)和网格实现(例 5.24)的提升设计。

5.11 用例 5.4 和例 5.6 中设计的两个例化元件来计算两个滤波器输出的差额，确定最大正偏差和负偏差。

5.12 (a) 用图 3-11 的简化加法器图设计构造一个利用 Quartus II 的 8 位输入的半带滤波器 F6(请参阅表 5-5)。用转置 FIR 结构(参见图 3-3)作为滤波器的体系结构。

(b) 通过脉冲响应的仿真验证其功能。

(c) 确定 F6 设计的使用 TimeQuest 缓慢 85C 模型的时序电路性能 Fmax 和所用资源(LE、乘法器和 M9K)。

5.13 (a) 计算表 5-5 中 F6 滤波器的多相表示方式。

(b) 用 Quartus 实现 8 位输入的多相滤波器 F6，抽取 $R=2$。

(c) 通过脉冲响应的仿真验证其功能(一次位于偶数，一次位于奇数)。

(d) 确定多相设计的使用 TimeQuest 缓慢 85C 模型的时序电路性能 Fmax 和所用资源(LE、乘法器和 M9K)。

(e) 就速度和规模方面与练习 5.12 中的直接实现相比较，多相设计的优缺点是什么？

5.14 (a) 用 256 乘以式(5-95)，计算 8 位量化的 DB4 滤波器并取整数部分。利用本书学习资料里的 csd.exe 程序或表 2.3 中的数据。

(b1) 用 Quartus II 设计图 5-64 中 9 位输入的滤波器 $G(z)$。假定输入和系数是有符号的，也就是对于长度为 4 的滤波器只需要一个额外的保护位。

(b2) 确定滤波器 $G(z)$的使用 TimeQuest 缓慢 85C 模型的时序电路性能 Fmax 和所用资源(LE、乘法器和 M9K)。

(b3) 就速度和规模方面与例 3.1 中可编程 FIR 滤波器相比较，CSD 设计的优缺点是什么？

(c1) 用图 5-62 中的 $H(z)$和 $G(z)$设计滤波器组。

(c2) 确定滤波器组的使用 TimeQuest 缓慢 85C 模型的时序电路性能 Fmax 和所用资源(LE、乘法器和 M9K)。

(c3) 就速度和规模方面与例 5.24 中的网格设计相比较，CSD 滤波器组设计的优缺点是什么？

5.15 (a) 用表 2-3 的 MAG 编码构造例 5.12 中的正弦滤波器。

(a1) 确定 MAG rc_sinc 设计的使用 TimeQuest 缓慢 85C 模型的时序电路性能 Fmax 和所用资源(LE、乘法器和 M9K)。

(b) 实现流水线加法器树，从而对滤波器 rc_sinc 设计的吞吐量进行改进。

(b1) 确定已改进设计的使用 TimeQuest 缓慢 85C 模型的时序电路性能 Fmax 和所用资源(LE、乘法器和 M9K)。

5.16 (a) 用例 5.12 中正弦滤波器的数据估计 $R = 147/160$ 速率变换器的实现工作量。假设两个滤波器各用 50%的资源。

(b) 用例 5.13 中 Farrow 滤波器的数据估计 $R = 147/160$ 速率变换器的实现工作量。

(c) 就所用 LE 和使用 TimeQuest 缓慢 85C 模型的时序电路性能 Fmax 比较(a)和(b)两种设计，R_1 分别取小值和大值。

5.17 例 5.13 的 Farrow 组合器以串行方式用到几次乘法。可以增加数据和乘法器的流水线寄存器以完成速度最大的设计。

(a) 对于速度最大的设计，如果采用以下元件，(总共)需要多少流水线级？

(a1) 嵌入式阵列乘法器

(a2) 基于 LE 的乘法器

(b) 对于最大速度的设计分别使用以下元件，编写 HDL 代码：

(b1) 嵌入式阵列乘法器

(b2) 基于 LE 的乘法器

(c) 确定上述改进设计的使用 TimeQuest 缓慢 85C 模型的时序电路性能 Fmax 和所用资源(LE、乘法器和 M9K)。

5.18 (a) 应用 MATLAB 或 C 语言计算并绘出式(5-56)中 IIR 滤波器的脉冲响应。这个滤波器是否稳定？

(b) 用输入信号 x=[0, 0, 0, 1, 2, 3, 0, 0, 0]仿真 IIR 滤波器；用滤波器 F = [1 4 1]/6 确定

(b1) 先经 $F(z)$滤波后经 $1/F(z)$滤波的 x 并画出结果。

(b2) 先经 $1/F(z)$滤波后经 $F(z)$滤波的 x 并画出结果。

(c) 将$1/F(z)$滤波器分成稳定的因果部分和非因果部分，因果部分采用顺序采样，非因果部分采用逆序采样。重复(b)中的仿真。

5.19 (a) 画出式(5-56)中 IIR 滤波器的滤波器传递函数。

(b) 构造该滤波器的长度为 11 的 IFFT 并应用 DC 校验，也就是$\sum_k h(k)=0$。

(c) Unser 等人[149]确定了以下 IIR 的长度为 11 的 FIR 近似：[−0.0019876, 0.00883099, −0.0332243, 0.124384, −0.46405, 0.124384, −0.0332243, 0.00883099, −0.0019876]。画出这一滤波器的脉冲响应和传递函数。

(d) 通过计算式(5-55)对应滤波器的卷积确定(b)和(c)两种解决方案的误差，并构造元素(1 除外)的平方和。

5.20 用 B 样条的 Farrow 方程(5-60)确定 c_k 的 Farrow 矩阵：

(a) I-MOMS，$\phi(t)=\beta^3(t)-\dfrac{1}{6}\dfrac{\mathrm{d}^2\beta^3(t)}{\mathrm{d}t^2}$

(b) O-MOMS，$\phi(t)=\beta^3(t)+\dfrac{1}{42}\dfrac{\mathrm{d}^2\beta^3(t)}{\mathrm{d}t^2}$

5.21 研究例 5.14 中三次 B 样条插值器的 FSM 部分，速率变换器的 R = 147/160。

(a) 假定延迟 d^k 存储在 LUT 表或 M4K 表中。如果 d^k 量化为：

(a1) 8 位无符号数

(a2) 16 位无符号数

那么所需表的规模为多大？

(b) 确定(a1)和(a2)的前 5 个相位值。8 位精度是否足够？

(c) 假定已经使用 Farrow 结构，即延迟 d^k 用 Horner 模式连续计算。这一解决方案的 FSM 硬件要求是什么？

5.22 用练习 5.20 和例 5.14 中分数速率变换设计的结果设计一个使用 O-MOMS 且 R= 3/4 的速率变换器。

(a) 确定 FIR 补偿滤波器的 RAG-n，滤波器系数为(−0.0094, 0.0292, −0.0831, 0.2432, −0.7048, 2.0498, −0.7048, 0.2432,…) = (−1, 4, −11, 31, −90, −11, 4, −1)/128。(提示：添加 NOF 3)

(b) 用(a)中的 FIR 滤波器代替 IIR 滤波器，按照练习 5.20(b)的结果调整 Farrow 矩阵系数。

(c) 用图 5-50 中的三角形测试函数验证对应功能。

(d) 确定 O-MOMS 设计的使用 TimeQuest 缓慢 85C 模型的时序电路性能 Fmax 和所用资源(LE、嵌入式乘法器和 M9K)。

5.23 用 Farrow 矩阵(5-60)和例 5.14 中分数速率变换设计的结果设计一个使用 B 样条且 $R = 3/4$ 的速率变换器。

(a) 确定 FIR 补偿滤波器的 RAG-n，滤波器系数为(0.0085, −0.0337, 0.1239, −0.4645, 1.7316, −0.4645, 0.1239, −0.0337, 0.0085) = (1, −4, 16, −59, 222, −59, 16, −4, 1)/128。(提示：添加 NOF 7)

(b) 用(a)中的 FIR 滤波器代替 IIR 滤波器。

(c) 用图 5-50 中的三角形测试函数验证对应功能。

(d) 确定 B 样条设计的使用 TimeQuest 缓慢 85C 模型的时序电路性能 Fmax 和所用资源(LE、嵌入式乘法器和 M9K)。

5.24 (a) GC4114 具有一个 4 级 CIC 插值器和一个可变的采样变化因子 R。尝试从 WWW 下载并研究 GC4114 的数据表。

(b) 用 Hogenauers 方程[127] 编写 C 或 MATLAB 程序来计算 CIC 插值器的位增长率 $B_k = \log_2(G_k)$：

$$G_k = \begin{cases} 2^k & k = 1, 2, \ldots, S \\ \dfrac{2^{2S-k}(RD)^{k-S}}{R} & k = S+1, S+2, \ldots, 2S \end{cases} \tag{5-114}$$

其中 D 是梳状延迟，S 是级数，R 是插值因子。当 $R = 8$、$R = 32$ 和 $R = 16\,384$ 时，确定 GC4114($S = 4$，$D = 1$)的输出位的增长率。

(c) 编写 MATLAB 程序，仿真梳状延迟为 1、R=32 的向上采样 4 级 CIC 插值器。与图 5-81 的结果进行对照。

(d) 用(c)中的程序计算对于阶跃输入信号每一级的位增长率并将结果与(b)对照。

5.25 利用练习 5.24 的结果。

(a) 设计一个 16 位输入的 4 级 CIC 插值器，梳状延迟 $D = 1$，速率变换因子 $R = 32$。采用练习 5.24(b)中得到的内部位宽和输出位宽。尝试将输入和输出的 HDL 仿真结果与图 5-81 中的 MATLAB 仿真结果对照。

(b) 设计 4 级 CIC 插值器，采用练习 5.24(b)中得到的详细位宽。尝试将输入和输出的 HDL 仿真结果与 MATLAB 仿真结果对照。

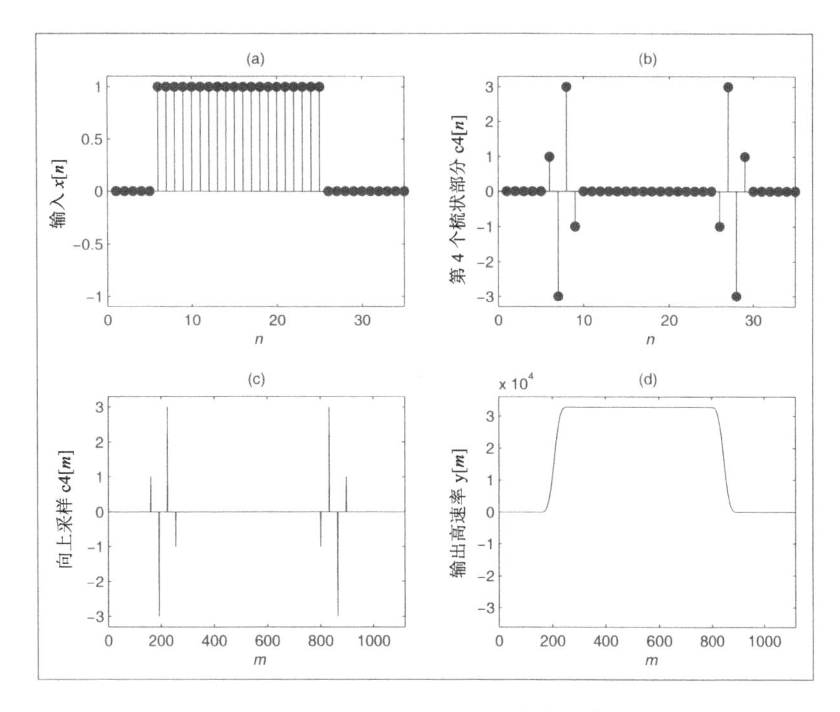

图 5-81　GC4114 CIC 插值器的仿真结果

(c) 分别应用以下两种器件，对于(a)和(b)中的设计确定使用 TimeQuest 缓慢 85C 模型的时序电路性能 Fmax 和所用资源(LE、乘法器和 M9K)。

(c1) Cyclone II 系列器件 EP2C35F672C6

(c2) Cyclone IV E 系列器件 EP4CE115F29C7

第6章
傅立叶变换

6.1 傅立叶变换概述

离散傅立叶变换(Discrete Fourier Transform，DFT)及其快速实现，即快速傅立叶变换(Fast Fourier Transform，FFT)，在数字信号处理中扮演着重要的角色。

目前已经以多种形式发明(和再发明)了多种 DFT 和 FFT 算法。正如 Heideman 等人[174]所指出的，高斯就用过一种今天称之为 Cooley-Tukey FFT 的 FFT 类型算法。本章将简要讨论图 6-1 中总结的最重要的算法。

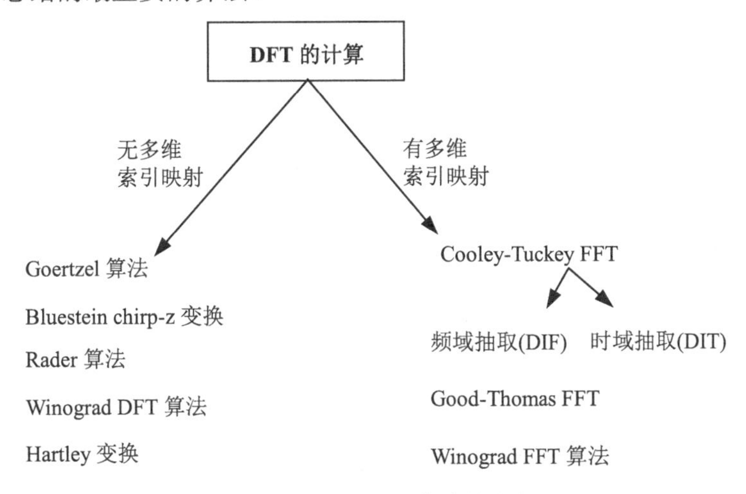

图 6-1 DFT 和 FFT 算法的分类

在此要沿用 Burrus[175]提出的术语，Burrus 简单地根据 FFT 算法的输入序列和输出序列之间的(多维)索引映射关系对之进行了分类。所以，所有没有使用多维索引映射的算法都称为 DFT 算法，尽管其中一些算法具有必不可少的少量计算，如 Winograd DFT 算法。DFT 和 FFT 算法不是“孤立”的：大多数算法的高效实现，通常都是 DFT 和 FFT 算法组合的结果。例如，Rader 质数算法和 Good-Thomas FFT 的组合就产生了著名的 VLSI 实现。该文献提供了许多 FFT 设计示例。我们在文献[176-181]中发现，用 PDSP 和 ASIC 可以实现 FFT。已经发展到可以用 FPGA 实现 FFT 的一维[182-184]和二维[52 和 185]变换了。

本章将要讨论 4 种最重要的 DFT 算法和 3 种最常用的 FFT 算法，并且依照计算量比较不同的实现问题。本章结尾还要讨论与傅立叶相关的变换，如 DCT，它是图像压缩(如 JPEG、MPEG)的一种重要工具。首先来简要地复习一下 DFT 的定义和一些重要性质。

要进一步详细地研究，还应该了解 DFT 算法，在基础 DSP 书籍[5,88,186,187]和多种 FFT 书籍[74,188-192]中都可以找到对 FFT 算法的详尽研究。

6.2 离散傅立叶变换算法

首先来复习一下 DFT 的一些最重要的性质，然后回顾 Bluestein、Goertzel、Rader 和 Winograd 提出的一些基本 DFT 算法。

6.2.1 用 DFT 近似傅立叶变换

傅立叶变换对的定义如下：

$$X(f)=\int_{-\infty}^{\infty}x(t)e^{-j2\pi ft}\mathrm{d}t \leftrightarrow x(t)=\int_{-\infty}^{\infty}X(f)e^{j2\pi ft}\mathrm{d}f \tag{6-1}$$

该公式假定了一个无限持续时间和带宽的连续信号。对于实际的表示方式，还需要在时间和频率上采样，并且对幅值进行量化。从实现的角度来讲，更希望在时间和频率上使用有限数量的采样。这样就产生了离散傅立叶变换(Discrete Fourier Transform，DFT)，其中在时间和频率上采用了 N 次采样，根据：

$$X[k]=\sum_{n=0}^{N-1}x[n]e^{-j2\pi kn/N}=\sum_{n=0}^{N-1}x[n]W_N^{kn} \tag{6-2}$$

逆 DFT[IDFT]的定义如下：

$$x[n]=\frac{1}{N}\sum_{k=0}^{N-1}X[k]e^{j2\pi kn/N}=\frac{1}{N}\sum_{k=0}^{N-1}X[k]W_N^{-kn} \tag{6-3}$$

或者用向量/矩阵表示，就是：

$$\boldsymbol{X}=\boldsymbol{W}\boldsymbol{x} \leftrightarrow \boldsymbol{x}=\frac{1}{N}\boldsymbol{W}*\boldsymbol{X} \tag{6-4}$$

如果用 DFT 对傅立叶频谱进行近似，就必须记住在时间和频率上采样的影响，分别是：

- 通过在时域中采样，可以得到采样频率为 f_S 的周期性频谱。如“香农(Shannon)采样定理”所述：只有在 $x(t)$的频率分量集中在一个低于奈奎斯特频率 $f_S/2$ 的狭窄范围内的情况下，用 DFT 近似傅立叶变换才是合理的。
- 通过在频域中采样，时间函数就变成了周期性的，也就是说，DFT 假定时间序列是周期性的。如果对一个信号采用 N 次采样 DFT，且该信号没有在一个 N 次采样窗口内完成整数次循环，就会产生一种称为“泄漏”的现象。所以，如果可能，并且 $x(t)$是周期性信号，就应该选择可以覆盖 $x(t)$的整数个周期的采样频率和分析窗口。

一种更为实用的降低泄漏的选择方案就是采用两边逐渐衰减为 0 的窗函数。这类窗函数已经在第 3 章的 FIR 滤波器设计的上下文中讨论过了(请参阅表 3-2)。图 6-2 给出了一些典型窗函数的时间和频率特性[128,193]。

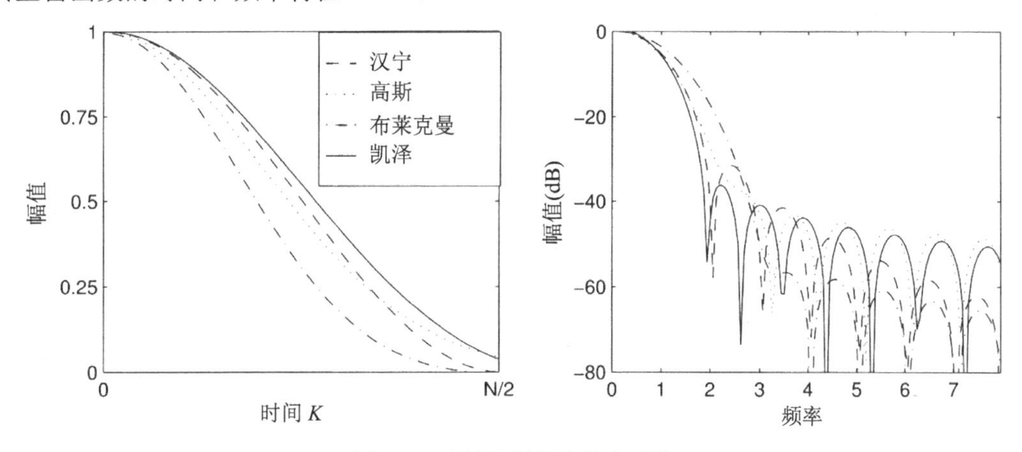

图 6-2　时域和频域内的窗函数

下面用一个示例说明窗函数的使用。

例 6.1　开窗操作

图 6-3(a)给出了在其采样窗口内不能完成整数个周期的一个正弦信号。该信号理想的傅立叶变换应该只包括两个在$\pm\omega_0$处的单位脉冲函数，如图 6-3(b)所示。图 6-3(c)和图 6-3(d)分别给出了用不同窗函数进行 DFT 分析的结果。可以看到，用框函数的分析比用汉宁窗函数的分析多一些纹波。精确的分析也表明，用汉宁分析的主平稳宽度要大于用框函数(也就是无窗函数)分析所达到的宽度。

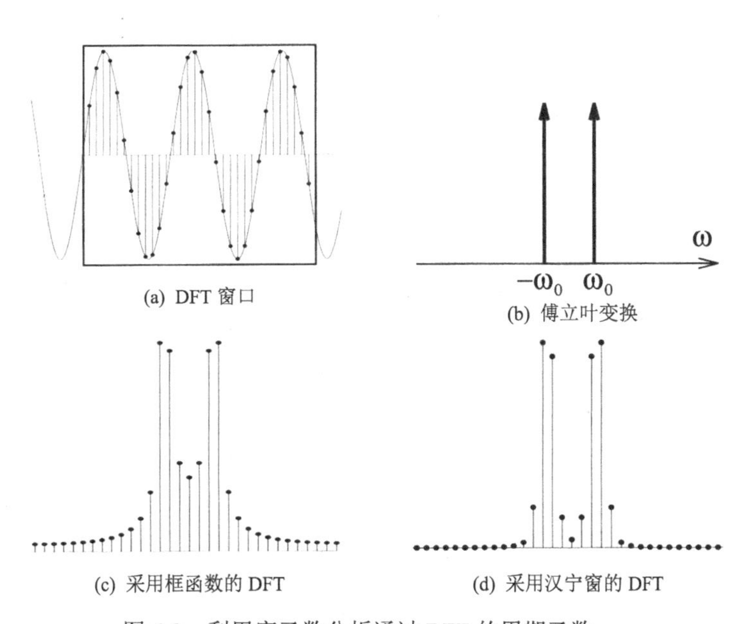

(a) DFT 窗口　(b) 傅立叶变换　(c) 采用框函数的 DFT　(d) 采用汉宁窗的 DFT

图 6-3　利用窗函数分析通过 DFT 的周期函数

6.2.2 DFT 的性质

表 6-1 总结了 DFT 最重要的一些性质。许多性质与傅立叶变换一致，例如，变换是唯一(双射)的、叠加的应用，以及实部与虚部通过希尔伯特变换联系在一起。

正变换和逆变换的相似性产生了一种可选的反演算法。利用 DFT 的向量/矩阵表示：

$$\boldsymbol{X} = \boldsymbol{W}\boldsymbol{x} \leftrightarrow \boldsymbol{x} = \frac{1}{N}\boldsymbol{W}^{*}\boldsymbol{X} \tag{6-5}$$

可以得到：

$$\boldsymbol{x}^{*} = \frac{1}{N}(\boldsymbol{W}^{*}\boldsymbol{X})^{*} = \frac{1}{N}\boldsymbol{W}\boldsymbol{X}^{*} \tag{6-6}$$

也就是可以利用缩放 $1/N$ 的 $\boldsymbol{X}^{*}$的 DFT 计算逆 DFT。

表 6-1 DFT 定理

定　理	$x(n)$	$X(k)$
变换	$x(n)$	$\sum_{n=0}^{N-1} x[n]e^{-j2\pi nk/N}$
逆变换	$\frac{1}{N}\sum_{n=0}^{N-1} X[k]e^{j2\pi nk/N}$	$X[k]$
重叠	$s_1x_1[n]+s_2x_2[n]$	$s_1X_1[k]+s_2X_2[k]$
时间反向	$x[-n]$	$X[-k]$
共轭复数拆分	$x^*[n]$	$X^*[-k]$
实部	$\Re(x[n])$	$(X[k]+X^*[-k])/2$
虚部	$\Im(x[n])$	$(X[k]+X^*[-k])/(2j)$
实偶数部分	$x_e[n]=(x[n]+x[-n])/2$	$\Re(X[k])$
实奇数部分	$x_o[n]=(x[n]-x[-n])/2$	$j\Im(X[k])$
对称性	$X[n]$	$Nx[-k]$
循环卷积	$x[n]\circledast f[n]$	$X[k]F[k]$
乘法	$x[n]\times f[n]$	$\frac{1}{N}X[k]\circledast F[k]$
周期平移	$x[n-d \bmod N]$	$X[k]e^{-j2\pi dk/N}$
帕斯瓦尔定理	$\sum_{n=0}^{N-1}\|x[n]\|^2$	$\frac{1}{N}\sum_{k=0}^{N-1}\|X[k]\|^2$

1. 实序列的 DFT

现在来研究一下当输入序列是实数时，一些 DFT(和 FFT)计算的额外简化计算。在这种情况下，有两种选择：一种是可以用一个 N 点 DFT 计算两个 N 点序列的 DFT；另一种是可以用一个 N 点 DFT 计算一个长度为 $2N$ 的实序列的 DFT。

如果利用表 6-1 给出的希尔伯特性质，也就是实序列具有偶对称的实频谱和奇对称的虚频谱，就可以合成下面的算法[188]。

算法 6.2 用一个 N 点 DFT 计算长度为 $2N$ 的 DFT 变换

由时间序列 $x[n]$计算 $2N$ 点 DFT $X[k]=X_r[k]+jX_i[k]$的算法如下：

(1) 构造一个 N 点序列 $y[n]=x[2n]+jx[2n+1]$，其中 $n=0, 1, \ldots, N-1$。

(2) 计算 $y[n]\circ\!-\!\bullet Y[k]=Y_r[k]+jY_i[k]$，其中 $\Re(Y[k])=Y_r[k]$ 和 $\Im(Y[k])=Y_i[k]$ 分别是 $Y[k]$的实部和虚部。

(3) 最后计算：

$$X_r[k]=\frac{Y_r[k]+Y_r[-k]}{2}+\cos(\pi k/N)\frac{Y_i[k]+Y_i[-k]}{2}-\sin(\pi k/N)\frac{Y_r[k]-Y_r[-k]}{2}$$

$$X_i[k]=\frac{Y_i[k]-Y_i[-k]}{2}-\sin(\pi k/N)\frac{Y_i[k]+Y_i[-k]}{2}-\cos(\pi k/N)\frac{Y_r[k]-Y_r[-k]}{2}$$

其中 $k=0, 1, \ldots, N-1$。

因此，除了一个 N 点 DFT(或 FFT)之外的计算量就是来自旋转因子$\pm\exp(j\pi k/N)$的 $4N$ 次实数加法和乘法。

为了用一个长度为 N 的 DFT 变换两个长度为 N 的序列，我们可以运用实序列具有一个偶频谱而纯虚序列的频谱为奇数这一事实(请参阅表 6-1)。这也是下面算法的基础。

算法 6.3 用一个 N 点 DFT 计算两个长度为 N 的 DFT

计算 N 点 DFT $g[n]\circ\!-\!\bullet G(k)$和 $h[n]\circ\!-\!\bullet H(k)$的算法如下：

(1) 构造一个 N 点序列 $y[n]=h[n]+jg[n]$，其中 $n=0,1,\ldots,N-1$。

(2) 计算 $y[n]\circ\!-\!\bullet Y[k]=Y_r[k]+jY_i[k]$，其中 $\Re(Y[k])=Y_r[k]$ 和 $\Im(Y[k])=Y_i[k]$ 分别是 $Y[k]$的实部和虚部。

(3) 最后计算：

$$H[k]=\frac{Y_r[k]+Y_r[-k]}{2}+j\frac{Y_i[k]-Y_i[-k]}{2}$$

$$G[k]=\frac{Y_i[k]+Y_i[-k]}{2}-j\frac{Y_r[k]-Y_r[-k]}{2}$$

其中 $k=0,1,\ldots,N-1$。

因此，除了一个 N 点 DFT(或 FFT)之外的计算量就是为了构成正确的两个 N 点 DFT 而进行的 $2N$ 次实数加法。

2. 利用 DFT 计算快速卷积

最常用到 DFT(或 FFT)的一个领域就是计算卷积。同傅立叶变换一样，时域内的卷积就是将两个变换的序列相乘：两个时间序列在频域内变换，计算一个(标量)点积，再将结果返回到时域中。与傅立叶变换相比，主要的区别是 DFT 计算了一个循环卷积而不是一个线性卷积。这一点在用 FFT 实现快速卷积的时候必须加以考虑。这就产生了两种方法，分别是“重叠节约”和“重叠增加”。在重叠节约方法中，只需要简单地放弃在边界处被循环卷积破坏的采样即可。在重叠增加方法中，通过在公共乘积流上直接加上部分序列的方法在滤波器和信号中填充 0。

对于快速卷积，最常见的输入序列是实序列。因此，高效的卷积可以用实变换来实现，如将要在练习 6.15 中讨论的 Hartley 变换。还可以为 Hartley 变换构造一个类似 FFT 的算法，与复变换[194]相比，可以将性能提高两倍。

如果要利用可用的 FFT 程序，就需要使用前面讨论过的实序列算法 6.2 或 6.3。图 6-4 给出了一个与算法 6.3 相似的可选方法，该方法用一个 N 点 DFT 来实现两个 N 点变换，不过在这种情况下，实部用作 DFT，虚部用作 IDFT。根据卷积理论，在逆变换的时候需要用到虚部。

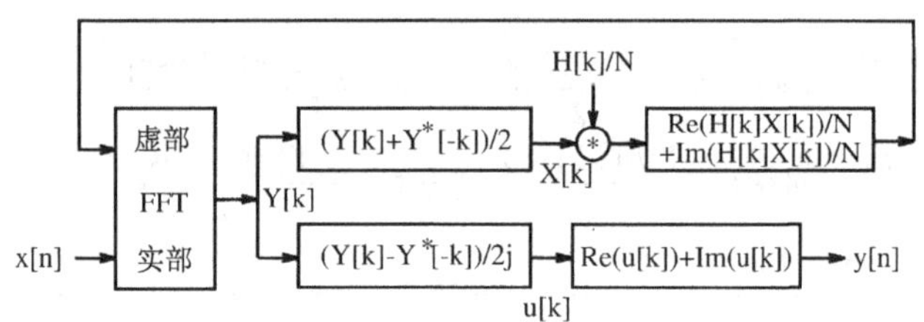

图 6-4　采用复数 FFT 的实数卷积[74]

假设实数值滤波器(也就是 $F[k] = F[-k]*$)的 DFT 已经被离线计算过，那么在频域内只需要用 $N/2$ 次乘法来计算 $X[k]F[k]$。

6.2.3　Goertzel 算法

DFT 计算中的单个频谱分量 $X[k]$由下式给出：

$$X[k] = x[0] + x[1]W_N^k + x[2]W_N^{2k} + \ldots + x[N-1]W_N^{(N-1)k}$$

将所有的 $x[n]$用同一个公共因子 W_N^k 组合起来，就得到：

$$X[k] = x[0] + W_N^k(x[1] + W_N^k(x[2] + \ldots + W_N^k x[N-1])\ldots))$$

可以看到这一结果是 $X[k]$的可行递归计算。这就是 Goertzel 算法，图 6-5 给出了相应的图形解释。$y[n]$的计算由输入序列的最后一个值 $x[N-1]$开始。在第 3 个步骤之后，就在输出端显示 $X[k]$的一个频谱值。

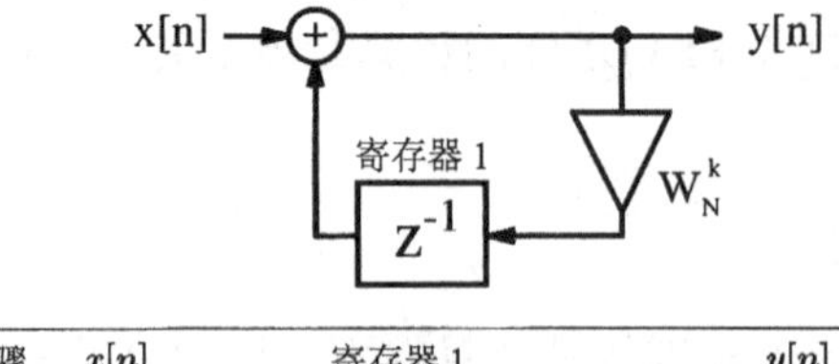

步骤	$x[n]$	寄存器 1	$y[n]$
0	$x[3]$	0	$x[3]$
1	$x[2]$	$W_4^k x[3]$	$x[2] + W_4^k x[3]$
2	$x[1]$	$W_4^k x[2] + W_4^{2k} x[3]$	$x[1] + W_4^k x[2] + W_4^{2k} x[3]$
3	$x[0]$	$W_4^k x[1]$ $+W_4^{2k} x[2] + W_4^{3k} x[3]$	$x[0] + W_4^k x[1]$ $+W_4^{2k} x[2] + W_4^{3k} x[3]$

图 6-5　长度为 4 的 Goertzel 算法

如果已经计算了几个频谱分量，将 $e^{\pm j2\pi n/N}$ 类型的因子组合就会降低复杂程度。这样就能根据下式得到一个有分母的二阶系统：

$$z^2-2z\cos(\frac{2\pi n}{N})+1$$

这样，所有的复数乘法就都简化成实数乘法。

一般情况下，如果只有少量频谱分量需要计算，Goertzel 算法就很有吸引力。对于整个 DFT，计算量是 N^2 个数量级，与直接 DFT 计算相比就没有优势了。

6.2.4　Bluestein Chirp-z 变换

在 Bluestein Chirp-*z* 变换(CZT)算法中，DFT 指数 *nk* 可以二次展开成：

$$nk=-(k-n)^2/2+n^2/2+k^2/2 \tag{6-7}$$

因此 DFT 就变成了：

$$X[k]=W_N^{k^2/2}\sum_{n=0}^{N-1}(x[n]W_N^{n^2/2})W_N^{-(k-n)^2/2} \tag{6-8}$$

图 6-6 给出了算法的图形解释。由此可以得到：

算法 6.4　Bluestein Chirp-*z* 算法

DFT 的计算分为 3 个步骤，分别是：

(1) $x[n]$与$W_N^{n^2/2}$的 N 次乘法。

(2) $x[n]W_N^{n^2/2}*W_N^{n^2/2}$的线性卷积。

(3) $W_N^{k^2/2}$的 N 次乘法。

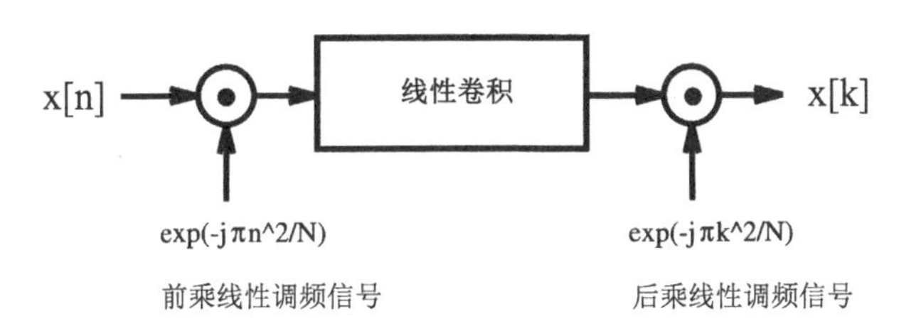

图 6-6　Bluestein Chirp-*z* 算法

一次完整的变换需要一个长度为 N 的卷积和 $2N$ 次复数乘法。与 Rader 算法相比，其优点是变换长度 N 不需要限制在质数范围内。CZT 可以定义成任意长度。

Narasimha[195]和其他人已经注意到，在 CZT 算法中，FIR 滤波器部分的许多系数是无关紧要或是相同的。例如，虽然长度为 8 的 CZT 的 FIR 滤波器长度为 14，但是在图 6-7 中只给出了 4 个不同的复系数。这 4 个系数分别是 1、j 和$\pm e^{22.5^\circ}$，也就是只需要实现两个不可或缺的实系数。

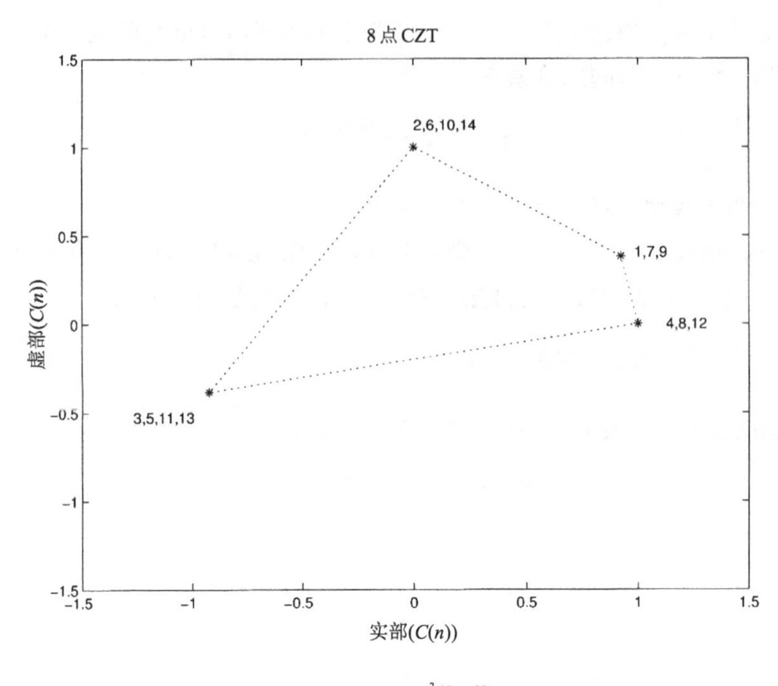

图 6-7　CZT 系数 $C(n)=e^{j2\pi\frac{n^2/2\bmod 8}{8}}$；$n=1, 2, \ldots, 14$

相对于定点数 C_N 的系数，通常感兴趣的应该是 DFT 的最大长度。表 6-2 就给出了相应的数据。

表 6-2　DFT 的最大长度

DFT 的长度	8	12	16	24	40	48	72	80	120	144	168	180	240	360	504
C_N	4	6	7	8	12	14	16	21	24	28	32	36	42	48	64

如前所述，不同复系数的数量与实现的计算量之间没有直接的联系，因为其中一些系数可能是无关紧要的(如±1 或±j)或是对称的。特别是 2 的幂对应长度的变换就具有许多对称性，如图 6-8 所示。如果要为具体数量的重要实系数计算 DFT 的最大长度，就会发现如表 6-3 所示的最大长度变换：

表 6-3　具体数量的重要实系数的 DFT 的最大长度

DFT 的长度	10	16	20	32	40	48	50	80	96	160	192
sin/cos	2	3	5	6	8	9	10	11	14	20	25

因此，长度 16 和 32 是分别只需要 3 个和 6 个实数乘法器的最大长度。

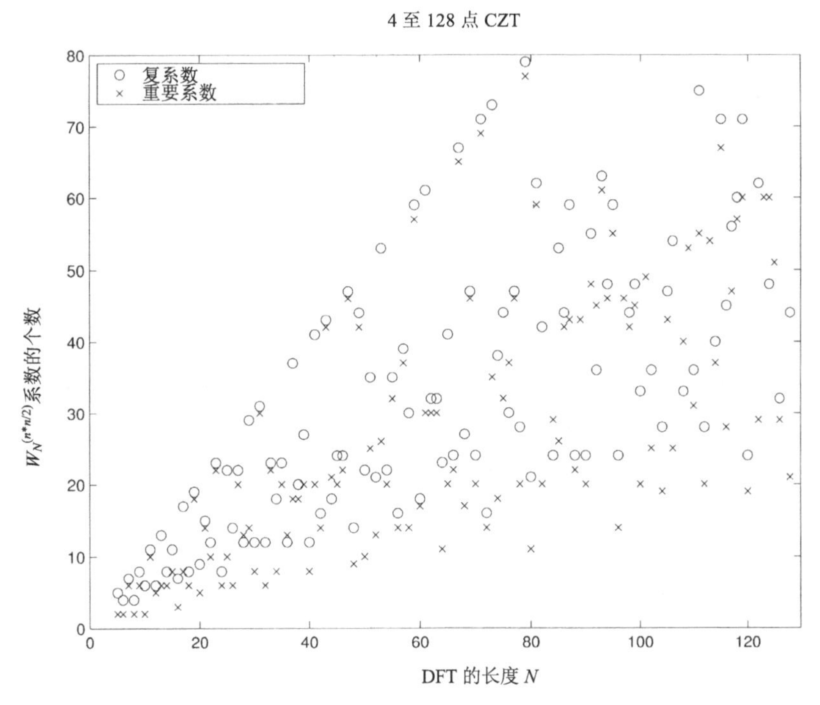

图 6-8　CZT 的复系数和重要的实数乘法的数量

一般情况下，2 的幂是受欢迎的 FFT 构造模块，表 6-4 就给出了在转置形式中，实现长度为 $N=2^n$ 的 CZT 滤波器时的工作量。

表 6-4　在转置形式中实现长度为 $N=2^n$ 的 CZT 滤波器的工作量

N	C_N	sin/cos	CSD 加法器	RAG 加法器	14 位系数的 NOF
8	4	2	23	7	3, 5, 33, 49, 59
16	7	3	91	8	3, 25, 59, 63, 387
32	12	6	183	13	2, 25, 49, 73, 121, 375
64	23	11	431	18	5, 25, 27, 93, 181, 251, 7393
128	44	22	879	31	5, 15, 25, 175, 199, 319, 403, 499, 1567
256	87	42	1911	49	5, 25, 765, 1443, 1737, 2837, 4637

第 1 列是 DFT 的长度 N。第 2 列是复指数 C_N 的总数。复系数 C_N 最坏的情况就是有 $2C_N$ 个重要实数系数要实现。第 3 列给出了实际情况下不同重要实系数的数量。将第 2 列与第 3 列加以对比，就会看到，对于 2 的幂对应的长度，对称的系数和无关紧要的系数减少了重要系数的数量。最后 3 列给出了对于长度达到 256 时的 CZT DFT，分别采用(第 2 章讨论过的)CSD 算法和 RAG 算法的 15 位(14 个无符号位加上 1 个符号位)系数精度实现的工作量(也就是加法器的数量)。对于 CSD 编码，不具备系数对称性，加法器的数量比较多。可以看到与 CSD 算法相比，RAG 算法可以从根本上将 DFT 长度的工作量至少减少 16。

6.2.5 Rader 算法

用 Rader 算法[196, 197]计算 DFT 只能够定义质数长度 N：

$$X[k]=\sum_{n=0}^{N-1}x[n]W_N^{nk}\qquad k,n\in Z_N;\ \ \mathrm{ord}\,(W_N)=N \tag{6-9}$$

首先利用下式计算 DC 分量：

$$X[0]=\sum_{n=0}^{N-1}x[n] \tag{6-10}$$

由于 $N=p$ 是质数，因此根据第 2 章的讨论知道，需要一个本原元素和一个生成器 g，就可以产生 Z_p 域内除 0 之外的所有元素 n 和 k，也就是 $g^k\in Z_p/\{0\}$。这里用 g^n 对 N 取模的结果代替 n，用 g^k 对 N 取模的结果代替 k，就得到下面的索引变换：

$$X[g^k \bmod N]-x[0]=\sum_{n=0}^{N-2}x[g^n \bmod N]W_N^{g^{n+k \bmod N}} \tag{6-11}$$

其中 $k\in\{1,2,3,\ldots,N-1\}$。可以看到式(6-11)的右侧是一个循环卷积，也就是：

$$[x[g^0 \bmod N],x[g^1 \bmod N],\ldots,x[g^{N-2} \bmod N]]\circledast[W_N,W_N^g,\ldots,W_N^{g^{N-2 \bmod N}}] \tag{6-12}$$

接下来是 $N=7$ 的 Rader 算法的一个例题。

例 6.5　$N=7$ 的 Rader 算法

对于 $N=7$，有 $g=3$ 是一个本原元素(请参阅文献[5]中的表 B-7)，其索引变换如下：

$$[3^0,3^1,3^2,3^3,3^4,3^5] \bmod 7\equiv[1,3,2,6,4,5] \tag{6-13}$$

首先计算 DC 分量：

$$X[0]=\sum_{n=0}^{6}x[n]=x[0]+x[1]+x[2]+x[3]+x[4]+x[5]+x[6]$$

然后计算 $X[k]-x[0]$的循环卷积：

$$[x[1],x[3],x[2],x[6],x[4],x[5]]\circledast[W_7,W_7^3,W_7^2,W_7^6,W_7^4,W_7^5]$$

或者以矩阵表示：

$$\begin{bmatrix}X[1]\\X[3]\\X[2]\\X[6]\\X[4]\\X[5]\end{bmatrix}=\begin{bmatrix}W_7^1&W_7^3&W_7^2&W_7^6&W_7^4&W_7^5\\W_7^3&W_7^2&W_7^6&W_7^4&W_7^5&W_7^1\\W_7^2&W_7^6&W_7^4&W_7^5&W_7^1&W_7^3\\W_7^6&W_7^4&W_7^5&W_7^1&W_7^3&W_7^2\\W_7^4&W_7^5&W_7^1&W_7^3&W_7^2&W_7^6\\W_7^5&W_7^1&W_7^3&W_7^2&W_7^6&W_7^4\end{bmatrix}\begin{bmatrix}x[1]\\x[3]\\x[2]\\x[6]\\x[4]\\x[5]\end{bmatrix}+\begin{bmatrix}x[0]\\x[0]\\x[0]\\x[0]\\x[0]\\x[0]\end{bmatrix} \tag{6-14}$$

图 6-9 给出了采用 FIR 滤波器的图形解释。

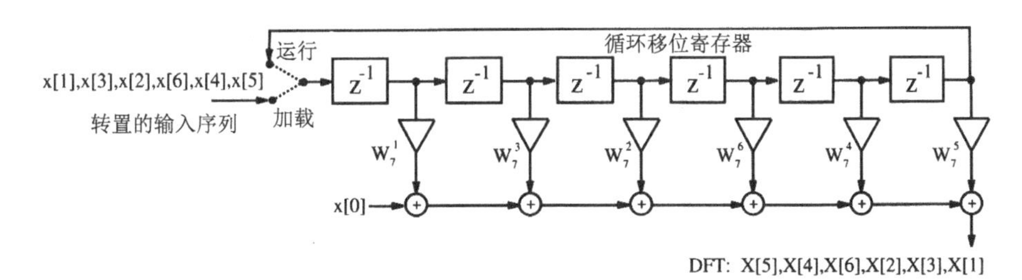

图 6-9　长度为 $p = 7$ 的 Rader 质数因子 DFT 实现

现在可以用一个三角形信号 $x[n]=10\lambda[n]$(也就是步长为 10 的三角形)来检验 $p=7$ 的 Rader DFT 公式。直接解释式(6-14)，就得到：

$$\begin{bmatrix} X[1] \\ X[3] \\ X[2] \\ X[6] \\ X[4] \\ X[5] \end{bmatrix} = \begin{bmatrix} W_7^1 & W_7^3 & W_7^2 & W_7^6 & W_7^4 & W_7^5 \\ W_7^3 & W_7^2 & W_7^6 & W_7^4 & W_7^5 & W_7^1 \\ W_7^2 & W_7^6 & W_7^4 & W_7^5 & W_7^1 & W_7^3 \\ W_7^6 & W_7^4 & W_7^5 & W_7^1 & W_7^3 & W_7^2 \\ W_7^4 & W_7^5 & W_7^1 & W_7^3 & W_7^2 & W_7^6 \\ W_7^5 & W_7^1 & W_7^3 & W_7^2 & W_7^6 & W_7^4 \end{bmatrix} \begin{bmatrix} 20 \\ 40 \\ 30 \\ 70 \\ 50 \\ 60 \end{bmatrix} + \begin{bmatrix} 10 \\ 10 \\ 10 \\ 10 \\ 10 \\ 10 \end{bmatrix} = \begin{bmatrix} -35+j72 \\ -35+j8 \\ -35+j28 \\ -35-j72 \\ -35-j8 \\ -35-j28 \end{bmatrix}$$

$X[0]$的值就是时间级数的和，即 $10 + 20 + \ldots + 70 = 280$。

此外，在 Rader 算法中，我们还可以使用复数对 $e^{\pm j2k\pi/N}, k \in [0, N/2]$ 的对称性来构造更为高效的 FIR 实现(练习 6.5)。实现 Rader 质数因子 DFT 与实现 FIR 滤波器等价，这一点已经在第 3 章讨论过了。为了实现快速 FIR 滤波器，有必要使用 RAG 算法的完全流水线 DA 或转置滤波器结构。下面就给出了一个 RAG FPGA 实现的示例。

例 6.6　Rader 算法的 FPGA 实现

长度为 7 的 Rader 算法的 RAG 实现过程如下：首先是对系数进行量化。假定输入值和系数都可以表示成一个有符号的 8 位字，量化后的系数如表 6-5 所示：

表 6-5　量化后的系数

$k=$	0	1	2	3	4	5	6
实部$\{256\times W_7^k\}$	256	160	-57	-231	-231	-57	160
虚部$\{256\times W_7^k\}$	0	-200	-250	-111	111	250	200

对于常系数乘法器所有系数直接形式的实现(请查询表 2-3)都需要使用 24 个加法器。运用转置结构，利用几个系数仅仅是符号不同这一事实，实现每个系数的工作量就可以降低到 11 个加法器。进一步优化(RAG，请参阅图 2-4)加法器的数量，就可以达到最小值 7(请参阅后面的 Factor:PROCESS 和 Coeffs:PROCESS)。这对直接 FIR 体系结构有 3 倍以上的提高。接下来的 VHDL 代码[1]给出了运用转置 FIR 滤波器、长度为 7 的 Rader DFT 的一个可行实现：

1. 这一示例相应的 Verilog 代码文件 rader7.v 可以在附录 A 中找到，附录 B 中给出了合成结果。

```
PACKAGE n_bit_int IS    ------> User defined types
  SUBTYPE U4 IS INTEGER RANGE 0 TO 15;
  SUBTYPE S8 IS INTEGER RANGE -2**7 TO 2**7-1;
  SUBTYPE S11 IS INTEGER RANGE -2**10 TO 2**10-1;
  SUBTYPE S19 IS INTEGER RANGE -2**18 TO 2**18-1;
  TYPE A0_5S19 IS ARRAY (0 to 5) OF S19;
END n_bit_int;

LIBRARY work;
USE work.n_bit_int.ALL;

LIBRARY ieee;
USE ieee.std_logic_1164.ALL;
USE ieee.std_logic_arith.ALL;
USE ieee.std_logic_unsigned.ALL;
-- --------------------------------------------------------------
ENTITY rader7 IS                        ------> Interface
  PORT ( clk,     : IN  STD_LOGIC;    -- System clock
         reset    : IN  STD_LOGIC;    -- Asynchronous reset
         x_in     : IN  S8;      -- Real system input
         y_real,  : OUT S11);    -- Real system input
         y_imag   : OUT S11);    -- Imaginary system putput
END rader7;
-- --------------------------------------------------------------
ARCHITECTURE fpga OF rader7 IS

  SIGNAL  count      : U4;          -- Clock cycle counter
  TYPE    STATE_TYPE IS (Start, Load, Run);
  SIGNAL  state      : STATE_TYPE ;   -- State variable
  SIGNAL  accu       : S11 := 0;        -- Signal for X[0]
  SIGNAL  real, imag : A0_5S19;
                                      -- Tapped delay line array
  SIGNAL  x57, x111, x160, x200, x231, x250 : S19 := 0;
                        -- The (unsigned) filter coefficients
  SIGNAL  x5, x25, x110, x125, x256  : S19 := 0;
                          -- Auxiliary filter coefficients
  SIGNAL  x, x_0 : S8 := 0;  -- Signals for x[0]

BEGIN

  States: PROCESS (reset, clk)-----> FSM for RADER filter
  BEGIN
    IF reset = '1' THEN                -- Asynchronous reset
      state <= Start; accu <= 0;
      count <= 0; y_real <= 0; y_imag <= 0;
    ELSIF rising_edge(clk) THEN
```

```
    CASE state IS
      WHEN Start =>          -- Initialization step
        state <= Load;
        count <= 1;
        x_0 <= x_in;         -- Save x[0]
        accu <= 0 ;          -- Reset accumulator for X[0]
        y_real  <= 0;
        y_imag  <= 0;
      WHEN Load => -- Apply x[5],x[4],x[6],x[2],x[3],x[1]
        IF count = 8 THEN     -- Load phase done ?
          state <= Run;
        ELSE
          state <= Load;
          accu  <= accu + x ;
        END IF;
        count <= count + 1;
      WHEN Run => -- Apply again x[5],x[4],x[6],x[2],x[3]
        IF count = 15 THEN       -- Run phase done ?
          y_real <= accu;        -- X[0]
          y_imag <= 0;  -- Only re inputs i.e. Im(X[0])=0
          state  <= Start;       -- Output of result
          count <= 0;
        ELSE                     -- and start again
          y_real <= real(0) / 256 + x_0;
          y_imag <= imag(0) / 256;
          state <= Run;
          count <= count + 1;
        END IF;
    END CASE;
  END IF;
END PROCESS States;

-- Structure of the FIR filters in transposed form
Structure: PROCESS(clk, reset, x_in, real, imag,
                        x57, x111, x160, x200 x231, x250)
BEGIN                   -- filters in transposed form
  IF reset = '1' THEN                -- Asynchronous clear
    FOR K IN 0 TO 5 LOOP
      real(k) <= 0; imag(K) <= 0;
    END LOOP;
    x  <= 0;
  ELSIF rising_edge(clk) THEN
    x <= x_in;
    -- Real part of FIR filter in transposed form
```

```
      real(0) <= real(1) + x160  ;   -- W^1
      real(1) <= real(2) - x231  ;   -- W^3
      real(2) <= real(3) - x57   ;   -- W^2
      real(3) <= real(4) + x160  ;   -- W^6
      real(4) <= real(5) - x231  ;   -- W^4
      real(5) <= -x57  ;             -- W^5

      -- Imaginary part of FIR filter in transposed form
      imag(0) <= imag(1) - x200  ;       -- W^1
      imag(1) <= imag(2) - x111  ;       -- W^3
      imag(2) <= imag(3) - x250  ;   -- W^2
      imag(3) <= imag(4) + x200  ;       -- W^6
      imag(4) <= imag(5) + x111  ;       -- W^4
      imag(5) <= x250;               -- W^5
    END IF;
  END PROCESS Structure;

  Coeffs: PROCESS(clk, reset, x, x5, x25, x125, x110, x256)
  BEGIN              -- Note that all signals are globally defined
    IF reset = '1' THEN                    -- Asynchronous clear
      x160 <= 0; x200 <= 0; x250 <= 0;
      x57 <= 0; x111 <= 0; x231 <= 0;
    ELSIF rising_edge(clk) THEN
  -- Compute the filter coefficients and use FFs
      x160   <= x5 * 32;
      x200   <= x25 * 8;
      x250   <= x125 * 2;
      x57    <= x25 + x * 32;
      x111   <= x110 + x;
      x231   <= x256 - x25;
    END IF;
  END PROCESS Coeffs;

  Factors: PROCESS (x, x5, x25)     -- Note that all signals
  BEGIN                             -- are globally defined
  -- Compute the auxiliary factor for RAG without an FF
    x5    <= x * 4 + x;
    x25   <= x5 * 4 + x5;
    x110  <= x25 * 4 + x5 * 2;
    x125  <= x25 * 4 + x25;
    x256  <= x * 256;
  END PROCESS Factors;

END fpga;
```

本设计包括 4 个 PROCESSS 声明中的 4 个声明模块。第一个是“Stages: PROCESS”，它是一个区分 3 个处理阶段——Start、Load 和 Run 的状态机。第二个是“Structure：PROCESS”，它定义了两条 FIR 滤波器通路，分别是实部和虚部。第三个用 RAG 实现乘法器模块。第 4 个模块是“Factor：PROCESS”，它实现 RAG 算法的未注册因子。可以看到，所有的系数都由 6 个加法器和 1 个减法器实现。本设计使用了 443 个 LE，没有用到嵌入式乘法器。使用 TimeQuest 缓慢 85C 模型的时序电路性能 Fmax=138.45MHz。图 6-10 给出了 Quartus II 对三角形输入信号序列 $x[n]$ = {10, 20, 30, 40, 50, 60, 70}的仿真结果。注意，输入和输出序列的起始点是 1μs，按置换的顺序出现，如果在仿真器中使用有符号数据类型，负的结果就会有负号。最后，在 1.7μs 处 $X[0]$ = 280 被发送到输出端，rader7 准备处理下一个输入帧。

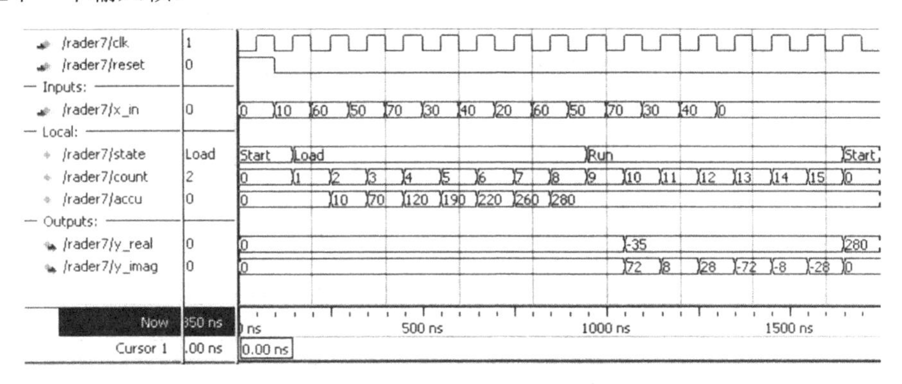

图 6-10　7 点 Rader 算法的 VHDL 仿真结果

由于 Rader 算法受限于质数长度，因此与 CZT 相比，在系数中就比较缺乏对称性。表 6-6 给出了质数长度为 $2^n \pm 1$ 时，实现转置形式的循环滤波器所需的工作量。

表 6-6　实现转置形式的循环滤波器所需的工作量

DFT 的长度	sin/cos	CSD 加法器	RAG 加法器	14 位系数的 NOF
7	6	52	13	7, 11, 31, 59, 101, 177, 319
17	16	138	23	3,35, 103, 415, 1153, 1249, 8051
31	30	244	38	3, 9, 133, 797, 877, 975, 1179, 3235
61	60	496	66	5, 39, 51, 205, 265, 3211
127	124	1060	126	5

第 1 列给出了循环卷积长度 N，也就是复系数的数量。将第 2 列与 $2N$ 个实 sin/cos 系数的最差情况相比，就会看到，对称性和无关紧要的系数已经将重要系数降低了一半。接下来的两列分别给出了使用 CSD 和 RAG 算法的 14 位(加上符号位)系数精度的实现工作量。最后一列给出了 RAG 所用的辅助系数，也就是 NOF。可以看到 RAG 对较长滤波器的优势。从表 6-6 可以看到，CSD 类型的滤波器可以减少 $BN/2$ 的工作量，其中 B 是系数位宽(在表 6-6 中是 14 位)，N 是滤波器长度。对于 RAG，工作量(也就是加法器的数量)仅仅是 N，也就是对于长滤波器，比 CSD 提高了 $B/2$($B = 14$，提高了 $14/2 = 7$)。对于长滤波

器，RAG 只需要为每个额外的系数提供一个额外的加法器即可，因为已经合成的系数生成了一个“密集的”小系数网格。

6.2.6 Winograd DFT 算法

第一种要讨论的精简必要乘法数量的算法就是 Winograd DFT 算法。Winograd DFT 算法是 Rader 算法(它将 DFT 转换成循环卷积)与前面实现快速运行 FIR 滤波器时使用过的 Winograd[124]短卷积算法(请参阅 5.3.2 节)的结合。

因而长度被限制在质数或质数的幂范围内。表 6-7 简要地给出了算法操作的必要数量。

表 6-7 带有实输入的 Winograd DFT 的工作量。无关紧要的乘法是乘以±1 或±j。对于复数输入，运算量翻倍

块　长　度	实数乘法的总数	重要乘法的总数	实数加法的总数
2	2	0	2
3	3	2	6
4	4	0	8
5	6	5	17
7	9	8	36
8	8	2	26
9	11	10	44
11	21	20	84
13	21	20	94
16	18	10	74
17	36	35	157
19	39	38	186

下面 $N=5$ 的示例详细地说明了构造 Winograd DFT 算法的步骤。

例 6.7　$N=5$ 的 Winograd DFT 算法

在由文献[5]给出的 Rader 算法的另一种表示方式中，用 $X[0]$代替 $x[0]$的形式如下：

$$X[0]=\sum_{n=0}^{4}x[n]=x[0]+x[1]+x[2]+x[3]+x[4]$$

$$X[k]-X[0]=[x[1],x[2],x[4],x[3]]\circledast[W_5-1,W_5^2-1,W_5^4-1,W_5^3-1] \qquad k=1,2,3,4$$

如果用 Winograd 算法实现长度为 4 的循环卷积，只需要 5 次重要的乘法，就会得到下面的算法：

$$X[k]=\sum_{n=0}^{4}x[n]e^{-j2\pi kn/5} \qquad k=0,1,\cdots,4$$

$$\begin{bmatrix} X[0] \\ X[4] \\ X[3] \\ X[2] \\ X[1] \end{bmatrix} = \begin{bmatrix} 1 & 0 & 0 & 0 & 0 & 0 \\ 1 & 1 & 1 & 1 & 0 & -1 \\ 1 & 1 & -1 & 1 & 1 & 0 \\ 1 & 1 & -1 & -1 & -1 & 0 \\ 1 & 1 & 1 & -1 & 0 & 1 \end{bmatrix}$$

$$\times \operatorname{diag}(1, \frac{1}{2}(\cos(2\pi/5)+\cos(4\pi/5))-1,$$

$$\frac{1}{2}(\cos(2\pi/5)-\cos(4\pi/5)), j\sin(2\pi/5),$$

$$j(-\sin(2\pi/5)+\sin(4\pi/5)), j(\sin(2\pi/5)+\sin(4\pi/5)))$$

$$\times \begin{bmatrix} 1 & 1 & 1 & 1 & 1 \\ 0 & 1 & 1 & 1 & 1 \\ 0 & 1 & -1 & -1 & 1 \\ 0 & 1 & -1 & 1 & -1 \\ 0 & 1 & 0 & 0 & -1 \\ 0 & 0 & -1 & 1 & 0 \end{bmatrix} \begin{bmatrix} x[0] \\ x[1] \\ x[2] \\ x[3] \\ x[4] \end{bmatrix}$$

对于实数或虚数输入序列 $x[n]$，总计算量分别只有 5 次或 10 次重要的实数乘法。图 6-11 中的符号流程图还展示了如何以一种有效的形式实现加法。

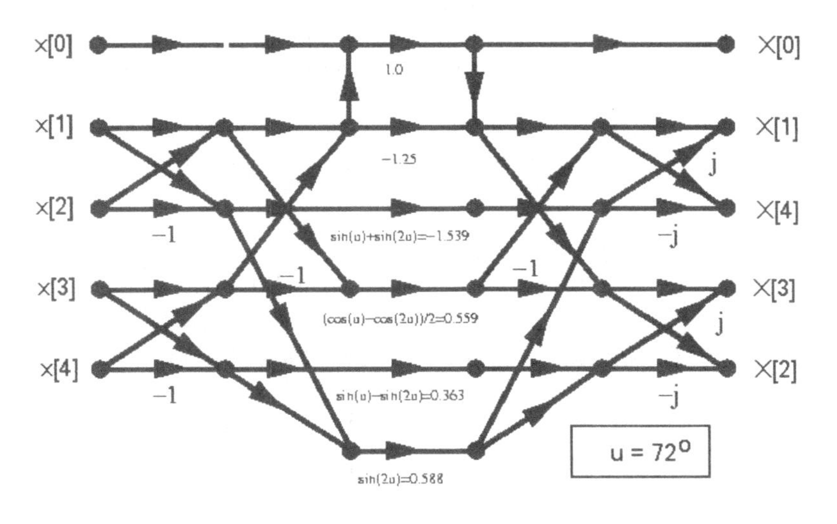

图 6-11　Winograd 5 点 DFT 信号流程图

用矩阵表示 Winograd DFT 算法非常方便：

$$\boldsymbol{W}_{N_l} = \boldsymbol{C}_l \boldsymbol{B}_l \boldsymbol{A}_l \tag{6-15}$$

其中 $\boldsymbol{A}_l$ 合并了输入加法，$\boldsymbol{B}_l$ 是傅立叶系数的对角矩阵，而 $\boldsymbol{C}_l$ 包括输出加法。唯一的缺点就是不能够很容易地确定短卷积算法的精确步骤，这是因为在其中计算输入加法、输出加法的序列已经在这种矩阵表达式中消失了。

这一 Rader 算法和短 Winograd 卷积的组合，也就是 Winograd DFT 算法，本算法将在后面与索引映射一起引入 Winograd FFT 算法。这种算法是目前所有已知的 FFT 算法中实数乘法次数最少的 FFT 算法。

6.3　快速傅立叶变换算法

正如 6.1 节中提到的，我们使用 Burrus[175] 提出的术语，他将所有的快速傅立叶变换(Fast Fourier Transform，FFT)算法简单地根据不同的(多维)输入序列和输出序列的索引映射进行分类。这建立在长度为 N 的如下 DFT 到多维 $N=\prod_l N_l$ 表示方法的变换基础之上：

$$X[k]=\sum_{n=0}^{N-1} x[n]\,W_N^{nk} \tag{6-16}$$

一般情况下，只需要讨论两个因子的情形就足够了，因为更高的维数可以通过简单地反复迭代替换其中的一个因子而实现。为了简化表示方式，在此只在二维索引变换内讨论 3 种 FFT 算法。

将(时域)索引 n 用下式进行变换：

$$n=An_1+Bn_2 \bmod N \qquad \begin{cases} 0\leqslant n_1\leqslant N_1-1 \\ 0\leqslant n_2\leqslant N_2-1 \end{cases} \tag{6-17}$$

其中，$N=N_1N_2$，且 $A, B\in Z$ 是以后必须定义的常数。利用这种索引变换，就可以根据下面的公式：

$$[x[0]x[1]x[2]\cdots x[N-1]]=\begin{bmatrix} x[0,0] & x[0,1] & \cdots & x[0,N_2-1] \\ x[1,0] & x[1,1] & \cdots & x[1,N_2-1] \\ \vdots & \vdots & \vdots & \vdots \\ x[N_1-1,0] & x[N_1-1,1] & \cdots & x[N_1-1,N_2-1] \end{bmatrix} \tag{6-18}$$

构造数据的二维映射 $f:C^N\to C^{N_1\times N_2}$。将另一个索引映射 k 应用到输出(频)域，得到：

$$k=Ck_1+Dk_2 \bmod N \qquad \begin{cases} 0\leqslant k_1\leqslant N_1-1 \\ 0\leqslant k_2\leqslant N_2-1 \end{cases} \tag{6-19}$$

其中 $C, D\in Z$ 是以后必须定义的常数。由于 DFT 是双射，因此必须选择 A、B、C 和 D，这样变换表示方式才能仍然保持唯一，也就是唯一的双射投影。Burrus[175]已经确定了如何为具体的 N_1 和 N_2 选择 A、B、C 和 D 的一般情形，这样映射就是双射了(参阅练习 6.7 和 6.8)。本章给出的变换都是唯一的。

区别不同 FFT 算法的重要一点就是是否允许 N_1 和 N_2 具有公因数的问题，也就是 $\gcd(N_1, N_2)>1$(gcd 是 greatest common divisor 的缩写，即最大公因数)，或者说 N_1 和 N_2 必须是互质的。有时，含 $\gcd(N_1, N_2)>1$ 的算法指的是公因数算法(Common Factor Algorithm，CFA)，而 $\gcd(N_1, N_2)=1$ 就称为质因数算法(Prime Factor Algorithm，PFA)。接下来要讨论的 CFA 算法是 Cooley-Tukey FFT，而 Good-Thomas 和 Winograd FFT 则是 PFA 类型的。应该强调的是：Cooley-Tukey 算法可以真正地用两个因数 $N=N_1N_2$ 实现，它们彼此之间是互质的，

并且对于 PFA，因子 N_1 和 N_2 必须是互质的，也就是说它们自身不一定是质数。例如，长度为 $N = 12$ 的变换能因数分解成 $N_1 = 4$ 和 $N_2 = 3$，因此它既可以用于 CFA FFT，也可以用于 PFA FFT。

6.3.1　Cooley-Tukey FFT 算法

Cooley-Tukey FFT 在所有 FFT 算法中最为通用，因为 N 可以任意地进行因数分解。最流行的 Cooley-Tukey FFT 就是变换长度 N 是 r 基的幂的形式，也就是 $N = r^\nu$。这些算法通常称作基 r 算法。

Cooley 和 Tukey(更早是 Gauss)提出的索引变换也是最简单的索引映射。在式(6-17)中，令 $A = N_2$ 和 $B = 1$，就得到下面的映射结果：

$$n = N_2 n_1 + n_2 \qquad \begin{cases} 0 \leqslant n_1 \leqslant N_1 - 1 \\ 0 \leqslant n_2 \leqslant N_2 - 1 \end{cases} \tag{6-20}$$

从 n_1 和 n_2 的有效范围可以得出结论，式(6-17)给出的模化简不需要显式地计算。

对于式(6-19)的逆映射，Cooley 和 Tukey 选择 $C = 1$ 和 $D = N_1$，得到下面的映射结果：

$$k = k_1 + N_1 k_2 \qquad \begin{cases} 0 \leqslant k_1 \leqslant N_1 - 1 \\ 0 \leqslant k_2 \leqslant N_2 - 1 \end{cases} \tag{6-21}$$

在这种情况下也可以省略取模计算。如果这时候根据式(6-20)和式(6-21)分别将 n 和 k 代入W_N^{nk}，就会得到：

$$W_N^{nk} = W_N^{N_2 n_1 k_1 + N_1 N_2 n_1 k_2 + n_2 k_1 + N_1 n_2 k_2} \tag{6-22}$$

由于 W 是 $N = N_1 N_2$ 阶，因此可以得到$W_N^{N_1} = W_{N_2}$ 和 $W_N^{N_2} = W_{N_1}$，将式(6-22)化简成：

$$W_N^{nk} = W_{N_1}^{n_1 k_1} W_N^{n_2 k_1} W_{N_2}^{n_2 k_2} \tag{6-23}$$

如果这时将式(6-23)代入式(6-16)中的 DFT，就得到：

$$X[k_1, k_2] = \sum_{n_2=0}^{N_2-1} W_{N_2}^{n_2 k_2} \underbrace{\left(W_N^{n_2 k_1} \underbrace{\sum_{n_1=0}^{N_1-1} x[n_1, n_2] W_{N_1}^{n_1 k_1}}_{N_1\text{点变换}} \right)}_{\bar{x}[n_2, k_1]} \tag{6-24}$$

$$= \underbrace{\sum_{n_2=0}^{N_2-1} W_{N_2}^{n_2 k_2} \bar{x}[n_2, k_1]}_{N_2\text{点变换}} \tag{6-25}$$

现在定义完整的 Cooley-Tukey 算法：

算法 6.8 Cooley-Tukey 算法

$N = N_1N_2$ 点 DFT 可以通过下列步骤进行：

(1) 根据式(6-20)计算输入序列的索引变换。

(2) 计算长度为 N_1 的 N_2 个 DFT。

(3) 在第一个变换级的输出上应用旋转因子 $W_N^{n_2k_1}$ 。

(4) 计算长度为 N_2 的 N_1 个 DFT。

(5) 根据式(6-21)计算输出序列的索引变换。

接下来用长度为 12 的变换来说明这些步骤。

例 6.9 $N = 12$ 的 Cooley-Tukey FFT

假设 $N_1 = 4$ 和 $N_2 = 3$，则有 $n = 3n_1+n_2$ 和 $k = k_1+4k_2$，为索引映射计算下面的表 6-8 和表 6-9：

表6-8 $N_1 = 4$, $N_2 = 3$, $n = 3n_1+n_2$时的索引映射表

n_2	n_1			
	0	1	2	3
0	$x[0]$	$x[3]$	$x[6]$	$x[9]$
1	$x[1]$	$x[4]$	$x[7]$	$x[10]$
2	$x[2]$	$x[5]$	$x[8]$	$x[11]$

表6-9 $N_1 = 4$, $N_2 = 3$, $k = k_1+4k_2$时的索引映射表

k_2	k_1			
	0	1	2	3
0	$X[0]$	$X[1]$	$X[2]$	$X[3]$
1	$X[4]$	$X[5]$	$X[6]$	$X[7]$
2	$X[8]$	$X[9]$	$X[10]$	$X[11]$

在这个变换的帮助之下，可以构造如图 6-12 所示的信号流程图。可以看到，首先必须用 4 个点计算 3 个 DFT 中的每一个，然后乘以旋转因子，最后计算 4 个 DFT，其中每个 DFT 的长度都是 3。

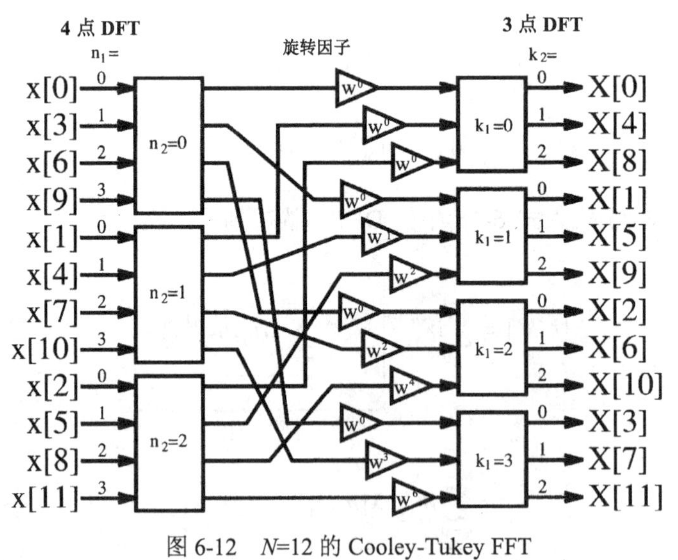

图 6-12 N=12 的 Cooley-Tukey FFT

要直接计算 12 点 DFT，总共需要 $12^2 = 144$ 次复数乘法和 $11^2 = 121$ 次复数加法。要计算同样长度的 Cooley-Tukey FFT，旋转因子总共需要 12 次复数乘法，其中 8 次是无关紧要的乘法(也就是± 1 或$\pm j$)。根据表 6-7，用 8 次实数加法就可以计算长度为 4 的 DFT，

而且不需要乘法。要计算长度为 3 的 DFT，需要 4 次乘法和 6 次加法。如果要用 3 次加法和 3 次乘法实现(固定系数的)复数乘法(请参阅算法 6.10)，12 点 Cooley-Tukey FFT 的总工作量就是：

$$3\times16+4\times3+4\times12=108\text{ 次实数加法，以及}$$
$$4\times3+4\times4=28\text{ 次实数乘法}$$

而直接实现则需要 $2\times11^2+12^2\times3=674$ 次实数加法和 $12^2\times3=432$ 次实数乘法。现在你应该非常清楚为什么将 Cooley-Tukey 算法称为“快速傅立叶变换”(Fast Fourier Transform，FFT)的原因了。

1. 基 *r* Cooley-Tukey 算法

Cooley-Tukey 算法区别于其他 FFT 算法的一个重要事实就是 N 的因子可以任意选取。这样也就可以使用 $\mathrm{N}=r^S$ 的基 r 算法了。最流行的算法是那些以 $r=2$ 或 $r=4$ 为基的算法，因为根据表 6-7，最简单的 DFT 不需要任何乘法就可以实现。例如，在 S 级且 $r=2$ 的情形下，下列索引映射的结果是：

$$n=2^{S-1}n_1+\ldots+2n_{S-1}+n_S \tag{6-26}$$

$$k=k_1+2k_2+\ldots+2^{S-1}k_S \tag{6-27}$$

$S>2$ 时的一个一般惯例是，在信号流程图中 2 点 DFT 以蝶形图的形式表示，图 6-13 给出了 8 点 DFT 变换的图示。对信号流程图表示方法的简化基于如下事实：添加了所有指向一个节点的箭头，而常系数乘法则通过在箭头上加一个因子表示。基 r 算法具有 $\log_r(N)$ 级，并且每组都有相同类型的旋转因子。

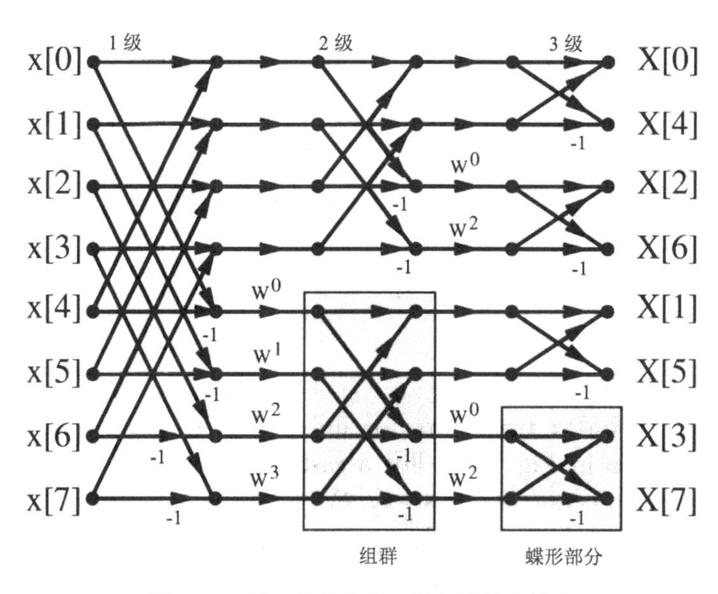

图 6-13　基 2 且长度为 8 的频域抽取算法

从图 6-13 所示的信号流程图可以看出，计算可以“就地”完成。也就是说，蝶形所使用的存储位置可以被重写，因为在下一步的计算中已不再需要数据了。基 2 变换的旋转因子乘法的总数是：

$$\log_2(N)N/2 \tag{6-28}$$

因为每两个箭头仅有一个旋转因子。

由于图 6-13 中的算法在频域中开始将原始 DFT 分成更短的 DFT，因此这种算法就称为频域抽取(Decimation-In-Frequency, DIF)算法。典型的输入值是按自然顺序出现的，而频率值的索引是按位逆序的。表 6-10 给出了 DIF 基 2 算法的特征值。

表 6-10　频率抽取的基 2 FFT

不同的指标	第 1 级	第 2 级	第 3 级	…	第 $\log_2(N)$ 级
组数	1	2	4	…	$N/2$
每组的蝶形数量	$N/2$	$N/4$	$N/8$	…	1
增量指数旋转因子	1	2	4	…	$N/2$

还可以用时域抽取(Decimation In Time，DIT)构造一种算法。在该情况下，首先将输入(时间)序列分开，就会发现所有频率值都是按自然顺序出现的(练习 6.10)。

图 6-14 给出了第 41 个索引的基 2 和基 4 算法的必要索引变换。对于基 2 算法，需要逆转位的顺序，也就是位逆序。而对于基 4 算法，需要首先构造一个两位的“数字”，然后再逆转这些数字的顺序，这种操作就称为数字逆序。

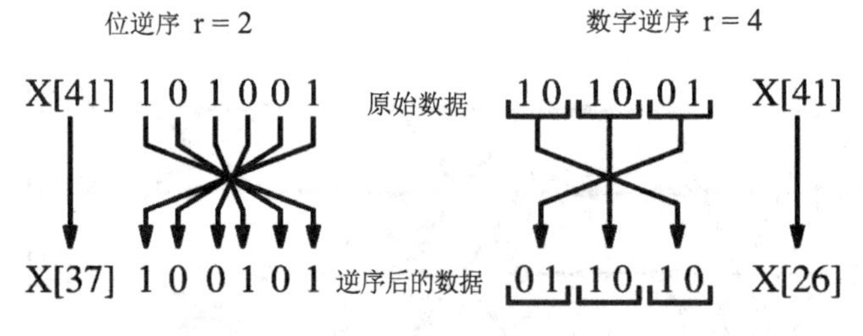

图 6-14　位逆序和数字逆序

2. 基 2 Cooley-Tukey 算法的实现

基 2 FFT 可以用蝶形处理器高效地实现，这种处理器除了蝶形本身外，还包括旋转因子的其他复数乘法器。

基 2 蝶形处理器由一个复数加法器、一个复数减法器和一个用于两个旋转因子的复数乘法器组成。旋转因子的复数乘法通常由 4 次实数乘法和两次加/减法运算实现。但是只用 3 次实数乘法和 3 次加/减法运算构造复数乘法器也是可能的，因为一个操作数是可以预先计算的。该算法如下：

> **算法 6.10　高效的复数乘法器**
>
> 复数旋转因子乘法 $R+jI=(X+jY)\times(C+jS)$可以简化，因为 C 和 S 可以预先计算并存储在一个表中，而且还可以存储下面的 3 个系数：
>
> $$C、C+S 和 C-S \tag{6-29}$$
>
> 有了这 3 个预先计算的因子，首先可以计算：
>
> $$E=X-Y 和 Z=C\times E=C\times(X-Y) \tag{6-30}$$
>
> 然后用：
>
> $$R=(C-S)\times Y+Z \tag{6-31}$$
>
> $$I=(C+S)\times X-Z \tag{6-32}$$
>
> 计算最后的乘积。

检验：

$$R=(C-S)Y+C(X-Y)$$

$$=\mathrm{CY}-\mathrm{SY}+\mathrm{CX}-\mathrm{CY}=\mathrm{CX}-\mathrm{SY}$$

$$\mathrm{I}=(C+S)X-C(X-Y)$$

$$=CX+SX-CX+CY=CY+SX$$

这种算法使用了 3 次乘法、一次加法和两次减法，其代价是产生额外的第三个表。缺点是最坏情况路径增加了一次加法运算。

3. Cooley-Tukey 长度 256 FFT 算法的实现

现在用所有的数据一起构建一个全尺寸的 FFT。对于 FFT 的每个阶段，遵循表 6.10 中的方案，并开发用于更新蝶形数据、旋转因子、双节点和组大小的增量的代码。最终目标应该是得到如图 6-15 所示的仿真。首先，将数据加载到 FFT 机器中，然后计算每一级。在结束时，数据通过位反向和 fft_valid 标识指示 FFT 数据被转发到输出端口。总体上还可以看到旋转因子角 dw 的增量在每个阶段以因子 2 增加。指数 k2 显示蝶形运算每组减小两倍。

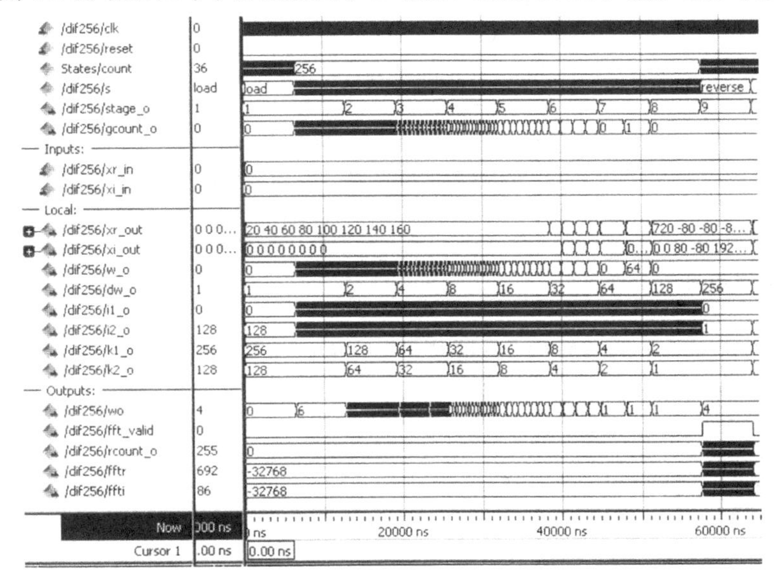

图 6-15　256 点 FFT 模块的总体 MODELSIM 仿真

例 6.11　HDL 中的 256 点 FFT

以下 VHDL 代码[2]实现了频率 FFT 中的 256 点抽取：

```
-- -------------------------------------------------------------
--Generic 256 point DIF FFT algorithm using a register
--array for data and coefficients
PACKAGE n-bits_int IS          --Use defined types
  SUBTYPE U9 IS INTEGER RANGE 0 TO 2**9-1;
  SUBTYPE S16 IS INTEGER RANGE -2**15 TO 2**15-1;
  SUBTYPE S32 IS INTEGER RANGE -2147483647 TO 2147483647;
  TYPE ARRAY0_7S16 IS ARRAY(0 TO 7)of S16;
  TYPE ARRAY0_255S16 IS ARRAY(0 TO 255)of S16;
  TYPE ARRAY0_127S16 IS ARRAY(0 TO 127)of S16;
  TYPE STATE_TYPE IS
                (start, load, calc, update, reverse, done);
END n_bits_int;

LIBRARY work; USE work.n_bits_int.ALL;

LIBRARY ieee; USE ieee.std_logic_1164.ALL;
USE ieee.std_logic_arith.ALL;
USE ieee.std_logic_signed.ALL;
-------------------------------------------------------------
ENTITY fft256 IS                       ------>Interface
  PORT(clk, reset : IN STD_LOGIC; --Clock and reset
        xr_in, xi_in   : IN S16; --Real and imag. input
        fft_valid : OUUT STD_LOGIC; --FFT output is valid
        fftr, ffti : OUUT S16; --Real and imag. output
        rcount_o : OUT U9; --Bitreverese index counter
    xr_out, xi_out : OUT ARRAY0_7S16; --First 8 reg. files
        stage-o, gcount_o : OUT U9; --Stage and group count
        i1_o, i2_o : OUT U9; --(Dual)data index
        k1_o, k2_o : OUT U9; --Index offset
        w_o, dw_o  : OUT U9; --Cos/Sin (increment) angle
        wo : OUT U9);     --Decision tree location loop FSM
END fft256
-- -------------------------------------------------------------
ARCHITECTURE fpga OF fft256 IS

  SIGNAL s    : STATE_TYPE; --State machine variable
  CONSTANT N : U9 := 256; --Number of points
  CONSTANT ldN : U9 := 8; --Log_2 number of points
  -- Register array for 16 bit precision
  SIGNAL xr, xi : ARRAY0_255S16;
  SIGNAL w : U9 := 0;
```

2. 这一示例相应的 Verilog 代码文件 fft256.v 可在附录 A 中找到，合成结果见附录 B。

```
  --sine and cosine coefficient arrays
-- -----------------------------------------------------------
  CONSTANT cos_rom : ARRAY0_127S16 := (16384,16379,16364,16340
  ,16305,16261,16207,16143,16069,15986,15893,15791,15679,
  15557,15426,15286,15137,14978,14811,14635,14449,14256
  14053,13842,13623,13395,13160,12916,12665,12406,12140
  11866,11585,11297,11003,10702,10394,10080,9760,9434,9102
  8765,8423,8076,7723,7366,7005,6639,6270,5897,5520,5139,
  4756,4370,3981,3590,3196,2801,2404,2006,1606,1205,804,402
  ,0,-402,-804,-1205,-1606,-2006,-2404,-2801,-3196,-3590,
  -3981,-4370,-4756,-5139,-5520,-5897,-6270,-6639,-7005,
  -7366,-7723,-8076,-8423,-8765,-9102,-9434,-9760,-10080,
  -10394,-10702,-11003,-11297,-11585,-11866,-12140,-12406,
  -12665,-12916,-13160,-13395,-13623,-13842,-14053,-14256,
  -14449,-14635,-14811,-14978,-15137,-15286,-15426,-15557,
  -15679,-15791,-15893,-15986,-16069,-16143,-16207,-16261,
  -16305,-16340,-16364,-16379)
-------------------------------------------------------
  CONSTANT sin_rom : ARRAY0_127S16 := (0,402,804,1205,1606,
  2006,2404,2801,3196,3590,3981,4370,4756,5139,5520,5897,
  6270,6639,7005,7366,7723,8076,8423,8765,9102,9434,9760,
  10080,10394,10702,11003,11297,11585,11866,12140,12406,
  12665,12916,13160,13395,13623,13842,14053,14256,14449,
  14635,14811,14978,15137,15286,15426,15557,15679,15791,
  15893.15986: 16069,16143.16207,16261,16305,16340,16364,
  16379,16384,16379,16364,16340,16305,16261,16207,16143,
  16069,15986,15893,15791,15679,15557,15426,15286,15137,
  14978,14811,14635,14449,14256,14053,13842,13623,13395
  13160,12916,12665,12406,12140,11866,11585,11297,11003
  10702,10394,10080,9760,9434,9102,8765,8423,8076,7723,
  7366,7005,6639,6270,5897,5520,5139,4756,4370,3981,3590,
  3196,2801,2404,2006,1606,1205,804,402);

  SIGNAL sin , cos : S16;
BEGIN

  sin_read: PROCESS (clk)
  BEGIN
    IF falling_edge(clk) THEN
      sin <= sin_rom(w); --Read from ROM
    END IF;
  END PROCESS;

  cos_read: PROCESS (clk)
  BEGIN
    IF falling_edge(clk) THEN
      cos <= cos_rom(w); --Read from ROM
```

```
    END IF;
  END PROCESS;

  States: PROCESS(clk, reset, w)----> FFT in behavioral style
    VARIABLE i1, i2, gcount, k1, k2   : U9 := 0;
    VARIABLE stage, dw, count, rcount  : U9 := 0;
    VARIABLE tr, ti : S16 := 0;
    VARIABLE slv, rslv : STD_LOGIC_VECTOR(0 TO ldN-1);
  BEGIN
    IF reset = '1' THEN                -- Asynchronous reset
      S <= start;
    ELSIF rising_edge(clk) THEN
      CASE s IS                      --Next State assignments
      WHEN start =>
          s <= load; count := 0;
          gcount := 0; stage:= 1; i1:=0; i2 := M/2; k1:=N;
          k2:=N/2; dw := 1; fft_valid <='0';
      WHEN load =>              --Read in all data from I/O ports
          xr(count) <= xr_in; xi(count) <= xi_in;
          count := count + 1;
          IF count = N THEN  s <= calc;
          ELSE               s <= load;
          END IF;
      WHEN calc =>              -- Do the butterfly computation
          tr := xr(i1) - xr(i2);
          xr(i1) <= xr(i1) + xr(i2)
          ti := xi(i1) - xi(i2);
          xi(i1) <= xi(i1) + xi(i2);
          xr(i2) <= (cos * tr + sin * ti)/2**14;
          xi(i2) <= (cos * ti - sin * tr)/2**14;
          s <= update;
      WHEN update =>              --All counters and pointers
        S <= calc; -- By default do next butterfly
        i1 := i1 + k1; -- Next butterfly in group
        i2 := i1 + k2;
        wo <= 1;
        IF i1 >= N-1 THEN -- All butterflies done in group?
          gcount := gcount + 1;
          i1 := gcount;
          i2 := i1 + k2;
          wo <= 2;
          IF gcount >= k2 THEN-- All groups done in stages?
            gcount := 0; i1 := 0; i2 := k2;
            dw := dw * 2;
            stage  := stage + 1;
            wo <= 3;
            IF stage > ldN THEN -- All stages done
```

```
          S <= reverse;
          count := 0;
          wo <= 4;
        ELSE -- Start new stage
          k1 := k2; k2 := k2/2;
          i1 := 0; i2 := k2;
          w <= 0;
          wo <= 5;
        END IF;
      ELSE -- Start new group
        i1 := gcount; i2 := i1 + k2
        w <= w + dw;
        wo <= 6;
      END IF;
    END IF;
  WHEN reverse =>  --Apply bitreverse
    fft_valid <= '1';
    slv := CONV_STD_LOGIC_VECTOR(count,ldn);
    FOR i IN 0 TO ldn-1 LOOP
        rslv(i) := slv(ldn-i-1)
    END LOOP;
    rcount := CONV_INTEGER('0' & rslv);
    fftr <= xr(rcount); ffti <= xi(rcount);
    count :=  count + 1;
    IF count >= N THEN   s <= done;
    ELSE                 s <= reverse;
    END IF;
  WHEN done =>        -- Output of results
    s <= start;       -- Start next cycle
  END CASE;
END IF;
i1_o<=i1;    --Provide some test signals as outputs
i2_o<=i2;
stage_o<=stage
gcount_o <= gcount;
k1_o <= k1;
k2_o<=k2;
w_o<=w;
dw_o<=dw;
rcount_o <= rcount;
END PROCESS States;

Rk: FOR k IN 0 TO 7 GENERATE -- Show first 8
    xr_out(k) <= xr(t);        -- register values
    xi_out(k) <= xi(k);
END GENERATE;

END fpga;
```

该设计从用户类型规范开始，然后是 ENTITY 部分中的 I/O 端口描述。ARCHITECTURE 部分以几个信号定义开始，然后是 cos 和 sin 表的 128 个值。FFT 只用一条 PROCESS 语句实现。状态机的第一个开始(start)状态初始化主要变量和循环计数器。后面是负载(load)状态，其中所有实数和虚数被读入内部的 256×16 寄存器文件。计算(calc)和更新(update)状态后交替多个时钟周期。在计算(calc)阶段计算新的蝶形。注意使用常规的四种乘法和两种加法类型来减少最坏情况的延迟路径。在更新(update)状态下，主循环计数器和数据索引被更新。可以看到三个循环层次：蝶形、组和阶段。然后，进行到反向(reverse)状态并计算数据的位反向。在反向(reverse)状态中，将 FFT 值转发到输出端口，同时将 fft_valid 标识设置为 1，以指示在输出端口出现有效的 FFT 值。

该设计使用 34 340 个 LE、8 个嵌入式乘法器，并且使用 TimeQuest 缓慢 85C 模型，在时序电路性能 Fmax = 31.12MHz 处运行。对于优化目标区域(Area)，所使用的 VHDL 设计的 LE 被减少，因为随后正弦和余弦 LUT 将被合成到嵌入的 M9K 块中。为了优化速度，VHDL LUT 被合成到 LE 中。在 Verilog 中，使用$readmemh()函数意味着对于速度(Speed)和面积(Area)优化，每次都有两个嵌入式 M9K 被合成。

图 6-16 显示了使用 MODELSIM 进行三角形输入序列 $x[n]$={20,40,60,80,100,120,140,160,...} 的仿真开始结果，只有前八个值是非零的。测试序列可以在 MATLAB 中生成，如下：

```
x=[(1:8)*20,zeros(1,248)];
Y=fft(x);
```

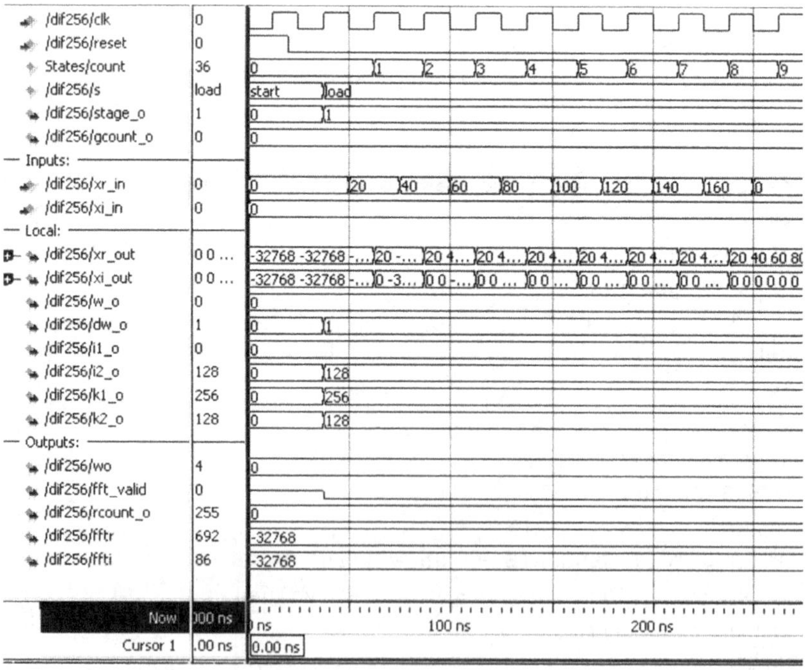

图 6-16　FFT 模拟输入数据。输入帧的开始

使用以下指令可以量化并列出前 10 个样本，比如在 MODELSIM 模拟中：

```
sprintf('%d',real(round(Y(1: 9))))
sprintf('%d',imag(round(Y(1: 9))))
```

和(预期)测试数据：

```
720 714 698 671 634 587 532 471 403 ...(实数部分)
0 -82 -163 -240 -313 -380 -439 -490 -532 ...(虚数部分)
```

最后，在 57.7μs 处，从图 6-17 可以看到 DC 值，即 $\sum xi = 720$。如果允许一些量化误差，则与 MATLAB 测试数据的其他 FFT 值相匹配。

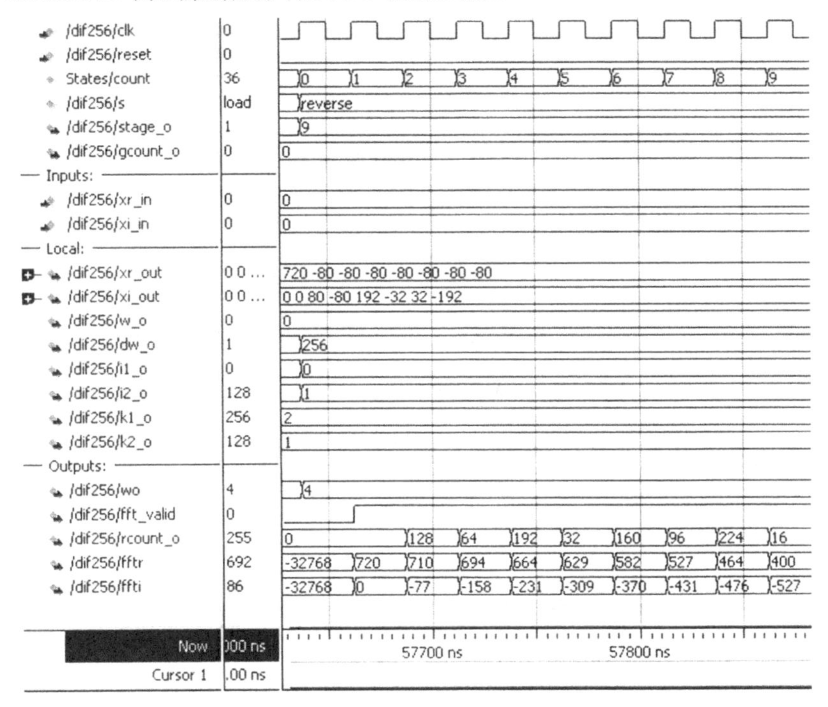

图 6-17　FFT 核心模拟输出结果。输出帧的开始

考虑如何改进设计。在 LE 方面最有效的是用嵌入式存储器块替换三个大型寄存器文件。然而，这将需要在 FFT 机器中使用附加状态，因为 M9K 只能用作同步存储器。

6.3.2　Good-Thomas FFT 算法

Good[198]和 Thomas[199]提出的索引变换将一个长度为 $N = N_1N_2$ 的 DFT 变换成“实际的”二维 DFT，也就是说，Cooley-Tukey FFT 中没有旋转因子。无旋转因子流程的代价就是因子之间必须是互质的(也就是 $\gcd(N_k, N_l)=1$，$k\neq l$)，只要索引计算是在线进行的，而且没有预先计算好的表可供使用，索引映射就会变得更加复杂。

如果试图分别依据式(6-17)和式(6-19)，消除通过 n 和 k 的索引映射引入的旋转因子，就会有：

$$\begin{aligned} W_N^{nk} &= W_N^{(An_1+Bn_2)(Ck_1+Dk_2)} \\ &= W_N^{ACn_1k_1+ADn_1k_2+BCk_1n_2+BDn_2k_2} \\ &= W_N^{N_2n_1k_1}W_N^{N_1k_2n_2} = W_{N_1}^{n_1k_1}W_{N_2}^{k_2n_2} \end{aligned} \tag{6-33}$$

前提是必须同时满足下列所有必要条件：

$$\langle AD\rangle_N = \langle BC\rangle_N = 0 \tag{6-34}$$

$$\langle AC\rangle_N = N_2 \tag{6-35}$$

$$\langle BD\rangle_N = N_1 \tag{6-36}$$

Good[198]和 Thomas[199]提出的映射要满足下面这一条件：

$$A = N_2 \quad B = N_1 \quad C = N_2\langle N_2^{-1}\rangle_{N_1} \quad D = N_1\langle N_1^{-1}\rangle_{N_2} \tag{6-37}$$

检验：因为因子 AD 和 BC 均包括因子 $N_1N_2 = N$，所以也就验证了式(6-34)。根据 $\gcd(N_1, N_2) = 1$ 以及欧拉定理，就可以写出逆运算 $N_2^{-1} \bmod N_1 = N_2^{\phi(N_1)-1} \bmod N_1$，其中 ϕ 是欧拉函数。式(6-35)现在就可以改写成：

$$\langle AC\rangle_N = \langle N_2N_2\langle N_2^{\phi(N_1)-1}\rangle_{N_1}\rangle_N \tag{6-38}$$

这样就解决了内部的模化简，$v\in Z$ 且 $vN_1N_2 \bmod N = 0$ 的最终形式是：

$$\langle AC\rangle_N = \langle N_2N_2(N_2^{\phi(N_1)-1} + vN_1)\rangle_N = N_2 \tag{6-39}$$

同样的证明过程也适用于式(6-36)，且如果采用 Good-Thomas 映射(式(6-37))，式(6-34)~式(6-36)的 3 个条件均可以满足。

最后，就可以得到下面的定理。

定理 6.12　Good-Thomas 索引映射

Good-Thomas 提出的对于 n 的索引映射是：

$$n = N_2n_1 + N_1n_2 \bmod N \quad \begin{cases} 0\leqslant n_1\leqslant N_1-1 \\ 0\leqslant n_2\leqslant N_2-1 \end{cases} \tag{6-40}$$

而对于 k 的索引映射是：

$$k = N_2\langle N_2^{-1}\rangle_{N_1}k_1 + N_1\langle N_1^{-1}\rangle_{N_2}k_2 \bmod N \quad \begin{cases} 0\leqslant k_1\leqslant N_1-1 \\ 0\leqslant k_2\leqslant N_2-1 \end{cases} \tag{6-41}$$

式(6-41)中的变换与定理(2-13)中的中国余数定理是一致的，所以 k_1 和 k_2 可以简单地通过模化简来计算，也就是 $k_l = k \bmod N_l$。

如果用 DFT 矩阵(式(6-16))替换方程中的 Good-Thomas 索引映射，就有：

$$X[k_1,k_2]=\sum_{n_2=0}^{N_2-1}W_{N_2}^{n_2k_2}\underbrace{\left(\underbrace{\sum_{n_1=0}^{N_1-1}x[n_1,n_2]W_{N_1}^{n_1k_1}}_{N_1\text{点变换}}\right)}_{\overline{x}[n_2,k_1]} \tag{6-42}$$

$$=\underbrace{\sum_{n_2=0}^{N_2-1}W_{N_2}^{n_2k_2}\overline{x}[n_2,k_1]}_{N_2\text{点变换}} \tag{6-43}$$

正像前面提到的，这是一种“实际的”二维 DFT 变换，没有 Colley 和 Tukey 提出的映射所引入的旋转因子。下面就是 Good-Thomas 算法，虽然与 Colley-Tukey 算法 6.8 相似，但是索引映射不同，而且没有旋转因子。

算法 6.13　Good-Thomas FFT 算法

$N=N_1N_2$ 点的 DFT 可以遵循下面的步骤进行计算：

(1) 根据式(6-40)进行输入序列的索引变换。

(2) 计算长度为 N_1 的 N_2 次 DFT。

(3) 计算长度为 N_2 的 N_1 次 DFT。

(4) 根据式(6-41)进行输出序列的索引变换。

下面的示例用 $N=12$ 的变换来说明这些步骤。

例 6.14　$N=12$ 的 Good-Thomas FFT 算法

假设 $N_1=4$、$N_2=3$，接下来根据 $n=3n_1+4n_2 \bmod 12$ 计算输入索引的映射，根据 $k=9k_1+4k_2 \bmod 12$ 计算输出索引结果的映射，并且也可以按照表 6-11 和表 6-12 所示的索引映射表：

表 6-11　输入索引的映射

n_2	n_1			
	0	1	2	3
0	$x[0]$	$x[3]$	$x[6]$	$x[9]$
1	$x[4]$	$x[7]$	$x[10]$	$x[1]$
2	$x[8]$	$x[11]$	$x[2]$	$x[5]$

表 6-12　输出索引结果的映射

k_2	k_1			
	0	1	2	3
0	$X[0]$	$X[9]$	$X[6]$	$X[3]$
1	$X[4]$	$X[1]$	$X[10]$	$X[7]$
2	$X[8]$	$X[5]$	$X[2]$	$X[11]$

利用这些索引变换，就可以构造图 6-18 所示的信号流程图。其中第一级有 3 个 DFT，每个 DFT 又有 4 个点，第二级有 4 个 DFT，每个 DFT 的长度为 3。各级之间不需要乘以旋转因子。

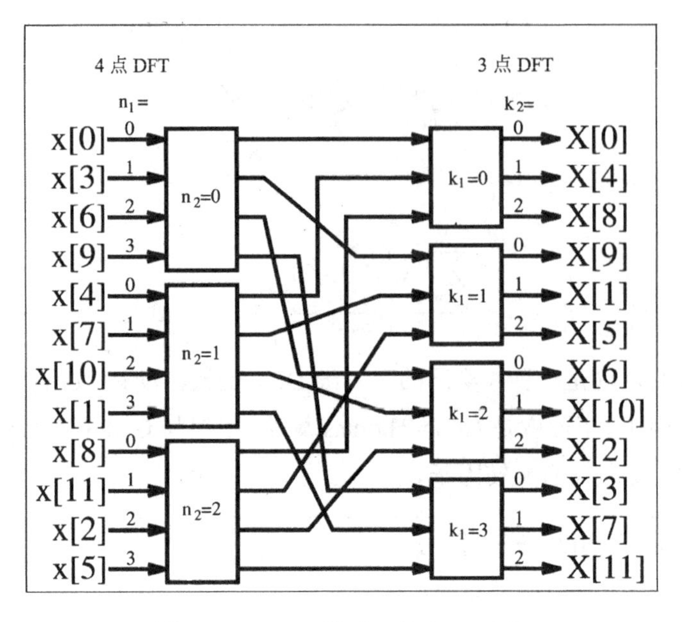

图 6-18　$N = 12$ 的 Good-Thomas FFT

6.3.3　Winograd FFT 算法

Winograd FFT 算法[124]建立在对 $N_1 \times N_2$ 维逆 DFT 矩阵(没有前因子 N^{-1})观察的基础上，$\gcd(N_1, N_2) = 1$，也就是：

$$x[n] = \sum_{k=0}^{N-1} X[k] W_N^{-nk} \tag{6-44}$$

$$\boldsymbol{x} = \boldsymbol{W}_N^* \boldsymbol{X} \tag{6-45}$$

这两个公式可以用两个分别是 N_1 维和 N_2 维的二次 IDFT 矩阵的 Kronecker 乘积 [3] 重写。如同 Good-Thomas 算法的映射一样，$X[k]$和 $x[n]$的索引必须写成二维模式，然后逐行读出索引。下面给出 $N = 12$ 的一个示例来说明这些步骤。

例 6.15　使用 Kronecker 乘积且 $N = 12$ 的 IDFT

令 $N_1 = 4$ 和 $N_2 = 3$，然后根据 Good-Thomas 索引映射进行输出索引变换 $k = 9k_1 + 4k_2 \bmod 12$：

---

3. Kronecker 乘积的定义是：

$$\boldsymbol{A} \otimes \boldsymbol{B} = [a[i,j]]\boldsymbol{B} = \begin{bmatrix} a[0,0]\boldsymbol{B} & \cdots & a[0,L-1]\boldsymbol{B} \\ \vdots & & \vdots \\ a[k-1,0]\boldsymbol{B} & \cdots & a[K-1,L-1]\boldsymbol{B} \end{bmatrix}$$

其中 $\boldsymbol{A}$ 是一个 $K \times L$ 矩阵。

$$
\begin{bmatrix} X[0] \\ X[1] \\ X[2] \\ X[3] \\ X[4] \\ X[5] \\ X[6] \\ X[7] \\ X[8] \\ X[9] \\ X[10] \\ X[11] \end{bmatrix} \rightarrow
$$

k_2 \ k_1	0	1	2	3
0	$X[0]$	$X[9]$	$X[6]$	$X[3]$
1	$X[4]$	$X[1]$	$X[10]$	$X[7]$
2	$X[8]$	$X[5]$	$X[2]$	$X[11]$

$$
\rightarrow \begin{bmatrix} X[0] \\ X[9] \\ X[6] \\ X[3] \\ X[4] \\ X[1] \\ X[10] \\ X[7] \\ X[8] \\ X[5] \\ X[2] \\ X[11] \end{bmatrix}
$$

接下来构造长度为 12 的 IDFT：

$$
\begin{bmatrix} x[0] \\ x[9] \\ x[6] \\ x[3] \\ x[4] \\ x[1] \\ x[10] \\ x[7] \\ x[8] \\ x[5] \\ x[2] \\ x[11] \end{bmatrix} = \begin{bmatrix} W_{12}^{0} & W_{12}^{0} & W_{12}^{0} \\ W_{12}^{0} & W_{12}^{-4} & W_{12}^{-8} \\ W_{12}^{0} & W_{12}^{-8} & W_{12}^{-4} \end{bmatrix} \otimes \begin{bmatrix} W_{12}^{0} & W_{12}^{0} & W_{12}^{0} & W_{12}^{0} \\ W_{12}^{0} & W_{12}^{-3} & W_{12}^{-6} & W_{12}^{-9} \\ W_{12}^{0} & W_{12}^{-6} & W_{12}^{0} & W_{12}^{-6} \\ W_{12}^{0} & W_{12}^{-9} & W_{12}^{-6} & W_{12}^{-3} \end{bmatrix} \begin{bmatrix} X[0] \\ X[9] \\ X[6] \\ X[3] \\ X[4] \\ X[1] \\ X[10] \\ X[7] \\ X[8] \\ X[5] \\ X[2] \\ X[11] \end{bmatrix}
$$

到目前为止，已经用 Kronecker 乘积(重新)定义了 IDFT。利用速记符号 $\widetilde{\boldsymbol{x}}$ 代替转置序列 $\boldsymbol{x}$，就可以用下面的矩阵/向量表示：

$$
\widetilde{\boldsymbol{x}} = \boldsymbol{W}_{N_1} \otimes \boldsymbol{W}_{N_2} \widetilde{\boldsymbol{X}} \tag{6-46}
$$

对于短 DFT，使用 Winograd DFT 算法 6.7，也就是：

$$
\boldsymbol{W}_{N_l} = \boldsymbol{C}_l \times \boldsymbol{B}_l \times \boldsymbol{A}_l \tag{6-47}
$$

其中 $\boldsymbol{A}_l$ 合并了输入加法，$\boldsymbol{B}_l$ 是一个傅立叶系数的对角矩阵，而 $\boldsymbol{C}_l$ 包括了输出加法。现在将式(6-47)代入式(6-46)，运用这一结论就可以改变矩阵乘法和 Kronecker 乘积的计算顺序(例如，请参阅文献[5])，得到：

$$
\boldsymbol{W}_{N_1} \otimes \boldsymbol{W}_{N_2} = (\boldsymbol{C}_1 \times \boldsymbol{B}_1 \times \boldsymbol{A}_1) \otimes (\boldsymbol{C}_2 \times \boldsymbol{B}_2 \times \boldsymbol{A}_2) = (\boldsymbol{C}_1 \otimes \boldsymbol{C}_2)(\boldsymbol{B}_1 \otimes \boldsymbol{B}_2)(\boldsymbol{A}_1 \otimes \boldsymbol{A}_2) \tag{6-48}
$$

由于矩阵 $\boldsymbol{A}_l$ 和 $\boldsymbol{C}_l$ 是简单的加法矩阵，因此也同样适用于其 Kronecker 乘积 $\boldsymbol{A}_1 \otimes \boldsymbol{A}_2$ 和 $\boldsymbol{C}_1 \otimes \boldsymbol{C}_2$。很明显，两个分别为 N_1 维和 N_2 维的二次对角矩阵的 Kronecker 乘积也可以给出一个 N_1N_2 维的对角矩阵。如果 M_1 和 M_2 分别是根据表 6-7 计算较小 Winograd DFT 的乘法的次数，则总计需要计算的乘法次数与 $\boldsymbol{B}=\boldsymbol{B}_1 \otimes \boldsymbol{B}_2$ 对角元素的数量(也就是 M_1M_2)相同。

现在将上述不同的步骤组合起来构造 Winograd FFT。

定理 6.16　Winograd FFT 的设计

$N=N_1N_2$ 点且 N_1 和 N_2 为互质数的变换可以按照下列步骤构造：

(1) 根据式(6-40)中的 Good-Thomas 映射，按索引的行读取对输入序列进行索引变换。

(2) 利用 Kronecker 乘积对 DFT 矩阵进行因数分解。

(3) 通过 Winograd DFT 算法代替长度为 N_1 和 N_2 的 DFT 矩阵。

(4) 集中乘法。

在 Winograd FFT 算法成功构造之后，就可以采取下面 3 个步骤来计算 Winograd FFT：

定理 6.17　Winograd FFT 算法

(1) 计算前置加法 $\boldsymbol{A}_1$ 和 $\boldsymbol{A}_2$。

(2) 根据矩阵 $\boldsymbol{B}_1 \otimes \boldsymbol{B}_2$ 计算 M_1M_2 次乘法。

(3) 根据 $\boldsymbol{C}_1$ 和 $\boldsymbol{C}_2$ 计算后置加法。

接下来看一个示例，详细地了解一下长度为 12 的 Winograd FFT 的构造。

例 6.18　长度为 12 的 Winograd FFT

要构造 Winograd FFT，我们需要根据定理 6.16 计算变换中需要使用的矩阵。对于 $N_1=3$ 和 $N_2=4$，就可以得到下面的矩阵：

$$\boldsymbol{A}_1 \otimes \boldsymbol{A}_2 = \begin{bmatrix} 1 & 1 & 1 \\ 0 & 1 & 1 \\ 0 & 1 & -1 \end{bmatrix} \otimes \begin{bmatrix} 1 & 1 & 1 & 1 \\ 1 & -1 & 1 & -1 \\ 1 & 0 & -1 & 0 \\ 0 & 1 & 0 & -1 \end{bmatrix} \tag{6-49}$$

$$\boldsymbol{B}_1 \otimes \boldsymbol{B}_2 = \mathrm{diag}(1, -3/2, \sqrt{3}/2) \otimes \mathrm{diag}(1,1,1,-i) \tag{6-50}$$

$$\boldsymbol{C}_1 \otimes \boldsymbol{C}_2 = \begin{bmatrix} 1 & 0 & 0 \\ 1 & 1 & i \\ 1 & 1 & -i \end{bmatrix} \otimes \begin{bmatrix} 1 & 0 & 0 & 0 \\ 0 & 1 & 0 & 0 \\ 1 & 0 & -1 & 0 \\ 0 & 0 & 1 & -1 \end{bmatrix} \tag{6-51}$$

根据式(6-48)合并这些矩阵，得到 Winograd FFT 算法。输入加法和输出加法不需要乘法器就可以实现，实数乘法的总数是 2×3×4＝24。

到目前为止，已经用 Winograd FFT 计算了 IDFT。如果要借助 IDFT 计算 DFT，就可以采用式(6-6)中用到的技术，并借助于 DFT 计算 IDFT。利用矩阵/向量表示就是：

$$x^* = (W_N^* X)^* \tag{6-52}$$

$$x^* = W_N X^* \tag{6-53}$$

如果 $\boldsymbol{W}_N = [e^{2\pi jnk/N}]$(其中 n、$k \in Z_N$)是 DFT，DFT 就可以用 IDFT 按如下步骤计算：计算输入序列的共轭复数，用 IDFT 算法转换该序列，计算输出序列的共轭复数。

也可以采用 Kronecker 乘积算法，也就是 Winograd FFT，直接计算 DFT。这会生成一个平滑修正的输出索引映射，如下例所示。

例 6.19　用 Kronecker 乘积公式计算 12 点 DFT

$$\begin{bmatrix} X[0] \\ X[3] \\ X[6] \\ X[9] \\ X[4] \\ X[7] \\ X[10] \\ X[1] \\ X[8] \\ X[11] \\ X[2] \\ X[5] \end{bmatrix} = \begin{bmatrix} W_{12}^0 & W_{12}^0 & W_{12}^0 \\ W_{12}^0 & W_{12}^4 & W_{12}^8 \\ W_{12}^0 & W_{12}^8 & W_{12}^4 \end{bmatrix} \otimes \begin{bmatrix} W_{12}^0 & W_{12}^0 & W_{12}^0 & W_{12}^0 \\ W_{12}^0 & W_{12}^3 & W_{12}^6 & W_{12}^9 \\ W_{12}^0 & W_{12}^6 & W_{12}^0 & W_{12}^6 \\ W_{12}^0 & W_{12}^9 & W_{12}^6 & W_{12}^3 \end{bmatrix} \begin{bmatrix} x[0] \\ x[9] \\ x[6] \\ x[3] \\ x[4] \\ x[1] \\ x[10] \\ x[7] \\ x[8] \\ x[5] \\ x[2] \\ x[11] \end{bmatrix} \tag{6-54}$$

输入序列 $x[n]$可以看成 Good-Thomas 映射所使用的顺序，在 $X(k)$的(频率)输出索引映射中，与 Good-Thomas 映射相比，其中的第一个和第三个元素交换了位置。

6.3.4　DFT 和 FFT 算法的比较

很明显，目前已经有许多途径可以实现 DFT。现在就从图 6-1 给出的算法中选定一种短 DFT 算法开始介绍，而且短 DFT 可以用 Cooley-Tukey、Good-Thomas 或 Winograd 提供的索引模式来开发长 DFT。选择实现方式的共同目标就是将乘法的复杂性降到最低。这是一种可行的准则，因为乘法的实现成本与其他运算(如加法、数据访问或索引计算)相比要高得多。

图 6-19 给出了各种 FFT 长度所需乘法的次数。从中可以得出结论，单纯从乘法复杂性准则考虑，Winograd FFT 是最有吸引力的。本章给出了几种形式的 $N = 4\times3 = 12$ 点 FFT 的设计。表 6-13 给出了直接算法、Rader 质因子算法，以及用于基本 DFT 模块和 3 种分别称为 Good-Thomas、Cooley-Tukey 和 Winograd FFT 的不同索引映射的 Winograd FFT 算法。

表 6-13 长度为 12 的复数输入 FFT 算法的实数乘法的数量(不考虑旋转因子乘以 W^0)，假设一次复数乘法使用 4 次实数乘法

DFT 方法	索引映射		
	Good-Thomas (参考图 6-18)	Cooley-Tukey (参考图 6-2)	(Winograd) (参考例 6.15)
直接算法	$4\times12^2=4\times144=576$	$4\times12^2=4\times144=576$	$4\times12^2=4\times144=576$
RPFA	$4(3(4-1)^2 + 4(3-1)^2)=172$	$4(43+6)=196$	—
WFTA	$3\times0\times2 + 4\times2\times2=16$	$16+4\times6=40$	$2\times3\times4=24$

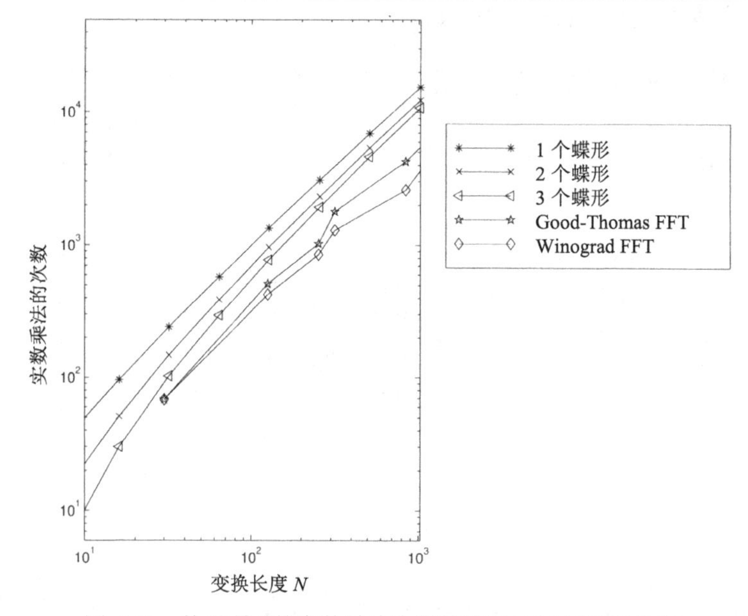

图 6-19 基于所需的实数乘法次数的不同 FFT 算法的比较

除了乘法的次数以外，还需要考虑其他的约束条件，如可能的变换长度、加法的次数、计算索引的系统开销、系数或数据存储器大小以及运行时代码的长度。在许多情况下，Cooley-Tukey 方法提供了最佳总体解决方案，请参阅表 6-14。

表 6-14 长度 $N=\prod N_k$ 的 FFT 算法的重要性质

性 质	Cooley-Tukey	Good-Thomas	Winograd
任意变换长度	是	否，$\gcd(N_k, N_l)=1$	否，$\gcd(N_k, N_l)=1$
W 的最大阶数	N	$\max(N_k)$	$\max(N_k)$
是否需要旋转因子	是	否	否

(续表)

性　质	Cooley-Tukey	Good-Thomas	Winograd
#乘法	差	中	最佳
#加法	中	中	中
#索引计算量	最佳	中	差
原地数据	是	是	否
实现的优点	小规模蝶形处理器	可以使用 RPFA、快速、简单的 FIR 阵列	小规模的完全并行、中等规模 FFT(<50)

表 6-15 总结了一些已公布的 FPGA 实现。Goslin[184]的设计基于基 2 FFT，其中蝶形部分采用第 2 章讨论的分布式算法实现。Dandalis 等人[200]的设计基于采用所谓的算术傅立叶变换的 DFT 近似。Meyer-Bäse 等人[201]的 ERNS FFT 采用了 Rader 算法与数论变换。

目前 FPGA 所达到的复杂性已经超过 1M 个门，FFT 完全可以集成在单片 FPGA 上。由于这样的 FFT 模块设计是劳动密集型的，因此通常使用大批商用的“知识产权”(Intellectual Property，IP)模块(有时候也称作虚拟元件(Virtual Component，VC))更有意义。例如，可以访问 www.xilinx.com 或 www.altera.com，参阅 IP 合作程序。多数商用设计都是基于基 2 FFT 或基 4 FFT。

表 6-15　一些 FPGA FFT 实现的比较[5]

名　称	数据类型	FFT 类型	*N* 点 FFT 的时间	时钟速率 *P*	内部 RAM/ROM	设计目标/源
Xilinx FPGA	8 位	基=2 FFT	$N=256$ 102.4μs	70MHz 4.8W @3.3V	否	573 个 CLB[184]
Xilinx FPGA	16 位	AFT	$N=256$ 82.48μs 42.08μs	50MHz 15.6W @3.3V 29.5W	否	2602 个 CLB 4922 个 CLB[200]
Xilinx FPGA ERNS-NTT	12.7 位	使用 FFT NTT	$N=97$ 9.24μs	26MHz 3.5W @3.3V	否	1178 个 CLB[201]

6.3.5 IP 内核 FFT 设计

Altera 和 Xilinx 提供 FFT 生成器，因为这是除了 FIR 滤波器之外最重要的一个用到知识产权(Intellectual Property，IP)模块的部分。有关 IP 模块的介绍请参阅 1.4.4 节。虽然 Xilinx 提供一些免费的固定长度和位宽的硬内核[202]，但通常从 FPGA 供应商采购 FFT 参数化内核需要支付(合理的)许可费用。

对于基 2 蝶形处理器，接下来研究一下在例 6.11 中讨论过的 256 点 FFT 的生成方式。但这回采用 Altera FFT 编译器[203]构造 FFT，包括控制进程的 FSM。Altera 优化的 FFT 宏函数内核是高性能、高度参数化的 FFT 处理器，专用于 Altera 器件，支持 Stratix 和 Cyclone II 器件，但不支持已停产的 APEX 和 Flex 器件。FFT 功能实现基 2/4 频域抽取(Decimation-In-Frequency，DIF) FFT 算法，变换长度为 2^S，其中 $6 \leqslant S \leqslant 16$。内部的浮点体系结构模块用于在变换计算中最大化信号的动态范围。可以使用 IP 工具测试平台 MegaWizard 设计环境设定各种 FFT 体系结构，包括 4×2+和 3×5+蝶形体系结构和不同的并行体系结构。FFT 编译器包括旋转因子的系数生成器，旋转因子存储在 M9K 模块中。

例 6.20　生成长度为 256 的 FFT IP

在 Tools 菜单下选择 MegaWizard Plug-In Manager 命令以启动 Altera FIR 编译器，就会弹出库选择窗口(如图 1-22 所示)。在 DSP｜Transform 命令下可以找到 FFT 生成器。我们需要为内核指定设计名称，然后进入到 ToolBench，如图 6-20(a)所示。首先选择 Parameters 模块并将 FFT 的长度选为 256，将数据和系数精度设置为 16 位。然后就会看到有不同的体系结构可供选择：Streaming、Buffered Burst 和 Burst。每种体系结构由或多或少的额外缓冲器逐块地进行处理。以 Streaming 体系结构为例，就不需要额外的时钟周期。每 256 个周期向 FFT 内核提供一个新的数据集，在经过一些处理后，得到一个新的 256 点的数据集。在 Implementation Options 选项卡中选择“3×5+”，Cyclone II 系列的逻辑资源估算如表 6-16 所示。

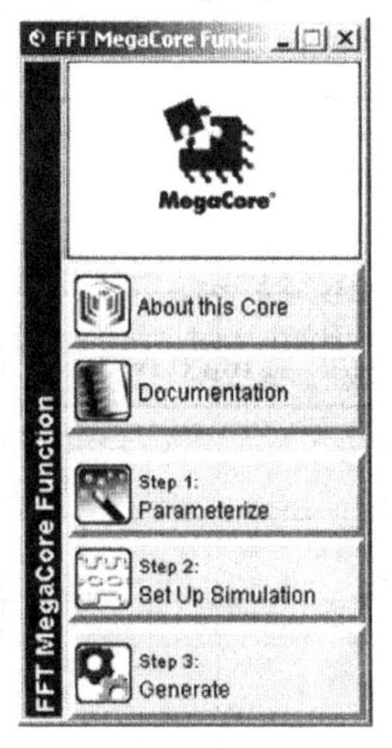

(a) IP 工具测试台

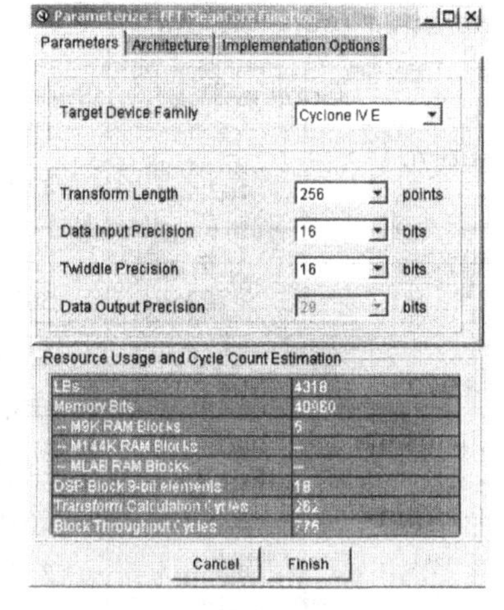

(b) 系数的指定

图 6-20　FFT 的 IP 设计

表 6-16　Cyclone　II 系列的逻辑资源估算

资　源	Streaming	Buffered Burst	Burst
LE	4581	4638	4318
M9K	11	9	5
M114K RAM	0	0	0

(续表)

资　源	Streaming	Buffered Burst	Burst
MLAB	0	0	0
DSP 模块 9 位	18	18	18
变换计算周期	256	258	262
模块吞吐量周期	256	331	775

工具测试平台的第 2 个步骤会生成 ModelSim 仿真所需的仿真模型。然后进入第 3 个步骤，生成 VHDL 代码和所有辅助文件。然后，在可以用 Quartus II 编译的封装文件中例化 FFT 内核。在几秒钟内就会生成旋转因子的系数文件以及 MATLAB 测试平台和 ModelTech 仿真文件及脚本。表 6-17 列出了这些文件。可以看到不仅有 VHDL 文件和 Verilog 文件及其元件文件，还提供 MATLAB(位精度)和 ModelSim(周期精度)测试向量，从而更容易进行验证。为了匹配来自 DIF 示例 6.11 的仿真，需要放置自己的测试台，并用测试数据替换 fft256_real_input.txt 和 fft256_imag_input.txt 数据文件。作为测试数据，在 MATLAB 中生成的作为测试数据的短三角形序列如下：

```
x=[(1:8)*20,zeros(1,248+3*256)]; %% Total 1024 samples
fid=fopen('fft256_real_umb.txt','w');
fprintf(fid,'%d\r\n',x);fclose(fid);
Y=fft(x);
```

将零向量等同于虚数存储。使用以下指令，可以在 ModelSim 仿真中量化并列出缩放 2^{-3} 的前 10 个样本：

```
sprintf('%d', real(round(Y(1:10)*2^-3)))
sprintf('%d', imag(round(Y(1:10)*2^-3)))
```

(期望的)测试数据如下：

```
90 89 87 84 79 73 67 59 50 41… (实部)
0 -10 -20 -30 -39 -47 -55 -61 -66 -70… (虚部)
```

表 6-17　为 FFT 内核生成的 IP 文件

文　件	说　明
fft256.vhd	定义定制的宏函数的 VHDL 顶层说明的宏函数变量文件
fft256.	例化文件
fft256.cmp	MegaCore 函数变量的 VHDL 元件声明
fft256.bsf	用在 Quartus II 模块图编辑器中的 Quartus II 符号文件
fft256.vho	ModelSim 仿真所用的功能模型
fft_tb.vhd	ModelSim 仿真所用的测试平台

(续表)

文　　件	说　　明
fft256_model.m	这一文件为定制的 FFT 提供 MATLAB 仿真模型
fft256_tb.m	这一文件为定制的 FFT 提供 MATLAB 测试平台
*.txt	具备随机实部和虚部输入数据的两个文本文件
*.hex	6 个 sin/cos 旋转因子表
fft256_nativelink.tcl	用于设置 Quartus II 软件中 NativeLink 的一个 Tcl 脚本
fft256.qip	包含 MegaCore 函数变量的 Quartus II 项目信息
fft256_syn.v	用于某些第三方综合工具的时间和资源估计网表
fft256.html	MegaCore 函数报告文件

图 6-21 和图 6-22 给出了 FFT 模块的仿真结果。从中可以看到几个步骤中的处理工作。在 reset 为低电平后，从源头设置数据可用信号.._valid。然后在一个时钟周期之后设置信号处理开始标识 sink_sop 为低电平。同时对每一个时钟周期中下一个数据后面的 FFT 模块应用第一个输入数据(也就是测试中的值 20)256 个时钟周期之后处理完所有输入数据。由于 FFT 使用 Streaming 模式，因此总计需要另一个时钟周期的等待时间，第一个数据出现在 256×2×10ns ≈ 5μs 处，如 source_sop 信号所示，参见图 6-22(a)。256 个时钟周期之后传输所有输出数据，如 source_eop 信号中的脉冲所示(参见图 6-22(b))，然后 FFT 将输出下一个模块。注意，虽然输出数据显示几乎没有量化，但由于有模块指数-3，也就是缩放 1/8。在多级 FFT 计算中，这是在模块内部为将量化噪声降到最低而采用的模块浮点格式的结果。然后根据这一指数值，利用筒式移位器对所有实数和虚数进行移位，就完成了无缩放。

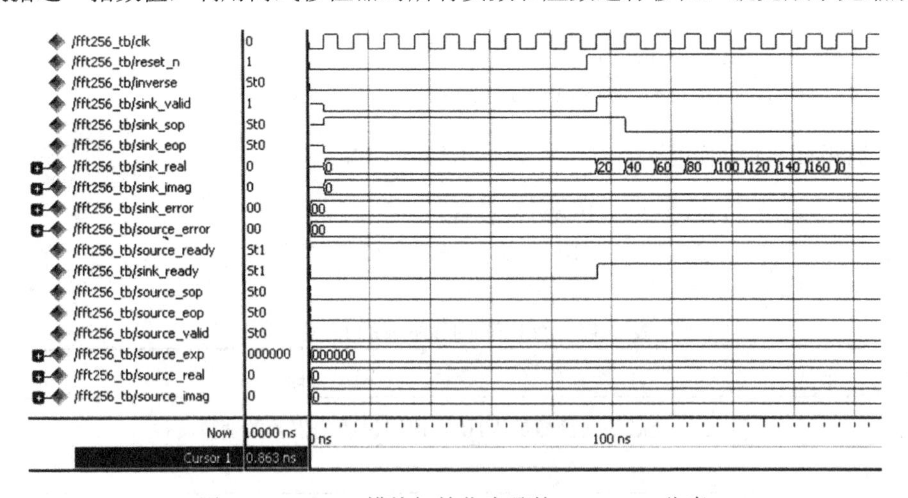

图 6-21　IP FFT 模块初始化步骤的 Quartus II 仿真

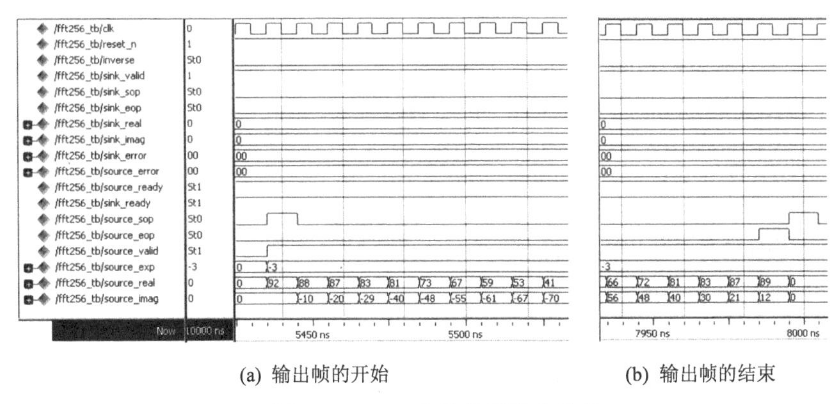

(a) 输出帧的开始　　　　(b) 输出帧的结束

图 6-22　FFT 内核仿真输出结果

前一个示例中的设计的运行速度为 213.31MHz，采用 TimeQuest 缓慢 85C 模型，需要 4811 个 LE、18 个规模为 9 位×9 位的嵌入式乘法器(也可以是 9 个规模为 18 位×18 位的乘法器)和 20 个 M9K 嵌入式存储模块。与先前 FFT 内核工具测试台给出的估算(11 个 M9K 嵌入式存储器、18 个乘法器和 4581 个 LE)相比，可以看到对乘法器的估算没有误差，LE 的误差为 5%，M9K 的估算误差为 81%。

6.4　与傅立叶相关的变换

离散余弦变换(Discrete Cosine Transform，DCT)和离散正弦变换(Discrete Sine Transform，DST)虽然不是 DFT，但可以用 DFT 计算它们。不过 DCT 和 DST 不能直接通过乘以变换的频谱和逆变换来计算快速卷积，也就是说卷积定理不成立，因此 DCT 和 DST 不像 FFT 那样得到广泛了应用，但是在图像压缩等一些应用领域中，DCT 非常流行(因为它们与 Kahunen-Loevé 变换非常接近)。然而，由于 DCT 和 DST 是根据正弦和余弦“核函数”定义的，且与 DFT 有着密切的关系，因此将在本章加以介绍。首先讨论 DCT 和 DST 的定义和性质，然后给出实现 DCT 的类似 FFT 的快速计算算法。所有的 DCT 都遵循如下变换模式：

$$X[k]=\sum_{n} x[n]C_N^{n,k} \leftrightarrow x[n]=\sum_{k} X[k]C_N^{n,k} \tag{6-55}$$

该变换模式是由 Wang[204]观察到的。4 种不同 DCT 实例的核函数 $C_N^{n,k}$ 分别由下式定义：

DCT-I：　$C_N^{n,k}=\sqrt{2/N}c[n]c[k]\cos(nk\dfrac{\pi}{N})\quad n,k=0,1,\ldots,N$

DCT-II：　$C_N^{n,k}=\sqrt{2/N}c[k]\cos(k(n+\dfrac{1}{2})\dfrac{\pi}{N})\quad n,k=0,1,\ldots,N-1$

DCT-III：$C_N^{n,k}=\sqrt{2/N}c[n]\cos(n(k+\dfrac{1}{2})\dfrac{\pi}{N})\quad n,k=0,1,\ldots,N-1$

DCT-IV：$C_N^{n,k} = \sqrt{2/N}\cos((k+\frac{1}{2})(n+\frac{1}{2})\frac{\pi}{N})\quad n, k = 0, 1, \dots, N-1$

其中除了 $c[0] = 1/\sqrt{2}$外，$c[m] = 1$。虽然 DST 具有相同的结构，但是余弦项均由正弦项代替。DCT 的性质如下：

1) 采用余弦基的 DCT 实现函数。
2) 所有的变换均是正交的，也就是 $\boldsymbol{C}\times\boldsymbol{C}^t = k[n]\boldsymbol{I}$。
3) 与 DFT 不同的是，DCT 是实变换。
4) DCT-I 是其本身的逆矩阵。
5) DCT-II 是 DCT-III 的逆矩阵，反之也成立。
6) DCT-IV 是其本身的逆矩阵，DCT-IV 是对称的，也就是 $\boldsymbol{C} = \boldsymbol{C}^t$。
7) DCT 的卷积性质与 DFT 中的卷积乘法关系不一样。
8) DCT 是 Kahunen-Loevé 变换(KLT)的一种近似。

DCT-II 的二维 8×8 变换在图像压缩标准(也就是视频的 H.261、H.263 及 MPEG 标准和静态图像的 JPEG 标准)中经常用到。由于二维变换被分成二维，因此要计算二维 DCT，可以先计算行变换，再计算列变换，反之也可以(练习 6.17)。这样就可以只集中考虑一维变换的实现。

6.4.1　利用 DFT 计算 DCT

Narasimha 和 Peterson[205]引入了一种描述如何在 DFT 的帮助下计算 DCT 的模式[206]。因为可以利用各种 FFT 类型的算法，所以 DCT 到 DFT 的映射非常具有吸引力。由于 DCT-II 最为常用，因此将进一步探讨 DFT 与 DCT-II 之间的关系。为了简化表示方法，这里省略了缩放操作，因为这一步可以包括在 DFT 或 FFT 计算的末尾。假定变换长度是偶数，用下面的置换：

$y[n] = x[2n]$和 $y[N-n-1] = x[2n+1]$，其中 $n = 0, 1, \dots, N/2-1$

重写 DCT-II 变换：

$$X[k] = \sum_{n=0}^{N-1} x[n]\cos\left(k(n+\frac{1}{2})\frac{\pi}{N}\right) \tag{6-56}$$

然后得到：

$$X[k] = \sum_{n=0}^{N/2-1} y[n]\cos\left(k(2n+\frac{1}{2})\frac{\pi}{N}\right) + \sum_{n=0}^{N/2-1} y[N-n-1]\cos\left(k(2n+\frac{3}{2})\frac{\pi}{N}\right)$$

$$X[k] = \sum_{n} y[n]\cos\left(k(2n+\frac{1}{2})\frac{\pi}{N}\right) \tag{6-57}$$

如果现在计算用 $Y[k]$表示的 $y[n]$的 DFT，就可以看到：

$$\begin{aligned} X[k] &= \Re(W_{4N}Y[k]) \\ &= \cos\left(\frac{\pi k}{2N}\right)\Re(Y[k]) - \sin\left(\frac{\pi k}{2N}\right)\Im(Y[k]) \end{aligned} \tag{6-58}$$

这就很容易转换成 C 或 MATLAB 程序(参阅练习 6.17)，借助于 DFT 或 FFT 就可以计算 DCT。

6.4.2　快速直接 DCT 实现

DCT 的对称性质已经被 Byeong Lee[207]用来构造类似 FFT 的 DCT 算法。由于其与基 2 Cooley-Tukey FFT 存在的相似性，因此最终的算法被称为快速 DCT 或简称 FCT。换句话说，就是快速 DCT 算法可以用矩阵结构开发[208]。因为 DCT 是正交变换，所以可以通过转置逆 DCT(IDCT)得到 DCT。在式(6-55)中引入的 IDCT-II 有：

$$x[n]=\sum_{k=0}^{N-1}\hat{X}[k]C_N^{n,k}\text{，}\quad n=0, 1, \ldots, N-1 \tag{6-59}$$

注意 $\hat{X}[k]=c[k]X[k]$。将 $x[n]$分解成偶数部分和奇数部分，可以看到，$x[n]$可以由两个 $N/2$ DCT 重构，也就是：

$$G[k]=\hat{X}[2k] \tag{6-60}$$

$$H[k]=\hat{X}[2k+1]+\hat{X}[2k-1]\text{，}\quad k=0, 1, \ldots, N/2-1 \tag{6-61}$$

在时域中，有：

$$g[n]=\sum_{k=0}^{N/2-1}G[k]C_{N/2}^{n,k} \tag{6-62}$$

$$h[n]=\sum_{k=0}^{N/2-1}H[k]C_{N/2}^{n,k}\text{，}\quad k=0, 1, \ldots, N/2-1 \tag{6-63}$$

重构的形式变成：

$$x[n]=g[n]+1/(2C_N^{n,k})h[n] \tag{6-64}$$

$$x[N-1-n]=g[n]-1/(2C_N^{n,k})h[n]\text{，}\quad n=0,\ 1,\ \ldots,\ N/2-1 \tag{6-65}$$

重复这一过程就可以进一步分解 DCT。图 6-13 给出了基 2 FFT 旋转因子，与式(6-62)比较后表明，除法对 FCT 似乎是必要的。因此，旋转因子$1/(2C_N^{n,k})$应该预先被计算出来并存储在表中。这样的制表方法对于 Cooley-Tukey FFT 也适合，因为在线计算三角函数一般非常耗时。接下来用一个示例来说明 FCT。

例 6.21　8 点 FCT

对于 8 点 FCT，式(6-60)~(6-65)就变成：

$$G[k]=\hat{X}[2k] \tag{6-66}$$

$$H[k]=\hat{X}[2k+1]+\hat{X}[2k-1]\text{，}\quad k=0, 1, 2, 3 \tag{6-67}$$

在时域中就有：

$$g[n]=\sum_{k=0}^{3}G[k]C_4^{n,k} \tag{6-68}$$

$$h[n]=\sum_{k=0}^{3}H[k]C_4^{n,k}\text{ , }n=0,\ 1,\ 2,\ 3 \tag{6-69}$$

这样，重构就变成：

$$x[n]=g[n]+1/(2C_8^{n,k})h[n] \tag{6-70}$$

$$x[N-1-n]=g[n]-1/(2C_8^{n,k})h[n]\text{，}n=0,\ 1,\ 2,\ 3 \tag{6-71}$$

式(6-66)和(6-67)构成了图 6-23 中流程图的第一级，而式(6-70)和(6-71)构成了流程图的最后一级。

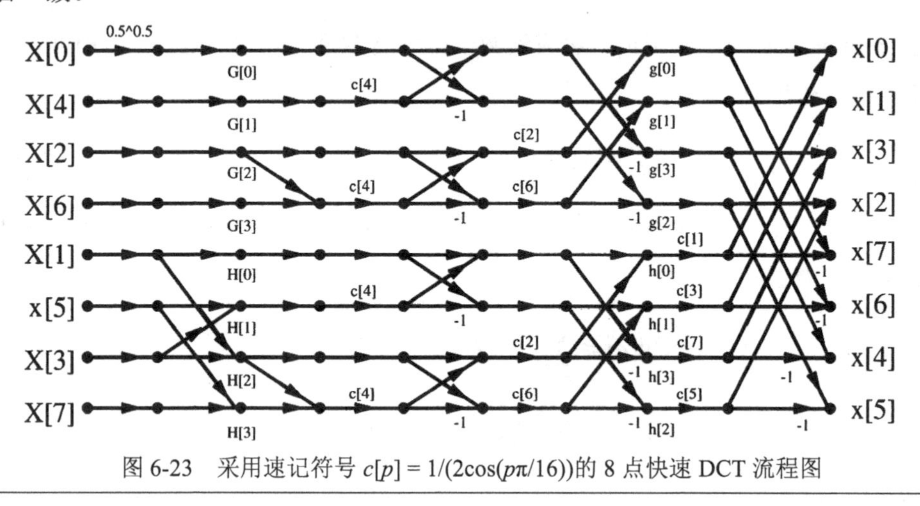

图 6-23　采用速记符号 $c[p]=1/(2\cos(p\pi/16))$的 8 点快速 DCT 流程图

在图 6-23 中，应用的输入序列 $\hat{X}[k]$ 是位逆序的。输出序列 $x[n]$的顺序按下面的方式生成：由集合(0,1)开始，通过增加一个前缀 0 和 1 形成新的集合。前缀是 1 时，前面模式中所有的位都是颠倒的。例如，从序列 10 得到两个子序列 010 和$1\bar{1}\bar{0}$=101。图 6-24 给出了这种模式的图解。

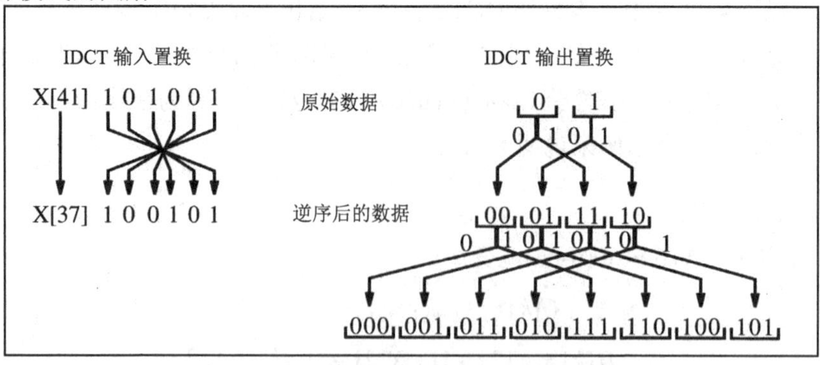

图 6-24　8 点快速 DCT 的输入和输出置换

6.5　练习

注意：

如果读者没有使用 Quartus II 软件的经验，可以参考 1.4.3 节的案例研究。如果已有相关经验，请注意 Quartus II 合成估算的 Cyclone IVE 系列中 EP4CE115F29C7 的使用事项。

6.1 用傅立叶变换计算矩形窗和三角窗的 3dB 带宽、第一个零点、最大旁瓣和每倍频程的衰减。

6.2 (a) 计算 $x[n]=\{3, 1, -1\}$和 $f[n]=\{2, 1, 5\}$的循环卷积。

(b) 计算 $N=3$ 的 DFT 矩阵 $\boldsymbol{W}_3$。

(c) 计算 $x[n]=\{3, 1, -1\}$和 $f[n]=\{2, 1, 5\}$的 DFT。

(d) 根据 $\boldsymbol{y}=\boldsymbol{W}_3^{-1}\boldsymbol{Y}$，为来自(c)的信号计算 $Y[k]=X[k]F[k]$。

注意，(c)和(d)要用到 C 编译器或 MATLAB。

6.3 在 $X[k]=x[0]+x[1]W_N^k+x[2]W_N^{2k}+\ldots+x[N-1]W_N^{(N-1)k}$ 的 DFT 计算中，单边频谱分量 $X[k]$可以通过集合所有的公因子 W_N^k 进行重构，这样就得到：

$$X[k]=x[0]+W_N^k(x[1]+W_N^k(x[2]+\ldots+W_N^k x[N-1])\ldots))$$

从而得到 $X[k]$的可行递归计算。这被称作 Goertzel 算法，图 6-5 给出了相应的图解。如果只需要计算极少数频谱分量，则 Goertzel 算法非常具有吸引力。对于完整的 DFT，工作量是 N^2 个数量级，与直接的 DFT 计算相比没有什么优势。

(a) 构造包括输入和输出寄存器的递归信号流程图，计算 $N=5$ 的单边 $X[k]$。

当 $N=5$ 和 $k=1$ 时，计算对于如下输入序列的所有寄存器的内容：

(b) {20，40，60，80，100}

(c) {j20，j40，j60，j80，j100}

(d) {20+j20，40+j40，60+j60，80+j80，100+j100}

6.4 6.2.4 节定义了 Bluestein Chirp-z 算法。图 6-6 给出了该算法相应的图解。

(a) 确定 $N=4$ 的 CZT 算法。

(b) 用 C 或 MATLAB 计算三角形序列 $x[n]=\{0, 1, 2, 3\}$的 CZT。

(c) 用 C 或 MATLAB 将长度扩展到 $N=256$，并使用相同长度的 FFT 进行检验。采用一个三角形输入序列 $x[n]=n$。

6.5 (a) 对于 $N=7$ 的 Rader 算法，设计非递归滤波器的一个直接实现。

(b) 确定可以组合的系数。

(c) 就工作量方面对(a)和(b)的结果进行比较。

6.6 设计长度 $N=3$ 的 Winograd DFT 算法并画出信号流程图。

6.7 (a) 用二维索引变换 $n = 3n_1+2n_2 \bmod 6$，确定式(6-18)中的映射，其中 $N_1 = 2$，$N_2 = 3$。这个映射是不是双射？

(b) 用二维索引变换 $n = 2n_1+2n_2 \bmod 6$，确定式(6-18)中的映射，其中 $N_1 = 2$，$N_2 = 3$。这个映射是不是双射？

(c) 对于 $\gcd(N_1, N_2) > 1$，Burrus[148]发现下列情形中的映射是双射：

$$A = aN_2 \text{ 且 } B \neq bN_1 \text{ 且 } \gcd(a, N_1) = \gcd(B, N_2) = 1$$

$$A \neq aN_2 \text{ 且 } B = bN_1 \text{ 且 } \gcd(A, N_1) = \gcd(b, N_2) = 1$$

其中 $a, b\in Z$。假设 $N_1 = 9$，$N_2 = 15$、计算 $A = 15$，$B\in Z_{20}$时所有的可能值。

6.8 对于 $\gcd(N_1, N_2) = 1$，Burrus[148]发现下列情形中的映射是双射：

$$A = aN_2 \text{ 且/或 } B = bN_1 \text{ 且 } \gcd(A, N_1) = \gcd(B, N_2) = 1 \tag{6-72}$$

其中 $a, b\in Z$。假设 $N_1 = 5$，$N_2 = 8$，确定下列映射是不是可行的双射索引映射：

(a) $A = 8$，$B = 5$。

(b) $A = 8$，$B = 10$。

(c) $A = 24$，$B = 15$。

(d) $A = 7$ 时，计算所有有效的 $B\in Z_{20}$。

(e) $A = 8$ 时，计算所有有效的 $B\in Z_{20}$。

6.9 (a) 绘出基 2 DIF 算法的信号流程图，其中 $N = 16$。

(b) 编写实现 DIF 基 2 FFT 的 C 或 MATLAB 程序。

(c) 用三角形输入 $x[n] = n+jn, n\in [0, N-1]$检验这个 FFT 程序。

6.10 (a) 绘出基 2 DIT 算法的信号流程图，其中 $N = 8$。

(b) 编写实现 DIT 基 2 FFT 的 C 或 MATLAB 程序。

(c) 用三角形输入 $x[n] = n+jn, n\in [0, N-1]$检验这个 FFT 程序。

6.11 对于公共因子 FFT 采用如下 2D DFT：

$$X[k_1,k_2] = \sum_{n_2=0}^{N_2-1} W_{N_2}^{n_2k_2}\left(W_N^{n_2k_1}\sum_{n_1=0}^{N_1-1} x[n_1,n_2]W_{N_1}^{n_1k_1}\right) \tag{6-73}$$

(a) 为 N = 16 的基 4 FFT 的索引映射编译一个表：$n = 4n_1 + n_2$，$k = k_1 + 4k_2$，$0\leqslant n_1$，$k_1\leqslant N_1$，$0\leqslant n_2$，$k_2\leqslant N_2$。

(b) 完成图 6-25 中 N = 16 的基 4 FFT 的信号流程图(**x**、**X** 和旋转因子)。

(c) 按照下列步骤为 $x = [0, 1, 0, 0, 0, 2, 0, 0, 0, 3, 0, 0, 0, 4, 0, 0]$计算 16 点 FFT。

(c1) 映射输入数据并计算第一级的 DFT。

(c2) 将非零 DFT 与旋转因子相乘(提示：$w = \exp(-j2\pi/16)$)。

(c3) 计算第二级的 DFT。

(c4) 按顺序排列输出序列 X(小数位为两位)。

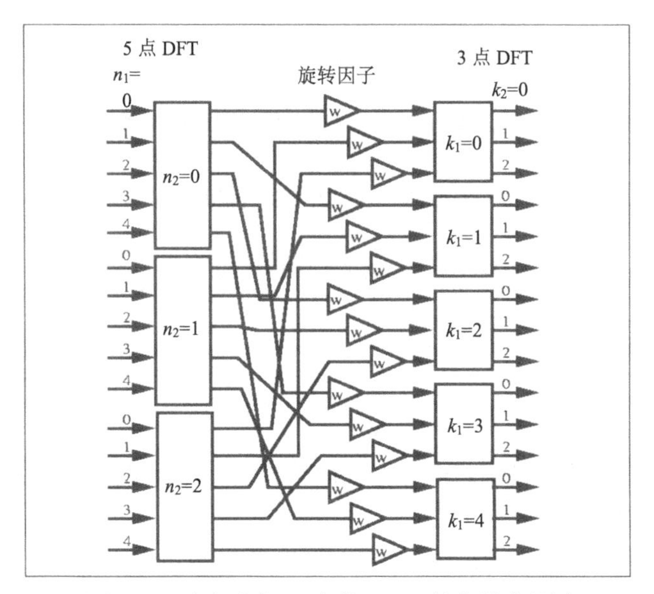

图 6-25　未完成的 16 点基 4 FFT 的信号流程图

注意：

(c)部分考虑用 C 编译器或 MATLAB。

6.12 绘制 N=12 的 Good-Thomas FFT 的信号流程图，在信号流程图中不要出现交叉(提示：可以采用行 DFT 和列 DFT 的 3D 表示方法)。

6.13 Burrus 和 Eschenbacher[209]提出的 FFT 的索引变换如下：

$$n = N_2 n_1 + N_1 n_2 \bmod N \quad \begin{cases} 0 \leqslant n_1 \leqslant N_1 - 1 \\ 0 \leqslant n_2 \leqslant N_2 - 1 \end{cases} \tag{6-74}$$

和

$$k = N_2 k_1 + N_1 k_2 \bmod N \quad \begin{cases} 0 \leqslant k_1 \leqslant N_1 - 1 \\ 0 \leqslant k_2 \leqslant N_2 - 1 \end{cases} \tag{6-75}$$

(a) $N_1 = 3$ 和 $N_2 = 4$，计算 n 和 k 的索引映射。

(b) 计算 W^{nk}。

(c) 将(b)的 W^{nk} 代入 DFT 矩阵。

(d) 这是什么类型的 FFT 算法？

(e) Rader 算法可以用来计算长度为 N_1 或 N_2 的 DFT 吗？

6.14 (a) 计算 DFT 矩阵 $\boldsymbol{W}_2$ 和 $\boldsymbol{W}_3$。

(b) 计算 Kronecker 乘积 $W_6' = W_2 \otimes W_3$。

(c) 计算向量 $\boldsymbol{X}$ 和 $\boldsymbol{x}$ 的索引，使得 $\boldsymbol{X}=\boldsymbol{W}_6'\boldsymbol{x}$ 是长度为 6 的 DFT。

(d) 计算 $x[n]$和 $X[k]$的索引映射，其中 $\boldsymbol{x} = \boldsymbol{W}_2^* \otimes \boldsymbol{W}_3^* \boldsymbol{X}$ 是 IDFT。

6.15 离散 Hartley 变换(DHT)是一种针对实数信号的变换。长度为 N 的 DHT 变换定义如下：

$$H[n]=\sum_{k=0}^{N-1}\mathrm{cas}(2\pi nk/N)h[k] \tag{6-76}$$

其中 $\mathrm{cas}(x)=\sin(x)+\cos(x)$，与 DFT($f[k]\xleftrightarrow{\mathrm{DFT}}F[n]$)的关系是：

$$H[n]=\Re\{F[n]\}-\Im\{F[n]\} \tag{6-77}$$

$$F[n]=E[n]-jO[n] \tag{6-78}$$

$$E[n]=\frac{1}{2}(H[n]+H[-n]) \tag{6-79}$$

$$O[n]=\frac{1}{2}(H[n]-H[-n]) \tag{6-80}$$

其中 $\Re$ 是实部，$\Im$ 是虚部，$E[n]$是 $H[n]$的偶数部分，而 $O[n]$是 $H[n]$的奇数部分。

(a) 给出计算逆 DHT 的方程。

(b) 给出用 DHF 计算卷积的步骤(采用 DFT 的频域卷积)。

(c) 如果输入序列是偶数，请给出(b)中算法的可能简化形式。

6.16 DCT-II 的形式如下：

$$X[k]=c[k]\sqrt{\frac{2}{N}}\sum_{n=0}^{N-1}x[n]\cos\left(\frac{2\pi}{4N}(2n+1)k\right) \tag{6-81}$$

$$c[k]=\begin{cases}\sqrt{1/2} & k=0\\ 1 & 其他\end{cases} \tag{6-82}$$

(a) 给出计算逆变换的方程。

(b) 给出 $N=4$ 的 DCT 矩阵。

(c) 计算 $x[n]=\{1, 2, 2, 1\}$和 $x[n]=\{1, 1, -1, -1\}$的变换。

(d) 试述奇对称序列或偶对称序列的 DCT 的一些特点。

6.17 下面的 MATLAB 代码借助于基 2 FFT(请参阅练习 6.9)可以计算 DCT-II 变换(假设偶数长度 $N=2^n$)。

```
function  X =DCTII(x)
  N = length(x);                             % get length
  Y = [ x(1:2:N)]; x(N:-2:2)];               % re-order elements
  Y = fft(y);                                % Compute the FFT
  w = 2*exp(-i*(0:N-1)'*pi/(2*N))/sqrt(2*N); % get weights
  w(1) = w(1)/sqrt(2);                       % make it unitary
  X = real(w.*Y);                            % compute pointwise product
```

(a) 用 C 或 MATLAB 编译这个程序。

(b) 计算 $x[n]$={1, 2, 2, 1}和 $x[n]=\{1,1, -1, -1\}$的变换。

6.18 像 DFT 一样，DCT 也是一种可拆分的变换。这样就可以用一维 DCT 实现二维 DCT。二维 $N \times N$ 变换如下：

$$X[n_1,n_2]=\frac{c[n_1]c[n_2]}{4}\sum_{k=0}^{N-1}\sum_{l=0}^{N-1}x[k,l]\cos\left(n_1(k+\frac{1}{2})\frac{\pi}{N}\right)\cos\left(n_2(l+\frac{1}{2})\frac{\pi}{N}\right) \tag{6-83}$$

其中 $c[0]=1/\sqrt{2}$，当 $m \neq 0$ 时，$c[m]=1$。

用练习 6.17 中的程序分别按下面的步骤计算一个 8×8 的 DCT 变换：

(a) 首先进行行变换，然后进行列变换。

(b) 首先进行列变换，然后进行行变换。

(c) 式(6-83)的直接实现。

(d) 对于测试数据 $x[k, l] = k+l$，其中 $k,l \in [0,7]$，比较(a)和(b)中的结果。

6.19 (a) 使用 Quartus II，根据练习 6.3 实现一个一阶系统，对于 $N = 5$ 和 $n = 1$ 以及 8 位系数和输入数据计算 Goertzel 算法。

(b) 确定使用 TimeQuest 缓慢 85C 模型的时序电路性能 Fmax 和所用资源(LE、乘法器和 M9K)。

用如下 3 个输入序列对该设计进行仿真：

(c) {20, 40, 60, 80, 100}

(d) $\{j20, j40, j60, j80, j100\}$

(e) $\{20+j20, 40+j40, 60+j60, 80+j80, 100+j100\}$

6.20 (a) 用 Quartus II 设计一个 Component，计算(实数输入)4 点 Winograd DFT(参见例 6.15)。输入和输出精度分别是 8 位和 10 位。

(b) 确定使用 TimeQuest 缓慢 85C 模型的时序电路性能 Fmax 和所用资源(LE、乘法器和 M9K)。

用如下 3 个输入序列对该设计进行仿真：

(c) {40, 70, 100, 10}

(d) {0, 30, 60, 90}

(e) {80, 110, 20, 50}

6.21 (a) 用 Quartus II 设计一个 Component，计算(复数输入)3 点 Winograd DFT(参见例 6.15)。输入和输出精度分别是 10 位和 12 位。

(b) 确定使用 TimeQuest 缓慢 85C 模型的时序电路性能 Fmax 和所用资源(LE、乘法器和 M9K)。

(c) 用输入序列{180，220，260}对该设计进行仿真。

6.22 (a) 使用 Quartus II，利用练习 6.20 和练习 6.21 中设计的 3 点 Component 和 4 点 Component，采用元件例化的方法设计一个与图 6-18 相似的完全并行的 12 点 Good-Thomas FFT。输入和输出精度分别是 8 位和 12 位。

(b) 确定使用 TimeQuest 缓慢 85C 模型的时序电路性能 Fmax 和所用资源(LE、乘法器和 M9K)。

(c) 用输入序列 $x[n] = 10n$，其中 $0 \leqslant n \leqslant 11$，对该设计进行仿真。

6.23 (a) 用 Quartus II 设计一个与算法 6.10 相似的 ccmulp 元件，计算旋转因子乘法。对于乘法器使用 3 个流水线级，对于输入减法 $X - Y$ 使用一个流水线级。输入和输出精度均是 8 位。

(b) 进行仿真，确保流水线乘法器可以正确地计算$(70+j50)(121+j39)$。

(c) 确定旋转因子乘法器的使用 TimeQuest 缓慢 85C 模型的时序电路性能 Fmax 和所用资源(LE、乘法器和 M9K)。

(d) 实现完整的流水线蝶形处理器。

(e) 用例 6.11 中的数据进行仿真。

(f) 确定完整流水线蝶形处理器的使用 TimeQuest 缓慢 85C 模型的时序电路性能 Fmax 和所用资源(LE、乘法器和 M9K)。

6.24 (a) 计算 $x[n]=\{1, 2, 3, 4, 5\}$和 $f[n] = \{-1, 0, -2, 0, 4\}$的循环卷积。

(b) 计算 $N = 5$ 的 DFT 矩阵 $\boldsymbol{W}_5$。

(c) 计算 $x[n]$和 $f[n]$的 DFT。

(d) 根据 $y = W_5^{-1} Y$，为来自(c)的信号计算 $Y[k]=X[k]F[k]$。

注意：

(c)和(d)要用到 C 编译器或 MATLAB。

6.25 对于公共因子 FFT 采用如下 2D DFT：

$$X[k_1, k_2] = \sum_{n_2=0}^{N_2-1} W_{N_2}^{n_2 k_2} \left(W_N^{n_2 k_1} \sum_{n_1=0}^{N_1-1} x[n_1, n_2] W_{N_1}^{n_1 k_1} \right) \tag{6-84}$$

(a) 为 $N = 15$、$N_1 = 5$ 和 $N_2 = 3$ 的 FFT 的索引映射编译一个表，其中 $n = 3n_1 + n_2$，$k = k_1 + 5k_2$。

(b) 完成图 6-26 中 N = 15 的 FFT 变换的信号流程图。

(c) 按照下列步骤为 $x=[0, 1, 0, 0, 2, 0, 0, 3, 0, 0, 4, 0, 0, 5, 0]$计算 15 点 FFT。

(c1) 映射输入数据并计算第一级的 DFT。

(c2) 将非零 DFT 与旋转因子相乘(也就是：$w = \exp(-j2\pi/15)$)。

(c3) 计算第二级的 DFT。

(c4) 按顺序排列输出序列 X(小数位为两位)。

注意：

(c)部分要用到 C 编译器或 MATLAB。

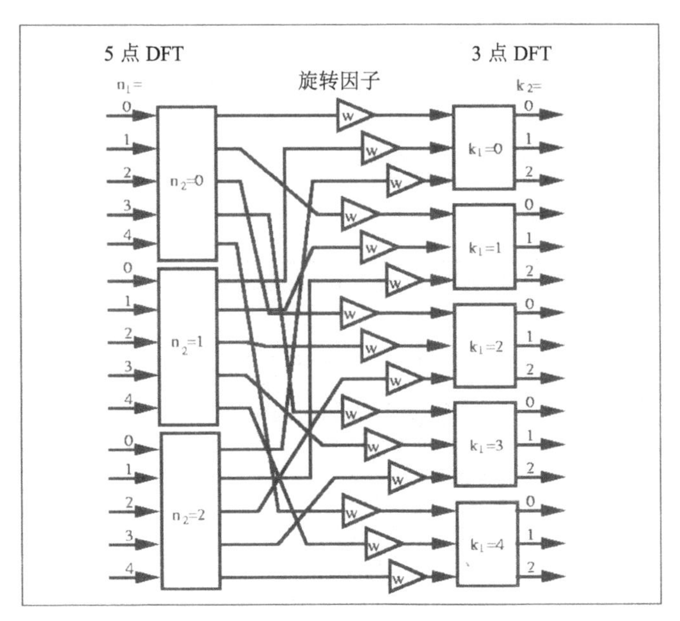

图 6-26　未完成的 15 点 CFA FFT 信号流程图

6.26 对于质因子 FFT 采用如下 2D DFT：

$$X[k_1,k_2]=\sum_{n_2=0}^{N_2-1}W_{N_2}^{n_2k_2}\left(\sum_{n_1=0}^{N_1-1}x[n_1,n_2]W_{N_1}^{n_1k_1}\right) \tag{6-85}$$

(a) 为 $N=15$、$N_1=5$ 和 $N_2=3$ 的 FFT 的索引映射编译一个表，其中 $n=3n_1+5n_2 \bmod 15$，$k=6k_1+10k_2 \bmod 15$，$0\leqslant n_1$，$k_1\leqslant N_1$，$0\leqslant n_2$，$k_2\leqslant N_2$。

(b) 画出 $N=15$ 的变换的信号流程图。

(c) 按照下列步骤为 x=[0, 0, 5, 0, 0, 1, 0, 0, 2, 0, 0, 3, 0, 0, 4]计算 15 点 FFT。

(c1) 映射输入数据并计算第一级的 DFT。

(c2) 计算第二级的 DFT。

(c3) 按顺序排列输出序列 X(小数位为两位)。

注意：用 C 编译器或 MATLAB 验证(c)部分。

6.27 (a) 为 5×2 的 Good-Thomas 索引映射编写一个表(参阅定理 6.12)，其中 $N_1=5$、$N_2=2$。

(b) 用图 6-11 中的信号流程图开发 MATLAB 或 C 程序，计算(实数输入)的 5 点 Winograd DFT。用两个输入序列{10, 30, 50, 70, 90}和{60, 80, 100, 20, 40}测试代码。

(c) 开发 MATLAB 或 C 程序，计算(复数输入)的两点 Winograd DFT。用两个输入序列{250, 300}和{－50+j67, －j85}测试代码。

(d) 将(b)和(c)中的两个程序组合起来构造使用(a)中映射的 Good-Thomas 5×2 FFT。用输入序列 $x[n]=10n$ 测试代码，其中 $0\leqslant n\leqslant 10$。

6.28 (a) 用 HDL 语言设计一个 5 点(实数输入)DFT，输入和输出精度分别为 8 位和 11 位。对于输入和输出采用寄存器。为寄存器添加一个同步使能信号。用本书学习资料里的 csd.exe 程序量化中心系数并使用最少 8 位精度的 CSD 编码。

(b) 用两个输入序列{10, 30, 50, 70, 90}和{60, 80, 100, 20, 40}对该设计进行仿真并与图 6-27 中的仿真结果进行匹配。

(c) 确定 5 点 DFT 的使用 TimeQuest 缓慢 85C 模型的时序电路性能 Fmax 和所用资源(LE、嵌入式乘法器和 M9K)。

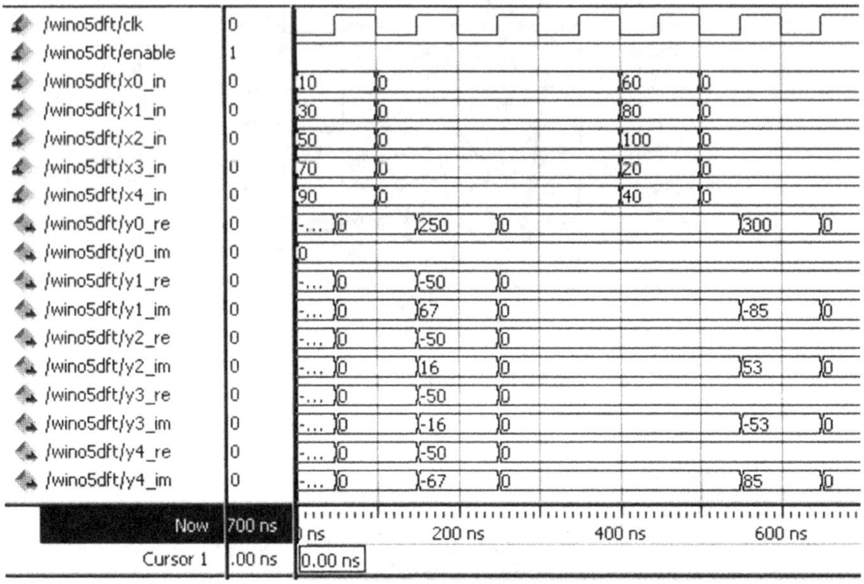

图 6-27　5 点实数输入的 Winograd DFT 的 VHDL 仿真结果

6.29 (a) 用 HDL 语言设计一个两点(复数输入)Winograd DFT。输入和输出精度分别为 11 位和 12 位。对于输入和输出采用寄存器。为寄存器添加一个同步使能信号。

(b) 用两个输入序列{250, 300}和{－50+j67, －j85}对该设计进行仿真并与图 6-28 中的仿真结果进行比对。

(c) 确定两点 DFT 的使用 TimeQuest 缓慢 85C 模型的时序电路性能 Fmax 和所用资源(LE、嵌入式乘法器和 M9K)。

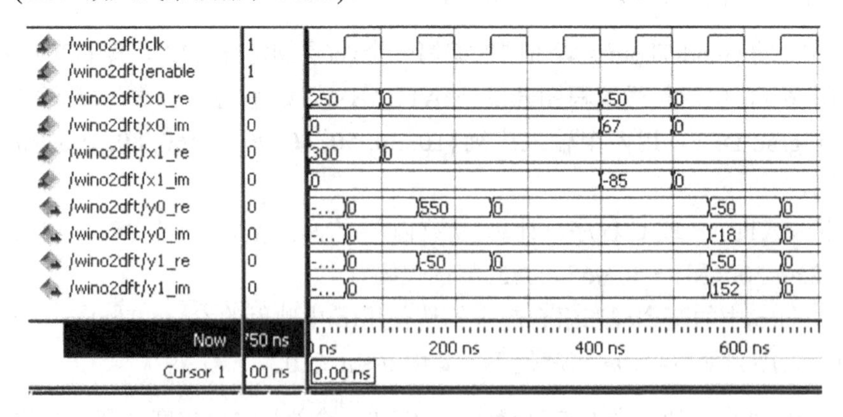

图 6-28　两点复数输入的 Winograd DFT 的 VHDL 仿真结果

6.30 (a) 用练习 6.28 和练习 6.29 中设计的 5 点元件和两点元件按元件例化的方式设计完全并行的 10 点 Good-Thomas FFT，类似练习 6.27 中的软件代码。输入和输出精度分别为 8 位和 12 位。I/O FSM 和 I/O 寄存器采用异步复位信号。当传递完一组 I/O 值时，用 ENA 信号表示。

(b) 用输入序列 $x[n] = 10n$ 对该设计进行仿真，其中 $0 \leqslant n \leqslant 10$，并与图 6-29 中的仿真结果进行匹配。

(c) 确定 10 点 Good-Thomas FFT 的使用 TimeQuest 缓慢 85C 模型的时序电路性能 Fmax 和所用资源(LE、嵌入式乘法器和 M9K)。

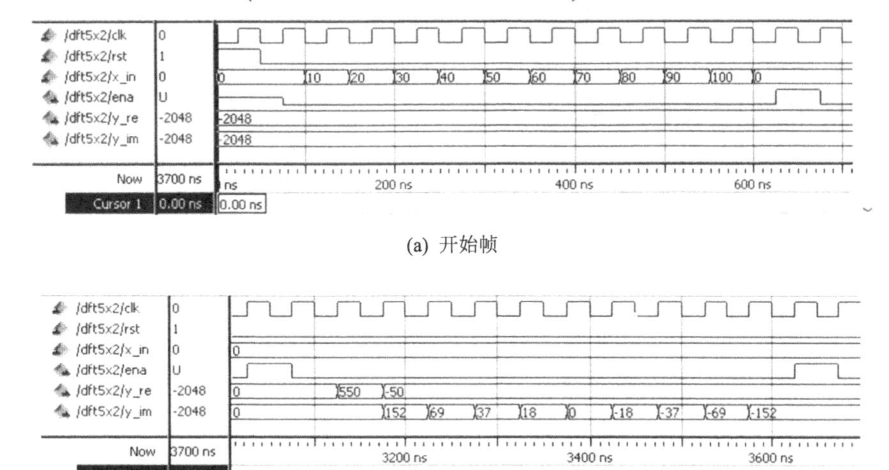

(a) 开始帧

(b) 结束帧

图 6-29　10 点 Good-Thomas FFT 的 VHDL 仿真结果

6.31 快速 IDCT 设计。

(a) 根据图 6-23，为长度为 8 的变换编写快速 IDCT(MATLAB 或 C)代码。注意 X[0] 的缩放比例是$\sqrt{1/2}$，DCT 根据式(6-55)缩放$\sqrt{2/N}$，这没有在图 6-23 中显示。

(b) 用 MATLAB 函数 idct 验证该程序，输入序列 $X = 10, 20, \ldots, 80$。

(c) 确定每个频谱分量的最大位增长率。提示：在 MATLAB 中利用函数 abs、max、dctmtx 和 sum。

(d) 用本书学习资料里的 csd.exe 程序为每个系数 $c[p]$=0.5/cos(p/16)确定最少 8 位精度的 CSD 表示方法。

(e) 计算输入序列 $X = 10, 20, \ldots, 80$ 的输出值，分别用浮点格式和整型格式。

(f) 将位于第一、第二和第三级乘法后的中间值按 $c[p]$列成表格。输入使用(e)中的序列 X 和额外的 4 个保护位，也就是缩放比例为 $2^4 = 16$。

6.32 (a) 根据图 6-23，为长度为 8 的变换编写 HDL 代码。当变换准备好时，还包括一个异步复位信号和一个 ena 信号。使用串行 I/O。输入 x_in 为 8 位，输出 y_out 和内部数据采用 14 位整型格式，其中有 4 个小数位。也就是说，为实现 4 个小数位而缩放输入(乘以 16)和输出(除以 16)。

(b) 用练习 6.31(f)中的数据调试 HDL 代码，并将输入和输出序列的仿真结果与图 6-30 匹配。

(c) 确定 8 点 IDCT 的使用 TimeQuest 缓慢 85C 模型的时序电路性能 Fmax 和所用资源(LE、嵌入式乘法器和 M9K)。

(d) 比较 HDL 与练习 6.31 的结果，确定最大相对输出误差百分比。

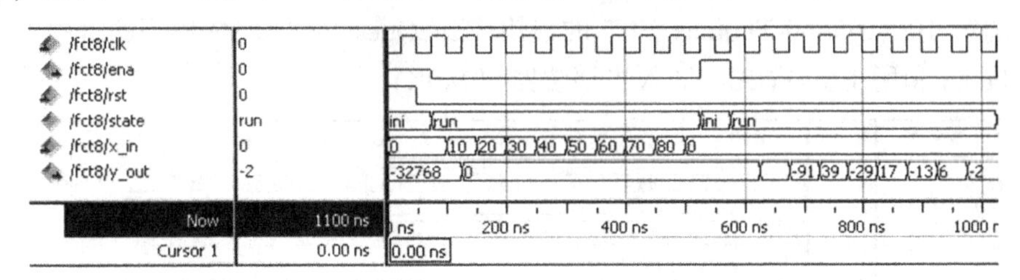

图 6-30　8 点 IDCT 的 VHDL 仿真结果

第7章 通信系统

由于 FPGA 可以通过按位实现来构造，目前存在几种算法可以使 FPGA 超过 PSDP 一个数量级。这类应用就是本章关于通信系统的主旨。

对于差错控制和加密技术，需要用到两个基本构造模块：有限域算法(Galois Field Arithmetic)和线性反馈移位寄存器(Linear Feedback Shift Register，LFSR)。两者均可以用 FPGA 高效地实现，这将在 7.1 节加以讨论。例如，如果将 N 位 LFSR 用作 M 级多步数字发生器，FPGA 相对于 PDSP 或微处理器就会有至少 MN 倍的速度优势。

最后，在 7.2 节中应用 FPGA 设计的接收器将证明低系统成本、高吞吐量和快速原型设计的可行性。本章结束部分将综合讨论相干接收器和非相干接收器。

7.1 差错控制和加密技术

纠错编码能够比专用的调制模式更好地利用受频带限制的信道容量(参阅图 7-1)，因此现代通信系统(如寻呼机、移动电话或卫星传输系统)均使用算法来纠正传输错误。此外大多数系统还会用到加密算法，不仅要防止未授权情况下消息被侦听，还要保护消息免遭未授权的改动。

如图 7-2 所示，在典型的传输模式中，编码器(用于纠错或加密)放置在数据源和实际的调制之间。在接收器端，译码器位于解调和数据目的地(接收器)之间。通常，编码器和译码器组合在一个电路中，称作 CODEC(coder/decoder，编码/译码器)。

由于典型的纠错和加密算法均使用有限域算法，因此相对于 PDSP，它们对于 FPGA 更为适合[211]。使用 FPGA 可以非常有效地实现逐位运算或线性反馈移位寄存器(Linear Feedback Shift Register，LFSR)。一些 CODEC 模式需要大规模的表，而且在为 FPGA 选择合适的算法时，就会发现哪些算法最适合。这一节给出的算法主要来自于以前的出版物[4]，且这些算法目前已经用于开发低频寻呼系统[212-216]和某种用于无线电控制监视器的[217 和 218]纠错模式。

在简短的一节中讲解纠错和加密技术的完整理论是不可能的。我们会给出基本的理论和建议，想要进一步学习，请参考该领域的其中一本最佳教科书[190,219-224]。

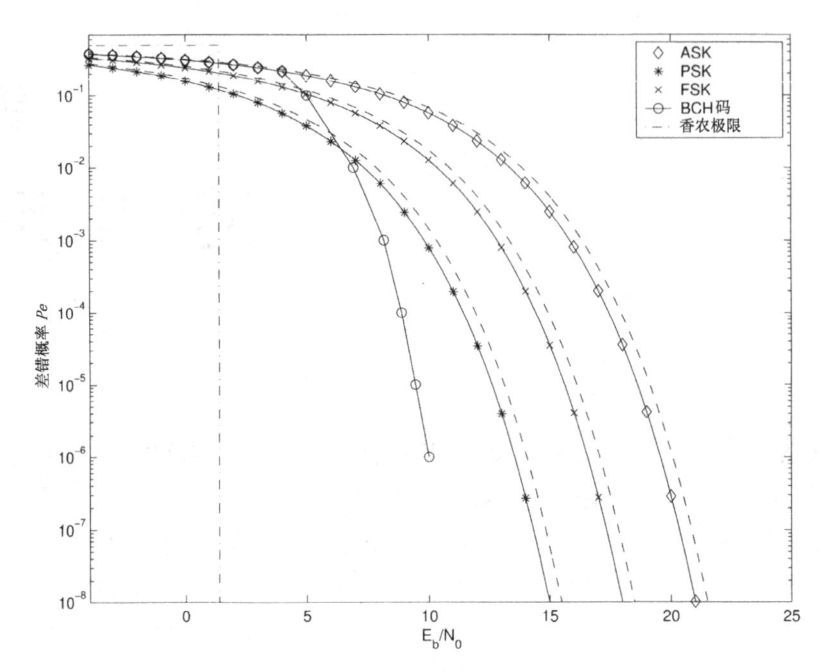

图 7-1　调制模式的性能[210]。实线表示相干解调，虚线表示非相干解调

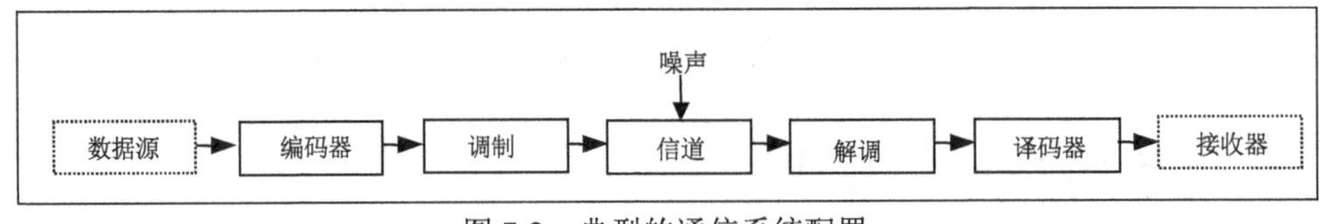

图 7-2　典型的通信系统配置

7.1.1　编码理论的基本概念

防止数据传输随机错误的最简单方法就是将消息重复发送几次，这称作重复码(Repetition Code)。例如，重复 5 次，就是将消息发送 5 次，也就是：

$$0 \Leftrightarrow 00000 \tag{7-1}$$

$$1 \Leftrightarrow 11111 \tag{7-2}$$

其中左边是第 k 个信息位，右边是 n 位码字。两个码字之间的最短距离——也称作海明距离(Hamming Distance)d^*——是 n，重复码的形式是$(n, k, d^*) = (5, 1, 5)$。这样的编码最多可以校正$\lfloor (n-1)/2 \rfloor$个随机错误。但是从信道的效率方面来讲，这种代码是没有吸引力的。如果系统是双路的，那么用奇偶校验和自动重复请求(Automatic Repeat Request，ARQ)等技术检验任意奇偶差错的效率更高。例如，在 PC 内存中就应用了这种奇偶校验。

1. 使用海明码纠错

如果将几个奇偶校验位相加，就有可能用奇偶校验误差校正一个字。

如果校验位 $P_{1,0}$、$P_{1,1}$、$P_{1,2}$ 和 $P_{1,3}$ 的计算采用的是模 2 运算，也就是 XOR，根据：

$$P_{1,0} = i_{21} \oplus i_{22} \oplus i_{23} \oplus i_{24} ; \oplus i_{25} \oplus i_{26} \oplus i_{27}$$

$$P_{1,1} = i_{21} \oplus i_{23} \oplus i_{25} \oplus i_{27}$$

$$P_{1,2} = i_{21} \oplus i_{22} \oplus i_{25} \oplus i_{26}$$

$$P_{1,3} = i_{21} \oplus i_{22} \oplus i_{23} \oplus i_{24}$$

那么校验器是 $i'_{28}\,(=P_{1,0})$，还需要 3 个用于定位差错位置的额外位。图 7-3(a)是编码器，图 7-3(b)是包括校正逻辑的译码器。在译码器端引入的校验是 XOR 最新计算的奇偶校验的异或结果。这种形式就是所谓的伴随式($S_{1,0}$,…, $S_{1,3}$)。校验的选择方式应该保证伴随式模式与二进制编码中位的位置一致，也就是说，一个 3 → 7 信号分离器可以用来译码差错位置。

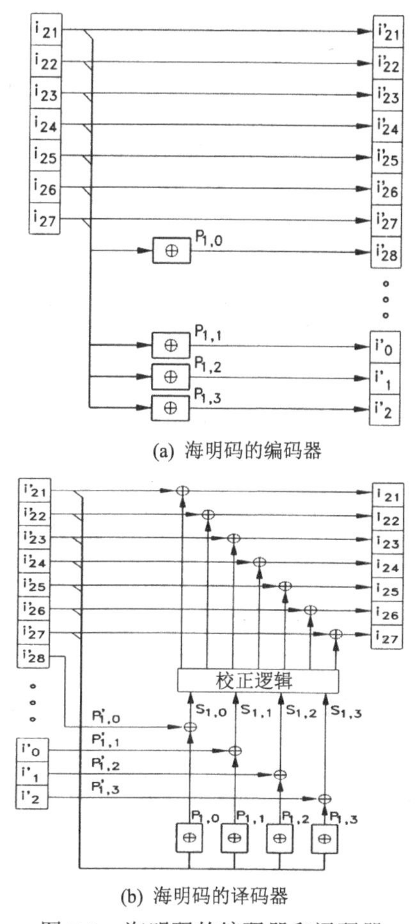

(a) 海明码的编码器

(b) 海明码的译码器

图 7-3　海明码的编码器和译码器

如果要用更为紧凑的方式表示译码器，可以采用下面的奇偶校验矩阵 $\boldsymbol{H}$:

$$\boldsymbol{H} = \left[\boldsymbol{P}^T \vdots \boldsymbol{I}\right] = \begin{bmatrix} 1 & 1 & 1 & 1 & 1 & 1 & 1 & 1 & 0 & 0 & 0 \\ 1 & 0 & 1 & 0 & 1 & 0 & 1 & 0 & 1 & 0 & 0 \\ 1 & 1 & 0 & 0 & 1 & 1 & 0 & 0 & 0 & 1 & 0 \\ 1 & 1 & 1 & 1 & 0 & 0 & 0 & 0 & 0 & 0 & 1 \end{bmatrix} \tag{7-3}$$

还可以用一个生成矩阵来描述编码器：$\boldsymbol{G} = [\boldsymbol{I} \vdots \boldsymbol{P}]$。也就是说，生成矩阵由一个系统单位矩阵 $\boldsymbol{I}$ 和一个奇偶位矩阵 $\boldsymbol{P}$ 组成。代码字 $\boldsymbol{v}$ 由信息字 $\boldsymbol{i}$ 与生成矩阵 $\boldsymbol{G}$ 相乘(模 2)得到:

$$v = i \times \boldsymbol{G} \tag{7-4}$$

图 7-3 中给出的编码器是为(11,7,3)海明码提供的，并且能够检测并纠正一个差错。通常，可以看出对于 4 个校验位，最多可以使用 15 个信息位。也就是说，(15, 11, 3)海明码可以缩短成(11, 7, 3)。

距离为 3 的海明码一般具有(2^m - 1, 2^m - m, 3)的结构。例如，无线电控制监视器中的日期就被编码成 22 位，而且(31, 26, 3)海明码可以缩短成(27, 22, 3)，从而获得单个差错的纠错码。奇偶校验矩阵变成：

$$\boldsymbol{H}=\begin{bmatrix} 1&0&1&0&1&0&1&0&1&0&1&0&1&0&1&0&1&0&1&0&1&0&1&0&0&0&0 \\ 1&1&0&0&1&1&0&0&1&1&0&0&1&1&0&0&1&1&0&0&1&1&0&1&0&0&0 \\ 1&1&1&1&0&0&0&0&1&1&1&1&0&0&0&0&1&1&1&1&0&0&0&0&1&0&0 \\ 1&1&1&1&1&1&1&1&0&0&0&0&0&0&0&0&1&1&1&1&1&1&0&0&0&1&0 \\ 1&1&1&1&1&1&1&1&1&1&1&1&1&1&1&1&0&0&0&0&0&0&0&0&0&0&1 \end{bmatrix}$$

伴随式可以按照如下方式分类：校正逻辑是一个简单的 5→22 信号分离器。

表 7-1 给出了无线电控制监视器上采用 Xilinx FPGA 的纠错单元以 CLB 计算的预计工作量，该监视器对于分钟、小时和日期分别采用了 3 个不同的数据块。

表 7-1　海明码纠错的预计工作量

分组海明码	CLB 的工作量		
	分钟(11, 7, 3)	小时(10, 6, 3)	日期(27, 22, 3)
寄存器	6	6	14
伴随式计算	5	5	16
校正逻辑	4	4	22
输出寄存器	4	4	11
和	19	19	63
总计	101		

总之，对于分钟，使用额外的 3+3+5 = 11 位和校验位(大约是 100 个 CLB)，就能够纠正这三个数据块中每个数据块里的一个差错。

2. 纠错码综述

上一节介绍了几个示例，接下来讨论通用的编码和可行的编码器和译码器的实现。大多数情况下，人们更多关注的是译码器的工作量，因为寻呼机或无线电等很多通信系统均使用一个发射器和多个接收器。图 7-4 给出了可行的译码器的框图。

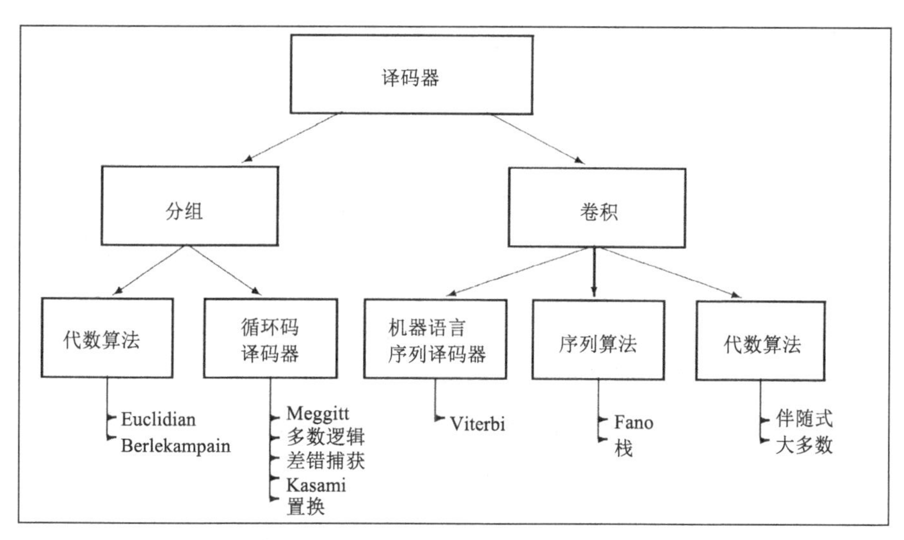

图 7-4 用于纠错的译码器

一些次优译码器采用大规模的表，图 7-4 没有包括这些种类。分组码和卷积码之间的区别在于：在代码生成过程中是否使用了“存储器”。两种方法都以编码率 R 为特征，R 是信息位与代码长度的商，也就是 $R = k/n$。对于采用存储器的树型码，实际输出的 n 位长的分组不仅仅与当前的 k 个信息位有关，而且还依赖于前面的 m 个符号，如图 7-5 所示。卷积码的特征是存储长度 $v = m \times k$，距离剖面、间隙 d_f 和最小距离 d_m 也是其特征(参阅文献[190])。分组码通常用代数方法构造，运用的是有限域，而树型码一般只出现在计算机仿真中。

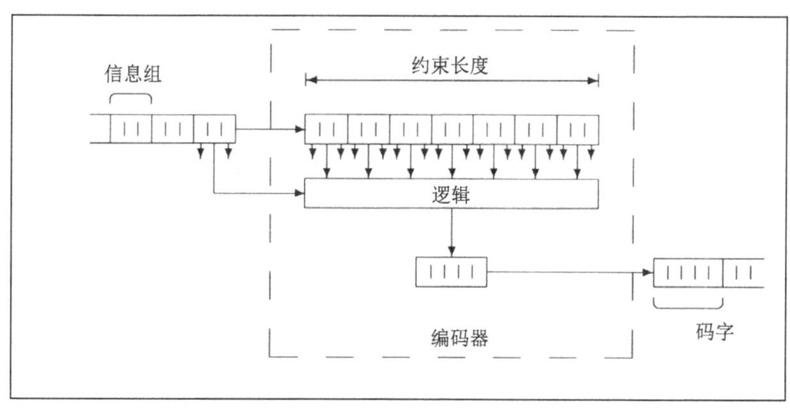

图 7-5 卷积编码器的参数

目前的讨论仅限于线性码，也就是两个码字的和仍然是一个码字，这样就简化了译码器的实现。对于线性码，海明距离总可以按码字和零字之间的差来计算，这就简化了编码性能的比较。线性树型码通常称为卷积码，这是因为可以用类似 FIR 的结构构造编码。卷积码可能是灾难性的，也可能是非灾难性的。如果是灾难性的编码，单个差错就会被一直传播下去。可以证明，系统的卷积码总是非灾难性的。此外，区别随机差错校正码和突发差错校正码也是常事。在突发差错校正中，有可能是一长串突发差错(或是删除)。在随机差错校正码中，校正差错的能力也不局限于连续的位——差错有可能出现在所接收码字的随机位置。

3. 编码边界

有了编码边界，就可以比较不同的编码方案。边界给出了编码的最大纠错能力。译码器永远不可能超过编码的上限，通常，为了降低译码器的复杂程度，也需要译码低于理论边界。

一个简单但很好的粗略估算是辛格顿界(Singleton Bound)或海明边界。辛格顿界指出：最小海明距离 d^*的上限受奇偶位数量$(n-k)$的限制。还可以知道的是：编码可纠正差错的数量 t 和删掉的数量 e 均以海明距离为上限[190]。这样就得到下面的约束条件：

$$e+2t+1 \leqslant d^* \leqslant n-k+1 \tag{7-5}$$

$d^*=n-k+1$ 的编码就称为最大距离可分码。但是除了重复码和奇偶校验码之外，均没有二进制最大距离可分码[190]。对于上节来自表 7-1 的示例，上限为 11 个校验位，最多可以校正 5 个差错。

下面的海明边界给出了一个 t 位的纠错二进制码的估算：

$$2^{n-k} \geqslant \sum_{m=0}^{t}\binom{n}{m} \tag{7-6}$$

式(7-6)表明奇偶校验模式的可能数量(2^{n-k})必须大于或等于差错模式的数量。如果式(7-6)中的等号成立，这样的代码就称为完全码(Perfect Code)。举例说明：上一节讨论的海明码就是一种完全码。如果需要找到一种编码来保护无线电控制监视器在一分钟内传输的所有 44 位，那么最多可以使用 13 个校验位，则有：

$$2^{13}>\binom{44}{0}+\binom{44}{1}+\binom{44}{2} \tag{7-7}$$

但是

$$2^{13}<\binom{44}{0}+\binom{44}{1}+\binom{44}{2}+\binom{44}{3} \tag{7-8}$$

也就是说，可以找到一种能够校正两个随机差错的编码，但是找不到能够校正 3 个随机差错的编码。下一节将复习这样的分组编码器和译码器，然后讨论卷积编码器和译码器。

7.1.2 分组码

线性循环二进制 BCH 码(命名源自 Bose、Chaudhuri 和 Hocquenghem)的子类和 Reed-Solomon 码的子类由一大类分组码构成。BCH 码在时域和频域内具有多种知名的高效译码器。接下来简要说明一下(63, 50, 6)到(57, 44, 6)的 BCH 码。该算法的详细讨论由 Blahut 给出[190]。

编码以 GF(2^6)到 GF(2)的变换为基础。描述 GF(2^6)需要一个 6 次本原多项式，例如 $P(x) = x^6+x+1$。要计算生成多项式，必须计算 GF(2^6)中第一个 $d-1=5$ 的最小多项式的最小公因子。如果 α 表示 GF(2^6)内的一个本原元素，则有 $\alpha^0=1$ 和 $m_{1(x)}=x-1$。α、α^2 和 α^4 的最小多项式均是同一个 $m_{\alpha(x)}=x^6+x+1$，α^3 的最小多项式是 $m_{\alpha^3(x)}=x^6+x^4+x^2+x+1$。这样就可以构造生成多项式 $g(x)$：

$$g(x)=m_{1(x)}\times m_{a(x)}\times m_{a^3(x)} \tag{7-9}$$

$$=x^{13}+x^{12}+x^{11}+x^{10}+x^9+x^8+x^6+x^3+x+1 \tag{7-10}$$

利用这个生成多项式(用于计算校验位)，就可以向前构造编码器和译码器。

1. 编码器

由于需要的是系统码，因此第一个码字位应该与信息位相同。要获得系统码，可以根据：

$$p(x)=i(x)\times x^{n-k} \bmod g(x) \tag{7-11}$$

通过移位的信息位 $i(x)$的模化简来计算校验位 $p(x)$。这样的模化简可以用图 7-6 所示的一个递归移位寄存器实现。电路的工作流程如下：首先，开关 A 和 B 闭合，C 打开。接下来，接收信息位(首先是 MSB)并且直接变换成码字。同时递归移位寄存器计算校验位。信息位都被处理完之后，开关 A 和 B 打开，C 闭合。校验位现在就被移位到码字中。

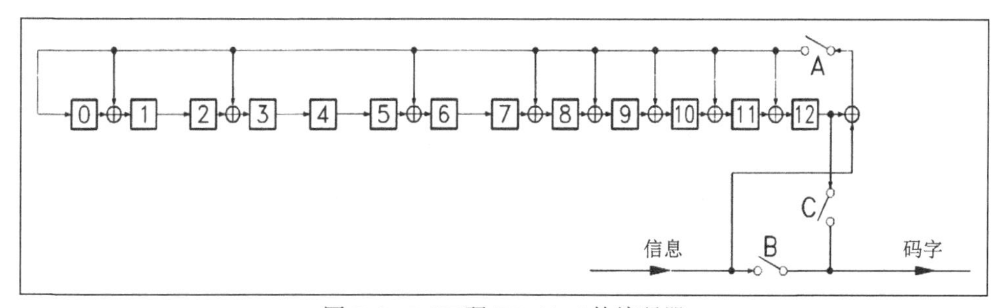

图 7-6 BCH 码(57, 44, 6)的编码器

2. 译码器

通常译码器要比编码器复杂得多。Meggitt 译码器可以用于在时域中译码，也可以用于频率译码，但是这需要对 BCH 码的代数性质有详尽的了解[190, 219, 220]。FPGA 的这类频率译码器已经作为知识产权(IP)模块投入应用，通常也被称作“虚拟元件(Virtual Component，VC)”[22, 23, 225]。

Meggitt 译码器(如图7-7 所示)对于仅有少数差错需要校验的代码非常有效，这是由于该译码器利用了 BCH 码的循环性质。由于只校正最高位位置的差错，然后循环移位并计算，因此最终所有被破坏的位都要通过 MSB 位置并得到校正。

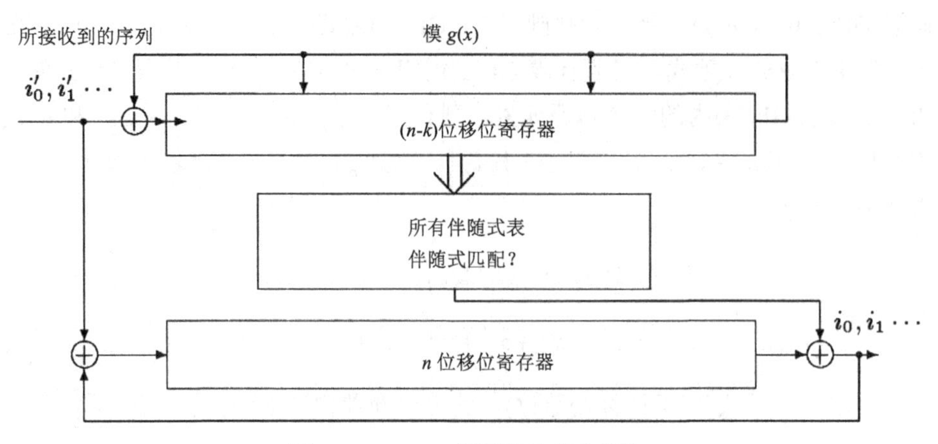

图 7-7　Meggitt 译码器的基本模块

为了使用缩短的编码并且重新得到编码的循环性质，必须计算所接收到的数据 $a(x)$的前向耦合。这种条件可以通过利用下面的公式将编码缩短 b 位来得到：

$$s(x)=a(x)i(x)\bmod g(x)=x^{n-k+b}i(x)\bmod g(x) \tag{7-12}$$

对于缩短的 BCH 码(57, 44, 6)，上式将变成：

$$\begin{aligned}a(x)&=x^{63-50+6}\bmod g(x)=x^{19}\bmod g(x)\\&=x^{19}\bmod(x^{13}+x^{12}+x^{11}+x^{10}+x^{9}+x^{8}+x^{6}+x^{3}+x+1)\\&=x^{10}+x^{7}+x^{6}+x^{5}+x^{3}+x+1\end{aligned}$$

已开发的编码能够校正两个差错。如果仅有 MSB 位置的差错需要校正，总共就需要存储 1+56 = 57 种不同的差错模式，如表 7-2 所示。通过仿真可以计算这 57 个伴随值，参考文献[218]中列出了这些值。

表 7-2　可能的差错模式

编　号	差错模式						
1	0	0	0	…	0	0	1
2	0	0	0	…	0	1	1
3	0	0	0	…	1	0	1
⋮	⋮	⋮	⋮	⋮	⋮	⋮	⋮
56	0	1	0	…	0	0	1
57	1	0	0	…	0	0	1

到目前为止，构成 BCH 码(57, 44, 6)的 Meggitt 译码器的所有构造模块均有了。图 7-8 给出了这种译码器。

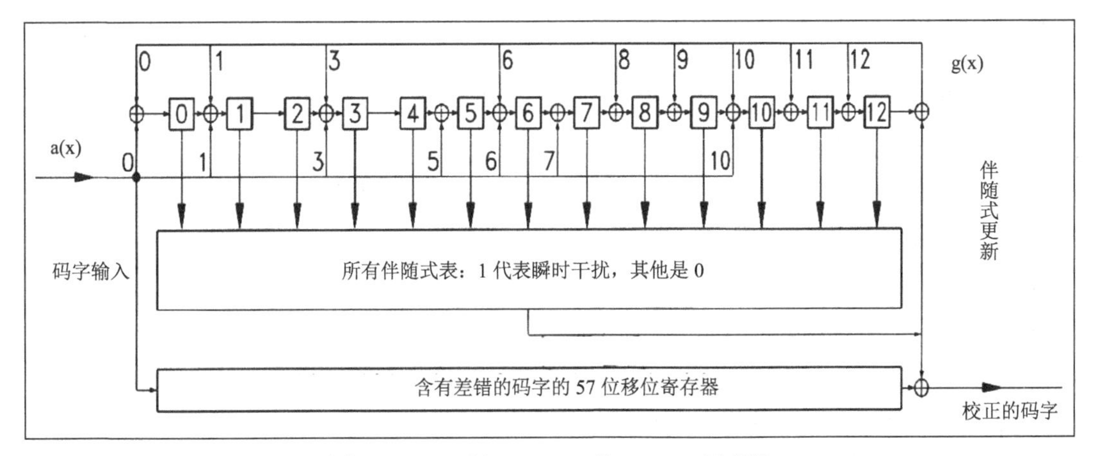

图 7-8　BCH 码(57, 44, 6)的 Meggitt 译码器

Meggitt 译码器具有两级。在初始化阶段，通过处理已接收位模的生成多项式 $g(x)$来计算伴随式，共有 57 个循环。在第二个阶段，进行实际的纠错。将伴随式寄存器的内容与伴随式表的值相比较。如果找到相应的条目，该表就发送 1，否则就发送 0。瞬时干扰位与已接收的位在移位寄存器中进行 XOR 运算，这样就将差错从移位寄存器中剔除了。将瞬时干扰位也连接到伴随式寄存器，以便将差错模式从伴随式寄存器中剔除。伴随式寄存器和移位寄存器再一次受时钟驱动，进行下一次校正。最终，移位寄存器应该包括校正过的字，而伴随式寄存器应该包含全零字。如果伴随式寄存器中不是零，就说明出现了两个以上的差错，这些差错无法通过当前的 BCH 码校正。

对于 Meggitt 译码器的 FPGA 实现，我们关注的仅是伴随式表的输入中的大数(13)，因为 FPGA 的 LUT 通常具有 4 到 8 个输入。可以用 1 个外部 EPROM 或 1 个 M9K 嵌入式存储器实现大小为 $2^{13}\times1$ 的表。将伴随式表连接到地址线，就会给 57 个伴随式发送瞬时干扰(1)，否则就是 0。还可以使用逻辑合成工具和 FPGA 上的内部逻辑模块来计算该表。Xilinx XNFOPT(在参考文献[218]中用到)需要 132 个 LUT，每个 LUT 都是 $2^4\times2$ 位。如果采用现代的二进制决策图(Binary Decision Diagram，BDD)合成器类型[226-228]，则这个数量(以额外的时间延迟为代价)可以减少到 58 个大小为 $2^4\times2$ 位的 LUT[229]。表 7-3 给出了 Meggitt 译码器使用不同种类的伴随式表的预计工作量。

表 7-3　对于 3 种 Meggitt 译码器版本，Altera FPGA 器件的预计工作量[4]
(嵌入式存储器用作 $2^{11}\times1$ ROM)

功能组	伴随式表		
	使用 M9K 的情形	仅有 LE 的情形	BDD[229]
接口	36 个 LE	36 个 LE	36 个 LE
伴随式表	两个 LE，1 个 M9K	264 个 LE	116 个 LE
64 位 FIFO	64 个 LE	64 个 LE	64 个 LE
Meggitt 译码器	12 个 LE	12 个 LE	12 个 LE
状态机	21 个 LE	21 个 LE	21 个 LE
总计	135 个 LE，1 个 M9K	397 个 LE	249 个 LE

7.1.3 卷积码

我们还要探讨适合 FPGA 实现的卷积纠错译码器。为了简化讨论，首先定义下面的约束条件，这些均是通信系统的典型约束条件。

- 编码应该将译码器的复杂程度降低到最低，编码器的复杂程度倒是其次。
- 编码是线性系统的。
- 编码是卷积的。
- 编码应该允许随机差错校正。

规定系统码允许一种断电模式，在断电模式下只接收到达的位并且不进行纠错[217]。如果信道是缓慢衰减的，就要确保使用随机差错校正码。

图 7-9 给出了一个可行的树型码框图，而图 7-4 给出的则是可行的译码器框图。因为组织栈比较复杂，所以 Fano 译码器和栈译码器不是非常适合 FPGA 实现[216]。这里用传统的 μP/μC 实现更加适合。在以下几节中，就 Xilinx FPGA 按 CLB 的使用情况度量的硬件复杂性和可实现的纠错方面，对极大似然序列译码器和代数算法进行比较。

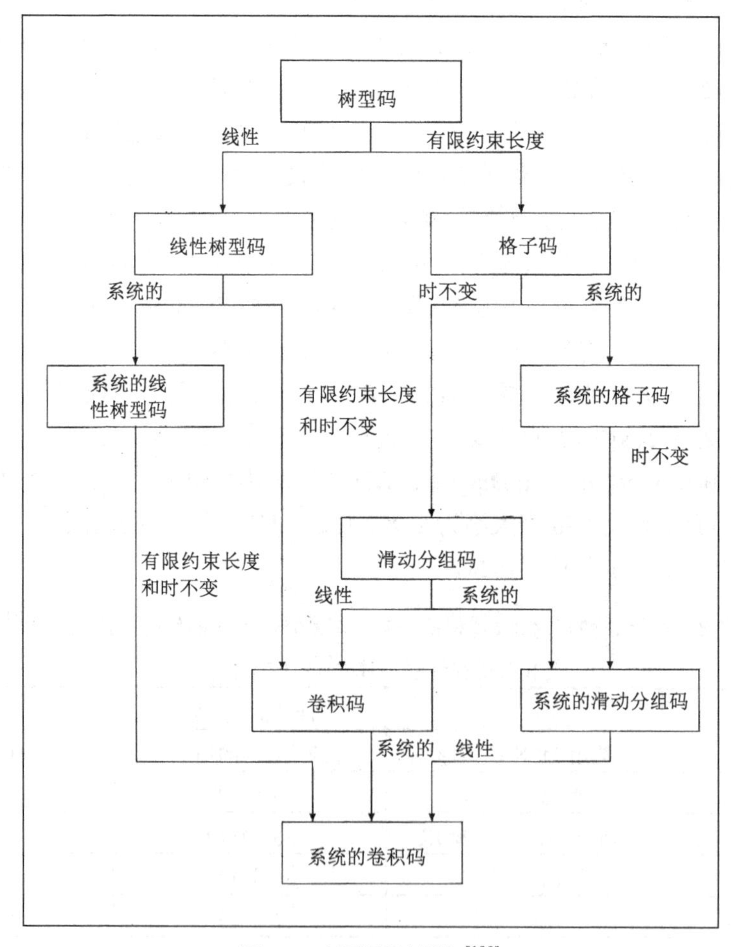

图 7-9　树型码的框架[190]

1. 维特比极大似然序列译码器

维特比(Viterbi)译码器通过用最小海明距离决定相应的发送器序列来处理错误的序列。与之不同的是，代数算法通过格子图找出最优路径，也就是最优无记忆干扰序列预估程序(MemoryLess Noisy-Sequence Estimator，MLSE)。

维特比译码器的优点在于它的常数译码时间和 MLSE 最优性，缺点在于较高的存储要求以及由此带来的具有非常短的约束长度的代码限制。图 7-10 和图 7-11 给出了一个 $R=k/n=1/2$ 的译码器和伴随格子图。因为约束长度 $v=m\times k=2$，所以格子有 2^v 个节点，每个节点都有 $2^k=2$ 条引出边和至多 $2^k=2$ 条引入边。对于这样的二进制格子($k=1$)，可以很方便地以上边沿作为 0、以下边沿作为 1。

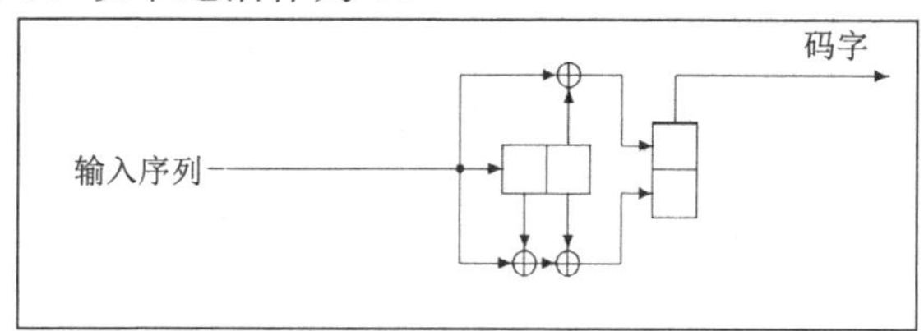

图 7-10　$R=1/2$ 卷积译码器的编码器

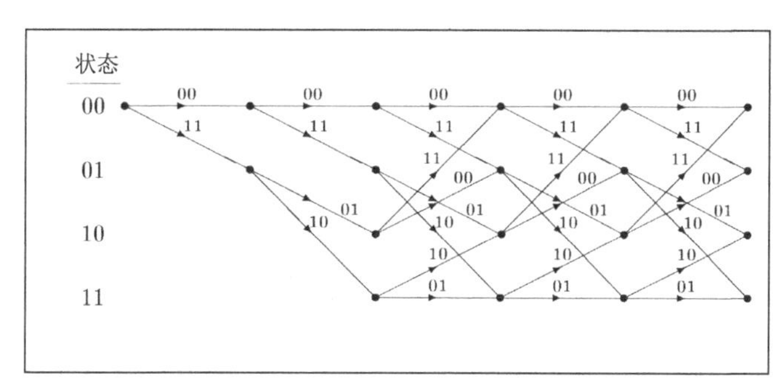

图 7-11　$R=1/2$ 卷积译码器的格子

对于 MLSE 译码，仅仅存储给定层面上通过节点的 2^v 条路径(及其度量标准)就足够，因为 MLSE 路径必须通过这些节点中的一个。不需要存储度量标准比最高度量标准下的残存部分更小的引入路径，因为这些路径永远不会成为 MLSE 路径的一部分。然而，在任意给定时间内，如果最大度量标准是短差错序列的一部分，那么它也可能不是 MLSE 路径的一部分。否决这样的局部错误类似于用存储器解调数字 FM 信号[230]。参考文献[190]和[219]中的仿真结果显示，其足够构造 4 到 5 倍约束长度的路径存储器。无限路径存储器不会有明显的提高。

维特比译码器硬件包括 3 个主要部分：带有输出译码器的路径存储器(参阅图 7-12)、残存部分的计算和最大值检测(参阅图 7-13)。路径存储器有 $4v2^v$ 位，使用了 $2v2^v$ 个 CLB。输出译码器采用了$(1+2+\ldots+2^{v-1})$个 2→1 多路复用器。更新加法器、寄存器和比较的每个度量标准均是$(\lceil\log_2(v\times n)\rceil+1)$位宽。最大值计算需要额外的比较、多个 2→1 多路复用器和一个译码器。

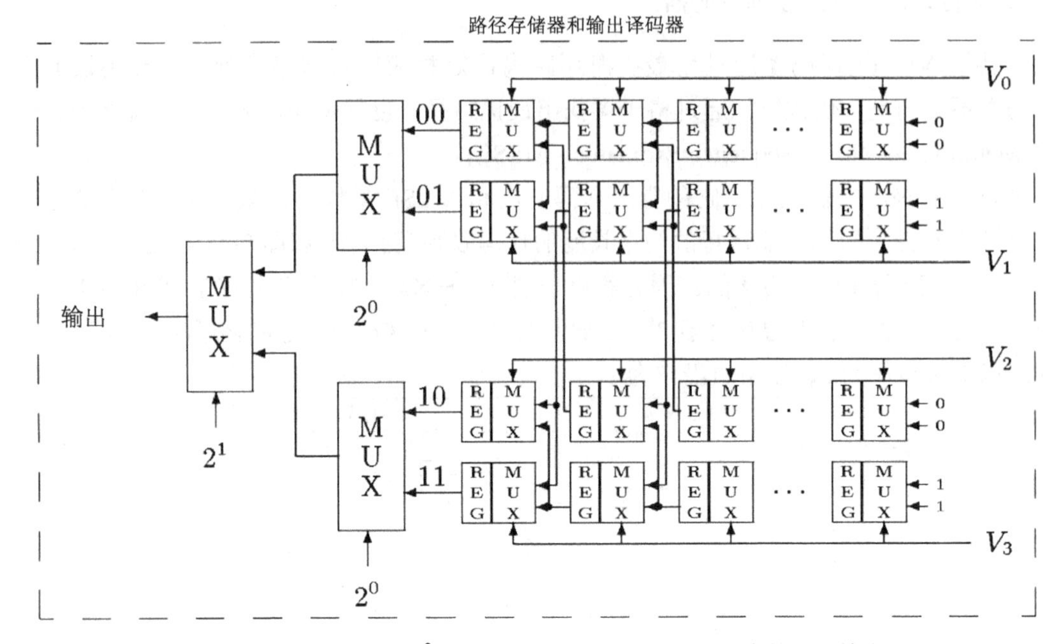

图 7-12　约束长度为 4v 和 2^{v-2} 个节点的维特比译码器：路径存储器和输出译码器

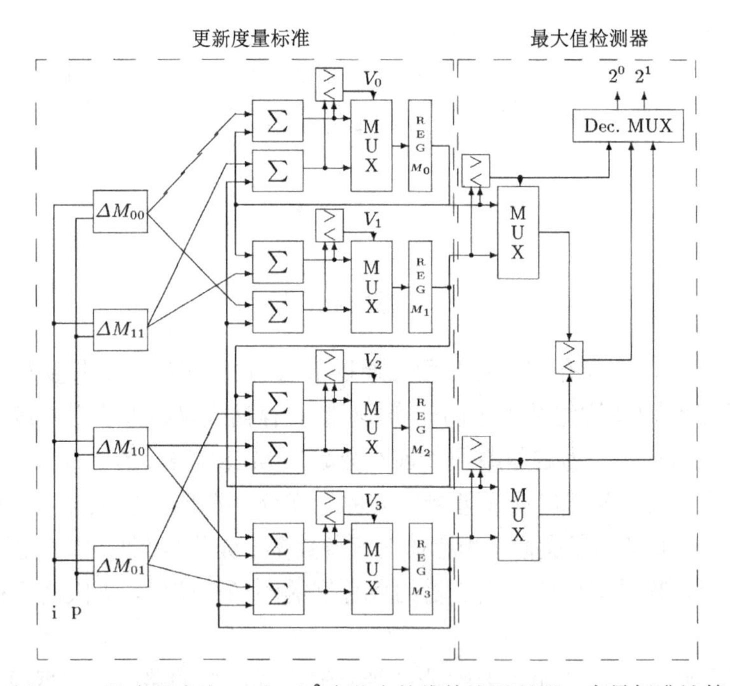

图 7-13　约束长度为 4v 和 2^{v-2} 个节点的维特比译码器：度量标准计算

$k>1$ 译码器的硬件太复杂了，用当今的 FPGA 还不能实现。当 $n>2$ 时，因为信息率 $R=1/n$ 太低，所以最适合的编码率是 $R=1/2$。表 7-4 列出了约束长度 $v=2$、3、4 和一般情况下 $R=1/2$ 时，Xilinx FPGA 的硬件复杂性(按 CLB 计算)。可以看出，因为复杂性随着约束长度 v 的增加而成指数增长，所以约束长度应该尽可能短。尽管这样短的约束长度提供的短窗口几乎不能校正差错，但 MLSE 算法还是保证了可以接受的性能。

表 7-4 对于 $R=1/2$ 的维特比译码器，当 $v=2$、3、4 时和一般情况下的硬件复杂性(按 CLB 计算)

功 能	$v=2$	$v=3$	$v=4$	$v\in$ N
路径存储器	16	48	128	$4\times v\times 2^{v-1}$
输出译码器	1、5	3、5	6、5	$1+2+\ldots+2^{v-2}$
度量标准 ΔM	4	4	4	4
度量标准清除	1	2	4	$\lceil(2+4+\ldots+2^{v-1})/4\rceil$
度量标准加法器	24	64	128	$(\lceil\log_2(nv)\rceil+1)\times 2^{v+1}$
残存部分多路复用器	6	24	48	$(\lceil\log_2(nv)\rceil+1)\times 2^{v-1}$
度量标准比较	6	24	48	$(\lceil\log_2(nv)\rceil+1)\times 2^{v-1}$
最大值比较	4、5	14	30	$(\lceil\log_2(nv)\rceil+1)\times\frac{1}{2}\times(1+2+\cdots+2^{v-1})$
多路复用器	3	12	28	$(2+\cdots+2^{v-1})\times\frac{1}{2}\times(\lceil\log_2(nv)\rceil+1)$
译码器	1	2	4	$\lceil(2+\ldots+2^{v-1})/4\rceil$
状态机	4	4	4	
总计	67	197.5	428.5	

接下来需要选择一个合适的生成多项式。参考文献([231、232、221、190]指出，对于给定的约束长度，虽然非系统码要比系统码的性能更好，但是应用非系统码与使用未进行纠错的信息位的要求相违背。快速搜索(Quick Look In，QLI)码就是 $R=1/2$ 的非系统卷积码，它提供的间距值与任意已知的约束长度 $v=2$ 至 4 的编码所提供的值一样好[233]。QLI 码的优点是信息序列的重构只需要一个 XOR 门。$v=2$ 至 4 的 QLI 码分别具有 $d_f=5$ 至 7 的距离[232]。这对低功耗似乎是良好的折中。表 7-5 的上半部分给出了八进制形式的生成多项式。

2. QLI 译码器的纠错性能

为了计算 QLI 译码器的纠错性能，运用“一致限”方法非常方便。因为 QLI 码是线性的，所以差错序列可以按与零序列的差进行计算。如果一个序列以空状态开始，MLSE 译码器就会做出错误的判断，并且不同于 j 个独立时间步长中的空字，包含至少 j /2 个 1。出现这种情形的概率是：

$$p_j=\begin{cases}\sum_{i=(j+1)/2}^{j}\binom{j}{i}p^i q^{j-i} & j\text{ 是奇数}\\ \frac{1}{2}\binom{j}{j/2}p^{j/2}q^{j/2}+\sum_{i=(j/2+1)}^{j}\binom{j}{i}p^i q^{j-i} & j\text{ 是偶数}\end{cases}\tag{7-13}$$

位错误概率公式唯一需要做的事情就是用编码的权重 j 计算路径的数量 w_j，这是一个很简单的可编程任务[216]。由于 P_j 随着 j 的增加呈指数减少，因此仅需计算前面几个 w_j 即可。表 7-5 的下半部分给出了 $j = 0$ 至 20 的 w_j。总的错误概率可以用式(7-14)计算：

$$P_b < \frac{1}{k}\sum_{j=0}^{\infty} w_j P_j \tag{7-14}$$

表 7-5　采用 QLI 码的维特比译码器 $v = 2$~4 的一致限权重

代　　码	O1=7 O2=5	O1=74 O2=54	O1=66 O2=46
约束长度	$v = 2$	$v = 3$	$v = 4$
距　　离	权重 w_j		
0 至 4	0	0	0
5	1	0	0
6	4	2	0
7	12	7	4
8	32	18	12
9	80	49	26
10	192	130	74
11	448	333	205
12	1024	836	530
13	2304	2069	1369
14	5120	5060	3476
15	11264	12255	8470
16	24576	29444	19772
17	53079	64183	43062
18	109396	126260	83346
19	103665	223980	147474
20	262144	351956	244458

3. 伴随式代数译码器

与标准分组译码器一样，伴随式译码器(图 7-14)和编码器(图 7-15)计算数据序列中的若干奇偶位。译码器最新计算的奇偶位与收到的奇偶位进行“异或”，以此创建“伴随”字。如果在传输中出现差错，伴随字就非零。差错位置和差错值由伴随值确定。与只采用一个生成多项式的分组码相比，数据速率 $R = k/n$ 时，卷积码具有 k+1 个生成多项式。完成的生成元可以写成一个简洁的 $n \times k$ 生成矩阵。对于图 7-15 中的编码器，该矩阵如下：

$$G(x)=\begin{bmatrix}1 & x^{21}+x^{20}+x^{19}+x^{17}+x^{16}+x^{13}+x^{11}+1\end{bmatrix} \tag{7-15}$$

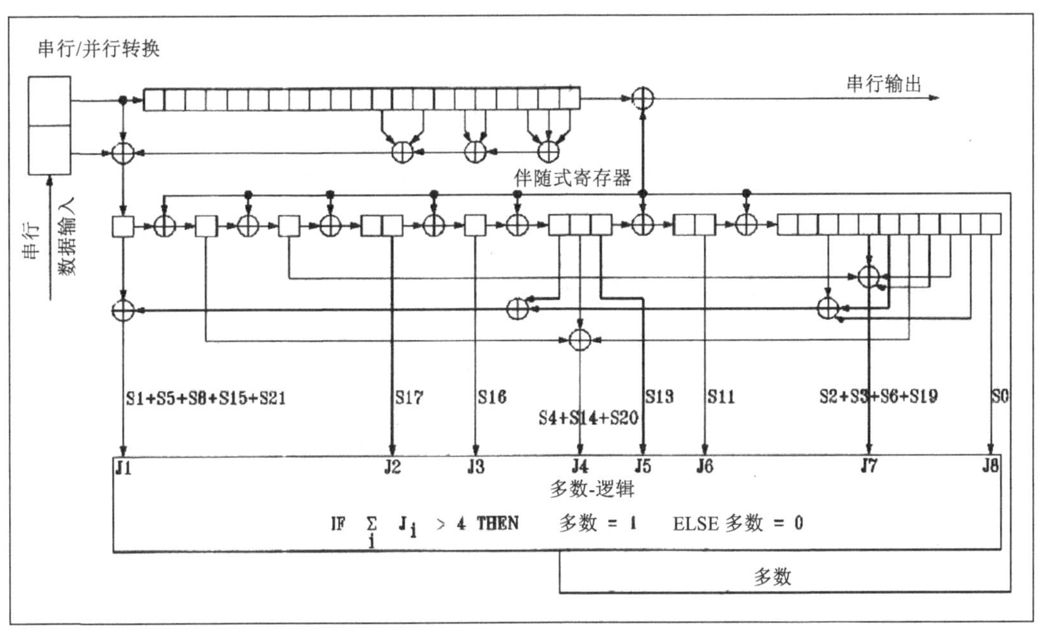

图 7-14 $J=8$ 的逐次逼近多数逻辑译码器

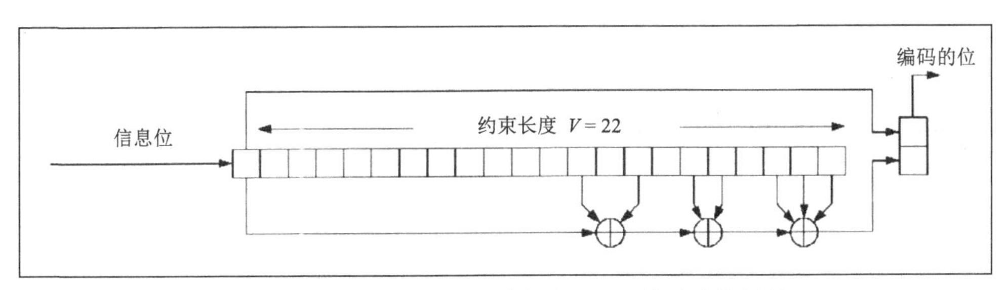

图 7-15 数据传输率 $R=1/2$ 且约束长度 $v=22$ 的系统编码器(44, 22)

对于系统代码，矩阵的形式是 $\boldsymbol{G}(x)=[\boldsymbol{I}\vdots\boldsymbol{P}(x)]$。已知 $\boldsymbol{G}\times\boldsymbol{H}^T=0$，很容易计算奇偶校验矩阵 $\boldsymbol{H}(x)=[-\boldsymbol{P}(x)^T\vdots\boldsymbol{I}]$。所期望的伴随式向量是 $\boldsymbol{S}=\boldsymbol{v}\times\boldsymbol{H}^T$，其中 $\boldsymbol{v}$ 是接收到的位序列。

接下来伴随式译码器在表中查询所计算的伴随式，并找到校正序列。为了限制表的规模，只允许包含在第一位的位置出现一个差错的序列。如果译码器需要校正的错误多于一个，在校正之后就不要清除伴随式，而必须将伴随值从伴随式寄存器中减去(请参阅图 7-14 中的“多数”信号)。

虽然标准的卷积译码器需要一个 22 位的表，但遗憾的是，实现一个超过 4 到 11 位地址的、良好的 FPGA 查询表非常困难[217]。此处多数编码——一类特殊的伴随式可译码的编码——提供了一个优势。这种标准自正交编码(Canonical Self-Orthogonal Code，CSOC)在奇偶校验矩阵$\{\boldsymbol{A}_k\}$(其中的 J 列用作计算伴随式的一个正交集)的第一行有专有的 1[221]。这样，在第一位的位置出现的每一个差错就会在伴随式寄存器中生成至少$\lceil J/2\rceil$个 1。译码规则就是：

$$e_0^i = \begin{cases} 1 & \sum_{k=1}^{J} A_k > \lceil J/2 \rceil \\ 0 & \text{其他} \end{cases} \tag{7-16}$$

“多数编码”名称的含义是：除了昂贵的伴随式表，只需要多数一致即可。Massey[221]已经设计了一类多数编码，称作逐次逼近码，这种编码不直接计算伴随式向量，而通过操纵伴随位的组合来得到与e_0^i正交的向量。与传统 CSOC 码相比，以很小的硬件成本得到了更佳的纠错性能。表 7-6 列出了数据速率 $R = 1/2$ 的一些逐次逼近码。图 7-14 给出了一个 $J = 8$ 的逐次逼近译码器。表 7-7 给出了 $J = 4$ 至 10 的译码器按 CLB 计算的复杂性。

表 7-6　一些多数可译码的逐次逼近代码[221]

J	t_{MD}	v	生成多项式	正交方程式
2	1	2	$1+x$	s_0, s_1
4	2	6	$1+x^3+x^4+x^5$	s_0, s_3, s_4, s_1+s_5
6	3	12	$1+x^6+x^7+x^9+x^{10}+x^{11}$	$s_0, s_6, s_7, s_9, s_1+s_3+s_{10}, s_4+s_8+s_{11}$
8	4	22	$1+x^{11}+x^{13}+x^{16}+x^{17}+x^{19}+x^{20}+x^{21}$	$s_0, s_{11}, s_{13}, s_{16}, s_{17}, s_2+s_3+s_6+s_{19}$, $s_4+s_{14}+s_{20}, s_1+s_5+s_8+s_{15}+s_{21}$
10	5	36	$1+x^{18}+x^{19}+x^{27}+x^{28}+x^{29}+x^{30}+x^{32}+x^{33}+x^{35}$	$s_0, s_{18}, s_{19}, s_{27}, s_1+s_9+s_{28}, s_{10}+s_{20}+s_{29}$, $s_{11}+s_{30}+s_{31}, s_{13}+s_{21}+s_{23}+s_{32}$, $s_{14}+s_{33}+s_{34}, s_2+s_3+s_{16}+s_{24}+s_{26}+s_{35}$

表 7-7　$J = 4$ 至 10 的多数译码器的复杂性(按 CLB 计算)

功　能	$J=4$	$J=6$	$J=8$	$J=10$
寄存器	6	12	22	36
XOR(异或)门	2	4	7	11
多数电路	1	5	7	15
和	9	22	36	62

4. 逐次逼近译码器的纠错能力

要计算逐次逼近代码的纠错性能，首先必须注意在一个窗口内将约束长度乘以 2，编码允许多达$\lfloor J/2 \rfloor$位的差错[190]：

$$P(J) = \sum_{k=0}^{\lfloor J/2 \rfloor} \binom{2v}{k} p^k (1-p)^{2v-k} \tag{7-17}$$

图 7-16 中针对 10^6 位的计算机仿真结果与上式保持了良好的一致性。(n, k)编码的等价的单差错概率 P_B 可以用下式计算：

$$P(J)=P(0)=(1-P_B)^k \tag{7-18}$$

$$\rightarrow P_B=1-e^{\ln(P(J))/k} \tag{7-19}$$

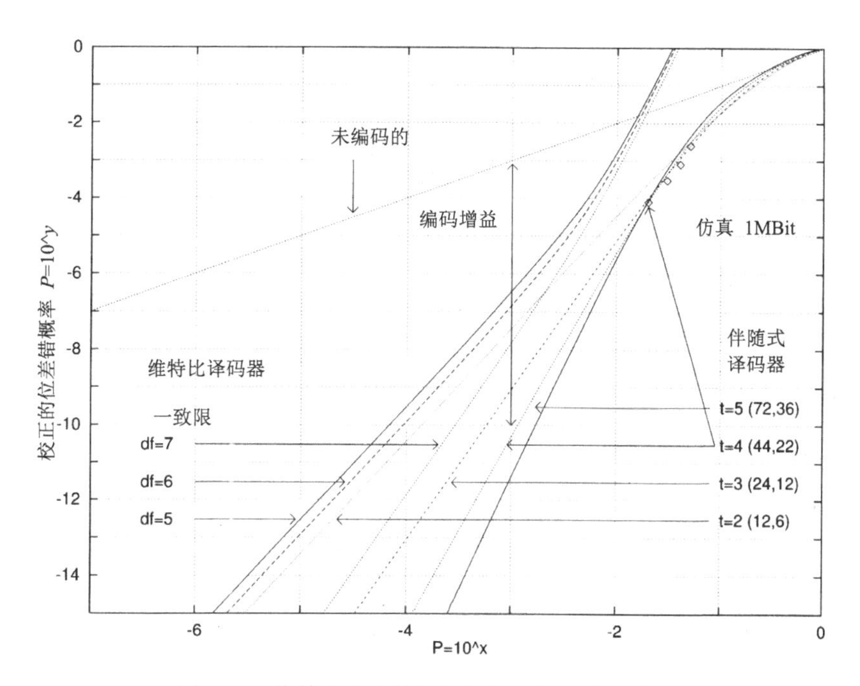

图 7-16 维特比和多数逻辑译码器的性能比较

5. 最终的比较

图 7-16 给出了维特比译码器和多数译码器的纠错性能。对于可比较的硬件成本(维特比译码器：$v=2$，$d_f=5$，67 个 CLB。逐次逼近译码器：$t=5$，62 个 CLB)，由于允许更大的约束长度，多数译码器的性能立刻显现出来。维特比算法的最优 MLSE 性质不能补偿其短约束长度。

7.1.4 FPGA 的加密算法

许多通信系统都采用数据流密码保护相关的信息，如图 7-17 所示。密钥序列 K 差不多是一个“伪随机序列”(为发送器和接收器所知)，利用 XOR 函数的模 2 性质，纯文本 P 可以在接收器端重构，这是因为：

$$P\oplus K\oplus K=P\oplus 0=P \tag{7-20}$$

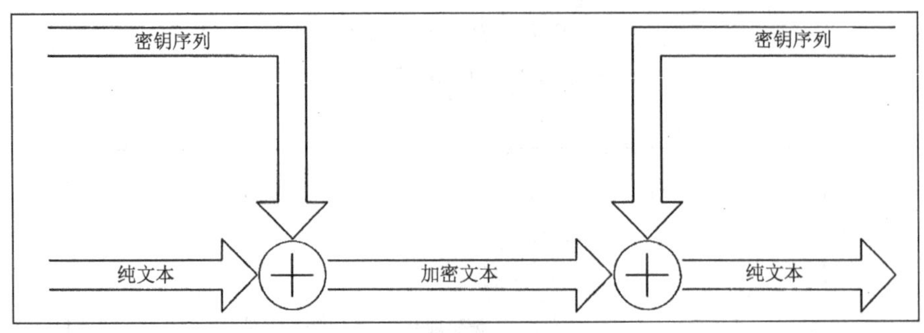

图 7-17　同步数据流密码的规则

接下来将要在一种基于线性反馈移位寄存器(Linear Feedback Shift Register, LSFR)的算法和一种“数据加密标准”(Data Encryption Standard, DES)加密算法之间作比较。两种算法均不需要大规模的表，而且两者都非常适合用 FPGA 实现。

1. 线性反馈移位寄存器算法

具有最大序列长度的 LFSR 对于理想的安全密钥是一种非常好的方法，因为 LFSR 具有良好的统计学性质[234, 235]。换句话说，很难在密码攻击(一种称作密码分析学的分析法)中分析这个序列。由于可以用 FPGA 进行逐位的设计，因此这样的 LFSR 用 FPGA 实现会比用 PDSP 实现更加高效。图 7-18 给出了两种长度为 8 的 LFSR 的可行实现。

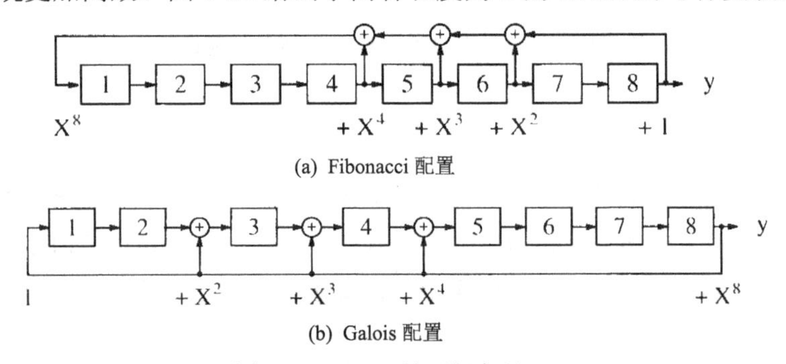

图 7-18　LFSR 的可行实现

对于 XOR LFSR，总是存在全零字的可能性，但是这种情况应该永远不会出现。如果循环从任意非零字开始，则循环长度总是 $2^l - 1$。通常，如果 FPGA 以全零字状态被唤醒，使用“镜像”或翻转的 LFSR 电路会更加方便。如果全零字是一种有效模式，并且生成了完全翻转的序列，就需要用一个“非 XOR”或 XNOR 门代替 XOR 门。这样的 LFSR 可以很容易使用 VHDL 中的 PROCESS 语句实现，如下例所示。

例 7.1　长度为 6 的 LFSR

下述 VHDL 代码[1]实现了长度为 6 的 LFSR：

```
LIBRARY ieee;
```

1. 这一示例相应的 Verilog 代码文件 lfsr.v 可以在附录 A 中找到，附录 B 中给出了合成结果。

```
USE ieee.std_logic_1164.ALL;
USE ieee.std_logic_arith.ALL;
ENTITY lfsr IS                          ------> Interface
  PORT ( clk      : IN STD_LOGIC;     -- System clock
         reset    : IN  STD_LOGIC;    -- Asynchronous reset
         y    : OUT STD_LOGIC_VECTOR(6 DOWNTO 1));
END lfsr;                                  -- System output
-- --------------------------------------------------------
ARCHITECTURE fpga OF lfsr IS

  SIGNAL  ff  :   STD_LOGIC_VECTOR(6 DOWNTO 1);

BEGIN

  PROCESS(clk, reset)
  BEGIN                 -- Implement length 6 LFSR with xnor
    IF reset = '1' THEN                -- Asynchronous clear
      ff  <= (OTHERS => '0');
    ELSIF rising_edge(clk) THEN
      ff(1) <=  NOT (ff(5) XOR ff(6));
      FOR I IN 6 DOWNTO 2 LOOP      -- Tapped delay line:
        ff(I) <= ff(I-1);           -- shift one
      END LOOP;
    END IF;
  END PROCESS ;

  y <= ff; -- Connect to I/O cell

END fpga;
```

从图7-19的设计仿真结果可以得出结论，LFSR通过所有可能的位模式时，生成的最大序列长度为 $2^6-1=63\approx 630\text{ns}/10\text{ns}$。该设计使用了6个LE，没有使用嵌入式乘法器，使用TimeQuest缓慢85C模型的时序电路性能 F_{max}=944.29MHz。

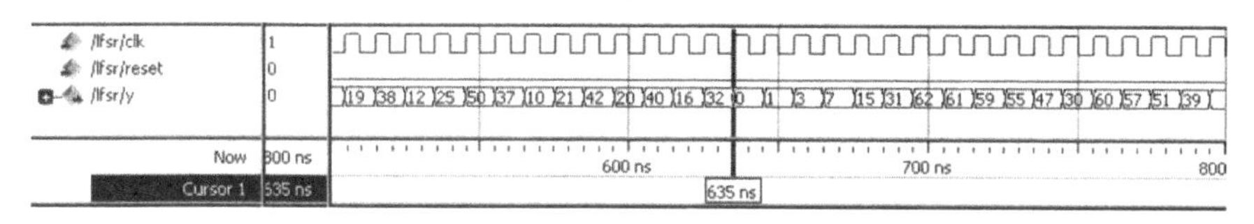

图7-19 LFSR的仿真结果

注意：

LFSR序列的完整循环满足Golomb定义的最优长度为 2^l-1 的伪随机序列的3个条件[236]:

1) 在一个循环中，1和0的数量之差不超过1。
2) 行程为 k 的运算(例如111…序列、000…序列)是总运算的 $1/2^k$。
3) 自相关函数 $C(\tau)$ 是常数，$\tau\in[1, n-1]$。

LFSR通常用GF(2)中的本元多项式来构造，并采用图7-18所示的电路。Stahnke[222]已经编译了一个多达168阶的本元多项式列表。这篇文章可以在http://www.jstor.org上在线阅读。使用目前可用的数学软件包，例如MAPLE、MUPAD或MAGMA，可以很容易扩展这个列表。下面就是计算类型为 x^l+x^a+1 且 a 最小的本元多项式的MAPLE代码示例：

```
With(numtheory): for l from 2 by 1 to 45 do
  for a from 1 by 1 to l-1 do
    if (Primitive(x^l-x^a+1) mod 2) then
    print(l,a);
    break;
  fi;
  od;
od;
```

表 7-8 根据图 7-18(a)给出了前 45 个最大长度 LFSR 所需的 XOR 列表。例如，对于第 14 个多项式，(14, 13, 11, 9)意味着本元多项式为：

$$p_{14}(x)=x^{14}+x^{14-13}+x^{14-11}+x^{14-9}+1=x^{14}+x^{5}+x^{3}+x+1$$

$l>2$ 时，这些本原多项式均有“等价多项式”，这些“等价多项式”也是本原多项式[237]。这也是“时域”可逆的形式 $x^l+x^{l-a}+1$。

表 7-8　前 45 个 LFSR 的列表

l	指　　数	l	指　　数	l	指　　数
1	1	16	16，14，13，11	31	31，28
2	2，1	17	17，14	32	32，30，29，23
3	3，2	18	18，11	33	33，20
4	4，3	19	19，18，17，14	34	34，31，30，26
5	5，3	20	20，17	35	35，33
6	6，5	21	21，19	36	36，25
7	7，6	22	22，21	37	37，36，33，31
8	8，6，5，4	23	23，18	38	38，36，33，31
9	9，5	24	24，23，21，20	39	39，35
10	10，7	25	25，22	40	40，37，36，35
11	11，9	26	26，25，24，20	41	41，38
12	12，11，8，6	27	27，26，25，22	42	42，39，38，35
13	13，12，10，9	28	28，25	43	43，41，40，36
14	14，13，11，9	29	29，27	44	44，42，41，37
15	15，14	30	30，29，26，24	45	45，44，43，41

Stahnke[22]已经计算了 x^l+x^a+1 类型的本原多项式。当 $l<45$ 时，4 个元素的本原多项式，也就是是$(x^l+x^b+x^a+1)$，不存在。但是可以找到 $x^l+x^{a+b}+x^b+x^a+1$ 类型的本原多项式，Stahnke 用这些多项式替代其中 x^l+x^a+1($l=8$、12、13 等)类型的多项式不存在的那些 l。

表7-8中为抽头指数计算的4个元素的LFSR具有最大和(也就是$a+b$)，稍后就会看到，在多步LFSR实现中，这样会将复杂程度降到最低。

如果同时使用n位随机位，就有可能用时钟信号驱动LFSR n次。通常只使用LFSR的最低n位并不是一种好方法，因为这样会产生弱随机性，也就是加密的安全性比较低。但是可以计算n位移位的方程式，这样只需要一个时钟周期就可以生成n个新的随机位。如果采用LFSR的“状态空间”描述，就可以更加容易地计算所需的方程式。下面给出了一个实例。

例7.2 三同步LFSR

假定计算随机序列的本原多项式的长度为6，也就是$p = x^6+x+1$。接下来的任务就是在一个时钟周期内计算3个“新”位。为了获得所需的方程式，首先必须计算LFSR的状态空间描述，也就是$\boldsymbol{x}(t+1) = \boldsymbol{A}\boldsymbol{x}(t)$：

$$\begin{bmatrix} x_6(t+1) \\ x_5(t+1) \\ x_4(t+1) \\ x_3(t+1) \\ x_2(t+1) \\ x_1(t+1) \end{bmatrix} = \begin{bmatrix} 0 & 1 & 0 & 0 & 0 & 0 \\ 0 & 0 & 1 & 0 & 0 & 0 \\ 0 & 0 & 0 & 1 & 0 & 0 \\ 0 & 0 & 0 & 0 & 1 & 0 \\ 0 & 0 & 0 & 0 & 0 & 1 \\ 1 & 1 & 0 & 0 & 0 & 0 \end{bmatrix} \begin{bmatrix} x_6(t) \\ x_5(t) \\ x_4(t) \\ x_3(t) \\ x_2(t) \\ x_1(t) \end{bmatrix} \tag{7-21}$$

有了这个状态空间描述，就可以用实际值$\boldsymbol{x}(t)$和传递矩阵$\boldsymbol{A}$计算新的值$\boldsymbol{x}(t+1)$。要计算$\boldsymbol{x}(t+2)$的值，只需要计算$\boldsymbol{x}(t+2) = \boldsymbol{A}\boldsymbol{x}(t+1) = \boldsymbol{A}^2\boldsymbol{x}(t)$，下一次迭代就得出$\boldsymbol{x}(t+3) = \boldsymbol{A}^3\boldsymbol{x}(t)$。$n$同步LFSR的方程式就可以通过计算$\boldsymbol{A}^n \bmod 2$得到。当$n = 3$时，有：

$$\boldsymbol{A}^3 \bmod 2 = \begin{bmatrix} 0 & 0 & 0 & 1 & 0 & 0 \\ 0 & 0 & 0 & 0 & 1 & 0 \\ 0 & 0 & 0 & 0 & 0 & 1 \\ 1 & 1 & 0 & 0 & 0 & 0 \\ 0 & 1 & 1 & 0 & 1 & 0 \\ 0 & 0 & 1 & 1 & 0 & 1 \end{bmatrix} \tag{7-22}$$

正如你所期望的，对于寄存器x_6~x_4只需要移动3个位置，而其他3个值x_1~x_3则需要用一个EXOR操作来计算。下面就是实现三同步LFSR的VHDL代码[2]：

---

2. 这一示例相应的Verilog代码文件lfsr6s3.v可以在附录A中找到，附录B中给出了合成结果。

```
LIBRARY ieee;
USE ieee.std_logic_1164.ALL;
USE ieee.std_logic_arith.ALL;
-- --------------------------------------------------------
ENTITY lfsr6s3 IS                         ------> Interface
  PORT ( clk      : IN STD_LOGIC;       -- System clock
         reset    : IN  STD_LOGIC;      -- Asynchronous reset

         y    : OUT STD_LOGIC_VECTOR(6 DOWNTO 1));
END lfsr6s3;                                   -- System output
-- --------------------------------------------------------
ARCHITECTURE fpga OF lfsr6s3 IS

  SIGNAL ff : STD_LOGIC_VECTOR(6 DOWNTO 1);

BEGIN

  PROCESS(clk, reset)                -- Implement three step
  BEGIN                              -- length-6 LFSR with xnor
    IF reset = '1' THEN                 -- Asynchronous clear
      ff  <= (OTHERS => '0');
    ELSIF rising_edge(clk) THEN
      ff(6) <= ff(3);
      ff(5) <= ff(2);
      ff(4) <= ff(1);
      ff(3) <= ff(5) XNOR ff(6);
      ff(2) <= ff(4) XNOR ff(5);
      ff(1) <= ff(3) XNOR ff(4);
    END IF;
  END PROCESS ;

  y <= ff;   -- Connect to I/O cell

END fpga;
```

图 7-20 给出了三同步 LFSR 设计的仿真结果。将图 7-20 中 LFSR 的仿真结果与图 7-19 中单步 LFSR 的仿真结果相比较，就可以得出结论：每 3 个序列值出现一次，周期长度从 $2^6 - 1$ 降低到$(2^6 - 1)/3=21$。本设计采用了 6 个 LE，没有使用嵌入式乘法器，使用 TimeQuest 缓慢 85C 模型的时序电路性能 F_{max}=931.97MHz。

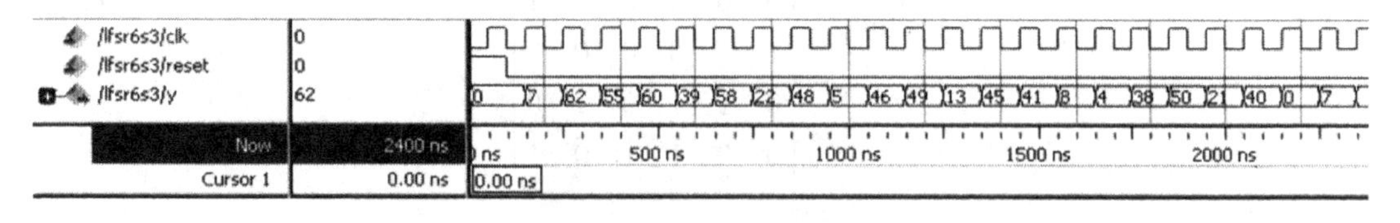

图 7-20　多步 LFSR 仿真结果

为了实现这样的多步 LFSR，应该选择可以将电路工作量降到最低的本原多项式。这可以通过统计 A^k mod 2 和/或寄存器的最大扇入中的非零项来计算，后者对应每一行中 1 的个数。移位较少时，对于图 7-18(a)中的电路，扇入比较有优势。还可以看到[3]：如果反馈信号在矩阵 A 中闭合，那么矩阵 A_k 中的一些项就会由于模 2 运算而变成 0。如前所述，表 7-8 中 2 和 4 抽头 LFSR 数据经过计算可以生成所有抽头的最大和。对于同样的和，会选择对于最小的抽头具有更大值的本原多项式，例如(11, 12)就比(10, 13)要好。之所以这样选择，是因为对于最大长度 LFSR，抽头 l 是必需的，其他值应该接近这个抽头。

例如，如果采用 Stanke 的 $s_{14,a}(x)=x^{14}+x^{12}+x^{11}+x+1$ 本原多项式，就会在 n=8 的多步 LFSR 中生成 58 项；而如果采用表 7-8 中的 LFSR，$p_{14}= x^{14}+x^5+x^3+x^1+1$(也就是抽头 14、13、11、9)，$A^8$ mod 2 矩阵就只有 35 项(请参阅练习 7.6)。图 7-21 给出了采用图 7-18 中给出的两种不同实现的两个多项式的 LFSR 中 1 的总数，而图 7-22 给出了这种 LSFR 的最大扇入(也就是一个 LC 需要的最大输入位宽)。根据这两幅图可以得出结论：仔细地选择多项式和 LFSR 结构，可以从根本上做到节省。从图 7-22 可以看到，对于多步 LFSR 合成，图 7-18(b)中的 LFSR 具有更少的扇入(也就是更小的 LE 输入位宽)，但是对于较长的多步 k，表 7-8 的本原多项式的工作量看起来旗鼓相当。

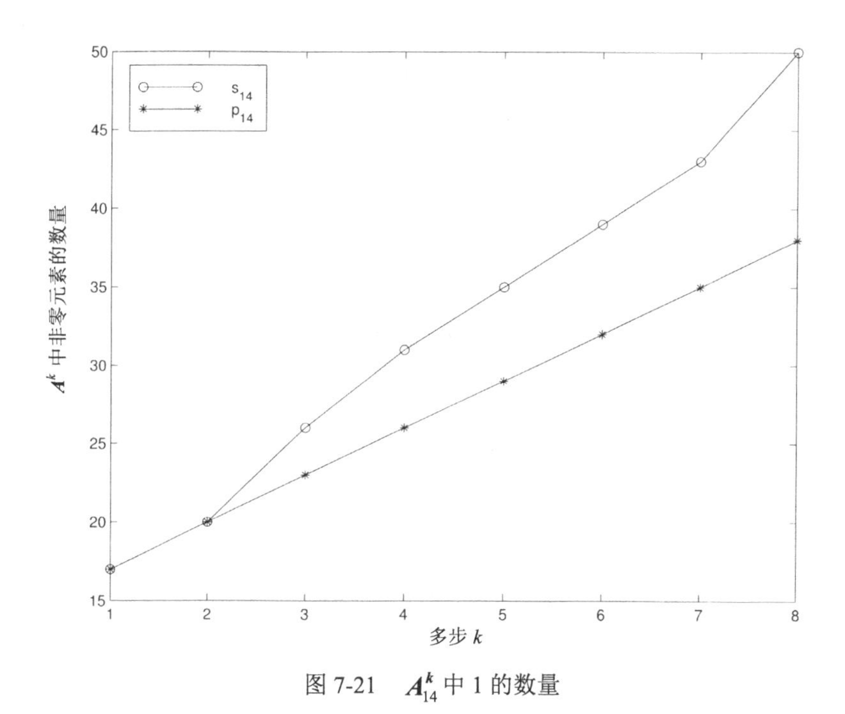

图 7-21 A_{14}^k 中 1 的数量

3. 很明显，选择最小实现工作量的 LFSR 是不合适的，因为有 $\phi(2^l-1)/l$ 个质多项式，其中 $\phi(x)$是计算与 x 互质的数的欧拉函数。例如，一个 16 位寄存器具有 $\phi(2^{16}-1)/16$=2048 个不同的质多项式[237]！

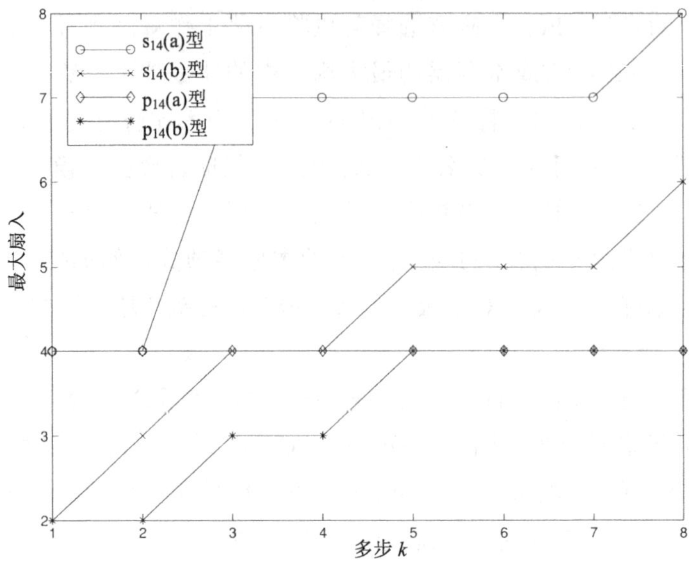

图 7-22　长度为 14 的多步 LFSR 的最大扇入

2. 组合 LFSR

将几个 LFSR 寄存器组合成一个密钥生成器，可以获得加密安全方面的额外性能。目前存在几种线性和非线性的组合[223, 224]。对于实现工作量和安全性有意义的是带有阈值的非线性组合。对于长度为 L_1、L_2 和 L_3 的 3 种不同的 LFSR 组合，其线性复杂性与一个 LFSR 的长度等价(该 LFSR 可以用 Berlekamp-Massey 算法合成，例如参考文献[223])，即：

$$L_{\text{ges}} = L_1 \times L_2 + L_2 \times L_3 + L_1 \times L_3 \tag{7-23}$$

图 7-23 给出了这一方案的实现。

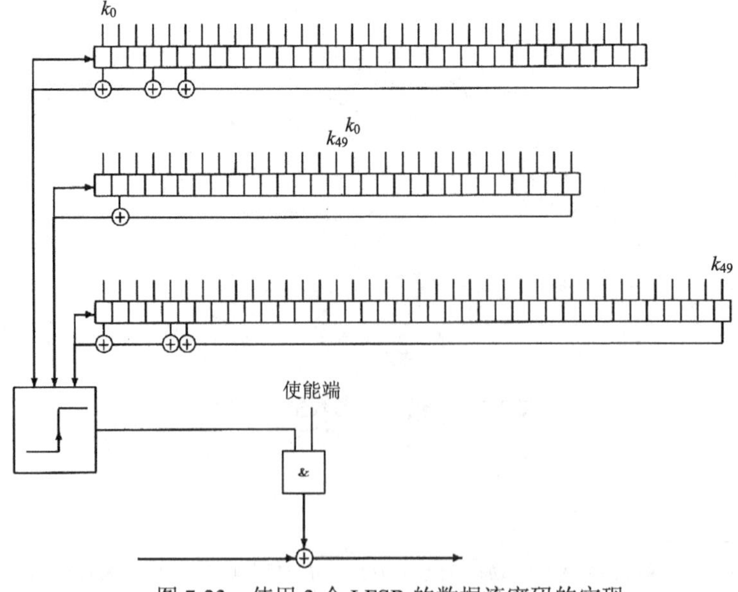

图 7-23　使用 3 个 LFSR 的数据流密码的实现

因为选定的分页格式中的密钥有 50 位，所以要选择总长度为 2×50 = 100 的寄存器，且 3 个反馈多项式分别是：

$$p_{33}(x) = x^{33} + x^{6} + x^{4} + x + 1 \tag{7-24}$$
$$p_{29}(x) = x^{29} + x^{2} + 1 \tag{7-25}$$
$$p_{38}(x) = x^{38} + x^{6} + x^{5} + x + 1 \tag{7-26}$$

所有的多项式均是本原多项式，这就保证了 3 个移位寄存器序列都能够提供一个最大长度。该组合的线性复杂性如下：

$$L_1 = 33;\ L_2 = 29;\ L_3 = 38$$
$$L_{\text{total}} = 33\times29+33\times38+29\times38 = 3313$$

在每次编码之后，密钥都会丢失，这就需要有额外的 50 个寄存器来存储该密钥。这 50 个密钥需要用两次。表 7-9 给出了用 Xilinx Spartan-6 系列 FPGA 所需的硬件资源。

表 7-9 Xilinx Spartan-6 系列 FPGA 的成本(按数量计算)

功 能 组	数 量
50 位密钥寄存器	6.25
100 位移位寄存器	12.5
反馈	0.75
阈值	0.25
与消息 XOR	0.25
总计	20

3. 基于 DES 的算法

图 7-24 中列出的数据加密标准(Data Encryption Standard，DES)主要应用在分组密码中。通过选择“输出反馈模式”(Output Feedback Mode，OFB)，还可以在数据流密码中采用改进的 DES(参阅图 7-25)。通常，DES 的其他模式(ECB、CBC 或 CFB)不适用于通信系统，这是由“雪崩效应”引起的：在传输中单个位的差错将会导致一个组中接近一半的位都出现差错。

首先复习 DES 算法的原理，然后讨论对于 FPGA 实现所做的一些适当的改进。

DES 包括一个将明文组转换成密文组的有限状态机。首先，将要代替的组载入状态寄存器(32 位)。接下来对其进行扩展(到 48 位)，与密钥(也是 48 位)组合，并代入 8 个 6→4 位宽的 S 盒，最后执行每一位的置换。这样的循环操作可以执行多次(根据需要，可以采用变化的密钥)。在 DES 中，密钥通常都是移动 1 位或 2 位，以便在 16 个循环之后，密钥就会返回到原始位置。由于 DES 可以看成 Feistel 密码的迭代应用(请参阅图 7-26)，因此 S 盒必须是不可逆的。为了简化 FPGA 实现，做一些改进非常有必要。例如，将状态寄存器的长度降低到 25 位，不采用扩展，采用表 7-10 中列出的末置换。

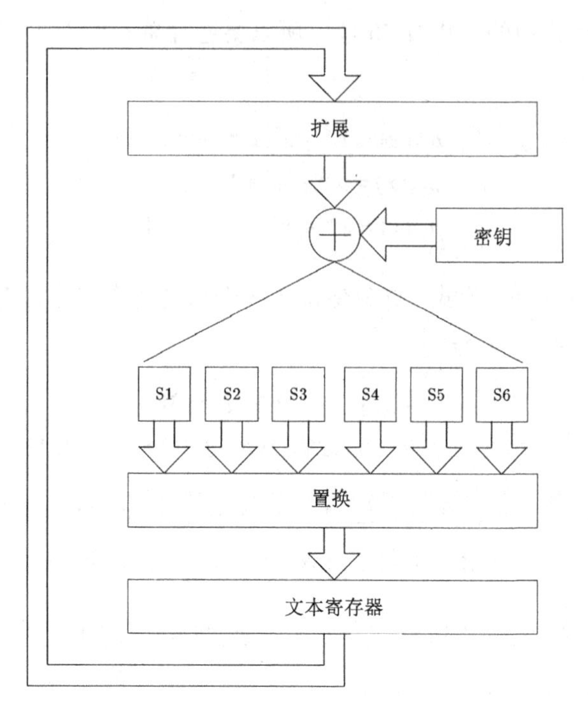

图 7-24　分组加密系统(DES)的状态机

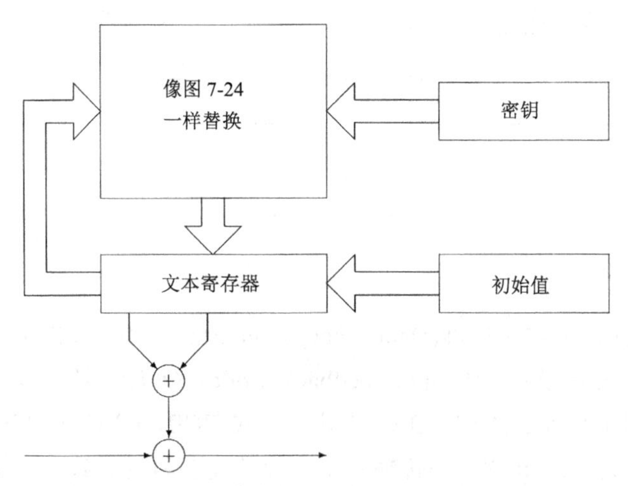

图 7-25　在 OFB 模式中用作数据流密码的分组密码

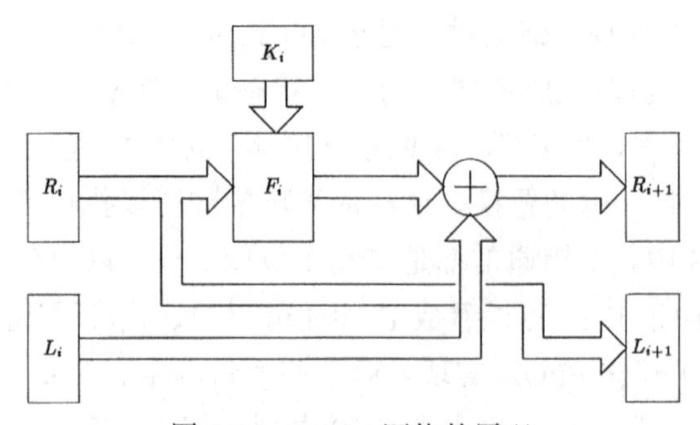

图 7-26　Feistel 网络的原理

表7-10 置换表

开始位	0	1	2	3	4	5	6	7	8	9	10	11	12
到达位	20	4	5	10	15	21	0	6	11	16	22	1	7
开始位	13	14	15	16	17	18	19	20	21	22	23	24	
到达位	12	17	23	2	8	13	18	24	3	9	14	19	

大多数 FPGA 只有 4 个或 5 个输入查询表(LUT)，表 7-11 给出了拥有 5 个输入的 S 盒的设计结果。

表7-11 5个新设计的代替方框(S盒)

输入	方框1	方框2	方框3	方框4	方框5	输入	方框1	方框2	方框3	方框4	方框5
0	1E	F	14	19	6	10	19	B	1C	17	19
1	13	1	1D	14	E	11	16	1E	A	9	A
2	14	13	16	D	1A	12	7	18	1B	3	4
3	1	1F	B	4	3	13	1C	D	3	10	14
4	1A	19	5	1C	B	14	1D	5	19	A	13
5	1B	1C	E	1A	1E	15	5	14	D	16	11
6	E	12	8	1E	0	16	2	15	0	12	10
7	B	11	F	1	2	17	1F	9	2	1F	12
8	D	8	4	C	1D	18	F	3	15	B	5
9	10	7	C	F	C	19	11	10	6	2	F
A	3	1B	1E	1B	18	1A	C	6	7	6	8
B	0	0	13	1D	17	1B	18	17	12	18	16
C	4	1A	10	5	1	1C	9	4	1F	11	1C
B	6	C	1	15	15	1D	15	16	1A	8	7
E	A	1D	18	E	1B	1E	8	E	9	7	D
F	17	2	17	13	9	1F	12	A	11	0	1F

尽管只是为了使用 OFB 模式，但表 7-12 还是以可逆的方式生成了 S 盒。因此，改进的 DES 还能被用作标准的分组密码(Electronic Code Book，电子源码书)。

表 7-12　5 个代替方框的独立矩阵(理想值是 16)

方框 1

20	12	20	20	20
12	20	12	16	16
12	16	16	12	8
16	16	20	12	16
20	16	20	12	12

方框 2

20	16	20	12	20
20	20	20	16	16
12	20	20	16	8
16	24	12	16	12
16	20	16	20	20

方框 3

20	12	16	16	16
16	20	16	16	16
16	16	20	12	12
16	8	12	16	20
20	12	12	20	12

方框 4

20	16	20	20	16
12	16	12	16	20
20	16	16	20	16
20	16	16	20	24
16	12	28	20	16

方框 5

12	20	8	12	20
20	12	16	24	20
16	12	12	20	16
16	20	16	20	12
12	16	16	12	24

对 S 盒的一种合理测试就是独立矩阵。这个矩阵给出了在输入位发生变化的情况下，每个输入/输出组合的输出位发生变化的概率。雪崩效应的理想概率是 1/2。表 7-12 给出了 5 个新的 S 盒独立矩阵。该表给出了绝对的发生次数，而不是概率。由于每个 S 盒都有 $2^5 = 32$ 个可能的输入向量，因此理想值是 16。可以用一个随机生成器生成 S 盒，一些值与理想值 16 有较大差别的原因就在于所需的反转不一样。

表 7-13 总结了基于 DES 的算法的硬件工作量。

表 7-13　基于改进的 DES 的算法的硬件工作量

功　能　组	数量
25 位密钥寄存器	3.125
25 位附加位	6.25
25 位状态寄存器	3.125
5 个 S 盒 5→5	0.75
置换	0
25 位初始化向量	3.125
多路复用：初始化向量/S 盒	3.125
与消息 XOR	0.25
总计	19.75

4. 加密性能比较

接下来讨论基于 LFSR 和 DSE 的算法的加密性能。已经定义了几种安全测试，下面的比较给出了两个最有趣的差别(其他的差别在两者之间表现得不太明显)。两个测试均生成100个随机密钥。

- 用不同的密钥对生成的序列进行分析。在每个随机密钥中变化其中的一位，并记录明文中变化的位数。平均起来应该有50%左右的位颠倒了(雪崩效应)。
- 与第1个测试类似，但这次是分析输出序列中变化的位的数量，这主要取决于密钥发生变化的位置。这次发生变化的位也占50%左右。

两个测试均采用了64位长的明文(请再次参阅图7-17)。明文是任意的。对于第1个测试，对所有密钥位置上的变化进行累加。对于第2个测试，对所有依赖于输出序列的位置的变化进行累加。对于100个随机密钥均执行了两个测试。第1个测试的理想值是64×0.5×100 = 3200，第2种测试的最优值是50×0.5×100 = 2500。图7-27和图7-28分别给出了结果。两者都清楚地显示了DES-OFB模式相比带有3个LFSR的模式对密钥的变化更敏感。第2个测试的结果表明，在密钥的变化将影响输出序列之前，SR模式大约需要32步；而对于DES-OFB模式，只是最初的4次样本与理想值2500之间有明显的差别。

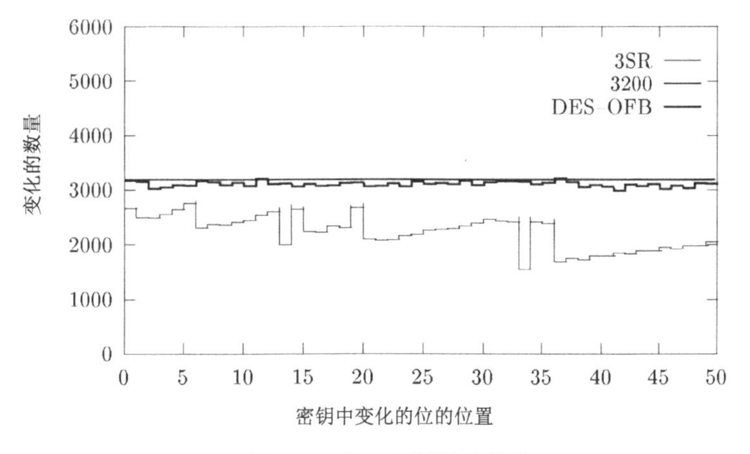

图7-27　第1个测试的结果

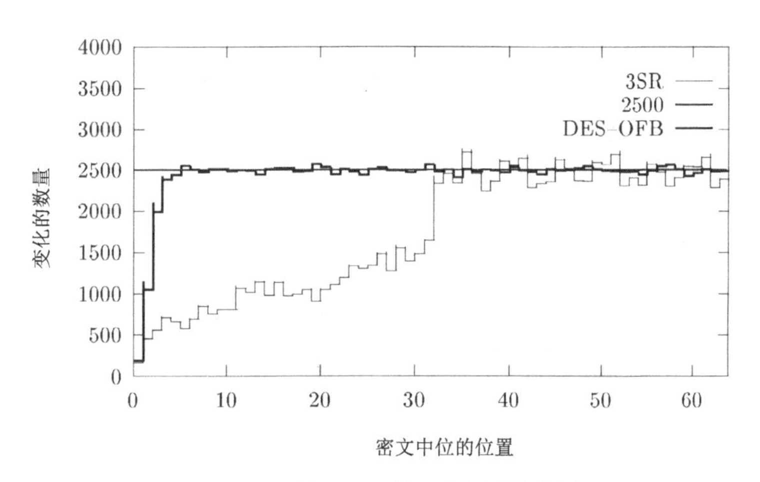

图7-28　第2个测试的结果

鉴于良好的测试结果，优先选择 DES-OFB 模式而不是 LFSR 模式。

5. 加密安全的注意事项

通常很难得出结论说一个加密系统是安全的。除了密钥可能被窃取之外，目前无法获知的快速解密算法并不能证明是不存在的。比如，近来出现的差分能量攻击算法揭示了如何寻找实现中的薄弱环节而不是算法本身的薄弱环节[238]。还有就是采用强大的计算机进行“蛮力攻击”和/或并行攻击的问题。56 位密钥的 DES 算法就是一个范例，该算法在过去很多年中一直被当作标准使用，但是 1997 年最终还是被宣布是不安全的。DES 首先是被 Internet 上一个自愿的计算机机主网络在 39 天内破译了密钥。后来，在 1997 年 7 月 EEF(Electronic Frontier Foundation，电子前沿基金会)完成了破译计算机的设计。目前该设计已经被收录在一本书中[239]，包括所有的示意图和软件源代码，可以从 http://www.eff.org 网站下载该内容。这个破译计算机执行一次详尽的密钥搜索，就可以在不到 5 天的时间内破译任何 56 位的密钥。它全部是用定制芯片构成的，每块芯片有 24 个破译单元。29 块开发板中的每个板都包括 64 个“深度破译”芯片，也就是说，总共使用了 1856 块芯片或是 44 544 个单元。该系统价值 25 万美元。当 DES 在 1977 年推出该系统时，其价值估计是 2000 万美元，相当于今天的 4000 万美元。这也是摩尔定律的一个很好的近似，摩尔定律指出，每 18 个月微处理器的规模或速度会提高一倍，而价格却降低 1/2。从 1977 年到 1998 年，这样一台计算机的价格应该降低到 $40\times10^6/2^{22/1.5}\approx1500$ 美元。也就是说，该价格在现在能够制造一台 DES 破译器(已经被 EFF 证实)。

所以说 56 位的 DES 不再安全了，但是现在通常采用三重 DES，如图 7-29 所示，或是采用 128 位的密钥系统。表 7-14 表明，这些系统在今后的几年中似乎还是安全的。例如，EFF 破译器现在大约需要 5×2^{112} 天或 7×10^{31} 年才能破译三重 DES。

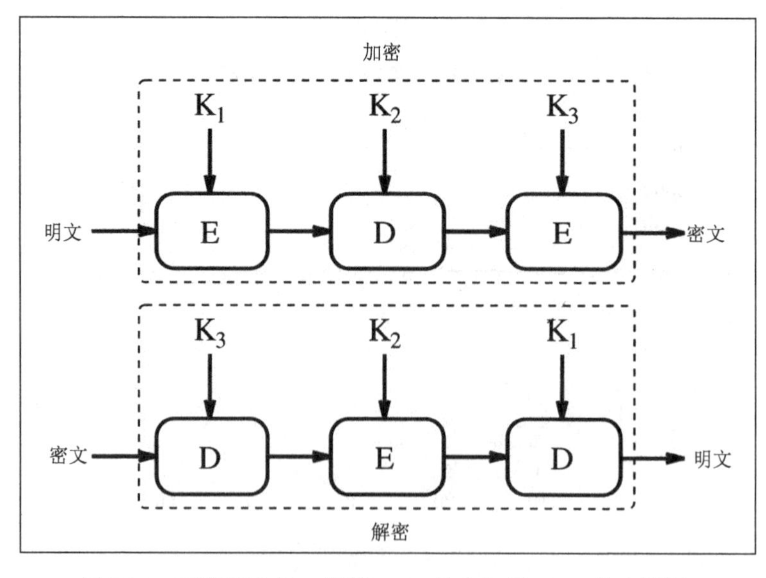

图 7-29　三重DES (K_l＝密钥；E＝单个加密；D＝单个解密)

表 7-14 加密算法[240]

算 法	密钥长度(位)	数学操作/原理	对 称 性	开发者(年)
DES	56	XOR、固定 *S* 盒	s	IBM(1977)
三重 DES	122~168	XOR、固定 *S* 盒	s	不详
AES	128~256	XOR、固定 *S* 盒	s	Daemen/Rijmen(1998)
RSA	可变	质因数	a	Rivest/Shamir/Adleman(1977)
IDEA	128	XOR、加、乘	s	Massey/Lai(1991)
Blowfish	< 448	XOR、加、固定 *S* 盒	s	Schneider(1993)
RC5	< 2048	XOR、加、旋转	s	Rivest(1994)
CAST-128	40~128	XOR、旋转、*S* 盒	s	Adams/Tavares(1997)

表 7-14 的第一列是通用的加密算法的缩略词。第二列和第三列包括对应算法的典型参数。对称算法(在第 4 列中用 s 指代)通常都基于 Feistel 的算法，而非对称算法(在第 4 列中用 a 指代)可以用在公钥/私钥系统中。最后一列给出了开发者的名称和算法第一次公布的年份。

7.2 调制和解调

长期以来，通信系统的设计目标是实现全数字接收器，只包括一个天线和一个完全可编程电路，该电路具有数字滤波器、用作纠错的解调器和/或译码器以及单片可编程芯片上的加密技术。今天，FPGA 门的数量已经达到 100 万以上，使得全数字接收器成为现实。正像 Carter 预言的那样：“很显然，FPGA 将会是通信系统进入 21 世纪的关键技术”[214]。本节将开发用 FPGA 设计和实现的通信系统。

7.2.1 基本的调制概念

基本的通信系统在载波频率(表示成 f_0)上传输和接收信息。这种载波是用幅值、频率或相位来调制的，正比于正在传输的信号 $x(t)$。图 7-30 给出了二进制传输的调制信号。对于二进制传输，调制可以称为幅移键控(Amplitude Shift Keying，ASK)、相移键控(Phase Shift Keying，PSK)和频移键控(Frequency Shift Keying，FSK)。

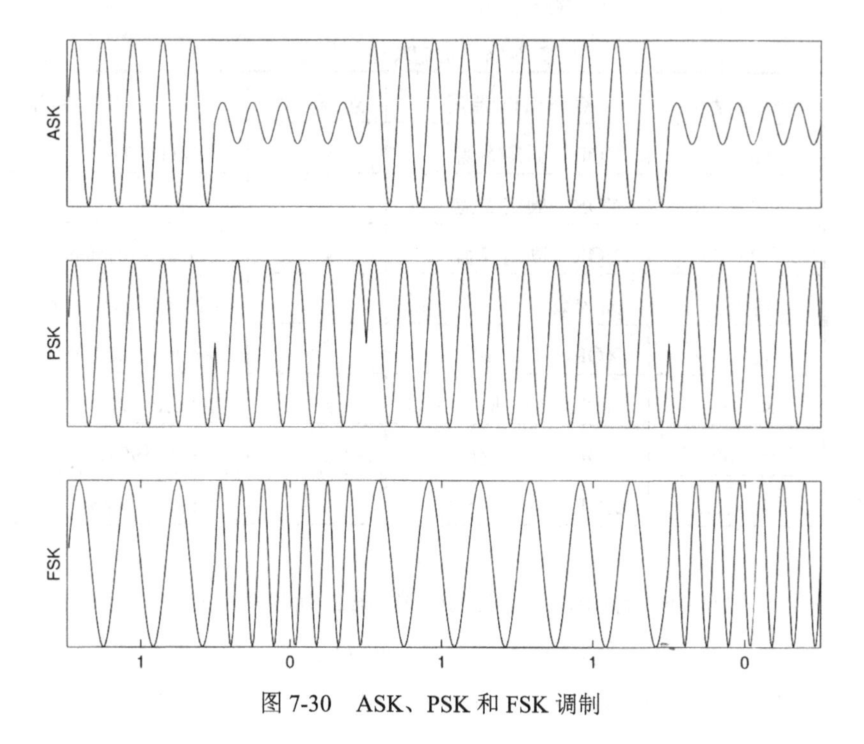

图 7-30　ASK、PSK 和 FSK 调制

通常，使用一个旋转箭头在水平轴上的投影可以更加有效地描述一个(实)调制信号，根据：

$$s(t)=\Re\{A(t)e^{j(2\pi f_0 t+\Delta\phi(t)+\phi_0)}\}=A(t)\cos(2\pi f_0 t+\Delta\phi(t)+\phi_0) \tag{7-27}$$

其中ϕ_0是(随机)相位偏移，$A(t)$描述的是幅值包络线，$\Delta\phi(t)$描述的是频率或相位调制的分量，如图 7-31 所示。从式(7-27)可以看到，AM 和 PM/FM 信号可以单独用来传输不同的信号。

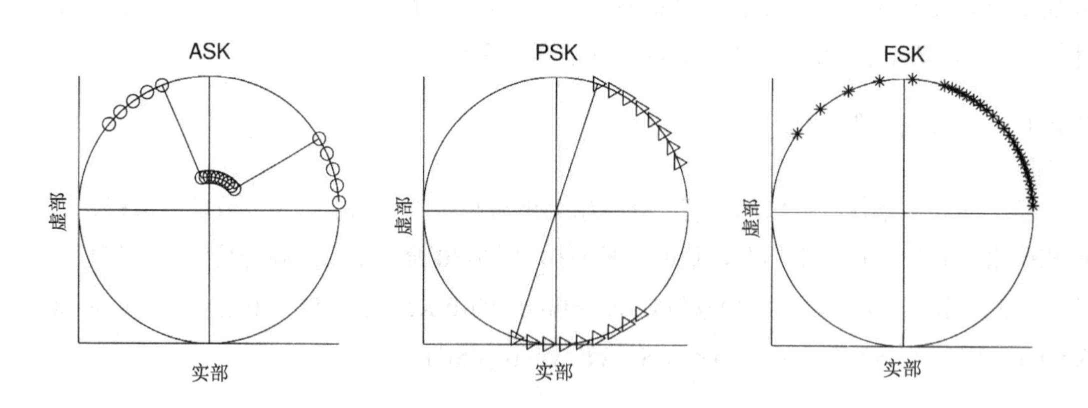

图 7-31　复平面中的调制

实现通用调制器的一个高效解决方案(不需要大规模的表)是第 2 章讨论过的 CORDIC 算法。CORDIC 算法用在旋转模式中，也就是说，它是一个$(R, \theta) \to (X, Y)$的坐标转换器。图 7-32 给出了 AM、PM 和 FM 信号的完整调制器。

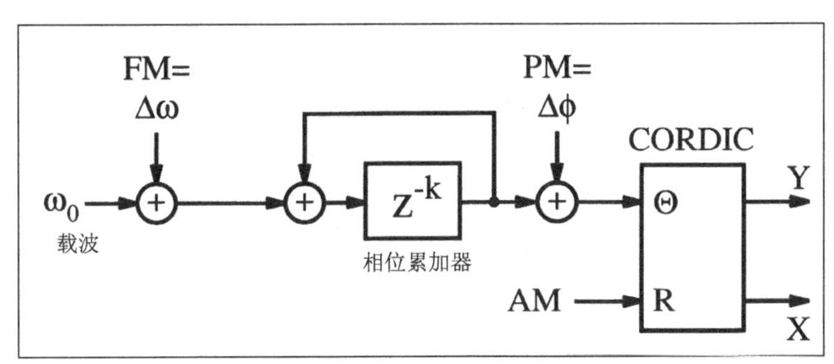

图 7-32 采用 CORDIC 的通用调制器

要实现幅度调制，需要将信号$A(t)$直接与 CORDIC 的半径 R 输入连接起来。通常，旋转模式中的 CORDIC 算法有随着半径线性增加的趋势。这与放大器的增益变化相对应，并且不需要在 AM 方案中加以考虑。倘若不希望线性增加的半径(因子是 1.6468，参阅表 2-1)，可以使用比例为 1/1.6468 的常系数乘法器对输入或输出进行缩放。

传输的信号的相位 $\theta = 2\pi f_0 t + \Delta\phi(t)$也必须计算。要生成恒定的载波频率，还必须生成随 $2\pi f_0 t$ 线性增加的相位信号，这可以用一个累加器实现。如果需要生成 FM 信号，那么可以用Δf 修改 f_0，或是再用一个累加器来计算 $2\pi\Delta ft$，然后将两个累加器的结果相加。对于 PM 信号，需要在信号的相位上增加一个常数偏移(不随时间增加)。这些相位信号相加并作为 CORDIC 处理器的角输入 z 或 θ。Y 寄存器在迭代的初始时刻被置 0。

下述示例说明了 CORDIC 调制器一种完整的流水线形式。

例 7.3 采用 CORDIC 的通用调制器

根据图 7-32，AM、PM 和 FM 信号的通用调制器可以用 CORDIC 部分的如下 VHDL 代码[4]来设计：

```
PACKAGE n_bit_int IS   -- User defined types
  SUBTYPE S9 IS INTEGER RANGE -256 TO 255;
  TYPE A0_3S9 IS ARRAY (0 TO 3) OF S9;
```

4. 这一示例相应的 Verilog 代码文件 ammod.v 可以在附录 A 中找到，附录 B 中给出了合成结果。

```
END n_bit_int;

LIBRARY work; USE work.n_bit_int.ALL;

LIBRARY ieee;
USE ieee.std_logic_1164.ALL; USE ieee.std_logic_arith.ALL;
-- --------------------------------------------------------
ENTITY ammod IS                  ----------------> Interface
       PORT (clk     : IN  STD_LOGIC;  -- System clock
             reset   : IN  STD_LOGIC;  -- Asynchronous reset
             r_in    : IN  S9;  -- Radius input
             phi_in  : IN  S9;  -- Phase input
             x_out   : OUT S9;  -- x or real part output
             y_out   : OUT S9;  -- y or imaginary part
             eps     : OUT S9); -- Error of results
END ammod;
-- --------------------------------------------------------
ARCHITECTURE fpga OF ammod IS

BEGIN

  PROCESS(clk, reset, r_in, phi_in) --> Behavioral style
    VARIABLE x, y, z : A0_3S9;  -- Register arrays
  BEGIN
  IF reset = '1' THEN -- Asynchronous clear
    FOR k IN 0 TO 3 LOOP
      x(k) := 0; y(k) := 0; z(k) := 0;
    END LOOP;
    x_out <= 0; eps <= 0; y_out <= 0;
  ELSIF rising_edge(clk) THEN
  -- Compute last value first
    x_out <= x(3);         -- in sequential statements !!
    eps   <= z(3);
    y_out <= y(3);

    IF z(2) >= 0 THEN                    -- Rotate 14 degrees
      x(3) := x(2) - y(2) /4;
      y(3) := y(2) + x(2) /4;
      z(3) := z(2) - 14;
    ELSE
      x(3) := x(2) + y(2) /4;
      y(3) := y(2) - x(2) /4;
      z(3) := z(2) + 14;
    END IF;

    IF z(1) >= 0 THEN                    -- Rotate 26 degrees
      x(2) := x(1) - y(1) /2;
      y(2) := y(1) + x(1) /2;
      z(2) := z(1) - 26;
    ELSE
      x(2) := x(1) + y(1) /2;
      y(2) := y(1) - x(1) /2;
      z(2) := z(1) + 26;
```

```
      END IF;

      IF z(0) >= 0 THEN                    -- Rotate  45 degrees
        x(1) := x(0) - y(0);
        y(1) := y(0) + x(0);
        z(1) := z(0) - 45;
      ELSE
        x(1) := x(0) + y(0);
        y(1) := y(0) - x(0);
        z(1) := z(0) + 45;
      END IF;

      IF phi_in > 90    THEN          -- Test for |phi_in| > 90
        x(0) := 0;                    -- Rotate 90 degrees
        y(0) := r_in;                 -- Input in register 0
        z(0) := phi_in - 90;
      ELSIF phi_in < -90 THEN
        x(0) := 0;
        y(0) := - r_in;
        z(0) := phi_in + 90;
      ELSE
        x(0) := r_in;
        y(0) := 0;
        z(0) := phi_in;
      END IF;
    END IF;
    END PROCESS;

  END fpga;
```

图 7-33 给出了 AM 信号的仿真结果。注意，Altera 仿真允许使用有符号数据而不是无符号的二进制数据(其中的负值有一个偏移量 512)。可以看到 4 个步骤的流水线延迟，值 100 被一个 1.6 的因子放大了。半径 r_in 从 100 到 25 的转换使得最大值 x_out 从 163 降到 42。采用 TimeQuest 缓慢 85C 模型的 CORDIC 调制器的时序电路性能 F_{max} = 197.39MHz，使用了 264 个 LE，没有使用嵌入式乘法器。

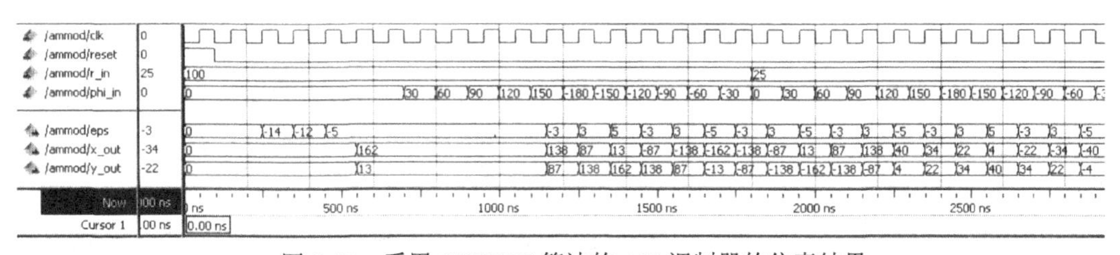

图 7-33 采用 CORDIC 算法的 AM 调制器的仿真结果

解调可以是相干的，也可以是非相干的。相干接收器必须再现未知的载波相位 ϕ_0，而非相干接收器不需要如此。如果接收器采用的是中频(Intermediate Frequency，IF)带，这种接收器就被称作超外差接收器或双变频超外差(双 IF 带)接收器。IF 接收器也经常被称作外差接收器。如果不使用 IF 级，就是零 IF 或零差接收器。图 7-34 给出了不同种类接收器的系统性综述。有些接收器仅能采用一种调制方案，而其他接收器则可以采用多种模式(如

AM、PM 和 FM)。后者被称为通用接收器。接下来首先讨论非相干接收器，然后讨论相干接收器。

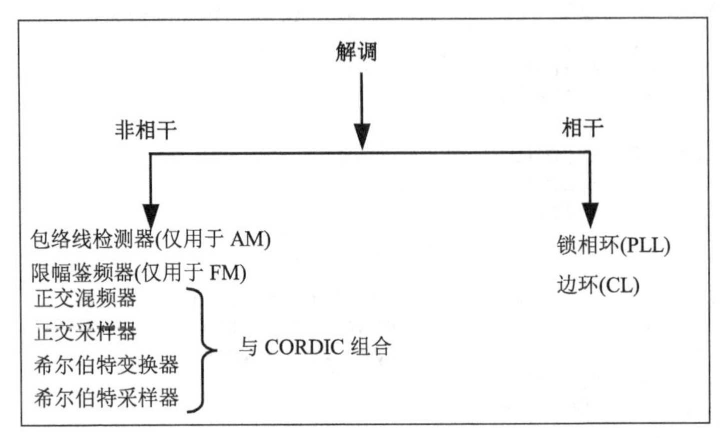

图 7-34　相干和非相干解调方案

为了只选择有用的信号分量，所有的接收器均采用集约型滤波器(已在第 3 章和第 4 章中讨论)。此外对于外差接收器，还需要用滤波器对镜像频率进行抑制，镜像频率来源于频移：

$$s(t)\times\cos(2\pi f_m t)\leftrightarrow S(f+f_m)+S(f-f_m) \tag{7-28}$$

7.2.2　非相干解调

在非相干调制方案中，假定接收器已经知道具体的载波频率，但是初始相位ϕ_0未知。

如果想用数字或模拟滤波将信号分量成功地分离出来，问题就出现了：需要的是某一种调制模式(如 AM 或 FM)还是通用调制器？非相干 AM 调制器只不过是一个全检波器或半检波器以及一个额外的低通滤波器。对于 AM 或 FM 解调，限幅器/鉴频器类型的解调器就是一种高效实现。这种解调器构造了一个输入信号的阈值，并且把值限制为±1，然后从大体上测量两个过零区间的距离。虽然这些接收器用 FPGA 很容易实现，但是经常在相位信号中产生 2π 的跳跃(称作“咯吩声”[2426, 2437])。另外，还有其他的具有更好性能的解调器。

我们主要讨论采用同相和正交分量的通用接收器。这种类型的接收器基本上将与式(7-27)相关的调制方案倒置。在第一步中，要从接收到的余弦信号中计算与发送器的正弦分量(与载波正交，名称是 Q 相)“同相”的分量。这些 I 相和 Q 相用于重构复平面中的箭头(随载波频率旋转)。此时，这一调制恰好是图 7-32 中电路的倒置。可以在向量模式中运用 CORDIC 算法，也就是说，用 $I=X$ 和 $Q=Y$ 进行坐标变换 $X,Y\rightarrow R,\theta$。这样输出 R 直接与 AM 部分成正比，PM/FM 部分可以根据 θ 信号(也就是 Z 寄存器)重构。

I/Q 的生成是调制的难点，通常要用到两种方法：正交方案和希尔伯特变换。

在正交方案中，输入信号与两个混频器信号 $2\cos(2\pi f_m t)$和 $-j2\sin(2\pi f_m t)$相乘。如果 IF 带 $f_{IF}=f_0-f_m$ 中的信号是由滤波器选择的，这些信号的复数和就是复平面上旋转箭头的重构。图 7-35 给出了这种方案，图 7-36 给出了 I/Q 相生成过程的一个示例。从图 7-36 的频谱可以看到，最终的信号没有负的频谱分量。这就是典型的非相干接收器类型，这些信号被称作分析信号。

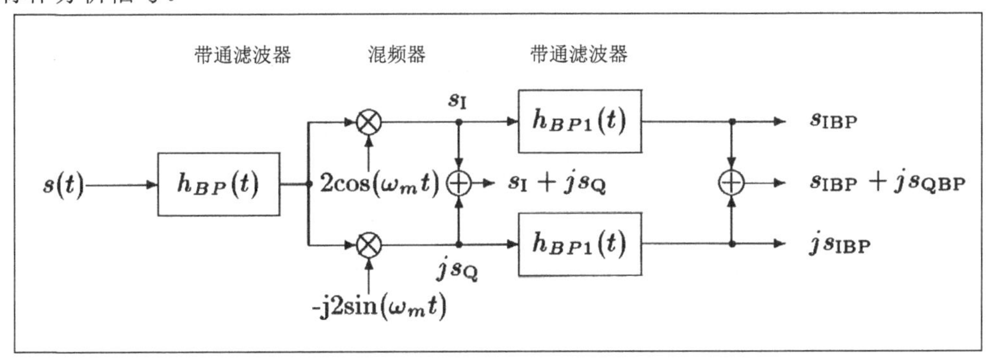

图 7-35 采用正交方案的 I/Q 相的生成

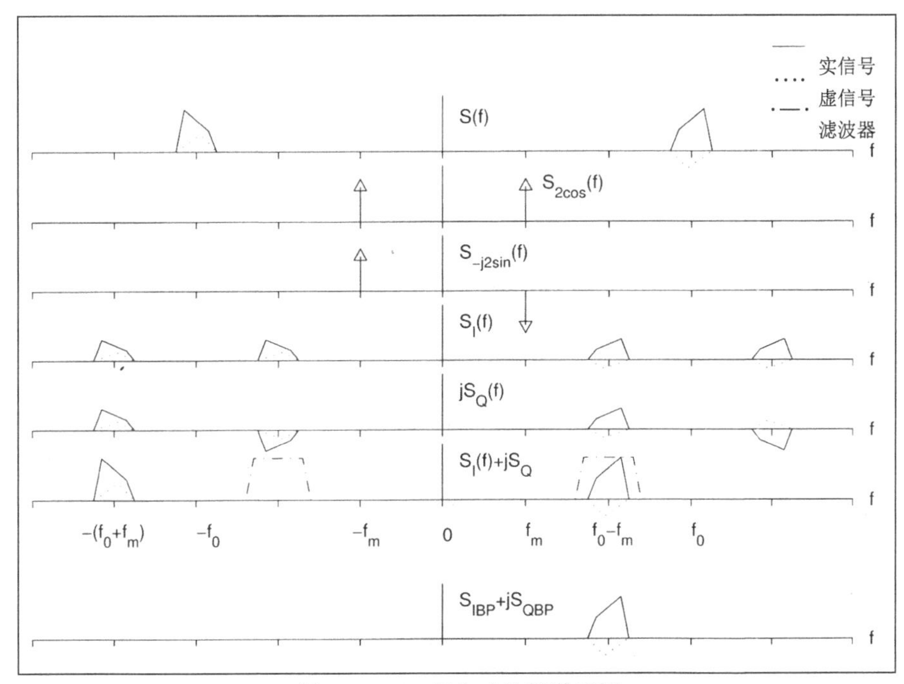

图 7-36 I/Q 相生成的频谱示例

要减少滤波器的工作量，最好采用接近零的 IF 频率。在模拟方案中(特别是对于 AM)，这经常会带来新的问题，放大器会漂移到饱和区。但是对于全数字接收器，就可以构造零中频或零 IF 接收器。这样带通滤波器就简化成了低通滤波器。Hogenauer 的 CIC 滤波器(参阅第 5 章)是这些高抽取滤波器的高效实现。图 7-37 给出了相应的频谱。实输入信号以 2π 的频率采样。然后这一信号分别与余弦信号 $S_{2\cos}(e^{j\omega})$和正弦信号 $S_{-j2\sin}(e^{j\omega})$相乘，这就生成了同相分量 $S_I(e^{j\omega})$和正交分量 $jS_Q(e^{j\omega})$。现在这两个信号组合成复分析信号 S_I+jS_Q。在最后的低通滤波之后，可以使用一个采样频率的抽取。

这样，就用 FPGA 技术构造了 LF 的一个全数字零 IF 接收器[244]。

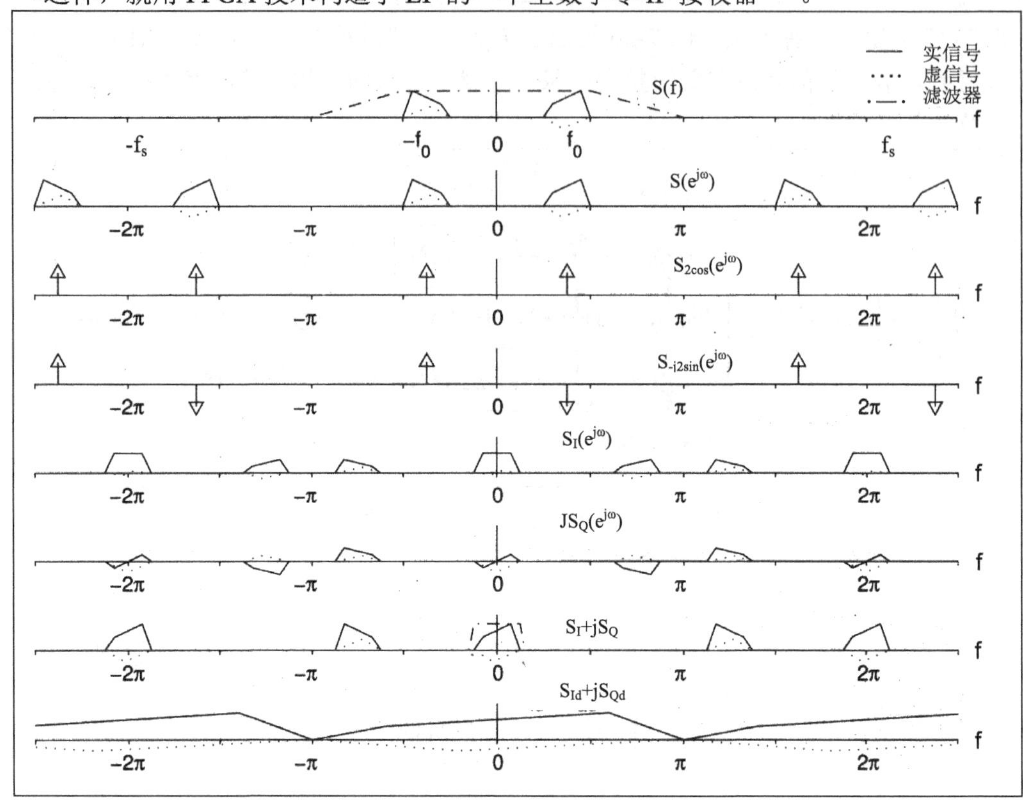

图 7-37　零 IF 接收器的频谱，采样频率是 2π

例 7.4　零 IF 接收器

接收器有一个天线、一个可编程增益调节器(Programmable Gain Adjuster，AGC)和一个 7 阶 Cauer 低通滤波器，后面还有一个 8 位音频 A/D 转换器。接收器对输入范围 50kHz~150kHz 的信号采用 8 倍过采样(0.4MHz~1.2MHz)。正交乘法器是 8 位×8 位的阵列乘法器。两级 CIC 滤波器的设计采用 24 位和 19 位的积分器精度，梳状部分是 17 位和 16 位精度。最终的采样比率降低到 64。整个设计可以放置在位于 Atlys 板上的 Spartan-6 Xilinx FPGA 中。表 7-15 给出了单个单元的工作量。

表 7-15　单个单元的工作量

设 计 部 分	数　量
带有 sin/cos 表的混频器	18.5
两个 CIC 滤波器	42
状态机和 PDSP 接口	4.5
频率合成器	8
总计	73

对于可调的频率合成器，累加器可以用作模拟锁相环(PLL)的参照[4]。图 7-38 给出了这种类型的频率合成器，图7-39 显示了该合成器的实测性能。累加器合成器可以使用很高的时钟频率驱动，因为只需要溢出。因此，需要采用一个逐位进位保存加法器。以累加器作为参照的 PLL 能够生成 $F_{out} = M_2F'_{in} = M_1M_2F_{in} /2^N$。

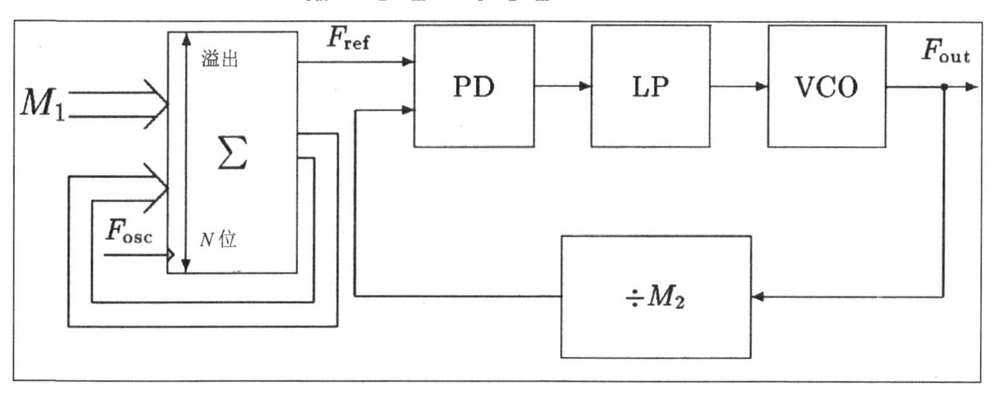

图 7-38 以累加器为参照的 PLL

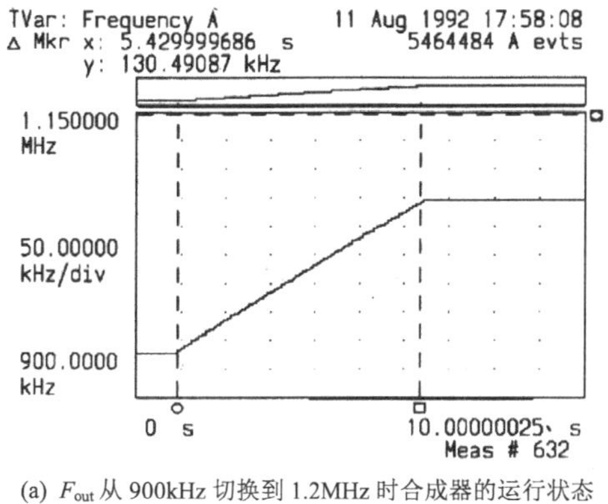

(a) F_{out} 从 900kHz 切换到 1.2MHz 时合成器的运行状态

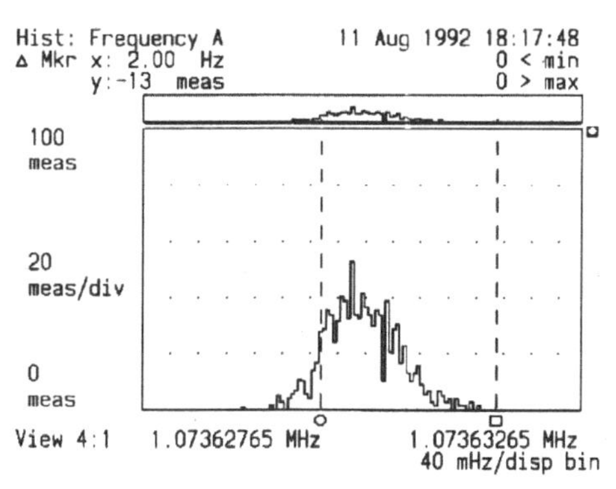

(b) 频率误差的柱状图(小于 2Hz)

图 7-39 以累加器为参照的 PLL 合成器

希尔伯特变换器方案的事实依据就是正弦信号可以通过将余弦信号的相位延迟 90°来计算。如果用滤波器来生成这样的希尔伯特变换器，如图 7-40 所示，滤波器的振幅就必须是 1，而且相位对所有频率必须都是 90°。可以用傅立叶变换的定义找到其脉冲响应和传递函数，也就是：

$$h(t) = \frac{1}{\pi t} \leftrightarrow H(j\omega) = -j\gamma(\omega) = \begin{cases} j & -\infty < \omega < 0 \\ -j & 0 < \omega < \infty \end{cases} \tag{7-29}$$

其中 $\gamma(\omega) = -1$、$\forall \omega < 0$ 和 $\gamma(\omega) = 1$、$\forall \omega \geq 0$ 作为符号函数。希尔伯特滤波器只能够用 FIR 滤波器近似，最终的系数已在有关文献中给出(例如，请参阅文献[186，245，246]或[88])。

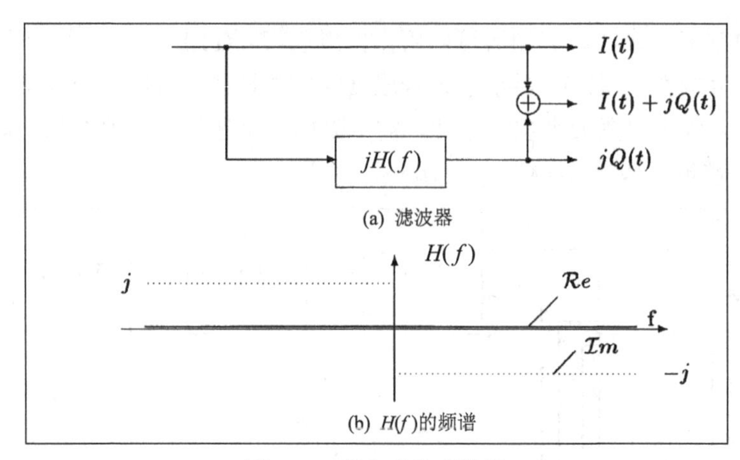

(a) 滤波器

(b) H(f)的频谱

图 7-40　希尔伯特变换器

窄带接收器的简化

如果输入信号是窄带信号，也就是说，传输的位速率比载波频率小得多，就可以在解调方案中做一些简化。在输入采样方案中，可以载波的速率进行采样，或以载波的周期 $T_0 = 1/f_0$ 的一个倍数进行采样，这样就保证采样信号与载波分量完全无关。

如果零 IF 接收器以 $4f_0$ 的速率采样，正交方案就变得不重要了。在这种情况下，正弦分量和余弦分量就是元素 0、1 或 - 1，载波相位是 0、90°或 180°，依此类推。这在文献中通常被称为“复采样”[247，248]。也可以运用欠采样，即采样器每两个或三个载波周期计算一次采样值，这样采样的信号仍然与载波频率无关。

如果信号以 $T_0/4$ 的速率采样，那么希尔伯特变换器也可以被简化。可以采用 $Q_{-1} = 1$ 的一阶希尔伯特采样器，或采用对称系数 $Q_1 = -0.5$、$Q_{-1} = 0.5$ 以及非对称系数 $Q_{-1} = 1.5$、$Q_{-3} = 0.5$ 的二阶希尔伯特采样器[249]。

表 7-16 给出了 3 个短项希尔伯特变换器的系数和调制的最大允许频率偏移 Δf，为希尔伯特滤波器提供了一个具体的精度。

表 7-16　希尔伯特采样器的系数

类　型	系　数	位	$\Delta f / f_0$
零阶	$Q_{-1}=1.0$	8	0.005069
	$Q_{-1}=1.0$	12	0.000320
	$Q_{-1}=1.0$	16	0.000020
一阶非对称	$Q_{-1}=1.5$；$Q_{-3}=0.5$	8	0.032805
	$Q_{-1}=1.5$；$Q_{-3}=0.5$	12	0.008238
	$Q_{-1}=1.5$；$Q_{-3}=0.5$	16	0.002069
一阶对称	$Q_1=-0.5$；$Q_{-1}=0.5$	8	0.056825
	$Q_1=-0.5$；$Q_{-1}=0.5$	12	0.014269
	$Q_1=-0.5$；$Q_{-1}=0.5$	16	0.003584

图 7-41 展示了解调无线电控制监视器信号的希尔伯特采样器的两种可能实现[250, 251]。第一种方式采用 3 个采样-保持电路，第二种方式采用 3 个 A/D 转换器来构造一个一阶对称希尔伯特采样器。

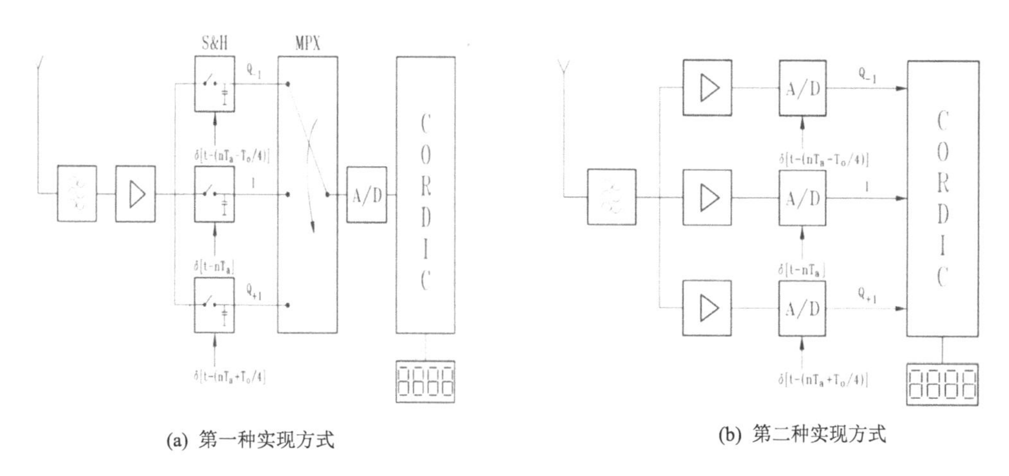

图 7-41　一阶希尔伯特采样器的两种形式

图 7-42 给出了直接欠采样 1/2 的希尔伯特采样器的频谱特性。

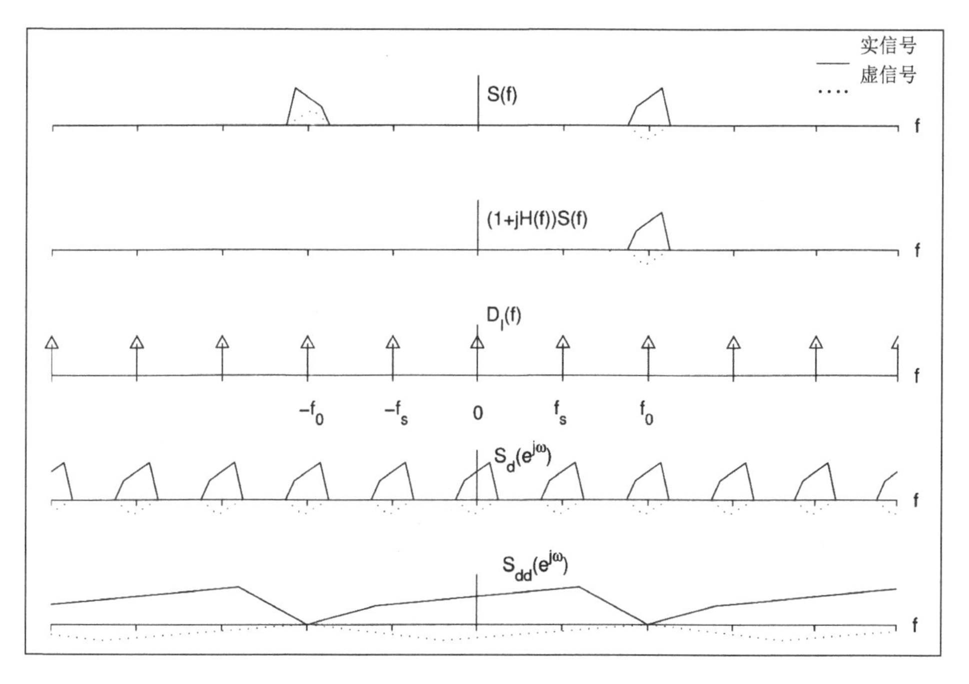

图 7-42　欠采样的希尔伯特采样器的频谱

7.2.3　相干解调

如果接收器的相位 ϕ_0 已知，则解调可以用乘法运算和低通滤波器来实现。对于 AM，接收到的信号 $s(t)$ 乘以 $2\cos(\omega_0 t+\phi_0)$，而对于 PM 或 FM 则乘以 $-2\sin(\omega_0 t+\phi_0)$，就有：

AM：

$$A(t)\cos(2\pi f_0 t+\phi_0)\times 2\cos(2\pi f_0 t+\phi_0)$$
$$=\underbrace{A(t)}_{\text{低通分量}}+A(t)\cos(4\pi f_0 t+2\phi_0) \tag{7-30}$$

$$s_{\mathrm{AM}}(t)=A(t)-A_0 \tag{7-31}$$

PM：

$$-2\sin(2\pi f_0 t+\phi_0)\times\cos(2\pi f_0 t+\phi_0+\Delta\phi(t))$$
$$=\underbrace{\sin(\Delta\phi(t))}_{\text{低通分量}}+\cos(4\pi f_0 t+2\phi_0+\Delta\phi(\mathrm{t})) \tag{7-32}$$

$$\sin(\Delta\phi(t))\approx\Delta\phi(t) \tag{7-33}$$

$$s_{\mathrm{PM}}(t)=\frac{1}{\eta}\Delta\phi(t) \tag{7-34}$$

FM：

$$s_{\mathrm{FM}}(t)=\frac{1}{\eta}\frac{d\ \Delta\phi(t)}{dt} \tag{7-35}$$

其中 η 就是所谓的调制指数。

接下来将要讨论适合于用 FPGA 实现的相干接收器类型。通常情况下，相干接收器的信噪比要比非相干接收器好 1dB 以上(参阅图 7-1)。同步或相干 FM 接收器用环中的压控振荡器(Voltage-Controlled Oscillator，VCO)跟踪输入信号的载波相位。这个电压的直流(DC)部分与 FM 信号成正比。PM 信号解调需要 VCO 控制信号的积分，而 AM 解调需要另一个混频器与一个带有低通滤波器的 π/2 移相器相加。相干解调的风险在于，对于低信噪信道，环可能会开锁，且性能下降非常大。

通用的相干接收器环有两种：锁相环(Phase-Locked Loop，PLL)和边环(Costas Loop，CL)。图 7-43 和图 7-44 分别是 PLL 和 CL 的框图，可以看出，CL 的复杂性几乎是 PLL 的两倍。每种环都可以用模拟电路(线性 PLL/CL)或全数字电路(ADPLL 和 ADCL)实现(参阅文献[252~255])。这些环的稳定性分析已经超出本书的讨论范围，该问题在文献[256~260]中均有论述。我们将要讨论 PLL 和 CL 的高效实现[261, 262]。第一种 PLL 是模拟 PLL 到 FPGA 技术的直接转换。

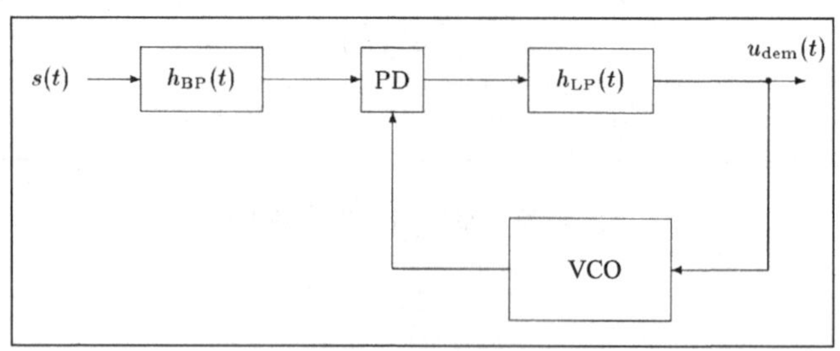

图 7-43 锁相环(PLL)和(必需的)带通滤波器($h_{\mathrm{BP}}(t)$)、相位检测器(PD)、低通滤波器($h_{\mathrm{LP}}(t)$)和压控振荡器(VCO)

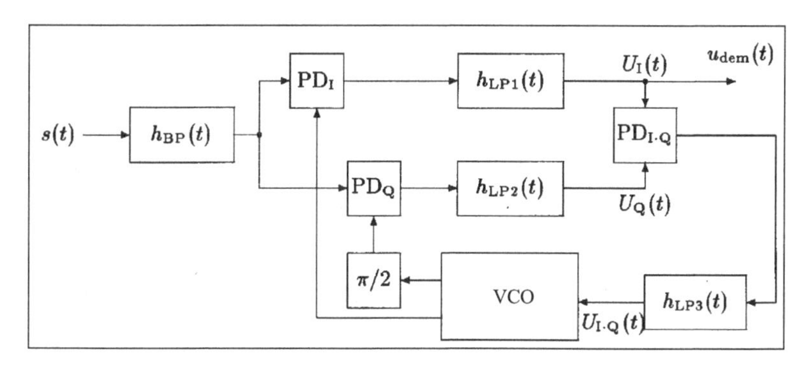

图 7-44 边环(CL)和(必需的)带通滤波器($h_{BP}(t)$)、3 个相位检测器(PD)、3 个低通滤波器($h_{LP}(t)$)和带有 π/2 移相器的压控振荡器(VCO)

1. 线性锁相环

线性环和数字环之间的区别在于需要处理的输入信号的类型不同。线性 PLL 或 CL 使用快速乘法器作为相位检测器，为环提供可能的多电平输入信号。数字 PLL 或 CL 只能够处理二进制输入信号(数字在这里指的是输入信号的品质，而不是硬件实现)。

如图 7-43 所示，线性 PLL 具有 3 个主要模块：

- 作为相位检测器的乘法器
- 环路滤波器
- VCO

为了保证环处于闭锁状态，要求环路输出信噪比大于 4dB 但不大于 6dB[255]。因为通常天线的选择还不能够窄到满足这个条件，所以需要在图 7-43 和图 7-44 中添加一个额外的窄带通滤波器作为解调器的一个必要补充[262]。“级联带通梳状(Cascaded Bandpass Comb)”滤波器(参阅表 5-6)就是一个有效的示例。但是，如果采用固定的 IF，该滤波器的设计将更加简单，就像超外差或双变频超外差接收器一样。

VCO(或是 ADPLL 的数控振荡器(Digitally Controlled Oscillator，DCO))的振荡频率 $\omega_2 = \omega_0 + K_0 \times U_f(t)$，其中 ω_0 是静止点，K_0 是 VCO/DCO 的增益。对于正弦输入信号，在低通滤波器的输出端得到如下信号：

$$u_{\text{dem}}(t) = K_d \sin(\Delta\phi(t)) \tag{7-36}$$

其中 $\Delta\phi(t)$是 DCO 输出和带通滤波器输入信号之间的相位差。对于小的差异，正弦可以用其自变量近似，由此得到 $u_{\text{dem}}(t)$与 $\Delta\phi(t)$成正比(环保持锁定状态)。如果输入信号有一个非常突然的相位中断，环就会失锁。图 7-45 给出了环的不同运行区域。约束范围 $\omega_0 \pm \Delta\omega_H$ 是静态运行界限(仅适用于频率合成器)，锁定范围是 PLL 在频率差 $\omega_1 - \omega_2$ 的单个周期内锁定的区域。在捕捉范围内，环将会在捕捉时间 T_L 内完成锁定，T_L 延续的时间可以超过 $\omega_1 - \omega_2$ 的一个周期。失锁范围是环在不失锁的情况下可以维持的最大频率跳跃。$\omega_0 \pm \Delta\omega_{PO}$ 是在调制中使用的动态运行界限。还有很多关于优化 PD、环路滤波器和 VCO 增益的文献，请参阅文献[256~260]。

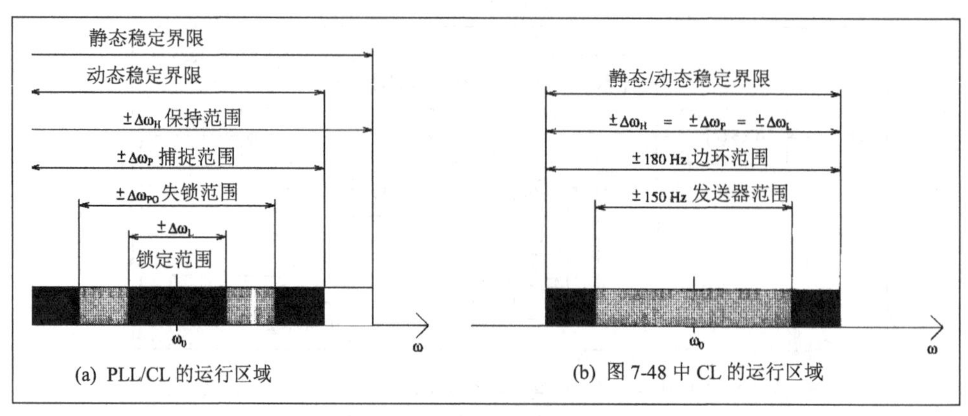

图 7-45　两个对应的运行区域

与数字 PLL 和数字 CL 相比，虽然线性环的优点在于其噪声抑制能力，但是在线性 PLL 中用作 PD 的快速乘法器的硬件成本非常高，而且这种 PD 在 π/2 相移处有一个不稳定的静止点(－π/2 是一个稳定点)，这就阻碍了锁定。表 7-17 估算了用同样的功能模块作为 8 位非相干接收器(参阅例 7.4)时线性 PLL 的硬件成本(按数量计算)。在 AM 和 PM 调制的多路复用中，采用硬件乘法器，将右边一列的电路成本降低 58 个 CLB(≈14.5 片 Spartan-6)，这样就可以将其放置在最小的 Spartan-6 Xilinx 器件中。

表 7-17　Xilinx Spartan-6 FPGA 中线性 PLL 通用解调器的成本(按数量计算)

功 能 模 块	仅有 FM	FM、AM 和 PM
相位检测器(8 位×8 位乘法器)	16.25	18
环路滤波器(两级 CIC)	21	42
频率合成器	8.5	8.5
DCO(*N* / *N*+*K* 个除法器，sin/cos 表)	4	4.5
PDSP 接口	3.75	3.75
总计	53.5	76.75

将这些成本与非相干接收器的成本加以比较，就可以看出，相干接收器没有采用 CORDIC 解调，共使用了 292 个 CLB(≈73 片 Spartan-6)，而采用一个额外的 CORDIC 处理器需要 367.5 个 CLB(≈91.875 片 Spartan-6)[77]。结果表明，在线性 PLL 的实现中略有改进。如果需要的仅仅是 FM 和 PM 解调，下面两小节将要讨论的数字 PLL 或 CL 就会明显地降低其复杂性。

这些设计均是为解调气象传真图片开发的，这些图片在欧洲中部由低频无线电台 DCF37 和 DCF54(载波 117.4kHz 和 134.2kHz；频率调制 F1C：±150Hz)传播。

2. 数字锁相环

如上一小节所述，数字 PLL 通过二进制输入信号工作。数字 PLL 的相位检测器要比线性 PLL 中用到的快速乘法器简单。通常选择 XOR 门、边沿触发的 J-K 触发器或是带有一些附加门的成对的 RS 触发器[255]。虽然图 7-46 给出的相位检测器是最复杂的，但是它提供了相位和频率灵敏度，以及近似无限的约束范围。

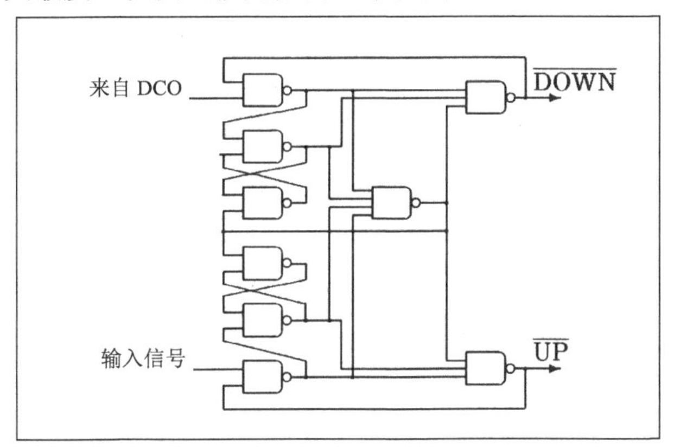

图 7-46 相位检测器[22]

改进的计数器可以用作 DPLL 的环路滤波器。可以是 $N/(N+K)$个计数器或多级计数器，如 N/M 个除法器，其中分别采用 UP 和 DOWN 的计数器，第三个计数器计算 UP 计数器和 DOWN 计数器之差。如果不满足某个阈值，就可能中断进一步的信号处理。对于 DCO，有可能用到任何典型的全数字频率合成器，如累加器、除法器或乘法生成器。最经常使用的合成器是可调的除法器，因为它具有较低的相位误差。该合成器的低分辨率可以通过采用一个低接收器 IF 来提高[263]。

一种非常简单的 DPLL 实现是 74LS297 电路，它采用了一种“脉冲窃取”的设计方法。该方案可以用相位和频率敏感的 J-K 触发器加以改进，如图 7-47 所示。PLL 的工作原理为：“检测触发器”运行时的静止频率为

$$F_{\mathrm{comp}} = \frac{F_{\mathrm{in}}}{N} = \frac{F_{\mathrm{osc}}}{KM} \tag{7-37}$$

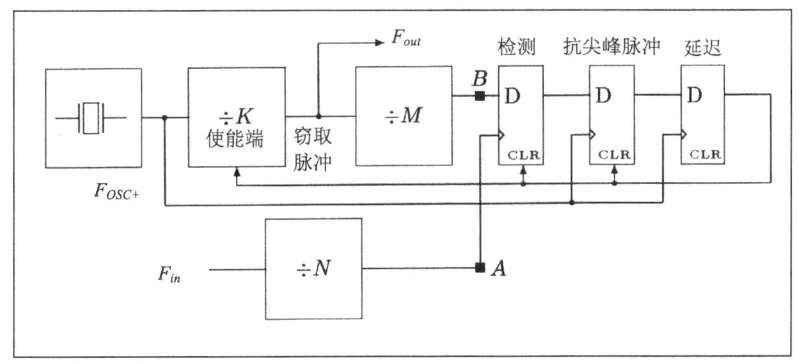

图 7-47 “脉冲窃取”PLL[264]

为了跟踪高于静止频率的输入频率，振荡器的频率 $F_{\mathrm{osc+}}$要设置得稍高一些：

$$T_{\mathrm{comp}} - T_{\mathrm{comp+}} = \frac{1}{2}T_{\mathrm{osc}} \tag{7-38}$$

这样，B 点信号的振荡就比信号 F_{osc} 快半个周期。大约在静止频率两个周期之后，必然在检测器触发器内锁定一个 1。这一信号通过抗尖峰干扰触发器和延迟触发器，然后抑制一个“÷K”除法器(这就是“脉冲窃取”名称的由来)的脉冲。这样就在 B 处延迟了信号，使得 A 处信号的相位跑到 B 处信号的相位之后，此循环不断重复。PLL 的锁定范围有一个更低的边界：$F_{in}|_{min}$ = 0Hz。上边界依赖于最大输出频率 F_{osc+}/K，这样，锁定范围就变成：

$$\pm\triangle\omega_L = \pm N\times F_{osc+}/(K\times M) \tag{7-39}$$

接收器可以通过省略计数器 N 和计数器 M 来简化。在气象传真图像译码应用中，双变频超外差接收器的第二个 IF 就是这样设置的，使得 300Hz 的频率调制(δf = 0Hz→白色；δf = 300Hz→黑色)精确地对应于 32 个窃取脉冲，这样，窃取脉冲就与灰度级直接对应。我们设置一个 1920 波特的像素率和一个 16.6kHz 的 IF。对于每一个像素有 4 个“窃取值”(一个时间间隔内的窃取脉冲的数量)是确定的，这样总计需要移位 $\log_2(2\times4) = 3$ 位来计算 16 个灰度级的值。表 7-18 给出了这种 PLL 类型的硬件复杂性(21 个 CLB≈14.5 片 Spartan-6)。

表 7-18 脉冲窃取 DPLL 的硬件复杂性(4 个 CLB≈1 片 Spartan-6)[263]

功 能 组	CLB
DCO	4
相位检测器	1.25
环路滤波器	1.5
求平均值	2.75
PC 接口	2.5
频率合成器	6.5
状态机	2.5
总计	21

3. 边环(Costas loop)

边环是相干环的一种扩展类型，最初由 John P. Costas 在 1956 年提出，他将该环用于载波恢复。如图 7-44 所示，CL 具有同相和正交路径(下标分别是 I 和 Q)。通过 π/2 移相器、第三个 PD 以及低通滤波器，虽然 CL 的复杂程度大约是 PLL 的两倍，但是对信号的锁定也快了两倍。边环对同相和正交增益的微小变化十分敏感，因此总是应该采用全数字电路实现。FPGA 似乎就是一种理想的实现工具[265, 266]。

对于信号 $U(t) = A(t)\sin(\omega_0 t + \varDelta\phi(t))$，在混频器和低通滤波器之后，得到：

$$U_I(t) = K_d A(t)\cos(\varDelta\phi(t)) \tag{7-40}$$

$$U_Q(t) = K_d A(t)\sin(\varDelta\phi(t)) \tag{7-41}$$

其中 $2K_d$ 是 PD 的增益。$U_I(t)$和 $U_Q(t)$在第三个 PD 中相乘，并经过低通滤波，从而得到 DCO 控制信号：

$$U_{I\times Q}(t) \sim K_d \sin(2\triangle\phi(t)) \tag{7-42}$$

比较式(7-36)和式(7-42)可以看出，对于$\Delta\phi(t)$的微小调制，控制信号$U_{I\times Q}(t)$的斜率是PLL的两倍。与在PLL中一样，如果仅有FM或PM信号需要解调，PD就可以是全数字的。

图7-48给出了CL的一个框图。天线信号首先经过一个4阶巴特沃思带通滤波器的滤波和放大，然后通过一个8位转换器，以32或64倍于载波基带频率的采样速率进行数字化。最终的信号是分离的，并进入过零区间检测器和最小值/最大值检测器。两个相位检测器将信号与参考信号相比较，信号的π/2移相副本由时间常数较大的PLL与参照累加器合成[4]。每个相位检测器均有两个边沿检测器，总共可以生成4个UP信号和4个DOWN信号。如果PD生成的UP信号多于DOWN信号，就说明参考频率太低，反之就是太高。在用作环路滤波器的一个13位累加器中，在一个像素的持续时间内对$\sum$UP$-\sum$DOWN的差进行累加。环路滤波器中的数据被传递给像素转换器，像素转换器给出了DCO的“校正值”，如表7-19所示。累加的和也用作像素的灰度值，并且将该值传递给PC，以存储并显示气象传真图片。

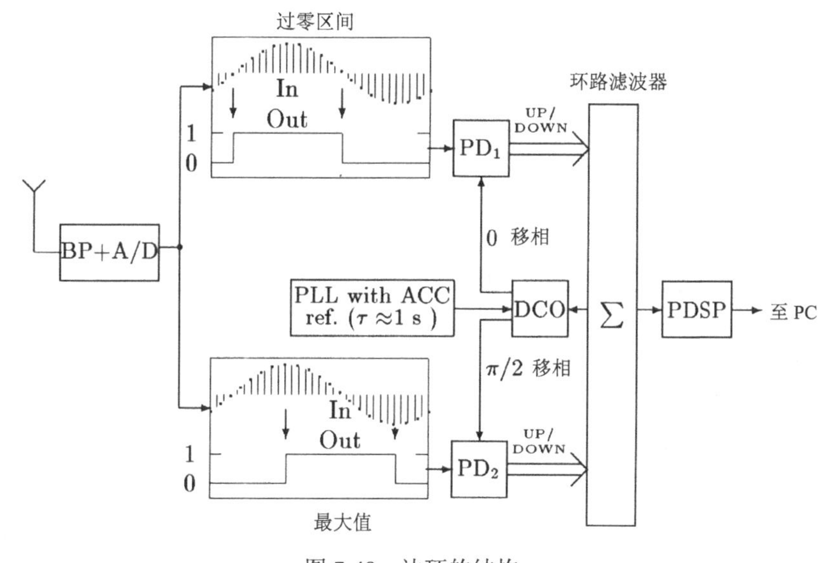

图7-48 边环的结构

表7-19 32倍过采样时环路滤波器的输出和DCO校正值

累加器					
下溢	溢出	和	DCO-IN	灰度值	$f_{carrier}\pm\delta f$
是	否	$s<-(2^{13}-1)$	3	0	+180Hz
否	否	$-(2^{13}-1)\leqslant s<-2048$	2	0	+120Hz
否	否	$-2048\leqslant s<-512$	1	4	+60Hz
否	否	$-512\leqslant s<512$	0	8	+0Hz
否	否	$512\leqslant s<2048$	-1	12	-60Hz
否	否	$2048\leqslant s<2^{13}-1$	-2	15	-120Hz
否	是	$s\geqslant 2^{13}-1$	-3	15	-180Hz

对于 2k 波特的像素率，可检测的最小相移是：

$$f_{\text{carrier}}+1=\frac{1}{1/f_{\text{carrier}}-t_{ph37}\times 2\text{k波特}/f_{\text{carrier}}}=117.46\text{kHz} \tag{7-43}$$

其中 $t_{ph37}=1/(32\times117\text{kHz})=266\text{ns}$ 是 32 倍过采样的采样周期。频率解是 117.46KHz－($f_{\text{carrier}}=117.4\text{KHz}$)＝60Hz。通过 300Hz 的频率调制，可以区分 5 个灰度值。

当最大相移为 π 时，环需要 $\lceil 16/3 \rceil=6$ 次采样的最长锁定时间 T_L，或者说是 1.5μs。表 7-20 给出了 32 和 64 倍过采样时 CL 的复杂性。

表 7-20　全数字边环的复杂性(4 个 CLB≈1 片 Spartan-6)[262]

功　能　组	32 倍过采样时的 CLB	64 倍过采样时的 CLB
频率合成器	33	36
零点检测	42	42
最大值检测	16	16
四相位检测器	8	8
环路滤波器	51	51
DCO	12	15
TMS 接口	11	11
总　计	173	179

7.3　练习

注意：

如果读者没有使用 Quartus II 软件的经验，那么可以参考 1.4.3 节的案例研究。如果已有相关经验，就请注意 Quartus II 合成估算的 Cyclone IV E 系列中 EP4CE115F29C7 器件的使用事项。

7.1　下面的 MATLAB 代码可以用来计算一个元素的阶数：

```
function N = order(x, M)
% Compute the order of x modulo M
p=x; l=1;
while p ~= 1
   l = l+1; p = p * x;
   re =real(p); im = imag(p);
   p = mod(re,M) + i * mod(im,M);
end;
N=l;
```

例如，如果这个函数被 order(2,2^25+1)调用，结果就是 50。要计算 $2^{25}+1$ 的单因子，可以使用标准 MATLAB 函数 factor(2^25+1)。对于：

(a) $\alpha=2$ 和 $M=2^{41}+1$

(b) $\alpha=-2$ 和 $M=2^{29}-1$

(c) $\alpha=1+j$ 和 $M=2^{29}+1$

(d) $\alpha=1+j$ 和 $M=2^{26}-1$

计算变换长度、“坏的”因子 v(也就是阶不等于 order(α, $2^B\pm1$))、所有“好的”主因子 M/v 和可能的输入位宽 $B_x=(\log_2(M/v)-\log_2(L))/2$。

7.2 为值 x 的 gcd(x, M)=1 计算逆 x^{-1} mod M，可以利用丢番图方程(diophantic equation)的结果：

$$\gcd(x,M)=u\times x+v\times M \qquad u,v\in Z \tag{7-44}$$

(a) 解释如何利用 MATLAB 函数[g u v]=gcd(x,M)计算乘法逆元。

如果可能，请计算下列乘法逆元：

(b) 3^{-1} mod 73

(c) 64^{-1} mod $2^{32}+1$

(d) 31^{-1} mod $2^{31}-1$

(e) 89^{-1} mod $2^{11}-1$

(f) 641^{-1} mod $2^{32}+1$

7.3 可以用下面的 MATLAB 代码计算长度为 2、4、8 以及 16 模 257 的费尔马 NTT：

```
function Y = ntt(x)
% Compute Fermat NTT of length 2,4,8 and 16 modulo 257
l = length(x);
switch(l)
  case 2, alpha=-1;
  case 4, alpha=16;
  case 8, alpha=4;
  case 16, alpha=2;
  otherwise, disp('NTT length not support')
end
A=ones(1,1); A(2,2)=alpja;
%*********Computing second column
for m=3:1
 A(m,2)=mod(A(m-1,2)* alpha, 257);
end
%*********Computing rest of matrix
for m=2:l
  for n=2:l-1
```

```
    A(m,n+1)=mod(A(m,n)*A(m,2),257);
  end
end
%*********Computing NTT A*x
for k = 1:l
  C1 = 0;
for j = 1:l
    C1 = C1 + A(k,j) * x(j);
  end
  X(k) = mod(C1, 257);
end
Y=X;
```

(a) 计算 $\boldsymbol{x} = \{1, 1, 1, 1, 0, 0, 0, 0\}$的 NTT X。

(b) 编写相应的 INTT 代码，计算(a)中 X 的 INTT。

(c) 计算逐元素乘积 $\boldsymbol{Y} = \boldsymbol{X} \odot \boldsymbol{X}$ 和 INTT($\boldsymbol{Y}$) = y。

(d) 扩展复费尔马 NTT 和 $\alpha = 1+j$ 时 INTT 的代码，并用恒等式 $\boldsymbol{x}$ = INTT(NTT($\boldsymbol{x}$))验证所编写的程序。

7.4 $N = 4$ 的 Walsh 变换由下面的矩阵给出：

$$\boldsymbol{W}_4 = \begin{bmatrix} 1 & 1 & 1 & 1 \\ 1 & 1 & -1 & -1 \\ 1 & -1 & -1 & 1 \\ 1 & -1 & 1 & -1 \end{bmatrix}$$

(a) 计算行向量的内积。这种矩阵具有什么性质？

(b) 用(a)中的结果计算 $\boldsymbol{W}_4^{-1}$。

(c) 计算 8×8 Walsh 矩阵 $\boldsymbol{W}_8$，把原始行向量缩小 1/2(也就是 $h[n/2]$)，并计算来自第 3 行和第 4 行额外的两个“子式” $h[n]+h[n-4]$和 $h[n]-h[n-4]$。在最终的矩阵 $\boldsymbol{W}_8$ 中应该没有零。

(d) 绘制构造高阶 Walsh 矩阵的函数树。

7.5 可以用如下迭代计算 Hadamard 矩阵：

$$\boldsymbol{H}_{2^{l+1}} = \begin{bmatrix} \boldsymbol{H}_{2^l} & \boldsymbol{H}_{2^l} \\ \boldsymbol{H}_{2^l} & -\boldsymbol{H}_{2^l} \end{bmatrix} \tag{7-45}$$

其中 $\boldsymbol{H}_1 = [1]$。

(a) 计算 $\boldsymbol{H}_2$、$\boldsymbol{H}_4$ 和 $\boldsymbol{H}_8$。

(b) 为 $\boldsymbol{H}_4$ 和 $\boldsymbol{H}_8$ 中的行找到合适的索引，并与练习 7.4 中的 Walsh 矩阵 $\boldsymbol{W}_4$ 和 $\boldsymbol{W}_8$ 相比较。

(c) 确定从 Walsh 矩阵到 Hadamard 矩阵映射的一般规则。

提示：

首先以二进制表示法计算索引。

7.6 下面的 MATLAB 代码可以用来计算 $p_{14}=x^{14}+x^5+x^3+x^1+1$ 的状态空间表达式。非零元素用 nnz 表示，最大扇入：

```
p= input('Please define power of matrix = ')
A=zeros(14,14);
for m=1:13;
    A(m,m+1)=1;
end
A(14,14)=1;
A(14,13)=1;
A(14,11)=1;
A(14,9)=1;
Ap=mod(A^p,2);
nnz(Ap)
max(sum(Ap,2))
```

(a) 计算非零元素的数量以及 p=2 至 8 时的扇入。

(b) 修改代码，计算等价多项式 $p_{14}=x^{14}+x^{13}+x^{11}+x^9+1$。计算修改后的多项式在 p = 2 至 8 时非零元素的数量。

(c) 修改原始代码，计算(a)和(b)的另一种 LFSR 实现(参考图 7-18)并计算 p=2 至 8 时的非零元素。

7.7 (a) 通过 vcom -93 lfsr.vhd，用 ModelSim 编译例 7.1 中长度为 6 的 LFSR lfsr.vhd 的代码。

(b) 用

```
ff(1) <= ff(5) XNOR ff(6);
```

代替

```
ff(1) <= NOT (ff(5) XOR ff(6));
```

并通过 vcom -93 lfsr.vhd 用 ModelSim 编译。

(c) 通过 vcom -87 lfsr.vhd，使用 ModelSim VHDL-1987 接口再次编译，并解释其结果。

注意：

使用 Quartus II 时，将 VHDL 版本从 VHDL 1993 改到 VHDL 1987 不会产生任何差别。

第8章

自适应系统

到目前为止，所讨论的系统均被应用于要求“最优”系数不随时间变化的场合。但是，诸如语音处理、通信、雷达、声呐、地震学以及生物医学等典型 DSP 应用领域中的许多实际信号，都需要能随时根据输入信号调整“最优”系统的系数。如果与采样频率相比，参数的变化较为缓慢，就可以为最优系数计算“更好的”估计值并适当地调整系统。

通常，前面讨论的有多种体系结构变化的任何滤波器结构(FIR 或 IIR)都可以作为自适应数字滤波器(Adaptive Digital Filter，ADF)使用，比较不同的结构选项，就会看到：

- 对于 FIR 滤波器，图 3-1 中的直接形式似乎很有利，因为所有系数可以同时更新。
- 对于 IIR 滤波器，图 4-12 中的网格结构看起来是很好的选择，因为网格滤波器具有较低的定点计算舍入误差灵敏度和简化的系数稳定性控制能力。

但是，已发表的文献显示，在使用上 FIR 滤波器比 IIR 滤波器更成功，所以本章主要讨论自适应 FIR 滤波器的快速有效实现。

FIR 滤波器算法应收敛于通过维纳-霍夫方程给出的最优非递归估计器的解(最初用于连续信号)[267]。因此我们会讨论最优递归估计器(卡尔曼滤波器)，并对计算的复杂性、算法的稳定性、收敛的初速度、收敛的一致性以及对附加噪声的鲁棒性(robustness)等方面的不同选项进行比较。

接下来完成一些难度更大的工作，例如使用主成分分析(Principle Component Analysis，PCA)和独立成分分析(Independent Component Analysis，ICA)方法对多通道信号进行盲源分离(Blind Source Separation，BSS)。最后，讨论从 ADPCM 到 MP3 格式的语音处理算法。

目前自适应系统已经被认为是成熟的 DSP 领域。很多书籍早在 20 世纪 80 年代中期就已经出版[268~273]，可以用于更深层次的研究。在教科书[274~276]中可以找到更多近期的研究结果。最近发行的杂志(如 *IEEE Transactions on Signal Processing*)特别关注 LMS 的稳定性及其变化等领域中的基础研究工作。

8.1 自适应系统的应用

尽管本质上自适应滤波器的应用领域非常广泛，但通常可以用如下 4 种系统配置之一进行描述：

- 干扰消除

- 预测
- 反演模拟
- 辨识

接下来讨论这些系统的基本理念，并给出这些种类的一些典型成功应用。尽管并不总是能够准确地描述特定信号的本质，但通常还是对所有系统使用如下符号：

x = 自适应系统的输入

y = 自适应系统的输出

d = (自适应系统的)期望响应

$e = d–y$ = 估计误差

8.1.1 干扰消除

在自适应滤波器应用非常普遍的领域中，输入信号不但包含带有信息的信号，也掺杂着干扰。例如，随机白噪声或 50/60Hz 的电力线交流噪声。图 8-1 给出了这一应用的配置。输入(传感器)信号 $d[n]$和自适应滤波器对基准信号 $x[n]$的输出响应 $y[n]$用于计算误差信号 $e[n]$，这一信号也是消除干扰的配置部分中的系统输出。因此，在收敛后，(修正后的)基准信号(表示干扰的加性逆)就从输入信号中消除了。

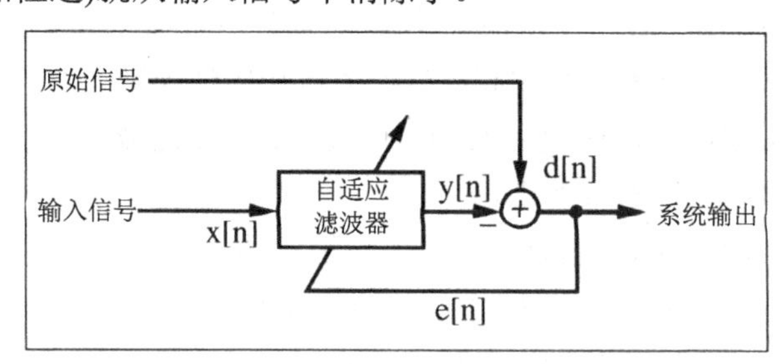

图 8-1　用于干扰消除的基本配置

后面将详细地研究电力线交流噪声的一个干扰消除示例。第二个比较普遍的应用是电话系统中回声的自适应噪声消除。干扰消除已经用在天线阵列(称为波束形成器)中，可以自适应地消除来自未知方向的噪声干扰。

8.1.2 预测

在预测应用中，自适应滤波器的任务是提供随机信号的当前值的最佳预测(通常在最小均方差意义上)。显然，只有在输入信号与白噪声有本质区别时这才是可能的。图 8-2 说明了预测原理。可以看到，输入 $d[n]$经过一个延迟后被用作自适应滤波器的输入，同时还用于计算估计误差。

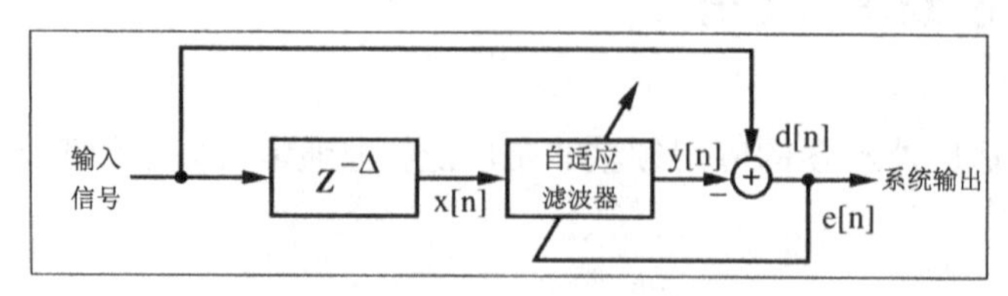

图 8-2　用于预测的框图

预测编码已经成功用于图像和语音信号处理。预测编码不是直接对信号进行编码，而只编码预测误差以便传输和存储。其他的应用还包括功率谱建模、数据压缩、谱的增强以及事件检测[269]。

8.1.3　反演模拟

在反演模拟结构中，自适应滤波器的任务是提供表示未知的时变被控对象的最佳拟合(通常在最小均方差意义上)的反演模型。一个典型的通信示例就是通过估算信号的多径传播来近似理想传输。图 8-3 中的系统说明了这种配置。输入信号 $d[n]$进入被控对象，未知被控对象的输出 $x[n]$作为自适应滤波器的输入。然后，延迟的输入信号 $d[n]$用于计算误差信号 $e[n]$，并调整自适应滤波器的滤波器系数。这样，在收敛后，自适应滤波器的传递函数近似于未知被控对象的传递函数的反演。

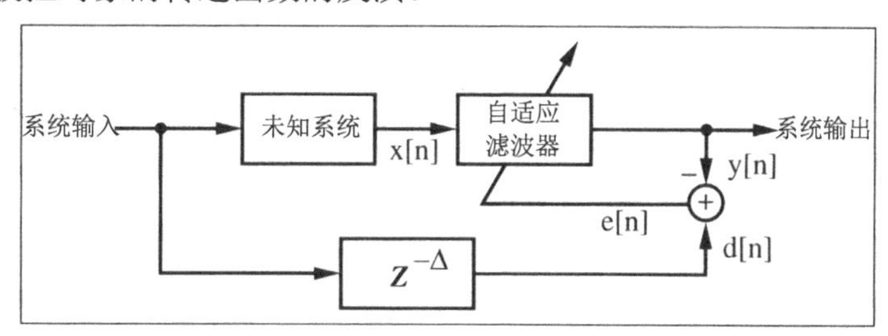

图 8-3　阐述反演系统建模的示意图

除了已经提及的通信系统中的均衡，自适应滤波器的反演模拟还成功用于提高附加的窄带噪声和自适应控制系统的 S/N 比率(信噪比)，在语音信号分析中用于去卷积和数字滤波器的设计[269]。

8.1.4　系统辨识

在系统辨识应用中，自适应滤波器的任务是确定表示未知被控对象或滤波器的自适应滤波器的系数。系统辨识的结构如图 8-4 所示。可以看到，时间序列 $x[n]$同时输入自适应滤波器和另一个线性被控对象或具有未知传递函数的滤波器。未知被控对象的输出 $d[n]$成为整个系统的输出。收敛后，自适应滤波器的输出 $y[n]$将以一种最优(通常是最小均方)方式逼近 $d[n]$。倘若自适应滤波器的阶数与未知被控对象的阶数相匹配，并且输入信号 $x[n]$是广义稳态(Wide Sense Stationary，WSS)的，自适应滤波器的系数将收敛到与未知被控对象相同的值。实际应用中，在未知被控对象的输出中通常都会有外加的噪声(观测误差)，滤波器的结构也不会与未知被控对象完全匹配。这会造成与所描述的完美性能有偏差。由于这一结构的灵活性和独立地调整大量输入参数的能力，使之成为自适应滤波器性能评估中经常用到的结构之一。我们将使用这些配置对 LMS 和 RLS 进行详细比较，LMS 和 RLS 是调整自适应滤波器的系数最常用的两种算法。

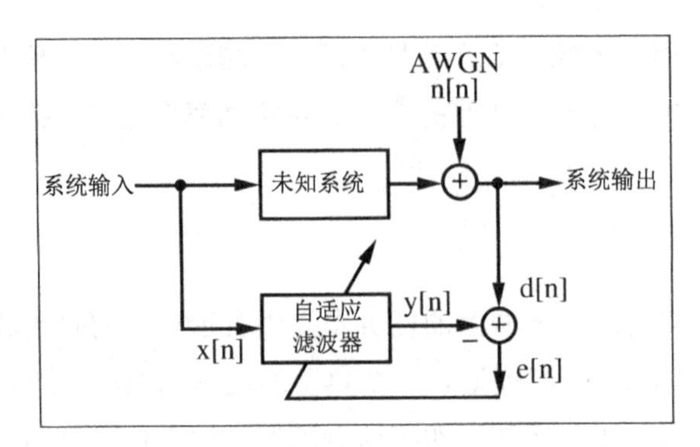

图 8-4　系统辨识的基本配置

这种系统辨识已经用于生物学中的建模以及社会和商业系统的模拟，还有自适应控制系统、数字滤波器设计和地球物理学等领域[269]。在地震学勘探中，这样的系统已用于生成分层的地球模型来解决地球表面的复杂性问题[268]。

8.2　最优估计技术

1. 信号的性质

为了成功使用下面给出的自适应滤波器算法并保证算法的收敛和稳定性，有必要对输入信号的本质做一些基本假设。从概率的角度看，输入信号可以看作一个随机变量的向量。首先，输入信号(也就是随机变量的向量)应该具有各态历经性，也就是说，用单一输入信号计算的统计性质，如均值：

$$\eta = E\{x\} = \lim_{N\to\infty} \frac{1}{N}\sum_{n=0}^{N-1} x[n]$$

或方差

$$\sigma^2 = E\{(x-\eta)^2\} = \lim_{N\to\infty} \frac{1}{N}\sum_{n=0}^{N-1} (x[n]-\eta)^2$$

应该显示与一组这样的随机变量的平均值相同的统计性质。其次，信号应该是广义稳态(WSS)的，即在一组平均值上测得的诸如平均值或方差的统计测量不是时间的函数，并且自相关函数：

$$r[\tau] = E\{x[t_1]x[t_2]\} = E\{x[t+\tau]x[t]\} = \lim_{N\to\infty} \frac{1}{N}\sum_{n=0}^{N-1} x[n]x[n+\tau]$$

只依赖于差 $\tau = t_1 - t_2$。特别要注意：

$$r[0] = E\{x[t]x[t]\} = E\{|x[t]|^2\} \tag{8-1}$$

用于计算 WSS 过程的平均功率。

一些更高级的自适应滤波器算法需要比一阶或二阶更高的高阶矩知识。最常用的是名为“峰态”的四阶统计。从字面上，可以找到几种不同的定义，此处使用 MATLAB 支持的版本(不使用−3 进行标准化)，即：

$$\kappa = \frac{E\{(x\text{-}\eta)^4\}}{(E\{(x\text{-}\eta)^2\})^2} \tag{8-2}$$

MATLAB 中的这个定义拥有良好的性质，即信号中的任何 DC 偏移或比例因子都不会改变峰态的值，也就是：

$$\kappa = (ax+b) = \kappa(x) \tag{8-3}$$

作为一个示例，下面计算服从均匀分布的周期全波(边界为[−a, a])的峰态。概率密度函数(Probability Density Function，PDF)在 1/(2a)处是常数。首先确定四阶矩和二阶矩，对于 η=0，有：

$$E\{x^4\} = \frac{1}{2a}\int_{-a}^{a} x^4 dx = \frac{1}{2a}\frac{a^5}{5}\bigg|_{-a}^{a} = \frac{1}{2a}2\frac{a^5}{5} = \frac{a^4}{5}$$

$$E\{x^2\} = \frac{1}{2a}\int_{-a}^{a} x^2 dx = \frac{1}{2a}\frac{a^3}{3}\bigg|_{-a}^{a} = \frac{1}{2a}2\frac{a^3}{3} = \frac{a^2}{3}$$

最终，对于峰态，得到：

$$\kappa = \frac{E\{(x\text{-}\eta)^4\}}{(E\{(x\text{-}\eta)^2\})^2} = \frac{a^4/5}{(a^3/3)^2} = \frac{9}{5} = 1.8 \tag{8-4}$$

基于高斯或正态分布的峰态的特征明显。使用 MATLAB 时，高斯分布的峰态是 3。峰态高于高斯峰态并且拥有脉冲型分布的自然信号，被称作超高斯或尖峰信号。例如，长度为 L、脉冲数为 I(其余为零)的信号，$\kappa = L/I$。我们测量的很多技术性信号，例如正弦、余弦、三角或二进制±1“掷硬币”信号，其峰态低于高斯分布的峰态，这些信号被认为是次高斯或低峰态信号。表 8-1 给出了一些典型 PDF 的均值、方差和峰态。

表 8-1 典型分布的均值、方差和峰态

分 布	均 值	方 差	峰 态
掷硬币分布±1	0.0	1.0	1.0
正弦/余弦，周期>8	0.0	0.5	1.5
三角分布[0,10]	5.0	35.0	1.8
均匀分布[−0.5,0.5]	0.0	1/12	1.8
0、1、−1、0、1、−1、…	0.0	0.5	2.0
高斯/标准分布	0.0	1.0	3.0
瑞利噪声	1.25	0.43	3.3
拉普拉斯噪声	0.0	2.0	5.8
长笛	0.0	1.0	3.59
钢琴	0.0	1.0	3.94
男声	0.0	1.0	16.4
女声	0.0	1.0	46.1
I 脉冲/长度 L	0.0	1.0	L/I

2. 成本函数的定义

被应用于评估器输出的成本函数的定义是所有自适应滤波器算法的关键参数。我们需要以某种方式“加权”估计误差：

$$e[n]=d[n]-y[n] \tag{8-5}$$

其中 $d[n]$是要估计的随机变量，$y[n]$是通过自适应滤波器计算的估计值。最常用的成本函数是下面公式给出的最小二乘法(Least-Mean-Square，LMS)函数：

$$J=E\{e^2[n]\}=\overline{(d[n]-y[n])^2} \tag{8-6}$$

需要注意的是，这并不是唯一可用的成本函数。其他的函数(如绝对值误差和非线性阈值函数)如图 8-5 右边所示。如果某种误差水平是可以接受的，就可以使用非线性阈值类型的函数，后面将会看到，这种函数可以降低自适应算法的计算量。有趣的是，可以看到 Widrow[271]最初的自适应滤波器算法就使用了这种阈值函数来处理误差。

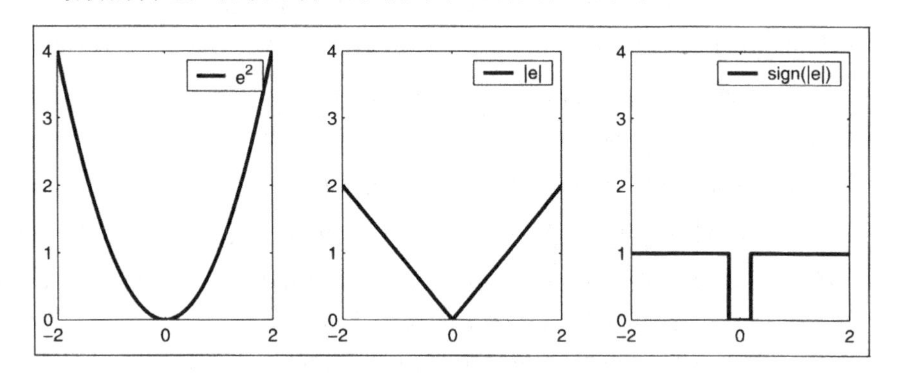

图 8-5　3 种可能的误差成本函数

另一方面，LMS 方法的二次误差函数使得我们能够根据最初在连续信号领域中发展起来的维纳-霍夫关系构造一种随机梯度方法。下一小节将回顾维纳-霍夫估计方法，后者直接推导出了 Widrow 等人首先提出的被广泛使用的 LMS 自适应滤波器算法[277, 278]。

最优维纳估计

自适应 FIR 滤波器的输出通过如下卷积和计算：

$$y[n]=\sum_{k=0}^{L-1} f_k x[n-k] \tag{8-7}$$

其中滤波器的系数 f_k 以定义的成本函数 J 为最小值的方式调整。通常根据下式：

$$y[n]=\boldsymbol{x}^T[n]\boldsymbol{f}=\boldsymbol{f}^T\boldsymbol{x}[n] \tag{8-8}$$

用向量表示法书写卷积更为方便，其中 $\boldsymbol{f}=[f_0 f_1 \ldots f_{L-1}]^T$，$\boldsymbol{x}[n]=[x[n]\ x[n-1] \ldots x[n-(L-1)]]^T$ 是$(L\times 1)$大小的向量，T 表示矩阵的转置或复数的厄米共轭转置。对于 $\boldsymbol{A}=[a[k,l]]$，转置矩阵沿主对角线“镜像”对称，也就是 $\boldsymbol{A}^T=[a[l,k]]$。根据误差函数(8-5)的定义，得到：

$$e[n]=d[n]-y[n]=d[n]-\boldsymbol{f}^T\boldsymbol{x}[n] \tag{8-9}$$

现在，均方误差函数变成：

$$\begin{aligned} J &= E\{e^2[n]\} = E\{d[n] - y[n]\}^2 = E\{d[n] - \boldsymbol{f}^T \boldsymbol{x}[n]\}^2 \\ &= E\{(d[n] - \boldsymbol{f}^T x[n])(d[n] - \boldsymbol{x}^T[n]\boldsymbol{f})\} \\ &= E\{d[n]^2 - 2d[n]\boldsymbol{f}^T \boldsymbol{x}[n] + \boldsymbol{f}^T \boldsymbol{x}[n]\boldsymbol{x}^T[n]\boldsymbol{f}\} \end{aligned} \tag{8-10}$$

注意，误差是滤波器系数的二次函数，滤波器系数可以被描绘成一个凹的超抛物面、一个永远非负的函数，图8-6给出了具有两个滤波器系数的一个示例。调整滤波器权重使误差最小化，目的是沿着超抛物面下降到抛物面的底部。梯度(Gradient)方法通常用于这一目的。选择成本函数的均方类型使之得到一个性能良好，并且具有唯一最小值的均方误差面。如果关于$\boldsymbol{f}$对式(8-10)微分，并使梯度为零，成本函数就会取得最小值，也就是：

$$\nabla = \frac{\partial J}{\partial \boldsymbol{f}^T} = E\{(-2d[n]x[n] + 2\boldsymbol{x}[n]\boldsymbol{x}^T[n]\boldsymbol{f}_{\text{opt}}\} = 0$$

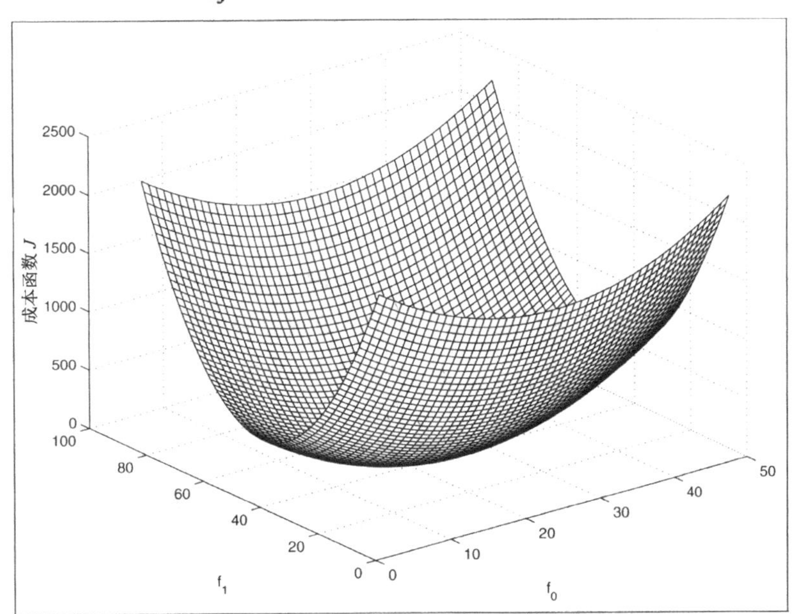

图8-6　两个分量情况下的误差成本函数，成本函数的最小值在$f_0 = 25$和$f_1 = 43.3$处

假定滤波器权重向量$\boldsymbol{f}$和信号向量$\boldsymbol{x}[n]$在统计学上是独立的(也就是不相关)，由此得出结论：

$$E\{d[n]x[n]\} = E\{\boldsymbol{x}[n]\boldsymbol{x}^T[n]\}\boldsymbol{f}_{\text{opt}}$$

接下来，就可以用下式：

$$\boldsymbol{f}_{\text{opt}} = E\{\boldsymbol{x}[n]\boldsymbol{x}^T[n]\}^{-1} E\{d[n]\boldsymbol{x}[n]\} \tag{8-11}$$

计算最优滤波器系数向量$\boldsymbol{f}_{\text{opt}}$。期望项通常按照如下方式定义：

$$\boldsymbol{R}_{\boldsymbol{xx}} = E\{\boldsymbol{x}[n]\boldsymbol{x}^T[n]\}$$

$$=E\begin{bmatrix} x[n]x[n] & x[n]x[n-1] & \cdots & x[n]x[n-(L-1)] \\ x[n-1]x[n] & x[n-1]x[n-1] & \cdots & \\ \vdots & & \ddots & \vdots \\ x[n-(L-1)]x[n] & \cdots & \cdots & \end{bmatrix}$$

$$=E\begin{bmatrix} r[0] & r[1] & \cdots & r[L-1] \\ r[1]] & r[0] & \cdots & r[L-2] \\ \vdots & & \ddots & \vdots \\ r[L-1] & r[L-2] & \cdots & r[0] \end{bmatrix}$$

这是输入信号序列的$(L\times L)$自相关矩阵，输入信号序列具有托普利兹矩阵形式，并且：

$$r_{dx}=E\{d[n]\boldsymbol{x}[n]\}$$
$$=E\begin{bmatrix} d[n]x[n] \\ d[n]x[n-1] \\ \vdots \\ d[n]x[n-(L-1)] \end{bmatrix}=\begin{bmatrix} r_{dx}[0] \\ r_{dx}[1] \\ \vdots \\ r_{dx}[L-1] \end{bmatrix}$$

是期望信号和基准信号之间的$(L\times 1)$互相关向量。有了这些定义，就可以将式(8-11)改写为更简洁的形式，如下所示：

$$\boldsymbol{f}_{\text{opt}}=\boldsymbol{R}_{xx}{}^{-1}\boldsymbol{r}_{dx} \tag{8-12}$$

通常将这个公式称为维纳-霍夫方程[267]，该方程为滤波器的系数向量 $\boldsymbol{f}_{\text{opt}}$ 生成最优 LMS 解。式(8-12)存在唯一解的条件是 $\boldsymbol{R}_{xx}{}^{-1}$ 存在，也就是自相关矩阵必须是非奇异矩阵，或是行列式非零。幸运的是，可以看到对于 WSS 信号，$\boldsymbol{R}_{xx}$ 矩阵是非奇异矩阵[268]，并且存在逆矩阵。

根据式(8-10)，最优估计的残差变成：

$$J_{\text{opt}}=E\{d[n]-\boldsymbol{f}_{\text{opt}}^{T}x[n]\}^2=E\{d[n]\}^2-2\boldsymbol{f}_{\text{opt}}^{T}\boldsymbol{r}_{dx}+\boldsymbol{f}_{\text{opt}}^{T}\underbrace{\boldsymbol{R}_{xx}\boldsymbol{f}_{\text{opt}}}_{r_{dx}}$$

$$\boldsymbol{J}_{\text{opt}}=\boldsymbol{r}_{dd}[0]-\boldsymbol{f}_{\text{opt}}^{T}\boldsymbol{r}_{dx} \tag{8-13}$$

其中，$\boldsymbol{r}_{dd}[0]=\sigma_d^2$是$d$的方差。

接下来用一个例题阐述维纳-霍夫算法。

例 8.1　二抽头 FIR 滤波器干扰的消除

假设有一个观测到的通信信号，它由 3 部分构成：信息携载信号，这是一种曼彻斯特编码方式的传感器信号 $m[n]$，幅值 $B=10$，如图 8-7(a)所示；附加的高斯白噪声信号 $n[n]$，如图 8-7(b)所示；60Hz(美国交流电网的频率为 60Hz，而中国的为 50Hz)的电力线交流噪声，幅值 $A=50$，如图 8-7(c)所示。假设采样频率是电力线交流噪声频率的 4 倍，也就是 $4\times 60=240$Hz，观测信号用公式表示如下：

$$d[n]=A\cos[\pi n/2]+Bm[n]+\sigma^2 n[n]$$

应用到自适应滤波器输入端的基准信号 $x[n]$(如图 8-7(d)所示)为：

$$x[n]=\cos[n\pi/2+\phi]$$

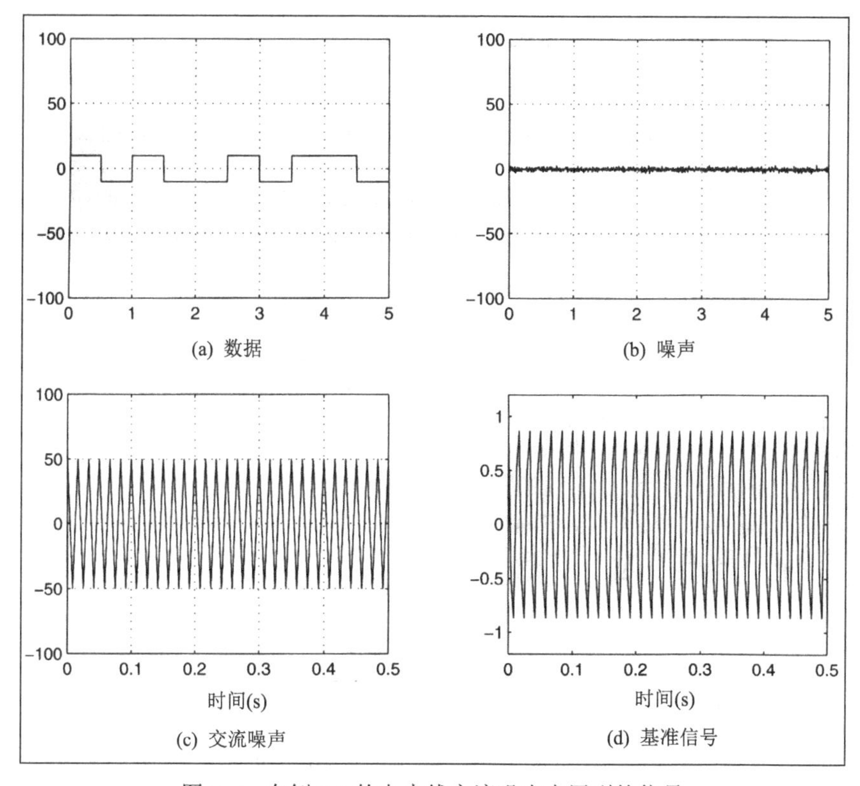

图 8-7　在例 8.1 的电力线交流噪声中用到的信号

其中，$\phi=\pi/6$ 是一个常数偏移量。二抽头滤波器的输出如下：

$$y[n]=f_0\cos[n\pi/2+\phi]+f_1\cos[(n-1)\pi/2]+\phi]$$

为了求解式(8-12)，首先要计算 $x[n]$的自相关系数，延迟分别为 0 和 1：

$$r_{xx}[0]=E\{(\cos[n\pi/2+\phi])^2\}=\frac{1}{2}$$

$$r_{xx}[1]=E\{\cos[n\pi/2+\phi]\sin[n\pi/2+\phi]\}=0$$

对于互相关系数，可以得到：

$$r_{dx}[0]=E\{(A\cos[n\pi/2]+Bm[n]+\sigma^2n[n])\cos[n\pi/2+\phi]\}=\frac{A}{2}\cos(\phi)=12.5\sqrt{3}$$

$$r_{dx}[1]=E\{(A\cos[n\pi/2]+Bm[n]+\sigma^2n[n])\sin[n\pi/2+\phi]\}=\frac{A}{2}\cos(\phi-\pi)=\frac{50}{4}=12.5$$

这正是维纳-霍夫方程(8-12)所需的，现在就可以计算(2×2)自相关矩阵和(2×1)互相关向量，并得到：

$$\boldsymbol{f}_{\text{opt}} = \boldsymbol{R}_{xx}^{-1}\boldsymbol{r}_{dx}\begin{bmatrix} r_{xx}[0] & r_{xx}[1] \\ r_{xx}[1] & r_{xx}[0] \end{bmatrix}^{-1}\begin{bmatrix} r_{dx}[0] \\ r_{dx}[1] \end{bmatrix}$$

$$=\begin{bmatrix} 0.5 & 0 \\ 0 & 0.5 \end{bmatrix}^{-1}\begin{bmatrix} 12.5\sqrt{3} \\ 12.5 \end{bmatrix}=\begin{bmatrix} 2 & 0 \\ 0 & 2 \end{bmatrix}\begin{bmatrix} 12.5\sqrt{3} \\ 12.5 \end{bmatrix}=\begin{bmatrix} 25\sqrt{3} \\ 25 \end{bmatrix}=\begin{bmatrix} 43.3 \\ 25 \end{bmatrix}$$

图 8-8 给出了这些数据的仿真结果。其中，图 8-8(a)是 3 种信号(曼彻斯特编码的 5 位有效信号、60Hz 的电力线交流噪声以及附加的高斯白噪声)的总和，图 8-8(b)是消除了电力线交流噪声的系统输出(也就是 $e[n]$)。

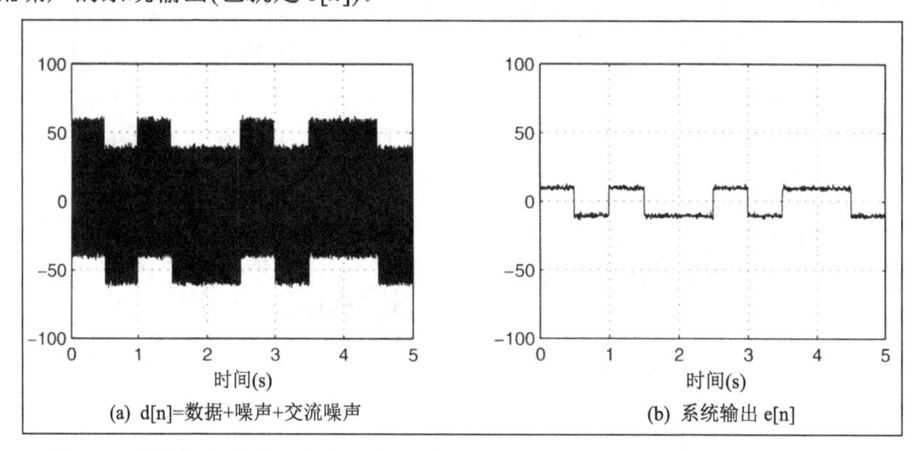

图 8-8 用最优维纳估计方法消除曼彻斯特编码的数据信号中的 60Hz 电力线干扰

8.3 Widrow-Hoff 最小二乘法算法

我们希望避免直接计算维纳估计公式(8-12)，这是有理由的。首先，自相关矩阵 $\boldsymbol{R}_{xx}$ 和互相关向量 $\boldsymbol{r}_{dx}$ 的生成需要较大的计算量。不仅需要计算 $\boldsymbol{x}$ 的自相关矩阵以及 $\boldsymbol{d}$ 与 $\boldsymbol{x}$ 之间的互相关向量，而且为了获得足够的统计量，不知道需要使用多少数据样本。其次，即使已经构造了相关函数，也仍然需要计算自相关矩阵的逆矩阵 R_{xx}^{-1}。如果滤波器的阶数变得更大，这将非常耗时。即使可以得到 R_{xx}^{-1}，但是由于涉及许多计算步骤，特别是如果用定点运算实现，结果的精度也可能达不到要求。

Widrow-Hoff 最小二乘法(Least Mean Square，LMS)自适应算法[277]是一种用于寻找式(8-12)实时近似逼近的实用方法。该算法既不需要相关函数的严格度量，也不涉及矩阵的求逆。由于滤波器系数的值基于输入信号的实时测量，因此该算法的精度受统计样本规模的限制。

LMS 算法是最速下降法的一种实现。根据这一方法，下一个滤波器系数向量 $\boldsymbol{f}[n+1]$ 等于当前的滤波器系数向量 $\boldsymbol{f}[n]$ 加上正比于负梯度的一个改变量：

$$\boldsymbol{f}[n+1]=\boldsymbol{f}[n]-\frac{\mu}{2}\nabla[n] \tag{8-14}$$

参数 μ 是控制稳定性和算法收敛速度的学习因子或步长。在每次迭代中，真实梯度用 $\nabla[n]$ 表示。

通过假定 $J=e[n]^2$ 的梯度是均方误差 $E\{e[n]^2\}$ 的梯度的一个估计，LMS 算法以一种粗略但有效的方式估计瞬时梯度。真实梯度 $\nabla[n]$ 与估计梯度 $\hat{\nabla}[n]$ 之间的关系由下面的表达式给出：

$$\nabla[n]=\left[\frac{\partial E\{e[n]^2\}}{\partial f_0},\quad \frac{\partial E\{e[n]^2\}}{\partial f_1},\quad \cdots,\quad \frac{\partial E\{e[n]^2\}}{\partial f_{L-1}}\right]^T \tag{8-15}$$

$$\hat{\nabla}[n]=\left[\frac{\partial e[n]^2}{\partial f_0},\quad \frac{\partial e[n]^2}{\partial f_1},\quad \cdots,\quad \frac{\partial e[n]^2}{\partial f_{L-1}}\right]^T=2e[n]\left[\frac{\partial e[n]}{\partial f_0},\quad \frac{\partial e[n]}{\partial f_1},\quad \cdots,\quad \frac{\partial e[n]}{\partial f_{L-1}}\right]^T \tag{8-16}$$

所估计的梯度分量与瞬时误差对滤波器系数的偏导数有关，后者可以通过对式(8-9)微分得到，如下所示：

$$\hat{\nabla}[n]=-2e[n]\frac{\partial e[n]}{\partial \boldsymbol{f}}=-2e[n]x[n] \tag{8-17}$$

用这一估计值代替式(8-14)中的真实梯度，得到：

$$\boldsymbol{f}[n+1]=\boldsymbol{f}[n]-\frac{\mu}{2}\hat{\nabla}[n]=\boldsymbol{f}[n]+\mu e[n]\boldsymbol{x}[n] \tag{8-18}$$

下面总结一下 LMS 算法[1]的所有必要步骤。

算法 8.2 Widrow-Hoff LMS 算法

Widrow-Hoff 算法采取如下步骤调整自适应滤波器的 L 个滤波器系数：

(1) 初始化($L\times 1$)向量 $\boldsymbol{f}=\boldsymbol{x}=\boldsymbol{0}=[0, 0, \ldots, 0]^T$。

(2) 接收一对新的输入采样值 $\{x[n], d[n]\}$，并在基准信号向量 $\boldsymbol{x}[n]$ 中移动 $x[n]$。

(3) 通过下面的公式计算 FIR 滤波器的输出信号：

$$y[n]=\boldsymbol{f}^T[n]\boldsymbol{x}[n] \tag{8-19}$$

(4) 通过下面的公式计算误差函数：

$$e[n]=d[n]-y[n] \tag{8-20}$$

(5) 根据下面的公式更新滤波器系数：

$$\boldsymbol{f}[n+1]=\boldsymbol{f}[n]+\mu e[n]\boldsymbol{x}[n] \tag{8-21}$$

接下来重复步骤(2)。

1. 注意，由于式(8-17)中梯度的微分产生了一个因子 2，因此在该算法的原始表达式[277]中使用了更新方程 $\boldsymbol{f}[n+1]=\boldsymbol{f}[n]+2\mu e[n]\,\boldsymbol{x}[n]$。更新方程(8-18)采用了在当前大多数有关自适应滤波器的教科书中都使用的符号。

尽管 LMS 算法用到了均方误差函数的梯度，但它不需要平方、求均值，也不用微分。这一算法简单，很容易在软件中实现(例如，在文献[276]中可以查到 MATLAB 代码，在文献[279]中可以查到 C 语言代码，在文献[280]中可以查到 PDSP 汇编代码)。

利用与例 8.1 中相同的系统配置对步长 μ 的不同值进行仿真，结果如图 8-9 所示。自适应滤波器在 1 秒钟后启动。系统输出 $e[n]$在图 8-9 的左侧，滤波器系数的调整在右侧。可以看到，最优滤波器系数随着 μ 值接近 $f_0 = 43.3$ 和 $f_1 = 25$。

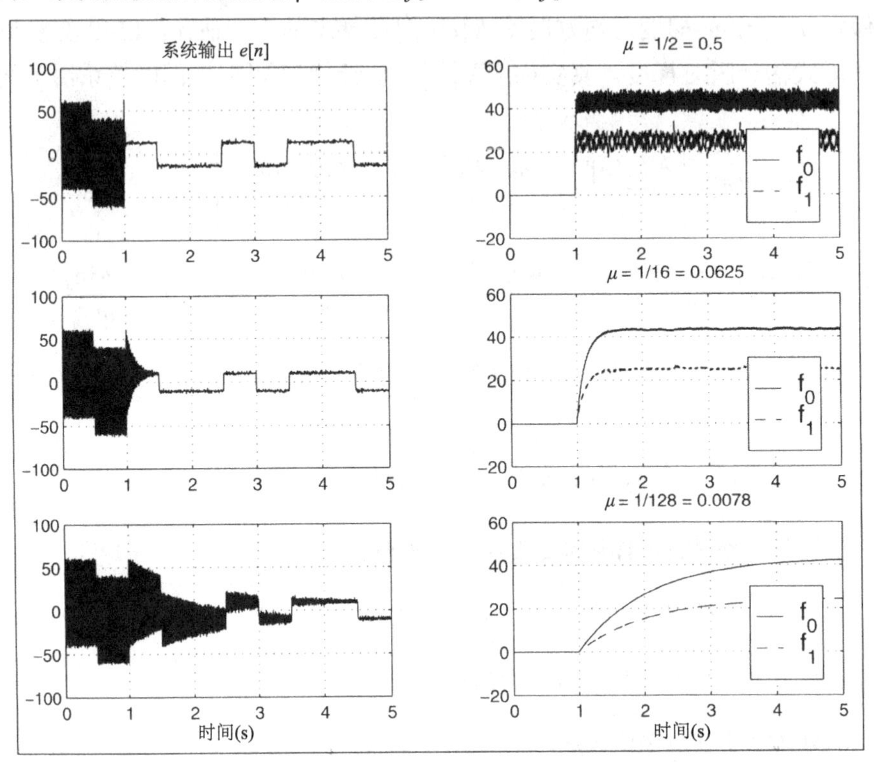

图 8-9　运用 LMS 算法在 3 个不同的步长 μ 下对电力线干扰消除的仿真结果，(左侧)系统输出 $e[n]$，(右侧)滤波器系数

可以看到，当输入信号是 WSS(这是计算维纳估计的自相关矩阵的逆矩阵 R_{xx}^{-1} 所要求的)时，在 LMS 算法中用到的梯度估计是无偏的，权向量的期望值收敛到维纳权向量(8-12)。从任意初始滤波器系数向量开始，该算法都会收敛到均值，并且只要学习因子 μ 大于 0、小于上限 μ_{max}，算法就会保持稳定。图 8-10 给出了通过系数值在(f_0, f_1)映射中的投影表示滤波器系数自适应性收敛的另一种形式。图 8-10 还给出了相同误差的等高线。可以看出，LMS 算法沿锯齿形路线而不是真实梯度向最小值移动，而后者才与这些误差等高线完全正交。

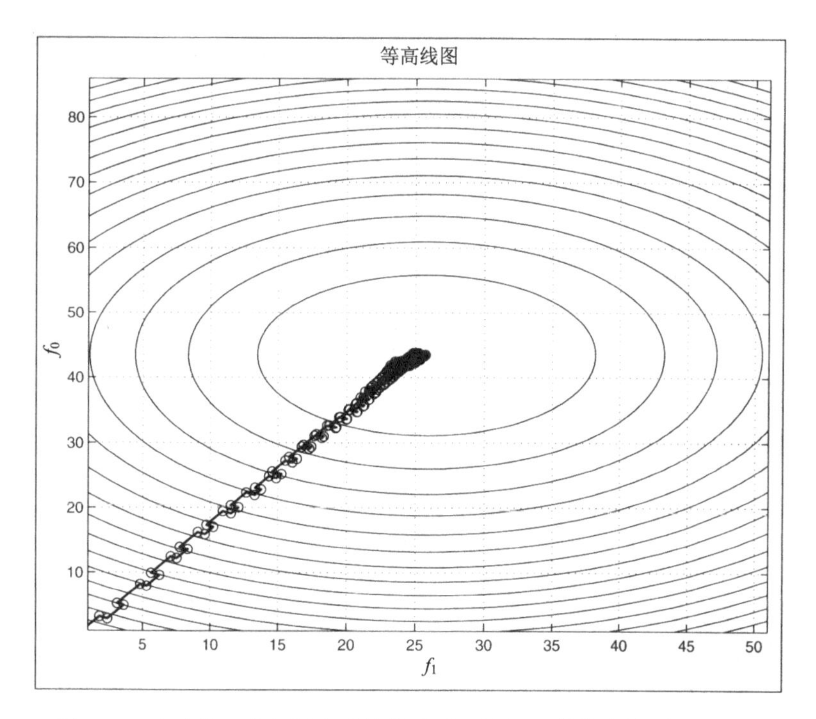

图 8-10　电力线干扰例题中的收敛说明(采用 2D 的等高线图 $\mu = 1/16$)

尽管 LMS 算法明显比 RLS 算法(本章后面将会讨论)简单，但是 LMS 算法的收敛性质很难精确地进行分析。确定 μ 的上限的最简单方法是使用 $\boldsymbol{R}_{xx}$ 的特征值，通过求解如下齐次方程：

$$0 = \det(\lambda \boldsymbol{I} - \boldsymbol{R}_{xx}) \tag{8-22}$$

可以得到 $\boldsymbol{R}_{xx}$ 的特征值。其中 $\boldsymbol{I}$ 是 $L \times L$ 的单位矩阵。有 L 个特征值 $\lambda[k]$，性质如下：

$$\det(\boldsymbol{R}_{xx}) = \prod_{k=0}^{L-1} \lambda[k] \text{ 和} \tag{8-23}$$

$$\operatorname{trace}(\boldsymbol{R}_{xx}) = \sum_{k=0}^{L-1} \lambda[k] \tag{8-24}$$

从自相关矩阵的特征值分析得出结论，如果：

$$0 < \mu < \frac{2}{\lambda_{\max}} \tag{8-25}$$

那么 LMS 算法(在平均意义上)是稳定的。尽管假定滤波器是稳定的，但在后面会看到这个上限并不能保证有限的均方误差。也就是说，$\boldsymbol{f}[n]$收敛到 $\boldsymbol{f}_{\text{opt}}$ 并且需要使用更为严格的限制条件。

图 8-9 中 LMS 算法的仿真结果还显示了个体学习曲线潜在的指数性质。利用特征值分析，还可以将滤波器系数转换成独立的不再是线性相关的所谓“模式”。自然模式的数

量等于自由度的数量，也就是独立分量的数量，在当前示例中与滤波器系数的数量相等。第 k 个模式的时间常数与第 k 个特征值 $\lambda[k]$和参数 μ 有关：

$$\tau[k]=\frac{1}{2\mu\lambda[k]} \tag{8-26}$$

因此，最长时间常数 $\tau_{\max}$ 与最小特征值 $\lambda_{\min}$ 之间有如下关系：

$$\tau_{\max}=\frac{1}{2\mu\lambda_{\min}} \tag{8-27}$$

联立式(8-25)与式(8-26)，得到：

$$\tau_{\max}>\frac{\lambda_{\max}}{2\lambda_{\min}} \tag{8-28}$$

上式表明自相关矩阵 $\boldsymbol{R}_{xx}$ 的特征值比(EigenValue Ratio，EVR)，即 $\lambda_{\max}/\lambda_{\min}$ 越大，LMS 算法收敛需要的时间越长。例如，在文献[275]中就可以找到符合这一结论的仿真结果，相关内容将在 8.3.1 中讨论。

到目前为止，所给出的关于 ADF 稳定性的结论在大多数最初由 Widrow 出版的专著以及许多教科书中都能找到。但这些条件还不能保证滤波器系数向量的有限方差，也不能保证均方误差。因此，该算法的许多用户意识到，需要更为严格的条件来保证算法的收敛性。例如，在文献[276]的例题中，会找到“经验法则”，即为 μ 选择比理论值的 1/10 更小的值作为因子。

最新研究结果表明，必须对不等式(8-25)的边界施以更严格的限制。例如，由 Horowitz 和 Senne[281]给出的结论以及由 Feuer 和 Weinstein[282]用其他方法推导出的结论指出，为了保证收敛，必须通过两个条件对步长(假定输入向量 $\boldsymbol{x}[n]$的元素在统计学上是独立的)加以限制：

$$0<\mu<\frac{1}{\lambda_l} \qquad l=0,1,\ldots,L-1 \qquad 且 \tag{8-29}$$

$$\sum_{l=0}^{L-1}\frac{\mu\lambda_l}{1-\mu\lambda_l}<2 \tag{8-30}$$

这些条件无法通过解析来解决，但是可以看到它们非常接近下面的条件：

$$0<\mu<\frac{2}{3\times trace(\boldsymbol{R}_{xx})}=\frac{2}{3\times L\times r_{xx}[0]} \tag{8-31}$$

不等式(8-31)的上限具有截然不同的实用优势。通过定义(请参阅式(8-24))，$\boldsymbol{R}_{xx}$ 的踪迹就是基准信号的总平均输入信号功率，根据基准信号 $x[n]$可以很容易估计总平均输入信号功率。

例 8.3　步长的边界

从不等式(8-25)的分析中可以看到，首先需要计算矩阵 $\boldsymbol{R}_{xx}$ 的特征值，也就是：

$$0=\det(\lambda \boldsymbol{I}-\boldsymbol{R}_{xx})=\begin{bmatrix} r_{xx}[0]-\lambda & r_{xx}[1] \\ r_{xx}[1] & r_{xx}[0]-\lambda \end{bmatrix} \tag{8-32}$$

$$=\det\begin{bmatrix} 0.5-\lambda & 0 \\ 0 & 0.5-\lambda \end{bmatrix}=(0.5-\lambda)^2 \tag{8-33}$$

$$\lambda[1,\ 2]=0.5 \tag{8-34}$$

利用不等式(8-25)得到：

$$\mu_{\max}=\frac{2}{\lambda_{\max}}=4 \tag{8-35}$$

利用不等式(8-31)更为严格的边界得到：

$$\mu_{\max}=\frac{2}{3\times L\times r_{xx}[0]}=\frac{2}{3\times 2\times 0.5}=\frac{2}{3} \tag{8-36}$$

图 8-11 中的仿真结果显示，实际上 $\mu=4$ 时不收敛，而 $\mu=2/3$ 时收敛。

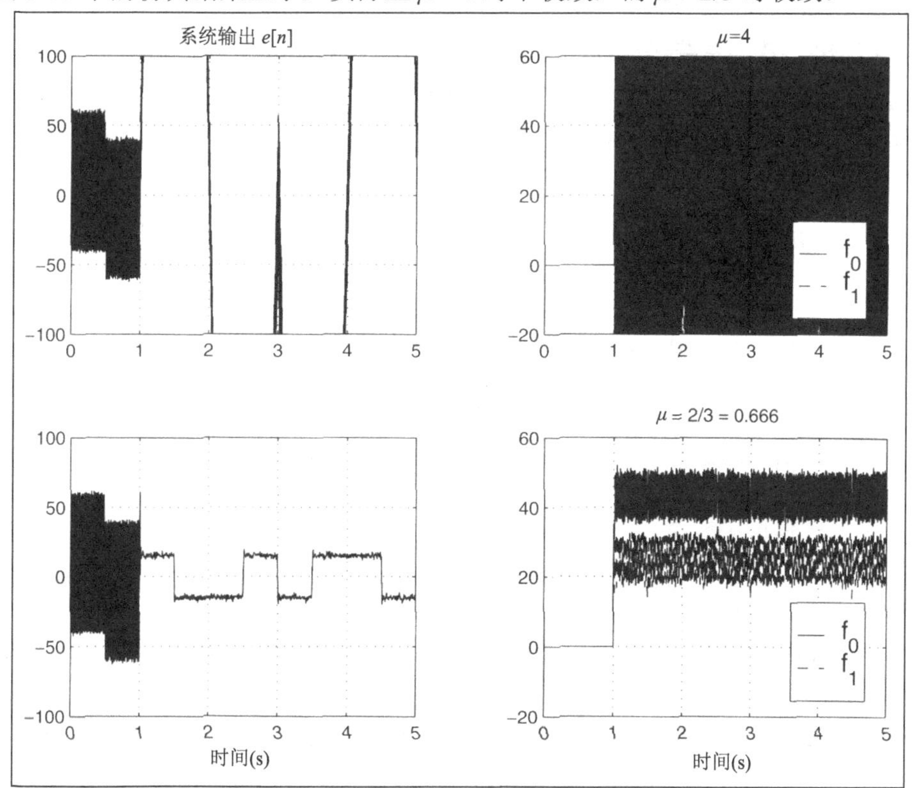

图 8-11　基于最大步长值的 LMS 算法的电力线干扰消除的仿真结果：(左侧)系统输出 $e[n]$，(右侧)滤波器系数

从图 8-11 给出的仿真结果中还可以看到，虽然 $\mu_{max}=2/3$ 时收敛更快，但实质上系数是“来回波动”的。为了保证平滑逼近滤波器系数的最优值并保持稳定，有必要使 μ 取更小的值。

Horowitz 和 Senne[281]以及 Feuer 和 Weinstein[282]就发现的条件做了一个假设：所有的输入信号 $\boldsymbol{x}[n]$在统计学上都是独立的。例如，如果输入数据来自一个包含 L 个独立传感器的天线阵列，这一假设就为真；但对于具有抽头延迟结构的 ADF，例如，Butterweck[268]就指出，对于长滤波器，稳定边界可以放宽到：

$$0<\mu<\frac{2}{L\times r_{xx}[0]} \tag{8-37}$$

也就是说，与不等式(8-31)相比，上限可以在分母上放宽一个因子 3。但是条件(8-37)只适用于长滤波器，所以在使用上比不等式(8-31)要少一些。

8.3.1 学习曲线

学习曲线，也就是随迭代次数显示的误差函数 J——当比较不同算法和系统配置的性能时，是一种重要的测量工具。接下来研究 LMS 算法，涉及要辨识的系统的特征值比 $\lambda_{max}/\lambda_{min}$ 和信噪比(Signal-to-Noise，S/N)的敏感性。

图 8-12 给出了基于系统辨识问题的自适应算法的一种典型性能测量方法。自适应滤波器的长度 L=16，与“未知”系统(系统的系数需要通过学习获得)的长度相同。“未知”系统的附加噪声设置为两个不同的水平，高噪声环境为–10dB，而低噪声环境为–48dB，等效于一个 8 位的量化。

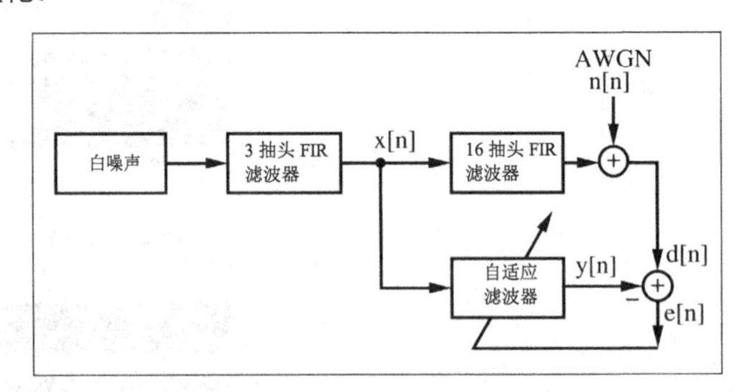

图 8-12 LMS 学习曲线的系统辨识结构

对于 LMS 算法，特征值比(EVR)是决定收敛速度的关键参数，请参阅不等式(8-28)。为了生成不同的特征值比，采用一种由数字滤波器生成的 σ^2=1 的高斯白噪声源。例如，可以使用一个一阶 IIR 滤波器生成一阶马尔可夫过程，请参阅练习 8.10。还可以用系数为 $\boldsymbol{c}^T=[a, b, a]$的三抽头对称 FIR 滤波器过滤白噪声。FIR 滤波器的优点是可以很容易将功率标准化。系数应该标准化成 $\sum_k c_k^2=1$，使得输入序列和输出序列具有相同的功率。这就要求：

$$1=a^2+b^2+a^2 \text{ 或 } a=0.5\times\sqrt{1-b^2} \tag{8-38}$$

有了这样的滤波器，就能够为不同的系统规模 $L=2$、4、8 和 16 生成不同的特征值比 $\lambda_{\max}/\lambda_{\min}$，如图 8-13 所示。接下来利用表 8-2 得到长度 $L=16$ 的系统的 10 的幂形式的 EVR。

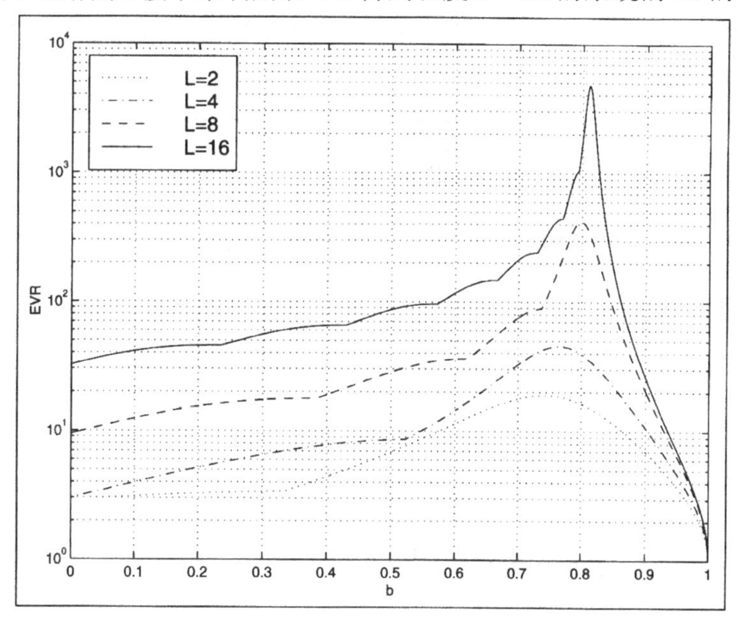

图 8-13 不同系统规模 L 的三抽头滤波器系统的特征值比

表 8-2 四种不同噪声形状的 FIR 滤波器对于 L=16 生成 10 的幂形式的特征值比

序 号	脉 冲 响 应	EVR
1	$0+1z^{-1}+0.0z^{-2}$	1
2	$0.247665+0.936656z^{-1}+0.247665z^{-2}$	10
3	$0.577582+0.576887z^{-1}+0.577582z^{-2}$	100
4	$0.432663+0.790952z^{-1}+0.432663z^{-2}$	1000

对于高斯白噪声源，$\boldsymbol{R}_{xx}$ 矩阵是一个对角矩阵 $\sigma^2\boldsymbol{I}$，因此特征值全是 1，也就是 $\lambda_l=1$；$l=0, 1, \ldots, L-1$。其他 EVR 可以用 MATLAB 验证，请参阅练习 8.9。未知系统的脉冲响应 g_k 是一个奇对称滤波器，系数是 1, –2, 3, –4, ..., –3, 2, –1，如图 8-14(a)所示。LMS 算法的步长由下式确定：

$$\mu_{\max}=\frac{2}{3\times L\times E\{\boldsymbol{x}^2\}}=\frac{1}{24} \tag{8-39}$$

为保证完备稳定性，选择步长 $\mu=\mu_{\max}/2=1/48$。通过标准误差函数：

$$J[n]=20\lg\left(\frac{\sum_{k=0}^{15}(g_k-f_k[n])^2}{\sum_{k=0}^{15}g_k^2}\right) \tag{8-40}$$

计算学习曲线或系数误差。EVR=1 的系数适应性的单次自适应运行结果如图 8-14(b)所示。可以看到 200 次迭代后，自适应滤波器已经无误差地学习了未知系统的系数。从图

8-14(c)和图 8-14(d)所示的学习曲线(在 50 个自适应循环以上求均值)可以看到 LMS 算法对 EVR 非常敏感。在高 EVR 的情况下需要多次迭代，遗憾的是实际信号都具有较高的 EVR。例如，语音信号的 EVR 是 1874[283]。另一方面，从图 8-14(c)中可以看到 LMS 算法在高噪声环境中仍具有自适应性。

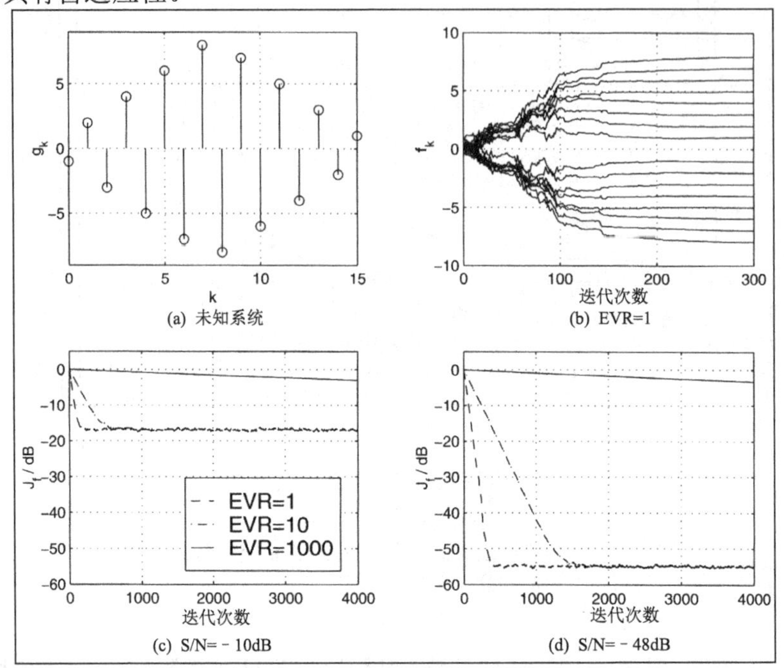

图 8-14　基于图 8-12 所示的系统辨识结构的 LMS 算法的学习曲线：(a)“未知”系统的脉冲响应 g_k，(b)随时间学习的系数，(c)对于较大系统噪声的 50 次以上平均学习曲线，(d)对于较小系统噪声的 50 次以上平均学习曲线

8.3.2 标准化 LMS(NLMS)

到目前为止，讨论的 LMS 算法使用的都是与稳定边界 $\mu_{\max}=2/(L\times r_{xx}[0])$成正比的恒定步长 μ。显然这需要信号的统计量，也就是 $r_{xx}[0]$，并且这一统计量不随时间变化。但实际上这一统计量可能随时间变化，并且我们希望相应地调整 μ。可以通过下式：

$$r_{xx}[0]=\frac{1}{L}\boldsymbol{x}^T[n]\boldsymbol{x}[n] \tag{8-41}$$

计算信号功率的瞬时估计。“标准化”μ 由下式给出：

$$\mu_{\max}[n]=\frac{2}{\boldsymbol{x}^T[n]\boldsymbol{x}[n]} \tag{8-42}$$

如果担心分母会暂时变得很小而 μ 太大，可以给 $\boldsymbol{x}^T[n]\boldsymbol{x}[n]$添加一个小的常数 δ，从而得到：

$$\mu_{\max}[n]=\frac{2}{\delta+\boldsymbol{x}^T[n]\boldsymbol{x}[n]} \tag{8-43}$$

出于安全考虑，不选择 $\mu_{\max}[n]$，而是使用稍微小一点的值，如 $0.5\times\mu_{\max}[n]$。接下来的例题将阐述标准化 LMS 算法。

例 8.4　标准化 LMS

假定再次使用如图 8-12 所示的系统辨识结构，不过这次自适应滤波器和“未知”系统的输入信号 $x[n]$是有干扰的脉幅调制(Pulse-Amplitude-Modulated，PAM)信号，如图 8-15(a)所示。对于传统 LMS 算法，首先计算 $r_{xx}[0]$并计算 $\mu_{\max}=0.0118$。根据基准信号的瞬时功率 $\sum x[n]^2$ 调整标准化 LMS 算法的步长。对于图 8-15(c)中 $\mu_{\text{NLMS}}[n]$的计算，可以看到，基准信号的绝对值较大时，步长就减小，而基准信号的绝对值较小时，就会使用更大的步长。图 8-15(b)中系数随时间变化的自适应性就说明了这个问题。当 $\mu_{\text{NLMS}}[n]$越大时就会看到更大的学习步长。50 次以上自适应的均值如图 8-15(d)中的学习曲线所示。尽管有干扰的 PAM 的 EVR 大于 600，但可以看到标准化 LMS 在算法的收敛性上仍具有积极效果。

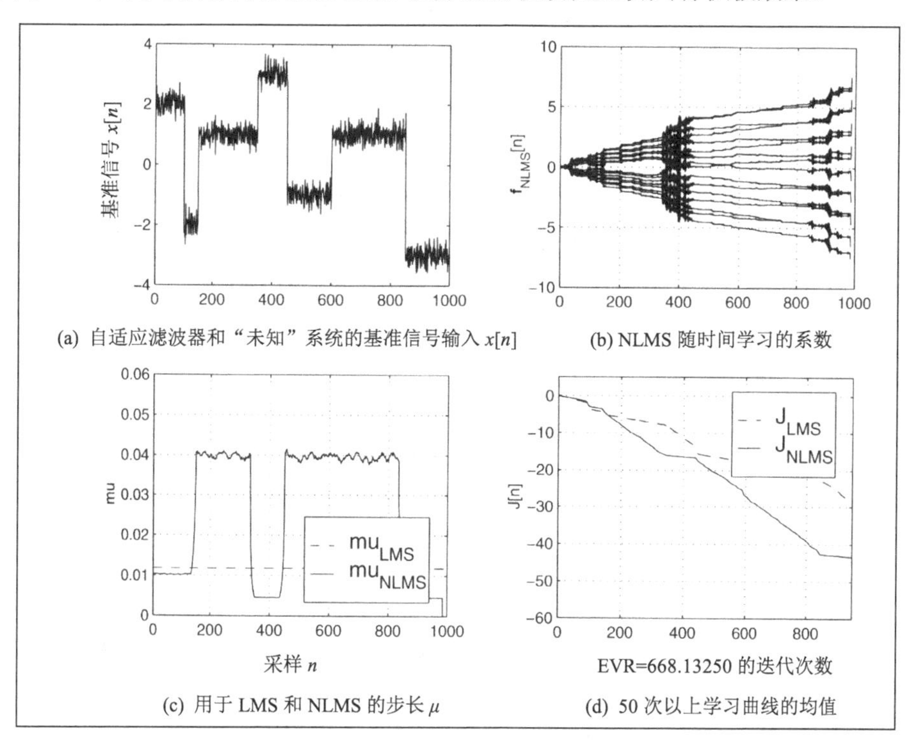

图 8-15　采用图 8-12 所示的系统辨识结构的标准化 LMS 算法的学习曲线

应用式(8-41)的功率估计是当前数据向量 $\boldsymbol{x}[n]$的一幅精确的功率瞬态图。但是为了避免一个暂时较小的值和一个大的 μ 值，在功率的计算中需要更长的记忆。这可以用前面功率的估计值的递归更新来实现，通过以下公式计算：

$$P[n]=\beta P[n-1]+(1-\beta)\,|\,x[n]\,|^2 \tag{8-44}$$

其中 β 小于 1 但接近于 1。对于如图 8-15 所示的不稳定信号，参数 β 的选择必须非常小心。如果选择的 β 太小，NLMS 就会愈加具有原始 LMS 算法的性能，请参阅练习 8.14。

8.4 变换域 LMS 算法

提出在变换域中解决滤波器系数调整的 LMS 算法有两个原因。快速卷积技术[284]的目的是通过使用模块更新和卷积变换，在快速循环卷积算法的帮助下，在变换域中计算自适应滤波器的输出和滤波器系数调整，从而降低计算量。利用变换域技术的第二种方法的主要目的是提高 LMS 算法的适应速度，原因是它能够找到允许自适应滤波器的模式“解耦”的变换[283, 285]。

8.4.1 快速卷积技术

使用诸如 FFT 变换的快速循环卷积可以用于 FIR 滤波器。对于自适应滤波器，快速循环卷积可以进行面向模块的数据处理。尽管可以使用任意的模块大小，但通常选择的模块大小是自适应滤波器长度的两倍，这样在系数更新中时间延迟就不会太长。从计算量来说，它通常也是一种很好的选择。在第一步中，由 $2L$ 个输入值 $x[n]$组成的一个模块通过变换与滤波器系数 $\boldsymbol{f}_L$ 卷在一起，生成 L 个新的滤波器输出值 $y[n]$。然后利用这些结果计算 L 个误差信号 $e[n]$。接着使用变换后的输入序列 $x[n]$，在变换域中更新滤波器系数。接下来用一个 $L=3$ 的示例仔细研究这些块处理步骤。在一个块中计算 3 个滤波器输出信号：

$$y[n]=f_0x[n]+f_1[n]x[n-1]+f_2[n]x[n-2]$$
$$y[n+1]=f_0x[n+1]+f_1[n]x[n]+f_2[n]x[n-1]$$
$$y[n+2]=f_0x[n+2]+f_1[n]x[n+1]+f_2[n]x[n]$$

这些输出信号可以解释成下式的循环卷积：

$$\{f_0,f_1,f_2,0,0,0\}\circledast\{x[n+2],x[n+1],x[n],x[n-1],x[n-2],0\}$$

误差信号依次为：

$$e[n]=d[n]-y[n]\qquad e[n+1]=d[n+1]-y[n+1]\qquad e[n+2]=d[n+2]-y[n+2]$$

滤波器梯度 ∇ 的块处理可以写成：

$$\nabla[n]=e[n]\boldsymbol{x}[n]\qquad \nabla[n+1]=e[n+1]\boldsymbol{x}[n+1]\qquad \nabla[n+2]=e[n+2]\boldsymbol{x}[n+2]$$

然后通过以下公式计算每个系数的更新：

$$\nabla_0=e[n]x[n]+e[n+1]x[n+1]+e[n+2]x[n+2]$$
$$\nabla_1=e[n]x[n-1]+e[n+1]x[n]+e[n+2]x[n-1]$$
$$\nabla_2=e[n]x[n-2]+e[n+1]x[n+1]+e[n+2]x[n]$$

再次看到这是一个循环卷积，只是这一次输入序列 $x[n]$是逆序出现的：

$$\{0,0,0,\ e[n],e[n+1],e[n+2]\}\circledast\{0,x[n-2],x[n-1],x[n],x[n+1],x[n+2]\}$$

在傅立叶域中，时域的逆序意味着需要计算 X 的共轭变换。系数更新后就变成了：

$$\boldsymbol{f}[n+L]=\boldsymbol{f}[n]+\frac{\mu_B}{L}\nabla[n] \tag{8-45}$$

图 8-16 给出了用 FFT 进行快速卷积的所有必要步骤。

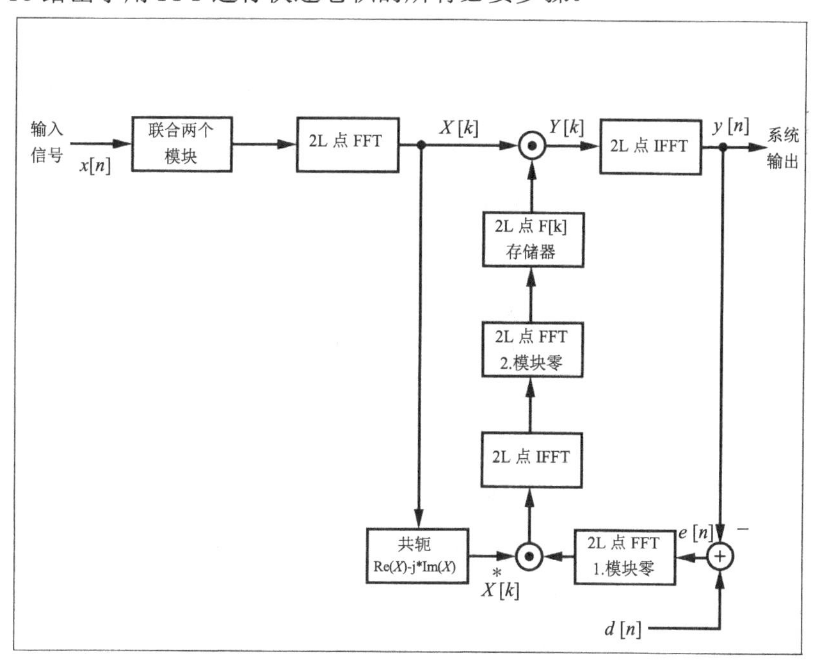

图 8-16 采用 FFT 的快速变换域滤波方法

从稳定性的角度出发，系数中的模块延迟不是无关紧要的。Feuer[286]已指出，对于每次 B 个步骤的模块更新，步长必须降低到：

$$0<\mu_B<\frac{2B}{(B+2)\times\operatorname{trace}(\boldsymbol{R}_{xx})}=\frac{2}{(1+2/B)L\times r_{xx}[0]} \tag{8-46}$$

将这一结果与不等式(8-31)的 $\mu_{\max}$ 比较，会看到这些值非常相似。只有对于尺寸大的模块($B >> L$)，对 μ_B 的改变才会有显著影响。当模块的大小 B=1 时，这就简化成不等式(8-31)。但时间常数是在 L 个数据组成的模块中测量的，因此 BLMS 算法的最大时间常数要比 LMS 算法的最大时间常数大 L 倍。

8.4.2 应用正交变换

在 8.3.1 节已经看到，LMS 算法对特征值比(Eigen Value Ration，EVR)高度敏感。遗憾的是，许多实际信号都具有较高的 EVR。例如，语音信号的 EVR 高达 1874[283]。但众所周知的是，变换域算法提供了信号模式的一种解耦。Karhunen-Loéve 变换(Karhunen-Loéve Transform，KLT)是这方面的最优方法，但它不是一种实时变换，具体请参阅练习 8.11。离散余弦变换(Discrete Cosine Transform，DCT)和快速傅立叶变换(Fast Fourier Transform，FFT)以及其他正交变换(如沃尔什、阿达马或哈尔)在收敛速度方面都是最佳选择，请参阅练习 8.13[287, 288]。

接下来尝试使用这一概念提高 8.3.1 节中给出的辨识实验的学习速度。在 8.3.1 节中，自适应滤波器要“学习”未知的 16 抽头 FIR 滤波器的一个脉冲响应，如图 8-12 所示。为了采用变换技术，同时继续监督学习进度，除了 LMS 算法 8.2 以外，还需要计算输入基准信号 $x[n]$的 DCT 以及系数向量 $\boldsymbol{f}_n$ 的 IDCT。在实际应用中，不需要计算 IDCT，只需要在达到收敛后计算它一次。下面的 MATLAB 代码演示了变换域 DCT-LMS 算法：

```
for k = L:Iterations            % adapt over full length
  x = [xin;x(1:L-1)];           % get new sample
  din = g'*x + n(k);            % "unknown" filter output + AWGN
  z = dct(x);                   % LxL orthogonal transform
  y = f' * z;                   % transformed filter output
  err = din-y;                  % error: primary - reference
  f = f + err*mu.*z;            % update weight vector
  fi = idct(f);                 % filter in original domain
  J(k-L+1) = J(k-L+1) + sum((fi-g).^2); % Learning curve
end
```

变换 $\boldsymbol{T}$ 在特征值分布上的结果可以通过下式计算：

$$\boldsymbol{R}_{zz} = \boldsymbol{T}\boldsymbol{R}_{xx}\boldsymbol{T}^{H} \tag{8-47}$$

其中，上标 H 表示转置共轭。

到目前为止，唯一没有考虑的事情是，L 个“模式”或变换后的输入信号 $z[l]$的频率现在在统计学上或多或少是独立的输入向量，并且原始域中的步长 μ 可能不再适合保证稳定性或允许快速的收敛性。实际上，由 Lee 和 Un[288]完成的仿真显示，变换域中如果没有使用功率标准化，那么相比于时域 LMS 算法，收敛性并没有得到改进。根据稳定性边界条件(8-31)，有理由为这 L 个频谱分量计算不同的步长，只使用变换分量的功率：

$$\mu_{\max}[k] = \frac{2}{3\times L\times r_{zz,k}[0]} \quad (k = 0,1,\cdots,L-1)$$

现在还需要进行的工作就是计算所有 L 个频谱分量的功率标准化。上面的 MATLAB 代码已经包括了通过 mu.*z 的逐分量更新，其中.*表示逐分量乘法。

μ 的调整与前面讨论的标准化 LMS 算法稍微有些类似，所以我们可以直接使用与式(8-42)类似的功率标准化更新频率分量。功率标准化和在特征值分布上的变换 $\boldsymbol{T}$ 的结果可以通过下式计算：

$$\boldsymbol{R}_{zz} = \lambda^{-1}\boldsymbol{T}\boldsymbol{R}_{xx}\boldsymbol{T}^{H}\lambda^{-1} \tag{8-48}$$

其中 λ^{-1} 是一个标准化 $\boldsymbol{R}_{zz}$ 的对角矩阵，它使后者的对角元素都变成 1[287]。

图 8-17 给出了 $L = 16$ 的 FIR 滤波器的 4 个不同特征值比的步长计算结果。从图 8-17(a)可以看出，对于纯高斯输入，所有频谱分量都应该相等，并且步长也差不多相同。另一种滤波器增大(减小)频谱分量的功率，从而将步长设置为更低(高)的值，由此实现对噪声的整形。

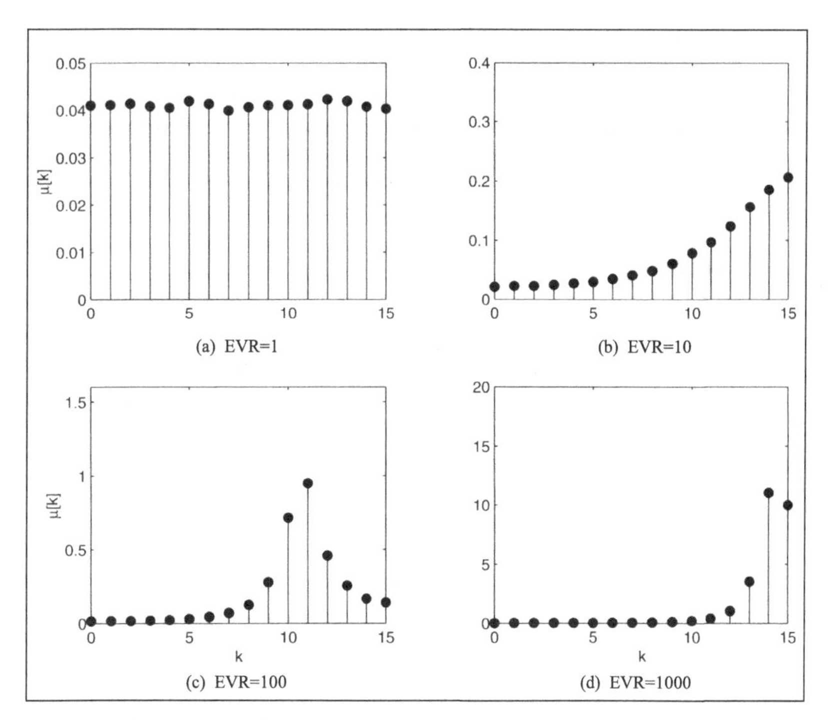

图 8-17　采用图 8-12 所示的系统辨识结构的 4 个不同特征值比的 DCT-LMS 变换域算法的最优步长

从图 8-18 可以看到对 DCT-LMS 变换域方法性能的积极效果。即便是对于非常高的特征值比(如 1000)，学习曲线也仍旧保持收敛。只是在–48dB 处，对于较高 EVR 以及较低 EVR 没有达到误差最低限和误差一致性。

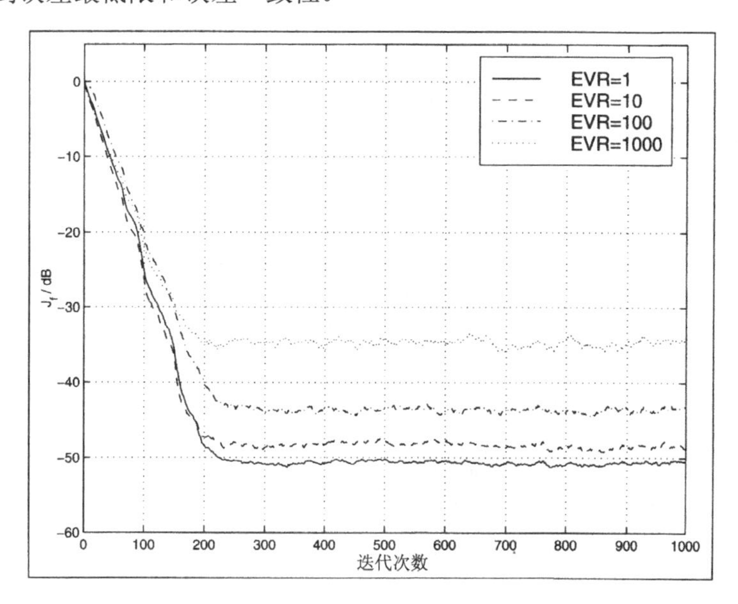

图 8-18　采用图 8-12 所示的系统辨识结构的 4 个不同特征值比的
DCT 变换域 LMS 算法的学习曲线(50 次循环的均值)

在为实时应用算法选择变换时必须考虑的一个因素是计算复杂性。在这方面，DCT 和

DST 变换等实时变换要优于复杂的变换(如 FFT)，具有快速算法的变换要好于没有快速算法的变换。诸如哈尔和阿达马等整数变换根本就不需要乘法，这正是我们想要的[287]。最后，还需要考虑到 RLS(后面将会加以讨论)是另一种可选算法，RLS 通常比 LMS 算法更为复杂，但比变换域滤波器方法更有效，而且能够得到与基于 KLT 的 LMS 算法一样快的收敛。

8.5 LMS 算法的实现

现在介绍如何用 FPGA 实现 LMS 算法。以前可以用 HDL 设计进行处理，但现在需要保证量化效应是可以接受的。稍后本节将尝试采用流水线技术提高吞吐量，并且还要保证 ADF 仍然稳定。

8.5.1 量化效应

用硬件实现 LMS 算法之前，需要确保参数和数据都处于“绿灯区”。如果将软件仿真从全精度改变为需要的整型精度，就可以做到。图 8-19 给出了对于 8 位整型数据以及 μ=1/4、1/8 和 1/16 的仿真结果。注意，选择的 μ 不能太小，否则就不能在系数更新方程(8-21)中基于 μ 的梯度 $e[n]x[n]$的大范围缩放中取得收敛性。步长 μ 越小，算法收敛到最优值 f_0 = 43.3 和 f_1 = 25 的问题就越多。而算法的稳定性要求给 μ 定一个上限，这就出现了矛盾。所以需要为系统添加额外的小数位来消除这两个矛盾。

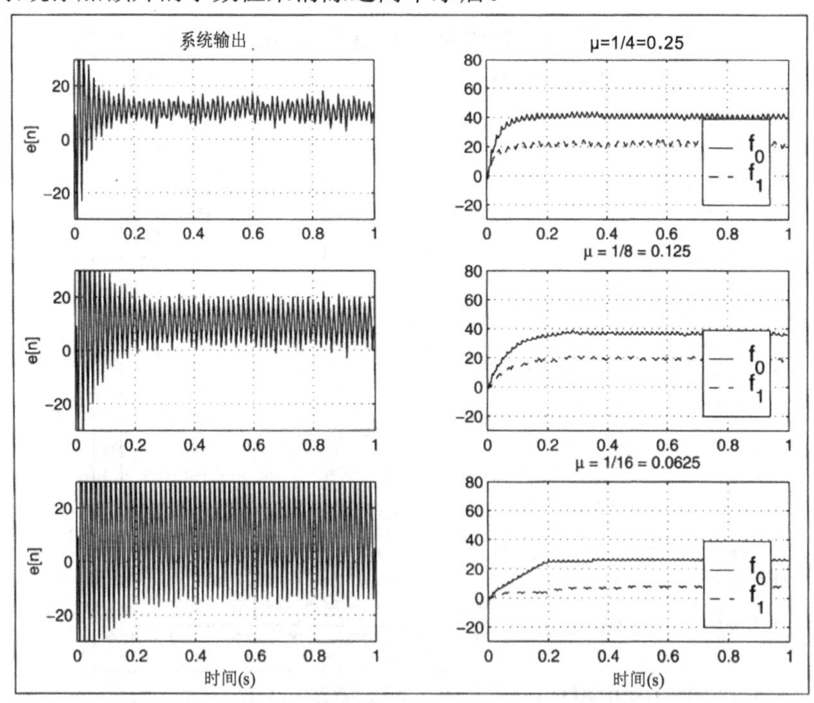

图 8-19 采用整型数据的 LMS 算法的电力线干扰消除的仿真结果：(左侧)系数输出 $e[n]$，(右侧)滤波器系数

8.5.2　LMS 算法的 FPGA 设计

图 8-20 显示了用信号流图表示的算法的一种可行实现。从硬件实现的角度来看，需要缩放 μ 并且需要 $2L$ 个通用乘法器。因此，这一工作量是第 3 章例 3.1 中讨论的可编程 FIR 滤波器的工作量的两倍多。

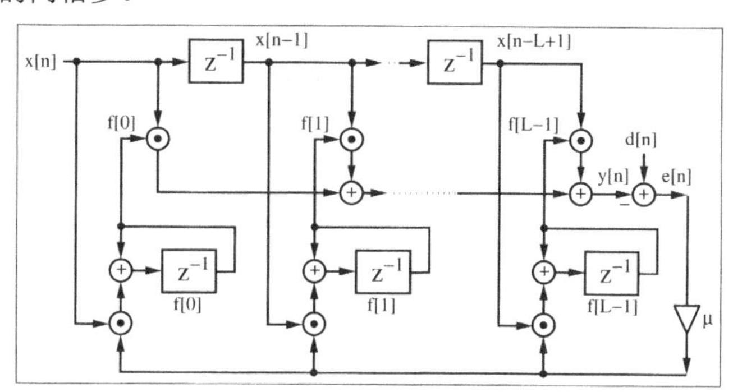

图 8-20　LMS 算法的信号流图

接下来研究 LMS 算法的 FPLD 实现。

例 8.5　2 抽头自适应 LMS FIR 滤波器

下面的代码清单就是具有两个系数 f_0 和 f_1 且步长 $\mu = 1/4$ 的滤波器的 VHDL 设计代码[2]：

```
-- This is a generic LMS FIR filter generator
-- It uses W1 bit data/coefficients bits

LIBRARY ieee; USE ieee.std_logic_1164.ALL;
PACKAGE n_bit_int IS               -- User defined types
  CONSTANT W1 : INTEGER := 8;  -- Input bit width
  CONSTANT W2 : INTEGER := 16; -- Multiplier bit width 2*W1
  SUBTYPE SLV1 IS STD_LOGIC_VECTOR(W1-1 DOWNTO 0);

  SUBTYPE SLV2 IS STD_LOGIC_VECTOR(W2-1 DOWNTO 0);
END n_bit_int;
LIBRARY work; USE work.n_bit_int.ALL;

LIBRARY ieee;
USE ieee.std_logic_1164.ALL;
USE ieee.std_logic_arith.ALL;
USE ieee.std_logic_signed.ALL;
-- --------------------------------------------------------
ENTITY fir_lms IS                      ------> Interface
  GENERIC (L   : INTEGER := 2);    -- Filter length
  PORT ( clk     : IN  STD_LOGIC;  -- System clock
         reset   : IN  STD_LOGIC;  -- Asynchronous reset
         x_in    : IN  SLV1;       -- System input
         d_in    : IN  SLV1;       -- Reference input
         f0_out  : OUT SLV1;       -- 1. filter coefficient
         f1_out  : OUT SLV1;       -- 2. filter coefficient
         y_out   : OUT SLV2;       -- System output
         e_out   : OUT SLV2);      -- Error signal
END fir_lms;
```

2. 这一示例相应的 Verilog 代码文件 fir_lms.v 可以在附录 A 中找到，附录 B 中给出了合成结果。

```
-- --------------------------------------------------------
ARCHITECTURE fpga OF fir_lms IS

  TYPE A0_L1SLV1 IS ARRAY (0 TO L-1) OF SLV1;
  TYPE A0_L1SLV2 IS ARRAY (0 TO L-1) OF SLV2;

  SIGNAL  d       : SLV1;
  SIGNAL  emu     : SLV1;
  SIGNAL  y, sxty : SLV2;
  SIGNAL  e, sxtd : SLV2;
  SIGNAL  x, f    : A0_L1SLV1; -- Coeff/Data arrays
  SIGNAL  p, xemu : A0_L1SLV2; -- Product arrays

BEGIN

  dsxt: PROCESS (d)  -- 16 bit signed extension for input d
  BEGIN
    sxtd(7 DOWNTO 0) <= d;
    FOR k IN 15 DOWNTO 8 LOOP
      sxtd(k) <= d(d'high);
    END LOOP;
  END PROCESS;

  Store: PROCESS(clk, reset) --> Store data or coefficients
  BEGIN
    IF reset = '1' THEN                 -- Asynchronous clear
      d  <= (OTHERS => '0');
      x(0)  <= (OTHERS => '0'); x(1)  <= (OTHERS => '0');
      f(0)  <= (OTHERS => '0'); f(1)  <= (OTHERS => '0');
    ELSIF rising_edge(clk) THEN
      d    <= d_in;
      x(0) <= x_in;
     x(1) <= x(0);
     f(0) <= f(0) + xemu(0)(15 DOWNTO 8); -- implicit
     f(1) <= f(1) + xemu(1)(15 DOWNTO 8); -- divide by 2
   END IF;
 END PROCESS Store;

 MulGen1: FOR I IN 0 TO L-1 GENERATE
   p(i) <= f(i) * x(i);
 END GENERATE;

 y <= p(0) + p(1);  -- Compute ADF output

 ysxt: PROCESS (y) -- Scale y by 128 because x is fraction
 BEGIN
   sxty(8 DOWNTO 0) <= y(15 DOWNTO 7);
   FOR k IN 15 DOWNTO 9 LOOP
     sxty(k) <= y(y'high);
   END LOOP;
 END PROCESS;

 e <= sxtd - sxty;
 emu <= e(8 DOWNTO 1);      -- e*mu divide by 2 and
                            -- 2 from xemu makes mu=1/4
 MulGen2: FOR I IN 0 TO L-1 GENERATE
   xemu(i) <= emu * x(i);
 END GENERATE;

   y_out  <= sxty;    -- Monitor some test signals
   e_out  <= e;
   f0_out <= f(0);
   f1_out <= f(1);

END fpga;
```

这一设计是图 8-20 中自适应 LMS 滤波器体系结构的文字解释。抽头延迟线的每个抽头的输出都乘以相应的滤波器系数，然后将对应结果相加。自适应滤波器对基准信号 x 及期望信号 d 的响应 y 和整个系统对两个信号的响应 e 如图 8-21 所示。滤波器在大约 20 步后，在 1μs 处调整到最优值 $f_0 = 43.3$ 和 $f_1 = 25$。本设计使用了 50 个 LE 和 4 个嵌入式乘法器，采用 TimeQuest 缓慢 85C 模型的时序电路性能 F_{max}=69.26MHz。

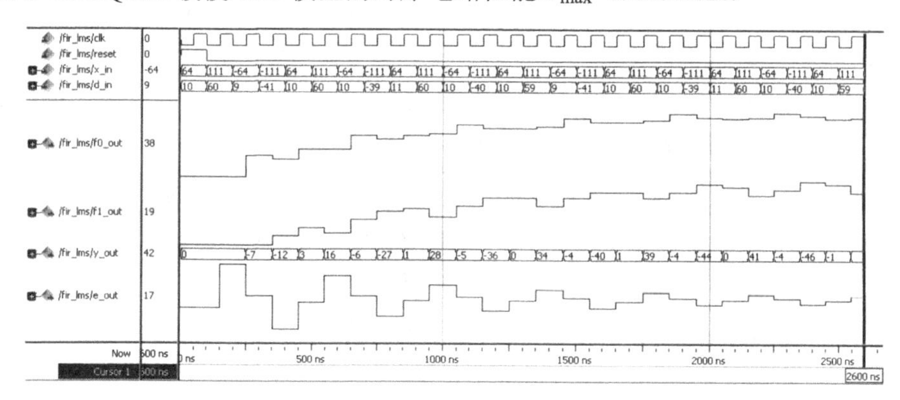

图 8-21　采用 LMS 算法的电力线干扰消除的 VHDL 仿真结果

上面的示例还说明，标准的 LMS 实现具有较低的时序电路性能，这是因为在滤波器系数更新之前需要在一个时钟周期内计算两次乘法和几次加法操作。下一节将研究如何获得较高的吞吐量。

8.5.3　流水线 LMS 滤波器

正如从图 8-20 中看到的，由于原始 LMS 自适应滤波器的更新路径较长，因此对于 8 位数据和系数来说，其性能就已经相当低了。因此，很多人都尝试改进提高 LMS 自适应滤波器的吞吐量也就不足为奇了。图 8-20 的流水线级数的最优值计算如下：对于最大性能，使用只需要一个输出寄存器的嵌入式乘法器，也可以参阅图 2-15。对于加法器树，额外的 $\log_2(L)$个流水线级就足够了，再加上一级用于误差信号的计算。所以，最大吞吐量对应的流水线级总数就是：

$$D_{\text{opt}} = \log_2(L) + 3 \tag{8-49}$$

其中假定 μ 是一个 2 的幂常数，并且 μ 的缩放不需要额外的流水线级。但如果采用标准化 LMS，μ 就不再是常数，根据位宽还需要 μ 级额外的流水线级。

将 LMS 滤波器设计成流水线形式并不像设计 FIR 滤波器那样简单，因为 LMS 具有与 IIR 滤波器类似的反馈。所以需要保证流水线形式滤波器的系数仍然收敛到与非流水线形式的自适应滤波器相同的系数。大多数流水线 IIR 滤波器的理念可以用于设计流水线 LMS 自适应滤波器。这些想法包括：

- 延迟的 LMS 算法[279, 289, 290]
- 流水线 LMS 的先行变换[274, 291, 292]
- 转置形式的 LMS 滤波器[293]

- 采用 FFT 的模块变换[284]

模块变换算法已经讨论过了，接下来简要回顾一下提高 LMS 算法吞吐量的其他技术。

1. 延迟的 LMS 算法

在延迟的 LMS(Delayed LMS，DLMS)算法中，假设将系数更新延迟几个采样周期，误差梯度 $\nabla[n]=e[n]x[n]$ 没有较大改变，也就是 $\nabla[n]\approx\nabla[n-D]$。文献[289, 290]已经指出，只要延迟小于系统阶数，也就是滤波器长度，这一假设就为真，并且更新不会降低收敛速度。Long 最初的 DLMS 算法只考虑将自适应滤波器的加法器树流水线化，还假定乘法和系数的更新可以在一个时钟周期内完成(就像可编程信号处理器一样[279])，但对于由 FPGA 实现的乘法器和系数的更新需要额外的流水线。如果在滤波器计算路径中引入一个延迟 D_1，在系数更新路径中引入一个延迟 D_2，LMS 算法 8.2 就变成：

$$e[n-D_1]=d[n-D_1]-\boldsymbol{f}^T[n-D_1]\boldsymbol{x}[n-D_1]$$
$$\boldsymbol{f}[n+1]=\boldsymbol{f}[n-D_1-D_2]+\mu e[n-D_1-D_2]\boldsymbol{x}[n-D_1-D_2]$$

2. 先行 DLMS 算法

对于 $D=D_1+D_2<L$ 的长自适应滤波器，前一节给出的延迟的系数更新通常不会对 ADF 的收敛性有多少改变。但对于较短的滤波器，就有必要在系统函数中减少甚至完全删除这些改变。从第 4 章已经讨论的 IIR 流水线方法中可以看到，时域交叉方法总是适用的。只在系数计算中执行一次先行 DLMS 算法，而不改变整个系统。现在从 DLMS 更新方程开始，只在系数计算中采用流水线技术，也就是：

$$e^{\text{DLMS}}[n-D]=d[n-D]-\boldsymbol{x}^T[n-D]\boldsymbol{f}[n-D]$$
$$\boldsymbol{f}[n+1]=\boldsymbol{f}[n]+\mu e[n-D]\boldsymbol{x}[n-D]$$

而 LMS 的误差函数应该是：

$$e^{\text{LMS}}[n-D]=d[n-D]-\boldsymbol{x}^T[n]\boldsymbol{f}[n-D]$$

根据 Poltmann 的构想[291]来计算修正项 $\Lambda[n]$，与 LMS 相比，这一修正项取消了 DLMS 误差计算中的变更，也就是：

$$\Lambda[n]=e^{\text{LMS}}[n-D]-e^{\text{DLMS}}[n-D]$$

DLMS 的误差函数现在变成：

$$e^{\overline{\text{DLMS}}}[n-D]=d[n-D]-\boldsymbol{x}^T[n-D]\boldsymbol{f}[n-D]-\Lambda[n]$$

因此需要确定以下项：

$$\Lambda[n]=\boldsymbol{x}^T[n-D](\boldsymbol{f}[n]-\boldsymbol{f}[n-D])$$

方括号中的项可以通过以下式子递归确定：

$$\begin{aligned}
&\boldsymbol{f}[n]-\boldsymbol{f}[n-D]\\
&=\boldsymbol{f}[n-1]+\mu e[n-D-1]\boldsymbol{x}[n-D_1]-\boldsymbol{f}[n-D]\\
&=\boldsymbol{f}[n-2]+\mu e[n-D-2]\boldsymbol{x}[n-D-2]+\mu e[n-D-1]\boldsymbol{x}[n-D-1]-f[n-D]\\
&=\sum_{s=1}^{D}\mu e[n-D-s]\boldsymbol{x}[n-D-s]
\end{aligned}$$

由此最终得出修正项 $\Lambda[n]$：

$$\Lambda[n]=\boldsymbol{x}^T[n-D]\left(\sum_{s=1}^{D}\mu e[n-D-s]\boldsymbol{x}[n-D-s]\right)$$

$$e^{\bar{\mathrm{D}}\mathrm{LMS}}[n-D]=d[n-D]-\boldsymbol{x}^T[n-D]\boldsymbol{f}[n-D]-\boldsymbol{x}^T[n-D]\left(\sum_{s=1}^{D}\mu e[n-D-s]\boldsymbol{x}[n-D-s]\right)$$

可以看到，这一修正项还需要 $2D$ 次额外的乘法，这在某些应用中系统开销太大了。所以有人建议“放宽”对修正项的要求[292]，但还是需要一些额外的乘法器。

不过可以通过采用先行原则消除系数更新延迟的影响[274]，也就是：

$$\boldsymbol{f}[n+1]=\boldsymbol{f}[n-D_1]+\mu\sum_{k=0}^{D_2-1}e[n-D_1-k]\boldsymbol{x}[n-D_1-k] \tag{8-50}$$

式(8-50)中的求和项构成了最后的 D_2 梯度值上的移动均值，这使得收敛的处理更为光滑，这明显很直观。与 Poltmann 的变换相比，这种先行计算的优点是不需要通常的乘法就可以进行。式(8-50)中的移动均值甚至可以用一个一阶 CIC 滤波器实现(请参阅图 5-15)，这就将运算工作量减少到一个加法器和一个减法器。

为了改进 DLMS 算法，文献[294~296]中给出了与 Poltmann 构想类似的方法。

8.5.4　转置形式的 LMS 滤波器

我们已经看到，在系数更新中引入先行计算会使 DLMS 算法变光滑，正如在 IIR 滤波器中应用的那样，但是通常需要额外的成本。不过，如果采用转置的 FIR 结构(请参阅图 3-3)代替直接结构，就可以通过加法器树完全地消除延迟。这使式(8-49)中流水线级的最优数量要求降低 $\log_2(L)$级。对于 LTI 系统，直接滤波器和转置滤波器都用同一卷积方程描述，但对于时变系数，需要将滤波器的系数从 $f_k[n]$ 改变到 $f_k[n-k]$。估计梯度的方程(8-17)就变成：

$$\hat{\nabla}[n]=-2e[n]\frac{\partial e[n-k]}{\partial \boldsymbol{f}_k[n]} \tag{8-51}$$

$$=-2e[n]\boldsymbol{x}[n-k]\frac{\partial \boldsymbol{f}_k[n-k]}{\partial \boldsymbol{f}_k[n]} \tag{8-52}$$

现在如果假定系数更新得相当慢，也就是：

$$f_k[n-k]\approx f_k[n] \tag{8-53}$$

梯度就变成：

$$\hat{\nabla}[n]\approx -2e[n]\boldsymbol{x}[n] \tag{8-54}$$

而系数更新方程变成：

$$f_k[n-k+1]=f_k[n-k]+\mu e[n]\boldsymbol{x}[n] \tag{8-55}$$

Jones[293]已经研究了转置形式自适应滤波器算法的学习特征，他指出，与原始 LMS 算法相比，这种方法的收敛速度稍微有些慢。关于 μ 的稳定性边界也需要确定，并且要比 LMS 算法中的 μ 更小。

8.5.5　DLMS 算法的设计

如果想要将例 8.5 中的 LMS 滤波器流水线化，从前面式(8-49)的讨论中可以看出，当使用嵌入式乘法器时，流水线级的最优数量变成：

$$D_{opt} = \log_2(L)+3 = 1+3 = 4 \tag{8-56}$$

另一方面，基于 $B\times B$ 位乘法器的流水线 LE 需要额外的 $2\times\log_2(B)$ 流水线级，请参阅文献[34]。图 8-22 显示了 8 位精度且延迟为 4 的 DLMS 算法的 MATLAB 仿真。与例 8.5 的原始 LMS 设计相比，这一设计在自适应过程中显得有些“过摆”。

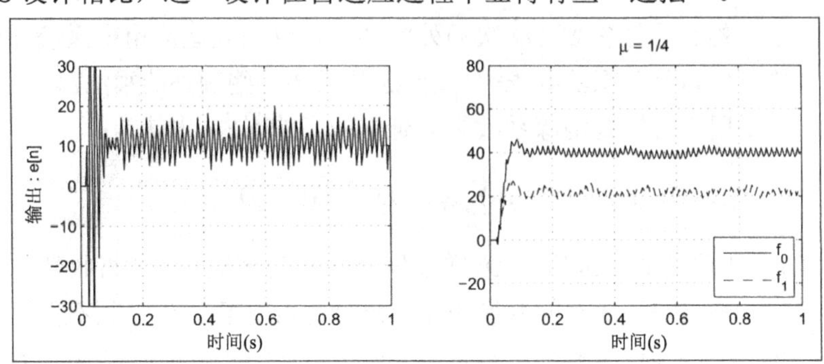

图 8-22 采用延迟为 4 且精度为 8 位的 DLMS 算法的电力线干扰消除的 MATLAB 仿真结果

例 8.6 2 抽头流水线自适应 LMS FIR 滤波器

下面就是具有两个系数 f_0 和 f_1 且步长 $\mu = 1/4$ 的滤波器的 VHDL 设计代码[3]：

```
-- This is a generic DLMS FIR filter generator
-- It uses W1 bit data/coefficients bits

LIBRARY ieee; USE ieee.std_logic_1164.ALL;
PACKAGE n_bit_int IS               -- User defined types
  CONSTANT W1 : INTEGER := 8;   -- Input bit width
  CONSTANT W2 : INTEGER := 16; -- Multiplier bit width 2*W1
  SUBTYPE SLV1 IS STD_LOGIC_VECTOR(W1-1 DOWNTO 0);
  SUBTYPE SLV2 IS STD_LOGIC_VECTOR(W2-1 DOWNTO 0);
END n_bit_int;
LIBRARY work; USE work.n_bit_int.ALL;

LIBRARY ieee;
USE ieee.std_logic_1164.ALL;
USE ieee.std_logic_arith.ALL;
USE ieee.std_logic_signed.ALL;
-- -------------------------------------------------------
ENTITY fir4dlms IS                         ------> Interface
  GENERIC (L     : INTEGER := 2);  -- Filter taps
  PORT ( clk     : IN  STD_LOGIC;  -- System clock
         reset   : IN  STD_LOGIC;  -- Asynchronous reset
         x_in    : IN  SLV1;       -- System input
         d_in    : IN  SLV1;       -- Reference input
         f0_out  : OUT SLV1;       -- 1. filter coefficient
         f1_out  : OUT SLV1;       -- 2. filter coefficient
         y_out   : OUT SLV2;       -- System output
         e_out   : OUT SLV2);      -- Error signal
END fir4dlms;
-- -------------------------------------------------------
ARCHITECTURE fpga OF fir4dlms IS

  TYPE ARRAY_F IS ARRAY (0 TO L-1) OF SLV1;
  TYPE ARRAY_X IS ARRAY (0 TO 4) OF SLV1;
  TYPE ARRAY_D IS ARRAY (0 TO 2) OF SLV1;
  TYPE A0_L1SLV2 IS ARRAY (0 TO L-1) OF SLV2;
```

3. 这一示例相应的 Verilog 代码文件 fir4lms.v 可以在附录 A 中找到，附录 B 中给出了合成结果。

```
  SIGNAL  xemu0, xemu1 :  SLV1;
  SIGNAL  emu       :  SLV1;
  SIGNAL  y, sxty :  SLV2;

  SIGNAL  e, sxtd   :  SLV2;
  SIGNAL  f         :  ARRAY_F; -- Coefficient array
  SIGNAL  x         :  ARRAY_X; -- Data array
  SIGNAL  d         :  ARRAY_D; -- Reference array
  SIGNAL  p, xemu   :  A0_L1SLV2;  -- Product array

BEGIN

  dsxt: PROCESS (d)  -- make d a 16 bit number
  BEGIN
    sxtd(7 DOWNTO 0) <= d(2);
    FOR k IN 15 DOWNTO 8 LOOP
      sxtd(k) <= d(2)(7);
    END LOOP;
  END PROCESS;

  Store: PROCESS (clk, reset)   ------> Store these data or
  BEGIN                        -- coefficients in registers
    IF reset = '1' THEN               -- Asynchronous clear
      FOR k IN 0 TO 2 LOOP
        d(k)  <= (OTHERS => '0');
      END LOOP;
      FOR k IN 0 TO 4 LOOP
        x(k)  <= (OTHERS => '0');
      END LOOP;
      FOR k IN 0 TO 1 LOOP
        f(k)  <= (OTHERS => '0');
      END LOOP;
    ELSIF rising_edge(clk) THEN
      d(0) <= d_in;   -- Shift register for desired data
      d(1) <= d(0);
      d(2) <= d(1);
      x(0) <= x_in;   -- Shift register for data
      x(1) <= x(0);
      x(2) <= x(1);
      x(3) <= x(2);
      x(4) <= x(3);
      f(0) <= f(0) + xemu(0)(15 DOWNTO 8); -- implicit
      f(1) <= f(1) + xemu(1)(15 DOWNTO 8); -- divide by 2
    END IF;
  END PROCESS Store;

 Mul: PROCESS (clk, reset)   ------> Store these data or
  BEGIN                        -- coefficients in registers
    IF reset = '1' THEN               -- Asynchronous clear
      FOR k IN 0 TO L-1 LOOP
        p(k)  <= (OTHERS => '0');
        xemu(k)  <= (OTHERS => '0');
```

```
      END LOOP;
      y <=  (OTHERS => '0');
      e <=  (OTHERS => '0');
    ELSIF rising_edge(clk) THEN
      FOR I IN 0 TO L-1 LOOP
        p(i) <= f(i) * x(i);
        xemu(i) <= emu * x(i+3);
      END LOOP;
      y <= p(0) + p(1);  -- Computer ADF output:log(L) adds
      e <= sxtd - sxty;  -- e*mu divide by 2 and 2
    END IF;
  END PROCESS Mul;

  emu <= e(8 DOWNTO 1);     -- from xemu makes mu=1/4

  ysxt: PROCESS (y) -- scale y by 128 because x is fraction
  BEGIN
    sxty(8 DOWNTO 0) <= y(15 DOWNTO 7);
    FOR k IN 15 DOWNTO 9 LOOP
      sxty(k) <= y(y'high);
    END LOOP;
  END PROCESS;

  y_out <= sxty;    -- Monitor some test signals
  e_out <= e;
  f0_out <= f(0);
  f1_out <= f(1);

END fpga;
```

这一设计是图 8-20 中自适应 LMS 滤波器体系结构的文字解释，该滤波器的每个乘法器及两个加法器带有 1 个流水线级的额外延迟。抽头延迟线的每个抽头的输出都乘以相应的滤波器系数，然后对应结果相加。注意 Store：PROCESS 中 x 和 d 的额外延迟使得信号相关。自适应滤波器对基准信号 x 和期望信号 d 的响应 y 和整个系统对两个信号的响应 e 如图 8-23 中的 VHDL 仿真结果所示。滤波器在大约 30 步以后的 2μs 处调整到最优值 $f_0 = 43.3$ 和 $f_1 = 25$，但在自适应过程中还显得有些“过摆”。本设计使用了 106 个 LE、4 个嵌入式乘法器，使用 TimeQuest 缓慢 85C 模型的时序电路性能 F_{max}=261.57MHz。

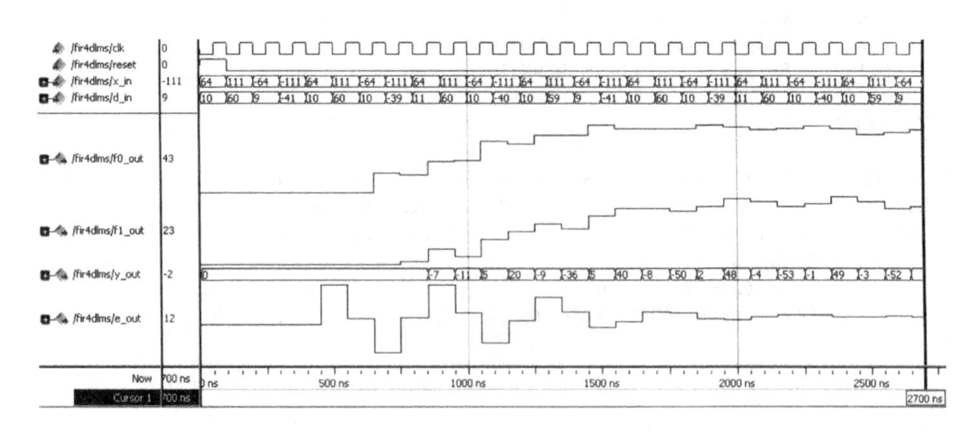

图 8-23　采用延迟为 4 的 DLMS 算法的电力线干扰消除的 VHDL 仿真结果

与原始 LMS 算法相比，流水线 LMS 的速度提升增益因子达到 4，而同时只需要两倍数量的 LE。额外的效果源自基准信号 $d[n]$和滤波器输入 $x[n]$的附加延迟。为了调整 μ 来保证稳定性，必须对较大流水线的延迟进行限制。

8.5.6 应用 Signum 函数的 LMS 设计

在前一节已经看到，LMS 算法的实现成本对于短滤波器长度已经非常高。滤波器的最高成本来自大量的通用乘法器，因而降低成本的主要目标就是减少乘法器的数量。很明显，FIR 滤波器部分不能减少，但人们已经研究出各种不同的简化方法来计算系数更新。由于要保证稳定性，通常选择的步长要比 $\mu_{\max}$ 小很多，因此给出如下建议：

- 仅使用基准信号 $x[n]$的符号而不是全精度值来更新滤波器系数。
- 仅使用误差 $e[n]$的符号而不是全精度值来更新滤波器系数。
- 通过误差和数据的符号同时使用前面两种简化方法。

上述 3 种改进方法可以用如下 LMS 算法中的系数更新方程加以描述：

$$\boldsymbol{f}[n+1]=\boldsymbol{f}[n]+\mu\times e[n]\times\mathrm{sign}(\boldsymbol{x}[n]) \qquad \text{符号数据函数}$$

$$\boldsymbol{f}[n+1]=\boldsymbol{f}[n]+\mu\times\boldsymbol{x}[n]\times\mathrm{sign}(e[n]) \qquad \text{符号误差函数}$$

$$\boldsymbol{f}[n+1]=\boldsymbol{f}[n]+\mu\times\mathrm{sign}(e[n])\times\mathrm{sign}(\boldsymbol{x}[n]) \qquad \text{符号-符号函数}$$

从图 8-24 显示的 3 种可行简化方法的仿真结果可以看出，对于符号数据函数，几乎出现与在全精度情况中一致的结果。这并不奇怪，因为输入基准信号 $x[n]=\cos[\pi n/2+\Phi]$在通过符号运算时不会过于量化，而符号-误差函数就非常不同。通过符号运算的量化实质上改变了系统的时间常数。尽管从系统输出 $e[n]$中可以看到，输出函数在很长的仿真时间内实质上是波动的，但大约 2.5s 后最终达到正确值。最后，符号-符号算法的收敛速度要比符号-误差算法更快，但系统输出对于 $e[n]$实质上也是波动的。从仿真结果可以看出，对于具体应用，符号函数简化方法(为了在滤波器系数更新中节省 L 次乘法)仍旧需要仔细评估，以保证系统的稳定性和可接受的时间常数。实际上，已经显示，对于特定信号和应用，尽管全精度算法收敛，但符号算法并不收敛。除了符号影响，还要确保在实现过程中整型量化不改变期望的系统属性。

应用符号函数时还需要考虑的一点是能够达到的误差底线。下面的示例就讨论这个问题。

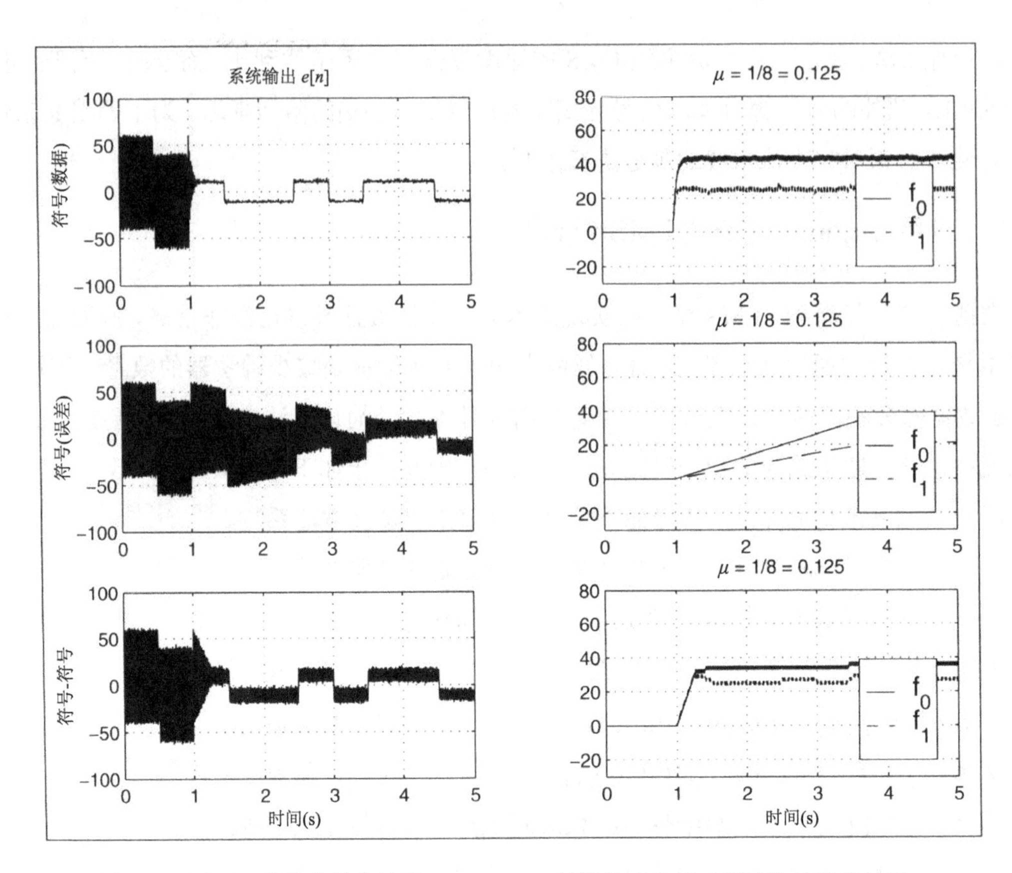

图 8-24 采用 3 种简化的有符号 LMS(SLMS)算法的电力线干扰消除的仿真结果，(左侧)系统输出 $e[n]$，(右侧)滤波器系数

例 8.7 Signum LMS 滤波器中的误差底线

假设已有一个诸如在 8.3.1 中讨论的系统辨识结构，我们想使用其中一个符号函数类型的 ADF 算法。那么将会达到什么样的误差底线呢？很明显，通过符号操作会损失一些精度，并且不可能达到与全精度 LMS 算法一样的低噪声水平。还可以预计到与全精度 LMS 算法相比学习速度会稍有降低。通过如图 8-25 所示的对于超过 50 次迭代的学习曲线的均值和两种不同的特征值比(EVR)的仿真结果，就可以验证这一点。与全精度 LMS 算法相比，虽然符号数据算法在自适应方面表现出一些延迟，但达到了误差底线，误差底线被设置为–60dB。有符号误差和符号-符号算法在自适应方面表现出更大的延迟，而且只达到–40dB 左右的误差底线。这样大的误差对一些应用可以接受，但在另一些应用中则不可以接受。

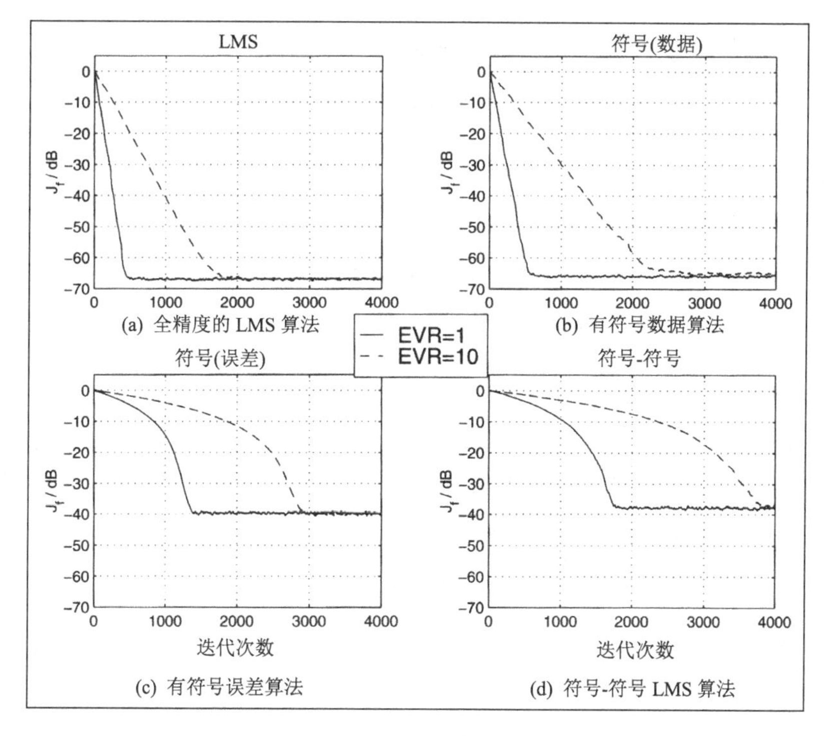

图 8-25　采用 3 种简化的有符号 LMS 算法对于学习曲线均值为 50、最大误差为–60dB 的系统辨识实验的仿真结果

不论是从软件还是从硬件实现角度来看，符号-符号算法都颇具吸引力，而且已经用作自适应差分脉冲编码调制(Adaptive Differential Pulse Code Modulation，ADPCM)传输的国际电信同盟(International Telecommunication Union，ITU)标准。从硬件实现的角度来看，我们实际上不需要实现符号-符号算法，因为与 μ 相乘只是通过一个常数缩放而已，而且单符号算法中的一种就已经可以节省通常用于(如图 8-20 所示的)滤波器系数更新的 L 个乘法器。

8.6　递归最小二乘法算法

在前几节讨论的 LMS 算法中，滤波器系数根据随机梯度方法逐渐调整并最终逼近维纳-霍夫最优解。递归最小二乘(Recursive Least Square，RLS)算法采取了另一种途径。在该算法中，$(L\times L)$的自相关矩阵 $\boldsymbol{R}_{xx}$ 和互相关向量 $\boldsymbol{r}_{dx}$ 的估计由每一对新输入的数据$(x[n], d[n])$迭代更新。最简单的方法就是重新构造维纳-霍夫方程(8-12)，也就是 $\boldsymbol{R}_{xx}\boldsymbol{f}_{\text{opt}}=\boldsymbol{r}_{dx}$ 并求解它。但每当有新数据对到来时都相当于对矩阵进行一次求逆，潜在的计算开销很大。接下来要讨论的 RLS 算法的主要目标就是，根据前面的最小二乘估计值 $\boldsymbol{f}[n]$和新数据对$(x[n], d[n])$，寻求滤波器系数 $\boldsymbol{f}[n+1]$的一种(迭代的)时间递归。每个新输入的值 $x[n]$都放置在长为 L 的数据阵列 $x[n] = [x[n]x[n-1]\ldots x[n-(L-1)]]^T$ 中。然后将 $x[n]x[n]$加到 $\boldsymbol{R}_{xx}[0, 0]$，将 $x[n]x[n-1]$加到 $\boldsymbol{R}_{xx}[0, 1]$，依此类推。数学上，只需要计算叉积 $\boldsymbol{xx}^T$ 并将这个$(L\times L)$矩阵加到前面自

相关矩阵 $\boldsymbol{R}_{xx}[n]$的估计上。递归计算可以按照如下公式进行计算：

$$\boldsymbol{R}_{xx}[n+1] = \boldsymbol{R}_{xx}[n] + \boldsymbol{x}[n]\boldsymbol{x}^T[n] = \sum_{s=0}^{n} \boldsymbol{x}[s]\boldsymbol{x}^T[s] \tag{8-57}$$

对于互相关向量 $\boldsymbol{r}_{dx}[n+1]$，可以将向量 $d[n]x[n]$中的每一个数据对($x[n]$，$d[n]$)与前面对 $\boldsymbol{r}_{dx}[n]$的估计相加来构造一个“改进的”估计。互相关向量的递归就变成：

$$\boldsymbol{r}_{dx}[n+1] = \boldsymbol{r}_{dx}[n] + d[n]\boldsymbol{x}[n] \tag{8-58}$$

现在可以用时间递归形式的维纳-霍夫方程并计算：

$$\boldsymbol{R}_{xx}[n+1]\boldsymbol{f}_{\text{opt}}[n+1] = \boldsymbol{r}_{dx}[n+1] \tag{8-59}$$

对于互相关和自相关矩阵的精确估计还需要对求和的次数进行缩放，求和的次数与 n 成正比。由于互相关矩阵和自相关矩阵缩放了同一个倍数，它们在迭代算法中彼此抵消，这样对于滤波器系数更新，有：

$$\boldsymbol{f}_{\text{opt}}[n+1] = \boldsymbol{R}_{xx}^{-1}[n+1]\boldsymbol{r}_{dx}[n+1] \tag{8-60}$$

尽管第 1 种形式的 RLS 算法的计算量非常大(矩阵求逆大约需要 L^3 次运算)，但它还是揭示了 RLS 算法的基本思想，而且可以迅速地编程。例如在 MATLAB 中，下述代码段就给出了长为 L 的 RLS 滤波器算法的内层循环：

```
x = [xin;x(1:L-1)];      % get new sample
y = f' * x;              % filter output
err = din - y;           % error: reference - filter output
Rxx = Rxx + x*x';        % update the autocorrelation matrix
rdx = rdx + din .* x;    % update the cross-correlation vector
f = Rxx^(-1) * rdx;      % compute filter coefficients
```

其中 Rxx 是($L \times L$)矩阵，rdx 是($L \times 1$)向量。互相关向量通常初始化成 $\boldsymbol{r}_{dx}[0] = 0$。到目前为止，该算法唯一还没有考虑的问题出现在最初 $n < L$ 次迭代的时候。当 $\boldsymbol{R}_{xx}[n]$只有少数非零项时，它将是奇异的且不存在逆矩阵。下面是处理该问题的一些途径：

- 可以等到自相关矩阵不再是奇异矩阵，也就是 $\det(\boldsymbol{R}_{xx}[n]) > 0$ 时，再计算它的逆矩阵。
- 可以使用所谓的伪逆矩阵 $R_{xx}^{+}[n] = (R_{xx}^{T}[n]R_{xx}[n])^{-1}R_{xx}^{T}[n]$，这是线性代数中关于求解超定线性方程组的标准结果。
- 可以用 $\delta\boldsymbol{I}$ 初始化自相关矩阵 $\boldsymbol{R}_{xx}$，其中 δ 的取值对高(低)信噪比的输入信号选择较小(大)的常数。

由于计算方便，并且可以利用常数 δ 设置初始的“学习速度”，因此第三种方法最为常用。在 RLS 算法中初始化对于实验的影响类似于 8.3.1 中 5 条学习曲线的均值，如图 8-26 所示。上半部分显示 4000 次迭代的全长度仿真，下半部分只显示最初的 100 次迭代。对于高信噪比(–48dB)，可以选择较大的值初始化，从而得到快速的收敛性。对于低信噪比

(–10dB)应使用较小的初始化值，否则在初始迭代时会出现很大的误差，这在某些具体应用中可以接受，但在其他具体应用中则不可接受。

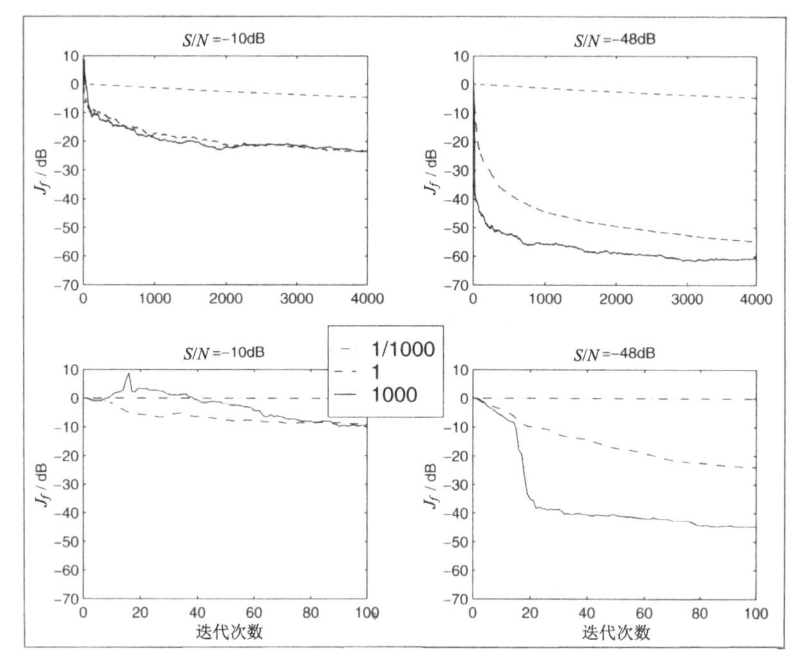

图 8-26　采用 $\boldsymbol{R}_{xx}^{-1}[n]=\delta\boldsymbol{I}$ 或 $\boldsymbol{R}_{xx}[n]=\delta^{-1}\boldsymbol{I}$ 的不同初始化的 LMS 算法的学习曲线
高信噪比是–48dB，低信噪比是–10dB。δ＝1000、1 或 1/1000

接下来讨论一种在计算上比第一种“强制的”RLS 算法更具吸引力的方法。关键思想是根本不需要计算矩阵的逆，而是直接对 $\boldsymbol{R}_{xx}^{-1}[n]$使用时间递归，实际上我们从不需要 $\boldsymbol{R}_{xx}[n]$。为此，将维纳方程代入时序 n+1，也就是将$\boldsymbol{f}[n+1]\boldsymbol{R}_{xx}[n+1]=\boldsymbol{r}_{dx}[n+1]$代入式(8-58)，得到：

$$\boldsymbol{R}_{xx}[n+1]\boldsymbol{f}[n+1]=\boldsymbol{R}_{xx}[n]\boldsymbol{f}[n]+d[n+1]\boldsymbol{x}[n+1] \tag{8-61}$$

现在由式(8-57)得到：

$$\boldsymbol{R}_{xx}[n+1]\boldsymbol{f}[n+1]=(\boldsymbol{R}_{xx}[n+1]-\boldsymbol{x}[n+1]\boldsymbol{x}^T[n+1])\boldsymbol{f}[n]+d[n+1]\boldsymbol{x}[n+1] \tag{8-62}$$

两边同时乘以 $\boldsymbol{R}_{xx}^{-1}[n+1]$，重新整理式(8-62)，将 $\boldsymbol{f}[n+1]$移到方程的左边：

$$\boldsymbol{f}[n+1]=\boldsymbol{f}[n]+\underbrace{\boldsymbol{R}_{xx}^{-1}[n+1]\boldsymbol{x}[n+1]}_{k[n+1]}\underbrace{(d[n+1]-\boldsymbol{f}^T[n]\boldsymbol{x}[n+1])}_{e[n+1]}=\boldsymbol{f}[n]+k[n+1]e[n+1]$$

其中，先验误差被定义成：

$$e[n+1]=d[n+1]-\boldsymbol{f}^T[n]\boldsymbol{x}[n+1]$$

卡尔曼增益(Kalman gain)向量被定义成：

$$\boldsymbol{k}[n+1]=\boldsymbol{R}_{xx}^{-1}[n+1]\boldsymbol{x}[n+1] \tag{8-63}$$

如前所述，直接计算矩阵逆的计算量非常大，而再次使用迭代方程(8-57)实际从根本上避免了逆矩阵，这更有效。这里使用所谓的“矩阵求逆引理”，写成矩阵等式的形式为：

$$(\boldsymbol{A}+\boldsymbol{BCD})^{-1}$$
$$=\boldsymbol{A}^{-1}-(\boldsymbol{A}^{-1}\boldsymbol{BDA}^{-1})(\boldsymbol{C}^{-1}+\boldsymbol{DA}^{-1}\boldsymbol{B})^{-1}$$

上述恒等式对所有维数一致的矩阵 $\boldsymbol{A}$、$\boldsymbol{B}$、$\boldsymbol{C}$ 和 $\boldsymbol{D}$(且 $\boldsymbol{A}$ 为非奇异矩阵)均成立。进行如下关联：

$$\boldsymbol{A}=\boldsymbol{R}_{xx}[n+1] \quad \boldsymbol{B}=\boldsymbol{x}[n] \quad \boldsymbol{C}=1 \quad \boldsymbol{D}=\boldsymbol{x}^{T}[n]$$

$\boldsymbol{R}_{xx}^{-1}$ 的迭代方程就变成：

$$\boldsymbol{R}_{\boldsymbol{xx}}^{-1}[n+1]=\left(\boldsymbol{R}_{\boldsymbol{xx}}[n]+\boldsymbol{x}[n]\boldsymbol{x}^{T}[n]\right)^{-1}$$
$$=\boldsymbol{R}_{\boldsymbol{xx}}^{-1}[n]-\frac{\boldsymbol{R}_{\boldsymbol{xx}}^{-1}[n]\boldsymbol{x}[n]\boldsymbol{x}^{T}[n]\boldsymbol{R}_{\boldsymbol{xx}}^{-1}[n]}{1+\boldsymbol{x}^{T}[n]\boldsymbol{R}_{\boldsymbol{xx}}^{-1}[n]\boldsymbol{x}[n]} \tag{8-64}$$

如果使用式(8-63)中的卡尔曼增益因子 $\boldsymbol{k}[n]$，可以将式(8-64)重写成更为简洁的形式：

$$\boldsymbol{R}_{\boldsymbol{xx}}^{-1}[n+1]=\boldsymbol{R}_{\boldsymbol{xx}}^{-1}[n]-\frac{\boldsymbol{k}[n]\boldsymbol{k}^{T}[n]}{1+\boldsymbol{x}^{T}[n]\boldsymbol{k}[n]}$$

前面提及的递归式用下式初始化[268]：

$$\boldsymbol{R}_{xx}^{-1}[0]=\delta I，\text{其中}\delta=\begin{cases}\text{对高信噪比取大的正常数}\\ \text{对低信噪比取小的正常数}\end{cases}$$

利用这一递归方程计算自相关矩阵的逆矩阵，计算量与 L^2 成正比，对于较大的 L 值从根本上减少了计算量。图 8-27 给出了对 RLS 自适应滤波器算法的小结。

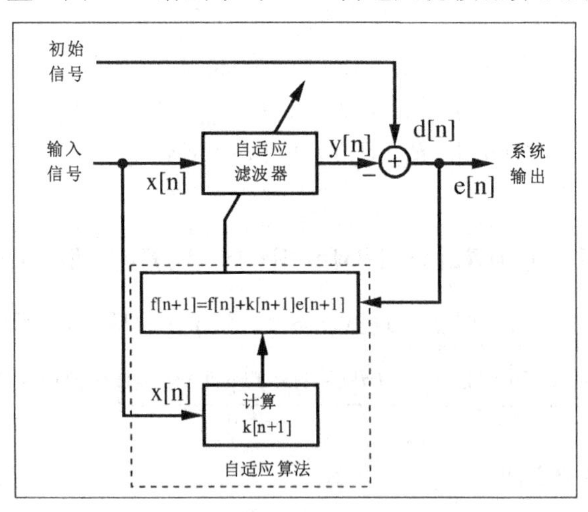

图 8-27　采用 RLS 算法进行干扰消除的基本结构

8.6.1　有限记忆的 RLS 算法

从式(8-57)和式(8-58)可以看出，迄今为止导出的自适应算法都具有无限记忆。滤波器系数的值是过去从零时刻开始的所有输入信号的函数。正如下面要讨论的，常常在算法中引入“遗忘因子”，以便使近期的数据比早期的数据更重要。“遗忘因子”的引入不仅降低了早期数据的影响，也保证了在每次新输入数据对的互相关向量和自相关矩阵的更新过程中，算法不会溢出。实现有限记忆的一种途径就是用具有指数权重的输出和代替成本函数的平方和：

$$J=\sum_{s=0}^{n}\rho^{n-s}e^2[s] \tag{8-65}$$

其中 $0\leqslant\rho\leqslant 1$ 是决定算法有效记忆的常数。$\rho=1$ 就是前面无限记忆的情形。当 $\rho<1$ 时，该算法具有 $\tau=-1/\log(\rho)\approx 1/(1-\rho)$ 个数据点的有效记忆。具有指数权重的 RLS 算法总结如下：

算法 8.8 RLS 算法

具有指数权重的 RLS 算法按如下步骤调整自适应滤波器的 L 个系数：

(1) 初始化 $\boldsymbol{x}=\boldsymbol{f}=[0,0,\ldots,0]^T$ 和 $\boldsymbol{R_{xx}}^{-1}[0]=\delta\boldsymbol{I}$。

(2) 接受新的输入采样对 $\{x[n+1],d[n+1]\}$ 并将输入信号 $x[n+1]$ 移到基准信号向量 $\boldsymbol{x}[n+1]$。

(3) 通过下式计算 FIR 滤波器的输出信号：

$$y[n+1]=f^{T}[n]x[n+1] \tag{8-66}$$

(4) 通过下式计算先验误差函数：

$$e[n+1]=d[n+1]-y[n+1] \tag{8-67}$$

(5) 通过下式计算卡尔曼增益因子：

$$k[n+1]=\boldsymbol{R_{xx}}^{-1}[n+1]x[n+1] \tag{8-68}$$

(6) 根据下式更新滤波器系数：

$$f[n+1]=f[n]+k[n+1]e[n+1] \tag{8-69}$$

(7) 根据下式更新滤波器的逆自相关矩阵：

$$R_{xx}^{-1}[n+1]=\frac{1}{\rho}\left(R_{xx}^{-1}[n]-\frac{k[n+1]k^T[n+1]}{\rho+x^T[n+1]k[n+1]}\right) \tag{8-70}$$

接下来重复步骤(2)。

RLS 算法的计算成本是：每个输入采样需要计算$(3L^2+9L)/2$ 次乘法和$(3L^2+5L)/2$ 次加法或减法，上述计算量仍旧比 LMS 算法多很多。在下面的例题中将会看到 RLS 算法的优点是具有较快的收敛速度并且不需要选择步长 μ，这在保证自适应算法的稳定性时有时会有困难。

例 8.9 RLS 学习曲线

这个例题通过评价一种称为系统辨识的结构来比较 RLS 和 LMS 的收敛性。8.3.1 节已经将这种性能评价用于 LMS ADF。系统配置如图 8-12 所示。自适应滤波器的长度 $L=16$，与要学习其系数的“未知”系统的长度相同。“未知”系统的附加噪声水平被设置为 –48dB(等价于 8 位量化)。对于 LMS 算法，特征值比(EVR)是决定收敛速度的关键参数，请参阅不等式(8-28)。为了生成不同的特征值比，采用经过一个如表 8-2 所示的 FIR 型滤波器滤波的 $\sigma^2=1$ 的高斯白噪声源。将系数标准化成 $\Sigma_k h[k]^2=1$，以便信号功率不变。未知系统的脉冲响应是一个奇对称滤波器，系数是 1, –2, 3, –4, …, –3, 2, –1，如图 8-28(a)所示。LMS 算法的步长由下式确定：

$$\mu_{\max}=\frac{2}{3\times L\times E\{\boldsymbol{x}^2\}}=\frac{1}{24} \tag{8-71}$$

为保证良好的稳定性，LMS 算法的步长选择必须满足 $\mu=\mu_{\max}/2=1/48$。对于变换域 DCT-LMS 算法，对于每个系数采用了功率标准化，请参阅图 8-17。从图 8-29 中的仿真结果可以看出，随着 EVR 的增长，RLS 的收敛速度比 LMS 更快。DCT-LMS 算法比 LMS 收敛得更快，而且在某些情况下与 RLS 算法一样快。但在残差水平和收敛一致性方面，DCT-LMS 算法的性能不是很好。对于更高的 EVR，RLS 算法的性能在两个方面以及收敛的一致性方面都更好。当 EVR = 1 时，DCT-LMS 算法达到 50dB 范围内的值；但当 EVR = 100 时，只达到 40dB。RLS 算法在系统噪声后收敛。

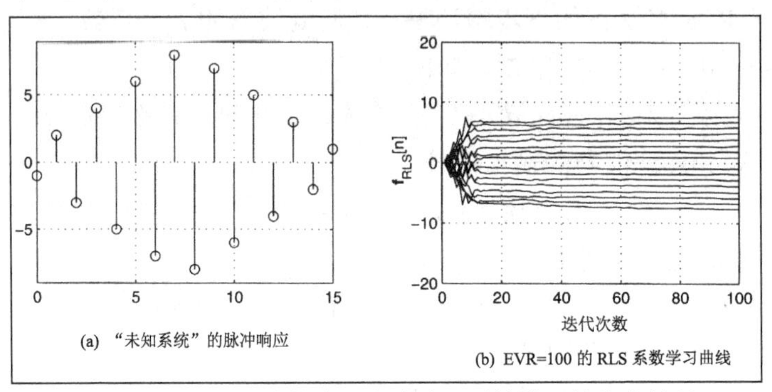

图 8-28　L=16 抽头的自适应滤波器系统辨识的仿真结果

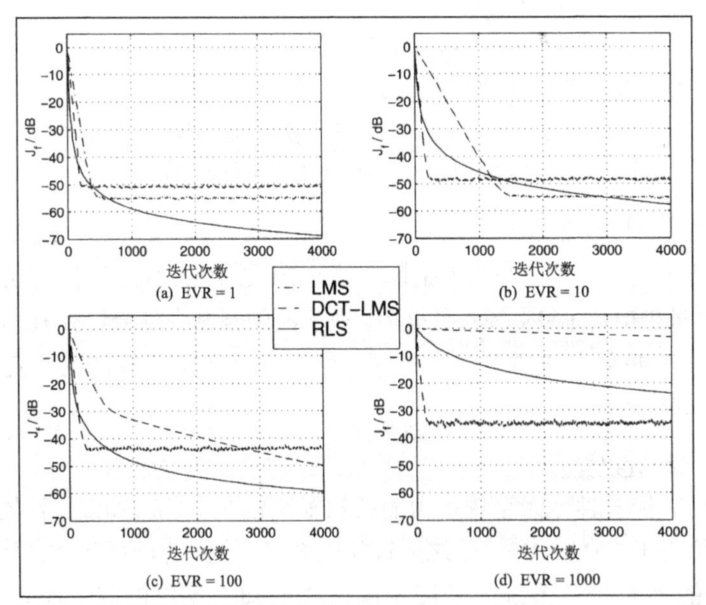

图 8-29　L=16 抽头的自适应滤波器系统辨识的仿真结果。LMS、变换域 DCT-LMS 和 $\boldsymbol{R}_{xx}^{-1}[0]=\boldsymbol{I}$ 的 RLS 的学习曲线 J

8.6.2　快速 RLS 算法的卡尔曼实现

对于由 Ljung 等人[297]提出的最小二乘 FIR 快速卡尔曼(Kalman)算法，单步线性前向预测和后向预测的概念扮演着主要角色。在所有递归的一维 Levison-Durbin 类型算法中使用这些前向和后向系数后，只用一种 $O(L)$计算就可以更新卡尔曼增益向量。

图 8-30 给出了一个一步前向预测器。预测器根据其 L 个最近的过去值来估计当前值 $x[n]$。预测中的后验误差通过下式量化：

$$e_L^f[n]=x[n]-\hat{x}[n]=x[n]-a^T[n]x_L[n-1] \tag{8-72}$$

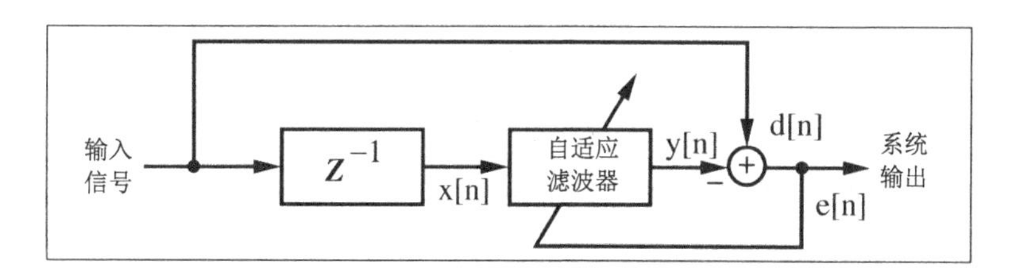

图 8-30　L 阶线性前向预测

上标表明这是前向预测误差，而下标说明预测器的阶数(也就是长度)。本节其余部分将略去索引 L，如果没有特别说明，向量的长度就是 L。这对计算先验误差也是有利的，先验误差使用前面迭代的滤波器系数计算，也就是：

$$e_L^f[n]=x[n]-\boldsymbol{a}^T[n-1]\boldsymbol{x}_L[n-1] \tag{8-73}$$

$e_L^f[n]$的最小二乘的最小值可以通过下式计算：

$$\frac{\partial(\in^f[n]^2)}{\partial a^T[n]}=-E\{(x[s]-a^T[s]x[n]x[n-s]\}=0 \qquad s=1,2,\ldots,L \tag{8-74}$$

虽然这又导出了一个$(L\times L)$自相关矩阵方程，但右侧不同于维纳-霍夫方程：

$$\boldsymbol{R}_{xx}[n-1]\boldsymbol{a}[n]=\boldsymbol{r}^f[n]=\sum_{s=0}^{n}\boldsymbol{x}[s-1]x[s] \tag{8-75}$$

成本函数的最小值为：

$$\alpha^f[n]=r_0^f[n]-a^T[n]r^f[n] \tag{8-76}$$

其中 $r_0^f[n]=\sum_{s=0}^{n}x[s]^2$。

目前，有关这一预测器的重要依据是 Levinson-Durbin 算法，它能够以一种递归方式求解式(8-72)的最小二乘误差的最小值，而不需要计算矩阵逆。为了更新预测器的系数，需要用与式(8-69)相同的卡尔曼增益因子来更新滤波器系数，也就是：

$$\alpha_L[n+1]=\alpha_L[n]+k_L[n]e_L^f[n]$$

后面将会看到如何利用线性预测系数迭代更新卡尔曼增益因子。两次迭代之间只有第一个和最后一个元素不同，基于这个事实，可以利用下一个卡尔曼增益 $\boldsymbol{k}_{L+1}[n]$更新方程(8-68)，即：

$$\boldsymbol{k}_{L+1}[n+1]=\boldsymbol{R}_{xx,L+1}^{-1}[n+1]\boldsymbol{x}_{L+1}[n+1] \tag{8-77}$$

$$=\left[\begin{array}{c|c} r_{0L}^{f}[n+1] & \boldsymbol{r}_{L}^{fT}[n+1] \\ \hline \boldsymbol{r}_{L}^{f}[n] & \boldsymbol{R}_{xx,L}^{-1}[n] \end{array}\right]\begin{bmatrix} x[n+1] \\ \boldsymbol{x}_{L}[n] \end{bmatrix} \tag{8-78}$$

为了计算逆矩阵 $R_{xx,L+1}^{-1}[n]$，如果 D^{-1} 是非奇异矩阵，使用分块矩阵求逆的一个著名定理，也就是：

$$\boldsymbol{M}^{-1}=\left[\begin{array}{c|c} \boldsymbol{A} & \boldsymbol{B} \\ \hline \boldsymbol{C} & \boldsymbol{D} \end{array}\right]^{-1}=\left[\begin{array}{c|c} -(\boldsymbol{AD}^{-1}\boldsymbol{C}-\boldsymbol{A})^{-1} & (\boldsymbol{AD}^{-1}\boldsymbol{C}-\boldsymbol{A})^{-1}\boldsymbol{BD}^{-1} \\ \hline \boldsymbol{D}^{-1}\boldsymbol{C}-(\boldsymbol{AD}^{-1}\boldsymbol{C}-\boldsymbol{A})^{-1} & \boldsymbol{D}^{-1}-(\boldsymbol{D}^{-1}\boldsymbol{CBD}^{-1})(\boldsymbol{AD}^{-1}\boldsymbol{C}-\boldsymbol{A})^{-1} \end{array}\right] \tag{8-79}$$

做如下关联：

$$\boldsymbol{A}=r_{0L}^{f}[n+1] \quad \boldsymbol{B}=\boldsymbol{r}_{L}^{fT}[n+1] \quad \boldsymbol{C}=\boldsymbol{r}_{L}^{f}[n] \quad \boldsymbol{D}=\boldsymbol{R}_{xx}^{-1}[n]$$

就得到：

$$\boldsymbol{D}^{-1}C=\boldsymbol{R}_{xx,L}^{-1}[n]\boldsymbol{r}_{L}^{f}[n]=\boldsymbol{a}_{L}[n+1]$$

$$\boldsymbol{BD}^{-1}=\boldsymbol{r}_{L}^{fT}[n+1]\boldsymbol{R}_{xx}^{-1}[n]=\boldsymbol{a}_{L}^{T}[n+1]-(\boldsymbol{AD}^{-1}\boldsymbol{C}-\boldsymbol{A})^{-1}$$

$$=-\boldsymbol{r}_{L}^{fT}[n+1]\boldsymbol{R}_{xx,L}^{-1}[n]\boldsymbol{r}_{L}^{f}[n]+r_{0L}^{f}[n+1]$$

$$=r_{0L}^{f}[n+1]-\boldsymbol{a}_{L}^{T}[n+1]\boldsymbol{r}_{L}^{r}[n]=\alpha_{L}^{f}[n+1]$$

现在根据式(8-77)改写 $\boldsymbol{R}_{xx,L+1}^{-1}[n+1]$：

$$\boldsymbol{R}_{xx,L+1}^{-1}[n+1]=\left[\begin{array}{c|c} \dfrac{1}{\alpha_{L}^{f}[n+1]} & \dfrac{a_{L}^{T}[n+1]}{\alpha_{L}^{f}[n+1]} \\ \hline \dfrac{a_{L}[n+1]}{\alpha_{L}^{f}[n+1]} & \boldsymbol{R}_{xx,L}^{-1}[n]+\dfrac{a_{L}[n+1]a_{L}^{T}[n+1]}{\alpha_{L}^{f}[n+1]} \end{array}\right] \tag{8-80}$$

重新整理式(8-77)，有：

$$\boldsymbol{k}_{L+1}[n+1]=\begin{bmatrix} 0 \\ \boldsymbol{k}_{L}[n+1] \end{bmatrix}+\frac{\epsilon_{L}^{f}[n+1]}{\alpha_{L}^{f}[n+1]}\begin{bmatrix} 1 \\ \boldsymbol{a}_{L}[n+1] \end{bmatrix}=\begin{bmatrix} \boldsymbol{g}_{L}[n+1] \\ \gamma_{L}[n+1] \end{bmatrix}$$

但是，到目前为止没有得到闭合的递归。对于卡尔曼增益向量的迭代更新，除了前向预测系数外，还需要一步后向预测器的系数，一步后向预测器的后验误差函数是：

$$\epsilon^{b}[\mathrm{n}]=x[n-L]-\hat{x}[n-L]=x[x-L]-b^{T}[n]x[n] \tag{8-81}$$

所有向量的大小都是$(L\times 1)$。线性后向预测器如图 8-31 所示。

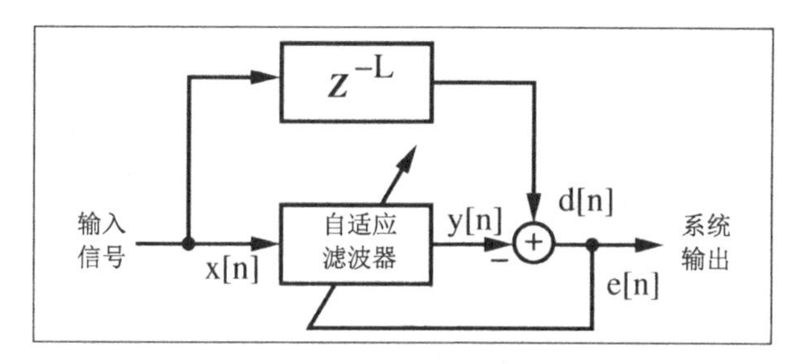

图 8-31　L 阶线性后向预测

后向预测器的先验误差是：

$$e_L^b[n] = x[n-L] - \boldsymbol{b}^T[n-1]\boldsymbol{x}_L[n]$$

计算后向预测器最小二乘系数的迭代方程与前向的情况一样，由下式给出：

$$\boldsymbol{R}_{xx}[n]\boldsymbol{b}[n] = \boldsymbol{r}^b[n] = \sum_{s=0}^{n} \boldsymbol{x}[s]x[s-L] \tag{8-82}$$

总平方误差的最小值就变成：

$$\alpha^f[n] = r_0^b[n] - \boldsymbol{b}^T[n]\boldsymbol{r}^b[n]$$

其中 $r_0^b[n] = \sum_{s=0}^{n} x[s-L]^2$。要更新后向预测器的系数，还需要用到进行滤波器系数更新的式(8-69)中的卡尔曼增益因子，也就是：

$$\boldsymbol{b}_L[n+1] = \boldsymbol{b}_L[n] + \boldsymbol{k}_L[n+1]e_L^b[n+1]$$

现在要再次为扩展的卡尔曼增益向量寻找一个 Levison-Durbin 类型的递归方程，只是这次使用后向预测系数，由此得出：

$$\boldsymbol{k}_{L+1}[n+1] = \boldsymbol{R}_{xx,L+1}^{-1}[n+1]\boldsymbol{x}_{L+1}[n+1] \tag{8-83}$$

$$= \left[\begin{array}{c|c} \boldsymbol{R}_{xx,L}[n] & \boldsymbol{r}_L^b[n+1] \\ \hline \boldsymbol{r}_L^{bT}[n] & r_{0L}^b[n+1] \end{array}\right]^{-1} \begin{bmatrix} \boldsymbol{x}_L[n+1] \\ x[n-L+1] \end{bmatrix} \tag{8-84}$$

为了求解矩阵的逆，需要像式(8-79)一样定义一个$(L+1)\times(L+1)$分块矩阵 $\boldsymbol{M}$，只是这次块 $\boldsymbol{A}$ 需要是非奇异矩阵，由此得出：

$$\boldsymbol{M}^{-1} = \left[\begin{array}{c|c} \boldsymbol{A} & \boldsymbol{B} \\ \hline \boldsymbol{C} & \boldsymbol{D} \end{array}\right]^{-1} = \left[\begin{array}{c|c} \boldsymbol{A}^{-1} - (\boldsymbol{A}^{-1}\boldsymbol{B}\boldsymbol{C}\boldsymbol{A}^{-1})(\boldsymbol{C}\boldsymbol{A}^{-1}\boldsymbol{B}-\boldsymbol{D})^{-1} & \boldsymbol{A}^{-1}\boldsymbol{B}(\boldsymbol{C}\boldsymbol{A}^{-1}\boldsymbol{B}-\boldsymbol{D})^{-1} \\ \hline (\boldsymbol{C}\boldsymbol{A}^{-1}\boldsymbol{B}-\boldsymbol{D})^{-1}\boldsymbol{C}\boldsymbol{A}^{-1} & -(\boldsymbol{C}\boldsymbol{A}^{-1}\boldsymbol{B}-\boldsymbol{D})^{-1} \end{array}\right]$$

进行如下关联：

$$\boldsymbol{A} = \boldsymbol{R}_{xx,L}[n] \quad \boldsymbol{B} = \boldsymbol{r}_L^b[n+1] \quad \boldsymbol{C} = \boldsymbol{r}_L^{bT}[n] \quad \boldsymbol{D} = r_{0L}^b[n+1]$$

由此得到如下中间结果：

$$\boldsymbol{A}^{-1}\boldsymbol{B} = \boldsymbol{R}_{xx,L}^{-1}[n]\boldsymbol{r}_L^b[n+1] = \boldsymbol{b}_L[n+1]$$

$$\boldsymbol{C}\boldsymbol{A}^{-1} = \boldsymbol{r}_L^{bT}[n+1]\boldsymbol{R}_{xx,L}^{-1}[n] = \boldsymbol{b}_L^T[n+1] \; -(\boldsymbol{C}\boldsymbol{A}^{-1}\boldsymbol{B}-\boldsymbol{D})$$

$$= -\boldsymbol{b}_L^T[n+1]\boldsymbol{r}_L^b[n+1] + r_{0L}^b[n+1] = \alpha_L^b[n+1]$$

在式(8-81)中利用这些中间结果就得到：

$$\boldsymbol{R}_{xx,L+1}^{-1}[n]=\left[\begin{array}{c:c}\boldsymbol{R}_{xx,L}^{-1}[n]+\dfrac{\boldsymbol{b}_L[n+1]\boldsymbol{b}_L^T[n+1]}{\alpha_L^b[n]} & \dfrac{\boldsymbol{b}_L^T[n+1]}{\alpha_L^b[n]}\\ \hdashline \dfrac{\boldsymbol{b}_L[n+1]}{\alpha_L^b[n]} & \dfrac{1}{\alpha_L^b[n]}\end{array}\right]$$

现在利用后向预测系数重新整理式(8-83)，写成：

$$\begin{aligned}\boldsymbol{k}_{L+1}[n+1]&=\begin{bmatrix}\boldsymbol{k}_L[n+1]\\0\end{bmatrix}+\frac{\epsilon_L^b[n+1]}{\alpha_L^b[n+1]}\begin{bmatrix}\boldsymbol{b}_L[n+1]\\1\end{bmatrix}\\&=\begin{bmatrix}\boldsymbol{g}_L[n+1]\\\gamma_L[n+1]\end{bmatrix}\end{aligned}$$

到目前为止，唯一缺少的是总平方误差最小值的迭代更新方程，由下式给出：

$$\alpha_L^f[n+1]=\alpha_L^f[n]+\epsilon_L^f[n+1]e_L^f[n+1] \tag{8-85}$$

$$\alpha_L^b[n+1]=\alpha_L^b[n]+\epsilon_L^b[n+1]e_L^b[n+1] \tag{8-86}$$

现在已经有了定义快速卡尔曼 RLS 算法的所有迭代方程：

算法 8.10　快速卡尔曼 RLS 算法

预开窗的快速卡尔曼 RLS 算法按如下步骤调整自适应滤波器的 L 个滤波器系数：

(1) 初始化 $\boldsymbol{x}=\boldsymbol{a}=\boldsymbol{b}=\boldsymbol{f}=\boldsymbol{k}=[0,0,\ldots,0]^T$ 和 $\alpha^f=\alpha^b=\delta$。

(2) 接收新的输入采样对$\{x[n+1],d[n+1]\}$。

(3) 计算下述方程，顺序更新 $\boldsymbol{a}$、$\boldsymbol{b}$ 和 $\boldsymbol{k}$：

$$e_L^f[n+1]=x[n+1]-\boldsymbol{a}^T[n]\boldsymbol{x}_L[n]$$

$$\boldsymbol{a}_L[n+1]=\boldsymbol{a}_L[n]+\boldsymbol{k}_L[n]e_L^f[n+1]$$

$$\epsilon_L^f[n+1]=x[n+1]-\boldsymbol{a}^T[n+1]\boldsymbol{x}_L[n]$$

$$\alpha_L^f[n+1]=\alpha_L^f[n]+\epsilon_L^f[n+1]e_L^f[n+1]$$

$$\begin{aligned}\boldsymbol{k}_{L+1}[n+1]&=\begin{bmatrix}0\\\boldsymbol{k}_L[n+1]\end{bmatrix}=\frac{\epsilon_L^f[n+1]}{\alpha_L^f[n+1]}\begin{bmatrix}1\\\boldsymbol{a}_L[n+1]\end{bmatrix}\\&=\begin{bmatrix}\boldsymbol{g}_L[n+1]\\\gamma_L[n+1]\end{bmatrix}\end{aligned}$$

$$e_L^b[n+1]=x[n+1-L]-\boldsymbol{b}^T[n]\boldsymbol{x}_L[n+1]$$

$$\boldsymbol{k}_L[n+1]=\frac{\boldsymbol{g}_L[n+1]-\gamma_L[n+1]\boldsymbol{b}^T[n]}{1+\gamma_L[n+1]e_L^b[n+1]}$$

$$\boldsymbol{b}_L[n+1]=\boldsymbol{b}_L[n]+\boldsymbol{k}_L[n+1]e_L^b[n+1]$$

(4) 将输入信号 $x[n+1]$在基准信号向量 $\boldsymbol{x}[n+1]$中移动并通过计算如下两个方程来更新自适应滤波器的系数：

$$e_L[n+1]=d[n+1]-\boldsymbol{f}_L^T[n]x_L[n+1]$$

$$\boldsymbol{f}_L[n+1]=\boldsymbol{f}_L[n]+\boldsymbol{k}_L[n+1]e_L[n+1]$$

接下来重复步骤(2)。

统计计算量就会发现，步骤(3)需要两次除法、$8L+2$ 次乘法和 $7L+2$ 次加/减法运算。步骤(4)中的系数更新还需要额外的 $2L$ 次乘法和加/减法运算，总计算量是 $10L+2$ 次乘法、$9L+2$ 次加/减法和两次除法运算。

8.6.3 快速后验卡尔曼 RLS 算法

仔细观察算法 8.10 就会发现，Ljung 等人提出的原始快速卡尔曼算法[297]主要以先验误差方程作为基础。Carayannis 等人提出的快速后验误差时序技术(Fast A posteriori Error Sequential Technique，FAEST)[298]，更大程度上采用了后验误差。这一算法探讨了快速卡尔曼算法中不同参数的更多迭代性质，这将计算量降低了 $2L$ 次乘法。另外，原始快速卡尔曼和 FAEST 算法采用了大体相同的思想，也就是将卡尔曼增益的长度增加 1，以及使用前向预测 $\boldsymbol{a}$ 和后向预测 $\boldsymbol{b}$。我们还介绍了遗忘因子 ρ。下述代码清单给出了 MATLAB 中 FAEST 算法的内层循环：

```
%********* FAEST Update of k, a, and b
ef=xin - a'*x;          % a priori forward prediction error
ediva=ef/(rho*af);      % a priori forward error/minimal error
ke(1)=-ediva;           % extended Kalman gain vector update
ke(2:l+1)=k - ediva*a;% split the l+1 length vector
epsf=ef*psi;            % a posteriori forward error
a=a+epsf*k;                    % update forward coefficients
k=ke(1:l) + ke(l+1).*b;        % Kalman gain vector update
eb=-rho*alphab*ke(l1);         % a priori backward error
alphaf=rho*alphaf+ef*epsf;     % forward minimal error
alpha=alpha+ke(l+1)*eb+ediva*ef; % prediction crosspower
psi=1.0/alpha;           % psi makes it a 2 div algorithm
epsb=eb*psi;             % a posteriori backward error update
alphab=rho*alphab+eb*epsb;     % minimum backward error
b=b-k*epsb;         % update backward prediction coefficients
x=[xin;x(1:l-1)]; % shift new value into filter taps
%******** Time updating of the LS FIR filter
e=din-f'*x;         % error: reference - filter output
eps=-e*psi;         % a posteriori error of adaptive filter
f=f+w*eps;          % coefficient update
```

总计算量(不考虑指数权重 ρ)是两次除法、$7L+8$ 次乘法和 $7L+4$ 次加/减法。

8.7 LMS 和 RLS 的参数比较

最后，表 8-3 比较了本章介绍的算法。表 8-3 根据计算复杂性对基本随机梯度(Stochastic Gradient，SG)方法(如有符号 LMS(SLMS)、标准化 LMS(NLMS)或使用 FFT 的分块 LMS(BLMS)算法)进行了比较。接下来是变换域算法，但不包括功率标准化，也就是变换域中 L 的标准化。通过 RLS 算法我们讨论了(快速)卡尔曼算法和 FAEST 算法。通常情况下，网格算法(本章没有讨论)需要大量的除法和求平方根运算，此时建议使用对数系统(请参阅第 2 章)[299]。

表 8-3　长度 L 的自适应滤波器的 LMS 和 RLS 算法的复杂性比较。其中 TDLMS 没有标准化。如果在 TDLMS 算法中使用标准化，就要增加 L 次乘法、2L 次加/减法和 L 次除法

算　法	实 现 方 式	计 算 量		
		乘　法	加/减法	除　法
SG	LMS	$2L$	$2L$	–
	SLMS	L	$2L$	–
	NLMS	$2L+1$	$2L+2$	1
	BLMS(FFT)	$10\log_2(L)+8$	$15\log_2(L)+30$	–
SG TDLMS	阿达马	$2L$	$4L-2$	–
	哈尔	$2L$	$2L+2\log_2(L)$	–
	DCT	$2L+\frac{3}{2}L\log_2(L)+L$	$2L+\frac{3}{2}L\log_2(L)$	–
	DFT	$2L+\frac{3}{2}L\log_2(L)$	$2L+\frac{3}{2}L\log_2(L)$	–
	KLT	$2L+L^2+L$	$2L+2L$	–
RLS	直接形式	$2L^2+4L$	$2L^2+2L-2$	2
	快速卡尔曼	$10L+2$	$9L+2$	2
	网格	$8L$	$8L$	$6L$
	FAEST	$7L+8$	$7L+4$	2

表 8-3 中的数据基于第 6 章中讨论过的 DCT 和 DFT 及其基于快速 DIF 或 DIT 算法的实现方式。对于长度为 8 和 16 的 DCT 或 DFT，已经开发了使用更少次运算的更有效的(Winograd 类型)算法。例如，长度为 8 的 DCT(请参阅图 6-23)使用了 12 次乘法，这样 DCT 变换域算法可以由 2×8+12=28 次乘法实现，而 FAEST 算法是 7×8+8=64 次乘法。但这些计算没有考虑到功率标准化是所有 TDLMS 都必须遵循的(否则与标准 LMS 算法相比就没有快速收敛性[287, 288])。除法的计算量比乘法的计算量更大。当功率标准化因子可以预先确定时，就可以用硬连线的缩放运算实现除法。FAEST 只需要两次除法，与 ADF 长度无关。

RLS 和 LMS 自适应速度的比较已经在例 8.9 中给出，结果表明，虽然 RLS 类型算法的适应速度比 LMS 算法快很多，但 LMS 算法可以用变换域算法(如 DCT-LMS)从根本上进行改进。而且，通常与 LMS 或 TDLMS 算法相比，RLS 算法的误差底线和误差一致性要更佳。但是没有除法操作就不能实现 RLS 类型的算法，而这经常需要更大的整体系统位宽，至少是分数表示方法，甚或是浮点数表示方法[299]。另一方面，LMS 算法仅用例 8.5 中的几位就可以实现。

8.8　主成分分析(PCA)

迄今为止讨论的信号处理方法都是单输入信号的，并且绝大部分模型信号都经过精心定义。接下来讨论更为复杂的问题：多输入输出并且精确的信号模型是不可知的。例如，

测量和评估用于心脏心电活动测量的心电图(Electrocardiograph，ECG)就是这样一项任务。一般从身体的不同部位进行 3 到 12 次测量，在手和腿之间有 3 个双极和 3 个单极，围绕心脏是 6 个。健康的 ECG 信号[300]由规则的脉冲构成，每个脉冲由前波 P(大约 80ms)、主峰 QRS(80ms~120ms)和后波 T(160ms)混合而成。典型的幅度是 P=≤0.2mV、Q=R/4、R=0.6mV~2.6mV、S<0.6mV 以及 T=R/7，请参阅图 8-32。接下来的任务是将高达 12 种(噪声)信号掺入到真实的单个(如果还要检测胎儿或双胞胎心率的话，则是 2 或 3 个[301])信号中。对于胎心的检测，主要的工作是确保胎心率保持在每分钟 110 次(beat per minute，bmp)到 180 次的期望区间内。

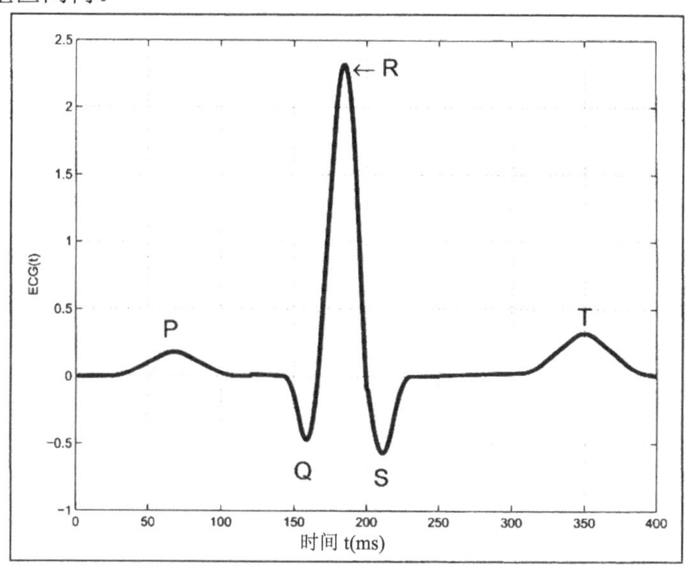

图 8-32　ECG 示例信号

选择 Kahunen-Loevé 变换(尽管相当古老)作为降低输出空间维度的方法，Kahunen-Loevé 变换又称为主成分分析(Principle Component Analysis，PCA)。为了执行 PCA，在输入信号之间构建互相关矩阵，计算特征值和特征向量，然后使用特征值和特征向量转换输入信号。写成公式的形式为：

$$C_{xx} = E\{x-\eta\}^T(x-\eta) \tag{8-87}$$

设 $\boldsymbol{e}_k$ 为特征向量数 $\boldsymbol{k}$ 、λ_k 为 $\boldsymbol{C}_{xx}$ 对应的特征值。由下式得到 $\boldsymbol{k}$ 的主成分：

$$y_k = e_k^T x \tag{8-88}$$

特征值的分布可以很好地说明输入数据中有“多少”主成分，通常将特征值较小的信号剔除掉。最终，从最小均方意义上得到一个或多个代表输入信号的信号。主成分捕捉了绝大部分信号的能量，同时所有输出信号都是彼此正交的，这也是 PCA 常常被称作白化操作的原因。下面让我们构建一个胎心监测 ECG 模型。

例 8.11 ECG 数据降维

使用一个简单的 ECG 模型，其中妈妈和胎儿的 ECG 以脉冲序列的形式建模。采样频率设置为 1kHz，周期长度 14，妈妈的 ECG 保持在 71bpm，胎儿的周期长度为 8 或是 125bpm。假设采用 4 通道测量，得到两个信号的叠加。信号的极性也应该确定下来。输入的混合信号以随机混合矩阵的形式建模，并假设母婴 ECG 幅值之间的比例是 10:1。下述 MATLAB 脚本给出了完整的监测系统的实现：

```
%%%%%%% MatLab script ECG PCA example
clear all; close all;
T1=14; %% Mother period length at 1 kHz
T2=8;  %% Fetus period length at 1 kHz
T=T1*T2*2; %% Total samples in simulation
s=zeros(2,T);
s(1,:)=upsample(ones(1,T/T1),T1,T1/2); %% Mother ECG
s(2,:)=upsample(ones(1,T/T2),T2,T2/2)/10; %% Fetus ECG
subplot(3,1,1);L=50;t=1:L;     %% Plot signals without noise
plot(t,s(1,1:L),'k-x',t,s(2,1:L),'k-o');
title('Undisturbed mother (x) and fetus (o) signals');
axis([0 L -.2 1.2]);ylabel('s[n]')

rng(0); %% Initialize random number to start
A=[-1 -1;-1 1;1 -1;1 1];
A=A+(rand(4,2)-.5);  %% Mixing matrix with polarity change
x=A*s+rand(4,T)/100; %% Apply mixing and add Gauss noise
subplot(3,1,2);      %% Plot measured signals with noise
plot(t,x(1,1:L),'k-x',t,x(2,1:L),'k-o',...
       t,x(3,1:L),'k-+',t,x(4,1:L),'k-*');
title('The 4 measured ECG signals (with noise)')
axis([0 L -1 2]);ylabel('x[n]')

Cxx = cov(x', 1) % Calculate the covariance matrix
disp('Eigenvectors and eigenvalues of covariance matrix:')
[E, D] = eig(Cxx)
%apply reconstruction mixing to the x data i.e. do PCA
y=(D^-.5 * E'*x);
subplot(3,1,3);
plot(t,y(4,1:L),'k-x',t,y(3,1:L),'k-o');
title('Mother (x) and fetus (o) signals after PCA')

grid
axis([0 L -.5 4.5]);xlabel('Sample n');ylabel('y[n]')
print -deps  ecg1.eps;print -djpeg  ecg1.jpg
```

可以看出，首先生成并绘制出两个测试信号。然后使用混合矩阵生成四个测量信号，并向信号中添加高斯噪声。随后基于互相关矩阵 C_{xx} 执行 PCA。由 MATLAB 提供的互相关矩阵为：

```
 0.0310    0.0264   -0.0276   -0.0635
 0.0264    0.0244   -0.0264   -0.0551
-0.0276   -0.0264    0.0291    0.0583
-0.0635   -0.0551    0.0583    0.1308
```

最终，完成对两个信号的重构。注意，MATLAB 中以方阵对角元素的形式给出特征值，并由小到大排列，也就是 D 变成：

```
0.0000         0         0         0
     0    0.0000         0         0
     0         0    0.0037         0
     0         0         0    0.2115
```

对应的特征向量矩阵 E 为：

```
-0.6078   -0.5971   -0.3604   -0.3798
 0.5737   -0.6215    0.4152   -0.3350
 0.4797   -0.2568   -0.7594    0.3567
-0.2672   -0.4374    0.3479    0.7850
```

如期望的一样，只得到两个非零特征值，也就是只有两个主成分。

图 8-33 中的仿真结果首先给出了两个输入信号，然后是四组测量信号。第三幅图给出了两个重构的 ECG 信号。注意，信号的周期(也就是 8 和 14)保持良好，只有幅值与原始数据相比拥有不同的比例因子。PCA 完成了从 4 路信号到两路信号的降维工作，同时将一个信号分离出来。

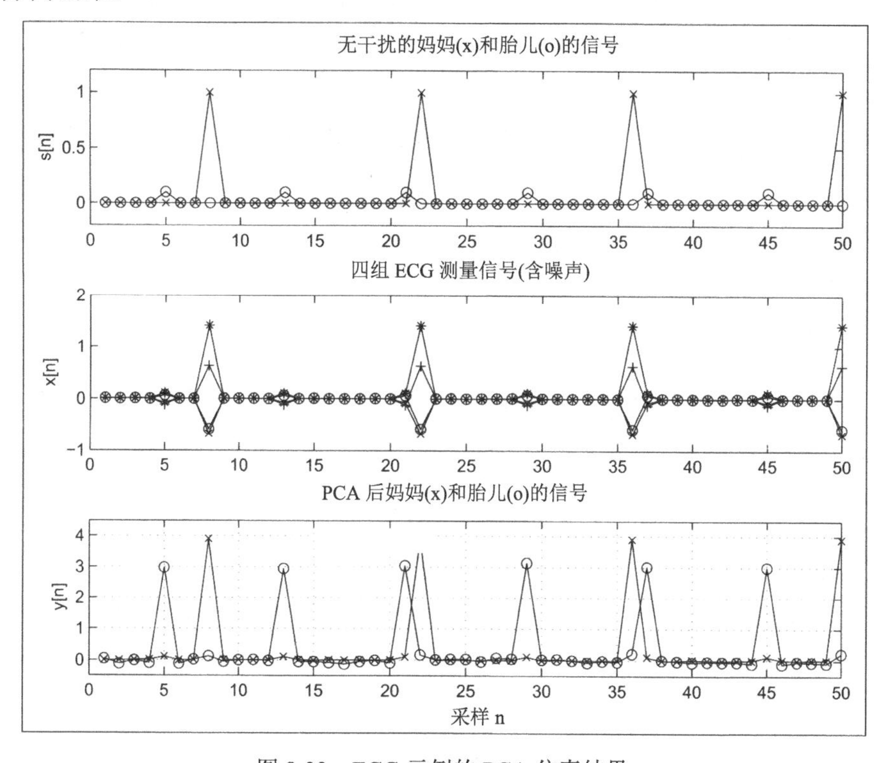

图 8-33　ECG 示例的 PCA 仿真结果

8.8.1 主成分分析的计算

PCA 的计算需要大量的算术运算。互相关矩阵可通过下式迭代计算：

$$\boldsymbol{C_{xx}}(t+1) = \beta E\{x(t)^T x(t)\} + (1-\beta)\boldsymbol{C_{xx}}(t) \tag{8-89}$$

根据噪声水平，上式可能需要很多个周期的循环。由于噪声较低，两个输入采样在大概 50~100 个采样周期后应该得到足够稳定的值。由于互相关矩阵 C_{xx} 是对称的，上述计算过程可以简化一点。特征值和特征向量也会得到简化，因为对称矩阵的特征值和特征向量是实数，并且特征值之间相互正交，而特征向量为单位矩阵，即 $\boldsymbol{H}^T=\boldsymbol{H}^{-1}$。不过，从本质上讲，特征值和特征向量的计算相比互相关矩阵的计算更复杂。根据文献[302, 303]，主要有三种方法：

(1) 直接方法

(2) v.Mises 功率法

(3) 神经网络学习方法

上述方法在硬件需求、算法编码、收敛循环次数以及考虑的具体事项等方面有本质上的不同。下面详细研究这几类方法。

直接方法中，为了计算特征值和特征向量，首先计算特征多项式来确定特征值，即 $P(\lambda)=\det(\boldsymbol{C}_{xx}-\boldsymbol{I}\lambda)$。多项式的零点就是特征值 λ_k。为了计算特征向量，需要求解矩阵系统 $\mathbf{C}_{\mathbf{xx}}\mathbf{e}_k=\lambda_k\mathbf{e}_k$。该算法不需要任何迭代，也不会出现异常，只需要少数能够在微处理器或 MATLAB 中计算的矩阵等式。但是，即使对于少量的信号，矩阵系统也需要相当大的硬件资源[304]。

只需要少量迭代的第二类方法(功率法)归功于 v.Mises[302，303]。该方法计算向量序列 $v^{(k)}$：

$$v^{(2)}=C_{xx}v^{(1)}$$
$$v^{(3)}=C_{xx}v^{(2)}=C_{xx}{}^2v^{(1)}$$
$$v^{(4)}=C_{xx}v^{(3)}=C_{xx}{}^3v^{(1)}\cdots$$

其中，$v^{(1)}$ 是随机开始向量，上标(k)表示迭代。功率方法不需要计算互相关矩阵的功率，因为：

$$C_{xx}{}^{k+1}v=C_{xx}(C_{xx}{}^kv) \tag{8-90}$$

通过恰当的初始化，向量将收敛到主特征向量 $v^{(k)}\to\boldsymbol{e}_1$。唯一的例外是，如果 $v^{(1)}$ 已经是另一个特征向量(例如 $\boldsymbol{e}_2$)，上述方法将失效。通过下面的例子可以看出，该方法的收敛速度非常快。

例 8.12

使用初始向量 $\boldsymbol{v}^{(1)}=[11\cdots]^T$ 时，例 8.11 的 4×4 相关矩阵的 v. Mises 迭代如下：

$$v^{(2)}=C_{xx}v^{(1)}=[-0.033814 \quad -0.030796 \quad 0.033233 \quad 0.070448]^T$$
$$v^{(3)}=C_{xx}v^{(2)}=[-0.007254 \quad -0.006402 \quad 0.006819 \quad 0.014996]^T$$
$$v^{(4)}=C_{xx}v^{(3)}=[-0.001535 \quad -0.001354 \quad 0.001442 \quad 0.003172]^T$$

通过 v=v./sqrt(sum(v.^2))’标准化向量长度为 1，得到：

$$e_1=[-0.379796 \quad -0.334976 \quad 0.356721 \quad 0.785046]^T \tag{8-91}$$

与六位小数的精确的特征向量一致。仅仅三次迭代后，误差的近似值 $\log_2(|\boldsymbol{E}(:,4)-\boldsymbol{v}^{(k)}|)$ 由 5.1 和 10.9 增加到 16.8 位。

特征值的计算可以通过 $\lambda_1=\boldsymbol{v}^{(4)}(i)/\boldsymbol{v}^{(3)}(i)=0.211573$ 完成，含 4 位有效数字。

由于特征向量相互正交，因此后续特征值的计算可以采取类似的方法。在 v.Mises 提出的方法中，用随机向量 $\boldsymbol{r}$ 计算 $c_1=\boldsymbol{r}^T\boldsymbol{e}_1$，再通过 $\boldsymbol{u}^{(1)}=\boldsymbol{r}-c_1\boldsymbol{e}_1$ 初始化功率矩阵算法，然后正常进行。

例 8.13

例 8.12 的 4×4 相关矩阵生成了 $\boldsymbol{e}_1$。由初始化向量 $r=[11\cdots]^T$，得到 $c_1=\boldsymbol{r}^T\boldsymbol{e}_1=0.4270$，随后迭代从向量 $\boldsymbol{u}^{(1)}=\boldsymbol{r}-c_1\boldsymbol{e}_1=\ [1.1622 \quad 1.1430 \quad 0.8477 \quad 0.6648]^T$ 开始。对于第二个特征向量，算法的执行过程如下：

$$u^{(2)}=C_{xx}u^{(1)}$$
$$=[0.000488 \qquad -0.000542 \qquad 0.001015 \qquad -0.000456]^T$$
$$u^{(3)}=C_{xx}u^{(2)}$$
$$=[1.796940\,10^{-6} \qquad -2.058812\,10^{-6} \qquad 3.765611\,10^{-6} \qquad -1.725061\,10^{-6}]^T$$
$$u^{(4)}=C_{xx}u^{(3)}$$
$$=[6.662793\,10^{-9} \qquad -7.677155\,10^{-9} \qquad 1.404094\,10^{-8} \qquad -6.432564\,10^{-9}]^T$$

对于 $\boldsymbol{u}^{(k)}\approx\boldsymbol{e}_2$，位精度达到 5.4、14.2 和 23.0。真实的特征向量 $\boldsymbol{e}_2$ 最终需要通过 $\boldsymbol{u}^{(4)}/|\boldsymbol{u}|^{(4)}$ 标准化为长度 1：

$$e_2=[0.360358 \quad -0.415220 \quad 0.759405 \quad -0.347906]^T \tag{8-92}$$

所有的 6 个小数数字都是正确的。

特征值的计算可以通过 $\lambda_2=\boldsymbol{u}^{(4)}(i)/\boldsymbol{u}^{(3)}(i)=0.003729$ 完成。

现在，功率法的优点很明显了。算法只需要少量迭代，硬件只需要实现一个矩阵等式。算法的主要不足在于向量的初始化。如果“碰巧”使用较小的特征值对应的特征向量进行初始化，第一次运行将无法得到最大的特征值和相关的特征向量。由于需要一次向量开方、平方根和除法运算，最终向量的标准化成本可能会很高。考虑到与特征值相乘可以对特征向量进行任意缩放，建议只使用向量的最大分量进行标准化。FPGA 对功率法的实现基于高效的矩阵操作来完成，例如 QR 分解[305]。

下面要讨论的第三种计算特征向量的方法是神经网络学习方法，该方法以一种类似于自适应滤波器 LMS 算法的方式逐步调整向量系数。基本算法使用 Hebbian 学习算法，即向网络的输入输出乘积的权重比例上增加小的分量，$\Delta\mathbf{w}_k\approx\mu y\mathbf{x}_k$，$y=\boldsymbol{w}^T\boldsymbol{x}$。Oja 和 Karhunen[306]指出 $\boldsymbol{w}_k$ 将收敛到系统的特征向量。为了避免增长超出限制，算法需要正确的标准化，由此引出下述方程式(被称作 Qja 学习规则[306])，对于第一特征向量为：

$$\Delta w_1 = \mu y_1(x - y_1 w_1) \tag{8-93}$$

上式也称为随机梯度上升(Stochastic Gradient Ascent，SGA)算法。后来，Sanger 在他的硕士论文中对该方法做了一点小的修正，使其更加容易实现[307]。Sanger 的方法可以归纳为：

$$\Delta w_k = \mu y_k \left(x - \sum_{i=1}^{k} y_i w_i \right) \tag{8-94}$$

该方法名为通用 Hebbian 算法(Generalized Hebbian Algorithm，GHA)。对于双通道系统，图 8-34 和图 8-35 分别以 SIMULINK 模型的形式给出了第一和第二特征向量。输出 y_k 是来自 PCA 分析的期望信号。

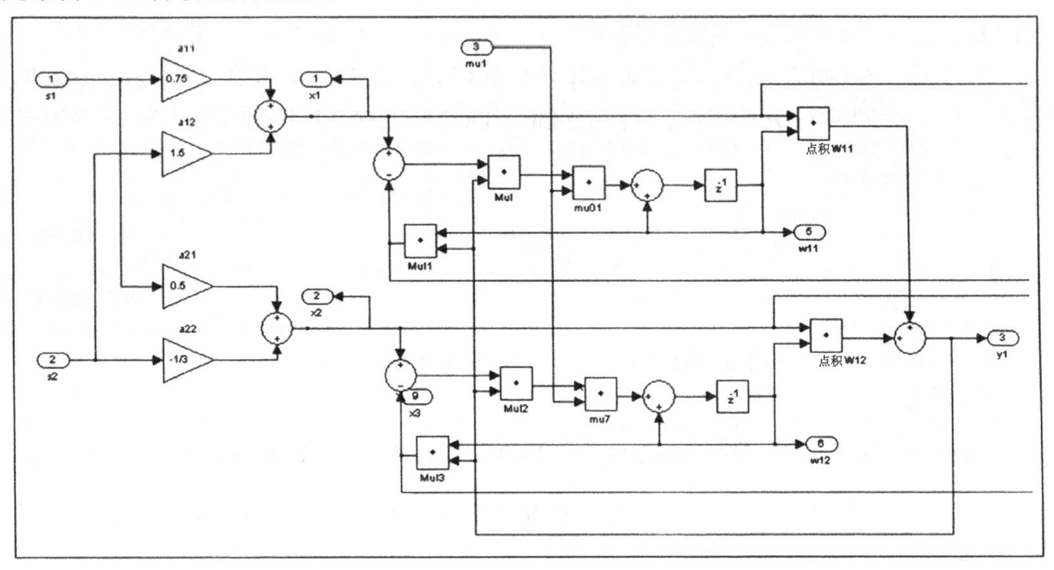

图 8-34　采用 Sanger 的 GHA 算法的混合矩阵以及第一主成分学习系统

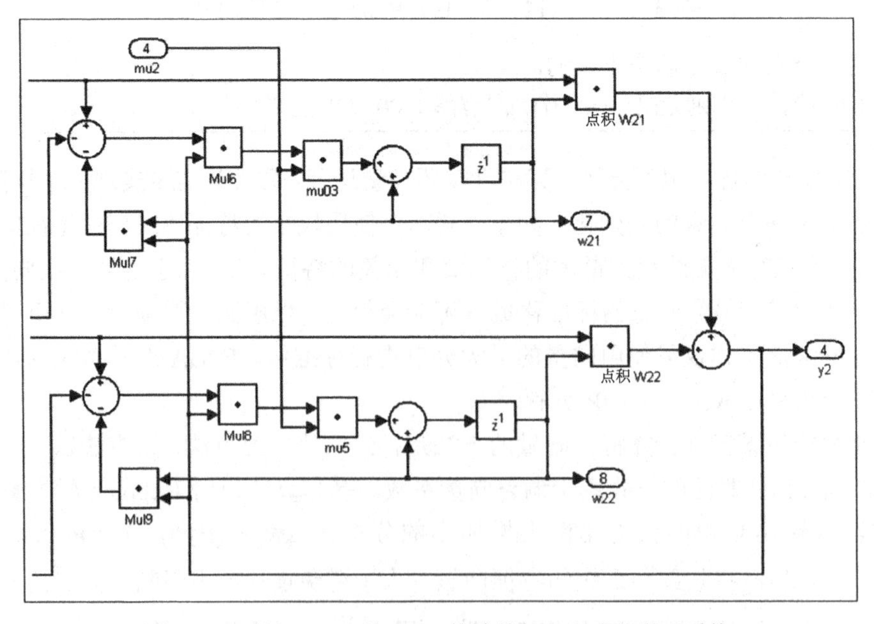

图 8-35　采用 Sanger 的 GHA 算法的第二主成分学习系统

8.8.2 Sanger GHA PCA 的实现

从所需硬件资源的角度看，GHA 是最好的[308]，下面讨论一个设计示例。

例 8.14　基于 Sanger GHA 的 PCA 设计

假设拥有二进制数字信号 $s_1 = \pm 0.25 rect(t/5)$ 和正弦波输入 $s_2 = \sin(2\pi t/6)$。正弦波周期为 6，数字信号每位采样 5 次。这两个信号通过如下混合矩阵组合在一起，并生成系统输入 x_1 和 x_2，如图 8-34 所示。

$$x = \begin{bmatrix} 3/4 & 3/2 \\ 1/2 & -1/3 \end{bmatrix} s \tag{8-95}$$

经过一个初始学习过程，期望 PCA 系统收敛并将原始信号分离出来。4K 个时钟周期后达到收敛。由于需要学习两个特征向量，首先从 e_1 开始。经过 1000 个时钟周期后，学习速率逐渐减小为零，接下来学习第二个特征向量。再经过 1000 个时钟周期，使学习速率减小到零，得到一个稳定的输出向量 e_2。学习速率 μ 及特征向量值如图 8-36(a)所示。计算互相关矩阵及对应的特征向量，得到：

$$C_{xx} = \begin{bmatrix} 1.1599 & -0.2265 \\ -0.2265 & 0.0712 \end{bmatrix} \tag{8-96}$$

$$e_1 = [-0.9806 \quad 0.1959] \qquad \lambda_1 = 1.2051 \tag{8-97}$$

$$e_2 = [-0.1959 \quad 0.9806] \qquad \lambda_2 = 0.0259 \tag{8-98}$$

比较上述 GHA 数据，两个特征向量之间只有符号发生变化，数值上是一致的。

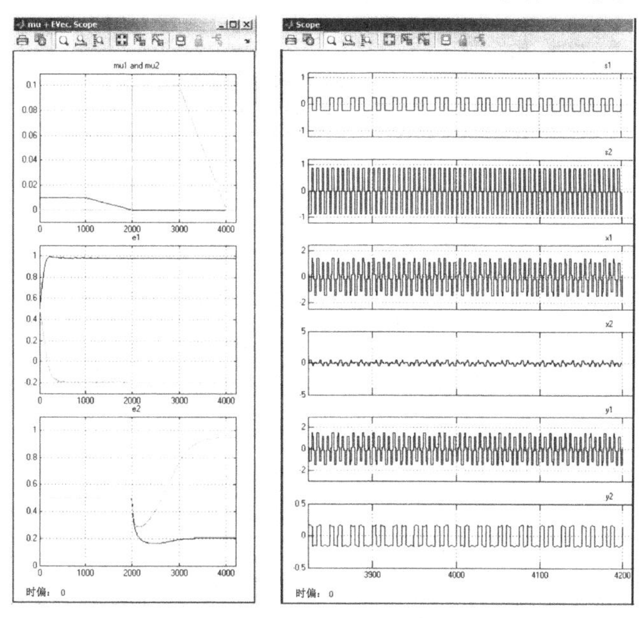

(a) 总体学习速率和特征向量　(b) 收敛后的输入、混合和输出信号

图 8-36　Sanger GHA 的 SIMULINK 仿真结果

GHA 的仿真结果如图 8-36(b)所示，从采样点 4000 开始。仿真结果中该点得到稳定的特征向量。可以看到两个输入信号 s_k，随后是混合输出 x_k 及输出信号 y_k。这里很好地还原了输入信号。

基于 Sanger 的 Hebbian 算法的 PCA 设计的 VHDL 设计代码[4]如下：

```
LIBRARY ieee; USE ieee.std_logic_1164.ALL;
PACKAGE n_bit_int IS               -- User defined types
  SUBTYPE SLV32 IS STD_LOGIC_VECTOR(31 DOWNTO 0);
END n_bit_int;
LIBRARY work; USE work.n_bit_int.ALL;

LIBRARY ieee;
USE ieee.std_logic_1164.ALL; USE ieee.std_logic_arith.ALL;
USE ieee.std_logic_unsigned.ALL;

LIBRARY ieee_proposed;
USE ieee_proposed.fixed_float_types.ALL;
USE ieee_proposed.fixed_pkg.ALL;
USE ieee_proposed.float_pkg.ALL;
-- --------------------------------------------------------
ENTITY pca IS                       ------> Interface
 PORT (clk     : IN STD_LOGIC; -- System clock
       reset   : IN STD_LOGIC; -- System reset
       s1_in   : IN SLV32;     -- 1. signal input
       s2_in   : IN SLV32;     -- 2. signal input


       mu1_in  : IN SLV32;     -- Learning rate 1. PC
       mu2_in  : IN SLV32;     -- Learning rate 2. PC
       x1_out  : OUT SLV32;    -- Mixing 1. output
       x2_out  : OUT SLV32;    -- Mixing 2. output
       w11_out : OUT SLV32;    -- Eigenvector [1,1]
       w12_out : OUT SLV32;    -- Eigenvector [1,2]
       w21_out : OUT SLV32;    -- Eigenvector [2,1]
       w22_out : OUT SLV32;    -- Eigenvector [2,2]
       y1_out  : OUT SLV32;    -- 1. PC output
       y2_out  : OUT SLV32);   -- 2. PC output
END;
-- --------------------------------------------------------
ARCHITECTURE fpga OF pca IS

  CONSTANT  a11 : SFIXED(15 DOWNTO -16) :=
                                  TO_SFIXED(0.75, 15,-16);
  CONSTANT  a12 : SFIXED(15 DOWNTO -16) :=
                                   TO_SFIXED(1.5, 15,-16);
  CONSTANT  a21 : SFIXED(15 DOWNTO -16) :=
```

4. 这一示例相应的 Verilog 代码文件 pca.v 可以在附录 A 中找到，附录 B 中给出了合成结果。

```
                                    TO_SFIXED(0.5, 15,-16);
  CONSTANT  a22 : SFIXED(15 DOWNTO -16) :=
                              TO_SFIXED(0.333333, 15,-16);
  CONSTANT  ini : SFIXED(15 DOWNTO -16) :=
                                    TO_SFIXED(0.5, 15,-16);
  SIGNAL  s, s1, s2, x1, x2, w11, w12, w21, w22, mu1, mu2:
                  SFIXED(15 DOWNTO -16) := (OTHERS => '0');
BEGIN

  s1 <= TO_SFIXED(s1_in, s); -- Redefine bits as signed
  s2 <= TO_SFIXED(s2_in, s); -- FIX 16.16 number
  mu1 <= TO_SFIXED(mu1_in, s);
  mu2 <= TO_SFIXED(mu2_in, s);

  P1: PROCESS (reset, clk, s1, s2)
  VARIABLE h11, h12, y1, y2  :
                  SFIXED(15 DOWNTO -16) := (OTHERS => '0');
  ------> Behavioral Style


  BEGIN
    IF reset = '1' THEN -- Reset/initialize all registers
      x1 <= (OTHERS => '0');  x2 <= (OTHERS => '0');
      w11 <= ini;  w12 <= ini;
      w21 <= ini;  w22 <= ini;
    ELSIF rising_edge(clk) THEN  -- PCA using Sanger GHA
     -- Using the "do not WRAP"
     -- Mixing matrix
     x1<=resize(a11*s1+a12*s2,s,fixed_wrap,fixed_truncate);
     x2<=resize(a21*s1-a22*s2,s,fixed_wrap,fixed_truncate);
     -- First PC and eigenvector
     y1:=resize(x1*w11+x2*w12,s,fixed_wrap,fixed_truncate);
     h11 := resize(w11*y1,s,fixed_wrap,fixed_truncate);
     w11 <= resize(w11+mu1*(x1-h11)*y1,s,
                               fixed_wrap,fixed_truncate);
     h12 := resize(w12*y1,s,fixed_wrap,fixed_truncate);
     w12 <= resize(w12+mu1*(x2-h12)*y1,s,
                               fixed_wrap,fixed_truncate);
     -- Second PC and eigenvector
     y2:=resize(x1*w21+x2*w22,s,fixed_wrap,fixed_truncate);
     w21 <= resize(w21+mu2*(x1-h11-w21*y2)*y2,s,
                               fixed_wrap,fixed_truncate);
     w22 <= resize(w22+mu2*(x2-h12-w22*y2)*y2,s,
                               fixed_wrap,fixed_truncate);
     -- Register y output
     y1_out <= to_slv(y1);
     y2_out <= to_slv(y2);
    END IF;
  END PROCESS;

  -- Redefine bits as 32 bit SLV
  x1_out <= to_slv(x1);
  x2_out <= to_slv(x2);
  w11_out <= to_slv(w11);
  w12_out <= to_slv(w12);
  w21_out <= to_slv(w21);
  w22_out <= to_slv(w22);

END fpga;
```

对于第一主成分，上述设计采用了图 8-34 的方案；对于第二主成分，采用了图 8-35 的方案。该设计采用 32 位数据格式，在内部是 16.16 有符号小数数据类型。指定 I/O 以后，将混合矩阵 $a_{k,i}$ 定义为常值。首先将结构中的输入信号以 sfixed 格式重新定义，该过程不需要任何资源。使用单个 PROCESS 语句执行 PCA 算法。寄存器 x_k 被设置为零，四个权重寄存器 w_k 被初始化为随机的非零值，此处选择 0.5。rising_edge 语句之后，执行混合矩阵，随后的代码计算第一主成分，然后是第二主成分结构。PROCESS 还包括对 y_k 的输出分配，因为希望将它们保存在寄存器中以便测试设计的时序性能。最后，为了便于监控，将一些内部数据分配给输出引脚。

该设计用到了 2447 个 LE、180 个嵌入式乘法器，使用 TimeQuest 缓慢 85C 模型的时序电路性能 F_{max} = 18.46MHz。

图 8-36 的 GHA 仿真结果由 HDL 进行了二次生成。首先，通过图 8-37 可以看到学习速率和特征向量。接下来，图 8-38 给出了输入信号和复原的主成分。从这一点上，仿真过程中得到了稳定的特征向量。

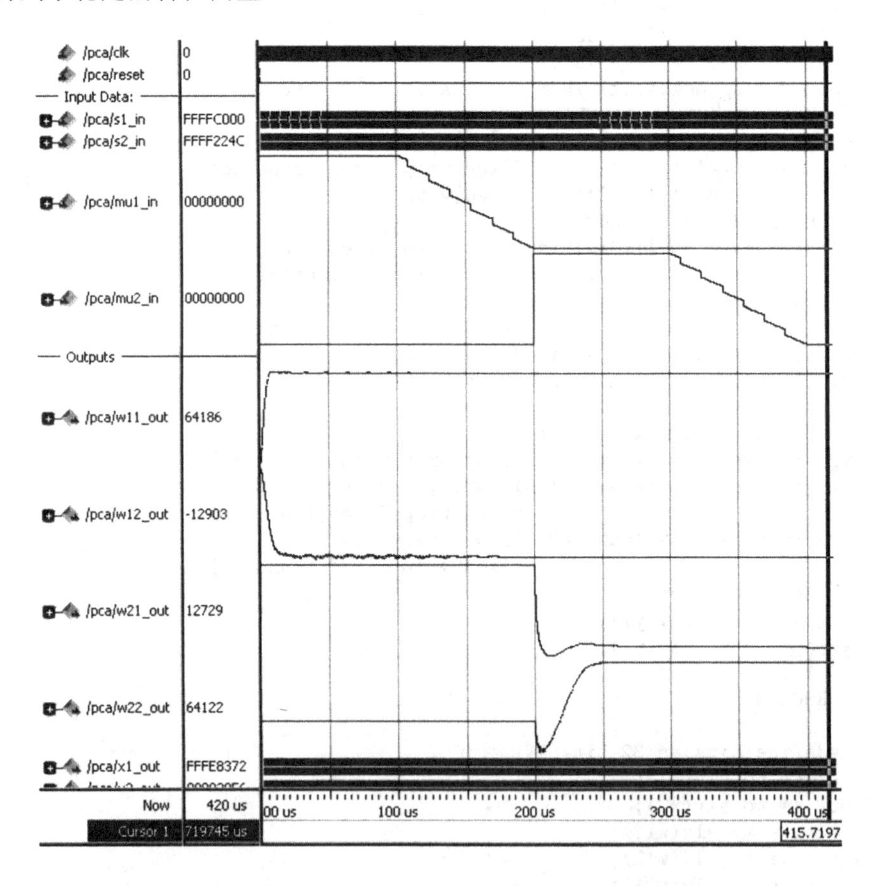

图 8-37 采用 HDL 的 Sanger GHA 的整体仿真结果：学习速率和特征向量

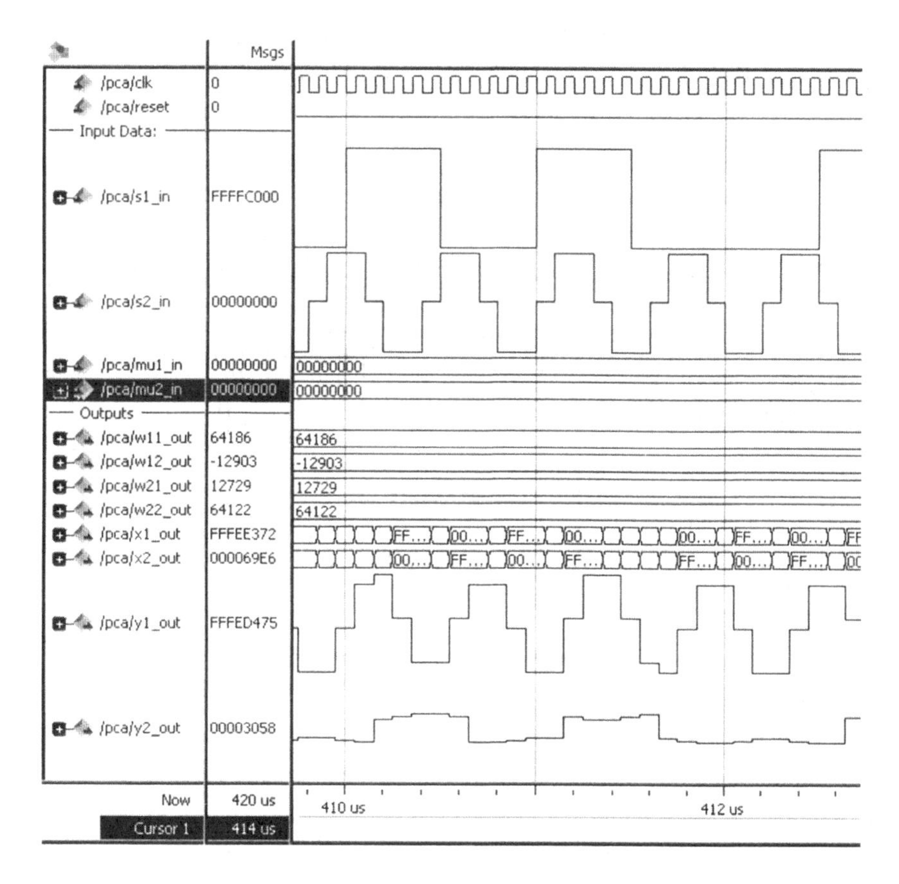

图 8-38　采用 HDL 的 Sanger GHA 的整体仿真结果：输入信号以及收敛后的输出主成分

GHA 是迄今为止我们讨论过的最慢的 PCA 算法，我们也给出了几条改进建议。遗憾的是，诸如 APEX、PAST 或 OPAST [309-311]等的最快算法都是非 PCA 的子空间方法(Subspace Method)，这些算法不计算特征向量，而是计算旋转基向量集。比如 LMS 算法，绝大多数此类算法都使用一种 RLS 类型替换缓慢的学习速率，但总体上需要相当数量的矩阵运算和除法操作，从而降低了硬件的时序性能。

8.9　独立成分分析(ICA)

上节讨论的 PCA 方法可以有效降低输入数据空间的维数。但是，如果使用 PCA 将输入信号分离为独立成分，很可能会失败，因为 PCA 方法是从均方意义上捕捉功率最大的分量。这有时会给出我们期望的分量，但在特定的条件下可能会失效。典型的任务是盲源分离(Blind Source Separation，BSS)，即在一个混合信号中尝试分理出独立源。“盲源”的意思并不是说无法对其进行测量，只是意味着无法获知信号源准确的参数、形状或周期，正如上节的 ECG 示例，具体的周期并不是一个先验值。有时系统中一个微小的变化就足以使 PCA 方法无法得到预期的结果。例如当信号源的信号功率非常接近、GHA 示例中混合矩阵的输入颠倒或者数字信号的幅值增加 1 时，就会发生这种情况。图 8-39(a)给出了幅值为 1 的数字信号的输出仿真结果。正弦和数字信号已经无法明确区分开了。

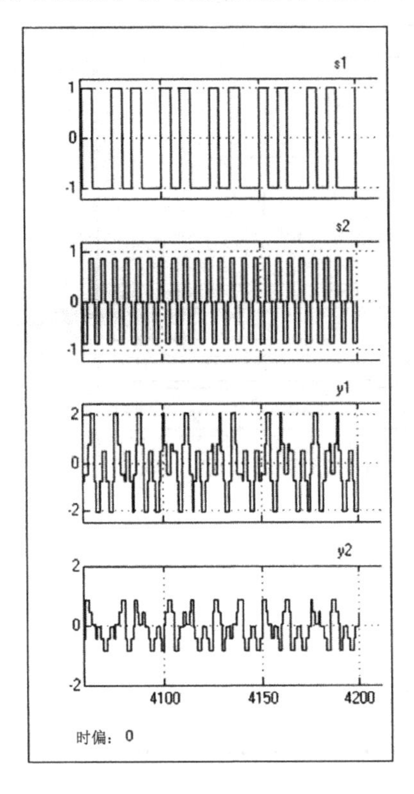

(a) 采用 PCA 方法

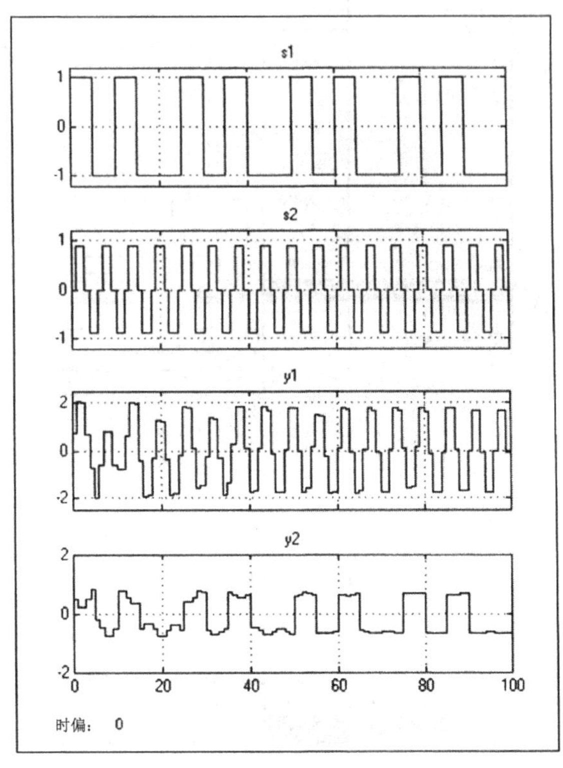

(b) 采用 Herault 和 Jutten 的 ICA 方法

图 8-39　幅值均为 1 的两个信号的 SIMULINK 仿真结果

针对这类问题，来自 Herault 和 Jutten[312]的一项原创性工作给出了一种解决方案。这些方法以独立成分分析(Independent Component Analysis，ICA)的名字被归纳总结在一起。Herault 和 Jutten 注意到，通过使用高阶统计量，很多任务中无法利用 PCA 方法解决的 BSS 问题迎刃而解。高阶统计量通过非线性方法得到，ICA 中用到的典型非线性方法如图 8-41 所示。图 8-40 给出的是一个双通道系统，其方程如下：

$$y_1 = x_1 - x_2 w_{12}$$

$$y_2 = x_2 - x_1 w_{21}$$

$$\Delta w_{21} = uf(y_1)g(y_2)$$

$$\Delta w_{12} = uf(y_2)g(y_1)$$

式中 $f(\ )$和 $g(\ )$是非线性函数。其中一个函数的形式为 $g(y) = y^3$，另一个为 $f(y) = \text{atan}(y)$。Herault 和 Jutten 发现，$f(y) = y$ 或 $f(y) = sign(y)$ 允许对信号源进行分离。图 8-39(b)给出了一个幅值均为 1 的数字和正弦双通道系统的实验结果。注意到有一段短暂的学习时间，并且源信号在 50 个时钟周期后得到较好的分离。在前 50 个时钟周期中，学习速率是 1/16，在接下来的 50 个时钟周期中，学习速率减小到零。

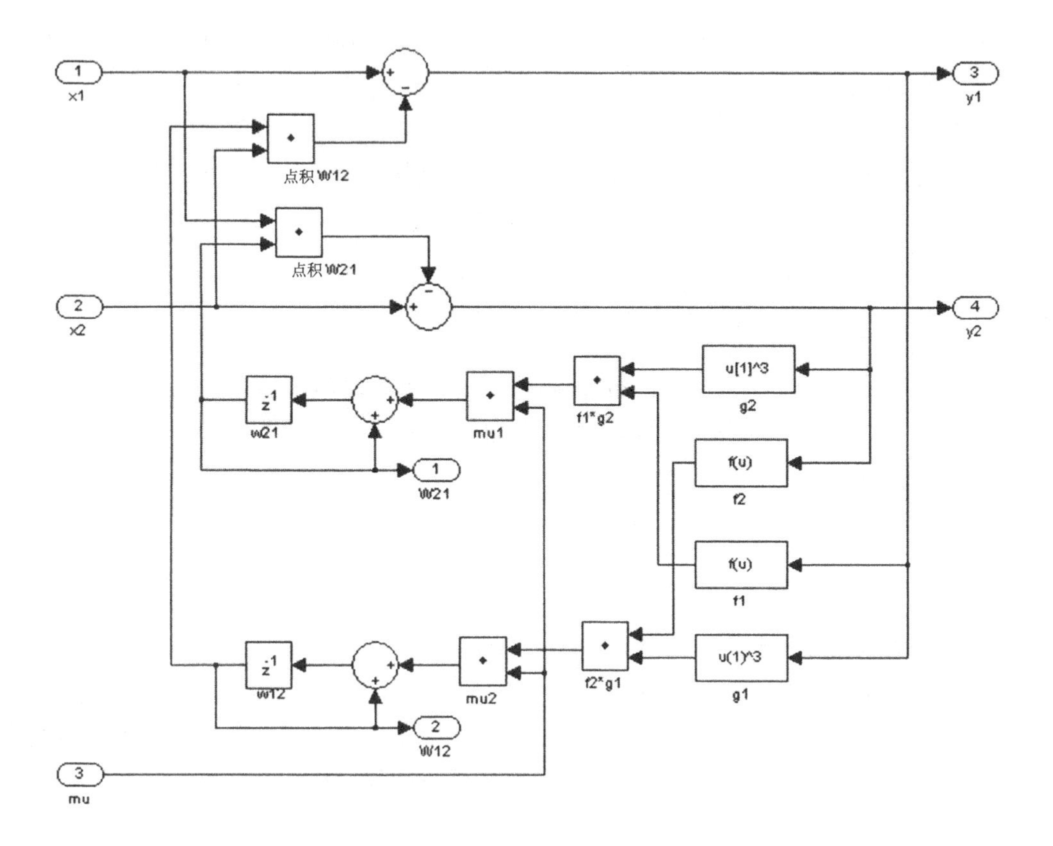

图 8-40　双通道 Herault 和 Jutten 系统

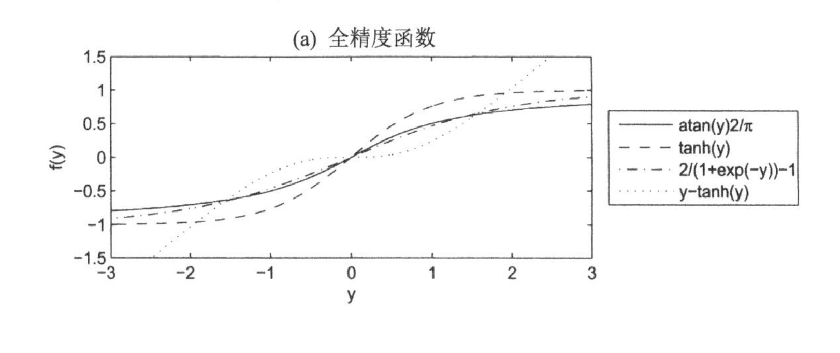

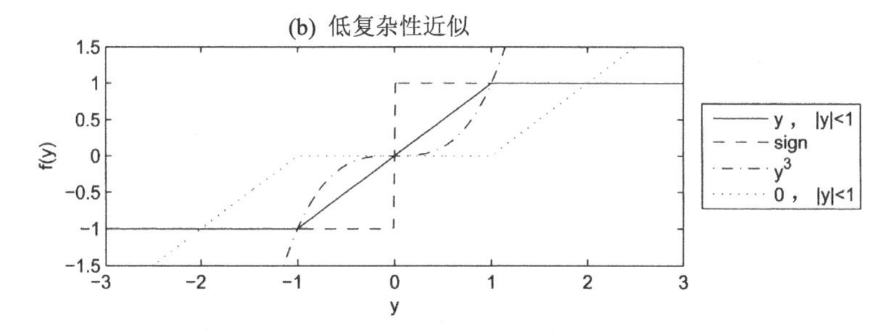

图 8-41　ICA 中采用的典型非线性方法

尽管 Herault 和 Jutten 展示了一些成功的案例，但人们很快发现这些方法的局限性。首先，该方法无法推广到多于两通道的系统；其次，由于 x_k 直接与 y_k 结合在一起，因此其增益的依赖性非常强。随后几年里，公开了一些对 ICA 的改进，相关的成果归结在教科书[313, 314]、专题报告[315]和工具箱中。很多 ICA 方法是紧密联系的。事实证明，互信息最小化、非高斯性最大化和最大似然估计三大理论拥有相同的解决方案[316]。下面简要复习主流的 ICA 算法。

8.9.1 白噪声化和正交化

一些 ICA 算法需要一个对信号进行白噪声化的预处理步骤，也就是进行变换，使得产生的互相关矩阵 C_{xx} 只有非零对角元素。PCA 方法：

```
Cxx = cov(x', 1);
[E, D] = eig(covarianceMatrix);
V=D^-.5 * E';
z=V*x;
```

可用于对信号进行白噪声化处理，并且 z 域的相关矩阵 C_x 的非对角元素全部为零。

PCA 只是信号白噪声化的方法之一，但是从上一节可以看出，它需要相当大的资源。如果只需要进行白噪声化，有几种方法看起来比 PCA 更容易实现。与功率法类似的在线学习[313, 317]可以完成这项工作，也就是如下两个矩阵方程组：

$$Z=Vx \tag{8-99}$$

$$\Delta V=\mu(I - zz^T)V \tag{8-100}$$

另一个颇具吸引力的方法是来自 Gram-Schmdit 的经典正交化方法[302]，该方法同样生成一个白噪声互相关矩阵。下面的方法给出了三个输入信号 x_k 和正交输出 z_k 的 MATLAB 代码：

```
% Step K=1
z1 = x1 ./ sqrt(x1'*x1 );
z2 = x2 - (z1'*x2)*z1;
v3 = x3 -(z1'*x3)*z1;
% Step K=2
z2 = z2 ./ sqrt(z2'*z2 );
z3 = z3 - (z2'*z3)*z2;
% Step K=3
z3 = z3 ./ sqrt(z3'*z3 );
```

在教科书中，Gram-Schmdit 方法通常在最后进行标准化处理。但是，如果只需要正交和非正交信号，标准化处理过程不是必需的。

8.9.2 独立成分分析算法

两类经典的 ICA 算法由 PCA 非线性扩展得到。由此产生了非线性 PCA 算法，MATLAB 实现代码如下：

```
yk = W' * z(:,k);
H = f(yk,n1) * ( z(:,k)' - f(yk',n1) * W)  ;
W = W + mu * H;
```

其中，非线性函数 $f(yk,n1)$ 用到了两次，为了方便，输入(白噪声化的)信号以行向量表示。学习速率 μ 一般非常小，比如 $\mu=2^{-9}$。

另一种类似的算法也需要首先对输入信号进行白噪声化处理，这种算法被称作自然梯度算法(Natural Gradient Algorithm，NGA)，可使用以下代码实现：

```
yk = W * z(:,k);
H = I - f(yk,n1) * yk';
W = W + mu * H * W;
```

其中，I=eye(N)是对角元素为 1、其余为 0 的单位矩阵。与非线性 PCA 相比，NGA 算法降低了复杂度。

迄今为止讨论的算法都需要在执行 ICA 算法之前进行白噪声化操作，代价比较高。Cardoso 和 Laheld[317]首次证明可以结合 ICA 高阶矩阵的非线性化处理完成白噪声化，并将这种算法称作基于独立分量分析的等变量自适应分离算法(Equivariant Adaptive Separation via Independence，EASI)。该算法描述如下：

```
yk = B * x(:,k);
H = I - yk * yk' + f(yk,n1)*yk' - yk*f(yk,n1)';
B = B + mu * H * B;
```

注意，非线性 Cardoso 和 Laheld 使用 tanh 函数[317]，而此处我们使用 x(:,k)而不是白噪声化的 z(:, k)。

8.9.3 EASI ICA 算法的实现

硬件实现上，EASI 算法是最具吸引力的 ICA 算法[317-320]，我们期望设计一个 2×2 的 EASI 系统，将例 8.14 中的正弦和数字信号分离开。

例 8.15 采用 EASI 算法的 ICA 设计

首先搭建 SIMULINK 模型，生成 HDL 模型所需的测试数据。再次使用位宽为 5 个采样周期长度的二进制数字信号 $s_1=\pm 0.25rect(t/5)$，周期为 6 的正弦波 $s_2=\sin(2\pi t/6)$ 为第二个信号。这两个信号通过混合矩阵(8-95)组合在一起，并生成两个系统输入 x_1 和 x_2。对于 EASI 算法，需要更新矩阵 $\boldsymbol{B}$ 和 $\boldsymbol{H}$ 的所有四个系数。对于 $\boldsymbol{I}$ = [1 0; 0 1]，得到下述关于 $\boldsymbol{H}$ 的方程式：

$$H_{1,1}=1-y_1y_1+f_1y_1-y_1f_1=1-y_1y_1$$
$$H_{1,2}=0-y_1y_2+f_1y_2-y_1f_2$$
$$H_{2,1}=0-y_2y_1+f_2y_1-y_2f_1$$
$$H_{2,2}=1-y_2y_2+f_2y_2-y_2f_2=1-y_2y_2$$

其中，$f_k = f(y_k)$，表示对 y_k 施加非线性应用。对于矩阵 $\boldsymbol{B}$ 得到以下更新方程：

$$
\begin{aligned}
\Delta B_{1,1} &= \mu\,(B_{1,1}H_{1,1} + H_{1,2}B_{2,1}) \\
\Delta B_{1,2} &= \mu\,(B_{1,2}H_{1,1} + H_{1,2}B_{2,2}) \\
\Delta B_{2,1} &= \mu\,(B_{1,1}H_{2,1} + H_{2,2}B_{2,1}) \\
\Delta B_{2,2} &= \mu\,(B_{1,2}H_{2,1} + H_{2,2}B_{2,2})
\end{aligned}
$$

现在有了构建 EASI 系统的所有方程式，SIMULINK 下的完整系统如图 8-42 所示。在图 8-43(a)所示的 SIMULINK 仿真结果中，前 100 个时钟周期的学习速率是 1/16，在随后的 100 个时钟周期中逐步减小到零，并在最后 100 个时钟周期中保持为零。不出所料，与前面讨论的 PCA 或 Herault 和 Jutten ICA 系统相比，当前的 ICA 系统的鲁棒性更好。我们可以切换输入，调整幅值大小，并仍然能够获得良好的收敛性。还可以将非线性的 **tanh** 替换为更简单的形式，例如 $f(y) = y \forall |y| \leq 1$ 或正负号函数，请参阅图 8-41。允许残留噪声多一点的话，仍然可以将信号分离出来，请参阅图 8-43(b)中的仿真结果。

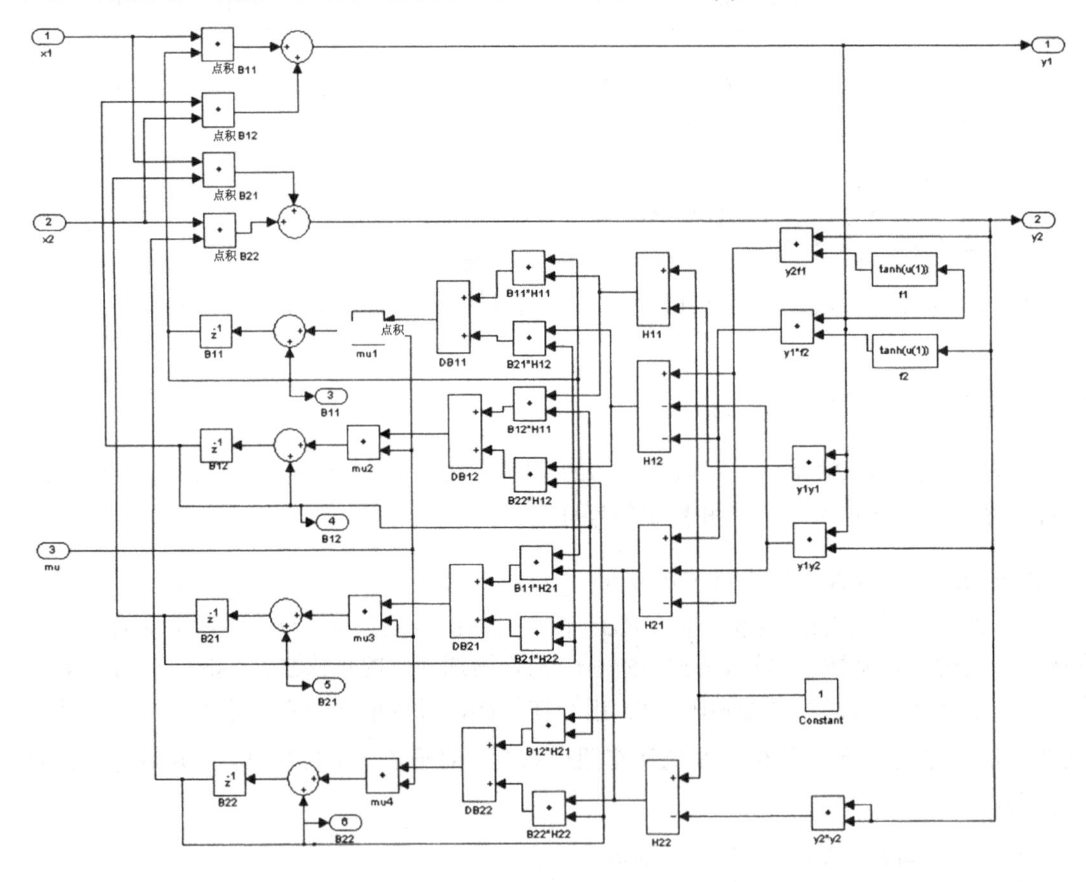

图 8-42　双通道 EASI 系统

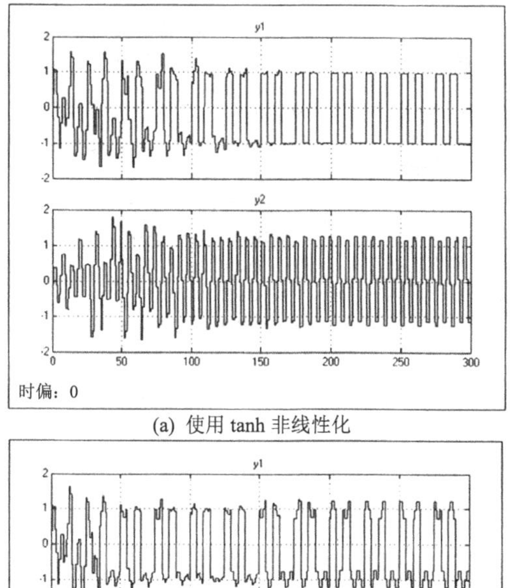

(a) 使用 tanh 非线性化

(b) 使用 sign 非线性化

图 8-43　EASI 的 SIMULINK 仿真结果

基于 EASI 算法的 ICA 设计的 VHDL 设计[5]如下述代码清单所示：

```
LIBRARY ieee; USE ieee.std_logic_1164.ALL;
PACKAGE n_bit_int IS                   -- User defined types
  SUBTYPE SLV32 IS STD_LOGIC_VECTOR(31 DOWNTO 0);

 END n_bit_int;
 LIBRARY work; USE work.n_bit_int.ALL;

 LIBRARY ieee;
 USE ieee.std_logic_1164.ALL; USE ieee.std_logic_arith.ALL;
 USE ieee.std_logic_unsigned.ALL;

 LIBRARY ieee_proposed;
 USE ieee_proposed.fixed_float_types.ALL;
 USE ieee_proposed.fixed_pkg.ALL;
 USE ieee_proposed.float_pkg.ALL;
 -- ------------------------------------------------------
 ENTITY ica IS                          ------> Interface
  PORT (clk    : IN STD_LOGIC; -- System clock
        reset  : IN STD_LOGIC; -- System reset
```

5. 这一示例相应的 Verilog 代码文件 ica.v 可以在附录 A 中找到，附录 B 中给出了合成结果。

```
        s1_in   : IN SLV32;       -- 1. signal input
        s2_in   : IN SLV32;       -- 2. signal input
        mu_in   : IN SLV32;       -- Learning rate
        x1_out  : OUT SLV32;      -- Mixing 1. output
        x2_out  : OUT SLV32;      -- Mixing 2. output
        B11_out : OUT SLV32;       -- Demixing 1,1
        B12_out : OUT SLV32;       -- Demixing 1,2
        B21_out : OUT SLV32;       -- Demixing 2,1
        B22_out : OUT SLV32;       -- Demixing 2,2
        y1_out  : OUT SLV32;      -- 1. component output
        y2_out  : OUT SLV32);     -- 2. component output
END;
-- --------------------------------------------------------
ARCHITECTURE fpga OF ica IS

  CONSTANT  a11 : SFIXED(15 DOWNTO -16) :=
                                  TO_SFIXED(0.75, 15,-16);
  CONSTANT  a12 : SFIXED(15 DOWNTO -16) :=
                                   TO_SFIXED(1.5, 15,-16);
  CONSTANT  a21 : SFIXED(15 DOWNTO -16) :=
                                   TO_SFIXED(0.5, 15,-16);
  CONSTANT  a22 : SFIXED(15 DOWNTO -16) :=
                              TO_SFIXED(0.333333, 15,-16);
  CONSTANT  one : SFIXED(15 DOWNTO -16) :=
                                   TO_SFIXED(1.0, 15,-16);
  CONSTANT  negone : SFIXED(15 DOWNTO -16) :=
                                  TO_SFIXED(-1.0, 15,-16);
  SIGNAL  s, s1, s2, x1, x2, B11, B12, B21, B22, mu  :
                 SFIXED(15 DOWNTO -16) := (OTHERS => '0');
BEGIN

  s1 <= TO_SFIXED(s1_in, s); -- Redefine bits as
  s2 <= TO_SFIXED(s2_in, s); -- signed FIX 16.16 number
  mu <= TO_SFIXED(mu_in, s);

  P1: PROCESS (reset, clk, s1, s2)   -- ICA using EASI
  VARIABLE f1, f2, y1, y2, H11, H12, H21, H22, DB11, DB12,
     DB21, DB22 : SFIXED(15 DOWNTO -16) := (OTHERS => '0');
  BEGIN
    IF reset = '1' THEN -- Reset x register and set B=I
      x1 <= (OTHERS => '0');  x2 <= (OTHERS => '0');
      B11 <= one;  B12 <= (OTHERS => '0');
      B21 <= (OTHERS => '0');  B22 <= one;
    ELSIF rising_edge(clk) THEN
   -- Mixing matrix
   x1 <= resize(a11*s1+a12*s2,s,fixed_wrap,fixed_truncate);
   x2 <= resize(a21*s1-a22*s2,s,fixed_wrap,fixed_truncate);
  -- New y values first
   y1 := resize(x1*B11+x2*B12,s,fixed_wrap,fixed_truncate);
   y2 := resize(x1*B21+x2*B22,s,fixed_wrap,fixed_truncate);
     -- Compute the H matrix
  f1 := y1; -- Build tanh approximation function for f1
  IF y1 > one THEN f1 := one; END IF;
```

```
    IF y1 < negone THEN f1 := negone; END IF;
    f2 := y2; -- Build tanh approximation function for f2
    IF y2 > one THEN f2 := one; END IF;
    IF y2 < negone THEN f2 := negone; END IF;
    H11:=resize(one - y1*y1,s,fixed_wrap,fixed_truncate);
  H12:=resize(f1*y2-y1*y2-y1*f2,s,fixed_wrap,fixed_truncate);
  H21:=resize(f2*y1-y2*y1-y2*f1,s,fixed_wrap,fixed_truncate);
    H22:= resize(one - y2*y2,s,fixed_wrap,fixed_truncate);
       -- Update matrix Delta B
   DB11:=resize(B11*H11+H12*B21,s,fixed_wrap,fixed_truncate);
   DB12:=resize(B12*H11+H12*B22,s,fixed_wrap,fixed_truncate);
   DB21:=resize(B11*H21+H22*B21,s,fixed_wrap,fixed_truncate);
   DB22:=resize(B12*H21+H22*B22,s,fixed_wrap,fixed_truncate);
     -- Store update matrix B in registers
    B11 <= resize(B11 + mu*DB11,s,fixed_wrap,fixed_truncate);
    B12 <= resize(B12 + mu*DB12,s,fixed_wrap,fixed_truncate);
    B21 <= resize(B21 + mu*DB21,s,fixed_wrap,fixed_truncate);
    B22 <= resize(B22 + mu*DB22,s,fixed_wrap,fixed_truncate);
       -- Register y output
       y1_out <= to_slv(y1);
       y2_out <= to_slv(y2);
      END IF;
    END PROCESS;

    x1_out  <= to_slv(x1); -- Redefine bits as 32 bit SLV
    x2_out  <= to_slv(x2);
    B11_out <= to_slv(B11);
    B12_out <= to_slv(B12);
    B21_out <= to_slv(B21);
    B22_out <= to_slv(B22);

  END fpga;
```

上述设计采用了图 8-42 中的方案。使用 32 位数据格式，在内部是 16.16 有符号小数数据类型。指定 I/O 以后，将混合矩阵 $a_{k,i}$ 定义为常值，然后以不耗费资源的 sfixed 格式重新定义结构中的输入信号。使用单个 PROCESS 语句执行 EASI 算法。首先，寄存器 x_k 被置为零，权重寄存器 $\boldsymbol{B}=\boldsymbol{I}$ 通过单位矩阵初始化。rising_edge 语句之后执行矩阵混合运算以及 y_k 分量的计算，包括基于条件 $f(y)=y\forall|y|\leq 1$ 的 tanh 逼近。接下来计算 $\boldsymbol{H}$ 、$\Delta\boldsymbol{B}$ 和 $\boldsymbol{B}$ 。所有算术运算都由 fixed_wrap 和 fixed_truncate 完成，避免默认阈值操作带来的额外硬件开销。为了便于测试当前设计的时序性能，计算结果保存在寄存器中，因此 PROCESS 中还包括对 y_k 的输出分配。最后，为了进行监测，一些内部数据被分配到输出引脚上。

该设计使用了 2275 个 LE、172 个嵌入式乘法器，使用 TimeQuest 缓慢 85C 模型的时序电路性能 F_{max}=17.87MHz。

现在，使用 HDL 重新生成了图 8-43 所示的 EASI ICA 的 SIMULINK 仿真结果，请参阅图 8-44。在前 100 个时钟周期(0~10μs)内，学习速率保持不变，在随后的 100 个时钟周期(10μs~20μs)内，学习速率逐步减小为零，并在最后 100 个时钟周期(20μs~30μs)内保持为零。仿真中，从该时刻起信号被分离成两个原始信号。

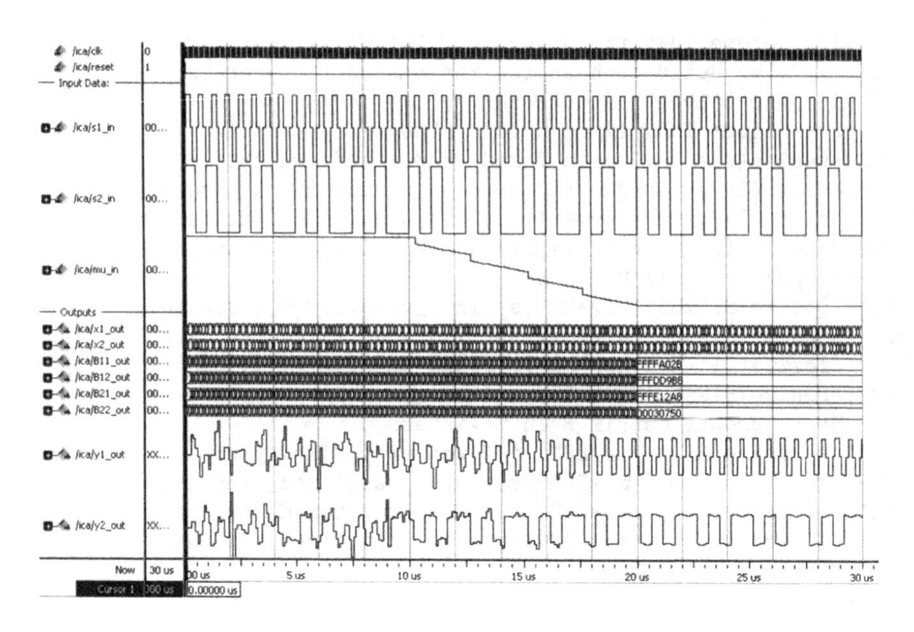

图 8-44　HDL 中的 EASI 仿真结果：学习(0-10μs)、离散学习速率(10μs~20μs)、稳定输出(20μs~30μs)

将 EASI 算法与 GHA PCA 设计相比，硬件资源需求和时序电路性能基本相同，但是 EASI 算法的鲁棒性更好，可以分离比 PCA 算法更多的信号。

8.9.4　备选 BSS 算法

EASI 算法由 Karhunen 等人[321]通过双非线性引入更高阶统计量得出。由此得到的 EASI 算法可以通过以下 MATLAB 代码实现：

```
yk = B * x(:,k);
H = I - yk*yk' + f(yk,n1)*f(yk,n2)' - f(yk,n2)*f(yk,n1)';
B = B + mu * H * B;
```

上述代码中，图 8-41 所示的非线性化可以通过参数 n1 和 n2 进行选择。

EASI 算法中，将学习和白噪声化结合起来生成一个健壮算法的“技巧”也可以应用到其他 ICA 算法中。例如，非线性子空间学习算法[313]可以通过这种方式改进，得到：

```
yk = B * x(:,k);
H = f(yk,n1)*yk' - f(yk,n1)*f(yk,n1)' + I - yk*yk';
B = B + mu * H;
```

上述算法同样不需要输入信号为白噪声。

还有更多可用的 ICA 算法，考虑到每种方法都可以通过不同的非线性化实现，选择会更多。例如，对于微处理器或 MATLAB 而言，FastICA 算法[322]非常流行，因为该算法收敛速度快、鲁棒性好。但是，从硬件实现的角度讲，对称正交化的成本非常高。

```
B = B * real(inv(B' * B)^(1/2))
```

还有几种非 ICA 算法被成功应用于 BSS 问题，略举两例，如 SOBI 或 AMUSE。这些算法只使用二阶统计量，未使用非线性化，但是需要计算时延(互)相关信息。一种实现简单、仿真中给出良好计算结果的算法是多未知信号提取算法(Algorithm for Multiple Unknown Signals Extraction，AMUSE)，其处理过程如下：

```
% Calculate the covariance matrix with delay
czd = corrd(z, 1);
czd=(czd+czd')/2; % make it symmetric
% Calculate the eigenvalues and eigenvectors of cov. matrix
[Ed, Dd] = eig(czd);
%apply 2. reconstruction mixing to the y data
yy=real(Dd^-.5 * Ed'* z);
```

z 是预白噪声化混合信号 $\boldsymbol{x}$。corrd 是创建 $z(t)$ 和 $z(t-\tau)$ 的相关矩阵的函数，绝大多数仿真中令 $\tau=1$ 就可以稳定工作。MATLAB 计算代码如下：

```
function [C] = corrd(x, d)
[r l]=size(z); u=z(:,1:l-d); v=z(:,1+d:l);
for k=1:r
  for n=1:r
    C(k,n) = xcorr(u(k,:),v(n,:),0,'biased');
  end
end
```

可以看出，在解决诸如 BSS 问题等任务中，ICA 方法提供了更大的选择空间。但是，ICA 算法在使用上仍然面临很多挑战。选择 ICA 算法，在性能和实现上要付出较大的成本，并且还依赖于所选择的与信号峰态密切相关的非线性方法。记住，算法采用 Hebbian 学习方法：

$$\Delta\omega=\sigma f(\omega x) \tag{8-101}$$

符号 $\sigma=\pm$ 依赖于信号是次高斯还是超高斯[323]。在前面对峰态的讨论中，技术信号通常是次高斯信号，而诸如声音等自然信号通常是超高斯信号，请参阅表 8-1。第二个问题是，ICA 无法以具体的阶数给出 PC，PC 可能以任意阶数出现在输出中，并且与 PCA 不同，ICA 的源信号和输出信号的数量必须相同。

不同算法之间的比较工作富有挑战性，特别是考虑学习次数、计算工作量以及残差等。除了可见的度量，此处用到的很多算法还需要测量其混合矩阵与重构矩阵之间的乘积 $\boldsymbol{AB}\rightarrow$"1"。该乘积无法得到单位矩阵，因为输出信号的阶数是随机的。当然，乘积结果的每一行和列中都不会出现单一的非零值，因为那样的话会发生去相关。

8.10　语音和音频信号编码

多年来，语音信号的压缩是围绕 DSP 研究最多的课题之一。人们开发出很多非常复杂、高度自适应的 DSP 语音和音频压缩算法。绝大多数算法需要大量信息，这些信息不仅来自

DSP，还来自其他学科，比如心理声学(本身就是一个研究话题[324])。简单讲，对语音编码几个百分点的改进再乘以电话系统中数百万的用户，将产生巨大的经济效益。不足为奇的是，很多编码器被设计出来，并且定义了几种电信标准，从高质量音频编码器到语音合成系统。表 8-4 给出了常用方法和标准的总览。首先是线性脉冲编码调制(Pulse Code Modulation，PCM)，该方法以 12 至 16 位精度、8kHz 频率对高品质语音信号采样，得到 96Kb/s~128Kb/s 的数据流速率。第一个由 ITU-T 制定的波形压缩方案标准 G.711 采用了对数型幅值压缩[325]。每次采样时，一个 13 或 14 位的语音信号可以压缩到 8 位，而品质没有明显变化。与 MP3 等很多其他方案类似，G.711 依赖于所谓的心理声学效应：编码方案利用了我们听觉系统拥有的某些感知特性[324]。下面首先了解可用于语音和音频压缩的 G.711。

表 8-4　语音和音频压缩算法的比较[326, 327]

算法	PCM	A 律	ADPCM	LPC-10	MPEG 1 层次 1 和 2	MPEG 1 层次 3
年份	1948	1972	1984	1984	1993	1993
标准		G.711	G.722	FS1015	MPEG	MPEG
类型	波编码器	波编码器	波编码器	音码器	部分波段	部分波段+变换
压缩率	1:1	1:2	1:4	1:25	1:11	1:11
复杂性	低	低	中	高	高	高
语音质量	高	高	优	优	优	高
音频质量	高	优	优	低	优	高

8.10.1　A 律和μ律编码

G.711 采用的心里声学效应基于这样的事实：与分贝较低的声级相比，高音或高分贝声级的幅值变化更不容易被察觉。换句话说，与幅值较高的声级相比，分贝较低时听觉系统对量化噪声更敏感。G.711 标准巧妙利用了这一点。以更高的精度或比高声级幅值更低的量化噪声编码幅值较低的声级。G.711 中集成了这两种编码方法。μ律编码采用以下非线性方法：

$$y=\frac{\ln(1+\mu|x|)}{\ln(1+\mu)}\mathrm{sign}(x) \tag{8-102}$$

式中，通常取μ=255。第二选择是 A 律编码，这种编码方法在欧洲更流行，采用的方法是：

$$y=\begin{cases}\frac{A|x|}{1+\ln(A)}\mathrm{sign}(x) & 0\le|x|\le\frac{1}{A}\\ \frac{\ln(A|x|)}{1+\ln(A)}\mathrm{sign}(x) & \frac{1}{A}\le|x|<1\end{cases} \tag{8-103}$$

在 G.711 中，A=87.56。图 8-45 对这两种方法进行了比较。尽管输入数据不同，但两种方法的压缩曲线非常接近。对于 A 律编码，$|x|\le 4095$，也就是采用了 12 位的数据范围；而对于μ律编码，$|x|<8158$，采用了一个大约 13 位的正数范围。

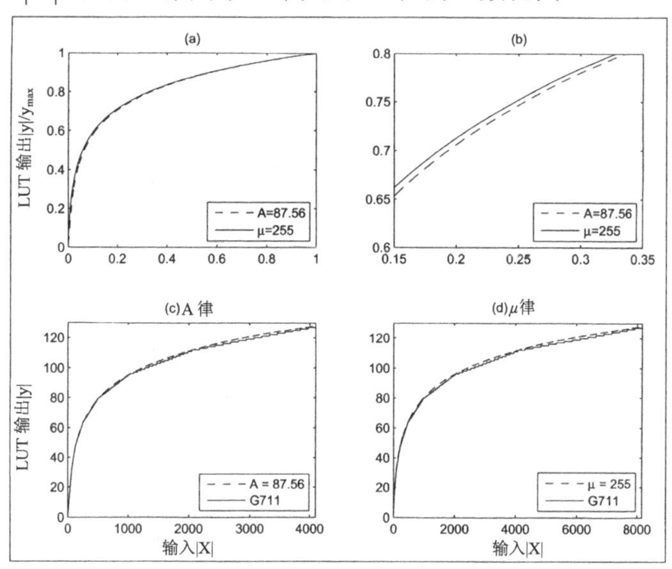

图 8-45　A 律和μ律编码的比较

从编码实现角度看，A 律编码拥有一个颇具吸引力的优点——可以将其看成一种短浮点格式。输出一种 8 位数据格式，各个位的布局如表 8-5 所示。首先是符号位，接下来的 3 个位描述有符号幅值格式的左零数量，然后是 4 个幅值的最高有效位。A 律编码采用 7 段，4 个幅值位的基本计算方法是：

$$y_k=\lfloor x/2^k\rfloor \tag{8-104}$$

段 2 到 7 包含 16 个输出值，段 1 包含 32 个值。表 8-5 给出了所有 7 个不同的左零样本的完整编码。

表 8-5　采用短浮点格式的 A 律编码(s=符号位, a、b、c、…为各个数据位)

段　　号	线性 PCM 输入	8 位 A 律编码输出
7	s1abcdedfghij	s111abcd
6	s01abcdedfghi	s110abcd
5	s001abcdedfgh	s101abcd
4	s0001abcdefgh	s100abcd
3	s00001abcdefg	s011abcd
2	s000001abcdef	s010abcd
1	s000000abcdef	s00abcde

借助直方图，从熵编码的角度看，与原始语音数据相比，A 律或μ律编码能够更充分地利用可用的信道容量。如图 8-46 所示，通过简单的 MATLAB 仿真可以很容易证明这一点。图 8-46(a)为稍有变化或无变化的原始信号，图 8-46(b)为编码/译码的 A 律信号。但是，原始信号和编码信号的直方图看起来完全不同。

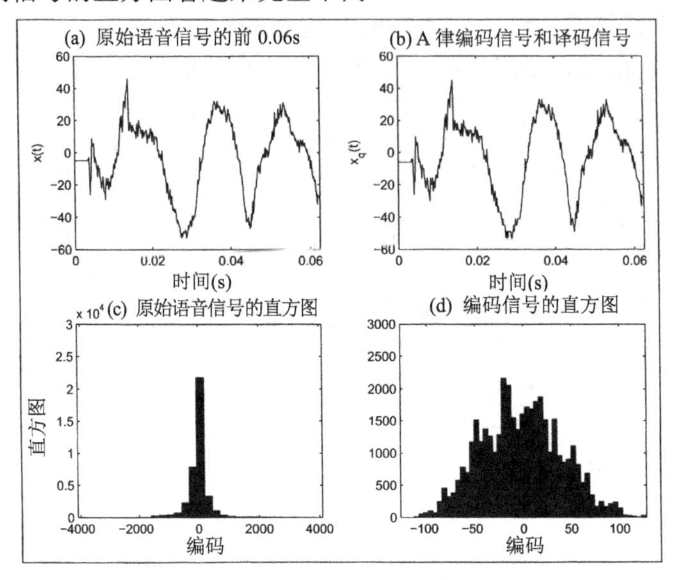

图 8-46　原始语音信号和 A 律编码信号的直方图

下面通过一个小的 HDL 设计，实现 G.711 标准。

例 8.16　A 律设计

G.711 编码器和译码器的 VHDL 设计[6]如下面的代码清单所示：

```
--  G711 includes A and mu-law coding for speech signals:
--  A ~= 87.56; |x|<= 4095, i.e., 12 bit plus sign
--  mu~=255; |x|<=8160, i.e., 14 bit
LIBRARY ieee; USE ieee.std_logic_1164.ALL;
PACKAGE n_bit_int IS                -- User defined types
  SUBTYPE SLV8 IS STD_LOGIC_VECTOR(7 DOWNTO 0);
  SUBTYPE SLV12 IS STD_LOGIC_VECTOR(11 DOWNTO 0);
  SUBTYPE SLV13 IS STD_LOGIC_VECTOR(12 DOWNTO 0);
  SUBTYPE S13 IS INTEGER RANGE  -2**12 TO 2**12-1;
END n_bit_int;
LIBRARY work; USE work.n_bit_int.ALL;

LIBRARY ieee; USE ieee.std_logic_1164.ALL;
USE ieee.std_logic_arith.ALL;
USE ieee.std_logic_signed.ALL;
-- ---------------------------------------------------------
ENTITY g711alaw IS
  GENERIC ( WIDTH     : INTEGER := 13);     -- Bit width
  PORT (clk   : IN  STD_LOGIC;  -- System clock
```

6. 这一示例相应的 Verilog 代码文件 g711alaw.v 可以在附录 A 中找到，附录 B 中给出了合成结果。

```
        reset : IN  STD_LOGIC;   -- Asynchronous reset
        x_in  : IN  SLV13;       -- System input
        enc   : BUFFER SLV8;     -- Encoder output
        dec   : BUFFER SLV13;    -- Decoder output
        err   : OUT S13 := 0);   -- Error of results
END g711alaw;
-- ------------------------------------------------------------
ARCHITECTURE fpga OF g711alaw IS

  SIGNAL s, s_d   : STD_LOGIC;
  SIGNAL abs_x, x, x_d, x_dd : SLV13; -- Auxiliary vectors
  SIGNAL temp : SLV12;

BEGIN

  s <= x_in(WIDTH-1); -- sign magnitude not 2C!
  abs_x <= '0' & x_in(WIDTH-2 DOWNTO 0);
  err <= abs(conv_integer('0'&dec)-conv_integer('0'&x_in));

  Encode: PROCESS(abs_x, s)
  BEGIN                  -- Mini floating-point format encoder
    CASE conv_integer('0' & abs_x) IS
      WHEN 0    TO 63   =>
         enc <= s & "00"  & abs_x(5 DOWNTO 1); -- segment 1
      WHEN 64   TO 127  =>
         enc <= s & "010" & abs_x(5 DOWNTO 2); -- segment 2
      WHEN 128  TO 255  =>
         enc <= s & "011" & abs_x(6 DOWNTO 3); -- segment 3
      WHEN 256  TO 511  =>
         enc <= s & "100" & abs_x(7 DOWNTO 4); -- segment 4
      WHEN 512  TO 1023 =>
         enc <= s & "101" & abs_x(8 DOWNTO 5); -- segment 5
      WHEN 1024 TO 2047 =>
         enc <= s & "110" & abs_x(9 DOWNTO 6); -- segment 6
      WHEN 2048 TO 4095 =>
         enc <= s & "111" & abs_x(10 DOWNTO 7);-- segment 7
      WHEN OTHERS       => enc <= s & "0000000"; -- + or - 0
    END CASE;
  END PROCESS;

  Decode: PROCESS(enc, s)
  BEGIN                  -- Mini floating point format decoder
    CASE conv_integer('0' & enc(6 DOWNTO 4)) IS
      WHEN  0 | 1 =>
            dec <= s & "000000" & enc(4 DOWNTO 0)  & "1";
      WHEN  2     =>
            dec <= s & "000001" & enc(3 DOWNTO 0) & "10";
      WHEN  3     =>
            dec <= s & "00001" & enc(3 DOWNTO 0) & "100";
      WHEN  4     =>
            dec <= s & "0001" & enc(3 DOWNTO 0) & "1000";
      WHEN  5     =>
            dec <= s & "001" & enc(3 DOWNTO 0) & "10000";
```

```
      WHEN  6      =>
              dec <= s & "01" & enc(3 DOWNTO 0) & "100000";
      WHEN OTHERS =>
              dec <= s & "1" & enc(3 DOWNTO 0) & "1000000";
    END CASE;
  END PROCESS;

END fpga;
```

对于编码器和译码器，上述设计采用了表 8-5 中的编码方案。由于未使用寄存器，在输入、编码和译码数据之间不存在延迟。从图 8-47 中的仿真结果可以看出，对于较小的输入值，量化误差较小；而对于较大的幅值，量化误差也更大。由于没有使用寄存器，因此时序电路性能也无法测量。

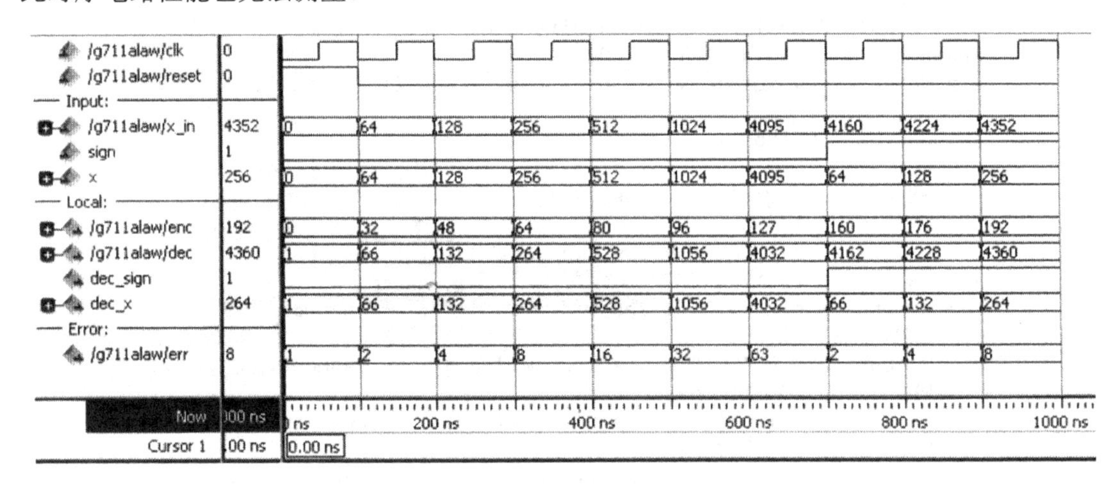

图 8-47　A 律编解码器的 VHDL 仿真结果

本书学习资料提供了语音样本，为了进行比较，分别编码在 16 位的 SpeechPCM16bit.wav、Speech_A_LAW8bit.wav 和 Speech_PCM8bit.wav 文件中。从感觉上讲，8 位 PCM 的噪声水平要远高于 8 位 A 律编码信号，后者几乎保持了原始信号的质量。注意，由于 MATLAB 使用的 WAF 文件格式是具有 16 位 8kHz(128kbps)的 PCM 数据，因此本书学习资料里所有文件的实际大小是一样的。

8.10.2　线性和自适应 PCM 编码

另一类编码器基于这样的事实：音频和语音信号通常是缓变的，没有比如类似于图像的那种尖锐的边沿。结果就是，相邻帧之间的相关性非常大。如果对当前帧和上一帧之间的差异进行编码，所需编码的幅值会降低，编码工作量也会降低。从实用的角度讲，采用一款能够充分利用幅值新形态的“优秀”的量化器非常重要。我们可以设计一个只允许很小变化的系统。该系统对这些极小的变化进行累加，这样我们只需要转换或存储增量操作的符号。如果发现有较大的幅值变化，增量方法可能需要几个时钟周期进行调整。为了防止误差过大，需要在奈奎斯特速率之上施加一个过采样速率，比如 4 或 16。字面上，这种方法通常被称作增量调制(Delta Modulation，DM)。

另一种方法不使用过采样，而是采用一种带有少许二进制位的量化器，它能够随着量化步长的大小进行调整。还需要用到之前的几次采样，我们称之为预测方案，如图 8-2 所示。量化器的步长随着输入信号自动调整。如果输入 x 有较大的变化，差分信号将会变大。当然，在平稳的状态下，输入信号变化不大，步长的大小将类似于量化步长大小更小的 DM 方法。由于该方法非常类似于 DM 方法，但量化步长的大小具有自适应性，因此将这类系统称作自适应差分脉冲编码调制(Adaptive Differential Pulse Code Modulation，ADPCM)。完整的编码器和译码器如图 8-48 所示。

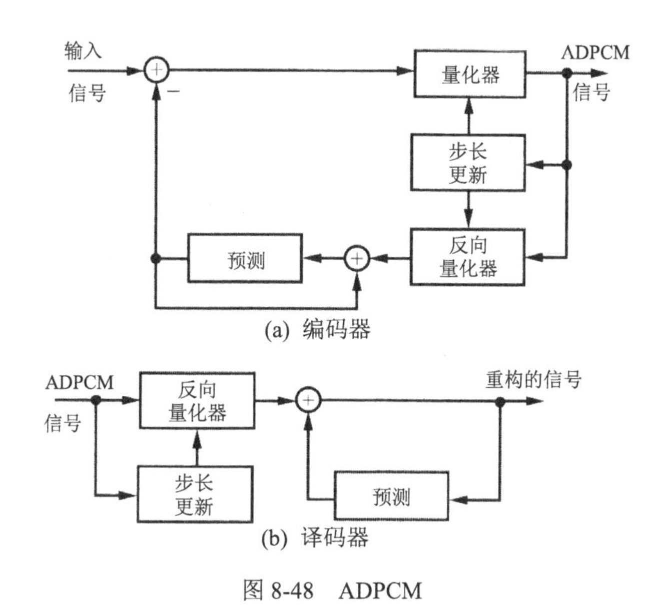

图 8-48　ADPCM

ITU 标准有多种，例如 G.726、G.727 或使用 ADPCM 的 G.722。与 MP3 或 LPC-10 相比，ADPCM 往往更容易实现，并且与 A 律编码系统相比可获得更好的编码增益。下面以 IMA 倡导的 4 位 ADPCM 作为示例系统进行研究，因为与 ITU 标准相比，这款单抽头预测器更容易实现[328, 329]。

例 8.17　ADPCM 设计

IMA 编码器和译码器的 VHDL 设计[7]如下面的代码清单所示：

7. 这一示例相应的 Verilog 代码文件 adpcm.v 可以在附录 A 中找到，附录 B 中给出了合成结果。

```
-- This is a ADPCM demonstration for the IMA algorithm
PACKAGE n_bits_int IS          -- User defined types
  SUBTYPE U3 IS INTEGER RANGE 0 TO 7;
  SUBTYPE U4 IS INTEGER RANGE 0 TO 15;
  SUBTYPE S5 IS INTEGER RANGE -16 TO 15;
  SUBTYPE S8 IS INTEGER RANGE -128 TO 127;
  SUBTYPE U15 IS INTEGER RANGE 0 TO 2**15-1;
  SUBTYPE S16 IS INTEGER RANGE -2**15 TO 2**15-1;
  SUBTYPE S17 IS INTEGER RANGE -2**16 TO 2**16-1;
  TYPE A0_7S5 IS ARRAY (0 TO 7) of S5;
  TYPE A0_88U15 IS ARRAY (0 TO 88) of U15;
END n_bits_int;

LIBRARY work; USE work.n_bits_int.ALL;

LIBRARY ieee; USE ieee.std_logic_1164.ALL;
USE ieee.std_logic_arith.ALL;
USE ieee.std_logic_signed.ALL;
-- --------------------------------------------------------
ENTITY adpcm IS                         ------> Interface
      PORT ( clk    : IN  STD_LOGIC; -- System clock
             reset  : IN  STD_LOGIC;  -- Asynchronous reset
             x_in   : IN  S16; -- Input to encoder
             y_out  : OUT  U4; -- 4 bit ADPCM coding word
             p_out  : OUT S16; -- Predictor/decoder output
             p_underflow, p_overflow  : OUT STD_LOGIC;
                                        -- Predictor flags
             i_out  : OUT S8;  -- Index to table
             i_underflow, i_overflow  : OUT STD_LOGIC;
                                            -- Index flags
             err    : OUT S16; -- Error of system
             sz_out : OUT U15; -- Step size
             s_out  : OUT STD_LOGIC); -- Sign bit
END adpcm;
-- --------------------------------------------------------
ARCHITECTURE fpga OF adpcm IS

  --  ADPCM step variation table
  CONSTANT indexTable  : A0_7S5 :=(
    -1, -1, -1, -1, 2, 4, 6, 8);

  -- Quantization lookup table has 89 entries
  CONSTANT stepsizeTable :  A0_88U15 :=(
    7, 8, 9, 10, 11, 12, 13, 14, 16, 17, 19, 21, 23, 25,
    28, 31, 34, 37, 41, 45, 50, 55, 60, 66, 73, 80, 88,
    97, 107, 118, 130, 143, 157, 173, 190, 209, 230, 253,
    279, 307, 337, 371, 408, 449, 494, 544, 598, 658, 724,
    796, 876, 963, 1060, 1166, 1282, 1411, 1552, 1707,1878,
```

```
      2066, 2272, 2499, 2749, 3024, 3327, 3660, 4026, 4428,
      4871, 5358, 5894, 6484, 7132, 7845, 8630, 9493, 10442,
      11487, 12635, 13899, 15289, 16818, 18500, 20350, 22385,
      24623, 27086, 29794, 32767);

  SIGNAL va, va_d : S16 := 0;-- Current signed adpcm input
  SIGNAL sign : STD_LOGIC;    -- Current adpcm sign bit
  SIGNAL sdelta : U4;         -- Current signed adpcm output
  SIGNAL step : U15 := 7;     -- Stepsize
  SIGNAL sstep : S16;         -- Stepsize including sign
  SIGNAL valpred : S16 := 0; -- Predicted output value
  SIGNAL index : S8 := 0;     -- Current step change index

BEGIN

  Encode: PROCESS(clk, reset, x_in, va, sign, sdelta, step,
                                                valpred, index)
  VARIABLE diff : S17;    -- Difference val - valprev
  VARIABLE p : S17 := 0; -- Next valpred
  VARIABLE i : S8;        -- Next index
  VARIABLE delta : U3;    -- Current absolute adpcm output
  VARIABLE tStep : U15;
  VARIABLE vpdiff : S16;         -- Current change to valpred
  BEGIN
    IF reset = '1' THEN -- Asynchronous clear
      va <= 0; va_d <= 0;
    ELSIF rising_edge(clk) THEN -- Store in register
      va <= x_in;
      va_d <= va;       -- Delay signal for error comparison
    END IF;
--------- State 1: Compute difference from predicted sample
    diff := va - valpred;
    sign <= '0';
    IF diff < 0 THEN
      sign <= '1';    --  Set sign bit if negative
      diff := -diff; -- Use absolute value for quantization
    END IF;
-- State 2: Quantize by devision and
-- State 3: compute inverse quantization
--  Compute:  delta=floor(diff(k)*4./step(k)); and
--  vpdiff(k)=floor((delta(k)+.5).*step(k)/4);
    delta := 0; tStep := step; vpdiff := tStep/8;
    IF diff >= tStep THEN
      delta := 4; diff := diff-tStep;
      vpdiff := vpdiff + tStep;
    END IF;
    tStep := tStep/2;
    IF diff >= tStep THEN
      delta := delta + 2 ; diff := diff - tStep;
      vpdiff := vpdiff + tStep;
    END IF;
    tStep := tStep/2;
    IF diff >= tStep THEN
```

```
      delta := delta + 1; diff := diff - tStep;
      vpdiff := vpdiff + tStep;
    END IF;
  -- State 4: Adjust predicted sample based on inverse
    IF sign = '1' THEN                             -- quantized
      p := valpred - vpdiff;
    ELSE
      p := valpred + vpdiff;
    END IF;
  --------- State 5: Threshold to maximum and minimum -----
    p_overflow <= '0'; p_underflow <= '0';
    IF p > 32767 THEN -- Check for 16 bit range
      p := 32767; -- 2^15-1 two's complement
      p_overflow <= '1';
    END IF;
    IF p < -32768 THEN
     p := -32768; -- -2^15
     p_underflow <= '1';
    END IF;
    IF reset = '1' THEN -- Asynchronous clear
      valpred <= 0;
    ELSIF rising_edge(clk) THEN
      valpred <= p;           -- Store predicted in register
    END IF;
--- State 6: Update the stepsize and index for stepsize LUT
    i_underflow <= '0'; i_overflow <= '0';
    i := index + indexTable(delta);
    IF  i < 0 THEN -- Check index range [0...88]
      i := 0;
      i_underflow <= '1';
    END IF;
    IF i > 88 THEN
      i := 88;
      i_overflow <= '1';
    END IF;
    IF reset = '1' THEN -- Asynchronous clear
      step <= 0; index <= 0;
    ELSIF rising_edge(clk) THEN
      step <= stepsizeTable(i);
      index <= i;
    END IF;
    IF sign = '1' THEN
      sdelta <= delta + 8;
    ELSE
      sdelta <= delta;
    END IF;
  END PROCESS;

    y_out  <= sdelta;    -- Monitor some test signals
    p_out  <= valpred;
    i_out  <= index;
    sz_out <= step;
    s_out  <= sign;

     err <= va_d-valpred;

 END fpga;
```

对于编码器和译码器，上述设计采用了图 8-48 中的编码方案。HDL 首先从 I/O 端口开始，随后是步长变化和步长大小的查询表。量化表首先以小的步长(也就是 1)增加，对于更大的值则使用更大的步长(大约 3K)。只展示编码器即可，因为译码器可以看成编码器的后续步骤，请参阅图 8-48。首先在寄存器中保存输入数据和延迟一个时钟周期后的数据。第 1 步，编码器计算新值与预测值之间的差值。使用除法进行量化，并计算反向量化的结果。接下来，第 4 步使用反向量化值更新预测的采样值。第 5 步，对预测值进行阈值处理以防止溢出。在最后的第 6 步，更新所使用的步长大小，保存步长大小以及寄存器中用到的索引。编码器输出与符号结合起来生成输出字 sdelta。最后，将信号(已经在仿真中显示出来了)分配给输出引脚。

在图 8-49 所示的仿真结果中，输入是一个带有常值 1000 的斜坡信号。可以看到，步长大小 sz_out 首先会增加，然后在输入信号变为恒值后逐渐减小。斜坡阶段的误差较大，但是在恒值输入阶段误差就非常小了。

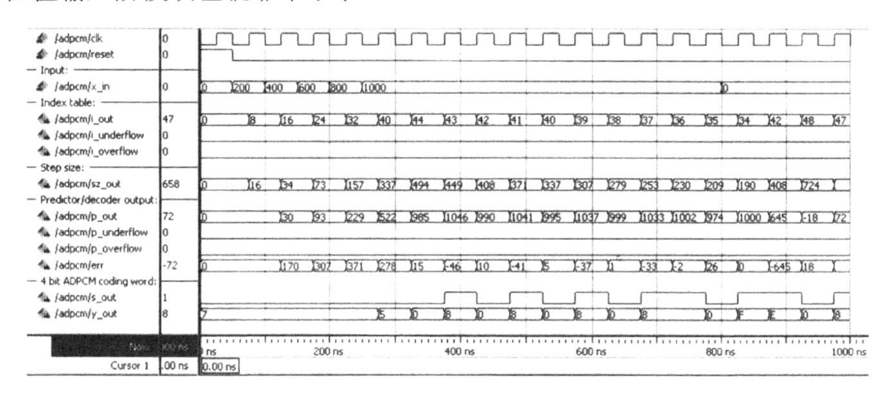

图 8-49　ADPCM CODEC 的 VHDL 仿真结果

本设计使用了 531 个 LE，未使用嵌入式乘法器，使用 TimeQuest 缓慢 85C 模型的时序电路性能 F_{max}=49.5MHz。

本书学习资料提供以下语音样本：

- SpeechPCM16bit.wav，也就是 16 位编码的数字语音信号。
- Speech_PCM4bit.wav，4 位线性 PCM。
- Speech_APCM4.wav，4 位 ADPCM 编码的语音信号。
- Speech_PCM4Lloyd.wav，4 位 Lloyd 编码的语音信号。

所有文件都保存为 WAV 格式。Lloyd 方法[330]基于用到的位和所提供的训练数据计算编码簿，从而使量化噪声最小，请参阅图 8-50。在 MATLAB 中通过以下代码加以计算：

```
  [partition, codebook, distor, rel_distor] = ...
                 lloyds(training_set, ini_codebook,[],3);
%% encode + decode
  [indx, quant, distor] = quantiz(sig, partition, codebook);
```

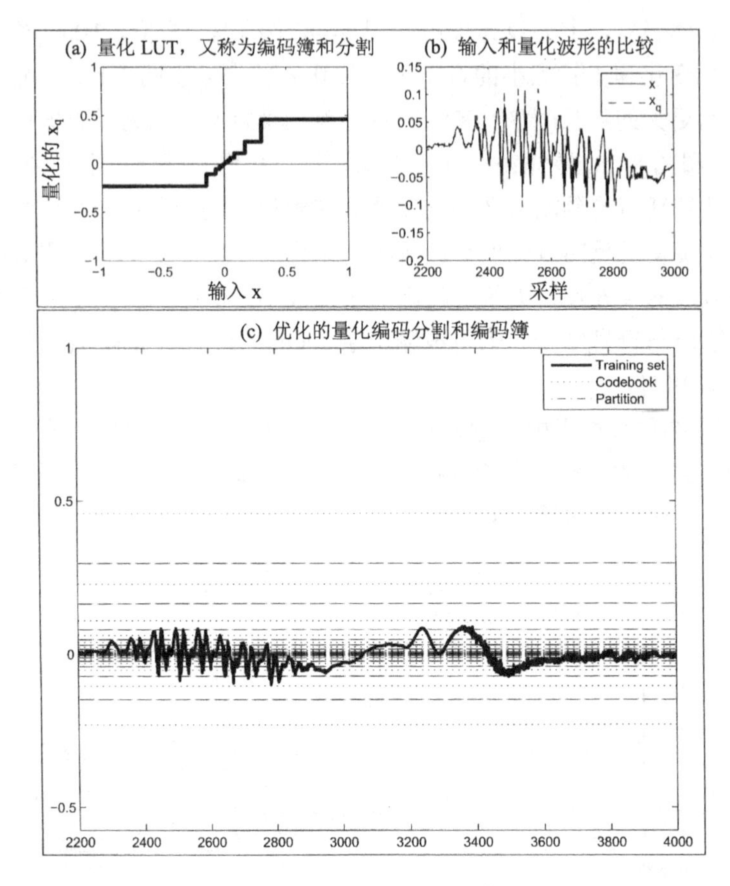

图 8-50 优化的 Lloyd 量化器

4 位线性 PCM 方法的噪声水平也比较高。4 位 Lloyd 方法的好一点，但仍然高于 4 位 ADPCM 信号，后者几乎保持了原始信号的质量。注意，由于 MATLAB 使用的 WAF 文件格式是具有 16 位 8kHz(128kbps)的 PCM 数据，因此学习资料提供的所有文件的实际大小是一样的。

8.10.3 模型化编码：LPC-10e 方法

迄今为止讨论的方法可用于语音和音频的压缩。如果语音信号要获得大于 4:1 的压缩比，就必须放弃语音编码，使用一款重建声道并只对声道参数(即音高、共振峰、短时谱以及声道转换函数)进行编码的编码器。语音的生成通常可以粗略分为有声语音(有元音)和无声语音(无元音)，声道由此通过滤波器形状进行建模，已有条件为脉冲序列(音高)或随机噪声，请参阅图 8-51。这样的编码系统被称作线性预测编码器(Linear Predictive Coder)，特别的，LPC-10e 就是这样一款非常流行的功能强大的语音编码器。通常这些系统被称作声码器，US DOD 标准 FS1015 在 2400bps 时能够获得非常好的效果，即使在 800bps 条件下，声码器也成功通过了测试[331]。低于 800bps 的情况下，只有语音合成系统可以获得更高的压缩比。LPC 声码器的不足是，对于通用的音频压缩(比如音乐)，结果不是很令人满意。

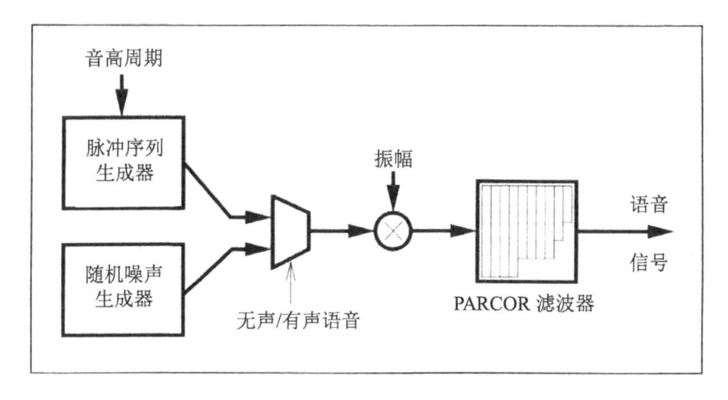

图 8-51　简化的语音生成模型

传输速率为 2400bps 时，流行的 LPC-10e 编码方案对信号的编码过程如下：以 8kHz 采样输入信号，将其分解为互不重叠的 180 个样本，或是 44.44 帧/秒。对于当前的语音模型，在 2400bps 速率下，可用于编码所有参数的位只有 54 个。可以使用来自网格 FIR 滤波器的、带有 10 个滤波器系数的声道滤波器模型。通过用于自相关性估计的均振幅差函数计算音高，公式如下：

$$y(k)=\sum_{m}|x(n+m)-x(n+m-k)| \tag{8-105}$$

如果 x 是关于 N 的周期函数，那么函数 $y(k)$将在 $k=N$, $2N$,⋯处显示凹点，它也是语音信号的音高周期。LPC-10e 中使用 7 个位对音高进行编码。对于滤波器系数，将在较低部分的相关系数(Partial Correlation，PARCOR)中使用更多的位，在最后的网格滤波器系数中使用更少的位(总计 5×4+4×4+3+2=41 位)，滤波器增益因子还要使用额外的 5 位。1 位用于同步，这样每帧的总数达到 41+7+5+1=54 位。LPC-10e 是一个看起来很复杂的算法，能够找到 7.8kbps 和 2.4kbps 的实现案例，例如《ADSP 应用手册：卷 2》[332]。

8.10.4　MPEG 音频编码方法

近年来，MPEG 标准中的音频编码器取得了极大的成功。MPEG 1 编码器的第 3 个层次的编码器通常被称为 MP3，它如今已经成为网络上使用最频繁的音频格式[333]。由于 MPEG 的主要目的在于生成高品质的音频信号，而不是纯粹的压缩语音信号，其压缩率通常没有 LPC-10e 声码器高。复杂性方面的另一个因素是，为了保证 CD 的质量，音频的采样频率通常是 44.1kHz，而语音信号只需要 8kHz。尽管如此，压缩率为 11:1 时，MP3 依然能够生成品质优秀的信号。MPEG 编码器的主要处理过程是一个余弦调制的、32 通道等间隔排列的、长度为 513 的滤波器组。通带滤波器的脉冲响应为：

$$h_k[n]=h[n]\cos\left((2k+1)\left(\frac{n}{M}-\frac{1}{2}\right)\frac{\pi}{2}\right)\quad\begin{cases}n=0,1\ldots,512\\k=0,1,\ldots 31\end{cases} \tag{8-106}$$

式中，原型滤波器有一个−90dB 的阻带压缩。这些等间隔排列的滤波器组有一个大约为 700Hz 的通道带宽。第 3 个层次的编码器改进了频率分解，通过在每个通道的 12 到 36

次采样中使用一个改进的 DCT，将频率分解改进为大约 40Hz。此外，在最后的压缩部分，第 3 个层次的编码器增加了一个非均匀的霍夫曼编码。

MPEG 中所有音频信号都要进行压缩，但只能依赖基本的心理声学效应，而且没有声码器系统可用。MPEG 编码器中用到的最重要的心理声学效应是频率遮蔽。带有较大振幅的正弦波将掩盖临近的其他频率。我们的视听系统无法确定临近的频率信号是否存在。既然视听系统无法听到这些遮蔽信号，也就不需要将其包含在编码中。一般假设高频为每倍频程 12 分贝的衰减、低频为每倍频程 24 分贝的衰减[334]。通过长度为 512(MPEG 1+2)或 1024(MPEG 3)的 FFT 确定遮蔽信号，并将其用于信号的量化。图 8-52 提供了对 MP3 编码器的描述。

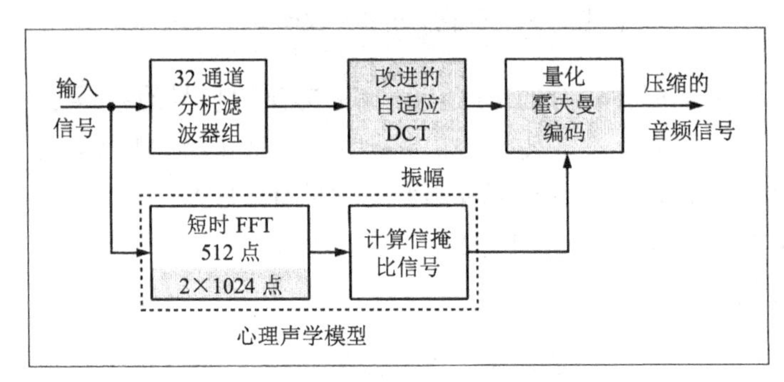

图 8-52　又名 MP3 的第 3 个层次的 MPEG 1。灰色代表相对于第 1 个层次的改进

MP3 编码器在设计上需要 32 个长度为 513 的滤波器、DCT 和霍夫曼编码器，在实现上颇具挑战性。由于在实时性嵌入方面过于复杂，因此考虑第 1 个层次的 MPEG 1 时需要更实际一些。

8.11　练习

注意：

如果读者没有使用 Quartus II 软件的经验，那么可以参考 1.4.3 节的案例研究。如果已有相关经验，就请注意用于评估 Quartus II 合成结果的 Cyclone IV E 系列中 EP4CE115F29C7 器件的用法。

8.1 给定如下信号：

$$x[n] = A\cos[2\pi n / T + \phi]$$

(a) 确定功率或方差 σ^2。

(b) 确定自相关函数 $\boldsymbol{r}_{xx}[\tau]$。

(c) $\boldsymbol{r}_{xx}[\tau]$的周期是多少？

8.2 给定如下信号：

$$x[n] = A\sin[2\pi n / T + \phi] + n[n]$$

其中 $n[n]$是方差为σ_n^2的高斯白噪声。

(a) 确定信号 $x[n]$的功率或方差 σ^2。

(b) 确定自相关函数 $\boldsymbol{r}_{xx}[\tau]$。

(c) $\boldsymbol{r}_{xx}[\tau]$的周期是多少？

8.3 给定如下两个信号：

$$x[n] = \cos[2\pi n / T_0] \qquad y[n] = \cos[2\pi n / T_1]$$

(a) 确定互相关函数 $\boldsymbol{r}_{xy}[\tau]$。

(b) T_0 和 T_1 满足什么条件使得 $\boldsymbol{r}_{xy}[\tau] = 0$？

8.4 假定如下信号统计量已经确定：

$$\boldsymbol{R}_{xx} = \begin{bmatrix} 2 & 1 \\ 1 & 2 \end{bmatrix} \quad \boldsymbol{r}_{dx} = \begin{bmatrix} 4 \\ 5 \end{bmatrix} \quad \boldsymbol{R}_{dd}[0] = 20$$

计算：

(a) $\boldsymbol{R}_{xx}{}^{-1}$。

(b) 最优维纳滤波器权重。

(c) 最优滤波器权重误差。

(d) 特征值和特征值比。

8.5 假定一个二阶系统的信号统计量如下：

$$\boldsymbol{R}_{xx} = \begin{bmatrix} r_0 & r_1 \\ r_1 & r_0 \end{bmatrix} \quad \boldsymbol{r}_{dx} = \begin{bmatrix} c_0 \\ c_1 \end{bmatrix} \qquad \boldsymbol{R}_{dd}[0] = \sigma_d^2$$

最优滤波器系数为 f_0 和 f_1。

(a) 计算 $\boldsymbol{R}_{xx}{}^{-1}$。

(b) 确定 f_0 和 f_1 函数形式的最优滤波器权重误差。

(c) 确定 r 和 c 函数形式的 f_0 和 f_1。

(d) 假定 $r_1 = 0$，最优滤波器系数 f_0 和 f_1 是多少？

8.6 假定期望信号如下：

$$d[n] = \cos[2\pi n / T_0]$$

加到自适应滤波器输入端的基准信号 $x[n]$如下：

$$x[n] = \sin[2\pi n / T_0] + 0.5\cos[2\pi n / T_1]$$

其中 $T_0 = 5$，$T_1 = 3$。为二阶系统计算：

(a) $\boldsymbol{R}_{xx}$、$\boldsymbol{r}_{dx}$ 和 $\boldsymbol{R}_{dd}[0]$。

(b) 最优维纳滤波器权重。

(c) 最优滤波器权重误差。

(d) 特征值和特征值比。

(e) 对于三阶系统重复(a)~(d)。

8.7 假定期望信号如下：

$$d[n] = \cos[2\pi n / T_0] + n[n]$$

其中 $n[n]$是方差为 1 的高斯白噪声。加到自适应滤波器输入端的基准信号 $x[n]$如下：

$$x[n] = \sin[2\pi n / T_0]$$

其中 $T_0 = 5$。为二阶系统计算：

(a) $\boldsymbol{R}_{xx}$、$\boldsymbol{r}_{dx}$ 和 $\boldsymbol{R}_{dd}[0]$。

(b) 最优维纳滤波器权重。

(c) 最优滤波器权重误差。

(d) 特征值和特征值比。

(e) 对于三阶系统重复(a)~(d)。

8.8 假定期望信号如下：

$$d[n] = \cos[4\pi n / T_0]$$

加到自适应滤波器输入端的基准信号 $x[n]$如下：

$$x[n] = \sin[2\pi n / T_0] - \cos[4\pi n / T_0]$$

其中 $T_0 = 5$。为二阶系统计算：

(a) $\boldsymbol{R}_{xx}$、$\boldsymbol{r}_{dx}$ 和 $\boldsymbol{R}_{dd}[0]$。

(b) 最优维纳滤波器权重。

(c) 最优滤波器权重误差。

(d) 特征值和特征值比。

(e) 对于三阶系统重复(a)~(d)。

8.9 利用表 8-2 给出的 4 个 FIR 滤波器，用 C 语言或 MATLAB 计算自相关函数，并用(经过滤波的)10 000 个白噪声样本构成的序列的自相关性计算特征值比。系统长度(也就是自相关矩阵的大小)分别为：

(a) $L = 2$

(b) $L = 4$

(c) $L = 8$

(d) $L = 16$

提示：

MATLAB 函数 randn、filter、xcorr、toeplitz、eig 对求解本题有帮助。

8.10 利用具有一个极点($0<\rho<1$)的 IIR 滤波器，用 C 语言或 MATLAB 计算自相关函数，并用(经过滤波的)10 000 个白噪声样本构成的序列的自相关性计算特征值比。系统长

度(也就是自相关矩阵的大小)分别为：

(a) $L = 2$

(b) $L = 4$

(c) $L = 8$

(d) $L = 16$

(e) 将(a)~(d)的结果与一阶马尔可夫过程[285]的理论值 $\text{EVR} = ((1+\rho)/(1-\rho))^2$ 进行比较。

提示：

MATLAB 函数 randn、filter、xcorr、toeplitz、eig 对求解本题有帮助。

8.11 对于表 8-2 中的 EVR = 1000，采用 FIR 滤波器，用 C 语言或 MATLAB 计算 $L = 16$ 的自相关矩阵的特征向量，并将特征向量与 DCT 基向量作比较。

8.12 对于表 8-2 中的 EVR = 1000，采用 FIR 滤波器，用 C 语言或 MATLAB 计算式(8-48)中变换的功率标准化自相关矩阵的特征值比，其中 $L = 16$，分别用到如下变换：

(a) 恒等变换(也就是不变换)

(b) DCT

(c) Hadamard 变换

(d) Haar 变换

(e) Karhunen-Loéve 变换

(f) 构造从(a)~(e)的一系列变换

8.13 利用练习 8.10 中一个极点的 IIR 滤波器，用 C 语言或 MATLAB 计算式(8-48)中位于 0.5~0.95 之间的、10 个 ρ 值对应的、变换的功率标准化自相关矩阵的特征值比，其中 $L = 16$，分别用到如下变换：

(a) 恒等变换(也就是不变换)

(b) DCT

(c) Hadamard 变换

(d) Haar 变换

(e) Karhunen-Loéve 变换

(f) 构造从(a)~(e)的一系列变换

8.14 用 C 语言或 MATLAB 重构图 8-15 所示的非稳定信号的功率估计。功率估计使用：

(a) 方程(8-41)

(b) 方程(8-44)，$\beta = 0.5$

(c) 方程(8-44)，$\beta = 0.9$

8.15 用 C 语言或 MATLAB 重构例 8.1 所示的仿真。每秒钟采样 $T = (L-1)240$ 次(也就是对于 $h[n]$ 和 $x[n]$ 每个周期采样 $(L-1)4$ 次)，滤波器长度分别为：

(a) $L = 2$

(b) $L = 3$
(c) $L = 4$
(d) 为 $L = 3$ 计算精确的维纳解
(e) 为 $L = 4$ 计算精确的维纳解

8.16 用 C 语言或 MATLAB 重构例 8.3 所示的仿真。每秒钟采样 $T = (L-1)240$ 次(也就是对于 $h[n]$和 $x[n]$每个周期采样$(L-1)4$ 次)，滤波器长度分别为：
(a) $L = 2$
(b) $L = 3$
(c) $L = 4$

8.17 用 C 语言或 MATLAB 为如下流水线结构重新构造如例 8.6 所示的仿真：
(a) 1 级流水线级的 DLMS
(b) 2 级流水线级的 DLMS
(c) 3 级流水线级的 DLMS
(d) 4 级流水线级的 DLMS

8.18 (a) 将例 8.5 中自适应滤波器的滤波器长度改为 3，对于 $h[n]$和 $x[n]$每个周期采样 8 次。
(b) (用 Quartus II 的编译器)对滤波器的 HDL 代码进行功能编译。
(c) 用输入信号 $d[n]$和 $x[n]$对滤波器进行功能仿真。
(d) 将结果与练习 8.15(b)和(d)的仿真结果进行比较。
(e) 对于 L=3 的设计，确定使用 Cyclone IV E 系列的 EP4CE115F29C7 器件时，采用 TimeQuest 缓慢 85C 模型的时序电路性能 F_{max} 和用到的资源(LE、嵌入式乘法器和 M9K)。
(f) 使用 Cyclone II 系列的 EP2C35F672C6 器件，重复(e)。

8.19 (a) 将例 8.5 中自适应滤波器的滤波器长度改为 4，对于 $h[n]$和 $x[n]$每个周期采样 12 次。
(b) (用 Quartus II 的编译器)对滤波器的 HDL 代码进行功能编译。
(c) 用输入信号 $d[n]$和 $x[n]$对滤波器进行功能仿真。
(d) 将结果与练习 8.15(c)和(e)的仿真结果进行比较。
(e) 对于 L=4 的设计，确定使用 Cyclone IV E 系列的 EP4CE115F29C7 器件时，采用 TImeQuest 缓慢 85C 模型的时序电路性能 F_{max} 和用到的资源(LE、嵌入式乘法器和 M9K)。
(f) 使用 Cyclone II 系列的 EP2C35F672C6 器件，重复(e)。

8.20 (a) 只改变例 8.6 中 DLMS 滤波器设计的 $y[n]$的流水线，也就是具有 1 个流水线级的 DLMS。为 $p(i)$和 $xemu(i)$使用嵌入式乘法器。
(b) (用 Quartus II 的编译器)对滤波器的 HDL 代码进行功能编译。
(c) 用输入信号 $d[n]$和 $x[n]$对滤波器进行功能仿真。

(d) 将结果与练习 8.17(a)的仿真结果进行比较。

(e) 对于 D=1 的设计，确定使用 Cyclone IV E 系列的 EP4CE115F29C7 器件时，采用 TimeQuest 缓慢 85C 模型的时序电路性能 F_{max} 和用到的资源(LE、嵌入式乘法器和 M9K)。

(f) 使用 Cyclone II 系列的 EP2C35F672C6 器件，重复(e)。

8.21 (a) 只改变例 8.6 中 DLMS 滤波器设计的 $e[n]$和 $y[n]$的流水线，也就是具有 2 个流水线级的 DLMS。为 $p(i)$和 $xemu(i)$使用嵌入式乘法器。

(b) (用 Quartus II 的编译器)对滤波器的 HDL 代码进行功能编译。

(c) 用输入信号 $d[n]$和 $x[n]$对滤波器进行功能仿真。

(d) 将结果与练习 8.17(b)的仿真结果进行比较。

(e) 对于 D=2 的设计，确定使用 Cyclone IV E 系列的 EP4CE115F29C7 器件时，采用 TimeQuest 缓慢 85C 模型的时序电路性能 F_{max} 和用到的资源(LE、嵌入式乘法器和 M9K)。

(f) 使用 Cyclone II 系列的 EP2C35F672C6 器件，重复(e)。

8.22 (a) 将例 8.6 中 DLMS 滤波器设计的流水线修改为 3 级。在 $y[n]$后使用流水线寄存器，然后为 $p(i)$和 $xemu(i)$使用嵌入式乘法器。本设计中 $e[n]$不使用流水线寄存器。

(b) (用 Quartus II 的编译器)对滤波器的 HDL 代码进行功能编译。

(c) 用输入信号 $d[n]$和 $x[n]$对滤波器进行功能仿真。

(d) 将结果与练习 8.17(c)的仿真结果进行比较。

(e) 对于 D=3 的设计，确定使用 Cyclone IV E 系列的 EP4CE115F29C7 器件时，采用 TImeQuest 缓慢 85C 模型的时序电路性能 F_{max} 和用到的资源(LE、嵌入式乘法器和 M9K)。

(f) 使用 Cyclone II 系列的 EP2C35F672C6 器件，重复(e)。

第9章
微处理器设计

9.1 微处理器设计概述

一想到现如今的微处理器(μP)，可能立即会想到有着 5.92 亿个晶体管的 Intel Itanium 处理器。有人可能会问，用 FPGA 能设计出来这样的微处理器吗？现在，作者对当今的 FPGA 技术能力已经有足够的信心。显然，现在的 FPGA 不可能用单片 FPGA 来实现这样高水准的微处理器，但在低功耗微处理器的应用方面会大有作为。请记住微处理器是以硬布线解决方案的性能来换取门效率的。在软件方面，或当设计 FSM 时，像 FFT 这样的算法，运行速度可能会较低，但通常占用的资源更少。所以相对而言，用 FPGA 构造的微处理器更像是微控制器，而不是具有完整特征的现代 Intel Pentium 或 TI VLIW PDSP。本章将讨论一个 DWT 实现的控制器的典型应用程序。有人可能认为这用 FSM 就能完成。没错，从根本上说，可以认为 FPGA 微处理器的设计而不是由程序存储器定义的 FSM，其中包含 FSM 要执行的指令，如图 9-1 所示。实际上，早期的 Xilinx PicoBlaze 处理器就被称为 Ken Chapman 可编程状态机(Ken Chapman Programmable State Machine，KCPSM)[335]。完整的微处理器设计通常包含很多步骤，如体系结构探索阶段、指令集设计以及开发工具。本章后续内容将详细讨论这些步骤。建议读者最好再学习一些计算机体系结构方面的书籍，这方面的内容已经成为计算机工程专业本科生的基础知识，可选的书有很多，如参考文献[336-342]。在学习微处理器的设计之前，首先来回顾一下微处理器时代的发端。

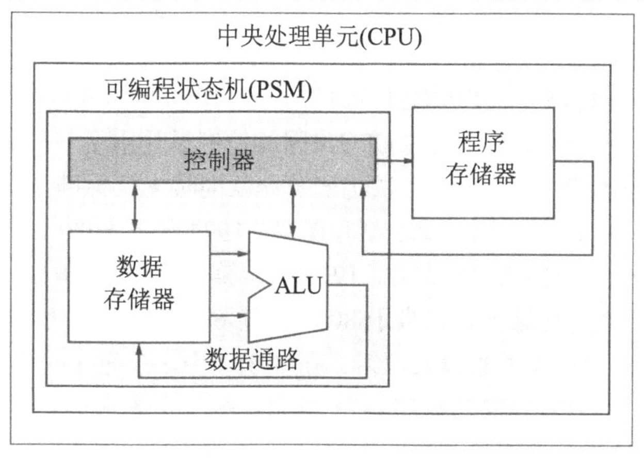

图 9-1 Xinlinx KCPSM，也称作 PicoBlaze

9.2 微处理器的发展史

微处理器通常分为三大类：多功能或 CISC 处理器、精简指令集处理器(Reduced Instruction Set proCessor，RISC)和可编程数字信号处理器(PDSP)。接下来简单回顾一下这三类微处理器是如何发展起来的。

9.2.1 多功能微处理器简史

到 1968 年时，一个典型的多功能小型计算机是 16 位体系结构的，在单片电路板上大约使用了 200 个 MSI 芯片。每个 MSI 芯片大约有 100 个晶体管。问题就出现了[343]：大约能否也只用 150、80 或 25 个芯片构造一个单独的 CPU？

大约在同时，Robert Noyce 和 Gordon Moore (先前是 Fairchild 公司员工)开始创建一个以生产存储芯片为主的新公司，开始取名为 NM 电子，后来更名为 Intel。1969 年，Busicom——一家日本计算器制造商，请 Intel 为他们新系列的可编程计算器设计一套芯片。由于当时优秀的 IC 设计人员很稀缺，Intel 没有足够人力按照 Busicom 的要求构建 12 种不同风格的芯片。于是 Intel 的工程师 Ted Hoff 就提议构造一种更通用的 4 芯片集成板来代替，这种芯片可以从存储芯片中调取指令。带存储器的可编程状态机(PSM)诞生了，就是今天所说的微处理器。9 个月之后，在 F. Faggin 的帮助下，Hoff 带领的小组发布了 Intel 4004——一款用在 Busicom 计算器中可进行 BCD 算术计算的 4 位 CPU。4004 采用 12 位程序地址和 8 位指令，且执行一条指令要占用 5 个时钟周期。一个最小型的工作系统(带 I/O 芯片)可以只由两块芯片构成：一个 4004 CPU 和一个程序只读存储器。1MHz 的时钟允许每个数字以 80ns 的速度增加多位 BCD 数字的个数[344]。

Hoff 的梦想是要将 4004 的应用超出计算器，延伸到数字仪表、出租车计量表、汽油泵、电梯控制、医疗设施、自动贩卖机等各个领域。因此他说服 Intel 的管理层从 Busicom 购买了芯片的知识产权，从而使它能够应用到其他领域。1971 年 5 月，Intel 以价格让步从 Busicom 手里换取了将 4004 芯片销售到计算器以外其他产品的许可。

一个值得关注的问题就是此时的 4004 在性能上还不能完全满足先进的小型计算机的技术发展水平。但是同样来自 Intel 的另一项发明，出自工程师 Dov Frohamn-Bentchkovsky 之手的 EPROM 有助于拓展 4004 开发系统的市场。这样程序就不需要 IC 工厂再花大量的时间来开发制造只读存储器 ROM 了。EPROM 允许开发者在需要的时候进行编程和重新编程。

Intel 的一些客户提出需要更强大的 CPU，因此他们设计出了一种 8 位 CPU，该 CPU 可以处理 4004 的 4 位 BCD 算术。Intel 决定研发一款同时支持标准 RAM 和 ROM 元器件的 8008，已不再像 4004 设计那样需要定制存储器。1974 年的 8080 设计大约包含 4500 个晶体管，修复了 8008 设计中的一些缺陷。1978 年，第一个 16 位微处理器 8086 问世。紧接着 1982 年推出 80286，这是一个相当于 8086 性能 6 倍的 16 位微处理器。1985 年推出的 80386，是第一个支持多任务的微处理器。在 80387 中，加进了一个算术协处理器，用来加速浮点运算处理。随后，1989 年，80486 推出，在包含算术协处理进行浮点运算的同时，还包含指令缓存和指令流水线技术。1993 年，奔腾系列诞生了，这时它已拥有两个执行流水线，如超标量体系结构。下一代奔腾 II 处理器在 1997 年推出，加入了多媒体扩展

(MultiMedia eXtension，MMX)指令，可以并行执行最多 4 个像 MAC 这样的类向量操作数。随后的奔腾 3 和奔腾 4 则有了更多高级特征，如用来加速音频和视频处理的超线程技术和 SSE 指令。更大的处理器(如 2006 年推出的 Intel Itanium)已经拥有双核以及 5.92 亿个晶体管，拥有独立 9MB 的 L3 缓存。整个系列的 Intel 处理器如表 9-1 所示。

表 9-1　Intel 系列微处理器[345](IA = 指令集体系结构)

名　称	发布年份	MHz	IA	处理技术	晶体管数量
4004	1971	0.108	4	10μ	2300
8008	1972	0.2	8	10μ	3500
8080	1974	2	8	6μ	4500
8086	1978	5~10	16	3μ	29K
80286	1982	6~12.5	16	1.5μ	134K
80386	1985	16~33	32	1μ	275K
80486	1989	25~50	32	0.8μ	1.2M
奔腾	1993	60~66	32	0.8μ	3.1M
奔腾 II	1997	200~300	32	0.25μ	7.5M
奔腾 3	1999	650~1400	32	0.25μ	9.5M
奔腾 4	2000	1300~3800	32	0.18μ	42M
Xeon	2003	1400~3600	64	0.09μ	178M
Itanium 2	2004	1000~1600	64	0.13μ	592M

如图 9-2 所示，看一下各个半导体公司的收入状况就可以惊奇地发现，Intel 仅凭着微处理器这一个产品，就能多年来一直在业界保持着领先的地位。其他以微处理器为主业的公司(如德州仪器、Motorola/Freescale、AMD)的收入就低了很多。还有一些以存储器技术为主的顶级公司(如 Samsung(三星)、Toshiba(东芝))，虽然近些年也处于领先地位，但仍难达到 Intel 的业绩水平。

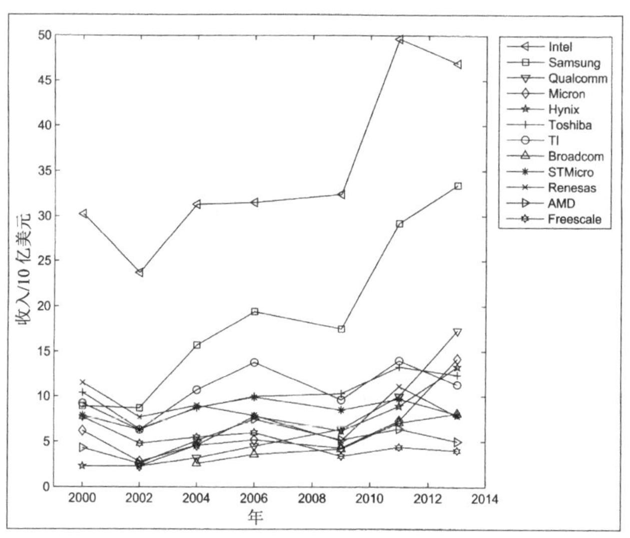

图 9-2　顶级半导体公司的收入

9.2.2 RISC 微处理器简史

上一节中讨论的 Intel 体系结构有时也被称为复杂指令集计算机(Complex Instruction Set Computer，CSIC)。从最早的 CPU 开始，随后的设计就一直致力于兼容问题，如能够运行相同的程序。尽管 Moore 法则允许这类 CISC 体系结构成功地加入新的组件和特性，如数字协处理器、数据和程序缓存、MMX 和 SSE 指令，以及加入相应的指令来支持这些附加组件以提高其性能，但随着数据和程序字节宽度的增加，可以想象这种兼容性是以牺牲性能作为高昂代价的。Intel 微处理器具有多种指令和支持多种寻址模式的特征。微处理器的手册常常达到 700 页甚至更多。

1980 年前后，加州大学伯克利分校的 Patterson 教授、IBM(后来的 PowerPC)以及斯坦福大学的 Henessy 教授(后来研究无互锁流水线级微处理器，也就是 MIPS 微处理器系列)等人分析微处理器，得出结论：从性能的角度看，CISC 计算机存在很多问题。在伯克利，这个新一代的微处理器被称为 RISC-1 和 RISC-2，由于它们的一个最重要特征就是有限的指令和地址模式，因此命名为精简指令集计算机(Reduced Instruction Set Computer，RISC)。

下面简单比较一下早期 RISC 和 CISC 计算机能够体现的重要特征。

- CISC 计算机有丰富的指令集，而 RISC 计算机通常支持少于 100 条指令。
- RISC 指令的字长固定，通常为 32 位。在 CISC 计算机中，字长可变。Intel 计算机中的指令长度在 1 到 15 字节之间。
- CISC 计算机支持丰富的寻址模式，而 RISC 计算机仅支持很少的模式。典型的 RISC 计算机仅支持直接寻址和基于寄存器的寻址。
- CISC 计算机中进行 ALU 操作的操作数可以来自指令字、寄存器或存储器。在 RISC 计算机中，没有直接内存操作数可用，只允许存储器从寄存器加载/存储到寄存器，因此 RISC 计算机又称为加载/存储体系结构。
- 在 CISC 计算机中，子程序内的参数和数据通过栈链接；而 RISC 计算机有大量的寄存器，用来进行参数和数据与子程序之间的链接。

很显然，在 20 世纪 90 年代早期，RISC 和 CISC 体系结构都没有以它们纯理论的方式得到更好的应用。如今 CISC 计算机更多地利用 CPU 寄存器和深层流水线级的优势，尽管仍然支持多种指令和寻址模式；而 RISC 计算机(如 MIPS、PowerPC、SUN Sparc 和 DEC alpha)有几百条指令，有些需要多重循环，也很难符合“精简指令集计算机”这一称谓。

9.2.3 PDSP 简史

1980 年，Inte[346]发布了 2930——一种可以用在控制系统中的模拟信号处理器，其芯片中包含 ADC 和 DAC[1]，用来以类似 DSP 的形式实现算法，如图 9-3 所示。

---

1. 现在应该将这种微处理器称为微控制器，因为 I/O 功能都集成在芯片上了。

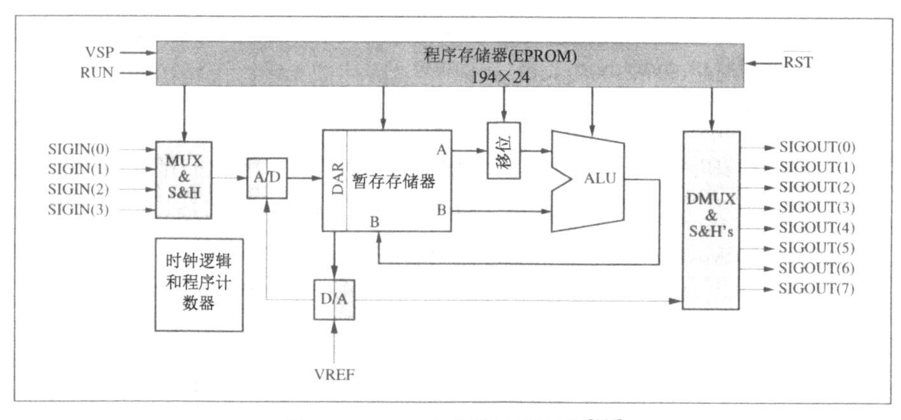

图 9-3　2920 功能模块原理图[346]

2920 具有 40×25 位的暂存存储器、192 个字的程序 EPROM、移位器和 ALU，可以用一系列的移位和加减来进行乘法运算。

例 9.1：用 2920 计算乘法，先用 CSD 编码常数 $C=1.88184_{10}=1.1110000111_2$，得到 $C=10.00\bar{1}000100\bar{1}_2$，然后执行下列指令：

```
ADD Y, X, L01;
SUB Y, X, R03;
ADD Y, X, R07;
SUB Y, X, R10;
```

其中最后的操作数 Rxx(Lxx)描述的是在加或减之前对第二个操作数右(左)移 xx 位。

一些构建的宏函数模块可以用在 2920 中，如表 9-2 所示。

表 9-2　可用在 2920 中的部分宏模块

功　能	#指令
常数相乘	1~5
变量相乘	10~26
三角波发生器	6~10
阈值检测器	2~4
正弦波发生器	8~12
单一实极点	2~6

尽管还不能将 2920 称为 PDSP，但它具有很多与 PDSP 相同的重要特征，这些特征后来进一步发展，成为 20 世纪 80 年代初期推出的第一代 PDSP。第一代 PDSP(比如 TI 的 TSM320C10 和 NEC 的 μPD 7720)的特点在于哈佛体系结构，也就是说，程序和数据存储在独立的存储器中。第一代 PDSP 还有占用大部分芯片空间的硬布线乘法器，并且允许在一个时钟周期内进行单次乘法运算。第二代 PDSP 大约在 1985 年推出，有 TI 的 TMS320C25、Motorola 的 MC56000 和 AT&T 的 DSP16，它们允许在一个时钟周期内进行

MAC 操作并引入了零开销循环。包含 μP 的第三代 PDSP 是在 1988 年以后推出的，如 TMS320C30、Motorola 的 96002 和 DSP32C，已支持使用 IEEE 单精度浮点运算标准的单时钟周期 32 位浮点乘法运算，请参阅 2.2.3 节。第四代 PDSP 是于 1992 年前后推出的 TMS320C40 和 TMS320C80，已包含多核 MAC。1997 年后推出的最新一代功能最强的 PDSP(如 TMS320C60x、飞利浦 Trimedia、Motorola Starcore)，都是长指令字(Very Long Instruction Word，VLIW)计算机。如今的一些 PDSP 体系结构，还有 SIMD 体系结构(如 ADSP-2126x SHARC)、超标量计算机(如 Renesas SH77xxx)、矩阵数学引擎(如 Intrinsity、FastMath)或这些技术的结合体。PDSP 体系结构在今天已经变得比以前更加多样化。

从图 9-4(a)可以看出，在过去 20 年 PDSP 表现非常出色。在 2010 年，可以达到每秒输出 3 万亿指令的水平[347]。在过去几十年里，PDSP 的市场份额并没有太大的变化，如图 9-4(b)所示，德州仪器(TI)占据了大部分份额。最近，一些 PDSP 内核已经可以进行 FPGA 设计，如 Cast 有限公司(www.cast.com)的 TI TMS32025 和 Motorola/Freescale 的 56000。假设大部分内核指令和体系结构都可以支持，但是 PDSP 内的一些 I/O 单元，如计时器、DMA 或 UART 等，通常都不在 FPGA 内核内实现。

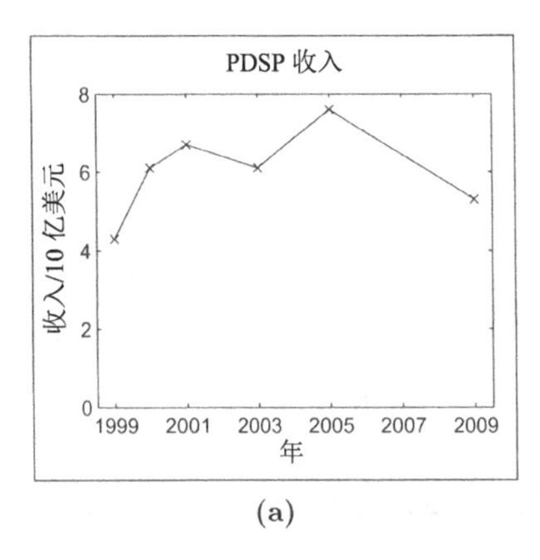

(a)

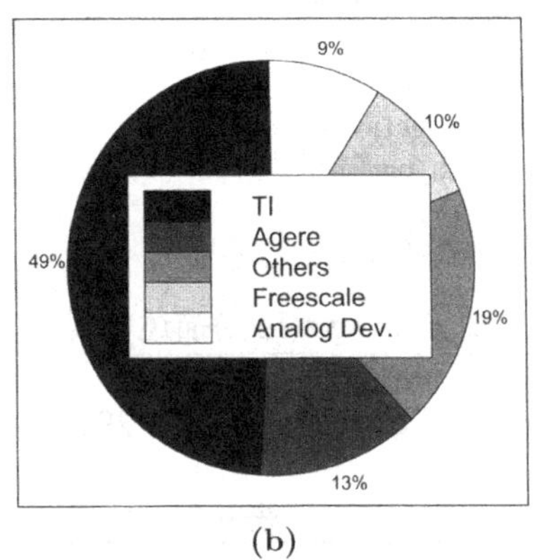

(b)

图 9-4　PDSP：(a) 处理器收入　(b) 市场份额(Agere 是从前的 Lucent/AT & T，Freescale 是从前的 Motorola)

9.3　指令集设计

微处理器(μP)的指令集描述了微处理器可以执行的行为集合。设计人员首先会问：“我的微处理器在应用程序中需要用到哪种算法操作。”例如，对于 DSP 应用程序，可能更关注对快速加法和乘法的支持。用一系列小的移位加法来计算乘法对于烦琐的 DSP 处理过程可能不是一个好的选择。正如这些 ALU 操作一样，还需要一些数据移动指令和一些程序流指令，如 branch 或 goto。

当然，指令集设计还依赖于最基础的微处理器体系结构。在不考虑硬件组件的情况下很难完整地定义指令集。由于指令集设计是一项很复杂的工作，因此最好把开发工作分解成多个步骤。接下来将通过回答下列问题来完成：

1) 微处理器支持什么样的寻址模式？
2) 基础数据流体系结构是什么，也就是说，一条指令包含几个操作数？
3) 在哪里可以找到这些操作数(例如，寄存器、存储器还是端口)？
4) 可以支持什么类型的运算？
5) 在哪里可以找到下一条指令？

9.3.1　寻址模式

寻址模式说明如何定位运算的操作数。CISC 计算机可能支持多种不同的模式，但是针对性能的设计(比如在 RISC 或 PDSP 中)需要将寻址模式限制为最常用的模式。现在来了解一下 RISC 和 PDSP 中支持的最常用的模式。

1. 隐式寻址

在隐式寻址中，操作数进出的位置是隐式的，而不是由指令显式地定义，如图 9-5 所示。例如，ADD 运算(没有列出操作数)使用栈机。栈机中的所有算术运算都通过栈中靠前的两个单元进行。另一个例子就是 PDSP 中的 ZAC 运算，在 TMS320 PDSP 中用于清空累加器[348]。表 9-3 中列出了不同微处理器的一些隐式寻址模式：

表 9-3　不同微处理器的隐式寻址模式

指　　令	说　　明	μP
ZAT	清空累加器和 T 寄存器	TMS320C50
APAC	将 P 寄存器的内容加到累加器寄存器并替换累加器寄存器的值	TMS320C50
RET	将 ra 寄存器的值加载到 PC 中	Nios II
BRET	将 b 状态复制到状态寄存器并将 ba 寄存器的值加载到 PC 中	Nios II

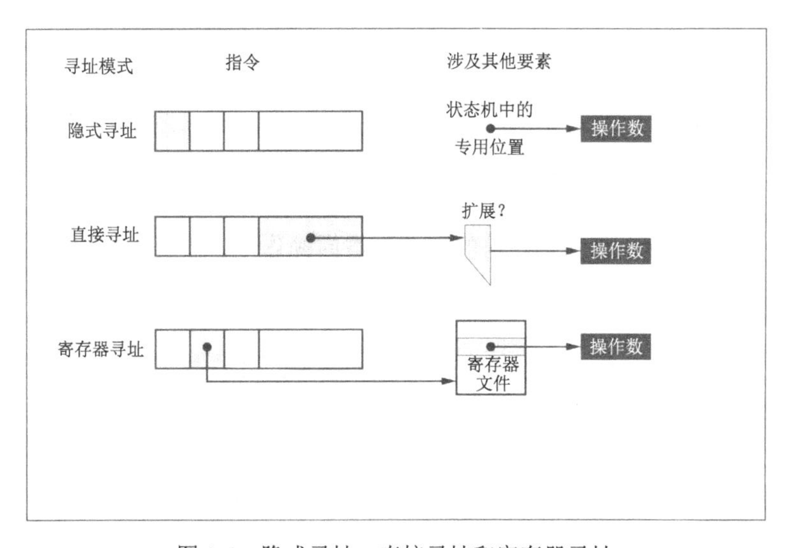

图 9-5　隐式寻址、直接寻址和寄存器寻址

2. 直接寻址

在直接寻址模式中，操作数(如常数)包含于指令本身，如图 9-5 所示。由于在一个指令字中提供的常数常常比在微处理器中使用的(完整)数据字要短几位(bit)，就会出现一个小问题。有几个方法可以解决这个问题：

(a) 因为程序中的大部分常数(如增量或循环计数)都很小，并不需要全长，所以使用符号扩展。使用符号扩展(如将 MSB 复制到高位)而不是零扩展，因此 - 1 这个值是正确的扩展方式(请参阅下面的示例 MPY −5)。

(b) 使用两条或更多条独立的指令分别连续加载常数的低位和高位部分，然后再把两个部分连接成一个完整字长(请参阅下面的示例 LPH DATO)。

(c) 使用双长度指令格式访问长常数。如果用第二个字扩展默认长度，通常可以提供足够的位数加载完全精度常数(请参阅下面的示例 RPT #111h)。

(d) 使用(筒状)shift 分配操作数，将常数按所需形式进行分配(请参阅下面的示例 ADD #11h, 2)

表 9-4 列出了不同微处理器上的 5 个直接寻址示例。例 2-5 描述了上述扩展方法。

表 9-4 不同微处理器的直接寻址模式

指　令	说　明	μP
CNTR=10;	把循环计数设置为 10	ADSP
MPY −5	将 13 位常数扩展到 16 位，然后在 TREG0 寄存器中做乘法，结果存储在 P 寄存器中	TMS320C50
LPH DATO	把存储器地址 DAT0 中找到的数据加载到 32 位乘积寄存器的上半部分	TMS320C50
RPT #1111h	重复下一条指令 $1111_{16} + 1 = 4370_{10}$ 次。这是一个双字指令，常数长度为 16 位	TMS320C50
ADD #11h,2	加 11h，方法是移位 2 位到累加器中	TMS320C50

为避免两次访问存储器，可以将方法(a)符号扩展与(b)高/低位寻址结合起来。只需确定高位的加载在低位命令的符号扩展之后完成即可。

3. 寄存器寻址

在寄存器寻址模式中，从 CPU 内的寄存器访问操作数，并不进行外部存储访问，如图 9-5 所示。表 9-5 列出了一些不同微处理器中的寄存器寻址示例。

表 9-5 不同微处理器的寄存器寻址模式

指　令	说　明	μP
MR=MX0*MY0(RND)	逐个对 MX0 和 MY0 寄存器中的数做乘法并存储在 MR 寄存器中	ADSP
SUB sA,sB	将 sA 寄存器减去 sB 并存储在 sA 寄存器中	PicoBlaze
XOR r6,r7,r8	计算寄存器 r7 和 r8 的 XOR 并将结果存储在寄存器 r6 中	Nios II

(续表)

指　　令	说　　明	μP
LAR AR3, #05h	用值 5 加载辅助寄存器 AR3	TMS320C50
OR %i1, %i2	对寄存器 i1 和 i2 进行 OR 操作，然后代替 i1	Nios
SWAP %g2	交换 32 位寄存器 g2 中 16 位一半字的值并放回 g2 中	Nios

由于在大部分计算机中寄存器访问比普通内存访问更快而且功耗更低，因此经常用在 RISC 计算机中。实际上，RISC 计算机中的所有算术操作基本上都是只在 CPU 寄存器中完成，对存储器的访问仅在通过单独的加载/存储操作时才允许。

4. 存储器寻址

对外部存储设备进行直接、间接或者混合方式的访问是经常使用的模式。在直接寻址模式中，一部分指令字规定了要访问的存储器地址，如图 9-6 和下面的 FETCH 示例所示。这里遇到与直接寻址模式相同的问题：指令字中可以提供的进行访问存储器操作数的位数太少，不足以规定完整的内存地址。完整的地址长度可以通过辅助寄存器进行构建，可以显示或隐式方式进行说明。如果将辅助寄存器加到直接存储器地址上，就称之为基式寻址，如下方示例 LDBU 所示。如果辅助寄存器只是用来提供缺少的 MSB，就称之为分页寻址。辅助寄存器允许规定可以访问的数据所在页，如下方示例 AND 所示。如果要访问该页以外的数据，需要先更新页指针。由于基址寻址模式的寄存器代表完整长度的地址，因此可以使用没有直接存储器地址的寄存器进行访问，这被称为间接寻址，见例题中的 PM(I6，M6)。

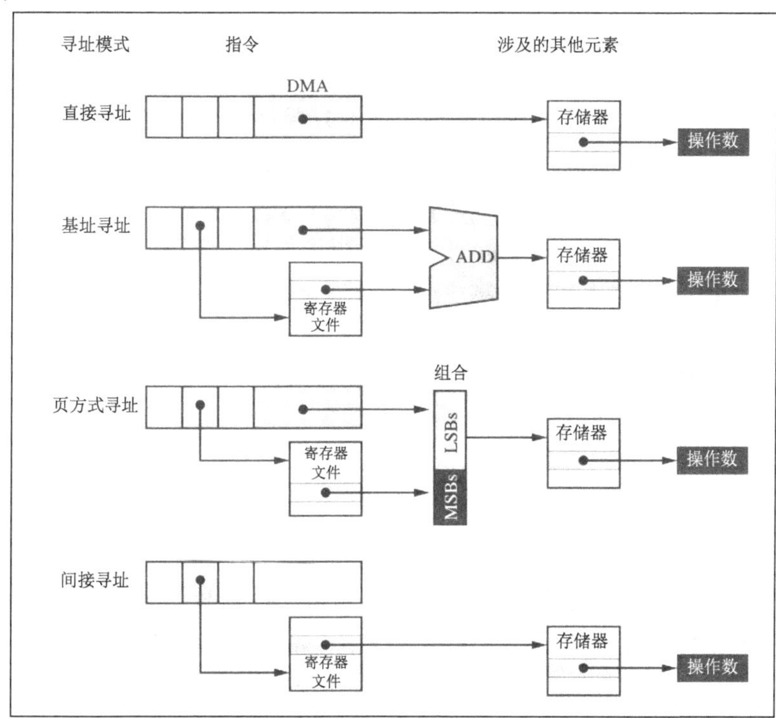

图 9-6　存储器寻址：直接、基址、页方式和间接寻址

表 9-6 列出了不同微处理器的典型存储器寻址模式的 4 个示例。

表 9-6 不同微处理器的存储器寻址模式

指　　令	说　　明	μP
FETCH sX,ss	将临时 RAM 位置 ss 读取到寄存器 sX 中	PicoBlaze
LDBU r6,100(r5)	计算 100 与寄存器 r5 的和并将数据从这一地址加载到寄存器 r6 中	Nios II
AND DAT16	假设 9 位的数据页寄存器指向第 4 页，这一指令将从内存位置 4×128+16 访问数据字并在累加器中进行 AND 操作	TMS320C50
PM(I6, M6)=AR	通过用寄存器 I6 作为地址将 AR 寄存器存储在程序存储器中，在存储器访问该地址后，对寄存器 I6 进行增量运算，增量值从修正的寄存器 M6 中得到	ADSP

由于间接寻址模式通常只针对有限数量的变址寄存器，后者通常缩短了指令字，因此它是 PDSP 中最常用的寻址方式。在 RISC 计算机中更多采用基址寻址，因为通过用偏移量规定基和阵列元素很容易就能访问阵列，如上面的 LDBU 示例所示。

5. PDSP 专用寻址模式

PDSP 以较标准 GPP 或 RISC 计算机更有效地处理 DSP 算法而著称。现在要讨论 PDSP 中三种特有的寻址方式，这些寻址方式对 DSP 算法非常有益：

- 自动增/减量寻址
- 循环寻址
- 位倒序寻址

自动和循环寻址模式可以更有效地计算卷积和相关，而位倒序寻址用于 FFT 算法。

地址指针的自动增量或减量是典型的地址修改方式，用于 PDSP 中卷积和相关的计算。由于卷积和相关可以表达为重复的乘累加(Multiply-ACcumulate，MAC)运算，也就是两个向量的内积(标量)[请参阅式(3-2)]，可以认为在每次 MAC 运算后，依赖于数据和系数的次序修改地址的增量或减量是为下一个数据/系数对更新地址指针所必需的。在每次存储器访问后都执行一次数据/系数读取指针的减/增量。允许设计单循环 MAC，其中地址更新不像在 RISC 计算机中由 CPU 完成；单独的地址寄存器文件就用于此目的，如图 9-7 所示。使用 ADSP 汇编程序编码的 FIR 滤波可以通过以下步骤进行：

```
       CNTR = 256;
       MR = 0, MX0 = DM(I0,M1), MY0(I4,M5)
       DO FIR UNTIL CE;
FIR: MR= MR+MX0*MY0(SS), MX0=DM(I0, M1), MY0=PM(I4,M5)
```

在初始化循环计数器 CNTR 以及来自数据存储器 DM 的数据 x 和来自程序存储器 PM 的 y 的指针后，DO UNTIL 循环允许计算一条 MAC 指令，并且两个数据在一个时钟周期内加载。然后，通过 M1 和 M5 分别更新数据指针 I0 和 I4。这一例子还显示了 PDSP 的另一个特性：所谓的零开销循环。更新和核对循环计数器在循环的最后进行，不需要额外的周期，这与在 GPP 和 RISC 计算机中不同。

为启用循环寻址，先来重新了解一下数据和系数在连续的数据处理模式中通常是如何排列的。在第一个计算 $y[0]$的实例中，数据 $x[k]$和系数 $f[k]$按照如下方式对齐：

$f[L-1]$	$f[L-2]$	$f[L-3]$	…	$f[1]$	$f[0]$
$x[0]$	$x[1]$	$x[2]$	…	$x[L-2]$	$x[L-1]$

其中，在同一列将系数和数据相乘，然后将所有的乘积累加计算得到 $y[0]$。下一步计算 $y[1]$需要如下数据：

$f[L-1]$	$f[L-2]$	$f[L-3]$	…	$f[1]$	$f[0]$
$x[1]$	$x[2]$	$x[3]$	…	$x[L-1$	$x[L]$

在每次 MAC 运算后通过移动每个数据字就可以解决这个问题。例如，TMS320 系列提供了一条 MACD 指令，也就是 MAC 加上数据移动指令[349]。在 N 次 MACD 运算后，整个向量 x 就移动一个位置。或者还可以观察一下计算中所用数据，可以看到所有数据都可以保留在同一位置；只有最早的元素 $x[0]$被 $x[L]$代替，其他系数仍旧保留在自己的位置。因而对 x 数据向量进行如下存储安排：

$x[L]$	$x[1]$	$x[2]$	…	$x[L-2]$	$x[L-1]$

如果数据指针从 $x[1]$开始，那么处理过程同以前一样正常运行；只有当到达数据缓冲器结尾 $x[L-1]$时才必须将地址指针复位。假定地址缓冲器可以用以下 4 个参数描述：

- L = 缓冲器长度
- I = 当前地址
- M = 修改的值(有符号数)
- B = 缓冲器的基址

可以用如下方程描述所需地址的计算：

$$\text{新地址} = (I + M - B) \bmod L + B \tag{9-1}$$

这就是循环寻址，在每次存储器修改后都需要核对所得地址是否仍在有效范围内。图 9-7 给出了 ADSP PDSP 所用的根据式(9-1)得到的地址生成器。

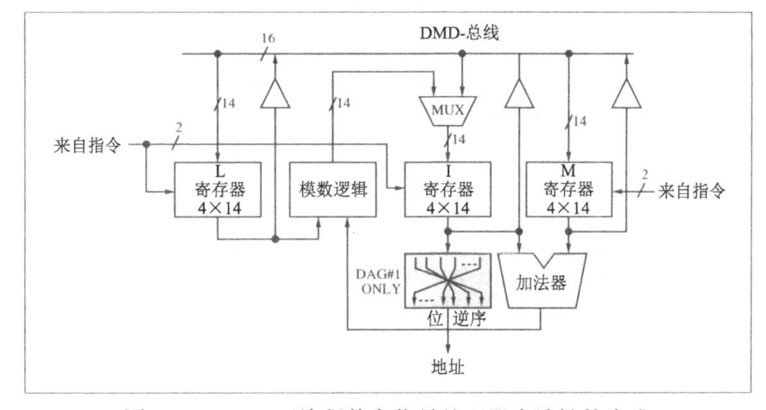

图 9-7　ADSP 可编程数字信号处理器中地址的生成

PDSP 的第三种专用寻址模式用于简化基 2 FFT 的实现。第 6 章讨论过基 2 FFT 实现的输入和输出表现为位倒序次序，如图 6-14 所示。在软件中，位倒序变址计算通常都需要很多个时钟周期，因为每一位的位置都需要倒序。PDSP 通过下例所示的专用寻址模式给予支持。

例 9.2：ADSP[350]和 TMS320C50[349]都支持位倒序寻址。以下是 TMS320 系列的汇编程序代码示例：

```
ADD  * BRO-,8
```

首先从当前的辅助寄存器中减去 INDX 寄存器的内容，然后执行地址值的位倒序操作以定位操作数。加载的数据字在移动 8 位后加到累加器中。

表 9-7 总结了 PDSP 及其支持的寻址模式。全都支持自动增/减量。大多数 PDSP 也支持循环缓冲器和位倒序寻址。

表 9-7　在卷积中有用的 PDSP 属性(© Springer 出版社文献[5])

供应商	类型	累加位	超级哈佛结构	Modulo 地址	位倒序	硬件循环	MAC 速度(MHz)
PDSP 16 位×16 位整型数乘法器							
Analog Device	ADSP-2187	40	√	√	√	√	52
	ADSP-21csp01	40	√	√	—	—	50
Lucent	DSP1620	36	√	—	√	√	120
Motorola	DP56166	36	√	√	√	√	60
NEC	μPD77015	40	√	√	√	√	33
TI	TMS320F206	32	√	—	√	√	80
	TMS320C51	32	√	√	√	√	100
	TMS320C549	40	√	√	√	√	200
	TMS320C601	40	2 MAC	√	√	√	500
	TMS320C80	32	2 MAC	√	√	√	50
PDSP 24 位×24 位整型数乘法器							
Motorola	DSP56011	56	√	√	√	√	80
	DSP56305	56	√	√	√	√	100
PDSP 24 位×24 位浮点数乘法器							
Analog Device	SHARC 21061	80	√	√	√	√	40
Motorola	DSP96002	96	√	√	√	√	60
TI	TMS320C31	40	√	√	√	√	60
	TMS320C40	40	√	√	√	√	60

9.3.2 数据流：零地址、单地址、二地址和三地址设计

指令的典型汇编程序编码方式首先是操作代码，随后是操作数。典型 ALU 运算需要两个操作数，以及如果有需要，还要规定单独的保存结果的位置。使汇编语言对程序员更容易的正常方式应该是允许一条指令字由一个操作代码和三个操作数组成。但是，三操作数选择需要长指令字。假设嵌入式 FPGA 存储器具有 1K 个字，不考虑操作码直接寻址方式需要至少 30 位。在现代 CPU 中地址 4GB 需要 32 位地址，直接寻址方式中三个操作数至少需要 96 位指令字。因而，限制操作数的数量会降低指令字的长度，从而节约资源。零地址和栈机在这方面做得非常好。另一种方式就是使用寄存器文件代替直接存储器访问，在 RISC 计算机中典型方式是只允许加载/存储单个操作数。对于具有 8 个寄存器的 CPU，只需要 9 位就可以规定三个操作数，但需要额外的操作码来执行数据存储器和寄存器文件之间数据的加载/存储操作。

接下来将要讨论当指令字中使用零到三操作数时涉及的硬件和指令集的问题。

1. 栈机：零地址 CPU

有人也许会问，零地址计算机如何工作呢？这里需要回顾一下 9.3.1 节中的寻址方式，操作数可以在指令中隐式规定。例如，在 TI 的 PDSP 中，所有乘积都保存在乘积寄存器 P 内，不需要在乘法指令中加以规定，因为所有乘法都是这样处理的。与之类似，在零地址和栈机中，所有二操作数算法指令都是处理栈的两个顶元素的运算[351]。栈的方式可以看作后入先出(Last-In First-Out，LIFO)。用指令 PUSH 放入栈的元素在使用 POP 操作时将会最先出栈。下面简要分析一下用栈机计算表达式：

$$d=5-a+b*c \tag{9-2}$$

表 9-8 的左侧是指令，右侧是 4 次进入栈的内容。栈顶在左侧。

表 9-8 栈运算指令

指 令	栈			
	栈顶	2	3	4
PUSH 5	5	—	—	—
PUSH a	A	5	—	—
SUB	5 - a	—	—	—
PUSH b	B	5 - a	—	—
PUSH c	C	b	5 - a	—
MUL	c×b	5 - a	—	—
ADD	c×b+5 - a	—	—	—
POP d	—	—	—	—

可以看到所有算术运算(ADD、SUB 和 MUL)都使用隐式规定的栈顶和次栈顶操作数，这就是零地址运算。不过存储器操作 PUSH 和 POP 要求一个操作数。

由于先规定操作数，然后才是运算，因此栈机的代码称为后缀(或逆波兰表示法)运算。

式(9-2)所示的标准算法就称为后缀表示法。例如，以下是两个全等的表示法：

$$\underbrace{5-a+b*c}_{\text{中缀}} \leftrightarrow \underbrace{5a-bc*+}_{\text{后缀}} \tag{9-3}$$

在练习 9.8 至练习 9.11 中还给出了两个不同算法模式的更多示例。一些读者可能回忆起后缀表示法正是 HP41C 袖珍计算器所需的编码方式。HP41C 也使用 4 个值的栈。图 9-8(a)给出了这种体系结构。

2. 累加器机：单地址 CPU

现在为 CPU 增加一个单独的累加器并将这一累加器用作一个操作数的来源和存放结果的目的地。算术运算形式如下：

$$\text{acc} \leftarrow \text{acc} \,\square\, \text{op1} \tag{9-4}$$

其中□代表一种 ALU 运算，如 ADD、MUL 或 AND。TI TMS320 系列[348]的底层体系结构就是这种类型，如图 9-8(b)所示。例如，在 ADD 和 SUB 运算中规定了单个操作数。在上一小节中，式(9-2)在 TMS320C50[349]中的汇编程序代码如表 9-9 所示。

表 9-9 TMS320C50 的汇编程序代码

指　　令	说　　明
ZAP	清空 accu 和 P 寄存器
ADD #5h	加 5 到 accu
SUB DAT1	从 accu 减 DAT1
LT DAT2	在 T 寄存器中加载 DAT2
MPY DAT3	将 T 寄存器与 DAT3 相乘并将结果存储在 P 寄存器中
APAC	将 P 寄存器内容加到 accu
SACL DAT4	将 accu 存储在地址 DAT4 内

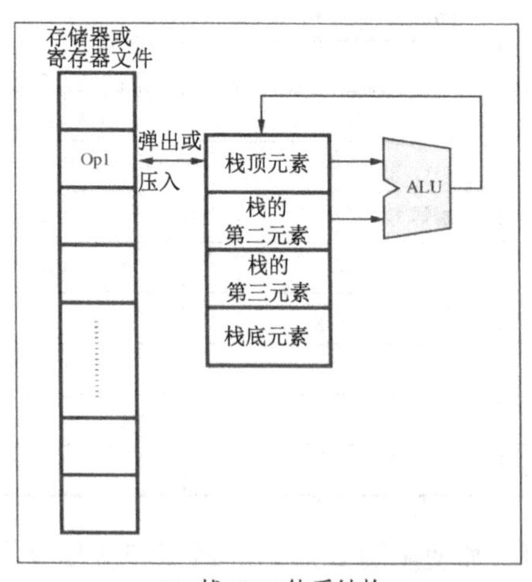

(a) 栈 CPU 体系结构

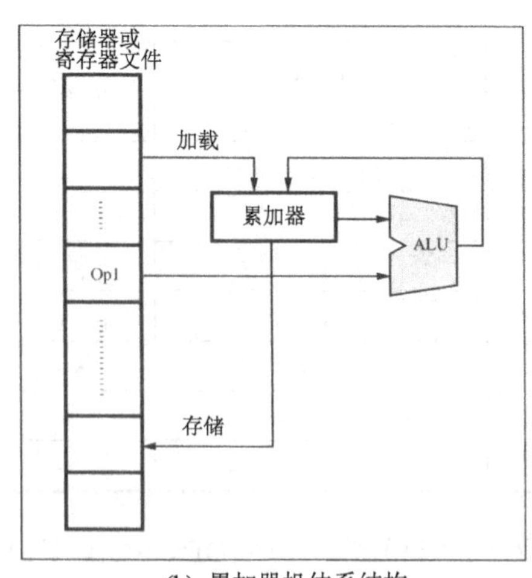

(b) 累加器机体系结构

图 9-8 两种体系结构

这一示例假定变量 a~d 已映射到数据存储器字 DAT1~DAT4。比较栈机和累加器机就会得到如下结论：

- 指令字的规模没有变化，因为栈机还需要 POP 和 PUSH 运算，其中包括操作数。
- 需要编码代数表达式的指令条数没有明显减少(累加器机是 7 条；栈机是 8 条)。

要让代数表达式编码所需指令条数明显减少，就得寄希望于使用二操作数机，接下来就将讨论。

3. 二地址 CPU

在二地址机中，算术运算允许规定两个独立的操作数，目的操作数等于第一个操作数，运算形式如下：

$$op1 \leftarrow op1 \,\square\, op2 \tag{9-5}$$

其中□代表一种 ALU 运算，如 SUB、DIV 或 NAND。Xilinx PicoBlaze[335,352]和 Altera 的 Nios 处理器[353]采用了这种数据流，如图 9-9(a)所示。二操作数的局限性要求在这些示例中使用 16 位指令字[2]格式。式(9-2)在 PicoBlaze 中的汇编程序代码如表 9-10 所示：

表 9-10 PicoBlaze 的汇编程序代码

指　　令	说　　明
LOAD sD, sB;	将寄存器 B 存储在寄存器 D 中
MUL sD, sC;	将 D 与寄存器 C 相乘
ADD sD, 5;	加 5 到 D
SUB sD, sA;	从 D 中减 A

为避免产生乘积的中间结果，还需要重新安排运算。需要注意的是 PicoBlaze 没有单独的 MUL 运算，因而代码只用于说明二操作数的法则。PicoBlaze 使用 16 个寄存器，每个 8 位宽度。两个操作数和 8 位常数值允许将操作码和操作数或常数放置在一个 16 位的数据字中。

还可以观察到，与栈机和累加器机相比，二操作数编码显著降低了运算数量。

4. 三地址 CPU

三地址机是最灵活的一种。两个操作数和目的操作数可以来自或分配到不同的寄存器或存储器位置，运算形式如下：

$$op1 \leftarrow op2 \,\square\, op3 \tag{9-6}$$

大多数现代 RISC 计算机(如 PowerPC、MicroBlaze 和 Nios II)都青睐于这种编码类型[354~356]。但操作数通常都是寄存器操作数或仅有一个操作数可以来自数据存储器。数据流如图 9-9(b)所示。

2. 近来的一些 PicoBlaze 编码采用 18 位的指令字，因为这是 Xilinx 模块 RAM 的存储器宽度[335,352]。

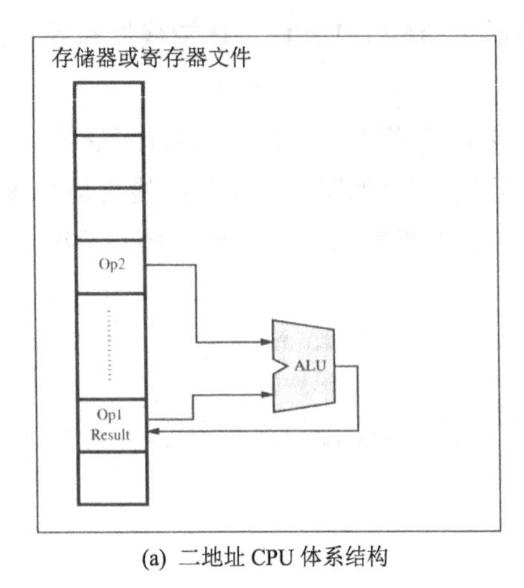

(a) 二地址 CPU 体系结构

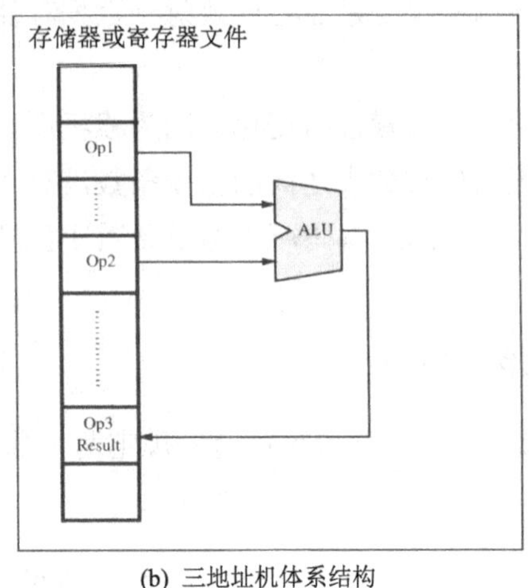

(b) 三地址机体系结构

图 9-9 另外两种体系结构

三操作数机的汇编程序语言编程是一项简单明了的任务。式(9-2)中运算示例的编码按照如表 9-11 所示的指令寻找 Nios II 计算机。

表 9-11 式(9-2)中的算术示例用到的指令

指 令	说 明
SUBI r4,r1,5;	从 r1 寄存器中减 5 并存储在 r4 中
MUL r5,r2,r3;	将寄存器 r2 和 r3 相乘并存储在 r5 中
ADD r4,r4,r5;	将寄存器 r4 和 r5 相加并存储在 r4 中

假定寄存器 r1~r4 保存变量 a~d 的值。这是到目前为止所讨论的 4 种计算机中最短的代码。代价就是较长的指令字。在硬件实现方面，在二操作数和三操作数之间没有明显区别，因为寄存器文件都需要单独的多路复用器和信号分离器。

5. 零地址、单地址、二地址和三地址 CPU 的比较

对本节前文所述加以总结：

- 栈机程序最长但单条指令最短。
- 即使栈机也需要单地址指令访问存储器。
- 三地址机代码最短但每条指令所需位数最大。
- 寄存器文件可以降低指令字长度。通常三地址机中有两个寄存器和一个存储器操作数。
- 加载/存储机只允许数据在存储器和寄存器之间移动。任何 ALU 运算都要通过寄存器文件来完成。
- 大多数设计均假设寄存器访问速度比存储器访问速度快，而这在使用外部存储器的 CBIC 或 FPGA 中属实。在 FPGA 寄存器文件内访问和嵌入式存储器访问的时间在同一范围，提供用嵌入式(三端)存储器实现寄存器文件的选择。

以上发现似乎还不够让人满意。似乎没有最佳选择，其结果是实际应用中每种寻址方式都要用到，如编码示例所示。接下来的问题就是：为什么没有出现一种特别的最佳数据流类型？要回答这一问题并不容易，需要考虑诸多因素，如编程的难易程度、代码的规模、处理速度和硬件要求等。根据不同设计目标对不同设计进行比较，表9-12给出了总结。

表9-12 0至3操作数CPU的不同设计目标的比较

设计目标	操作数数量			
	0	1	2	3
汇编程序容易程度	最差	…	…	最佳
简单C编译器	最佳	…	…	最差
代码字数量	最差	…	…	最佳
指令长度	最佳	…	…	最差
直接范围	最差	…	…	最佳
快速操作数存取和解码	最佳	…	…	最差
硬件规模	最佳	…	…	最差

汇编程序编码的容易程度与指令的复杂性成正比。三地址汇编程序编码比栈机汇编程序编码中的很多PUSH和POP操作更容易阅读和编码。另一方面，简单C编译器的设计使得栈机的编程更为容易，因为很容易使用后缀操作，可以让分析程序解析起来更简单。以一种高效的方式管理寄存器文件对于编译器来说是非常艰巨的任务。对于二地址和三地址运算，算术运算中代码字的数量更少，因为中间结果可以很容易计算。指令长度与操作数的数量直接成正比。通过使用寄存器代替直接存储器访问可以使之简化，但指令长度还是操作数少的更短。可以存储的直接操作数的规模依赖于指令长度。指令字越短，可以嵌入到指令中的常数也就越短，因而需要多次加载或使用双字长指令，如图9-6所示(存储器寻址)。如果涉及的操作数越少，提取和解码操作数就更快。由于栈机总是使用栈的前两个元素，就不会出现来自寄存器文件的长MUX或DEMUX延迟。硬件规模主要依赖于寄存器文件。三操作数CPU的要求最高，栈机最低，而ALU和控制单元规模接近。

总之，可以说每种特定的体系结构都有其强项和弱势，而且还必须与设计者的工具、技能设计目标(规模/速度/功耗)以及开发工具(如汇编语言指令集仿真器和C编译器)等相匹配。

9.3.3 寄存器文件和存储器体系结构

在计算机发展早期存储器非常昂贵，冯·诺依曼提出了一种全新的非常著名的创新：将数据和程序放置在同一存储器内，如图9-10(a)所示。那时候计算机程序通常都是在FSM内硬布线的，只有数据存储器使用RAM。现在情形不同了：存储器很便宜，但典型RISC计算机的访问速度要比CPU寄存器的访问速度慢很多。因而在三地址机中需要考虑三个操作数的读取位置。所有操作数均来自主存储器还是只有两个或一个操作数来自主存储器？由于加载/存储体系结构只提供寄存器和存储器之间的传输，因而是否要求所有 ALU 运算由 CPU 寄存器执行？VAX PDP-11 被认为是该方面的冠军，允许多个存储器和多个寄存器运算。对于 FPGA 设计还有额外的限制条件：指令字的数量通常以千为单位，因而冯·诺依曼方法不可取。多路复用数据和程序字的所有要求会浪费时间，如果使用单独的程序存储器和数据存储器，就可以避免。这就是所谓的“哈佛体系结构”，如图 9-10(b)所示。对于 PDSP 设计，如果采用三种不同的存储器端口：系数和数据来自两个不同的数据存储器单元 x 和 y，而累加的结果保存在 CPU 寄存器中，情况甚至更好一些(回忆一下 FIR 滤波器的应用)。第三个存储器用于存储程序。由于许多 DSP 算法都很短，一些 PDSP(如 ADSP)试图通过实现小规模的缓冲存储器(缓存)来节省第三条总线。在首次运行通过循环后，指令就存储在缓存中，程序存储器可以用作第二个数据存储器。这种三总线体系结构如图 9-10(c)所示，通常被称为“超级哈佛体系结构”。

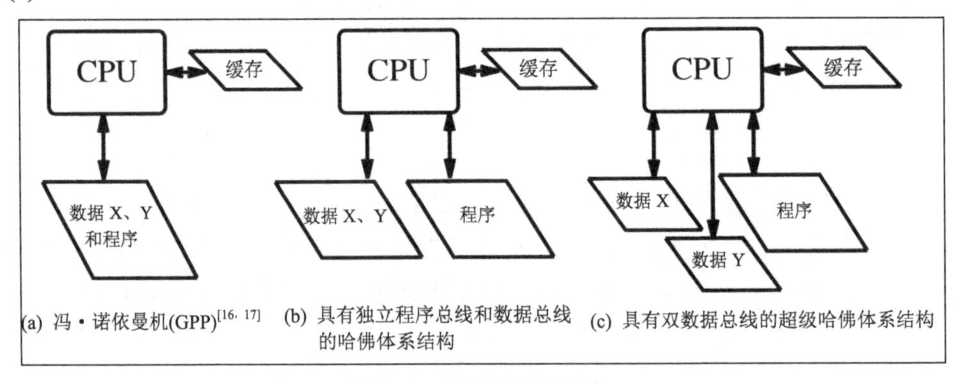

图 9-10 存储器体系结构

GPP 计算机(如 Intel 的奔腾和 RISC 计算机)通常采用存储器分层结构为 CPU 提供连续的数据流，但允许为主要的数据和程序使用较便宜的存储器。这种存储器分层结构开始是非常快的 CPU 寄存器，随后是 level-1、level-2 数据和/或缓存到主 DRAM 存储器的程序和外部媒质，如 CD-ROM 或磁带。这种存储系统的设计非常复杂，远超我们可以在 FPGA 内部设计的存储系统。

从硬件实现角度，CPU 的设计可以分成三个主要部分：

- 控制路径，也就是有限状态机
- ALU
- 寄存器文件

在这三部分中，尽管寄存器文件不难设计，在用 LE 实现时却是成本最高的模块。从这些高实现成本可以看出，需要在使用更多寄存器使微处理器便于应用和更大文件的高实现成本之间进行权衡，如 32 个寄存器。下面的例子给出了典型 RISC 寄存器文件的编码。

例 9.3　RISC 寄存器文件

当设计 RISC 寄存器文件时，经常需要实现大量寄存器。为了避免间接寻址(偏移零)的额外指令或清空寄存器(两个操作数均为零)或寄存器移动指令，通常把第一个寄存器永久置零。这对几乎没有寄存器的计算机似乎是很大的浪费，但却实实在在地简化了汇编程序编码，如表 9-13 所示。

表 9-13　简化的指令

指　　令	说　　明
ADD r3,r0,r0;	将寄存器 r3 置零
ADD r4,r2,r0;	将寄存器 r2 移到寄存器 r4
LDBU r5,100(r0);	计算 100 和寄存器 r0=0 的和并从这一地址加载数据到寄存器 r5 中

请注意，以上伪指令仅在假设第一个寄存器 r0 为零时才起作用。

下面的 VHDL 代码[3]给出了 8 位宽的一个 16 寄存器文件的一般规范：

```
-- Description: This is a W x L bit register file.
--               First register is set  to zero.
LIBRARY ieee;
USE ieee.std_logic_1164.ALL;

ENTITY reg_file IS
  GENERIC(W : INTEGER := 7; -- Bit width-1
          N : INTEGER := 15); -- Number of regs-1
  PORT(clk       : IN STD_LOGIC;  -- System clock
       reset     : IN STD_LOGIC;  -- Asynchronous reset
       reg_ena   : IN STD_LOGIC;   -- Write enable active 1
       data  : IN STD_LOGIC_VECTOR(W DOWNTO 0); -- Input
       rd  : IN INTEGER RANGE 0 TO N;  -- Address for write
       rs  : IN INTEGER RANGE 0 TO N;  -- 1. read address
       rt  : IN INTEGER RANGE 0 TO N;  -- 2. read address
       s  : OUT STD_LOGIC_VECTOR(W DOWNTO 0);  -- 1. data
       t  : OUT STD_LOGIC_VECTOR(W DOWNTO 0)); -- 2. data
END;

ARCHITECTURE fpga OF reg_file IS

  SUBTYPE bitw IS STD_LOGIC_VECTOR(W DOWNTO 0);
  TYPE SLV_NxW IS ARRAY (0 TO N) OF SLVW;
  SIGNAL r : SLV_NxW;

BEGIN

  MUX: PROCESS(clk, reset, data)   -- Input mux inferring
```

3. 这一示例相应的 Verilog 代码文件 reg_file.v 可以在附录 A 中找到，附录 B 中给出了合成结果。

```
    BEGIN                                          -- registers
      IF reset = '1' THEN                     -- Asynchronous clear
        FOR K IN 0 TO N LOOP
          r(k) <= (OTHERS => '0');
        END LOOP;
      ELSIF rising_edge(clk) THEN
        IF reg_ena = '1' AND rd > 0 THEN
          r(rd) <= data;
        END IF;
      END IF;
    END PROCESS MUX;

    DEMUX: PROCESS (r, rs, rt)     -- 2 output demux
    BEGIN                          -- without registers
      IF rs > 0 THEN -- First source
        s <= r(rs);
      ELSE
        s <= (OTHERS => '0');
      END IF;
      IF rt > 0 THEN -- Second source
        t <= r(rt);
      ELSE
        t <= (OTHERS => '0');
      END IF;
    END PROCESS DEMUX;

  END fpga;
```

第一个 PROCESS MUX 用于将输入的 data 存储在寄存器文件中。注意寄存器 0 不要重写，因为这个寄存器永远为零。第二个 PROCESS DEMUX 中有两个解码器，用于为 ALU 运算读出两个操作数。这里再次访问寄存器 0，得到数值 0。该设计使用了 226 个 LE，没有用到嵌入式乘法器和 M9K。由于没有寄存器到寄存器的路径，因此不能测量时序电路性能 Fmax。

检查图 9-11 所示的寄存器文件仿真结果。输入 data(地址 rd)作为数据连续写入文件中。输出 s 通过 rs 设置为寄存器 2，而输出 t 用 rt 设置为寄存器 3。可以观察到寄存器使低能信号在 600ns 和 800ns 之间，这意味着寄存器 2 没有用数据值 12 重写。但对于寄存器 3，使能信号在 800ns 时再次为高，新值 14 就被写入到寄存器 3 中，这从 t 信号可以看到。寄存器文件的局部变量 r 最后显示。

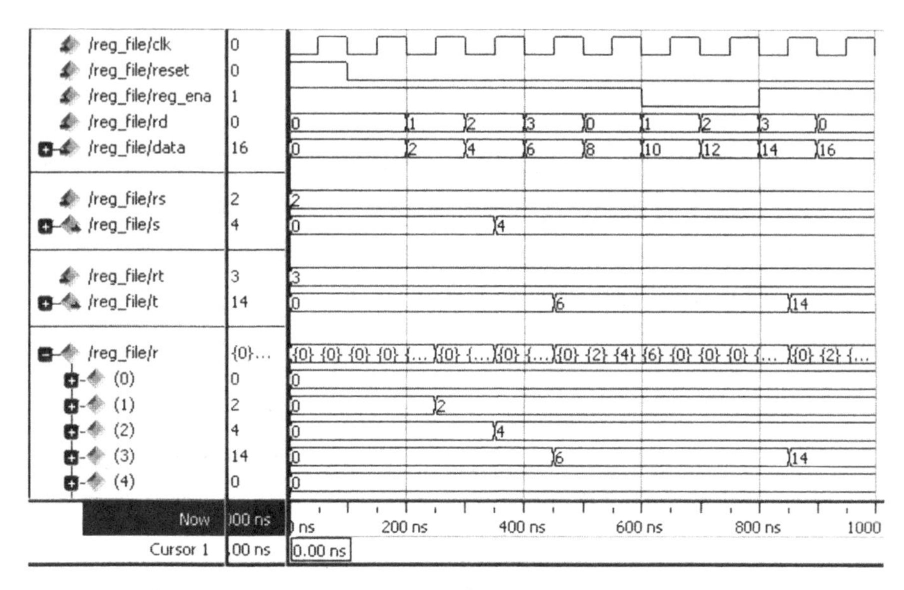

图 9-11　寄存器文件的 VHDL 仿真结果

图 9-12 显示了寄存器的 LE 数据，数值范围为 4~32，位宽为 8、16、24 和 32。

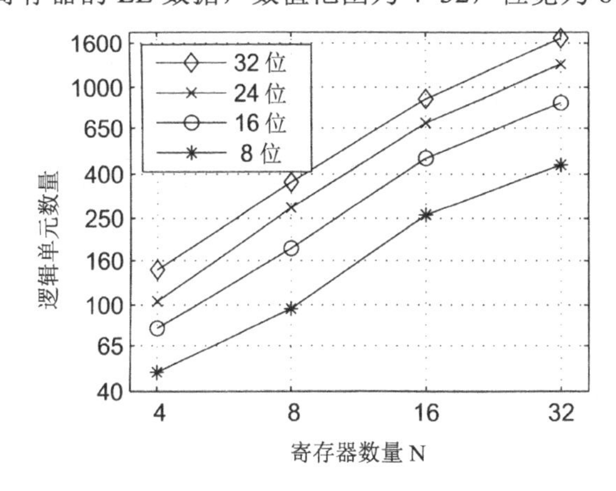

图 9-12　不同寄存器文件配置的 LE

Xilinx 的 FPGA 还可以将 LE 用作双端存储器，请参阅第 1 章的图 1-11。而对于 Altera 的 FPGA，唯一的选择就是节省用于寄存器文件的 LE 的实际数量，作为寄存器文件，这一选择可用于三端存储器或两个嵌入式双端存储器模块。可以在两个存储器中写入相同的数据，而且可以从存储器的其他端口读取两个源数据。这一原则用在 Nios 微处理器中可以大幅降低 LE 数量。然后只用较低的 16 或 32 个寄存器或(像在 Nios 微处理器中一样)为寄存器提供窗口。窗口是可以移动的，例如，在子例程调用和基本寄存器中不需要在堆栈上或在存储器中节省空间，或其他有需要的情况。

但从时序要求上还有一个问题，BlockRAM 是同步存储器模块，不能用来自两个端口的同一时钟沿加载和存储存储器地址及数据，也就是不能用同一时钟沿触发用当前信号分离器替换同一寄存器的值。不过可以用上升沿规定要加载的操作数地址，然后用下降沿存储新值并设置写入使能。

9.3.4 操作支持

大多数计算机都至少有一条指令来自以下三类指令：算术/逻辑单元(Arithmetic/Logic Unit，ALU)、数据移动和程序控制。接下来简要回顾一下每个类别的一些经典示例。基本数据类型通常都是多位的，也就是 8、16 和 32 位的整型数据类型；某些更高级的处理器使用 32 位或 64 位 IEEE 浮点数据类型，请参阅 2.2.3 节。

1. ALU 指令

ALU 指令包括算术、逻辑和移位运算。通常支持两个操作数的指令有加法(ADD)、减法(SUB)、乘法(MUL)和乘-累加(MAC)。支持单个操作数的指令至少也有绝对值(ABS)和取反(NEG)。除法运算通常由一系列移位-减法-比较指令完成，因为阵列除法器会非常大，如图 2-27 所示。

移位运算非常有用，因为在 b 位整型算法中，在每次乘法运算后位增长到 $2b$ 位。移位器隐含在 TI 的 TMS320 PDSP 中或作为单独指令提供。通常也支持逻辑和算术(也就是校正符号扩展)，还有循环。在模块中也需要浮点数据格式指数检查(也就是确定符号位的数量)的操作。

表 9-14 列出了不同微处理器的算术和移位运算。

表 9-14 不同微处理器的算术和移位运算

指　令	说　明	μP
ADD *,8,AR3	“*”表示辅助存储器指针 ARP 指向 8 个地址寄存器中用作存储器访问的那个。这一位置的字在加到累加器之前先左移 8 位。在指令执行完毕后，ARP 指针指向下一条指令所用的地址 AR3	TMS320C50
MACD Coeff,Y	系数和 Y 相乘，结果存储在乘积寄存器 P 中，然后将 P 移动一个位置	TMS320C50
NABS r3,r4	在 r3 中存储 r4 的负绝对值	PowerPC
DIV r3,r2,r1	这条指令将 r2 除以 r1 并将商存储在寄存器 r3 中	Nios II
SH=SRr OR ASHIFT 5	右移 SR 寄存器 5 位并使用符号扩展	ADSP

尽管逻辑运算在简单的 DSP 算法(如滤波或 FFT)中并不常用，但用到密码学或差错校正算法的一些较复杂的系统需要简单的逻辑运算，如 AND、OR 和 NOT。差错校正算法还会用到 EXOR 和 EQUIV。如果指令数量很关键，那么还可以用单个 NAND 或 OR 运算和所有其他从这些通用函数派生的布尔运算，请参阅练习 1.1。

2. 数据移动指令

由于大型地址空间和对性能的关注，大多数计算机更接近典型的 RISC 加载/存储体系结构而不是 VAX PDP-11 的允许一条指令的所有操作数都来自存储器的通用方法。在加载

/存储方式中，只提供存储器和 CPU 寄存器之间或不同寄存器之间的数据移动指令——存储器定位不可能成为 ALU 运算的一部分。在 PDSP 设计中采取了稍有不同的方法。大多数数据访问通过间接寻址进行，因为典型的 PDSP(如 ADSP 和 TMS320)具有独立的存储器地址生成单元，提供自动的减量/增量和模寻址，如图 9-7 所示。这些地址计算对 CPU 是并行的，不需要额外的 CPU 时钟周期。

表 9-15 列出了不同微处理器的数据移动指令。

表 9-15　不同微处理器的数据移动指令

指　　令	说　　明	μP
st [%fp],%g1	将寄存器 g1 存储在 fp 寄存器中规定的存储器位置	Nios
LWZ R5,DMA	将 32 位数据从 DMA 规定的存储器位置移动到寄存器 R5	PowerPC
MX0=DM(I2,M1)	从数据存储器将由地址寄存器 I2 指向的字加载到寄存器 MX0 中，然后 I2 递增 M1	ADSP
IN STAT, DA3	从外部端口地址 3 读取字并且将数据存储在新位置 STAT	TMS320

3. 程序流指令

在控制流下对指令分组就可以实现循环、调用子例程和跳转到某个特定的程序位置。还可以将微处理器设置到空闲状态，等待中断出现，后者表明有需要处理的新数据到达。

PDSP 中值得关注的一种特定的硬件支持类型是所谓的零开销循环。通常在循环结束时，微处理器会将循环计数器递减并核对是否到达循环结束。如果还没有，程序流继续回到循环体的开始。这种核对需要大约 4 条指令，而典型的 PDSP 算法(如 FIR 滤波器)循环体长度只有一条指令。也就是说，单次 MAC，80%的时间都花在循环控制上了。实际上 PDSP 中的循环体如此短，以至于 TMS320C10 提供一条 RPT #imm 指令，下一条指令就要重复#imm+1 次。较新的 PDSP(如 ADSP 和 TMS320C50)还允许较长的循环和多层嵌套循环。通常，在大多数 RISC 计算机程序中循环体不会像 PDSP 中一样短，循环开销也就不是非常关键了。此外，RISC 计算机采用延迟分支槽，避免了流水线计算机中的 NOP。

表 9-16 列出了不同微处理器的程序流指令。

表 9-16　不同微处理器的程序流指令

指　　令	说　　明	μP
CALL FIR	调用在标记 FIR 处开始的子例程	TMS32010
BUN r1	如果前面浮点运算中有一个值或多个值为 NAN，就跳转到在寄存器 r1 中存储的位置	PowerPC
RET	子例程结束后，用存储在寄存器 ra 中的值加载 PC(程序计数器)	Nios II
RPT #7h	重复执行下一条指令 7+1=8 次。由于常数值较小，因此这是一条只有一个字的指令	TMS320C50
CNTR = 10; DO L UNTIL CE;	从一条指令到标记 L 之间重复循环，直到计数器 CNTR 溢出	ADSP

PDSP 提供了额外的硬件逻辑使得这些短循环在循环结束时不需要额外的时钟周期。零开销循环的初始化通常包括规定循环的次数和循环结束标记或循环内指令的条数；请参阅以上 ADSP 示例。与运算执行的同时，控制单元核对下一条指令是否仍在循环体范围内，否则就把下一条指令加载到指令寄存器中，并继续执行循环体开始的指令。从表 9-7 中的概述可以得出结论，所有第二代 PDSP 都支持这一功能。

9.3.5 下一次操作的定位

理论上，可以通过提供包含下一条指令字的地址的第 4 个操作数来简化下一次操作计算。但由于几乎所有指令都是逐条执行的(跳转类型指令除外)，这主要是冗余信息，我们没有发现今天的商用微处理器使用这一概念。

只有在设计只包含一条指令的基本 RISC 计算机(请参阅练习 9.12)时，需要包括下一个地址或(最好包含)与指令字中当前指令的偏移量[357]。

9.4 软件工具

根据 Altera 的 Nios 在线网络研讨会[358]，Altera 的 Nios 开发系统获得巨大成功[4]的主要原因之一是：除了功能齐全的微处理器以外，还提供所需的各种软件工具，包括在进行 IP 模块参数化的同时生成的基于 GCC 的 C 编译器。读者可以在网上找到许多免费的微处理器内核，比如：

- http://www.opencores.org/ OPENCORES.ORG
- http://www.free-ip.com/ 免费 IP 项目
- http://www.fpgacpu.org/ FPGA CPU

但因为其中大多数都缺乏完整的开发工具集，所以作用不大。开发工具集(最佳情况下)应该包括：

- 汇编程序、链接器和加载程序/基本终端程序
- 指令集仿真器
- C 编译器

图 9-13 解释了开发工具抽象的不同层次。接下来将简要说明用于开发这些工具的主要程序。读者也许会考虑用最初在德国亚琛工业大学集成信号处理系统研究所开发的指令集体系结构(Language for Instruction Set Architecture，LISA)系统的语言[359]，该系统现在已是 Synopsys 有限公司的商业产品，可以自动生成汇编程序和指令集仿真器，只需要很少的附加规范就可以以半自动方式生成 C 编译器。在 9.5.2 节将回顾这种设计流程。

编写编译器是一个非常耗时的项目。例如，一个好的 C 编译器需要 50 个人整整工作一年[360~362]。

现在可以从 GNU 项目中开发的程序受益，后者提供了一些有用的实用程序用于加快

4. 在引入后的前 4 年内已销售了 1 万套系统。

编译器的开发：

- GNU 工具 Flex[363]是一个扫描程序或词法分析程序，能够辨认文本中的结构，类似于 UNIX 实用程序 grep 和行编辑器 sed，用于处理单个模式。
- GNU 工具 Bison[364]是一个 YACC(Yet Another Compiler-Compiler，另一个编译器的编译器)兼容的分析程序生成器[365]，允许以巴科斯-诺尔范式说明一种语法。如果在文本中找到表达式，就会启动对应操作。
- 对于 GNU C 编译器 gcc，可以利用 R. Stallman[366]编撰的指导手册为已经或计划构建的实际的微处理器改编 C 编译器。

以上三个工具都可以在 GNU 出版许可证的条款下免费获得，本书学习资料里的 μP 目录下已经包含这三个文档，该目录中还有很多有用的示例。

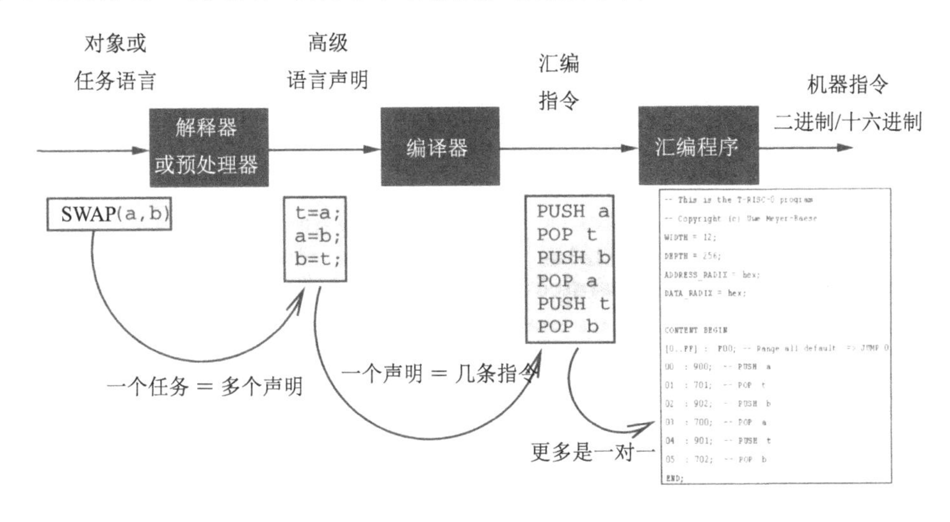

图 9-13 编程的模型和工具

9.4.1 词法分析

能够在文本中辨别词法模式的程序被称为扫描程序(scanner)。Flex 是一种可以生成这样的扫描程序的工具[367]，Flex 最初与 AT&T Lex 兼容。Flex 使用一种输入文件(通常扩展名为*.l)并生成可以在同一系统或不同系统上编译的 C 源代码。典型的情况是在 UNIX 或 Linux 下用 GNU 工具生成语法分析程序，由于大多数 Altera 工具运行在 PC 机上，在 MS-DOS 下编译扫描程序，这样就可以将其与 Quartus II 软件一起使用。由 Flex 生成的默认 UNIX 文件的文件名为 lex.yy.c。可以通过使用选项-oNAME.C 更改文件名，生成输出文件 NAME.C。注意，在 UNIX 下，-o 和新文件名之间没有空格。假设已有一个 Flex 输入文件 simple.l，然后按照以下两个步骤生成 UNIX 下名为 simple.exe 的扫描程序：

```
flex -osimple.c simple.l
gcc -o simple.exe simple.c
```

即使是非常短的输入文件也会生成大约 1500 行 C 代码，大小为 35KB。从这些数据可以看到这一实用程序帮了我们很大忙。还可以将 C 代码文件 simple.c FTP 到 MS-DOS PC 机上，然后用自己选的 C 编译器对其编译。现在的问题是如何在 Flex 中为扫描程序指定模式，也就是典型的 Flex 输入文件应该是什么样的？首先看一下 Flex 输入文件的格式安排。文件内容包含三部分：

```
%{
 C header and defines come here
%}
definitions …
%%
rules …
%%
user C code …
```

三部分之间由两个“%%”符号隔开。以下是一个输入文件的简短示例：

```
/* A simple flex example */
%{
/* C-header and definitions */
#include <stdlib.h> /* needed for malloc, exit etc **/
#define YY_MAIN 1
%}
%%
.|\n         ECHO; /* Rule section */
%%
/* User code here */
int yywrap(void) { return 1; }
```

如果需要 Flex 为扫描程序提供主例程，就要用到 YY_MAIN 定义。还可以提供如下所示的一个基本主例程：

```
main() { lex(); }
```

最重要的部分是规则部分。在这里要先指定模式后指定操作。模式可以是除新行以外的任意字符，而\n 表示新行。竖线(|)表示“或”组合。可以看到大多数编码都有很浓的 C 语言风格。相关的 ECHO 操作将每个字符转发到标准输出端。所以，这一扫描程序的运行类似于你可能熟悉的 more、type 或 cat 实用程序。而且可以看到 Flex 区分列。只有规则部分中的模式可以从第一列开始；甚至注释都不能从第一列开始。在模式和操作之间或多个操作之间由{}括起来，并需要留出一个空格。

前面已经讨论了 Flex 使用的两种专用符号：表示任何字符的点(.)和新行符号\n。表 9-17 给出了最常用的符号。注意，这些符号与实用程序 grep 和行编辑器 sed 所用的符号相同，都用于指定正则表达式。表 9-17 是如何指定模式的一些示例：

表 9-17　规定模式的示例

模　式	匹　配
a	字符 a
a{1,3}	1 至 3 个 a，也就是 a | aa | aaa
a | b | c	a、b 和 c 字符中的任意一个字符
[a-c]	a、b 和 c 字符中的任意一个字符，也就是 a | b | c
ab*	a 和 0 个或多个 b，也就是 a | ab | abb | abbb ...
ab+	a 和 1 个或多个 b，也就是 ab | abb | abbb ...
a \+b	字符串 a+b
[\t\n]+	一个或多个空格、制表符或新行
^L	行首必须是 L
[^a-b]	a、b 或 c 之外的任意字符

用这些模式就可以构建一个更有用的扫描程序，该扫描程序执行 VHDL 文件的词法分析并报告它所发现的项的类型。以下是 Flex 文件 vhdlex.l：

```
/* Lexical analysis for a toy VHDL-like language */

%{
#include <stdio.h>
#include <stdlib.h>
%}
DIGIT          [0-9]
ID             [a-z][a-z0-9_]*
ASSIGNMENT     [(<=)|(:=)]
GENERIC        [A-Z]
DELIMITER      [;,](':)
COMMENT        "--"[^\n]*
LABEL          [a-zA-Z][a-zA-Z0-9]*[:]
%%
{DIGIT}+       { printf( "An integer: %s (%d)\n", yytext,
                atoi( yytext ) ); }
IN|OUT|ENTITY|IS|END|PORT|ARCHITECTURE|OF|WAIT|UNTIL {
               printf( "A keyword: %s\n", yytext ); }
BEGIN|PROCESS { printf( "A keyword: %s\n", yytext ); }

{ID}           printf( "An identifier: %s\n", yytext );
"<="           printf( "An assignment: %s\n", yytext );
"="            printf( "Equal condition: %s\n", yytext );
{DELIMITER}printf( "A delimiter: %s\n", yytext );
{LABEL}    printf( "A label: %s\n", yytext );

"+"|"-"|"*"|"/"    printf( "An operator: %s\n", yytext );
```

```
{COMMENT}       printf( "A comment: %s\n", yytext );
[ \t\n]+       /* eat up whitespace */
.           printf( "Unrecognized character: %s\n", yytext );

%%

int yywrap(void) { return 1; }

main( argc, argv )
int argc;
char **argv;
{
  ++argv, --argc; /* skip over program name */
  if ( argc > 0 )
    yyin = fopen( argv[0], "r" );
  else
    yyin = stdin;
  yylex();
}
```

在 UNIX 下用如下步骤编译该文件：

```
flex   -ovhdlex.c vhdlex.l
gcc -o vhdlex.exe vhdlex.c
```

假设有如下小型 VHDL 示例：

```
ENTITY d_ff IS -- Example flip-flop PORT(clk, d        :IN bit;
    q           :OUT bit);
END;

ARCHITECTURE fpga OF d_ff IS BEGIN P1: PROCESS (clk)
  BEGIN
    WAIT UNTIL clk='1';  --> gives always FF
      q <= d;
  END PROCESS;
END fpga;
```

然后用 chdlex.exe < d_ff.vhd 调用扫描程序，得到如下输出：

```
A keyword: ENTITY
An identifier: d_ff
A keyword: IS
A comment: --Example flip-flop
A keyword: PORT
A delimiter: (
```

```
An identifier: clk
A delimiter: ,
An identifier: d
A delimiter: :
A keyword: IN
An identifier: bit
A delimiter: ;
An identifier: q
A delimiter: :
A keyword: OUT
An identifier: bit
An delimiter: )
A delimiter: ;
A keyword: END
A delimiter: ;
A keyword: ARCHITECTURE
An identifier: fpga
A keyword: OF
An identifier: d_ff
...
```

在看过两个介绍性示例后，可以考虑接受一个有点挑战的任务。构造一个 asm2mif 转换程序，该转换程序读出汇编代码，并输出可以加载到 Quartus II 软件所用的模块存储器中的一个 MIF 文件。为了简单起见，通过以下 16 种操作使用栈机的汇编代码(按操作码排序)：

```
ADD, NEG, SUB, OPAND, OPOR, INV, MUL, POP,
PUSHI, PUSH, SCAN, PRINT, CNE, CEQ, CJP, JMP
```

由于在汇编代码中允许使用前向引用标记，因此需要进行一个分成两个阶段的分析。在第一个阶段，列出所有变量和标记及其代码行。还要为找到的每一个变量分配一个存储位置。在第二个阶段，就可以将汇编代码逐行地转换为 MIF 代码。从以下 MIF 文件开始，该 MIF 文件标题包括数据格式，以后每一行都有一个地址、一个操作，还可能有一个操作数。通过 VHDL 中的前缀注释符号“--”，可以在每一行的末尾显示原始汇编程序代码。以下是分两个阶段的扫描程序的 Flex 输入文件：

```
/* Scanner for assembler to MIF file converter */
%{
#include <stdio.h>
#include <string.h>
#include <math.h>
#include <errno.h>
#include <stdlib.h>
```

```
#include <time.h>
#include <ctype.h>
#define DEBUG 0
int state =0; /* end of line prints out IW */
int  icount =0; /* number of instructions */
int  vcount =0; /* number of variables */
int  pp =1; /** preprocessor flag **/
char  opis[6], lblis[4], immis[4];
struct inst {int adr; char opc; int imm; char *txt;} iw;
struct init  {char *name; char code;} op_table[20] = {
  "ADD"    , '0', "NEG"    , '1',  "SUB"    , '2',
  "OPAND"  , '3', "OPOR"   , '4', "INV"    , '5',
  "MUL"    , '6', "POP"    , '7', "PUSHI"  , '8',
  "PUSH"   , '9', "SCAN"   , 'a', "PRINT"  , 'b',
  "CNE"    , 'c', "CEQ"    , 'd', "CJP"    , 'e',
  "JMP"    , 'f', 0,0 };
FILE     *fid;
int add_symbol(int value, char *symbol);
int lookup_symbol(char *symbol);
void list_symbols();
void conv2hex(int value, int Width);
char lookup_opc(char *opc);
%}
DIGIT           [0-9]
VAR             [a-z][a-z0-9_]*
COMMENT          "--"[^\n]*
LABEL           L[0-9]+[:]
GOTO            L[0-9]+
%%
\n             {if (pp) printf( "-- end of line \n");
                 else { if ((state==2) && (pp==0))
               /* print out an instruction at end of line */
               {conv2hex(iw.adr,8);printf("  : %c",iw.opc);
                 conv2hex(iw.imm,8);
                 printf(";  -- %s  %s\n",opis,immis); }
                 state=0;iw.imm=0;
                 }}
{DIGIT}+      { if (pp) printf( "-- An integer: %s (%d)\n",
                          yytext, atoi( yytext ) );
                   else   {iw.imm=atoi( yytext );state=2;
                                     strcpy(immis,yytext);}}
POP|PUSH|PUSHI|CJP|JMP {
                  if (pp)
              printf( "-- %d) Instruction with operand: %s\n",
```

```
                                        icount++, yytext );
                 else {  state=1; iw.adr=icount++;
                                      iw.opc=lookup_opc(yytext);}}
CNE|CEQ|SCAN|PRINT|ADD|NEG|SUB|OPAND|OPOR|INV|MUL {
           if (pp)  printf( "-- %d) ALU Instruction: %s\n",
                                          icount++, yytext );
               else  {  state=2; iw.opc=lookup_opc (yytext);
                    iw.adr=icount++; strcpy(immis,"   ");}}
{VAR}            { if (pp)  {printf( "-- An identifier: %s\n",
                    yytext );add_symbol(vcount, yytext);}
                 else {state=2;iw.imm=lookup_symbol(yytext);
                                        strcpy(immis,yytext);}}
{LABEL}     { if (pp) {printf( "-- A label: %s lenth=%d
                   Icount=%d\n", yytext , yyleng, icount);
                             add_symbol(icount, yytext);}}
{GOTO}  {if (pp) printf( "-- A goto label: %s\n", yytext );
            else {state=2;sprintf(lblis,"%s:",yytext);
         iw.imm=lookup_symbol(lblis);strcpy(immis,yytext);}}
{COMMENT} {if (pp) printf( "-- A comment: %s\n", yytext );}
[ \t]+      /* eat up whitespace */
.          printf( "Unrecognized character: %s\n", yytext );
%%

int yywrap(void) { return 1; }

int main( argc, argv )
int argc;
char **argv;
{
  ++argv, --argc; /* skip over program name */
  if ( argc > 0 )
    yyin = fopen( argv[0], "r" );
  else
{ printf("No input file -> EXIT\n"); exit(1);}
  printf("--- First path though file ---\n");
  yylex();
  if (yyin != NULL) fclose(yyin);
  pp=0;
  printf("\n-- This is the T-RISC program with ");
  printf("%d lines and %d variables\n",icount,vcount);
  icount=0;
  printf("-- for the book DSP with FPGAs\n");
  printf("-- Copyright (c) Uwe Meyer-Baese\n");
  printf("-- WIDTH = 12; DEPTH = 256;\n");
```

```
 if (DEBUG) list_symbols();
 printf("ADDRESS_RADIX = hex; DATA_RADIX = hex;\n\n");
 printf("CONTENT BEGIN\n");
 printf("[0..FF] :  F00; -- ");
 printf("Set all address from 0 to 255 => JUMP 0\n");
 if (DEBUG) printf("--- Second path through file ---\n");
 yyin = fopen( argv[0], "r" );
 yylex();
 printf("END;\n");
}

/* define a linked list of symbols */
struct symbol { char *symbol_name; int symbol_value;
                struct symbol *next; };

struct symbol *symbol_list;/*first element in symbol list*/

extern void *malloc();

int add_symbol(int value, char *symbol)
{
   struct symbol *wp;

   if(lookup_symbol(symbol) >= 0 ) {
printf("-- Warning: symbol %s already defined \n", symbol);
       return 0;
   }
   wp = (struct symbol *) malloc(sizeof(struct symbol));
   wp->next = symbol_list;
   wp->symbol_name = (char *) malloc(strlen(symbol)+1);
   strcpy(wp->symbol_name, symbol);
        if (symbol[0]!='L') vcount++;
   wp->symbol_value = value;
   symbol_list = wp;
   return 1;   /* it worked */
}

int lookup_symbol(char *symbol)
{
   struct symbol *wp = symbol_list;
   for(; wp; wp = wp->next) {
       if(strcmp(wp->symbol_name, symbol) == 0)
       {if (DEBUG)
               printf("-- Found symbol %s value is: %d\n",symbol,
```

```
                                    wp->symbol_value);
           return wp->symbol_value;}
     }
     if (DEBUG) printf("-- Symbol %s not found!!\n",symbol);
     return -1;/* not found */
}

char lookup_opc(char *opc)
{ int k;
  strcpy(opis,opc);
  for (k=0; op_table[k].name !=0; k++)
   if (strcmp(opc,op_table[k].name)==0)
                                   return (op_table[k].code);
  printf("******* Ups, no opcode for: %s --> exit \n",opc);
  exit(1);
}

void list_symbols()
{
    struct symbol *wp = symbol_list;
       printf("--- Print the Symbol list: ---\n");
    for(; wp; wp = wp->next)
       if (wp->symbol_name[0]=='L') {
    printf("-- Label    : %s  line = %d\n",
                            wp->symbol_name, wp->symbol_value);
       } else {
    printf("-- Variable : %s  memory @ %d\n",
                            wp->symbol_name, wp->symbol_value);
    }

}

/************* CONV_STD_LOGIC_VECTOR(value, bits) ***********/
void
conv2hex(int value, int Width)
{
    int               W, k, t;
    extern FILE     *fid;
    t = value;
    for (k = Width - 4; k >= 0; k-=4) {
        W = (t >> k) % 16; printf( "%1x", W);
    }
}
```

变量pp用于判定预处理阶段或第二阶段是否正在运行。用add_symbol()和lookup_symbol()函数将标签和变量存储在符号表中。对于标签，存储标签出现的指令行；而对于变量，则在检查代码时分配一个正在运行的数。两个标签和两个变量的符号表对应的输出如下所示：

```
...
--- Print the Symbol list: ---
-- Label       : L01:  line =17
-- Label       : L00:  line =4
-- Variable    : k memory @ 1
-- Variable: x memory @ 0
...
```

以上内容将显示在扫描程序的调试模式(设置#define DEBUG 1)中以显示符号列表。以下是编译和运行代码的 UNIX 指令：

```
flex -oasm2mif.c asm2mif.l
gcc -o asm2mif.exe asm2mif.c
asm2mif.exe factorial.asm
```

栈机的阶乘程序 factorial.asm 如下所示：

```
        PUSHI       1
        POP         x
        SCAN
        POP         k
L00:    PUSH        k
        PUSHI       1
        CNE
        CJP         L01
        PUSH        x
        PUSH        k
        MUL
        POP         x
        PUSH        k
        PUSHI       1
        SUB
        POP         k
        JMP         L00
L01:    PUSH        x
        PRINT
```

asm2mif 生成的输出如下所示：

```
-- This is the T-RISC program with 19 lines and 2 variables
-- for the book DSP with FPGAs
```

```
-- Copyright (c) Uwe Meyer-Baese
WIDTH = 12;
DEPTH = 256;
ADDRESS_RADIX = hex;
DATA_RADIX = hex;

CONTENT BEGIN
[0..FF] : F00; --Set address from 0 to 255 => JUMP 0
00 : 801; -- PUSHI   1
01 : 700; -- POP     x
02 : a00; -- SCAN
03 : 701; -- POP     k
04 : 901; -- PUSH    k
05 : 801; -- PUSHI   1
06 : c00; -- CNE
07 : e11; -- CJP   L01
08 : 900; -- PUSH  x
09 : 901; -- PUSH  k
0a : 600; -- MUL
0b : 700; -- POP     x
0c : 901; -- PUSH  k
0d : 801; -- PUSHI     1
0e : 200; -- SUB
0f : 701; -- POP       k
10 : f04; -- JMP   L00
11 : 900; -- PUSH    x
12 : b00; -- PRINT
END;
```

9.4.2 分析程序的开发

从程序名称YACC，也就是Yet Another Compiler-Compiler(另一种编译器的编译器)[365]就可以看出在开发 YACC 的时候，它通常执行为每个新微处理器编写语法分析程序的任务。随着常用的GNU UNIX等价程序Bison的出现，我们拥有了一种可以定义一种语法的工具。也许有读者会问，为什么不使用Flex做这个工作呢？在语法中，允许递归表达式，如a+b、a+b+c、a+b+c+d。如果使用Flex，则对于每个代数表达式都需要定义模式和操作，即便运算的次数和操作数的数量很小，这也将是一个很大的数。

YACC和Bison都适用巴克斯-诺尔范式(Backus Normal Form)，后者用于指定Algol 60语言。Bison中的语法规则采用终结符和非终结符。终结符通过关键字%token指定，而非终结符则通过自己的定义来声明。YACC为每个标记分配一个数字代码，它期望这些代码由词法分析程序(如Flex)提供。语法规则采用先行左递归(Look-Ahead Left Recursive, LALR)分析方法。典型规则如下所示：

```
Expression : NUMBER '+' NUMBER     { $$ = $1 + $3; }
```

可以看到这一表达式由两个数字和中间的加号构成，它可以简化为单个表达式。相关联的操作写在{}内。在这种情况下的意思是将操作数栈中的第 1 个元素和第 3 个元素相加(第 2 个元素是加号)，并将结果压回到值栈中。在内部，分析程序使用 FSM 分析代码。随着分析程序读取标记，它每次读取一个它辨识的标记，将标记压到一个内部栈中并切换到下一个状态。这个过程就称为移位(shift)。当其发现该规则的所有符号后，它就通过把该操作应用到值栈并对分析栈进行归约来归约栈。这就是这种类型的分析程序经常被称为移位归约分析程序的原因。

接下来根据这一简单的加法规则构建一个完整的 Bison 规范。为此，首先需要 Bison 输入文件的正规结构，这类文件的扩展名通常为*.y。Bison 文件有三个主要部分：

```
%{
  C header and declarations come here
%}
Bison definitions ...
%%
Grammar rules ...
%%
User C code ...
```

这看起来非常类似于 Flex 格式并非偶然。两个原始程序 Lex 和 YACC 都是由 AT&T 的同事开发的[365, 367]，而且稍后将看到两个程序协作运行得很好。现在已经为指定第一个 Bison 示例 add2.y 做好了准备：

```
/* Infix notation add two calculator */
%{
#define YYSTYPE double
#include <math.h>
void yyerror(char *);
%}

/* BISON declarations */
%token NUMBER
%left '+'

%% /* Grammar rules and actions follows */
program :   /* empty */
        | program exp '\n'     { printf("    %lf\n",$2); }
        ;

exp     : NUMBER                 { $$ = $1;}
        | NUMBER '+' NUMBER    { $$ = $1 + $3; }
```

```
        ;

%% /* Additional C-code goes here */

#include <ctype.h>
int yylex(void)
{ int c;
  /* skip white space and tabs */
  while ((c = getchar()) == ' '|| c == '\t');
  /* process numbers */
  if (c == '.' || isdigit(c)) {
    ungetc(c,stdin);
    scanf("%lf", &yylval);
    return NUMBER;
  }
  /* Return end-of-file */
  if (c==EOF) return(0);
  /* Return single chars */
  return(c);
}


/* Called by yyparse on error */
void yyerror(char *s) { printf("%s\n", s); }

int main(void)  { return yyparse(); }
```

这里已经为规则添加了 NUMBER 标记，允许使用单个数字作为一个有效表达式。另一个加法是 program 规则，这样分析程序就可以接受一个声明列表而不仅是一个声明。在 C 代码部分，已添加了一些词法分析用来读取操作数和对应操作并忽略空格。每次 Bison 需要一个符号时它就会调用 yylex 例程。Bison 还需要一个错误例程 yyerror，如果遇到分析错误，就会调用它。Bison 的主例程可以很短，所需的全部代码是一条 return yyparse() 语句。下面编译并运行第一个 Bison 示例：

```
bison -o -v add2.c add2.y
gcc -o add2.exe add2.c -lm
```

如果启动该程序，就可以一次计算两个浮点数的加法，该程序将返回两个加数的和，例如：

```
user: add2.exe
user: 2+3
add2:    5.000000
user: 3.4+5.7
add2:    9.100000
```

接下来仔细看一下 Bison 如何执行词法分析。由于打开了-v 选项，因此还得到一个包含所有规则、FSM 状态机信息和任何移位归约问题或多义性列表的输出文件。下面是输出文件 add2.output 的内容：

```
Grammar
rule 1    program ->/* empty */
rule 2    program -> program exp '\n'
rule 3    exp -> NUMBER
rule 4    exp -> NUMBER '+' NUMBER

Terminals, with rules where they appear

$ (-1)
'\n' (10) 2
'+' (43) 4
error (256)
NUMBER (257) 3 4

Nontermials, with rules where they appear

program (6)
   on left : 1 2, on right: 2
exp (7)
   on left : 3 4, on right: 2

state 0
   $default reduce using rule 1 (program)
   program go to state 1

state 1
   program -> program . exp '\n'  (rule 2)
   $   go to state 7
   NUMBER shift, and go to state 2
   exp go to state 3

state 2
   exp -> NUMBER.  (rul 3)
   exp -> NUMBER. '+' NUMBER   (rule 4)
   '+' shift, and go to state 4
   $default reduce using rule 3 (exp)

state 3
```

```
    program -> program exp . '\n'  (rule 2)
    '\n'shift, and go to state 5

state 4
    exp -> NUMBER '+' . NUMBER    (rule 4)
    NUMBER shift, and go to state 6

state 5
    program -> program exp '\n' .   (rule 2)
    $default reduce using rule 2 (program)

state 6
    exp -> NUMBER '+' NUMBER .    (rule 4)
    $default reduce using rule 4 (exp)

state 7
    $    go to state 8

state 8
    $default accept
```

在输出文件的开始，可以看到规则与单独的规则值列在一起。然后是终止符的列表。例如，终止符 NUMBER 被赋予标记值 257。例如，如果想调试输入文件，前面这些行就非常有用；如果在语法规则中有多义性，这就是检查什么内容出错的位置。更多关于多义性的话题将在后面讨论。可以看到在 FSM 的正常操作中，移位在第 1、第 2 和第 4 个状态中进行，分别对应于第一个数、加运算和第二个数。归约是在第 6 个状态中进行的，FSM 总计有 8 个状态。

这个小计算器有很多局限性，例如，它不能执行任何减法。如果试图执行减法，就会得到如下消息：

```
user: add2.exe
user: 7-2
add2: parse error
```

该计算器不仅只限于加法，而且操作数也仅限于两个。如果试图加 3 个操作数，语法就不允许执行加法，例如：

```
user: 2+3+4
add2: parse error
```

可以看到这个简单的计算器只能加两个数，不能加 3 个数。为了增加计算器的功能，需要增加递归语法规则、运算符*、/、 - 、^和允许指定变量的符号表。该符号表的 C 代码可以在文献的示例中找到，参见文献[364]、[368]和[369]。Flex 的词法分析如下所示：

```
/* Inifix calculator with symbol table, error recoversy and power-of */
%{
   #include "ytab.h"
   #include <stdlib.h>
   void yyerror(char *);
%}

%%

[a-z]       { yylval = *yytext - 'a';
              return VARIABLE; }

[0-9]+      { yylval = atoi(yytext);
                return INTEGER; }

[-+()^=/*\n]     { return *yytext; }

[ \t]   ;      /* skip whitespace */

.              yyerror("Unknown character");

%%

int yywrap(void) { return 1; }
```

现在可以看到，除了整型数 NUMBER 标记外，还有 VARIABLE，VARIABLE 使用小写单个字符 a~z。yytext 和 yylval 是每个标记相关联的文本和值。表 9-18 给出了 Flex↔Bison 通信中所用的变量。

表 9-18　Flex↔Bison 通信中使用的特殊函数和变量，完整的列表请参阅附录 A[364]

项	意　义
char *yytext	标记文本
file *yyin	Flex 输入文件
file *yyout	ECHO 的 Flex 文件目的地
int yylength	标记长度
int yylex(void)	为了申请标记，分析程序调用的例程
int yylval	标记值
int yywrap(void)	到文件末尾时 Flex 调用的例程
void yyparse( )	主分析程序例程
void yyerror(char *s)	遇到错误时 yyparse 调用的例程

更高级的计算器 calc.y 的语法如下：

```
%{
   #include <stdio.h>
   #include <math.h>
   #define YYSTYPE int
   void yyerror(char *);
   int yylex(void);
   int symtable[26];
%}

%token INTEGER VARIABLE
%left '+' '-'
%left '*' '/'
%left NEG    /* Negation, i.e. unary minus */
%right '^'   /* exponentiation             */

%%

program:
        program statement '\n'
        | /* NULL */
        ;

statement:
        expression                        { printf("%d\n", $1); }
        | VARIABLE '=' expression         { symtable[$1] = $3; }
        ;

expression:
        INTEGER
        | VARIABLE                        { $$ = symtable[$1]; }
        | expression '+' expression         { $$ = $1 + $3; }
        | expression '-' expression         { $$ = $1 - $3; }
        | expression '*' expression         { $$ = $1 * $3; }
        | expression '/' expression         {
          if ($3) $$ = $1 / $3;
          else { $$=1; yyerror("Division by zero !\n");}}
        /* Exponentiation */
        | expression '^' expression       { $$ = pow($1, $3); }
        /* Unary minus  */
        | '-' expression %prec NEG          { $$ = -$2; }
        | '(' expression ')'                { $$ = $2; }
        ;
```

```
%%

void yyerror(char *s) { fprintf(stderr, "%s\n", s); }

int main(void) { yyparse(); }
```

在这一语法规范中有些新内容需要讨论。终止符的规范用%left 和%right 来确保正确的结合律。这里希望 2 - 3 - 5 是按照(2 - 3) - 5= - 6 (也就是左结合)而不是 2 - (3 - 5)=4(也就是右结合)计算。对于指数符号(^)使用右结合律，因为 2^2^2 是按 2^(2^2)分组计算的。在标记列表的后面列出来的操作数具有更高的优先性。因为“*”列在“+”的后面，所以给乘法赋予比加法更高的优先权，比如 2+3×5 是按 2+(2×5)计算而不是按(2+3)×5 计算。如果不指定这种优先权，语法就会报告很多归约移位冲突，因为如果出现像 2+3×5 这样的项，就不知道该归约还是移位了。

对于除法语法规则，针对除数为零的情况引入了错误处理机制。否则，除数为零时就会终止计算器，例如：

```
user: 10/0
calc: Floating exception (core dumped)
```

生成一个庞大的核心转储文件。有了错误处理机制，就可以得到更平稳的行为，例如：

```
user: 30/3
calc: 10
user: 10/0
calc: Division by zero !
```

但 calc 允许继续运算。

现在把语法规则写成递归形式，也就是说，表达式可以依次由表达式项、操作项、表达式项组成。下面是另外一些示例，它们也揭示了左结合律和右结合律的用法：

```
user: 2+3*5
calc: 17
user: 1-2-5
calc: -6
user: x=3*10
user: y=2*5-9
user: x+y
calc: 31
user: #
calc: Unknown character
calc: parse error
```

任何特殊的未知字符都会使计算器停止。本书学习资料提供的 C 源代码和可执行程序可供测试。

简单了解一下编译步骤和 Flex↔Bison 通信。首先需要从 Bison 了解到它希望从 Flex 得到什么类型的标记，为此，首先运行下面的程序，即：

```
bison -y -d -o ytab.c calc.y
```

这将生成 ytab.c、ytab.output 和 ytab.h 文件。标题文件 ytab.h 包含如下标记值：

```
#ifndef YYSTYPE
#define YYSTYPE int
#endif
#define INTEGER 257
#define VARIABLE     258
#define NEG     259
extern YYSTYPE yylval;
```

现在可以运行 Flex 以生成词法分析程序。通过：

```
flex -olexyy.c calc.l
```

得到 lexyy.c 文件。最后编译两个 C 源文件并连接它们，得到 calc.exe 文件：

```
gcc -c ytab.c lexyy.c
gcc ytab.o lexyy.o -o calc.exe -lm
```

其中用到了数学库的-lm 选项，因为在计算器中还有一些更高级的数学函数(如 pow)。

目前已有足够的知识来编写更具挑战性的任务。接下来要编写一个 c2asm 程序，该程序用于从简单的类 C 语言生成汇编代码。在文献[370]中可以找到这种三地址计算机的代码。在文献[368]中给出了针对栈机对于类 C 语言生成汇编代码的所有步骤。文献[360,366,371,372]给出了更高级的 C 编译器的设计。对于类栈机，计算阶乘的代码的输入文件如下：

```
x=1;
scan k;
while (k != 1) {
   x = x * k;
   k = k - 1;
}
print x;
```

该程序从输入端(如 8 个引脚的双列直插开关)读取数据，计算阶乘并把数据输出到一个两位的七段数码管显示器中，如 UP2 或 DE2 开发板上的 7 段数码管显示器。运行本书学习资料提供的 uP 目录下的 c2asm.exe 程序，得到：

```
            PUSHI       1
            POP         x
            SCAN
            POP         k
L00:        PUSH        k
            PUSHI       1
            CNE
            CJP         L01
            PUSH        x
            PUSH        k
            MUL
            POP         x
            PUSH        k
            PUSHI       1
            SUB
            POP         k
            JMP         L00
L01:        PUSH        x
            PRINT
```

然后使用 asm2mif 实用程序生成一个程序，该程序可用于生成一个 MIF 文件，该 MIF 文件可用于栈机中。所需要做的全部工作就是设计一个栈机，下一节将会讨论如何设计。

剩下的挑战是为 PDSP 设计一个好的 C 编译器，这归因于 PDSP 中的专用寄存器和计算单元(如地址生成器)。德国亚琛工业大学集成信号处理系统研究所[373，374]开发的 DSPstone 基准使用了 15 个典型的 PDSP 例程，从简单的 MAC 到复杂的 FFT，评估由 C 编译器生成的代码并与手写的汇编代码进行比较。从图 9-14 给出的 DSPstone 基准可以看出，对于 AT&T、Motorola 和 Analog PDSP，基于 GCC 编译器生成低效率的代码，比优化的汇编代码平均低 9.58 倍。使用 GCC 可重定目标编译器的原因是高性能编译器的开发通常需要 20 到 50 个人一年的工作量，这对于大多数项目都显得工作量过大，而且实际上 PDSP 供应商的 PDSP 有很多种类，而且每种都需要不同的开发工具集。如果采用 GNU、GCC 或 LCC 等可重定目标编译器[366，372]，那么更多是以未经优化的 C 编译器为代价换取更短的开发时间。这一关键设计问题的解决方案是提供辅助编译器专家(Associated Compiler Expert，ACE)。ACE 提供高度灵活且容易重定目标的编译器开发系统，为多种 PDSP 创建高质量、高性能的编译器。ACE 已经为从高级语言派生的中间代码表示方式实现了很多优化。

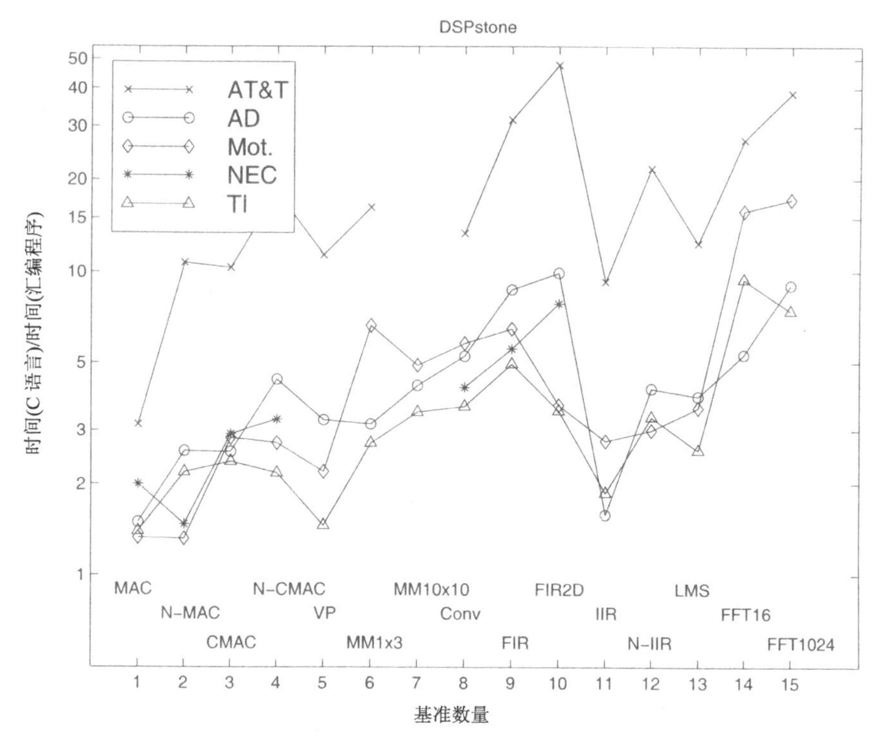

图 9-14　DSPstone 项目的 15 个基准

9.5　FPGA 微处理器内核

可以看到，近年来传统的微处理器已经得到增强，这使得 DSP 运算更有效率。此外，对于某些处理器(如 Intel Pentium 和 SUN SPARC)，已经增添了 MMX 多媒体指令扩展和 VIZ 指令集扩展，可以让涉及图形和矩阵乘法的操作更高效。表 9-19 总结了传统微处理器的增强概览。

表 9-19　DSP 对传统微处理器的补充[375]

公　　司	产　　品	关键 DSP 补充
ARM	ARM9E	单循环 MAC
Fujitsu	SPARClite 系列	整数 MAC 和多媒体辅助
IBM	PowerPC 系列	整数 MAC
IDT	79RC4650(MIPS)	整数 MAC
MIPS Technologies	MIPS64 5Kc	单循环整数 MAC
Hewlett-Packard	PA_8000 系列	MPEG 解码的寄存器
Intel	Pentium III	流式 SIMD 扩展
Motorola	PowerPC G4	向量处理器
SUN Microsystems	UltraSPARC 系列	VIZ 图像指令集

传统的 RISC 微处理器是硬内核和软内核处理器的 FPGA 设计的基础。CISC 处理器通常不用在嵌入式 FPGA 应用程序中。Xilinx 使用 PowerPC 作为他们非常成功的 Virtex II PRO FPGA 系列的基础，后者包括 1 至 4 个 PowerPC RISC 处理器。Altera 决定在其 Excalibur FPGA 系列中使用 ARM 处理器，后者是嵌入式应用程序(如移动电话)中非常著名的 RISC 处理器之一。尽管这些 Altera FPGA 仍可用，但不再推荐在新的设计中使用它们。因为处理器的性能还依赖于所用的处理技术，而基于 ARM 的 FPGA 不是用新技术制造的，已经证实：Altera 的软内核 Nios II 处理器达到与基于 ARM922T 的硬内核处理器大约相同的性能。Xilinx 还提供一个 32 位的 RISC 软内核(名为 MicroBlaze)和一个 8 位的 PicoBlaze 处理器。Xilinx 没有 16 位软内核处理器，因为 16 位是 DSP 算法的一个适宜位宽，9.5.2 节将设计这样的计算器。最新加入的是高性能 ARM Cortex-A9 双处理器，它可用于 Altera 的 Arria V 和 Cyclone V 器件以及 Xilinx 的 ZYNQ-7000 器件。

表 9-20 概述了 FPGA 硬内核和软内核微处理器按照 Dhrystone MIPS (D-MIPS)测量的性能。与计算机体系结构文献中常用的 SPEC 基准相比，D-MIPS 是一个集合而不是简短的基准。某些 SPEC 基准可能不能运行，特别是在软内核处理器上。

表 9-20 Dhrystone 微处理器性能

微处理器名称	所用器件	速度(MHz)	测量的 D-MIPS	硬/软(H/S)
Nios II/e	Stratix	330	50	S
MicroBlaze	Spartan-3(-4)	85	68	S
MicroBlaze	Virtex-II PRO-7	150	125	S
V1 ColdFire	Stratix	145	135	S
ARM Cortex-M1	Stratix	200	160	S
Nios II/s	Stratix	270	170	S
ARM922T	Excalibur	200	210	H
MIPS32	Stratix	290	300	S
Nios II/f	Stratix	290	340	S
PPC405	Virtex-4 FX	450	700	H
ARM Cortex-A9	Arria/Cyclone/Zynq	800	4000	H

9.5.1 硬内核微处理器

硬内核微处理器尽管不像软内核处理器一样灵活，但因其核心面积相对较小，时钟速率和 Dhrystone MIPS 速率更高，所以仍具有吸引力。过去 Xilinx 支持 IBM 和 Motorola 的 PowerPC 系列，而 Altera 使用 ARM922T 内核，ARM922T 内核是一种用在很多嵌入式应用(如移动电话)中的标准内核。近年来这两个厂商推出了基于 ARM 的 Cortex-A9 微处理器器件。接下来简要了解一下这三种体系结构。

1. Xilinx PowerPC

用在 Virtex II PRO 设备中的 Xilinx 硬内核处理器是一个功能齐全的 PowerPC 405 内核。RISC 微处理器具有一个 32 位的哈佛体系结构，包括如下功能单元，如图 9-15 所示：

- 指令和数据缓存，大小均为 16KB
- 内存管理单元，带有 64 个入口的转换旁视缓冲器(Translation Lookaside Buffer，TLB)
- 提取和解码单元
- 执行单元，带有 32 个 32 位的通用寄存器、ALU 和 MAC
- 定时器
- 调试逻辑

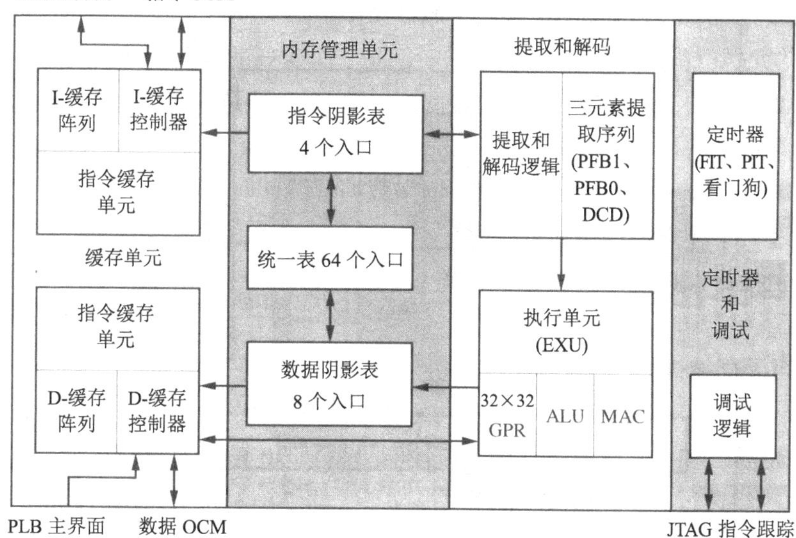

图 9-15　Xilinx Virtex II PRO 器件所用的 PPC405 内核

PPC405 指令和数据缓存的大小都是 16KB，它们安排在 256 条线上(每条线上 32 字节)，也就是 $2^8 \times 32 \times 8 = 2^{16}$。由于在冯•诺依曼计算机中数据和程序是分开的，因此这就得到与 4 路组关联缓存类似的性能。缓存组织和更高的速度是 PPC405 优于软内核的主要原因，尽管这里的缓存大小可以随特定应用调整，但通常都是按直接映射的缓存组织，请参阅练习 9.29。

405 内核的重要功能可以总结如下：

- 嵌入式 450+MHz 哈佛体系结构内核
- 5 级数据通路流水线
- 16KB 双路组关联指令缓存
- 16KB 双路组关联数据缓存
- 硬件乘法/除法单元

指令缓存单元(Instruction Cache Unit，ICU)每个时钟周期在一条64 位的总线上传递 1 或 2 条指令。数据缓存单元(Data Cache Unit，DCU)每个时钟周期传递 1、2、3、4 或 8 个字节。与大多数软内核的另一个区别是分支预测，通常假定采用负位移的分支。PPC405 的执行单元(Execution Unit，EXU)是单一发布单元，其中包括具有 32 个 32 位的通用寄存器(General-Purpose Register，GPR)的一个寄存器文件、一个 ALU 以及一个在硬件中执行所有整数指令的 MAC 单元。就像典型的 RISC 处理器一样，也使用了一个加载/存储方法，也就是 ALU 的读和写以及 MAC 操作都只通过 GPR 完成。另一个通常在软内核中找不到的功能是 MMU，它允许 PPC405 寻址 4GB 的地址空间。为避免访问页表，使用了一个跟踪近期使用的地址映射的缓存，即带有 64 个入口的转换旁视缓冲器(TLB)。PPC 还包括 3 个 64 位的定时器：可编程间隔定时器(Programmable Interval Timer，PIT)、固定间隔定时器(Fixed Interval Timer，FIT)和看门狗定时器(Watchdog Timer，WDT)。PPC405 内核的所有资源都可以通过调试逻辑访问。也支持 ROM 检测器、JTAG 调试器和指令跟踪工具。要了解 PPC405 内核的更多细节，请参阅文献[376]。

辅助处理单元(Auxiliary Processor Unit，APU)是一个重要的嵌入式处理功能，该功能已添加到 Virtex-4 FX 设备的 PowerPC 中[5]，请参阅表 1-4。以下概述了 APU 最有意义的功能[377]：

- 支持用户定义的指令
- 支持在单条指令中传输多达 4 个 32 位字数据
- 支持构造一个浮点或通用协处理器
- 支持自主指令，也就是无流水线停顿
- 32 位指令宽度和 64 位数据
- 4 个周期缓存线传输

APU 与 PowerPC 流水线直接连接，并且汇编程序或 C 代码指令可以访问这一单元。对于浮点 FIR 滤波器，有报告说通过软件模拟性能提高了 20 倍[377]。一个 16 位整数的 8×8 像素 2D-IDCT 模块通过 APU 连接的速度也提高了大约 20 倍。通过比较，如果 IDCT 硬件是通过 PowerPC 局部总线连接而不是通过 APU 连接，那么系统性能将会降低。这是由 PowerPC 局部总线优先架空导致的，而且在 8×8 像素 2D-IDCT 模块中需要大量的 32 位加载/存储指令[377]。

2. Altera 的 ARM

Altera 已经将 ARM922T 硬内核处理器包括在 Excalibur FPGA 系列中，ARM922T 硬内核处理器包括 ARM9TDMI 内核、指令和数据缓存、存储管理单元(Memory Management Unit，MMU)、调试逻辑、一个 AMBA 总线接口和一个协处理器接口。ARM922T 内核的关键功能总结如下：

- 嵌入式 200MHz(210 Dhrystone MIPS)哈佛体系结构内核
- 5 级数据通路流水线
- 8KB 64 路组关联指令缓存
- 8KB64 路组关联数据缓存

5. 这一部分由新墨西哥大学的 A. Vera 提供。

- 硬件乘法单元
- 低功率 0.8mW/MHz；小面积 6.55mm^2
- 3 操作数 32 位指令或
- 二操作数 16 位 Thumb 指令

这些嵌入式处理器所采用的 MMU 和缓存体系结构通常更加高级和复杂，也是 Dhrystone MIPS 速率高于运行在相同时钟速率的软内核的原因。ARM922T 采用一种每行 8 字的体系结构。数据和指令缓存都是 64 路组关联的。此外，ARM922T 还包括一个具有 16 个数据字和 4 位地址的写缓冲区，避免万一缓存缺失导致的停顿。MMU 可以映射 1KB~1MB 页面大小的存储器。MMU 为数据和指令采用两个独立的 64 个入口的转换旁视缓冲器(Translation Lookaside Buffer，TLB)。

先进的微处理器总线体系结构(Advanced Microprocessor Bus Architecture，AMBA)是嵌入式系统中常用的一种总线体系结构，ARM922T 也支持 AMBA。

ARM9TDMI 内核如图 9-16 中的灰色区域所示。内核可以作用于标准 32 位指令和更短 Thumb 指令集，后者只使用 16 位，并允许将两条指令压缩在一个 32 位的存储字内。内核采用 5 级流水线，顺序如下：(1)提取，(2)解码和寄存器读取，(3)执行，(4)存储器访问和乘法完成，(5)写入寄存器。CPU 含有 31 个通用寄存器，一次可见 16 个寄存器，而其他寄存器为上下文切换保留。第 15 个寄存器用作 PC(程序计数器)，第 14 个寄存器保持子例程调用的返回地址，第 13 个寄存器通常用作栈指针。除寄存器外，内核还包括 ALU、桶式移位器和硬件乘法器。接下来简要研究一下 Thumb 指令编码。

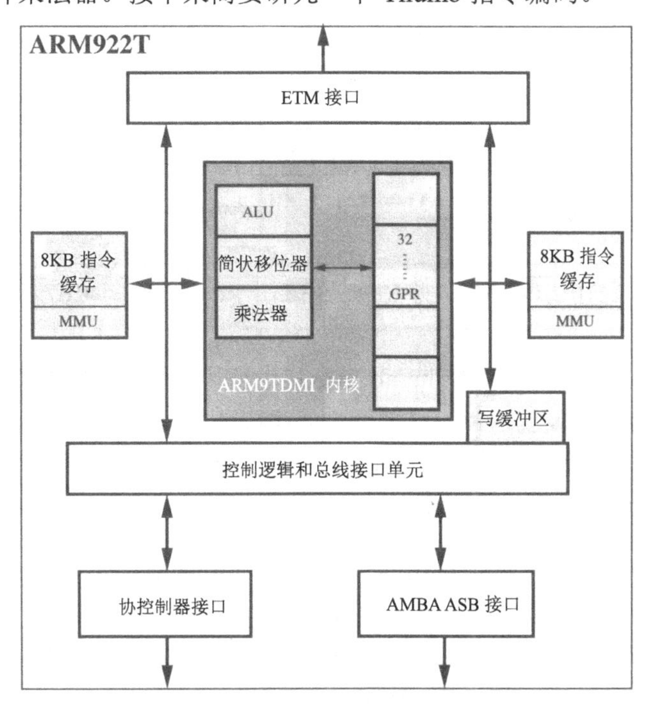

图 9-16　ARM922T 总体体系结构[378]，深灰色部分是 ARM9TDMI 内核的内部体系结构[379]

例 9.4　Thumb 指令编码

首先给出的指令是常规的 32 位编码，然后是同一指令的 Thumb 编码。第一条指令把一个 8 位的直接数 ADDS 到一个寄存器中，将结果存储在同一寄存器中，也就是 Rd = Rd + $immed_8$。

1110	00101001	Rd_4	Rd_4	0000	$immed_8$

虽然 Thumb 指令保持直接操作数长度为 8 位，但两个寄存器必须相同，寄存器选择从 16 减少到 8 个寄存器，从而适应 16 位指令：

00110	Rd_3	$immed_8$

算术右移(Atithmetic Shift Right，ASR)指令允许一个有符号数除以 2 的幂对应的一个值。移位次数由 5 位直接操作数指定。Rd 是目标寄存器，而 Rm 是源寄存器，也就是 Rd = Rm >>> $immed_5$。对于标准 32 位指令，16 个寄存器都可以使用，也就是：

1110	00011011	SBZ_4	Rd_4	$immed_5$	100	Rm_4	

对于 Thumb 编码，只有前 8 位可以用作源寄存器和目标寄存器，从而满足 16 位指令长度，也就是：

00010	$immed_5$	Rm_3	Rd_3

乘法运算只生成一个 32 位的结果，在 Thumb 指令中源寄存器和目标寄存器必须相同，也就是 Rd = $(Rm*Rd)_{32}$。Thumb 编码格式如下：

010000	1101	Rm_3	Rd_3

而等价的 32 位指令格式如下：

1110	00000001	Rd_4	SBZ_4	Rd_4	1001	Rd_4

从这个示例可以观察到：16 位 Thumb 指令集保留了 32 位 ISA 的大部分功能，而大多数操作是二操作数格式。也就是说，必须共享一个操作数，寄存器的数量从 16 减少到 8。

一些更复杂的指令(如乘-累加指令 MLA，在 ARM922T 中实际上是一种 4 操作数运算)在 Thumb 指令集中没有等价指令，如下面的示例所示。

例 9.5　用 32 位指令 MLA 计算 Rd = $(Rm*Rs)+Rn_{32}$ 的编码。如下：

$cond_4$	0000001	S	Rd_4	Rn_4	Rs_4	1001	Rm_4

可以看到这是一种 4 操作数运算，因此在 Thumb ISA 中没有指令与之匹配。

实际上 MLA(也称作 MAC)没有包括在 16 位 Thumb 指令集中非常可惜，因为 DSP 运

算中有很多 MAC。

3. Xilinx 与 Altera 器件上的 ARM Cortex-A9

Xilinx 和 Altera 都引入了包含 ARM Cortex-A9 双核处理器的新器件系列。Altera 的 Arria V 与 Cyclone V 器件以及 Xilinx 的 Zynq-7000 器件包括最新的 A9 双核。双方供应商使用的 Cortex-A9 版本几乎相同，使得包含在器件上的附加功能和硬 IP 最有可能成为我们选择供应商的关键点。Xilinx 器件具备双 12 位 1 MSPS ADC 和更大的片上内存，可能会允许包括芯片的引导操作系统。Altera 系列拥有更快的传输速度(高达 100Gbps)、更多的逻辑资源，即 LE 和乘法器。

下面对图 9-17 中所示的 ARM 内核一探究竟。它有许多现代 32 位微处理器所期望的标准功能，比如：

- 800MHz 双核处理器
- 每 MHz 2.5 DMIPS 的双发射超标量流水线
- 32KB 指令和 32KB 数据 L1 4 路组关联高速缓存
- 共享 512KB、8 路关联 L2 缓存处理器
- 32 位定时器与看门狗

以及一些其他先进的功能，例如：

- 动态分支预测
- 带有推测的乱序多发射指令队列
- 32 体系结构至 56 物理寄存器的寄存器重命名
- 128 位 SIMD 处理的 NEON 媒体处理加速器
- 支持+、-、*、/和平方根的单精度和双精度浮点运算
- 用于代码压缩的 Thumb-2 技术
- 配置 32 位、64 位、128 位 AMBA AXI 接口
- 支持许多 I/O 标准，例如 CAN、I^2C、USB、Ethernet、SPI 以及 JTAG
- 与 L1 和 L2 一起运行以确保数据一致的 MMU

对 ARM A9 操作系统的支持有多种提供来源。有开放源代码工具，如 Linux、Andriod 2.3 和 FreeRTOS。此外，商业操作系统的支持也是可用的，如 WindRiver Linux 或 VxWorks、iVeia Andriod 或 Xilinx PetaLinux。

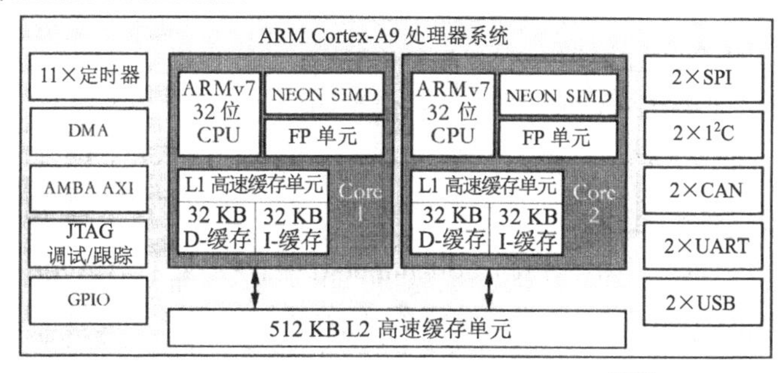

图 9-17 ARM Cortex-A9 整体体系结构[380]

9.5.2 软内核微处理器

Altera 和 Xilinx 都提供自己的专用微处理器软内核。这些处理器并不试图复制行业标准的处理器，而是利用现有 FPGA 的特殊硬件元件。例如，Xilinx PicoBlaze 利用 LE 可以用作双端口 RAM 的功能，从而使处理器的面积要求非常小；Altera 的 Nios 处理器用 M4K 存储模块代替寄存器文件，从而节省了大量 LE。

最常用的基于 FPGA 的行业标准处理器都是由第三方供应商通过 FPGA 供应商合作程序提供的。这里找到的常用嵌入式微处理器软内核有 Motorola 的 68HC11、Microchip 的 PIC 或 Texas Instruments 的 TMS320C25。接下来仔细了解一下这些基于 FPGA 的软内核处理器。

1. 8 位处理器：Xilinx PicoBlaze

许多指令集都有相应的 8 位软内核，如 Intel 的 8080 或 8051、Zilog 的 Z80、Microchip 的 PIC 系列、MOS Technology 的 6502(在早期 Apple 和 Atari 计算机中流行)、Motorola/Freescales 的 68HC11 或 Atmel AVR 微处理器。在 www.edn.com/microprocessor 网站上提供了当前控制器的一个完整列表。8 位微控制器已经成为最受欢迎的控制器。每年销售大约 30 亿个控制器，而 4 位和 16/32 位控制器的销量只有 10 亿。4 位控制器通常达不到所要求的性能，而 16 位和 32 位控制器通常又太昂贵。

微控制器市场上一个最重要的驱动力是汽车和家用电器市场。例如，在汽车中只有音响和引擎控制需要高性能的微控制器，而其他 50 多个微控制器都用在诸如电动后视镜、气囊、速度表和门锁等设备上。Xilinx PicoBlaze 特别适合这些常见的 8 位应用，并提供了一个良好且免费的开发平台。内核的汇编程序/链接程序/加载程序和 VHDL 代码都免收版权使用费。为 Xilinx 器件优化(很多函数的底层 LUT 实现类似于 ALU，寄存器文件使用双端口存储器，这使得很难使用 Altera 器件)的内核非常小，其关键功能和性能(依赖于所用器件系列)数据如下，请参阅图 9-18。

- 16 字节宽的通用数据寄存器
- 256~1024 指令字
- 带有进位和零标记的字节宽 ALU 运算
- 64 字节内部暂存 RAM
- 256 个输入/输出端口
- CALL/RETURN 栈的 4~31 个位置
- 每个指令需要两个时钟周期
- 从 CoolRunner II 的 21 MIPS 到 Virtex-4 的 100 MIPS
- 指令长度为 16~18 位
- 8~16 个 8 位寄存器
- 76~96 个切片(Virtex/Spartan)或 CoolRunner-II 中的 212 个宏单元

还有 Francesco Poderico 编写的免费 C 编译器，免收版权使用费，可以从网站 www.xilinx.com 下载。

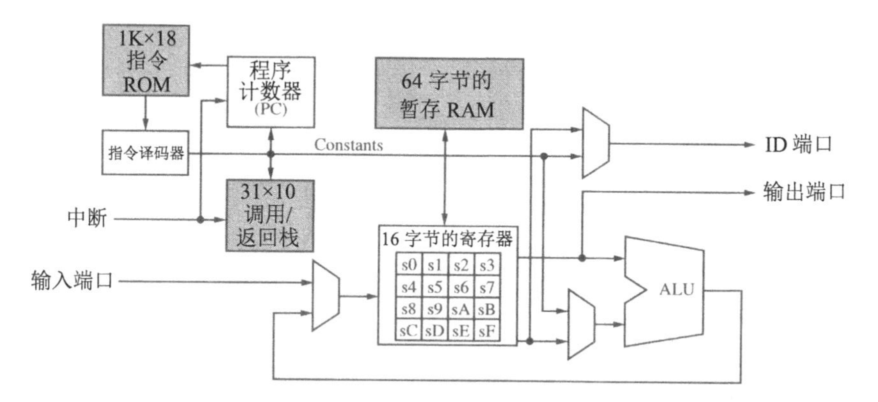

图9-18　Xilinx的PicoBlaze(也就是KCPSM内核)

例9.6　下面的C代码段:

```
// DSPstone benchmark 1
char a, b, c, d;
void main()
{ d = c + a *b; }
```

将为PicoBlaze编译成如下汇编代码:

```
;*****************************************************************
;         Picoblaze Small C Compiler for Xilinx PicoBlaze
;  Picoblaze C Compiler for PicoBlaze, Version alpha 1.7.7
;*****************************************************************
NAMEREG sf , XL
NAMEREG se , YL
NAMEREG sd , ZL
NAMEREG sc , XH
NAMEREG sa , ZH
NAMEREG sb , TMP
NAMEREG s9 , SH
NAMEREG s8 , SL
NAMEREG s7 , KH
NAMEREG s6 , KL
NAMEREG s5 , TMP2
CONSTANT _a , ff
CONSTANT _b , fe
CONSTANT _c , fd
CONSTANT _d , fc
LOAD YL , fc
JUMP _main
```

```
;// DSPstone benchmark 1
;char  a, b, c, d;
;void main(){
_main:
;d = c + a*b;
INPUT ZL ,_c
SUB YL , 01
OUTPUT ZL,(YL)
INPUT ZL ,_a
SUB YL , 01
OUTPUT ZL,(YL)
INPUT ZL ,_b
INPUT XL,(YL)
ADD YL , 01
LOAD XH,XL
AND XH,80
JUMP Z,L2
LOAD XH,ff
L2:
LOAD ZH,ZL
AND ZH,80
JUMP Z,L3
LOAD ZH,ff
L3:
call _sign_mult
INPUT XL,(YL)
ADD YL , 01
ADD XL , ZL
OUTPUT XL,_d
;}
_end_main: jump _end_main; end of program!

; MULT SUBROUTINE
_mult:
LOAD TMP , 0f
LOAD SL, XL
LOAD SH, XH
LOAD XL, 00
LOAD XH, 00
_m1: SR0 ZH
SRA ZL
JUMP NC , _m2
ADD XL , SL
ADDCY XH , SH
```

```
_m2: SL0 SL
SLA SH
SUB TMP , 01
JUMP NZ , _m1
LOAD ZL,XL
LOAD ZH,XH
RETURN
_sign_mult:
LOAD TMP2,00
LOAD TMP,XH
AND TMP,80
JUMP Z,_check_member2
LOAD TMP2,01
XOR XL,ff
XOR XH,ff
ADD XL,01
ADDCY XH,00
_check_member2:
LOAD TMP,ZH
AD TMP,80
JUMP Z,_do_mult
XOR TMP2,01
XOR ZL,ff
XOR ZH,ff
ADD ZL,01
ADDCY ZH,00
_do_mult:
CALL _mult
AND TMP2,01
JUMP NZ,_invert_mult
RETURN
_invert_mult:
XOR XL,ff
XOR XH,ff
ADD XL,01
ADDCY XH,00
RETURN

;0 error(s) in compilation
```

从这个示例可以看出，C 编译器使用了这种短 DSP 编码序列的很多指令；更糟的是，因为 PicoBlaze 像大多数 8 位微控制器那样不具有硬件乘法，乘法是通过一系列移位和加法进行，这会进一步降低程序的速度。

尽管 Altera 不提供自己的 8 位微控制器，但 AMPP 合作方支持多个指令集，如 8081、Z80、68HC11、PIC 和 8051，请参阅表 9-21。对于 Xilinx 器件，除了 PicoBlaze 以外，还支持 8051、68HC11 和 PIC ISA。

表 9-21　FPGA 8 位 ISA 支持，供应商：DI = Dolphin Integration(法国)；
CI = CAST 有限公司(美国新泽西)；DCD = Digital core design(波兰)

微处理器名称	所 用 器 件	LE/切片	BRAM/M9K	速度(MHz)	供应商
C8081	EP1S10-5	2061	3	108	CI
CZ80CPU	EP1C6-6	3897	—	82	CI
DF6811CPU	Stratix-7	2220	4	73	DCD
DFPIC1655X	Cyclone-II-6	663	N/A	91	DCD
DR8051	Cyclone-II-6	2250	N/A	93	DCD
Flip8051	Xc2VP4-7	1034	N/A	62	DI
DP8051	Spartan-III-5	1100	N/A	73	DCD
DF6811CPU	Spartan-III-5	1312	N/A	73	DCD
DFPIC1655X	Spartan-III-5	386	3	52	DCD
PicoBlaze	Spartan-III	96	1	88	Xilinx

注意如何用仅有的 177 个 4 输入 LUT 优化 PicoBlaze 的底层硬件，使其成为 Xilinx 器件的最小、最快的 8 位微控制器。

2. 16 位处理器：Altera Nios

Nios 嵌入式处理器是具有 16 位或 32 位数据通路的一个可配置 RISC 处理器。Nios 嵌入式系统可以用任意数量个外围设备创建。图 9-19 显示了 Nios 处理器的 SOPC 构建程序 32 位标准配置。

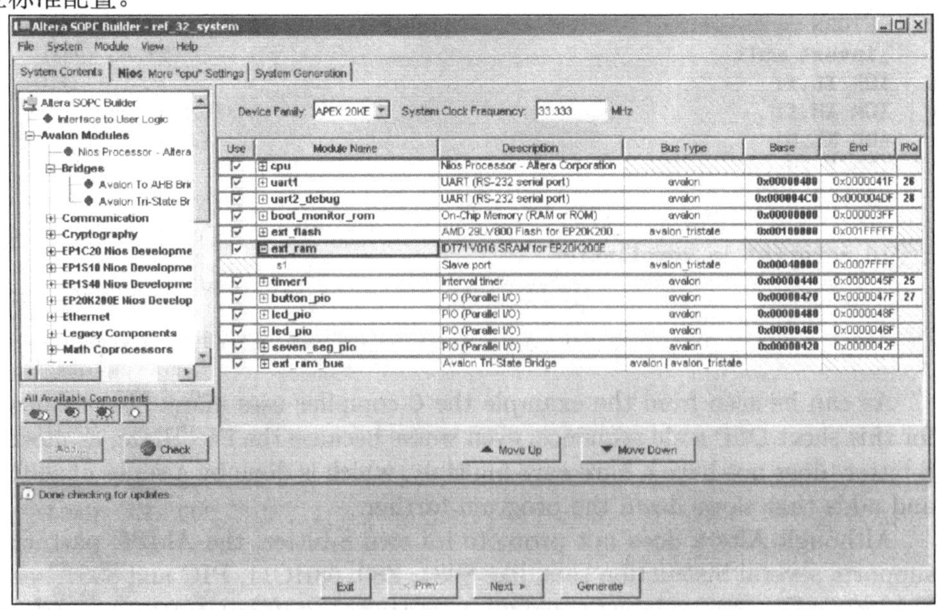

图 9-19　SOPC Nios 32 位标准处理器模板

表 9-22 给出了 Nios 嵌入式处理器的基础内核大小以及一些 IP 内核外围设备，后者集成了标准 Nios 嵌入式处理器，从而构成完成的微处理单元。大多数外围设备都可以参数化，从而符合特定的应用，并可以在单个微处理器中多次初始化。此外，用户设计的逻辑和外围设备可以与 Nios 处理器集成起以交付一个唯一的微处理器。这些自定义微处理器的创建用 Altera SOPC 构建工具几分钟就可以完成，合成后可以运行在任何 Altera FPGA 上。除了图 9-19 中所列的 IP 内核以外，SOPC 构建程序还支持来自 Altera 的 IP 内核和 Altera 的兆函数合作程序(Altera's Megafunction Partners Program，AMPP)。

表 9-22　Nios 内核和外围尺寸、LE 数量以及嵌入式阵列模块(M1K)

单　元	LE	M9K
16 位数据通路 Nios	950	2
32 位数据通路 Nios	1250	3
UART，固定波特率	170	
定时器	244	
串行外围接口(SPI)：8 位主，1 位从	103	
SPI：8 位主，两位从	108	
通用 I/O：32 位，三态	138	
SDRAM 控制器	380	
外部存储器/外围设备：32 位	110	
外部存储器/外围设备：16 位	85	

版本低于 2.0 的 Nios 处理器具有一个 3 级的流水线(加载、解码和执行)，每条指令占用可预测的一段时间。对于版本高于 2.0 的 Nios 处理器，3 级流水线可以用一个 5 级的流水线和复杂的提取逻辑—— 互锁以及风险管理代替。流水线逻辑对于程序员隐藏这些细节，从而使得更难于仅通过指令总数来分析执行时间，因为指令的延迟依赖于诸多因素，如前指令或后指令、操作数、存储位置等。Altera 为实际延迟可能很大的指令提供了最佳估计。某些典型指令的最小时钟周期估计如表 9-23 所示。

表 9-23　5 级流水线 Nios 处理器的 Altera 时钟周期[381]

函数名称	存储位置	时钟周期	注　释
ASR、ASRI、LSL、LSLI、LSR、LSRI	—	1	移位操作
MUL	—	2	16×16→32 位
JMP、CALL	—	2	控制流
LD、ST	片上	2	加载和存储
TRET	—	3	返回函数
TRAP	—	4	保持处理器
LD、ST	片外	4	加载和存储

由于包含自定义指令功能，因此 Altera Nios 不同于市场上的其他软内核处理器方案，如图 9-20 所示。自定义指令设计是在硬件中实现一系列标准复杂指令，从而减少通过软件获取单指令宏的过程。自定义指令能够用于实现单周期(组合的)和多周期(序列的)操作的复杂处理任务。另外，这些用户添加的自定义指令可以访问 Nios 系统外的存储器和逻辑。作为案例研究部分的一个示例设计，我们将研究基 2 FFT 和 DCT 使用的位递序操作的自定义实现。

由于在 FPGA 器件中能够获取的密度范围较宽和 Nios 嵌入式系统的规模较小，系统设计人员可以将复杂问题分成较小的任务，并使用多个 Nios 嵌入式处理器。这些 Nios 处理器可以通过可选性较宽的外围设备定制，相比非常复杂的微处理器系统较简单。以低成本器件为目标，定制的嵌入式系统能在工业中以最低的成本实现。

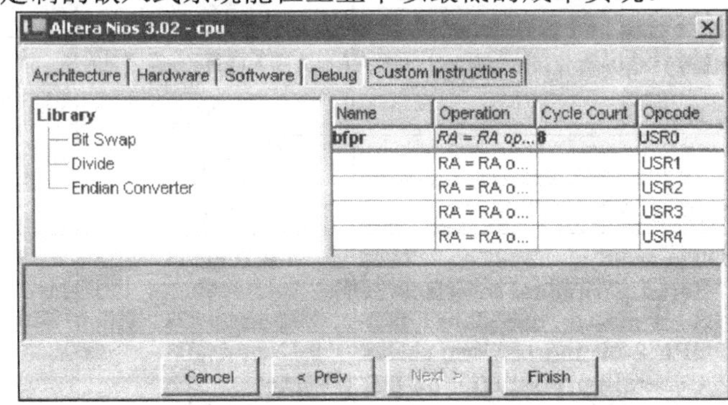

图 9-20　Nios 处理器的自定义指令功能

图 9-20 所示的 Nios 处理器具有流水线的通用 RISC 体系结构[353,382~385]。32 位处理器拥有一条单独的 16 位指令总线和一条 32 位数据总线。虽然寄存器文件可以配置成具有 128、256 或 512 个寄存器，但一次只能通过软件使用滑动窗口作为通用寄存器访问其中的 32 个寄存器，以构成完整的微处理单元。有大量内部寄存器用于加速子例程调用和局部变量访问。CPU 模板通常由指令缓存和数据缓存配置而成，这可以提高其性能。Nios 指令集经配置可以提升软件性能，还可通过增加自定义指令或使用有处理器模板提供的预定义指令集扩展进行修改。表 9-24 中列出了优化 Nios 处理器的三个预定义乘法器，给出了每个乘法器选项所需的时钟周期数量和规模：

- MUL 指令包含一个硬件 16 位×16 位整数乘法器。
- MSTEP 指令提供了在一个时钟周期内执行一步 16 位×16 位乘法的硬件。
- 软件乘法使用 C 运行时库实现具有移位序列和加法指令的整数乘法。

表 9-24　Nios 处理器内核乘法器选项

乘 法 选 项	时钟周期 32 位乘积	硬件工作量
软件	80	0
MSTEP	18	14~24 个 LE
MUL	3	427~462 个 LE

这三个可选乘法器都可用于实现软件的 16 位×16 位乘法。额外的硬件工作量随总体处理器体系结构的不同而有所变化。

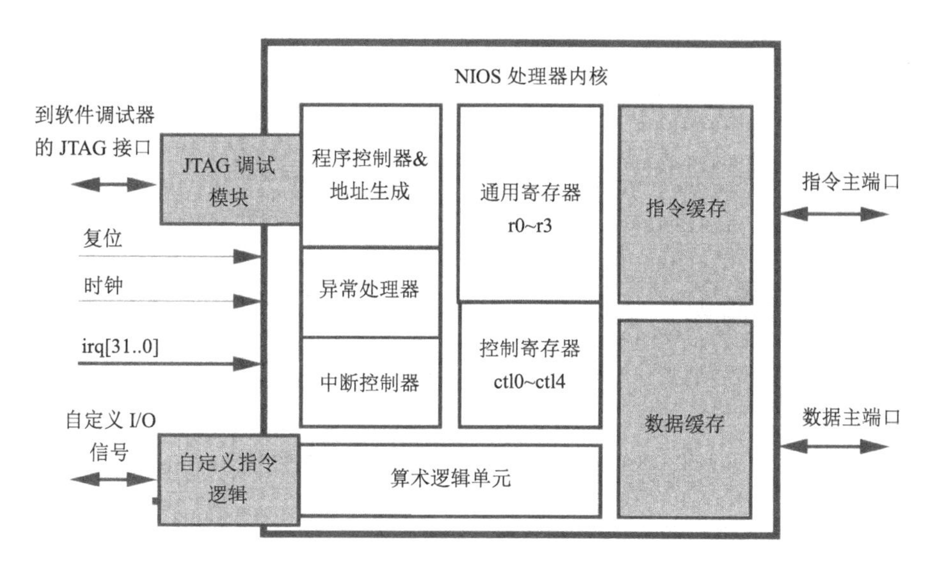

图 9-21　Nios 处理器内核

其他的 16/24 位微处理器是由 IP 供应商提供的，IP 供应商可重构标准的 PDSP(Motorola 56000；TI TMS320C25)或 GPP(Motorola 68000)。表 9-25 总结了可用内核和所需资源。

表 9-25　FPGA 16/24 位 ISA 支持，供应商：CI = CAST 有限公司(美国新泽西)；DCD = 数字核设计公司(波兰)

微处理器名称	所用器件	LE/片	BRAM	速度(MHz)	供　应　商
C32025TX	Stratix II	3916	18 M4K	68	CI
C68000	Stratix V	4429	—	114	CI
D68000	Cyclone-6	6604	n/a	44	DCD
C80186EC	Stratix IV	8042 LEs	—	90 MHz	CI
C322025 PDSP	Kintex-7	983 slices	—	159	CI
D68000	Virtex-II PRO-7	3415	n/a	65	DCD

3. 32 位处理器：Xilinx MicroBlaze

接下来以 Xilinx MicroBlaze 为例研究一个32 位的软内核处理器。MicroBlaze 是一个哈佛体系结构的 32 位数据和指令 RISC 处理器，它有 3~5 个流水线级。MicroBlaze 内核的标准关键功能总结如下：

- MicroBlaze 区域优化是 3 个流水线级的内核，性能为 1.03 DMIPS/MHz
- MicroBlaze 性能优化是 5 个流水线级的内核，性能为 1.38 DMIPS/MHz

- ALU、移位器和 32×32 的寄存器文件是标准配置

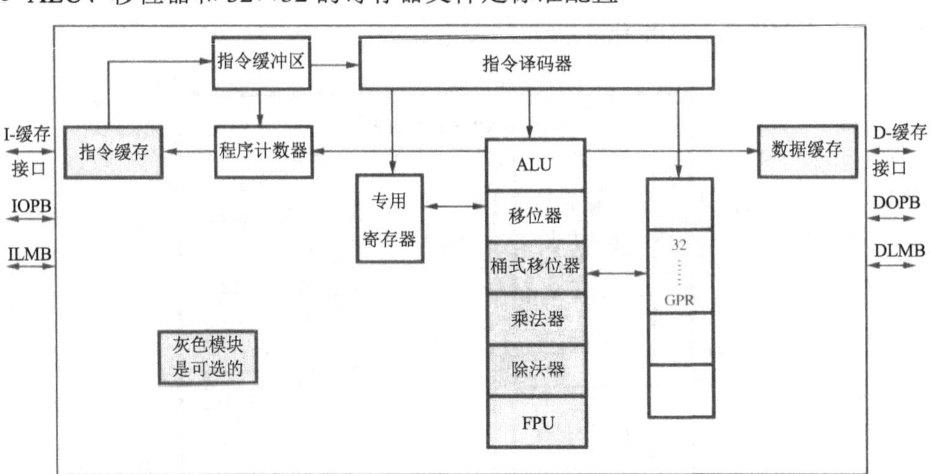

图 9-22　Xilinx 的 MicroBlaze 软内核体系结构内核

配置时的可选项包括：

- 筒状移位器
- 阵列乘法器
- 除法器
- 加法、减法、乘法、除法和比较的浮点单元
- 2KB~64KB 的数据缓存
- 2KB~64KB 的指令缓存

5 级流水线按如下步骤执行：(1)提取，(2)解码，(3)执行，(4)存储器访问和(5)写回。

数据和指令缓存具有直接映射的缓存体系结构。缓存可以 4 个字或 8 个字的块形式访问。一个或多个 BlockRAM 用于存储数据，另一个 BlockRAM 用于存储标记数据。下面研究一个典型的缓存配置。

例 9.7　MicroBlaze 缓存配置

接下来设计只使用两个 BlockRAM 的 1 个缓存。由于 Spartan-3 与 Spartan-6 中的 BlockRAM 大小为 16KB，可以得出结论，对于 32 位的字大小，可以在单个 BlockRAM 中存储 512×32 个字。使用小于 16Kbit 或 2KB 的缓存并不能真正节省资源，而这也是可用的最小缓存。接下来必须确定使用每行 4 个字还是每行 8 个字的配置。通常每行 8 个字可以寻址更大的外部存储器，而每行 4 个字的解码器更快一些，因此首先选择每行 4 个字，看一下可以寻址的最大外部存储器是多大。

在缓存中有 512 个字，每行 4 个字可以在标记存储器中存储 128 个标记。标记 BlockRAM 需要配置成 128×32 的存储器。每一行需要一个有效位，而每个字需要 4 个有效位，这给标记留下至多 27 位。从而外部存储器的地址空间限制为 27 个标记位加缓存用来寻址 2KB 地址空间的 11 个 LSB，也就是说，可以寻址一个 38 位的字，即 2^{38} = 256GB 的存储器。这应该比实际的主存储器大得多，也比 MicroBlaze 的 32 位地址空间大。这一

配置(用 13 个标记位寻址 Nexsys 开发板的 16MB 空间)如图 9-23 所示。

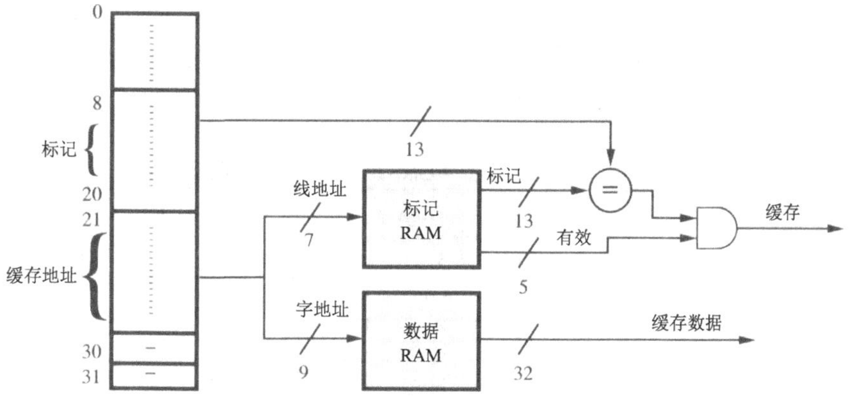

图 9-23　MicroBlaze 缓存对于 16MB 缓存的配置

Xilinx 的顶级产品允许使用一个 64KB 的缓存存储器。这样对于缓存数据单独就需要 32 个 BlockRAM。如果使用更多的 BlockRAM 以存储标记，就得再次决定使用每行 4 个字还是每行 8 个字的配置方案。64KB 需要 16K 个字，每行 4 个字的 4K 行配置方案。对于 4K 行需要使用 $2^{12}\times4$ 的 BlockRAM 配置方案。因为这需要 4 个有效位和一个行位，所以一个 BlockRAM 对标记将不够用。标记用两个 BlockRAM 就需要对标记使用 3 位，也就是说，主存储器的大小为 512KB。每增加一个 BlockRAM，主存储器就增加 16 倍。

有关配置方案的其他示例请参阅练习 9.33 和 9.34。

有了上述选择就可以使用一个缓存存储器了，但对于 MicroBlaze 还有一个问题：什么才是获得最优性能的最佳存储器配置呢？这一问题已由 Fletcher[386]评估过，结果如表 9-26 所示。对于几乎所有嵌入式微处理器，当 FPGA 只驻留处理器、程序，且数据保存在外部 SRAM 存储器中时，如果增加一个芯片上的数据和/或程序缓存，就会提高性能，如表 9-26 的第 4 行和第 5 行所示。但如果能将整个主存储器都放置在 FPGA 内部，就比用外部存储器加上缓存的设计的性能更好。表 9-26 所示的 Dhrystone 基准适合放置在 FPGA BlockRAM 内部，比传统计算机中的 SPEC 基准小得多。

表 9-26　不同存储器组织的 DMIPS 比较(D = 数据(data)；I = 程序存储器(program memory))

外部 SRAM		内部 缓存		内部 BRAM		LE	DMIPS
D	I	D	I	D	I		
√	√	—	—	—	—	8718	7.139
√	√	√	√	—	—	9076	29.13
—	√	—	—	√	—	8812	47.81
—	—	—	—	√	√	8718	59.78

另一种由 Altera 和 IP 供应商提供的 32 位微处理器(如 Motorola 68000)，重构了自定义或标准 GPP。Altera Nios II 有三种不同版本：快速 6 级流水线版本提供 1.1.13 DMIPS/MHz 的性能，5 级流水线的标准版本提供 0.64 DMIPS/MHz 的性能，具有最小内核和一级流水线的经济版本提供 0.15 DMIPS/MHz 的性能。表 9-27 总结了可用内核和所需资源。

表 9-27　FPGA 32 位 ISA 支持，供应商：CI = CAST 有限公司(美国新泽西)；N/A = 未知数据

微处理器名称	所用器件	面积	BRAM / M9K	速　度	供　应　商
C68000-AHB	Stratix II	4053 ALUT	5	98 MHz	CI
Nios-II 快速型	Stratix IV	900 ALM	N/A	340 DMIPS	Altera
Nios-II 标准型	Stratix V	700 ALM	N/A	170 DMIPS	Altera
Nios-II 经济型	Stratix V	350 ALM	N/A	50 DMIPS	Altera
C68000-AHB	Virtex-6	1466 slices	5	125 MHz	CI

9.6　案例研究

最后学习三个更详细的设计项目。第一个案例研究是完整的零地址(也就是栈机)的 HDL 设计，它使用 9.4 节开发的汇编程序和 C 编译器开发。第二个案例研究是基于 LISA 的 DWT 处理器设计，该设计表明用几条 LISA 指令就可以构建各种各样的设计项目(从简单的微处理器到实际的向量处理器)[387]。最后的案例研究揭示自定义 DSP 模块如何与 Altera 的 Nios 处理器紧密耦合在一起，还将讨论 FFT 蝶形处理器的选择和软硬件的优化[388, 389]。

9.6.1　T-RISC 栈处理器

现在从简单的栈机开始探讨。尽管栈机又叫作零地址机，但在指令中还是需要一些位来定义直接操作数。如果选择 8 位数据和 4 位指令，就可以定义 16 条指令以及在仿真中由三个半字节很容易表示的一个 12 位的数据字。可以选择 7 条 ALU 指令(0~6)、5 条数据移动指令(7~11)和 4 条控制流指令。对指令集更具体的说明如下：

- ALU 指令使用栈的第 1 个元素(Top Of the Stack，TOS)和第二个元素(如果适用的话)，可以进一步细分为：
  - 4 种算术运算：ADD、SUB、MUL 和 INV。
  - 3 种逻辑运算：OPAND、OPOR 和 OPNOT。
- 数据移位指令将数据从栈顶移出或移到栈顶：
  - POP <var> 将 TOS 的数据字存储到存储位置 var。
  - PUSH <var> 从存储器加载数据字 var 并将其放置在 TOS 上。
  - PUSHI<imm> 将立即值 imm 放置在 TOS 上。

- ➢ SCAN 从输入端口读取 8 位数据并将其放置在 TOS 上。
- ➢ PRINT 从 TOS 写入 8 位数据并将其写到输出端口。
- 4 条程序控制指令分别是：
  - ➢ CNE 和 CEQ，比较栈顶的两个元素，从而相应地设置跳转控制寄存器 JC。
  - ➢ CJP <imm> 如果把 JC 设置为真，就令 PC 加载立即值 imm。
  - ➢ JMP <imm> 令 PC 加载立即值 imm。

由于用 Cyclone II 器件只能实现同步存储器，因此必须为输入数据或地址使用寄存器。这不可能在一个时钟周期内完成 PC 更新、程序、数据和 TOS 更新，最少要使用两个时钟周期。图 9-24(a)给出了实现的时序。PC 在第一个下降沿更新。这一更新用作程序存储器的地址的输入。程序存储器的输出数据在下一个上升沿存储在 PROM 输出寄存器中。然后解码指令，仅对于 POP 操作在下一个下降沿将 TOS 存储在数据存储器中。对于任意 ALU 或 PUSH 操作，存储器都是通过 ALU 路由，并在下一上升沿时存储到 TOS 寄存器中。同时更新栈中的值。流行的 HP41 袖珍计算器使用的一个 4 值栈可以提供足够的栈深度。由于采用了这种短栈，使用寄存器要比使用 LIFO M9K 存储模块更容易。以上时序工作适用于除了控制流指令以外的所有指令。由于比较的值必须存储在 JC 寄存器中，因此这需要一个额外时钟周期来实现条件跳转操作。在第一步更新 JC 寄存器，在下一时钟周期根据 JC 寄存器更新 PC，如图 9-24(b)所示。

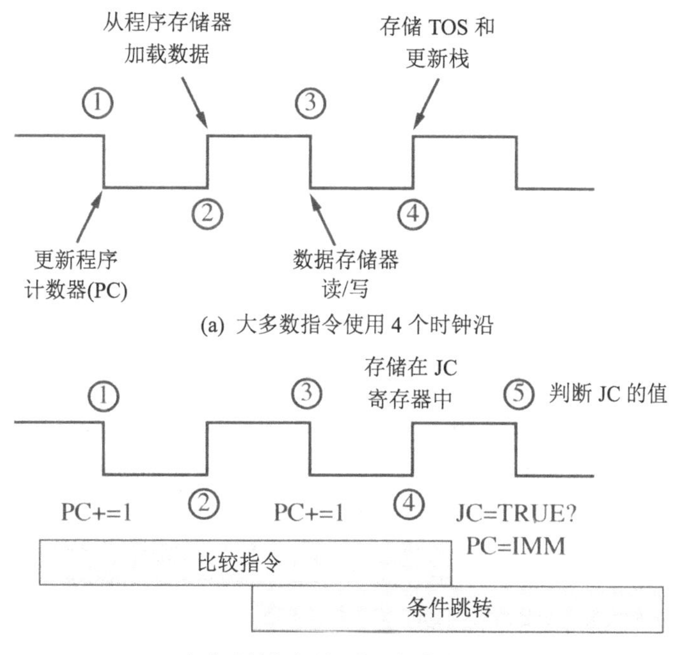

图 9-24　T-RISC 操作的时序

例 9.8　栈机

以下 VHDL 代码[6]给出了 4 输入栈机。在仿真中给出了作为测试程序的阶乘计算。

```
-- Title: T-RISC stack machine 4/e
-- Description: This is the top control path/FSM of the
-- T-RISC, with a single 3 phase clock cycle design
-- It has a stack machine/0-address type instruction word
-- The stack has only 4 words.
LIBRARY ieee; USE ieee.std_logic_1164.ALL;

PACKAGE n_bit_int IS                -- User defined types
  SUBTYPE SLVA IS STD_LOGIC_VECTOR(7 DOWNTO 0);
  SUBTYPE SLVA IS STD_LOGIC_VECTOR(7 DOWNTO 0);
  SUBTYPE SLVA IS STD_LOGIC_VECTOR(11 DOWNTO 0);
END n_bit_int;

LIBRARY work;
USE work.n_bit_int.ALL;

LIBRARY ieee;
USE ieee.STD_LOGIC_1164.ALL;
USE ieee.STD_LOGIC_arith.ALL;
USE ieee.STD_LOGIC_signed.ALL;

ENTITY trisc0 IS
 GENERIC (WA : INTEGER := 7;   -- Address bit width -1
          WD : INTEGER := 7);  -- Data bit width -1
 PORT(clk        : IN  STD_LOGIC; -- System clock
      reset      : IN  STD_LOGIC; -- Asynchronous reset
      jc_OUT     : OUT BOOLEAN;   -- Jump condition flag
      me_ena     : OUT STD_LOGIC; -- Memory enable
      iport      : IN  SLVD;      -- Input port
      oport      : OUT SLVD;      -- Output port
      s0_OUT     : OUT SLVD;      -- Stack register 0
      s1_OUT     : OUT SLVD;      -- Stack register 1
      dmd_IN     : OUT SLVD;      -- Data memory data read
      dmd_OUT    : OUT SLVD;      -- Data memory data write
      pc_OUT     : OUT SLVA;      -- Progamm counter
      dma_OUT    : OUT SLVA;      -- Data memory address write
      dma_IN     : OUT SLVA;      -- Data memory address read
      ir_imm     : OUT STD_LOGIC_VECTOR(7 DOWNTO 0);
                                  -- Immidiate value
```

6. 这一示例相应的 Verilog 代码文件 trisc0.v 可以在附录 A 中找到，附录 B 中给出了合成结果。

```
    op_code     : OUT STD_LOGIC_VECTOR(3 DOWNTO 0));
END;                              -- Operation code

ARCHITECTURE fpga OF trisc0 IS

  SIGNAL op   : STD_LOGIC_VECTOR(3 DOWNTO 0);
  SIGNAL imm, s0, s1, s2, s3, dmd : SLVD;
  SIGNAL pc, dma : SLVA;
  SIGNAL pmd, ir    : SLVP;
  SIGNAL eq, ne, mem_ena, not_clk : STD_LOGIC;
  SIGNAL jc        :  boolean;

-- OP Code of instructions:
  CONSTANT add      : STD_LOGIC_VECTOR(3 DOWNTO 0) := X"0";
  CONSTANT neg      : STD_LOGIC_VECTOR(3 DOWNTO 0) := X"1";
  CONSTANT sub      : STD_LOGIC_VECTOR(3 DOWNTO 0) := X"2";
  CONSTANT opand    : STD_LOGIC_VECTOR(3 DOWNTO 0) := X"3";
  CONSTANT opor     : STD_LOGIC_VECTOR(3 DOWNTO 0) := X"4";
  CONSTANT inv      : STD_LOGIC_VECTOR(3 DOWNTO 0) := X"5";
  CONSTANT mul      : STD_LOGIC_VECTOR(3 DOWNTO 0) := X"6";
  CONSTANT pop      : STD_LOGIC_VECTOR(3 DOWNTO 0) := X"7";
  CONSTANT pushi    : STD_LOGIC_VECTOR(3 DOWNTO 0) := X"8";
  CONSTANT push     : STD_LOGIC_VECTOR(3 DOWNTO 0) := X"9";
  CONSTANT scan     : STD_LOGIC_VECTOR(3 DOWNTO 0) := X"A";
  CONSTANT print    : STD_LOGIC_VECTOR(3 DOWNTO 0) := X"B";
  CONSTANT cne      : STD_LOGIC_VECTOR(3 DOWNTO 0) := X"C";
  CONSTANT ceq      : STD_LOGIC_VECTOR(3 DOWNTO 0) := X"D";
  CONSTANT cjp      : STD_LOGIC_VECTOR(3 DOWNTO 0) := X"E";
  CONSTANT jmp      : STD_LOGIC_VECTOR(3 DOWNTO 0) := X"F";

-- Programm ROM definition and value
  TYPE MEMP IS ARRAY (0 TO 19) OF SLVP;
  CONSTANT prom : MEMP :=
  (X"801", X"700", X"a00", X"701", X"901", X"801", X"c00",
   X"e11", X"900", X"901", X"600", X"700", X"901", X"801",
   X"200", X"701", X"f04", X"900", X"b00", X"F00");

-- Data memory definition
  TYPE MEMP IS ARRAY (0 TO 2**(WA+1)-1) OF SLVD;
  SIGNAL dram : MEMD;

BEGIN

  P1: PROCESS (clk, reset, op) -- FSM of processor
```

```
BEGIN -- store in register ?
   CASE op IS -- always store except Branch
     WHEN pop    => mem_ena <= '1';
     WHEN OTHERS => mem_ena <= '0';
   END CASE;
   IF reset = '1' THEN
     pc <= (OTHERS => '0');
   ELSIF Falling_edge(clk) THEN
     IF ((op=cjp) AND NOT jc ) OR  (op=jmp) THEN
       pc <= imm;
     ELSE
       pc <= pc + "00000001";
     END IF;
   END IF;
   IF reset = '1' THEN
     jc <= false;
   ELSIF rising_edge(clk) THEN
     jc <= (op=ceq AND s0=s1) OR (op=cne AND s0/=s1);
   END IF;
END PROCESS p1;

-- Mapping of the instruction, i.e., decode instruction
op   <= ir(11 DOWNTO 8);    -- Operation code
dma  <= ir(7 DOWNTO 0);     -- Data memory address
imm  <= ir(7 DOWNTO 0);     -- Immidiate operand

prog_rom: PROCESS (clk, reset)
BEGIN
  IF reset = '1' THEN                -- Asynchronous clear
    Pmd <= (OTHERS => '0');
  ELSIF rising_edge(clk) THEN
      Pmd <= prom(CONV_INTEGER(pc)); -- Read from ROM
  END IF;
END PROCESS;
Ir <= pmd;

data_ram: PROCESS (clk, reset, dram, dma)
MARIABLE idma : INTEGER RANGE 0 TO 255;
BEGIN
  Idma := CONV_INTEGER('0' & dma); -- force unsigned
  IF reset = '1' THEN                    -- Asynchronous clear
    dmd <= (OTHERS => '0');
  ELSIF falling_edge(clk) THEN
    IF mem_ena = '1' THEN
```

```
      dram(idma) <= s0;  -- Write to RAM
    END IF;
    dram <= dram(idma);  -- Read from RAM
  END IF;
END PROCESS;

P3: PROCESS (clk, reset, op)
VARIABLE temp: STD_LOGIC_VECTOR(2*WD+1 DOWNTO 0);
BEGIN
  IF RESET = '1' THEN                -- Asynchronous clear
    s0 <= (OTHERS => '0'); s1 <= (OTHERS => '0');
    s2 <= (OTHERS => '0'); s3 <= (OTHERS => '0');
    oport <= (OTHERS => '0');
  ELSIF rising_edge(clk) THEN
    CASE op IS                 -- Specify the stack operations
      WHEN pushi | push | scan => s3<=s2; s2<=s1; s1<=s0;
                                              -- Push type
      WHEN cjp | jmp | inv | neg => NULL;
                                  -- Do nothing for branch
      WHEN OTHERS =>  s1<=s2; s2<=s3; s3<=(OTHERS=>'0');
                                         -- Pop all others
    END CASE;
    CASE op IS
      WHEN add      =>   s0  <= s0 + s1;
      WHEN neg      =>   s0  <= -s0;
      WHEN sub      =>   s0  <= s1 - s0;
      WHEN opand    =>   s0  <= s0 AND s1;
      WHEN opor     =>   s0  <= s0 OR s1;
      WHEN inv      =>   s0  <= NOT s0;
      WHEN mul      =>   temp  := s0 * s1;
                         s0  <= temp(WD DOWNTO 0);
      WHEN pop      =>   s0  <= s1;
      WHEN push     =>   s0  <= dmd;
      WHEN pushi    =>   s0  <= imm;
      WHEN scan     =>   s0  <= iport;
      WHEN print    =>   oport <= s0; s0<=s1;
      WHEN OTHERS   =>   s0  <= (OTHERS => '0');
    END CASE;
  END IF;
END PROCESS P3;

-- Extra test pins:
dmd_OUT <= dmd; dma_OUT <= dma;   -- Data memory I/O
dma_IN <= dma; dmd_IN  <= s0;
```

```
    pc_OUT <= pc; ir_imm <= imm; op_code <= op;
                                                -- Program
    jc_OUT <= jc; me_ena <= mem_ena;  -- Control signals
    s0_OUT <= s0; s1_OUT <= s1;      -- Two top stack elements

  END fpga;
```

在编码中首先看到的是通用定义，随后是其中包括端口和测试引脚的实体。构造体部分由通用信号开始，然后将 16 条指令的操作码都以常数值形式列出。构造体主体的第一个进程 FSM 驻留用于控制微处理器的有限状态机。程序和数据存储器通过 ROM 和 RAM 模块例化。所有操作(包括栈的更新)都包括在 ALU 内。上述常量的定义允许使用非常直观的操作码。最后分配一些额外的作为可视输出端口的测试引脚，该设计使用了 171 个 LE、一个 M9K(VHDL 编码)或两个 M9K(Verilog 编码)和 1 个嵌入式乘法器，使用 TimeQuest 缓慢 85C 模型的时序电路性能 Fmax=92.66MHz。

前面针对阶乘程序的设计的仿真结果如图 9-25 所示。该程序开始时先从 iport 加载输入值。然后开始阶乘计算。首先对循环变量进行判断，如果它大于 1，将 x 乘以 k。然后将 k 递减，该程序跳转到循环的开始。两次循环后，该程序运行完毕，阶乘结果(2×3 = 6)被传递到 oport。

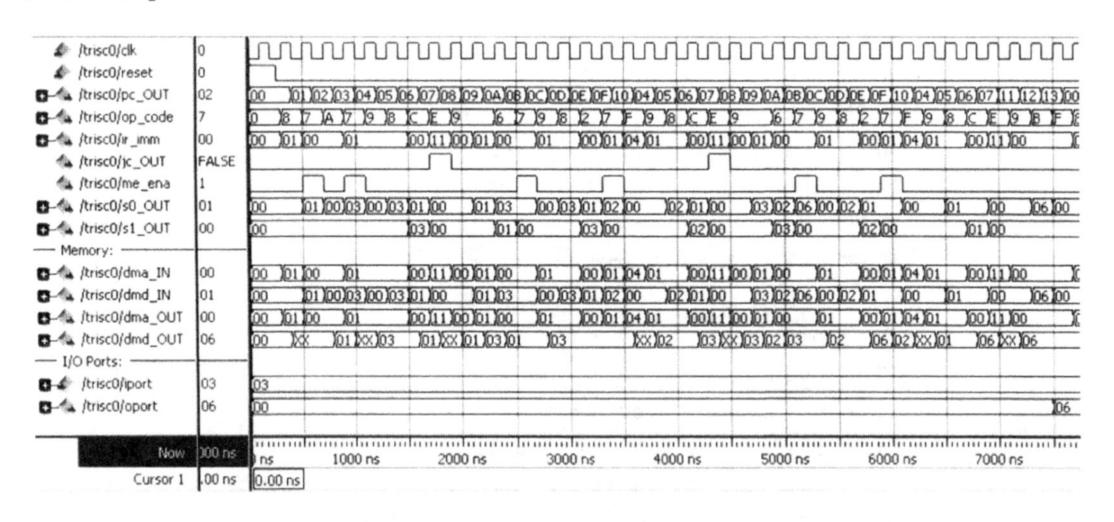

图 9-25　阶乘示例的 T-RISC 仿真

9.6.2　LISA 小波处理器的设计

与算法的直接硬件实现相比，微处理器是一种更为有效地利用 FPGA 资源的方法，并在近年来成为 FPGA 供应商最重要的 IP 模块。例如，Altera 报告仅在前三年就销售了 1 万套 Nios 微处理器开发系统。Xilinx 报告它们的 MicroBlaze 微处理器下载数量更大。

新一代设计工具可以让软件开发人员把算法表达式直接植入 FPGA 硬件而无须学习传统硬件设计技术。这些工具和相关的设计方法被统称为电子系统级(Electronic System-Level，ESL)设计，泛指系统设计和验证方法，以比目前主流 HDL 更高的抽象层次为起点。例如，指令集体系结构语言(Language for Instruction Set Architecture，LISA)允许设计人员只用几个 LISA 操作就可以精确地指定处理器指令或周期，然后使用工具生成器和探查器分析探索体系结构(请参阅图 9-26)，并通过自动合成的 VHDL 或 Verilog 代码来确定速度、规模和功率参数。ESL 工具已经存在了一段时间，许多人认为这些工具主要集中在 ASIC 设计流程上。但在 65nm 技术中 ASIC 掩码收费 400 万美元的情况下，采用 FPGA 的设计数量正在迅速增加。实际上，越来越多的 ESL 工具提供商(如 Celoxia、Codetronix、Synopsys、Binachip、Impluse Accelerated、Mimosys 等公司)都将主要精力放在可编程逻辑器件上。

如今，大多数微处理器均用在嵌入式系统中。这个数字并不令人惊讶，因为现今一个典型的家庭都会有一台兼具一个高性能微处理器，但可能有数十个嵌入式系统的笔记本电脑/台式机，包括电子娱乐设备、家用电器和通信设备，其中每一个都可能装有一个或多个嵌入式处理器。一辆现代汽车一般有 50 多个微处理器。嵌入式处理器通常是由相对较小的团队在较短时间内针对市场需求开发的，并且处理器设计的自动化显然是一个非常重要的问题。一旦有新的处理器模型可用，就会通过现有的硬件合成工具在 FPGA 上实现。然而嵌入式处理器的设计一般从更高的抽象层次开始，甚至远远超出了一个指令集，在找到最佳硬件/软件划分前要涉及几个体系结构探讨周期。事实证明，这需要大量软件开发和分析工具。而这些通常手动编写——迄今为止，设计嵌入式处理器成本高并且效率低的根源就在于此。LISA 处理器设计平台(LPDP)最初由德国亚琛理工大学集成信号处理系统研究所开发，现已成为 Synopsys 公司的产品。该平台使用高度创新和令人满意的方式解决这些问题，如图 9-26 所示。LISA 语言支持以分析为基础的处理器模型的逐步细化，其精度可达一个周期，还支持 VHDL 或 Verilog RTL 合成模型。以完美的方式避免了模型的不一致，而这在传统的设计流程中是不可避免的。从简单的 RISC 到高度复杂的 VLIW 处理器，微处理器都已经使用 FPGA 的 LPDP 和基于单元的 ASIC 描述并成功实现。

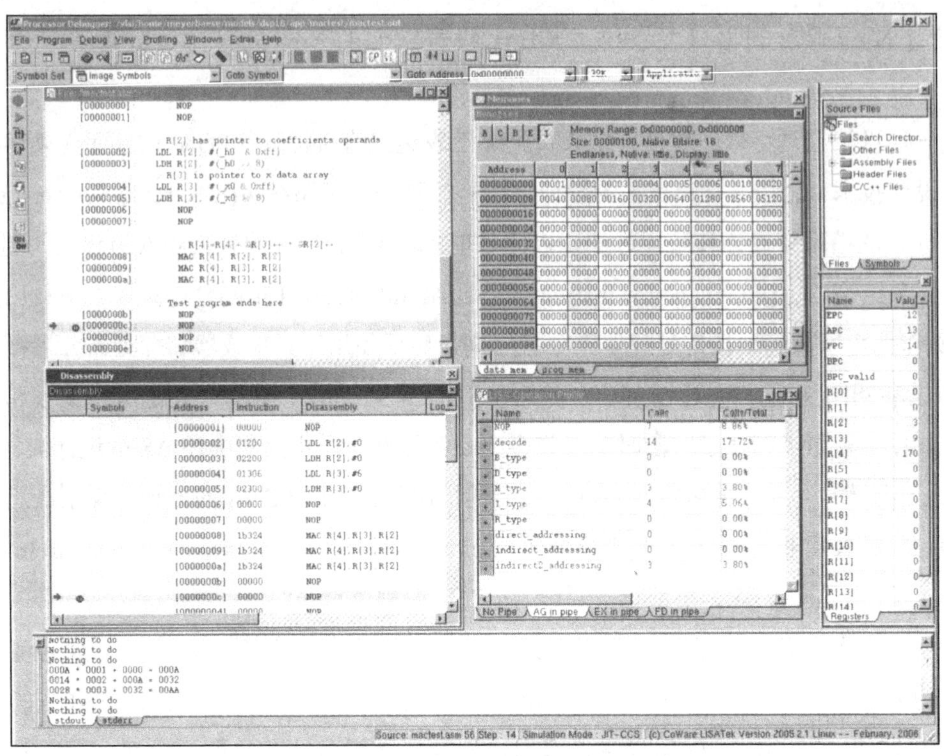

图 9-26 LISA 开发工具：(左)反汇编程序；(中)存储器监视器和流水线分析；(右)文件和寄存器窗口

Synopsys 公司提供 14 种不同模型。其中包括 7 个用作 Synopsys 公司培训材料的一部分的教学模型。有些模型具有多种版本，如 QSIP_X 模型中十多种不同的设计。提供 4 个初始模型，并用作启动新体系结构的框架。同时还包括 3 种不同的 IP 模型，用于传统体系结构。所有模型都可精确到指令，并且大多数模型都是哈佛类型的 RISC 模型，这些 RISC 模型同样精确到周期。流水线级数在3 和 5之间。提供所有类型的现代处理器：从简单的 RISC(QSIP)到 PDSP(如 LT_DSP_32p3)以及 VLIW LT_VLIW_32p4，再到特殊处理器(如 16~4096 点的 FFT 处理器 LT_FFT_48p3)。表 9-28 列出了一些示例模型的属性。

表 9-28 LISA 示例模型(CC=由 C 编译器生成)

名　称	CC	流水线级数	说　明
QSIP_X	—	3	• 哈佛 RISC 体系结构 • 12 个不同的教学版本 • 单周期 ALU • 流水线和零流水线版本
LT_DSP_32p3	√	3	• 带有 MAC 的单周期 ALU • 零开销循环 • 32 位指令 • 24 位数据通路 • 48 位累加器

(续表)

名　称	CC	流水线级数	说　明
LT_VIEW_p4	—	4	• 类似 ISA 的 QSIP • 并行加载/存储 • 并行算术指令

1. LISA 18 位指令字 RISC 处理器

虽然 Xilinx 公司提供一个 32 位的 MicroBlaze 和一个 8 位的 PicoBlaze RISC 处理器，但是没有提供 DSP 算法所用的 16 位或 24 位处理器。接下来就用 LPDP 设计这样一个 16 位 RISC 计算机。因为 16 位处理器适合位于 Micro-和 PicoBlaze 之间，所以将这一 RISC 处理器命名为 NanoBlaze。

对于 FPGA 设计，可以从 LISA 2.0 QSIP_12 模型的 3 级流水线 RISC 教学设计开始，并扩展 ISA 使其更适合用于 FPGA 设计。由于 Xilinx FPGA 中的 BlockRAM 均为 18 位宽，因此指令字也应为 18 位宽。当使用 BlockRAM 时，如果所用指令字短于 18 位，将是无益的。QSIP 模型中的字节宽度访问应转换为均匀的 18 位指令和数据访问。这个转换要包含在指令计数器、内存配置的*.cmd 文件、step_cyle 和数据存储指令 LDL、LDH、LDR 中。下面的清单显示了已设计的 NanoBlaze 所支持的指令：

- 算术/逻辑单元(ALU)指令：
  - ADD：3 运算数加法操作，其中包含两个源运算数和一个目标运算数。
  - MUL：3 运算数乘法操作，其中包含两个源运算数和一个目标运算数。只有小于 16 位的乘积才能保留。
- 数据移动指令：
  - LDL：通过一个常数值加载数据字的低 8 位。
  - LDH：通过一个常数值加载数据字的高 8 位。
  - LDR：从存储器加载到寄存器。存储位置可以显式地用常量指定或者通过通用寄存器间接指定。
  - STR：将寄存器内容存储到存储器。存储位置可显式地通过通用寄存器显式或间接指定。
- 程序控制指令：
  - BC：条件分支检查(循环)寄存器是否为零。
  - B：无条件转移。
  - BDS：延迟分支指的是条件 BC 满足时，BDS 指令后的下一条指令也会执行。

DWT RISC 处理器的基本指令集由 9 条指令组成，这 9 条指令用 28 种 LISA 操作设计。执行流水线级中指令的指令编码如图 9-27 所示。

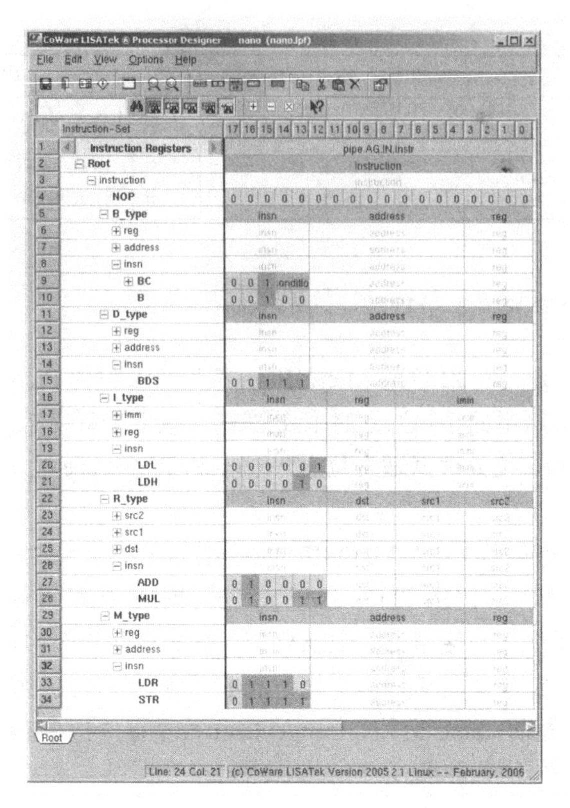

图 9-27　NanoBlaze 指令集体系结构

现在 NanoBlaze 处理器可以在 FPGA 中合成并实现。根据所用的存储器类型(如基于 CLB 或 BlockRAM)得到的合成结果如表 9-29 所示。

表 9-29　对于 Xilinx 器件 XC3S1000-4ft256 NanoBlaze 的合成结果

参　数	使用基于 CLB 的 RAM 的 NanoBlaze	使用 BlockRAM 的 NanoBlaze
切片	1896	1893
4 输入 LUT	3443	3602
乘法器	1	1
BlockRAM	0	2
总门数	32 986	162 471
时钟周期	13.293ns	13.538ns
F_{max}	75.2MHz	73.9MHz

例 9.9　如果用 RISC 处理器实现如图 5-57 所示的一个长度为 8 的 DWT 处理器，需要两个长度为 8 的滤波器 $g[n]$和 $h[n]$，每个输出采样对需要 16 次乘法和 14 次加法运算。对于输出为两倍向下采样的 100 个采样，DWT 滤波器频带的运算要求就是 8×100 = 800 次乘法和 7×100 = 700 次加法。从图 9-28 中的指令分析显示的 Calls 可以观察到实际的乘法数量是 800 次，但加法指令的数量是预期的 4 倍多。这是由于对于存储器访问，寄存器更新的内容也通过通用 ALU 计算。

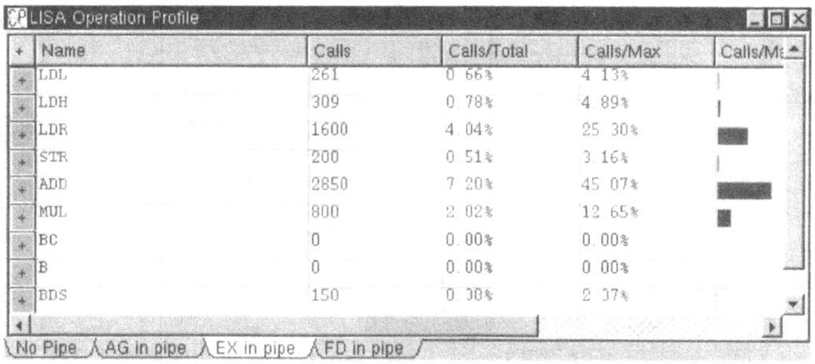

LISA Operation Profile

Name	Calls	Calls/Total	Calls/Max	Calls/M
LDL	261	0.66%	4.13%	
LDH	309	0.78%	4.89%	
LDR	1600	4.04%	25.30%	
STR	200	0.51%	3.16%	
ADD	2850	7.20%	45.07%	
MUL	800	2.02%	12.65%	
BC	0	0.00%	0.00%	
B	0	0.00%	0.00%	
BDS	150	0.38%	2.37%	

No Pipe | AG in pipe | EX in pipe | FD in pipe

图 9-28　100 点且长度为 8 的双通道 DWT 的 NanoBlaze 操作分析，包括存储器初始化，也就是 300 条指令

除了大量的加法运算用于更新存储器寄存器指针外，还执行了 1600 次 LDR 加载操作。如果像 PDSP 中的 MAC 运算一样使用自动递增和间接存储器访问上述操作，就会从根本上提升速度。

2. LISA 可编程数字信号处理器

从上一节讨论的 DWT 处理器可以看出，更新存储器指针和存储器访问本身都需要较多的运算次数。NanoBlaze 中单个乘累加指令需要如下操作：

```
; use pointer R[2] and R[3] to load operands
LDR R[8], R[2]
LDR R[9], R[3]
; increment register pointer using R[1]=1
; multiply and add result in R[4] and avoid data hazards
ADD R[2], R[2], R[1]
MUL R[7], R[8], R[9]
ADD R[3], R[3], R[1]
ADD R[4], R[4], R[7]
```

因为 DSP 算法通常作用于线性数据阵列(也就是向量)，所以经常用到存储器指针的自动后递增或后递减。通常所称的 MAC 除了合并加法和乘法，还将前面的 6 条指令合并为一条指令，也就是：

```
; load and multiply the values from pointer R[2] and R[3],
; and add the product to register R[4]
MAC R[4],R[3],R[2]
```

NanoBlaze 的 ISA 加法如图 9-29 所示。另外，此类 MAC 运算的加法转换到指令集还需要两个主要修改。第一，需要提供一个 LISA 操作，该操作允许两次间接存储器访问。在硬件上这将导致一个更复杂的地址生成单元和一个双输出端口数据存储器，后者支持在一个时钟周期内执行两次读操作。第二，需要为 MAC 指令添加 LISA 操作。

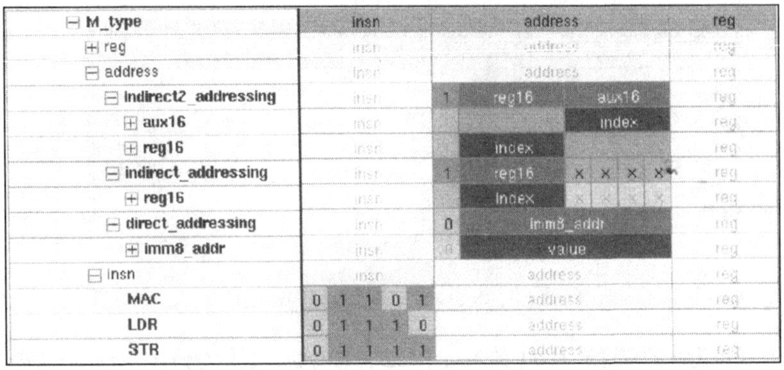

M_type	insn	address	reg
reg	insn	address	reg
address	insn	address	reg
indirect2_addressing	insn	1 reg16 aux16	reg
aux16	insn	index	reg
reg16	insn	index	reg
indirect_addressing	insn	1 reg16 x x x x	reg
reg16	insn	index x x x x	reg
direct_addressing	insn	0 imm8_addr	reg
imm8_addr	insn	0 value	reg
insn	insn	address	reg
MAC	0 1 1 0 1	address	reg
LDR	0 1 1 1 0	address	reg
STR	0 1 1 1 1	address	reg

图 9-29　可编程数字信号处理器(DSP18)指令集加法

实现 MAC 指令的 LISA 操作如下所示：

```
/* This LISA operation implements the instruction MAC.     */
/* It accumulates the product of two register and stores  */
/* the result in a destination register.                   */
OPERATION MAC IN pipe.EX
{
  DECLARE
     {
         REFERENCE address;
         REFERENCE reg;
      }
  CODING { 0b01101 }
  SYNTAX { "MAC" }
  BEHAVIOR
     {
         short tmp1, tmp2, s1, s2; /* Temporary */
         short tmp_reg;
         short res;

         tmp_reg = reg;

         s1 = (data_mem[EX.IN.ar] & (char)0xffff);
         s2 = (data_mem[EX.IN.ar1] & (char)0xffff);
         res = tmp_reg + s1 * s2;
 #pragma analyze (off)
           printf ("%04X * %04X + %04X = %04X\n",
                                          s1, s2, tmp_reg, res);
 #pragma analyze (on)

         reg=res;
```

```
        }
    }
```

MAC LISA 操作从 DECLARE 部分开始，其中引用了其他 LISA 操作中定义的元素。CODING 部分说明了随后的 OP 代码。汇编程序语法应为 MAC，最后在 BEHAVIOR 部分给出了该指令的实现。在运算中使用了另一个 printf 以监测进度。在不改变硬件的前提下就可以直接在调试器窗口内监测 MAC 指令的输出，如图 9-26 下面的窗口所示。

然后继续向下进行并合成希望称之为 DSP18 的新处理器，由于在指令集中增加了类似 PDSP 的功能，因此可以在 ModelSim 仿真器中执行测试平台仿真。

例 9.10　使用 ModelSim 仿真器验证已生成的 VHDL 代码的功能。LPDP 生成所有必需的 HDL 代码(VHDL 或 Verilog)和所有必需的仿真脚本(也就是 ModelSim *.do 文件)。测试值使用 $x = [1, 2, 3]$；$g = [10, 20, 40]$；MAC 运算处理过程如下：

(1) MAC = 1*10 = 10

(2) MAC = 2*20 = 40 => 40+10 = 50

(3) MAC = 3*40 = 120 => 120+50 = 170

如图 9-30 所示，正确的功能可以从 ModelSim 仿真器的 reg_r_4 中观察到，其中显示了寄存器 $r[4]$的内容。

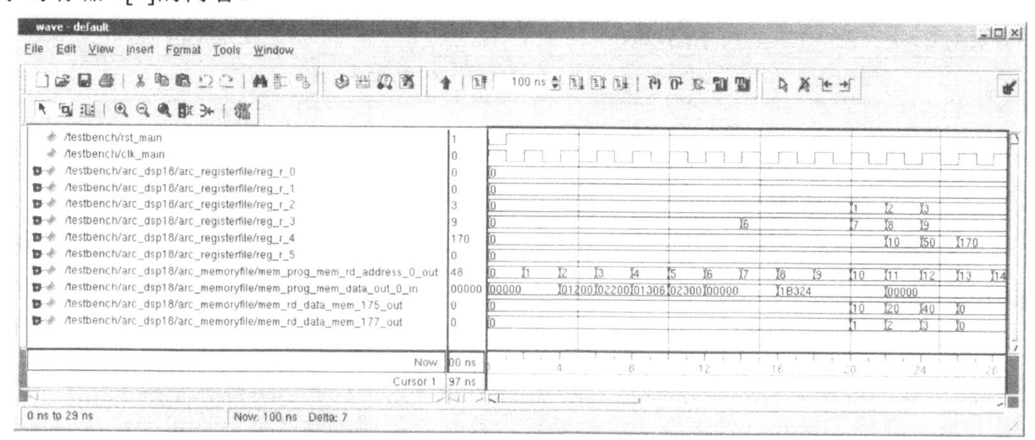

图 9-30　MAC 运算的 DSP18 测试平台

如果像上一节一样为同一 100 点且长度为 8 的 DWT 编写程序，就会看到 MAC 运算对指令总数的巨大影响。800 次 MAC 运算是主要的运算，所需的显式加法和存储器操作更少。指令总数从 NanoBlaze 的 5870 条减少到 DSP18 的 1968 条。DWT 示例的操作分析(包括存储器初始化，即 300 次操作)如图 9-31 所示。由于 DSP18 更大，并且寻址模式要比 NanoBlaze 中的更复杂，因此整体时序电路性能在使用基于 CLB 的 RAM 时降低到 39MHz，在使用 BlockRAM 时为 51MHz。表 9-30 给出了两种不同外部存储器配置的实现结果。

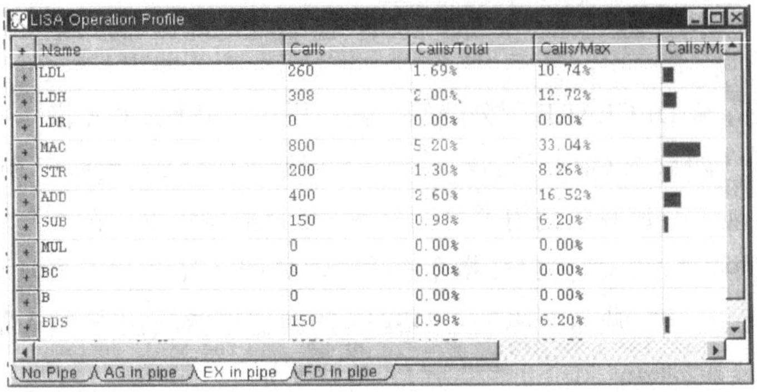

LISA Operation Profile

Name	Calls	Calls/Total	Calls/Max	Calls/M
LDL	260	1.69%	10.74%	
LDH	308	2.00%	12.72%	
LDR	0	0.00%	0.00%	
MAC	800	5.20%	33.04%	
STR	200	1.30%	8.26%	
ADD	400	2.60%	16.52%	
SUB	150	0.98%	6.20%	
MUL	0	0.00%	0.00%	
BC	0	0.00%	0.00%	
B	0	0.00%	0.00%	
BDS	150	0.98%	6.20%	

No Pipe　AG in pipe　EX in pipe　FD in pipe

图 9-31　100 点且长度为 18 的双通道 DWT 的 DSP18 操作分析(包括存储器初始化，即 300 条指令)

表 9-30　XC3S1000-4ft256 Spartan-3 Xilinx 器件的 DSP18 合成结果

参　数	基于 CLB RAM 的 DSP18	BlockRAM 的 DSP18
切片	3145	2679
4 输入 LUT	6053	5183
乘法器	2	2
BlockRAM	0	2
总门数	81 509	177 203
时钟周期	25.542ns	19.565ns
$F_{\max}$	39.15MHz	51.11MHz

3. LISA 真向量处理器

通用 CPU 近年来已有很多改进，改进方法包括：探索指令级并行处理(Instruction-Level Parallelism，ILP)、增加片上缓存和浮点单元、推测性分支执行和提高速度等。现在出现了一个特殊问题：跟踪所有处于执行状态的指令之间依赖性的逻辑随指令数量的平方增长[338]。其结果就是这些改进措施从 2002 年开始明显缓慢下来，在同一管芯上使用多个 CPU 更受到青睐，取代了提升时钟速率。这就要求为并行处理器编写代码，这可能比从向量处理器着手效率低一些。向量处理器在 ILP 计算机之前很长时间就已成功投入商用，采用另一种方法，用深层流水线控制多重功能单元。向量处理器(如 Cray、NEC 和 Fujitsu VP100 等)提供了处理向量(也就是数据的线性阵列)的高级指令。通常向量处理器具有如下特征：

- 向量阵列有专用的加载/存储单元
- 高度流水线化的功能单元
- 风险控制最小化
- 支持向量指令，向量指令替换了单条指令的一个完整循环

图 9-32 给出了一个试验性的向量处理器，它是名为 VMIPS 的流行 MIPS 计算机的向量扩展。在 2001 年引入了 VMIPS，它具有 8 个向量寄存器，每个有 64 个元素，一个加载

/存储和 5 个算术单元，一个通道，运行速率为 500MHz。

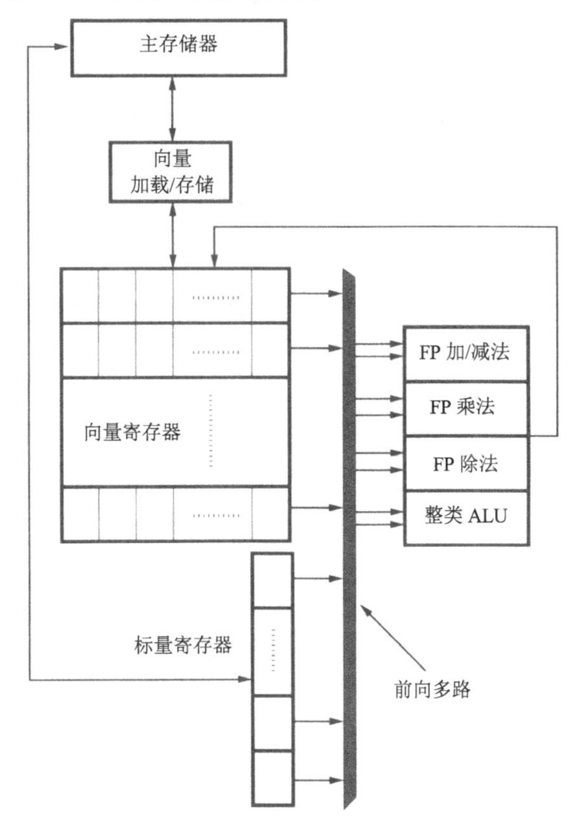

图 9-32　VMIPS 向量处理器

例如，第二个 DSPstone 基准：$d[k] = a[k] \times b[k]; 0 \leqslant k \leqslant N$ 在 VMIPS 中通过如下指令实现：

```
MULV. D    V1,V2,V3
```

也就是说，向量 V2 和 V3 的元素相乘，把每个结果放置在向量寄存器 V1 中。

不过从图 9-32 可以观察到已实现的典型向量处理器体系结构仅对程序员看上去像向量机。在向量处理器内部通常会发现 8 个向量寄存器，其中每个向量具有 32~1024(Fujitsu VP100)个元素，但通常对于每种运算只有一个浮点算术单元。与 DSPstone2 类似，向量乘法或加法仍然需要 N 个时钟周期(不计初始化过程)。允许在每个时钟周期内完成多次浮点运算的多通道被限制了。在向量处理器近 30 年的历史中只有两种计算机(自 1998 年以来的 NEC SX/5 和 1999 年引入的 Fujitsu VPP5000)具有 10 条以上的通道，但通道与寄存器元素的比值也只有 3%，即 NEC SX/5 每个向量 512 个元素使用 16 条通道。通常 VP 只有一条通道的原因在于 64 位的浮点单元需要很大的管芯规模。

当前向量处理器的另一个缺点是对于 DSP 运算它们的作用有限。在 DSP 中不仅需要向量乘法，更常需要计算内积，也就是：

$$X \times Y = \sum_{k=0}^{N-1} X[k] \times Y[k] \tag{9-7}$$

当可以在向量中按逐个元素并行的方式执行乘法时，求总和要求所有乘积的累加在加法器树中完成，而向量指令通常不支持这种方式。大多数向量处理器中不支持的第三种操作是向量寄存器元素的(循环)移位。例如，如果某 FIR 应用需要向量元素 $x[0]...x[N\text{-}1]$，那么下一步需要元素 $x[1]...x[N]$。PDSP 采用循环寻址来解决这一问题。在向量处理器中通常需要重新加载完整的向量。

如图 9-33 所示，因此在 FPGA 设计中可以采用以下措施改进处理过程：

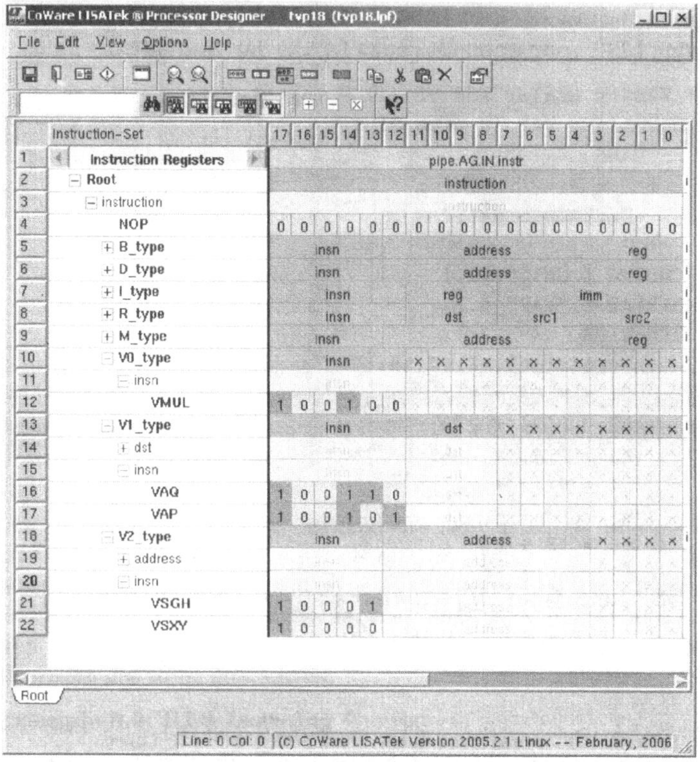

图 9-33　真向量处理器(True Vector Processor，TVP)指令集加法

- 在指令集中增加向量移位指令 VSXY 和 VSGH，用于从数据存储器中加载两个字，对数据或系数的两个向量寄存器进行移位操作，并将两个新值放在第一个位置。
- 由于现代 FPGA 可以具有多达 512 个嵌入式乘法器，因此在向量中可以实现与向量元素一样多的乘法器。VMUL 指令可以执行 2×8 次乘法运算并将乘积放置在两个乘积向量寄存器 P 和 Q 中。
- 实现(内积)向量和的指令 VAP 和 VAQ 将(乘积)寄存器向量中的所有元素累加在一起。

如图 9-34 所示，我们将这种计算机称为真向量处理器(True Vector Processor，TVP)，因为向量的运算(如向量相乘)不再转换成一系列单独的乘法——所有运算都是并行处理的。对于一个双通道且长度为 8 的小波处理器，因此就需要 16 个嵌入式乘法器。例如，用于低成本的 Nexys Digilent 大学开发板的 Spartan-3 器件 XC3S1000-4ft256 具有 24 个可用的嵌入式 18 位×18 位乘法器，足够 TVP 使用。

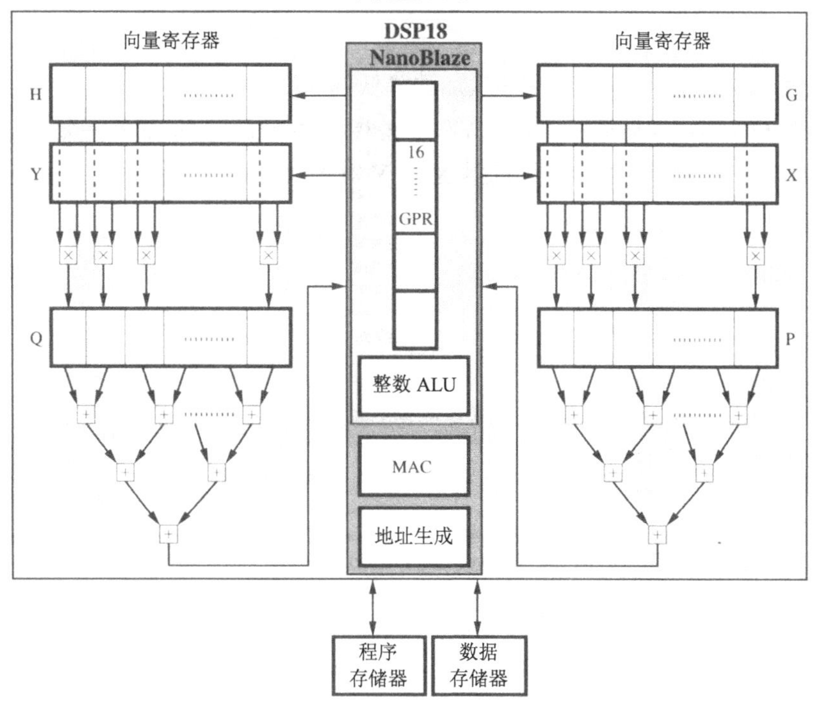

图 9-34　真向量处理器体系结构

内积和(inner product sum)与速率息息相关，对于拥有 L 个元素的向量寄存器，需要执行 $L-1$ 次横向加法。不过可以在二进制加法器树上执行加法，对于 VAP 指示，如下面的 LISA 代码示例所示：

```
/* Vector scalar add of all P register */
 OPERATION VAP IN pipe.EX {
 DECLARE
  {
   REFERENCE dst;
  }
 CODING { 0b100101 }
 SYNTAX { "VAP" }
 BEHAVIOR
  {short t1,t2,t3,t4,t5,t6,t7;
        t1 = P[0] + P[1];
        t2 = P[2] + P[3];
        t3 = P[4] + P[5];
        t4 = P[6] + P[7];
        t5 = t1 + t2;
        t6 = t3 + t4;
        t7 = t5 + t6;
```

```
        dst = t7;
    }
}
```

这一程序将最差情况下的延迟从 7 次加法降低到 3 次。

如果用 TVP ISA 实现长度为 8 的 DWT 处理器，就会发现内层循环更短，也就是只有 9 条指令。DWT 的两倍向下采样需要向量 X 和 Y 对每次新输出采样移位两次。

```
_loop:
        VSXY    R[2],R[3]
        VSXY    R[2],R[3]
        VMUL
        VAP     R[4]
        VAQ     R[5]
        STR     R[4], R[6]
        STR     R[5], R[6]
        BDS     @_loop, R[7]
        ; next instruction is in the branch delay slot
        SUB     R[7],R[7],R[1]
```

与 DSP18 相比，指令总数进一步减少，从图 9-35 的分析中就可以看出这一点。TVP 的总指令数只有 479 条指令。

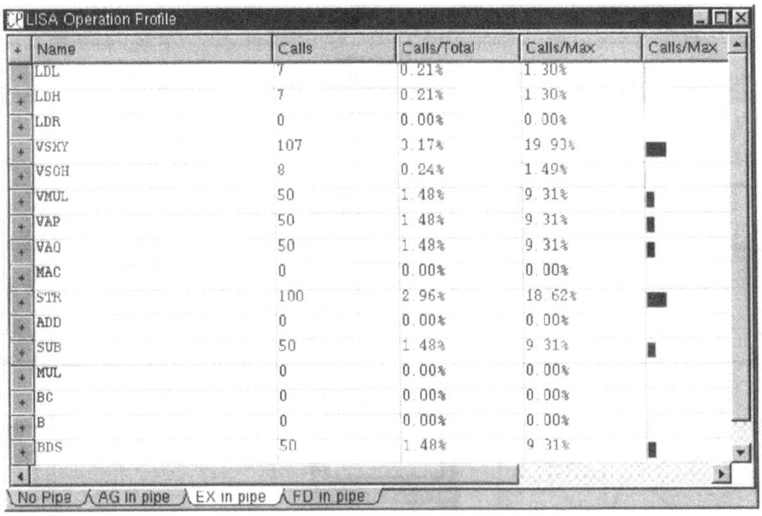

LISA Operation Profile

Name	Calls	Calls/Total	Calls/Max	Calls/Max
LDL	7	0.21%	1.30%	
LDH	7	0.21%	1.30%	
LDR	0	0.00%	0.00%	
VSXY	107	3.17%	19.93%	
VSGH	8	0.24%	1.49%	
VMUL	50	1.48%	9.31%	
VAP	50	1.48%	9.31%	
VAQ	50	1.48%	9.31%	
MAC	0	0.00%	0.00%	
STR	100	2.96%	18.62%	
ADD	0	0.00%	0.00%	
SUB	50	1.48%	9.31%	
MUL	0	0.00%	0.00%	
BC	0	0.00%	0.00%	
B	0	0.00%	0.00%	
BDS	50	1.48%	9.31%	

No Pipe　AG in pipe　EX in pipe　FD in pipe

图 9-35　长度为 8 的双通道 DWT 的 TVP 操作分析

从表 9-31 可以看到这种处理器的资源需求量更大，而且最大工作频率更低。

表 9-31　Xilinx 器件 XC3S1000-4ft256 的 TVP 合成结果

参　数	仅有的微处理器	带有 BlockRAM
切片	4907	4993
4 输入 LUT	8850	9226
乘法器	18	18
BlockRAM	0	2
总门数	141 158	274 463
时钟周期	22.082ns	20.799ns
F_{max}	45.3MHz	48.1MHz

4. LISA 处理器设计的比较

最后通过一个长度为 8 的 DWT 示例对三种设计就规模、速度和总吞吐量(按 MSPS 计算)等方面进行比较。表 9-32 总结了关键的合成属性。所用器件为 Nexys Digilent 大学开发板上的 Spartan-3 XC3S1000-4ft256(请参阅 http://www.digilentinc.com/)，具有 7680 个切片、15 360 个 4 输入 LUT、24 个嵌入式乘法器和 24 个 BlockRAM(每个为 18Kbit)。当用基于 CLB 的 RAM(Xilinx 称之为分布式 RAM)实现数据存储器或程序存储器时，$2^8\times16$ 的存储器大约需要 800 个 4 输入 LUT，而 $2^7\times18$ 的存储器大约需要 120 个 4 输入 LUT。

表 9-32　对于 Xilinx 器件 XC3S1000-4ft256 使用 LISA 的三种长度为 8 的不同 DWT 处理器设计的 BlockRAM 合成结果

参　数	NanoBlaze	DSP18	TVP
LISA 运算	28	32	40
程序存储器	$2^7\times18$	$2^7\times18$	$2^7\times18$
数据存储器	$2^8\times16$	$2^8\times16$	$2^8\times16$
BRAM	2	2	2
门数	162 471	177 203	274 463
MHz	73.9	51.11	48.1

三类处理器的总体性能，是按实现如图 5-57 所示的长度为 8 的 DWT，以每秒钟百万次采样(Mega Samples Per Second，MSPS)的吞吐量衡量的。每个输出采样对需要两个长度为 8 的滤波器 $g[n]$和 $h[n]$，需要计算 16 次乘法和 14 次加法。对于 100 次采样，如果算法的输出要减少一半采样，DWT 滤波器频带的计算要求就是 8×100=800 次乘法和 7×100=700 次加法，或是 800 次 MAC 调用。但从 NanoBlaze 指令的分析可以看到，还需要 LDR 和 ADD 的许多次加法循环，这是因为用于存储器访问的寄存器更新也需要用通用 ALU 计算。DSP18 处理器从根本上减少了 LDR 和 ADD，尽管最大时钟频率降低，但总吞

吐量还是提高了两倍。如果使用真向量处理器，那么可以在两个时钟周期内完成内积的计算，与 NanoBlaze 相比总吞吐量提高了 8 倍，与单核 MAC DSP18 设计相比提高了 4 倍。

最后，图 9-36 给出了三种基于 LISA 的处理器和一种直接 RNS 多相实现(4217 个 LE，155MSPS[390])相比较的性能数据。可以看到，从 NanoBlaze 到 TVP 性能有大幅提高，但直接映射到硬件的实现仍旧比任何微处理器解决方案要快很多倍。不过硬件体系结构只能实现一种配置方式，而 TVP 软件体系结构则可以实现多种不同的算法。

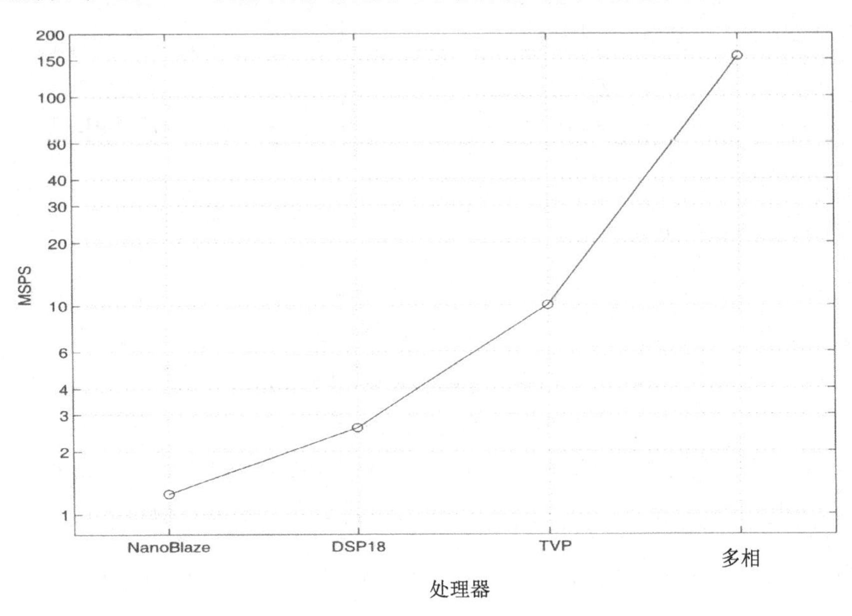

图 9-36 基于 LISA 的处理器和直接 RNS 多相实现的比较

表 9-33 是对 Xilinx Spartan-3 器件 XC3S1000-4ft256 使用 LISA 的三种长度为 8 的不同 DWT 处理器设计的比较。

表 9-33 对于 Xilinx Spartan-3 器件 XC3S1000-4ft256 使用 LISA 的三种长度为 8 的不同 DWT 处理器设计的比较

参　数	NanoBlaze	DSP18	TVP
LDL	259	259	7
LDH	208	208	7
LDR	1600	0	0
VSXY	—	—	107
VSGH	—	—	8
VMUL	—	—	50
VAP	—	—	50
VAQ	—	—	50
MAC	—	800	0
STR	100	100	100

(续表)

参　　数	NanoBlaze	DSP18	TVP
ADD	2650	300	0
SUB	—	50	50
MUL	800	0	0
BC	0	0	0
BC	0	0	0
BDS	50	50	50
合计	5667	1767	479
时钟周期	76.28	54.98	44.72
MSPS	1.35	3.11	9.54

9.6.3 Nios 自定义指令设计

正如第 6 章所述，在 FFT 和 DCT 算法中，输入或输出值以位反向顺序出现，如图 9-37 所示。如果从二进制中写下索引，则需要切换所有位的位置，例如从 110→011。存储器位置 6 和 3 需要交换值。这种位反向操作是这个 CI 案例需要研究的任务。作为 CI 设计的起点，可以使用来自 TERASIC 的 Nios II 设计实例或 Altera 大学项目中提供的计算机系统。Altera 大学程序计算机可用于许多最新的 Quartus II 版本，并支持多个 TERASIC 板卡，例如 DE0、DE1、DE2、DE2-70 和 DE2-115。可分为两种，一种叫作基础计算机，包括所有开关、LED、SRAM 和 DRAM 内存；第二种为更大的系统，其中包括几个音频和图像处理 IP 块，称为媒体计算机。对于 CI 案例研究，基础计算机系统功能已满足要求。这里使用基础计算机作为起点，因而减少了编译时间。通常，要使所有核心、引脚描述和库文件工作，使用与设计工具和开发板匹配的媒体或基础计算机的版本通常更容易，并且添加额外的自定义指令(Custom Instructions，CI)文件比试图修改另一个系统更容易。

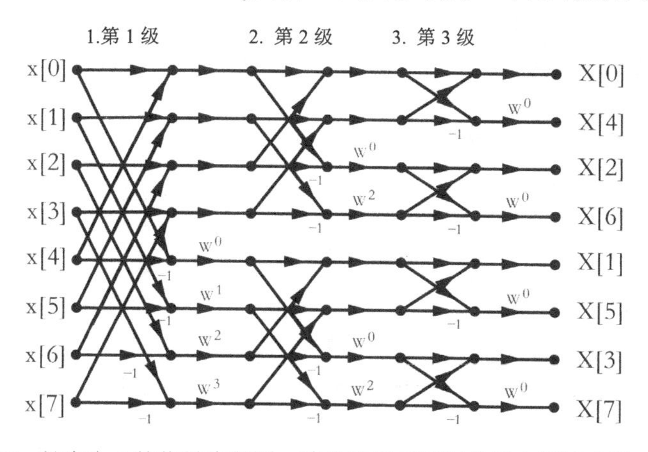

图 9-37　长度为 8 的信号流程图，输出数据 $X[k]$ 以位反向顺序出现

现代软核处理器允许通过外部总线操作将自定义指令(CI)和相关逻辑紧密集成在内核中，而不需要长延时。然而，有一些与处理器和算法相关的问题应当考虑：

- 对于诸如 Xilinx PicoBlaze 或 Nios II/e 的“慢”处理器，期望通过 CI 得到最大改进。对于 Nios II/f，改进可能不那么显著。实际上，CI 可能使高流水线处理器运行速度更慢。
- 只有当硬件实现快速紧凑时，才能期望算法有大的改进。在 DCT、FFT 或开关盒加密算法中，需要位反向的按位操作是通过 CI 导致较大改进的好例子。另一方面，当使用蝶形处理器[34]时，256 点 FFT 被提高 45%~77%。CI 中大量设计努力可能不适用于自定义算法电路获得的这种小的改进。

在 Nios SOPC Builder 和 Qsys 环境中有不同类型的 CI。我们将关注 Qsys 环境，因为只有 Qsys 在未来的 Quartus 版本中被支持。正在使用的基础端口如图 9-38(b)所示。Nios II 允许五种类型的 CI：

1) 纯组合电路功能，有三个端口，没有时钟。
2) 固定多周期增加一个 clock 输入，并且要求在指定数量的周期之后完成计算。
3) 可变多周期使用附加的 done 端口来指示操作的完成。
4) 扩展的 CI 具有一个允许复用不同输出端口的 8 位端口 n。
5) 内部寄存器文件类型 CI 对于 3 个 I/O 端口中的每一个都具有 32 个字。

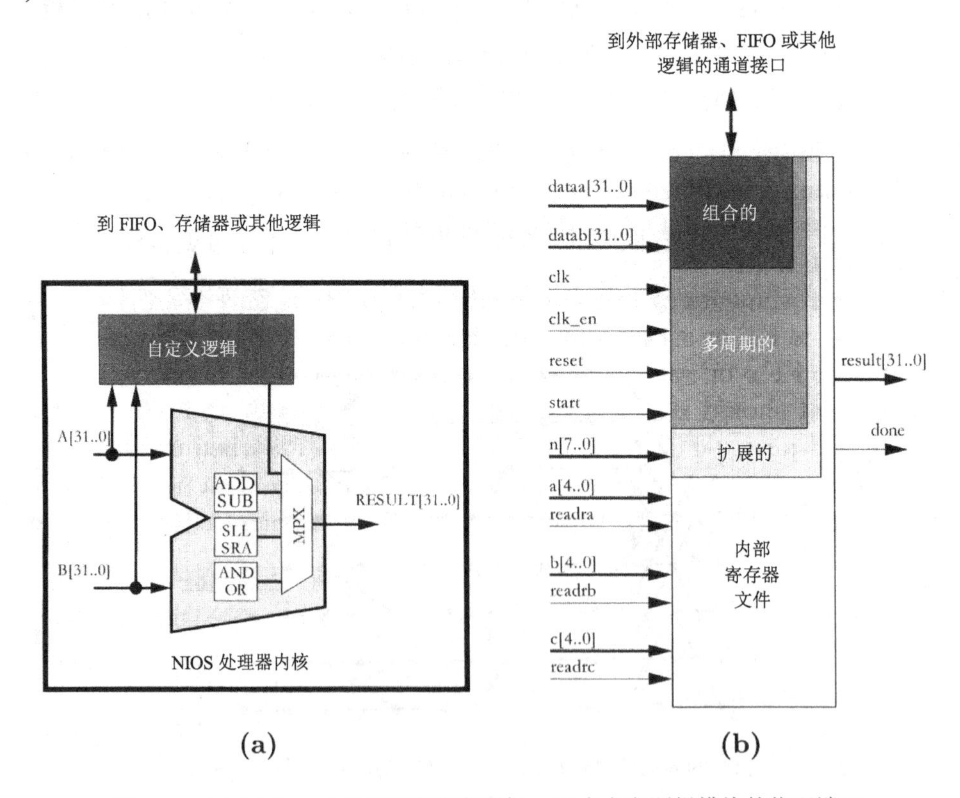

图 9-38 (a)为 Nios ALU 增加自定义逻辑；(b)自定义逻辑模块的物理端口

1. 自定义逻辑模块的创建和集成

首先我们将 Altera 基础计算机重命名为新项目名称 DE2_115_CI_Computer。需要更改 * .qsf、* .vhd、* .qpf 文件的名称和内容。可能还需要将名为 nios_system 的组件目录复制到项目中。HDL 与其他组件文件由 Qsys 放在 nios_system→synthesis→submodules 下，以后可以修改。如果启动 Qsys，然后单击 New...并选择 Template 菜单，所有这些 CI 可以很容易地从 Qsys 模板推断。若想实现一个位反向函数，可使用 Combinational 模板。然后在 Files 下，在 Verilog 或 VHDL 中添加组件描述，在例子中是 4 位、8 位、12 位和 16 位位反向操作。可能需要修改 Qsys 所要求的端口名称。这样的电路简单，运行速度也快，HDL 代码如下所示：

```
-- VHDL Custom Instruction Template File for
-- Internal Register Logic

LIBRARY ieee;
USE ieee.std_logic_1164.ALL;
USE ieee.std_logic_arith.ALL;
USE ieee.std_logic_signed.ALL;
-- ------------------------------------------------------------
ENTITY nios_system_CI_SWAP_0 IS
PORT(
  SIGNAL clk : IN std_logic;
  SIGNAL ncs_cis0_dataa: IN STD_LOGIC_VECTOR(31 DOWNTO 0);
                              -- Operand A (always required)
  SIGNAL ncs_cis0_datab: IN STD_LOGIC_VECTOR(31 DOWNTO 0);
                                     -- Operand B (optional)
  SIGNAL ncs_cis0_result: OUT STD_LOGIC_VECTOR(31 DOWNTO 0)
);                               -- result (always required)
END ENTITY;
-- ------------------------------------------------------------
ARCHITECTURE a_custominstruction OF nios_system_CI_SWAP_0 IS

  SIGNAL b : INTEGER RANGE 0 TO 16;
  SIGNAL a : STD_LOGIC_VECTOR(31 DOWNTO 0);

 -- local custom instruction signals

 BEGIN
 -- custom instruction logic
 -- note: external interfaces can be used as well
   b <= CONV_INTEGER(ncs_cis0_datab);
   PROCESS(ncs_cis0_dataa, b)
   BEGIN
     -- WAIT UNTIL clk ='1';
     a <= ncs_cis0_dataa;
     ncs_cis0_result <= (OTHERS => '0');
     IF b=4 THEN -- sawp 4 bits
       FOR k IN 0 TO 3 LOOP
         ncs_cis0_result(k) <= a(3-k);
       END LOOP;
```

```
      ELSIF b=16 THEN -- swap 16 bits
        FOR k IN 0 TO 15 LOOP
          ncs_cis0_result(k) <= a(15-k);
        END LOOP;
      ELSIF b=12 THEN -- swap 12 bits
        FOR k IN 0 TO 11 LOOP
          ncs_cis0_result(k) <= a(11-k);
        END LOOP;
      ELSE -- default sawp b=8 bits
        FOR k IN 0 TO 7 LOOP
          ncs_cis0_result(k) <= a(7-k);
        END LOOP;
      END IF;
    END PROCESS;

  END ARCHITECTURE a_custominstruction;
```

图 9-39 中的仿真结果显示的是 4 位、8 位、12 位和 16 位位反向操作。可以看到半字节位置的变化，在这个半字节内，有位反向操作 1→8、2→4、3→C 和 4→2。

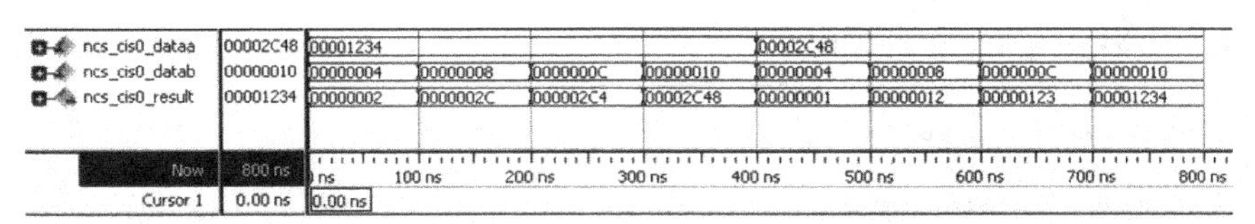

图 9-39 位反向操作的 MODELSIM 仿真

为了评估 Nios 处理器的自定义指令特征，对以下三种实现进行比较：

- 软件实现
- 使用 Altera SWAP CI
- 长度为 4 位、8 位、12 位和 16 位数据的自定义指令

2. 软件实现

位反向操作的软件实现将取决于要反向的值 a 和字中位 b 的数量。二者都应该传递给软件交换函数，如下所示：

```
int SW_BITSWAP(int a, int b) { int lsb, k, r=0;
  int t=a;
  for (k=0;k<b;k++)
  {
    lsb = t & 1; // take LSB
    r = r*2 + lsb; // add lsb and shift left
    t >>= 1; // shift to right by one bit
  }
  return(r);
}
```

SW 通过输入字中的 b 位实现，并建立从 LSB 开始的反向值。

3. Altera 自定义逻辑模块的实例化

Altera 提供了一个自定义的 32 位反向模块——Bitswap，如图 9-40 所示。在 Qsys 中，可以右击它，然后使用 Add 将它添加到 CI 计算机系统。Altera CI 是 32 位位反向操作，如果因此希望仅将它用于 b 位反向，那么在 32 位反向操作之后，需要将结果移到正确的位置。在 C 代码中为：

```
a_swap = ALT_CI_NIOS_CUSTOM_INSTR_BITSWAP_0(a);
a_swap >>= 32 - b; // For 32-bit type swap
```

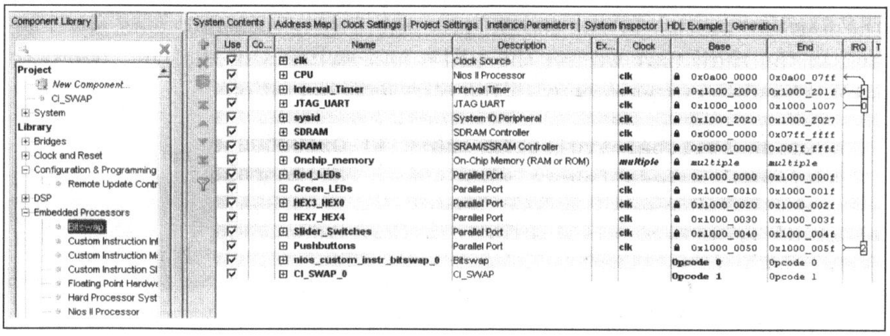

图 9-40　Altera CI 库和 Qsys 中设计的 CI 计算机

这需要几个额外的时钟周期来计算，取决于使用的 Nios 处理器类型。如果想要避免额外的移位操作，那么应该设计一个新的 CI，允许为所有四个设计长度实现位反向。

4. 新的 CI 设计

将新的 CI 添加到 CI 计算机系统后，仍然可以使用单个软件指令做位反向。

不再需要任何额外的移位操作。新的 CI 设计代码如下所示：

```
a_swap = ALT_CI_CI_SWAP_0(a,b);
```

5. Nios 位反向性能结果

Nios 处理器中的时钟定时器 alt_nticks()在工作状态下通常每秒约 100 个周期。为了具有足够的测量，测量周期数量应该在 100 左右，即对于任何算法应当使用至少 1 秒的运行时间。在测量了三个算法的 10^6 个位反向操作时间之后，我们绘制了这些数据，如图 9-41(a) 所示。

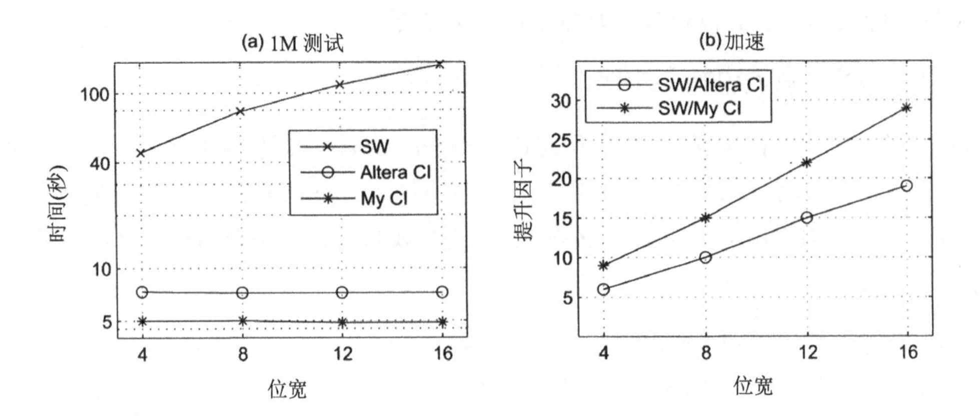

图 9-41　CI 转换操作的性能：(a)106 个转换操作所需时间 (b)CI 速率提升因子

若要从 CI 实现中看到速率的增加，可使用如下关系式：

$$\text{速率提升因子}=\frac{\text{仅由软件设计的时钟周期}}{\text{自定义设计的时钟周期}} \tag{9-8}$$

从图 9-41(b)中可以看到带有移位操作附加需求的 Altera CI 速率提升因子实现了 6~19 倍的改进，而我们自己的 CI，不需要额外的移位，与仅通过软件实现相比，速率提升因子将实现 9~29 倍的加速。

完整的测试台软件详见本书学习资料里的 my_swap.c，它也可以用于测试 SW 或 CI。它有三个部分：从十六进制模式 0x12345678 开始，展示了三种算法和四种位宽的位反向操作。在第二部分进行时序测量，在第三部分使用 DE2 开发板的 LED 和开关来进行位反向操作实践。

```
#define switches (volatile short *) 0x10000040
#define     leds (short *)          0x10000040
....
b=16; while (1) { /* run forever */
  a = switches; / read the switch value*/
  //a_swap = SW_BITSWAP(a,b);
  a_swap = ALT_CI_NIOS_CUSTOM_INSTR_BITSWAP_0(a);
  a_swap >>=32-b; // For 32-bit Altera type swap
  //a_swap =  ALT_CI_CI_SWAP_0(a,b);
  *leds = a_swap; /* Display on LEDs */
}
```

首先从 system.h 文件中定义 LED 与开关的 I/O 地址，并指定为 16 位短整数。然后不断运行 while 循环：读取开关值，计算三个位交换操作的其中之一，最终结果显示在红色 LED 上。

9.7 练习

注意：

如果读者没有使用 Quartus II 软件的经验，可以参考 1.4.3 的案例研究。如果已有相关经验，就请注意用于 Quartus II 合成评估的 CycloneIV E 系列中 EP4CE115F29C7 器件的使用事项。

9.1 按所给分类方式对以下示例进行分类并将答案填在右侧的方括号内。

分类方式：

(A) 应用软件　　(F) 输出设备
(B) 系统软件　　(G) 输入设备
(C) 高级编程语言　　(H) 半导体
(D) 个人电脑　　(I) 集成电路
(E) 微型计算机/工作站　　(J) 超级计算机

设备驱动器[ ]　　GCC[ ]　　LCD 显示器[ ]
晶片[ ]　　奔腾 Pro[ ]　　copy(DOS)或 cp(UNIX) [ ]
MS Word[ ]　　SRAM[ ]　　Internet 浏览器[ ]
麦克风[ ]　　SUN[ ]　　扬声器[ ]
CO-ROM[ ]　　金属层[ ]　　dir(DOS)或 ls(UNIX)[ ]

9.2 按练习 9.1 所给分类方式对以下各项进行分类：

电子表格[ ]　　鼠标[ ]　　硅[ ]
DEC Alpha[ ]　　Cray-1[ ]　　Macintosh[ ]
操作系统[ ]　　DRAM[ ]　　Pascal[ ]
微处理器[ ]　　PowerPC[ ]　　编译器[ ]
阴极射线管显示器[ ]　　打印机[ ]　　汇编程序[ ]

9.3 假设某个计算机有三条指令(ADD/MUL/DIV)，每条指令的时钟周期(Clock Cycles per Instruction，CPI)数据如下：

这一指令类的指令类 CPI：

```
ADD=1，MUL=1，DIV=1
```

测得两个不同编译器对同一程序的代码，获得表 9-34 所示数据：

表 9-34 示例数据一

代码来自	每个类的指令数		
	ADD	MUL	DIV
第 1 个编译器	25×10^9	5×10^9	5×10^9
第 2 个编译器	47×10^9	18×10^9	5×10^9

假设计算机的时钟速率是 200MHz。按照如下步骤计算两个编译器的执行时间，MIPS 速率 = 指令数/(执行时间×10^6)：

(a) 第 1 个编译器的 CPU 时钟周期等于多少？

(b) 使用第 1 个编译器的执行时间等于多少？

(c) 使用第 1 个编译器的 MIPS 速率等于多少？

(d) 第 2 个编译器的 CPU 时钟周期等于多少？

(e) 使用第 2 个编译器的执行时间等于多少？

(f) 使用第 2 个编译器的 MIPS 速率等于多少？

(g) 哪个编译器的 MIPS 更佳？

(h) 哪个编译器的执行时间较短？

9.4 重复练习 9.3，CPI 数据：ADD=1，MUL=5，DIV=8 且计算机的时钟速率是 250MHz，测得两个不同编译器对同一程序的编码，获得表 9-35 所示数据：

表 9-35 示例数据二

代码来自	每个类的指令数		
	ADD	MUL	DIV
第 1 个编译器	35×10^9	10×10^9	5×10^9
第 2 个编译器	60×10^9	5×10^9	5×10^9

回答练习 9.3 中的问题(a)~(h)。

9.5 通过编写程序计算如下等式，用于比较零地址和 3 地址计算机：

$$g=(a\times b-c)/(d\times e-f) \tag{9-9}$$

指令集如下：

(a) 栈：PUSH Op1，POP Op1，ADD，SUB，MUL，DIV。

(b) 累加器 LA Op1，STA Op1，ADD Op1，SUB Op1，MUL Op1，DIV Op1。所有算术运算将累加器作为第二个操作数并将结果存储在累加器中，请参阅式(9-4)。

(c) 二操作数 LT Op1，M；ST Op1，M；ADD Op1，Op2；SUB Op1，Op2；MUL Op1，Op2；DIV Op1，Op2。根据式(9-5)，所有算术运算均使用两个操作数。

(d) 三操作数 LT Op1，M；ST Op1，M；ADD Op1，Op2，Op3；SUB Op1，Op2，Op3；MUL Op1，Op2，Op3；DIV Op1，Op2，Op3。根据式(9-6)，所有算术运算均使用三个操作数。

9.6 重复练习 9.5，计算如下算术表达式：

$$f=(a-b)/(c+d\times e) \tag{9-10}$$

根据需要，可以重新整理该表达式。

9.7 重复练习 9.5，计算如下算术表达式：

$$h = (a - b)/((c+d) \times (f - g)) \tag{9-11}$$

根据需要，可以采用额外的临时变量。

9.8 将下列中缀算术表达式转换成后缀表达式：

(a) $a+b-c-d+e$

(b) $(a+b)\times c$

(c) $a+b\times c$

(d) $(a+b)$^$(c-d)$(“^”是幂次方符号)

(e) $(a-b)\times(c+d)+e$

(f) $a\times b+c\times d-e\times f$

(g) $(a-b)\times(((c-d\times e)f)/g)\times h$

9.9 用本书学习资料里的 c2asm.exe 程序为练习 9.8 的算术表达式生成栈机的汇编代码。

9.10 将下列后缀表达式转换成中缀表达式：

(a) *abc*+/

(b) *ab*+*cd*－/

(c) *ab*－*c*+*d* ×

(d) *ab*/*cd* ×－

(e) *abcde*+××/

(f) *ab*+*c*^ (包含幂次方符号)

(g) *abcde*/*f* ×－*g*+*h*/ ×+

9.11 下列后缀表达式对中哪些是等价的？

(a) *ab*+*c*+和 *abc*++

(b) *ab*－*c*－和 *abc*--

(c) *ab***c**和 *abc***

(d) *ab*^*c*^和 *abc*^^(包含幂次方符号)

(e) *ab*×*c*+和 *cab*×+

(f) *ab*×*c*+和 *cab*+×

(g) *abc*+×和 *ab*×*bc*×+

9.12 Parhami[357]提出的 URISC 计算机只有一条指令，其执行如下操作：从第 1 个操作数中减去第 2 个操作数并用结果替换第 2 个操作数。如果结果为负，则跳转到目标地址。指令形式为 urisc op1，op2，offset，其中偏移量指定下一条指令的偏移量，偏移量绝大多数时候都是 1。假设所有寄存器在复位/启动时以-1 初始化。为下列函数编写 URISC 代码：

(a) clear(src)

(b) dest = (src1)+(src2)

(c) 交换(src1)和(src2)

(d) goto label

(e) if(src1>=src2), goto label

(f) if(src1=src2), goto label

9.13 扩展VHDL语法分析文件vhdlex.l，以针对如下内容包含模式匹配：

(a) 位'0'和'1'

(b) 位向量"0/1..0/1"

(c) 数据类型定义，如BIT和STD_LOGIC

(d) HDL代码example中的所有关键字

(e) HDL代码sqrt中的所有关键字

9.14 编写一个可以辨识以下类型浮点数的VHDL语法分析文件float.l：

(a) 1.5

(b) 1.5e10

(c) 1.5e10和整数，比如5

9.15 编写一个统计字符、VHDL关键字、其他字和行的 VHDL语法分析文件whdlwc.l，类似于UNIX命令wc。使用含17个关键字的d_ff.vhd测试你的分析程序。

9.16 编写一个简单的自然语言语法分析程序。扫描程序应该能够将每个词分为动词或其他词。示例如下所示：

```
user : do you like vhdl
lexer : do : is a verb
lexer : you : is not a verb
lexer : like : is a verb
lexer : vhdl : is not a verb
```

9.17 扩展练习9.16中的自然语言语法分析程序，以便扫描程序应该能够将每个词分为动词、副词、介词、连词、形容词和代词，如is、very、to、if、their、I和boy。

9.18 扩展练习9.16中的自然语言语法分析程序，扩展方法是添加一个符号表，该符号表允许用户为字典增加新词和词类型。类型定义必须由第一列开始。示例如下所示：

```
user : verb is am run
user : noun dog cat
user : dog run
lexer : dog : noun
lexer : run : verb
```

9.19 设计一种 Bison 语法 nlp，该语法用于搜索 subject VERB object 形式的有效句子，其中 subject 可以是 NOUN 或 PRONOUN 类型，object 是 NOUN 类型。对于语法分析，使用与练习 9.18 中编写的相似的扫描程序。如果运行句子语法分析程序，无论句子是否有效都会输出一条语句。示例如下所示：

```
user : verb like enjoy hate
user : noun vhdl verilog
user : pronoun I you she he
user : I like vhdl
nlp : Sentence is valid
user : you like she
nlp : Sentence is invalid
```

9.20 为 calc.y 文件的 Bison 语法添加如下浮点数类型语法规则：

(a) 基本数学运算 sqrt

(b) 三角函数，如 sin、cos、arctan

(c) ln 和 log 运算

示例如下所示：

```
user : sqrt(4*4+3*3)
calc : 5.0
user : arctan(1)
calc : 0.7853
user : lg(1000)
calc : 3.0
```

9.21 重新编写 calc.y 文件的 Bison 语法(保留 calc.l)，使之具有反向光滑或后缀 rpcalc.y 计算器功能，该计算器应能支持+、-、*、/和^运算，用如下示例语句验证这一计算器：

```
user : 1 3 +
rpcalc : 4
user : 1 3 + 5 * 2 ^
rpcalc : 400
user : (5 9)* 6 5 * 3 3 * 3 * - /
rpcalc : 15
```

9.22 编写 Bison 语法，分析算术表达式并输出 3 地址代码。用临时变量存储中间结果。最后输出操作码和符号表。示例如下所示：

```
-- input file one.c:
r=(a*b-c)/(d*e-f);
```

来自 3ac.exe 的输出如下：

```
Intermediate code:
```

```
Quadruples              3AC
Op Dst Op1 Op2
(*, 4, 2, 3)            T1 <= a * b
(-, 6, 4, 5)            T2 <= T1 - c
(*, 9, 7, 8)            T3 <= d * e
(-, 11, 9, 10)          T4 <= T3 - f
(/, 12, 6, 11)          T5 <= T2 / T4
(=, 1, 12, --)          r <= T5

Symbol table:
1 : r
2 : a
3 : b
4 : T1
5 : c
6 : T2
7 : d
8 : e
9 : T3
10 : f
11 : T4
12 : T5
```

9.23 确定与下列 C 程序等价的汇编代码和寄存器$t0、$t1 和$t2 的值。假设 C 语言变量 A、B 和 C 的寄存器赋值如下：A=$t0、B=$t1 和 C=$t2。如果寄存器值未知，就用“—”表示。不要在表 9-36 中留有空白。使用 ADD、SUB、ADD 或 SRL(Shift Right Logical，逻辑右移)指令。不能使用 SLL。寄存器$zero 总是包含 0。

表 9-36 指令步骤一

步 骤	C 语言代码	汇编程序指令	$t0	$t1	$t2
1	A = 48;				
2	B = 2*A;				
3	C = 10;				
4	C = C/4;				
5	A = A/16;				

指令格式：

加法(带溢出)	ADD	rd,	rs,	rt
减法(带溢出)	SUB	rd,	rs,	rt
直接加法(带溢出)	ADDI	rd,	rs,	imm
逻辑右移	SRL	rd,	rs,	shamt

9.24 对于表 9-37 中指令，重复练习 9.23。

表 9-37　指令步骤二

步　骤	C 语言代码	汇编程序指令	$t0	$t1	$t2
1	B = 96;				
2	A = 2*B;				
3	C = 20;				
4	C = C/8;				
5	B = B/32;				

9.25 许多 RISC 计算机都没有复位寄存器的专用指令。请展示使用 add、addi 或 substract 指令如何复位寄存器$t0。要用到寄存器$zero 和立即值 0。寄存器$zero 总是包含 0。填写在下列代码的空白处：

(a) ADD　　　　# Compute t0 = register with zero + register with zero

(b) ADDI　　　　# Compute t0 = register with zero + 0

(c) SUB　　　　# Compute t0 = t0-t0;

9.26 许多 RISC 计算机都没有专用的移动指令。请展示使用 add、addi 或 substract 指令如何将寄存器$s0 移动到$t0，也就是将$t0 设置为$s0。要用到寄存器$zero 和立即值 0。寄存器$zero 总是包含 0。填写在下列代码的空白处：

(a) ADD　　　　# Compute t0 = s0 + register with zero

(b) ADDI　　　　# Compute t0 = s0 + 0

(c) SUB　　　　# Compute t0 = s0 - 0

9.27 确定与下列汇编程序等价的 C 程序代码和寄存器$t0、$t1 和$t2 的值。假设 C 语言变量 a、b 和 c 的寄存器赋值如下：a=$t0、b=$t1 和 c=$t2。如果寄存器值未知，就用“—”表示。寄存器$zero 总是包含 0。不要在表 9-38 中留有空白。

表 9-38　指令步骤三

步　骤	汇编程序指令	C 语言代码	$t0	$t1	$t2
1	ADDI $t2, $zero, 32				
2	SRL $t1, $t2, 3				
3	ADDI $t0, $zero, 2				
4	SUB $t2, $zero, $t0				
5	SLL $t0, $t0, 5				

9.28 针对表 9-39 中指令，重复练习 9.27。

表 9-39　指令步骤四

步　骤	汇编程序指令	C 语言代码	$t0	$t1	$t2
1	ORI $t0, $zero, 4				
2	SLL $t0, $t0, 2				
3	SUB $t1, $zero, $t0				
4	ORI $t2, $zero, 64				
5	SRL $t1, $t2, 3				

9.29 对于以下具有 4 个模块的 3 个缓存，确定对于存储器访问序列为 2、1、2、5、1 的缓存内容。

(a) 直接映射缓存(见表 9-40)

表 9-40　直接映射缓存

地　址	缓 存 内 容				
	不确定	0	1	2	3
2					
1					
2					
5					
1					

(b) 完全相关(从第一个未使用的位置开始，见表 9-41)

表 9-41　完全相关

地　址	缓 存 内 容				
	不确定	0	1	2	3
2					
1					
2					
5					
1					

(c) 双向路设置关联(替代最近使用的，见表 9-42)

表 9-42　双向路设置关联

地　址	缓 存 内 容								
	不确定	置 0	标志	置 0	标志	置 1	标志	置 1	标志
2									
1									
2									
5									
1									

9.30 对于以下存储器访问序列：2、6、3、2、3，重复练习 9.29。

9.31 应用如下步骤为具有 8KB 数据、32 位数据/地址字宽的缓存计算总的存储容量：

(a) 缓存中有多少字？

(b) 缓存中有多少标记位？

(c) 缓存的总容量是多少？

(d) 计算缓存的系统开销百分比。

9.32 对于数据大小为 4KB、数据/地址字宽为 32 位的缓存，重复练习 9.31。

9.33 在例 9.7 中讨论了 MicroBlaze 缓存。为下列 MicroBlaze 数据确定 BlockRAM 的数量：主存储器 64KB；缓存容量 4KB；每行 8 个字。

(a) 用于存储数据的 BlockRAM 的数量。

(b) 用于存储标记的 BlockRAM 的数量。

(c) 用(a)和(b)中的数据确定这一配置方案可以寻址的最大主存储容量。

9.34 在例 9.7 中讨论了 MicroBlaze 缓存。为下列 MicroBlaze 数据确定 BlockRAM 的数量：主存储器 16KB；缓存容量 2KB；每行 4 个字。

(a) 用于存储数据的 BlockRAM 的数量。

(b) 用于存储标记的 BlockRAM 的数量。

(c) 用(a)和(b)中的数据确定这一配置方案可以寻址的最大主存储容量。

9.35 (a) 用 Quartus II 软件设计如图 9-42(a)所示的 PREP 基准 7(等价于基准 8)。本设计是一个 16 位的二进制递增计数器，它具有异步复位信号 rst、高电平有效的时钟使能信号 ce、高电平有效的加载信号 fd 和 16 位数据输入 d[15…0]。寄存器通过 clk 上升沿触发，图 9.42(c)中的仿真首先显示计数操作为 5，然后进行 ld(负载)测试。在 490ns，执行用于异步复位 tst 的测试。 最后，在 700ns~800ns 时，计数器通过 ce 禁用。表 9-43 总结了对应功能：

表 9-43　对应功能总结

clk	rst	ld	ce	q[15..0]
X	0	X	X	0000
ʃ	1	1	X	d[15..0]
ʃ	1	0	0	不变
ʃ	1	0	1	增加

(b) 测定单级设计的使用 TimeQuest 缓慢 85C 模型的时序电路性能 Fmax 和所用资源(LE、乘法器和 M9K)。在 Assignments 菜单的 EDA Tool Settings 命令下的 Analysis & Synthesis Settings 部分将 Synthesis Optimization Technique 设置为 Speed、Balanced 或 Area，编译 HDL 文件。根据规模或时序电路性能，哪一个合成选项是最优的？

分别选择下列器件进行仿真：

(b1) Cyclone IV E 系列的 EP4CE115F29C7

(b2) Cyclone II 系列的 EP2C35F672C6

(b3) MAX7000S 系列的 EPM7128LC84-7

(c) 为图 9-42(b)所示的基准 7 设计多级原理图。

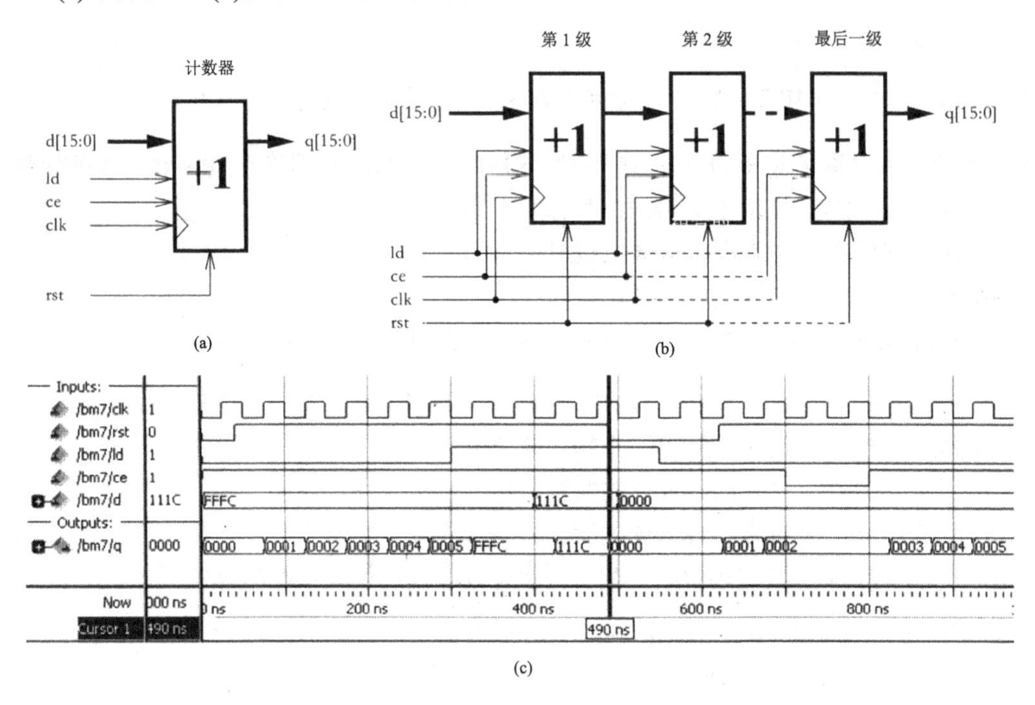

图 9-42 PREP 基准 7 和 8：(a)单级设计；(b)多级原理图；(c)检测功能的测试平台

(d) 确定 PREP 基准 7 级数最多的原理图设计的使用 TimeQuest 缓慢 85C 模型的时序电路性能 Fmax 和所用资源(LE、乘法器和 M4K/M9K)。对于下列器件使用(b)中的最优合成选项进行仿真：

(d1) Cyclone IV 系列的 EP4CE115F29C7

(d2) Cyclone II 系列的 EP2C35F672C6

(d3) MAX7000S 系列的 EPM7128LC84-7

9.36 (a) 用 Quartus II 软件设计如图 9-43(a)所示的 PREP 基准 9。本设计是一个常用于微处理器系统的存储器解码器。只有当地址选通脉冲信号 as 有效时才对地址解码。落在解码器外的地址将激活总线错误信号 be。本设计具有一个 16 位的输入 a[15…0]、低电平有效的异步复位信号 rst，所有触发器都通过 clk 上升沿触发。表 9-44 总结了对应行为功能：

表 9-44　对应行为功能

rst	as	clk	A(十六进制)	q[7..0](二进制)	be
0	X	X	X	00000000	0
1	0	ʃ	X	00000000	0
1	1	0	X	q[7..0]	be
1	1	ʃ	FFFF 到 F000	00000001	0
1	1	ʃ	EFFF 到 E800	00000010	0
1	1	ʃ	E7FF 到 E400	00000100	0
1	1	ʃ	E3FF 到 E300	00001000	0
1	1	ʃ	E2FF 到 E2C0	00010000	0
1	1	ʃ	E2BF 到 E2B0	00100000	0
1	1	ʃ	E2AF 到 E2AC	01000000	0
1	1	ʃ	E2AA	10000000	0
1	1	ʃ	E2AA 到 0000	00000000	1

其中 X 是随意条件。尝试匹配图 9-43(c)的功能测试仿真结果。注意，be 最初的定义需要将 be 存储为 as=f，但仿真结果显示的 be 不同。编码应尽量匹配仿真结果而不是原始真值表。

(b) 测定单级设计的使用 TimeQuest 缓慢 85C 模型的时序电路性能 Fmax 和所用资源(LE、乘法器和 M4K/M9K)。在 Assignments 菜单的 EDA Tool Settings 命令下的 Analysis & Synthesis Settings 部分将 Synthesis Optimization Technique 设置为 Speed、Balanced 或 Area，编译 HDL 文件。根据规模或时序电路性能，哪一个合成选项是最优的？

分别选择下列器件进行仿真：

(b1) Cyclone IV E 系列的 EP4CE115F29C7

(b2) Cyclone II 系列的 EP2C35F672C6

(b3) MAX7000S 系列的 EPM7128LC84-7

(c) 为图 9-43(b)所示的基准 9 设计多级原理图。

(d) 确定 PREP 基准 9 级数最多的原理图设计的使用 TimeQuest 缓慢 85C 模型的时序电路性能 Fmax 和所用资源(LE、乘法器和 M4K/M9K)。分别选中下列器件并使用(b)中最优的合成选项进行仿真：

(d1) Cyclone IV E 系列的 EP4CE115F29C7

(d2) Cyclone II 系列的 EP2C35F672C6

(d3) MAX7000S 系列的 EPM7128LC84-7

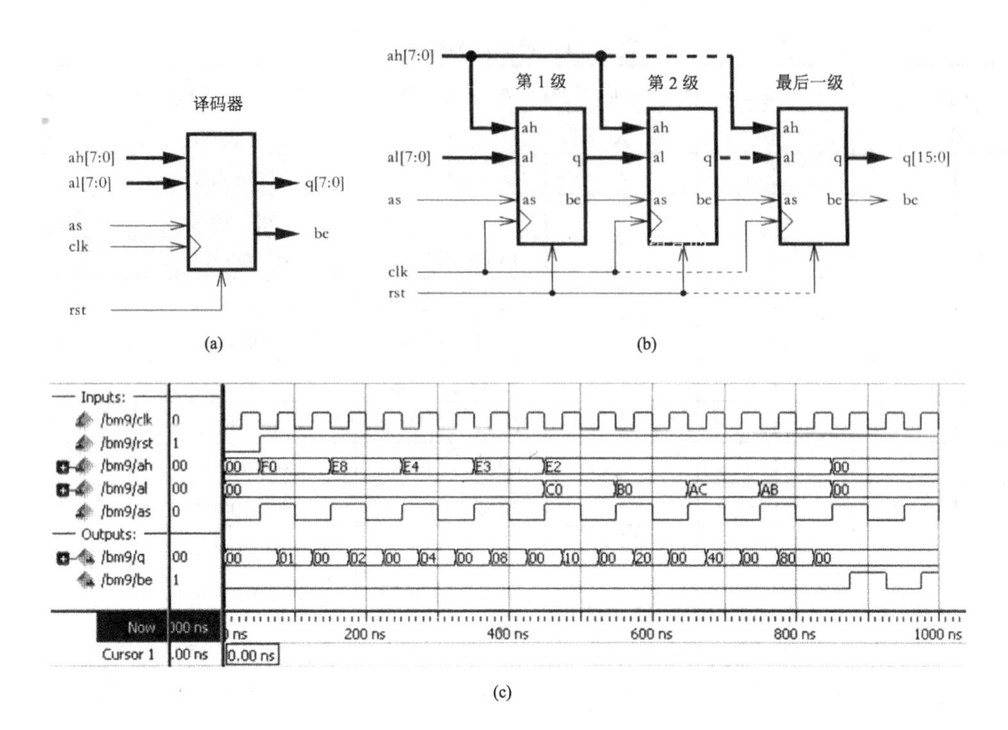

图 9-43　PREP 基准 9：(a)单级设计；(b)多级原理图；(c)检测功能的测试平台

第10章 图像和视频处理

图像和视频处理可分别概括为将一维信号转换成二维(2D)和三维(3D)信号。进行图像处理时我们在 y 方向上添加了第二个坐标，而进行视频处理时将增加一个时间或空间维度。迄今为止，我们所讨论的诸如滤波或 FFT 的许多算法可以直接扩展到二维和三维空间处理，后面将继续简要讨论这些算法。然而，图像和视频处理中的有些方面在一维 DSP 中是不曾出现的。诸如，用于去除脉冲噪声的非线性滤波器；用于发现视觉系统中不连续的边缘检测，以减少输入特性；视频处理中的运动向量，可用于确定一个数据块如何从一个帧运动到下一个帧，并且可以用于压缩视频数据。还有重要的一点是，在形态学图像处理中使用的许多算法在一维 DSP 中根本没有相似的处理。

在技术细节上，我们现在拥有的现场可编程门阵列(FPGA)配备了片内存储器块(例如，具有 512 兆比特块的 Stratix II)，因此图像和视频处理算法中的有效 FPGA 实现已经变得可行。在过去没有快速的片上存储器的情况下，必须花费大量的开发时间来实现与外部存储器芯片(例如 DDRAM、QDR、RLDRAM、SDRAM)的接口。

有几种方法可以实现图像处理算法，我们将在后面的案例研究中讨论三种不同的方法：1)直接 HDL 设计；2)IP 库设计；3)嵌入式微处理器和定制协处理器(μP)。我们还鼓励你学习图像和视频处理方面的其他教材，它们也十分有帮助，毕竟这方面的课程是计算机工程学科研究生要学习的标准内容[391-396]。在 MATLAB 中实践其提供的图像处理和计算机视觉工具箱是一个非常好的入门手段。在 UNIX 系统上，图形程序 XV 集成了许多算法，我们将在本章中讨论[397]。

然而，在讨论 2D 和 3D 处理的细节之前，让我们先来看看一维处理、图像和视频格式的一些基本差异，以及几个介绍性的示例。

10.1 图像和视频处理概述

一维和图像处理之间的主要区别之一是：在一维处理中，我们通常强调过滤器是因果的，因此是可实现的；而在图像处理中，我们通常使用存储的数据，也不希望在每次应用滤波操作时都引入对数据的“变换”。因此，大多数情况下：

- 我们使用“因果”滤波器，用滤波器输出替换中心像素。
- 我们使用仅在 x 和 y 中等长的奇数滤波器，如 3×3、5×5、7×7 等。

- 滤波器被定义为滤波器的内核而不是一个卷积操作，如对于滤波器尺寸 $L=2N+1$，$J(r,c)=f*I=\sum_{k=-N}^{k=N}\sum_{l=-N}^{l=N}f(k,l)I(r+k,c+l)$。在卷积运算中，在进行矩阵乘法前信号需要被翻转。

在二维中比在一维中更关心的另一个问题是边界效应。对于尺寸为 $L\times L$ 的掩模的滤波器和尺寸为 $R\times C$ 的图像，我们将丢失 $2RL/2+2CL/2-4(L/2)^2=L(R+C)-L^2$ 个像素。例如，如果具有 $\sigma=3$ 的拉普拉斯-高斯(LOG)滤波器给出了 $L=33$ 大小的内核和 256×256 的图像，则由于边界效应，它将丢失 24%的边界面积[398]。就这一点而言，IIR 滤波器在非线性相位中执行得更好，但是由于非线性和可能的稳定性问题而很少经常使用。通常，我们试图将图像扩展半个尺寸以最小化边界效应：

- 常数值，通常为 $x=0$
- 对称扩展，例如...3,2,1|1,2,3, …
- 复制边界值，例如... 1,1,1 | 1,2,3,…
- 图像的圆形(也称为环绕)延伸，例如，...,8,9,10 | 1,2,3 ..., 8,9,10 |

这些扩展必须在行和列方向上完成。

从硬件的角度来看，我们通常使用类似于圆形扩展的方法，只是一条线偏移，因为图像数据最常被排列在一维阵列中，例如：

... 1 2	3 4 5	10 11 12 ...
3 4 5	10 11 12	13 14 ...

第一行(值 3、4、5)的结束值从第二行的开始处开始延伸，第二行(值 10、11、12)的开始值与第一行的结束值一并计算。仅当我们假设图像的边界具有背景并且背景通常在整个图像中相似时，该方法才有效。

10.1.1 图像格式

数字图像中的单个点通常称为像素或图像的基本单元，其中通常使用 8 位数据(在医学成像中高达 12 位)。黑色通常用 0 编码，白色用最大值编码，即 8 位格式的 255。全彩色谱可以只用三种基本颜色——红色、绿色和蓝色(RGB)来生成。对于从灰色到 RGB 的变换，所有三个被分配相同的灰度值。眼睛通常对灰度变化比颜色变化更敏感，编码方案因此使用灰度值(亮度)和差分颜色编码(时序性)；亮度以精确度(位)和/或分辨率(像素)传输，相比色度更不会降低彩色图像质量。在 RGB 中，这三个值具有相同的位数。为了实现 RGB 和差分方案之间的变换，在 TV、JPEG 和 MPEG 中流行着两种方法(YIQ 和 YUV 或称为 YCrCb)。在 NTSC 电视系统中，YIQ 编码使用以下变换：

$$
\begin{aligned}
&\text{亮度：} Y=0.2989R+0.5870G+0.1140B\\
&\text{红-蓝绿：} I=0.5959R-0.2744G-0.3216B\\
&\text{品红-绿：} Q=0.2115R-0.5229G+0.3114B
\end{aligned}
\tag{10.1}
$$

对于 YCrCb 方案，如国际电联 BT.601-5 所建议的，使用以下等式：

$$
\begin{aligned}
Y &= 0.299R + 0.587G + 0.1140B \\
C_r &= 0.713(R-Y) = 0.500R - 0.419G - 0.081B \\
C_b &= 0.564(B-Y) = 0.169R - 0.331G + 0.500B
\end{aligned}
\tag{10.2}
$$

并且对于 8 位量化和亮度范围为 16 至 220(以提供工作余量)、最大色度在 128 处具有零电平的约束，ITU 建议以下映射：

$$
\begin{aligned}
Y &= \frac{77}{256}R + \frac{150}{256}G + \frac{29}{256}B \\
C_r &= \frac{131}{256}R - \frac{110}{256}G + \frac{21}{256}B + 128 \\
C_b &= \frac{44}{256}R - \frac{87}{256}G + \frac{131}{256}B + 128
\end{aligned}
\tag{10.3}
$$

与 Altera 视频处理工具箱类似但略有修改(亮度范围 16 至(0.257+0.504+0.098)×255+16≈235，色度范围 0.439×256+128≈240)近似：

$$
\begin{aligned}
Y &= 0.257R + 0.504G + 0.098B + 16 \\
C_r &= 0.439R - 0.368G - 0.071B + 128 \\
C_b &= -0.148R - 0.291G + 0.439B + 128
\end{aligned}
\tag{10.4}
$$

传统图像被列入能显示像素的阴极射线管(CRT)型显示器，即像素从左上角开始，然后从左到右进行一行，然后再次从左边继续开始下一行。然后通过诸如 640×480、800×600、1024×768 或 1280×1024 的分辨率来指定图像，由先 x(水平)方向再按照 y 方向上的行数的像素数量给出，例如：

(0，0)	(0,1)	...	(0,C−1)
(1，0)	(1,1)	...	(1,C−1)
. . .		. . .	. . .
(R−1,0)	(R−1,1)	...	(R−1,C−1)

在视频处理中，典型的图像大小是 16×16 个宏块的倍数，最流行的大小是尺寸为 352×288 的通用中间格式(CIF)和尺寸为 176×144 的四分之一 CIF(QCIF)。

在彩色图像处理中，每个像素将表示为红色、绿色和蓝色(RGB)像素。虽然经常使用此枚举，但不是所有的图像格式都遵循它。例如流行的原始 BMP 格式从左下角开始，并在右上角的最后一个像素处结束。有几个图像格式目前被使用。大多数格式对于灰度数据使用 8 位，并且对于每个 RGB 数据也使用 8 位。典型的图像格式以包括所有必要信息(例如行、列、颜色表、压缩方案等)的标题开始，然后是图像数据。这些格式中的一些允许无损或有损的实质数据压缩(例如 GIF 和 JPEG)。只有少数静止图像格式已经由国际委员会定义，例如用于 JPEG 和 JPEG-2000 的 ISO/IEC/ITU；其他许多由公司定义，知识产权并不总是 100%明确。让我们从一些流行的非标准格式开始，然后转到标准格式。MATLAB 中的 imread()函数支持所讨论的所有格式。

BMP 格式是不包括数据压缩的原始图像格式。它使用 RGB 的颜色表，每个组件 8 位。它还允许人们使用少于 24 位来进行颜色编码。可以对仅包含最常用颜色的 8 位颜色表进行编码，并将该表存储在文件头中。对于 8 位灰度，不需要颜色表。这种格式用于 DE2 演示中，如 DE2_Default 项目，并且在嵌入式μP 设计中也很受欢迎[391]。逻辑教材[63，App.F] 包括了有关 DE2 板附带的 BMP2MIF 转换器的教程。

图形交换(GIF)格式包括无损大量图像压缩，通常在设计 PPT 幻灯片时是一个很好的选择。它也被用来制作小电影，又称 GIF 动画。

便携式网络图形(PNG)格式是另一种无损压缩方案，通常用于 WWW 页面。PNG 格式使用差分编码，但不使用像 GIF 的 Lempel-Ziv-Welch(LZW)压缩算法，因此不需要任何 LZW 方法的许可证费用。

表 10-1 对这几种图像格式做了概述。

表 10-1　图像格式概述

格　　式	Int. STD	无损压缩	有损压缩	MATLAB
BMP	-	-	-	√
GIF	-	√	LZW	√
PNG	-	√	DPCM	√
JPEG	√	√	DCT	√
JPEG-2K	√	√	DWT	√

因为 JPEG 和 JPEG-2000 格式是静止图像的唯一官方标准，所以让我们仔细看看这些格式。JPEG 标准，也称为 ITU-T 建议 T.81，可从 CCITT 网页免费下载[399]。图 10-1 显示了基本 DCT 有损压缩的最重要的编码和解码步骤。

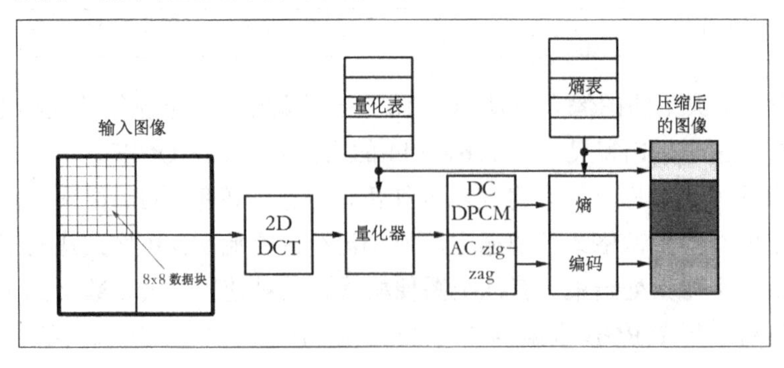

图 10-1　JPEG 压缩方案

然而，请注意，在标准中只指定了解码器而没有限制编码器以允许更多可能的改进。具有 8 位数据的输入图像(假定为灰度；对于彩色图像，RGB 分量通常首先使用 YIQ(见式 10.1)或 YCrCb(见式 10.2)进行变换)首先被划分为 8×8 个非重叠块和转换。由于使用了类型二的二维 DCT，二维变换在 x 和 y 方向上是可分的，我们应用前八行，然后进行八点列变换[206]。DC 值位于 8×8 数据块的左上角。然后用不同的表量化亮度和色度 DCT 系数。作为亮度的示例，所建议的量化表在标准中的第 143 页[399]；见图 10-2(a)。

16	11	10	16	24	40	51	61
12	12	14	19	26	58	60	55
14	13	16	24	40	57	69	56
14	17	22	29	51	87	80	62
18	22	37	56	68	109	103	77
24	35	55	64	81	104	113	92
49	64	78	87	103	121	120	101
72	92	95	98	112	100	103	199

(a) **量化表**

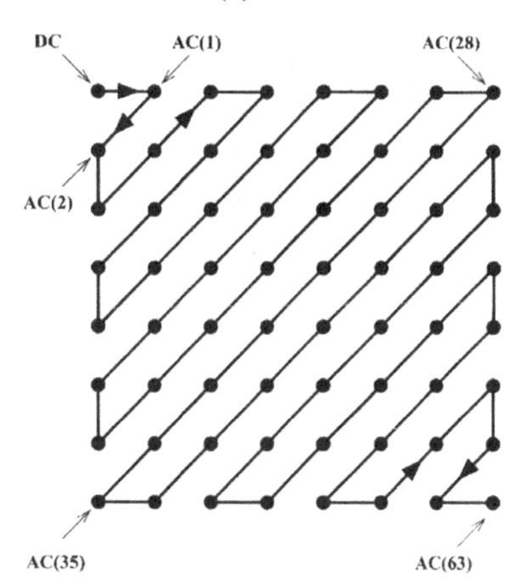

(b) AC **系数的** Zig-zag **编码**

图 10-2　JPEG 压缩方案细节

所示的值是在解码器侧通过乘法重构 DCT 值所需的系数。编码器上的量化首先通过除以图 10-2(a)中所示的值来进行，然后舍入到最接近的整数，将计算负担(划分通常是昂贵的)移动到编码器。从给定的值中，我们看到较低频率具有较低的量化因子，因此用更多的比特来表示。对于 8 位输入数据，高频值通常应为 0 或±1。使用之字形排序，编码器排列第一对非零系数，并以块结束(EOB)符号终止块；见图 10-2(b)。由于相邻块的 DC 值(即 8×8 块中所有像素的平均值)通常是相似的，因此进行差分编码($\mathrm{DIFF} = DC_{i}\text{-}DC_{i-1}$)，然后进行霍夫曼编码。首先我们用 4 位来编码大小，然后来编码差值，即：

4 位 SSSS	DIFF 值
0	0
1	−1,1
2	−3,−2,2,3
3	−T,… ,−4,4,… ,7

所有其他 63 个 AC 系数都可以用可变游程长度编码(VLC)的格式(游程长度为零，下一个值)编码，每个使用 4 位。如果游程长于 15，则引入附加的特殊符号(15,0)，(0,0)对 EOB 符号进行编码。例如，DCT 编码系数：

$$(10,3,0,0,-1,1,0,0,0,0,2,\mathrm{E\ O\ B}) \tag{10.5}$$

首先基于先前的 DC 块值对 DC 进行译码，且 AC 系数将被译码为：

$$(0,3)\quad(2,-1)\quad(0,1)\quad(4,2)\quad(0,0) \tag{10.6}$$

DCT 值还可以使用霍夫曼编码进一步压缩。标准的附录 K 提供了需要包含在 JPEG 文件头中的 DC 和 AC 表中的示例亮度和色度。编码表包含通常为什么从中到高压缩的文件大小的减小小于预期的原因。图 10-3 显示了一些 JPEG 编码示例。对于低压缩比，JPEG 和 BMP 之间的差别几乎不可见。对于较高的压缩，JPEG 显示了缘于 DCT 块的阻塞效应。

(a) 原始 BMP 图像(677KB)

(b) Q20 的 JPEG 低压缩图像(53KB)

(c) Q1 的 JPEG 高压缩图像(22KB)

图 10-3　JPEG 压缩结果

JPEG-2000 标准可以被认为是原始 JPEG 标准的更新，但是与 JPEG 相比具有一些实质性的变化。最重要的是 DCT 8×8 块处理被替换为 DWT 处理，通常使用用于有损压缩的 Daubechies 小波长度 9/7 浮点滤波器和用于无损压缩的 5/3 整数。在初始 DWT 之后进行量化和算术编码；见图 10-4。JPEG-2000 是几个小组(ISO、IEC/ITU)的联合努力成果，但遗憾的是，标准规范文档[400]不能免费使用，在本书写作时仍然以 96 瑞士法郎出售。然而，有许多出版物提供足够的细节来理解基本的想法[401-403]。新标准不是单个算法，而是像可以或不可以在静止图像的压缩中使用的工具箱中算法的集合。其中最有趣的特点是：

- 在低比特率下具有卓越的性能，因为 DWT 可以避免“经典”JPEG 的阻塞效应
- 无损和有损压缩
- 感兴趣区域编码，允许对被认为为特别重要的图像的部分(例如，与背景相比的说话者面部)进行更好的编码
- 通过同步标记，固定长度编码器和重复报头对比特错误的鲁棒性
- 通过水印、标签、冲压和加密保护图像安全

JPEG-2000 通常以比 JPEG 更高的复杂度为代价产生更好的峰值信噪比(PSNR)、均方误差(MSE)或结构相似性(SSIM)。如果应用程序需要高质量或低比特率，或需要 JPEG-2000 提供的其他功能(如安全性)之一，则使用 JPEG-2000。

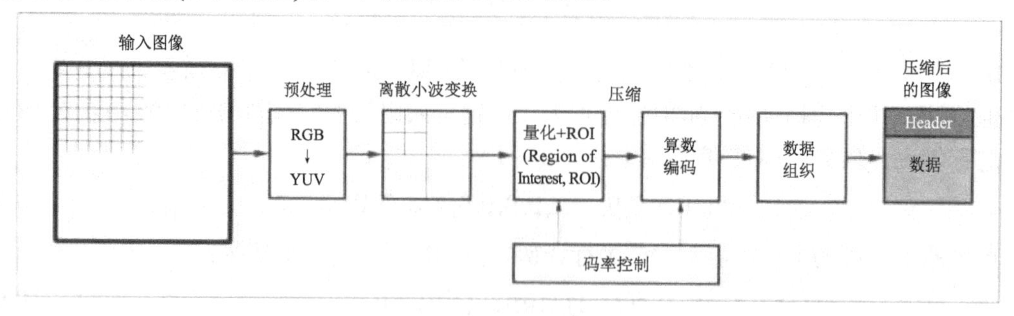

图 10-4　JPEG-2000 压缩方案

10.1.2 基本图像处理操作

在图像和视频处理工具箱的基本图像处理操作中，我们可能需要以下操作：

- 改变图像以增加或减少处理的像素。
- 裁剪图像的感兴趣区域(ROI)。
- 旋转图像。
- 对一幅或多幅图像进行加、减、乘、除和平均。
- 颜色到灰色和灰色到颜色的转换。
- 以 BMP、GIF 或 JPEG 等数据格式读取和存储图像。

基于它们的值变换单个像素被称为点操作。这些图片调整可以是来自太多或太少的整体照明的图像调整，也可以基于局部或全局像素统计，即图像直方图。标准 CRT 显示器使用的点操作称为γ校正。对于 8 位数据，使用以下变换：

$$y = 255(i/255)^{1/\gamma} \tag{10.7}$$

对于$0<\gamma<1$，我们将得到一条指数曲线并使图像变暗；而对于$\gamma>1$，我们得到一条使图像变亮的对数曲线；见图 10-5。$\gamma = 2.2$用于 NTSC TV 电视系统[63,395]。

图像的滤波可以是线性或非线性的，但不仅包括单个像素，而且包括一对相邻的像素。这些操作中的大多数用于图像增强。大多数线性方法也可以在变换域中求解，例如 FFT 或 DCT。以下是几个示例：

- 使用低通滤波器消除随机噪声。
- 使用差分滤波器检测边缘。
- 最大过滤器以去除胡椒(因为黑色代码为 0)。
- 最小滤波器以消除盐噪声(因为白色编码为 255)。
- 中值滤波器，减少盐和胡椒噪声。
- 去抖滤波器，以消除移动相机可能发生的反褶积滤波造成的模糊。
- 自适应维纳滤波以消除噪声。

(a) $\gamma=10$

(b) $\gamma=1$

(c) $\gamma=0.2$

图 10-5 γ校正示例

图像压缩也是具有许多研究活动的领域，包括静止图像以及视频压缩。许多方法利用了物理效应，如相比高频，低频变化的灵敏度较高。这些变换编码通常与诸如可变长度编码、霍夫曼编码或算术编码的(无损)熵编码组合。在图像和视频处理中使用的最流行的二维变换是FFT、DCT和DWT，但是其他类似于Haar变换或Hartley变换的二维变换已经被使用。

形态操作通常用于增强信息或减少模式识别系统的输入空间，基于像“添加邻域中的像素”(增厚，也称为扩张)或“删除邻域中的像素”(稀疏，也称为侵蚀)等的操作。扩展将产生更多的像素，因此使线更粗或靠近小孔。侵蚀将使得线更薄并从图像中去除像“单个像素”的小“噪声”区域。通常扩张和侵蚀结合。侵蚀后的扩张称为开口和扩张，其次是侵蚀，称为闭合。关闭和打开可用于平滑物体，其中关闭也填充小孔和间隙。

可以为灰色以及黑白(BW)图像定义操作，其中BW更常见。对于灰度图像的形态操作通常是相邻内的最大或最小操作；对于BW图像，通常定义相邻掩模是如何替代像素的。

图10-6显示了使用MTLAB函数bwmorph和bwperim的一些形态操作。打开操作减少手写文本的背景线；见图10-6(b)。骨架是一系列侵蚀和开口，并且为每个对象产生中心线，使得所有对象的结构变得可见，就像X射线中的骨骼一样；见图10-6(c)。边界提取可以首先通过用掩模M对图像进行侵蚀，然后通过图像减法来计算，即$BW = I - (I \Theta M)$，其中，Θ表示侵蚀操作。该操作的结果产生边界或周边图片，并在图10-6(d)中示出。

图10-6　形态操作示例

已经发现在边缘检测中有帮助的其他形态操作是“多数黑色”操作，如果邻域中的大多数像素是黑色的，则类似于扩张操作，将像素设置为黑色。

10.2　案例研究 1：HDL 中的边缘检测

关于图像内对象的大多数信息是从图像内的边缘获得的。找到边缘不是太难，因为不同的对象或对象和背景具有不同的强度，我们只需要找到像素值中的不连续点，并将它们标记为我们的边缘。为了检测对比度变化，我们基本上有两个选择。我们可以计算导数，即：

$$f^{'}(x) \approx \frac{f(x_k) - f(x_{k-1})}{x_k - x_{k-1}} \tag{10.8}$$

并确定(绝对)最大值。或者，我们可以计算二阶导数 $f^{''}(x) = df^{'}(x)/dx$，然后查找信号中的过零点。让我们看看一个简单的一维信号，然后将其概括为二维。因为我们有像素，我们将使用掩码或内核来进行处理。对于一阶导数，我们可以使用像 $M_1 = [-1,1]$ 的掩码。对于二阶导数[404]，我们可以使用像 $M_2 = [1,-2,1]$ 的掩码。下面用第一个掩码分析一个短测试序列，以说服我们这样一个短掩码确实适用于手头的任务：

I	10	10	10	40	40	30	20	10	0	0	30	0
I*M₂	–	0	0	30	0	−10	−10	−10	−10	0	30	−30
|I*M₂|	–	0	0	30	0	10	10	10	10	0	30	30

测试序列具有向上的边缘，随后是向下的斜坡，并且在结束处具有单个“噪声”像素。我们看到，检测到边缘和斜坡，但也检测短掩模对噪声的灵敏度。

对于与二阶导数掩码[1，−2,1]的相关，我们看到在斜率的边缘和开始处的二阶导数中的±转变以及在斜坡结束处的较小精度。检测过零似乎比在一阶导数中检测最大值需要付出更多的工作，我们将实现后一种方法。

I	10	10	10	40	40	40	30	20	10	0	0	0
I*M₂	–	0	30	−30	0	−10	0	0	0	10	0	–
过零	–	–	√	√	–	√	–	–	–	√	–	

使用更中心化的方法以避免图像处理中的位置偏移，将使用诸如 $M = [-1,0,1]$ 的掩码。因子 1/2 来自于在 8 位算法中避免溢出的最坏情况增长和期望 $\sum_k |f_k = 2|$。为了减少单个像素的噪声影响，通常使用在若干行上的平均。然后这将给出 3×3 内核，例如分别检测垂直和水平线的 Prewitt 掩码 M_x 和 M_y[405]：

$$M_x=\begin{array}{|c|c|c|}\hline -1 & 0 & 1 \\ \hline -1 & 0 & 1 \\ \hline 1 & 0 & 1 \\ \hline \end{array} \qquad M_y=\begin{array}{|c|c|c|}\hline 1 & 1 & 1 \\ \hline 0 & 0 & 0 \\ \hline -1 & -1 & -1 \\ \hline \end{array} \tag{10.9}$$

Sobel[406]建议的另一个掩模强调更多的中心系数，看起来如下：

$$M_x=\begin{array}{|c|c|c|}\hline -1 & 0 & 1 \\ \hline -2 & 0 & 2 \\ \hline -1 & 0 & 1 \\ \hline \end{array} \qquad M_y=\begin{array}{|c|c|c|}\hline 1 & 2 & 1 \\ \hline 0 & 0 & 0 \\ \hline -1 & -2 & -1 \\ \hline \end{array} \tag{10.10}$$

到目前为止，我们还没有为 Sobel 掩码决定一个合适的缩放因子。我们可以自行选择一个(悲观的)，通过$1/\sum_k |f_k| = 1/8$来避免比特增长。或者，我们可以选择近似水平或垂直边缘的真实导数[...，,0,1,1，...]，此时比例因子应为 1/4。对于边缘检测，只要数据在有效范围内，我们就跳过缩放，因为我们只对最大值感兴趣。我们的图像 I 与我们的掩模的对应产生导数$G_x = I * M_x$和$G_y = I * M_y$。一般导数是矢量和$\vec{G} = \vec{G}_x + \vec{G}_y$。因为只对这个向量的长度感兴趣，所以我们将计算：

$$|G| = \sqrt{|G_x|^2 + |G_y|^2} \tag{10.11}$$

平方根计算通常太麻烦，我们可以使用第 2 章中讨论的任何一个大小近似(参见 2.10 节)。在许多论文中使用的标准近似$|G| = |G_x| + |G_y|$将会有 41%的大误差界限，因为$\sin(x) + \cos(x) = \sqrt{2}\sin(x/2)$。我们将使用具有$|G| = \max(|G_x|,|G_y|) + \min(|G_x|,|G_y|)/4$的 L_1 近似，其将误差容限减小 3 倍。

让我们先看看这个边缘检测器在实践中如何工作。图 10-7 显示了一个 Eifel 塔模型，我们应用了 Sobel 算子。首先，$|G_x|$示出水平梯度，而$|G_y|$示出垂直梯度。求和后显示两者。应用最终阈值以对边缘和非边缘进行分类。阈值通常将取决于图像的 S/N 比。对于具有高 S/N 的图像，推荐使用约 10%～20%的测量的最大梯度[392,407]。

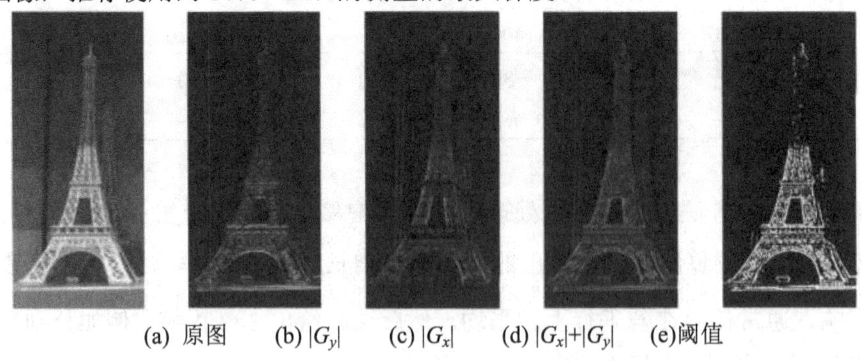

(a) 原图 (b) $|G_y|$ (c) $|G_x|$ (d) $|G_x|+|G_y|$ (e)阈值

图 10-7 使用 Sobel 掩膜的示例：(a)原图，(b)M_y 滤波器给出了水平边缘/细节，(c)M_x 滤波器给出了垂直边缘/细节，(d)梯度和，(e)阈值转换

对于二阶导数，通常使用高斯(LOG)滤波器的拉普拉斯算子。高斯函数易于区分、再现，并且可以同时检测边缘和执行平滑。需要的方程是：

$$g(x)=\frac{1}{\sqrt{2\pi\sigma}}e^{\frac{x^2}{2\sigma^2}} \tag{10.12}$$

$$g'(x)=\frac{-x}{\sigma^2}g(x) \tag{10.13}$$

$$g''(x)=(\frac{x^2}{\sigma^4}-\frac{1}{\sigma^2})g(x) \tag{10.14}$$

在图像处理中，LOG 通常由看起来像高斯(DOG)的差近似：

$$g''(x)\approx c_1e^{-\frac{x^2}{2\sigma_1^2}}-c_2e^{-\frac{x^2}{2\sigma_2^2}} \tag{10.15}$$

$$M_{3x^3}=\begin{array}{|c|c|c|}\hline 0 & -1 & 0\\ \hline -1 & 4 & -1\\ \hline 0 & -1 & 0\\ \hline\end{array}\qquad M_{5x^5}=\begin{array}{|c|c|c|c|c|}\hline 0 & 0 & -1 & 0 & 0\\ \hline 0 & -1 & -2 & -1 & 0\\ \hline -1 & -2 & 16 & -2 & -1\\ \hline 0 & -1 & -2 & -1 & 0\\ \hline 0 & 0 & -1 & 0 & 0\\ \hline\end{array} \tag{10.16}$$

除了这种短掩模之外，还开发了更复杂的方法，其在低 S/N 环境中更加鲁棒。例如 Canny 方法[408,409]，首先使用平滑滤波器去除噪声，然后在较大的掩码内使用精细分类方案仅选择区域内的一条边缘。这类似于在形态操作中使用的稀化操作。目标是仅显示一条边线或斜坡的线。图 10-8 显示 Canny 操作符检测到比 LOG 或 Sobel 更多的细节。

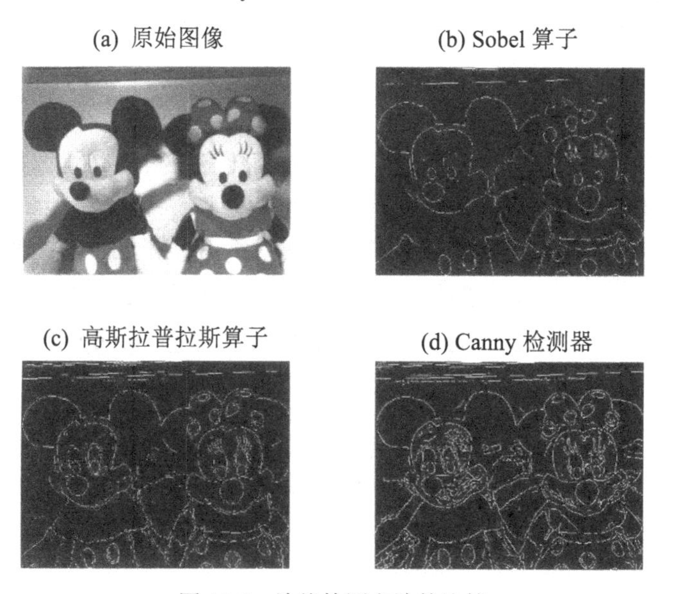

图 10-8　边缘检测方法的比较

10.2.1　二维 HDL 滤波器设计

对于一维滤波器存在许多滤波器架构，并且引入附加维度将因此增加可能的架构数量。然而，在谈论可能的架构之前，记住我们已经讨论的概念是有用的。当实现 FIR 滤波器时，我们利用了第 3 章和第 4 章的 1D 滤波器，为了：

- 尽可能以转置形式实现滤波器。
- 在乘法器块中组合尽可能多的系数。
- 最小化存储器 I/O，通过对已读取的数据使用抽头延迟线(TDL)，只读取一次数据。

第三个概念将要求我们使用 $N-1$ 行的行缓冲器(在硬件中作为 FIFO 实现)用于 N×N 掩码。行缓冲器应当由嵌入式存储器块实现；否则将需要大量的 LE 来构建此 FIFO。然后，我们可以构建具有单个乘法器块的 FIR 滤波器，如图 10-9(a)所示。然而，这种 MCM 块架构存在一些缺点。首先，第一行 FIR 的输出是行缓冲器的输入，其最可能使用比输入数据更多的数据位；因此 FIFO 行缓冲器需要具有更宽的数据总线。该架构的第二个缺点来自多个过滤器的行缓冲器的重用。在边缘检测中，我们基本上有两个滤波器，如果我们稍微重新排列滤波器，那么我们可以对两个滤波器使用相同的行缓冲器，但会将单个 MCM 块减少到 N 个。第二种结构如图 10-9(b)所示，再次用于 3×3 核。

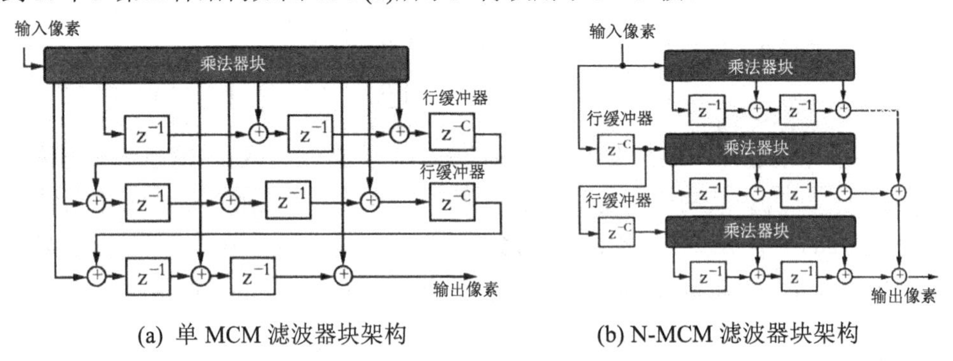

(a) 单 MCM 滤波器块架构　　(b) N-MCM 滤波器块架构

图 10-9　二维滤波方法的比较，z^{-C} 是整个图像的所有(剩余)列上的延迟

有时，使用特殊的系数集合，二维滤波的重要简化变得可行。就像如下情况：如果行和列滤波器是可分离的，滤波器是两个一维滤波器的外积；见图 10-10。对于秩为 1 的任何矩阵，我们知道矩阵可以表示为外积。然而，从二维内核计算一维过滤器并不总是容易(或可能)，但是如果我们找到这样的集合，则可以进一步简化滤波操作，因为我们只是执行一行，接着是列滤波。从前面讨论的内核，我们可以看到 Prewitt 和 Sobel 是可分离的，但 3×3 LOG 过滤器(见式 10.16)并不是。以 Sobel 滤波器为例(见式 10.10)，M_x 的计算如下：

$$M_x = \begin{bmatrix} 1 \\ 2 \\ 1 \end{bmatrix} \times \begin{bmatrix} -1 & 0 & 1 \end{bmatrix} = \begin{bmatrix} -1 & 0 & 1 \\ -2 & 0 & 2 \\ -1 & 0 & 1 \end{bmatrix} \tag{10.17}$$

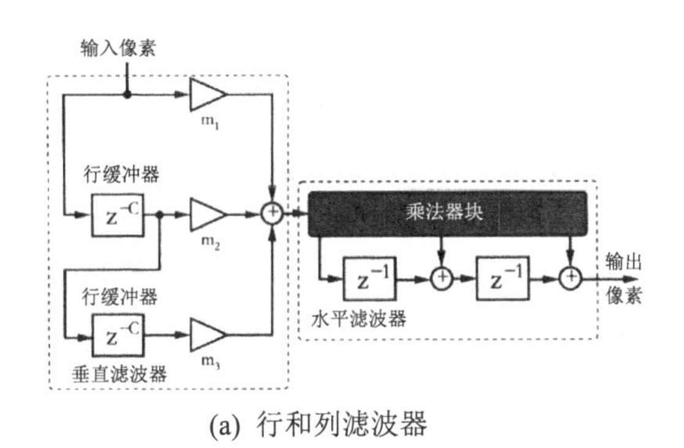

(a) 行和列滤波器

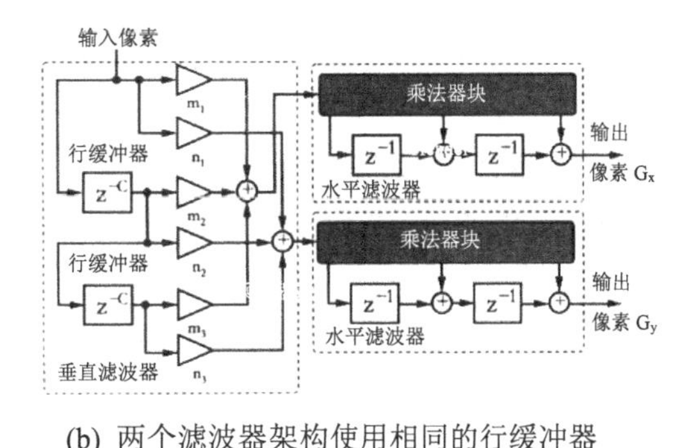

(b) 两个滤波器架构使用相同的行缓冲器

图 10-10 二维可分离滤波器架构

并且我们可以通过首先使用$[1,2,1]^T$垂直滤波器掩码，然后使用[−1,0,1]水平滤波器掩码来实现M_x滤波器。对于 LOG 滤波器，事情更为复杂。我们可以按照式(10.12)计算$g''(x)$，构建外积，但这不会是真正的二维 LOG 滤波器。可以容易地用 MATLAB 函数 fspecial('log',width,sigma)来计算 LOG；然而真正的二维通常秩不为 1。

垂直滤波器将不再具有单个 MCM 块，但水平滤波器将具有单个 MCM 块。让我们简单地计算两种过滤器类型的操作数。记住，长度为L的一维滤波器需要每个输入样本有L个乘法和$L-1$个加法。如果滤波器是对称的，则假设我们具有奇数滤波器长度，算术计数进一步减少到$(L+1)/2$乘法和$L-1$个加法。表 10-2 给出了两种情况的操作计数[410]。

表 10-2 L奇数的$L\times L$滤波器掩码的可分离和不可分离滤波器的操作计数

操 作	不 可 分		可 分	
		对 称		对 称
乘法	L^2	$L(L+1)/2$	$2L$	$2(L+1)/2$
加法	L^2-1	L^2-1	$2(L-1)$	$2(L-1)$

对于边缘检测应用，另一个重要的考虑是我们可以使用行缓冲器用于滤波器M_x和M_y。图 10-10(b)显示了这种双滤波器设计的架构。

10.2.2 图像系统设计

在选定算法之后，下一步要进行硬件系统设计。由于当前大多数先进的开发板具有多种图像显示模式接口，可以充分利用这种优点进行硬件设计。例如：Xilinx Altys 开发板具有 2×2 高清多媒体接口(HDMI)，可用于视频和音频输出；Altera DE2-115 开发板具有电视解码器、视频图形阵列(VGA)和数字视频接口(DVI)等显示接口。其中，DVI 常用作 LCD 监视器的接口，经典 VGA 标准常作为 PC 机中 CRT 监视器上的显示系统信息的默认启动接口。VGA 接口的基本分辨率为 640 列和 480 行，刷新率为 60Hz。大多数显示器(包括液晶显示器)支持这种显示模式，因此我们使用 VGA 的基本模式。所以我们可直接使用 DE2-115 与 CRT 显示器，而无须购买任何新的显示硬件。

系统基本设置如图 10-11 所示。其中 FPGA 提供必要的控制和 RGB 数据信号。注意，

DE2-115 板使用 8 位 RGB 数据而不是 DE2 的 10 位数据，这是由于处理 10 位数据太烦琐，且大多数图像都具有 8 位 RGB 分辨率。DE2-115 使用的 VGA 芯片是 Analog Devices ADV7123KSTZ140，其具有三倍高速 10 位 DAC，可以高达 140 MHz 的像素速率运行。因此，我们可以使用 VGA(640×480)、SVGA(800×600)、XGA(1024×768)或 SXGA(1280×1024)显示模式。表 10-3 显示了每种显示模式和所需的像素时钟(总行×列×帧速率)以及灰度图像的存储要求(颜色需要三倍)，例如行×列×8。

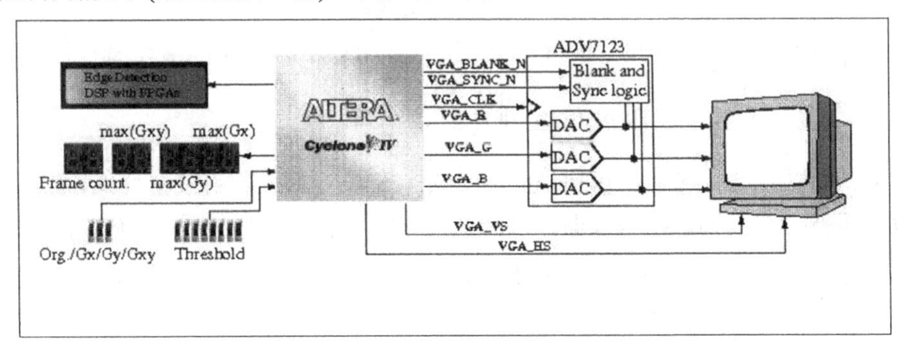

图 10-11　边缘检测系统整体设计图

表 10-3　VGA 分辨率特性数据

模　式	刷新率 HZ	分辨率 列×行	Totall C×R	像素时钟 MHz	大小 Mbits
VGA	60	640×480	800×525	25.175	2.4
VGA	85	640×480	832×509	36	2.4
SVGA	60	800×600	1056×628	40	3.84
SVGA	75	800×600	1056×625	49	3.84
SVGA	85	800×600	1048×631	56	3.84
XGA	60	1024×768	1344×806	65	6.29
XGA	75	1024×768	1312×806	75	6.29
XGA	85	1024×768	1376×808	95	6.29
SXGA	60	1280×1024	1688×1066	108	10.49

VGA 信号的总体时间由视频数据和额外同步时间组成，这是由于需要 CRT 光束返回到第一行或每一行的起始位置。假设使用外部同步，而不是使用绿色视频通道的嵌入式同步；VGA 中的线路以有效的低电平同步脉冲开始显示 60Hz 的 VGA 信号：同步时间为 3.8μs，25MHz 的像素时钟为 96 个时钟周期，然后为水平后沿 1.9μs 或 48 个时钟周期。对于 640 个时钟周期或 25.4μs，视频信号存在，后面是 0.6 或 16 个时钟周期的前沿信号，之后允许 CRT 光束重新转到行的开始，那么总共需要 $96+48+640+16=800$ 个时钟周期。对于垂直定时，方法类似。再以 60Hz 的 VGA 信号为例，垂直同步脉冲有两行，其后是垂直后沿 33 个时钟周期，接下来的 480 行包含视频信号，最后 10 行时钟周期允许 CRT 光束

返回到第一行，图 10-12 显示了在视频显示开始之前的初始 ModelSim 模拟具有两行垂直同步和 33 行时钟周期。

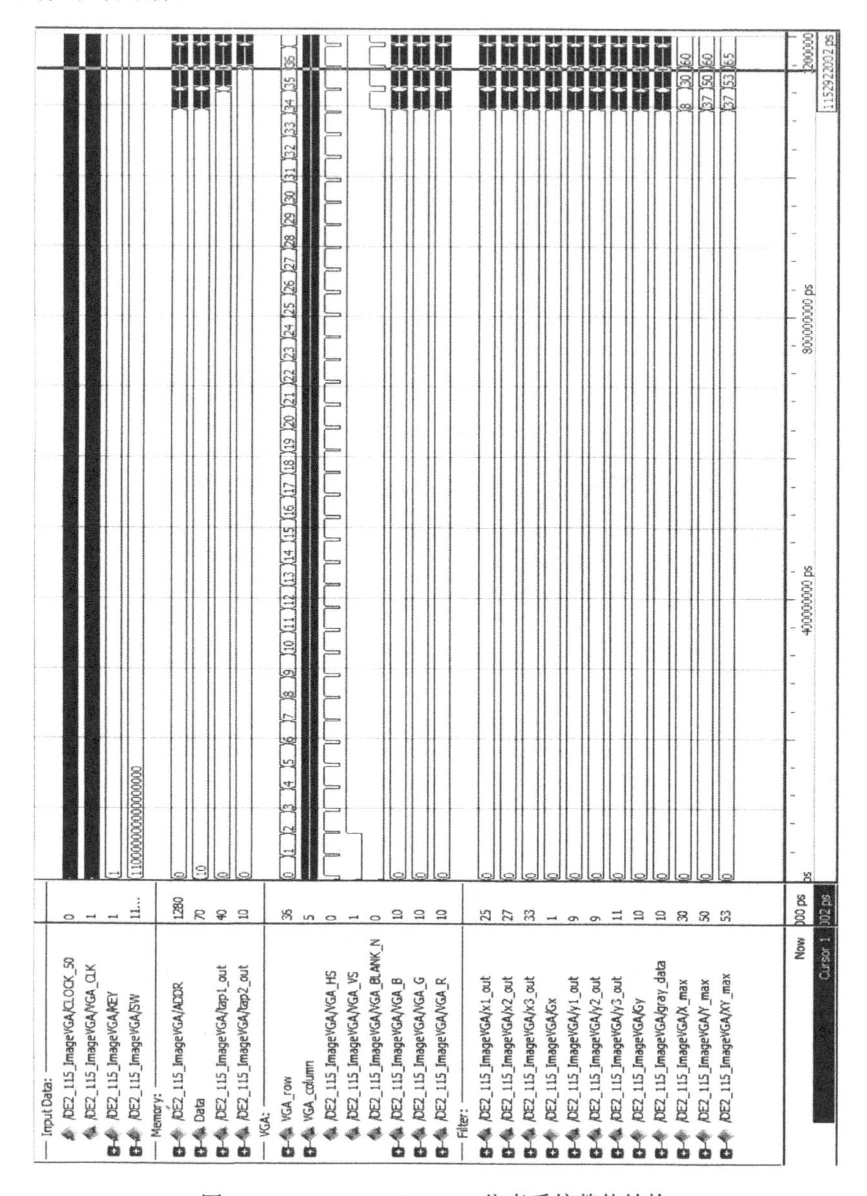

图 10-12　VGA ModemSim 仿真系统整体结构

10.2.3　VGA 边缘检测系统的组装

基于以上研究，采用 DE2-115 板来组装实验装置的边缘检测器。其应具有以下功能：

- 边缘检测器使用 3×3 Sobel 掩码(见图 10-10)。
- 幅度使用 L_1 近似类型近似；见表 2-14。
- 图像以 MIF 文件格式存储，并且可在编译时替换。
- 利用可分离的行和列滤波器设计滤波器，并对两个滤波器使用相同的行缓冲器；见

图 10-10(b)。

- 显示屏为 60Hz 刷新频率的 640×480 灰度 VGA 显示屏；见表 10-3。
- 使用数据循环回绕。
- 滑块开关用作输入。低 8 位用于，高 3 位用于选择显示模式。
- SW 的两个 MSB 用于主图像源：00 = 原图，01 = G_x，10 = G_y，11 = $|G|$。
- 第三个 MSB 用于打开/关闭阈值。
- 七段显示器使用如下(见图 10-13(a))：0,1 最大值(G_x)；2,3 最大值(G_y)；4,5 最大值($|G|$)和 6,7 帧计数器。
- LCD 用于显示项目系统信息：

  -1. 线：边缘检测

  -2. 线：DSP 与 FPGA

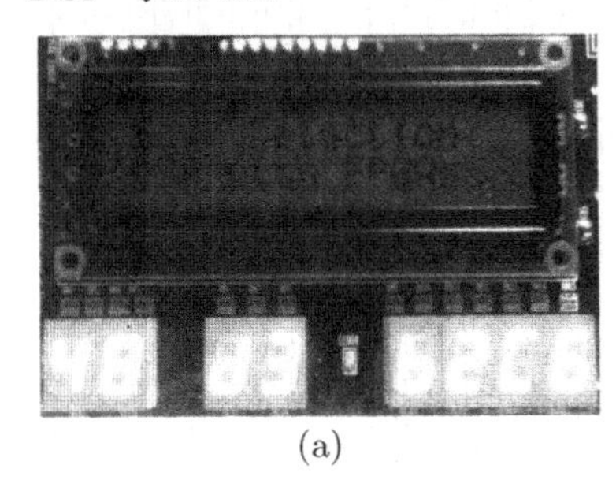

(a)

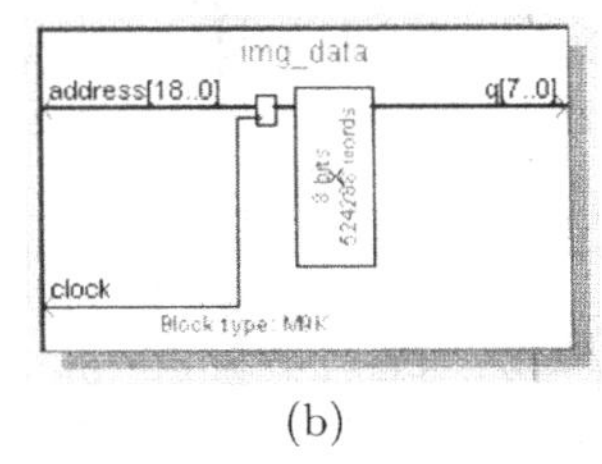

(b)

图 10-13 (a) LCD 文本和七段显示器的显示，(b) 图像存储器的配置

初步设计可使用 DE2_115_demonstration 文件夹中的 DE2_115_Default 文件来设计，其包括所需要的众多功能(实际上比我们需要的还要多一些)。由于这些功能是预先存储的开发板出厂配置的启动配置项，因此许多学生可能熟悉这些功能。现在观察系统整体的架构以及所需的控制信号和运行这些应用程序的 Verilog 代码。

ADI 公司 ADV7123KSTZ140 板上的 VGA 芯片需要 clk 输入、RGB 数据、blank_n 和 sync.n。此外，FPGA 电路需要将水平和垂直同步信号直接提供给 VGA 监视器。所需的 25MHz 时钟信号 clk 可以由 PLL 产生，或由提供给 FPGA 的 50MHz 信号两分频产生。后一种方法简单，不需要许多资源，并且简化了模拟。由于仅显示灰色图像，因此三条通道的数据相同，即 R=G=B=VGA 数据。可不使用 SYNC_N 信号，但需要利用 BLANK_N 信号来控制。一般来说，当 CRT 从帧的结束返回到该行或“起始”的开始位置时，RGB 信号需要重置为零，或可用 blank-n 信号告诉 VGA 监视器何时显示有效数据；因此，这种设计方式简化了整体数据的管理和滤波器设计。

由于只有 8 位数据，Sobel 滤波器和幅度计算可能会导致位增长，因此需要监视这些数据。为此，本文使用七段显示并连续计算 G_x、G_y 与和$|G_{xy}|$和的最大值。七段显示中，两个最高有效的数字显示帧计数器。对于 60 Hz 帧速率，预计 8 位计数器显示时间约为 $256/60 \approx 4s$。图 10-11 概述了整个系统设计。

通过 Altera MIF 文件中 DE2_115_Def 完成文件 I/O 中的图片。其中，DE2_115 CD 的

VGA_DATA 文件包含名为 PrintNum.exe 的可执行程序，它分割颜色表中的 BMP 文件和包含图像数据的 MIF 文件。例如：BMP 格式由 MS Windows 程序附带的 MS 程序绘制，并且在 Image—>Attributes 下，可缩放任意图像以使其适合 640×480 大小。或者，也可以编写一个 MATLAB 脚本，使用 imread( )函数来读取图像，并将其写入 MIF 文件，例如：

```
clear;
%% m file to convert 480×640 BMP file into MIF text file
I=imread('BCoin8state.bmp'); %% Read figure
figure, imshow(I); %% Display picture
[r c]=size(I); %% Get number row and columns
rc=r*c; x=1:r*c;J=[ ];
for k=1:r  %% rearrange as 1D array
   J=[J I(k,:)];
end
str=sprintf('Saving %d pixel for picture.mif',rc);
disp(str); str=sprintf('picture.mif'); fid=fopen(str,'w');
fprintf(fid,'depth= %d;\r\nwidth = 8;\r\n',rc);
fprintf(fid,'address_radix = dec;\r\n');
fprintf(fid,'data_radix = dec;\r\n');
fprintf(fid,'content \r\nbegin\r\n');
for k=1:rc
  fprintf(fid,'%d:%d;\r\n',k-1,J(k));
end
fprintf(fid,'end;\r\n');
fclose('all');
```

除了 MIF 文件，可能还需要生成一些可以包含在文件中的测试台数据。将这个 3×3 测试数据包放在文件的左上角。为此，需要修改地址 0-5、640-645 和 1280-1285 的 MIF 文件数据，例如：

```
…
0:10;
1:20;
2:30;
3:0;
4:0;
5:0; …
640: 40;
641: 50;
642: 60;
643: 0;
644: 0;
645: 0 ; …
1280: 70;
1281: 80;
1282: 90;
```

```
1283: 0;
1284: 0;
1285: 0; ...
```

现在可查看实现的 Verilog 详细代码:

```
Module DE2_115_ImageVGA(
// ============================================== =======
// PORT declarations
// =======================================================
//////////// CLOCK //////////
input  CLOCK_50,
//////////// LED //////////
output [8:0] LEDG,
output [17:0] LEDR,
//////////// KEY //////////
input [3:0] KEY,
//////////// SW //////////
input  [17:0] SW,
//////////// SEG7 //////////
output [6:0] HEX0,
output [6:0] HEX1,
output [6:0] HEX2,
output [6:0] HEX3,
output [6:0] HEX4,
output [6:0] HEX5,
output [6:0] HEX6,
output [6:0] HEX7,
//////////// LCD //////////
output LCD_BLON,
inout [7:0] LCD.DATA,
output LCD_EN,
output LCD_ON,
output LCD_RS,
output LCD_RW,
//////////// VGA //////////
output [7:0] VGA_B,
output VGA_BLANK_N,
output VGA_CLK,
output [7:0] VGA_G,
output VGA_HS,
output  [7:0] VGA_R,
output  VGA_SYNC_N,
output VGA_VS,
//////////Test ports //////
output [10:0] xl_out, x2_out, x3_out,
output [10:0] yl_out, y2_out, y3_out,
output [7:0] tapl_out,
```

```
output [7:0] tap2_out);

/////////////////////////////////////////////////////////////
//=============================================================
//REG/WIRE declarations
//=============================================================
parameter Hactive = 640;

reg  [7:0] tap1 [1:Hactive];
reg  [7:0] tap2 [1:Hactive];
integer I;

wire  CPU_CLK;
wire  CPU_RESET;

wire  [31:0]  mSEG7_DIG:
reg   [31:0]  Count;

//  For VGA Controller
reg VGA_CTRL_CLK;
wire  [9:0]  mVGA_R;
wire  [9:0]  mVGA_G;
wire  [9:0]  mVGA_B;
wire [19:0] mVGA_ADDR;
wire DLY_RST;
wire   mVGA_CLK;
wire   [9:0]  mRed;
wire   [9:0]  mGreen;
wire   [9:0]  mBlue;
wire    VGA_Read; // VGA data request
wire    mDVAL;

//================================================================
// Data promoted from VGA controller
//================================================================
wire [7:0]  LCD_D_1;
wire LCD_RW_1;
wire LCD_EN_1;
wire LCD_RS_1;
wire iRST_n;
reg oBLANK_n;
reg oHS;
reg oVS;
wire [7:0] b_data;
wire [7:0] g_data;
wire [7:0] r_data;
```

```
////// Auxiliary signals
reg [18:0] ADDR;
reg [7:0] gray_data;
wire [10:0] dx, asum, sum, ssum;
wire [8:0] Rxy;
wire [7:0] Gxy;
reg [7:0] Gx, Gy;
reg [10:0] y1, y2, y3;
reg [10:0] x1, x2, x3;
reg [7:0] XY_max, Y_max, X_max;
wire VGA_CLK_n;
wire [7:0] index;
//reg signed [7:0] gray_data_raw;
wire cBLANK_n, cHS, cVS, rst;
// Display h and v counter values
wire [10:0] h;
wire [9:0]  v;
//=============================================================
// Structural coding
//=============================================================

assign VGA_SYNC_N = 1'b0; //not used
//assign VGA_BLANK_N = 1'b1;
assign LCD_DATA = LCD_D_1;
assign LCD_RW   = LCD_RW_1;
assign LCD_EN   = LCD_EN_1;
assign LCD_RS   = LCD_RS_1;
assign LCD_ON   = 1'b1;
assign LCD_BLON = 1'b0; //not supported;

always@(posedge oVS or negedge KEY[0])
begin
  if(!KEY[0])
    Count  <=  0;
  else
    Count  <=  Count + 1;
end
assign mSEG7_DIG  = { Count[7:0], XY_max, Y_max, X_max};

assign tap1_out = tap1[Hactive];
assign tap2_out = tap2[Hactive];
assign LEDR [15:0] = {v[7:0], h[7:0]};
assign LEDG [7:0] = index; // Memory values

// 7 segment LUT
SEG7_LUT_8 u0 (
    .oSEG0(HEX0), .oSEG1(HEX1), .oSEG2(HEX2), .oSEG3(HEX3),
```

```
    .oSEG4(HEX4), .oSEG5(HEX5), .oSEG6(HEX6). oSEG7(HEX7),
    .iDIG(mSEG7_DIG));

// Reset Delay Timer
Reset_Delay r0(
    .iCLK(VGA_CTRL_CLK),
    .oRESET(DLY_RST));
// T-FF for 25 MHz signal
always@(posedge CL0CK_50 or negedge KEY[0])
begin
  if(!KEY[0])
    VGA_CTRL_CLK <= 0;
  else
    VGA_CTRL_CLK <= ~VGA_CTRL_CLK;
end

LCD_TEST u5 ( // Host Side
  .iCLK( VGA_CTRL_CLK),
  .iRST_N(DLY_RST),
  // LCD Side
  .LCD_DATA(LCD_D_1),
  .LCD_RW(LCD_RW_1),
  .LCD_EN(LCD_EN_1),
  .LCD_RS(LCD_RS_1));

// VGA signal generator
assign VGA_CLK = VGA_CTRL_CLK;
assign rst = ~iRST_n;
assign iRST_n = DLY_RST;
assign iVGA_CLK = VGA_CTRL_CLK;
video_sync_generator LTM_ins (
    .vga_clk(iVGA_CLK), // VGA clock at 25 MHz
    .reset(rst), // Reset for
    .blank_n(cBLANK_n), // Data are (not) valid
    .HS(cHS), // Horizontal sync
    .VS(cVS),
    .h(h),.v(v)); // Vertical sync

//// Address generator
always@(posedge iVGA_CLK,negedge iRST_n)
begin
  if (!iRST.n)
    ADDR <= 19'd0;
  else if (cHS==1'b0 && cVS==l'b0)
    ADDR <= 19, d0;
  else if (cBLANK_n==l,bl)
    ADDR <= ADDR + 1;
```

```
end

////// Load image data using
assign VGA_CLK_n = ~VGA_CLK;
img_data img_data_inst (
 .address ( ADDR ),
 .clock ( VGA_CLK_ n ),
 .q ( index )
 );

///////// Magnitude: max(|Gx|, |Gy|)+ min(|Gx|,|Gy|)/4
assign Rxy = (Gx>Gy) ? {1'h0 ,Gx} + {3'h0 ,Cy [7:2]}
                            :{l'h0 ,Gy} + {3'h0 ,Gx[7:2]};
assign Gxy = (Rxy>8'hFF)? 8'liFF : Rxy [7:0];
assign sum = yl + 2*y2 + y3; // no register
assign asum = (sum[10]==1'bl) ? -sum : sum;//absolute value
assign ssum = asum/4; // scale appropriate
assign dx=(x1>x3) ? (x1-x3)/4:(x3-x1)/4;
                          // absolute value + difference
assign xl_out = xl;
assign x2_out = x2;
assign x3_out = x3;
assign y1_out = y1;
assign y2_out = y2;
assign y3_out = y3;
always@(posedge iVGA_CLK)  /////////// Sobel filter design
begin
 if (cBLANK_n==l'bl) begin
 // Display X, Y, and total gradient maximum values
  if (Gx > X_max) X_max <= Gx;
  if (Gy > Y_max) Y_max <= Gy;
  if (Gxy > XY_max) XY_max <= Gxy;
//------------ abs(Gy) filter------------
// Horizontal filter [1 2 1]
    if (ssum>8'hFF)
      Gy <= 8'hFF;
    else
      Gy <= ssum[7:0]; // include divide by 4
    y3 <= y2;
    y2 <= y1;            // My vertical filter [1 0 -1]'
    yl <= {8'h0, index} - {8'h0 ,tap2[Hactive]};
//------------ abs(Gx) Horizontal filter [-1 0 1]
    if (dx>8'hFF) //Threshold
      Gx <= 8'hFF;
    else
      Gx <= dx[7:0];
    x3 <= x2;
```

```
    x2 <= x1;  // Mx vertical filter [12 1]'
    xl <= {8'h0 ,index} + {8'h0 ,tap1[Hactive],1'b0}
                                 + {8'h0 ,tap2[Hactive]};
///////// The tap delay lines are used by both Mx and My
   for (I=Hactive; I>1; I=I-1) begin
     tap1[I] <= tap1[1-1];  // Tapped delay line 1: shift 1
   end
   tap1[1] <= index; // Input in register 0
   for (I=Hactive; I>1; I=1-1) begin
     tap2[I] <= tap2[I-1]; // Tapped delay line 2: shift 1
   end
   tap2[1] <= tap1[Hactive]; // Input in register 0
  end
end

//////latch valid data at falling edge;
always@(posedge VGA_CLK_n) begin
  case(SW[17:15])
  3'b000 : gray_data <= index;
  3'b001 : begin
         gray_data <= (index < SW[7:0]) ? 8'h0 : 8'hFF; end
  3'b010 : gray_data <= Gx;
  3'b011 : begin
           gray_data <= (Gx < SW[7:0]) ? 8'h0: 8'hFF; end
  3'bl00 : gray_data<= Gy;
  3'bl01 : begin
           gray_data <= (Gy < SW[7:0])? 8'h0: 8'hFF; end
  3'bll0 : gray_data <= Gxy;
  default : begin
           gray_data <= (Gxy < SW[7:0])? 8'h0: 8'hFF; end
  endcase
end

////// Delay the iHD, iVD,iDEN for one clock cycle;
always@(negedge VGA_CLK)
begin
  oHS<=cHS;
  oVS<=cVS;
  oBLANK_n<=cBLANK_n;
end

/////////// VGA controller output signals
assign VGA_BLANK_N =oBLANK_n;
assign VGA.HS = oHS;

assign VGA.VS = oVS;
assign VGA_B = gray_data;
```

```
assign VGA_G = gray.data;
assign VGA_R = gray_data;

endmodule
```

Verilog 文件以 I/O 端口开始，其后是一些仅用于模拟信号的附加测试端口，然后是内部信号。为避免众多额外端口，可将原始的 vga_controller.v“提升”到顶层设计中。结构编码首先分配恒定的 I/O 信号，oVS 的 always 块具有在七段显示的段 6 和 7 上显示的帧计数器作用。接下来的 4 位是七段解码器和复位延迟定时器。其中复位延迟定时器可在短上电序列发生故障时使用。然后，使用触发器实现 50MHz 输入频率分成 VGA 显示器的像素时钟所需的 25MHz 时钟信号，并且还可作为 Sobel 滤波器的主时钟。然后实例化 LCD 显示器。TERASIC 组件允许为应用程序指定单独的文本。文件 LCD_TEXT.v 包含用于 LCD 控制器 HD44780 的模式 ROM 生成器文本的十六进制编码。可使用字母数字编码，即 0 从 30_{16}开始，大写字母在 41_{16}，小写字母在 61_{16}。空间编码为 20_{16}。在 LCD 组件之后实例化 VGA 同步信号分量。当需要新的图像数据时，LCD_TEXT.v 提供水平和垂直同步信号、行和列计数器以及显示 cBlank_n 控制信号。图像存储在一维线性数组中，cBlank_n 信号用来增加内存计数器 ADDR。图像存储器是使用 MegaWizard 设计的。所需内存为 $2^{19}\times8$，使用的 MIF 文件为 VGA_DATA / BCoin8state .mif。可使用 bmp2txt .m 脚本生成其他图像的 MIF 文件。确保图片为 640×480 像素的 BMP 图片。然后，Sobel 滤波器的实际编码开始。不需要寄存器的代码部分放在由 iVGA_CLK 和 cBLANK_n 控制的 always 语句之外。always 中的前三条 if 语句用于确定在七个段上显示的 G_x、G_y 和 G_{xy} 的最大值。然后紧接着为 G_y 过滤器。垂直滤波器 $[1,0,-1]^T$ 后面是水平滤波器 $[1,2,1]$。该绝对值和缩放值一起放在 always 语句之前。滤波器输出 G_y 通过阈值运算以避免算术中的回绕。对于 G_x，第一操作是 $[1,2,1]^T$ 垂直滤波器，之后是 $[1,0,-1]$ 滤波器。可以在 always 语句之前找到再次缩放和绝对计算代码，以避免推断寄存器。always 语句中的最后一部分是两个长度为 640 个抽头长移位寄存器的编码行缓冲区。这里主要是验证这些块 RAM 是否能合成；否则将需要大量的逻辑元件。特别注意，不能向此寄存器文件添加复位，因为在块 RAM 中没有复位端口。

接下来为 Sobel 过滤器的执行代码，其作用为将输出连接到灰度级输出端口。SW15 运行可产生阈值操作，即可选择四个信号：来自存储器的原始数据，G_x 滤波器输出，G_y 滤波器输出或两个名为 G_{xy} 的幅度。

根据最后的水平和垂直同步信号的精度，HS、VS 和 BLANK_n 信号被延迟。最后，在最后一组 assign 语句中将所选的灰度级数据连接到 RGB 端口和三个同步信号。

图 10-12 给出了所需全局模拟的粗略概况。由于在处理了 33 行之后出现了第一个“有用”数据，因此相对而言模拟时间较长。显示一行需要 35μs 或 875 个时钟周期。因此对于 33 行为 28K 个周期。

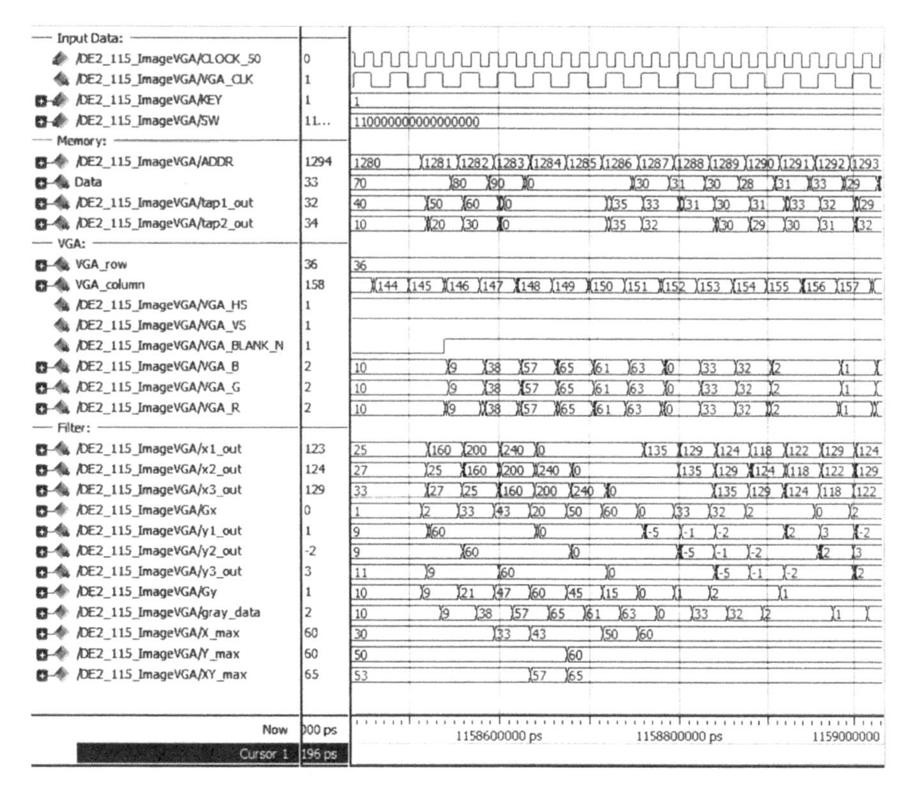

图 10-14　用于 ModelSim 边缘检测模拟的测试台数据处理

图 10-14 展示了整个 3×3 Sobel 掩模的数据到达后测试台的细节。所示输入的数据为 FPGA 50MHz 时钟输入和 25MHz 的二分频信号。KEY1 表示复位，并且将 SW=110 ...与 Verilog 代码中的 case 语句进行比较，可使 *Gxy* 输出到 VGA 监视器，即显示没有阈值的边缘矢量的大小。下一组名为 Memory 的数据表示从存储器读取的图像数据。ADDR 为地址计数器，data 为从存储器读取的数据，tapl_out 和 tap2_out 是用于 *Mx* 和 *My* 的 Sobel 滤波器的行缓冲器的输出。现在可以看到测试台数据被人工添加到 8 四分之一(8 quarter)硬币图像的状态数据：

$$data=\begin{bmatrix}70 & 80 & 90\\ 40 & 50 & 60\\ 10 & 20 & 30\end{bmatrix} \tag{10.18}$$

数据之后为三个零值。

下一个是名为 VGA 的数据块：用于展示 VGA 显示相关的数据。它从当前处理图像的行和列的计数器开始。水平、垂直同步信号与 blank_n 信号表示要显示的有效数据。RGB 信号为发送到 VGA 显示器的信号，因为显示的为灰度图像，所以这三个信号相等。标记为过滤器的最后一个数据块表示显示 Sobel 过滤器的内部工作。x1 是用于 G_x 的行滤波器，其显示出由 $[1,\ 2,\ 1]^T$ 加权的数据。前三个值的计算值为：

$$x1(0)=70-2\times40+10=160$$

$$x1(1) = 80 + 2\times 50 + 20 = 200$$

$$x1(2) = 90 + 2\times 60 + 30 = 240$$

输出 $x2$ 和 $x3$，然后显示出水平滤波器$[1,0,-1]^{\mathrm{T}}$的延迟需求，以及滤波、绝对计算和除四之后 Gy 的输出，例如：

$$G_x(k) = |x1(k) - x3(k)| = |240 - 160| / 4 = 20$$

$$G_x(k+1) = |x1(k+1) - x3(k+1)| = |200 - 0| / 4 = 50$$

$$G_x(k+2) = |x1(k+2) - x3(k+2)| = |240 - 0| / 4 = 60$$

上述公式中除以 4 是为了防止溢出。对于 Gy 滤波器的 $y1$ 信号，可采用相似的方法计算。首先给出滤波器$[1,0,-1]^T$的行：

$$y1(0) = 70 - 10 = 60$$

$$y1(1) = 80 - 20 = 60$$

$$y1(2) = 90 - 30 = 60$$

然后利用绝对值函数计算水平滤波器[1,2,1]并除以 4 进行压缩，可得：

$$G_y(k) = |y1(k) + 2y2(k) + y3(k)| = |60 + 2\times 60 + 60| / 4 = 60$$

$$G_y(k+1) = |y1(k+1) + 2y2(k+1) + y3(k+1)| = |60 + 2\times 60 + 0| / 4 = 45$$

$$G_y(k+2) = |y1(k+2) + 2y2(k+2) + y3(k+2)| = |60| / 4 = 15$$

然后，将使用$\max(|G_x|,|G_y|) + \min(|G_x|,|G_y|)/4$计算输出 gray_data(即 $G_{xy} = \mathrm{VGA\_B}$)：

$$G_{xy}(k) = \max(20,60) + \min(20,60)/4 = 60 + 20/4 = 65$$

$$G_{xy}(k+1) = \max(50,45) + \min(50,45)/4 = 50 + 45/4 = 61$$

$$G_{xy}(k+2) = \max(60,15) + \min(60,15)/4 = 60 + 15/4 = 63$$

最后三个数据显示了目前为止的绝对最大值。请注意，在此测试数据中，Gxy 最大值的增量为 65。

最后一点需要注意的是时序的仿真。通常使用功能仿真，但由于存储器初始化文件较大，将会导致 PC 的内存很快耗尽，可在特定项目中利用时序仿真模型使其具有更紧凑的存储器表示。

确信仿真工作正常后，则可生成编程文件。将 VGA 监视器连接到 DE2-115 板，然后将设计程序下载到开发板上。然后，可在水平和垂直方向上尝试不同的边缘渐变，并根据七段显示中显示的值，找到最终二进制表示的良好阈值。

该项目的综合结果显示在 Compilation Report(编制报告)中。该设计使用 816 个 LE，未使用嵌入式乘法器，用了 302 个(即 70%)M9K 存储器块。对于缓慢 85C 时序模型 TimeQuest 报告 $F_{\max} = 44.26MHz$。

10.3 案例研究 2：使用图像处理库进行中值滤波

在 HDL 中，设计图像或视频处理系统可能是耗时较长的工作，这是由于处理数据量的增加会导致系统的复杂性快速增加。然而，每个图像/视频处理系统执行的几个必要基本任务和操作却没有太大差别，并且一组较好的基本构建块将会对剩余设计有益。本书在 10.1.2 节中讨论了这些基本操作。Altera 有两个选项：首先是专业的工具箱，有助于滤波器的设计(例如二维线性和中值滤波器)和一些图像内部操作，如颜色空间转换、行缓冲器编译和伽马校正；详见文献[411]。其次是通过付费许可评估这些块，但块的源代码和脚本已加密，不能够研究或修改。大学版本的程序还支持具有大量基本构建块的图像和视频处理设计，并且提供 VHDL 和 Verilog 源代码以及 TCL 脚本，以便在 SOPC 或 Qsys 设计环境中导入块。用户可通过用户手册查看块如何工作以及如何实例化它们[412]。随着新的 Quart us II 版本变得可用，常规内容可更新。也可在独立系统中使用这些块，并构建自己的 Avalon 总线系统。然而，在大多数情况下，使用块作为协处理器到 Nios II 微处理器系统更加方便。例如第 9 章中，Altera 宣布停止 SOPC 环境。在未来只有 Qsys 被支持，因此应该在 Qsys 中设计自己的系统。图像处理块需要从 Altera 大学程序网页上下载，安装程序块可以在 ip-> University-Program-> Audio-Video→Video 下找到。表 10-4 简要概述了可用的块。所有块都具有 Avalon 总线接口，因此块名称以 altera_up_avalon_video _开头。有关如何使块工作的详细信息和 C 编码示例，请参阅相关文档“Altera DE-系列板的 Video IP 核”[412]。

表 10-4 Altera 大学程序工具箱中的图像处理块

IP	描　述
alpha_blender	组合两个视频流
bayer_resampler	转换 2×2 Bayer 模式[G1,R;BG2]格式到 24 位 RGB 格式[R,(G1+G2)/2,B]
character_buf fer _with_dma	将 ASCII 字符转换为图形显示
chroma_resampler	在 YCrCb 格式之间转换，包括复制、插入和丢弃像素
clipper	修改视频流的分辨率，即添加或删除行或列
csc	颜色空间转换器 YCrCb ↔RGB
decoder	从复合视频端口或 CCD 摄像机读取视频

(续表)

IP	描　述
dma_controller	存储和检索来内存的视频帧。指定寻址模式、帧分辨率和像素格式
dual_clock_buffer	在两个时钟域之间传输流
edge_detection	边缘检测分为四个步骤：高斯平滑、Sobel 滤波、最大抑制和滞后
pixel_buffer_dma	从外部存储器读取视频帧，并设置寻址模式：连续或 X-Y 寻址
rgb_resampler	允许在不同的 RGB 数据之间切换，如 8-位、9-位、16-位、24-位和 30-位
scaler	按整数因子更改宽度和高度分辨率
stream_router	允许拆分和合并视频流
test.pattern	以 24 位 RGB 生成测试图像。色相在 x 轴上从 0 变化到 360，在 y 轴上饱和度从 0 变化到 1
vga_controller	生成 VGA DAC 的同步信号
vip_bridges	将视频转换为 Altera VIP 格式

在了解我们的系统细节之前，先看一个典型的适合微处理器的应用程序，这对于 HDL 系统设计是一个小小的挑战。

10.3.1　中值滤波器

在图像处理系统中，中值滤波器已被证明可用于处理被“椒盐”(S&P)噪声破坏的图像。椒盐噪声可能来自 CCD 阵列中的缺陷像素、增强的数字成像器的增益或数据传输错误[413]。可以通过评估每个像素的邻域来去除这种黑白噪声，即：如果相邻像素不是黑白(BW)，可用计算为邻域的中值替换最可能的校正值。不使用均值滤波器，因为均值滤波器具有从图像中去除诸如边缘的细节并产生模糊图像的趋势。因此，中值滤波器可分为以下三步：

- 定义中值计算中使用的邻域大小，例如 5×5 或仅是水平 1×5 或垂直 5×1。
- 使用足够大的邻近区域计算像素的中值(即排序并选择中间值)。
- 用中值替换像素。

评估的区域的大小将取决于 S/N 比以及计算能力。但需要注意的是，S/N 计算并不是表征中值滤波器性能的最佳方法。例如：具有很少甚至没有椒盐噪声的图像在中值滤波之后具有较低的 S/N，这是由于未被污染的像素也被相邻值替换了。中值计算相对简单，因为只需要根据它们的值对窗口中的数据进行排序，然后从有序列表中选择中间值即可。但排序在 HW 或 SW 中并不是较容易的操作。在讨论典型的硬件和软件选项之前，首先来看几个示例图像。对于高 S/N 比，采用小窗口(如 3×3)较好；对于低 S/N 比，窗口的尺寸较大，如常用的 9×9、11×11 和 13×13 的窗口[413-415]。中值滤波器显然不可分离；但可尝试使用行/列方法，这会导致输出处的性能不同。在 MATLAB 中，中值滤波器可表示为：

```
[II,m]=imread('TigerGray.bmp');
```

```
d=.1
12 = imnoise(I1,'salt & pepper', d);
I3=medfilt2(I2,[5,5]);
figure,imshow(13)
```

此脚本将向加载的图像中添加 5%椒盐噪声，采用 5×5 中值滤波器，并显示已过滤的图像。图 10-15 显示了典型的过滤示例。图 10-15(c)显示采用 5×5 中值滤波器并不适合。噪音未被清除，反而图像变得更模糊。采用 1×5 中值滤波器，然后是 5×1 滤波器更优于 5×5 中值滤波器。当试图完全去除椒盐噪声时，可以使用更大的窗口，例如图 10.15 中所示的 11×11 窗口。但是，请注意较大的滤波器窗口将会删除一些细节，如图像背面壁纸中显示的模式。这些细节用较小窗口过滤器保留下来。对窗口大小问题的解决方案可以是自适应中值滤波器[416]。

(a) 原始图像

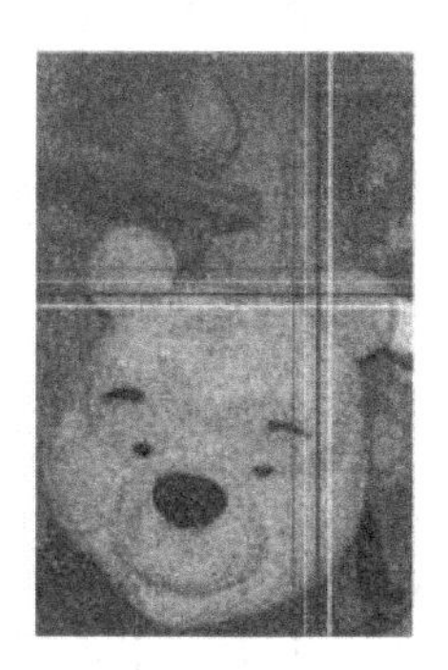

(b) 受随机椒盐噪声干扰的图像

(c) 尺寸为 5×5 的均值滤波

(d) 先 1×5 中值滤波，接着是列滤波 5×1

(e) 5×5 中值滤波

(f) 11×11 中值滤波

图 10-15　中值和平均滤波示例

10.3.2　HDL 中的中值滤波器

HW 中的中值滤波的设计是一个相当具有挑战性的任务[417]，并已进行了众多尝试来实现有效的排序方法。FPGA 供应商通常提供专门的 IP 模块和应用笔记，其涵盖排序设计等具有挑战性的设计内容[411,413,418]。下面简要讨论一下设计的关键问题。

由 Batcher 首次提出的分类网络(sorting networks)[419]，即：在每个阶段，两个相邻的注册数据通过最小/最大网络。对于 2N 个数据，采用 2×2 比较方式，总共 N(N + 1)/2 次。图 10-16(a)显示了 N= 9 数据的排序网络。可并行地实现 N / 2 个比较元件，直到排序的步骤数减少到 N + 1。

对于流行的 3×3 窗口，先进行水平，然后进行垂直长度 3 中值滤波；最后对角输入才会产生正确的中值[420]，参见图 10-16(b)。然而，该方案不能扩展到更大的中值滤波器。对于 3×3 的过滤器，这似乎是一个非常有吸引力的设计。

分布式算术滤波器是完全不同的中值滤波器，被称为位投票[421]。它查看所有数据的单个位，而不是查看数据对。从 MSB 位开始，寻找中值的参数过程如下：查看所有数据计数中位于 MSB 中的 1。现在设定有 N 个数据要排序，计数大于 N / 2。显然，中值将在以 1 开始的数据集中。如果计数小于 N / 2 个(即有比 0 更多的零)，那么中值将在数据集中从零开始。在下一次迭代中，仅仅查看剩余的感兴趣的数据，即：对不再处于中值竞争中的那些数据设置标志。下一步中，从剩余的感兴趣数据的 MSB 中查看第二位。再次执行一个计数，并选择与所有数据的大多数第二位匹配的值。这一过程持续到 LSB。图 10-17 显示了位投票方法的硬件架构。

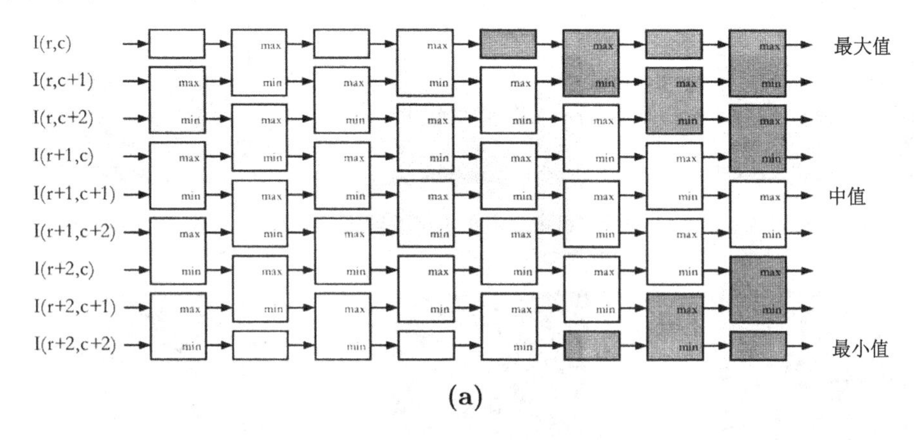

(a)

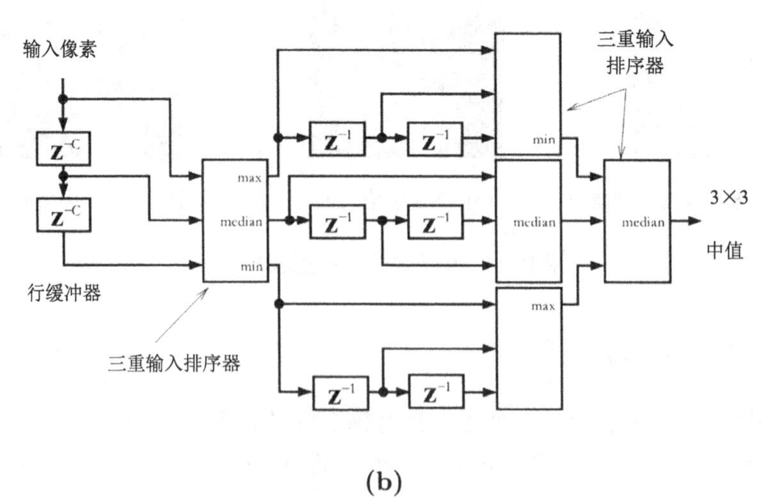

(b)

图 10-16 (a)N = 9 的批次排序。小块是寄存器，灰度块不需要用于中值计算。(b)行列三重排序器方法

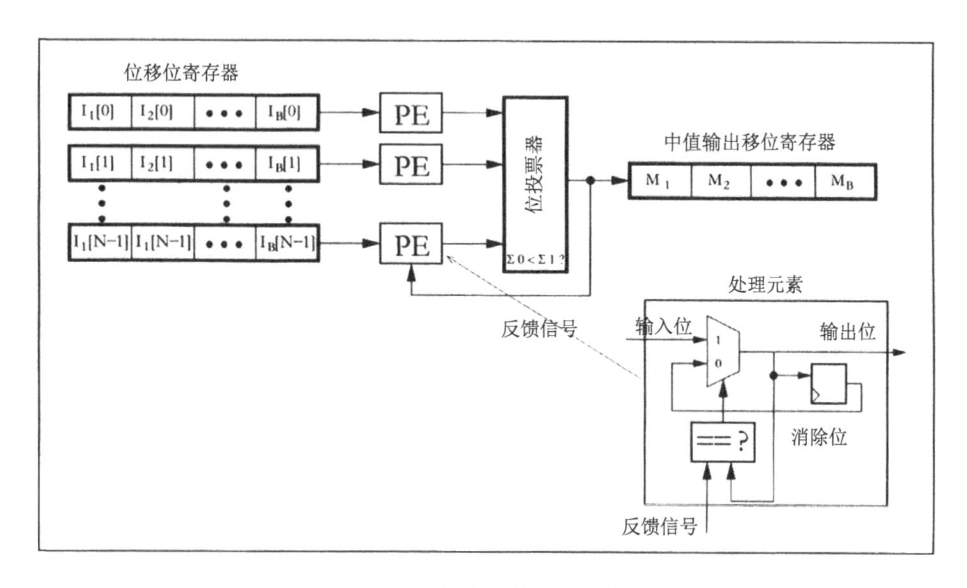

图 10-17　位投票方法的硬件架构，其中每个像素使用一个处理元素

第三个主要方法组为使用数据块的累积直方图[422]。对于 B 位数据，将使用 2^B 位表示。对于每个传入数据，通过增加等于或大于传入像素数据的所有位表示。最后，我们将找到中值 N/2 的值作为中值。这种方式可通过向每个块中添加 N/2 的比较器和选择高于该阈值的最小箱的优先级解码器。如果想实现滑动窗口中值，那么必须从直方图中减去“旧”值。图 10-18 显示了整体架构。

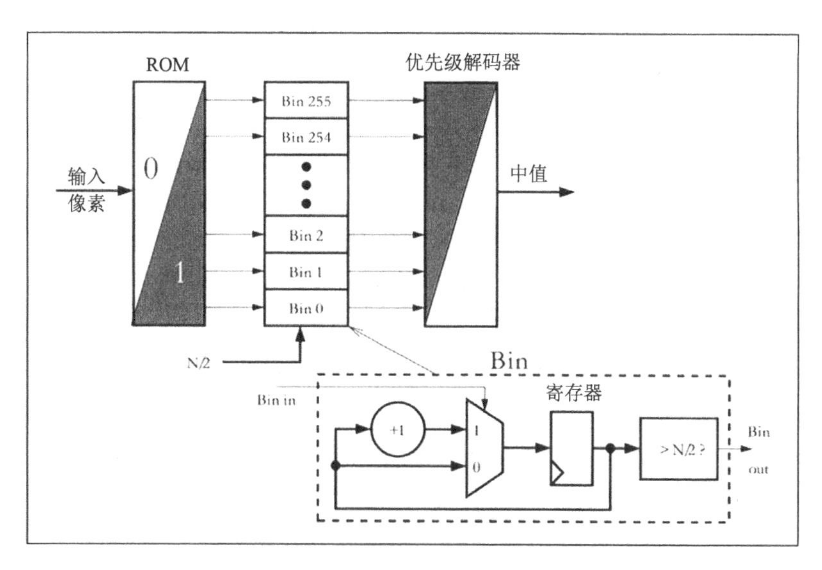

图 10-18　累积直方图架构

10.3.3　Nios 中值滤波图像处理系统

在设计新系统时，通常有两种选择。首先从草稿开始，从 Qsys 库中添加越来越多的

组件。这种方法适合设计较小的系统(只有几个组件)。然而，对于在开发板上使用大量组件的大型系统，通常使用板供应商或 FPGA 工具供应商提供的启动模型，这将使得效率更高。对于 DE2 板，出厂配置可用。TERASIC 提供了几个完整的系统实例，可以根据用户的需求量身定做。本书将使用 Altera 大学程序媒体计算机 VHDL 系统中以 Nios Qsys 版作为本设计的初步版，这是由于 Altera 宣布将在未来的软件版本中取代 SOPC 构建器环境[423]。

媒体处理器中有几个块并不是本实例所需要的，例如 Expansion_JP5、PS2_port、PS2_Port_Dual、Serial_Port 和 Audio。媒体处理器使用 QVGA 320×240 彩色降低的分辨率，但更喜欢使用 640×480 的 VGA 来同时显示四幅灰色图像，因此本书也从 Qsys 中删除 VGA_Pixel_Scaler。下面是需要保留的组件的简要列表，以及支持 640×480 灰度图像处理所需的修改方法：

- CPU 是标准版本中的 Nios 处理器，具有 HW 支持，用于乘法、4K 指令高速缓存和 2 级 JTAG 调试器；见第 9 章。
- sysid 提供了一个唯一的系统 ID 号，它简化了 Eclipse 在 Nios II 系统中找到的 USB 端口的标识。
- merged_resets 为内部、外部和 27MHz 时钟提供复位信号。
- clk、sys_clk、vga-clk、clk_27 和 External_Clocks 为所有块提供所需的时钟信号。
- SDRAM 保存数据和程序存储器。
- SRAM 用于像素缓冲区。
- Red LEDs 作为并行输出端口，以驱动 18 个红色 LED。
- Green_LEDs 作为并行输出端口，以驱动 9 个绿色 LED。
- HEX3_HEX0 和 HEX7.HEX4 的每个 32 位输出端口驱动八个七段显示。
- Slider_switches 作为并行输入切换到 18 个开关。
- Pushbuttons 是四个按钮。
- JTAG_UART 是 Avalon JTAG 通用异步接收发送器，每个具有 64 字节 I/O 缓冲。
- Interval_Timer 是具有 32 位计数器大小和 125ms 周期的 Avalon 定时器。
- AV_Config 设置音频和视频配置。
- VGA_Pixel_Buffer 指定 X、Y 寻址模式，640×480 分辨率，并设置所使用的 8 位灰度空间。
- VGA_Pixel_RGB_Resampler 将 8 位灰度转换为 30 位 RGB 信号。
- VGA_Char_Buffer 使字符显示在 VGA 上。
- Alpha_Blending 将图像和字符显示组合为单个视频流，其中字符显示被选为前景。
- VGA_Dual_Clock_FIFO 放置在 alpha 混合器和 VGA 控制器之间以同步流。
- VGA_Controller 生成 VGA 显示的所有同步信号。
- Char_LCD_16x2 允许在两行 LCD 显示屏上使用显示系统信息。
- CPU_fpoint 包括硬件支持，用于更快地计算四个常见的 FP 操作：加法、减法、乘法和除法。注意，这个块来自 Nios 自定义指令，可以在 ip->altera->nios2_ip 下找到。

Qsys 中的整体系统配置如图 10-19 所示。请注意，大多数组件来自 Altera University 功能程序 IP 块组件库。最后是与原始媒体计算机相比节省的资源和性能。由于 Altera 大学媒体计算机还支持音频处理，因此需要更多的资源。从表 10-5 所示的数据中可以看出 LE 和内存要求降低，速度提高。

表 10-5　多媒体和图像处理结果对比

合 成 结 果	媒体计算机	图像处理器	提　升
Fmax 性能 LE 乘法器 PLL	92.35MHz 13718 11 2	132.17MHz 11825 11 1	43% 16% 0% 100%
CPU JTAG VGA 浮点 音频	9 个 M9K 6 个 M9K 12 个 M9K 15 个 M9K 4 个 M9K	9 个 M9K 2 个 M9K 10 个 M9K 15 个 M9K -	
总 M9K	46 个 M9K	36 个 M9K	27%

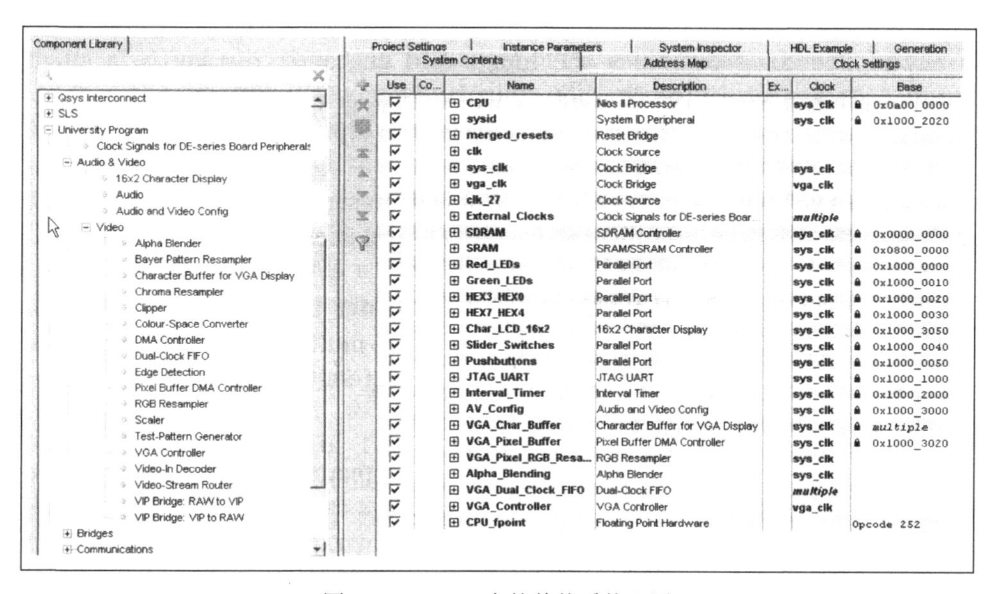

图 10-19　Qsys 中的整体系统配置

10.3.4　SW 中的中值滤波器

如果已经完成了图像处理算法评估并希望在实时视频应用程序中实现它，则需要前面部分讨论的硬件实时平台。正如我们所看到的，在 HW 中构建中值滤波器并不是一种便宜的方法，需要花费大量的开发时间。实现一个能够适用于不同长度和方向的中值滤波器，将是一个额外的挑战。由于我们喜欢实验噪声水平、滤波器类型、中值滤波器长度和不同的图像，这样的独立系统将不太灵活。对于实验设置，软件中的中值滤波器似乎更灵活，因为在 SW 中，我们可以容易地改变滤波器长度和方向。

在开始详细考虑如何在软件中实现中值滤波器之前，让我们收集一些与 Altera 为 Nios II 处理器提供的开发软件系统相关的基本事实：紧凑且易于使用的 Altera 大学监视器程序、更先进和强大的 Nios II Eclipse 开发系统。图像可以存储在闪存、SRAM(借助存储器初始化文件)或主机中。然而，开发图像处理系统的环境将受益于主机文件系统，这个系统允许使用存储在主机计算机上的图像。这个所谓的主机文件系统仅在 Nios II Eclipse 在调试模式下运行时可用。标准文件 I/O 功能(如 fopen、fclose、fputs 和 fgets)可用，因此我们需要使用 Nios II Eclipse 开发系统。

由于系统中包含大量的组件，因此从一个非常小的 SW 项目(如“hello world”项目)开始是一个好主意，让 Eclipse 软件为外部组件生成所需的 SW 驱动程序。一般来说，我们有低级系统功能，可以从 I/O 端口读/写：

```
#define switches (volatile char *) 0x01901050
#define     leds (char*)            0x01901060
...
s = *switches;
printf("New SW value = %d\n",s);
*leds = s;
```

当使用任何更复杂的组件(例如，使用 Altera 的高抽象层(HAL)功能如下所示)时，需要一个更高级别的功能：

```
/* Set the LCD cursor to the home position */
IOWR( LCD.BASE, LCD_WR_COMMAND_REG, 0x02 );
```

如果使用 ANSI C 标准函数(如 usleep()或 fopen())，则使用最高的抽象层。

在成功运行“hello world”示例后，可以开始实现图像处理操作。作为目标，我们喜欢将屏幕分为四个部分，每部分的大小为 320×240 像素，以便我们可以显示不同的图像处理操作。由于选择了 X-Y 寻址模式，因此通过：

```
index = (row<<10) + col;
```

计算像素索引。

我们需要实现的第一个例程是在主机系统上打开一个文件，并以 QVGA 大小读入一个 MIF 文件。为此，使用 bmp2txt.m 脚本并添加行 I = imresize(I, .5)；以将 640×480 图像缩放为 320×240 图像。将图片加载到我们的图像存储器的左上角。由于我们正在读取一个 MIF 文件，因此只需要检查行中的第一个字符(即 ASCII 值范围在'0'和'9'之间)是否是一个数字，然后将出现在冒号后面的值转换为数字。文件 I / O 的整个代码将如下所示：

```
//-----------------------------------------------------------------
printf("File reading begins\n");
```

```
pFile=fopen ("/mnt/host/Qpicture.mif", "r");
if (pFile==NULL) perror ("Error opening file"); else
{for (;;) {
  for (l = 0; l < 256; l++) Line[l] = ' '; // clear line
  if (fgets(Line, 256, pFile) == 0) break; // file ends
  if ((Line[0]>='0') && (Line[0]<='9')) {
    a=Line[0]; u=0;
    while (a!=':') { u++; a=Line[u];} //Start at :
    u++; a=Line[0]; v=0;
    while (a!=';') { v++; a=Line[v];} //Stop at ;
    d=0;
    for (j=u;j<v;j++) { aa[d]=Line[j]; d++;}
    aa[d]='\0';
    // '0' has 0x30=48_10 ASCII coding
    w=aa[0]-48; // d=1
    if (d>1) w=w*10+aa[1]-48; //d=2
    if (d>2) w=w*10+aa[2]-48; //d=3
    col = n % 320; row = (int) n / 320;
    pixel_color = w % 256;   // all in gray scale
    offset = (row << 10) + col;   // compute halfword address
    *(pixel_buffer + offset) = pixel_color; // set pixel
    if ((n%1000)==0) {
      printf("%d) Line %s select %s:%d\n",n, Line, aa, w);
      }
    n++;// increment line/pixel counter
   }
}
   printf ("\nThe file contains %d pixels.\n",n);
}
printf("File reading ends\n");
//-------------------------------------------------------------------
```

由于传输是在串行 JTAG 电缆上进行的，因此传输速率不是很高。QVGA 图像的传输约需要 2:32 分钟。在运行 MS Windows 7 的 HP 17 主机上的传输速率为 43.9 Kb。

第二步，将“盐和胡椒”噪声添加到符合滑块开关设置的图像。我们还在 x 和 y 方向上添加两条 BW 线。代码很简单，可以在 CD 上找到。

第三步，水平应用长度为 L 的滤波器，结果显示在左下角。此操作的核心代码是一种数组排序算法。对于微处理器排序，可以使用合并排序、堆排序、快速排序、基于直方图或经典线性排序[415,417]。对于长度小于 20 的短数组，推荐的方法是直接插入排序法。对于中等长度排序(范围 20 ... 50)，当插入时可以跳过多个数据集的 Shell 的方法(又称递减递增排序[86])应该使用新的列表元素。对于更大的长度，推荐 Quicksort[86]。直插入是一个阶数为 $O(N^2)$的例程，因此对于大的 N 来说是慢的，但却是紧凑的，并且可以按如下方式实现：

```
/********** sort array ********/
void sort(char *x, int len){
```

```
    int k, j;
    char  t;

    for (k = 1; k < len; k++) {
      t = x[j = k + 1];
      while (j != 1 && x[j - 1] > t) {
        x[j] = x[j - 1];
        j--;
    }
    x[j] = t;
  }
}
```

在最终的图像处理步骤中，我们对数据应用垂直滤波，代码非常类似于水平过滤。

我们在 VGA 显示器上添加了“DSP with FPGA”签名。还将最终的 QVGA 数据存储在主机文件系统中，以便进一步处理和记录文档。例如，可以将文件加载到 MATLAB 中，重塑该阵列，然后显示为图像，例如：

```
fid=fopen('results.txt','r');       %% Open file to read
A = fscanf (fid,'%d',[1,inf])';     %% Read figure
I=reshape(A,[480,640]);             %% Put in row/column format
figure, imshow(I/255)               %% Display figure
```

图 10-20 显示了传回到 PC 并显示在 MATLAB 中的主机文件。在水平和垂直方向上先后使用了长度为 5 的中值滤波器。板上的 SW 允许对添加到图像的噪声电平进行设置。

图 10-20 类似于 VGA 显示器的图像处理系统的结果

10.4 案例研究 3：视频处理中的运动检测由自定义协处理器改进

由于高带宽和数据要求，视频处理长时间由模拟信号处理控制，例如 NTSC、PAL 或 SECAM 系统。图像通常在 6MHz～8MHz 模拟带宽下，以每秒 25～30 帧(FPS)被处理。交替地扫描偶数行和奇数行，从而基本上呈现出两倍帧速率的图像。

随着 VLSI 的进步，视频帧的数字处理和存储现在已经成为现实，正如来自 ITU 和 MPEG 的各种标准中所记录的。视频处理中最多的研究工作已经用于数字视频的压缩。我们需要处理的数据量是巨大的。使用的最小视频大小是 QCIF 格式，具有 176×144 像素、30FPS、4:2:0 颜色子采样，并且将产生每秒 1.1MB 的原始数据。如果我们看看 60FPS 下的 1920×1080 全高清电视，原始速率上升到 124MB/s。1 小时电影具有原始的 446GB 数据。将这样的电影装配到 DVD 上或者通过互联网在合理的时间内传输需要进行大量的数据压缩[424]。

快速处理这些大量数据的需求是难以使用最新和最先进的压缩技术来完成的，例如算术编码，我们需要使用更快但可能不太有效的压缩。在正侧，视频数据包括大量的冗余。考虑视频序列中的两个相邻帧的示例。大多数数据将保持相同，只有几个像素可以在特定方向上改变或移动。这可以在预测方案中使用。给定时间 t 的当前帧(即单个图像)，计算与 t+1 处的下一帧的差，并仅传送差。我们可以直接使用原始域中的帧，就像在第 8 章中的 ADPCM 语音编码中一样。或者我们可以首先使用诸如 DCT 的变换，然后计算预测。图 10-21 显示了这种混合编码系统在时域中的基本架构。

用于图像处理的最理想变换是 DCT，因为它接近最佳 KLT，并且二维版本可以以行/列方案实现。前面在介绍 JPEG 标准时已经较早地讨论了 DCT，现在我们将集中于本节中预测的实现。

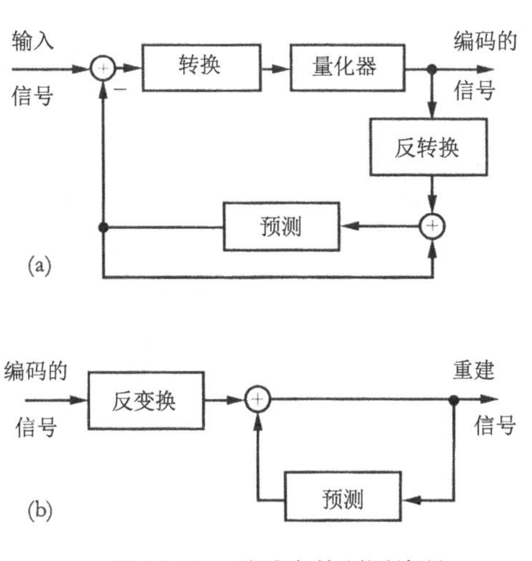

图 10-21　时域中的预测编码

10.4.1 运动检测

在图 10-21 所示的方案中，计算两个相邻帧之间的运动矢量是最耗时的。我们需要选择一个大小合理的窗口，然后比较块是如何从一个帧移动到下一个帧，在$\pm d$像素的位移内进行比较。作为成本函数，我们可以使用均方误差(MSE)、互相关函数或平均绝对差(MAD)误差。由于这种措施之间的差别不是很大，通常使用最简单的实现，也就是 MAD：

$$MAD(i,j)=\sum_{x=1}^{M}\sum_{y=1}^{N}\left|I_t(x,y)-I_{t-1}(x+i,y+i)\right| \tag{10.19}$$

其中，$-d \leqslant i,j \leqslant d$，$M=N=4、8或16$，位移$d=16$。在 MATLAB 的 Simulink 中的计算机视觉系统工具箱中能实现这样的功能。图 10-22 显示了在 Simulink 中实例化的块。我们从 QuickTime 电影 Train.mov 加载已经缩放为 QCIF 格式的两个帧。然后根据式(10.19)进行 MAD 计算。运动矢量可以用 $V=X+jY$ 坐标或绝对值$|V|$显示。测试框架如图 10-23 所示，带有运动矢量。我们设置搜索范围(MATLAB：最大位移)和块大小为 15×15。块大小为 15×15(注意 MATLAB 只允许奇数长度块)，我们在 x 和$\lceil 144/15 \rceil=10$中得到在[176/15] = 12 方向上的 10 个运动值，如图 10-23(c)～图 10-23(e)所示。我们看到列车从左到右移动，在 y 中产生比在 x 中少得多的运动矢量。我们可以将这些向量导出到 MATLAB 工作区，然后仔细查看这些值。MAD 值范围在 y 方向上为−11 ... 9，在 x 范围内为−14 ... 15。

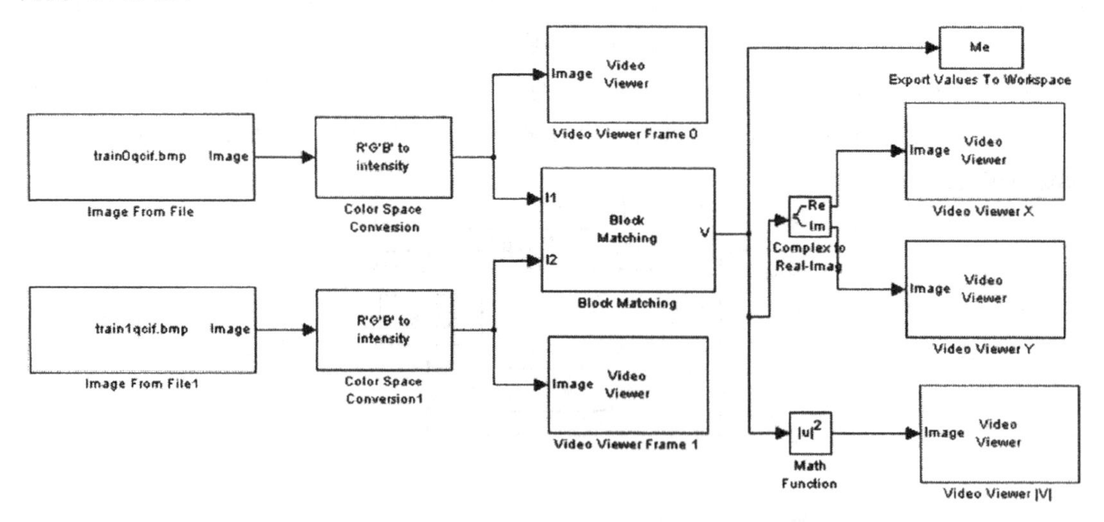

图 10-22 使用 Simulink 模块的 MATLAB MAD 的计算过程

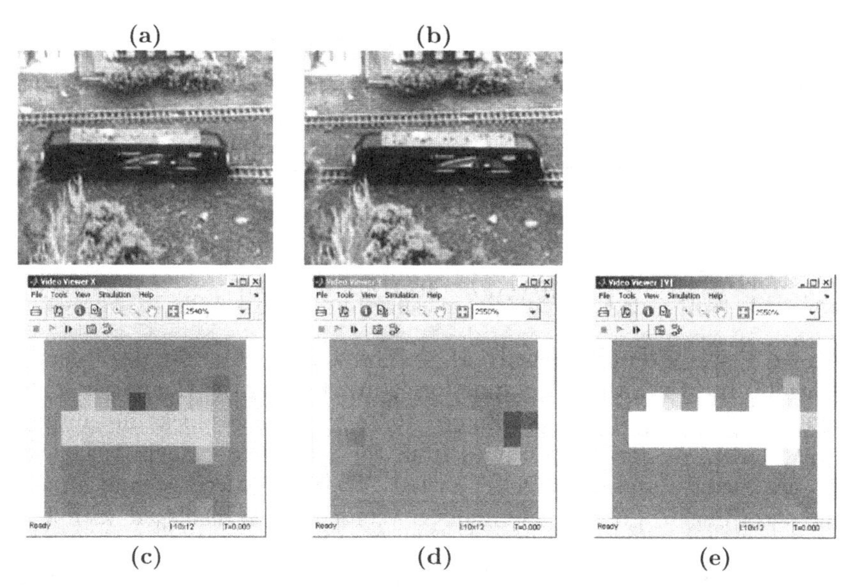

图 10-23　取样 Quicktime 电影 train.mov 里两帧的 MATLAB 仿真结果：(a)移动火车的第一帧，(b)第二帧，(c)在 x 上的运动矢量，(d)在 y 上的运动矢量，(e)绝对值 V 的大小运动矢量

由于全搜索 MAD 是一个耗时的任务，我们在文献中发现了许多关于加速运动矢量搜索的建议。表 10-6 给出了不同方法的概述。一些方法从粗糙网格移动到精细网格，例如二维对数或三步法。

表 10-6　介质和图像处理器的比较

方　　法	最大步长	$d=\pm 7$ $n=\lceil \log_2(d) \rceil$ min…max	参考文献
全搜索	$(2d+1)^2$	225…225	[427]
二维对数化 TDL	$8n+2$	13…26	[428]
三/N 阶 TSS	$8n+1$	25…25	[429]
修改的二维对数	$6n+1$	13…19	[430]
一次一个 CDS	$2d+3$	5…17	[431]
正交搜索 OSA	$4n+1$	13…13	[432]

其他人沿着梯度首先在 x 方向上移动一个或多个，然后在 y 方向上执行同样移动。然而，请记住，这些方法不总是找到正确的梯度。随着 VLSI 技术的改进，我们将看到更多的全搜索算法的应用，因为这是唯一能够保证找到正确的运动矢量的算法。

10.4.2　ME 协处理器设计

对于运动矢量的计算，可以采用不同的实现方法。在前两个案例研究中，我们看到 HDL 通常给出最好的性能和最小的设计，但是对于数据或算法的变化缺乏灵活性。当使用

IP 块时，在中间案例研究中实现了最大的灵活性，其允许通过以更大面积和更低速度为代价的 IP 块或配置的改变来快速改变数据和算法。在第三个案例研究中，我们采取中间的方法。我们仍然利用 Nios II 软件设计的灵活性，但是这次我们喜欢识别算法的慢速部分，并通过与 Nios II 处理器紧密耦合的自定义协处理器改进它们，这些处理器可以通过自定义指令使用。我们在第 9 章的 9.5.3 节讨论了定制指令(CI)，以了解 Qsys 环境中自定义指令的开发和实例化的更多细节。

实现运动估计所需的 C 代码已经在先前的论文[427,433]中公布，并且包括用于全搜索算法、三步算法、块复制例程(do_dma 和 GetBlock)的代码，以及 MAD 和 MSE 的成本计算例程。代码也包括在本书 CD 中。由于我们喜欢改进全搜索算法，因此让我们简要了解计算的要求是什么。事实证明，大多数计算(在全搜索中为 91%，在二维 LOG 和三步搜索[434]中几乎为 100%)用于成本计算，因此这是 CI 改进的最佳候选。

然而，有一个小问题，我们首先需要解决它以实现实质性的改进。问题出在我们用于 CI 和图像数据的数据类型的差异。8 位类型的 char 用于表示图像数据，而 CI 允许我们使用 32 位。因此，希望仅通过一个 CI 调用来计算四个绝对差。如果让 char 和整数数据使用相同的起始地址，这是可以实现的。然后可以以通常的样式一次一个字节地复制数据，并且当使用 CI 时，我们使用从同一地址开始的 int 指针。

可以使用如下简单测试(文件 MADtest.c)验证此 C 代码工作正常：

```
int ival[3];
char *cval = (char*) ival;
int i = 0,r;

for(i = 0; i < 12; i++) cval[i]=i; //input char
printf("Char values: ");
for(i = 0; i < 12; i++) printf("%x", cval[i]);
printf("\n");
printf("int value via pointer: ");
for(i = 0; i < 3; i++) printf("%x", ival[i]);
printf("\n");
r = ALT_CI_MAD_0(ival[0],ival[1]); // Do via CI
printf("CI: MAD A = %d\n",r);
```

这将在 Nios 记录窗口中生成以下输出：

```
Char values: 0 1 2 3 4 5 6 7 8 9 a b
int value via pointer: 3020100 7060504 b0a0908
CI: MAD A = 16
```

32 位整数现在将一次访问四个可传输到自定义指令的 char 数据。MAD 计算稍后给出。现在实现 MAD 的 VHDL 代码不是太复杂。我们将两个输入字分成四个 8 位大小的字，计算差值，然后将结果相加。如果使用 IF 语句，我们可以从较小的值中减去较大值，无符号图像值通常会简化减法和绝对值计算。用于计算的 PROCESS VHDL 代码如下所示：

```
PROCESS(ncs_cis0_dataa, ncs_cis0_datab)
  VARIABLE a, b, s, d : STD_LOGIC_VECTOR(11 DOWNTO 0);
BEGIN
  --WAIT UNTIL clk ='1';
  s := (OTHERS =>'0');
  FOR k IN 0 TO 3 LOOP
    a := X"0" & ncs_cis0_dataa(8*k+7 DOWNTO 8*k);
    b := X"0" & ncs_cis0_datab(8*k+7 DOWNTO 8*k);
    IF a>b THEN -- compute AD
      d := a - b;
    ELSE
      d := b - a;
    END IF;
    s:= s + d;
  END LOOP
  ncs_cis0_result <= X"00000" & s;
END PROCESS;
```

ncs_cis0_dataa 和 ncs_cis0_datab 是输入端口，ncs_cis0_result 是输出端口。这样的设计仅需要几个逻辑单元(174 个 LE)，并且具有超过 128MHz 的 Fmax 时序电路性能。MAD 的模拟如图 10-24 所示。数据 a 和 b 以十六进制显示，结果以十进制显示。最后的数据显示出计算结果：$|7-3|+|6-2|+|5-1|+|4-0|=16$。

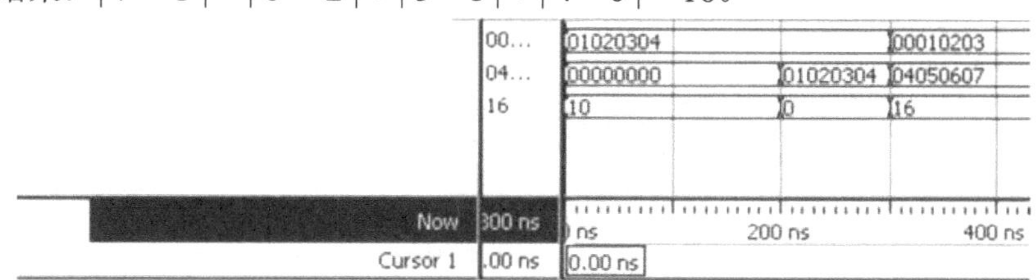

图 10-24　使用 ModelSim 模拟 MAD 自定义指令

现在随着 CI 工作，我们可以对我们能达到的加速进行比较。我们可以使用 alt_nticks() 计数器，并测量软件版本和 CI 版本需要计算块的 MAD 的时间。对于 16×16 的块，我们重复循环 1000 次以收集足够的时钟滴答。我们将在 Nios II 控制台中获得以下结果：

```
** Measure the speed first
** Measure the software MAD time
SW 1000 iterations Ticks=32 Time 4000 ms
SW: Cost = 256
** Measure the Altera Cl HAD operation
ALT_CI_MAD_0 1000 iterations Ticks=6 Time 750 ms
ALT_CI_MAD_0 speedup = 5
CI: Cost=256
```

可以看到，Cl 产生的加速因子为 32/6 = 5.333。由于不经常使用这种速度测量方法，因此将源代码放在一个额外的文件里，名为 MADtest.C。

为了让整个系统能运行起来，至少需要向系统中输入两帧。可以使用不同的方法：

- 像第一个案例研究一样传输 MIF 文件。
- 通过主机文件系统读取可从互联网(例如，从 http://www.cipr.rpi.edu/resoiirce/sequences/)获得的视频文件 foreman.qcif。
- 生成测试图像。

生成的测试图像具有明显的优点，我们可以在所使用的两个帧之间加入固定量的运动。以下代码段显示了如何生成加入运动的两个帧：

```
                                              //input char
for(i=0; i<nWidth*nHeight; i++) pCur[i]=abs(rand()%100);
for(i=0; i<nWidth+2; i++) pRef[i]=0; //row zeros
for(i=nWidth+2; i<nWidth*nHeight; i++)
                   pRef[i]=pCur[i-2-nWidth]+1; //offset
```

第一个 for 循环生成当前帧。第二个循环为参考帧添加零线，而最后一个循环在 x 和一行 y 延迟中以两个像素的延迟复制帧。然后运行中的运动矢量对于所有宏块(除了边界块)应该表示为 $x=2$ 和 $y=1$ 的运动矢量。可以容易地修改这三个 for 循环，以在 x 或 y 方向上实现额外的延迟。

现在我们用所有的例程一起运行整个运动估计。完整搜索和块复制的代码在文献[427]中发布，可以在 CD 上找到。仿真结果如图 10-25 所示。我们使用块大小为 16 和±8 像素作为搜索的范围。

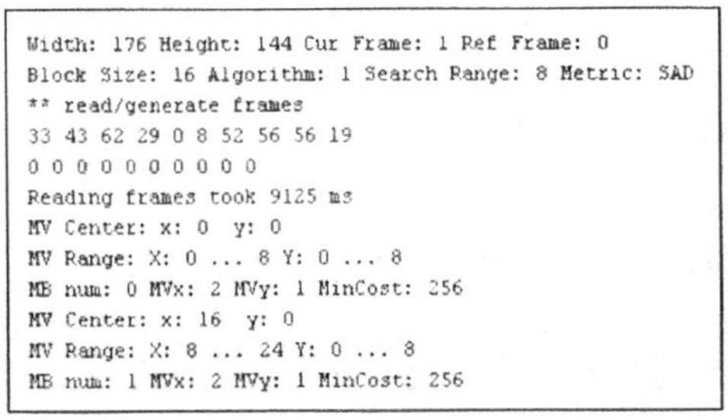

```
Width: 176 Height: 144 Cur Frame: 1 Ref Frame: 0
Block Size: 16 Algorithm: 1 Search Range: 8 Metric: SAD
** read/generate frames
33 43 62 29 0 8 52 56 56 19
0 0 0 0 0 0 0 0 0 0
Reading frames took 9125 ms
MV Center: x: 0  y: 0
MV Range: X: 0 ... 8 Y: 0 ... 8
MB num: 0 MVx: 2 MVy: 1 MinCost: 256
MV Center: x: 16  y: 0
MV Range: X: 8 ... 24 Y: 0 ... 8
MB num: 1 MVx: 2 MVy: 1 MinCost: 256
```

(a) ME 测量开始

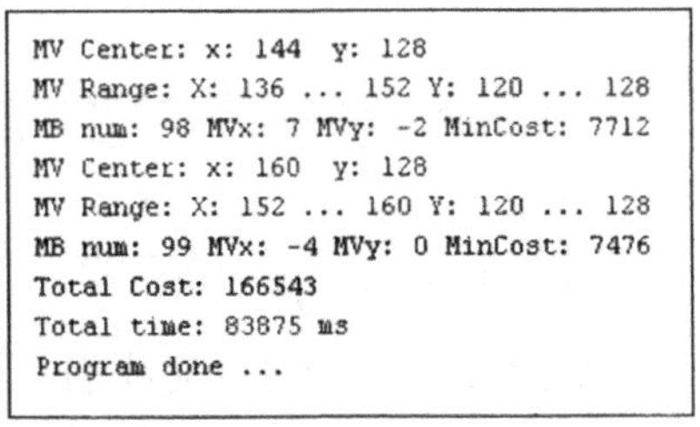

```
MV Center: x: 144  y: 128
MV Range: X: 136 ... 152 Y: 120 ... 128
MB num: 98 MVx: 7 MVy: -2 MinCost: 7712
MV Center: x: 160  y: 128
MV Range: X: 152 ... 160 Y: 120 ... 128
MB num: 99 MVx: -4 MVy: 0 MinCost: 7476
Total Cost: 166543
Total time: 83875 ms
Program done ...
```

(b) ME 测量结束

图 10-25 Nios Eclipse 监测测试

在块大小为 16 的情况下，在 x 方向上获得$\lceil 176/16 \rceil = 11$个块，在 y 方向上获得$\lceil 144/16 \rceil = 9$个块，或者总共获得 11×9=99 个运动矢量。注意，在边界处，当 y 运动向量只能是负时并不总是发现正确向量，特别是在测试结束时，见图 10.25(b)。

10.4.3 视频压缩标准

数字视频压缩技术的发展始于 20 世纪 80 年代，当时国际电信联盟(ITU)为实时传输应用(例如视频会议)开发了许多视频编码标准。在视频编码中，我们发现非常少量的非标准格式包括许多格式未标准化的静止图像。第一个主要目的是 H.261 被设计用于在 ISDN 线路上传输，数据速率是 64kbps 的 ISDN 数据速率的倍数。H.261 标准的主要处理步骤如图 10-21 中的差分帧编码所示。对于帧内(I 帧)编码，使用类似 JPEG 的编码(见图 10-1)。差分帧间或预测帧(P 帧)使用图 10-21 中的编码。在 MPEG 中，更频繁地使用前向和后向预测的双向或 B 帧；见图 10-26。H.261 标准中的量化表不是预定义的，并且必须包括在视频流中。有时使用环路滤波器(用于 H.261 标准的 1/4、1/2、1/4)来减少阻塞效应。后来，ITU 在 H.26x 系列中开发了更多的标准，例如 H.263、H.264 和 H.265。

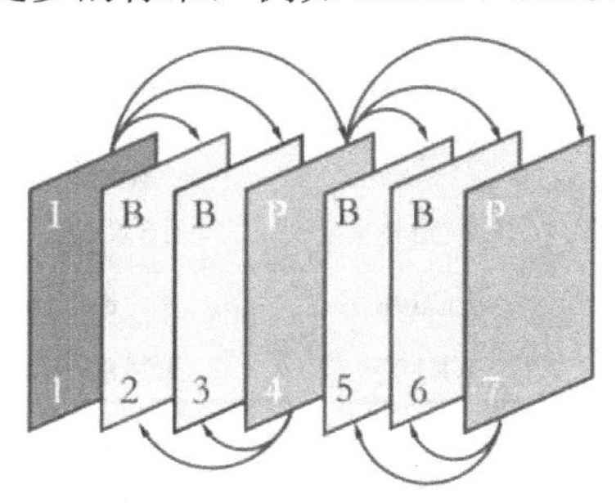

图 10-26 MPEG 和 H.26x 中的图像编码组

另一方面，ISO(国际标准化组织)和 IEC(国际电工委员会)形成了 MPEG(移动图像专家组)来开发用于音频和视频压缩及传输的标准，例如 MPEG-1、MPEG-2、MPEG-4、MPEG-5 和 MPEG-6。虽然 H.261 标准主要涉及视频压缩，但 MPEG 标准还包括大量的音频压缩工作。最引人注目的是 MPEG-1 层 3，现在简单地称为 MP3 格式，这是目前使用的最流行的数字音频压缩标准。

MPEG-1 旨在满足低复杂度要求，而 MPEG-2 是为广播级电视开发的，是目前最成功的视频标准。MPEG-4 专为低比特率应用而设计。由 ITU-T 视频编码专家组(VCEG)和 ISO /IEC MPEG 于 2001 年形成的联合视频组(JVT)在 2003 年完成了新的视频编码标准 H.264 /AVC7(AVC8)。众所周知的 MPEG-4 部分 10 是标准 H.264/AVC(高级视频编码)，相对于先前编码标准，用更低的比特率来提供良好的视频质量，尤其是增加了设计的复杂性。最新的添加是高效视频编码(HEVC)标准，即 ITU-T 建议 H.265 和 MPEG-H，相对于现有的标准希望它能显著地改进压缩。

在 MPEG-n 和 H.26x(x = 1 ... 5)中广泛采用的这些视频编码标准中，运动估计起着非常重要的作用。为了模拟运动估计，通常将每个帧划分为具有固定大小的宏块(MB)。运动估计的目标是通过参考帧中的 MAD 度量(见式 10.19)找到指向最佳预测宏块的运动矢量(MV)，从而去除相邻帧之间的节奏性冗余。在 MV 中使用的精度已经从 H.261 中的 1 改进到 H.265 中的 1/4。DCT 大小通常为 8×8，但是 H.265 还允许 4×4、16×16 和 32×32。过去的宏块大小为 16×16，但在宏块大小方面的选择上，现代的标准更宽，见表 10-7。

帧的整体处理通常如下进行：使用标准图像压缩方法(DCT、量化、Z 形和 VLC 编码)对第一帧(也称为帧内帧或 I 帧)进行编码。然后，我们可以具有称为 P 帧的一系列帧间或预测帧。如果编码延迟是可能的，可用在视频分发而不是视频会议 MPEG 中，则我们也可以使用称为 B 帧的双向帧，因为预测是从 I 帧向前进行并且从 P-帧返回。B 帧通常不(或受限制的形式)用于诸如 H.261 或 H.263 的交互通信中。

表 10-7 ITU 和 MPEG 视频压缩标准的关键参数(MV 表示运动矢量; MB 表示宏块)

标准	MV 估计	MV 范围	MB 大小	估计
H.261	1	±15	16×16	P
MPEG-1	1/2	±1024	16×16	P.B
H.262/MPEG-2	1/2	±2048	16×16、16×8	P.B
H.263	1/2	±256	16×16、8×8	P.B
MPEG-4	1/4	±2048	16×16、8×8	P.B
H.264/AVC	1/4	±2048	4、8、16×4、8、16	P.B
H.265/MPEG-H/HEVC	1/4	±8192	8×8…64×64	P.B

在较早的编码标准(如 H.261 和 MPEG-1)中，我们使用一个参考帧；H.264/AVC 支持多个参考帧。该过程分析参考帧的块，以便估计与当前块最接近的块。运动向量因此是从当前 MB 的坐标到参考帧中对应 MB 的偏移。

练习

注意：如果之前没有 Quartus II 软件的使用经验，请参考 1.4.3 节中的案例研究。如果没有另外说明，则使用 Cyclone IV E 系列的 EP4CE115F29C7 进行 Quartus II 综合评估。添加的图片可用，位于本书学习资料的文件夹 DE2_115_ImageVGA ->VGA.DATA 中。

10.1 使用你的个人照片或本书学习资料中的图像(使用诸如微软的绘图工具、MATLAB 或从 www.hyperionics.com 下载 HyperSnap)，生成 BMP、PNG、GIF 和 JPEG(Q10)图像文件格式。

(a) 确定文件大小、压缩比(与 BMP 相比)和图像质量。

(b) 是否使用压缩？如果是，是有损压缩还是无损压缩？

10.2 对以下彩色映像表重复练习 10.1(a)。

(a) 单色。

(b) 256 色位图。

(c) 24 位位图。

10.3 给定图像 I，如图 10-27 中的 8×8 矩阵所示：

(a) 确定图像的 dct2 变换 J。

(b) 使用图 10-2(a)中的 JPEG 量化矩阵来量化二维 DCT 变换。

(c) 通过计算 idct2 并乘以 JPEG 量化矩阵来重构图像 $\hat{I}_r$。

(d) 确定平均重建误差：$1/64\sum\left|I-\hat{I}_r\right|$。

(e) 使用 MATLAB 伪色彩函数 pcolor()绘制(a)～(d)的四个图像结果。JPEG 编码的结果是否令人满意？如果不满意，请解释为什么。

1	2	3	4	5	6	7	8
1	2	00	00	00	6	7	8
1	2	3	00	5	6	7	8
1	2	3	00	5	6	7	8
1	2	3	00	5	6	7	8
1	2	00	00	00	6	7	8
1	2	3	4	5	6	7	8
1	2	3	4	5	6	7	8

图 10-27 练习 10.3 的图像数据

10.4 对以下 8×8 图像重复练习 10.3。

(a) Hadamard(8)矩阵(使用 0 代替-1)。

(b) 可以用以下 MATLAB 代码生成灰度图像：

```
for j=1:8
  for i=1:8
    I(i,j)=10*i+j;
  end
end
```

(c) 使用 rng('default'); I = randi(100,8); 生成 0 ... 100 的随机整数。

10.5 使用图 10.2(a)所示的 JPEG 矩阵进行 dct2 变换和量化之后，对于 8×8 矩阵 $I(r,c),1\leqslant r,c\leqslant 8$，仅具有三个保留系数：$I(1,1)=16$、$I(4,5)=1$ 和 $I(6,5)=1$。

(a) 使用式(10.5)和(10.6)中的方案计算 JPEG 编码。

(b) 通过计算 idct2 并乘以 JPEG 量化矩阵来重构图像 $\hat{I}_r$。

(c) 假设原始图像以每像素 8 位进行编码，计算压缩增益。

(d) 确定平均重建误差：确定平均重建误差：$1/64\sum\left|I-\hat{I}_r\right|$，假定 I 是 magic(8)矩阵。

10.6 给定 16×16 像素灰度图像 $I(x,y)$：

$$I(x,y)=\begin{cases}100 & x,y<=7\\200 & \text{其他}\end{cases}$$

其中 0≤x，y≤15，如果图像被过滤，则计算输出图像：

(a) 根据式(10.9)计算 Prewitt 掩模 $G_x=I*M_x$。

(b) 根据式(10.9)计算Prewitt掩模$G_y = I * M_y$。

(c) Prewitt梯度$|G| = \sqrt{|G_x|^2 + |G_y|^2}$。

10.7 根据式(10.10)中的Sobel算子重复练习10.6。

10.8 通过判断矩阵秩，确定下列滤器掩码是否可以分解成行/列过滤器。秩为1决定了行和列滤波器并验证矩阵是通过外部的积生成的：

(a) $M_{3x^3} =$

1	1	1
1	1	1
1	1	1

(10.20)

(b) $M_{3x^3} =$

1	2	1
2	4	2
1	2	1

(10.21)

(c)=$M_{5x^5}(x, y) = x + y, 0 \leqslant x, y \leqslant 4$ (10.22)

10.9 使用你的个人照片或本书学习资料中的照片，并根据式(10.7)执行γ校正：

(a) $\gamma = 10$

(b) $\gamma = 1$

(c) $\gamma = 0.2$

10.10 使用你的个人照片或来自本书学习资料的图片，再现图10-15中的6幅图像，使用MATLAB或C代码计算输出图像：

(a) 显示原始图像。

(b) 由随机、1和2行，以及列椒盐噪声扰乱的图像。

(c) 大小为5×5的平均滤波。

(d) 通过第一行1×5滤波器，接着是5×1列滤波进行中值滤波。

(e) 5×5中值滤波。

(f) 1×11中值滤波。

10.11 (a)从本书学习资料加载并显示文件Coin5Quarter.bmp。

(b) 计算并显示三个模态像素直方图，确定最大值。

(c) 找到将最大值1和最大值2分开的阈值。

(d) 找到将最大值2和3分开的阈值。

(e) 哪个阈值让你更容易阅读硬币上的文本？

10.12 给出如下八值灰度直方图：

灰度级	0	40	80	100	120	140	180	220
#像素	1000	500	3000	5000	6000	4000	100	200

(a) 图像有多少像素？

(b) 绘制图像的直方图。

(c) 使用如下规则将该图像直方图均衡化：

$$G_{new}=\frac{\text{灰度级小于等于}G_{old}\text{的像素个数}}{\text{所有像素个数}}\text{最大灰度级}$$

图像新的灰度级是多少？

(d) 绘制变换图像的直方图。

10.13　(a)使用你的个人照片或本书学习资料中的图像，并生成 8 位灰度图像(使用诸如微软绘图工具、MATLAB 或从 www.hyperionics.com 下载 HyperSnap)。

(b) 通过点操作变换图像：$I_{new}=I/8$。在变换之前和之后绘制图像和灰度像素直方图。

(c) 通过点操作变换图像：$I_{new}=I/8+200$。在变换之前和之后绘制图像和灰度像素直方图。

(d) 将直方图均衡化变换T应用于(b)的I_{new}，使累积直方图变为线性：

```
histl = imhist(I, 256);
cum = cumsum(hist1);
T = cum / max(cum)* 256;
```

绘制 T，以及变换之前和之后的直方图。

(e) 对(c)中的I_{new}重复(d)。

10.14　对图 10-28 中的图像应用 2×2 膨胀操作。白色为 0，黑色为 1，使用下列操作替换中心像素：

(a) 使用 3×3 多数黑色替换。

(b) 使用 3×3 最大值替换。

(c) 比较(a)和(b)的结果，操作是否完全一致？

10.15　对图 10-28 中的图像首先应用膨胀，然后进行 3×3 腐蚀操作。白色为 0，黑色为 1。使用下列操作替换中心像素：

(a) 使用 3×3 多数白色替换。

(b) 使用 3×3 最小更换。

(c) 将结果与原始图像进行比较，操作是否完全一致？

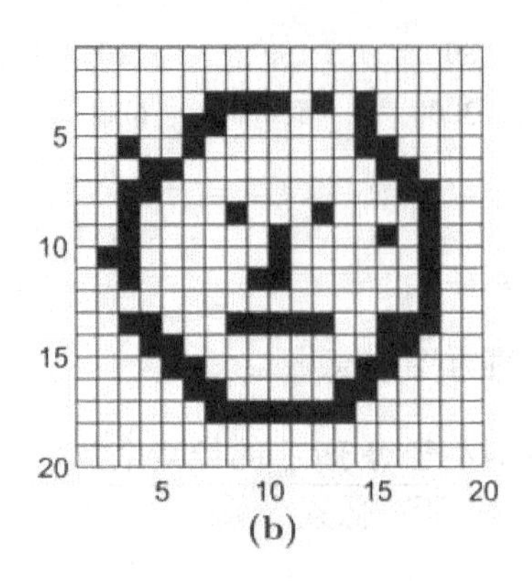

图 10-28 练习 10.14 和练习 10.15 的图像

10.16 根据案例研究 1 修改 VGA 设计。

(a) 在液晶显示屏的第二行包含你的名字。

(b) 使用 bmp2mif.m 脚本或 PrintNum.exe 将图像更改为你的个人照片或本书学习资料中的其他图像。下载新图像并确保最大 G_x 和 G_y 值小于 FF，否则调整 VHDL 代码内的缩放因子。

(c) 在图像的左上角添加模拟测试数据：

10 40 70

20 50 80

30 60 90

并进行类似于图 10-14 的仿真。

10.17 解释为什么 S/N 并不是表征中值滤波器性能的最佳方法。举个例子。

10.18 使用示例图像 TigerGray.bmp 并添加随机 S&P 椒盐噪声，并向其中添加三行 S&H 噪声。将中值滤波器增加到 7×7、9×9 和 11×11，结果是否得到改善？

10.19 用 HDL(参照图 10.16(a))对最小值、最大值和中值进行 $N=9$ 批次分类[419]，使用诸如 1,2,3,...,9 和 9,8,...,1 的数值测试。

10.20 对 HDL 中的 3×3 分类器(见图 10-17)实现位投票体系结构[421]，并用诸如 1,2,3,...,9 和 9,8,...,1 之类的数据测试电路。

10.21 (a)从列车视频中取两个帧，将它们缩放到 QCIF，并使用 MATLAB/Simulink 计算 8×8 块的运动矢量。

(b) 从第三个案例研究中重复 Nios 图像处理系统实验。

10.22 为了测试运动估计设计，使用随机图像 x=2、运动矢量 y=1、QCIF 图像大小以及 8×8 块：

(a) 在软件中实现一次一位运动估计搜索。

(b) 用 CI 实施一次一位运动估计搜索。

(c) 在资源和速度两方面与全面检索比较设计的不同。

(d) 执行带/不带 CI 的成本评估。

附录A

设计实例的Verilog源代码

该部分包含所有示例的 Verilog 1364-2001 代码。旧的 Verilog 1364-1995 代码可以在文献[441]中找到。示例的合成结果详见附录 B。

```
//*********************************************************
// IEEE STD 1364-2001 Verilog file: example.v
// Author-EMAIL: Uwe.Meyer-Baese@ieee.org
//*********************************************************
module example   //----> Interface
  #(parameter WIDTH =8)    // Bit width
 (input  clk, // System clock
  input  reset,    // Asynchronous reset
  input  [WIDTH-1:0] a, b, op1, // Vector type inputs
  output [WIDTH-1:0] sum, // Vector type inputs
  output [WIDTH-1:0] c,  // Integer output
  output reg [WIDTH-1:0] d); // Integer output
// ---------------------------------------------------------
  reg  [WIDTH-1:0]  s;        // Infer FF with always
  wire [WIDTH-1:0] op2, op3;
  wire [WIDTH-1:0] a_in, b_in;

  assign op2 = b;       // Only one vector type in Verilog;
          // no conversion int -> logic vector necessary

  lib_add_sub add1         //----> Component instantiation
  ( .result(op3), .dataa(op1), .datab(op2));
   defparam add1.lpm_width = WIDTH;
   defparam add1.lpm_direction = "SIGNED";

  lib_ff reg1
  ( .data(op3), .q(sum), .clock(clk)); // Used ports
   defparam reg1.lpm_width = WIDTH;

  assign c = a + b; //----> Data flow style (concurrent)
  assign a_i = a; // Order of statement does not
  assign b_i = b; // matter in concurrent code

  //----> Behavioral style
  always @(posedge clk or posedge reset)
  begin : p1            // Infer register
```

```
    reg [WIDTH-1:0] s;
    if (reset) begin
      s = 0; d = 0;
    end else begin
      //s <= s + a_i;        // Signal assignment statement
      // d = s;
      s = s + b_i;
      d = s;
    end
  end

endmodule

//*********************************************************
// IEEE STD 1364-2001 Verilog file: fun_text.v
// Author-EMAIL: Uwe.Meyer-Baese@ieee.org
//*********************************************************
//  A 32 bit function generator using accumulator and ROM
// --------------------------------------------------------
module fun_text                   //----> Interface
  #(parameter WIDTH = 32)   // Bit width
 (input  clk,               // System clock
  input  reset,             // Asynchronous reset
  input  [WIDTH-1:0]  M,    // Accumulator increment
  output reg [7:0]  sin,     // System sine output
  output [7:0]  acc);       // Accumulator MSBs
// --------------------------------------------------------
  reg [WIDTH-1:0] acc32;
  wire [7:0]    msbs;              // Auxiliary vectors
  reg [7:0] rom[255:0];

  always @(posedge clk or posedge reset)
     if (reset == 1)
       acc32 <= 0;
     else begin
       acc32 <= acc32 + M;  //-- Add M to acc32 and
     end                    //-- store in register

  assign msbs = acc32[WIDTH-1:WIDTH-8];
  assign acc  = msbs;

  initial
  begin
    $readmemh("sine256x8.txt", rom);
  end

  always @ (posedge clk)
  begin
    sin <= rom[msbs];
  end
```

```
endmodule

//*********************************************************
// IEEE STD 1364-2001 Verilog file: cmul7p8.v
// Author-EMAIL: Uwe.Meyer-Baese@ieee.org
//*********************************************************
module cmul7p8                       // ------> Interface
  (input  signed [4:0] x,            // System input
   output signed [4:0] y0, y1, y2, y3);
                       // The 4 system outputs y=7*x/8
// ---------------------------------------------------------
  assign y0 = 7 * x / 8;
  assign y1 = x / 8 * 7;
  assign y2 = x/2 + x/4 + x/8;
  assign y3 = x - x/8;

endmodule


//*********************************************************
// IEEE STD 1364-2001 Verilog file: add1p.v
// Author-EMAIL: Uwe.Meyer-Baese@ieee.org
//*********************************************************

module add1p
#(parameter WIDTH   = 19, // Total bit width
          WIDTH1    = 9,  // Bit width of LSBs
          WIDTH2    = 10) // Bit width of MSBs
 (input  [WIDTH-1:0] x, y,  // Inputs
  output [WIDTH-1:0] sum,  // Result
  input              clk,  // System clock
  output       LSBs_carry); // Test port

  reg [WIDTH1-1:0] l1, l2, s1; // LSBs of inputs
  reg [WIDTH1:0] r1;           // LSBs of inputs
  reg [WIDTH2-1:0] l3, l4, r2, s2; // MSBs of input
// ---------------------------------------------------------
  always @(posedge clk) begin
    // Split in MSBs and LSBs and store in registers
    // Split LSBs from input x,y
    l1[WIDTH1-1:0] <= x[WIDTH1-1:0];
    l2[WIDTH1-1:0] <= y[WIDTH1-1:0];
    // Split MSBs from input x,y
    l3[WIDTH2-1:0] <= x[WIDTH2-1+WIDTH1:WIDTH1];
    l4[WIDTH2-1:0] <= y[WIDTH2-1+WIDTH1:WIDTH1];
/************* First stage of the adder  ****************/
     r1 <= {1'b0, l1} + {1'b0, l2};
     r2 <= l3 + l4;
/************** Second stage of the adder ***************/
     s1 <= r1[WIDTH1-1:0];
  // Add MSBs (x+y) and carry from LSBs
```

```
    s2 <= r1[WIDTH1] + r2;
  end

  assign LSBs_carry = r1[WIDTH1]; // Add a test signal

 // Build a single registered output word
 // of WIDTH = WIDTH1 + WIDTH2
  assign sum = {s2, s1};

endmodule

//*********************************************************
// IEEE STD 1364-2001 Verilog file: add2p.v
// Author-EMAIL: Uwe.Meyer-Baese@ieee.org
//*********************************************************
// 22-bit adder with two pipeline stages
// uses no components
module add2p
#(parameter WIDTH   = 28,     // Total bit width
            WIDTH1  = 9,      // Bit width of LSBs
            WIDTH2  = 9,      // Bit width of middle
            WIDTH12 = 18,     // Sum WIDTH1+WIDTH2
            WIDTH3  =  10)    // Bit width of MSBs
 (input  [WIDTH-1:0] x, y,   // Inputs
  output [WIDTH-1:0] sum,    // Result
  output LSBs_carry, MSBs_carry,  // Carry test bits
  input  clk);               // System clock
// --------------------------------------------------------
  reg [WIDTH1-1:0] l1, l2, v1, s1; // LSBs of inputs
  reg [WIDTH1:0]   q1;             // LSBs of inputs
  reg [WIDTH2-1:0] l3, l4, s2;     // Middle bits
  reg [WIDTH2:0]   q2, v2;         // Middle bits
  reg [WIDTH3-1:0] l5, l6, q3, v3, s3; // MSBs of input

  // Split in MSBs and LSBs and store in registers
  always @(posedge clk) begin
    // Split LSBs from input x,y
    l1[WIDTH1-1:0] <= x[WIDTH1-1:0];
    l2[WIDTH1-1:0] <= y[WIDTH1-1:0];
    // Split middle bits from input x,y
    l3[WIDTH2-1:0] <= x[WIDTH2-1+WIDTH1:WIDTH1];
    l4[WIDTH2-1:0] <= y[WIDTH2-1+WIDTH1:WIDTH1];
    // Split MSBs from input x,y
    l5[WIDTH3-1:0] <= x[WIDTH3-1+WIDTH12:WIDTH12];
    l6[WIDTH3-1:0] <= y[WIDTH3-1+WIDTH12:WIDTH12];
//************** First stage of the adder  ***************
    q1 <= {1'b0, l1} + {1'b0, l2}; // Add LSBs of x and y
    q2 <= {1'b0, l3} + {1'b0, l4}; // Add LSBs of x and y
    q3 <= l5 + l6;                 // Add MSBs of x and y
//************* Second stage of the adder ****************
    v1 <= q1[WIDTH1-1:0];          // Save q1
```

```
// Add result from middle bits (x+y) and carry from LSBs
   v2 <= q1[WIDTH1] + {1'b0,q2[WIDTH2-1:0]};
// Add result from MSBs bits (x+y) and carry from middle
   v3 <= q2[WIDTH2] + q3;
//************* Third stage of the adder ****************
   s1 <= v1;                              // Save v1
   s2 <= v2[WIDTH2-1:0];                  // Save v2
// Add result from MSBs bits (x+y) and 2. carry from middle
   s3 <= v2[WIDTH2] + v3;
  end

  assign LSBs_carry = q1[WIDTH1];   // Provide test signals
  assign MSBs_carry = v2[WIDTH2];

// Build a single output word of WIDTH=WIDTH1+WIDTH2+WIDTH3
  assign sum ={s3, s2, s1};   // Connect sum to output pins

endmodule

//*******************************************************
// IEEE STD 1364-2001 Verilog file: add3p.v
// Author-EMAIL: Uwe.Meyer-Baese@ieee.org
//*******************************************************
// 37-bit adder with three pipeline stage
// uses no components

module add3p
#(parameter WIDTH    = 37, // Total bit width
            WIDTH0   = 9,  // Bit width of LSBs
            WIDTH1   = 9,  // Bit width of 2. LSBs
            WIDTH01  = 18, // Sum WIDTH0+WIDTH1
            WIDTH2   = 9,  // Bit width of 2. MSBs
            WIDTH012 = 27,  // Sum WIDTH0+WIDTH1+WIDTH2
            WIDTH3   =  10)  // Bit width of MSBs
 (input  [WIDTH-1:0] x, y,  // Inputs
  output [WIDTH-1:0] sum,  // Result
  output LSBs_Carry, Middle_Carry, MSBs_Carry, // Test pins
  input              clk);  // Clock
// ------------------------------------------------------
  reg [WIDTH0-1:0] l0, l1, r0, v0, s0;  // LSBs of inputs
  reg [WIDTH0:0] q0;                     // LSBs of inputs
  reg [WIDTH1-1:0] l2, l3, r1, s1;    // 2. LSBs of input
  reg [WIDTH1:0] v1, q1;              // 2. LSBs of input
  reg [WIDTH2-1:0] l4, l5, s2, h7;          // 2. MSBs bits
  reg [WIDTH2:0] q2, v2, r2;                // 2. MSBs bits
  reg [WIDTH3-1:0] l6, l7, q3, v3, r3, s3, h8;
                                            // MSBs of input

always @(posedge clk) begin
// Split in MSBs and LSBs and store in registers
  // Split LSBs from input x,y
```

```
  l0[WIDTH0-1:0] <= x[WIDTH0-1:0];
  l1[WIDTH0-1:0] <= y[WIDTH0-1:0];
  // Split 2. LSBs from input x,y
  l2[WIDTH1-1:0] <= x[WIDTH1-1+WIDTH0:WIDTH0];
  l3[WIDTH1-1:0] <= y[WIDTH1-1+WIDTH0:WIDTH0];
  // Split 2. MSBs from input x,y
  l4[WIDTH2-1:0] <= x[WIDTH2-1+WIDTH01:WIDTH01];
  l5[WIDTH2-1:0] <= y[WIDTH2-1+WIDTH01:WIDTH01];
  // Split MSBs from input x,y
  l6[WIDTH3-1:0] <= x[WIDTH3-1+WIDTH012:WIDTH012];
  l7[WIDTH3-1:0] <= y[WIDTH3-1+WIDTH012:WIDTH012];

//************* First stage of the adder  *****************
  q0 <= {1'b0, l0} + {1'b0, l1};    // Add LSBs of x and y
  q1 <= {1'b0, l2} + {1'b0, l3};    // Add 2. LSBs of x / y
  q2 <= {1'b0, l4} + {1'b0, l5};    // Add 2. MSBs of x/y
  q3 <= l6 + l7;                    // Add MSBs of x and y
//************* Second stage of the adder *****************
  v0 <= q0[WIDTH0-1:0];             // Save q0
// Add result from 2. LSBs (x+y) and carry from LSBs
  v1 <= q0[WIDTH0] + {1'b0, q1[WIDTH1-1:0]};
// Add result from 2. MSBs (x+y) and carry from 2. LSBs
  v2 <= q1[WIDTH1] + {1'b0, q2[WIDTH2-1:0]};
// Add result from MSBs (x+y) and carry from 2. MSBs
  v3 <= q2[WIDTH2] + q3;

//************** Third stage of the adder *****************
  r0 <= v0;  // Delay for LSBs
  r1 <= v1[WIDTH1-1:0];  // Delay for 2. LSBs
// Add result from 2. MSBs (x+y) and carry from 2. LSBs
  r2 <= v1[WIDTH1] + {1'b0, v2[WIDTH2-1:0]};
// Add result from MSBs (x+y) and carry from 2. MSBs
  r3 <= v2[WIDTH2] + v3;
//************ Fourth stage of the adder *****************
  s0 <= r0;               // Delay for LSBs
  s1 <= r1;               // Delay for 2. LSBs
  s2 <= r2[WIDTH2-1:0];  // Delay for 2. MSBs
// Add result from MSBs (x+y) and carry from 2. MSBs
  s3 <= r2[WIDTH2] + r3;
end

assign LSBs_Carry   = q0[WIDTH1];  // Provide test signals
assign Middle_Carry = v1[WIDTH1];
assign MSBs_Carry   = r2[WIDTH2];

// Build a single output word of
// WIDTH = WIDTH0 + WIDTH1 + WIDTH2 + WIDTH3
assign sum = {s3, s2, s1, s0}; // Connect sum to output

endmodule
```

```
//*********************************************************
// IEEE STD 1364-2001 Verilog file: div_res.v
// Author-EMAIL: Uwe.Meyer-Baese@ieee.org
//*********************************************************
// Restoring Division
// Bit width:  WN          WD            WN            WD
//          Nominator / Denumerator = Quotient and Remainder
// OR:        Nominator = Quotient * Denumerator + Remainder
// -----------------------------------------------------------
module div_res                  //------> Interface
  (input clk,                   // System clock
   input reset,                 // Asynchron reset
   input  [7:0] n_in,           // Nominator
   input  [5:0] d_in,           // Denumerator
   output reg [5:0] r_out,      // Remainder
   output reg [7:0] q_out);     // Quotient
// -----------------------------------------------------------
  reg [1:0] state;              // FSM state
  parameter ini=0, sub=1, restore=2, done=3; // State
                                      // assignments
  // Divider in behavioral style
  always @(posedge clk or posedge reset)
  begin : States // Finite state machine
    reg [3:0] count;

    reg  [13:0] d;              // Double bit width unsigned
    reg  signed [13:0] r;       // Double bit width signed
    reg  [7:0] q;

    if (reset) begin                // Asynchronous reset
      state <= ini; count <= 0;
      q <= 0; r <= 0; d <= 0; q_out <= 0; r_out <= 0;
    end else
      case (state)
        ini : begin             // Initialization step
          state <= sub;
          count = 0;
          q <= 0;               // Reset quotient register
          d <= d_in << 7;       // Load aligned denumerator
          r <= n_in;            // Remainder = nominator
        end
        sub : begin             // Processing step
          r <= r - d;           // Subtract denumerator
          state <= restore;
        end
        restore : begin             // Restoring step
          if (r < 0) begin  // Check r < 0
            r <= r + d;     // Restore previous remainder
            q <= q << 1;     // LSB = 0 and SLL
            end
          else
```

```
          q <= (q << 1) + 1; // LSB = 1 and SLL
         count = count + 1;
         d <= d >> 1;

         if (count == 8)   // Division ready ?
           state <= done;
         else
           state <= sub;
       end
       done : begin      // Output of result
         q_out <= q[7:0];
         r_out <= r[5:0];
         state <= ini;   // Start next division
       end
     endcase
  end

endmodule

//*********************************************************
// IEEE STD 1364-2001 Verilog file: div_aegp.v
// Author-EMAIL: Uwe.Meyer-Baese@ieee.org
//*********************************************************
// Convergence division after
//                Anderson, Earle, Goldschmidt, and Powers
// Bit width:  WN        WD          WN           WD
//         Nominator / Denumerator = Quotient and Remainder
// OR:       Nominator = Quotient * Denumerator + Remainder
// ---------------------------------------------------------
module div_aegp
  (input clk,                // System clock
   input reset,              // Asynchron reset
   input  [8:0] n_in,        // Nominator
   input  [8:0] d_in,        // Denumerator
   output reg [8:0] q_out); // Quotient
// ---------------------------------------------------------
  reg [1:0] state;
  always @(posedge clk or posedge reset) //-> Divider in
  begin : States                        // behavioral style
    parameter s0=0, s1=1, s2=2;
    reg [1:0] count;

    reg [9:0] x, t, f;        // one guard bit
    reg [17:0] tempx, tempt;

    if (reset) begin              // Asynchronous reset
      state <= s0; q_out <= 0; count = 0; x <= 0; t <= 0;
    end else
      case (state)
        s0 : begin              // Initialization step
          state <= s1;
```

```
        count = 0;
        t <= {1'b0, d_in};    // Load denumerator
        x <= {1'b0, n_in};    // Load nominator
      end
      s1 : begin             // Processing step
        f = 512 - t;         // TWO - t
        tempx = (x * f);   // Product in full
        tempt = (t * f);   // bitwidth
        x <= tempx >> 8;   // Factional f
        t <= tempt >> 8;   // Scale by 256
        count = count + 1;
        if (count == 2)     // Division ready ?
          state <= s2;
        else
          state <= s1;
      end
      s2 : begin       // Output of result
        q_out <= x[8:0];
        state <= s0;   // Start next division
      end
    endcase
  end

endmodule

//*********************************************************
// IEEE STD 1364-2001 Verilog file: cordic.v
// Author-EMAIL: Uwe.Meyer-Baese@ieee.org
//*********************************************************
module cordic #(parameter W = 7)  // Bit width - 1
(input  clk,                  // System clock
 input  reset,                // Asynchronous reset
 input  signed [W:0] x_in,       // System real or x input
 input  signed [W:0] y_in,       // System imaginary or y input
 output reg signed [W:0] r,  // Radius result
 output reg signed [W:0] phi,// Phase result
 output reg signed [W:0] eps);// Error of results
// --------------------------------------------------------
// There is bit access in Quartus array types
// in Verilog 2001, therefore use single vectors
// but use a separate lines for each array!
  reg signed [W:0] x [0:3];
  reg signed [W:0] y [0:3];
  reg signed [W:0] z [0:3];


  always @(posedge reset or posedge clk) begin : P1
    integer k; // Loop variable
    if (reset) begin             // Asynchronous clear
      for (k=0; k<=3; k=k+1) begin
        x[k] <= 0; y[k] <= 0; z[k] <= 0;
```

```
      end
      r <= 0; eps <= 0; phi <= 0;
    end else begin
      if (x_in >= 0)              // Test for x_in < 0 rotate
        begin                     // 0, +90, or -90 degrees
          x[0] <= x_in; // Input in register 0
          y[0] <= y_in;
          z[0] <= 0;
        end
      else if (y_in >= 0)
        begin
          x[0] <= y_in;
          y[0] <= - x_in;
          z[0] <= 90;
        end
      else
        begin
          x[0] <= - y_in;
          y[0] <= x_in;
          z[0] <= -90;
        end

      if (y[0] >= 0)                // Rotate 45 degrees
        begin
          x[1] <= x[0] + y[0];
          y[1] <= y[0] - x[0];
          z[1] <= z[0] + 45;
        end
      else
        begin
          x[1] <= x[0] - y[0];
          y[1] <= y[0] + x[0];
          z[1] <= z[0] - 45;
        end

      if (y[1] >= 0)                // Rotate 26 degrees
        begin
          x[2] <= x[1] + (y[1] >>> 1); // i.e. x[1]+y[1]/2
          y[2] <= y[1] - (x[1] >>> 1); // i.e. y[1]-x[1]/2
          z[2] <= z[1] + 26;
        end
      else
        begin
          x[2] <= x[1] - (y[1] >>> 1); // i.e. x[1]-y[1]/2
          y[2] <= y[1] + (x[1] >>> 1); // i.e. y[1]+x[1]/2
          z[2] <= z[1] - 26;
        end

      if (y[2] >= 0)                  // Rotate 14 degrees
        begin
          x[3] <= x[2] + (y[2] >>> 2); // i.e. x[2]+y[2]/4
```

```
        y[3] <= y[2] - (x[2] >>> 2); // i.e. y[2]-x[2]/4
        z[3] <= z[2] + 14;
      end
    else
      begin
        x[3] <= x[2] - (y[2] >>> 2); // i.e. x[2]-y[2]/4
        y[3] <= y[2] + (x[2] >>> 2); // i.e. y[2]+x[2]/4
        z[3] <= z[2] - 14;
      end

    r   <= x[3];
    phi <= z[3];
    eps <= y[3];
   end
  end

endmodule

//*********************************************************
// IEEE STD 1364-2001 Verilog file: arctan.v
// Author-EMAIL: Uwe.Meyer-Baese@ieee.org
// --------------------------------------------------------
module arctan  #(parameter W = 9,    // Bit width
                        L  = 5)    // Array size
  (input clk,                // System clock
   input reset,              // Asynchron reset
   input signed [W-1:0] x_in,  // System input
   //output reg signed [W-1:0] d_o [1:L],
   output wire signed [W-1:0] d_o1, d_o2 ,d_o3, d_o4 ,d_o5,
                              // Auxiliary recurrence
   output reg signed [W-1:0] f_out); // System output
// --------------------------------------------------------
  reg signed [W-1:0] x;   // Auxilary signals
  wire signed [W-1:0] f;
  wire signed [W-1:0] d [1:L]; // Auxilary array
  // Chebychev coefficients c1, c2, c3 for 8 bit precision
  // c1 = 212; c3 = -12; c5 = 1;

  always @(posedge clk or posedge reset) begin
    if (reset) begin  // Asynchronous clear
      x <= 0; f_out <= 0;
    end else begin
      x <= x_in;     // FF for input and output
      f_out <= f;
    end
  end

    // Compute sum-of-products with
    // Clenshaw's recurrence formula
  assign d[5] = 'sd1;   // c5=1
  assign d[4] = (x * d[5]) / 128;
```

```
  assign d[3] = ((x * d[4]) / 128) - d[5] - 12; // c3=-12
  assign d[2] = ((x * d[3]) / 128) - d[4];
  assign d[1] = ((x * d[2]) / 128) - d[3] + 212; // c1=212
  assign f   = ((x * d[1]) / 256) - d[2];
                              // last step is different

  assign d_o1 = d[1];  // Provide test signals as outputs
  assign d_o2 = d[2];
  assign d_o3 = d[3];
  assign d_o4 = d[4];
  assign d_o5 = d[5];
endmodule


//*********************************************************
// IEEE STD 1364-2001 Verilog file: ln.v
// Author-EMAIL: Uwe.Meyer-Baese@ieee.org
//*********************************************************
module ln #(parameter N = 5, // Number of Coeffcients-1
          parameter W= 17) // Bitwidth -1
 (input clk,                          // System clock
  input reset,                     // Asynchronous reset
  input signed [W:0] x_in,         //  System input
  output reg signed [W:0] f_out); // System output
// --------------------------------------------------------
  reg signed [W:0] x, f;   // Auxilary register
  wire signed [W:0] p [0:5];
  reg signed [W:0] s [0:5];

// Polynomial coefficients for 16 bit precision:
// f(x) = (1  + 65481 x -32093 x^2 + 18601 x^3
//                    -8517 x^4 + 1954 x^5)/65536
  assign p[0] = 18'sd1;
  assign p[1] = 18'sd65481;
  assign p[2] = -18'sd32093;
  assign p[3] = 18'sd18601;
  assign p[4] = -18'sd8517;
  assign p[5] = 18'sd1954;

  always @(posedge clk or posedge reset)
  begin : Store
    if (reset) begin              // Asynchronous clear
      x <= 0; f_out <= 0;
    end else begin
      x <= x_in;    // Store input in register
      f_out <= f;
    end
  end

  always @*       // Compute sum-of-products
  begin :  SOP
```

```
    integer k; // define the loop variable
    reg signed [35:0] slv;

    s[N] = p[N];
// Polynomial Approximation from Chebyshev coefficients
    for (k=N-1; k>=0; k=k-1)
    begin
      slv  = x * s[k+1]; // no FFs for slv
      s[k]  = (slv >>> 16) + p[k];
    end    // x*s/65536 problem 32 bits
    f  <= s[0];      // make visable outside
  end

endmodule

//*********************************************************
// IEEE STD 1364-2001 Verilog file: sqrt.v
// Author-EMAIL: Uwe.Meyer-Baese@ieee.org
//*********************************************************
module sqrt                              //----> Interface
 (input  clk,                            // System clock
  input  reset,                          // Asynchronous reset
  output [1:0]  count_o,             // Counter SLL
  input  signed [16:0] x_in,         // System input
  output signed [16:0] pre_o,        // Prescaler
  output signed [16:0] x_o,          // Normalized x_in
  output signed [16:0] post_o,       // Postscaler
  output signed [3:0]  ind_o,        // Index to p
  output signed [16:0] imm_o,        // ALU preload value
  output signed [16:0] a_o,          // ALU factor
  output signed [16:0] f_o,          // ALU output
  output reg signed [16:0] f_out); // System output
// --------------------------------------------------------
  // Define the operation modes:
  parameter load=0, mac=1, scale=2, denorm=3, nop=4;
  //  Assign the FSM states:
  parameter start=0, leftshift=1, sop=2,
                 rightshift=3, done=4;

  reg [3:0] s, op;
  reg [16:0] x; // Auxilary
  reg signed [16:0] a, b, f, imm; // ALU data
  reg signed [33:0] af; // Product double width
  reg [16:0] pre, post;
  reg signed [3:0] ind;
  reg [1:0] count;
  // Chebychev poly coefficients for 16 bit precision:
  wire signed [16:0] p [0:4];

  assign p[0] = 7563;
  assign p[1] = 42299;
```

```
assign p[2] = -29129;
assign p[3] = 15813;
assign p[4] = -3778;

always @(posedge reset or posedge clk) //------> SQRT FSM
begin : States                        // sample at clk rate

  if (reset) begin                // Asynchronous reset
    s <= start; f_out <= 0; op <= 0; count <= 0;
    imm <= 0; ind <= 0; a <= 0; x <= 0;
  end else begin
    case (s)                  // Next State assignments
      start : begin          // Initialization step
        s <= leftshift; ind = 4;
        imm <= x_in;         // Load argument in ALU
        op <= load; count = 0;
      end
      leftshift : begin      // Normalize to 0.5 .. 1.0
        count = count + 1; a <= pre; op <= scale;
        imm <= p[4];
        if (count == 2) op <= nop;
        if (count == 3) begin // Normalize ready ?
          s <= sop; op <= load; x <= f;
        end
      end
      sop :  begin            // Processing step
        ind = ind - 1; a <= x;
        if (ind == -1) begin  // SOP ready ?
          s <= rightshift; op <= denorm; a <= post;
        end else begin
          imm <= p[ind]; op <= mac;
        end
      end
      rightshift : begin // Denormalize to original range
        s <= done; op <= nop;
      end
      done :  begin          // Output of results
      f_out <= f;            // I/O store in register
      op <= nop;
      s <= start;            // start next cycle
      end
    endcase
  end
end

always @(posedge reset or posedge clk)
begin : ALU            // Define the ALU operations
  if (reset)           // Asynchronous clear
    f <= 0;
  else begin
    af = a * f;
```

```
      case (op)
        load    : f  <= imm;
        mac     : f  <= (af >>> 15) + imm;
        scale   : f  <= af;
        denorm  : f  <= af >>> 15;
        nop     : f  <= f;
        default : f  <= f;
      endcase
    end
  end

  always @(x_in)
  begin : EXP
    reg [16:0] slv;
    reg [16:0] po, pr;
    integer K; // Loop variable

    slv = x_in;
    // Compute pre-scaling:
    for (K=0; K <= 15; K= K+1)
      if (slv[K] == 1)
    pre = 1 << (14-K);
    // Compute post scaling:
    po = 1;
    for (K=0; K <= 7; K= K+1) begin
      if (slv[2*K] == 1)    // even 2^k gets 2^k/2
        po = 1 << (K+8);
//  sqrt(2): CSD Error = 0.0000208 = 15.55 effective bits
// +1 +0. -1 +0 -1 +0 +1 +0 +1 +0 +0 +0 +0 +0 +1
//  9     7     5     3     1               -5
      if (slv[2*K+1] == 1) // odd k has sqrt(2) factor
        po = (1<<(K+9)) - (1<<(K+7)) - (1<<(K+5))
             + (1<<(K+3)) + (1<<(K+1)) + (1<<(K-5));
    end
    post <= po;
  end

  assign a_o = a;  // Provide some test signals as outputs
  assign imm_o = imm;
  assign f_o = f;
  assign pre_o = pre;
  assign post_o = post;
  assign x_o = x;
  assign ind_o = ind;
  assign count_o = count;

endmodule

//*********************************************************
// IEEE STD 1364-2001 Verilog file:  magnitude.v
// Author-EMAIL: Uwe.Meyer-Baese@ieee.org
```

```
//*************************************************************
module magnitude
  (input clk,                     // System clock
   input reset,                     // Asynchron reset
   input signed [15:0] x, y,      // System input
   output reg signed [15:0] r); // System output
// -------------------------------------------------------------
  reg signed [15:0] x_r, y_r, ax, ay, mi, ma;
  // approximate the magnitude via
  // r = alpha*max(|x|,|y|) + beta*min(|x|,|y|)
  // use alpha=1 and beta=1/4

  always @(posedge reset or posedge clk) // Control the
    if (reset) begin       // system sample at clk rate
      x_r  <= 0; y_r <= 0;  // Asynchronous clear
    end else begin
      x_r <= x; y_r <= y;
    end

    always @* begin
    ax = (x_r>=0)? x_r : -x_r; // take absolute values first
    ay = (y_r>=0)? y_r : -y_r;

    if (ax > ay) begin   // Determine max and min values
      mi = ay;
      ma = ax;
    end else begin
      mi = ax;
      ma = ay;
    end
    end

    always @(posedge reset or posedge clk)
    if (reset)             // Asynchronous clear
      r  <= 0;
    else
      r <= ma + mi/4; // compute r=alpha*max+beta*min

endmodule

//*************************************************************
// IEEE STD 1364-2001 Verilog file: fir_gen.v
// Author-EMAIL: Uwe.Meyer-Baese@ieee.org
//*************************************************************
// This is a generic FIR filter generator
// It uses W1 bit data/coefficients bits
module fir_gen
#(parameter W1 = 9,     // Input bit width
          W2 = 18,      // Multiplier bit width 2*W1
          W3 = 19,      // Adder width = W2+log2(L)-1
          W4 = 11,      // Output bit width
```

```
         L  = 4)       // Filter length
  (input clk,                     // System clock
   input reset,                   // Asynchronous reset
   input Load_x,                  // Load/run switch
   input signed [W1-1:0] x_in,    // System input
   input signed [W1-1:0] c_in,    //Coefficient data input
   output signed [W4-1:0] y_out); // System output
// ---------------------------------------------------------
  reg signed [W1-1:0]  x;
  wire signed [W3-1:0]  y;
// 1D array types i.e. memories supported by Quartus
// in Verilog 2001; first bit then vector size
  reg  signed [W1-1:0] c [0:3]; // Coefficient array
  wire signed [W2-1:0] p [0:3]; // Product array
  reg  signed [W3-1:0] a [0:3]; // Adder array

//----> Load Data or Coefficient
  always @(posedge clk or posedge reset)
    begin: Load
    integer k;    // loop variable
    if (reset) begin         // Asynchronous clear
      for (k=0; k<=L-1; k=k+1) c[k] <= 0;
      x <= 0;
    end else if (! Load_x) begin
      c[3] <= c_in; // Store coefficient in register
      c[2] <= c[3];   // Coefficients shift one
      c[1] <= c[2];
      c[0] <= c[1];
    end else
      x <= x_in; // Get one data sample at a time
  end

//----> Compute sum-of-products
  always @(posedge clk or posedge reset)
  begin: SOP
  // Compute the transposed filter additions
    integer k;    // loop variable
    if (reset)         // Asynchronous clear
      for (k=0; k<=3; k=k+1) a[k] <= 0;
    else begin
      a[0] <= p[0] + a[1];
      a[1] <= p[1] + a[2];
      a[2] <= p[2] + a[3];
      a[3] <= p[3]; // First TAP has only a register
    end
  end
  assign y = a[0];

  genvar I; //Define loop variable for generate statement
  generate
    for (I=0; I<L; I=I+1) begin : MulGen
```

```
    // Instantiate L multipliers
      assign p[I] = x * c[I];
    end
  endgenerate

  assign y_out = y[W3-1:W3-W4];

endmodule


//*********************************************************
// IEEE STD 1364-2001 Verilog file: fir_srg.v
// Author-EMAIL: Uwe.Meyer-Baese@ieee.org
//*********************************************************
module fir_srg                    //----> Interface
  (input clk,                     // System clock
   input reset,                   // Asynchronous reset
   input signed [7:0] x,          // System input
   output reg signed [7:0] y);    //  System output
// ----------------------------------------------------------
// Tapped delay line array of bytes
  reg  signed  [7:0] tap [0:3];
  integer I; // Loop variable

  always @(posedge clk or posedge reset)
  begin : P1                      //----> Behavioral Style
   // Compute output y with the filter coefficients weight.
   // The coefficients are [-1  3.75  3.75  -1].
   // Multiplication and division can
   // be done in Verilog 2001 with signed shifts.
    if (reset) begin             // Asynchronous clear
      for (I=0; I<=3; I=I+1) tap[I] <= 0;
      y <= 0;
    end else begin
      y <= (tap[1] <<< 1) + tap[1] + (tap[1] >>> 1)- tap[0]
          + ( tap[1] >>> 2) + (tap[2] <<< 1) + tap[2]
          + (tap[2] >>> 1) + (tap[2] >>> 2) - tap[3];

      for (I=3; I>0; I=I-1) begin
        tap[I] <= tap[I-1]; // Tapped delay line: shift one
      end
      tap[0] <= x;   // Input in register 0
    end
  end

endmodule


//*********************************************************
// IEEE STD 1364-2001 Verilog file: case5p.v
// Author-EMAIL: Uwe.Meyer-Baese@ieee.org
```

```
//*********************************************************
module case5p
 (input      clk,
  input  [4:0] table_in,
  output reg [4:0] table_out);     // range 0 to 25
// --------------------------------------------------------
  reg [3:0] lsbs;
  reg [1:0] msbs0;
  reg [4:0] table0out00, table0out01;

// These are the distributed arithmetic CASE tables for
// the 5 coefficients: 1, 3, 5, 7, 9

  always @(posedge clk) begin
    lsbs[0] = table_in[0];
    lsbs[1] = table_in[1];
    lsbs[2] = table_in[2];
    lsbs[3] = table_in[3];
    msbs0[0] = table_in[4];
    msbs0[1] = msbs0[0];
  end

// This is the final DA MPX stage.
  always @(posedge clk) begin
    case (msbs0[1])
      0 : table_out <= table0out00;
      1 : table_out <= table0out01;
      default : ;
    endcase
  end

// This is the DA CASE table 00 out of 1.
  always @(posedge clk) begin
    case (lsbs)
      0  : table0out00 = 0;
      1  : table0out00 = 1;
      2  : table0out00 = 3;
      3  : table0out00 = 4;
      4  : table0out00 = 5;
      5  : table0out00 = 6;
      6  : table0out00 = 8;
      7  : table0out00 = 9;
      8  : table0out00 = 7;
      9  : table0out00 = 8;
      10 : table0out00 = 10;
      11 : table0out00 = 11;
      12 : table0out00 = 12;
      13 : table0out00 = 13;
      14 : table0out00 = 15;
      15 : table0out00 = 16;
      default ;
```

```
    endcase
  end

// This is the DA CASE table 01 out of 1.
  always @(posedge clk) begin
    case (lsbs)
      0  : table0out01 = 9;
      1  : table0out01 = 10;
      2  : table0out01 = 12;
      3  : table0out01 = 13;
      4  : table0out01 = 14;
      5  : table0out01 = 15;
      6  : table0out01 = 17;
      7  : table0out01 = 18;
      8  : table0out01 = 16;
      9  : table0out01 = 17;
      10 : table0out01 = 19;
      11 : table0out01 = 20;
      12 : table0out01 = 21;
      13 : table0out01 = 22;
      14 : table0out01 = 24;
      15 : table0out01 = 25;
      default ;
    endcase
  end

endmodule

//*********************************************************
// IEEE STD 1364-2001 Verilog file: dasign.v
// Author-EMAIL: Uwe.Meyer-Baese@ieee.org
//*********************************************************
`include "case3s.v" // User defined component

module dasign                //-> Interface
 (input clk,                      // System clock
  input reset,                         // Asynchron reset
  input signed  [3:0]  x0_in,    // First system input
  input signed  [3:0]  x1_in,    // Second system input
  input signed  [3:0]  x2_in,    // Third system input
  output [3:0]  lut,              // DA look-up table
  output reg signed [6:0]  y);  // System output
// ----------------------------------------------------
  reg  signed  [3:0] x0, x1, x2;
  wire signed  [2:0] table_in;
  wire signed  [3:0] table_out;
  reg [0:0] state;

  assign table_in[0] = x0[0];
  assign table_in[1] = x1[0];
  assign table_in[2] = x2[0];
```

```
  always @(posedge clk or posedge reset)// DA in behavioral
  begin : P1                                        // style
    parameter s0=0, s1=1;
    integer k;

    reg [2:0] count;          // Counts the shifts
    reg [6:0] p;              // Temporary register

    if (reset) begin              // Asynchronous reset
      state <= s0;
      x0 <= 0; x1 <= 0; x2 <= 0; p <= 0; y <= 0;
      count <= 0;
    end else
      case (state)
        s0 : begin            // Initialization step
          state <= s1;
          count = 0;
          p  <= 0;
          x0 <= x0_in;
          x1 <= x1_in;
          x2 <= x2_in;
        end
        s1 : begin                // Processing step
          if (count == 4) begin  // Is sum of product done?
            y <= p;                 // Output of result to y and
            state <= s0;          // start next sum of product
        end else begin //Subtract for last accumulator step
          if (count ==3)   // i.e. p/2 +/- table_out * 8
            p <= (p >>> 1) - (table_out <<< 3);
          else         // Accumulation for all other steps
            p <= (p >>> 1) + (table_out <<< 3);
          for (k=0; k<=2; k= k+1) begin     // Shift bits
            x0[k] <= x0[k+1];
            x1[k] <= x1[k+1];
            x2[k] <= x2[k+1];
          end
          count = count + 1;
          state <= s1;
        end
      end
    endcase
  end

  case3s LC_Table0
  ( .table_in(table_in), .table_out(table_out));

  assign lut = table_out; // Provide test signal

endmodule
```

```
//*********************************************************
// IEEE STD 1364-2001 Verilog file: case3s.v
// Author-EMAIL: Uwe.Meyer-Baese@ieee.org
//*********************************************************
module case3s
 (input  [2:0] table_in,  // Three bit
  output reg [3:0] table_out); // Range -2 to 4 -> 4 bits
// -------------------------------------------------------
// This is the DA CASE table for
// the 3 coefficients: -2, 3, 1

  always @(table_in)
  begin
    case (table_in)
      0 :    table_out =  0;
      1 :    table_out =  -2;
      2 :    table_out =  3;
      3 :    table_out =  1;
      4 :    table_out =  1;
      5 :    table_out =  -1;
      6 :    table_out =  4;
      7 :    table_out =  2;
      default : ;
    endcase
  end

endmodule

//*********************************************************
// IEEE STD 1364-2001 Verilog file: dapara.v
// Author-EMAIL: Uwe.Meyer-Baese@ieee.org
//*********************************************************
`include "case3s.v" // User defined component

module dapara                    //----> Interface
 (input       clk,               // System clock
   input reset,                      // Asynchron reset
  input signed [3:0]  x_in,      // System input
  output reg signed[6:0]  y);    // System output
// -------------------------------------------------------
  reg signed  [2:0] x [0:3];
  wire signed [3:0] h [0:3];
  reg  signed [4:0] s0, s1;
  reg  signed [3:0] t0, t1, t2, t3;

  always @(posedge clk or posedge reset)
  begin : DA                //----> DA in behavioral style
    integer k,l;
    if (reset) begin  // Asynchronous clear
      for (k=0; k<=3; k=k+1) x[k] <= 0;
```

```
      y <= 0;
      t0 <= 0; t1 <= 0; t2 <= 0; t3 <= 0; s0 <= 0; s1 <= 0;
    end else begin
      for (l=0; l<=3; l=l+1) begin    // For all 4 vectors
        for (k=0; k<=1; k=k+1) begin  // shift all bits
          x[l][k] <= x[l][k+1];
        end
      end
      for (k=0; k<=3; k=k+1) begin  // Load x_in in the
        x[k][2] <= x_in[k];         // MSBs of the registers
      end
  y <= h[0] + (h[1] <<< 1) + (h[2] <<< 2) - (h[3] <<< 3);
// Sign extensions, pipeline register, and adder tree:
//     t0 <= h[0]; t1 <= h[1]; t2 <= h[2]; t3 <= h[3];
//     s0 <= t0 + (t1 <<< 1);
//     s1 <= t2 - (t3 <<< 1);
//     y  <= s0 + (s1 <<< 2);
    end
  end

  genvar i;// Need to declare loop variable in Verilog 2001
  generate     //  One table for each bit in x_in
    for (i=0; i<=3; i=i+1) begin:LC_Tables
      case3s LC_Table0 ( .table_in(x[i]), .table_out(h[i]));
    end
  endgenerate

endmodule

//*********************************************************
// IEEE STD 1364-2001 Verilog file: iir.v
// Author-EMAIL: Uwe.Meyer-Baese@ieee.org
//*********************************************************
module iir #(parameter W = 14) // Bit width - 1
  (input  clk,                // System clock
   input reset,               // Asynchronous reset
   input  signed [W:0] x_in,   // System input
   output signed [W:0] y_out); // System output
// -------------------------------------------------------
  reg signed [W:0] x, y;

// Use FFs for input and recursive part
always @(posedge clk or posedge reset)
  if (reset) begin           // Note: there is a signed
    x <= 0; y <= 0;          // integer in Verilog 2001
  end else begin
    x  <= x_in;
    y  <= x + (y >>> 1) + (y >>> 2); // >>> uses less LEs
    // y  <= x + y / 'sd2 + y / 'sd4; // same as /2 and /4
    //y  <= x + y / 2 + y / 4; // div with / uses more LEs
    //y <= x + {y[W],y[W:1]}+ {y[W],y[W],y[W:2]};
```

```
  end

assign  y_out = y;          // Connect y to output pins

endmodule

//*********************************************************
// IEEE STD 1364-2001 Verilog file: iir_pipe.v
// Author-EMAIL: Uwe.Meyer-Baese@ieee.org
//*********************************************************
module iir_pipe                   //----> Interface
 #(parameter W = 14)              // Bit width - 1
 (input clk,                      // System clock
  input reset,                    // Asynchronous reset
  input signed [W:0]  x_in,       // System input
  output signed [W:0]  y_out);  // System output
// ----------------------------------------------------------
  reg signed [W:0] x, x3, sx;
  reg signed [W:0] y, y9;

  always @(posedge clk or posedge reset)  // Infer FFs for
  begin              // input, output and pipeline stages;
     if (reset) begin   // Asynchronous clear
     x <= 0; x3 <= 0; sx <= 0; y9 <= 0; y <= 0;
   end else begin
     x   <= x_in;      // use non-blocking FF assignments
     x3  <= (x >>> 1) + (x >>> 2);
                          // i.e. x / 2 + x / 4 = x*3/4
     sx  <= x + x3;//Sum of x element i.e. output FIR part
     y9  <= (y >>> 1) + (y >>> 4);
                        // i.e. y / 2 + y / 16 = y*9/16
     y   <= sx + y9;                  // Compute output
   end
  end

  assign y_out = y ;   // Connect register y to output pins

endmodule

//*********************************************************
// IEEE STD 1364-2001 Verilog file: iir_par.v
// Author-EMAIL: Uwe.Meyer-Baese@ieee.org
//*********************************************************
module iir_par          //----> Interface
#(parameter W = 14) // bit width - 1
 (input  clk,                     // System clock
  input reset,                    // Asynchronous reset
  input signed [W:0] x_in,       // System input
```

```
  output signed [W:0] x_e, x_o, // Even/odd input x_in
  output signed [W:0] y_e, y_o, // Even/odd output y_out
  output clk2,                  // Clock divided by 2
  output signed [W:0]  y_out);  // System output
// --------------------------------------------------------------
  reg signed [W:0] x_even, xd_even, x_odd, xd_odd, x_wait;
  reg signed [W:0] y_even, y_odd, y_wait, y;
  reg signed [W:0] sum_x_even, sum_x_odd;
  reg       clk_div2;
  reg [0:0] state;

  always @(posedge clk or posedge reset) // Clock divider
  begin : clk_divider                   // by 2 for input clk
    if (reset) clk_div2 <= 0;
    else       clk_div2 <= ! clk_div2;
  end

  always @(posedge clk or posedge reset) // Split x into
  begin : Multiplex                     // even and odd samples;
   parameter even=0, odd=1;             // recombine y at clk rate


   if (reset) begin                   // Asynchronous reset
     state <= even; x_even <= 0; x_odd <= 0;
      y <= 0; x_wait <= 0; y_wait <= 0;
   end else
     case (state)
       even : begin
           x_even <= x_in;
           x_odd <= x_wait;
           y <= y_wait;
           state <= odd;
       end
       odd : begin
          x_wait <= x_in;
          y <= y_odd;
          y_wait <= y_even;
          state <= even;
       end
     endcase
  end

  assign y_out = y;
  assign clk2  = clk_div2;
  assign x_e = x_even; // Monitor some extra test signals
  assign x_o = x_odd;
  assign y_e = y_even;
  assign y_o = y_odd;

  always @(negedge clk_div2 or posedge reset)
  begin: Arithmetic
```

```
    if (reset) begin
      xd_even <= 0; sum_x_even <= 0; y_even<= 0;
      xd_odd<= 0; sum_x_odd <= 0; y_odd <= 0;
    end else begin
      xd_even <= x_even;
      sum_x_even <= x_odd+ (xd_even >>> 1)+(xd_even >>> 2);
                 // i.e. x_odd + x_even/2 + x_even /4
      y_even <= sum_x_even + (y_even >>> 1)+(y_even >>> 4);
             // i.e. sum_x_even + y_even / 2 + y_even /16
      xd_odd <= x_odd;
      sum_x_odd <= xd_even + (xd_odd >>> 1)+(xd_odd >>> 4);
                 // i.e. x_even + xd_odd / 2 + xd_odd /4
      y_odd  <= sum_x_odd + (y_odd >>> 1)+ (y_odd >>> 4);
               // i.e. sum_x_odd + y_odd / 2 + y_odd / 16
    end
  end

endmodule


//*********************************************************
// IEEE STD 1364-2001 Verilog file: iir5sfix.v
// Author-EMAIL: Uwe.Meyer-Baese@ieee.org
//*********************************************************
// 5 th order IIR in direct form implementation
module iir5sfix
  (input clk,                     // System clock
   input reset,                   // Asynchron reset
   input switch,                  // Feedback switch
   input signed [63:0] x_in,      // System input
   output signed [39:0] t_out,    // Feedback
   output signed [39:0] y_out); // System output
// ---------------------------------------------------------
  wire signed[63:0] a2, a3, a4, a5, a6; // Feedback A
  wire signed[63:0] b1, b2, b3, b4, b5, b6;// Feedforward B
  wire signed [63:0] h;
  reg signed [63:0] s1, s2, s3, s4;
  reg signed [63:0] y, t, r2, r3, r4;
  reg signed [127:0] a6h, a5h, a4h, a3h, a2h;
  reg signed [127:0] b6h, b5h, b4h, b3h, b2h, b1h;

// Feedback A scaled by 2^30
  assign a2 = 64'h000000013DF707FA; // (-)4.9682025852
  assign a3 = 64'h0000000277FBF6D7; // 9.8747536754
  assign a4 = 64'h00000002742912B6; // (-)9.8150069021
  assign a5 = 64'h00000001383A6441; // 4.8785639415
  assign a6 = 64'h000000003E164061; // (-)0.9701081227
// Feedforward B scaled by 2^30
  assign b1 = 64'h000000000004F948;  // 0.0003035737
  assign b2 = 64'h00000000000EE2A2;  // (-)0.0009085259
  assign b3 = 64'h000000000009E95E;  // 0.0006049556
```

```
  assign b4 = 64'h000000000009E95E; // 0.0006049556
  assign b5 = 64'h0000000000EE2A2; // (-)0.0009085259
  assign b6 = 64'h00000000004F948; // 0.0003035737
  assign h = (switch) ? x_in-t // Switch is closed
                    : x_in; // Switch is open

  always @(posedge clk or posedge reset)
  begin : P1 // First equations without infering registers
    if (reset) begin              // Asynchronous clear
      t <= 0;  y <= 0; r2 <= 0; r3 <= 0; r4 <= 0; s1 <= 0;
      s2 <= 0; s3 <= 0; s4 <= 0; a6h <= 0; b6h <= 0;
    end else begin              // IIR filter in direct form
      a6h <= a6 * h;  // h*a[6] use register
      a5h = a5 * h;   // h*a[5]
      r4 <=  (a5h >>> 30) - (a6h >>> 30);   // h*a[5]+r5
      a4h = a4 * h;   // h*a[4]
      r3 <= r4 - (a4h >>> 30);   // h*a[4]+r4
      a3h = a3 * h;   // h*a[3]
      r2 <= r3 + (a3h >>> 30);   // h*a[3]+r3
      a2h = a2 * h;   // h*a[2]+r2
      t  <= r2 - (a2h >>> 30);   // h*a[2]+r2
      b6h <= b6 * h;  // h*b[6] use register
      b5h = b5 * h;   // h*b[5]+s5 no register
      s4 <= (b6h >>> 30) - (b5h >>> 30);   // h*b[5]+s5
      b4h = b4 * h;   // h*b[4]+s4
      s3 <= s4 + (b4h >>> 30);   // h*b[4]+s4
      b3h = b3 * h;   // h*b[3]
      s2 <= s3 + (b3h >>> 30);   // h*b[3]+s3
      b2h = b2 * h;   // h*b[2]
      s1 <= s2 - (b2h >>> 30);   // h*b[2]+s2
      b1h = b1 * h; // h*b[1]
      y  <= s1 + (b1h >>> 30);  // h*b[1]+s1
    end
  end

  // Redefine bits as 40 bit SLV
  // Change 30 to 16 bit fraction, i.e. cut 14 LSBs
  assign y_out = y[53:14];
  assign t_out = t[53:14];

endmodule

//*********************************************************
// IEEE STD 1364-2001 Verilog file: iir5para.v
// Author-EMAIL: Uwe.Meyer-Baese@ieee.org
//*********************************************************
// Description: 5 th order IIR parallel form implementation
// Coefficients:
// D =   0.00030357
// B1 =  0.0031   -0.0032    0
// A1 =  1.0000   -1.9948    0.9959
```

```
// B2 = -0.0146   0.0146   0
// A2 =  1.0000  -1.9847   0.9852
// B3 =  0.0122
// A3 =  0.9887
// ---------------------------------------------------------
module iir5para               // I/O data in 16.16 format
  (input clk,                 // System clock
   input reset,               // Asynchron reset
   input signed [31:0] x_in,    // System input
   output signed [31:0] y_Dout, // 0 order
   output signed [31:0] y_1out, // 1. order
   output signed [31:0] y_21out,// 2. order 1
   output signed [31:0] y_22out,// 2. order 2
   output signed [31:0] y_out); // System output
// ---------------------------------------------------------
// Internal type has 2 bits integer and 18 bits fraction:
reg signed [19:0] s11, r13, r12; // 1. BiQuad regs.
reg signed [19:0] s21, r23, r22; // 2. BiQuad regs.
reg signed [19:0] r32, r41, r42, r43, y;
reg signed [19:0]  x;

// Products have double bit width
reg signed [39:0] b12x, b11x , a13r12, a12r12; // 1. BiQuad
reg signed [39:0] b22x, b21x, a23r22, a22r22; // 2. BiQuad
reg signed [39:0] b31x, a32r32, Dx;

// All coefficients use 6*4=24 bits and are scaled by 2^18
wire signed [19:0] a12, a13, b11, b12; // First BiQuad
wire signed [19:0] a22, a23, b21, b22; // Second BiQuad
wire signed [19:0] a32, b31, D; // First order and direct
// First BiQuad coefficients
  assign a12 = 20'h7FAB9;  // (-)1.99484680
  assign a13 = 20'h3FBD0;  // 0.99591112
  assign b11 = 20'h00340;  // 0.00307256
  assign b12 = 20'h00356;  // (-)0.00316061
// Second BiQuad coefficients
  assign  a22 = 20'h7F04F;  // (-)1.98467605
  assign  a23 = 20'h3F0E4;  // 0.98524428
  assign  b21 = 20'h00F39;  // (-)0.01464265
  assign  b22 = 20'h00F38;  // 0.01464684
// First order system with R(5) and P(5)
  assign  a32 = 20'h3F468;  // 0.98867974
  assign  b31 = 20'h00C76;  // 0.012170
// Direct system
  assign   D = 20'h0004F;  // 0.000304

  always @(posedge clk or posedge reset)
  begin : P1
    if (reset) begin            // Asynchronous clear
      b12x <= 0; s11 <= 0; r13 <= 0; r12 <= 0;
      b22x <= 0; s21 <= 0; r23 <= 0; r22 <= 0;
```

```
      b31x <= 0; r32 <= 0; r41 <= 0;
      r42 <= 0; r43 <= 0; y <= 0; x <= 0;
    end else begin          // SOS Modified BiQuad form
  // redefine bits as FIX 16.16 number to
      x <= {x_in[17:0], 2'b00};
 // internal precision 2.19 format, i.e. 21 bits
// 1. BiQuad is 2. order
      b12x <= b12 * x;
      b11x = b11 * x;
      s11 <= (b11x >>> 18) - (b12x >>> 18); // was +
      a13r12 = a13 * r12;
      r13 <= s11 - (a13r12 >>> 18);
      a12r12 = a12 * r12;
      r12 <= r13 + (a12r12 >>> 18); // was -
// 2. BiQuad is 2. order
      b22x <= b22 * x;
      b21x = b21 * x;
      s21 <= (b22x >>> 18) - (b21x >>> 18); // was +
      a23r22 = a23 * r22;
      r23 <= s21 - (a23r22 >>> 18);
      a22r22 = a22 * r22;
      r22 <= r23 + (a22r22 >>> 18);  // was -
// 3. Section is 1. order
      b31x <= b31 * x;
      a32r32 = a32 * r32;
      r32 <= (b31x >>> 18) + (a32r32 >>> 18);
// 4. Section is assign
      Dx = D * x;
      r41 <=  Dx >>> 18;
// Output adder tree
      r42 <= r41;
      r43 <= r42 + r32;
      y <= r12 + r22 + r43;
    end
  end

// Change 19 to 16 bit fraction, i.e. cut 2 LSBs
// Redefine bits as 32 bit SLV
  assign y_out   = {{14{y[19]}},y[19:2]};
  assign y_Dout  = {{14{r42[19]}},r42[19:2]};
  assign y_1out  = {{14{r32[19]}},r32[19:2]};
  assign y_21out = {{14{r22[19]}},r22[19:2]};
  assign y_22out = {{14{r12[19]}},r12[19:2]};

endmodule

//*********************************************************
// IEEE STD 1364-2001 Verilog file: iir5lwdf.v
// Author-EMAIL: Uwe.Meyer-Baese@ieee.org
//*********************************************************
// Description: 5 th order Lattice Wave Digital Filter
```

```
// Coefficients gamma:
// 0.988739 -0.000519 -1.995392 -0.000275 -1.985016
// ------------------------------------------------------------
module iir5lwdf                          //-----> Interface
  (input clk,                         // System clock
   input reset,                       // Asynchronous reset
   input signed [31:0] x_in,          // System input
   output signed [31:0] y_ap1out,     // AP1 out
   output signed [31:0] y_ap2out,     // AP2 out
   output signed [31:0] y_ap3out,     // AP3 out
   output signed [31:0] y_out);       // System output
// ------------------------------------------------------------
// Internal signals have 7.15 format
  reg signed [21:0] c1, c2, c3, l2, l3;
  reg signed [21:0] a4, a5, a6, a8, a9, a10;
  reg signed [21:0] x, ap1, ap2, ap3, ap3r, y;

// Products have double bit width
  reg signed [41:0] p1, a4g2, a4g3, a8g4, a8g5;

//Coefficients gamma use 5*4=20 bits and are scaled by 2^15
  wire signed [19:0] g1, g2, g3, g4, g5;
  assign  g1 = 20'h07E8F; //  0.988739
  assign  g2 = 20'h00011; // (-)0.000519
  assign  g3 = 20'h0FF69; // (-)1.995392
  assign  g4 = 20'h00009; // (-)0.000275
  assign  g5 = 20'h0FE15; // (-)1.985016

  always @(posedge clk or posedge reset)
  begin : P1
    if (reset) begin              // Asynchronous clear
      c1 <= 0; ap1 <= 0; c2 <= 0; l2 <= 0;
      ap2 <= 0; c3 <= 0; l3 <= 0; ap3 <= 0;
      ap3r <= 0; y <= 0; x <= 0;
    end else begin  // AP LWDF form
    // Redefine 16.16 input bits as internal precision
    // in 7.15 format, i.e. 20 bits
      x <= x_in[22:1];
 // 1. AP section is 1. order
      p1 =   g1 * (c1 - x);
      c1 <= x + (p1 >>> 15);
      ap1 <= c1 + (p1 >>> 15);
 // 2. AP section is 2. order
      a4 = ap1 - l2 + c2 ;
      a4g2 = a4 * g2;
      a5 = c2 - (a4g2 >>> 15); // was +
      a4g3 = a4 * g3;
      a6 = -(a4g3 >>> 15) - l2; // was +
      c2 <= a5;
      l2 <= a6;
      ap2 <= -a5 - a6 - a4;
```

```
// 3. AP section is 2. order
     a8 = x - l3 + c3;
     a8g4 = a8 * g4;
     a9 = c3 - (a8g4 >>> 15); // was +
     a8g5 = a8 * g5;
     a10 = -(a8g5 >>> 15)  - l3; // was +
     c3 <= a9;
     l3 <= a10;
     ap3 <= -a9 - a10 - a8;
     ap3r <= ap3; // extra register due to AP1
// Output adder
     y <= ap3r + ap2;
   end
  end

// change 15 to 16 bit fraction, i.e. add 1 LSBs
// Redefine bits as 32 bit SLV 1+22+9=32
  assign y_out   = {{9{y[21]}},y,1'b0};
  assign y_ap1out = {{9{ap1[21]}},ap1,1'b0};
  assign y_ap2out = {{9{ap2[21]}},ap2,1'b0};
  assign y_ap3out = {{9{ap3r[21]}},ap3r,1'b0};

endmodule


//*********************************************************
// IEEE STD 1364-2001 Verilog file: db4poly.v
// Author-EMAIL: Uwe.Meyer-Baese@ieee.org
//*********************************************************
module db4poly                    //----> Interface
 (input clk,                     // System clock
  input reset,                   // Asynchron reset
  input signed [7:0] x_in,       // System input
  output clk2,                   // Clock divided by 2
  output signed [16:0] x_e, x_o,// Even/odd x_in
  output signed [16:0] g0, g1,   // Poly filter 0/1
  output signed [8:0] y_out);    // System output
// --------------------------------------------------------
  reg signed [7:0] x_odd, x_even, x_wait;
  reg  clk_div2;

// Register for multiplier, coefficients, and taps
  reg signed [16:0] m0, m1, m2, m3, r0, r1, r2, r3;
  reg signed [16:0] x33, x99, x107;
  reg signed [16:0] y;

  always @(posedge clk or posedge reset) // Split into even
  begin : Multiplex          // and odd samples at clk rate
    parameter even=0, odd=1;
    reg [0:0] state;
```

```
    if (reset) begin              // Asynchronous reset
      state <= even;
      clk_div2 = 0; x_even <= 0; x_odd <= 0; x_wait <= 0;
    end else
      case (state)
        even : begin
          x_even <= x_in;
          x_odd  <= x_wait;
          clk_div2 = 1;
          state <= odd;
        end
        odd : begin
          x_wait <= x_in;
          clk_div2 = 0;
          state <= even;
        end
      endcase
  end

  always @(x_odd, x_even)
  begin : RAG
// Compute auxiliary multiplications of the filter
    x33  = (x_odd <<< 5) + x_odd;
    x99  = (x33 <<< 1) + x33;
    x107 = x99 + (x_odd << 3);
// Compute all coefficients for the transposed filter
    m0 = (x_even <<< 7) - (x_even <<< 2);   // m0 = 124
    m1 = x107 <<< 1;                        // m1 = 214
    m2 = (x_even <<< 6) - (x_even <<< 3)
                               + x_even;    // m2 =  57
    m3 = x33;                               // m3 = -33
  end

  always @(posedge reset or negedge clk_div2)
  begin : AddPolyphase      // use non-blocking assignments
    if (reset) begin            // Asynchronous clear
      r0 <= 0; r1 <= 0; r2 <= 0; r3 <= 0;
      y <= 0;
    end else begin
//---------- Compute filter G0
      r0 <= r2 + m0;          // g0 = 128
      r2 <= m2;               // g2 = 57
//---------- Compute filter G1
      r1 <= -r3 + m1;         // g1 = 214
      r3 <= m3;               // g3 = -33
// Add the polyphase components
      y <= r0 + r1;
    end
  end

// Provide some test signals as outputs
```

```
  assign x_e = x_even;
  assign x_o = x_odd;
  assign clk2 = clk_div2;
  assign g0 = r0;
  assign g1 = r1;

  assign y_out = y >>> 8; // Connect y / 256 to output

endmodule

//*********************************************************
// IEEE STD 1364-2001 Verilog file: cic3r32.v
// Author-EMAIL: Uwe.Meyer-Baese@ieee.org
//*********************************************************
module cic3r32 //----> Interface
 (input       clk,          // System clock
  input       reset,        // Asynchronous reset
  input signed [7:0] x_in,  // System input
  output signed [9:0] y_out,// System output
  output reg clk2);         // Clock divider
// ---------------------------------------------------------
  parameter hold=0, sample=1;
  reg [1:0] state;
  reg [4:0]  count;
  reg signed [7:0]  x;      // Registered input
  reg signed [25:0] i0, i1 , i2; // I section  0, 1, and 2
  reg signed [25:0] i2d1, i2d2, c1, c0;      // I + COMB 0
  reg signed [25:0] c1d1, c1d2, c2;      // COMB section 1
  reg signed [25:0] c2d1, c2d2, c3;      // COMB section 2

  always @(posedge clk or posedge reset)
  begin : FSM
    if (reset) begin        // Asynchronous reset
      count <= 0;
      state <= hold;
      clk2  <= 0;
    end else begin
      if (count == 31) begin
          count <= 0;
          state <= sample;
          clk2  <= 1;
      end else begin
        count <= count + 1;
        state <= hold;
        clk2  <= 0;
      end
    end
  end

  always @(posedge clk or posedge reset)
  begin : Int     // 3 stage integrator sections
```

```
    if (reset) begin // Asynchronous clear
      x <= 0; i0 <= 0; i1 <= 0; i2 <= 0;
    end else begin
      x    <= x_in;
      i0   <= i0 + x;
      i1   <= i1 + i0 ;
      i2   <= i2 + i1 ;
    end
  end

  always @(posedge clk or posedge reset)
  begin : Comb                  // 3 stage comb sections
    if (reset) begin // Asynchronous clear
      c0 <= 0; c1 <= 0; c2 <= 0; c3 <= 0;
      i2d1 <= 0; i2d2 <= 0; c1d1 <= 0; c1d2 <= 0;
      c2d1 <= 0; c2d2 <= 0;
    end else if (state == sample) begin
      c0   <= i2;
      i2d1 <= c0;
      i2d2 <= i2d1;
      c1   <= c0 - i2d2;
      c1d1 <= c1;
      c1d2 <= c1d1;
      c2   <= c1  - c1d2;
      c2d1 <= c2;
      c2d2 <= c2d1;
      c3   <= c2  - c2d2;
    end
  end

  assign y_out = c3[25:16];

endmodule

//*********************************************************
// IEEE STD 1364-2001 Verilog file: cic3s32.v
// Author-EMAIL: Uwe.Meyer-Baese@ieee.org
//*********************************************************
module cic3s32                 //----> Interface
 (input      clk,              // System clock
  input      reset,            // Asynchronous reset
  input signed [7:0] x_in,     // System input
  output signed [9:0] y_out,// System output
  output reg clk2);            // Clock divider
// ---------------------------------------------------------
  parameter hold=0, sample=1;
  reg [1:0] state;
  reg [4:0]  count;
  reg signed [7:0]  x;                     // Registered input
  reg signed [25:0] i0;                       // I section  0
  reg signed [20:0] i1;                       // I section  1
```

```
reg signed [15:0] i2;                    // I section  2
reg signed [13:0] i2d1, i2d2, c1, c0;    // I + C0
reg signed [12:0] c1d1, c1d2, c2;        // COMB 1
reg signed [11:0] c2d1, c2d2, c3;        // COMB 2

always @(posedge clk or posedge reset)
begin : FSM
  if (reset) begin         // Asynchronous reset
    count <= 0;
    state <= hold;
    clk2  <= 0;
  end else begin
    if (count == 31) begin
        count <= 0;
        state <= sample;
        clk2  <= 1;
    end
    else begin
      count <= count + 1;
      state <= hold;
      clk2  <= 0;
    end
  end
end

always @(posedge clk or posedge reset)
begin : Int          // 3 stage integrator sections
  if (reset) begin // Asynchronous clear
    x <= 0; i0 <= 0; i1 <= 0; i2 <= 0;
  end else begin
    x    <= x_in;
    i0   <= i0 + x;
    i1   <= i1 + i0[25:5];
    i2   <= i2 + i1[20:5];
  end
end

always @(posedge clk or posedge reset)

begin : Comb                 // 3 stage comb sections
  if (reset) begin // Asynchronous clear
    c0 <= 0; c1 <= 0; c2 <= 0; c3 <= 0;
    i2d1 <= 0; i2d2 <= 0; c1d1 <= 0; c1d2 <= 0;
    c2d1 <= 0; c2d2 <= 0;
  end else if (state == sample) begin
    c0   <= i2[15:2];
    i2d1 <= c0;
    i2d2 <= i2d1;
    c1   <= c0 - i2d2;
    c1d1 <= c1[13:1];
    c1d2 <= c1d1;
```

```
      c2   <= c1[13:1] - c1d2;
      c2d1 <= c2[12:1];
      c2d2 <= c2d1;
      c3   <= c2[12:1] - c2d2;
    end
  end

  assign y_out = c3[11:2];

endmodule

//*********************************************************
// IEEE STD 1364-2001 Verilog file: rc_sinc.v
// Author-EMAIL: Uwe.Meyer-Baese@ieee.org
//*********************************************************
module rc_sinc #(parameter OL = 2, //Output buffer length-1
                       IL = 3,  //Input buffer length -1
                       L  = 10) // Filter length -1
 (input clk,                  // System clock
  input reset,                // Asynchronous reset
  input signed [7:0] x_in,    // System input
  output [3:0] count_o,       // Counter FSM
  output ena_in_o,            // Sample input enable
  output ena_out_o,           // Shift output enable
  output ena_io_o,            // Enable transfer2output
  output signed [8:0] f0_o,  // First Sinc filter output
  output signed [8:0] f1_o,  // Second Sinc filter output
  output signed [8:0] f2_o,  // Third Sinc filter output
  output signed [8:0] y_out);// System output
// ----------------------------------------------------------
  reg [3:0] count; // Cycle R_1*R_2
  reg ena_in, ena_out, ena_io; // FSM enables
  reg signed [7:0] x [0:10]; // TAP registers for 3 filters
  reg signed [7:0] ibuf [0:3]; // TAP in registers
  reg signed [7:0] obuf [0:2]; // TAP out registers
  reg signed [8:0] f0, f1, f2; // Filter outputs

  // Constant arrays for multiplier and taps:
  wire signed [8:0] c0 [0:10];
  wire signed [8:0] c2 [0:10];

  // filter coefficients for filter c0
  assign c0[0] = -19; assign c0[1] = 26;  assign c0[2]=-42;
  assign c0[3] = 106; assign c0[4] = 212; assign c0[5]=-53;
  assign c0[6] = 29;  assign c0[7] = -21; assign c0[8]=16;
  assign c0[9] = -13; assign c0[10] = 11;

  // filter coefficients for filter c2
  assign c2[0] = 11; assign c2[1] = -13;assign c2[2] = 16;
  assign c2[3] = -21;assign c2[4] = 29; assign c2[5] = -53;
  assign c2[6] = 212;assign c2[7] = 106;assign c2[8] = -42;
```

```
assign c2[9] = 26; assign c2[10] = -19;

always @(posedge reset or posedge clk)
begin : FSM // Control the system and sample at clk rate
  if (reset)            // Asynchronous reset
    count <= 0;
  else
    if (count == 11) count <= 0;
    else             count <= count + 1;
end

always @(posedge clk)
begin         // set the enable signal for the TAP lines
    case (count)
      2, 5, 8, 11 : ena_in <= 1;
      default     : ena_in <= 0;
    endcase

    case (count)
      4, 8    : ena_out <= 1;
      default : ena_out <= 0;
    endcase

    if (count == 0) ena_io <= 1;
    else            ena_io <= 0;
end

always @(posedge clk or posedge reset)// Input delay line
begin :  INPUTMUX
  integer I;   // loop variable
  if (reset)          // Asynchronous clear
    for (I=0; I<=IL; I=I+1) ibuf[I] <= 0;
  else if (ena_in) begin
    for (I=IL; I>=1; I=I-1)
      ibuf[I] <= ibuf[I-1];       // shift one
    ibuf[0] <= x_in;              // Input in register 0
  end
end

always @(posedge clk or posedge reset)//Output delay line
begin  : OUPUTMUX
  integer I;   // loop variable
  if (reset)          // Asynchronous clear
    for (I=0; I<=OL; I=I+1) obuf[I] <= 0;
  else begin
    if (ena_io) begin // store 3 samples in output buffer
      obuf[0] <= f0;
      obuf[1] <= f1;
      obuf[2] <= f2;
    end else if (ena_out) begin
      for (I=OL; I>=1; I=I-1)
```

```
        obuf[I] <= obuf[I-1];       // shift one
      end
    end
  end

  always @(posedge clk or posedge reset)
  begin : TAP              // get 4 samples at one time
    integer I;    // loop variable
    if (reset)          // Asynchronous clear
      for (I=0; I<=10; I=I+1) x[I] <= 0;
    else if (ena_io) begin      // One tapped delay line
      for (I=0; I<=3; I=I+1)
        x[I] <= ibuf[I];    // take over input buffer

      for (I=4; I<=10; I=I+1) // 0->4; 4->8 etc.
        x[I] <= x[I-4];       // shift 4 taps
    end
  end

  always @(posedge clk or posedge reset)
  begin :  SOP0          // Compute sum-of-products for f0
    reg signed [16:0] sum; // temp sum
    reg signed [16:0] p [0:10]; // temp products
    integer I;

    for (I=0; I<=L; I=I+1) // Infer L+1  multiplier
      p[I] = c0[I] * x[I];

    sum = p[0];
    for (I=1; I<=L; I=I+1)      // Compute the direct
      sum = sum + p[I];        // filter adds
    if (reset)  f0 <= 0;      // Asynchronous clear
    else f0 <= sum >>> 8;
  end

  always @(posedge clk or posedge reset)
  begin :  SOP1          // Compute sum-of-products for f1
    if (reset) f1 <= 0;       // Asynchronous clear
    else f1 <= x[5];  // No scaling, i.e., unit inpulse
  end

  always @(posedge clk) // Compute sum-of-products for f2
  begin :  SOP2
    reg signed[16:0] sum; // temp sum
    reg signed [16:0] p [0:10]; // temp products
    integer I;

    for (I=0; I<=L; I=I+1) // Infer L+1  multiplier
      p[I] = c2[I] * x[I];

    sum = p[0];
```

```
    for (I=1; I<=L; I=I+1)      // Compute the direct
      sum = sum + p[I];         // filter adds

    if (reset) f2 <= 0;   // Asynchronous clear
    else f2 <= sum >>> 8;
  end

  // Provide some test signals as outputs
  assign f0_o = f0;
  assign f1_o = f1;
  assign f2_o = f2;
  assign count_o = count;
  assign ena_in_o = ena_in;
  assign ena_out_o = ena_out;
  assign ena_io_o = ena_io;

  assign y_out = obuf[OL]; // Connect to output

endmodule

//*********************************************************
// IEEE STD 1364-2001 Verilog file: farrow.v
// Author-EMAIL: Uwe.Meyer-Baese@ieee.org
//*********************************************************
module farrow #(parameter IL = 3) // Input buffer length -1
  (input clk,                       // System clock
   input reset,                     // Asynchronous reset
   input signed [7:0] x_in,         // System input
   output [3:0] count_o,            // Counter FSM
   output ena_in_o,                 // Sample input enable
   output ena_out_o,                // Shift output enable
   output signed [8:0] c0_o,c1_o,c2_o,c3_o, // Phase delays
   output [8:0] d_out,                      // Delay used
   output reg signed [8:0] y_out);          // System output
// -------------------------------------------------------
  reg [3:0] count; // Cycle R_1*R_2
  wire [6:0] delta; // Increment d
  reg ena_in, ena_out; // FSM enables
  reg signed [7:0] x [0:3];
  reg signed [7:0] ibuf [0:3]; // TAP registers
  reg [8:0]  d; // Fractional Delay scaled to 8 bits
  // Lagrange matrix outputs:
  reg signed [8:0] c0, c1, c2, c3;

  assign delta = 85;

  always @(posedge reset or posedge clk)     // Control the
  begin : FSM              // system and sample at clk rate
    reg [8:0] dnew;
    if (reset) begin             // Asynchronous reset
      count <= 0;
```

```
      d <= delta;
    end else begin
      if (count == 11)
        count <= 0;
      else
        count <= count + 1;
      if (ena_out) begin      // Compute phase delay
       dnew = d + delta;
        if (dnew >= 255)
          d <= 0;
        else
          d <= dnew;
      end
    end
  end

  always @(posedge clk or posedge reset)
  begin        // Set the enable signals for the TAP lines
      case (count)
        2, 5, 8, 11 : ena_in <= 1;
        default     : ena_in <= 0;
      endcase

      case (count)
        3, 7, 11 : ena_out <= 1;
        default  : ena_out <= 0;
      endcase
  end

  always @(posedge clk or posedge reset)
  begin : TAP                 //----> One tapped delay line
    integer I;    // loop variable
    if (reset)          // Asynchronous clear
      for (I=0; I<=IL; I=I+1) ibuf[I] <= 0;
    else if (ena_in) begin
      for (I=1; I<=IL; I=I+1)
        ibuf[I-1] <= ibuf[I];   // Shift one

      ibuf[IL] <= x_in;         // Input in register IL
    end
  end

  always @(posedge clk or posedge reset)
  begin : GET                  // Get 4 samples at one time
    integer I;    // loop variable
    if (reset)          // Asynchronous clear
      for (I=0; I<=IL; I=I+1) x[I] <= 0;
    else if (ena_out) begin
      for (I=0; I<=IL; I=I+1)
        x[I] <= ibuf[I];   // take over input buffer
    end
```

```
  end

  // Compute sum-of-products:
  always @(posedge clk or posedge reset)
  begin :  SOP
    reg signed [8:0] y1, y2, y3; // temp's

// Matrix multiplier iV=inv(Vandermonde) c=iV*x(n-1:n+2)'
//      x(0)   x(1)        x(2)     x(3)
// iV=    0    1.0000        0        0
//   -0.3333   -0.5000   1.0000   -0.1667
//    0.5000   -1.0000   0.5000        0
//   -0.1667    0.5000  -0.5000   0.1667
    if (reset) begin         // Asynchronous clear
      y_out <= 0;
      c0 <= 0; c1 <= 0; c2<= 0; c3 <= 0;
    end else if (ena_out) begin
      c0 <= x[1];
      c1 <= (-85 * x[0] >>> 8) - (x[1]/2) + x[2] -
                                   (43 * x[3] >>> 8);
      c2 <= ((x[0] + x[2]) >>> 1) - x[1] ;
      c3 <= ((x[1] - x[2]) >>> 1) +
                             (43 * (x[3] - x[0]) >>> 8);

// Farrow structure = Lagrange with Horner schema
// for u=0:3, y=y+f(u)*d^u; end;
      y1 = c2 + ((c3 * d) >>> 8); // d is scale by 256
      y2 = ((y1 * d) >>> 8) + c1;
      y3 = ((y2 * d) >>> 8) + c0;

      y_out <= y3; // Connect to output + store in register
  end
end

  assign c0_o = c0; // Provide test signals as outputs
  assign c1_o = c1;
  assign c2_o = c2;
  assign c3_o = c3;
  assign count_o = count;
  assign ena_in_o = ena_in;
  assign ena_out_o = ena_out;
  assign d_out = d;

endmodule


//*********************************************************
// IEEE STD 1364-2001 Verilog file: cmoms.v
// Author-EMAIL: Uwe.Meyer-Baese@ieee.org
//*********************************************************
module cmoms #(parameter IL = 3)  // Input buffer length -1
```

```
 (input clk,                // System clock
  input reset,              // Asynchron reset
  output [3:0] count_o, // Counter FSM
  output ena_in_o,        // Sample input enable
  output ena_out_o,       // Shift output enable
  input signed [7:0] x_in, // System input
  output signed [8:0] xiir_o,     // IIR filter output
  output signed [8:0] c0_o,c1_o,c2_o,c3_o,// C-MOMS matrix
  output signed [8:0] y_out);  // System output
// -------------------------------------------------------------
  reg [3:0] count; // Cycle R_1*R_2
  reg [1:0] t;
  reg ena_in, ena_out; // FSM enables
  reg signed [7:0] x [0:3];
  reg signed [7:0] ibuf [0:3]; // TAP registers
  reg signed [8:0] xiir; // iir filter output

  reg signed [16:0] y, y0, y1, y2, y3, h0, h1; // temp's

  // Spline matrix output:
  reg signed [8:0] c0, c1, c2, c3;

  // Precomputed value for d**k :
  wire signed [8:0] d1 [0:2];
  wire signed [8:0] d2 [0:2];
  wire signed [8:0] d3 [0:2];

  assign d1[0] = 0; assign d1[1] = 85; assign d1[2] = 171;
  assign d2[0] = 0; assign d2[1] = 28; assign d2[2] = 114;
  assign d3[0] = 0; assign d3[1] =  9; assign d3[2] =  76;


  always @(posedge reset or posedge clk) // Control the
  begin : FSM                 // system sample at clk rate
    if (reset) begin            // Asynchronous reset
      count <= 0;
      t <= 1;
    end else begin
      if (count == 11)
        count <= 0;
      else
        count <= count + 1;
      if (ena_out)
        if (t>=2)    // Compute phase delay
          t <= 0;
        else
          t <= t + 1;
    end
  end
  assign t_out = t;
```

```
  always @(posedge clk) // set the enable signal
  begin                 // for the TAP lines
     case (count)
       2, 5, 8, 11 : ena_in <= 1;
       default     : ena_in <= 0;
     endcase

     case (count)
       3, 7, 11    : ena_out <= 1;
       default : ena_out <= 0;
     endcase
  end

//  Coeffs: H(z)=1.5/(1+0.5z^-1)
  always @(posedge clk or posedge reset)
  begin : IIR  // Compute iir coefficients first
    reg signed [8:0] x1;    // x * 1
    if (reset) begin  // Asynchronous clear
      xiir <= 0; x1 <= 0;
    end else
    if (ena_in) begin
      xiir <= (3 * x1 >>> 1) - (xiir >>> 1);
      x1 = x_in;
    end
  end

  always @(posedge clk or posedge reset)
  begin : TAP                  //----> One tapped delay line
    integer I;    // Loop variable
    if (reset) begin  // Asynchronous clear
      for (I=0; I<=IL; I=I+1) ibuf[I] <= 0;
    end else
    if (ena_in) begin
      for (I=1; I<=IL; I=I+1)
        ibuf[I-1] <= ibuf[I];   // Shift one

        ibuf[IL] <= xiir;         // Input in register IL
    end
  end

  always @(posedge clk or posedge reset)
  begin : GET                  // Get 4 samples at one time
    integer I;    // Loop variable
    if (reset) begin  // Asynchronous clear
    for (I=0; I<=IL; I=I+1) x[I] <= 0;
    end else
      if (ena_out) begin
      for (I=0; I<=IL; I=I+1)
        x[I] <= ibuf[I];   // Take over input buffer
      end
  end
```

```
  // Compute sum-of-products:
  always @(posedge clk or posedge reset)
  begin : SOP
// Matrix multiplier C-MOMS matrix:
//    x(0)      x(1)      x(2)      x(3)
//    0.3333    0.6667    0         0
//   -0.8333    0.6667    0.1667    0
//    0.6667   -1.5       1.0      -0.1667
//   -0.1667    0.5      -0.5       0.1667
    if (reset) begin  // Asynchronous clear
      c0 <= 0; c1 <= 0; c2 <= 0; c3 <= 0;
      y0 <= 0; y1 <= 0; y2 <= 0; y3 <= 0;
      h0 <= 0; h1 <= 0; y <= 0;
    end else if (ena_out) begin
      c0 <= (85 * x[0] + 171 * x[1]) >>> 8;
      c1 <= (171 * x[1] - 213 * x[0] + 43 * x[2]) >>> 8;
      c2 <= (171 * x[0] - (43 * x[3]) >>> 8)
                                - (3 * x[1] >>> 1) + x[2];
      c3 <= (43 * (x[3] - x[0]) >>> 8)
                                 +  ((x[1] - x[2]) >>> 1);

// No Farrow structure, parallel LUT for delays
// for u=0:3, y=y+f(u)*d^u; end;
      y0 <= c0 * 256; // Use pipelined adder tree
      y1 <= c1 * d1[t];
      y2 <= c2 * d2[t];
      y3 <= c3 * d3[t];
      h0 <= y0 + y1;
      h1 <= y2 + y3;
      y  <= h0 + h1;
    end
  end

  assign y_out = y >>> 8; // Connect to output
  assign c0_o = c0; // Provide some test signals as outputs
  assign c1_o = c1;
  assign c2_o = c2;
  assign c3_o = c3;
  assign count_o = count;
  assign ena_in_o = ena_in;
  assign ena_out_o = ena_out;
  assign xiir_o = xiir;

endmodule


//*********************************************************
// IEEE STD 1364-2001 Verilog file: db4latti.v
// Author-EMAIL: Uwe.Meyer-Baese@ieee.org
//*********************************************************
```

```
module db4latti
 (input clk,                      // System clock
  input reset,                    // Asynchron reset
  output clk2,                    // Clock divider
  input signed  [7:0]  x_in,      // System input
  output signed [16:0]  x_e, x_o,  // Even/odd x input
  output reg signed [8:0]   g, h); // g/h filter output
// ---------------------------------------------------------
  reg signed  [7:0]  x_wait;
  reg signed  [16:0] sx_up, sx_low;
  reg  clk_div2;
  wire signed [16:0] sxa0_up, sxa0_low;
  wire signed [16:0] up0, up1, low1;
  reg signed  [16:0] low0;

  always @(posedge clk or posedge reset) // Split into even
  begin : Multiplex         // and odd samples at clk rate
    parameter even=0, odd=1;
    reg [0:0] state;

    if (reset) begin            // Asynchronous reset
      state <= even;
      sx_up <= 0; sx_low <= 0;
      clk_div2 <= 0; x_wait <= 0;
    end else
      case (state)
        even : begin
          // Multiply with 256*s=124
          sx_up   <= (x_in <<< 7) - (x_in <<< 2);
          sx_low  <= (x_wait <<< 7) - (x_wait <<< 2);
          clk_div2 <= 1;
          state <= odd;
        end
        odd : begin
          x_wait <= x_in;
          clk_div2 <= 0;
          state <= even;
        end
      endcase
  end

//******** Multipy a[0] = 1.7321
// Compute: (2*sx_up  - sx_up /4)-(sx_up /64 + sx_up /256)
  assign sxa0_up  = ((sx_up <<< 1)  - (sx_up >>> 2))
                - ((sx_up >>> 6) + (sx_up >>> 8));
// Compute: (2*sx_low - sx_low/4)-(sx_low/64 + sx_low/256)
  assign sxa0_low = ((sx_low <<< 1) - (sx_low >>> 2))
               - ((sx_low >>> 6) + (sx_low >>> 8));

//******** First stage -- FF in lower tree
  assign up0 = sxa0_low + sx_up;
```

```
  always @(posedge clk or posedge reset)
  begin: LowerTreeFF
    if (reset) begin            // Asynchronous clear
      low0 <= 0;
    end else if (clk_div2)
      low0 <= sx_low - sxa0_up;
  end

//******** Second stage: a[1]=-0.2679
// Compute:   (up0 - low0/4) - (low0/64 + low0/256);
  assign up1  = (up0 - (low0 >>> 2))
              - ((low0 >>> 6) + (low0 >>> 8));
// Compute: (low0 + up0/4) + (up0/64  +  up0/256)
  assign low1 = (low0 + (up0 >>> 2))
                     + ((up0 >>> 6) + (up0 >>> 8));

  assign x_e  = sx_up;       // Provide some extra
  assign x_o  = sx_low;      // test signals
  assign clk2 = clk_div2;

  always @(posedge clk or posedge reset)
  begin: OutputScale
    if (reset) begin            // Asynchronous clear
      g <= 0; h <= 0;
    end else if (clk_div2) begin
      g <= up1 >>> 8;      // i.e. up1 / 256
      h <= low1 >>> 8;     // i.e. low1 / 256;
    end
  end

endmodule

//*********************************************************
// IEEE STD 1364-2001 Verilog file: dwtden.v
// Author-EMAIL: Uwe.Meyer-Baese@ieee.org
//*********************************************************
module dwtden
  #(parameter D1L = 28, //D1 buffer length
            D2L = 10) // D2 buffer length
   (input clk,              // System clock
    input reset,            // Asynchron reset
    input signed [15:0] x_in, // System input
    input signed [15:0] t4d1, t4d2, t4d3, t4a3,// Thresholds

    output signed [15:0] d1_out, // Level 1 detail
    output signed [15:0] a1_out, // Level 1 approximation
    output signed [15:0] d2_out, // Level 2 detail
    output signed [15:0] a2_out, // Level 2 approximation
    output signed [15:0] d3_out, // Level 3 detail
    output signed [15:0] a3_out, // Level 3 approximation
    // Debug signals:
```

```
  output signed [15:0] s3_out, a3up_out, d3up_out, // L3
  output signed [15:0] s2_out, s3up_out, d2up_out, // L2
  output signed [15:0] s1_out, s2up_out, d1up_out, // L1
  output signed [15:0] y_out); // System output
// --------------------------------------------------------

  reg [2:0] count; // Cycle 2**max level
  reg signed [15:0] x, xd; // Input delays
  reg signed [15:0] a1, a2 ; // Analysis filter
  wire signed [15:0] d1, d2, a3, d3 ; // Analysis filter
  reg signed [15:0] d1t, d2t, d3t, a3t ;
                               // Before thresholding
  wire signed [15:0] abs_d1t, abs_d2t, abs_d3t, abs_a3t ;
                                  // Absolute values
  reg signed [15:0] a1up, a3up, d3up ;
  reg signed [15:0] a1upd, s3upd, a3upd, d3upd ;
  reg signed [15:0] a1d, a2d; // Delay filter output
  reg ena1, ena2, ena3; // Clock enables
  reg t1, t2, t3; // Toggle flip-flops
  reg signed [15:0] s2, s3up, s3, d2syn ;
  reg signed [15:0] s1, s2up, s2upd ;
  // Delay lines for d1 and d2
  reg signed [15:0] d2upd [0:11];
  reg signed [15:0] d1upd [0:29];

  always @(posedge reset or posedge clk) // Control the
  begin : FSM                // system sample at clk rate
    if (reset) begin           // Asynchronous reset
      count <= 0; ena1 <= 0; ena2 <= 0; ena3 <= 0;
    end else begin
      if (count == 7) count <= 0;
      else          count <= count + 1;
      case (count)     // Level 1 enable
        3'b001  : ena1 <= 1;
        3'b011  : ena1 <= 1;
        3'b101  : ena1 <= 1;
        3'b111  : ena1 <= 1;
        default : ena1 <= 0;
      endcase
      case (count)  // Level 2 enable
        3'b001  : ena2 <= 1;
        3'b101  : ena2 <= 1;
        default : ena2 <= 0;
      endcase
      case (count)   // Level 3 enable
        3'b101  : ena3 <= 1;
        default : ena3 <= 0;
      endcase
    end
  end
```

```
// Haar analysis filter bank
  always @(posedge reset or posedge clk)
  begin : Analysis
    if (reset) begin        // Asynchronous clear
      x <= 0; xd <= 0; d1t <= 0; a1 <= 0; a1d <= 0;
      d2t <= 0; a2 <= 0; a2d <= 0; d3t <= 0; a3t <= 0;
    end else begin
      x <= x_in;
      xd <= x;
      if (ena1) begin  // Level 1 analysis
        d1t <= x - xd;
        a1  <= x + xd;
        a1d <= a1;
      end
      if (ena2) begin  // Level 2 analysis
        d2t <= a1 - a1d;
        a2 <= a1 + a1d;
        a2d <= a2;
      end
      if (ena3) begin  // Level 3 analysis
        d3t <= a2 - a2d;
        a3t <= a2 + a2d;
      end
    end
  end

  // Take absolute values first
  assign abs_d1t  = (d1t>=0)? d1t : -d1t;
  assign abs_d2t  = (d2t>=0)? d2t : -d2t;
  assign abs_d3t  = (d3t>=0)? d3t : -d3t;
  assign abs_a3t  = (a3t>=0)? a3t : -a3t;

// Thresholding of d1, d2, d3 and a3
  assign d1 = (abs_d1t > t4d1)? d1t : 0;
  assign d2 = (abs_d2t > t4d2)? d2t : 0;
  assign d3 = (abs_d3t > t4d3)? d3t : 0;
  assign a3 = (abs_a3t > t4a3)? a3t : 0;

// Down followed by up sampling is implemented by setting
// every 2. value to zero
  always @(posedge reset or posedge clk)
  begin : Synthesis
    integer k;   // Loop variable
    if (reset) begin        // Asynchronous clear
      t1 <= 0; t2 <= 0; t3 <= 0;
      s3up <= 0;s3upd <= 0;
      d3up <= 0; a3up <= 0; a3upd<=0; d3upd <= 0;
      s3 <= 0; s2 <= 0;
      s1 <= 0; s2up <= 0; s2upd <= 0;
      for (k=0; k<=D2L+1; k=k+1) // delay to match s3up
         d2upd[k] <= 0;
```

```
    for (k=0; k<=D1L+1; k=k+1) // delay to match s2up
        d1upd[k] <= 0;
  end else begin
    t1 <= ~t1;  // toggle FF level 1
    if (t1) begin
      d1upd[0] <= d1;
      s2up <= s2;
    end else begin
      d1upd[0] <= 0;
      s2up <= 0;
    end
    s2upd <= s2up;
    for (k=1; k<=D1L+1; k=k+1) // Delay to match s2up
        d1upd[k] <= d1upd[k-1];
    s1 <= (s2up + s2upd -d1upd[D1L] +d1upd[D1L+1]) >>> 1;
    if (ena1) begin
      t2 <= ~t2; // toggle FF level 2
      if (t2) begin
        d2upd[0] <= d2;
        s3up <= s3;
      end else begin
        d2upd[0] <= 0;
        s3up <= 0;
      end
      s3upd <= s3up;
      for (k=1; k<=D2L+1; k=k+1) // Delay to match s3up
        d2upd[k] <= d2upd[k-1];
      s2 <= (s3up +s3upd -d2upd[D2L] +d2upd[D2L+1])>>> 1;
    end

    if (ena2) begin // Synthesis level 3
      t3 <= ~t3; // toggle FF
      if (t3) begin
        d3up <= d3;
        a3up <= a3;
      end else begin
        d3up <= 0;
        a3up <= 0;
      end
      a3upd <= a3up;
      d3upd <= d3up;
      s3 <= (a3up + a3upd - d3up + d3upd) >>> 1;
    end
  end
end

assign a1_out = a1;// Provide some test signal as outputs
assign d1_out = d1;
assign a2_out = a2;
assign d2_out = d2;
assign a3_out = a3;
```

```
  assign d3_out = d3;
  assign a3up_out = a3up;
  assign d3up_out = d3up;
  assign s3_out = s3;
  assign s3up_out = s3up;
  assign d2up_out = d2upd[D2L];
  assign s2_out = s2;
  assign s1_out = s1;
  assign s2up_out = s2up;
  assign d1up_out = d1upd[D1L];
  assign y_out = s1;
  assign ena1_out = ena1;
  assign ena2_out = ena2;
  assign ena3_out = ena3;

endmodule

//*********************************************************
// IEEE STD 1364-2001 Verilog file: rader7.v
// Author-EMAIL: Uwe.Meyer-Baese@ieee.org
//*********************************************************
module rader7                          //---> Interface
 (input  clk,                          // System clock
  input reset,                         // Asynchronous reset
  input  [7:0]  x_in,                     // Real system input
  output reg signed[10:0] y_real,      //Real system output
  output reg signed[10:0] y_imag);     //Imaginary system output
// -------------------------------------------------------
  reg signed [10:0]  accu;                // Signal for X[0]
 // Direct bit access of 2D vector in Quartus Verilog 2001
 // works; no auxiliary signal for this purpose necessary
  reg signed [18:0] im [0:5];
  reg signed [18:0] re [0:5];
 // real is keyword in Verilog and can not be an identifier
                            // Tapped delay line array
  reg signed [18:0]  x57, x111, x160, x200, x231, x250 ;
                            // The filter coefficients
  reg signed [18:0]  x5, x25, x110, x125, x256;
                        // Auxiliary filter coefficients
  reg signed [7:0]   x, x_0;             // Signals for x[0]
  reg [1:0] state; // State variable
  reg [4:0] count; // Clock cycle counter

  always @(posedge clk or posedge reset)   // State machine
  begin : States                        // for RADER filter
    parameter Start=0, Load=1, Run=2;

    if (reset) begin             // Asynchronous reset
      state <= Start; accu <= 0;
      count <= 0; y_real <= 0; y_imag <= 0;
    end else
```

```
    case (state)
      Start : begin         // Initialization step
        state <= Load;
        count <= 1;
        x_0 <= x_in;        // Save x[0]
        accu <= 0 ;         // Reset accumulator for X[0]
        y_real  <= 0;
        y_imag  <= 0;
      end
      Load : begin // Apply x[5],x[4],x[6],x[2],x[3],x[1]
        if (count == 8)     // Load phase done ?
          state <= Run;
        else begin
          state <= Load;
          accu <= accu + x;
        end
        count <= count + 1;
      end
      Run : begin // Apply again x[5],x[4],x[6],x[2],x[3]
        if (count == 15) begin // Run phase done ?
          y_real  <= accu;       // X[0]
          y_imag  <= 0;  // Only re inputs => Im(X[0])=0
          count <= 0;        // Output of result
          state <= Start;    // and start again
        end else begin
          y_real  <= (re[0] >>> 8) + x_0;
                                 // i.e. re[0]/256+x[0]
          y_imag  <= (im[0] >>> 8);     // i.e. im[0]/256
          state <= Run;
          count <= count + 1;
        end
      end
    endcase
  end
// ------------------------------------------------------------
  always @(posedge clk or posedge reset) // Structure of the
  begin : Structure                      // two FIR filters
    integer k;    // loop variable
    if (reset) begin                   // in transposed form
      for (k=0; k<=5; k=k+1) begin
        re[k] <= 0; im[k] <= 0;    // Asynchronous clear
      end
      x <= 0;
    end else begin
      x <= x_in;
    // Real part of FIR filter in transposed form
      re[0] <= re[1] + x160  ;   // W^1
      re[1] <= re[2] - x231  ;   // W^3
      re[2] <= re[3] - x57   ;   // W^2
      re[3] <= re[4] + x160  ;   // W^6
      re[4] <= re[5] - x231  ;   // W^4
```

```
    re[5] <= -x57;            // W^5

  // Imaginary part of FIR filter in transposed form
    im[0] <= im[1] - x200  ;   // W^1
    im[1] <= im[2] - x111  ;   // W^3
    im[2] <= im[3] - x250  ;   // W^2
    im[3] <= im[4] + x200  ;   // W^6
    im[4] <= im[5] + x111  ;   // W^4
    im[5] <= x250;            // W^5
  end
 end
// ------------------------------------------------------------
 always @(posedge clk or posedge reset) //  Note that all
 begin : Coeffs           // signals are globally defined
 // Compute the filter coefficients and use FFs
  if (reset) begin        // Asynchronous clear
    x160 <= 0; x200 <= 0; x250 <= 0;
    x57 <= 0; x111 <= 0; x231 <= 0;
  end else begin
    x160 <= x5 <<< 5;        // i.e. 160 = 5 * 32;
    x200 <= x25 <<< 3;       // i.e. 200 = 25 * 8;
    x250 <= x125 <<< 1;      // i.e. 250 = 125 * 2;
    x57  <= x25 + (x <<< 5); // i.e. 57 = 25 + 32;
    x111 <= x110 + x;       // i.e. 111 = 110 + 1;
    x231 <= x256 - x25;     // i.e. 231 = 256 - 25;
  end
 end

 always @*                 // Note that all signals
 begin : Factors           // are globally defined
 // Compute the auxiliary factor for RAG without an FF
  x5   = (x <<< 2) + x;  // i.e. 5 = 4 + 1;
  x25  = (x5 <<< 2) + x5;       // i.e. 25 = 5*4 + 5;
  x110 = (x25 <<< 2) + (x5 <<< 2);// i.e. 110 = 25*4+5*4;
  x125 = (x25 <<< 2) + x25;      // i.e. 125 = 25*4+25;
  x256 = x <<< 8;             // i.e. 256 = 2 ** 8;
 end

endmodule


//*********************************************************
// IEEE STD 1364-2001 Verilog file: fft256.v
// Author-EMAIL: Uwe.Meyer-Baese@ieee.org
//*********************************************************
module fft256            //----> Interface
 (input  clk,            // System clock
  input  reset,          // Asynchronous reset
  input signed [15:0] xr_in, xi_in, // Real and imag. input
  output reg fft_valid, // FFT output is valid
  output reg signed [15:0] fftr, ffti, // Real/imag. output
```

```
  output [8:0] rcount_o, // Bitreverese index counter
  output [15:0] xr_out0, // Real first in reg. file
  output [15:0] xi_out0, // Imag. first in reg. file
  output [15:0] xr_out1, // Real second in reg. file
  output [15:0] xi_out1, // Imag. second in reg. file
  output [15:0] xr_out255, // Real last in reg. file
  output [15:0] xi_out255, // Imag. last in reg. file
  output [8:0] stage_o, gcount_o, // Stage and group count
  output [8:0] i1_o, i2_o, // (Dual) data index
  output [8:0] k1_o, k2_o, // Index offset
  output [8:0] w_o, dw_o, // Cos/Sin (increment) angle
  output reg [8:0] wo); // Decision tree location loop FSM
// -------------------------------------------------------------
  reg[2:0] s; // State machine variable
  parameter start=0, load=1, calc=2, update=3,
                                   reverse=4, done=5;

  reg [8:0] w;
  reg signed [15:0] sin, cos;
  reg signed [15:0] tr, ti;
  // Double length product
  reg signed [31:0] cos_tr, sin_ti, cos_ti, sin_tr;
  reg [15:0] cos_rom[127:0];
  reg [15:0] sin_rom[127:0];
  reg [8:0] i1, i2, gcount, k1, k2;
  reg [8:0] stage, dw;
  reg [7:0] rcount;

  reg [7:0] slv, rslv;
  wire [8:0] N, ldN;
  assign N = 256; // Number of points
  assign ldN = 8; // Log_2 number of points
  // Register array for 16 bit precision:
  reg [15:0] xr[255:0];
  reg [15:0] xi[255:0];

  initial
  begin
    $readmemh("cos128x16.txt", cos_rom);
    $readmemh("sin128x16.txt", sin_rom);
  end

  always @ (negedge clk or posedge reset)
    if (reset == 1)  begin
      cos <= 0; sin <= 0;
    end else begin
      cos <= cos_rom[w[6:0]];
      sin <= sin_rom[w[6:0]];
    end

  always @(posedge reset or posedge clk)
```

```
begin : States                // FFT in behavioral style
  integer k;
  reg [8:0] count;
  if (reset) begin            // Asynchronous reset
    s <= start; count = 0;
      gcount = 0; stage= 1; i1 = 0; i2 = N/2; k1=N;
      k2=N/2; dw = 1; fft_valid <= 0;
      fftr <= 0; ffti <= 0; wo <= 0;
  end else
    case (s)                 // Next State assignments
    start : begin
      s <= load; count <= 0; w <= 0;
      gcount = 0; stage= 1; i1 = 0; i2 = N/2; k1=N;
      k2=N/2; dw = 1; fft_valid <= 0; rcount <= 0;
    end
    load : begin       // Read in all data from I/O ports
      xr[count] <= xr_in; xi[count] <= xi_in;
      count <= count + 1;
      if (count == N)  s <= calc;
      else             s <= load;
     end
     calc : begin         // Do the butterfly computation
       tr = xr[i1] - xr[i2];
       xr[i1] <= xr[i1] + xr[i2];
       ti = xi[i1] - xi[i2];
       xi[i1] <= xi[i1] + xi[i2];
       cos_tr = cos * tr; sin_ti = sin * ti;
       xr[i2] <= (cos_tr >>> 14) + (sin_ti >>> 14);
       cos_ti = cos * ti; sin_tr = sin * tr;
       xi[i2] <= (cos_ti >>> 14) - (sin_tr >>> 14);
       s <= update;
     end
     update : begin          // all counters and pointers
       s  <= calc;        // by default do next butterfly
       i1 = i1 + k1;      // next butterfly in group
       i2 = i1 + k2;
       wo <= 1;
       if ( i1 >= N-1 ) begin  // all butterfly
         gcount = gcount + 1;  // done in group?
         i1 = gcount;
         i2 = i1 + k2;
         wo <= 2;
         if ( gcount >= k2 ) begin     // all groups done
           gcount = 0; i1 = 0; i2 = k2; // in stages?
           dw = dw * 2;
           stage  = stage + 1;
           wo <= 3;
           if (stage > ldN) begin // all stages done
             s <= reverse;
             count = 0;
             wo <= 4;
```

```
          end else begin // start new stage
            k1 = k2; k2 = k2/2;
            i1 = 0; i2 = k2;
            w  <= 0;
            wo <= 5;
          end
        end else begin // start new group
          i1 = gcount;  i2 = i1 + k2;
          w <= w + dw;
          wo <= 6;
        end
      end
    end
    reverse : begin   // Apply Bit Reverse
      fft_valid <= 1;
      for (k=0;k<=7;k=k+1) rcount[k] = count[7-k];
      fftr <= xr[rcount]; ffti <= xi[rcount];
      count = count + 1;
      if (count >= N)  s <= done;
      else             s <= reverse;
    end
    done : begin      // Output of results
      s <= start;     // start next cycle
    end
  endcase
end

assign xr_out0 = xr[0];
assign xi_out0 = xi[0];
assign xr_out1 = xr[1];
assign xi_out1 = xi[1];
assign xr_out255 = xr[255];
assign xi_out255 = xi[255];
assign i1_o = i1; // Provide some test signals as outputs
assign i2_o = i2;
assign stage_o = stage;
assign gcount_o = gcount;
assign k1_o = k1;
assign k2_o = k2;
assign w_o = w;
assign dw_o = dw;
assign rcount_o = rcount;
assign w_out = w;
assign cos_out = cos;
assign sin_out = sin;

endmodule


//*************************************************************
// IEEE STD 1364-2001 Verilog file: lfsr.v
```

```
// Author-EMAIL: Uwe.Meyer-Baese@ieee.org
//*******************************************************
module lfsr            //----> Interface
  (input clk,        // System clock
   input reset,      // Asynchronous reset
   output [6:1] y);     // System output
// -------------------------------------------------------
  reg [6:1] ff; // Note that reg is keyword in Verilog and
                             // can not be variable name
  integer i;  // loop variable

  always @(posedge clk or posedge reset)
  begin // Length 6 LFSR with xnor
    if (reset)         // Asynchronous clear
      ff <= 0;
    else begin
      ff[1] <= ff[5] ~^ ff[6];//Use non-blocking assignment
      for (i=6; i>=2 ; i=i-1)//Tapped delay line: shift one
        ff[i] <= ff[i-1];
    end
  end

  assign   y = ff;        // Connect to I/O pins

endmodule

//*******************************************************
// IEEE STD 1364-2001 Verilog file: lfsr6s3.v
// Author-EMAIL: Uwe.Meyer-Baese@ieee.org
//*******************************************************
module lfsr6s3      //----> Interface
  (input clk,        // System clock
   input reset,      // Asynchronous reset
   output [6:1] y);  // System output
// -------------------------------------------------------
  reg [6:1] ff; // Note that reg is keyword in Verilog and
                             // can not be variable name

  always @(posedge clk or posedge reset)
  begin
    if (reset)             // Asynchronous clear
      ff <= 0;
    else begin           // Implement three-step
      ff[6] <= ff[3];      // length-6 LFSR with xnor;
      ff[5] <= ff[2];      // use non-blocking assignments
      ff[4] <= ff[1];
      ff[3] <= ff[5] ~^ ff[6];
      ff[2] <= ff[4] ~^ ff[5];
      ff[1] <= ff[3] ~^ ff[4];
    end
  end
```

```
  assign  y = ff;

endmodule


//*********************************************************
// IEEE STD 1364-2001 Verilog file: ammod.v
// Author-EMAIL: Uwe.Meyer-Baese@ieee.org
//*********************************************************
module ammod #(parameter W = 8)    // Bit width - 1
 (input       clk,                 // System clock
  input       reset,               // Asynchronous reset
  input signed [W:0] r_in,         // Radius input
  input signed [W:0] phi_in,       // Phase input
  output reg signed [W:0] x_out,   // x or real part output
  output reg signed [W:0] y_out,   // y or imaginary part
  output reg signed [W:0] eps);    // Error of results
// -------------------------------------------------------
  reg signed [W:0] x [0:3]; // There is bit access in 2D
  reg signed [W:0] y [0:3]; // array types in
  reg signed [W:0] z [0:3]; // Quartus Verilog 2001

  always @(posedge clk or posedge reset)
  begin: Pipeline
    integer k;    // Loop variable
    if (reset) begin
      for (k=0; k<=3; k=k+1) begin   // Asynchronous clear
        x[k] <= 0; y[k] <= 0; z[k] <= 0;
      end
        x_out <= 0; eps <= 0; y_out <= 0;
      end
    else begin

      if (phi_in > 90) begin  // Test for |phi_in| > 90
        x[0] <= 0;            // Rotate 90 degrees
        y[0] <= r_in;         // Input in register 0
        z[0] <= phi_in - 'sd90;
      end else if (phi_in < - 90) begin
                x[0] <= 0;
                y[0] <= - r_in;
                z[0] <= phi_in + 'sd90;
              end else begin
                x[0] <= r_in;
                y[0] <= 0;
                z[0] <= phi_in;
              end

      if (z[0] >= 0)  begin          // Rotate 45 degrees
         x[1] <= x[0] - y[0];
         y[1] <= y[0] + x[0];
```

```
        z[1] <= z[0] - 'sd45;
    end else begin
        x[1] <= x[0] + y[0];
        y[1] <= y[0] - x[0];
        z[1] <= z[0] + 'sd45;
    end

    if (z[1] >= 0)  begin      // Rotate 26 degrees
      x[2] <= x[1] - (y[1] >>> 1); // i.e. x[1] - y[1] /2
      y[2] <= y[1] + (x[1] >>> 1); // i.e. y[1] + x[1] /2
      z[2] <= z[1] - 'sd26;
    end else begin
      x[2] <= x[1] + (y[1] >>> 1); // i.e. x[1] + y[1] /2
      y[2] <= y[1] - (x[1] >>> 1); // i.e. y[1] - x[1] /2
      z[2] <= z[1] + 'sd26;
    end

    if (z[2] >= 0)  begin        // Rotate 14 degrees
      x[3] <= x[2] - (y[2] >>> 2); // i.e. x[2] - y[2]/4
      y[3] <= y[2] + (x[2] >>> 2); // i.e. y[2] + x[2]/4
      z[3] <= z[2] - 'sd14;
    end else begin
      x[3] <= x[2] + (y[2] >>> 2); // i.e. x[2] + y[2]/4
      y[3] <= y[2] - (x[2] >>> 2); // i.e. y[2] - x[2]/4
      z[3] <= z[2] + 'sd14;
    end

    x_out <= x[3];
    eps   <= z[3];
    y_out <= y[3];
  end
end

endmodule


//*********************************************************
// IEEE STD 1364-2001 Verilog file: fir_lms.v
// Author-EMAIL: Uwe.Meyer-Baese@ieee.org
//*********************************************************
// This is a generic LMS FIR filter generator
// It uses W1 bit data/coefficients bits
module fir_lms         //----> Interface
 #(parameter W1 = 8,    // Input bit width
           W2 = 16,     // Multiplier bit width 2*W1
           L  = 2,      // Filter length
           Delay = 3)   // Pipeline steps of multiplier
  (input clk,                      // System clock
   input reset,                    // Asynchronous reset
   input signed [W1-1:0] x_in,     //System input
   input signed [W1-1:0] d_in,     //  Reference input
```

```
   output signed [W1-1:0] f0_out,   // 1. filter coefficient
   output signed [W1-1:0] f1_out,   // 2. filter coefficient
   output signed [W2-1:0] y_out,    // System output
   output signed [W2-1:0] e_out);   // Error signal
// -----------------------------------------------------------
// Signed data types are supported in 2001
// Verilog, and used whenever possible
  reg signed [W1-1:0] x [0:1]; // Data array
  reg signed [W1-1:0] f [0:1]; // Coefficient array
  reg signed [W1-1:0] d;
  wire signed [W1-1:0] emu;
  reg signed [W2-1:0] p [0:1]; // 1. Product array
  reg signed [W2-1:0] xemu [0:1]; // 2. Product array
  wire signed [W2-1:0]  y, sxty, e, sxtd;
  wire signed [W2-1:0] sum;  // Auxilary signals

  always @(posedge clk or posedge reset)
  begin: Store          // Store these data or coefficients
    if (reset) begin       // Asynchronous clear
      d <= 0; x[0] <= 0; x[1] <= 0; f[0] <= 0; f[1] <= 0;
    end else begin
      d <= d_in; // Store desired signal in register
      x[0] <= x_in; // Get one data sample at a time
      x[1] <= x[0];   // shift 1
      f[0] <= f[0] + xemu[0][15:8]; // implicit divide by 2
      f[1] <= f[1] + xemu[1][15:8];
    end
  end

// Instantiate L multiplier
  always @(*)
  begin : MulGen1
    integer I;    // loop variable
    for (I=0; I<L; I=I+1) p[I] <= x[I] * f[I];
  end

  assign y = p[0] + p[1];  // Compute ADF output

  // Scale y by 128 because x is fraction
  assign e = d - (y >>> 7) ;
  assign emu = e >>> 1;  // e*mu divide by 2 and
                       // 2 from xemu makes mu=1/4

// Instantiate L multipliers
  always @(*)
  begin : MulGen2
    integer I;    // loop variable
      for (I=0; I<=L-1; I=I+1) xemu[I] <= emu * x[I];
  end

  assign  y_out  = y >>> 7; // Monitor some test signals
```

```
  assign  e_out  = e;
  assign  f0_out = f[0];
  assign  f1_out = f[1];

endmodule


//*********************************************************
// IEEE STD 1364-2001 Verilog file: fir4dlms.v
// Author-EMAIL: Uwe.Meyer-Baese@ieee.org
//*********************************************************
// This is a generic DLMS FIR filter generator
// It uses W1 bit data/coefficients bits
module fir4dlms          //----> Interface
 #(parameter W1 = 8,        // Input bit width
          W2 = 16,     // Multiplier bit width 2*W1
          L  = 2)      // Filter length
  (input clk,                         // System clock
   input reset,                       // Asynchronous reset
   input signed [W1-1:0] x_in,        //System input
   input signed [W1-1:0] d_in,        //  Reference input
   output signed [W1-1:0] f0_out,     // 1. filter coefficient
   output signed [W1-1:0] f1_out,     // 2. filter coefficient
   output signed [W2-1:0] y_out,      // System output
   output signed [W2-1:0] e_out);     // Error signal
// ----------------------------------------------------------
// 2D array types memories are supported by Quartus II
// in Verilog, use therefore single vectors
  reg signed [W1-1:0] x[0:4];
  reg signed [W1-1:0] f[0:1];
  reg signed [W1-1:0] d[0:2]; // Desired signal array
  wire signed [W1-1:0] emu;
  reg signed [W2-1:0] xemu[0:1]; // Product array
  reg signed [W2-1:0] p[0:1];    // double bit width
  reg signed [W2-1:0] y, e, sxtd;

  always @(posedge clk or posedge reset) // Store these data
  begin: Store                          // or coefficients
    integer k;    // loop variable
    if (reset) begin        // Asynchronous clear
      for (k=0; k<=2; k=k+1) d[k] <= 0;
      for (k=0; k<=4; k=k+1) x[k] <= 0;
      for (k=0; k<=1; k=k+1) f[k] <= 0;
    end else begin
      d[0] <= d_in; // Shift register for desired data
      d[1] <= d[0];
      d[2] <= d[1];
      x[0] <= x_in; // Shift register for data
      x[1] <= x[0];
      x[2] <= x[1];
      x[3] <= x[2];
```

```
      x[4] <= x[3];
      f[0] <= f[0] + xemu[0][15:8]; // implicit divide by 2
      f[1] <= f[1] + xemu[1][15:8];
    end
  end

// Instantiate L pipelined multiplier
  always @(posedge clk or posedge reset)
  begin : Mul
    integer k, I;    // loop variable
    if (reset) begin       // Asynchronous clear
      for (k=0; k<=L-1; k=k+1) begin
        p[k] <= 0;
        xemu[k] <= 0;
      end
      y <= 0; e <= 0;
    end else begin
      for (I=0; I<L; I=I+1) begin
        p[I] <= x[I] * f[I];
        xemu[I] <= emu * x[I+3];
      end
      y <= p[0] + p[1];  // Compute ADF output
     // Scale y by 128 because x is fraction
      e <= d[2] - (y >>> 7);
    end
  end

  assign emu = e >>> 1;  // e*mu divide by 2 and
                         // 2 from xemu makes mu=1/4


  assign  y_out  = y >>> 7;    // Monitor some test signals
  assign  e_out  = e;
  assign  f0_out = f[0];
  assign  f1_out = f[1];

endmodule


//*********************************************************
// IEEE STD 1364-2001 Verilog file: pca.v
// Author-EMAIL: Uwe.Meyer-Baese@ieee.org
//*********************************************************
module pca  //  ------> Interface
  (input clk,                      // System clock
   input reset,                    // Asynchron reset
   input  signed [31:0] s1_in,     // 1. signal input
   input  signed [31:0] s2_in,     // 2. signal input
   input  signed [31:0] mu1_in,       // Learning rate 1. PC
   input  signed [31:0] mu2_in,       // Learning rate 2. PC
   output signed [31:0] x1_out,  // Mixing 1. output
```

```
  output signed [31:0] x2_out,  // Mixing 2. output
  output signed [31:0] w11_out, // Eigenvector [1,1]
  output signed [31:0] w12_out, // Eigenvector [1,2]
  output signed [31:0] w21_out, // Eigenvector [2,1]
  output signed [31:0] w22_out, // Eigenvector [2,2]
  output reg signed [31:0] y1_out,  // 1. PC output
  output reg signed [31:0] y2_out); // 2. PC output
// --------------------------------------------------------
// All data and coefficients are in 16.16 format
  reg signed [31:0] s, s1, s2, x1, x2, w11, w12, w21, w22;
  reg signed [31:0] h11, h12, y1, y2, mu1, mu2;
  // Product double bit width
  reg signed [63:0] a11s1, a12s2, a21s1, a22s2;
  reg signed [63:0] x1w11, x2w12, w11y1, mu1y1, p12;
  reg signed [63:0] x1w21, x2w22, w21y2, p21, w22y2;
  reg signed [63:0] mu2y2, p22, p11;

  wire signed [31:0] a11, a12, a21, a22, ini;
  assign  a11 = 32'h0000C000; // 0.75
  assign  a12 = 32'h00018000; // 1.5
  assign  a21 = 32'h00008000; // 0.5
  assign  a22 = 32'h00005555; // 0.333333
  assign  ini = 32'h00008000; // 0.5

  always @(posedge clk or posedge reset)
  begin : P1               // PCA using Sanger GHA
    if (reset) begin // reset/initialize all registers
      x1 <= 0;  x2 <= 0; y1_out <= 0; y2_out <= 0;
      w11 <= ini;  w12 <= ini; s1 <= 0; mu1 <= 0;
      w21 <= ini;  w22 <= ini; s2 <= 0; mu2 <= 0;
    end else begin
      s1  <= s1_in; // place inputs in registers
      s2  <= s2_in;
      mu1 <= mu1_in;
      mu2 <= mu2_in;

     // Mixing matrix
      a11s1 = a11 * s1; a12s2 = a12 * s2;
      x1 <= (a11s1 >>> 16) + (a12s2 >>> 16);
      a21s1 = a21 * s1; a22s2 = a22 * s2;
      x2 <= (a21s1 >>> 16) - (a22s2 >>> 16);

     // first PC and eigenvector
      x1w11 = x1 * w11;
      x2w12 = x2 * w12;
      y1 = (x1w11 >>> 16) + (x2w12 >>> 16);
      w11y1 = w11 * y1;
      mu1y1 = mu1 * y1;
      h11 = w11y1 >>> 16;
      p11 = (mu1y1 >>> 16) * (x1 - h11);
      w11 <= w11 + (p11 >>> 16);
```

```
      h12 = (w12 * y1) >>> 16;
      p12 = (x2 - h12) * (mu1y1 >>> 16);
      w12 <=  w12 + (p12 >>> 16);

     // second PC and eigenvector
      x1w21 = x1 * w21; x2w22 = x2 * w22;
      y2 = (x1w21 >>> 16) + (x2w22 >>> 16);
      w21y2 = w21 * y2;
      mu2y2 = mu2 * y2;
      p21 = (mu2y2 >>> 16) * (x1 - h11 - (w21y2 >>> 16));
      w21 <=  w21 + (p21 >>> 16);

      w22y2 = w22 * y2;
      p22 = (mu2y2 >>> 16) * (x2 - h12 - (w22y2 >>> 16));
      w22 <=  w22 + (p22 >>> 16);
      // registers y output
      y1_out <= y1;
      y2_out <= y2;
    end
  end

  // Redefine bits as 32 bit SLV
  assign x1_out =  x1;
  assign x2_out =  x2;
  assign w11_out = w11;
  assign w12_out = w12;
  assign w21_out = w21;
  assign w22_out = w22;

endmodule


//*********************************************************
// IEEE STD 1364-2001 Verilog file: ica.v
// Author-EMAIL: Uwe.Meyer-Baese@ieee.org
//*********************************************************
module ica  //  ------> Interface
  (input clk,                   // System clock
   input reset,                 // Asynchron reset
   input  signed [31:0] s1_in,   // 1. signal input
   input  signed [31:0] s2_in,   // 2. signal input
   input  signed [31:0] mu_in,  // Learning rate
   output signed [31:0] x1_out,  // Mixing 1. output
   output signed [31:0] x2_out,  // Mixing 2. output
   output signed [31:0] B11_out, // Demixing 1,1
   output signed [31:0] B12_out, // Demixing 1,2
   output signed [31:0] B21_out, // Demixing 2,1
   output signed [31:0] B22_out, // Demixing 2,2
   output reg signed [31:0] y1_out,  // 1. component output
   output reg signed [31:0] y2_out); // 2. component output
```

```
// ------------------------------------------------------------
// All data and coefficients are in 16.16 format

  reg signed [31:0] s, s1, s2, x1, x2, B11, B12, B21, B22;
  reg signed [31:0] y1, y2, f1, f2, H11, H12, H21, H22, mu;
  reg signed [31:0] DB11, DB12, DB21, DB22;
  // Product double bit width
  reg signed [63:0] a11s1, a12s2, a21s1, a22s2;
  reg signed [63:0] x1B11, x2B12, x1B21, x2B22;
  reg signed [63:0] y1y1, y2f1, y1y2, y1f2, y2y2;
  reg signed [63:0] muDB11, muDB12, muDB21, muDB22;
  reg signed [63:0] B11H11, H12B21, B12H11, H12B22;
  reg signed [63:0] B11H21, H22B21, B12H21, H22B22;

  wire signed [31:0] a11, a12, a21, a22, one, negone;
  assign  a11 = 32'h0000C000; // 0.75
  assign  a12 = 32'h00018000; // 1.5
  assign  a21 = 32'h00008000; // 0.5
  assign  a22 = 32'h00005555; // 0.333333
  assign  one = 32'h00010000; // 1.0
  assign  negone = 32'hFFFF0000; // -1.0

  always @(posedge clk or posedge reset)
  begin : P1                // ICA using EASI
    if (reset) begin // reset/initialize all registers
      x1 <= 0;  x2 <= 0; y1_out <= 0; y2_out <= 0;
      B11 <= one;  B12 <= 0; s1 <= 0; mu <= 0;
      B21 <= 0;  B22 <= one; s2 <= 0;
    end else begin
      s1  <= s1_in; // place inputs in registers
      s2  <= s2_in;
      mu <= mu_in;

     // Mixing matrix
      a11s1 = a11 * s1; a12s2 = a12 * s2;
      x1 <= (a11s1 >>> 16) + (a12s2 >>> 16);
      a21s1 = a21 * s1; a22s2 = a22 * s2;
      x2 <= (a21s1 >>> 16) - (a22s2 >>> 16);
  // New y values first
      x1B11 = x1 * B11;  x2B12 = x2 * B12;
      y1 = (x1B11 >>> 16) + (x2B12 >>> 16);
      x1B21 = x1 * B21; x2B22 = x2 * B22;
      y2 = (x1B21 >>> 16) + (x2B22 >>> 16);
     // compute the H matrix
  // Build tanh approximation function for f1
      if (y1 > one) f1 = one;
      else if (y1 < negone) f1 = negone;
      else f1 = y1;
  // Build tanh approximation function for f2
      if (y2 > one) f2 = one;
      else if (y2 < negone) f2 = negone;
```

```
      else f2 = y2;

      y1y1 = y1 * y1;
      H11 = one - (y1y1 >>> 16) ;
      y2f1 = f1 * y2; y1y2 = y1 * y2; y1f2 = y1 * f2;
      H12 = (y2f1 >>> 16) - (y1y2 >>> 16) - (y1f2 >>> 16);
      H21 = (y1f2 >>> 16) - (y1y2 >>> 16) - (y2f1 >>> 16);
      y2y2 = y2 * y2;
      H22 = one - (y2y2 >>> 16);
     // update matrix Delta B
      B11H11 = B11 * H11; H12B21 = H12 * B21;
      DB11 = (B11H11 >>> 16) + (H12B21 >>> 16);
      B12H11 = B12 * H11; H12B22 = H12 * B22;
      DB12 = (B12H11 >>> 16) + (H12B22 >>> 16);
      B11H21 = B11 * H21;  H22B21 = H22 * B21;
      DB21 = (B11H21 >>> 16) + (H22B21 >>> 16);
      B12H21 = B12 * H21; H22B22 = H22 * B22;
      DB22 = (B12H21 >>> 16) + (H22B22 >>> 16);
   // Store update matrix B in registers
      muDB11 = mu * DB11; muDB12 = mu * DB12;
      muDB21 = mu * DB21; muDB22 = mu * DB22;
      B11 <=  B11 + (muDB11 >>> 16) ;
      B12 <=  B12 + (muDB12 >>> 16);
      B21 <=  B21 + (muDB21 >>> 16);
      B22 <=  B22 + (muDB22 >>> 16);
     // register y output
      y1_out <= y1;
      y2_out <= y2;
    end
  end

  assign x1_out  = x1; // Redefine bits as 32 bit SLV
  assign x2_out  = x2;
  assign B11_out = B11;
  assign B12_out = B12;
  assign B21_out = B21;
  assign B22_out = B22;

endmodule


//*************************************************************
// IEEE STD 1364-2001 Verilog file: cmoms.v
// Author-EMAIL: Uwe.Meyer-Baese@ieee.org
//*************************************************************
// G711 includes A and mu-law coding for speech signals:
//  A ~= 87.56; |x|<= 4095, i.e., 12 bit plus sign
//  mu~=255; |x|<=8160, i.e., 14 bit
// -----------------------------------------------------------
module g711alaw #(parameter WIDTH = 13)  // Bit width
  (input clk,                 // System clock
```

```
  input reset,              // Asynchron reset
  input signed [12:0] x_in, // System input
  output reg signed [7:0] enc,     //  Encoder output
  output reg signed [12:0] dec,// Decoder output
  output signed [13:0] err);  // Error of results
// ----------------------------------------------------------
 wire s;
 wire signed [12:0] x; // Auxiliary vectors
 wire signed [12:0] dif;
// ----------------------------------------------------------
 assign s = x_in[WIDTH -1]; // sign magnitude not 2C!
 assign x = {1'b0,x_in[WIDTH-2:0]};
 assign dif = dec - x_in;  // Difference
 assign err = (dif>0)? dif : -dif; // Absolute error
// ----------------------------------------------------------
 always @*
 begin : Encode     // Mini floating-point format encoder
   if ((x>=0) && (x<=63))
     enc <= {s,2'b00,x[5:1]}; // segment 1
   else  if ((x>=64) && (x<=127))
     enc <= {s,3'b010,x[5:2]}; // segment 2
   else  if ((x>=128) && (x<=255))
     enc <= {s,3'b011,x[6:3]}; // segment 3
   else  if ((x>=256) && (x<=511))
     enc <= {s,3'b100,x[7:4]}; // segment 4
   else  if ((x>=512) && (x<=1023))
     enc <= {s,3'b101,x[8:5]}; // segment 5
   else  if ((x>=1024) && (x<=2047))
     enc <= {s,3'b110,x[9:6]}; // segment 6
   else  if ((x>=2048) && (x<=4095))
     enc <= {s,3'b111,x[10:7]}; // segment 7
   else  enc <= {s,7'b0000000}; // + or - 0
 end
// ----------------------------------------------------------
 always @*
 begin  : Decode // Mini floating point format decoder
   case (enc[6:4])
     3'b000  : dec <= {s,6'b000000,enc[4:0],1'b1};
     3'b010  : dec <= {s,6'b000001,enc[3:0],2'b10};
     3'b011  : dec <= {s,5'b00001,enc[3:0],3'b100};
     3'b100  : dec <= {s,4'b0001,enc[3:0],4'b1000};
     3'b101  : dec <= {s,3'b001,enc[3:0],5'b10000};
     3'b110  : dec <= {s,2'b01,enc[3:0],6'b100000};
     default : dec <= {s,1'b1,enc[3:0],7'b1000000};
   endcase
 end

endmodule

//**********************************************************
// IEEE STD 1364-2001 Verilog file: adpcm.v
```

```
// Author-EMAIL: Uwe.Meyer-Baese@ieee.org
//*******************************************************
module adpcm                        //----> Interface
 (input clk,                        // System clock
  input reset,                      // Asynchron reset
  input signed [15:0] x_in,           // Input to encoder
  output [3:0] y_out,               // 4 bit ADPCM coding word
  output signed [15:0] p_out,  // Predictor/decoder output
  output reg p_underflow, p_overflow, // Predictor flags
  output  signed [7:0] i_out,         // Index to table
  output reg i_underflow, i_overflow, // Index flags
  output signed [15:0]  err,          // Error of system
  output [14:0] sz_out,              // Step size
  output s_out);                     // Sign bit
// -------------------------------------------------------
  reg signed [15:0] va, va_d; // Current signed adpcm input
  reg sign ; // Current adpcm sign bit
  reg [3:0]   sdelta; // Current signed adpcm output
  reg [14:0]  step; // Stepsize
  reg signed [15:0]  sstep; // Stepsize including sign
  reg signed [15:0] valpred; // Predicted output value
  reg signed [7:0]  index; // Current step change index

  reg signed [16:0] diff0, diff1, diff2, diff3;
                          // Difference val - valprev
  reg signed [16:0] p1, p2, p3;      // Next valpred
  reg signed [7:0]  i1, i2, i3;      // Next index
  reg [3:0] delta2, delta3, delta4;
                      // Current absolute adpcm output
  reg [14:0]  tStep;
  reg signed [15:0] vpdiff2, vpdiff3, vpdiff4 ;
                         // Current change to valpred

  // Quantization lookup table has 89 entries
  wire [14:0] t [0:88];

  //  ADPCM step variation table
  wire signed [4:0] indexTable [0:15];

  assign indexTable[0]=-1; assign indexTable[1]=-1;
  assign indexTable[2]=-1; assign indexTable[3]=-1;
  assign indexTable[4]=2; assign indexTable[5]=4;
  assign indexTable[6]=6; assign indexTable[7]=8;
  assign indexTable[8]=-1; assign indexTable[9]=-1;
  assign indexTable[10]=-1; assign indexTable[11]=-1;
  assign indexTable[12]=2; assign indexTable[13]=4;
  assign indexTable[14]=6; assign indexTable[15]=8;
 // -------------------------------------------------------
  assign t[0]=7; assign t[1]=8; assign t[2]=9;
  assign t[3]=10; assign t[4]=11; assign t[5]=12;
  assign t[6]= 13; assign t[7]= 14; assign t[8]= 16;
```

```
  assign t[9]= 17; assign t[10]= 19; assign t[11]= 21;
  assign t[12]= 23; assign t[13]= 25; assign t[14]= 28;
  assign t[15]= 31; assign t[16]= 34; assign t[17]= 37;
  assign t[18]= 41; assign t[19]= 45; assign t[20]= 50;
  assign t[21]= 55; assign t[22]= 60; assign t[23]= 66;
  assign t[24]= 73; assign t[25]= 80; assign t[26]= 88;
  assign t[27]= 97; assign t[28]= 107; assign t[29]= 118;
  assign t[30]= 130; assign t[31]= 143; assign t[32]= 157;
  assign t[33]= 173; assign t[34]= 190; assign t[35]= 209;
  assign t[36]= 230; assign t[37]= 253; assign t[38]= 279;
  assign t[39]= 307; assign t[40]= 337; assign t[41]= 371;
  assign t[42]= 408; assign t[43]= 449; assign t[44]= 494;
  assign t[45]= 544; assign t[46]= 598; assign t[47]= 658;
  assign t[48]= 724; assign t[49]= 796; assign t[50]= 876;
  assign t[51]= 963; assign t[52]= 1060;assign t[53]= 1166;
  assign t[54]= 1282; assign t[55]= 1411;assign t[56]=1552;
  assign t[57]= 1707; assign t[58]= 1878;assign t[59]=2066;
  assign t[60]= 2272; assign t[61]= 2499;assign t[62]=2749;
  assign t[63]= 3024; assign t[64]= 3327;assign t[65]=3660;
  assign t[66]= 4026; assign t[67]= 4428;assign t[68]=4871;
  assign t[69]= 5358; assign t[70]= 5894;assign t[71]=6484;
  assign t[72]= 7132; assign t[73]= 7845;assign t[74]=8630;
  assign t[75]=9493; assign t[76]=10442;assign t[77]=11487;
  assign t[78]= 12635; assign t[79]= 13899;
  assign t[80]= 15289; assign t[81]= 16818;
  assign t[82]= 18500; assign t[83]= 20350;
  assign t[84]= 22385; assign t[85]= 24623;
  assign t[86]= 27086; assign t[87]= 29794;
  assign t[88]= 32767;
// -----------------------------------------------------
  always @(posedge clk or posedge reset)
  begin : Encode
    if (reset) begin  // Asynchronous clear
      va <= 0; va_d <= 0;
          step <= 0; index <= 0;
          valpred <= 0;
    end else begin // Store in register
      va_d <= va;     // Delay signal for error comparison
      va <= x_in;
      step <= t[i3];
      index <= i3;
      valpred <= p3;        // Store predicted in register
    end
  end

  always @(va, va_d,step,index,valpred) begin
// ------ State 1: Compute difference from predicted sample
    diff0 = va - valpred;
    if (diff0 < 0) begin
      sign = 1;     // Set sign bit if negative
      diff1 = -diff0;// Use absolute value for quantization
```

```
    end else begin
      sign = 0;
      diff1 = diff0;
    end
// State 2: Quantize by devision and
// State 3: compute inverse quantization
//  Compute:  delta=floor(diff(k)*4./step(k)); and
//  vpdiff(k)=floor((delta(k)+.5).*step(k)/4);
    if (diff1 >= step) begin  // bit 2
      delta2 = 4;
      diff2 = diff1 - step;
      vpdiff2 = step/8 + step;
    end else begin
      delta2 = 0;
      diff2 = diff1;
      vpdiff2 = step/8;
    end
    if (diff2 >= step/2) begin //// bit3
      delta3 = delta2 + 2 ;
      diff3 = diff2 - step/2;
      vpdiff3 = vpdiff2 + step/2;
    end else begin
      delta3 = delta2;
      diff3 = diff2;
      vpdiff3 = vpdiff2;
    end
    if (diff3 >= step/4) begin
      delta4 = delta3 + 1;
      vpdiff4 = vpdiff3 + step/4;
    end else begin
      delta4 = delta3;
      vpdiff4 = vpdiff3;
    end
  // State 4: Adjust predicted sample based on inverse
    if (sign)                      // quantized
      p1 = valpred - vpdiff4;
    else
      p1 = valpred + vpdiff4;
  //------- State 5: Threshold to maximum and minimum -----
    if (p1 > 32767) begin  // Check for 16 bit range
      p2 = 32767; p_overflow <= 1;//2^15-1 two's complement
    end else begin
      p2 = p1; p_overflow <= 0;
    end
    if (p2 < -32768) begin  // -2^15
     p3 = -32768; p_underflow <= 1;
    end else begin
     p3 = p2; p_underflow <= 0;
    end

// State 6: Update the stepsize and index for stepsize LUT
```

```
    i1 = index + indexTable[delta4];
    if  (i1 < 0) begin     // Check index range [0...88]
      i2 = 0; i_underflow <= 1;
    end else begin
      i2 = i1; i_underflow <= 0;
    end
    if (i2 > 88) begin
      i3 = 88; i_overflow <= 1;
    end else begin
      i3 = i2; i_overflow <= 0;
    end
    if (sign)
      sdelta = delta4 + 8;
    else
      sdelta = delta4;
  end

  assign  y_out  = sdelta;    // Monitor some test signals
  assign  p_out  = valpred;
  assign  i_out  = index;
  assign  sz_out = step;
  assign  s_out  = sign;
  assign  err = va_d - valpred;

endmodule


//*********************************************************
// IEEE STD 1364-2001 Verilog file: reg_file.v
// Author-EMAIL: Uwe.Meyer-Baese@ieee.org
//*********************************************************
// Desciption: This is a W x L bit register file.
module reg_file  #(parameter W = 7, // Bit width - 1
                     N  = 15) // Number of registers - 1
   (input clk,          // System clock
    input  reset,       // Asynchronous reset
    input reg_ena,      // Write enable active 1
    input [W:0] data,    // System input
    input [3:0]  rd,     // Address for write
    input [3:0]  rs,     // 1. read address
    input [3:0]  rt,     // 2. read address
    output reg [W:0] s,  // 1. data
    output reg [W:0] t); // 2. data
// ---------------------------------------------------------
   reg [W:0] r [0:N];

   always @(posedge clk or posedge reset)
   begin : MUX             // Input mux inferring registers
     integer k;    // loop variable
     if (reset)          // Asynchronous clear
       for (k=0; k<=N; k=k+1) r[k] <= 0;
```

```
    else if ((reg_ena == 1) && (rd > 0))
      r[rd] <= data;
  end

  // 2 output demux without registers
  always @*
  begin : DEMUX
    if (rs > 0) // First source
      s = r[rs];
    else
      s = 0;
    if (rt > 0) // Second source
      t = r[rt];
    else
      t = 0;
  end

endmodule


//*****************************************************
// IEEE STD 1364-2001 Verilog file: trisc0.v
// Author-EMAIL: Uwe.Meyer-Baese@ieee.org
//*****************************************************
// Title: T-RISC stack machine
// Description: This is the top control path/FSM of the
// T-RISC, with a single 3 phase clock cycle design
// It has a stack machine/0-address type instruction word
// The stack has only 4 words.
// ----------------------------------------------------
module trisc0 #(parameter WA = 7,  // Address bit width -1
                          WD = 7)    // Data bit width -1
 (input  clk,             // System clock
  input  reset,           // Asynchronous reset
  output jc_out,           // Jump condition flag
  output me_ena,           // Memory enable
  input [WD:0] iport,      // Input port
  output reg [WD:0] oport, // Output port
  output signed [WD:0] s0_out,    // Stack register 0
  output signed [WD:0] s1_out,    // Stack register 1
  output [WD:0] dmd_in,    // Data memory data read
  output [WD:0] dmd_out,   // Data memory data read
  output [WD:0] pc_out,    // Progamm counter
  output [WD:0] dma_out,   // Data memory address write
  output [WD:0] dma_in,    // Data memory address read
  output [7:0]  ir_imm,    // Immidiate value
  output [3:0]  op_code);  // Operation code
// ----------------------------------------------------
  //parameter ifetch=0, load=1, store=2, incpc=3;
  reg [1:0] state;
```

```
  wire [3:0] op;
  wire [WD:0] imm, dmd;
  reg signed [WD:0] s0, s1, s2, s3;
  reg [WA:0] pc;
  wire [WA:0] dma;
  wire [11:0] pmd, ir;
  wire eq, ne, not_clk;
  reg mem_ena, jc;

// OP Code of instructions:
  parameter
  add  = 0,  neg   = 1, sub  = 2, opand = 3, opor = 4,
  inv  = 5,  mul   = 6, pop  = 7, pushi = 8, push = 9,
  scan = 10, print = 11, cne = 12, ceq  = 13, cjp = 14,
  jmp  = 15;

  always @(*) // sequential FSM of processor
            // Check store in register ?
     case (op)  // always store except Branch
       pop     : mem_ena <= 1;
       default : mem_ena <= 0;
     endcase

  always @(negedge clk or posedge reset)
     if (reset == 1)  // update the program counter
       pc <= 0;
     else begin   // use falling edge
       if (((op==cjp) & (jc==0)) | (op==jmp))
         pc <= imm;
       else
         pc <= pc + 1;
     end

  always @(posedge clk or posedge reset)
    if (reset)        // compute jump flag and store in FF
      jc <= 0;
    else
      jc <= ((op == ceq) & (s0 == s1)) |
                             ((op == cne) & (s0 != s1));

  // Mapping of the instruction, i.e., decode instruction
  assign op  = ir[11:8];   // Operation code
  assign dma = ir[7:0];    // Data memory address
  assign imm = ir[7:0];    // Immidiate operand

  prog_rom brom
  ( .clk(clk), .reset(reset), .address(pc), .q(pmd));
  assign ir = pmd;

  assign not_clk = ~clk;
```

```
  data_ram bram
  ( .clk(not_clk),.address(dma), .q(dmd),
    .data(s0), .we(mem_ena));

  always @(posedge clk or posedge reset)
  begin : P3
    integer temp;
    if (reset) begin      // Asynchronous clear
      s0 <= 0; s1 <= 0; s2 <= 0; s3 <= 0;
      oport <= 0;
    end else begin
      case (op)
        add     :  s0  <= s0 + s1;
        neg     :  s0  <= -s0;
        sub     :  s0  <= s1 - s0;
        opand   :  s0  <= s0 & s1;
        opor    :  s0  <= s0 | s1;
        inv     :  s0  <= ~ s0;
        mul     :  begin temp  = s0 * s1;  // double width
                   s0  <= temp[WD:0]; end  // product
        pop     :  s0  <= s1;
        push    :  s0  <= dmd;
        pushi   :  s0  <= imm;
        scan    :  s0 <= iport;
        print   :  begin oport <= s0; s0<=s1; end
        default :  s0 <= 0;
      endcase
      case (op) // Specify the stack operations
        pushi, push, scan : begin s3<=s2;
               s2<=s1; s1<=s0; end          // Push type
        cjp, jmp,  inv | neg : ;   // Do nothing for branch
        default : begin s1<=s2; s2<=s3; s3<=0; end
                                   // Pop all others
      endcase
    end
  end

  // Extra test pins:
  assign dmd_out = dmd; assign dma_out = dma; //Data memory
  assign dma_in = dma; assign dmd_in  = s0;
  assign pc_out = pc;  assign ir_imm = imm;
  assign op_code = op;  // Program control
  // Control signals:
  assign jc_out = jc; assign me_ena = mem_ena;
  // Two top stack elements:
  assign s0_out = s0; assign s1_out = s1;

endmodule
```

附录B
设计实例的合成结果

通过使用本书学习资料提供的源代码目录中 VHDL 的脚本文件 qvhdl.tcl 或 Verilog 的 qv.tcl，就可以容易地通过安装在计算机上的 Quartus 版本重现所有示例的合成结果。使用下面的命令运行 VHDL TCL 脚本以编译所有设计：

```
quartus_sh -t qvhdl.tcl
```

下一步通过下列命令运行资源和时序分析：

```
quartus_sh -t fmax4all.tcl
```

该脚本为每个设计生成 4 个参数。例如，对于 trisc0.vhd，就会得到：

```
....
-----------------------------------------------------------------
trisc0 (Clock clk) : Fmax = 92.66 (Restricted Fmax = 92.66)
trisc0 Les: 171 / 114,480 ( < 1 % )
trisc0 M9K bits: 256 / 3,981,312 ( < 1 % )
trisc0 9-bit DSP blocks: 1 / 532 ( < 1 % )
-----------------------------------------------------------------
....
```

然后，使用 grep 以“fmax：”和“Les：”等参数给出报告文件 qvhdl.txt。

从脚本中可以注意到：用到了 Quartus II Web 版 12.1 的下列专用选项：

- Device 设置 Family 为 Cyclone IV E，然后在 Available devices 中选择 EP4CE115F29C7 器件。
- 对于 Timing Analysis Settings，设置 Default required fmax 为 1ns。
- 在 Assignment 菜单的 Analysis & Synthesis Settings 选项中：
  - 设置 Optimization Technique 为 Speed。
  - 取消选择 Power-up Don't Care。
- 在 Fitter Settings 部分，选择 Fitter effort Standard Fit (highest effort)

表 B-1 给出了本书中所有 VHDL 和 Verilog 示例的结果。表 B-1 的结构如下：第 1 列是该设计的实体或名称。第 2~第 6 列是 VHDL 设计的数据：报告文件中给出了 LE 的数量、9×9 乘法器的数量和 M9K 存储模块的数量、使用 TimeQuest 缓慢 85C 模型的时序电路性能 Fmax。第 7~第 9 列给出了 Verilog 设计的相应数据。需要注意的是，除了四个设计——ica(Verilog 184 个乘法器)、pca(Verilog 138 个乘法器)、iir5para(Verilog 58 个乘法器)以及 iir51wdf(Verilog 18 个乘法器)外，大多数情况下，VHDL 和 Verilog 设计所用的 9 位

×9 位乘法器和 M9K 存储模块的数量都相同，但 LE 的数量和时序电路性能有所不同。fft256、fun_text 以及 trisc0 三个设计的 M9K 存储模块的数量不同。在 Verilog 中，ROM LUT 被合成到 M9K 模块，而在 VHDL 中使用的是 LE。在 Verilog 中，fpu 设计不可用。 一些设计不使用寄存器，并且不能测量时序电路性能。

表 B-1 VHDL 和 Verilog 示例的结果

设计	LE 个数	9 位×9 位 乘法器 vhd/v	VHDL M9K vhd/v	F_{MAX} (MHz)	LE 个数	Verilog F_{MAX} (MHz)
add1p	125	0	0	350.63	77	336.25
add2p	233	0	0	243.43	143	318.17
add3p	372	0	0	231.43	228	278.47
adpcm	531	0	0	49.5	510	56.0
ammod	264	0	0	197.39	222	298.78
arctan	106	3	0	32.71	105	33.05
cic3r32	341	0	0	282.49	339	280.11
cic3s32	209	0	0	290.02	206	294.2
cmoms	549	3	0	95.27	421	102.81
cmul7p8	48	0	0	-	48	—
cordic	276	0	0	209.6	172	317.97
dapara	39	0	0	205.17	39	205.17
dasign	52	0	0	258.4	39	331.56
db4latti	420	0	0	58.11	248	99.02
db4poly	167	0	0	618.43	156	554.32
div_aegp	45	4	0	124.91	44	129.28
div_res	106	0	0	263.5	89	269.25
dwtden	879	0	1	120.93	889	164.28
example	33	0	0	267.24	32	457.67
farrow	363	3	0	39.82	268	58.25
fft256	34,340	8	0/2	31.12	33,926	31.16
fir4dlms	106	4	0	261.57	105	260.62
fir_gen	93	4	0	157.38	93	153.66
fir_lms	51	4	0	69.26	51	70.2
fir_srg	109	0	0	88.35	79	99.81
fpu	8112	7	0	-	—	—
fun_text	180	0	0/1	250.63	32	306.65
g711alaw	70	0	0	—	97	—
ica	2275	172/184	0	17.87	2091	17.84
iir	62	0	0	147.3	30	224.82
iir5lwdf	764	12/18	0	55.97	611	52.46
iir5para	624	51/58	0	87.69	513	86.72
iir5sfix	2474	128	0	46.99	2474	47.08
iir_par	236	0	0	479.39	185	430.29
iir_pipe	123	0	0	215.05	75	350.14
lfsr	6	0	0	944.29	6	944.29
lfsr6s3	6	0	0	931.97	6	931.97
ln	88	10	0	29.2	88	29.2
magnitude	96	0	0	119.59	145	107.34
pca	2447	180/138	0	18.46	1609	23.82
rader7	428	0	0	138.45	403	151.56
rc_sinc	880	0	0	59.53	847	78.52
reg_file	226	0	0	-	226	—
sqrt	261	2	0	86.23	244	112.1
trisc0	171	1	1/2	92.66	140	85.59

附录C
VHDL和Verilog编码的关键字

但是，到目前为止有两套 HDL 语言正在流行。美国西海岸和亚洲倾向于使用 Verilog 语言，而美国东海岸和欧洲地区使用更多的是 VHDL 语言。对于用 FPGA 进行数字信号处理，这两种语言都非常适用，但在过去，VHDL 的一些示例更容易阅读一些，因为它支持 IEEE VHDL 1076-1987 和 1076-1993 标准中的有符号运算和乘/除运算。但这种差异已经随着 Verilog IEEE 标准 1364-2001 的引入而消失，Verilog 就包括有符号运算。其他的约束条件可能包括个人的偏好、EDA 库和工具的可用性、数据类型、可读性、性能，以及用 PLI 对语言进行扩展，还有就是商业、交易额和市场问题等。查阅 Smith 先生的著作[3]就可以看到详细的比较。工具提供商宣称目前对这两种语言都给予支持。

因此，使用可以很容易转换成这两种语言的 HDL 代码就是一种非常好的办法。当命名变量、标签、常数和用户类型等时，在 HDL 代码中需要注意的一条重要规则就是要避免使用这两种语言的关键字。IEEE 标准 VHDL 1076-1993 使用了 97 个关键字(请参阅 VHDL 1076-1993 的语言参考手册的第 179 页)。VHDL 1076-2008 中新增的关键字有：

```
ASSUME, ASSUME_GUARANTEE, CONTEXT, COVER, DEFAULT, FAIRNESS,
FORCE, PARAMETER, PROPERTY, PROTECTED, RELEASE, RESTRICT,
RESTRICT_GUARANTEE, SEQUENCE, STRONG, VMODE, VPROP, VUNIT
```

但是这些关键字在 Quartus 12.1 的编辑器中都没有突出显示，但是在以后的 Quartus 版本中将会标识出来。IEEE 标准 Verilog 1364-1995 有 102 个关键字(请参阅语言参考手册的第 604 页)。Verilog 1076-2001 的新关键字如下：

```
automatic, cell, config, design, endconfig, endgenerate,
generate, genvar, incdir, include, instance, liblist,
library, localparam, noshowcancelled, pulsestyle_onevent,
pulsestyle_ondetect, showcancelled, signed, unsigned, use
```

两种语言(Verilog 1364-2001 与 VHDL 1076-2008)加起来共有 215 个关键字，其中包括 23 个共用的关键字。表 C-1 以大写字母的形式列出了 VHDL 1076-2008 的关键字，而 Verilog 1364-2001 的关键字是以小写字母表示的，共用的关键字则是以首字母大写的形式表示的。

表 C-1 VHDL 1076-2008 和 Verilog 1364-2001 的关键字

ABS ACCESS AFTER ALIAS ALL always And ARCHITECTURE ARRAY ASSERT
assign ASSUME ASSUME_GUARANTEE ATTRIBUTE automatic Begin BLOCK
BODY buf BUFFER bufif0 bufif1 BUS Case casex casez cell cmos
config COMPONENT CONFIGURATION CONSTANT CONTEXT COVER deassign
Default defparam design disable DISCONNECT DOWNTO edge Else
ELSIF End endcase endconfig endfunction endgenerate endmodule
endprimitive endspecify endtable endtask ENTITY event EXIT
FAIRNESS FILE For Force forever fork Function Generate GENERIC
genvar GROUP GUARDED highz0 highz1 If ifnone IMPURE IN incdir
include INERTIAL initial Inout input instance integer IS join
LABEL large liblist Library LINKAGE LITERAL LOOP localparam
macromodule MAP medium MOD module Nand negedge NEW NEXT nmos Nor
noshowcancelled Not notif0 notif1 NULL OF ON OPEN Or OTHERS OUT
output PACKAGE Parameter pmos PORT posedge POSTPONED primitive
PROCEDURE PROCESS PROPERTY PROTECTED pull0 pull1 pulldown pullup
pulsestyle_onevent pulsestyle_ondetect PURE RANGE rcmos real
realtime RECORD reg REGISTER REJECT Release REM repeat REPORT
RESTRICT RESTRICT_GUARANTEE RETURN rnmos ROL ROR rpmos rtran
rtranif0 rtranif1 scalared SELECT SEQUENCE SEVERITY SHARED
showcancelled SIGNAL signed OF SLA SLL small specify specparam
SRA SRL STRONG strong0 strong1 SUBTYPE supply0 supply1 table task
THEN time TO tran tranif0 tranif1 TRANSPORT tri tri0 tri1 triand
trior trireg TYPE UNAFFECTED UNITS unsigned UNTIL Use VARIABLE
VMODE VPROP VUNIT vectored Wait wand weak0 weak1 WHEN While wire
WITH wor Xnor Xor

附录D
学 习 资 料

本书提供的学习资料包括：

- 全部 VHDL/Verilog 设计示例与编译脚本。
- 实用程序和文件。

要安装 Quartus II 12.1 Web 版软件，首先登录 Altera 的网站 www.altera.com，单击 Design Tools & Services，选择 Design Software，选择网络版，除非有完整的订阅。下载软件包括免费的 ModelSim-Altera 软件包。

Altera 经常更新 Quartus II 软件来支持新器件，可以直接从 Altera 网页上下载最新版本的 Quartus II，但要注意文件非常大而且合成结果与本书所用 12.1 版有细微的差别。

本书的设计示例位于目录 vhdl 和 verilog 中，分别是 VHDL 和 Verilog 示例。这些目录包含每个示例的如下 5 个文件：

- VHDL 或 Verilog 源代码(*.vhd 和*.v)
- Quartus 项目文件(*.qpf)
- Quartus 设置文件(*.qsf)
- ModelSim 模拟器仿真脚本(*.do)
- 定时仿真文件(*.vho 和*.vo)

为了简化编译和后处理，源代码目录包括了如表 D-1 所示的附加(*.bat)文件和 TCL 脚本。

表 D-1　附加(*.bat)文件和 TCL 脚本

文　件	注　释
qvhdl.tcl 或 qv.tcl	编译所有设计示例的 TCL 脚本。注意器件可以从 Cyclone IV 变换到 Flex、Apex 或 Stratix，只要改变脚本第一列的注释符号“#”即可
fmax4all.bat	计算设计所用资源与最大性能的脚本
qclean.bat	清除所有临时的 Quartus II 编译器文件，但不包括报告文件(*.map.rpt)以及项目文件*.qpf 和*.qsf
qveryclean.bat	清除所有临时的编译器文件，包括所有报告文件(*.rpt)和项目文件

使用 DOS 提示符并输入如下命令以编译所有设计示例：

```
quartus_sh -t qvhdl.tcl
```

然后输入如下命令以确定性能与资源：

```
quartus_sta -t fmax4all.tcl
```

然后用 qclean.bat 删除不必要的文件。TCL 脚本语言由伯克利大学教授 John Ousterhout 开发[442~444](使用最新的 CAD 工具：Altera Quartus、Xilinx ISE 和 ModelTech 等)，该文件提供了一种简单易学的脚本语言，用以定义对应设置、指定函数等。考虑到许多工具也使用图形工具箱 Tcl/Tk，证据表明现在许多工具看起来几乎一模一样。

脚本包括所有设置以及可替换的器件定义。脚本为每个设计生成 4 类参数，例如，对于 trisc0.vhd，清单如下：

```
....
-----------------------------------------------------------------
trisc0 (Clock clk): Fmax = 92.66MHz (Restricted Fmax = 92.66)
trisc0 LEs: 171 /114,480 (<1%)
trisc0 M9K bits: 256 / 3,981,312 (<1%)
trisc0 9-bit DSP blocks: 1 / 532 (<1%)
-----------------------------------------------------------------
....
```

表 B-1 总结了所有示例的结果。

在脚本中指定其他器件，包括：

- UP1 大学开发板上的 EPF10K20RC240-4
- UP2 大学开发板上的 EPF10K70RC240-4
- Nios 开发板上的 EP20K200EFC484-2X
- DE2 大学开发板上的 EP2C35F672C6
- DE4 大学开发板上的 EP4SGX230
- Altera 的其他 DSP 开发板上的三种器件，分别是 EP1S10F484C5、EP1S25F780C5 和 EP2S60F1020C4ES。

就仿真而言，*.do 仿真文件由 ModelSim 仿真器提供，对于 VHDL 和 Verilog 项目而言几乎相同。仿真文件示例如第 1 章所示。两者都使用 tb_ini.do 初始化文件，编译源代码并提供 add_local 函数，允许在函数仿真中添加在时序仿真中可能不可用的附加信号。例如，对于 fun_text 项目，在 Modelsim 仿真记录窗口中，将 do fun_text.do 0 用于 RTL，将 do fun_text.do 1 用于定时仿真。 时序仿真需要首先进行完整编译，输出文件*.vo 或*.vho 必须放在源代码目录中。

D.1 实用程序和文件

本书学习资料里[1]还包括一些其他实用程序，它们位于 util 目录中。表 D-1 列出了这些程序。

---

1. 首先需要将程序复制到硬盘上；然后运行这些程序，在文本文件中输出结果。

表 D-1 util 目录中的实用程序

文 件	说 明
sine.exe	为第 1 章中的函数生成器生成 VHDL 与 Verilog sine 文件的程序
csd.exe	为第 2 章中用到的整数和分数寻求标准有符号数字(Canonical Signed Digit，CSD)表示方式的程序
fp_ops.exe	为第 2 章中用到的测试数据计算浮点数的程序
dagen.exe	为第 3 章中用到的分布式算法文件生成 VHDL 代码的程序
ragopt.exe	为第 3 章中用到的常系数滤波器计算简化加法器图的程序。它具有 10 个预定义的低通滤波器和半带滤波器。该程序使用了存储在 mag14.bat 文件中的一张 MAG 成本表
cic.exe	为第 5 章中用到的 CIC 滤波器计算参数的程序

因为这些程序使用作者的 MS Visual C++标准版(主要零售商售价为 50 美元~100 美元)软件为 DOS Window 应用程序编译，所以可以运行在 Windows 95 或更高级的版本上。DOS 脚本 Testall.bat 生成本书中用到的示例。

util 目录还包含下列实用程序文件，如表 D-2 所示。

表 D-2 util 目录中的实用程序文件

文 件	说 明
quickver.pdf	QUALIS 中 Verilog HDL 的快速参考卡
quickvhd.pdf	QUALIS 中 VHDL 的快速参考卡
quicklog.pdf	QUALIS 中 IEEE 1164 逻辑包的快速参考卡
93vhdl.vhd	IEEE VHDL 1076-1993 的关键字
2008vhdl.vhd	IEEE VHDL 1076-2008 的关键字
95key.v	IEEE Verilog 1364-1995 的关键字
01key.v	IEEE Verilog 1364-2001 的关键字
95direct.v	IEEE Verilog 1364-1995 的编译器指令
95tasks.v	IEEE Verilog 1364-1995 的系统任务和函数

此外，学习资料里还包含一些有用的 Internet 连接(请参阅 util 目录中的 dsp4fpga.htm 文件)，如器件供应商、软件工具、VHDL 和 Verilog 资源以及在线 HDL 介绍的在线链接，例如 D. Hyde 博士编写的 *Verilog Handbook* 和 P. Ashenden 博士编写的 *VHDL Handbook Cookbook*。

D.2 (L)WDF 滤波器工具箱

(L)WDF 工具箱由 Lincklaen Arriens 完成，可以在 lwdf 文件夹中找到。 还有两个 PDF

手册：

- WDF_toolbox_UG_v1_0.pdf 是(L)WDF 工具箱 MATLAB 用户指南，其中包括设计(L)WDF 滤波器的教程。
- WDF_toolbox_RG_v1_0.pdf 是(L)WDF 工具箱 MATLAB 参考指南，其中包括可用功能的描述。

这些文件在第 4 章用于设计 WDF 与 LWDF 窄带 IIR 滤波器。

D.3 压缩语音数据

在 sound 中有以下第 8 章用到的语音数据文件，如表 D-3 所示。

表 D-3 sound 中的语音数据文件

文 件	说 明
Speech_PCM16bit.wav	16 位精度原始语音数据(无压缩)
Speech_PCM8bit.wav	8 位精度原始语音数据(无压缩)
Speech_PCM4bit.wav	4 位精度原始语音数据(无压缩)
Speech_A_LAW8bit.wav	压缩语音数据，每个样本使用 8 位 A 律压缩
Speech_PCM4Lloyd.wav	压缩语音数据，每个样本使用 4 位 Lloyd 最优编码器
Speech_ADPCM4bit.wav	压缩语音数据，每个样本使用 4 位 ADPCM 方法

D.4 微处理器项目文件和程序

所有与微处理器相关的工具和文档都放置在 uP 目录中。其中包括 6 个软件 Flex/Bison 项目及相应的编译器脚本：

- build1.bat 和 simple.l 是简单的 Flex 示例所用的文件。
- build2.bat、d_ff.vhd 和 vhdlcheck.l 是简单的 VHDL 语句分析程序。
- build3.bat、asm2mif.l 和 add2.txt 是简单的 Flex 示例所用的文件。
- build4.bat、add2.y 和 add2.txt 是简单的 Bison 示例所用的文件。
- build5.bat、calc.l、calc.y 和 calc.txt 是中缀计算器，用于说明 Bison/Flex 通信。
- build6.bat、c2asm.h、c2asm.c、lc2asm.c、yc2asm.c 和 factorial.c 用于栈机的 C 到汇编程序的编译器。

其中，*.txt 文件用作程序的输入文件。buildx.bat 可用于单独地编译每个项目；或者可以使用 Unix 下的 uPrunall.bat 一步编译和运行所有文件。运行在 SunOS UNIX 下的编译文件以*.exe 结尾，而 DOS 程序以*.com 结尾。

在此简要介绍一下 uP 目录中的其他辅助文件：Bison.pdf 包含 Bison 编译器，也就是由 Charles Donnelly 和 Richard Stallman 编写的与 YACC 兼容的分析程序的生成器；Flex.pdf 是由 Vern Paxson 编写的快速扫描程序的生成器的说明文件。

D.5 VGA 项目文件

要开始 VGA 项目，请通过 USB 线缆将 DE2 开发板连接到计算机，将开发板连接电源，并通过 VGA 电缆线连接到 VGA 显示器。 打开电源后，将会在 VGA 显示器上看到 DE2 开发板的测试画面。这是在 DE2 上的 E^2PROM 中工厂编程的初始设置。现在将整个目录 DE2_115_ImageVGA 复制到电脑、记忆棒或网络驱动器中，启动 Quartus 软件并加载项目或双击 DE2_115_ImageVGA.qpf。可以下载 DE2_115_ImageVGA.sof 项目到开发板，以此熟悉项目和开关。 观察 VGA 显示、LCD 和八个七段显示。尝试更改滑动开关的 MSB 和 LSB，并观察 VGA 显示中的变化。

如果要修改项目，以下是对项目中主要文件的简要说明：

- DE2_115_ImageVGA.v 是顶层设计文件，包括边缘检测滤波器、图像存储器的实例化以及与 I/O 引脚的连接。由于项目不使用 Nios II 处理器，因此不需要 Qsys 文件。所有设计文件，包括 I/O 的驱动程序已经包含在源代码目录中。
- VGA_wave.do 是运行 ModelSim 仿真的脚本。请牢记，在功能仿真中加载大 MIF 文件具有非常大的内存需求，因而要使用时序仿真。在开始模拟之前先进行完全编译。启动 ModelSim，然后使用 VGA_wave.do 1 运行脚本。参数 1 表示时序仿真。
- 如果要测试其他图像，需要做两件事。首先，需要使用 MATLAB 脚本 bm2txt.m 或出厂时提供的 PrintNum.exe 将 640×480 像素的 BMP 图像转换为 MIF 文件。可以在项目的 VGA_DATA 目录中找到这些文件。也有一些其他的测试图片可以尝试。其次，在 Quartus 中启动 MegaWizard，加载/编辑宏功能文件 img_data.v 并浏览到新的 MIF 文件。然后重新编译整个项目并将 SOF 文件下载到开发板上。
- qclean.bat 清除临时文件，但不清除 SOF 文件。 此外，在将项目移到另一个位置之前，应该删除 db 目录。

在对项目进行任何更改后，请务必在将 SOF 文件下载到开发板之前重新编译整个项目。该项目没有 Qsys 文件，因此不需要 NiosII 系统生成。

D.6 图像处理项目文件

要开始中值滤波器 NiosII 软件项目，通过 USB 线缆将 DE2 连接到电脑上，将开发板连接电源，并通过 VGA 电缆线连接到 VGA 显示器。打开电源后，将会在 VGA 显示器上看到 DE2 开发板的测试画面。这是在 DE2 上的 E2PROM 中工厂编程的初始设置。将整个目录 DE2_115_ImageProcessing 复制到电脑、记忆棒或网络驱动器中，启动

Quartus 软件并加载项目或双击 DE2_115_ImageProcessing.qpf。然后，可以下载 DE2_115_ImageProcessing.sof 项目到开发板。VGA 显示器将显示随机的黑白像素。接下来启动 Eclipse 的 Nios II 软件构建工具。可以尝试从 software/median 中间文件夹导入整个软件项目；但是我们发现在正确的位置通常找不到路径或文件。如果从一个“hello world”项目开始，然后在这个 hello world 项目中复制所需的文件，通常更易实现。因此，建议在 Eclipse 中生成一个“hello world”项目。如果将它作为 Nios 硬件运行，它会在终端窗口中发出消息“Hello from Nios II!”。成功运行此程序后，用 median.c 文件替换 hellow_world.c 文件，并将文件 Qpicture.mif 复制到 hello world 项目文件的同一目录中。可在 c-source 子目录中找到所需的新的源文件。现在需要启用主机文件系统支持。在 Project Explorer 中右键单击 median_bsp，然后开始 NiosII→BSP Editor ...。在 BSP 编辑器中选择 Software Package 并启用 altera_hostfs。最后单击 Generate 按钮。然后右键单击 Project Explore 窗口中的项目，并选择 Debug As→Nios II Hardware。项目将下载到开发板，并且打开调试窗口。然后按 Run 按钮或 F8。将图像传输到开发板，添加噪声，应用水平和垂直滤波器。LED 指示灯显示各步骤的状态。滑块开关(SW)的使用方法如下：SW7..SW0 用作阈值，SW17 用作开/关，将当前图像的文件保存到主机系统上的文本文件中，SW16-SW14 用于指定中值滤波器长度，最小长度为 3。边缘检测一直循环运行，以便可以尝试不同的阈值和滤波器长度，而不需要再次传输图像。由于图像传输要通过 JTAG 电缆，因此花费的时间是相当长的。

如果要修改项目，这里简要描述项目的主要文件：

- 如果要测试其他图像，需要使用 MATLAB 脚本 bm2txt.m 或工厂提供的 PrintNum.exe 以转换 320×240 像素的 BMP 图像为 MIF 文件。可以在 c-source 子目录中找到这些文件。如果只是改变图像，不需要重新编译 Quartus 设计；可以使用提供的 SOF 文件。
- median.c 是包括所有中值滤波、S&P 噪声添加和文件 I/O 的程序。也使用 SW 和 LED。如果更改硬件文件，请使用正确的基址。如果只更改软件，不需要重新编译 Quartus 设计，可以使用提供的 SOF 文件。
- DE2_115_ImageProcessing.qpf 是包含 Qsys Nios 系统以及与 I/O 引脚的所有连接的顶层项目文件。对 Qsys 设计进行修改只能由经验丰富的 Qsys 用户使用。至少应该完成大学编程课程中的 Qsys 教程：“Altera Qsys 系统集成工具简介”。还需要下载并安装免费的“大学程序安装”提供的大学程序 IP 内核。IP 版本必须与使用的 Quartus 版本相匹配。安装成功后，IP 模块应出现在 Qsys 组件库中，如图 10-19 所示。只有在成功安装 IP 模块后，才能对 Qsys 文件进行修改。如果要使用另一个模板，请确保包括正确的引脚文件，并对顶级 VHDL 文件 DE2_115_ImageProcessing.vhd 进行必要的更正。

在对 Qsys 项目进行任何修改后，请确保生成新的 Nios II 系统并在将 SOF 文件下载到开发板之前重新编译整个项目。

D.7 自定义指令计算机项目文件

自定义指令计算机项目支持第 9 章中的 CI 位交换操作和第 10 章中的 CI 改进运动激励。Quartus 设计基于 Altera 大学计划提供的基础计算机系统。要开始 CI 项目，请通过 USB 线缆将 DE2 连接到电脑，并为开发板添加电源。项目无需 VGA 电缆与 VGA 显示器。复制整个目录 DE2_115_Computer 到电脑、记忆棒或网络驱动器中，并且准备好启动 Quartus 软件，加载项目或双击 DE2_115_Computer.qpf。下载项目 DE2_115_Computer.sof 到开发板。可以尝试从 software/Motion 文件夹中导出整个软件项目；但是我们发现在正确的位置通常找不到路径或文件。如果从一个"hello world"项目开始，然后在这个 hello world 项目中复制所需的文件，通常更易实现。因此，建议在 Eclipse 中生成一个"hello world"源代码项目，但将其命名为 Motion 项目。右键单击项目并选择 Run As → Nios II Hardware，它将在终端窗口中生成消息"Hello from Nios II！"。成功运行此程序后，使用要运行的项目文件替换 hello world.c 文件。可以在 c-source 子目录中找到这些文件。如果要修改项目，这里是对主要文件的简要说明：

- c-source 子目录中的软件程序是：第 9 章中使用的 my_swap.c 文件，用于位交换操作的三个版本；madtest.c 文件用于 MAD 计算的字节访问的简要检查；motion.c 程序生成两幅测试图像，计算运动矢量并测量运行时间。如果只更改软件，不需要重新编译 Quartus II 或生成 Qsys 系统，可以使用提供的 SOF 文件。
- DE2_115_Processor.qpf 是包含 Qsys Nios 系统以及与 I / O 引脚的所有连接的顶层项目文件。对 Qsys 设计进行修改只能由经验丰富的 Qsys 用户使用。至少应该完成大学编程课程中的 Qsys 教程："Altera Qsys 系统集成工具简介" 和"制作 Qsys 组件"。还需要下载并安装免费的"大学程序安装"提供的大学程序 IP 内核。IP 版本必须与使用的 Quartus 版本相匹配。安装成功后，IP 模块应出现在 Qsys 组件库中，如图 10-19 所示。只有在成功安装 IP 模块后，才能对 Qsys 文件进行修改。如果要使用另一个模板，请确保包括正确的引脚文件，并对顶级 VHDL 文件 DE2_115_ImageProcessing.vhd 进行必要的更正用于 CI 文件的 TCL 脚本和 VHDC 源代码位于 nios_system→synthesis→submodules 下。

在对 Qsys 项目进行任何修改后，请确保生成新的 Nios II 系统并在将 SOF 文件下载到开发板之前重新编译整个项目。

附录E

术 语 汇 编

ACC	ACCumulator，累加器
ACT	Actel FPGA family，Actel FPGA 系列
ADC	Analog-to-Digital Converter，模拟数字转换器
ADCL	All-Digital CL，全数字 CL
ADF	Adaptive Digital Filter，自适应数字滤波器
ADPCM	Adaptive Differential Pulse Code Modulation，自适应差分脉冲编码调制
ADPLL	All-Digital PLL，全数字锁相环
ADSP	Analog Devices Digital Signal Processor family，模拟器件数字信号处理器系列
AES	Advanced Encryption Standard，高级加密标准
AFT	Arithmetic Fourier Transform，算术傅立叶变换
AHDL	Altera HDL，Altera 硬件描述语言
AHSM	Additive Half Square Multiplier，加法半分方形乘法器
ALM	Adaptive Logic Module，自适应逻辑模块
ALU	Arithmetic Logic Unit，算术逻辑单元
AM	Amplitude Modulation，幅度调制
AMBA	Advanced Microprocessor Bus Architecture，高级微处理器总线体系结构
AMD	Advanced Micro Devices, Inc.，AMD 公司(生产半导体及芯片)
AMUSE	Algorithm for Multiple Unknown Signals Extraction，多种未知信号提取算法
APEX	Adaptive Principal component EXtration，自适应主成分提取
ASCII	American Standard Code for Information Interchange，美国信息交换标准代码
ASIC	Application-Specific IC，专用集成电路
AWGN	Additive White Gaussian Noise，外加的高斯白噪声
BCD	Binary Coded Decimal，二进制编码的十进制
BDD	Binary Decision Diagram，二元判决框图
BIT	Binary digit，二进制数字
BLMS	Block LMS，分块 LMS

BMP	Bitmap，位图
BP	BandPass，通带
BRAM	Block RAM，模块 RAM
BRS	Base Removal Scaling，基本迁移缩放比例
BS	Barrel Shifter，筒式移位器
BSS	Blind Source Separation，盲源分离
CAD	Computer-Aided Design，计算机辅助设计
CAE	Computer-Aided Engineering，计算机辅助工程
CAM	Content Addressable Memory，内容可寻址存储器
CAST	Carlisle Adams and Stafford Tavares，一种加密算法
CBC	Cipher Block Chaining, 密码分组链接
CBIC	Cell-Based IC，基于单元的集成电路
CCD	Charge-Coupled Device，电荷耦合器件
CCITT	Comité Consultatif International Telephonique et Téléphonique，国际电话和电话咨询
CD	Compact Disc，光盘
CFA	Common Factor Algorithm，公因数算法
CFB	Cipher Feedback，密码反馈
CHF	Swiss franc，瑞士法郎
CIC	Cascaded Integrator Comb，梳状级联积分器
CIF	Common Intermediate Format，通用中间格式
CISC	Complex Instruction Set Computer，复杂指令集计算机
CL	Costas Loop，边环
CLB	Configurable Logic Block，可配置逻辑模块
C-MOMS	Causal MOMS，因果关系的 MOMS
CMOS	Complementary Metal Oxide Semiconductor，互补型金属氧化物半导体
CODEC	Coder/Decoder，编码器/译码器
CORDIC	Coordinate Rotation Digital Computer，坐标旋转数字计算机
COTS	Commercial Off-The-Shelf technology，商用现有技术
CPLD	Complex PLD，复杂的可编程逻辑器件
CPU	Central Processing Unit，中央处理单元
CQF	Conjugate Quadrature Filter，共轭正交滤波器
CRNS	Complex Residue Number System, 复数余数系统
CRT	Chinese Remainder Theorem，中国余数定理
CRT	Cathode Ray Tube，阴极射线管

CSE	Common Sub-Expression，公共子表达式
CSOC	Canonical Self-Orthogonal Code，标准自正交编码
CSD	Canonical Signed Digit，标准有符号数字
CWT	Continuous Wavelet Transform，连续小波变换
CZT	Chirp-Z Transform，线性调频脉冲 Z 变换
DA	Distributed Arithmetic，分布式算法
DAC	Digital-to-Analog Converter，数字模拟转换器
DAT	Digital Audio Tap，数字录音机
DB	DauBechies filter，DauBechies 滤波器
DC	Direct Current，直流
DCO	Digital Controlled Oscillator，数字控制振荡器
DCT	Discrete Cosine Transform，离散余弦变换
DCU	Data Cache Unit，数据缓存单元
DDRAM	Double data rate RAM，双倍数据速率 RAM
DES	Data Encryption Standard, 数据加密标准
DFT	Discrete Fourier Transform，离散傅立叶变换
DHT	Discrete Hartley Transform，离散哈特利变换
DIF	Decimation In Frequency，频域抽取
DIT	Decimation In Time，时域抽取
DLMS	Delayed LMS，延迟的 LMS
DM	Delta Modulation，Delta 调制
DMA	Direct Memory Access，直接存储器访问
DMIPS	Dhrystone MIPS
DMT	Discrete Morlet Transform，离散 Morlet 变换
DOD	Department Of Defence，美国国防部
DPCM	Differential PCM，差分 PCM
DPLL	Digital PLL，数字锁相环
DSP	Digital Signal Processing，数字信号处理
DST	Discrete Sine Transform，离散正弦变换
DWT	Discrete Wavelet Transform，离散小波变换
EAB	Embedded Array Block，嵌入式阵列模块
EASI	Equivariant Adaptive Separation via Independence，通过独立等变化自适应分离
ECB	Electronic Code Book，电子源码书
ECG	Electrocardiography，心电图学

ECL　Emitter Coupled Logic，射极耦合逻辑
EDA　Electronic design automation，电子设计自动化
EDIF　Electronic Design Interchange Format，电子设计互换格式
EFF　Electronic Frontier Foundation，电子尖端基金会
EOB　End Of Block，模块末端
EPF　Altera FPGA Family，Altera FPGA 系列
EPROM　Electrically Programmable ROM，电可编程只读存储器
ERA　Plessey FPGA family，Plessey FPGA 系列
ERNS　Eisenstein RNS，Eisenstein 余数系统
ESA　European Space Agency，欧洲航天局
EVR　EigenValue Ratio，特征值比
EXU　Execution Unit，执行单元

FAEST　Fast A posteriori Error Sequential Technique，快速后验误差时序技术
FCT　Fast Cosine Transform，快速余弦变换
FC2　FPGA Compiler II，FPGA 编译器 II
FF　Flip-Flop，触发器
FFT　Fast Fourier Transform，快速傅立叶变换
FIFO　First-In First-Out, 先入先出
FIR　Finite Impulse Response，有限脉冲响应
FIT　Fused Internal Timer，内部熔断定时器
FLEX　Altera FPGA family，Altera FPGA 系列
FM　Frequency Modulation，频率调制
FNT　Fermat NTT(Network Transfer Table)，费尔马网络传输表
FPGA　Field Programmable Gate Array，现场可编程门阵列
FPL　Field-Programmable Logic(结合了 CPLD 和 FPGA)，现场可编程逻辑
FPLD　FPL Device，FPL 器件
FPMAC　Floating-Point MAC，浮点 MAC
FPS　Frames Per Second，每秒帧数
FSF　Frequency Sampling Filter，频率采样滤波器
FSK　Frequency Shift Keying，移频键控
FSM　Finite State Machine，有限状态机

GAL　Generic Array Logic, 通用阵列逻辑
GF　Galois Field，有限域
GFPMACS　Giga FPMAC，千兆 FPMAC
GIF　Graphic Interchange Format，图形交换格式
GNU　GNU’S not UNIX，一种非 UNIX 编码标准

GPP	General-Purpose Processor，通用处理器
GPR	General-Purpose Register，通用寄存器
HB	Half-Band filter，半带滤波器
HDL	Hardware Description Language，硬件描述语言
HDMI	High Definition Multimedia Interface，高清多媒体接口
HDTV	High-Definition TeleVision，高清电视
HI	High Frequency，高频
HP	Hewlett Packard，惠普
HSP	Harris Semiconductor DSP IC，哈里森半导体 DSP 集成电路
HW	Hardware，硬件
IBM	International Business Machines Corp，国际商用机器公司
IC	Integrated Circuit，集成电路
ICA	Independent Component Analysis，独立组分分析
ICU	Instruction Cache Unit，指令缓存单元
IDCT	Inverse DCT，离散余弦逆变换
IDEA	International Data Encryption Algorithm，国际数据加密算法
IDFT	Inverse Discrete Fourier Transform，离散傅立叶逆变换
IEC	International Electrotechnical Commission，国际电工委员会
IEEE	Institute of Electrical & Electronic Engineers，电气和电子工程师学会
IF	Inter Frequency，内部频率
IFFT	Inverse Fast Fourier Transform，快速傅立叶逆变换
IIR	Infinite Impulse Response，无限脉冲响应
IMA	Interactive Multimedia Association，交互式多媒体关联
I-MOMS	Interpolating MOMS，插入 MOMS
INTT	Inverse NTT，数论逆变换
IP	Intellectual Property，知识产权
I/Q	In-/Quadrature Phrase，同相位/正交相位
ISA	Instruction Set Architecture，指令集体系结构
ISDN	Integrated Services Digital Network，综合业务数字网
ISO	International Standardization Organization，国际标准化组织
ITU	International Telecommunications Union，国际电信同盟
JPEG	Joint Photographic Experts Group，静止图像专家组
JTAG	Joint Test Action Group，联合测试行动小组
KCPSM	Ken Chapman PSM，Ken Chapman 可编程状态机
KLT	Karhunen-Loeve Transform，Karhunen-Loeve 变换

LAB Logic Array Block，逻辑阵列模块
LAN Local Area Network，局域网
LC Logic Cell，逻辑单元
LCD Liquid-Crystal Display，液晶显示器
LE Logic Element，逻辑元件
LIFO Last-In First-Out，后入先出
LISA Language for Instruction Set Architecture，指令集体系结构语言
LF Low Frequency，低频
LFSR Linear Feedback Shift Register，线性反馈移位寄存器
LMS Least-Mean-Square，最小二乘法
LNS Logarithmic Number System，对数系统
LO Low frequency，低频
LP Low Pass，低通
LPC Linear predictive coding，线性预测编码
LPM Library of Parameterized Module，参数化模块库
LRS serial Left Right Shifter，串行左右移位器
LS Least-Square，最小平方
LSB Least Significant Bit，最低有效位
LSI Large Scale Integration, 大规模集成
LTI Linear Time Invariant，线性时不变
LUT Look-Up Table，查询表
LWDF Lattice WDF，点阵常数 WDF
LZW Lempel-Ziv-Welch，LZM 编码法

MAC Multiplication and ACcumulate，乘-累加
MACH AMD/Vantis FPGA family，AMD/Vantis FPGA 系列
MAG Multiplier Adder Graph，乘法器-加法器图
MAX Altera CPLD family，Altera CPLD 系列
MIF Memory Initialization File，存储器初始化文件
MIPS Microprocessor without Interlocked Pipeline，无内部互锁流水线的微处理器
MIPS Million Instructions Per Second，每秒百万条指令
MLSE Maximum-Likelihood Sequence Estimator，最大似然序列估计器
MMU Memory Management Unit，存储管理单元
MMX MultiMedia eXtension，多媒体扩展
MNT Mersenne NTT，默希尼数论变换
MOMS Maximum Order Minimum Support，最大序列最小支持

μP Microprocessor，微处理器
MPEG Motion Picture Experts Group，运动图像专家组
MPX MultiPleXer，多路复用器
MSPS Millions of Sample Per Second，每秒钟几百万次采样
MRC Mixed Radix Conversion，混合基数转换
MSB Most Significant Bit，最高有效位
MUL MUltiplication，乘法

NCO Numeric Controlled Oscillator，数控振荡器
NLMS Normalized LMS，标准化的 LMS
NOF Non-Output Fundamental，非输出基波
NP NonPolynomial complcx problem，非多项式复合问题
NRE Non Recurring Engineering costs，一次性工程成本
NTSC National Television System Committee，国家电视系统委员会
NTT Number Theoretic Transform，数论变换

OFB Open FeedBack(mode)，开环反馈(模式)
O-MOMS Optimal MOMS，最优 MOMS
OPAST Orthogonal PAST，正交 PAST

PAL Phase Alternating Line，逐行倒相制式
PAM Pulse-Amplitude-Modulated，脉幅调制
PAST Projection Approximation Subspace Tracking，投影近似子空间跟踪
PC Personal Computer，个人计算机
PC Principle Component，主成分
PCA Principle Component Analysis，主成分分析
PCI Peripheral Component Interconnect，外设部件互连
PCM Phase-Code Modulation，相位编码调制
PD Phase Detector，相位检测器
PDF Probability Density Function，概率密度函数
PDSP Programmable Digital Signal Processor，可编程数字信号处理器
PFA Prime Factor Algorithm，质因子算法
PIT Programmable Interval Timer，可编程间隔定时器
PLA Programmable Logic Array，可编程逻辑阵列
PLD Programmable Logic Device，可编程逻辑器件
PLL Phase-Locked Loop，锁相环
PM Phase Modulation，相位调制
PNG Portable Network Graphic，可移植网络图形

PPC	Power PC，威力计算机
PREP	PRogrammable Electronic Performance cooperation，可编程电子产品性能协议
PRNS	Polynomial RNS，多项式余数系统
PROM	Programmable ROM，可编程序只读存储器
PSK	Phase Shift Keying，相移键控
PSM	Programmable State Machine，可编程状态机
QCIF	Quarter CIF，四分之一 CIF
QDFT	Quantized DFT，量化离散傅立叶变换
QLI	Quick Look-In，快速搜索
QFFT	Quantized FFT，量化快速傅立叶变换
QMF	Quadrature Mirror Filter，正交镜像滤波器
QRNS	Quadratic RNS，二次余数系统
QSM	Quarter Square Multiplier，四分之一平方乘法器
QVGA	Quarter VGA，四分之一 VGA
RAG	Reduced adder graph，简化加法器图
RAM	Random Access Memory，随机存取存储器
RC	Resistor/Capacity，电阻/电容
RF	Radio Frequency，射频
RGB	Red，Green and Blue，红绿蓝
RISC	Reduced Instruction Set Computer，精简指令集计算机
RLS	Recursive Least Square，递归最小二乘法
RNS	Residue Number System，余数系统
ROM	Read Only Memory，只读存储器
RPFA	Rader Prime Factor Algorithm，Rader 质因子算法
RS	serial Right Shifter，串行右移移位器
RSA	Rivest-Shamir-Adleman，在数据保密技术中使用的一种通用加密方法，由 Rivest、Shamir 和 Adleman 提出
SD	Signed Digit，有符号数字
SDRAM	Synchronous Dynamic RAM，同步动态 RAM
SECAM	Sequential color with memory，带有记忆的序列颜色
SG	Stochastic Gradient，随机梯度
SIMD	Single Instruction Multiple Data，单指令多数据
SLMS	Signed LMS，有符号 LMS
SM	Signed Magnitude，有符号幅值

SNR	Signal-to-Noise，信噪比
SOBI	Second Order Blind Identification，二阶盲识别
SPEC	System Performance Evaluation Cooperation，系统性能评估机构
SPLD	Simple PLD，简单 PLD
SPT	Signed Power of Two，有符号的 2 的幂
SR	Shift Register，移位寄存器
SRAM	Static Random Access Memory, 静态随机存取存储器
SSE	Streaming SIMD Extension，单指令多数据流扩展
STFT	Short-Term Fourier Transform，瞬时傅立叶变换
SVGA	Super VGA，超级 VGA
SW	Software，软件
SXGA	Super extended graphics array，超扩展图形阵列
TDLMS	Transform-Domain LMS，变换域 LMS
TLB	Translation Look-aside Buffer，转换旁路缓冲器
TLU	Table Look-Up，表查询
TMS	Texas Instruments DSP family，德州仪器 DSP 系列
TI	Texas Instruments，德州仪器
TOS	Top Of Stack，栈顶
TTL	Transistor Transistor Logic 晶体管-晶体管逻辑
TVP	True Vector Processor，真向量处理器
UART	Universal Asynchronous Receiver Transmitter，通用异步收发器
USB	Universal Serial Bus，通用串行总线
VCO	Voltage Controlled Oscillator，压控振荡器
VGA	Video graphics array，视频图形阵列
VHDL	VHSIC Hardware Description Language，VHSIC 硬件描述语言
VHSIC	Very-High-Speed Integrated Circuit，超高速集成电路
VLC	Variable run-Length Coding，可变行程长度编码
VLIW	Very Long Instruction Word，超长指令字
VLSI	Very Large Integration IC，超大规模集成电路
WDF	Wave Digital Filter，波数字滤波器
WDT	Watchdog Timer，看门狗计时器
WFTA	Winograd Fourier Transform Algorithm，Winograd 傅立叶变换算法
WSS	Wide Sense Stationary，广义稳态的

WWW	World Wide Web，万维网
XC	Xilinx FPGA family，Xilinx FPGA 系列
XNOR	eXclusive NOR gate，异或非门
YACC	Yet Another Compiler-Compiler，另一种编译器的编译器

参考文献

1. B. Dipert: "EDN's first annual PLD directory," *EDN* pp. 54–84 (2000)
2. S. Brown, Z. Vranesic: *Fundamentals of Digital Logic with VHDL Design* (McGraw-Hill, New York, 1999)
3. D. Smith: *HDL Chip Design* (Doone Publications, Madison, Alabama, USA, 1996)
4. U. Meyer-Bäse: *The Use of Complex Algorithm in the Realization of Universal Sampling Receiver using FPGAs (in German)* (VDI/Springer, Düsseldorf, 1995), vol. 10, No. 404, 215 pages
5. U. Meyer-Bäse: *Fast Digital Signal Processing (in German)* (Springer, Heidelberg, 1999), 370 pages
6. P. Lapsley, J. Bier, A. Shoham, E. Lee: *DSP Processor Fundamentals* (IEEE Press, New York, 1997)
7. D. Shear: "EDN's DSP Benchmarks," *EDN* **33**, pp. 126–148 (1988)
8. V. Betz, S. Brown: "FPGA Challenges and Opportunities at 40 nm and Beyond," in *International Conference on Field Programmable Logic and Applications*Prague (2009), p. 4, fPL
9. Plessey: (1990), "Data sheet," ERA60100
10. J. Greene, E. Hamdy, S. Beal: "Antifuse Field Programmable Gate Arrays," *Proceedings of the IEEE* pp. 1042–56 (1993)
11. Lattice: (1997), "Data sheet," GAL 16V8
12. J. Rose, A. Gamal, A. Sangiovanni-Vincentelli: "Architecture of Field-Programmable Gate Arrays," *Proceedings of the IEEE* pp. 1013–29 (1993)
13. Xilinx: "PREP Benchmark Observations," in *Xilinx-Seminar*San Jose (1993)
14. Altera: "PREP Benchmarks Reveal FLEX 8000 is Biggest, MAX 7000 is Fastest," in *Altera News & Views* San Jose (1993)
15. Actel: "PREP Benchmarks Confirm Cost Effectiveness of Field Programmable Gate Arrays," in *Actel-Seminar* (1993)
16. E. Lee: "Programmable DSP Architectures: Part I," *IEEE Transactions on Acoustics, Speech and Signal Processing Magazine* pp. 4–19 (1988)
17. E. Lee: "Programmable DSP Architectures: Part II," *IEEE Transactions on Acoustics, Speech and Signal Processing Magazine* pp. 4–14 (1989)
18. R. Petersen, B. Hutchings: "An Assessment of the Suitability of FPGA-Based Systems for Use in Digital Signal Processing," *Lecture Notes in Computer Science* **975**, 293–302 (1995)
19. J. Villasenor, B. Hutchings: "The Flexibility of Configurable Computing," *IEEE Signal Processing Magazine* pp. 67–84 (1998)
20. Altera: (2011), "Floating-Point Megafunctions User Guide," ver. 11.1
21. Texas Instruments: (2008), "TMS320C6727B, TMS320C6726B, TMS320C6722B, TMS320C6720 Floating-Point Digital Signal Processors"
22. Xilinx: (1993), "Data book," XC2000, XC3000 and XC4000
23. Altera: (1996), "Data sheet," FLEX 10K CPLD Family

24. Altera: (2013), "Cyclone IV Device Handbook," volume 1-3
25. U. Meyer-Bäse: *Digital Signal Processing with Field Programmable Gate Arrays*, 1st edn. (Springer, Heidelberg, 2001), 422 pages
26. F. Vahid, T. Givargis: *Embedded System Design* (John Wiley & Sons, New York, 2001)
27. J. Hakewill: "Gainin Control over Silicon IP," *Communication Design* online (2000)
28. E. Castillo, U. Meyer-Baese, L. Parrilla, A. Garcia, A. Lloris: "Watermarking Strategies for RNS-Based System Intellectual Property Protection," in *Proc. of 2005 IEEE Workshop on Signal Processing Systems SiPS'05* Athens (2005), pp. 160–165
29. O. Spaniol: *Computer Arithmetic: Logic and Design* (John Wiley & Sons, New York, 1981)
30. I. Koren: *Computer Arithmetic Algorithms* (Prentice Hall, Englewood Cliffs, New Jersey, 1993)
31. E.E. Swartzlander: *Computer Arithmetic, Vol. I* (Dowden, Hutchingon and Ross, Inc., Stroudsburg, Pennsylvania, 1980), also reprinted by IEEE Computer Society Press 1990
32. E. Swartzlander: *Computer Arithmetic, Vol. II* (IEEE Computer Society Press, Stroudsburg, Pennsylvania, 1990)
33. K. Hwang: *Computer Arithmetic: Principles, Architecture and Design* (John Wiley & Sons, New York, 1979)
34. U. Meyer-Baese: *Digital Signal Processing with Field Programmable Gate Arrays*, 3rd edn. (Springer-Verlag, Berlin, 2007), 774 pages
35. N. Takagi, H. Yasuura, S. Yajima: "High Speed VLSI multiplication algorithm with a redundant binary addition tree," *IEEE Transactions on Computers* **34**(2) (1985)
36. D. Bull, D. Horrocks: "Reduced-Complexity Digital Filtering Structures using Primitive Operations," *Electronics Letters* pp. 769–771 (1987)
37. D. Bull, D. Horrocks: "Primitive operator digital filters," *IEE Proceedings-G* **138**, 401–411 (1991)
38. A. Dempster, M. Macleod: "Use of Minimum-Adder Multiplier Blocks in FIR Digital Filters," *IEEE Transactions on Circuits and Systems II* **42**, 569–577 (1995)
39. A. Dempster, M. Macleod: "Comments on "Minimum Number of Adders for Implementing a Multiplier and Its Application to the Design of Multiplierless Digital Filters"," *IEEE Transactions on Circuits and Systems II* **45**, 242–243 (1998)
40. F. Taylor, R. Gill, J. Joseph, J. Radke: "A 20 Bit Logarithmic Number System Processor," *IEEE Transactions on Computers* **37**(2) (1988)
41. P. Lee: "An FPGA Prototype for a Multiplierless FIR Filter Built Using the Logarithmic Number System," *Lecture Notes in Computer Science* **975**, 303–310 (1995)
42. J. Mitchell: "Computer multiplication and division using binary logarithms," *IRE Transactions on Electronic Computers* **EC-11**, 512–517 (1962)
43. N. Szabo, R. Tanaka: *Residue Arithmetic and its Applications to Computer Technology* (McGraw-Hill, New York, 1967)
44. M. Soderstrand, W. Jenkins, G. Jullien, F. Taylor: *Residue Number System Arithmetic: Modern Applications in Digital Signal Processing*, IEEE Press Reprint Series (IEEE Press, New York, 1986)
45. U. Meyer-Bäse, A. Meyer-Bäse, J. Mellott, F. Taylor: "A Fast Modified CORDIC-Implementation of Radial Basis Neural Networks," *Journal of VLSI Signal Processing* pp. 211–218 (1998)

46. V. Hamann, M. Sprachmann: "Fast Residual Arithmetics with FPGAs," in *Proceedings of the Workshop on Design Methodologies for Microelectronics*Smolenice Castle, Slovakia (1995), pp. 253–255
47. G. Jullien: "Residue Number Scaling and Other Operations Using ROM Arrays," *IEEE Transactions on Communications* **27**, 325–336 (1978)
48. M. Griffin, M. Sousa, F. Taylor: "Efficient Scaling in the Residue Number System," in *IEEE International Conference on Acoustics, Speech, and Signal Processing* (1989), pp. 1075–1078
49. G. Zelniker, F. Taylor: "A Reduced-Complexity Finite Field ALU," *IEEE Transactions on Circuits and Systems* **38**(12), 1571–1573 (1991)
50. IEEE: "Standard for Binary Floating-Point Arithmetic," *IEEE Std 754-1985* pp. 1–14 (1985)
51. IEEE: "Standard for Binary Floating-Point Arithmetic," *IEEE Std 754-2008* pp. 1–70 (2008)
52. N. Shirazi, P. Athanas, A. Abbott: "Implementation of a 2-D Fast Fourier Transform on an FPGA-Based Custom Computing Machine," *Lecture Notes in Computer Science* **975**, 282–292 (1995)
53. Xilinx: "Using the Dedicated Carry Logic in XC4000E," in *Xilinx Application Note XAPP 013*San Jose (1996)
54. M. Bayoumi, G. Jullien, W. Miller: "A VLSI Implementation of Residue Adders," *IEEE Transactions on Circuits and Systems* pp. 284–288 (1987)
55. A. Garcia, U. Meyer-Bäse, F. Taylor: "Pipelined Hogenauer CIC Filters using Field-Programmable Logic and Residue Number System," in *IEEE International Conference on Acoustics, Speech, and Signal Processing*Vol. 5 (1998), pp. 3085–3088
56. L. Turner, P. Graumann, S. Gibb: "Bit-serial FIR Filters with CSD Coefficients for FPGAs," *Lecture Notes in Computer Science* **975**, 311–320 (1995)
57. J. Logan: "A Square-Summing, High-Speed Multiplier," *Computer Design* pp. 67–70 (1971)
58. Leibowitz: "A Simplified Binary Arithmetic for the Fermat Number Transform," *IEEE Transactions on Acoustics, Speech and Signal Processing* **24**, 356–359 (1976)
59. T. Chen: "A Binary Multiplication Scheme Based on Squaring," *IEEE Transactions on Computers* pp. 678–680 (1971)
60. E. Johnson: "A Digital Quarter Square Multiplier," *IEEE Transactions on Computers* pp. 258–260 (1980)
61. Altera: (2004), "Implementing Multipliers in FPGA Devices," application note 306, Ver. 3.0
62. D. Anderson, J. Earle, R. Goldschmidt, D. Powers: "The IBM System/360 Model 91: Floating-Point Execution Unit," *IBM Journal of Research and Development* **11**, 34–53 (1967)
63. V. Pedroni: *Circuit Design and Simulation with VHDL* (The MIT Press, Cambridge, Massachusetts, 2010)
64. A. Rushton: *VHDL for logic Synthesis*, 3rd edn. (John Wiley & Sons, New York, 2011)
65. P. Ashenden: *The Designer's Guide to VHDL*, 3rd edn. (Morgan Kaufman Publishers, Inc., San Mateo, CA, 2008)
66. A. Croisier, D. Esteban, M. Levilion, V. Rizo: (1973), "Digital Filter for PCM Encoded Signals," US patent no. 3777130
67. A. Peled, B. Liu: "A New Realization of Digital Filters," *IEEE Transactions on Acoustics, Speech and Signal Processing* **22**(6), 456–462 (1974)
68. K. Yiu: "On Sign-Bit Assignment for a Vector Multiplier," *Proceedings of the IEEE* **64**, 372–373 (1976)

69. K. Kammeyer: "Quantization Error on the Distributed Arithmetic," *IEEE Transactions on Circuits and Systems* **24**(12), 681–689 (1981)
70. F. Taylor: "An Analysis of the Distributed-Arithmetic Digital Filter," *IEEE Transactions on Acoustics, Speech and Signal Processing* **35**(5), 1165–1170 (1986)
71. S. White: "Applications of Distributed Arithmetic to Digital Signal Processing: A Tutorial Review," *IEEE Transactions on Acoustics, Speech and Signal Processing Magazine* pp. 4–19 (1989)
72. K. Kammeyer: "Digital Filter Realization in Distributed Arithmetic," in *Proc. European Conf. on Circuit Theory and Design* (1976), Genoa, Italy
73. F. Taylor: *Digital Filter Design Handbook* (Marcel Dekker, New York, 1983)
74. H. Nussbaumer: *Fast Fourier Transform and Convolution Algorithms* (Springer, Heidelberg, 1990)
75. H. Schmid: *Decimal Computation* (John Wiley & Sons, New York, 1974)
76. Y. Hu: "CORDIC-Based VLSI Architectures for Digital Signal Processing," *IEEE Signal Processing Magazine* pp. 16–35 (1992)
77. U. Meyer-Bäse, A. Meyer-Bäse, W. Hilberg: "**CO**ordinate **R**otation **DI**gital **C**omputer (CORDIC) Synthesis for FPGA," *Lecture Notes in Computer Science* **849**, 397–408 (1994)
78. J.E. Volder: "The CORDIC Trigonometric computing technique," *IRE Transactions on Electronics Computers* **8**(3), 330–4 (1959)
79. J. Walther: "A Unified algorithm for elementary functions," *Spring Joint Computer Conference* pp. 379–385 (1971)
80. X. Hu, R. Huber, S. Bass: "Expanding the Range of Convergence of the CORDIC Algorithm," *IEEE Transactions on Computers* **40**(1), 13–21 (1991)
81. D. Timmermann (1990): "CORDIC-Algorithmen, Architekturen und monolithische Realisierungen mit Anwendungen in der Bildverarbeitung," Ph.D. thesis, VDI Press, Serie 10, No. 152
82. H. Hahn (1991): "Untersuchung und Integration von Berechnungsverfahren elementarer Funktionen auf CORDIC-Basis mit Anwendungen in der adaptiven Signalverarbeitung," Ph.D. thesis, VDI Press, Serie 9, No. 125
83. G. Ma (1989): "A Systolic Distributed Arithmetic Computing Machine for Digital Signal Processing and Linear Algebra Applications," Ph.D. thesis, University of Florida, Gainesville
84. Y.H. Hu: "The Quantization Effects of the CORDIC-Algorithm," *IEEE Transactions on signal processing* pp. 834–844 (1992)
85. M. Abramowitz, A. Stegun: *Handbook of Mathematical Functions*, 9th edn. (Dover Publications, Inc., New York, 1970)
86. W. Press, W. Teukolsky, W. Vetterling, B. Flannery: *Numerical Recipes in C*, 2nd edn. (Cambridge University Press, Cambrige, 1992)
87. Intersil: (2001), "Data sheet," HSP50110
88. A.V. Oppenheim, R.W. Schafer: *Discrete-Time Signal Processing* (Prentice Hall, Englewood Cliffs, New Jersey, 1992)
89. D.J. Goodman, M.J. Carey: "Nine Digital Filters for Decimation and Interpolation," *IEEE Transactions on Acoustics, Speech and Signal Processing* pp. 121–126 (1977)
90. U. Meyer-Baese, J. Chen, C. Chang, A. Dempster: "A Comparison of Pipelined RAG-n and DA FPGA-Based Multiplierless Filters," in *IEEE Asia Pacific Conference on Circuits and Systems* (2006), pp. 1555–1558
91. O. Gustafsson, A. Dempster, L. Wanhammer: "Extended Results for Minimum-Adder Constant Integer Multipliers," in *IEEE International Conference on Acoustics, Speech, and Signal Processing*Phoenix (2002), pp. 73–76

92. Y. Wang, K. Roy: "CSDC: A New Complexity Reduction Technique for Multiplierless Implementation of Digital FIR Filters," *IEEE Transactions on Circuits and Systems I* **52**(0), 1845–1852 (2005)
93. H. Samueli: "An Improved Search Algorithm for the Design of Multiplierless FIR Filters with Powers-of-Two Coefficients," *IEEE Transactions on Circuits and Systems* **36**(7), 10441047 (1989)
94. Y. Lim, S. Parker: "Discrete Coefficient FIR Digital Filter Design Based Upon an LMS Criteria," *IEEE Transactions on Circuits and Systems* **36**(10), 723–739 (1983)
95. Altera: (2013), "FIR Compiler: MegaCore Function User Guide," ver. 12.1
96. U. Meyer-Baese, G. Botella, D. Romero, M. Kumm: "Optimization of high speed pipelining in FPGA-based FIR filter design using genetic algorithm," in *Proc. SPIE Int. Soc. Opt. Eng., Independent Component Analyses, Wavelets, Neural Networks, Biosystems, and Nanoengineering X* (2012), pp. 84010R1–12, vol. 8401
97. R. Hartley: "Subexpression Sharing in Filters Using Canonic Signed Digital Multiplier," *IEEE Transactions on Circuits and Systems II* **30**(10), 677–688 (1996)
98. S. Mirzaei, R. Kastner, A. Hosangadi: "Layout aware optimization of high speed fixed coefficient FIR filters for FPGAs," *International Journal of Reconfigurable Computing* **2010**(3), 1–17 (2010)
99. R. Saal: *Handbook of filter design* (AEG-Telefunken, Frankfurt, Germany, 1979)
100. C. Barnes, A. Fam: "Minimum Norm Recursive Digital Filters that Are Free of Overflow Limit Cycles," *IEEE Transactions on Circuits and Systems* pp. 569–574 (1977)
101. A. Fettweis: "Wave Digital Filters: Theorie and Practice," *Proceedings of the IEEE* pp. 270–327 (1986)
102. R. Crochiere, A. Oppenheim: "Analysis of Linear Digital Networks," *Proceedings of the IEEE* **63**(4), 581–595 (1975)
103. A. Dempster, M. Macleod: "Multiplier blocks and complexity of IIR structures," *Electronics Letters* **30**(22), 1841–1842 (1994)
104. A. Dempster, M. Macleod: "IIR Digital Filter Design Using Minimum Adder Multiplier Blocks," *IEEE Transactions on Circuits and Systems II* **45**, 761–763 (1998)
105. A. Dempster, M. Macleod: "Constant Integer Multiplication using Minimum Adders," *IEE Proceedings - Circuits, Devices & Systems* **141**, 407–413 (1994)
106. K. Parhi, D. Messerschmidt: "Pipeline Interleaving and Parallelism in Recursive Digital Filters - Part I: Pipelining Using Scattered Look-Ahead and Decomposition," *IEEE Transactions on Acoustics, Speech and Signal Processing* **37**(7), 1099–1117 (1989)
107. H. Loomis, B. Sinha: "High Speed Recursive Digital Filter Realization," *Circuits, Systems, Signal Processing* **3**(3), 267–294 (1984)
108. M. Soderstrand, A. de la Serna, H. Loomis: "New Approach to Clustered Look-ahead Pipelined IIR Digital Filters," *IEEE Transactions on Circuits and Systems II* **42**(4), 269–274 (1995)
109. J. Living, B. Al-Hashimi: "Mixed Arithmetic Architecture: A Solution to the Iteration Bound for Resource Efficient FPGA and CPLD Recursive Digital Filters," in *IEEE International Symposium on Circuits and Systems* Vol. I (1999), pp. 478–481
110. H. Martinez, T. Parks: "A Class of Infinite-Duration Impulse Response Digital Filters for Sampling Rate Reduction," *IEEE Transactions on Acoustics, Speech and Signal Processing* **26**(4), 154–162 (1979)

111. K. Parhi, D. Messerschmidt: "Pipeline Interleaving and Parallelism in Recursive Digital Filters - Part II: Pipelined Incremental Block Filtering," *IEEE Transactions on Acoustics, Speech and Signal Processing* **37**(7), 1118–1134 (1989)
112. A. Gray, J. Markel: "Digital Lattice and Ladder Filter Synthesis," *IEEE Transactions on Audio and Electroacoustics* **21**(6), 491–500 (1973)
113. L. Gazsi: "Explicit Formulas for Lattice Wave Digital Filters," *IEEE Transactions on Circuits and Systems* pp. 68–88 (1985)
114. J. Xu, U. Meyer-Baese, K. Huang: "FPGA-based solution for real-time tracking of time-varying harmonics and power disturbances," *International Journal of Power Electronics (IJPELEC)* **4**(2), 134–159 (2012)
115. J. Xu (2009): "FPGA-based Real Time Processing of Time-Varying Waveform Distortions and Power Disturbances in Power Systems," Ph.D. thesis, Florida State University
116. L. Jackson: "Roundoff-Noise Analysis for Fixed-point Digital FIlters Realized in Cascade or Parallel Form," *IEEE Transactions on Audio and Electroacoustics* **18**(2), 107–123 (1970)
117. W. Hess: *Digitale Filter* (Teubner Studienbücher, Stuttgart, 1989)
118. H.L. Arriens: (2013), "(L)WDF Toolbox for MATLAB," personal communication
URL `http://ens.ewi.tudelft.nl/ huib/mtbx/`
119. T. Saramaki: "On the Design of Digital Filters as a Sum of Two All-pass Filters," *IEEE Transactions on Circuits and Systems* pp. 1191–1193 (1985)
120. P. Vaidyanathan, P. Regalia, S. Mitra: "Design of doubly complementary IIR digital filters using a single complex allpass filter, with multirate applications," *IEEE Transactions on Circuits and Systems* **34**, 378–389 (1987)
121. M. Anderson, S. Summerfield, S. Lawson: "Realisation of lattice wave digital filters using three-port adaptors," *IEE Electronics Letters* pp. 628–629 (1995)
122. M. Shajaan, J. Sorensen: "Time-Area Efficient Multiplier-Free Recursive Filter Architectures for FPGA Implementation," in *IEEE International Conference on Acoustics, Speech, and Signal Processing* (1996), pp. 3269–3272
123. P. Vaidyanathan: *Multirate Systems and Filter Banks* (Prentice Hall, Englewood Cliffs, New Jersey, 1993)
124. S. Winograd: "On Computing the Discrete Fourier Transform," *Mathematics of Computation* **32**, 175–199 (1978)
125. Z. Mou, P. Duhamel: "Short-Length FIR Filters and Their Use in Fast Nonrecursive Filtering," *IEEE Transactions on Signal Processing* **39**, 1322–1332 (1991)
126. P. Balla, A. Antoniou, S. Morgera: "Higher Radix Aperiodic-Convolution Algorithms," *IEEE Transactions on Acoustics, Speech and Signal Processing* **34**(1), 60–68 (1986)
127. E.B. Hogenauer: "An Economical Class of Digital Filters for Decimation and Interpolation," *IEEE Transactions on Acoustics, Speech and Signal Processing* **29**(2), 155–162 (1981)
128. Harris: (1992), "Data sheet," HSP43220 Decimating Digital Filter
129. Motorola: (1989), "Datasheet," DSP56ADC16 16–Bit Sigma–Delta Analog–to–Digital Converter
130. Intersil: (2000), "Data sheet," HSP50214 Programmable Downconverter
131. Texas Instruments: (2000), "Data sheet," GC4114 Quad Transmit Chip
132. Altera: (2007), "Understanding CIC Compensation Filters," application note 455, Ver. 1.0

133. O. Six (1996): "Design and Implementation of a Xilinx universal XC-4000 FPGAs board," Master's thesis, Institute for Data Technics, Darmstadt University of Technology
134. S. Dworak (1996): "Design and Realization of a new Class of Frequency Sampling Filters for Speech Processing using FPGAs," Master's thesis, Institute for Data Technics, Darmstadt University of Technology
135. L. Wang, W. Hsieh, T. Truong: "A Fast Computation of 2-D Cubic-spline Interpolation," *IEEE Signal Processing Letters* **11**(9), 768–771 (2004)
136. T. Laakso, V. Valimaki, M. Karjalainen, U. Laine: "Splitting the Unit Delay," *IEEE Signal Processing Magazine* **13**(1), 30–60 (1996)
137. M. Unser: "Splines: a Perfect Fit for Signal and Image Processing," *IEEE Signal Processing Magazine* **16**(6), 22–38 (1999)
138. S. Cucchi, F. Desinan, G. Parladori, G. Sicuranza: "DSP Implementation of Arbitrary Sampling Frequency Conversion for High Quality Sound Application," in *IEEE International Symposium on Circuits and Systems*Vol. 5 (1991), pp. 3609–3612
139. C. Farrow: "A Continuously Variable Digital Delay Element," in *IEEE International Symposium on Circuits and Systems*Vol. 3 (1988), pp. 2641–2645
140. S. Mitra: *Digital Signal Processing: A Computer-Based Approach*, 3rd edn. (McGraw Hill, Boston, 2006)
141. S. Dooley, R. Stewart, T. Durrani: "Fast On-line B-spline Interpolation," *IEE Electronics Letters* **35**(14), 1130–1131 (1999)
142. Altera: "Farrow-Based Decimating Sample Rate Converter," in *Altera application note AN-347*San Jose (2004)
143. F. Harris: "Performance and Design Considerations of the Farrow Filter when used for Arbitrary Resampling of Sampled Time Series," in *Conference Record of the Thirty-First Asilomar Conference on Signals, Systems & Computers*Vol. 2 (1997), pp. 1745–1749
144. M. Unser, A. Aldroubi, M. Eden: "B-spline Signal Processing: I– Theory," *IEEE Transactions on Signal Processing* **41**(2), 821–833 (1993)
145. P. Vaidyanathan: "Generalizations of the Sampling Theorem: Seven Decades after Nyquist," *Circuits and Systems I: Fundamental Theory and Applications* **48**(9), 1094–1109 (2001)
146. Z. Mihajlovic, A. Goluban, M. Zagar: "Frequency Domain Analysis of B-spline Interpolation," in *Proceedings of the IEEE International Symposium on Industrial Electronics* Vol. 1 (1999), pp. 193–198
147. M. Unser, A. Aldroubi, M. Eden: "Fast B-spline Transforms for Continuous Image Representation and Interpolation," *IEEE Transactions on Pattern Analysis and Machine Intelligence* **13**(3), 277–285 (1991)
148. M. Unser, A. Aldroubi, M. Eden: "B-spline Signal Processing: II– Efficiency Design and Applications," *IEEE Transactions on Signal Processing* **41**(2), 834–848 (1993)
149. M. Unser, M. Eden: "FIR Approximations of Inverse Filters and Perfect Reconstruction Filter Banks," *Signal Processing* **36**(2), 163–174 (1994)
150. T. Blu, P. Thévenaz, M. Unser: "MOMS: Maximal-Order Interpolation of Minimal Support," *IEEE Transactions on Image Processing* **10**(7), 1069–1080 (2001)
151. T. Blu, P. Thévenaz, M. Unser: "High-Quality Causal Interpolation for Online Unidimenional Signal Processing," in *Proceedings of the Twelfth European Signal Processing Conference (EUSIPCO'04)* (2004), pp. 1417–1420
152. A. Gotchev, J. Vesma, T. Saramäki, K. Egiazarian: "Modified B-Spline Functions for Efficient Image Interpolation," in *First IEEE Balkan Conference on*

Signal Processing, Communications, Circuits, and Systems (2000), pp. 241–244
153. W. Hawkins: "FFT Interpolation for Arbitrary Factors: a Comparison to Cubic Spline Interpolation and Linear Interpolation," in *Proceedings IEEE Nuclear Science Symposium and Medical Imaging Conference* Vol. 3 (1994), pp. 1433–1437
154. A. Haar: "Zur Theorie der orthogonalen Funktionensysteme," *Mathematische Annalen* **69**, 331–371 (1910). Dissertation Göttingen 1909
155. W. Sweldens: "The Lifting Scheme: A New Philosophy in Biorthogonal Wavelet Constructions," in *SPIE, Wavelet Applications in Signal and Image Processing III* (1995), pp. 68–79
156. C. Herley, M. Vetterli: "Wavelets and Recursive Filter Banks," *IEEE Transactions on Signal Processing* **41**, 2536–2556 (1993)
157. I. Daubechies: *Ten Lectures on Wavelets* (Society for Industrial and Applied Mathematics (SIAM), Philadelphia, 1992)
158. I. Daubechies, W. Sweldens: "Factoring Wavelet Transforms into Lifting Steps," *The Journal of Fourier Analysis and Applications* **4**, 365–374 (1998)
159. G. Strang, T. Nguyen: *Wavelets and Filter Banks* (Wellesley-Cambridge Press, Wellesley MA, 1996)
160. D. Esteban, C. Galand: "Applications of Quadrature Mirror Filters to Split Band Voice Coding Schemes," in *IEEE International Conference on Acoustics, Speech, and Signal Processing* (1977), pp. 191–195
161. M. Smith, T. Barnwell: "Exact Reconstruction Techniques for Tree-Structured Subband Coders," *IEEE Transactions on Acoustics, Speech and Signal Processing* pp. 434–441 (1986)
162. M. Vetterli, J. Kovacevic: *Wavelets and Subband Coding* (Prentice Hall, Englewood Cliffs, New Jersey, 1995)
163. R. Crochiere, L. Rabiner: *Multirate Digital Signal Processing* (Prentice Hall, Englewood Cliffs, New Jersey, 1983)
164. M. Acheroy, J.M. Mangen, Y. Buhler.: "Progressive Wavelet Algorithm versus JPEG for the Compression of METEOSAT Data," in *SPIE, San Diego* (1995)
165. T. Ebrahimi, M. Kunt: "Image Compression by Gabor Expansion," *Optical Engineering* **30**, 873–880 (1991)
166. D. Gabor: "Theory of communication," *J. Inst. Elect. Eng (London)* **93**, 429–457 (1946)
167. A. Grossmann, J. Morlet: "Decomposition of Hardy Functions into Square Integrable Wavelets of Constant Shape," *SIAM J. Math. Anal.* **15**, 723–736 (1984)
168. U. Meyer-Bäse: "High Speed Implementation of Gabor and Morlet Wavelet Filterbanks using RNS Frequency Sampling Filters," in *Aerosense 98 *SPIE*, Orlando* (1998), pp. 522–533
169. U. Meyer-Bäse: "Die Hutlets – eine biorthogonale Wavelet-Familie: Effiziente Realisierung durch multipliziererfreie, perfekt rekonstruierende Quadratur Mirror Filter," *Frequenz* pp. 39–49 (1997)
170. U. Meyer-Bäse, F. Taylor: "The Hutlets - a Biorthogonal Wavelet Family and their High Speed Implementation with RNS, Multiplier-free, Perfect Reconstruction QMF," in *Aerosense 97 SPIE, Orlando* (1997), pp. 670–681
171. D. Donoho, I. Johnstone: "Ideal Spatial Adatation by Wavelet Shrinkage," *Biometrika* **81**(3), 425–545 (1994)
172. S. Mallat: *A Wavelet Tour of Signal Processing* (Academic Press, San Diego, USA, 1998)
173. D. Donoho, I. Johnstone, G. Kerkyacharian, D. Picard: "Wavelet Shrinkage: Asymptopia?," *J. Roy. Statist. Soc.* **57**(2), 301–369 (1995)

174. M. Heideman, D. Johnson, C. Burrus: "Gauss and the History of the Fast Fourier Transform," *IEEE Transactions on Acoustics, Speech and Signal Processing Magazine* **34**, 265–267 (1985)
175. C. Burrus: "Index Mappings for Multidimensional Formulation of the DFT and Convolution," *IEEE Transactions on Acoustics, Speech and Signal Processing* **25**, 239–242 (1977)
176. B. Baas (1997): "An Approach to Low-power, High-performance, Fast Fourier Transform Processor Design," Ph.D. thesis, Stanford University
177. G. Sunada, J. Jin, M. Berzins, T. Chen: "COBRA: An 1.2 Million Transistor Exandable Column FFT Chip," in *Proceedings of the International Conference on Computer Design: VLSI in Computers and Processors* (IEEE Computer Society Press, Los Alamitos, CA, USA, 1994), pp. 546–550
178. TMS: (1996), "TM-66 swiFFT Chip," Texas Memory Systems
179. SHARP: (1997), "BDSP9124," digital signal processor
180. J. Mellott (1997): "Long Instruction Word Computer," Ph.D. thesis, University of Florida, Gainesville
181. P. Lavoie: "A High-Speed CMOS Implementation of the Winograd Fourier Transform Algorithm," *IEEE Transactions on Signal Processing* **44**(8), 2121–2126 (1996)
182. G. Panneerselvam, P. Graumann, L. Turner: "Implementation of Fast Fourier Transforms and Discrete Cosine Transforms in FPGAs," in *Lecture Notes in Computer Science* Vol. 1142 (1996), pp. 1142:272–281
183. Altera: "Fast Fourier Transform," in *Solution Brief 12, Altera Corparation* (1997)
184. G. Goslin: "Using Xilinx FPGAs to Design Custom Digital Signal Processing Devices," in *Proceedings of the* DSP^X (1995), pp. 595–604
185. C. Dick: "Computing 2-D DFTs Using FPGAs," *Lecture Notes in Computer Science: Field-Programmable Logic* pp. 96–105 (1996)
186. S.D. Stearns, D.R. Hush: *Digital Signal Analysis* (Prentice Hall, Englewood Cliffs, New Jersey, 1990)
187. K. Kammeyer, K. Kroschel: *Digitale Signalverarbeitung* (Teubner Studienbücher, Stuttgart, 1989)
188. E. Brigham: *FFT*, 3rd edn. (Oldenbourg Verlag, München Wien, 1987)
189. R. Ramirez: *The FFT: Fundamentals and Concepts* (Prentice Hall, Englewood Cliffs, New Jersey, 1985)
190. R.E. Blahut: *Theory and practice of error control codes* (Addison-Wesley, Melo Park, California, 1984)
191. C. Burrus, T. Parks: *DFT/FFT and Convolution Algorithms* (John Wiley & Sons, New York, 1985)
192. D. Elliott, K. Rao: *Fast Transforms: Algorithms, Analyses, Applications* (Academic Press, New York, 1982)
193. A. Nuttall: "Some Windows with Very Good Sidelobe Behavior," *IEEE Transactions on Acoustics, Speech and Signal Processing* **ASSP-29**(1), 84–91 (1981)
194. U. Meyer-Bäse, K. Damm (1988): "Fast Fourier Transform using Signal Processor," Master's thesis, Department of Information Science, Darmstadt University of Technology
195. M. Narasimha, K. Shenoi, A. Peterson: "Quadratic Residues: Application to Chirp Filters and Discrete Fourier Transforms," in *IEEE International Conference on Acoustics, Speech, and Signal Processing* (1976), pp. 12–14
196. C. Rader: "Discrete Fourier Transform when the Number of Data Samples is Prime," *Proceedings of the IEEE* **56**, 1107–8 (1968)

197. J. McClellan, C. Rader: *Number Theory in Digital Signal Processing* (Prentice Hall, Englewood Cliffs, New Jersey, 1979)
198. I. Good: "The Relationship between Two Fast Fourier Transforms," *IEEE Transactions on Computers* **20**, 310–317 (1971)
199. L. Thomas: "Using a Computer to Solve Problems in Physics," in *Applications of Digital Computers* (Ginn, Dordrecht, 1963)
200. A. Dandalis, V. Prasanna: "Fast Parallel Implementation of DFT Using Configurable Devices," *Lecture Notes in Computer Science* **1304**, 314–323 (1997)
201. U. Meyer-Bäse, S. Wolf, J. Mellott, F. Taylor: "High Performance Implementation of Convolution on a Multi FPGA Board using NTT's defined over the Eisenstein Residuen Number System," in *Aerosense 97 SPIE, Orlando* (1997), pp. 431–442
202. Xilinx: (2000), "High-Performance 256-Point Complex FFT/IFFT," product specification
203. Altera: (2012), "FFT MegaCore Function: User Guide," UG-FFT-12.0
204. Z. Wang: "Fast Algorithms for the Discrete W transfrom and for the discrete Fourier Transform," *IEEE Transactions on Acoustics, Speech and Signal Processing* pp. 803–816 (1984)
205. M. Narasimha, A. Peterson: "On the Computation of the Discrete Cosine Transform," *IEEE Transaction on Communications* **26**(6), 934–936 (1978)
206. K. Rao, P. Yip: *Discrete Cosine Transform* (Academic Press, San Diego, CA, 1990)
207. B. Lee: "A New Algorithm to Compute the Discrete Cosine Transform," *IEEE Transactions on Acoustics, Speech and Signal Processing* **32**(6), 1243–1245 (1984)
208. S. Ramachandran, S. Srinivasan, R. Chen: "EPLD-Based Architecture of Real Time 2D-discrete Cosine Transform and Qunatization for Image Compression," in *IEEE International Symposium on Circuits and Systems* Vol. III (1999), pp. 375–378
209. C. Burrus, P. Eschenbacher: "An In-Place, In-Order Prime Factor FFT Algorithm," *IEEE Transactions on Acoustics, Speech and Signal Processing* **29**(4), 806–817 (1981)
210. H. Lüke: *Signalübertragung* (Springer, Heidelberg, 1988)
211. D. Herold, R. Huthmann (1990): "Decoder for the Radio Data System (RDS) using Signal Processor TMS320C25," Master's thesis, Institute for Data Technics, Darmstadt University of Technology
212. U. Meyer-Bäse, R. Watzel: "A comparison of DES and LFSR based FPGA Implementable Cryptography Algorithms," in *3rd International Symposium on Communication Theory & Applications* (1995), pp. 291–298
213. U. Meyer-Bäse, R. Watzel: "An Optimized Format for Long Frequency Paging Systems," in *3rd International Symposium on Communication Theory & Applications* (1995), pp. 78–79
214. U. Meyer-Bäse: "Convolutional Error Decoding with FPGAs," *Lecture Notes in Computer Science* **1142**, 376–175 (1996)
215. R. Watzel (1993): "Design of Paging Scheme and Implementation of the Suitable Cryto-Controller using FPGAs," Master's thesis, Institute for Data Technics, Darmstadt University of Technology
216. J. Maier, T. Schubert (1993): "Design of Convolutional Decoders using FPGAs for Error Correction in a Paging System," Master's thesis, Institute for Data Technics, Darmstadt University of Technology
217. Y. Gao, D. Herold, U. Meyer-Bäse: "Zum bestehenden Übertragungsprotokoll kompatible Fehlerkorrektur," in *Funkuhren Zeitsignale Normalfrequenzen* (1993), pp. 99–112

218. D. Herold (1991): "Investigation of Error Corrections Steps for DCF77 Signals using Programmable Gate Arrays," Master's thesis, Institute for Data Technics, Darmstadt University of Technology
219. P. Sweeney: *Error Control Coding* (Prentice Hall, New York, 1991)
220. D. Wiggert: *Error-Control Coding and Applications* (Artech House, Dedham, Mass., 1988)
221. G. Clark, J. Cain: *Error-Correction Coding for Digital Communications* (Plenum Press, New York, 1988)
222. W. Stahnke: "Primitive Binary Polynomials," *Mathematics of Computation* pp. 977–980 (1973)
223. W. Fumy, H. Riess: *Kryptographie* (R. Oldenbourg Verlag, München, 1988)
224. B. Schneier: *Applied Cryptography* (John Wiley & Sons, New York, 1996)
225. M. Langhammer: "Reed-Solomon Codec Design in Programmable Logic," *Communication System Design (www.csdmag.com)* pp. 31–37 (1998)
226. B. Akers: "Binary Decusion Diagrams," *IEEE Transactions on Computers* pp. 509–516 (1978)
227. R. Bryant: "Graph-Based Algorithms for Boolean Function Manipulation," *IEEE Transactions on Computers* pp. 677–691 (1986)
228. A. Sangiovanni-Vincentelli, A. Gamal, J. Rose: "Synthesis Methods for Field Programmable Gate Arrays," *Proceedings of the IEEE* pp. 1057–83 (1993)
229. R. del Rio (1993): "Synthesis of boolean Functions for Field Programmable Gate Arrays," Master's thesis, Univerity of Frankfurt, FB Informatik
230. U. Meyer-Bäse: "Optimal Strategies for Incoherent Demodulation of Narrow Band FM Signals," in *3rd International Symposium on Communication Theory & Applications* (1995), pp. 30–31
231. J. Proakis: *Digital Communications* (McGraw-Hill, New York, 1983)
232. R. Johannesson: "Robustly Optimal One-Half Binary Convolutional Codes," *IEEE Transactions on Information Theory* pp. 464–8 (1975)
233. J. Massey, D. Costello: "Nonsystematic Convolutional Codes for Sequential Decoding in Space Applications," *IEEE Transactions on Communications* pp. 806–813 (1971)
234. F. MacWilliams, J. Sloane: "Pseudo-Random Sequences and Arrays," *Proceedings of the IEEE* pp. 1715–29 (1976)
235. T. Lewis, W. Payne: "Generalized Feedback Shift Register Pseudorandom Number Algorithm," *Journal of the Association for Computing Machinery* pp. 456–458 (1973)
236. P. Bratley, B. Fox, L. Schrage: *A Guide to Simulation* (Springer-Lehrbuch, Heidelberg, 1983), pp. 186–190
237. M. Schroeder: *Number Theory in Science and Communication* (Springer, Heidelberg, 1990)
238. P. Kocher, J. Jaffe, B.Jun: "Differential Power Analysis," in *Lecture Note in Computer Science* (1999), pp. 388–397
239. EFF: *Cracking DES* (O'Reilly & Associates, Sebastopol, 1998), Electronic Frontier Foundation
240. W. Stallings: "Encryption Choices Beyond DES," *Communication System Design (www.csdmag.com)* pp. 37–43 (1998)
241. W. Carter: "FPGAs: Go reconfigure," *Communication System Design (www.csdmag.com)* p. 56 (1998)
242. J. Anderson, T. Aulin, C.E. Sundberg: *Digital Phase Modulation* (Plenum Press, New York, 1986)

243. U. Meyer-Bäse (1989): "Investigation of Thresholdimproving Limiter/Discriminator Demodulator for FM Signals through Computer simulations," Master's thesis, Department of Information Science, Darmstadt University of Technology
244. E. Allmann, T. Wolf (1991): "Design and Implementation of a full digital zero IF Receiver using programmable Gate Arrays and Floatingpoint DSPs," Master's thesis, Institute for Data Technics, Darmstadt University of Technology
245. O. Herrmann: "Quadraturfilter mit rationalem Übertragungsfaktor," *Archiv der elektrischen Übertragung (AEÜ)* pp. 77–84 (1969)
246. O. Herrmann: "Transversalfilter zur Hilbert-Transformation," *Archiv der elektrischen Übertragung (AEÜ)* pp. 581–587 (1969)
247. V. Considine: "Digital Complex Sampling," *Electronics Letters* pp. 608–609 (1983)
248. T.E. Thiel, G.J. Saulnier: "Simplified Complex Digital Sampling Demodulator," *Electronics Letters* pp. 419–421 (1990)
249. U. Meyer-Bäse, W. Hilberg: (1992), "Schmalbandempfänger für Digitalsignale," German patent no. 4219417.2-31
250. B. Schlanske (1992): "Design and Implementation of a Universal Hilbert Sampling Receiver with CORDIC Demodulation for LF FAX Signals using Digital Signal Processor," Master's thesis, Institute for Data Technics, Darmstadt University of Technology
251. A. Dietrich (1992): "Realisation of a Hilbert Sampling Receiver with CORDIC Demodulation for DCF77 Signals using Floatingpoint Signal Processors," Master's thesis, Institute for Data Technics, Darmstadt University of Technology
252. A. Viterbi: *Principles of Coherent Communication* (McGraw-Hill, New York, 1966)
253. F. Gardner: *Phaselock Techniques* (John Wiley & Sons, New York, 1979)
254. H. Geschwinde: *Einführung in die PLL-Technik* (Vieweg, Braunschweig, 1984)
255. R. Best: *Theorie und Anwendung des Phase-locked Loops* (AT Press, Schwitzerland, 1987)
256. W. Lindsey, C. Chie: "A Survey of Digital Phase-Locked Loops," *Proceedings of the IEEE* pp. 410–431 (1981)
257. R. Sanneman, J. Rowbotham: "Unlock Characteristics of the Optimum Type II Phase-Locked Loop," *IEEE Transactions on Aerospace and Navigational Electronics* pp. 15–24 (1964)
258. J. Stensby: "False Lock in Costas Loops," *Proceedings of the 20th Southeastern Symposium on System Theory* pp. 75–79 (1988)
259. A. Mararios, T. Tozer: "False-Lock Performance Improvement in Costas Loops," *IEEE Transactions on Communications* pp. 2285–88 (1982)
260. A. Makarios, T. Tozer: "False-Look Avoidance Scheme for Costas Loops," *Electronics Letters* pp. 490–2 (1981)
261. U. Meyer-Bäse: "Coherent Demodulation with FPGAs," *Lecture Notes in Computer Science* **1142**, 166–175 (1996)
262. J. Guyot, H. Schmitt (1993): "Design of a full digital Costas Loop using programmable Gate Arrays for coherent Demodulation of Low Frequency Signals," Master's thesis, Institute for Data Technics, Darmstadt University of Technology
263. R. Resch, P. Schreiner (1993): "Design of Full Digital Phase Locked Loops using programmable Gate Arrys for a low Frequency Reciever," Master's thesis, Institute for Data Technics, Darmstadt University of Technology
264. D. McCarty: "Digital PLL Suits FPGAs," *Elektronic Design* p. 81 (1992)

265. J. Holmes: "Tracking-Loop Bias Due to Costas Loop Arm Filter Imbalance," *IEEE Transactions on Communications* pp. 2271–3 (1982)
266. H. Choi: "Effect of Gain and Phase Imbalance on the Performance of Lock Detector of Costas Loop," *IEEE International Conference on Communications, Seattle* pp. 218–222 (1987)
267. N. Wiener: *Extrapolation, Interpolation and Smoothing of Stationary Time Series* (John Wiley & Sons, New York, 1949)
268. S. Haykin: *Adaptive Filter Theory* (Prentice Hall, Englewood Cliffs, New Jersey, 1986)
269. B. Widrow, S. Stearns: *Adaptive Signal Processing* (Prentice Hall, Englewood Cliffs, New Jersey, 1985)
270. C. Cowan, P. Grant: *Adaptive Filters* (Prentice Hall, Englewood Cliffs, New Jersey, 1985)
271. A. Papoulis: *Probability, Random Variables, and Stochastic Processes* (McGraw–Hill, Singapore, 1986)
272. M. Honig, D. Messerschmitt: *Adaptive Filters: Structures, Algorithms, and Applications* (Kluwer Academic Publishers, Norwell, 1984)
273. S. Alexander: *Adaptive Signal Processing: Theory and Application* (Springer, Heidelberg, 1986)
274. N. Shanbhag, K. Parhi: *Pipelined Adaptive Digital Filters* (Kluwer Academic Publishers, Norwell, 1994)
275. B. Mulgrew, C. Cowan: *Adaptive Filters and Equalisers* (Kluwer Academic Publishers, Norwell, 1988)
276. J. Treichler, C. Johnson, M. Larimore: *Theory and Design of Adaptive Filters* (Prentice Hall, Upper Saddle River, New Jersey, 2001)
277. B. Widrow, , J. Glover, J. McCool, J. Kaunitz, C. Williams, R. Hearn, J. Zeidler, E. Dong, R. Goodlin: "Adaptive Noise Cancelling: Principles and Applications," *Proceedings of the IEEE* **63**, 1692–1716 (1975)
278. B. Widrow, J. McCool, M. Larimore, C. Johnson: "Stationary and Nonstationary Learning Characteristics of the LMS Adaptive Filter," *Proceedings of the IEEE* **64**, 1151–1162 (1976)
279. T. Kummura, M. Ikekawa, M. Yoshida, I. Kuroda: "VLIW DSP for Mobile Applications," *IEEE Signal Processing Magazine* **19**, 10–21 (2002)
280. Analog Device: "Application Handbook," 1987
281. L. Horowitz, K. Senne: "Performance Advantage of Complex LMS for Controlling Narrow-Band Adaptive Arrays," *IEEE Transactions on Acoustics, Speech and Signal Processing* **29**, 722–736 (1981)
282. A. Feuer, E. Weinstein: "Convergence Analysis of LMS Filters with Uncorrelated Gaussian Data," *IEEE Transactions on Acoustics, Speech and Signal Processing* **33**, 222–230 (1985)
283. S. Narayan, A. Peterson, M. Narasimha: "Transform Domain LMS Algorithm," *IEEE Transactions on Acoustics, Speech and Signal Processing* **31**, 609–615 (1983)
284. G. Clark, S. Parker, S. Mitra: "A Unified Approach to Time- and Frequency-Domain Realization of FIR Adaptive Digital Filters," *IEEE Transactions on Acoustics, Speech and Signal Processing* **31**, 1073–1083 (1983)
285. F. Beaufays (1995): "Two-Layer Structures for Fast Adaptive Filtering," Ph.D. thesis, Stanford University
286. A. Feuer: "Performance Analysis of Block Least Mean Square Algorithm," *IEEE Transactions on Circuits and Systems* **32**, 960–963 (1985)
287. D. Marshall, W. Jenkins, J. Murphy: "The use of Orthogonal Transforms for Improving Performance of Adaptive Filters," *IEEE Transactions on Circuits and Systems* **36**(4), 499–510 (1989)

288. J. Lee, C. Un: "Performance of Transform-Domain LMS Adaptive Digital Filters," *IEEE Transactions on Acoustics, Speech and Signal Processing* **34**(3), 499–510 (1986)
289. G. Long, F. Ling, J. Proakis: "The LMS Algorithm with Delayed Coefficient Adaption," *IEEE Transactions on Acoustics, Speech and Signal Processing* **37**, 1397–1405 (1989)
290. G. Long, F. Ling, J. Proakis: "Corrections to "The LMS Algorithm with Delayed Coefficient Adaption"," *IEEE Transactions on Signal Processing* **40**, 230–232 (1992)
291. R. Poltmann: "Conversion of the Delayed LMS Algorithm into the LMS Algorithm," *IEEE Signal Processing Letters* **2**, 223 (1995)
292. T. Kimijima, K. Nishikawa, H. Kiya: "An Effective Architecture of Pipelined LMS Adaptive Filters," *IEICE Transactions Fundamentals* **E82-A**, 1428–1434 (1999)
293. D. Jones: "Learning Characteristics of Transpose-Form LMS Adaptive Filters," *IEEE Transactions on Circuits and Systems II* **39**(10), 745–749 (1992)
294. M. Rupp, R. Frenzel: "Analysis of LMS and NLMS Algorithms with Delayed Coefficient Update Under the Presence of Spherically Invariant Processess," *IEEE Transactions on Signal Processing* **42**, 668–672 (1994)
295. M. Rupp: "Saving Complexity of Modified Filtered-X-LMS abd Delayed Update LMS," *IEEE Transactions on Circuits and Systems II* **44**, 57–60 (1997)
296. M. Rupp, A. Sayed: "Robust FxLMS Algorithms with Improved Convergence Performance," *IEEE Transactions on Speech and Audio Processing* **6**, 78–85 (1998)
297. L. Ljung, M. Morf, D. Falconer: "Fast Calculation of Gain Matrices for Recursive Estimation Schemes," *International Journal of Control* **27**, 1–19 (1978)
298. G. Carayannis, D. Manolakis, N. Kalouptsidis: "A Fast Sequential Algorithm for Least-Squares Filtering and Prediction," *IEEE Transactions on Acoustics, Speech and Signal Processing* **31**, 1394–1402 (1983)
299. F. Albu, J. Kadlec, C. Softley, R. Matousek, A. Hermanek, N. Coleman, A. Fagan: "Implementation of (Normalised RLS Lattice on Virtex," *Lecture Notes in Computer Science* **2147**, 91–100 (2001)
300. D. Morales, A. Garcia, E. Castillo, U. Meyer-Baese, A. Palma: "Wavelets for full reconfigurable ECG acquisition system)," in *Proc. SPIE Int. Soc. Opt. Eng.*Orlando (2011), pp. 805 817–1–8
301. M. Keralapura, M. Pourfathi, B. Sikeci-Mergen: "Impact of Contrast Functions in Fast-ICA on Twin ECG Separation," *IAENG International Journal of Computer Science* **38**(1), 1–10 (2011)
302. D. Watkins: *Fundamentals of Matrix Computations* (John Wiley & Sons, New York, 1991)
303. G. Engeln-Müllges, F. Reutter: *Numerisch Mathematik für Ingenieure* (BI Wissenschaftsverlag, Mannheim, 1987)
304. K.K. Shyu, M.H. Li: "FPGA Implementation of FastICA Based on Floating-Point Arithmetic Design for Real-Time Blind Source Separation," in *International Joint Conference on Neural Networks*Vancouver, BC, Canada (2006), pp. 2785–2792
305. Altera: (2008), "QR Matrix Decomposition," application note 506, Ver. 2.0
306. A. Cichocki, R. Unbehauen: *Neural Networks for Optimization and Signal Processing* (John Wiley & Sons, New York, 1993)
307. T. Sanger (1993): "Optimal Unsupervised Learning in Feedforward Neural Networks," Master's thesis, MIT, Dept. of E&C Science

308. Y.Hirai, K. Nishizawa: "Hardware Implementation of the PCA Learning Network by Asynchronous PDM Digital Circuit," in *Proceedings of the IEEE-INNS-ENNS International Joint Conference on Neural Networks* (2000), pp. 65–70
309. S. Kung, K. Diamantaras, J. Taur: "Adaptive Principal Component EXtraction (APEX) and Applications," *IEEE Transactions on Signal Processing* **42**(5), 1202–1216 (1994)
310. B. Yang: "Projection Approximation Subspace Tracking," *IEEE Transactions on Signal Processing* **43**(1), 95–107 (1995)
311. K. Abed-Meraim, A. Chkeif, Y. Hua: "Fast Orthonormal PAST Algorithm," *IEEE Signal Processing Letters* **7**(3), 60–62 (2000)
312. C. Jutten, J. Herault: "Blind Separation of Source, Part I: An Adaptive Algorithm Based on Neuromimetic Architecture," *Signal Processing* **24**(1), 1–10 (1991)
313. A. Hyvaerinen, J. Karhunen, E. Oja: *Independent Component Analysis* (John Wiley & Sons, New York, 2001)
314. A. Cichocki, S. Amari: *Adaptive blind signal and image processing* (John Wiley & Sons, New York, 2002)
315. S. Choi, A. Cichocki, H. Park, S. Lee: "Blind Source Separtion and Independent Component Analysis: A Review," *Neural Information Processing - Letters and Reviews* **6**(1), 1–57 (2005)
316. S. Makino: "Blind source separation of convolutive mixtures," in *Proc. SPIE Int. Soc. Opt. Eng.*Orlando (2006), pp. 624709-1–15
317. J. Cardoso, B. Laheld: "Equivariant Adaptive Source Separation," *IEEE Transactions on Signal Processing* **44**(12), 3017–3029 (1996)
318. S. Kim, K. Umeno, R. Takahashi: "FPGA implementation of EASI algorithm," *IEICE Electronics Express* **22**(4), 707–711 (2007)
319. L. Yuan, Z. Sun: "A Survey of Using Sign Function to Improve The Performance of EASI Algorithm," in *Proceedings of the 2007 IEEE International Conference on Mechatronic and Automation* Harbin, China (2007), pp. 2456–2460
320. C. Odom (2013): "Independent Component Analysis Algorithm Fpga Design To Perform Real-Time Blind Source Separation," Master's thesis, Florida State University
321. J. Karhunen, E. Oja, L. Wang, R. Vigario, J. Joutsensalo: "A Class of Neural Networks for Independent Component Analysis," *IEEE Transactions on Neural Networks* **8**(3), 486–504 (1997)
322. A. Hyvarinen, E. Oja: "Independent Component Analysis: Algorithms and Applications," *Neural Networks* **13**(4), 411–430 (2000)
323. A. Hyvarinen, E. Oja: "Independent Component Analysis by general nonlinear Hebbian-like learning rules," *Signal Processing* **64**(1), 301–313 (1998)
324. H. Fastl, E. Zwicker: *Psychoacoustics: Facts and Models* (Springer, Berlin, 2010)
325. ITU-T: (1972), "General Aspsects of Digital Transmission Systems," pulse code modulation (PCM) of Voice Frequencies, ITU-T Recommendation G.711
326. W. Chu: *Speech Coding Algorithms: Foundation and Evolution of Standardized Coders* (John Wiley $ Sons, New York, 2003)
327. L. Rabiner, R. Schafer: *Theory and Applications of Digital Speech Processing* (Pearson, Upper Saddle River, 2011)
328. IMA: (1992), "Recommended Practices for Enhancing Digital Audio Compatibility in Multimedia Systems," IMA Digital Audio Focus and Technical Working Groups

329. D. Huang: "Lossless Compression for μ-Law (A-Law) and IMA ADPCM on the Basis of a Fast RLS Algorithm," in *IEEE International Conference on Multimedia and Expo*New York (2000), pp. 1775–1778
330. S. Lloyd: "Least Squares Quantization in PCM," *IEEE Transactions on Information Theory* **28**(2), 129137 (1982)
331. D. Wong, B. Juang, A. Gray: "An 800 bit/s Vector Quantization LPC Vocoder," *IEEE Transactions on Acoustics, Speech and Signal Processing* **30**(5), 770–780 (1982)
332. Analog Device: *Digital Signal Processing Applications using the ADSP-2100 family* (Prentice Hall, Englewood Cliffs, New Jersey, 1995), vol. 2
333. S. Aramvith, M. Sun: *Handbook of Image and Video Processing* (Academic Press, New York, 2005), Chap. MPEG-1 and MPEG-2 Video Standards, editor: Al Bovik
334. D. Schulz (1997): "Compression of High Quality Digital Audio Signals using Noiseextraction," Ph.D. thesis, Department of Information Science, Darmstadt University of Technology
335. Xilinx: (2005), "PicoBlaze 8-bit Embedded Microcontroller User Guide," www.xilinx.com
336. V. Heuring, H. Jordan: *Computer Systems Design and Architecture*, 2nd edn. (Prentice Hall, Upper Saddle RIver, New Jersey, 2004), contribution by M. Murdocca
337. D. Patterson, J. Hennessy: *Computer Organization & Design: The Hardware/Software Interface*, 2nd edn. (Morgan Kaufman Publishers, Inc., San Mateo, CA, 1998)
338. J. Hennessy, D. Patterson: *Computer Architecture: A Quantitative Approach*, 3rd edn. (Morgan Kaufman Publishers, Inc., San Mateo, CA, 2003)
339. M. Murdocca, V. Heuring: *Principles of Computer Architecture*, 1st edn. (Prentice Hall, Upper Saddle River, NJ, 2000)
340. W. Stallings: *Computer Organization & Architecture*, 6th edn. (Prentice Hall, Upper Saddle River, NJ, 2002)
341. R. Bryant, D. O'Hallaron: *Computer Systems: A Programmer's Perspective*, 1st edn. (Prentice Hall, Upper Saddle River, NJ, 2003)
342. C. Rowen: *Engineering the Complex SOC*, 1st edn. (Prentice Hall, Upper Saddle River, NJ, 2004)
343. S. Mazor: "The History of the Microcomputer – Invention and Evolution," *Proceedings of the IEEE* **83**(12), 1601–8 (1995)
344. H. Faggin, M. Hoff, S. Mazor, M. Shima: "The History of the 4004," *IEEE Micro Magazine* **16**, 10–20 (1996)
345. Intel: (2006), "Microprocessor Hall of Fame," http://www.intel.com/museum
346. Intel: (1980), "2920 Analog Signal Processor," design handbook
347. TI: (2000), "Technology Inovation," www.ti.com/sc/techinnovations
348. TI: (1983), "TMS3210 Assembly Language Programmer's Guide," digital signal processor products
349. TI: (1993), "TMS320C5x User's Guide," digital signal processor products
350. A. Device: (1993), "ADSP-2103," 3-Volt DSP Microcomputer
351. P. Koopman: *Stack Computers: The New Wave*, 1st edn. (Mountain View Press, La Honda, CA, 1989)
352. Xilinx: (2002), "Creating Embedded Microcontrollers," www.xilinx.com, Part 1-5
353. Altera: (2003), "Nios-32 Bit Programmer's Reference Manual," Nios embedded processor, Ver. 3.1
354. Xilinx: (2002), "Virtex-II Pro," documentation

355. Xilinx: (2005), "MicroBlaze – The Low-Cost and Flexible Processing Solution," www.xilinx.com
356. Altera: (2003), "Nios II Processor Reference Handbook," NII5V-1-5.0
357. B. Parhami: *Computer Architecture: From Microprocessor to Supercomputers*, 1st edn. (Oxford University Press, New York, 2005)
358. Altera: (2004), "Netseminar Nios processor," http://www.altera.com
359. A. Hoffmann, H. Meyr, R. Leupers: *Architecture Exploration for Embedded Processors with LISA*, 1st edn. (Kluwer Academic Publishers, Boston, 2002)
360. A. Aho, R. Sethi, J. Ullman: *Compilers: Principles, Techniques, and Tools*, 1st edn. (Addison Wesley Longman, Reading, Massachusetts, 1988)
361. R. Leupers: *Code Optimization Techniques for Embedded Processors*, 2nd edn. (Kluwer Academic Publishers, Boston, 2002)
362. R. Leupers, P. Marwedel: *Retargetable Compiler Technology for Embedded Systems*, 1st edn. (Kluwer Academic Publishers, Boston, 2001)
363. V. Paxson: (1995), "Flex, Version 2.5: A Fast Scanner Generator," http://www.gnu.org
364. C. Donnelly, R. Stallman: (2002), "Bison: The YACC-compatible Parser Generator," http://www.gnu.org
365. S. Johnson: (1975), "YACC – Yet Another Compiler-Compiler," technical report no. 32, AT&T
366. R. Stallman: (1990), "Using and Porting GNU CC," http://www.gnu.org
367. W. Lesk, E. Schmidt: (1975), "LEX – a Lexical Analyzer Generator," technical report no. 39, AT&T
368. T. Niemann: (2004), "A Compact Guide to LEX & YACC," http://www.epaperpress.com
369. J. Levine, T. Mason, D. Brown: *lex & yacc*, 2nd edn. (O'Reilly Media Inc., Beijing, 1995)
370. T. Parsons: *Intorduction to Compiler Construction*, 1st edn. (Computer Science Press, New York, 1992)
371. A. Schreiner, H. Friedman: *Introduction to Compiler Construction with UNIX*, 1st edn. (Prentice-Hall, Inc, Englewood Cliffs, New Jersey, 1985)
372. C. Fraser, D. Hanson: *A Retargetable C Compilers: Design and Implementation*, 1st edn. (Addison-Wesley, Boston, 2003)
373. V. Zivojnovic, J. Velarde, C. Schläger, H. Meyr: "DSPSTONE: A DSP-orioented Benchmarking Methodology," in *International Conference* (19), pp. 1–6
374. Institute for Integrated Systems for Signal Processing: (1994), "DSPstone," final report
375. W. Strauss: "Digital Signal Processing: The New Semiconductor Industry Technology Driver," *IEEE Signal Processing Magazine* pp. 52–56 (2000)
376. Xilinx: (2002), "Virtex-II Pro Platform FPGA," handbook
377. Xilinx: (2005), "Accelerated System Performance with APU-Enhanced Processing," Xcell Journal
378. ARM: (2001), "ARM922T with AHB: Product Overview," http://www.arm.com
379. ARM: (2000), "ARM9TDMI Technical Reference Manual," http://www.arm.com
380. ARM: (2011), "Cortex-A series processors," http://www.arm.com
381. Altera: (2004), "Nios Software Development Reference Manual," http://www.altera.com
382. Altera: (2004), "Nios Development Kit, APEX Edition," Getting Started User Guide
383. Altera: (2004), "Nios Development Board Document," http://www.altera.com

384. Altera: (2004), "Nios Software Development Tutorial.," http://www.altera.com
385. Altera: (2004), "Custom Instruction Tutorial," http://www.altera.com
386. B. Fletcher: "FPGA Embedded Processors," in *Embedded Systems Conference* San Francisco, CA (2005), p. 18
387. U. Meyer-Baese, A. Vera, S. Rao, K. Lenk, M. Pattichis: "FPGA Wavelet Processor Design using Language for Instruction-set Architectures (LISA)," in *Proc. SPIE Int. Soc. Opt. Eng.* Orlando (2007), pp. 6576U1–U12
388. D. Sunkara (2004): "Design of Custom Instruction Set for FFT using FPGA-Based Nios processors," Master's thesis, Florida State University
389. U. Meyer-Baese, D. Sunkara, E. Castillo, E.A. Garcia: "Custom Instruction Set NIOS-Based OFDM Processor for FPGAs," in *Proc. SPIE Int. Soc. Opt. Eng.* Orlando (2006), pp. 6248o01–15
390. J. Ramirez, U. Meyer-Baese, A. Garcia: "Efficient Wavelet Architectures using Field- Programmable Logic and Residue Number System Arithmetic," in *Proc. SPIE Int. Soc. Opt. Eng.* Orlando (2004), pp. 222–232
391. D. Bailey: *Design for Embedded Image Processing on FPGAs*, 1st edn. (John Wiley & Sons, Asia, 2011)
392. W. Pratt: *Digital Image Processing*, 4th edn. (John Wiley & Sons, New York, 2007)
393. R. Gonzalez, R. Woods: *Digital Image Processing*, 2nd edn. (Prentice Hall, New Jersey, 2001)
394. L. Shapiro, G. Stockman: *Computer Vision*, 1st edn. (Prentice Hall, New Jersey, 2001)
395. Y. Wang, J. Ostermann, Y. Zhang: *Video Processing and Communications*, 1st edn. (Prentice Hall, New Jersey, 2001)
396. A. Weeks: *Fundamentals of Electronic Image Processing* (SPIE, US, 1996)
397. J. Bradley: (1994), "XV Interactive Image Display for the X Window System," version 3.10a
398. D. Ziou, S. Tabbone: "Edge Detection Techniques: An Overview," *International Journal Of Pattern Recognition And Image Analysis* **8**(4), 537–559 (1998)
399. ITU: (1992), "T.81 : Information Technology Digital Compression And Coding Of Continuous-Tone Still Images Requirements and Guidelines," CCITT Recommendation T.81
URL `http://www.itu.int/rec/T-REC-T.800-200208-I/en`
400. ITU: (2002), "T.800 : Information technology - JPEG 2000 image coding system: Core coding system," recommendation T.800
URL `http://www.itu.int/rec/T-REC-T.800-200208-I/en`
401. M. Marcellin, M. Gormish, A. Bilgin, M. Boliek: "An overview of JPEG-2000," in *Proceedings Data Compression Conference* (2000), pp. 523–541
402. C. Christopoulos, A. Skodras, T. Ebrahimi: "The JPEG2000 Still Image Coding System: An Overview," *IEEE Transactions on Consumer Electronics* **46**(4), 1103–1127 (2000)
403. T. Acharya, P. Tsai: *JPEG2000 Standard for Image Compression* (John Wiley & Sons, Inc., New Jersey, 2005)
404. B. Fornberg: "Generation of Finite Difference Formulas on Arbitrarily Spaced Grids," *Mathematics Of Computation* **51**(184), 699–706 (1988)
405. J. Prewitt: *Object Enhancement and Extraction* (Academic Press, New York, 1970), Chap. Picture Processing and Psychopictorics, editor: B. Lipkin
406. I. Sobel (1970): "Camera Models and Machine Perception," Ph.D. thesis, Stanford University, Palo Alto, CA

407. I. Abdou, W. Pratt: "Quantitative Design and Evaluation of Enhancement/Thresholding Edge Detectors," *Proceedings of the IEEE* **67**(5), 753–763 (1979)
408. J. Canny: "A computational approach to edge detection," *IEEE Transactions on Pattern Analysis and Machine Intelligence* **8**(6), 679–698 (1986)
409. H. Neoh, A. Hazanchuk: "Adaptive Edge Detection for Real-Time Video Processing using FPGAs," in *Global Signal Processing* Santa Clara Convention Center (2004), pp. 1–6
410. Altera: (2004), "Edge Detection Reference Design," application Note 364, Ver. 1.0
411. Altera: (2007), "Video and Image Processing Design Using FPGAs," white Paper
412. Altera: (2012), "Video IP Cores for Altera DE-Series Boards," ver. 12.0
413. J. Scott, M. Pusateri, M. Mushtaq: "Comparison of 2D median filter hardware implementations for real-time stereo video," in *Applied Imagery Pattern Recognition Workshop* (2008), pp. 1–6
414. H. Eng, K. Ma: "Noise Adaptive Soft-Switching Median Filter," *IEEE Transactions on Image Processing* **10**(2), 242–251 (2001)
415. T. Huang, G. Yang, G. Tang: "A Fast Two-Dimensional Median Filtering Algorithm," *IEEE Transactions on Acoustics, Speech and Signal Processing* **27**(1), 13–18 (1979)
416. H. Hwang, A. Haddad: "Adaptive Median Filters; New Algorithms and Results," *IEEE Transactions on Image Processing* **4**(4), 499–502 (1995)
417. C. Thompson: "The VLSI Complexity of Sorting," *IEEE Transactions on Computers* **32**(12), 1171–1184 (1983)
418. Xilinx: "Two-Dimensional Rank Order Filter," in *Xilinx application note XAPP 953*San Jose (2006)
419. K. Batcher: "Sorting networks and their applications," in *Proceedings of the spring joint computer conference* (ACM, New York, NY, USA, 1968), pp. 307–314
420. G. Bates, S. Nooshabadi: "FPGA implementation of a median filter," in *Proceedings of IEEE Speech and Image Technologies for Computing and Telecommunications IEEE Region 10 Annual Conference* (1997), pp. 437–440
421. K. Benkrid, D. Crookes, A. Benkrid: "Design and implementation of a novel algorithm for general purpose median filtering on FPGAs," in *IEEE International Symposium on Circuits and Systems* Vol. IV (2002), pp. 425–428
422. S. Fahmy, P. Cheung, W. Luk: "Novel Fpga-Based Implementation Of Median And Weighted Median Filters For Image Processing," in *International Conference on Field Programmable Logic and Applications* (2005), pp. 142–147
423. Altera: (2010), "Media Computer System for the Altera DE2-115 Board," ver. 11.0
424. P. Pirsch, N. Demassieux, W. Gehrke: "VLSI Architectures for Video Compression-A Survey," *Proceedings of the IEEE* **83**(2), 220–246 (1995)
425. Y.M.C. Hsueh-Ming Hang, S.C. Cheng: "Motion Estimation for Video Coding Standards," *Journal of VLSI Signal Processing* **17**, 113–136 (1997)
426. M. Ghanbari: "The Cross-Search Algorithm for Motion Estimation," *IEEE Transactions On Communications* **38**(7), 1301–1308 (1990)
427. D. Gonzalez, G. Botella, S. Mookherjee, U. Meyer-Baese, A. Meyer-Baese: "NIOS II processor-based acceleration of motion compensation techniques," in *Proc. SPIE Int. Soc. Opt. Eng., Independent Component Analyses, Wavelets, Neural Networks, Biosystems, and Nanoengineering IX* (2011), pp. 80581C1–12, vol. 8058

428. J. Jain, A. Jain: "Displacement Measurement and Its Application in Interframe Image Coding," *IEEE Transactions On Communications* **29**(12), 1799–1808 (1981)
429. T. Koga, K. Iinuma, A. Hirano, Y. Iijima, T. Ishiguro: "Motioncompensated interframe coding for video conferencing," in *Proc. National Telecommunication Conference*New Orleans (1981), pp. C9.6.1–9.6.5
430. R. Kappagantula, K. Rao: "Motion Compensated Interframe Image Prediction," *IEEE Transactions On Communications* **33**(9), 1011–1015 (1985)
431. R. Srinivasan, K. Rao: "Predictive Coding Based on Efficient Motion Estimation," *IEEE Transactions On Communications* **33**(8), 888–896 (1985)
432. A. Puri, H. Hang, D. Schilling: "An Efficient Block-Matching Algorithm For Motion-Compensated Coding," in *IEEE International Conference on Acoustics, Speech, and Signal Processing* (1987), pp. 1063–1066
433. D. Gonzalez, G. Botella, U. Meyer-Baese, C. Garca, C. Sanz, M. Prieto-Matas, F. Tirado: "A Low Cost Matching Motion Estimation Sensor Based on the NIOS II Microprocessor," *Sensors* **12**(10), 13 126–13 149 (2012)
434. D. Gonzalez, G. Botella, A. Meyer-Baese, U. Meyer-Baese: "Optimization of block-matching algorithms unsing custom instruction based paradigm on Nios II microprocessors," in *Proc. SPIE Int. Soc. Opt. Eng., Independent Component Analyses, Wavelets, Neural Networks, Biosystems, and Nanoengineering XI* (2013), pp. 87500Q1–8
435. ITU: (1993), "Line Transmission of non-telephone signals: Video codec for audiovisual services at $p \times 64$ kbits," ITU-T Recommendation H.261
URL `http://www.itu.int/rec/T-REC-H.261/`
436. ITU: (2013), "Advanced video coding for generic audiovisual services," ITU-T Recommendation H.264
URL `http://www.itu.int/rec/T-REC-H.264/`
437. ITU: (1995), "Transmission of non-telephone signals Information technology - Generic coding of moving pictures and associated audio information: Video," ITU-T Recommendation H.262
URL `http://www.itu.int/rec/T-REC-H.262/`
438. ITU: (2005), "Video coding for low bit rate communication," ITU-T Recommendation H.263
URL `http://www.itu.int/rec/T-REC-H.263/`
439. G. Sullivan, J. Ohm, W. Han, T. Wiegand: "Overview of the High Efficiency Video Coding (HEVC) Standard," *IEEE Transactions On Circuits And Systems For Video Technology* **22**(12), 1649–1668 (2012)
440. ITU: (2013), "High efficiency video coding," ITU-T Recommendation H.265
URL `http://www.itu.int/rec/T-REC-H.265/`
441. U. Meyer-Baese: *Digital Signal Processing with Field Programmable Gate Arrays*, 2nd edn. (Springer-Verlag, Berlin, 2004), 527 pages
442. J. Ousterhout: *Tcl and the Tk Toolkit*, 1st edn. (Addison-Wesley, Boston, 1994)
443. M. Harrison, M. McLennan: *Effective Tcl/Tk Programming*, 1st edn. (Addison-Wesley, Reading, Massachusetts, 1998)
444. B. Welch, K. Jones, H. J: *Practical Programming in Tcl and Tk*, 1st edn. (Prentice Hall, Upper Saddle River, NJ, 2003)